KUHMINSA

한 발 앞서나가는 출판사, 구민사
독자분들도 구민사와 함께 한 발 앞서나가길 바랍니다.

구민사 출간도서 中 수험서 분야

- 용접
- 자동차
- 조경/산림
- 품질경영
- 산업안전
- 전기
- 건축토목
- 실내건축

- 기술사
- 기계
- 금속
- 환경
- 보일러
- 가스
- 공조냉동
- 위험물

전문가를 위한 첫걸음, 구민사는 그 이상을 봅니다!

전국 도서판매처

- 일산남부서점 · 안산대동서적 · 대구북앤북스 · 대구하나도서
- 포항학원사 · 울산처용서림 · 창원그랜드문고 · 순천중앙서점 · 광주조은서림

www.kuhminsa.co.kr

자격증 시험 접수부터 자격증 수령까지!

1. 필기 원서 접수
큐넷(www.q-net.or.kr)
필기 시험은 회원 가입 후
인터넷 접수만 가능
(사진 파일, 접수비(인터넷 결제) 필요)
응시자격 요건 반드시 확인

2. 필기 시험
입실 시간 미준수 시 시험 응시 불가
준비물 : 수험표, 신분증, 필기구 지참

5. 실기 시험
필답형과 작업형으로 분류
원서 접수 시 선택한 장소와
시간에 맞게 시험을 봅니다.
준비물 : 수험표, 신분증,
필기구 지참!

6. 최종합격 확인
큐넷(www.q-net.or.kr)
사이트에서 확인

전문가를 위한 첫걸음, 구민사는 그 이상을 봅니다!

상시시험 12종목
굴착기운전기능사, 지게차운전기능사, 미용사(일반), 미용사(피부), 미용사(네일)
미용사(메이크업), 조리기능사(양식, 일식, 중식, 한식), 제과·제빵기능사

3. 필기 합격 확인
큐넷(www.q-net.or.kr) 사이트에서 확인

4. 실기 원서 접수
큐넷(www.q-net.or.kr) 응시 자격 서류는 **실기시험 접수기간(4일 내)에** 제출해야만 접수 가능

7. 자격증 신청
인터넷으로 신청
(상장형 자격증 발급을 원칙으로 하며, 희망 시 수첩형 자격증 발급 신청 / 발급 수수료 부과)

8. 자격증 수령
인터넷으로 발급(출력)
(수첩형 자격증 등기 수령 시 등기 비용 발생)

D-DAY 60 설비보전기능사 필기실기 D-60일 합격 플랜

(위의 플랜은 가장 이상적인 것이므로 참고하여 개인의 입장과 일정에 맞춰 준비하시기 바랍니다.)

월요일	화요일	수요일	목요일	금요일	토요일	일요일
D-60	D-59	D-58	D-57	D-56	D-55	D-54
PART 1~3편 이론 학습							
D-53	D-52	D-51	D-50	D-49	D-48	D-47
PART 4~7 이론 학습						
D-46	D-45	D-44	D-43	D-42	D-41	D-40
이론 복습 및 실기시험 예상문제 풀이						
D-39	D-38	D-37	D-36	D-35	D-34	D-33
필기 과년도 기출문제 풀이						
D-32	D-31	D-30	D-29	D-28	D-27	D-26
전체 복습						

D-DAY 60 놓친 부분 다시보기

월요일	화요일	수요일	목요일	금요일	토요일	일요일
D-25	D-24	D-23	D-22	D-21	D-20	D-19
		이론복습 (O/X)				문제풀이 (O/X)
D-18	D-17	D-16	D-15	D-14	D-13	D-12
		이론복습 (O/X)				문제풀이 (O/X)
D-11	D-10	D-9	D-8	D-7	D-6	D-5
		이론복습 (O/X)				문제풀이 (O/X)
D-4	D-3	D-2	D-1			
		이론복습 (O/X)				

시험장 가기 전에 Tip

Q 계산기를 따로 가져가야 하나요?
A 시험을 치르는 PC에 설치된 계산기를 이용하실 수 있습니다.(개인 계산기 지참 가능)

Q PC로 시험을 치르면 종이는 못 쓰나요?
A 시험장에서 필요한 사람에 한해 종이를 제공합니다. 시험장마다 상황이 다를 수 있으니 전화로 해당 시험장의 상황을 파악해보시길 권장합니다. 이때 시험이 끝나고 종이 반납은 필수입니다.

머리말

설비보전은 자동화 설비에서 가장 핵심적, 중추적인 기술이다. 2015년 이후 자동화 산업 분야가 다양해지면서 설비보전 기술 인력의 수요가 최근 급증하고 있다.

설비보전이란 필요한 것을 갖춘 시설이 고장으로 발생할 수 있는 손실을 줄이고, 생산 시스템의 신뢰도를 유지하는 활동을 말한다. 특히 기계설비법에 의거 설비보전 자격증은 선임 의무화 자격증으로, 필수적으로 요구되는 자격증으로 그 위상이 높아졌다.

설비보전기능사란 한국산업인력공단(큐넷)에서 국가적으로 장치산업들의 설비를 안정적으로 관리하여야 하므로 기술적으로 설비관리를 담당하는 기술인을 양성하기 위한 첫 걸음을 뜻한다.

설비보전기능사를 통해 4차 산업혁명 관련 전기, 기계, 용접과 관련된 융합기술과 스마트 제조기술과 관련된 자동화 설계, 제작, 제어, 보전 등의 기술을 습득하고자 하는 확고한 마음가짐을 확인하여 훗날 산업설비의 설치, 운용 및 유지보수 능력을 갖춘 기술인이 될 수 있다.

설비보전 기술은 자동화 설비의 꽃으로 최근 국내 공기업과 대기업에서는 자동화 설비를 구축하여 생산설비의 유지보수 및 관리기술이 으뜸임을 인식하고 있다. 최근 2년 동안 현장에서 설비보전 기술자를 우대하고, 필요함에 설비보전기능사 자격증을 응시하는 수험생들이 부쩍 늘었다. 그래서 이러한 수험생들에게 좋은 친구가 되고자 정성을 다해 이 책을 집필하게 되었다.

본 도서는 기출문제를 정확하게 분석하여 합격을 위한 지름길을 제시하였다. 또한 수험생들에게는 보다 정확한 공부를 함에 있어 기초를 튼튼히 하여 조금은 효과적으로 시험에 대비할 수 있다고 생각한다.

아무쪼록 설비보전기능사를 준비하고 있는 모든 분들에게 최종 합격의 기쁨이 있기를 바라며 미래 자동화 산업의 책임자는 여러분임을 기억하기를 바란다.

이 책이 출간되기까지 큰 도움을 주신 도서출판 구민사 조규백 대표님 이하 관계자 모두에게 감사드린다.

저자 일동

CONTENTS

PART 1 기계보전의 개요

Chapter 01 기계보전에 관한 용어 2
1. 보전에 관한 용어 2
2. 고장의 종류 해석에 관한 용어 4

Chapter 02 윤활 6
1. 마찰의 개념 6
2. 윤활제 7
3. 윤활제의 급유 방법 10
4. 윤활 관리 13

PART 2 기계제도

Chapter 01 기계제도 18
1. 기계제도의 기초 18
2. 정투상도법 27
3. 단면도법 31
4. 기계요소 제노법 36
5. 용접, 배관의 제도법 50

PART 3 기계장치 보전

Chapter 01 보전 측정 기구 56
1. 보전 측정 기구 56
2. 보전용 재료 66

Chapter 02 기계요소 보전 70
1. 체결용 기계요소의 보전 70
2. 축 기계요소의 보전 74
3. 전동용 기계요소의 보전 83
4. 벨트 전동 87
5. 관계 기계요소의 보전 94

Chapter 03 기계장치 보전 96
1. 밸브의 점검 및 정비 96
2. 펌프의 점검 및 정비 97
3. 송풍기의 점검 및 정비 104
4. 압축기의 점검 및 정비 106
5. 감속기의 점검 및 정비 109
6. 전동기의 점검 및 정비 110

PART 4 공유압 일반

Chapter 01 공유압 개요   114
1. 공유압 이론   114

Chapter 02 공유압 기기   120
1. 유압 요소   120
2. 공압 요소   135

Chapter 03 공유압 기호 및 회로   155
1. 공유압 기호   155
2. 공유압 회로   157

PART 5 기초전기 일반

Chapter 01 직,교류 회로   174
1. 직류회로의 전압, 전류, 저항   174
2. 전력과 열량   179
3. 교류회로의 기초   181
4. 교류에 대한 R,L,C의 작용   187
5. 단상, 3상 교류 전력   195

Chapter 02 전기기기의 구조와 원리 및 운전   201
1. 직류기   201
2. 동기기   223
3. 변압기   226
4. 유도전동기   228
5. 정류기   241

Chapter 03 시퀀스 제어   249
1. 시퀀스 제어의 개요   249
2. 제어요소와 논리회로   251
3. 시퀀스 제어의 기본 회로(KS 규격)   261
4. 전동기 제어 일반   262
5. 센서의 종류와 특성   264
6. 고장의 종류 해석에 관한 용어   267

Chapter 04 전기측정   269
1. 전류의 측정 : 분류기   269
2. 전압의 측정 : 배율기   270
3. 저항의 측정   271

CONTENTS

PART 6 용접

Chapter 01 용접개요 및 가용접 개요 — 274
1. 용접 개요 및 원리 — 274
2. 용접의 종류와 용도 — 274
3. 용접의 장·단점 — 280
4. 용접의 기초 — 281
5. 피복아크 가용접 작업 — 287
6. 용접부 가용접하기 — 295

Chapter 02 피복아크 용접 장비 및 용접설비 — 301
1. 피복아크 용접의 개요 — 301
2. 피복아크 용접 장비 — 301
3. 아크의 성질 — 304
4. 용융금속의 이행 — 314
5. 아크 용접기 — 315
6. 피복아크 용접봉 — 328
7. 피복아크 용접방법 — 335
8. 용접결함과 방지대책 — 339

Chapter 03 가스 용접 및 절단 — 345
1. 가스 용접 및 절단 설비 — 345
2. 용접용 가스 — 346
3. 가스 용접 및 절단설비 — 353
4. 가스공급 도관 — 357
5. 가스 용접용 토치 — 358
6. 가스 용접 불꽃 — 362
7. 가스 용접봉 — 364
8. 가스 용접 방법 — 366
9. 절단 및 가공 — 370

Chapter 04 피복아크 용접 작업 — 383
1. 용접기 및 용접기기 — 383
2. 자세별 맞대기 용접 준비 — 386
3. 피복아크 자세별 맞대기 용접 — 387
4. 필릿 용접작업 — 397

PART 7 산업안전

Chapter 01 산업안전의 개요 — 406
1. 산업안전의 목적과 정의 — 406
2. 고장의 종류 해석에 관한 용어 — 406
3. 재해의 원인(외적 작업동작) — 407
4. 재해의 원인(내적 현상 및 결함) — 408
5. 재해 발생의 메커니즘 — 410
6. 재해 발생의 원리 — 410
7. 산업재해율 계산법 — 411

Chapter 02 산업시설의 안전 — 412
1. 기계 작업의 안전 — 412
2. 전기 취급 시 안전 — 413
3. 여러 가지 산업 시설의 안전 — 416
4. 안전보호구 — 422

Chapter 03 가스 및 위험물에 관한 안전 — 425
1. 가스 안전 — 425
2. 위험물 안전 — 427

Chapter 04 사고 예방 — 429
1. 사고 방지의 대책 — 429
2. 사고 발생 원인 및 예방 — 430

Chapter 05 산업안전 관계법규 — 432
1. 산업안전보건법 — 432

PART 8 필기시험 기출예상문제

01   기계보전개요/기계제도/기계장치보전/공유압일반/기초전기전자/산업안전   436

02   용접   517

PART 9 실기시험 공개문제

01   공기압회로 구성   660

02   유압회로 구성   678

03   가스 절단 및 용접   696

04   기계장치 분해 및 조립   714

이 책의 구성과 특징

01 체계적인 핵심 요약

제 1편 기계보전의 개요, 제 2편 기계제도, 제 3편 기계장치 보전, 제 4편 공유압 일반, 제 5편 기초 전기 일반, 제 6편 용접, 제 7편 산업안전 등 핵심 이론을 수록하였습니다.
또한 이론 중간중간 예상문제를 수록하여 다시 한 번 개념을 다질 수 있도록 하였습니다.
제 8편에는 필기시험 기출예상문제, 제 9편에 실기시험 공개문제를 수록하였습니다.

※ 기출복원 문제란?
2016년 5회부터 반영되는 CBT시행에 따라 저자께서 수검자들의 도움으로 최대한 유형에 가깝게 복원한 문제입니다.
앞으로도 높은 적중률을 위해 노력하겠습니다.

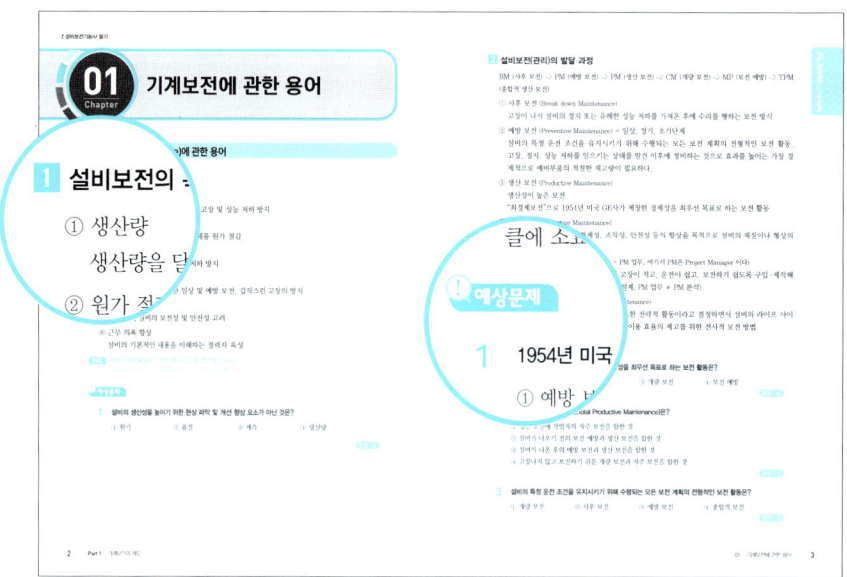

02 필기시험 기출예상문제

필기시험 기출예상문제를 수록하여 실전 시험에 대비하였습니다.

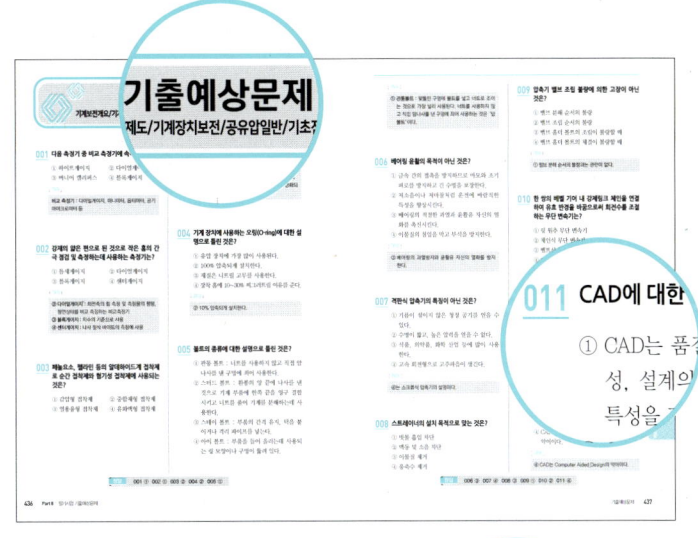

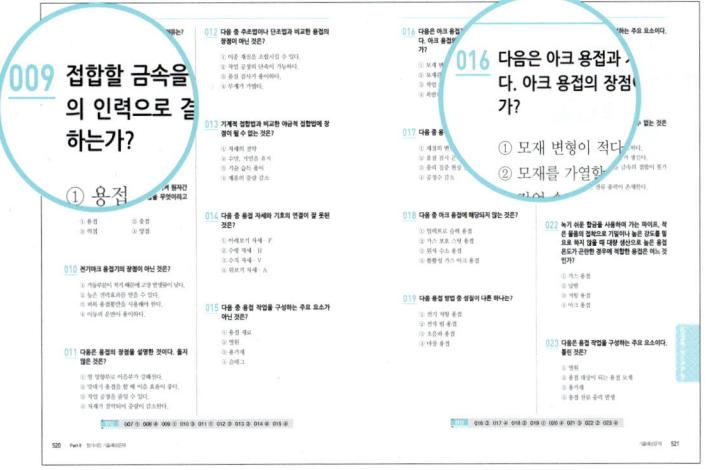

이 책의 구성과 특징

03 실기시험 공개문제 수록

실기시험 공개문제를 수록하여 실전 시험에 대비하였습니다.

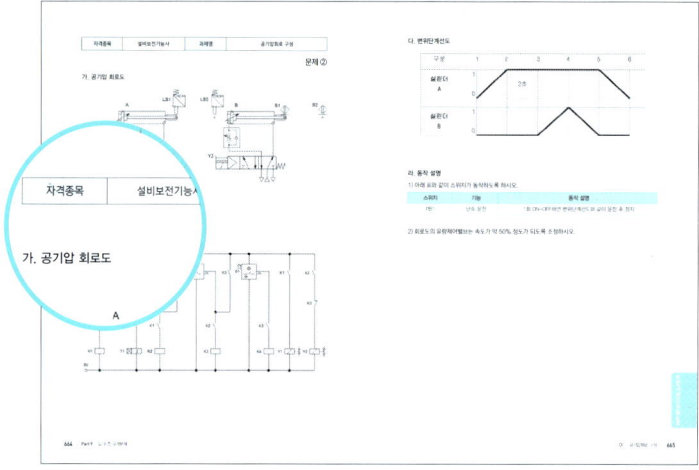

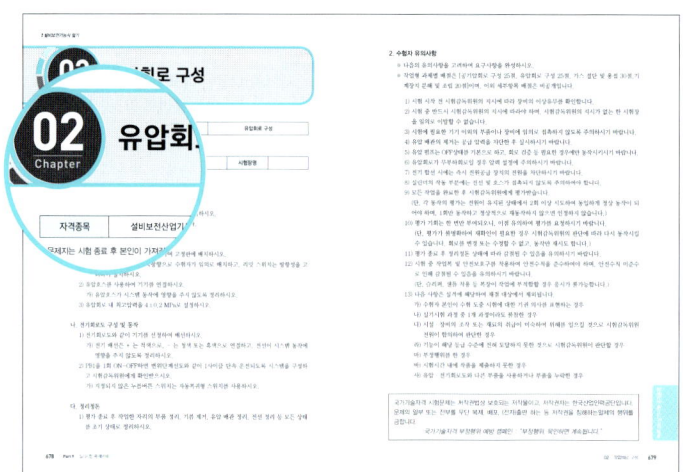

시험정보 - 설비보전기능사

자격명 : 설비보전기능사 | **영문명** : Craftsman Plant Maintenance
관련부처 : 산업통상자원부
시행기관 : 한국산업인력공단

- **개요**

국가적으로 장치산업들의 설비를 안정적으로 관리하여야 하므로 설비관리를 기술적으로 담당하는 기술인력이 산업사회에 요구되어 설비관리 인력을 양성하기 위하여 자격을 제정

- **수행직무**

일정한 주기로 플랜트 설비의 진동소음 등을 측정하여 설비상태를 판단하고 기계요소의 윤활상황을 철저히 점검 관리하여 돌발고장이 발생하지 않도록 최적의 설비상태를 유지토록 업무를 수행

- **출제경향**

설비진단, 공유압설비구성작업, 전기용접작업 등에 대한 능력을 평가

- **취득방법**

① 시행처 : 한국산업인력공단

② 시험과목
  - 필기 : 1. 기계보전 일반 2. 설비관리 3. 공유압 일반 4. 산업안전
  - 실기 : 설비보전 실무

③ 검정방법
  - 필기 : 객관식 4지 택일형 60문항(60분)
  - 실기 : 작업형(동영상 1시간 정도, 50점, 작업형 3시간 정도, 50점)

④ 합격기준
  - 필기·실기 : 100점을 만점으로 하여 60점 이상

- **시험수수료**

- 필기 : 14,500원
- 실기 : 79,500원

출제기준 – 설비보전기능사 필기

직무 분야	기계	중직무 분야	기계장비 설비·설치	자격 종목	설비보전기능사	적용 기간	2025.1.1~ 2028.12.31
직무 내용	설비(장치)의 효율적 보전을 위해 예방 및 사후 정비 등을 수행하는 직무이다.						
필기검정방법	객관식		문제수	60	시험시간		1시간

필기과목명	문제수	주요항목	세부항목	세세항목
기계구동장치,공유압 장치,전기전자장치, 용접및안전관리	60	1. 기계구동장치	1. 기계구동장치조립	1. 조립 및 공기구
				2. 기계도면 기초
			2. 기본측정기 사용	1. 측정기 선정
				2. 기본측정기 사용
		2. 기계장치 보전	1. 설비보전 및 윤활관리	1. 설비보전의 용어
				2. 윤활제의 종류 및 급유방법
			1. 기계요소 보전	1. 체결용 기계요소
				2. 축 기계요소
				3. 전동용 기계요소
				4. 제어용 기계요소
				5. 관계 기계요소
			2. 기계장치 보전	1. 밸브의 점검 및 정비
				2. 펌프의 점검 및 정비
				3. 송풍기의 점검 및 정비
				4. 압축기의 점검 및 정비
				5. 감속기의 점검 및 정비
				6. 전동기의 점검 및 정비
		3. 공기압제어	1. 공기압제어 방식설계	1. 공기압 기초
			2. 공기압제어 회로구성	1. 공기압제어 회로
			3. 시험 운전	1. 공기압기기 관리
		4. 공기압장치조립	1. 공기압 회로도면 파악	1. 공기압 회로기호
			2. 공기압 장치 조립 및 장치 기능	1. 공기압축기

필기과목명	문제수	주요항목	세부항목	세세항목
기계구동장치,공유압장치,전기전자장치,용접및안전관리	60	4. 공기압장치조립	2. 공기압 장치 조립 및 장치 기능	2. 공기압 밸브
				3. 공기압 액추에이터
				4. 공기압 기타 기기
		5. 유압제어	1. 유압제어 방식 설계	1. 유압 기초
			2. 유압제어 회로 구성	1. 유압제어 회로
			3. 시험 운전	1. 유압기기 관리
		6. 유압 장치조립	1. 유압 회로도면 파악	1. 유압 회로기호
			2. 유압 장치 조립 및 장치 기능	1. 유압 펌프
				2. 유압 밸브
				3. 유압 액추에이터
				4. 유압 기타 기기
		7. 전기전자장치	1. 전기전자장치조립	1. 전기기초
				2. 전기배선 요소
				3. 전기전자 회로도 및 요소부품 기초
			2. 센서 활용 기술	1. 센서 선정
			3. 모터 제어	1. 모터의 구조와 특성
				2. 모터유지보수
		8. 아크용접 장비 준비및정리정돈	1. 용접장비 설치, 용접설비 점검, 환기장치 설치	1. 용접 및 산업용 전류, 전압
				2. 용접기 설치 주의사항
				3. 용접기 운전 및 유지보수 주의사항
				4. 용접기 안전 및 안전수칙
				5. 용접기 각 부 명칭과 기능
				6. 전격방지기
				7. 용접봉 건조기
				8. 용접 포지셔너
				9. 환기장치, 용접용 유해가스
				10. 피복아크 용접설비
				11. 피복아크 용접봉, 용접와이어
				12. 피복아크 용접기법

필기과목명	문제수	주요항목	세부항목	세세항목
기계구동장치,공유압장치,전기전자장치,용접및안전관리	60	9. 아크용접 가용접작업	1. 용접개요 및 가용접작업	1. 용접의 원리
				2. 용접의 장·단점
				3. 용접의 종류 및 용도
				4. 측정기의 측정원리 및 측정방법
				5. 가용접 주의사항
		10. 아크용접 작업	1. 용접조건 설정, 직선비드 및 위빙 용접	1. 용접기 및 피복아크 용접기기
				2. 아래보기, 수직, 수평, 위보기 용접
				3. T형 필릿 및 모서리용접
		11. 수동·반자동 가스 절단	1. 수동·반자동 절단 및 용접	1. 가스 및 불꽃
				2. 가스 용접 설비 및 기구
				3. 산소, 아세틸렌용접 및 절단 기법
				4. 가스절단 장치 및 방법
				5. 플라즈마, 레이저 절단
				6. 특수가스절단 및 아크절단
				7. 스카핑 및 가우징
		12. 조립안전관리	1. 조립안전관리	1. 기계작업 안전
				2. 용접 및 가스작업 안전
				3. 전기취급 안전
				4. 산업시설 안전
				5. 안전보호구
				6. 산업안전보건법령

출제기준 – 설비보전기능사 실기

직무분야	기계	중직무분야	기계장비 설비·설치	자격종목	설비보전기능사	적용기간	2025.01.01 ~ 2028.12.31
직무내용	설비(장치)의 효율적 보전을 위해 예방 및 사후 정비 등을 수행하는 직무이다.							
수행준거	1. 기계장치의 정확한 동작과 동력전달 조건을 만족시키기 위하여 구동부품을 분해 및 조립할 수 있다. 2. 공기압장치를 설치 및 조립하여 작동시킬 수 있다. 3. 유압장치를 설치 및 조립하여 작동시킬 수 있다. 4. 기계장치 제어를 위한 전기전자장치의 요소별 특성을 이해하고 조립에 필요한 요소를 선정할 수 있다. 5. 강판을 절단하기 위해 절단기를 조작할 수 있다. 6. 제품의 형상, 특성에 따른 기준면을 선정하고 탭, 드릴, 보링 작업을 수행할 수 있다. 7. 용접절차사양서에 따라 용접조건 설정하고, 작업에 필요한 용접부 온도관리를 하며 필릿 용접 작업을 수행할 수 있다. 8. 작업을 안전하게 수행하기 위하여 안전기준을 확인하고 안전수칙을 준수하며 안전예방 활동을 할 수 있다.							
실기검정방법	작업형			시험시간				3시간 정도

실기과목명	주요항목	세부항목	세세항목
설비보전 기본 실무	1. 기계구동장치조립	1. 기계구동장치조립 준비하기	1. 조립작업의 순서 및 절차를 파악하여 기계조립 계획을 수립할 수 있다.
			2. 도면에 명시된 기계 구동 부품 확인하고 조립 순서에 따라 정리정돈을 할 수 있다.
			3. 도면에 따라 조립 치공구를 활용하여 조립 준비 할 수 있다.
		2. 기계구동장치 조립하기	1. 도면에 명시된 구동부품을 검사할 수 있다.
			2. 구동부품조립을 위하여 규격에 맞는 공구를 사용할 수 있다.
			3. 도면에 명시된 조건을 확인하여 기계구동장치 부품을 조립할 수 있다.
		3. 기계구동장치 조립상태확인하기	1. 구동장치 조립상태를 확인할 수 있다.
			2. 기계조립 장치의 정확한 구동상태를 측정하고 검사 한 데이터를 기록하고 관리 할 수 있다.
			3. 조립된 기계장치의 이상 발생 시 수정을 위하여 기계 장치의 동작상태를 확인하고 수정하여 보완 할 수 있다.

실기과목명	주요항목	세부항목	세세항목
설비보전 기본 실무	2. 공기압장치조립	1. 공기압 회로도면 파악하기	1. 공기압 회로도를 파악하기 위하여 도면을 해독할 수 있다.
			2. 공기압 회로도에 따라 부품의 규격을 파악할 수 있다.
			3. 공기압 회로도에 따라 고장 원인과 비정상 작동원인 을 파악할 수 있다.
		2. 공기압 장치 조립하기	1. 작업표준서에 따라 공기압 장치 부품의 지정된 위치 를 파악하고 정확히 조립할 수 있다.
			2. 공기압 장치를 조립하기 위하여 규격에 적합한 조립 공구와 장비를 사용할 수 있다.
			3. 공기압 장치 조립 작업의 안전을 위하여 공기압 장치 조립 시 안전사항을 준수할 수 있다.
		3. 공기압 장치기능 확인하기	1. 공기압 장치의 기능을 확인하기 위하여 조립된 공기 압 장치를 검사하고 조립도 와 비교할 수 있다.
			2. 조립된 공기압 장치를 구동하기 위하여 동작 상태를 확인하고 이상발생 시 수정 할 수 있다.
			3. 공기압 장치의 기능을 확인하기 위하여 측정한 데이터를 기록하고 관리할 수 있다.
	3. 유압 장치조립	1. 유압 회로도면 파악하기	1. 유압회로도를 파악하기 위하여 도면을 해독할 수 있다.
			2. 유압 회로도에 따라 부품의 규격을 파악할 수 있다.
			3. 유압 회로도에 따라 고장 원인과 비정상 작동 원인을 등을 파악할 수 있다.
		2. 유압 장치 조립하기	1. 작업표준서에 따라 유압장치 부품의 지정된 위치를 파악하고 정확히 조립할 수 있다.
			2. 유압 장치를 조립하기 위하여 규격에 적합한 조립 공구와 장비를 사용할 수 있다.
			3. 유압 장치 조립 작업의 안전을 위하여 유압 장치 조립 시 안전사항을 준수할 수 있다.
		3. 유압 장치기능 확인하기	1. 유압 장치의 기능을 확인하기 위하여 조립된 유압 장치를 검사하고 조립도와 비교할 수 있다.
			2. 조립된 유압 장치를 구동하기 위하여 동작 상태를 확인하고 이상발생 시 수정할 수 있다.
			3. 유압 장치의 기능을 확인하기 위하여 측정한 데이터 를 기록하고 관리할 수 있다.

실기과목명	주요항목	세부항목	세세항목
설비보전 기본 실무	4. 전기전자장치조립준비	1. 전자회로요소 선정하기	1. 전기전자회로도를 파악하기 위해 기호를 해독할 수 있다.
			2. 전기전자 부품의 규격을 파악할 수 있다.
			3. 전기전자장치에 적합한 전자회로 부품을 선정할 수 있다.
		2. 전기배선요소 선정하기	1. 전기전자장치 조립 시 전기 배선을 파악하기 위한 전 기배선요소부품별 기호를 해독할 수 있다.
			2. 전기 배선도에 따라 정확한 전기전자 부품의 규격을 파악할 수 있다.
			3. 전기 배선도를 통하여 전기전자장치에 적합한 전기 배선 요소부품을 선정할 수 있다.
		3. 전기전자회로도면 해독하기	1. 전자회로도를 기초로 전자회로 연결 상태 및 전자회 로 부품을 정확하게 해독할 수 있다.
			2. 전기배선도를 기초로 전기 배선 연결 상태 및 전기 배선 요소부품을 정확하게 해독할 수 있다.
			3. 전기회로도 및 전기배선도를 통하여 전기전자기기 의 동작 상태와 고장 원인을 파악할 수 있다.
	5. 수동·반자동 가스절단	1. 수동·반자동 절단기 조작 준비하기	1. 매뉴얼에 따라 절단기 이상 유무를 확인할 수 있다.
			2. 제작사 작업안전절차에따라 가스 및 전기 등 유틸 리티 상태를 점검하고, 이상 유무를 확인할 수 있다.
			3. 도면 확인 후, 절단 형상을 확인하고, 용접가능성 및 방법에 있어 작업자가 어려움이 없는지 확인할 수 있다.
		2. 수동·반자동 절단기 조작하기	1. 사용 매뉴얼을 숙지하여 절단기를 조작할 수 있다.
			2. 작업 안전절차에 따라 절단작업을 수행할 수 있다.
			3. 절단기 이상 발견 시, 제작사 절차에 따라 작업수리 를 의뢰할 수 있다.
			4. 강판 두께에 따라 불꽃 세기를 조정하고, 육안으로 확 인할 수 있다.
			5. 강판 두께에 따라 예열시간, 절단속도를 확인·조정할 수 있다.

실기과목명	주요항목	세부항목	세세항목
설비보전 기본 실무	5. 수동·반자동 가스절단	3. 수동·반자동 가스절단 측정·검사하기	1. 절단기 부속품을 검사·측정하여 불량 시, 제작사 절차에 따라 교체·수리할 수 있다.
			2. 결과물 절단부위에 대한 작업표준 준수여부를 검사 할 수 있다.
			3. 제작사 절차에 따른 절단부위 검사항목을 측정하여 기록할 수 있다.
	6. 탭·드릴·보링 가공	1. 작업 준비하기	1. 제품의 형상에 적합한 공구를 선택할 수 있다.
			2. 공작물의 설치방법에 따라 공작물을 설치할 수 있다.
			3. 작업순서를 고려하여 절삭공구를 설치할 수 있다.
			4. 도면에 의해서 제품의 형상, 특성에 따른 기준면을 설정할 수 있다.
		2. 본가공 수행하기	1. 작업요구사항에 따라 장비를 설정하고, 가공작업을 수행할 수 있다.
			2. 수동작업 시 절삭조건을 충족할 수 있도록 이송속도, 이송범위, 절삭 깊이를 조절 할 수 있다.
			3. 이상발생시 조치를 취하고, 보고할 수 있다.
			4. 절삭조건이 부적합한 경우 수정할 수 있다.
			5. 절삭칩으로 인한 안전사고, 공구의 파손, 제품의 불량을 방지할 수 있다.
			6. 보링작업 시 열, 진동에 의한 치수 변화를 최소화할 수 있다.
			7. 도면에 따른 가공을 하기 위해 각 좌표축의 기준점을 설정할 수 있다.
		3. 검사·수정하기	1. 측정 대상별 측정방법과 측정기의 종류를 파악하여 측정오차가 생기지 않도록 측정할 수 있다.
			2. 공구수명 단축원인과 가공치수 불량의 원인을 파악 하고 적절한 대처방안을 강구할 수 있다.
			3. 측정 후 불량부위 발생 시 수정여부를 결정할 수 있다.
	7. 피복아크 용접 필릿용접	1. T형 필릿 용접하기	1. 용접절차사양서에 따라 용접기의 종류를 선정하고 용접조건을 설정할 수 있다.
			2. 용접절차사양서에 따라 T형 필릿 용접작업을 수행할 수 있다.

실기과목명	주요항목	세부항목	세세항목
설비보전 기본 실무	7. 피복아크 용접 필릿용접	1. T형 필릿 용접하기	3. 용접절차사양서에 따라 용접 전후 처리를 할 수 있다.
	8. 조립안전관리	1. 안전기준 확인하기	1. 작업장에서 안전사고를 예방하기 위해 안전기준을 확인 할 수 있다.
			2. 정기 또는 수시로 안전기준을 확인하여 보완 할 수 있 다.
		2. 안전수칙 준수하기	1. 안전기준에 따라 안전보호장구를 착용할 수 있다.
			2. 안전기준에 따라 작업을 수행할 수 있다.
			3. 안전기준에 따라 준수사항을 적용할 수 있다.
			4. 안전사고를 방지하기 위한 예방활동을 할 수 있다.

· MEMO

PART 01

기계보전의 개요

Chapter 기계보전에 관한 용어

Chapter 윤활

Chapter 01 기계보전에 관한 용어

1 보전(Maintenance)에 관한 용어

1 설비보전의 목적

① 생산량
  생산량을 달성하기 위한 설비의 고장 및 성능 저하 방지
② 원가 절감
  설비열화로 인한 수율 저하 및 제품 원가 절감
③ 품질 향상
  제품 불량 방지로 인한 품질 저하 방지
④ 납기 준수
  납기 관리를 위한 철저한 일상 및 예방 보전, 갑작스런 고장의 방지
⑤ 안전
  재해 상해 설비의 보전성 및 안전성 고려
⑥ 근무 의욕 향상
  설비의 기본적인 내용을 이해하는 경력자 육성

> **키워드** 생산성 향상을 높이기 위한 현상 파악 및 개선 향상 요소
> ① 생산량, ② 원가, ③ 품질, ④ 납기, ⑤ 안전, ⑥ 의욕

⚠ 예상문제

1 설비의 생산성을 높이기 위한 현상 파악 및 개선 향상 요소가 아닌 것은?

① 원가   ② 품질   ③ 계측   ④ 생산량

> 정답 | ③

2 설비보전(관리)의 발달 과정

BM (사후 보전) ⇨ PM (예방 보전) ⇨ PM (생산 보전) ⇨ CM (개량 보전) ⇨ MP (보전 예방) ⇨ TPM (종합적 생산 보전)

① 사후 보전 (Break down Maintenance)
고장이 나서 설비의 정지 또는 유해한 성능 저하를 가져온 후에 수리를 행하는 보전 방식

② 예방 보전 (Preventive Maintenance) = 일상, 정기, 초기단계
설비의 특정 운전 조건을 유지시키기 위해 수행되는 모든 보전 계획의 전형적인 보전 활동. 고장, 정지, 성능 저하를 일으키는 상태를 발견 이후에 정비하는 것으로 효과를 높이는 가장 경제적으로 예비부품의 적절한 재고량이 필요하다.

③ 생산 보전 (Productive Maintenance)
생산성이 높은 보전
"최경제보전"으로 1954년 미국 GE사가 제창한 경제성을 최우선 목표로 하는 보전 활동

④ 개량 보전 (Corrective Maintenance)
설비의 신뢰성, 보전성, 경제성, 조작성, 안전성 등의 향상을 목적으로 설비의 재질이나 형상의 개량을 하는 보전 방법

⑤ 보전 예방 (Maintenance Prevention = PM 업무, 여기서 PM은 Project Manager 이다)
설비의 계획, MP 설계 단계에서부터 고장이 적고, 운전이 쉽고, 보전하기 쉽도록 구입·제작해야 한다는 것(여기서, MP 설계 ≠ PM 설계, PM 업무 ≠ PM 분석)

⑥ 종합적 생산 보전 (Total Productive Maintenance)
1970년대 이후 보전 기능이 기업의 중요한 전략적 활동이라고 결정하면서 설비의 라이프 사이클에 소요되는 비용에 대한 요소와 설비 이용 효율의 제고를 위한 전사적 보전 방법

예상문제

1 1954년 미국 GE사가 제창한 것으로 경제성을 최우선 목표로 하는 보전 활동은?
① 예방 보전 ② 생산 보전 ③ 개량 보전 ④ 보전 예방

정답 | ②

2 다음 중 종합적 생산 보전(Total Productive Maintenance)은?
① 생산 보전에 작업자의 자주 보전을 합한 것
② 설비가 나오기 전의 보전 예방과 생산 보전을 합한 것
③ 설비가 나온 후의 예방 보전과 생산 보전을 합한 것
④ 고장나지 않고 보전하기 쉬운 개량 보전과 자주 보전을 합한 것

정답 | ①

3 설비의 특정 운전 조건을 유지시키기 위해 수행되는 모든 보전 계획의 전형적인 보전 활동은?
① 개량 보전 ② 사후 보전 ③ 예방 보전 ④ 종합적 보전

정답 | ③

4 예방 보전(preventive maintenance)에 관한 내용으로 가장 적절한 것은?

① 고장, 정지 또는 유해한 성능 저하를 가져온 후에 수리를 행하는 것
② 고장이 없고 정비가 필요하지 않은 설비를 설계, 제작 또는 구입하는 것
③ 고장, 정지 또는 성능 저하를 가져오는 상태를 조기에 발견하고 초기에 이러한 상태를 제거 또는 복귀시키기 위한 보전
④ 고장난 설비의 수리 시 단순히 원상태로 수리하는 것이 아니라 설비의 약점을 파악하여 고장이 일어나지 않도록 개량하거나 설비의 질을 개선하는 것

정답 | ③

5 다음 중 예방 보전의 효과를 높이는 가장 경제적인 보전 방법은?

① 설비의 정확한 상태 파악
② 대수리 감소
③ 고장 원인의 정확한 파악
④ 예비품 재고량의 증가

정답 | ④

2 고장의 종류 해석에 관한 용어

1 고장의 종류 해석

① 우발 고장
  초기 고장 기간과 마모 고장 기간 사이에 우발적으로 발생하는 고장
② 파급 고장(2차 고장)
  다른 부품의 고장이 원인이 되어 생기는 고장
③ 돌발 고장
  돌발적으로 발생하는 고장
④ 열화 고장
  사전의 검사 또는 감시에 의하여 예지되는 고장

예상문제

1 다음 중 열화 고장을 설명한 것은?

① 초기 고장 기간과 마모 고장 기간 사이에 우발적으로 발생하는 고장이다.
② 다른 부품의 고장이 원인이 되어 생기는 고장이다.
③ 돌발적으로 발생하는 고장이다.
④ 사전의 검사 또는 감시에 의하여 예지되는 고장이다.

정답 | ④

2 설비 고장의 종류 중 시스템의 설계와 제조 공정과의 불일치에 의한 고장은?

① 오용 고장 ② 마모 고장 ③ 노화 고장 ④ 제조 고장

정답 | ④

2 고장의 시기 해석

① 초기 고장기
사용 개시 후의 비교적 빠른 시기에 설계 제조상의 결함 또는 사용 조건 환경의 부적합에 의해서 고장이 생기는 시기
부품의 수명이 짧거나 설계 불량, 제작 불량 등에 의한 결점이 나타나는 고장 시기

② 우발 고장기 = 유효수명기간
우발적으로 고장이 발생하는 시기로 즉 다음 고장이 언제 발생할지 예측할 수 없는 고장 시기이며 고장률이 거의 일정하다고 볼 수 있는 시기

③ 마모 고장기 ≠ 말기
피로, 마모, 노화 현상 등 시간의 경과에 따라 고장률이 커지는 시기로 사전 검사, 감시에 의해 예측이 가능하므로 고장률을 낮출 수 있는 시기

④ 돌발 고장기
예측 없이 돌발적으로 발생하는 시기

예상문제

1 부품의 수명이 짧거나 설계 불량, 제작 불량 등에 의한 결점이 나타나는 고장 시기는 언제인가?

① 초기 고장기 ② 우발 고장기
③ 돌발 고장기 ④ 노후 고장기

정답 | ①

2 설계 불량, 제작 불량 등에 의한 고장이 나타나는 기간은?

① 초기 고장기 ② 우발 고장기
③ 마모 고장기 ④ 중기 고장기

정답 | ①

3 설비 고장률 곡선에서 유효수명 기간으로 설비 보전원의 감지 능력 향상을 위한 교육 훈련이 필요한 시기는?

① 초기 고장기 ② 보전 고장기
③ 마모 고장기 ④ 우발 고장기

정답 | ④

Chapter 02 윤활

1 마찰의 개념

두 물체가 접촉하고 있을 때 한 면이 다른 면 위를 미끄러지거나 미끄러지려 할 때 나타나는 힘으로 두 물질의 작용하는 압력과 접촉면 사이의 불규칙성에 따라 달라지는데, 보통 운동 마찰력이 정지 마찰력보다 작다.

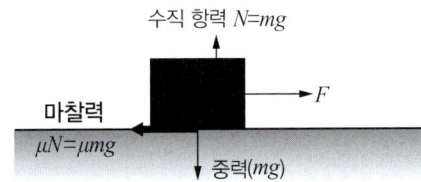

① 마찰력의 크기는 마찰계수(비례정수 μ)와 수직항력의 곱이다.
② 마찰력의 방향은 항상 운동을 방해하는 방향이다.
- 마찰과 기계 효율 : 에너지가 기계에 의해 다른 형태로 변환할 때에는 에너지가 손실된다. 따라서 100% 효율인 기계는 없다.

1 마찰의 상태

① 건식 마찰(Dry friction) : 접촉면에 윤활유가 없는 경우의 마찰로 고체 마찰이라고도 한다.
② 유체 마찰(Fluid friction) : 접촉면에 윤활유가 강한 유막을 형성하여 접촉면이 직접 접촉을 하지 않고 유막을 사이에 두고 마찰을 하는 상태이다.
③ 경계 마찰(Boundary friction) : 위 두 마찰 상태의 중간 상태로 접촉면 사이의 유막이 아주 얇은 경우의 마찰 상태로 완전 윤활(Perfect lubrication, 유체 마찰로 이루어지는 윤활 상태)에서 유막이 약해지면서 마찰이 급격히 증가하기 시작하는 경계 윤활 상태를 불완전 윤활(Imperfect lubrication)이라고도 한다.

2 윤활 – (윤활의 4원칙은 적유(기름), 적기(기간), 적량(정량), 적법(방법)이다.)

기본적으로 윤활은 각종 엔진·차량을 비롯하여 일반 기재의 원활한 운전의 기초가 되어 중요하다. 윤활제(보통은 기름)가 두 면 사이에 있는 상태에 따라, 경계윤활과 유체윤활로 나눈다. 두 면 사이에 있는 기름의 막(膜)이 아주 얇고 부분적으로 고체끼리 접촉하고 있는 경우는 '경계윤활', 두 면 사이에 있는 기름의 막이 두껍고, 이상적인 경우에 두 면이 직접 접촉하지 않은 상태가 '유체윤활'이다. 이는 마찰력도 아주 작고 마모도 적다.

일반적으로 윤활이라는 것은 두 면 사이에 개재하는 것이 꼭 기름이어야 하는 것도 아니다. 공기·가스와 같은 기체일 때도 있고, 또 흑연과 같이 고체일 경우도 있다.

움직이는 두 물체의 사이에 '기계에 올바른 급유를 공급'과 '정기적인 점검'을 통해 고장의 감소와 원활한 가동으로 결과적으로, 마찰저항과 기계적 마모를 줄여 시설관리비용의 절감과 생산성의 향상을 기대할 수 있다.

예상문제

1 윤활의 목적으로 옳지 않은 것은?
① 금속 간 접촉에 의한 마모 방지
② 이물질 침입을 막고 녹과 부식 방지
③ 냉각 작용으로 윤활유 자신의 열화 방지
④ 금속 표면에 접촉하여 금속의 산화 현상 촉진

정답 | ④

2 윤활제

1 윤활유의 분류

① 원료에 의한 분류
  ㉠ 석유계 윤활유 : 파라핀계 윤활유, 나프탄계 윤활유, 혼합 윤활유
  ㉡ 비광유계 윤활유 : 동식물계 윤활유, 합성 윤활유

② 점도에 의한 분류
  ㉠ 미국자동차기술자협회(SAE) 윤활유
  ㉡ 미국기어제조협회(AGMA) 윤활유
  ㉢ ISO 공업용 윤활유

③ API(미국석유협회) 서비스 분류 : 가솔린 엔진 오일, 디젤 엔진 오일, 기어 오일

④ 용도에 의한 분류
  전기 절연유, 금속 가공유, 방청유, 유압 작동유

⑤ 윤활유의 희석
  내연기관의 윤활유에 연료유 및 다량의 수분이 혼입되었을 경우에 점도가 변화하는 현상으로 산화를 촉진시키는 조건은 먼지, 온도, 사용 시간, 금속 촉매, 산소, 윤활유의 혼합, 수분, 함유 슬러지 등이다.

> **참고**
> 탄화 : 열 → 건유 → 다량의 탄소잔류물 발생
> 산화 : 산소 외 수분, 먼지 등 → 점도 증가 또는 표면장력의 저하
> 유화 : 수분 → 유화액

⑥ 사이클로이드 감속기의 윤활 방법으로는 1kW 이하의 소형에는 그리스, 그 이상의 것은 유욕 윤활(oil bath lubrication) 방법이 쓰인다.

예상문제

1 내연기관의 윤활유에 연료유가 혼입되어 윤활유의 점도가 변화하는 현상은?
① 윤활유의 산화
② 윤활유의 탄화
③ 윤활유의 유화
④ 윤활유의 희석

정답 | ④

2 윤활유가 산화되었을 때 나타나는 현상과 거리가 먼 것은?
① 점도의 증가
② 중축합물 생성
③ 표면장력의 저하
④ 다량의 잔류 탄소 발생

정답 | ④

2 윤활유의 종류

① 액상 윤활유
  ㉠ 고온에서 변질이나 내부식성이 우수한 광물섬유
  ㉡ 점도 및 유동성이 우수한 지방유(동물성, 식물성), 합성유
  ㉢ 냉각 효과가 좋으나 누설의 우려가 있다.

② 반고체 윤활유
  주로 그리스류를 말하며 윤활을 하는데 힘이 들지 않고 가까이 하기 어려운 곳에 한 번 주입하면 오래 사용할 수 있는 장점이 있어서 널리 사용되고 있다.

③ 고체 윤활유
  고체 윤활제는 윤활성이 액체 윤활제보다 온도에 덜 민감한 장점이 있고, 흑연, 이황화몰리브덴, PTFE(Poly-Tetra-Fluoro-Ethylene=폴리테트라플루오로에틸렌) 등이 있다.

④ 방청유
  금속에 녹이 스는 것을 막기 위해 바르는 기름으로 금속 표면에 기름 보호막을 만들어 공기 중의 산소나 수분을 차단한다. 주요 성분은 오일이다.

> **예상문제**
>
> 1 윤활제로서 가장 많이 사용되는 윤활유는?
>
>   ① 고체 윤활유   ② 반고체 윤활유
>   ③ 액상 윤활유   ④ 기상 윤활유
>
>   정답 | ③

3 윤활제의 성질

① 비중 : 어떤 물질과 표준물질의 질량과의 비율
② 점도 : 액체의 내부 마찰에 기인하는 점성의 정도 → 점도지수가 높다는 것은 온도변화에 대한 점도변화가 적다는 것이다.
③ 인화점 : 가연성 액체나 고체의 표면에 순간적으로 화염을 접근시킬 경우, 연소시키는데 필요한 만큼의 증기가 발생하는 최저 온도
④ 발화점 : 가연성 액체 없이 스스로 연소를 시작할 수 있는 최저 온도
⑤ 유동점
  윤활유의 온도를 낮추면 유동성을 잃어 마침내는 응고되고 만다. 윤활유가 이와 같이 유동성을 잃기 직전의 온도를 유동점이라고 하며, 유동점은 윤활유의 급유와 관계가 깊다.
⑥ 적하점
  반고체 상태의 그리스가 액체 상태로 되어 떨어지는 최초의 온도를 말하며, 그리스 내열성을 평가하는 기준이 된다.
⑦ 산화 안정도 : 석유 제품의 중요한 성질의 하나로 내산화도를 평가하는 방법
⑧ 주도 : 그리스의 굳음 정도
⑨ 이유도 : 그리스를 장기간 저장하고 있을 경우 또는 사용 중에 그리스를 구성하고 있는 오일이 분리되는 현상이다.
⑩ 혼화 안정도 : 그리스의 전단 안정성, 즉, 기계적 안정성을 평가하는 방법
⑪ 중화가
  석유제품의 산성 또는 알칼리성을 나타내는 것으로서 산화 조건하에서 사용되는 동안 오일 중에 일어난 상대적 변화를 알기 위한 척도로서 사용된다.
⑫ 잔류 탄소
  오일의 증발, 열분해 후에 생기는 탄화 잔류물을 말한다. 이 잔류물은 일반적으로 탄소만으로 되어 있지는 않다. 따라서 윤활유의 잔류 탄소는 윤활유의 정제도와 밀접한 관계가 있고 내연기관에 사용되는 윤활유에 있어서 잔류 탄소는 더욱 중요하다.
⑬ 동판 부식
  동판 부식 시험은 오일 중에 함유되어 있는 부식성 물질로 인한 금속의 부식 여부에 관한 시험이다.
⑭ 황산 회분
  윤활유 첨가제가 함유된 신유 또는 윤활유용 첨가제를 태워서 생긴 탄화 잔류물에 황산을 가하고 가열해서 된 회분을 말한다. 따라서 황산 회분은 윤활유의 금속 첨가제를 정량적으로 측정하는 데 그 목적이 있다.

> **예상문제**

1. 액체의 내부 마찰에 기인하는 점성의 정도를 무엇이라 하는가?

    ① 비열　　　② 비중　　　③ 점도　　　④ 주도

    정답 | ③

2. 가연성 액체나 고체의 표면에 순간적으로 화염을 접근시킬 경우, 연소시키는데 필요한 만큼의 증기가 발생하는 최저 온도를 무엇이라고 하는가?

    ① 발화점　　② 폭발점　　③ 연소점　　④ 인화점

    정답 | ③

3 윤활제의 급유 방법

1 비순환 급유법

순환 급유법이 어려울 경우에 사용한다.

① 손 급유법 (Hand Oiling)

　주로 인쇄 기계, 방적 기계, 공구, 체인 등에 사용하며 손으로 기름치기를 하는 간단한 급유 방법이다. 미끄럼 속도가 낮고 경하중인 경우에 사용한다.

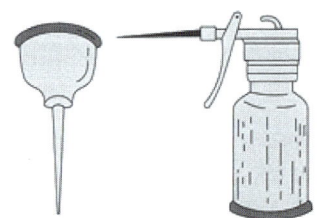

② 적하 급유법 (Drop-feed Oiling)

　적하 급유법은 비교적 고속회전의 소형 볼베어링 등에 많이 사용되는 방법이며, 가시식(可視式)의 오일에 기름이 저장되어 있고 적하하는 오일량은 상부의 나사에 의하여 조절된다.

　㉠ 적하 급유법의 종류

사이펀 급유 방법 (Syphon Oiling)	바늘 급유 방법 (Needle Oiling)	가시적하 급유 방법 (Sight Feed Oiling)

③ 가시부상 유적 급유법

급유 상태를 볼 수 있는 장점을 가진 급유법

> **예상문제**
>
> **1** 윤활제의 급유에서 사이펀(syphon) 급유 방법은 어느 방식인가?
>   ① 손 급유법 ② 적하 급유법
>   ③ 패드 급유법 ④ 가시부상 유적 급유법
>
>   정답 | ②

2 순환 급유법

동일한 윤활유를 반복하여 마찰면에 공급하는 급유법으로 오일은 펌프에 의해 순환하여 오일통으로 되돌아오며, 발생 열은 오일에 의해 제거된다.

① 유욕 급유법 : 유욕 윤활은 고속이 아닌 저속 및 중속용 베어링에서 많이 사용되고 있는 윤활 방법으로 마찰부위가 오일 속에 잠겨 윤활이 이루어지는 방식이다.

② 원심 급유법 : 원심력을 이용한 방법으로 엔진 종류의 크랭크핀 급유에 사용한다.

③ 패드 급유법 : 패킹을 가볍게 저널(Journal)에 접촉시켜 급유하는 방법이다. 모세관 현상을 이용한 방법으로 털실이 직접 마찰면에 접촉한다.

④ 강제 순환 급유법 : 가장 좋은 급유법으로, 펌프를 이용하여 윤활이 필요한 기계가 한 대이든 여러 대이든 관계 없이 모든 마찰 지점에 윤활제를 동시에 공급하고, 윤활 적용이 끝난 윤활제는 재사용하기 위하여 펌프로 별도의 저장조에 회수시켜 여과 및 냉각 과정을 거친 후 반복 사용하는 방식이다.

⑤ 유륜식 급유법 : 마찰면에 기름을 운반해 윤활 작용을 하고 나머지는 대부분 마찰면의 열을 제거한 후 기름 탱크로 되돌아오는 급유 방법으로 모터, 발전기, 소형 터빈 등과 같은 고속 회전의 베어링에 많이 사용한다.

⑥ 체인 급유법 : 비교적 저속도의 큰 하중 베어링에 사용되며, 유륜식 급유법보다 점도가 높은 기름을 필요로 할 때 사용한다.

⑦ 버킷 급유법 : 밀폐된 케이스를 사용하며 회전판을 부착하여 비말을 받아 적하하는 급유법이다.

⑧ 나사 급유법 : 축 표면에 나선 모양의 홈을 만들고 축의 회전에 따라 기름이 홈을 따라 올라가 축 표면에 급유되는 방식이다.

⑨ 비말 급유법(미스트 급유) : 기계의 운동부를 오일 탱크 내 유표면에 미접시켜 소량의 오일을 마찰면에 튀게 하여 오일을 공급하는 방법이다.

⑩ 중력 순환 급유법 : 높은 곳에 있는 기름 탱크에서 분배관을 통하여 기름을 흘려 보내는 방법이다.

⑪ 롤러 급유법 : 기름 탱크에 있는 롤러를 설치하여 롤러에 부착되는 기름으로 윤활하는 급유 방법

⑫ 분무 급유법 : 공기여과기, 공기압축기, 분무 장치, 감압밸브를 이용하여 분무 급유하는 방법이다.

> **예상문제**

1 순환 급유법으로 모세관 현상에 의하여 기름을 마찰면에 보내어 이때 털실이 직접 마찰면에 접촉하게 되는 급유법은?

① 패드 급유법　　② 모세관 급유법　　③ 중력순환 급유법　　④ 적하 급유법

　　　　　　　　　　　　　　　　　　　　　　　　　　　　　　정답 | ①

2 순환펌프를 이용하는 윤활제의 급유 방법은?

① 손 급유법　　② 오일링 급유법　　③ 강제순환 급유법　　④ 담금 급유법

　　　　　　　　　　　　　　　　　　　　　　　　　　　　　　정답 | ③

3 다음 중 순환 급유법이 아닌 것은?

① 유륜식 급유법　　② 손 급유법　　③ 원심 급유법　　④ 비말 급유법

　　　　　　　　　　　　　　　　　　　　　　　　　　　　　　정답 | ②

4 다음 중 윤활제의 급유 방식 중 순환 급유법이 아닌 것은?

① 유목 급유법　　② 링 급유법　　③ 적하 급유법　　④ 원심 급유법

　　　　　　　　　　　　　　　　　　　　　　　　　　　　　　정답 | ③

3 그리스 급유법

그리스는 액상 윤활제(광유 및 합성유)에 증주제를 분산시킨(그리스 건을 사용하거나 손 급유법으로 그리스를 급유한다.) 상온에서 반고체 또는 고체상의 윤활제이다.

① 그리스 급유의 장점 : 급유 간격이 길고, 누설이 적고, 밀봉성과 먼지 등의 침입이 적다.
② 그리스 급유의 단점 : 냉각 작용이 적고, 질의 균일성 등이 떨어진다.

오일과 그리스 윤활의 비교

오일(윤활유)	그리스
회전저항이 적다.	회전 초기 저항이 크다.
냉각 효과가 크다.	냉각 효과가 작다.
순환 급유가 양호하다.	순환 급유에 안 좋다.
밀봉 장치가 복잡하다.	밀봉 장치에 적절하다.
누설이 많다.	누설이 적다.
모든 회전 속도에서 양호하다.	초고속 회전에서 곤란하다.

4 윤활 관리

기계에 올바른 윤활을 행하여 윤활상의 고장이 없게 하고, 기계나 설비의 완전운전을 보장하며, 생산성의 향상 및 생산비의 절감에 기여하는 것을 목적으로 한 일련의 관리 업무를 말한다.

1 윤활유의 역할

① 냉각 작용 : 마찰열이나 외부로부터 받은 열 등을 흡수하여 방출하는 작용
② 방청 작용 : 금속의 표면 녹 방지 및 보호 작용
③ 감마 작용 : 윤활제의 작용 중 마찰면의 직접 접촉에 의해서 생기는 건조면 마찰을 해소하기 위하여 건조면 마찰을 유체마찰로 바꿔 마찰을 최소화시키는 작용
④ 응력 분산 작용 : 힘을 분산시켜 균일하게 하는 작용
⑤ 밀봉 작용 : 기름막을 형성하여 기계의 운동 부분을 밀봉하여 압력 누설 등을 방지하는 역할
⑥ 청정 작용 : 윤활 부위에 혼입된 이물질을 무해한 형태로 바꾸거나 배출하는 윤활유의 작용
⑦ 녹 및 부식 방지 : 윤활 개소의 녹과 부식을 방지하는 작용
⑧ 방진 작용 : 먼지 등의 유해 이물질이 혼입되는 것을 방지하는 역할
⑨ 동력 전달 작용 : 유압 작동유를 이용하여 동력을 전달

예상문제

1 기계 윤활에서 윤활 작용이 아닌 것은?

① 알파 작용　② 감마 작용　③ 세정 작용　④ 응력 분산 작용

정답 | ①

2 윤활제의 작용 중 마찰면의 직접 접촉에 의해서 생기는 건조면 마찰을 해소하기 위하여 건조면 마찰을 유체마찰로 바꿔 마찰을 최소화시키는 작용은?

① 냉각 작용　② 감마 작용　③ 밀봉 작용　④ 응산 분산 작용

정답 | ②

2 윤활제의 구비조건

① 금속의 부식성이 적어야 한다.
② 열전도가 좋고 내하중성이 커야 한다.
③ 화학적으로 안정되어야 한다.

3 윤활관리의 목적과 효과

① 목적 : 기계에 정확한 윤활을 행하고 윤활로부터 일어나는 제반 고장이나 성능 저하를 없애고 기계나 장치의 완전운전을 꾀하고 생산성을 향상시켜 생산비(제품 단가)를 인하시키는 것이 궁극적인 목적이다.

② 효과
- ㉠ 윤활유의 낭비 방지
- ㉡ 기계의 정상 운전
- ㉢ 기계 보수의 합리화
- ㉣ 윤활 사고의 방지
- ㉤ 기계 기능의 유지
- ㉥ 제품 정도의 향상
- ㉦ 보수 유지 비용의 감소
- ㉧ 동력 비용의 감소
- ㉨ 구매 업무의 간소화
- ㉩ 안전 작업의 철저
- ㉪ 윤활 의식의 고양

예상문제

1 다음 중 윤활 관리의 효과와 거리가 먼 것은?

① 윤활 사고의 방지 ② 동력 비용의 증대
③ 제품 정도의 향상 ④ 보수 유지 비용의 절감

정답 | ②

4 액상 윤활유가 갖추어야 할 성질

① 충분한 점도를 가질 것
② 청정하고 균일할 것
③ 화학적으로 불활성일 것
④ 산화나 열에 대한 안정성이 높을 것
⑤ 인화점이 높을 것

5 윤활유의 열화 방지책

① 윤활유가 고온부에 접촉하는 시간을 짧게 하고 유온을 일정하게 유지한다.
② 윤활유 내부의 슬러지 성분을 신속하게 제거한다.
③ 새로운 기계 도입 시 세척한 후 사용한다.
④ 교환 시는 열화유를 완전히 제거한다.
⑤ 고온 및 기름의 혼합 사용을 피한다.
⑥ 산화분지제 또는 청정분산제를 사용한다.
⑦ 파라핀계 윤활유를 사용한다.

참고

	파라핀계	나프텐계
유동점	높다	낮다
휘발성(밀도)	낮다	높다
점도지수	높다	낮다
산화안정성	높다	낮다

6 윤활유가 산화되었을 때 나타나는 현상

① 점도와 산의 증가
② 금속 표면 색의 변화
③ 표면장력의 저하
④ 중축합물을 생성

예상문제

1 윤활 부위에 혼입된 이물질을 무해한 형태로 바꾸거나 배출하는 윤활유의 작용을 무엇이라 하는가?

① 감마 작용　② 냉각 작용　③ 밀봉 작용　④ 청정 작용

정답 | ④

2 윤활유의 역할로서 옳지 않은 것은?

① 냉각 작용　② 부식 작용　③ 청정 작용　④ 마찰 및 마모의 감소

정답 | ②

・MEMO

PART 02

기계제도

Chapter 기계제도

Chapter 01 기계제도

1 기계제도의 기초

제도(Drawing)는 그리는 것이다. 주문자의 주문에 따라 설계자가 제품의 모양이나 크기 등을 일정한 규칙에 따라서 선, 문자, 기호 등으로 간단하게 나타내어 물체의 모양, 구조, 기능 등을 알기 쉽고, 정확하게 작성하는 과정이다.

1 도면의 일반사항

① 도면의 규격

일정한 규격에 따라 제품을 생산하게 되면 제품의 단일화로 생산성을 높일 수 있고 품질 향상 및 생산 단가를 낮춰 경쟁력을 높일 수 있다.

각국의 공업규격

재정 연도와 명칭	표준 규격 기호
1961 한국 공업규격(Korean Industrial Standards)	KS
1947 국제표준화기구(International Organization for Standardization)	ISO
1945 일본 공업규격(Japanese Industrial Standards)	JIS
1918 미국 규격(American National Standards), 프랑스 규격(Norme Francaise), 스위스 규격(Schweitzerih Normen-Vereingung)	ANSI, NF, SNV
1917 독일 규격(Deutsches Instiute fur Normung)	DIN
1901 영국 규격(British Standards)	BS

우리나라의 제도는 1966년에 KS A 0005 제도통칙으로 제정, 1967년에 KS B 0001 기계제도통칙이 제정, 공포되어 규정되었다.

한국공업 규격(KS)의 분류기호

분류기호	A	B	C	D	E	F	V	W	X	R
부분	기본	기계	전기	금속	광산	건축, 토목	조선	항공	정보 산업	수송 기계

② 도면 분류에 따른 종류

구분	도면의 종류	설명
용도에 따른 분류	계획도(Layout drawing)	시발점, 기초가 되는 도면
	제작도(Working drawing)	제품을 만들 때 사용되는 도면
	주문도(Order drawing)	주문서에 붙여 요구의 외형 및 형태를 나타내는 도면으로 모양, 기능 등을 나타내는 도면
	승인도(Approved drawing)	주문자의 검토를 거쳐 승인을 받아 이것에 의하여 계획 및 제작을 하는 기초 도면
	견적도(Estimation drawing)	견적서에 붙여 조회자에게 제출하는 도면, 가격
	설명도(Explanation drawing)	사용자에게 구조, 기능, 취급법을 보이는 도면
내용에 따른 분류	조립도(Assembly drawing)	전체의 조립을 나타내는 도면
	부분조립도(Part assembly drawing)	일부분의 조립을 나타내는 도면
	부품도(Part drawing)	부품을 제작할 수 있도록 그 상세를 나타내는 도면
	상세도(Detail drawing)	특정 부분의 상세를 나타내는 도면
	공정도(Process drawing)	제작 과정의 상태를 나타내는 제작도, 또는 제조 공장을 나타내는 계통도
	접속도(Connection diagram)	주로 전기 기기의 내부 및 기기 상호 간의 전기적 접속, 기능을 나타내는 도면
	배선도(Wiring diagram)	전선의 배치를 나타내는 도면
	배관도(Piping diagram)	건축물, 선박의 급수, 배수관, 기계 장치의 송유관 등 관의 배치를 나타내는 도면
	계통도(Distribution drawing)	배관, 전기 장치의 결선 등 계통을 나타내는 도면
	기초도(Foundation drawing)	기계나 건물의 기초 공사에 필요한 도면
	설치도(Setting diagram)	보일러, 기계 등의 설치 관계를 나타내는 도면
	배치도(Arrangement drawing)	기계나 장치의 설치 위치를 나타내는 도면
	장치도(Equipment drawing)	각 장치의 배치, 제조 공정 등의 관계를 나타내는 도면
	외형도(Outside drawing)	기계나 구조물의 외형만을 나타내는 도면
	구조선도(Skeleton drawing)	기계나 구조물의 골조를 나타내는 도면
	곡면선도(Curved surface drawing)	선박, 자동차의 복잡한 곡면을 나타내는 도면
	구조도(Structure drawing)	구조물의 구조를 나타내는 도면
	전개도(Development drawing)	물체, 건조물 등의 표면을 평면에 전개한 도면

㉠ 성질에 따른 분류
  ⓐ 원도(Original drawing) : 켄트지에 연필로 그린 최초의 도면 또는 컴퓨터로 작성된 최초의 도면이다.
  ⓑ 트레이스도(Trased drawing) : 연필로 그린 원도 위에 트레이싱 용지를 놓고 연필 또는 먹물로 그린 도면이다. 트레이스도를 복사한 도면을 복사도(Copy Drawing)이다.
  ⓒ 청사진(Blue print) : 트레이스도를 원도로 하여 이것을 감광지에 옮긴 것이다.
㉡ CAD(Computer Aided Design)
  ⓐ CAD는 품질 및 생산의 향상, 출력의 다양성, 설계의 표준화, DB 구축의 특성을 갖는다. (여기서, DB란 Data Base의 약어로 여러 사람에 의해 공유되어 사용될 목적으로 통합하여 관리되는 데이터의 집합을 말한다.) 일반적으로 기계, 전기, 전자, 건축, 토목, 항공, 선박 및 산업디자인등의 다양한 분야에 사용된다.
  ⓑ CAD을 시스템을 활용하는 방식은 중앙 통제형, 분산 처리형, 독립형이 있다.

예상문제

1. CAD에 대한 설명으로 잘못된 것은?
① CAD는 품질 및 생산의 향상 출력의 다양성, 설계의 표준화, 데이터베이스 구축의 특성을 갖는다.
② CAD는 시스템을 활용하는 방식은 중앙 통제형, 분산 처리형, 독립형이 있다.
③ CAD는 기계, 전기, 전자, 건축, 토목, 항공, 선박 및 산업디자인 등의 다양한 분야에 사용된다.
④ CAD는 Computer Automatic Design의 약어이다.

정답 | ④

2. 도면의 종류 중 제작도를 만드는 기초가 되는 도면은 무엇인가?
① 계획도   ② 견적도   ③ 설명도   ④ 주문도

정답 | ①

3. 주문할 사람에게 물품의 내용 및 가격 등을 설명하기 위한 도면은?
① 제작도   ② 주문도   ③ 견적도   ④ 승인도

정답 | ③

4. 장치 공업에서 각 장치의 배치, 제조 공정의 관계 등을 나타낸 도면은 어느 것인가?
① 장치도   ② 배근도   ③ 부품도   ④ 조립도

정답 | ①

5. 기계제도에서 도면을 그 성질에 따라 분류한 것이 아닌 것은?
① 복사도(Copy Drawing)   ② 원도(Original Drawing)
③ 스케치도(Sketch Drawing)   ④ 트레이스도(Traced Drawing)

정답 | ③

6. 한국산업규격(KS) 중에서 "KS B"로 분류되는 부문은?
① 기계   ② 섬유   ③ 전기   ④ 수송기계

정답 | ①

7 KS의 부문별 분류 기호 중 기계 분야 분류기호로 맞는 것은?

① KS A   ② KS B   ③ KS C   ④ KS D

정답 | ②

③ 도면의 크기
  ㉠ 도면은 제도를 통해 모든 사람이 이해할 수 있도록 제도 용지에 설계자의 생각을 표현한 것이다. 제도 용지의 폭과 길이의 비는 $1 : \sqrt{2}$로 한다. 규격화된 용지의 크기로 작성하고, 크기는 A열을 기준으로 한다. 그 밖의 교과서, 미술용지, 신문 등은 B열을 기준 크기의 용지로 사용한다.

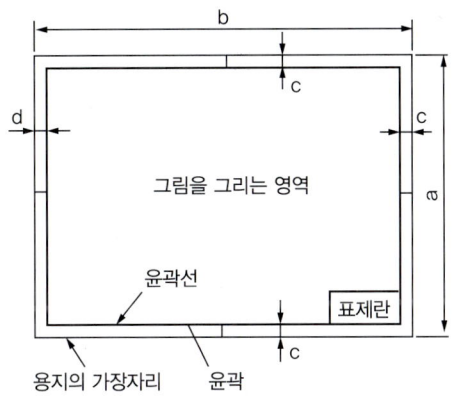
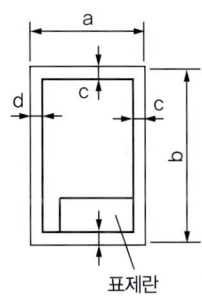

a. A0~A4에서 긴 변을 가로 방향으로 놓은 경우   b. A4에서 짧은 변을 가로 방향으로 놓은 경우

  ㉡ 도면을 접을 때 그 크기는 원칙적으로 A4의 크기(210 × 297mm)로 하며 표제란이 겉으로 나오게 접는다. (최상면 우측 하단에 위치)
  → 원도는 보통 접지 않는다. 원도를 말아서 보관하는 경우에는 그 안지름은 φ40mm 이상으로 한다.
  ㉢ 용지의 크기

용지 호칭	A0	A1	A2	A3	A4
도면 크기	841×1189	594×841	420×594	297×420	210×297

④ 도면의 척도
  ㉠ 척도의 종류

축척	실물의 크기를 도면에 일정한 비율로 줄여서 그리는 것	1 : 2, 1 : 5, 1 : 100 등
배척	실물의 크기를 도면에 실물보다 크게 그리는 것	2 : 1, 5 : 1, 100 : 1 등
현척	실물의 크기를 도면에 같은 크기로 그리는 것	1 : 1

ⓒ 도면의 척도에는 축척, 배척, 현척이 있으며, 치수를 기입할 때에는 실물의 치수를 그대로 기입한다. 척도는 A : B로 표시한다. (여기서 A는 그린 도형에서의 대응하는 길이, B는 대상물의 실제 길이) 표제란에 척도를 기입하는 것이 원칙이지만, 표제란이 없을 경우에는 도명이나 품번 옆에 척도를 기입한다.

ⓒ 치수와 비례하지 않을 경우에는 N.S 또는 치수 밑에 줄을 긋거나, '비례가 아님.'이라고 문자를 기입한다.(여기서, N.S(Non Scale)는 비례척이 아닌 것을 뜻함.)

예상문제

1 다음과 같은 척도의 표시 중에서 배척에 해당하는 것은?

① 1 : 1 ② 1 : 5 ③ 2 : 1 ④ 1 : √2

정답 | ③

2 기계제도에서 전체의 그림을 정해진 척도로 그리지 못한 경우에 표시하는 방법은?

① 척도 1 : 1 ② 배척이 아님 ③ 비례척이 아님 ④ 기재하지 않는다.

정답 | ③

ⓟ 도면의 양식
  ⓒ 윤곽선(테두리선) : 선의 굵기는 0.5mm 이상의 실선을 사용하여 그린다.
  ⓒ 표제란 : 도면의 오른쪽 아래 구석에 그리며, 기재 사항으로는 도면 번호, 도명, 척도, 투상법, 도면 작성일, 책임자 서명 또는 제도한 사람의 이름 등을 기입한다.
  ⓒ 재단마크 : 용지의 4구석에 재단마크를 표시하는 것으로 복사한 도면을 재단할 때 편의를 목적으로 해도 좋다.
  ⓒ 중심마크 : 도면의 상하좌우 중앙의 4개소에 표시하는 것으로 도면의 사진 촬영 및 복사할 때 편의를 목적으로 표시한다.

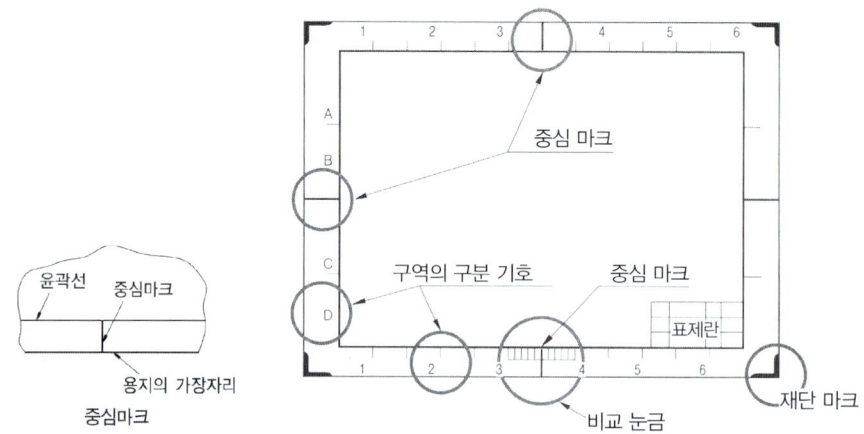

  ⓒ 도면구역 : 도면 중의 특정 부분의 위치를 지시하는 편의를 위하여 도면의 구역을 표시하는 것이 좋다.

ⓗ 부품란 : 오른쪽 위나 아래쪽에 기입하고, 품명, 품번, 재료, 개수, 무게, 비고 등을 기록하며 부품번호는 부품에서 지시선을 빼어 그 끝에 원을 그리고 원 안에 숫자를 기입한다.

ⓢ 비교눈금 : 도면의 축소 또는 확대 복사의 작업 및 이들의 복사도면을 취급할 때의 편의를 위하여 도면에 비교눈금을 마련하는 것이 바람직하다.

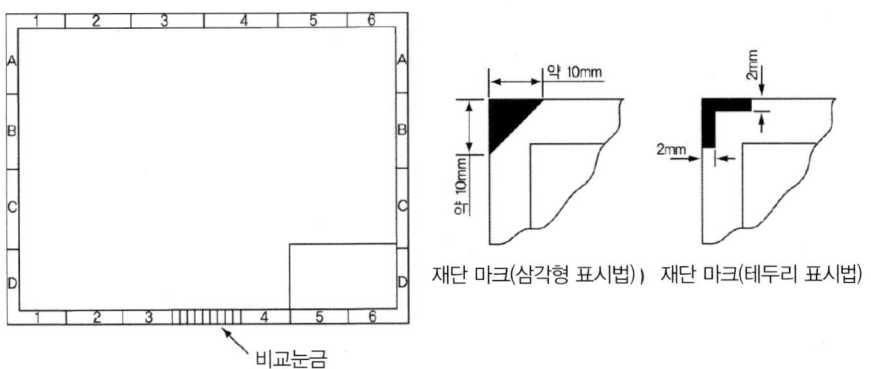

2 선의 일반사항

① 선 모양에 따른 종류

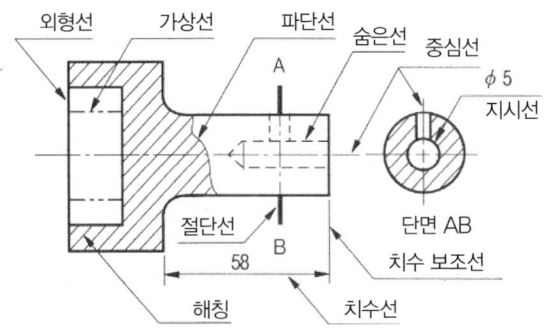

선의 종류		설명	용도
실선	————————	연속된 선	굵은 실선(외형선), 가는 실선 (치수선, 치수 보조선, 지시선)
파선	- - - - - - - - - -	일정한 간격으로 짧은 선의 요소가 규칙적으로 반복되는 선	은선 (숨은선)
1점 쇄선	—·—·—·—·—	장, 단 2종류 길이의 선이 번갈아 반복되는 선	1점 쇄선(중심선, 기준선, 피치선)
2점 쇄선	—··—··—··—	장, 단, 단 길이의 선이 장, 단, 단, 장, 단, 단의 순서로 반복되는 선	2점 쇄선(가상선, 무게중심선)

→ 단, 1점 쇄선 및 2점 쇄선은 장 선에서 시작해서 그린다.

② 선의 종류에 의한 용도

용도에 따른 명칭	선의 종류		선의 용도
외형선	굵은 실선	———	대상물의 보이는 부분을 표시하는 선
치수선	가는 실선		치수를 기입하는데 사용되는 선
치수보조선			치수 기입에 사용하기 위하여 도형으로부터 끌어내는데 사용되는 선
지시선			기호, 지시 등을 표시하는데 사용하는 선
수준면선			유면이나 수면을 나타내는 선
회전 단면선			도형 내에 절단면을 90° 회전하여 표시한 선
중심선	가는 1점 쇄선	—·—·—	① 도형의 중심을 표시하는 선 ② 중심이 이동한 중심궤적을 나타내는 선 (때론 가는 실선으로 사용된다.)
기준선			위치 결정의 근거가 되는 것을 명시할 때 사용하는 선
피치선			기어, 스프로킷 등의 되풀이하는 도형의 피치를 나타내는 선
숨은선	가는 파선 굵은 파선	- - - - - -	보이지 않는 부분을 나타내는 선
가상선	가는 2점 쇄선	—··—··—	① 가공 전후의 모양을 표시하는데 사용하는 선 ② 인접 부분을 참고로 표시하는데 사용하는 선
무게중심선			단면의 무게중심을 연결하는데 사용하는 선
파단선	지그재그선	∿∿	① 대상물의 일부를 파단한 곳을 표시하는 선 ② 일부를 끊어낸(떼어낸) 부분을 표시하는 선
해칭선 (Hatching)	가는 실선	∥∥∥	① 가는 실선으로 하는 것을 원칙으로 한다. ② 2개 이상의 부품이 인접해 있을 때는 방향이나 간격을 다르게 한다. ③ 중심선 또는 기선에 대하여 45° 기울기로 2~3mm 간격으로 한다. (단, 45° 기울기로 분간하기 어려울 때는 30° 또는 60°로 한다.) ④ 간단한 도면에서 쉽게 알 수 있는 것은 생략할 수 있다. ⑤ 동일 부품의 해칭은 동일한 모양으로 한다. ⑥ 해칭 또는 스머징 부분 안에 문자, 기호 등을 기입할 때는 해칭 또는 스머징을 중단한다.
절단선	가는 1점 쇄선 + 모서리 굵게	⌐⌐	가는 1점 쇄선으로 끝부분 및 방향이 변하는 부분을 굵게 한 것 (단면도를 그리는 경우, 그 절단 위치를 대응하는 그림에 표시하는데 사용한다.)
특수한 용도의 선	가는 실선	———	① 평면을 나타내거나 위치를 명시하는데 사용되는 선 ② 외형선 및 숨은선의 연장을 표시하는 선
	아주 굵은 실선	━━━	얇은 부분의 단면을 도시하는데 사용하는 선

③ 겹치는 선의 우선순위
   a. 외형선 ← b. 숨은선 ← c. 절단선 ← d. 중심선 ← e. 무게 중심선 ← f. 치수보조선

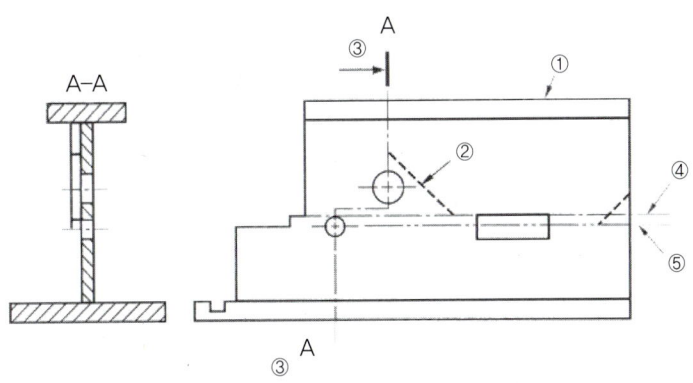

3 치수의 표시 방법

① 치수 기입의 원칙(도면에 치수를 기입하는 경우)
   ㉠ 대상물의 기능, 제작, 조립 등을 고려하여 필요하다고 판단되는 치수를 명료하게 도면에 지시한다. (길이의 단위는 mm)
   ㉡ 치수는 대상물의 크기, 자세 및 위치를 가장 명확하게 기입한다.
   ㉢ 도면에 나타내는 치수는 특별히 명시하지 않는 한, 그 도면에 도시한 대상물의 다듬질 치수를 표시한다.
   ㉣ 치수는 되도록 주 투상도(정면도)에 집중한다.
   ㉤ 외형 치수는 전체 길이를 표시, 치수 숫자는 도면에 그린 선에 의해 분할되지 않는 위치에 기입한다.
   ㉥ 치수는 되도록 계산해서 구할 필요가 없도록 하며, 중복 기입을 피한다.
   ㉦ 치수는 필요에 따라 기준으로 하는 점, 선 또는 면을 기준으로 하여 기입한다.
   ㉧ 관련되는 치수는 되도록 한 곳에 모아서 기입한다.
   ㉨ 치수는 되도록 공정마다 배열을 분리하여 기입한다.
   ㉩ 치수 중 참고 치수에 대하여는 괄호 안에 치수를 기입한다.

② 치수 표시 기호

의미	기호	읽기	사용법
지름	ϕ	파이	지름 치수 앞에 붙인다.
반지름	R	알	반지름 치수 앞에 붙인다.
구의 지름	$S\phi$	에스파이	구의 지름 치수 앞에 붙인다.

의미	기호	읽기	사용법
구의 반지름	SR	에스알	구의 반지름 치수 앞에 붙인다.
정사각형의 변	□	사각	정사각형의 한 변의 치수 앞에 붙인다.
판의 두께	t	티	판 두께의 치수 앞에 붙인다.
피치	P	피치	나사산의 거리 치수 앞에 붙인다.
원호의 길이	⌒	원호	원호의 길이 치수 앞에 붙인다.
45° 모따기	C	시	45° 모따기 치수 앞에 붙인다.
이론적으로 정확한 치수	▭	테두리	이론적으로 정확한 치수 수치를 둘러싼다.
참고 치수	( )	괄호	참고 치수(치수 보조 기호를 포함)를 둘러싼다.

예상문제

1 다음 중 도형의 중심선을 나타내는데 사용되는 선으로 맞는 것은?

① 굵은 실선
② 가는 1점 쇄선
③ 가는 2점 쇄선
④ 가는 파선

정답 | ②

2 특수한 가공을 하는 부분의 특수 지정선으로 사용되는 선은?

① 가는 1점 쇄선
② 굵은 1점 쇄선
③ 굵은 실선
④ 가는 실선

정답 | ②

3 도면에서 2종류 이상의 선이 같은 장소에서 중복될 경우 최우선되는 종류의 선은?

① 외형선　② 숨은선　③ 절단선　④ 중심선

정답 | ①

4 선의 종류 중 대상물의 보이는 부분의 모양을 표시하는 것은?

① 1점 쇄선　② 가는 실선　③ 굵은 파선　④ 굵은 실선

정답 | ④

2 정투상도법

1 정투상도

① 투상법의 종류

제도에 사용하는 투상법은 특별한 이유가 없는 한 평행 투상에 따르는 3종류인 정투상, 등각투상, 사투상으로 한다.

투상법의 종류	사용하는 그림의 종류	특 징	주된 용어
정투상	정투상도	모양을 세밀, 정확하게 표시할 수 있다.	일반 도면
등각투상	등각투상도	하나의 그림으로 정육면체의 세 면을 같은 정도로 표시할 수 있다.	설명용 도면
사투상	캐비닛도	하나의 그림으로 정육면체의 세 면 중의 한 면만을 중점적으로 세밀, 정확하게 표시할 수 있다.	

→ 투시도 : 원근감을 갖도록 그리는 방법으로 건축이나 토목제도에 주로 사용되는 도법이다. (그림C)

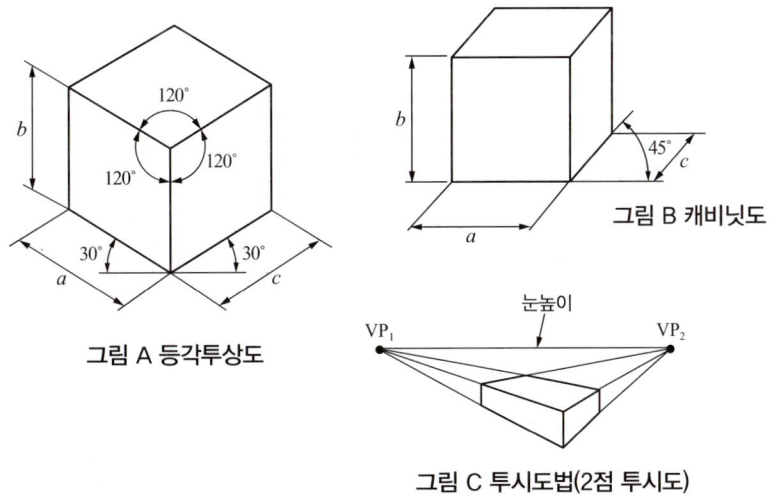

그림 A 등각투상도

그림 B 캐비닛도

그림 C 투시도법(2점 투시도)

② 제 3각법

㉠ 한국공업규격(KS)에서는 제 3각법을 도면 작성의 원칙으로 하고, 다만 필요한 경우(토목, 선박제도)에는 제 1각법을 쓴다.

㉡ 물체를 제 3상한에 놓고 투상한 것으로 투상면의 뒤쪽에 물체를 놓는다.

㉢ 투상 방법은 눈 → 투상면 → 물체이다.

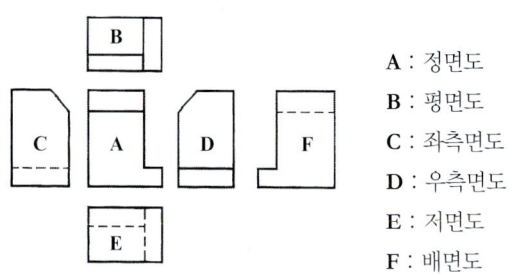

A : 정면도
B : 평면도
C : 좌측면도
D : 우측면도
E : 저면도
F : 배면도

③ 투상도의 명칭
  ㉠ 정면도 : 물체를 앞쪽에서 본 모양을 그린 도면
  ㉡ 평면도 : 물체를 위에서 아래로 본 모양을 그린 도면
  ㉢ 우측면도 : 물체를 우측에서 본 모양을 그린 도면
  ㉣ 좌측면도 : 물체를 좌측에서 본 모양을 그린 도면
  ㉤ 저면도 : 물체를 아래쪽에서 본 모양을 그린 도면
  ㉥ 배면도 : 물체를 뒤쪽에서 본 모양을 그린 도면

④ 제 1각법
  ㉠ 물체를 제 1상한에 놓고 투상한 것으로 투상면의 앞쪽에 물체를 놓는다.
  ㉡ 투상 방법은 눈 → 물체 → 투상면이다.

⑤ 투상도의 도시 방법
  ㉠ 투상법의 기호는 표제란 또는 그 근처에 나타낸다.

제 3각법의 기호   제 1각법의 기호

  ㉡ 지면의 형편 등으로 투상도를 제 3각법에 의한 정확한 위치로 그리지 못하는 경우에 상호 관계를 화살표와 문자로 사용하여 표시하고 그 글자로 투상의 방향과 관계 없이 전부 위 방향으로 표시한다.

2 그 밖의 투상도

① 보조 투상도 : 대상물의 경사면부를 실제의 모양으로 나타낼 필요가 있는 경우 필요한 부분만을 그리는 것이다.

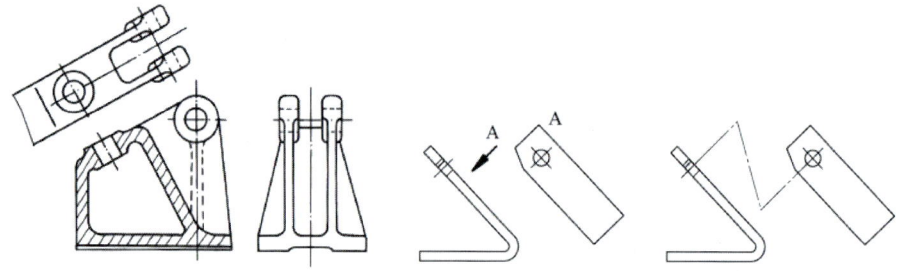

배치 관계가 분명치 않을 경우에는 각 각 위치의 도면 구역을 구분기호를 활용하여 부기한다.

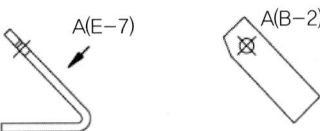

② 부분 투상도 : 그림의 일부만을 도시해도 충분한 경우에는, 필요한 부분만 투상하여 그린다. 생략한 부분과의 경계를 파단선으로 나타내지만, 명확한 경우에는 파단선을 생략해도 무관하다.

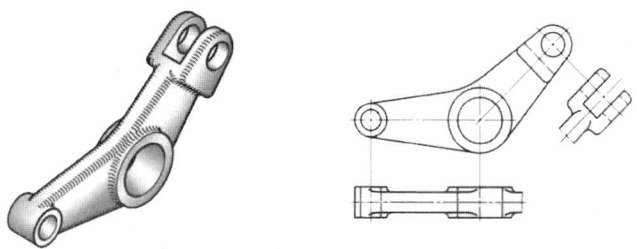

③ 국부 투상도 : 대상물의 구멍, 홈 등과 같이 필요한 부분을 나타내며 투상 관계를 나타내기 위하여 원칙으로 주된 그림에 중심선, 기준선, 치수 보조선 등으로 연결한다.

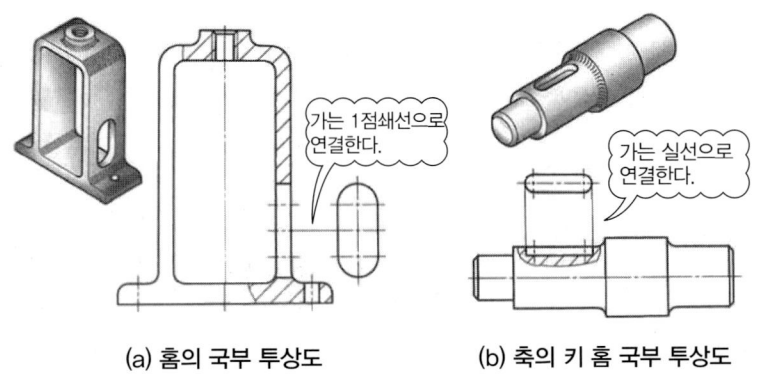

(a) 홈의 국부 투상도   (b) 축의 키 홈 국부 투상도

④ 회전 투상도 : 투상면이 어느 각도를 가지고 있어 실제 모양이 나타나지 않을 때 그 부분을 회전하여 그리는 것이다. 또한 잘못 볼 염려가 있을 경우에는 작도에 사용한 선을 넘긴다.

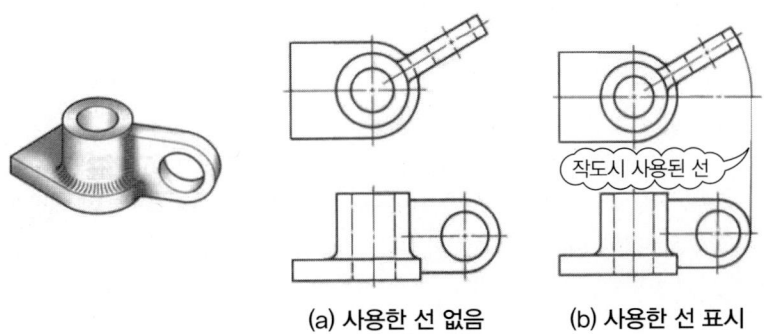

(a) 사용한 선 없음   (b) 사용한 선 표시

⑤ 부분 확대도(상세도) : 특정한 부분의 도형이 작아서 그 부분을 자세하게 나타낼 수 없거나 치수 기입을 할 수 없을 때, 그 해당 부분 가까운 곳에 가는 실선으로 둘러싸고 확대하여 그린다.

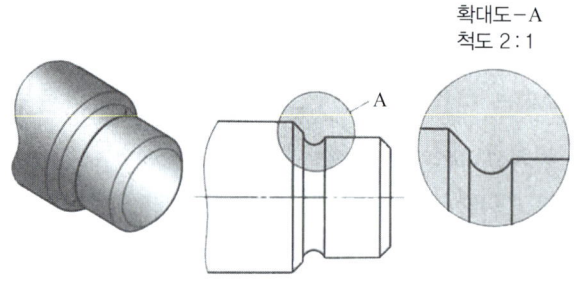

⑥ 등각 투상도 : 물체를 정면, 평면, 측면을 한 번에 볼 수 있는 투상도로 물체의 모양, 특징을 잘 나타낼 수 있으며, 세 모서리의 각도는 각각 120°이다.

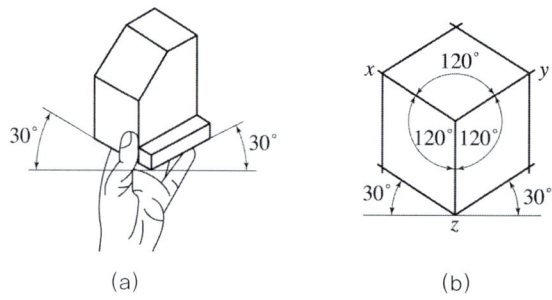

예상문제

1 대상물의 좌표면이 투상면에 평행인 직각 투상법은 무엇인가?

① 정투상법　　② 축측투상법　　③ 사투상법　　④ 투시투상법

정답 | ①

2 정 투상도에 대한 설명으로 올바르지 않은 것은?

① 어떤 물체의 형상도 정확하게 표현할 수 있다.
② 물체를 보는 방향에 따라 3종류로 분류하며 이것을 기준 투상도라 한다.
③ 물체 전체를 완전히 표현하려면 두 개 이상의 투상도가 필요할 때가 있다.
④ 정면도는 물체의 앞에서 바라본 모양을 나타낸 도면이다.

정답 | ②

3 투상도에 대한 설명 중 옳지 않은 것은?

① 투상도 중 정면도, 평면도, 측면도를 3면도라 한다.
② 정면도는 물체의 특징이 가장 잘 나타내는 면을 그린다.
③ 보조 투상도는 경사부가 있는 물체의 경사면을 실형으로 나타낼 필요가 있을 때 그린다.
④ 회전 투상도는 투상의 일부만을 도시하여 충분한 경우에 그 필요한 부분만을 나타낼 때 사용된다.

정답 | ④

4 다음 그림 기호가 표시하는 것은?

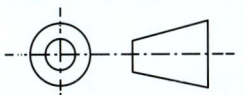

① 제1각법 ② 정투상법 ③ 제3각법 ④ 등각투상법

정답 | ③

5 투상도 중에서 물체의 가장 주된 면을 나타내는 투상도는?

① 평면도 ② 정면도 ③ 우측면도 ④ 좌측면도

정답 | ②

6 한국산업규격(KS)에서는 도면을 작성할 때 제 3각법으로 표현함을 기본으로 한다. 제 3각법으로 도면을 작성할 때 평면도는 정면도의 어느 쪽에 위치하는가?

① 위쪽 ② 오른쪽 ③ 왼쪽 ④ 아래쪽

정답 | ①

7 다음 그림에서 "a" 방향을 정면도로 할 때 "f" 방향에서 본 투상도의 명칭은?

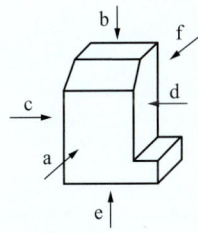

① 측면도 ② 평면도 ③ 저면도 ④ 배면도

정답 | ④

8 제 3각법에서 정면도의 왼쪽에 배치되는 투상도는?

① 평면도 ② 좌측면도 ③ 우측면도 ④ 저면도

정답 | ②

3 단면도법

1 단면의 표시

보이지 않는 물체의 내부를 나타내는 것으로 물체의 내부 구조가 복잡하고, 가려진 부분을 알기 쉽게 나타내기 위해 도시할 필요가 있다. 단, 부품도에는 해칭선을 생략할 수 있지만, 조립도에서는 부품 관계를 명확히 하기 위해서 해칭선은 45° 경사진 가는 실선으로 그린다.

2 단면으로 표시하지 않는 부품

단면(절단)하기 때문에 오히려 이해를 방해 또는 의미가 없는 것은 긴 쪽(가로) 방향으로는 원칙적으로 절단하지 않는다.

- 리브, 바퀴의 암, 기어의 이
- 축, 핀, 볼트, 너트, 와셔, 작은 나사, 리벳 키, 강구, 원통 롤러

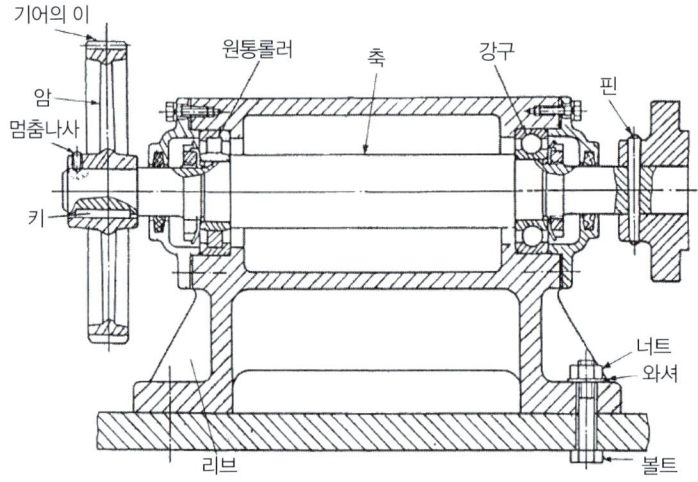

3 단면도의 종류

① 온 단면도(전 단면도) : 물체의 1/2을 절단하여 표현

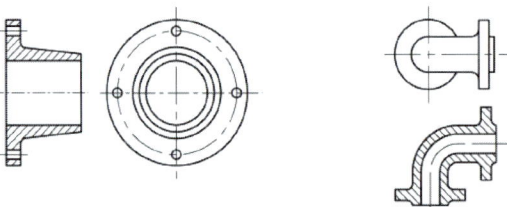

② 한쪽 단면도(반 단면도) : 물체의 1/4을 절단하여 표현

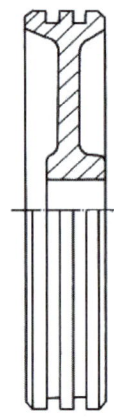

③ 부분 단면도 : 외형도에 있어서 필요로 하는 요소의 일부만을 표현할 수 있다. 아래의 경우, 파단선에 의하여 그 경계를 나타낸다.

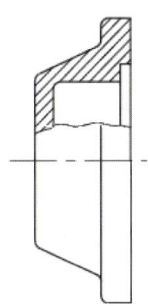

④ 회전 단면도 : 핸들이나 바퀴 등의 암 및 림, 리브, 훅, 축, 구조물의 부재 등의 절단면을 아래 경우에 따라 90° 회전하여 표현해도 좋다.
  ㉠ 절단할 곳의 전후를 끊어서 그 사이에 그린다.(그림 a)
  ㉡ 절단선의 연장선 위에 그린다.(그림 b)
  ㉢ 도형 내의 절단한 곳에 겹쳐서 가는 실선을 사용하여 그린다.(그림 c)

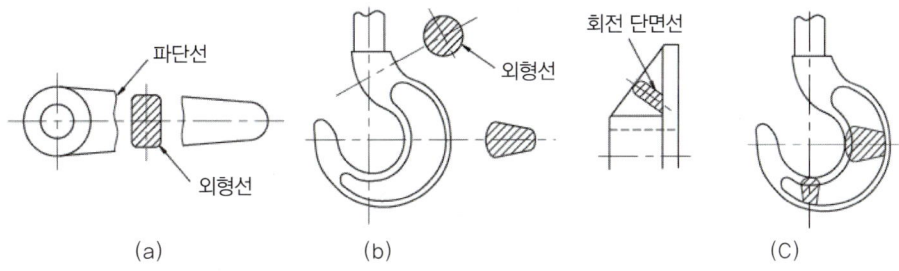

4 조합에 의한 단면도

① 두께가 얇은 부분의 단면도
  개스킷, 박판, 형강 등에서 절단면이 얇은 경우에는 그림과 같이 절단면을 검게 칠한다. 실제 치수와 관계 없이 한 개의 아주 굵은 실선으로 표시한다.

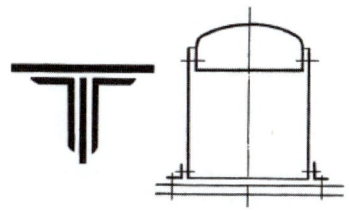

② 단면도의 해칭(또는 스머징)
  → 스머징(Smudging)은 단면 주위를 색연필로 엷게 칠하는 방법이다.

단면도의 절단면에 해칭을 할 필요가 있을 경우 다음 3가지를 기억하자.
㉠ 인접한 단면의 해칭은 선의 방향 또는 각도를 변경하거나 그 간격을 변경하여 구별한다.
㉡ 같은 절단면 상에 나타나는 같은 부품의 단면에는 같은 해칭을 한다.
㉢ 해칭을 하는 부분 안에 글자, 기호 등 필요의 의해 기입하는 경우에는 해칭을 중단한다.

예상문제

1 단면도에 대한 설명으로 잘못된 것은?
① 온 단면도는 물체의 기본적인 모양을 가장 잘 나타낼 수 있도록 물체의 중심에서 반으로 절단하여 도시한다.
② 한쪽 단면도는 주로 대칭인 물체의 중심선을 기준으로 내부 모양과 외부 모양을 동시에 나타낸 것이다.
③ 회전 단면도는 핸들이나 바퀴의 암, 리브, 축 등의 단면 모양을 90° 회전시켜서 투상도의 안이나 밖에 그리는 것이다.
④ 박판, 형강 등과 같이 절단면이 얇은 경우에는 절단면을 검게 칠하거나 2개의 아주 굵은 실선으로 표시한다.

정답 | ④

2 도형의 대부분을 외형도로 하고, 필요로 하는 요소의 일부분만을 단면도로 나타낸 것은?
① 전 단면도
② 한쪽 단면도
③ 부분 단면도
④ 회전도시 단면도

정답 | ③

3 필요한 내부 모양을 그리기 위한 방법으로 파단선을 그어서 단면 부분의 경계를 표시하는 것은?
① 한쪽 단면도
② 부분 단면도
③ 회전 단면도
④ 계단 단면도

정답 | ②

4 다음 중 주로 대칭인 물체의 중심선을 기준으로 내부 모양과 외부 모양을 동시에 표시하는 단면도는?
① 한쪽 단면도
② 회전 단면도
③ 계단 단면도
④ 국부 단면도

정답 | ①

5 다음 중 회전도시 단면도를 그리는 방법으로 틀린 것은?
① 절단한 단면적이 클 경우는 적절하게 줄여 그린다.
② 절단할 곳의 전후를 끊어서 그 사이에 그린다.
③ 절단선의 연장선 위에 그린다.
④ 도형 내의 절단한 곳에 겹쳐서 가는 실선으로 그린다.

정답 | ①

6 핸들, 바퀴의 암, 리브, 축구조물 부재 등의 절단면을 나타내는 단면도는 무엇인가?

① 전 단면도 ② 회전 단면도
③ 반 단면도 ④ 부분 단면도

정답 | ②

7 단면도의 표시방법으로 옳지 않는 것은?

① 잘린 면만을 단면으로 나타낸다.
② 단면은 기본 중심선에서 절단한 면으로 표시한다.
③ 숨은선은 이해하는데 지장이 없는 한 단면도에는 나타내지 않는다.
④ 단면으로 나타낸 것을 분명하게 나타낼 필요가 있을 경우에는 단면으로 잘린 면에 해칭을 한다.

정답 | ①

8 기계제도에서 단면의 해칭법에 대한 설명으로 틀린 것은?

① 기본 중심선에 대하여 대략 45°의 가는 실선으로 일정한 간격으로 그린다.
② 서로 인접한 다른 단면의 해칭은 선의 방향 또는 각도를 바꾸거나 해칭선의 간격을 바꾸어 구별한다.
③ 필요에 따라 해칭하지 않고 채색을 할 수 있으며 이것을 스머징(Smudging)이라 한다.
④ 해칭한 곳에 치수를 기입할 때는 해칭을 중단하지 않고 치수를 기입해야 한다.

정답 | ④

9 단면도의 해칭 방법에 관한 설명으로 옳은 것은?

① 해칭을 하는 부분 속에는 문자나 기호 등을 삽입할 수 없다.
② 기본 중심선에 대하여 굵은 실선으로 같은 간격의 평행선으로 그린다.
③ 서로 인접하는 다른 단면의 해칭은 해칭선을 동일한 각도로 한다.
④ 동일한 부품의 단면은 떨어져 있어도 해칭의 각도와 간격을 같게 한다.

정답 | ④

10 도형의 표시 방법에서 단면으로 나타낸 것을 분명하게 할 필요가 있을 때 하는 것은?

① 해칭 ② 확대 ③ 중심선 ④ 지시선

정답 | ①

11 단면도에서 복잡한 도형의 내부 형상을 분명히 하기 위하여 단면 부분을 얇게 색칠하여 표시한 것은?

① 커팅(cutting) ② 해칭(hatching)
③ 툴링(tooling) ④ 스머징(smudging)

정답 | ④

12 기계부품의 단면 표시법 중 옳지 않은 것은?

① 단면부에 일정 간격으로 경사선을 그은 것을 해칭(hatching)이라 한다.
② 단면 표시로 색칠한 것을 스머징(smudging)이라 한다.
③ 단면 표시는 치수, 문자 및 기호보다 우선하므로 중단하지 않고 해칭이나 스머징을 한다.
④ 가스킷(gasket)이나 철판 등 극히 얇은 제품의 단면은 투상선을 1개의 굵은 실선으로 표시한다.

정답 | ③

13 길이 방향으로 단면 표시를 하는 것은?

① 핀과 나사 ② 리브와 키
③ 기어의 이 ④ 커버와 플랜지 커플링

정답 | ④

14 길이 방향으로 단면하여 도면에 표시하여도 관계 없는 것은?

① 핸들의 암 ② 구부러진 배관
③ 베어링의 볼 ④ 조립 상태의 볼트

정답 | ②

4 기계요소 제도법

1 나사(Screw)

직각삼각형을 원통에 감으면 빗변은 원통의 표면에 곡선을 만드는데, 이 곡선을 나사곡선(Helix)이라 하며, 이 곡선을 따라 원통면에 홈을 깎은 것을 나사라 한다.

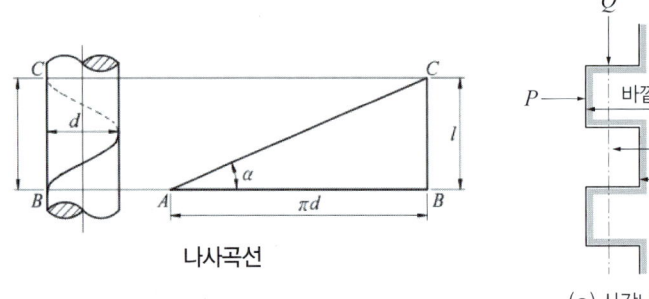

나사곡선

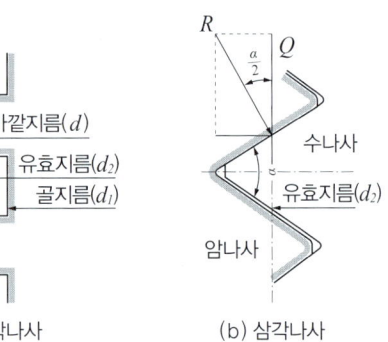

(a) 사각나사   (b) 삼각나사

- 유효지름 $d_2 = \dfrac{d+d_1}{2}$ [mm]

- 나사산의 높이 $h = \dfrac{d+d_1}{2}$ [mm]

- 리드 Lead = 줄수(n) × 피치(p)

- 나사의 리드각 $\tan \alpha = \dfrac{l}{\pi d_2}$ [rad]

- 피치 $p = \dfrac{25.4}{\text{나사산 수[갯수/인치]}}$ [mm] (여기서, 1[인치]=25.4[mm])

2 나사의 용어

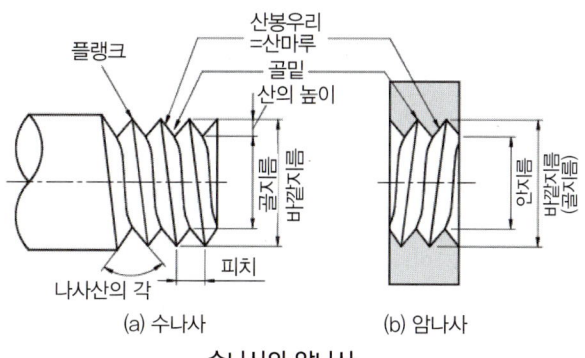

수나사와 암나사

① 수나사(external thread)와 암나사(internal thread)
   원통 바깥 표면에 나사산이 있는 것을 수나사, 원통 안쪽에 있는 것을 암나사라 한다.

② 오른나사(right hand thread)와 왼나사(left hand thread)
   축 방향에서 볼 때 시계방향으로 돌려 앞으로 진행하는 나사를 오른나사, 반시계 방향으로 돌려 앞으로 진행하는 나사를 왼나사라 한다.

③ 한줄나사와 다줄나사
   나사산이 한 줄인 것을 한줄나사, 두 줄 이상인 것을 다줄나사라 하며, 다줄나사는 회전수를 적게 하여 빨리 죌 수 있으나, 풀리기 쉬운 단점이 있다.

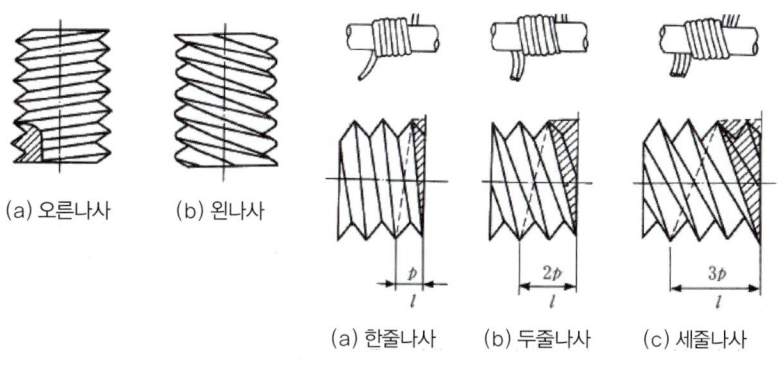

오른나사와 왼나사   **나사의 줄 수 및 리드와 피치와의 관계**

④ 피치(pitch)와 리드(lead)
   서로 인접한 '나사산과 다음 나사산' 사이의 거리를 피치라 하며, 나사를 1회전시킬 때 축 방향으로 이동한 거리를 리드라 한다. 즉, 한줄나사에서 리드는 피치와 같고, 다줄나사에서 리드는 피치보다 크다는 것을 알 수 있다.

⑤ 호칭지름(Nominal diameter), 골지름(Root diameter)
   호칭지름은 나사의 크기를 나타내는 것으로 수나사의 바깥지름(outer diameter)을 말하고, 골지름은 수나사와 암나사의 나사산 골 밑과 접하는 가상 원통의 지름을 말한다.

(참고로 기준 치수는 나사에서는 수나사의 바깥지름을, 관에 있어서는 안지름을 말하고, 골지름은 수나사의 강도를 계산할 때 사용하는 치수이다.)

⑥ 유효 지름(Effective diameter 또는 Pitch diameter)
수나사와 암나사가 접촉하고 있는 부분의 평균 지름으로서, 수나사의 골지름과 바깥지름의 평균 지름을 말한다.

⑦ 플랭크 각
나사의 산봉우리와 골을 잇는 면을 플랭크라 하고, 플랭크가 이루는 각이 '플랭크 각'으로 나사산 각도의 1/2 값이 플랭크 각이다.

예상문제

1 다음 나사의 그림에서 A는 무엇을 나타내는가?

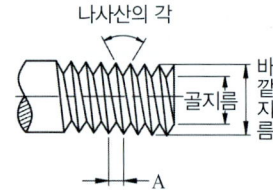

① 리드(Lead)　② 피치(Pitch)　③ 호칭지름　④ 모듈(Module)

정답 | ②

2 체결용 나사의 각부 명칭으로 틀린 것은?

① 피치 : 나사산과 나사산의 거리
② 유효지름 : 수나사와 암나사가 접촉하고 있는 부분의 평균지름
③ 호칭지름 : 암나사의 바깥지름
④ 비틀림각 : 직각에서 리드각을 뺀 나머지 값

정답 | ③

3 나사의 종류

나사는 기계 부품의 결합 및 위치의 조정 또는 힘의 전달 등에 사용된다.

① 삼각 나사(Triangular thread) 체결용으로 가장 많이 사용한다.
　㉠ 미터 나사(Metric thread) : 기호는 M으로, 나사산의 각도가 60°이고, 수나사의 바깥지름과 피치를 단위는 [mm]로 미터 보통 나사와 미터 가는 나사가 있다.
　㉡ 유니파이 나사(Unifide thread) : 미국, 영국, 캐나다 등 세 나라의 협정규격 나사로서 ABC 나사라고도 한다. 나사산의 각도가 60°이며, 수나사의 바깥지름을 인치, 피치를 1인치당 산의 수로 나타낸다.

ⓒ 관용 나사(Pipe thread) : 파이프 연결용 나사로 수밀, 기밀, 유밀을 유지할 수 있으며(1/16 의 테이퍼의 이유), 나사산의 각도는 55°로 관용 평행 나사와 관용 테이퍼 나사가 있다.

ⓔ 휘트워드 나사(Whitworth thread) : 기호는 W로 나사산의 각도는 55°, 호칭치수는 유니파이 나사와 같다. 참고로 KS 규격에서 폐기되었다.

② 사각 나사(Square thread, 운동용 나사) : 기계의 큰 하중을 받으면서 운동을 전달하는데 적합한 나사로, 하중의 방향이 일정하지 않은 교번 하중을 받을 때도 효과적이지만 높은 정밀도를 요구하는 부품에는 사용되지 않고, 가공(공작)하기가 어렵다.

③ 사다리꼴 나사(=삼각 나사 + 사각 나사) (Trapezoidal thread=애크미, 재형 나사) : 축 방향의 힘이 전달되는 부품의 동력 전달용 공작기계 이송 나사로, 사각 나사의 단점을 보완한 나사이며 나사산의 각도가 30°인 미터 계열(TM)과 29°인 인치 계열(TW)이 있다.

④ 톱니 나사(Buttress thread) : 축선의 한 방향으로만 큰 하중이 작용할 때 사용되는 나사로 기계 바이스(Vise)나 압축기 등에 사용된다.

⑤ 둥근 나사(Kunckle thread=너클 나사, 전구 나사) : 전구나 소켓 등에 쓰이는 나사로서, 진동이 심한 곳, 먼지 등이 많은 곳에 사용되나 운동의 정확도가 요구되는 곳에는 사용되지 않는다.

⑥ 볼 나사(Ball Screw) : 나사 축과 너트 사이에 강구를 넣어서 작동하는 나사로, 마찰이 매우 작은 이점 때문에 (운동용으로 이송이 부드럽고 백 래시를 줄일 수 있는 높은 정밀도) 공작기계의 수치 제어에 의한 결정 등의 이송 나사에 사용된다.

※ 백 래시(back lash) : 한 쌍의 기어를 맞물렸을 때 치면 사이의 틈새

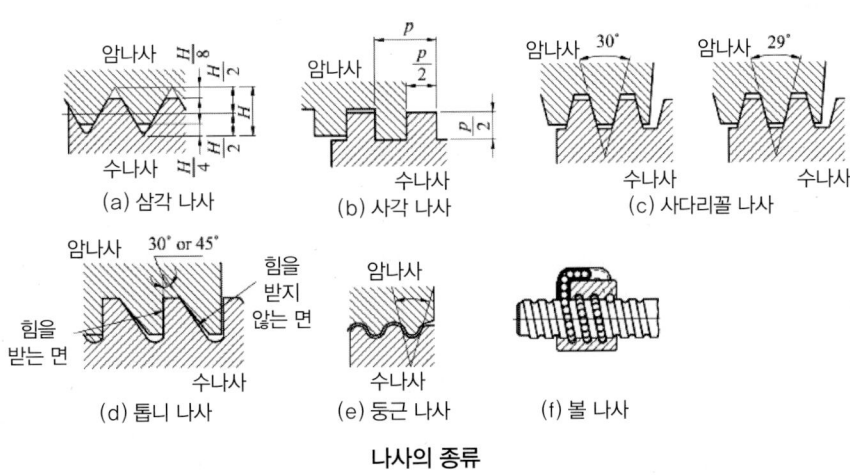

나사의 종류

예상문제

1 다음의 나사 중 백 래시(Back lash)가 현저하게 감소되는 나사는?
① 볼 나사
② 미터 나사
③ 톱니 나사
④ 휘트워드 나사

정답 | ①

2 다음 중 볼 나사의 장점이 아닌 것은?
① 먼지에 의한 마모가 적다.
② 백 래시를 크게 할 수 있다.
③ 높은 정밀도를 오래 유지할 수 있다.
④ 윤활에 그다지 주의하지 않아도 좋다.

정답 | ②

3 그림과 같은 기계 바이스의 나사로 가장 적합한 것은?

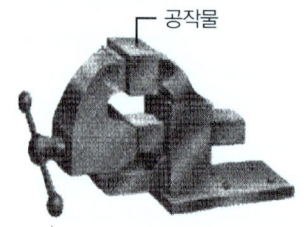

① 볼나사   ② 삼각나사   ③ 둥근나사   ④ 톱니나사

정답 | ④

4 그림과 같은 미터 나사에서 나사산의 각도는 얼마인가?

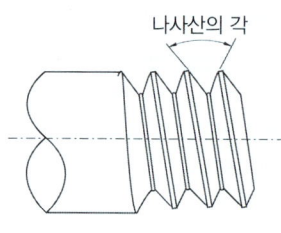

① 45°   ② 55°   ③ 60°   ④ 65°

정답 | ③

4 나사의 제도법

① 수나사의 바깥지름과 암나사의 안지름을 나타내는 선은 굵은 실선으로 그린다.
② 수나사와 암나사의 골을 표시하는 선은 가는 실선으로 그린다.
③ 완전나사부와 불완전나사부의 경계선은 굵은 실선으로 그린다. 단, 보이지 않을 때는 굵은 파선으로 그린다.
④ 불완전나사부의 골 밑을 나타내는 선은 축선에 대하여 30°의 가는 실선으로 한다. 다만 필요에 따라서는 불완전나사부의 도시를 생략한다.
⑤ 암나사 탭 구멍의 드릴 자리는 120°의 굵은 실선으로 그린다.
⑥ 수나사와 암나사가 끼어져 있음을 나타내는 단면은 수나사를 기준으로 하여 그린다.
⑦ 해칭은 수나사는 바깥지름, 암나사는 안지름까지 한다.

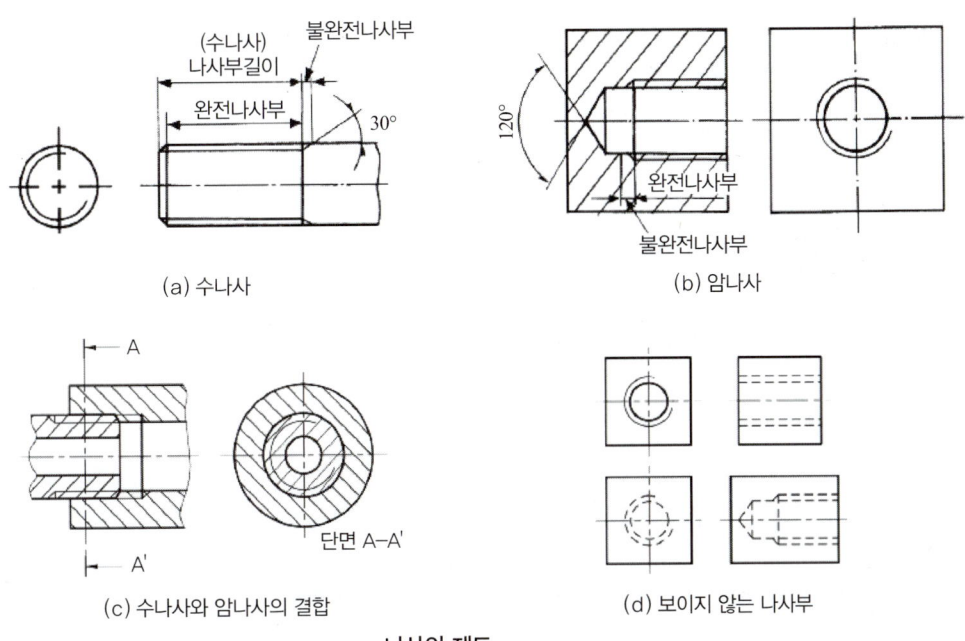

나사의 제도

> ### 예상문제

1 나사의 제도법에 관한 설명으로 옳지 않은 것은?

① 나사의 방향 표시는 왼쪽 나사에만 표시한다.
② 나사의 줄 수 표시는 두 줄 이상인 경우만 표시한다.
③ 수나사와 암나사의 결합 부분은 주로 수나사로 표시한다.
④ 나사부의 해칭은 수나사는 내경, 암나사는 외경까지 해칭한다.

정답 | ④

2 나사의 제도법에 관한 설명으로 옳지 않은 것은?

① 수나사와 암나사의 결합 부분은 주로 암나사로 표시한다.
② 수나사의 골지름을 표시하는 선은 가는 실선으로 한다.
③ 수나사의 바깥지름을 표시하는 선은 굵은 실선으로 한다.
④ 수나사와 암나사의 측면 도시에서 골지름은 가는 실선으로 한다.

정답 | ①

3 나사의 도시법으로 옳지 않은 것은?

① 수나사와 암나사의 골지름은 가는 실선으로 그린다.
② 수나사의 바깥지름과 암나사의 안지름은 굵은 실선으로 그린다.
③ 완전 나사부와 불완전 나사부의 경계선은 가는 실선으로 그린다.
④ 암나사의 드릴 구멍의 끝 부분은 굵은 실선으로 120° 되게 그린다.

정답 | ③

4 나사의 도시 방법으로 옳은 것은?

① 암나사의 골지름은 굵은 실선으로 그린다.
② 수나사의 바깥지름은 굵은 실선으로 그린다.
③ 완전나사부와 불완전나사부의 경계는 가는 실선으로 그린다.
④ 수나사와 암나사의 조립부를 그릴 때는 암나사를 기준으로 그린다.

정답 | ②

5 나사의 표시법

나사의 표시법은 감긴 방향, 나사의 줄 수, 나사의 호칭, 나사의 등급에 대하여 수나사의 산마루 또는 암나사의 골밑을 나타내는 선에서 지시선을 긋고, 그 끝에 수평선을 그어 아래과 같이 표현한다.

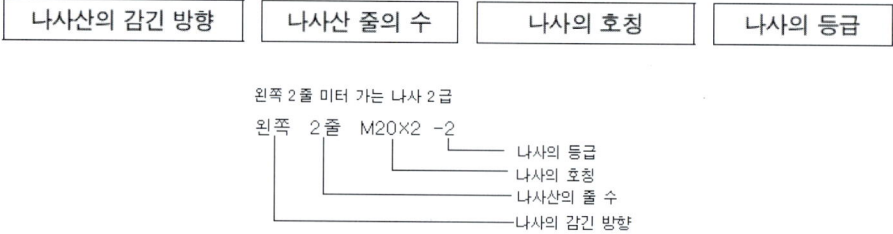

① 나사산의 감긴 방향

나사산의 감긴 방향은 왼나사의 경우에는 '왼'의 글자로 표시하고, 오른나사의 경우에는 표시를 생략한다. 또, '왼' 대신에 'L'로 표시할 수도 있다.

② 나사산의 줄 수

한 줄인 경우에는 표시하지 않고, 이 외의 경우 '2줄', '3줄' 등과 같이 표시한다. 그리고, '줄' 대신에 'N'으로 표시할 수 있다.

③ 나사의 호칭법 2가지
  ㉠ 미터 나사의 호칭법

나사의 종류를 표시하는 기호	나사의 호칭 지름을 표시하는 숫자	×	피치
예 M	8	×	1

  다만, 보통 지름과 피치가 같은 나사에서는 피치를 생략하는 것을 원칙으로 한다.
  ㉡ 유니파이 나사의 호칭법

나사의 지름을 표시하는 숫자 또는 번호	−	산의 수	나사의 종류를 표시하는 기호

  예 3/8−16 UNC, No 8−36 UNF

나사의 종류를 표시하는 기호 및 나사의 호칭에 대한 표시 방법

구분		나사의 종류		기호	나사의 호칭에 대한 표시방법의 보기
일반용 일반용	ISO 규격에 있는 것	미터 보통 나사		M	M 8
		미터 가는 나사[1]			M 8×1
		미니추어 나사		S	S0.5
		★유니파이 보통 나사		UNC	3/8−16 UNC
		★유니파이 가는 나사		UNF	No.8−36 UNF
		미터 사다리꼴 나사		Tr	Tr 10×2
		관용 테이퍼 나사	테이퍼 수나사	R	R 3/4
			테이퍼 암나사	Rc	Rc 3/4
			평행 암나사[2]	Rp	Rp 3/4
		★관용 평행 수나사		G	G 1/2
	ISO 규격에 없는 것	관용 평행 수나사		PF	PF 7
		30°사다리꼴 나사		TM	TM 18
		29°사다리꼴 나사		TW	TW 20
		관용 테이퍼 나사	테이퍼 수나사	PT	PT 7
			평행 암나사[3]	PS	PS 7

* 주 1) 특별히 가는 나사임을 뚜렷하게 나타낼 필요가 있을 때에는 피치 또는 산의 수 다음에 '가는 눈'의 글자를 ( )안에 넣어서 기입할 수 있다.
  2) 이평행 암나사(Rp)는 테이퍼 수나사(R)에 대해서만 사용한다.
  3) 이평행 암나사(PS)는 테이퍼 수나사(PT)에 대해서만 사용한다.

※ 나사의 표시 방법의 예
- 일반용 ISO 규격에 있는 것

    미터 가는 나사와 미터 보통 나사

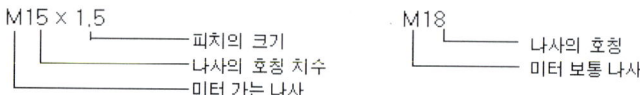

- 일반용 ISO 규격에 있는 것

    유니파이 가는 나사

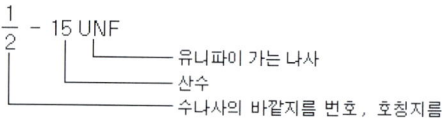

- 일반용 ISO 규격에 없는 것

    30° 사다리꼴 나사

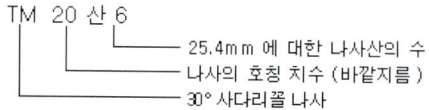

참고

나사의 등급 : 나사의 등급이 필요 없을 때에는 생략하여도 좋다. 암나사와 수나사의 등급을 동시에 나타낼 때에는, 암나사와 수나사의 등급을 표시하는 숫자, 또는 숫자와 기호의 조합을 순서대로 나열하고 양자 사이에 ' / '을 넣는다.

나사의 등급 표시 방법

투상법의 종류	미터 나사 등			유니파이 나사						관용 평행 나사	
등급	1급	2급	3급	3A급	3B급	2A급	2B급	1A급	1B급	A급	B급
표시 방법	1	2	3	3A	3B	2A	2B	1A	1B	A	B

> 예상문제

1 관용 평행 나사는 다듬질 정도에 따라 몇 등급으로 구분하는가?

① 2등급　　　② 3등급　　　③ 4등급　　　④ 5등급

정답 | ①

2 나사의 종류를 표시하는 기호 중에서 관용 평행 나사를 나타내는 것은?

① E　　　② G　　　③ M　　　④ R

정답 | ②

3 나사의 표시 방법 중 G 1/2 A에 대한 설명으로 맞는 것은?

① 관용 테이퍼 수나사 (G1/2) A급
② 관용 테이퍼 암나사 (G1/2) A급
③ 관용 평행 수나사 (G1/2) A급
④ 관용 평행 암나사 (G1/2) A급

정답 | ③

4 "G$\frac{1}{2}$−A" 표기된 나사가 의미하는 것은?

① 관용 테이퍼 수나사 (G$\frac{1}{2}$) A급
② 관용 테이퍼 암나사 (G$\frac{1}{2}$) A급
③ 관용 평행 수나사 (G$\frac{1}{2}$) A급
④ 관용 평행 암나사 (G$\frac{1}{2}$) A급

정답 | ③

5 다음 중 나사의 표시법을 통하여 알 수 없는 것은?

① 나사의 감긴 방향　　　② 나사산의 줄 수
③ 나사의 종류　　　　　④ 나사의 길이

정답 | ④

6 볼트(bolt)의 종류

① 일반용 볼트
  ㉠ 관통 볼트(Through bolt) : 고정할 부품을 관통시켜 볼트를 넣고 반대쪽에서 너트로 고정한다.
  ㉡ 탭 볼트(Tap bolt) : 고정할 부품에 직접 암나사를 내어 너트를 사용하지 않고 볼트로 고정한다.
  ㉢ 스터드 볼트(Stud bolt) : 자주 분해 결합 시 사용되는 것으로 볼트 머리가 없고, 양단에 수나사로 되어 있어 너트로 고정한다.

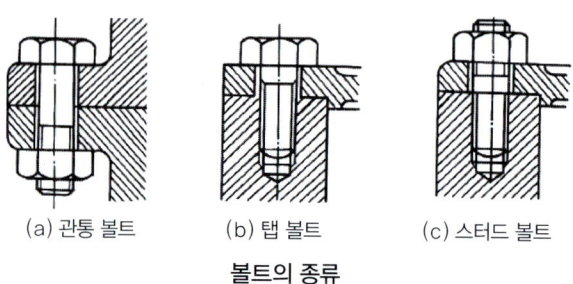

(a) 관통 볼트   (b) 탭 볼트   (c) 스터드 볼트

볼트의 종류

② 특수용 볼트
  ㉠ T 홈 볼트(T-bolt) : 공작기계의 테이블 T홈에 볼트의 머리 부분을 끼워서 적당한 위치에 공작물과 기계바이스를 고정할 때 사용한다.
  ㉡ 스테이 볼트(Stay bolt) : 기계 부품을 일정한 간격으로 유지하고, 구조 자체를 보강하는데 사용한다.
  ㉢ 아이 볼트(Eye bolt) : 무거운 물체 등을 들어올릴 때 로프(rope), 체인(chain) 또는 훅 등을 거는데 사용한다.
  ㉣ 기초 볼트(Foundation bolt) : 기계 등을 콘크리트 바닥에 설치하는데 사용한다.
  ㉤ 리머 볼트(Remer bolt) : 리머로 다듬질한 구멍에 꼭 끼워 미끄럼을 방지하는 볼트이다.
  ㉥ 나비 볼트(Butterfly bolt) : 손으로 돌려 죌 수 있는 모양으로 된 것이다.
  ㉦ 충격 볼트(Shock bolt) : 생크 부분의 단면적을 작게 하여 늘어나기 쉽게 한 볼트로서, 충격적인 인장력이 작용하는 경우에 사용한다.

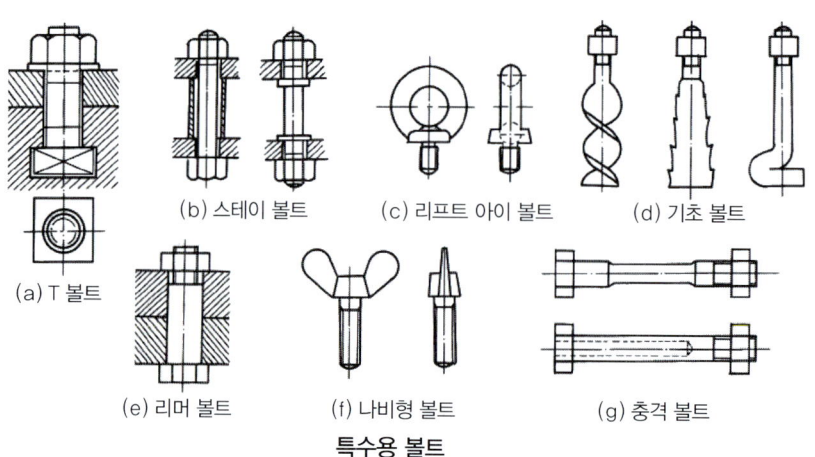

(a) T 볼트   (b) 스테이 볼트   (c) 리프트 아이 볼트   (d) 기초 볼트
(e) 리머 볼트   (f) 나비형 볼트   (g) 충격 볼트

특수용 볼트

예상문제

1 볼트의 제도 방법으로 옳지 않은 것은?

① 수나사와 암나사 결합 부분은 수나사로 표시한다.
② 수나사와 암나사의 골지름은 가는 실선으로 그린다.
③ 수나사 바깥지름과 암나사 안지름은 굵은 실선으로 그린다.
④ 암나사 드릴 구멍의 끝부분은 굵은 실선으로 90°가 되게 그린다.

정답 | ④

참고 1 : 스크류 엑스트랙터 - 부러진 볼트를 빼낼 때 이용한다.
참고 2 : 볼트와 너트에 녹이 발생하여 고착을 일으키는 원인은 수분, 부식성 가스, 부식성 액체 등으로 인한 체적 팽창이 원인이다.
참고 3 : 고착된 볼트를 분해하는 방법은 너트를 두드려 푸는 방법과 너트를 잘라 넓히는 방법이 있다.
참고 4 : 구름 베어링의 호칭법 (호칭법에 쓰이는 숫자의 의미)

형식번호 (계열번호)	치수기호	안지름 기호	안지름 기호	내부틈새 기호	내부틈새 기호	등급기호	등급기호

a. 첫 번째 숫자 : 형식번호 또는 계열번호
   1 : 복렬 자동조심형, 2, 3 : 복렬 자동조심형(큰나비), 6 : 단열 깊은홈형,
   N : 원통 롤러형, 7 : 단열 앵귤러 콘택트형(경사 접촉형)
b. 두 번째 숫자 : 치수기호 (폭 기호＋직경 기호)
   0, 1 : 특별 경하중형, 2 : 경하중형, 3 : 중간형
c. 세 번째 숫자와 네 번째 숫자 : 안지름 기호
   • 1mm~9mm : 안지름 치수를 그대로 안지름 번호로 사용한다.
   • 10mm → 00, 12mm → 01, 15mm → 02, 17mm → 03으로 표시한다.
   • 20mm~480mm : 5를 나눈 값을 안지름 번호로 사용한다. (20mm → 04, 25mm → 05로 사용한다.)
   • 500mm 이상의 것은 안지름 그대로 써서 표시한다. (500mm → 500, 630mm → 630으로 사용한다.)
d. 다섯 번째 이후의 기호 : 베어링의 등급기호 (무기호 : 보통급, H : 상급, P : 정밀등급, SP : 초정밀급)
e. 사용 보기

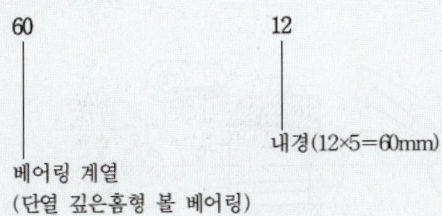

7 키(Key), 핀(Pin), 코터(Cotter)

① 키란?

키는 축에 기어, 풀리 등을 조립할 때 사용되고, 축의 재료보다 약간 강한 재료를 사용한다. 보통 키에는 테이퍼를 주고, 축과 보스에는 키 홈을 설치한다. 결과, 축과 회전체는 하나 되어 회전운동을 전달시키는 기계요소가 된다. 일반적으로 키의 테이퍼 값은 1/100이다.

② 키의 종류

　㉠ 성크 키(Sunk key, 묻힘키) : 축과 보스 양쪽에 키의 홈이 있는 것으로 가장 많이 사용된다.
- 머리가 달린 경사 키(Gib-headed key) : 드라이빙 키(Driving Key)라고도 하며, 축과 보스를 맞춘 후에 키를 박은 것으로 널리 쓰인다.
- 평행 키 : 세트 키(Set Key)라고도 하며, 축에 키를 끼운 다음 보스를 맞춘다.
- 반달 키(Woodruff Key) : 축의 홈이 깊게 되어, 축의 강도가 약하게 되기도 하나 가공이 쉽고 키가 자동적으로 축과 보스 사이에 자리를 잡을 수 있다는 장점이 있으므로, 자동차 공작기계 등에 널리 사용된다. 일반적으로 60mm 이하의 작은 축에 사용되고 특히 테이퍼 축에 사용이 편리하다.

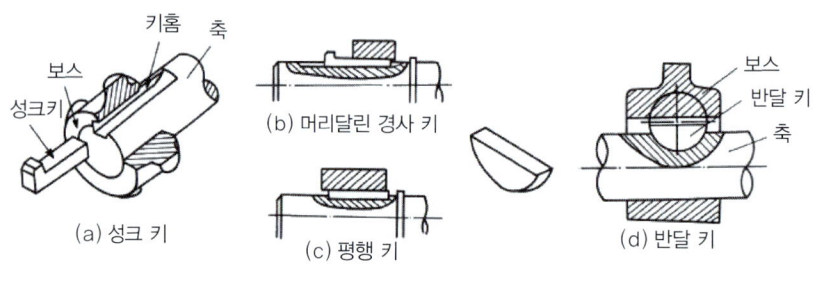

키의 종류

　㉡ 접선키(Tangential Key) : 큰 동력을 전달하는데 적당한 키로 기울기를 가진 키를 접선 방향으로 키 홈을 파서 서로 반대의 테이퍼를 가진 2개의 키를 한 쌍으로 조합하여 끼워 넣는다. 역전을 가능케 하기 위해 120° 각도로 두 곳에 키를 끼우며, 정사각형 단면의 키를 90°로 배치한 것을 케네디 키(Kennedy Key)라 한다.

　㉢ 원뿔키(Cone Key) : 축과 보스의 양쪽에 키 홈을 파지 않고 보스 구멍을 테이퍼로 하여 몇 곳이 갈라져 있는 원뿔 홈을 끼워서 마찰면만으로 밀착시키는 키로서, 바퀴가 편심되지 않고 축의 어느 위치에나 설치할 수 있는 특징이 있다.

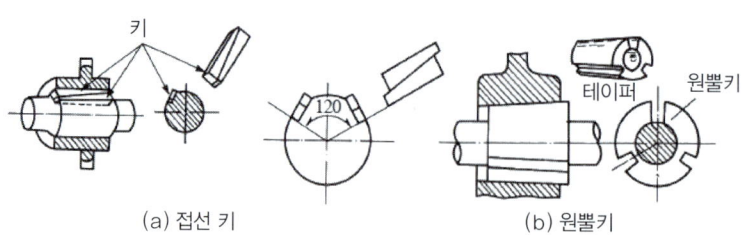

③ 핀이란?

기계 부품의 간단한 체결이나 위치 결정을 위하여 사용하는 작은 지름의 환봉(丸棒)으로, 풀리, 기어 등에 작용하는 하중이 작을 때 키의 대체용으로 간편하게 사용된다.

④ 핀의 종류

㉠ 평행 핀(Dowel pin) : 기계 부품의 조립 및 고정할 때 위치를 결정하는데 사용한다.

㉡ 테이퍼 핀(Tapered pin) : 축에 보스를 고정시킬 때 주로 사용되는 것으로 테이퍼로 1/50이고, 호칭지름은 작은 쪽의 지름으로 표시한다. 그리고 테이퍼 핀을 밑에서 뺄 수 없을 경우에는 핀의 머리에 나사를 내어 너트를 걸어서 뺀다.

㉢ 분할 핀(Split pin) : 두 갈래로 갈라진 것으로 볼트, 너트의 풀림 방지로, 큰 강도가 요구되지 않는 곳에 사용된다. 호칭지름은 핀 구멍의 지름으로 한다.

㉣ 스프링 핀(Spring pin) : 세로 방향으로 쪼개져 있어서 구멍의 크기가 일정하지 않더라도 해머로 때려 박을 수 있어 구멍의 크기가 정확하지 않을 때 사용된다.

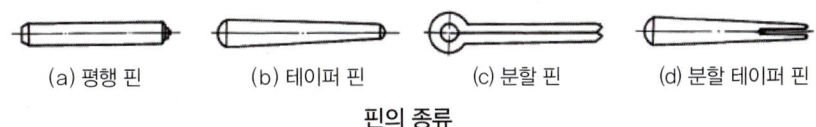

(a) 평행 핀   (b) 테이퍼 핀   (c) 분할 핀   (d) 분할 테이퍼 핀

핀의 종류

⑤ 코터

축과 축 등을 결합시키는 데 사용하는 쐐기로, 축의 길이 방향에 직각으로 끼워서 축을 결합시킨다. 코터의 모양은 상하로 테이퍼를 두어 빠지지 않도록 한다. 구조가 간단하고 해체하기도 쉬우며, 또 조절할 수도 있기 때문에 두 축의 간이연결용(簡易連結用)으로 많이 사용된다. 진동이 있을 때는 빠져 나올 염려가 있으므로, 이때는 빗장핀이나 너트를 꽂아서 빠지지 않도록 한다.

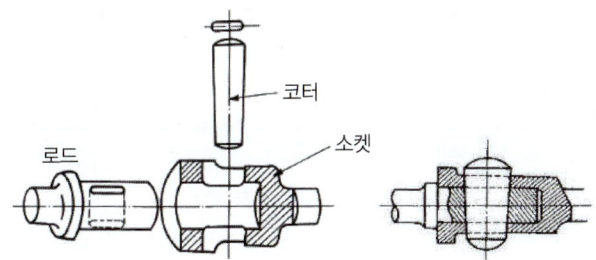

예상문제

1 키, 핀, 코터의 제도 시 주의사항을 열거한 것 중 바르게 설명한 것은?

① 키, 핀, 코터 등은 조립도에 있어서 길이방향으로 절단하여 도시한다.
② 부품도에는 키, 핀이 표준치수가 아닌 경우 표제란에 호칭만 적으면 된다.
③ 기울기를 표시할 때는 보통 기울기 선에 평행하게 분수로 기입한다.
④ 테이퍼를 표시할 때는 일반적으로 수직선에 수직하게 분수로 기입한다.

정답 | ③

5 용접(Welding), 배관(Piping)의 제도법

1 용접의 제도법

용접은 같은 종류 또는 다른 종류의 금속 재료에 열과 압력을 가하여 고체 사이에 직접 결합이 되도록 접합시키는 방법이다. 구조가 간단하여 작업 공정이 적어지고, 제작 속도가 빠르며 제작비가 싸다.

① 용접부의 도시법

설명선은 기선, 화살표, 꼬리로 구성되고 꼬리 부분은 용접 방법 등 특별히 지정할 필요가 있는 사항을 기재한다. (필요가 없을 시 생략해도 좋다.)

② 용접 기본 기호 기재 방법

  ㉠ 용접 기본 기호는 기준선의 위 또는 아래 둘 중에 어느 한 쪽에 표시한다.
  ㉡ 용접부(용접면)가 이음의 화살표 쪽에 있을 때의 기호는 실선 쪽의 기준선에 표시한다.
  ㉢ 용접부가 화살표의 반대쪽에 있을 때에는 파선 쪽에 기본 기호를 붙인다.

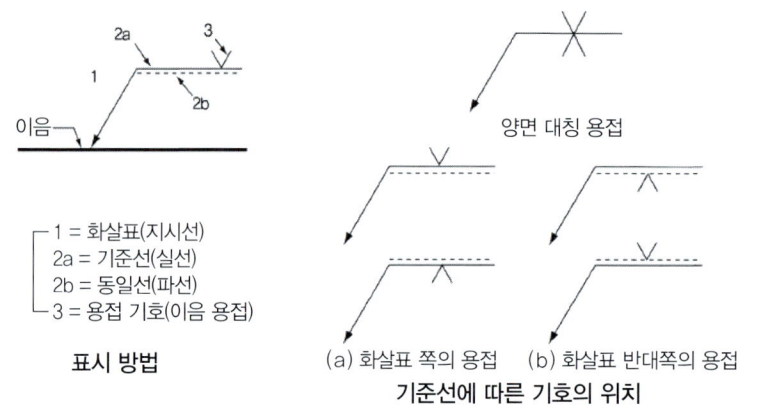

③ 용접의 보조 기호

구 분	보조기호	설명
용접부의 다듬질 방법	C	치핑 또는 칩핑
	G	연삭 : 그라인더 다듬질일 경우
	M	절삭 : 기계 다듬질일 경우
	F	다듬질하지 않음
용접부	▶	현장 용접
	○	전체 둘레 용접
	⌀	온 둘레 현장 용접, 전체 둘레 현장 용접
용접부의 표면 모양	───	평면 또는 평탄
	⌒	볼록형
	⌣	오목형

ⓜ 각종 이음은 일반적으로 제작에서 사용되는 용접부의 형상과 비슷한 기호로 표시한다.

구 분	보조기호	구 분	보조기호
양쪽 플랜지형	⋏	점	○
평형(I형) 맞대기	‖	심(Seam)	⊖
V형 맞대기	∨	개선각이 급격한 V형 맞대기	⩔
일면 개선형 맞대기 K형, ∨형	⋁	개선각이 급격한 일면 개선형 맞대기	⩕
넓은 루트면이 있는 V형 맞대기	Y	가장자리(Edge)	‖‖
넓은 루트면이 있는 한 면 개선형 맞대기	Y	표면 육성	⌢⌢
U형 맞대기 (평행면 또는 경사면)	Y	표면(Surface)	=
J형 맞대기	Y	경사 접합부	∥
이면	⌣	겹침 접합부	⊃
필릿	△	플러그 또는 슬롯	⊓

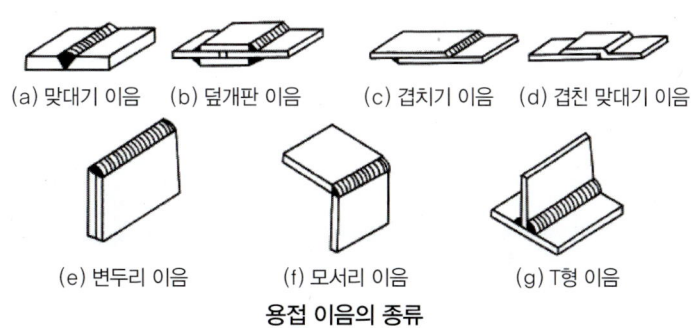

(a) 맞대기 이음　(b) 덮개판 이음　(c) 겹치기 이음　(d) 겹친 맞대기 이음

(e) 변두리 이음　(f) 모서리 이음　(g) T형 이음

용접 이음의 종류

2 배관계 기계요소의 제도법

① 파이프의 도시 및 호칭법
　㉠ 파이프의 도시법

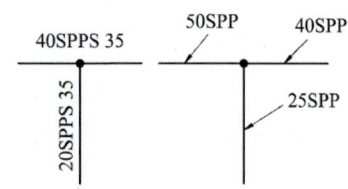

- 파이프는 하나의 실선으로 도시하고 동일 도면 내에서 같은 굵기의 실선으로 도시한다.
- 파이프의 굵기 및 종류를 나타낼 때에는 실선 위쪽이나 지시선을 사용하여 기입한다.
- 단, 복선 배관도는 굵은 실선이 아닌 실물과 가깝게 상세히 도시하는 방법이다.
- 유체의 종류 기호(약어)

유체의 종류	공기	유류(기름)	물	가스	수증기
기호(약어)	A (Air)	O(Oil)	W(Water)	G(Gas)	S(Steam)

- 계기의 도시기호

명칭	온도계	계기일반	압력계
도시기호	T	○	P

ⓒ 파이프의 호칭법 – 파이프의 크기(호칭지름)
- 주철관, 강관 – 안지름
- 구리관, 황동관 – 바깥지름

명 칭	호칭지름	×	두 께	재 질
예) 압력배관용 강관	A50	×	5.5	STPG 35
이음매 없는 구리관	14	×	1.2	CUT2-1/2H

② 배관도 및 밸브의 도시법
  ㉠ 배관도
  - 배관 끝의 표시방법

명칭	용접식 캡	막힌 플랜지	나사박음식 캡
도시기호	─⊃	─‖	─⊐

- 배관 이음의 표시방법

명칭	도시 기호	명칭	도시 기호
나사 이음	─┼─	용접 이음	─✕─
플랜 이음	─╫─	턱걸이 이음	─⊂─
유니언 이음	─╫╫─	납땜 이음	─○─

ⓛ 밸브
- 밸브의 도시 기호

명칭	도시 기호		명칭	도시 기호	
	플랜지이음	나사이음			
밸브 일반			조작 밸브(일반)		
앵글 밸브			조작 밸브(전동식)		
체크 밸브			조작 밸브(전자기식)		
안전 밸브			공기 릴리프 밸브 (일반)		
글로브 밸브					
전동 슬루스 밸브			버터플라이 밸브		
슬루스 밸브			안전 밸브(스프링)		
게이트 밸브			안전 밸브(중력식)		
콕			수동 밸브		

예상문제

1 플랜지를 이용하여 관을 결합했을 때 도시법으로 올바른 것은?

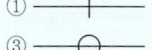

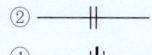

정답 | ②

2 배관 도시 및 파이프 제도법에 관한 설명으로 옳지 않은 것은?

① 파이프는 하나의 굵은 실선으로 그린다.
② 같은 도면 안에 파이프를 표시하는 선은 같은 굵기로 사용한다.
③ 유체의 기호문자 중 공기는 A, 물은 S, 수증기는 W로 나타낸다.
④ 파이프 내의 유체의 종류는 문자 및 기호로 지시선에 의하여 표시한다.

정답 | ③

3 관 속을 흐르는 유체의 종류를 표시하는 경우에는 문자나 기호로서 표시한다. 유체 종류와 문자기호가 올바르게 표시된 것은?

① 공기 – A ② 가스 – S ③ 증기 – W ④ 기름 – G

정답 | ①

4 파이프의 도시 방법 중 유체의 종류에서 공기를 뜻하는 기호는?

① A(Air) ② G(Gas) ③ O(Oil) ④ S(Steam)

정답 | ①

5 용접기호의 표시법 중 보조기호 "▶"에 대한 것으로 맞는 것은?

① 전체 필릿 용접
② 전체 둘레 용접
③ 연속 필릿 용접
④ 현장 용접

정답 | ④

6 그림에서 깃발 표시는 무엇을 나타내는가?

① 아크 용접 ② 원둘레 용접 ③ 현장 용접 ④ 플러그 용접

정답 | ③

7 도면 중 다음과 같은 표기가 나타내는 의미는 무엇인가?

① 화살표 방향으로 필릿 용접을 한다.
② 화살표 방향으로 맞대기 용접을 한다.
③ 화살표 반대 방향으로 필릿 용접을 한다.
④ 화살표 반대 방향으로 맞대기 용접을 한다.

정답 | ①

8 배관도를 표시할 때 기호와 굵은 실선을 사용하여 파이프, 파이프 이음, 밸브 등의 배치, 부착품 등을 나타내는 단선 도시법이 아닌 것은?

① 등각 배관도
② 복선 배관도
③ 투상 배관도
④ 스케치 배관도

정답 | ②

PART 03

기계장치 보전

Chapter 01 보전 측정 기구

Chapter 02 기계요소 보전

Chapter 03 기계장치 보전

보전 측정 기구

1 보전 측정 기구

1 측정의 기본방법 : 직·간접의 구분별 종류로는 아래 세 가지가 있다.

① 직접측정(절대측정)
측정 대상물을 직접 제품에 대고 실제 길이를 측정하는 방법이다.

장점	단점	측정기
측정물의 실제 치수를 직접 잴 수 있고, 다품종 소량 측정에 유리하다.	판독자 또는 측정자의 숙련도나 경험에 따라 값이 다르고, 측정 시간이 상대적으로 오래 걸린다.	버니어 캘리퍼스, 마이크로미터, 측장기, 각도자 등

② 비교측정
제품 측정 시 표준치수의 게이지와 비교하여 측정기의 값의 차이를 읽는 것이다.

장점	단점	측정기
측정이 용이하고, 다른 측정보다 오차 발생이 적다. 그리고 다품종 대량생산물에 적합하다.	측정 범위가 좁고, 기준치수인 표준게이지가 필요하다.	다이얼게이지, 전자마이크로미터, 하이트게이지, 공기마이크로미터, 틈새게이지 등

③ 한계측정(기준측정)
제품에 주어진 허용치 중 최대허용치수와 최소허용치수 두 허용한계치수를 정하여 통과와 정지의 두 가지로 합격, 불합격을 판정한다.

장점	단점	측정기
대량생산 제품에 적용이 가능하고, 측정기의 조작이 간단하여 미숙련자도 측정이 가능하다. 그리고 제품의 합격, 불합격 판정을 쉽게 할 수 있다.	제품의 실제 치수를 읽을 수 없고, 측정 치수가 정해지고 한 개의 치수마다 한 개의 게이지가 필요하다.	블록게이지, 나사용 한계게이지 등

예상문제

1 곧은자를 제품에 대고 실제 길이를 알아내는 측정법으로 옳은 것은?

① 비교 측정   ② 직접 측정   ③ 한계 측정   ④ 간접 측정

정답 | ②

2 측정 기구의 종류 및 사용법 (2차 동영상 관련 문제로 출제된다.)

명 칭	① 강철자	② 캘리퍼스	③ 버니어 캘리퍼스
그 림	직접	직접	직접
종 류	A, B, C형이 있다.	캘리퍼스에는 외측, 내측, 짝다리 캘리퍼스가 있다.	M1형, M2형, CB형, CM형이 있다.
특징 및 용도	기계 가공 현장에서 주로 사용되고 있으며, 정밀 치수 측정은 곤란하나 휴대성은 좋다.	외경, 내경 등의 치수를 옮기거나 공작물의 측정에 사용하는 공구이다.	어미자의 측면과 버니어를 가진 슬라이드의 측정면 사이에서 제품을 측정하며, 외경, 내경, 깊이, 길이 등을 측정한다.

명 칭	④ 다이얼게이지	⑤ 마이크로미터	⑥ 하이트 게이지 (높이 게이지)
그 림	비교	직접	직접
특징 및 용도	회전체나 회전축의 흔들림 점검, 공작물의 평행도 및 평면 상태의 측정에 사용된다. 편심량 = $\dfrac{측정량}{2}$	나사의 회전각과 딤블(thimble) 직경의 눈금으로 확대하여 측정하는 측정기기이다.	정반 위에 올려 놓고, 정반면을 기준으로 하여 높이를 측정 하거나 스크라이버 끝으로 금긋기 작업(평행선 긋기, 구멍 위치 점검, 표면 점검)을 하는데 사용한다.

명 칭	⑦ 틈새 게이지 (필러 게이지, 치크니스 게이지)	⑧ 나사용 한계게이지 (나사게이지)	⑨ 블록 게이지
그 림	$\dfrac{5}{100} \sim \dfrac{1}{10}$ mm 간격의 두께 비교	한계	한계
특징 및 용도	강재의 얇은 판으로 홈의 간극을 점검하고 측정하는데 사용하는 측정기기이다.	볼트의 유효지름을 측정하는 게이지이다.	측정면이 극히 정밀하게 다듬어진 정방형의 블록으로 치수의 기준으로 사용된다.

명 칭	⑩ 센터 게이지	⑪ 피치 게이지	⑫ 와이어 게이지
그 림			
특징 및 용도	나사 절삭바이트의 각도 측정에 사용되며 게이지 위에 있는 스케일은 인치당 나사산 수를 정하는 데 사용한다.	나사의 피치를 측정한다.	강선의 지름, 판 두께를 측정한다.

명 칭	⑬ 반지름 게이지	⑭ 실린더 게이지
그 림		
특징 및 용도	모서리 부분의 반경을 측정한다.	내경을 측정한다.

참고

수준기 : 수평도나 수직도 측정 및 수평이나 수직으로부터의 약간의 기울기를 측정 하는 액체식 측정기기

예상문제

1 강재의 얇은 편으로 된 것으로 작은 홈의 간극을 점검 및 측정하는데 사용하는 측정기는?

① 틈새 게이지   ② 다이얼 게이지
③ 블록 게이지   ④ 센터 게이지

정답 | ①

2 정반 위에 올려 놓고 정반면을 기준으로 하여 높이를 측정하거나 스크라이버 끝으로 금긋기 작업을 하는데 사용하는 것은?

① 틈새 게이지   ② 센터 게이지
③ 하이트 게이지   ④ 다이얼 게이지

정답 | ③

3 수평도나 수직도 측정 및 수평이나 수직으로부터의 약간의 기울기를 측정하는 액체식 측정기는?

① 수준기   ② 마이크로미터
③ 다이얼 게이지   ④ 버니어 캘리퍼스

정답 | ①

4 다음 중 원통 및 구멍의 내경 측정에 사용하는 측정기는?
   ① 블록 게이지   ② 실린더 게이지
   ③ 스트레이트 에지   ④ 옵티컬 플레이트

   정답 | ②

5 다음 그림과 같은 센터게이지의 용도는?

   ① 나사의 길이 측정   ② 나사의 강도 측정
   ③ 나사산의 피치 측정   ④ 나사 절삭바이트의 각도 측정

   정답 | ④

6 다음 중 회전체나 회전축의 흔들림 점검, 공작물의 평행도 및 평면 상태의 측정에 사용하는 공구는?
   ① 필러 게이지   ② 다이얼 게이지   ③ 피치 게이지   ④ 마이크로미터

   정답 | ②

7 다음 측정기 중 비교 측정기에 속하는 것은?
   ① 하이트 게이지   ② 다이얼 게이지   ③ 버니어 캘리퍼스   ④ 블록 게이지

   정답 | ②

8 선반 척에 환봉을 고정하고 다이얼 게이지로 편심을 측정하였다. 척을 1회전 시켰을 때 다이얼 게이지 눈금의 최대 이동값이 0.5mm이였다면 편심량은 몇 mm인가?
   ① 0.1   ② 0.25   ③ 0.5   ④ 1

   ✚ 해설
   $$편심량 = \frac{측정량}{2} = \frac{0.5}{2} = 0.25[mm]$$

   정답 | ②

3 버니어 캘리퍼스 측정법

① 눈금을 읽는 방법

$$최소측정값 = \frac{어미자의 눈금}{등분 수}$$

㉠ $\frac{1}{20}$mm를 읽는 방법

아들자 눈금은 어미자를 19mm를 20등분한 것으로 아들자 한 눈금이 0.95mm로 되어 있다.

㉡ $\frac{1}{50}$mm를 읽는 방법

아들자 눈금은 어미자 12mm를 25등분한 것으로 아들자 한 눈금이 0.48mm로 되어 있다.

② 버니어 캘리퍼스를 보통 노기스라고 부른다. 독일어의 노니우스(Nonius)를 잘못 읽어 이렇게 불리게 되었다고 한다. 아래 그림을 통해 구조에 대해서 간단히 보면

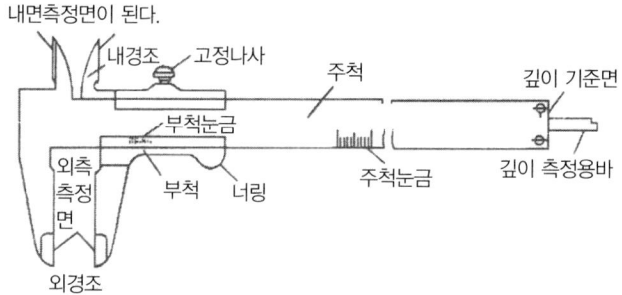

보통 외측과 내측 측정을 많이 한다. 하지만 버니어 우측 끝 부분을 보면 깊이 측정도 가능하다는 것을 알 수 있다.

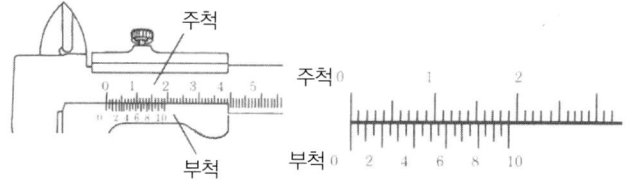

(여기서 주척은 어미자, 부척은 아들자를 말한다.)
버니어 캘리퍼스 -1/20mm(0.05mm)를 가지고 읽는 방법을 예를 들어 설명하면

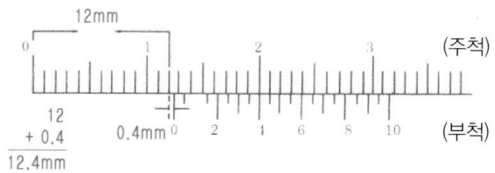

먼저 주척을 읽는다. 여기서는 12mm가 된다. 그리고 다음은 부척을 읽어야 한다.
여기서 부척과 주척의 눈금 선이 일치하는 부분이 중요하다.

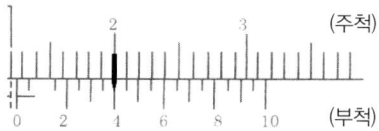

부척을 보면 4에 일치가 되어 있는 것을 확인할 수 있다. 이때 위의 주척의 숫자의 의미는 없다. 일치하는 부분의 부척을 읽어야 한다. 따라서 주척 12mm, 부척의 일치점 4는 0.4mm로 결과는 12+0.4 = 12.4mm가 된다.

③ 버니어 캘리퍼스 사용 시 유의 사항
　㉠ 측정 시 측정면의 이물질을 제거한다.
　㉡ 눈금을 읽을 때 눈금으로부터 직각 위치에서 읽는다.
　㉢ 측정 시 본척과 부척의 영점을 일치시킨다.

1 다음 중 길이 측정에서 비교측정기에 속하지 않는 것은?

① 다이얼 게이지　② 버니어 캘리퍼스　③ 미니미터　④ 옵티미터

정답 | ②

2 CM형 버니어 캘리퍼스에 관한 설명으로 옳지 않은 것은 무엇인가?

① 최소 측정 단위는 0.02mm이다.
② 독일형 또는 모오젤형이라고 한다.
③ 내측 측정이 가능하며 미동장치가 있다.
④ 원척의 1눈금은 1mm, 부척의 눈금은 12mm를 25등분한 것이다.

정답 | ④

4 기타 보전 측정 기구

① 아베의 원리(Abbe's principle)는 표준자와 피측정물은 동일 축 선상에 위치하여야 하며, 자, 측장기, 외측 마이크로미터에 적용한다. 단, **버니어 캘리퍼스, 내측 마이크로미터에는 적용되지 않는다.**

② 게이지 강(Gauge steel)
다듬질 가공 공작에 있어서 치수의 표준이라 하는 게이지 제작의 재료로 하는 강이다. 따라서 이 강은
㉠ 마모가 없고, 열팽창계수가 적고 변화율이 적을 것
㉡ 경도가 크고, 내마모성도 클 것
㉢ 정밀 다듬질이 가능하고, 가공성이 좋을 것
현재 이 목적으로 쓰이고 있는 것은 C가 1% 이상의 탄소강, 또는 이 것에 Mn, Cr, W, Ni 등을 소량 첨가한 저합금 탄소강이 있다.

③ 측정 오차
측정이란 기계 부품의 각 부분에 대한 정확한 치수를 수치와 단위로 표시하는 것을 말한다. 측정력이 달라지면 접촉부에 생기는 탄성 변형량이 변화함으로써 오차가 발생할 수 있다.

$$\text{백분율 오차} = \frac{\text{측정값} - \text{참값}}{\text{참값}} \times 100[\%]$$

㉠ 개인오차(과실오차, 시차) : 측정하는 사람에 따라서 생기는 오차로 숙련도와 측정기의 눈금과 시각차에 의한 발생을 말한다.
㉡ 계기오차(측정기오차) : 측정기의 구조, 측정 압력, 측정 온도 등의 측정기 미소 변형에 따라서 발생하는 오차를 말한다.
㉢ 환경오차 : 미세한 측정 조건의 변동으로 인한 오차로 측정실 및 측정기 주변의 온도, 압력, 진동 등의 영향으로 발생하는 오차를 말한다.
㉣ 우연오차 : 기계 등에서 발생하는 진동이나 자연 현상의 변화 등에 따른 주위 환경에서 오는 오차를 말한다.

④ 계측기의 선정 시
　　사용 방법, 사용 장소, 설치 위치, 사용 빈도, 취급 방법, 계측 대상의 조건, 환경 조건 등을 고려하고, 작업용, 관리용, 시험 연구용, 검사용 등 계측 목적에 대응해서 계측해야 할 특성(압력, 온도, 경도, 치수, 점도 등), 공정에 관한 여러 종류의 변수를 측정하기에 적당한 계측기를 선정한다.
⑤ 계측 방법 및 조건의 선정
　　㉠ 관리 목적에 적합한 계측 방법이어야 한다.
　　㉡ 계측기의 원리, 구조 및 성능에 적합한 방법을 선택한다.
　　㉢ 주체 작업(제조, 조정, 검사, 관리 등)과의 관련이 적당해야 한다.

5 정비용 공기구 : 2차 동영상 문제 출제

① 체결용 공구
　　기계, 설비, 기구 등의 각 부품을 분해, 조립, 정비를 할 때 사용하는 것을 공구라고 하며, 체결용 공구는 크게 렌치와 스패너로 나눈다. 렌치는 너트 육면이 모두 닿고, 스패너는 너트 두면만 닿는다.

참고
체결 토크는 힘×거리(길이)이다.

예상문제

1 볼트, 너트의 죔 토크를 구하는 식으로 옳은 것은?(단, i는 힘이 작용하는 점까지의 길이, F는 힘이다.)

① iF　　② $i^2 F$　　③ $\dfrac{i}{F}$　　④ $\dfrac{F}{i}$

정답 | ①

2 스패너로 볼트 체결 시 죔 토크를 구하는 식을 바르게 나타낸 것은? (단, 죔 토크 T, 볼트 중심에서 손 중심까지의 거리 L(cm), 당기는 힘 F(kgf), 볼트 직경 D(cm)라 한다.)

① $T = L \times F \,(\text{kgf·cm})$
② $T = \dfrac{L}{D} \times F \,(\text{kgf·cm})$
③ $T = L \times F \times \dfrac{\pi D^2}{4} \,(\text{kgf·cm})$
④ $T = L \times \dfrac{\pi D^2}{4} \,(\text{kgf·cm})$

정답 | ①

명칭	훅 스패너	편구 스패너	몽키 스패너
그림			
특징 및 용도	둥근 너트 등 원주면에 홈이 파져 있는 부분을 체결할 때 사용하는 공구이다.	볼트, 너트의 조임이나 분해에 사용하는 공구이다.	입의 크기를 조절할 수 있는 공구로 조절 렌치라고도 한다. 규격은 전체의 길이를 말한다.

명 칭	더블 오프셋 렌치(double offset wrench)	짐 크로우(Jim crow)
그림		
특징 및 용도	볼트, 너트를 조이는 공구이다.	레일(Bar)을 휘거나 휘어진 레일을 바로 잡는데 사용하는 공구로 구부러진 축을 수정할 수 있다.

② 분해용 공구

명 칭	기어 풀러	베어링 풀러	스냅링 플라이어
그림			
특징 및 용도	축에 고정된 기어, 커플링 등을 빼낼 때 사용한다.	축에 고정된 베어링을 빼내는 공구이다.	스냅링, 리테이닝링의 부착이나 분해, 조립용으로 사용하는 공구이다.

㉠ 스냅링 플라이어
- 축용 : 손잡이를 쥐면 벌어져 축에 꽂인 스냅링을 제거한다.
- 구멍용 : 손잡이를 쥐면 닫혀서 구멍 내경에 꽂인 스냅링을 제거한다.

명 칭	플라이어	집게	스크류 엑스트랙트
그림			
특징 및 용도	부품이나 금속편을 물려서 잡고, 구부리고 당기는 공구이다.	물건을 집는 데 쓰는, 끝이 두 가닥으로 갈라진 공구이다.	부러진 볼트를 빼내는데 사용하는 공구이다.

③ 배관용 기구

명 칭	파이프 렌치	파이프 커터	파이프 바이스
그림	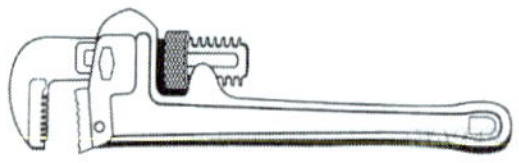	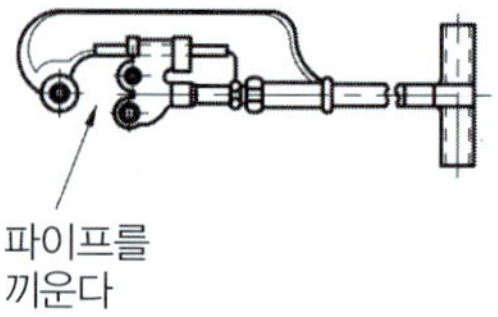	
특징 및 용도	파이프를 쥐고 회전시켜 분해, 조립하는 공구이다.	파이프 절단 공구이다.	파이프 고정 시 사용된다.

명 칭	오스터	파이프 벤더	플라링 툴 (Flaring tool kit)
그림	 	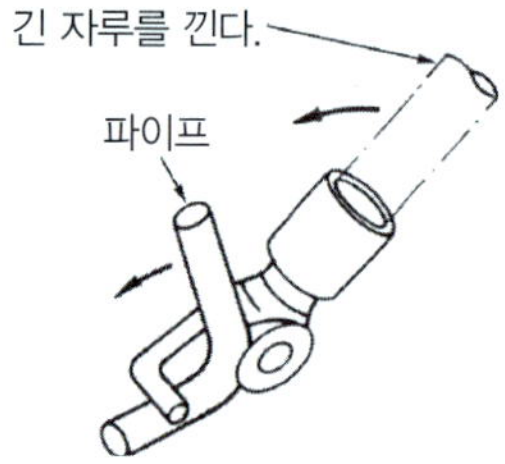	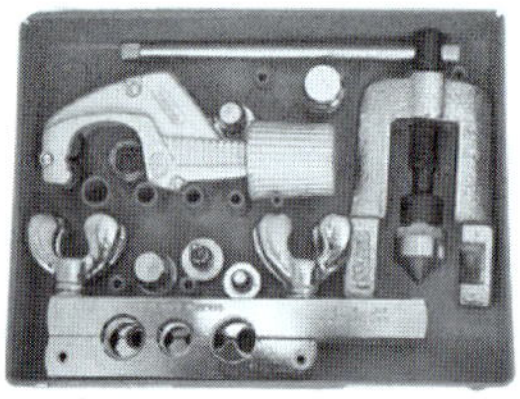
특징 및 용도	파이프에 나사를 깎는 공구이다.	파이프를 구부리는 기구로 유압 작동을 이용하는 기구이다.	파이프 끝을 넓히는 공구이다.

④ 윤활용 기구

명 칭	오일 건 (윤활유 주입기)	그리스 건 (그리스 주입기)
그림		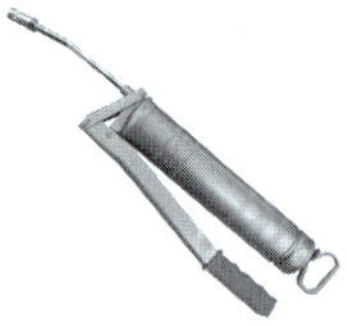

명 칭	핸드버킷 펌프	베어링 체커
그림		
특징 및 용도	수동식 펌프로 옥외에서 그리스를 주입하는데 사용하는 공구이다.	베어링의 윤활 상태를 정비, 측정하는 기구이다.

 예상문제

1 정비용 공기구 중 체결용 공기구가 아닌 것은?

① 양구 스패너 ② L – 렌치 ③ 기어 풀러 ④ 타격 스패너

정답 | ③

2 부러진 볼트를 빼내기 위해서 사용하는 공구는?

① 토크 렌치 ② 짐 크로 ③ 임팩트 렌치 ④ 스크류 엑스트랙트

정답 | ③

3 부러진 볼트를 빼내기 위해 사용하는 스크류 엑스트랙트의 분해용 구멍 지름과 볼트 지름과의 관계로 가장 적절한 것은?

① 분해용 구멍 지름은 볼트 지름과 같게 한다.
② 분해용 구멍 지름은 볼트 지름의 40% 정도로 한다.
③ 분해용 구멍 지름은 볼트 지름은 50% 정도로 한다.
④ 분해용 구멍 지름은 볼트 지름의 60% 정도로 한다.

정답 | ③

4 정비용 측정 기구가 아닌 것은?

① 베어링 체커 ② 진동계 ③ 소음계 ④ 오스터

정답 | ③

5 다음 중 구부러진 축을 수리할 때 사용되는 공구는?

① 짐 크로우(Jim Crow)
② 파이프 렌치(Pipe Wrench)
③ 베어링 풀러(Bearing Puller)
④ 스톱 링 플라이어(Stop Ring Plier)

정답 | ③

6 스패너로 작업할 때 안전에 유의해야 될 점으로 틀린 사항은?

① 스패너 사용 시에는 맞물린 부분의 방향에 유의해야 한다.
② 힘이 들 때에는 스패너 자루에 적당한 길이의 파이프를 연결하여 사용한다.
③ 볼트 머리와 너트의 치수에 맞는 것을 사용해야 한다.
④ 스패너 작업 시에는 반드시 다리와 몸의 균형을 잡아야 한다.

정답 | ③

7 운전 중 베어링에 발생하는 윤활 고장을 감지할 수 있는 것으로 베어링의 그리스 윤활 상태를 측정하는 기구는?

① 콘 프레스(cone press)
② 그리스 펌프(grease pump)
③ 베어링 체커(bearing checker)
④ 핸드 버킷 펌프(hand bucket pump)

정답 | ③

2 보전용 재료

1 접착제

물질의 접착력에 의하여 동종이나 다른 어떤 물질의 접착력에 의해 고체를 접합하는데 사용하는 것이 접착제이다.

① 접착제의 구비 조건
  ㉠ 고체 표면의 좁은 틈새에 침투하여 모세관 작용을 할 것
  ㉡ 액상의 접합제가 도포 후 용매의 증발 냉각 또는 화학반응에 의해 고체화하여 일정한 강도를 가질 것
  ㉢ 액체성일 것

② 접착제의 종류
  ㉠ 중합제형 접착제(모노마형) : 화학 반응에 의하여 경화시키는 것으로 산업 현장에서 고무 제품 등을 손쉽게 접착하는데 알데하이드계, 에폭시계에 이용되는 순간접착제이다.
  ㉡ 유화액형 접착제(에멀젼형) : 용매 또는 분산매의 증발에 의해 경화되는 것
  ㉢ 열용융형 접착제 : 냉각에 의해 경화되는 것
  ㉣ 감압형 접착제 : 압력을 가하여 눌러주어야 부착되는 것

③ 용도별 접착제의 특징
  ㉠ 금속 구조용 접착제 : 접착 속도가 빠르고 가격이 저렴하며, 극저온에서도 접합이 가능하지만, 고온에서는 접합 및 사용이 곤란하다.
  ㉡ 혐기성 접착제 : 진동이 있는 차량, 항공기, 동력기 등의 풀림 방지를 위해 사용되는 접착제로 공기 중에는 액체 상태를 유지하고 공기가 차단되면 중합이 촉진되어 경화된다. 그리고 반영구적이며 노화되지 않는다.
  ㉢ 액상 개스킷
    • 상온에서 유동적인 접착성 물질로 바른 후 일정 시간이 지난 후 건조되어 누설을 방지하는 개스킷으로 상온에서 유동성이 있는 접착성 물질이며, 접합면을 보호하고 누수를 방지하고 내압기능을 가지고 있다.
    • 바른 직후 접합해도 관계 없고 얇고 균일하게 칠하고, 접합면의 수분, 기름 등 오물을 제거한다.

예상문제

1 보전용 재료에서 접착제의 구비 조건으로 옳지 않은 것은?

① 액체성일 것
② 도포 후 화학 반응이 없을 것
③ 틈새에 침투하여 모세관 작용을 할 것
④ 도포 후 고체화되어 일정한 강도를 가질 것

정답 | ②

2. 공기 중에는 액체 상태를 유지하고 공기가 차단되면 중합이 촉진되어 경화되는 접착제로 진동이 있는 차량, 항공기, 동력기 등의 풀림을 막거나 가스, 액체의 누설을 막기 위해 사용하는 접착제는?

① 액상 가스킷
② 유화액형 접착제
③ 혐기성 접착제
④ 모노마형 접착제

정답 | ③

3. 진동이 있는 차량, 항공기 등의 체결용 요소의 풀림 방지 및 가스, 액체가 누설되는 것을 막기 위해서도 사용되며, 침투성이 좋고 경화한 후 무게가 감량되지 않으며 일단 경화되면 유류, 소금물, 유기 용제에 대하여 내성이 우수한 접착제는?

① 유화액(emulsion)형 접착제
② 혐기성 접착제
③ 금속 구조용 접착제
④ 중합제(prepolymer)형 접착제

정답 | ②

4. 합성고무와 합성수지 및 금속 클로이드 등을 주성분으로하여 제조된 것으로 어떤 상태의 접합 부위에도 쉽게 바를 수 있고 누설을 방지하기 위해 사용하는 것은?

① 액상 가스킷
② 록타이트
③ 바세린 방청유
④ 감압형 접착제

정답 | ①

5. 페놀요소, 펠라민 등의 알데하이드계 접착제로 순간접착제와 혐기성 접착제에 사용되는 것은?

① 감압형 접착제
② 중합제형(모노마형) 접착제
③ 열용융형 접착제
④ 유화액형 접착제

정답 | ②

6. 냉각에 의하여 경화되는 접착제는?

① 열용융형 접착제
② 모노마형 접착제
③ 용액형 접착제
④ 유화액형 접착제

정답 | ①

2 방청유(Rust preventive oil)

금속에 녹이 스는 것을 방지하기 위하여 바르는 기름으로 금속 표면에 기름 보호막을 만들어 공기 중의 산소나 수분을 차단한다.

① 지문 제거형 방청유
   ㉠ KP-0로 표시하며, 금속 표면을 깨끗하게 하고 엷은 방청 피막을 형성한다.
   ㉡ 재료는 인체에 무해한 석유계 용제, 윤활유에 방청 첨가제, 알코올, 유기용제 등을 사용하고 있다.
② 용제 희석형 방청유막의 성질에 따라 1종(NP-1), 2종(NP-2), 3종(NP-3)으로 표시하며, 녹스는 것을 방지하기 위하여 불휘발성 재료를 유기용제에 녹여서 분산시킨 액체이다.
③ 바셀린 방청유(=와셀린 방청유)막의 성질에 따라 1종(NP-4), 2종(NP-5), 3종(NP-6)으로 표시하며, 방청 능력이 큰 막을 형성한다.
④ 윤활 방청유 용도 및 점도에 따라 1종(NP-7), 2종(NP-8), 3종(NP-9), 4종(NP-10)으로 분류하고, 윤활성 및 방청성을 가지고 있으며, 일반기계, 내연기관 등에 사용되고 있다.
⑤ 방청 그리스는 NP-11로 표시하며, 그리스를 주재료로 한 것으로 각종 베어링, 크레인, 와이어 로프 등의 윤활 및 방청에 사용된다.
⑥ 기화성 방청유는 NP-20으로 표시하며, 밀폐부에서 강한 방청분위기를 만든다.

3 밀봉장치(Seal, 누설방지)

외부의 이물질 침입이나 유체의 누설을 방지하기 위해 사용하는 것으로 고정된 부분의 실을 개스킷, 운동 부분의 실을 패킹이라고 한다.

① 밀봉 장치의 구비 조건
   ㉠ 내열성, 내압성, 내마멸성(마찰에 의한 마멸이 적은 성질)이 높을 것
   ㉡ 실이 오일에 의하여 손상되지 않아야 하고, 또한 실이 금속면에 손상을 주어서는 안 된다.
   ㉢ 타 부품에 간섭을 주거나 작동부에 걸리지 않도록 잘 끼워져야 한다.
② 오링(O-ring) 구비 조건
   ㉠ 압축 영구 변형이 적고, 탄성이 양호할 것
   ㉡ 접촉면의 금속을 부식시키지 말 것
   ㉢ 내마모성을 포함한 기계적 성질이 좋을 것
   ㉣ 사용 온도 범위가 넓고, 내노화성이 좋을 것(여기서, 내노화성 : 기능이 오래 지속되는 성질)
③ 오링(O-ring) 특징
   ㉠ 유압장치에 10% 압축되게 설치함
   ㉡ 장착 홈에 10~30% 찌그러트림 여유를 줌
   ㉢ 재질은 니트릴 고무임

예상문제

1 기계 장치에 사용하는 실(seal) 중 많이 사용하는 오링(O-ring)의 장점이 아닌 것은?

① 가격이 저렴하다.
② 설계, 가공 및 조립이 쉽다.
③ 사용 유체에 따른 재질의 종류가 단순하다.
④ 규격이 다양하여 원하는 치수로 설계가 가능하다.

정답 | ③

2 기계 장치에 사용하는 오링(O-ring)에 대한 설명으로 틀린 것은?

① 유압장치에 가장 많이 사용된다.
② 100% 압축되게 설치한다.
③ 재질은 니트릴 고무를 사용한다.
④ 장착 홈에 10~30% 찌그러트림 여유를 준다.

정답 | ②

3 오링(O-ring)을 정적 실(Static Seal)로 사용할 경우 장점이 아닌 것은?

① 마찰이 적다.
② 저압에 좋다.
③ 설치 공간이 작다.
④ 실(Seal) 효과가 크다.

정답 | ②

4 오링(O-ring)의 구비조건으로 옳지 않은 것은?

① 내노화성이 좋을 것
② 기계적 성질이 좋을 것
③ 사용 온도 범위가 넓을 것
④ 탄성이 강하고 변형이 쉬울 것

정답 | ④

5 밀봉 장치에 사용되는 오링(O-ring)의 구비 조건으로 틀린 것은?

① 누설을 방지하는 기구에서 탄성이 양호할 것
② 가급적 사용 온도 범위가 좁을 것
③ 내마모성을 포함한 기계적 성질이 좋을 것
④ 상대 금속을 부식시키지 말 것

정답 | ②

Chapter 02 기계요소 보전

1 체결용 기계요소의 보전

1 볼트(Bolt), 너트(Nut), 와셔(Washer)

① 볼트의 종류

명 칭	육각 볼트	리머 볼트(관통 볼트)	탭 볼트
그림			
특징 및 용도	볼트의 머리 모양이 육각형 모양으로 주로 부품을 결합하는데 사용된다.	2개의 물체를 결합할 때 사용하는 것으로, 관통하는 물체의 구멍을 일치시켜 볼트를 박고 너트를 조이는 형식이다.(플랜지 커플링에 사용)	관통 볼트를 사용하기 어려울 때, 한쪽 부품에 나사를 깎은 다음 탭 볼트를 사용한다.

명 칭	스터드 볼트	기초 볼트	아이 볼트	T 볼트
그림				
특징 및 용도	둥근 막대의 양끝에 나사를 낸 '머리 없는 볼트'이다.	기계류(機械類)를 콘크리트 속에 묻혀 고정시킬 때 사용한다.	머리 모양이 둥글고, 무거운 물건을 들어 올릴 때 사용한다.	머리 모양이 T자로 되어 있다.

예상문제

1 무거운 물체를 달아 올리기 위하여 훅(hook)을 걸 수 있는 고리가 있는 볼트는?

① 아이 볼트　　② 나비 볼트　　③ 리머 볼트　　④ 간격유지 볼트

정답 | ①

② 너트의 종류

명 칭	육각 너트	나비 너트	둥근 너트
그림			
특징 및 용도	육각기둥 모양	나비 날개 모양	육각 너트를 사용할 수 없을 때 사용한다.

명 칭	아이 너트	캡 너트	홈붙이 육각너트
그림			
특징 및 용도	고리 달린 너트	유밀, 기밀 방지(유체 기계)	볼트의 구멍이 크거나, 접촉면이 거칠 때 사용한다.

③ 와셔의 종류 및 사용

명 칭	와 셔		
그림	(a) 둥근 평 와셔	(b) 스프링 와셔	(c) 이붙이 와셔
	와셔의 종류		
사용	• 볼트 구멍이 볼트 지름보다 너무 클 때(빠지는 것을 방지) • 볼트 접촉면이 거칠거나 다듬어지지 않았을 때 • 자리면이 기울어져(경사) 있을 때 • 내압력이 작은 목재, 고무 등에 볼트를 사용할 때 • 가스켓을 조일 때		

예상문제

1 와셔(washer)의 용도가 아닌 것은?

① 볼트 구멍이 볼트 지름보다 너무 클 때
② 볼트와 너트의 자리면이 고르지 못할 때
③ 볼트 자리면 재료의 강도가 강할 때
④ 너트의 풀림을 방지하고자 할 때

정답 | ③

2 체결용 기계 요소 중 와셔의 용도로 틀린 것은?

① 볼트 지름보다 구멍이 클 때
② 접촉면이 바르지 못하고 경사졌을 때
③ 기계 부품의 위치를 고정할 때
④ 자리가 다듬어지지 않았을 때

정답 | ③

3 체결용 기계 요소 중 와셔(washer)의 용도로 옳지 않은 것은?

① 너트의 풀림을 방지할 때
② 볼트 지름보다 구멍이 작을 때
③ 너트의 자리면이 고르지 못할 때
④ 자리면의 재료가 너무 연하여 볼트의 체결 압력을 견딜 수 없을 때

정답 | ②

2 볼트, 너트 풀림(이완) 방지법

둥근 막대의 한 끝에 머리가 달린 수나사가 볼트이고, 볼트와 같이 사용하는 암나사가 너트이다.

① 테이핑을 하여 체결하는 경우는 보통 유체의 누유를 방지하고자 할 때 볼트의 나사산을 테이핑하여 너트로 체결한다.(누유 방지 테이프 – 흰색)
② 로크 너트(Lock nut, 잠김 너트) 또는 자동죔 너트(Self locking)를 사용한다.
③ 스프링, 이붙이, 혀붙이 등의 풀림 방지용 와셔를 사용한다.
④ 분할핀 고정, 홈달림 너트 등 풀림 방지용 너트에 의한 방법이 있다.
⑤ 분할핀, 작은 나사, 멈춤 나사 등을 이용하는 방법이 있다.
⑥ 아연 도금 연철선에 의한 와이어 고정 방법(철사로 감아 메어서 풀림을 방지하는 방법)을 사용한다.

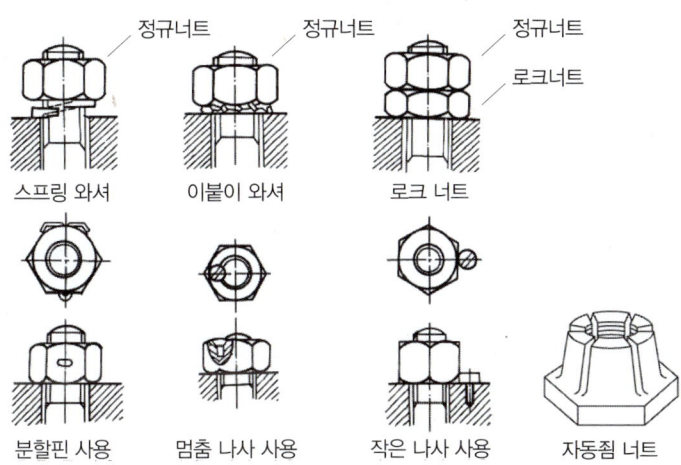

너트의 풀림 방지

예상문제

1 볼트와 너트의 풀림 방지 방법으로 적합하지 않은 것은?

① 스프링, 이붙이, 혀붙이 등의 풀림 방지용 와셔를 사용한다.
② 분할핀, 홈달림 너트 등 풀림 방지용 너트를 사용한다.
③ 테이핑을 하여 체결한다.
④ 아연 도금 연철선에 의한 와이어 고정 방법을 사용한다.

정답ㅣ③

2 볼트, 너트의 이완 방지 방법이 아닌 것은?

① 동일한 크기의 너트를 두 개 체결하는 방법
② 절삭 너트에 의한 방법
③ 너트의 일부에 플라스틱을 끼워 넣은 특수 너트에 의한 방법
④ 분할핀 고정에 의한 방법

정답ㅣ①

3 두 개의 너트를 사용하여 최초의 너트로 조이고 두 번째 너트를 조인 후 두 번째 너트를 잡고 최초의 너트를 약간 역회전시켜서 볼트 너트의 풀림을 방지하는 이완 방지법은?

① 홈달린 너트 분할핀 고정에 의한 방법
② 절삭 너트에 의한 방법
③ 로크 너트에 의한 방법
④ 특수 너트에 의한 방법

정답 | ③

4 로크 너트에 관한 설명으로 옳지 않은 것은 무엇인가?

① 주로 풀림 방지에 사용된다.
② 로크 너트를 먼저 삽입하여 체결한다.
③ 정규 너트를 먼저 삽입하여 체결한다.
④ 두께가 얇은 너트를 로크 너트라 한다.

정답 | ③

2 축(shaft) 기계요소의 보전

축은 일반적으로 베어링(bearing)에 지지되어 강도, 휨 그 밖의 기계적 필요 조건을 구비하여 회전 및 왕복 운동을 하는 기계요소를 말한다.

1 축의 종류

① 작용 하중에 의한 분류
  ㉠ 차축(axle) : 주로 휨을 받는 정지 또는 회전축을 말한다.
  ㉡ 스핀들(spindle) : 주로 비틀림을 받으며 모양이나 치수가 정밀하고 변형이 적어야 하므로 공작기계의 주축에 쓰인다.
  ㉢ 전동축 : 주로 비틀림과 휨을 받으며 동력 전달이 주목적이다. 이 전동축에는 주축(main shaft), 선축(line shaft), 중간축(counter shft)이 있다.

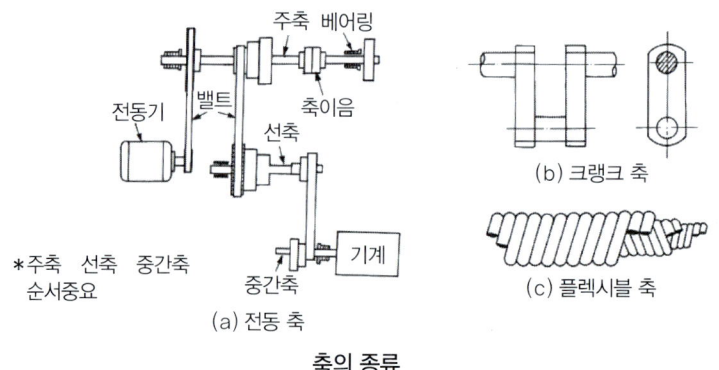

축의 종류

2 커플링

운전 중에 동력 전달을 계속 유지하여야 하며, 두 축이 일직선상에 있어야 하는 고정 커플링과 일직선상에 있지 않아도 되는 유연 커플링으로 구분한다.

① 고정커플링
- ㉠ 머프 커플링 : 주철제 원통 속에 두 축을 맞대어 고정하며 구조가 간단하지만 인장력이 작용하는 축 이음에는 가급적 사용하지 않는다.
- ㉡ 마찰원통 커플링 : 바깥둘레가 반원뿔형으로 1/20~1/30의 기울기를 가지며, 2개의 주철제 분할통을 바깥쪽에서 연강제 링을 박아서 사용한다. 긴 전동축이나 150mm 이하의 진동이 없는 축에 사용된다.
- ㉢ 플랜지 커플링 : 플랜지에 두 축을 끼워 고정하고 리머볼트로 체결한다. 두 축을 정확히 고정하며 큰 힘의 동력전달이 가능하다.

② 유연 커플링
- ㉠ 올덤 커플링
  - ⓐ 2개의 축이 평행하고, 두 축의 중심선이 일치하지 않고 각속도의 변화 없이 회전 동력을 전달시키고자 할 때 사용되는 축이음 커플링이다.
  - ⓑ 진동이 발생하고 회전수가 작아 고속회전에는 부적합하며 진동이 발생된다.
- ㉡ 유니버설 조인트 : 두 축이 중심선이 수시로 변화하는 경우에 사용하는 커플링이다.
- ㉢ 체인 커플링 : 결합 할 두 축의 끝에 스프라켓 휠과 롤러 체인을 사용하여 축 이음을 하는 커플링이다.
- ㉣ 기어 커플링 : 한 쌍의 내접기어로 이루어져 있으며, 두 축의 중심이 조금 어긋나도 큰 지장 없이 토크를 전달할 수 있는 축이음 커플링이다.
- ㉤ 그리드 커플링
  - ⓐ 축 유동 오차를 허용하여 동력을 전달시키는 커플링이다.
  - ⓑ 두 축의 중심을 완전히 일치시키기 어려울 때, 전달토크의 변동으로 축에 충격이 가해질 때, 고속회전으로 인한 진동을 완화시킬 때 사용한다.

3 베어링(Bearing)

회전축을 지지하여 주는 기계요소를 베어링, 이 베어링과 접촉하는 축 부분을 저널(Journal)이라 한다.

① 베어링의 종류
- ㉠ 접촉면에 따른 분류(마찰되는 형식)
  - 미끄럼 베어링(sliding bearing, 부시 베어링) : 축과 베어링(저널과 베어링면) 사이에 윤활유의 유막이 형성되어 미끄럼에 의한 상대운동을 하는 베어링을 말한다.

* 미끄럼 베어링의 특징

일반적으로 원형으로 가공되어 하우징에 끼워지기 때문에 부시 베어링이라고도 한다. 저널과 베어링의 직접 접촉을 방지하고, 마찰 저항을 줄이기 위해 윤활제를 주입한다.

장점	단점
구조가 간단하고 가격이 싸다.	사용 시 마찰 저항이 크다.
베어링 수리가 용이하다.	윤활유 주유 시 주의해야 한다.
충격에 잘 견디고, 힘이 크다.	
베어링에 작용하는 하중이 클 때 주로 사용한다.	

* 미끄럼 베어링 메탈의 구비 조건
  - 늘어붙지 않아야 한다.
  - 재료의 특성을 충분히 발휘할 수 있도록 성분이 고르게 분포되어야 한다.
  - 높은 내식성을 가져야 한다.
  - 높은 피로강도를 가져야 한다.
  - 마찰에 의한 마멸이 적어야 한다.

ⓒ 구름 베어링(rolling bearing) : 저널과 베어링면 사이에 전동체인 로울러나 보울을 넣어 구름 운동하는 베어링으로, 미끄럼 베어링에 비하여 마찰이 적어 (발열이 작아) 고속 운전을 할 수 있다.

* 구름 베어링의 구조

구름 베어링은 내륜과 외륜 사이에 볼(ball)또는 롤러(roller) 등의 전동체를 넣어 전동체의 간격을 일정하게 유지하기 위하여 리테이너(retainer)를 가지고 있다.
  - 볼 베어링(ball bearing) : 단열과 복열의 두 종류가 있으며 단열 깊은 홈형, 레이디얼볼 베어링, 복열 자동조심형 레이디얼 볼 베어링, 단식 트러스트 볼 베어링 등이 있다.

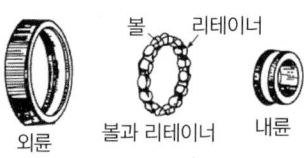

구름 베어링의 구조

• 롤러 베어링(roller bearing)

원통 롤러 베어링	레이디얼 부하 용량이 매우 크고, 트러스트 하중을 전혀 받을 수 없다. 중하중용이며 충격에 강하다.
니들 롤러 베어링	길이에 비하여 지름이 매우 작은 롤러(지름 2~5mm)를 사용한 베어링으로 주로 리테이너가 없이 니들 롤러만으로 전동하므로 단위면적에 대한 부하량이 커서 좁은 장소에서 비교적 큰 하중을 받는 내연 기관의 피스톤 핀에 사용된다.
원뿔 롤러 베어링	레이디얼 하중과 트러스트 하중을 동시에 받을 수 있으며, 주로 공작기계의 주축에 쓰인다.

• 볼 베어링과 롤러 베어링의 비교

비교항목 \ 종류	볼 베어링	롤러 베어링
하중	비교적 경하중용	비교적 큰 하중
마찰	작다.	비교적 크다.
회전수	고속 회전에 적당	비교적 저속 회전에 적당
내충격성	아주 작다.	작다(볼 베어링보다 크다.)

* 구름 베어링의 특징

장점	단점
• 마찰저항이 적다. • 동력손실이 적다. • 윤활 방법이 편리하다. • 밀봉장치의 교정이 쉽다. • 저널의 길이를 짧게 할 수 있다. • 과열의 위험이 적어 고속 회전에 적합하다. • 기계를 소형화할 수 있다. • 축심을 정확하게 유지한다. • 규격품이 많아 교환 및 선택이 용이하다.	• 가격이 고가이며, 수명이 짧다. • 소음이 발생하기 쉽고, 충격에 약하다. • 축 사이가 아주 짧은 곳에는 사용할 수 없다. • 조립이 어렵고, 외경이 커지기 쉽다.

> 예상문제

1 미끄럼 베어링과 구름 베어링을 비교했을 때 구름 베어링에 대한 설명으로 옳지 않은 것은?

① 설치가 간편하다.
② 기동 토크가 작다.
③ 표준형 양산품으로 호환성이 좋다.
④ 감쇠력이 우수하고 충격 흡수력이 크다.

> 정답 | ④

2 구름 베어링을 사용한 감속기 운전 중 발생하는 진동 유발 원인으로 옳지 않은 것은?

① 이 접촉면이 불량한 경우
② 기어의 백 래시가 작은 경우
③ 감속기 브래킷이 약한 경우
④ 베어링 내부에서 오일 휠(Oil whirl) 현상이 발생한 경우

> 정답 | ④

4 베어링 사용 시 주의사항

① 진동 또는 충격 하중에 견디도록 하여야 한다.
② 먼지 침입에 주의하여야 하고 윤활제의 열화에 적당한 조치를 하여야 한다.
③ 베어링의 압력과 미끄럼 속도에 따라 윤활유의 종류를 선정하여야 한다.
④ 마찰에 의해서 발생되는 열을 발산할 수 있어야 한다.

5 베어링 장착방법(한계온도는 120℃이다)

① 열박음(가열 유조)에 의한 방법 : 열을 가하여 100℃ 범위에서 열 박음을 실시하고, 120℃ 초과 가열하면 베어링에서 경도 저하가 일어나므로 주의해야 한다.
② 고주파 가열기에 의한 방법
③ 프레스 압입에 의한 때려 넣기
④ 해머를 이용한 압입 방법
  ㉠ 오일 인젝션 : 높은 유압을 이용하여 베어링 내륜을 뺀다.
  ㉡ 베어링용 어댑터 : 베어링을 적정한 틈새로 조립하기 위해 사용된다.

> 예상문제

1 다음 중 베어링 장착 방법으로 맞지 않는 것은?

① 열박음에 의한 압입 방법
② 프레스를 이용한 압입 방법
③ 해머를 이용한 압입 방법
④ 핀 펀치를 때려 넣는 방법

> 정답 | ④

2 베어링의 장착을 열박음으로 할 때 베어링의 가열 온도로 가장 적절한 것은?

① 50℃　　　② 100℃　　　③ 130℃　　　④ 170℃

정답 | ②

6 축의 고장 원인과 대책

① 조립 및 정비 불량
  ㉠ 기어 풀리, 베어링 등의 끼워맞춤 불량은 보스 내경은 절삭 수리를 하고, 축은 살 더하기 보수 또는 신작으로 교체해서 정확한 끼워맞춤을 한다.
  ㉡ 키, 핀, 코터 등의 맞춤 불량은 키와 코터를 적절히 사용하고 ㉠의 대책과 동일하다.
  ㉢ ㉠, ㉡의 현상을 수리하지 않고 사용했을 때 진동소음이 심하고 기어, 베어링의 수명이 급속히 저하되어 결국 사용 불능이 된다. 그래서 보스 내경은 절삭 수리를 하고, 축은 살 더하기 보수 또는 신작으로 교체 후 정확한 끼워맞춤하고 사용한다.
  ㉣ 휜 축 사용 시 실 부위 누유, 진동과 소음이 심하고 베어링의 발열이 크다.
  ㉤ 급유 불량은 기어 마모 소음이 크고 베어링부의 발열이 발생한다. 대책으로 적절한 유종 및 급유 방법을 사용한다.

② 설계 불량
  ㉠ 재질 불량은 마모 및 굽음이 발생, 단시간에 피로 파괴가 될 수 있으며, 재질을 변경하여 문제를 해결한다.
  ㉡ 치수 및 강도 부족은 마모 및 굽음이 발생, 단시간에 피로 파괴가 될 수 있으며, 사이즈를 조정하여 문제를 해결한다.
  ㉢ 형상 및 구조 불량은 노치부의 응력 집중에 의해 파단될 수 있으며, 형상을 개선하여 문제를 해결한다.

③ 자연 열화
  끼워맞춤을 확인하고, 축을 분해하여 외관 검사 실시, 테스트를 하여 원인을 파악한다. 끼워맞춤부의 마모, 녹, 흠, 변형, 굽음 등이 발생할 수 있다.

7 축의 고장 방지

① 정기적인 점검 및 정비를 한다.
② 정확한 끼워맞춤 공차를 설정한다.
③ 강한 끼워맞춤에서 조립 및 분해를 실시한다.

8 축과 보스의 수리 방법

① 신작 교체 : 새로운 축을 제작하여 처음과 같은 효과는 볼 수 있으나, 시간과 비용이 많이 소요된다. 보스부는 내경을 약간 수정하여 사용해도 된다.

② 마모부의 살 더하기 용접 : 신작 교체보다는 비용이나 시간이 절약되나, 용접열 때문에 굽어질 수 있고, 축 중앙부에 불량이 발생할 수 있어 신뢰성이 낮다.

③ 마모부를 잘라 맞춰 용접 : 신작 교체보다는 비용이나 시간이 절약되나, 용접 기술이 부족하면 신뢰성이 낮아진다.

④ 축을 깎아낸 후 신작축의 외경을 수정한 후 부시를 제작하여 보스부에 끼운다. 이때 억지끼워맞춤을 해야 한다.

⑤ 마모부를 잘라 버리고 비틀어 넣어 용접축의 일부가 기어로 되어 있을 경우에 적당하다.

⑥ 구부러진 축의 정비를 현장에서 할 수 있는지 여부
  ㉠ 500rpm 이하이며 베어링 간격이 비교적 긴 축이 휘어졌을 때
  ㉡ 경하중 기계, 축 흔들림 때문에 진동이나 베어링의 발열이 있는 경우
  ㉢ 베어링 중간부의 풀리 스프로킷이 흔들려 소리가 나는 경우

⑦ 축 구부러짐의 수리 방법
  V 블록 2개를 놓고, 축을 올려놓고, 굽은 곳을 짐 크로우(Jim Crow)를 대고 힘을 가하여 수리한다. (0.1~0.2mm 범위 내에서 수리 가능)

참고

틈새 vs 죔새

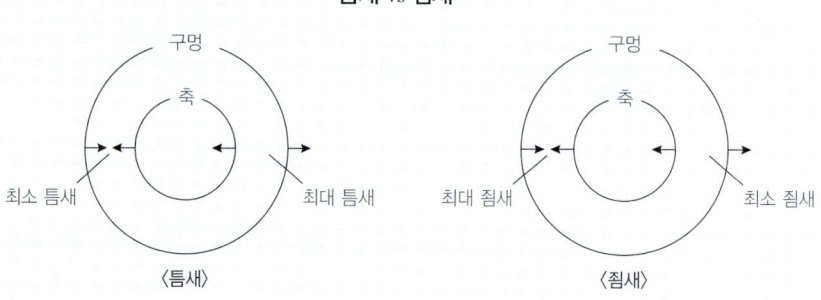

⟨틈새⟩   ⟨죔새⟩

예상문제

1 축이 구부러졌을 때 교환하지 않고 정비 현장에서 수리 여부를 판단하여 수리를 진행할 수 있는 경우로 가장 거리가 먼 것은 무엇인가?

① 베어링 중간부의 풀리 스프라킷이 흔들려 소리를 낼 때
② 500rpm 이하이며 베어링 간격이 비교적 긴 축이 휘어져 있을 때
③ 경하중 기계에서 축 흔들림 때문에 진동이나 베어링의 발열이 있을 때
④ 감속기가 부착된 고속 회전축이나 단 달림부에서 급하게 휘어져 있을 때

정답 | ④

2 축의 센터링(Centering) 불량 시 발생하는 현상이 아닌 것은?

① 진동이 크다.
② 축의 손상(절손 우려)이 크다.
③ 베어링부의 마모가 심하다.
④ 기계 성능이 향상된다.

정답 | ④

3 다음 끼워맞춤 용어의 설명 중 잘못된 것은?

① 최소 틈새 : 구멍의 최소치수와 축의 최대치수와의 차
② 최대 틈새 : 구멍의 최대치수와 축의 최소치수와의 차
③ 최대 죔새 : 구멍의 최소치수와 축의 최대치수와의 차
④ 최소 죔새 : 구멍의 최소치수와 축의 최소치수와의 차

정답 | ④

4 내륜 회전하는 베어링을 축이나 하우징에 조립할 때 일반적인 끼워맞춤의 관계가 적당한 것은 무엇인가?

① 베어링 내륜과 축은 억지끼워맞춤한다.
② 베어링 외륜과 축은 볼트로 끼워맞춤한다.
③ 베어링 내륜과 축은 헐거운끼워맞춤한다.
④ 베어링 외륜과 하우징은 억지끼워맞춤한다.

정답 | ①

5 깊은 홈형 볼 베어링 조립에 관한 설명으로 옳지 않은 것은?

① 끼워맞춤을 할 때 치수 공차를 확인한다.
② 열박음은 베어링을 가열팽창시켜 축에 끼우는 방법이다.
③ 일반적으로 외륜과 하우징은 억지끼워맞춤을 사용한다.
④ 열박음을 할 때 베어링의 가열온도는 100℃ 정도로 한다.

정답 | ③

참고

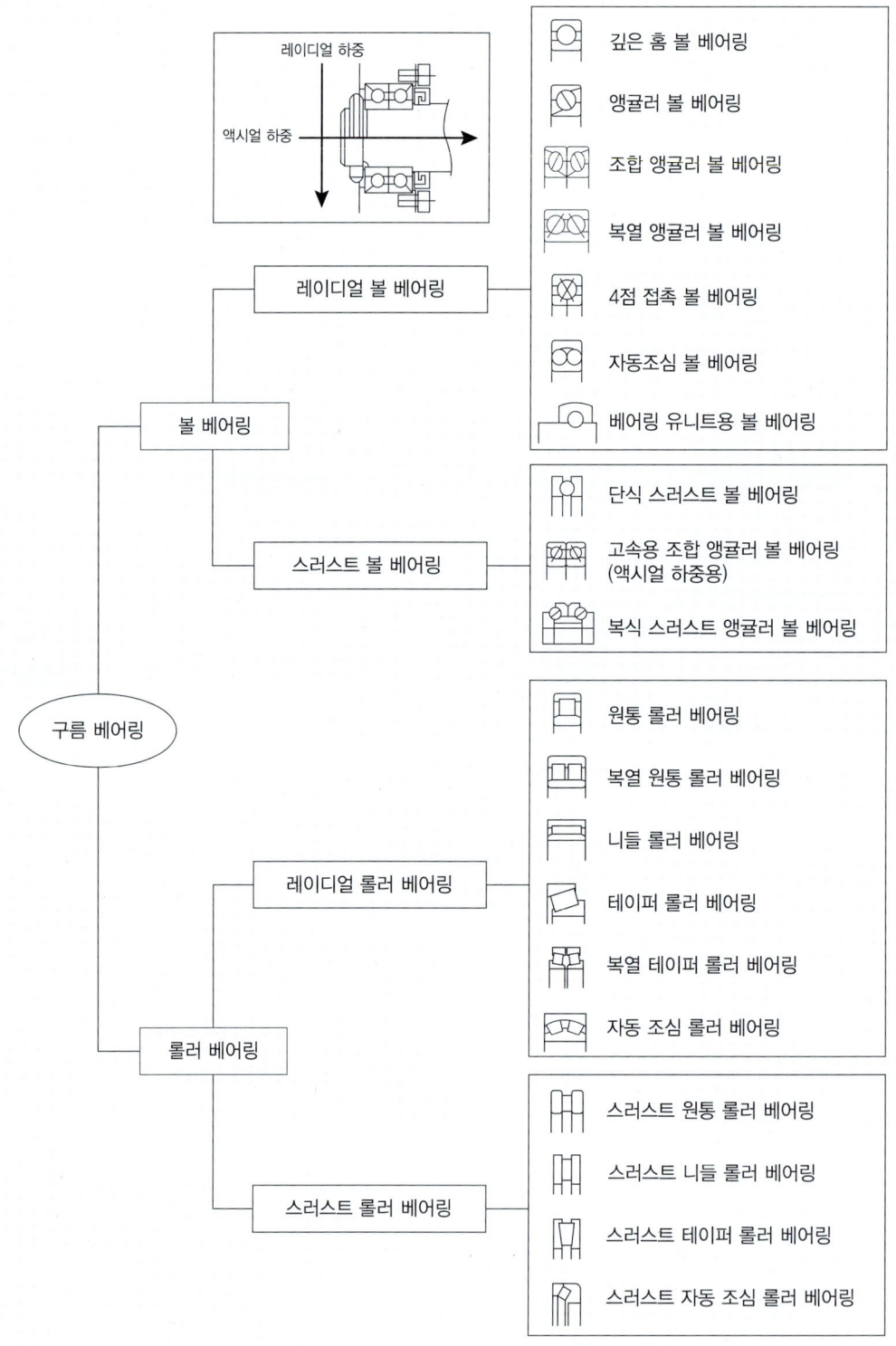

3 전동용 기계요소의 보전

1 기어(Gear)의 특징

두 개 또는 그 이상의 마찰면을 피치원으로 하여 여기에 이(tooth)를 만들어 서로 물리면서 회전한다. 잇수가 많은 것을 기어, 작은 것을 피니언이라 한다. 구조가 비교적 간단하며, 동력 손실이 적고 수명도 긴 장점 때문에 많은 기계 장치에 널리 쓰인다.

① 큰 동력을 일정한 속도비로 전달할 수 있다.
② 전동 효율이 높고, 감속비가 크다.
③ 사용 범위(예 시계, 항공기 등)가 넓지만, 충격에 약하고 소음과 진동이 발생한다.

2 기어의 종류

① 축이 평행한 경우

명칭	그림	용도
평 기어 (Spur gear, 스퍼기어)		기어의 이가 축에 평행한 원통 기어로 동력 전달용으로 많이 사용된다.
헬리컬 기어 (Helical gear)		• 이의 변형과 진동, 소음이 작고 큰 동력 전달과 고속 운전에 적합한 기어이다. • 이가 잇면을 따라 연속적으로 접촉을 하므로 이의 물림 길이가 같다. • 임의로 비틀림 각을 선정할 수 있으므로 중심거리를 조정할 수 있다.
더블 헬리컬 기어 (Double-helical gear)		좌우 두 개의 나선 이를 가지는 헬리컬 기어가 일체형으로 된 것이다.
래크(Rack, 직선형)와 피니언(Pinion)		회전운동을 직선운동으로 변환 또는 직선운동을 회전운동으로 변환하는 곳에 사용된다.
래크(Rack, 원형)와 내접기어(Internal gear)		큰 기어 속에 작은 기어가 접하여 회전하는 기어로 가속기에 사용된다.

② 축이 교차하는 경우

명칭	그림	용도
베벨 기어 (Straight bevel gear)		기어의 이가 원뿔의 모선과 일치하는 기어로 동력 전달용으로 많이 사용된다.
스파이럴 베벨 기어 (Spiral bevel gear)		기어의 이가 곡선으로 된 베벨 기어로 교차하는 두 축에 동력을 전달할 때 사용하며, 제작이 어려우나 이의 물림이 좋아 전동을 조용하게 할 수 있는 기어이다.
마이터 기어 (Miter gear)		축이 직각으로 만나고 기어의 잇수가 같은 한 쌍의 베벨 기어이다.
크라운 기어 (Crown gear)		피치 원뿔각이 90°이고 피치면이 평면으로 되어 있는 베벨 기어로 축이 평행한 경우에서 래크에 해당한다.

③ 축이 평행하지도 교차하지도 않는 경우

명칭	그림	용도
웜 기어 (Worm gear)		기어전동 장치에서 두 축이 직각이며, 교차하지 않는 경우에 큰 감속비를 얻을 수 있으나 전동 효율이 매우 나쁜 기어이다.
하이포이드 기어 (Hypoid gear)		어긋난 축 사이에 회전 운동을 전달하는 원추형 기어이다.
스크류 기어 (Screw gear)		비틀림 각이 서로 다른 헬리컬 기어를 엇갈리는 축에 조합시킨 기어이다.

3 기어의 손상되는 원인

① 기어의 이 부분이 파손되는 주 원인 : 과부하 절손, 피로 파손, 균열, 소손 등

② 기어의 치면 열화 : 마모, 소성항복, 융착, 표면 피로, 이면의 간섭 등

③ 기어의 표면 피로에 의한 손상 : 초기, 진행성 피칭과 파괴적 스폴링 등이 원인이다.

4 백 래시 정확한 이 닿기

① 백 래시(backlash)는 한 쌍의 기어를 맞물렸을 때 치면 사이에 생기는 틈새를 말한다.

② 이의 축 방향 길이의 80% 이상, 유효 이 높이의 20% 이상 닿아야 한다.
  ㉠ 백 래시가 적정하면 소음, 진동을 줄일 수 있다.
  ㉡ 치형 오차, 피치 오차, 편심 가공 오차 때문이다.
  ㉢ 중 하중, 고속 회전으로 발열되어 팽창되기 때문이다.
  ㉣ 윤활을 위한 잇면 사이의 유막 두께를 유지하기 위해서이다.

5 기어 운전 초기에 일어나는 현상 (기어가 손상되는 원인)

① 스코어링(접촉 마모) : 기어의 조립 불량
  ㉠ 기어 조립 후 운전 초기에 발생하는 현상이다.
  ㉡ 스코어링의 원인은 급유량 부족, 윤활유 점도 부족, 내압 성능 부족 때문이다.

② 피칭(진행성) : 기어의 윤활 불량으로 과하중, 이의 표면에 가는 균열이 생겨(표면 피로) 그 균열 속에 윤활유가 들어가면 유체 역학적인 고압을 받아 균열을 진행시켜 이의 면의 일부가 떨어져 나가는 것이다.(박리는 피칭 전 상태)

③ 스폴링 : 기어의 제작 불량으로 충격 과하중, 기어 재료의 연질, 충격 고하중으로 인해 발생하는 것으로, 피칭보다 넓은 부분이 어느 정도의 두께를 가지고 최종적으로 박리되는 현상이다.

④ 이의 절손 : 충격, 이물질 혼입, 반복 피로, 과부하로 인하여 발생될 수 있다.

⑤ 어브레이진 : 기어 자체의 마모분, 외부로부터 먼지 혼입으로 인하여 발생될 수 있다.

6 기어를 분해할 때 주의 사항

① 분해는 깨끗한 작업장에서 시행한다.

② 분해한 기어박스와 케이싱을 깨끗이 닦는다.

③ 내부 부품을 주의하여 취급한다.

④ 기어박스의 오일량은 가장 아래쪽에 있는 축의 중심까지만 채워야 한다.

예상문제

1 기어 구동에서 이가 상대측 이뿌리에 간섭을 일으켜 발열하고 윤활막 파괴로 금속 접촉을 하는 것을 무엇이라고 하는가?

① 피칭   ② 스포어링
③ 스코어링   ④ 백 래시(back lash)

정답 | ③

2 기어 이의 면 열화 현상 중 표면 피로에 해당하는 현상은?

① 피어닝 항복   ② 초기 피칭
③ 스코어링   ④ 절손

정답 | ②

3 기어가 회전할 때 이의 면에 반복되는 접촉 압력에 의해 균열이 발생하고 균열 속에 윤활유가 침투하여 이의 면의 일부가 떨어져 나가는 현상은?

① 플래팅   ② 리플링   ③ 절손   ④ 피칭

정답 | ④

4 기어 치면의 표면 피로에 해당되는 것은?

① 박리   ② 습동 마모
③ 스코어링   ④ 피이닝 항복

정답 | ①

5 기어 손상의 분류 중 피칭과 관련이 있는 것은?

① 마모   ② 용착   ③ 소성 항복   ④ 표면 피로

정답 | ④

✤ 참고

원동축은 동력을 직접적으로 전달을 하는 축을 말하고, 종동축은 원동축의 동력을 받는 축을 말한다. 이 둘은 보통 벨트로 연결한다.

동력을 직접 전달 받는 곳과 사용되는 곳이 다를 때 원동축과 종동축으로 구분된다.

예로 자전거를 생각하면 우리가 직접 자전거 발판에 힘을 가할 때 그곳에 직접 연결된 곳이 원동축이고, 체인으로 연결되어 뒷바퀴를 돌리는데 뒷바퀴에 연결되어 있는 곳이 종동축이다.

예로 세 발 자전거는 원동축은 있지만 종동축은 없다. 두 발 자전거의 종동차의 잇수가 10개이고 원동차의 잇수가 20개 이면 원동차가 1번 돌아갈 때 종동차는 2번 돌아가게 된다. 그래서 발판 부분에서 조금만 회전을 해도 바퀴가 더 많이 돌아가지만 반면 힘은 더 필요하다.

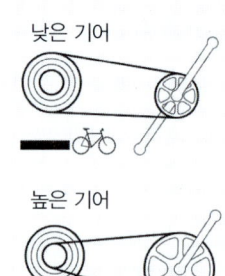

4 벨트 전동 (Belt drive)

양축에 고정한 벨트 풀리(belt pully)에 벨트를 걸어서 마찰력에 의하여 동력을 전달하는 장치로 평벨트와 V 벨트가 있다.

> **참고**
> 벨트 전동의 특징
> • 정확한 속도비를 얻을 수 없다.
> • 효율이 비교적 좋다. (90~98%)
> • 과하중 시 미끄러져 안전 장치 역할을 한다.
> • 구조가 간단하다.

1 평 벨트(방앗간에서 사용하는 형식)

① 벨트 재료 : 유연성과 탄력성이 있고, 인장강도, 마찰계수가 큰 가죽, 직물, 고무, 강철 벨트를 사용한다.

② 벨트 풀리(belt pully) : 벨트가 벗겨지는 것을 방지하기 위하여 바깥면의 중앙 부분을 볼록하게 만든다.

2 V 벨트

① V 벨트 전동
단면이 사다리꼴인 고무 벨트를 V 벨트 풀리에 끼워서 전동하는 것으로 단면이 V형 이음매가 없고, 전동 효율은 95~99% 정도이다. 단, 조건은 축간거리 5m 이하, 속도비 1 : 7 정도가 보통이나 1 : 10 정도도 가능, 속도 10~15m/s가 보통이나 25m/s 정도도 가능하다.

② V 벨트의 종류
단면의 크기에 따라서 M, A, B, C, D, E의 6가지가 있고, M형이 제일 작고, E형이 가장 크다. (단, 벨트의 길이는 조정할 수 없어 생산 시에 여러 가지 길이의 규격으로 제공한다.)

③ V 벨트의 호칭 번호 = $\dfrac{\text{벨트의 유효둘레[inch]}}{25.4}$ [mm]

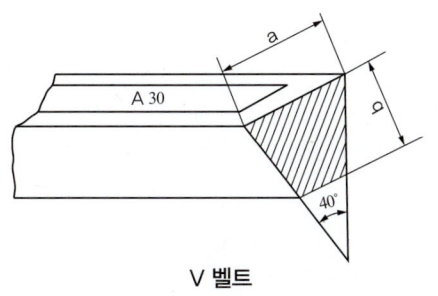

V 벨트

V 벨트의 크기

형별	a	b
M	10.0	5.5
A	12.5	9.0
B	16.5	11.0
C	22.0	14.0
D	31.5	10.0
E	38.5	25.5

> 예 A30 : V 벨트의 형별은 A형이고, 유효둘레는 30인치이다.

④ V 벨트의 특징
  ㉠ 풀리의 홈 각도는 40°보다 작게 한다.(3종류 : 34°, 36°, 38°) (V 벨트 풀리의 홈 각이 V 벨트의 각도에 비해 작은 이유는 V 벨트가 굽혀졌을 때 단면 변화에 따른 미끄럼 발생을 방지하기 때문이다.
  ㉡ 축 간 거리가 5m 이하로 평 벨트보다 짧다. (평 벨트의 축 간 거리는 10m 이하)
  ㉢ 이음이 없어 전체가 균일한 강도를 갖기 때문에 운전이 정숙하며 충격을 완화시키지만, 끊어졌을 때에는 접합이 불가능하다.
  ㉣ 미끄럼이 작고, 전동 속도비가 좋아(커) 전동 효율 또는 동력 전달이 매우 좋다(크다). 결과, 고속 운전을 할 수 있다.

⑤ V 벨트 정비에 관한 사항
  ㉠ 2줄 이상을 건 벨트는 균등하게 처져 있어야 한다.
  ㉡ 벨트 수명은 이론적으로 보면 정 장력이 옳다고 본다.
  ㉢ 베이스가 이동할 수 없는 축 사이에서는 장력 풀리를 쓴다.
  ㉣ 벨트는 합성고무 재질로 되어 있어 장기간 보관하면 열화가 발생하므로 오래된 것부터 사용한다.
  ㉤ 홈 상단과 벨트의 상면은 거의 일치하여야 한다.

⑥ 기타 벨트
  ㉠ 타이밍 벨트는 벨트 풀리와 벨트 사이의 접촉면에 치형의 돌기가 있어 미끄럼을 방지하고 맞물려 전동할 수 있는 벨트를 말한다.
  ㉡ 레이스 벨트는 원형의 긴 끈으로 된 벨트로서 전달력이 작은 소형 공작기계의 전동 벨트로 사용되는 것을 말한다.

예상문제

1 다음 중 마찰력으로 동력을 전달시킬 수 있는 전동용 요소는?

① 벨트(belt) ② 펌프(pump) ③ 기어(gear) ④ 체인(chain)

정답 | ①

2 다음은 V-벨트의 정비에 관한 사항이다. 가장 거리가 먼 것은?

① 2줄 이상을 건 벨트는 균등하게 쳐져 있지 않아도 된다.
② 풀리의 홈 마모에 주의한다.
③ V-벨트는 장기간 보관하면 열화되므로 구입 년 월 일을 확인한 후 사용하는 것이 좋다.
④ V-벨트 전동 기구는 설계 단계에서부터 벨트를 거는 구조로 되어있다.

정답 | ①

3 3줄의 V 벨트 전동장치 중 1줄의 V 벨트가 노후되었을 때 조치 방법은?

① 그냥 사용한다.
② 1줄만 교환한다.
③ 상태가 나쁜 것만 교체한다.
④ 3줄 전체를 세트로 교체한다.

정답 |

참고

① V 벨트를 선정할 때 고려 사항
  ㉠ V 벨트의 종류 및 형식
  ㉡ 소요 벨트의 가닥 수
  ㉢ V 벨트 풀리의 형상과 지름
② 벨트식 무단변속기의 정비 관련 사항
  ㉠ 벨트를 이동시킴에 있어서 무리가 발생될 수 있다.
  ㉡ 가변피치 풀리의 습동부는 윤활 불량이 되기 쉽다.
  ㉢ 광폭 벨트는 특수하므로 예비품 관리를 잘 해두어야 한다.
③ 벨트의 종류 중 고무 벨트에 대한 사항
  ㉠ 무명에 고무를 입혀 만든 것으로 유연하다.
  ㉡ 미끄럼이 적다.
  ㉢ 습기에 잘 견디고 기름에는 약하다.

> 예상문제

1 다음 중 미끄럼을 방지하기 위하여 안쪽 표면에 이가 있는 벨트로 정확한 속도가 요구되는 경우에 사용되는 것은?

① 천 벨트 ② 가죽 벨트
③ 고무 벨트 ④ 타이밍 벨트

정답 | ④

2 인터널 기어 대신 이에 해당하는 돌기를 지닌 고무 벨트로 만들어져 있는 벨트는?

① 가죽 벨트 ② 천 벨트
③ 고무 벨트 ④ 타이밍 벨트

정답 | ④

3 벨트 내측과 풀리 외측에 같은 피치의 사다리꼴 나사 또는 원형 모양의 돌기를 만들어 회전 중에 벨트와 벨트 풀리가 이 물림이 되어 미끄럼 없이 정확한 회전 각속도비가 유지되는 벨트는?

① 평 벨트 ② V 벨트
③ 타이밍 벨트 ④ 사일런트 체인

정답 | ③

3 체인(Chain) 전동장치

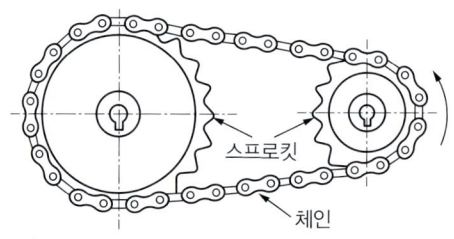

체인과 스프로킷

체인은 원판 모양의 둘레에 이를 만든 스프로킷(Sprocket, 체인 기어)에 체인이 이에 맞물리기 때문에 미끄럼이 없이 큰 동력을 확실하게 전달할 수 있다. 체인의 길이를 조절하여 먼 거리의 동력 전달이 가능하나 마찰이 많고 소음과 진동이 커서 고속 회전에는 부적합하다.

① 체인의 종류
  ㉠ 롤러 체인(roller chain) : 고속 회전 시 소음이 난다. 2개의 강판으로 만든 링을 핀으로 연결한 것으로 핀에 부시, 롤러를 끼운 것으로 자전거, 오토바이에 이용된다. (3 구성 요소 : 롤러(roller), 핀(pin), 부시(bush))
  ㉡ 사일런트 체인(silent chain) : 조용히 전동되어 소음이 적지만 제작이 어렵고 무거우며 가격이 비싼 체인이다. 링크의 바깥면이 스프로킷의 이에 접촉하여 물리며 다소 마모가 생겨도 체인과 바퀴 사이에 틈이 없다.

ⓒ 링크체인(link chain) : 인양용으로 사용된다. 원형 단면을 가진 가는 연강봉으로 타원형으로 구부려 이어서 만든 것이다.
ⓔ 핀틀 체인(pintle chain) : 오프셋 링크에서 링크판과 부시를 일체화시킨 것으로 오프셋 링크와 이음핀으로 연결되어 있으며, 저속 중용량의 컨베이어, 엘리베이터에 사용한다.

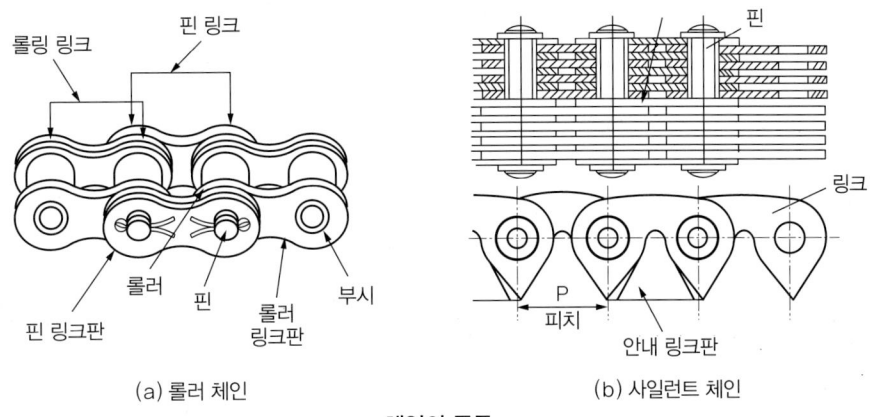

체인의 종류

② 체인 전동의 장점
  ㉠ 미끄럼 없이 일정한 속도비를 얻을 수 있고 정확하다.
  ㉡ 인장강도가 크므로 큰 동력을 전달할 수 있다.
  ㉢ 유지 보수가 간편하고, 수명이 길다.
  ㉣ 체인의 탄성에 의해 어느 정도의 충격하중을 흡수할 수 있다.
  ㉤ 체인의 길이를 자유로이 조절할 수 있고, 마멸이 생겨도 큰 동력이 전달된다. (효율 95% 이상)
  ㉥ 내열, 내유, 내습성이 강하다.
  ㉦ 여러 개의 축을 동시에 구동할 수 있다.

③ 체인 전동의 단점
  ㉠ 진동과 소음이 발생하기 쉬워 윤활이 필요하다.
  ㉡ 고속 회전에는 부적합하다.
  ㉢ 회전각의 전달 정확도가 나쁘다.

④ 체인을 걸 때
  이음 링크를 관통시켜 임시 고정시키고 체인의 느슨한 측을 손으로 눌러보고 조정해야 하는데 아래 그림에서 S-S'는 체인 폭의 2~4배가 적당하다.

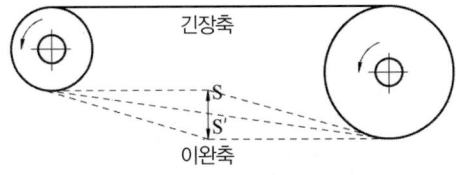

체인 거는 방법

⑤ 체인의 사용상 주의할 점
  ㉠ 용량에 맞는 체인을 사용하고, 무게중심을 맞추고 모서리는 피한다.
  ㉡ 과부하는 되도록 피하고, 작업 전에 이상 유무를 확인한다.
  ㉢ 정격 하중의 70~75%, 충격 하중은 1/4 이하로 사용한다.
  ㉣ 체인 블록을 2개 사용 시 무게중심이 한 곳으로 쏠리지 않도록 한다.
  ㉤ 물건을 장시간 걸어두지 않는다.

참고
체인식 무단 변속기(CVT(continuously variable transmission))
한 쌍의 베벨 기어 내 강제링크 체인을 연결하여 유효반경을 바꿈으로써 회전수를 조절하는 무단변속기이다. 변속 조작은 회전 중에 한다.

예상문제

1 체인(chain) 전동 장치 중 오프셋 링크에서 링크판과 부시를 일체화시킨 것으로 오프셋 링크와 이음 핀으로 연결되어 있으며, 저속 중용량의 컨베이어, 엘리베이터에 사용하는 체인은?

① 롤러 체인(roller chain) ② 부시 체인(bush chain)
③ 핀틀 체인(pintle chain) ④ 사일런트 체인(silent chain)

정답 | ③

2 일반적으로 회전 중에 변속 조작이 가능한 것은?

① 무단 변속기 ② 웜 감속기
③ 헬리컬 기어 감속기 ④ 베벨 기어 감속기

정답 | ①

3 한 쌍의 베벨 기어 내 강제링크 체인을 연결하여 유효반경을 바꿈으로써 회전수를 조절하는 무단 변속기는?

① 링 원추 무단 변속기 ② 체인식 무단 변속기
③ 벨트식 무단 변속기 ④ 디스크식 무단 변속기

정답 | ②

4 제어용 기계요소의 보전

명칭	클러치(clutch)	브레이크(brake)
그림		캘리퍼, 브레이크 라인, 피스톤, 브레이크 패드, 디스크
특징	**일상 점검** • 전자 클러치는 전류 계통을 확인한다. • 클러치가 유욕급유이면 적정 유면이 유지되어 있는지 확인하여야 한다. • 클러치의 작동의 의한 회전축의 운동이 무리 없이 행해지고 있는지 확인하여야 한다.	**역할** • 기계 운동 부분의 에너지를 흡수한다. • 기계 운동 부분의 속도를 감소시킨다. • 기계 운동 부분을 정지시킨다.

예상문제

1 다음 중 제동장치로 사용되는 것은?

① 클러치　　② 완충기　　③ 커플링　　④ 브레이크

정답 | ④

2 브레이크(brake)의 역할이 아닌 것은?

① 기계 운동 부분의 에너지를 흡수한다.
② 기계 운동 부분의 속도를 감소시킨다.
③ 기계 운동 부분을 정지시킨다.
④ 기계 운동 부분의 마찰을 감소시킨다.

정답 | ④

3 제동장치에서 작동 부분의 구조에 따라 분류하였을 때 해당되지 않는 것은?

① 밴드 브레이크　　② 전자 브레이그
③ 블록 브레이크　　④ 디스크 브레이크

정답 | ②

4 내장된 전자 코일에 의해 발생된 전자력으로 회전력을 전달하는 클러치는?

① 밴드 클러치　　② 마찰 클러치
③ 전자 클러치　　④ 맞물림 클러치

정답 | ③

5 클러치의 일상 점검 요령으로서 가장 거리가 먼 것은?

① 전자 클러치는 전류 계통을 확인한다.
② 클러치가 유욕급유이면 적정 유면이 유지되어 있는지 확인하여야 한다.
③ 클러치의 작동의 의한 회전축의 운동이 무리 없이 행해지고 있는지 확인하여야 한다.
④ 전자 클러치의 작동 상태가 최근 변하지 않았는가를 확인하는 것은 크게 중요하지 않다.

정답 | ④

5 관계 기계요소의 보전

1 관 이음쇠

관 이음쇠의 기능은 관로의 연장, 관로의 곡절, 관로의 분기이며, 배관의 직선 연결 이음에 사용되는 배관용 관 이음쇠에는 유니언, 니플, 부싱이 있다.

2 관 이음의 종류

① 용접 이음은 관과 관을 용접으로 결합하는 방법으로 용접을 확실히 하면 고압, 고온에서의 누설 염려가 적어서 배관 시공에서 유리하다.
② 플랜지 이음은 나사 이음 방법으로 부착하고 관경이 비교적 클 경우, 내압이 높을 경우 사용되며 분해 조립이 편리한 관 이음이다.
③ 플레어 이음은 동관 이음 시 플레어를 만들어 용접 이음한다.
④ 신축 이음은 열에 의한 관의 수축을 허용하고 축 방향으로 과도의 응력이 걸리지 않게 하기 위해 신축이 가능한 이음쇠를 사용한다. 종류에는 파형관 이음, 루프형 이음, 쇼밴드형 이음이 있다.
⑤ 유니언 이음은 배관 계통의 정비를 위하여 분해할 필요가 있는 곳에 사용하는 관 이음쇠이다.
⑥ 주철관 이음은 주로 주철관을 지하에 매설할 경우에 사용되며, 주철관은 강관에 비하여 내식성이 우수하고 가격이 저렴하다.

예상문제

1 관 이음쇠의 기능이 아닌 것은?

① 관로의 연장   ② 관로의 분기
③ 관의 상호 운동   ④ 관의 진동 방지

정답 | ④

2 다음 중 관 이음 방법의 종류가 아닌 것은?

① 나사 이음   ② 올덤 이음
③ 용접 이음   ④ 플랜지 이음

정답 | ②

3 관경이 비교적 크거나 내압이 높은 배관을 연결할 때 나사 이음, 용접 등의 방법으로 부착하고 분해가 가능한 관 이음쇠는?

① 신축 이음쇠   ② 유니온 이음쇠
③ 주철관 이음쇠   ④ 플랜지 이음쇠

정답 | ④

4 비교적 작은 배관이나 관의 살이 얇아 용접이 힘들 경우 사용하는 용접 이음 방법은?

① 웰드인 서트법   ② 맞대기 용접식
③ 플레어 용접식   ④ 끼워넣기 용접식

정답 | ③

5 열에 의한 관의 팽창 수축을 허용하고 축 방향으로 과도한 응력이 걸리지 않게 하기 위해 신축이 가능한 이음쇠는?

① 신축 이음쇠   ② 주철관 이음쇠
③ 나사형 이음쇠   ④ 유니온 이음쇠

정답 | ①

6 배관 계통의 정비를 위하여 분해할 필요가 있는 곳에 사용하는 관 이음쇠로 적당한 것은?

① 엘보   ② 유니언   ③ 소켓   ④ 밴드

정답 | ②

기계장치 보전

1 밸브(Valve)의 점검 및 정비

1 밸브의 취급

밸브는 유체 흐름의 단속과 변경, 유량, 온도, 압력 등을 조절하기 위하여 유체 통로의 개폐를 행하는 것이다. 운전 중에 사고를 방지하기 위하여 반드시 정기 점검을 실시하며, 1일 24시간 연속 운전을 고려하여 표준적인 기간을 정하여 지침을 삼는다.

① 교환 기간 : 4000시간마다 실시한다.
② 정기 점검 기간 : 1000시간마다 실시한다.

2 밸브 플레이트(유체의 흐름을 차단하기 위한 판)

압축기 밸브 플레이트 교환 시 유의 사항
① 교환 시간이 되었으면 **사용 한계의 기준치 내에서 무조건 교환한다.**
② 마모 한계에 달하였을 때는 **파손되지 않아도 교환한다.**
③ **두께의 0.3mm 이상 마모되면 교환한다.**
④ **마모된 플레이트는 절대 뒤집어서 사용하면 안 된다.**

3 밸브에 대한 일반적인 사항

① 밸브의 크기는 호칭 경으로 나타내며 강관이나 이음쇠의 호칭 경 치수와 일치한다.
② 호칭 경을 mm로 나타낸 것을 A열, 인치 단위로 나타낸 것을 B열이라고 한다.
③ 관과의 접속 끝이나 밸브 시트부의 유로 경을 '구경'이라고 한다.

4 밸브의 고장

① 조립 불량에 의한 고장 : 밸브 조립 순서의 불량, 밸브 홀더 볼트의 체결이 불량, 밸브 홀더 볼트의 조립이 불량 등 세 가지가 있다.
② 취급 불량에 의한 고장 : 리프트의 과대, 볼트의 조임 불량, 시트의 조립 불량, 스프링과 스프링 홈의 부적당 등 네 가지가 있다.

> **예상문제**

1 밸브 플레이트의 교환 요령 중 틀린 것은?

① 마모 한계에 달하였을 때는 파손되지 않았어도 교환한다.
② 교환 시간이 되었으면 사용 한계의 기준치 내에서도 교환한다.
③ 플레이트의 두께가 0.3mm 이상 마모되면 교체하여 사용한다.
④ 마모된 플레이트는 뒤집어서 사용한다.

정답 | ④

2 펌프의 점검 및 정비

1 펌프의 종류 및 특성

① 펌프의 종류(비용적형, 용적형 분류)

펌프의 형식	유체 흐름 방식	종류
터보형 펌프 (비용적형 펌프)	원심식	벌류트형 펌프, 디퓨저형 펌프
	사류식	케스케이스 펌프
	축류식	프로펠러 펌프 (축류 펌프, 혼류 펌프)
용적형 펌프	왕복식	피스톤 펌프, 플런저 펌프, 다이어프램, 웡 펌프
	회전식	기어 펌프, 편심 펌프, 베인 펌프, 스크루 펌프, 나사 펌프
특수형 펌프	회전식	와류 펌프, 수중 모터 펌프
	비회전식	제트 펌프, 기포 펌프, 수격 펌프

㉠ 터보형 펌프 : 회전차를 케이싱 내에서 회전시켜 액체에 에너지를 주는 펌프이다.
㉡ 원심식 펌프 : 액체가 회전차의 원심력에 의해 속도에너지를 받아 작동하는 펌프, 중, 소용량에 많이 사용된다.
㉢ 사류식 펌프 : 회전차의 입구와 출구가 모두 경사진 방향으로 유입 및 유출하는 구조로, 회전차의 원심력, 날개의 양력에 의해 액체에 압력 및 속도 에너지를 주는 펌프이다.
㉣ 축류식 펌프 : 회전차의 입구와 출구에서 모두 축 방향으로 유입, 유출하는 구조로, 안내 날개의 양력에 의한 압력에너지와 속도에너지를 주는 펌프이다.
㉤ 용적형 펌프 : 밀폐된 용기 내에서 용기와 로터 사이의 빈 곳에 액체를 넣어 그 체적을 압축시킴으로써 토출되는 펌프이다.
㉥ 왕복식 펌프 : 피스톤 또는 플런저의 왕복 운동에 의해서 액체를 흡입하여 소요의 압력으로 압축 후 송출하는 것으로 송출량은 적으나 고압을 요구하는 경우에 적합한 펌프이다.
㉦ 회전식 펌프 : 기어, 베인, 스크루 등의 회전 운동에 의하여 액체를 압송하는 펌프이다.
㉧ 벌류트 펌프 : 벌류트실에서 임펠러로부터 바깥쪽으로 고속으로 보내는 액체의 속도에너지를 효율 좋게 압력에너지로 변환시켜 액체을 송출하는 펌프이다.

ⓒ 디퓨저 펌프 : 날개 바퀴의 토출쪽에 접하여 설치한 날개형의 디퓨저로, 속도수두를 압력수두로 변환한다.
ⓒ 베인 펌프 : 용적형 회전펌프로서 대유량의 기름을 수송하는데 적당하고 비교적 고장이 적고 보수가 용이한 펌프이다.
ⓚ 나사 펌프 : 나사 모양의 회전자를 회전시키고, 유체는 그 사이를 채워서 나아가도록 되어 있는 펌프이다.
ⓔ 다단 펌프 : 1개의 펌프에서 2개 이상의 날개차를 동일 회전축에 장치한 것으로서 토출 양정을 높이기 위하여 사용한다.

예상문제

1 다음 중 원심펌프는?

① 기어 펌프 ② 플런저 펌프
③ 벌류트 펌프 ④ 다이어프램 펌프

정답 | ③

2 회전 속도가 높고 전체 효율이 가장 좋은 펌프는 어느 것인가?

① 피스톤식 ② 베인펌프식
③ 내접기어식 ④ 외접기어식

정답 | ①

3 다음 중 가장 높은 압력에서 사용하는 유압 펌프는?

① 나사 펌프 ② 기어 펌프
③ 베인 펌프 ④ 플런저 펌프

정답 | ④

4 펌프 내부에서 유압유를 흡입, 토출하는 운동 형태가 다른 것과 비교하여 동일하지 않은 유압 펌프는?

① 기어 펌프 ② 나사 펌프
③ 베인 펌프 ④ 왕복 펌프

정답 | ④

5 기어 펌프에 관한 설명으로 옳은 것은?

① 기어가 회전할 때 기포가 발생하지만 유압 펌프로도 사용할 수 있다.
② 유압 펌프로 사용 시 효율은 낮으나 소음과 진동이 거의 발생하지 않는다.
③ 회전수 1500rpm 정도의 윤활유 펌프에 많이 이용되고 있으며, 점성이 큰 액체에서는 회전수를 크게 한다.
④ 원통형의 케이싱 내에 편심된 회전체가 회전하고 이 회전체에 홈이 있어 홈 속에 판 모양의 베인이 삽입된 구조이다.

정답 | ①

② 펌프의 효율(p.151, (3) 유압 펌프의 동력과 효율 계산 참고)
펌프가 하는 일의 능력을 결정하는 것으로, 펌프의 동력은 소요 동력(모터 동력)과 펌프 축동력으로 나눈다.

㉠ 펌프의 전효율(η) = $\dfrac{소요동력(L_s)}{펌프\ 축동력(L_p)} \times 100(\%)$ = $\eta_h \times \eta_m \times \eta_v$

㉡ 수력효율(η_h) = $\dfrac{실양정(H)}{이론양정(H_{th})} \times 100(\%)$

㉢ 기계효율(η_m) = $\dfrac{펌프\ 축동력(L_p) - 동력손실(\Delta L_m)}{펌프\ 축동력(L_p)} \times 100(\%)$

㉣ 체적효율(η_v, 용적효율) = $\dfrac{송출량(Q)}{송출량(Q) + 누설량(\Delta Q)} \times 100(\%)$ = $\dfrac{Q\ 실제\ 토출량}{Q_0\ 이론\ 토출량} \times 100(\%)$

예로 펌프의 소요동력을 어떻게 구하는지 알아보자.
크게 수동력, 축 동력, 소요 동력으로 나뉘고, 그 순서대로 구하면 된다.

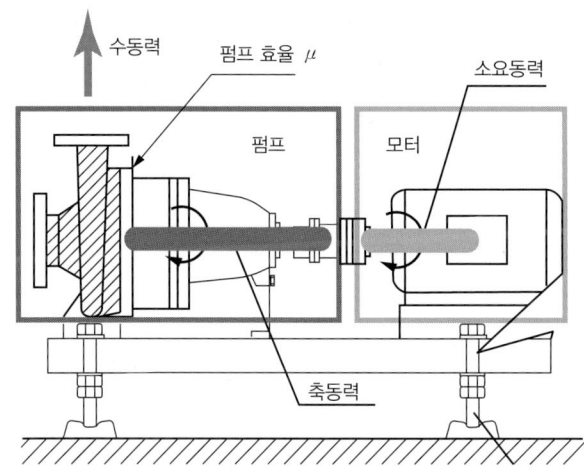

주문이 들어온다. 하루 동안 냉각수 8640m^3가 필요하고, 양정은 20m가 요구된다.
펌프 및 모터는 얼마짜리를 써야 될까?
수동력부터 구하자.

$$Q = \dfrac{8640\text{m}^3}{24 \times 60\text{min}} = 6[\text{m}^3/\text{min}]$$

$$수동력 = 9.8QH \ (Q : \text{m}^3/\text{sec}, \ H : \text{m})$$

$$= \gamma QH \left[\frac{\text{kgf}}{\text{m}^3} \times \frac{\text{m}^3}{\text{min}} \times \frac{\text{m}}{1} \right]$$

$$= 0.163QH \ (Q : \text{m}^3/\text{min}, \ H : \text{m}) \ [\text{kW}]$$

$$= \frac{1000}{60 \times 102} \times QH \quad \text{비중량(물)}$$

초를 분으로 바꾸기 위함

$1\text{kW} = 1\text{kJ/s} = 1\text{kN} \cdot \text{m/s}$

$= 102 \text{kgf} \cdot \text{m/s} = \frac{1000}{9.8} \text{kgf} \cdot \text{m/s}$

$1\text{kW} = 102 \text{kgf} \cdot \text{m/s}$

동력 kW로 변환하기 위해 필요한 수

$= 0.163 \times 6 \text{m}^3/\text{min} \times 20\text{m} = 19.56 [\text{kW}]$

다음 축동력을 구하자.
수동력을 구한 후에 펌프효율을 적용하면 축동력이다.
펌프 효율은 펌프의 종류별 규모별 차이가 있지만 여기서는 70%를 적용한다.
(효율은 50~70 이상까지 다양하다. 원심펌프의 경우 대략 70%이다)

$$축 동력 = \frac{수동력}{펌프효율} = \frac{수동력}{펌프효율} \quad (효율 : 70\%로 가정)$$

$$= \frac{19.56}{0.7} = 27.94 \text{kW}$$

마지막으로 그럼 모터는 얼마나 일을 해야 할까?
축이 해야 할 일에 여유율을 감안하여 구한다(이외 모터 자체의 효율도 적용하면 좋지만 생략한다).

소요 동력 = 축 동력 × (1+a) [a : 여유율]
          = 27.94 × 1.15
          = 32.13

보통
19kW 이하 : 0.25
22~55kW : 0.15
55kW 초과 : 0.1

결과 32.13[kW]가 필요하다.
모터는 정해진 정격으로 생산되므로 결과치보다 큰 모터를 선정한다.
모터 정격은 30[kW], 37[kW], 45[kW]순으로 정해져 있는 가운데 여기서 37[kW]로 선택한다.

예상문제

1 유압 펌프에서 용적효율이란?

① 펌프의 이론적인 토출량과 실제 토출량과의 비율
② 펌프 구동 동력과 소모 전력의 비율
③ 펌프의 실제적인 토출량에서 이론적인 토출량을 제한 용적
④ 펌프의 이론적인 토출량에서 실제적인 토출량을 제한 용적

정답 | ②

2 펌프의 이론 토출 압력이 높아질 때 체적 효율과의 관계는?

① 효율이 증가한다.
② 효율이 감소한다.
③ 효율은 일정하다.
④ 효율과는 무관하다.

정답 | ①

2 공동현상(Cavitation, 캐비테이션)

펌프의 흡입 양정이 높거나 흐름속도가 국부적으로 빠른 부분에서 압력 저하로 유체가 증발하여 **소음과 진동을 수반하는 현상으로** 압력이 포화수증기압 이하로 낮아지면서 **기포가 발생한다.**

① 영향 : 소음 발생, 펌프의 성능 저하, 압력이 저하되면 양수 불능

② 방지법
    ㉠ 흡입양정을 작게 한다.
    ㉡ 펌프 흡입 라인을 가능한한 짧게 한다.
    ㉢ 펌프의 운전 속도는 규정 속도 이상으로 해서는 안 된다.
    ㉣ 단흡입형 펌프이면 양흡입형 펌프로 고친다.
    ㉤ 펌프의 설치 위치를 낮게 한다.
    ㉥ 임펠러의 재질은 침식에 강한 것을 택한다.
    ㉦ 흡입 측에서 펌프의 토출량을 줄이는 것은 절대로 피한다.
    ㉧ 양정의 변화가 클 경우에 캐비테이션이 생기지 않도록 고려한다.

> **유효 흡입 수두(NPSH)**
> 펌프 운전 시 캐비테이션 발생 없이 펌프가 안전하게 운전되고 있는가를 나타내는 척도로 사용된다.

3 수격 현상(Water Hammer)

관로에 유속의 급격한 변화 및 정전에 의한 펌프의 동력이 급히 차단될 때 관내 압력이 상승 또는 하강하는 현상을 말한다.

① 영향
   ㉠ 압력 강하에 따라 관로가 파손된다.
   ㉡ 워터 해머 상승압에 따라 밸브 등이 파손된다.
   ㉢ 펌프 및 원동기에 역전, 과속에 따른 사고가 발생된다.
② 방지법
   ㉠ 펌프의 급 기동을 하지 않는다.
   ㉡ 서지 탱크를 설치한다.
   ㉢ 밸브의 급 개폐를 하지 않는다.
   ㉣ 플라이 휠 장치 사용
   ㉤ 관로의 부하 발생점에 공기 밸브 설치

4 펌프의 운전

① 서징(Surging) 현상

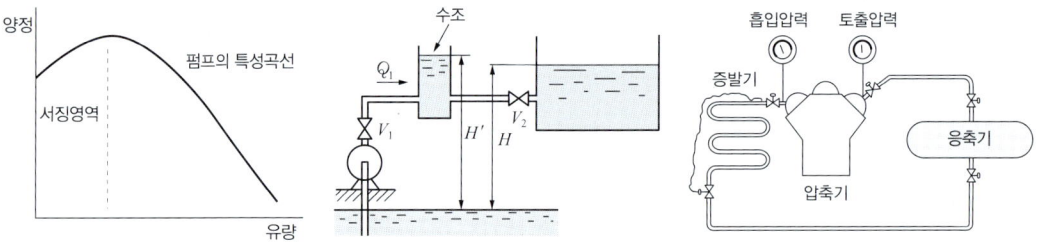

㉠ 유체의 유량 변화에 의해 관로나 수조 등의 압력, 수위가 주기적으로 변동하여 펌프 입구 및 출구에 설치된 진공계·압력계의 지침이 흔들리는 현상으로, 원심식, 축류식의 펌프, 압축기 등의 운전 중에 진동과 이상 소음, 이상 변동을 일으키는 현상.
㉡ 펌프의 공기실을 설치하여 서징을 방지할 수 있다.

② 펌프 운전상 주의 사항
   ㉠ 소음
   ㉡ 동력 관계(과부하)
   ㉢ 베어링 온도, 모터의 과열
   ㉣ 압력, 진공, 전류계 판독
③ 시운전 시 주의 사항
   ㉠ 공운전을 시키지 않고, 흡수 확인
   ㉡ 회전 방향 확인
   ㉢ 밸브 개폐에 주의
   ㉣ 압력, 진공, 전류, 소리, 진동, 베어링 온도에 주의

예상문제

1 펌프에서 압력이 국부적으로 낮아져서 기포가 생겨 소음과 진동을 일으키게 되는 현상은?

① 보일링(boiling) ② 캐비테이션(cavitation)
③ 서징(surging) ④ 채터링(chattering)

정답 | ②

2 다음 중 캐비테이션 방지책이 아닌 것은?

① 펌프의 설치 위치를 되도록 낮게 할 것 ② 흡입관을 가능한 짧게 할 것
③ 펌프의 회전수를 낮게 할 것 ④ 흡입 양정을 크게 할 것

정답 | ④

3 관로에서 유속의 급격한 변화에 의해 관내 압력이 상승 또는 하강하는 현상은?

① 캐비테이션 ② 수격 작용 ③ 서징 현상 ④ 크래킹

정답 | ②

4 펌프를 운전할 때 주기적으로 양정, 토출량이 규칙적으로 변동하는 현상은?

① 서징(Surging) 현상 ② 공동 현상(Cavitation)
③ 프레싱(Flashing) 현상 ④ 수격 현상(Water Hammering)

정답 | ①

5 펌프의 보수 관리

① 베어링의 사용 관리
  ㉠ 베어링 하우징부에서 나는 거친 소리나 두드리는 소리는 베어링에 이물질이 있음을 의미하고, 휘파람 소리는 윤활유가 부족하다는 뜻이다.
  ㉡ 온도는 정상운전 상태에서 주위 온도보다 20~30℃ 초과하면 안 된다.

② 기어 펌프의 고장 원인과 대책
  ㉠ 폐입 현상 : 기어 펌프 작동 시 오일의 일부가 기어의 맞물림에 의해 두 기어의 틈새에 갇혀서 다시 원래의 흡입측으로 되돌려지는 현상을 말한다.
  ㉡ 기어 펌프에서 폐입 현상 시 발생되는 사항 : 고압 발생, 기어의 진동, 소음 발생
  ㉢ 대책 : 기어 펌프의 측판에 도출 홈을 설치한다.

③ 이상 현상 (펌프의 부식 작용 요소)
  ㉠ 온도가 높을수록 부식되기 쉽다.
  ㉡ 유체 내의 산소량이 많을수록 부식되기 쉽다.
  ㉢ 유속이 빠를수록 부식되기 쉽다.
  ㉣ 재료가 응력을 받고 있는 부분은 부식되기 쉽다.
  ㉤ 표면이 거칠수록 부식되기 쉽다.

예상문제

1 기어 펌프가 작동 시 오일의 일부가 기어의 맞물림에 의해 두 기어의 틈새에 갇혀서 다시 원래의 흡입측으로 되돌려지는 현상을 무엇이라 하는가?

① 폐입 현상　　　　　　　　② 맥동 현상
③ 시지 현상　　　　　　　　④ 채터링 현상

정답 | ①

2 기어 펌프에서 폐입 현상 시 발생되는 사항이 아닌 것은?

① 고압 발생　　　　　　　　② 베어링 하중 감소
③ 기어의 진동　　　　　　　④ 소음 발생

정답 | ②

3 기어 펌프의 측판에 도출 홈을 설치하는 이유는?

① 토출측 압력을 높이기 위해서
② 흡입측 압력을 높이기 위해서
③ 펌프의 폐입 현상을 방지하기 위해서
④ 펌프의 스탑록 현상을 방지하기 위해서

정답 | ③

3 송풍기(Blower)의 점검 및 정비

송풍기는 공기의 유동을 일으키는 기계 장치로, 압력은 0.1~1.0atm 기압이고, 공기조화 시스템 및 각종 흡·배기 시스템에 사용된다.

1 송풍기의 구성

주요 구성 부분은 케이싱, 임펠러, 축 베어링, 커플링, 베드 등이다.

2 송풍기의 설치

① 송풍기를 설치하기 전 기초 작업으로 확인되어야 할 사항은 기초 치수, 기초 볼트 위치, 부품배치이다. 송풍기 임펠러 축의 수평을 맞출 때는 수준기를 사용한다.
② 송풍기를 설치한 곳의 기초 지반이 연약할 때 가장 큰 영향을 미치는 고장 발생의 현상은 진동 발생이다.
③ 고온가스를 취급하는 송풍기에서 중심내기(centering, alignment)를 할 때는 열 팽창을 우선적으로 고려해야 한다.

3 송풍기의 점검

① 송풍기의 베어링 과열 원인 : 베어링의 마모, 조립 불량, 그리스의 과충전
② 송풍기 운전 중 베어링의 온도가 급상승하는 경우 점검 사항
  ㉠ 윤활유의 적정 부여 및 미끄럼 베어링 오일 링의 회전이 정상인지 점검
  ㉡ 원통부에 벨트가 쓰이는 경우 이것이 축에 강하게 접촉되어 있는지 점검
③ 양쪽 지지형 송풍기의 축을 설치할 때 전동기 축과 반전동기 축의 좌·우측 구배는 0.05mm 이하이다.
④ 송풍기의 풍량이 부족한 경우의 원인
  ㉠ 송풍기 또는 덕트(duct)에 먼지 등이 쌓여 있어 저항이 증대되었을 때
  ㉡ 회전수가 저하되었을 때
  ㉢ 임펠러(impeller)에 이물질이 끼었을 때
⑤ 송풍기 축의 온도 상승에 의한 신장에 대한 대책
  송풍기 축은 압축열이나 취급하는 가스의 온도 등의 영향으로 운전 중에 축 방향으로 신장하려고 한다. 그래서 전동기 축 정방향 베어링(고정축)은 고정하고, 전동기 축 반대 방향(자유축)으로 신장되도록 하여 문제를 해결한다. (여기서, 신장 : 길이가 늘어남)

원심형 통풍기(Fan)의 정기 검사 항목
- 덕트 접촉부의 풀림 상태
- 덕트 배풍기의 먼지 퇴적 상태
- 후드 덕트의 마모, 부식, 움푹 패임 등 손상 유무 상태
- 통풍기의 주유 상태
- 통풍기 벨트의 작동 상태

예상문제

1 송풍기(Blower)의 주요 구성 부분이 아닌 것은?
  ① 케이싱   ② 체인   ③ 임펠러   ④ 커플링

정답 | ②

2 송풍기의 풍량이 부족한 경우의 원인이 아닌 것은?
  ① 회전수가 저하되었을 때
  ② V 벨트의 장력이 적당할 때
  ③ 임펠러에 이물질이 끼었을 때
  ④ 송풍기 또는 덕트에 먼지 등이 쌓여 있어 저항이 증대되었을 때

정답 | ②

3   송풍기에서 베어링의 온도가 급상승하는 경우 점검하여야 할 사항으로 거리가 먼 것은?

① 윤활유의 적정 여부를 점검한다.
② 송풍기의 회전 방향을 점검한다.
③ 미끄럼 베어링 오일 링의 회전이 정상인지 점검한다.
④ 원통부에 벨트(belt)가 쓰이는 경우 이것이 축에 강하게 접촉되어 있지 않는지 점검한다.

정답 | ②

4   양쪽 지지형 송풍기의 축을 설치할 때 전동기 축과 반전동기 축의 좌·우측 구배의 차는 몇 mm 이하인가?

① 0.05   ② 0.1   ③ 0.15   ④ 0.2

정답 | ①

5   송풍기 축의 온도상승에 의한 신장에 대한 대책은?

① 정동기축 베어링의 신장되도록 한다.
② 반 전동기축(자유축)방향으로 신장되도록 한다.
③ 양쪽이 모두 신장되도록 한다.
④ 신장되지 못하도록 제한한다.

정답 | ②

4 압축기의 점검 및 정비

기체를 압축시켜 압력을 높이는 장치로 컴프레서(compressor)라고 하며, 주로 공기의 압축에 사용되지만, 천연가스, 산소, 질소 및 기타 기체의 압축에도 사용된다. 압력은 1atm 기압 이상이고, 공장, 제트기관, 가스 터빈 등에 사용한다.

1 압축기의 작동 원리에 의한 종류

① 왕복식 압축기
  ㉠ 장점은 고압 발생이 가능하다는 것이다. ('왕고'를 기억하자.)
  ㉡ 단점은 소용량으로 설치 면적이 넓고, 윤활이 어렵고, 기초가 견고해야 한다.
  ㉢ 공기를 압축할 때 압력 맥동이 발생한다.
② 원심식 압축기
  ㉠ 장점은 윤활이 쉽고, 압력 맥동이 없다. 대용량으로 설치 면적이 비교적 좁고, 기초가 견고하지 않아도 된다.
  ㉡ 단점은 고압 발생이 어렵다는 것이다.
  ㉢ 회전체의 원심력을 이용하여 기체를 압축하는 기계로 베인형, 나사식, 스크롤형 압축기 등이 있다.

③ 회전식 압축기는 회전체의 회전을 이용하며, **압력비를 거의 일정하게 하고 유량을 회전수에 비례시켜 변하게 할 수 있다.**

2 압축기의 형태에 의한 종류

① 왕복 피스톤 압축기

일반적으로 널리 사용되는 압축기로 사용 압력 범위는 $10 \sim 100 \text{kgf/cm}^2$ 정도까지이며, 냉각 방식에 따라 공랭식과 수랭식으로 분류되는 압축기이다.

② 무급유식 공기 압축기

드레인에는 수분뿐이므로, 자동 배수 밸브가 막히는 경우가 별로 없다. 하지만 급유식에 비하여 수명이 짧고, 가격이 비싸다.

③ 격판식 압축기

기름이 섞이지 않은 청정 공기를 얻을 수 있다. 하지만 수명이 짧고, 높은 압력을 얻을 수 없다. 식품, 의약품, 화학 산업 등에 많이 사용한다.

④ 터보식 압축기

구조가 대형이며 복잡해 고가이지만 진동과 소음이 적은 압축기이다.

3 설치 작업 시 주의 사항

① 심출 볼트는 크랭크 케이스와 나사 볼트를 위해 부착시켜 둔다.
② 모르타르(Mortar)를 기초 볼트 구멍에 공동이 생기지 않도록 철봉으로 잘 다져 놓는다.
③ 기초 주변에 형틀을 사용하여 기초와 물체와의 공간이 남지 않도록 충분히 모르타르를 충진시킨다.

4 압축기의 보수

① 흡입 필터의 전후 압력이 $50 \sim 100 \text{mAq}$를 초과할 때는 교환한다.
② 흡입 필터에 눈막힘이 생기면, 실린더와 피스톤의 마모, 용적 효율 저하, 윤활유 소비 증가 등이 발생한다.
③ 윤활유 및 냉각수를 점검하고 주기적으로 정기 점검을 실시한다.
④ 압축기는 흡입상태 또는 흡기 필터의 눈막힘을 점검한다.
⑤ 압축기 밸브 부품 중 밸브 스프링 교환 시 유의 사항
  ㉠ 자유 상태에서 높이가 규정치 이하로 되었을 때 교환한다.
  ㉡ 손으로 간단히 수정하여 사용해서는 안 된다.
  ㉢ 교환 시간이 되면 기준치 내에서도 교환한다.
  ㉣ 교환 시간이 되었을 때 탄성 마모가 없어도 교환한다.
⑥ 애프터 쿨러(after cooler)는 압축공기를 냉각하는 기기로 압축기에서 발생한 고온의 압축공기를 그대로 사용하면 패킹의 열화를 촉진하거나 기기에 나쁜 영향을 주므로 사용한다.

구분	압력		atm	MPa
	mAq(수주)	kgf/cm²		
통풍기(fan)	1 이하	0.1 이하	0.1	0.01
송풍기(blower)	1~10 미만	0.1~1 미만	0.1~1	0.01~0.1
압축기(compressor)	10 이상	1 이상	1 이상	0.1 이상

예상문제

1 다음 중 사용 압력이 0.1MPa 이상으로 높은 압력의 기체를 송출시키는 기기는?

① 압축기   ② 송풍기   ③ 환풍기   ④ 통풍기

정답 | ①

2 일반적으로 널리 사용되는 압축기로 사용 압력 범위는 10~100kgf/cm² 정도까지이며, 냉각 방식에 따라 공랭식과 수랭식으로 분류되는 압축기는?

① 왕복 피스톤 압축기   ② 베인형 압축기
③ 스크류형 압축기   ④ 터보 압축기

정답 | ①

3 압축기 밸브 부품 중 밸브 스프링의 교환에 대한 내용으로 잘못된 것은?

① 자유 상태에서 높이가 규정치 이하로 되었을 때 교환한다.
② 손으로 간단히 수정하여 사용해서는 안 된다.
③ 교환 시간이 되면 기준치 내에서도 교환한다.
④ 교환 시간이 되어도 탄성 마모가 없으면 교환하지 않는다.

정답 | ③

4 압축기를 압축하는 방식에 따라 원심식과 왕복식으로 분류할 때, 원심식 압축기와 비교한 왕복식 압축기의 특징으로 옳지 않은 것은?

① 소용량이다.   ② 윤활이 어렵다.
③ 기초가 견고해야 한다.   ④ 고압 발생이 불가능하다.

정답 | ④

5 원심식 압축기와 비교한 왕복식 압축기의 장점에 해당하는 것은?

① 고압 발생이 가능하다.   ② 맥동 압력이 없다.
③ 대용량이다.   ④ 윤활이 쉽다.

정답 | ①

5 감속기의 점검 및 정비

모터의 회전수를 원하는 회전수로 줄여주는 것으로 모터와 기어박스를 체결하여 구성한다.

① 기어 감속기의 종류
   ㉠ 평행 축형 감속기에 사용하는 기어 : 스퍼 기어, 헬리컬 기어, 더블 헬리컬 기어
   ㉡ 이물림 축형 감속기 : 웜 기어, 하이포이드 기어

② 웜 기어(Worm gear) 감속기의 특징
   ㉠ 치면에서의 미끄럼이 커서 전동 효율이 떨어진다.
   ㉡ 적은 용량으로 큰 감속비를 얻을 수 있다.
   ㉢ 웜과 웜 기어를 한 쌍으로 사용하여 역회전을 방지할 수 있다.
   ㉣ 진동과 소음이 적다.
   ㉤ 호환성이 없으며 경제성이 나쁜(비용이 고가) 단점이 있다.

예상문제

1 다음 중 평행축형 기어 감속기에 해당되지 않는 것은?

① 스퍼 기어 감속기
② 헬리켈기어 감속기
③ 하이포이드 기어 감속기
④ 더블 헬리켈 기어 감속기

정답 | ③

2 웜기어(Worm Gear) 감속기의 특징으로 옳지 않은 것은?

① 역전을 방지할 수 있다.
② 소음이 커서 정숙한 회전이 어렵다.
③ 적은 용량으로 큰 감속비를 얻을 수 있다.
④ 치면에서의 미끄럼이 커서 전동 효율이 떨어진다.

정답 | ②

3 다음 중 이 물림 축형 감속기에 속하는 것은?

① 웜 기어
② 스퍼 기어
③ 헬리컬 기어
④ 스파이럴 베벨 기어

정답 | ①

6 전동기의 점검 및 정비

전동기는 전기에너지를 기계에너지로 바꾸어 주는 회전 기기이다.

1 과열 및 발열

① 직류 전동기 과열의 원인
  ㉠ 전동기 과부하
  ㉡ 베어링 조임 과다
  ㉢ 과부하가 걸리게 되면 저속 회전 현상이 발생한다.
② 전동기 과열의 원인
  ㉠ 과부하 운전 또는 단상 운전
  ㉡ 빈번한 기동, 정지
  ㉢ 베어링부에서의 발열
  ㉣ 냉각 불충분
③ 전동기 베어링 부분에서 발열이 발생할 때 주요 원인
  ㉠ 베어링의 조립 불량
  ㉡ 벨트의 장력 과대
  ㉢ 커플링 중심내기 불량

2 진동 및 회전

① 전동기의 고장 중 진동의 직접 원인
  ㉠ 베어링의 손상
  ㉡ 커플링, 풀리 등의 마모
  ㉢ 냉각 팬, 날개 바퀴의 느슨해짐
  ㉣ 로터와 스테이터의 접촉
② 교류 3상 유도 전동기의 회전 방향을 바꾸려면 전원 3선 중 2선을 서로 교체하여 결선해야 한다.

3 전동기의 정비 기타 사항

① 전동기의 운전 중 점검 항목 : 전압, 회전수, 베어링 온도 상승
② 전동기의 고장 원인에서 기동 불능에 대한 원인
  ㉠ 퓨즈 용단 및 서머 릴레이, 차단기 등의 작동
  ㉡ 기계적 과부하
  ㉢ 시동 버튼 스위치 작동 불량
  ㉣ 배선의 단선 및 전기 기기류의 고장(코일의 단선)
  ㉤ 운전 조작 잘못 및 미숙

③ 전동기 과부하 시 회로 및 기기의 보호용으로 사용되는 것
  ㉠ 퓨즈(Fuse), 노퓨즈 브레이크(NFB) 또는 배선용 차단기(MCCB)
  ㉡ 열동형 과부하계전기(THR=Thermal Relay)
  ㉢ 전자식 과부하계전기(EOCR=Electronic overload current Relay)
④ 소형(1kW 이하) 3상 유도 전동기에서 가장 많이 사용하는 급유의 형태는 그리스 급유이다.
⑤ 유도전동기의 특징
  ㉠ 구조가 간단하다.
  ㉡ 품질, 성능이 안정되어 있다.
  ㉢ 전원 회로 설치가 용이하다.
⑥ 3상 유도 전동기의 점검에서 육안으로 점검할 수 있는 항목
  ㉠ 기름 누설
  ㉡ 도장의 벗겨짐 및 오손
  ㉢ 베어링유의 더러움이나 변질 여부

예상문제

1 전동기가 기동하지 않는 원인으로 가장 적당한 것은?
① 베어링 내의 이물질 혼입 ② 커플링 마모
③ 코일의 단선 ④ 모터의 발열

정답 | ③

2 전동기 기동 불능의 원인이 아닌 것은?
① 배선의 단선 ② 전기 기기의 고장
③ 기계적 과부하 ④ 베어링 마모

정답 | ③

3 전동기 운전 시 진동 현상의 원인으로 잘못된 것은?
① 베어링의 손상 ② 커플링, 풀리 등의 마모
③ 로터와 스테이터의 접촉 ④ 냉각 불충분

정답 | ③

4 횡축에 시간, 종축에 부하전력을 설정 및 표시한 도표를 무엇이라 하는가?
① 부하 곡선 ② 조정전력 곡선 ③ 수요물 곡선 ④ 설비 이용률 곡선

정답 | ③

참고

① 합성 최대수용전력 = 총 설비용량 × $\frac{수용률}{부등률}$ [kW]
② 부등률 = $\frac{각각의 최대수용전력의 합}{합성 최대수용전력} \geq 1$
③ 수용률 = $\frac{최대수용전력}{총 설비용량} \times 100[\%]$
④ 부하율 = $\frac{부하의 평균전력}{최대수용전력} \times 100[\%]$
⑤ 변압기 용량 ≥ 합성 최대수용전력

· MEMO

PART 04

공유압 일반

Chapter 01 공유압 개요
Chapter 02 공유압 기기
Chapter 03 공유압 기호 및 회로

공유압 개요

1 공유압 이론

1 개요

1) 공유압의 정의

공유압이란 컴프레셔 또는 유압 펌프로부터의 기계적 에너지를 압력 에너지로 변환시키고 각종 밸브를 이용하여 유체 에너지의 압력, 유량, 방향의 세 가지 기본적인 제어를 통하여 공유압 실린더나 공유압 모터 등의 액추에이터를 이용하여 다시 기계적인 에너지로 바꾸는 일련의 동작을 의미한다.

2) 유체의 종류

① 압축성 유체 : 압력 변화에 따라 체적의 변화가 있는 유체

② 비압축성 유체 : 압력 변화에 따라 체적의 변화가 거의 없는 유체

③ 실제 유체 : 점성을 가지고 있는 유체

④ 비점성 유체 : 점성이 거의 없는 유체

⑤ 이상 유체 : 완전유체라고도 하며 비점성, 비압축성 유체

3) 압력의 정의

① 대기압 : 지구를 감싸고 있는 대기에 의해 가해지는 압력이다.
  → 표준단위 [atm] : 1 [atm]=760 [mmHg] = 1.01 [bar] = 1.01325 [Pa]

② 게이지 압력 : 대기압을 기준으로 하며, 압력계로 측정한 압력이다.
  게이지 압력에서 대기압은 0이다.

③ 진공압 게이지 압력 : 대기압을 0으로 측정하여 대기압보다 높은 압력을 +게이지 압력, 반대인 압력을 −게이지 압력 또는 진공압이라 한다.

④ 절대압력 : 완전진공을 0으로 기준으로 하여 측정한 압력
  → 절대압력 = 대기압 ± 게이지 압력

> **참고**
> 압력(Pressure) : 단위면적(A)당 작용하는 힘(F), 즉 P = F/A
> 단위는 kgf/cm^2, Pa, N/m^2, bar, psi 등이 있다.

2 공유압의 원리

1) 파스칼의 원리

밀폐된 용기 속에 정지 유체의 일부에 가해지는 압력은 유체의 모든 부분에 동일한 힘으로 전달된다.

① 경계를 이루고 있는 어떤 표면 위에 정지하고 있는 유체의 압력은 그 표면에 수직으로 작용한다.
② 정지 유체 내의 점에 작용하는 압력의 크기는 모든 방향에서 동일하게 작용한다.
③ 정지하고 있는 유체 중의 압력은 그 무게가 무시될 수 있으면, 그 유체 내의 어디서나 같다.

비압축성 유체를 밀폐된 공간에 담아 유체의 일부에 힘을 가하여 압력을 증가시키면, 유체 내의 압력은 모든 부분에 똑같은 크기로 전달된다. 즉, 밀폐된 용기 속에 정지하고 있는 유체에 힘을 가하면 압력은 모든 방향에서 같은 크기로 발생한다.

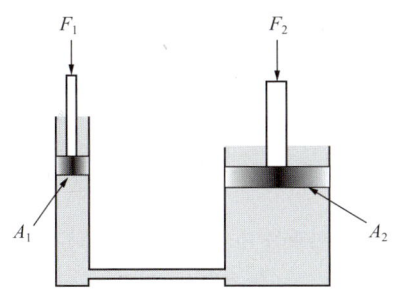

$$P_1 = P_2, \frac{F_1}{A_1} = \frac{F_2}{A_2}$$

2) 보일의 법칙

기체의 온도를 일정하게 유지하면서 압력 및 체적이 변화 시, 체적과 압력은 반비례 관계를 갖는다.

$$P_1 V_1 = P_2 V_2 = 일정$$

3) 샤를의 법칙

기체는 압력을 일정하게 유지하면서 체적과 온도가 변화 시, 체적과 온도는 서로 비례한다.

$$\frac{T_1}{T_2} = \frac{V_1}{V_2} = 일정$$

4) 보일-샤를의 법칙

절대온도에서 기체가 체적이 V_1, 압력 P_1으로 존재할 때 온도가 T_2, 압력이 P_2로 변화 시, 체적도 V_2로 변하게 된다. 이들 사이의 관계를 식으로 정의한 것이 보일-샤를의 법칙이다.

$$P_1 V_1 T_2 = P_2 V_2 T_1 = 일정$$

일정량의 기체가 차지하는 체적은 여기에 가해지는 압력에 반비례하며, 절대온도에는 비례한다. 이를 다음과 같이 식으로 나타내기도 한다.

$$\frac{P_1 V_1}{T_1} = \frac{P_2 V_2}{T_2}$$

5) 연속의 정리

어떤 유체가 관 속을 통과할 때, 단위시간 동안 유입된 양과 유출량은 같아야 한다. 따라서, 유체의 밀도를 p라고 하였을 때, 단위시간 동안 유입된 유체의 양과 유출된 유체의 양은 다음과 같은 식으로 정의된다.

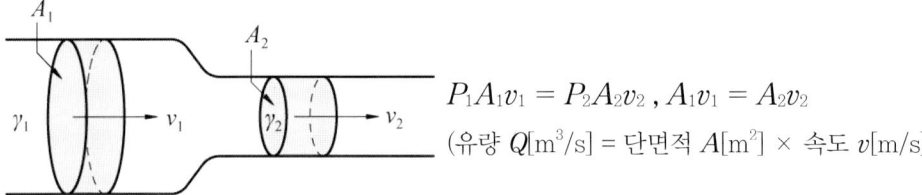

$P_1 A_1 v_1 = P_2 A_2 v_2$, $A_1 v_1 = A_2 v_2$
(유량 $Q[\text{m}^3/\text{s}]$ = 단면적 $A[\text{m}^2]$ × 속도 $v[\text{m/s}]$

6) 베르누이 정리

점성이 없는 비압축성의 액체가 수평관을 흐를 때 속도 에너지, 위치 에너지, 압력 에너지의 합은 항상 일정하다. 즉, 압력수두+속도수두+위치수두=일정

$$\frac{P_1}{r} + \frac{V_1^2}{2g} + Z_1 = \frac{P_1}{r} + \frac{V_2^2}{2g} + Z_2$$

(P : 압력, V : 속도, Z : 위치, r : 액체 비중량, g : 중력가속도)

7) 유체 흐름에 따른 분류

① 층류
  ㉠ 유속이 느리고 좁은 관을 흐를 때 발생한다.
  ㉡ 유체의 흐름과 평행한 방향으로 작용한다.
  ㉢ 레이놀즈수를 기준으로 작다.
  ㉣ 유속이 느리고, 유체의 동점도는 크다.
② 난류
  ㉠ 유속이 빠르고 넓은 관을 흐를 때 발생한다.
  ㉡ 유체의 흐름이 규칙적이 아니며 소용돌이 현상을 보이며 흐른다.
  ㉢ 레이놀즈수를 기준으로 크다.
  ㉣ 유체의 점도는 작다.

3 공유압의 구성

1) 공압장치의 구성

공압 장치란 공기 압축기에 의한 동력 에너지를 유체의 압력 에너지로 변환시키고 그 유체 에너지를 압력, 유량, 방향의 기본적인 제어를 통하여 실린더, 모터 등의 액추에이터로 다시 기계적 에너지로 바꾸는 동력의 변환 또는 운전을 행하는 일련의 장치를 의미한다. 크게 공압 발생부, 공기 청정화부, 제어부, 작동부 등으로 구성되어 있다.

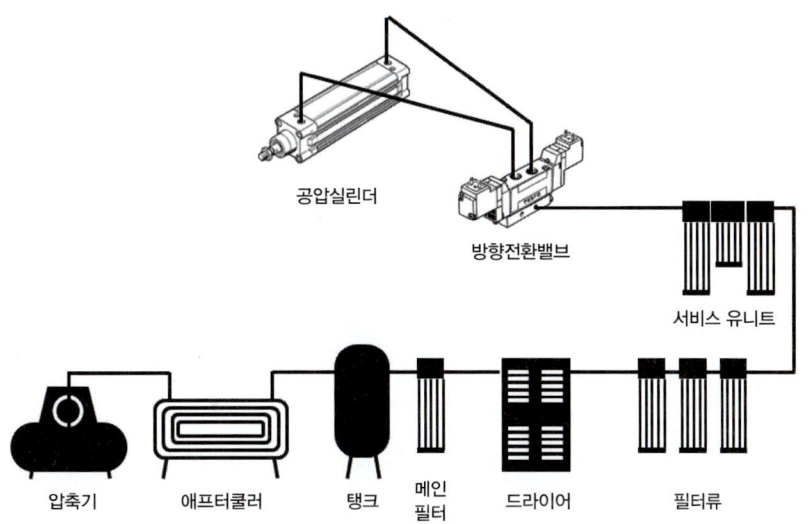

① 공압 발생부 : 압축기, 탱크, 애프터쿨러(냉각기)

② 공기 청정화부 : 필터, 드라이어(건조기), 윤활기(루브리케이터)

③ 제어부 : 압력 제어, 유량 제어, 방향 제어 밸브

④ 작동부 : 실린더, 공압 모터, 공압 요동 액추에이터 등

2) 유압 장치의 구성

유압 에너지는 동력원에서 제어부, 작동부 순으로 동작을 하고 유압 에너지의 발생원으로는 유압 탱크와 유압 펌프가 있다. 제어부는 일의 출력을 제어하는 압력 제어부와 속도를 제어하는 유량 제어부와 방향을 제어하는 방향 제어부가 있다. 그리고 일의 조작부에 해당하는 작동부로는 유압 실린더와 유압 모터가 있다.

유압 장치란 크게 동력원, 제어부, 작동부 등으로 구성되어 있다.

① 동력원 : 유압 탱크, 유압 펌프

② 제어부 : 압력 제어, 유량 제어, 방향 제어 밸브

③ 작동부 : 실린더, 유압 모터, 유압 요동 액추에이터 등

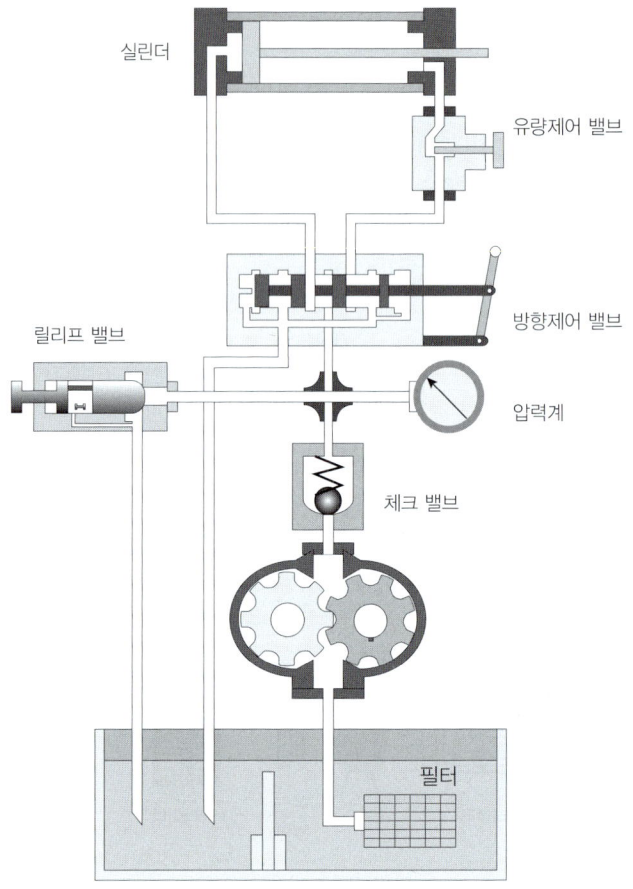

3) 공유압의 특징(장·단점)

공압의 장점	공압의 단점
① 출력(힘) 조절이 용이하다. ② 폭 넓게 무단으로 속도 조절을 쉽게 할 수 있다. ③ 과부하에도 안전성을 확보할 수 있다. ④ 공기는 점성이 작고 압력 강도 적으며 유속이 높아 고속 작동이 가능하다. ⑤ 공압 탱크를 이용하여 에너지 축적이 가능하다. ⑥ 에너지원인 공기를 쉽게 얻을 수 있다. ⑦ 기구가 간단하며 유지 보수가 쉽다. ⑧ 원격 조정이 가능하며 환경오염이 적다.	① 공기의 압축성 때문에 정밀한 속도 조절이 어렵다. ② 압축 공기가 대기로 방출 시 소음이 발생된다. ③ 전기나 유압에 비해서 큰 힘을 얻을 수 없다. ④ 전기나 유압에 비해 에너지 생성 비용이 크다.

유압의 장점	유압의 단점
① 크기가 작은 장치로 큰 힘을 낼 수 있다. ② 힘과 속도를 무단으로 조절할 수 있다. ③ 일의 방향의 전환을 쉽게 할 수 있다. ④ 유압유를 사용하므로 마찰, 마모, 윤활 및 방청성이 우수하다. ⑤ 진동이 적고 작동이 원활하며 응답성이 좋다. ⑥ 정확하고 정밀한 위치 제어가 가능하다. ⑦ 작동시 열 방출성이 좋다. ⑧ 전기의 조합으로 자동 제어가 가능하다. ⑨ 과부하 운전 시 안전 장치가 가능하다.	① 기계 장치마다 동력원이 필요하다. ② 유압유는 온도의 영향을 받기 쉽다. ③ 고압 작동 시 배관, 이음매 등에서 누유가 있을 수 있다. ④ 펌프의 작동 소음이 크다. ⑤ 동력원을 단독으로 사용하므로 비용이 많이 든다. ⑥ 작동유로 인한 화재의 위험이 있다. ⑦ 이물질에 민감하다. ⑧ 발생열로 인한 냉각 장치가 필요하다. ⑨ 폐유에 의한 환경오염이 있을 수 있다.

예상문제

1 물체가 상태 변화를 할 때 에너지의 전체량이 변화 없이 일정하게 유지되는 것을 무엇이라 하는가?

① 보일의 법칙　　　　　② 파스칼의 원리
③ 연속의 법칙　　　　　④ 에너지 보존의 법칙

정답 | ④

2 유압잭과 같이 힘을 키우기 위한 유압 장치에 적용되는 원리는?

① 연속의 원리　　　　　② 벤츄리의 원리
③ 파스칼의 원리　　　　④ 베르누이의 원리

정답 | ③

3 유압 실린더의 구성 요소 중 유압 작동유의 누설 방지에 사용되는 것은 무엇인가?

① 실(Seal)　　　　　　② 피스톤 로드
③ 헤드 커버　　　　　　④ 실린더 튜브

정답 | ①

02 공유압 기기

1 유압 요소

1 유압 펌프

1) 펌프의 개요

유압 펌프는 전동기나 엔진 등에 의하여 얻어진 기계적 에너지를 받아서 작동유에 압력과 유량의 유체 에너지를 이용하여 유압 모터나 실린더를 작동시키는 유압 장치의 기본 동력이다.

유압 펌프 기호

① 양정과 송출량은 펌프의 성능을 나타낸다.
  ㉠ 양정 : 흡입 수면에서 송출 수면까지의 수직 거리이다.
  ㉡ 송출량 : 단위시간당 송출되는 유체의 체적이다.(단위 : m^3/min)
② 유체의 압력과 토출량은 유압 펌프의 용량을 나타낸다.

2) 유압 펌프의 분류

작동 원리와 구조에 따라 용적형 펌프와 비용적형 펌프로 분류되며, 세부 분류는 다음과 같다.

유압 펌프의 분류	비용적형 (터보형)	• 원심식 : 벌류트 펌프, 터빈 펌프 • 사류식(혼유식) : 사류 펌프 • 축류식 : 축류 펌프
	용적형	• 왕복식 : 피스톤 펌프, 회전피스톤 펌프 • 회전식 : 기어 펌프, 베인 펌프, 나사 펌프

① 비용적형(터보형) 펌프
  ㉠ 원심 펌프 : 대표적인 비용적형 펌프이며, 임펠러를 회전하여 유체 수송 및 압력을 발생시켜 주며 구조가 간단하고 맥동이 적어 효율이 좋으며 고속 회전이 가능하다.

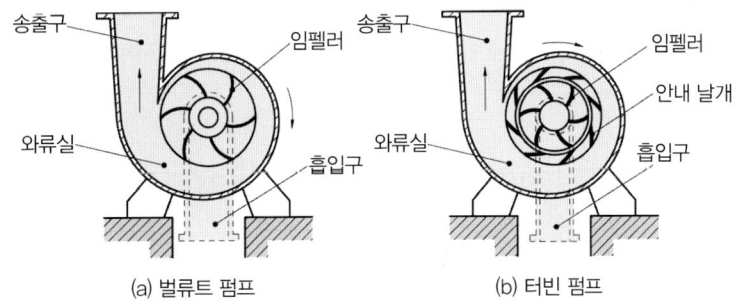

(a) 벌류트 펌프 (b) 터빈 펌프

- 벌류트 펌프 : 구조 간단, 소형 크기, 안내 날개 없으며 단단 펌프로 낮은 양정에 사용된다.
- 터빈 펌프 : 구조 복잡, 대형 크기, 안내 날개 있으며 다단 펌프로 높은 양정에 사용된다.
- 다단 펌프 : 임펠러를 1개만 가지고 있는 펌프를 단단 펌프라고 하며, 양정이 낮은 경우 사용되며, 2개 이상의 임펠러를 직렬로 장착한 다단 펌프는 비교적 높은 양정의 경우 사용한다.

ⓒ 사류(혼유) 펌프 : 유체가 축 방향에서 들어와 임펠러 통과 시 축 방향에 대하여 약간 경사진 방향으로 나오는 펌프이며, 긴 수명과 공동현상이 적게 발생된다.

ⓒ 축류 펌프 : 유체가 축 방향에서 들어와 임펠러 통과시 축 방향으로 나가는 펌프이며, 흡입 양정이 너무 높으면 공동현상이 발생된다. 배의 프로펠러나 선풍기 날개와 같은 임펠러에 의해 유체에 속도 및 압력을 생성한다.

② 용적형 펌프 : 비용적형 펌프와 비교하여 저유량, 고압력을 발생한다.
  ㉠ 왕복식
    ⓐ 피스톤 펌프 : 운동체로 피스톤을 사용한 펌프로, 실린더 내에서 피스톤을 왕복 운동시켜 유체를 흡입 및 송출한다.

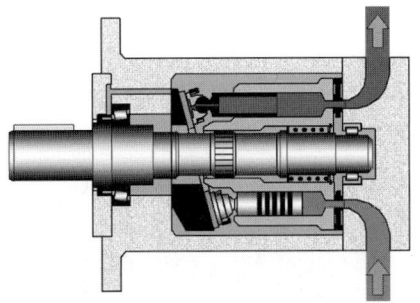

(장·단점)
- 고속, 고압의 유압 장치에 적합하다.
- 다른 유압 펌프에 비해 효율(80~90%)이 가장 좋다.
- 가변용량형 펌프로 많이 사용된다.
- 구조가 복잡하고 가격이 고가이다.
- 흡입 능력이 가장 낮다.

ⓑ 플런저 펌프 : 운동체로 플런저를 사용하는 펌프로, 피스톤 펌프보다 더 큰 압력을 생성한다.

ⓒ 다이어프램 펌프 : 운동체로 다이어프램를 사용하는 펌프로, 작동 부분과 유체가 분리 및 차단되어 유체의 누설 및 오염이 없다. 구조가 간단하고 맥동이 없으며 고양정, 저압력용 유압 펌프에서 사용된다.

ⓛ 회전식

ⓐ 나사 펌프 : 나사축의 회전에 의해 유체를 흡입 및 송출한다.

(장 · 단점)

- 맥동이 없고 소음이 적다.
- 소형 크기 및 고속 회전이 가능하다.

ⓑ 기어 펌프 : 일반적으로 값이 싸고 간단하므로 다양한 기계 장치에 많이 사용되며, 케이싱 내에서 한 쌍의 기어가 서로 맞물려 회전하는 펌프이다. 기어의 물림 운동으로 진공 부분이 생겨 유체를 흡입하여 토출구 쪽으로 유체를 토출하며, 흡입 양정이 크고 점도가 높은 유체의 송출이 가능하다.

(장 · 단점)

- 가격이 저렴하고 구조가 간단하여 유지 보수가 쉽다.
- 고속 운전이 가능하며 신뢰도가 높다.
- 내접기어 펌프 : 구조상 기어가 내부에 있어 크기가 소형이다.

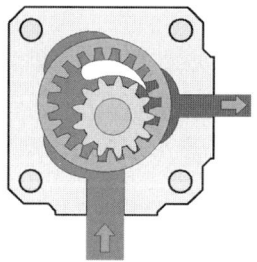

- 외접기어 펌프 : 저가격, 단순한 구조이나 소음과 진동이 크며 맥동 현상이 발생된다.

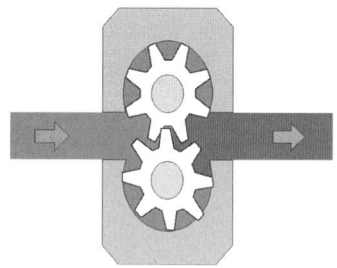

ⓒ 베인 펌프 : 공작기계, 프레스기계, 사출성형기 및 차량용으로 많이 쓰이고 있으며 정 토출량형과 가변 토출량형이 있다.

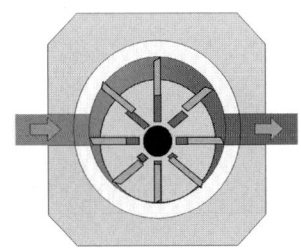

(정용량형 베인 펌프)
- 1단 베인 펌프 : 베인 펌프의 기본형으로 펌프 축이 회전하면 로터 홈에 끼워진 베인은 원심력과 토출압력에 의해 캠링 내벽에 접속력을 발생시키며 회전한다.
- 2단 베인 펌프 : 1단 베인 펌프 2개를 1개의 본체에 직렬로 연결시킨 것으로 고압이며, 대출력에 사용된다.
- 2연 베인 펌프 : 다단 펌프의 소용량 펌프와 대용량의 펌프를 동일 축상에 조합시킨 것으로 흡입구가 1구형과 2구형이 있다. 토출구가 2개 있으므로 각각 다른 유압원이 필요한 경우나 서로 다른 유입량이 필요한 경우 사용된다.
- 복합 베인 펌프 : 저압 대용량, 고압 소용량 펌프와 릴리프 밸브, 언로딩 밸브, 체크 밸브를 한 개의 본체에 조합시켜 압력 제어를 자유로이 할 수 있고, 오일 온도가 상승하는 것을 방지한다. 고가이며 크기가 대형이다.

(가변 용량형 베인 펌프)

로터와 링의 편심량을 바꿈으로써 토출량을 변화시킬 수 있는 비평형형 펌프이며 유압회로에 의하여 필요한 만큼의 유량만을 토출하고 남은 유량은 토출하지 않으므로 효율을 증가시킬 수 있을 뿐만 아니라 오일의 온도 상승이 억제되어 전에너지를 유효한 일량으로 변화시킬 수 있는 펌프이다. 단, 수명이 짧고 소음이 크다.

3) 유압 펌프의 동력과 효율 계산

① 소요 동력(모터 동력) : 펌프에 의해서 유체를 송출할 때 필요한 동력(L_s)

$$L_s = \frac{PQ}{612\eta}[\text{kW}], \ L_p = \frac{PQ}{450\eta}[\text{PS}]$$

(P:토출압력 $[kgf/cm^2]$, Q:토출량 $[L/min]$, η:전효율)
(여기서, $1[PS] = 736[W]$, $1[hp] = 746[W]$)

② 펌프 축동력 : 원동기에 의해서 펌프를 구동하는데 필요한 동력(L_p)

$$L_p = \frac{\gamma QH}{10200} = \frac{PQ}{10200} = \frac{PQ}{10200\eta}[\text{kW}], \ L_p = \frac{\gamma QH}{7500} = \frac{PQ}{7500} = \frac{PQ}{7500\eta}[\text{PS}]$$

(P:토출압력 $[kgf/cm^2]$, Q:토출량 $[cm^3/sec]$, η:전효율, γ:비중량$[kgf/m^3]$, H:전양정$[cm]$)

(여기서, 비중량은 물체(고체·액체·기체)의 단위 체적당의 중량으로
  물의 경우 : 1기압, 4℃일 때의 물의 비중량 $\gamma ≒ 1000[kgf/m^3] ≒ 10-3[kgf/cm^3]$)

$$L_p = \frac{TN}{974}[\text{kW}], \; L_p = \frac{TN}{716}[\text{PS}]$$

(T:회전력 [N·m], N:펌프의 회전수 [rpm])

참고 1. $\dfrac{1}{612} = 0.00163 = \dfrac{1000(\text{물의 비중량})}{60(\text{초를 분으로 바꾸기 위함}) \times 10200}$

참고 2. $1[\text{kW}] = 1[\text{kJ/sec}] = 1[\text{kN·m/sec}] = 1000[\text{N·m/sec}]$

$\qquad = \dfrac{1000}{9.8}[\text{kgf·m/sec}] = 102[\text{kgf·m/sec}] = 10200[\text{kgf·m/sec}]$

참고 3. $\dfrac{1}{10200} = 9.8 \times 10^{-5}$

③ 펌프의 효율

 ㉠ 체적효율(η_v, 용적효율)

$$\eta v = \frac{\text{펌프의 실제 유량}}{\text{임펠러를 지나는 유량}} = \frac{\text{실제 토출량}}{\text{이론 토출량}}$$

 ㉡ 기계 효율(η_m)

$$\eta m = \frac{\text{펌프축동력} - \text{동력 손실(기계 손실)}}{\text{펌프축동력}}$$

 ㉢ 수력 효율(η_h)

$$\eta h = \frac{\text{펌프의 실제 양정}}{\text{펌프의 이론 양정(깃수유한)}}$$

 ㉣ 전효율(η)

$$\eta = \frac{\text{소요 동력}}{\text{펌프축동력}} = \eta v \cdot \eta m \cdot \eta h$$

④ 이송 체적과 토출량의 관계

$$Q = N \cdot V = \frac{\pi d^2}{4} \times l \; [l/min]$$

(Q:토출량 [l/min], N:펌프의 회전수 [rpm], V:이송 체적[m³])

⑤ 펌프의 손실

 ㉠ 수력 손실 : 펌프 자체에서 발생되는 양정의 손실

 ㉡ 누설 손실 : 펌프의 운동 부분과 고정 부분의 틈 사이로 압력차에 의해 유체가 누설되는 손실

 ㉢ 기계 손실 : 펌프 내 각종 부품 등에서의 마찰로 인한 손실

2 유압 제어 밸브

액추에이터의 정확한 동작을 위해서 필요한 목적에 맞게 작동유의 유량, 압력, 유체의 방향을 제어하기 위해 사용되는 기기를 유압 제어 밸브라고 한다.

1) 방향 제어 밸브

유압 액추에이터의 작동 방향을 제어하는 밸브

① 방향 제어 밸브

유압회로 내에서 유체의 방향을 변환시키거나 액추에이터의 운동 방향을 변환시키는데 사용되는 밸브이다.

② 방향 제어 밸브의 구조에 의한 분류

㉠ 포핏 형식
- 구조가 간단하여 이물질 등의 영향을 받지 않는다.
- 작동 거리가 짧고 작동력이 크다.
- 유지 보수가 필요 없어 작동 수명이 길다.

㉡ 슬라이드 형식
- 일반적으로 가장 많이 사용된다.
- 구조상 약간의 누유가 발생할 수 있으며, 이물질 등에 영향을 많이 받는다.
- 작동 거리가 길고 작동력이 작다.

㉢ 로터리 형식
- 회전에 의하여 유로를 개폐한다.
- 저압력, 저유량 제어용 밸브에 사용된다.
- 다양한 조작 방식을 쉽게 적용할 수 있고 작동 압력에 따른 조작력의 변화가 적다.

③ 밸브의 포트수와 위치수
- 포트수 : 밸브에 연결되는 연결구의 수
- 위치수 : 밸브가 가지는 유로 변환의 위치수

㉠ 2포트 2위치 밸브
- 유로를 개폐하는 기능을 수행한다.
- 2포트 밸브의 초기 상태는 열림형과 닫힘형으로 구분된다.

㉡ 3포트 2위치 밸브
- 3포트 밸브의 초기 상태는 열림형과 닫힘형으로 구분된다.

㉢ 4포트 n위치 밸브
- 가장 널리 사용되는 밸브이며 유압 공급 포트(P), 드레인 포트(T), 작업 포트(A,B)와 같이 4개의 포트로 구성되며 밸브 내부의 스풀의 전환에 따라 2개 이상의 제어 위치(유로변환)를 갖는다.

2포트 2위치(2/2 WAY)	3포트 2위치(3/2 WAY)	4포트 2위치(4/2 WAY)	4포트 3위치(4/3 WAY)

④ 밸브의 중립 위치에 의한 분류
  ㉠ 센터 열림형(Open Center Type) : 중립(센터) 위치에서 모든 포트가 열려 있다.
  ㉡ 센터 닫힘형(Closed Center Type) : 중립(센터) 위치에서 모든 포트가 닫혀 있다.
  ㉢ 센터 텐덤형(Tandem Center Type) : 중립(센터) 위치에서 A, B 포트는 막힘, 펌프 측(P)과 탱크 측(T)은 서로 연결되며 주로 펌프의 무부하 운전에 이용된다.
  ㉣ 센터 ABT 접속형(Pump Closed Center Type) : 중립 위치에서 펌프측(P) 막힘, A, B, T 포트는 서로 연결되어 있다.
  ㉤ 센터 ABP 접속형(Tank Closed Center Type) : 중립(센터) 위치에서 탱크측(T) 막힘, A, B, P 포트는 연결되어 있다.
  ㉥ 센터 APT 접속형(Cylinder Closed Center Type) : 중립(센터) 위치에서 B포트 막힘, A, P, T 포트는 연결되어 있다.

센터 열림형	센터 닫힘형	센터 텐덤형

센터 ABT접속형	센터 ABP접속형	센터 APT접속형

2) 압력 제어 밸브

시스템 회로 내의 압력을 설정치 이하로 유지 및 최고 압력을 제한하며, 회로 내의 압력이 설정치에 도달하면 회로의 전환을 실행한다.

릴리프 밸브	감압 밸브	시퀀스 밸브

카운터 밸런스 밸브	무부하 밸브	압력 스위치

① 릴리프 밸브
  ㉠ 작동 원리 : 입구측(P포트) 압력이 조절된 스프링의 장력보다 크면 유로가 열린다.
  ㉡ 시스템 내의 최고 압력을 설정하며 일정 압력 이하로 유지시켜준다. 즉 시스템 내 최대 허용 압력 초과를 방지한다.
  ㉢ 액추에이터(실린더, 모터 등)의 힘 또는 출력을 제한하여 시스템 내의 과부하를 방지하는 안전 밸브로도 사용된다.

② 감압(리듀싱) 밸브
  ㉠ 작동 원리 : 출구측(A포트) 압력이 조절된 스프링의 장력보다 크면 유로가 닫힌다.
  ㉡ 입력되는 압력과는 관계 없이 출구측 압력을 일정 압력 이하로 유지시켜 준다. 즉 액추에이터(실린더, 모터 등)에 입력되는 최고 압력을 일정 압력으로 유지한다.

③ 시퀀스(순차작동) 밸브
  밸브 내 설정된 압력에 도달하면 제어 신호를 출력시켜 회로 내 작동 순서를 제어할 때 사용되는 밸브이다.

④ 카운트 밸런스 밸브
  액추에이터가 외력에 의해 폭주하지 않도록 탱크 측의 귀환 라인에 배압을 발생시켜 액추에이터가 무제한 상태로 움직이는 것을 방지한다.

⑤ 무부하(언로딩) 밸브
  ㉠ 작동 압력이 밸브 내 설정 압력 이상이 되면, 밸브 내 유로가 열려 유압 펌프 측으로부터 토출되는 작동유를 다시 탱크 측으로 복귀시켜 펌프를 무부하 상태로 운전하게 하는 밸브이며 설정 압력 이하가 되면 유로가 닫히고 다시 작동하게 된다.
  ㉡ 펌프의 운전을 감소시키고 작동유의 유온 상승을 억제한다.

⑥ 압력 스위치
  작동 압력이 밸브 내 설정 압력에 도달하면 유압 신호를 전기 신호로 출력하는 압력 스위치이다. 전동기의 기동, 정지, 솔레노이드 등의 작동에 사용된다.

⑦ 유체 퓨즈

시스템 내 회로압이 설정 압력을 초과하면 전기 퓨즈와 같이 파열되어 시스템을 보호하는 것으로 신뢰성이 좋으나 맥동이 큰 유압 장치에는 부적당하다. 설정압 설정은 장치 내 금속막의 재료 강도로 조절한다.

3) 유량 제어 밸브

액추에이터의 유량 및 흐름을 제어하는 밸브이다.

① 교축(스로틀) 밸브

유로의 단면적을 조절하여 유량을 제어하는 밸브이며, 유체 흐름의 제어 방향에 따라 양방향과 일방향 유량 조절 밸브로 구분된다.

② 압력 보상 유량 조절 밸브

작동 압력의 압력 변화에도 관계없이 일정하게 유량이 흐를 수 있도록 한 밸브이다.

③ 급속배기 밸브

액추에이터의 작동 속도를 급속히 증가시킬 때 사용한다.

4) 기타밸브

① 서보 밸브

소형으로 고출력을 얻을 수 있고 제어 정밀도, 응답성이 뛰어나다.

② 비례 제어 밸브

밸브에 입력되는 전류 또는 전압에 비례하여 압력이나 유량을 조절하는 밸브이다.

③ 시간 지연 밸브

㉠ 입력을 받고 밸브 내 설정된 시간이 흐른 후 출력을 보내거나(ON 시간 지연 작동 밸브) 또는 출력을 닫아버리는(OFF 시간 지연 작동 밸브)이다.(전기 작동 ON 타이머/OFF 타이머 기능과 비슷하다)

㉡ 유량 조절 밸브, 공기 저장 탱크, 3/2way 밸브 등의 조합으로 이루어진 조합밸브이다.

3 유압 액추에이터

1) 유압 액추에이터의 분류

① 구조에 따른 분류

㉠ 유압 실린더 : 유압 에너지를 기계적인 직선운동으로 변환하는 기기로 복동형과 단동형이 있다.

㉡ 유압 모터 : 유압 에너지를 연속적인 회전운동으로 변환시키는 기기로, 피스톤형, 나사형, 베인형 등이 있다.

㉢ 요동 액추에이터 : 회전운동의 각도를 조절 가능한 범위 내에서 사용할 수 있는 기기로 베인형, 피스톤형 등이 있다.

2) 직선운동 액추에이터

① 유압 실린더의 종류
  ㉠ 단동 실린더 : 한쪽 방향의 작동에 대해서만 유압에 의해 작동되고, 복귀 시 내장 스프링이나 외력에 의해 작동된다.
  ㉡ 복동 실린더 : 실린더가 전진과 후진 왕복운동을 하는 동안 양쪽 방향에서 유압에 의해 힘을 발생하고 작동된다.
  ㉢ 램형 실린더 : 피스톤이 없이 로드 자체가 피스톤 역할을 하는 실린더이다.
  ㉣ 다단 실린더 : 텔레스코픽 실린더라고 하며, 긴 행정의 실린더로 사용하기 위해 실린더 내부에 또 하나의 작은 실린더를 내장하여 다단 튜브형태로 구성된다.
  ㉤ 텐덤 실린더 : 동일한 사이즈의 실린더와 비교하여 2배의 출력을 내는 실린더이며, 1개의 실린더 내에 2개의 피스톤이 들어 있다.

② 유압 실린더 고정 방식
  ㉠ 고정형 : 푸트형, 플랜지형
  ㉡ 요동형 : 크레비스형(U마운팅형), 트러니언형(축지지형)

3) 회전운동 액추에이터

① 유압 모터 : 유압 에너지를 기계적인 회전운동으로 변환하는 기기

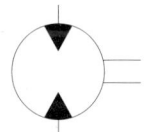

유압 모터 기호

② 유압 모터의 종류
  ㉠ 기어 모터
    ⓐ 작동유체의 압력이 기어에 작용하여 기어에 회전 토크를 발생시켜 운동에너지를 발생한다.
    ⓑ 구조가 간단하여 가격이 저렴하고 출력 토크가 일정하며, 정역회전이 쉽다.
    ⓒ 작동 시 이물질에 민감하지 않아 운전이 양호하다.
  ㉡ 베인 모터
    ⓐ 로터에 부착된 베인이 회전하여 토크를 발생시켜 운동에너지를 얻는다.
    ⓑ 구조가 간단하고 토크 일정하여 높은 동력과 좋은 효율을 얻을 수 있다.
    ⓒ 베인이나 캠링이 마모되더라도 누설이 적고 작동이 가능하다.
    ⓓ 정역회전 및 무단변속이 가능하다.
    ⓔ 구성 부품이 적고 구조가 간단하여 고장 발생이 적다.
  ㉢ 피스톤 모터
    ⓐ 피스톤 펌프와 유사한 구조로 고속, 고압의 유압 장치에 사용되며, 피스톤을 구동축에 동일 원주상에 축 방향으로 평행하게 배열한 엑시얼형과 구동축에 대하여 방사상으로 배열한 레이디얼형으로 분류된다. 그리고 정용량형과 가변용량형으로 분류할 수 있다.

ⓑ 고출력이나 구조가 복잡하고 고가이다.
ⓒ 가장 효율이 우수한 유압 모터이다.
ⓓ 중·고속, 저토크용으로는 엑시얼 피스톤 모터가 사용되고, 저속, 고토크용으로는 레이디얼 피스톤 모터가 사용된다.

③ 유압 모터의 특징
㉠ 소형·경량임에도 큰 힘을 얻을 수 있다.
㉡ 압력 릴리프 밸브를 사용하여 과부하에 안전하며, 속도 및 방향 제어가 쉽다.
㉢ 정역 회전 및 무단 변속이 쉽다.
㉣ 작동유 내 이물질이나 공기 유입으로 캐비테이션 현상이 발생할 수 있다.

4) 요동 운동 액추에이터

① 요동 모터 : 회전운동의 각도를 조절 가능한 범위 내에서 유압 에너지를 회전 요동운동으로 변환시키는 기기
② 요동 모터의 종류
㉠ 베인형 요동 모터 : 구조가 간단하고 소형이며 설치 시 소요 면적이 작다.
㉡ 피스톤형 요동 모터 : 구조가 복잡하며 설치 시 소요 면적이 크다.

4 유압 부속장치

1) 오일 탱크

① 오일 탱크의 목적
㉠ 유압 시스템에 필요한 유압유 저장 및 유압유 내 불순물 또는 기포를 제거하고 운전 시 발생되는 열을 방출하여 탱크 내 유온을 일정하게 유지한다.
㉡ 오일 탱크의 크기는 통상 펌프 토출량의 3배 이상이다.

② 오일 탱크의 구성요소
㉠ 탱크 내 펌프 흡입구에 여과기를 장착하여 이물질 등의 유입을 방지한다.
㉡ 탱크 최저면은 바닥에서 15cm 정도를 유지한다.
㉢ 유면 높이는 2/3 이상, 유온은 35~55℃ 정도를 유지하고 에어브리더(공기 여과기)를 통하여 탱크 내 압력을 대기압으로 유지한다.

2) 필터(여과기)

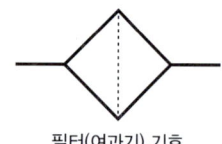

필터(여과기) 기호

① 작동유에 혼입된 이물질을 제거하여 유압기기의 작동이 원활하도록 한다.
② 필터표면식(철망과 같은 표면에서의 여과), 적층식(여과면이 여러 개가 중첩되어 사용), 자기식(자석을 이용하여 여과) 등이 있고 스트레이너에서 제거하지 못한 미세한 이물질 또는 먼지를 제거하는 역할을 한다.

③ 스트레이너

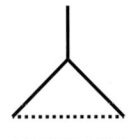

스트레이너 기호

㉠ 펌프 흡입관에 설치하여 불순물이나 이물질 등을 여과시킨다.
㉡ 기름 탱크 저면에서 50mm 정도 위치에 설치하고, 작동 유량은 토출량의 2배 이상이어야 한다.

3) 냉각기

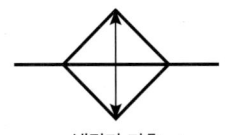

냉각기 기호

유압 시스템의 작동 시 작동유 온도가 상승하면 윤활 기능 및 점도가 저하되므로, 냉각기를 사용하여 40~60℃ 정도로 작동유 온도를 유지시켜 주어야 한다. 종류에는 수랭식과 공랭식이 있다.

4) 가열기

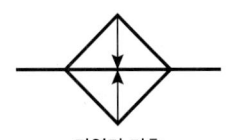

가열기 기호

겨울철 온도가 저하되면, 작동유의 점도가 높아져서 관 내의 유동 저항에 의해 압력이 상승된다. 이를 방지하기 위해서 작동유를 적정한 온도로 유지시켜야 한다.

5) 어큐뮬레이터(축압기)

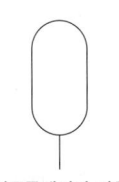

어큐뮬레이터 기호

① 어큐뮬레이터의 기능
 : 축압기라고도 하며, 압력을 축적하는 용도로 유실 내부에 질소 가스로 채워져 있다.
② 어큐뮬레이터의 종류
블래더형, 피스톤형, 벨로즈형의 가스 부하식과 직압형, 중추형, 스프링형의 비가스 부하식으로 분류된다.
㉠ 블래더형 : 소형으로 응답성이 좋아 많이 사용된다.
㉡ 피스톤형 : 형상이 간단하고 구성 부품이 적고 축유량을 크게 잡을 수 있다.
㉢ 벨로즈형 : 특수 유체 고온형에 사용된다.
㉣ 직압형 : 축유량이 대형이나 누유가 발생할 수 있다.
㉤ 중추식 : 일정 유압을 공급할 수 있다.
㉥ 스프링형 : 소형, 저압용이며 가격이 싸다.

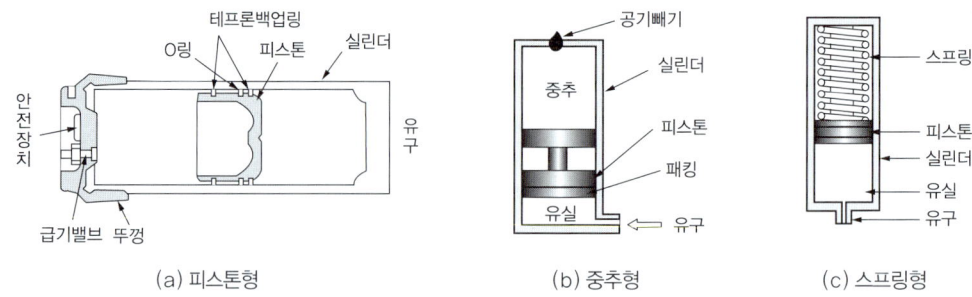

(a) 피스톤형　　　(b) 중추형　　　(c) 스프링형

③ 어큐뮬레이터의 용도
  ㉠ 보조에너지원으로서의 에너지 축적용
  ㉡ 펌프의 맥동(서지압) 흡수 및 충격 압력의 완충용
  ㉢ 비상 동력원 및 유체 이송의 역할
  ㉣ 순간적인 대유량의 공급
④ 어큐뮬레이터 사용 시 주의 사항
  ㉠ 축압기와 펌프 사이에 역류 방지 밸브 설치한다.
  ㉡ 축압기의 파손을 야기할 수 있는 용접, 구멍 뚫기 같은 작업은 하지 않는다.
  ㉢ 효과적인 충격 완충을 위하여 충격 발생이 빈번한 곳 또는 가까운 곳에 설치한다.
  ㉣ 펌프 토출 측에 설치하여 펌프 맥동을 방지한다.

6) 오일 실의 기능

고압이 될수록 기기의 접합부나 이음 부분으로부터 누유가 되기 쉬우므로 이것을 방지하는 것들을 통틀어 실 또는 밀봉 장치라 한다. 운동 부분의 누유를 방지하기 위해서 쓰이는 실을 패킹이라고 하며, 플랜지 등과 같이 고정 부분의 누유를 방지하기 위해서 쓰이는 실을 가스켓이라고 한다.
※ 피스톤에 사용되는 밀봉 장치 : 피스톤링, 컵패킹, V패킹, O링 등

7) 증압기

시스템 내에서 사용되는 압력보다 높은 압력이 요구될 때 사용되며, 크기가 각기 다른 2개의 피스톤을 조합한 실린더 타입으로, 수압기 등에 사용된다.

5 유압 작동유

1) 유압유의 역할

동력 전달 작용, 윤활 작용, 냉각 작용, 밀봉 작용, 방청 및 방식 작용을 할 수 있어야 한다.

2) 유압유의 조건

① 유동점이 낮고 비압축성 유체이어야 한다.
② 점도지수가 커야 한다. 즉, 유온의 변동에 따른 점성의 변화가 작아야 한다.
③ 기기의 작동 시 원활한 운동을 하기 위하여 윤활성(Lubricity)이 좋아야 한다.
④ 장시간 사용 후에도 물리적, 화학적으로 안정되어야 한다.

⑤ 불순물, 기름 속의 기포를 빨리 분리하여야 한다.

⑥ 방청, 방식성 및 내화성이 좋아야 한다.

⑦ 작동 시 발생되는 열을 빠르게 방출할 수 있도록 방열성이 좋아야 한다.

3) 유압유의 성질

① 점도

    ㉠ 점도가 너무 높은 경우
- 내부 마찰의 증대 및 온도가 상승(캐비테이션 현상 발생)
- 에너지의 손실 및 동력 손실의 증대
- 관내 유동 저항에 의한 압력 증대(기계 효율 저하)
- 작동유(유압유)의 유동성 및 응답성 저하

    ㉡ 점도가 너무 낮은 경우
- 유압유의 내부 누설 및 외부 누설이 증가(용적 효율 저하)
- 작동유의 점도 저하에 따라 마찰 부분의 마모 증대(기계 수명 저하)
- 유압 펌프의 체적 효율 저하와 작동유의 온도 상승
- 정밀한 조절과 정확한 작동이 곤란

    ㉢ 점도는 온도에 따른 영향이 크기 때문에 작동유의 적정 온도는 30~60℃이다.

② 첨가제

    ㉠ 점도지수 향상제 : 고분자 중합체의 탄화수소

    ㉡ 마찰방지제 : 에스테르류의 극성화합물

    ㉢ 산화방지제 : 유황화합물, 인산화합물, 아민 및 페놀화합물

    ㉣ 방청제 : 유기산 에스테르, 지방산염, 유기화합물

    ㉤ 소포제 : 실리콘유, 실리콘의 유기화합물

    ㉥ 유성 향상제 : 파라핀, 유동점 강하제

4) 관련 용어

① Airation : 에어레이션, 공기가 유압유에 기포로 혼입되어 있는 상태

② Flashing : 플러싱, 수명이 다한 작동유를 새로운 오일로 교환하는 작업

③ Chattering : 채터링, 릴리프 밸브 등에서 밸브 시트를 두드려 비교적 높은 음을 발생시키는 일종의 자력 진동 현상

예상문제

1 유압 펌프 운전 시 매일 점검 사항이 아닌 것은?

① 작동유의 점도를 점검한다.
② 배관의 연결부를 확인한다.
③ 작동유의 유온을 점검한다.
④ 오일 탱크 속에 이물질이 있는지 확인한다.

정답 | ①

2 유압 실린더에서 얻을 수 있는 힘은 F=A×P로 나타낸다. A와 P는 무엇인가?

① A : 유량, P : 속도
② A : 단면적, P : 압력
③ A : 펌프의 종류, P : 펌프의 크기
④ A : 단면적, P : 파이프 길이

정답 | ②

3 압력보상형 유량 제어 밸브에 대한 설명이다. 맞는 것은?

① 실린더 등의 운동 속도와 힘을 동시에 제어할 수 있는 밸브이다.
② 밸브의 입구와 출구 압력 차이를 일정하게 유지하는 밸브이다.
③ 체크 밸브와 교축 밸브로 구성되어 한 방향으로 유량을 제어한다.
④ 유압 실린더 등의 이송 속도를 부하에 관계없이 일정하게 할 수 있다.

정답 | ④

2 공압 요소

1 공압 발생장치

작동 원리에 따른 압축기 분류

1) 공기 압축기(Air Compressor)

기계 에너지를 기체(유체) 에너지로 변환하는 기계로, 대기 중의 공기를 압축하여 압축 공기를 만든다. 공기 압축기는 압력이 1kgf/cm^2 이상이면 압축기, 1kgf/cm^2 미만이면 송풍기라고 한다.

① 토출 압력에 따른 분류
  ㉠ 저압 : $1 \sim 8\text{kgf/cm}^2$
  ㉡ 중압 : $10 \sim 16\text{kgf/cm}^2$
  ㉢ 고압 : 16kgf/cm^2 이상

② 출력에 따른 분류
  ㉠ 소형 : $0.2 \sim 14\text{kW}$
  ㉡ 중형 : $15 \sim 75\text{kW}$
  ㉢ 대형 : 75kW 이상

2) 공기 압축기의 종류

① 왕복식 압축기
  ㉠ 피스톤 압축기
    ⓐ 가장 많이 사용되는 압축기로, 크랭크축을 회전시켜 피스톤의 왕복운동으로 압력을 발생시키며, 냉각 방식에 따라 공랭식과 수랭식이 있다.
    ⓑ 사용 압력 범위는 $1 \sim$ 수십bar까지 사용할 수 있다.
    ⓒ 다른 압축기에 비해 소음이 크며, 진동과 맥동이 발생할 수 있으므로 공기 탱크가 필요하다.

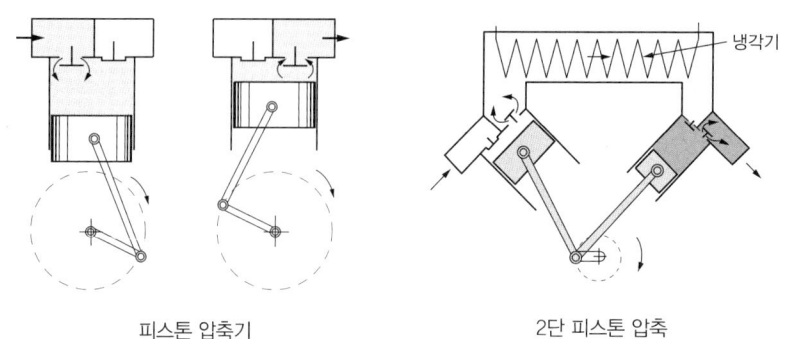

피스톤 압축기   2단 피스톤 압축

ⓒ 다이어프램(격판) 압축기

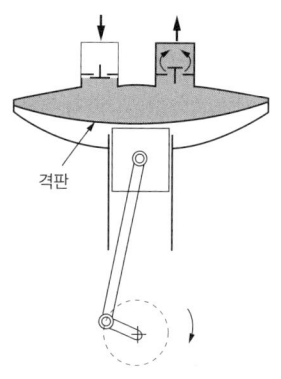

다이어프램(격판) 압축기

    ⓐ 피스톤이 격판에 의해 공기 흡입실로부터 분리되어 있고 공기가 왕복운동을 하는 피스톤과 직접 접촉하지 않는다.

    ⓑ 피스톤 압축기에 사용되는 윤활유가 압축기 작동 시 일부는 미세한 기름 입자 상태로 압축 공기에 섞일 수 있다. 이를 방지하고 깨끗한 공기가 필요한 곳에는 다이어프램(격판) 압축기를 사용한다.

② 회전식 압축기

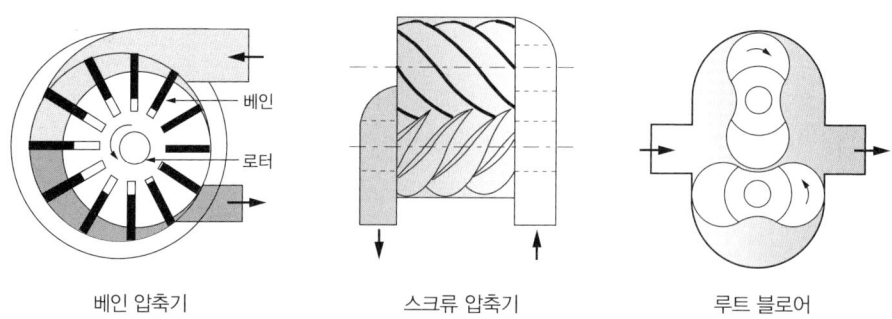

베인 압축기   스크류 압축기   루트 블로어

㉠ 베인 압축기
　　ⓐ 편심 로터가 흡입과 배출 구멍이 있는 실린더 형태의 하우징 내에서 회전하여 압축 공기를 생산한다.
　　ⓑ 소음과 진동이 적고, 공기를 안정되고 일정하게 공급한다.
　　ⓒ 크기가 소형으로 고가이고, 높은 압력이 필요한 곳에는 부적당하다.
㉡ 스크류 압축기
　　ⓐ 오목한 측면과 볼록한 측면을 가진 2개의 로터가 한 쌍이 되어 축 방향으로 들어온 공기를 서로 맞물려 회전하여 공기를 압축한다.
　　ⓑ 소음, 진동 및 압력의 맥동 현상이 적다.
　　ⓒ 고속 회전이 가능하고 토출 능력은 크나, 고압이 필요한 곳에는 압축기의 생산 효율이 급격히 낮아지므로 높은 압력이 필요한 곳에는 부적당하다.
㉢ 루트 블로어
　　ⓐ 누에고치형 회전자를 90° 위상 변위를 주고 회전자까지 서로 반대 방향으로 회전하여 흡입된 공기는 회전자와 케이싱 사이에서 공기의 체적 변화 없이 토출구 측으로 이동 및 토출된다.
　　ⓑ 토크 변동이 크고 소음이 크다.
　　ⓒ 비접촉형, 무급유식이며 소형, 고압으로 사용된다.

③ 터보형 압축기
　㉠ 공기의 유동 원리를 이용한 것으로 터빈을 고속으로 회전시키면서 공기를 압축시킨다.
　㉡ 여러 개의 터빈에 의한 운동 에너지를 압력 에너지로 바꾸어서 압축하는 형식이다. 종류로는 축류식과 원심식이 있다.
　㉢ 각종 플랜트, 대형, 대용량의 공압원으로 이용되며, 가격이 비싸다.

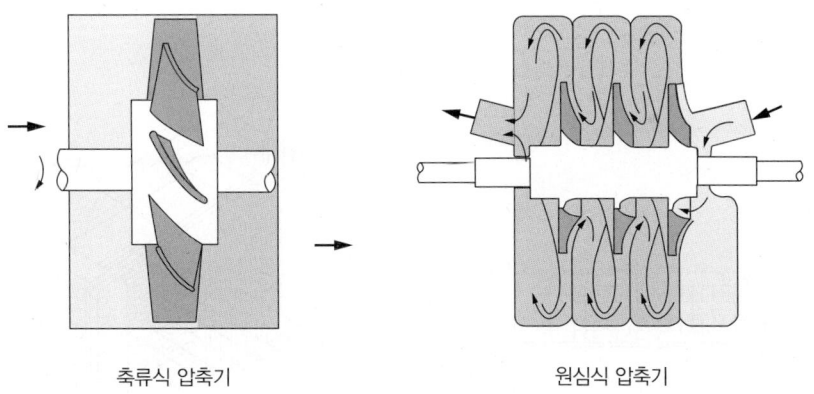

축류식 압축기　　　　　　　　　원심식 압축기

④ 압축기 장단점 비교

구분	왕복식	회전식	터보식
구조	비교적 간단하다.	간단하고 섭동부가 적다.	대형. 복잡하다.
진동	비교적 많다.	적다.	적다.
소음	비교적 높다.	적다.	적다.
보수성	좋다.	섭동 부품의 정기 교환이 필요하다.	비교적 좋으나 오버홀이 필요하다.
가격	싸다.	비교적 비싸다.	비싸다.
토출 공기 압력	고압	중압	표준 압력

3) 냉각기(애프터 쿨러)

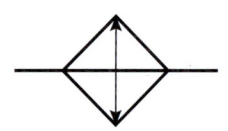

냉각기(애프터쿨러) 기호

① 사용 목적

공기 압축기로부터 배출되는 고온, 고압의 압축공기를 공기 건조기에 통과하기 전에 120~200℃의 고온의 압축 공기 온도를 40℃ 이하로 낮추고, 압축공기에 포함된 수분을 제거하는 역할을 한다.

② 냉각기(애프터 쿨러)의 종류
  ㉠ 공랭식 : 팬을 이용하며 유지 보수가 쉽다.
  ㉡ 수랭식 : 냉각수를 이용하며 대용량에 적합하다.

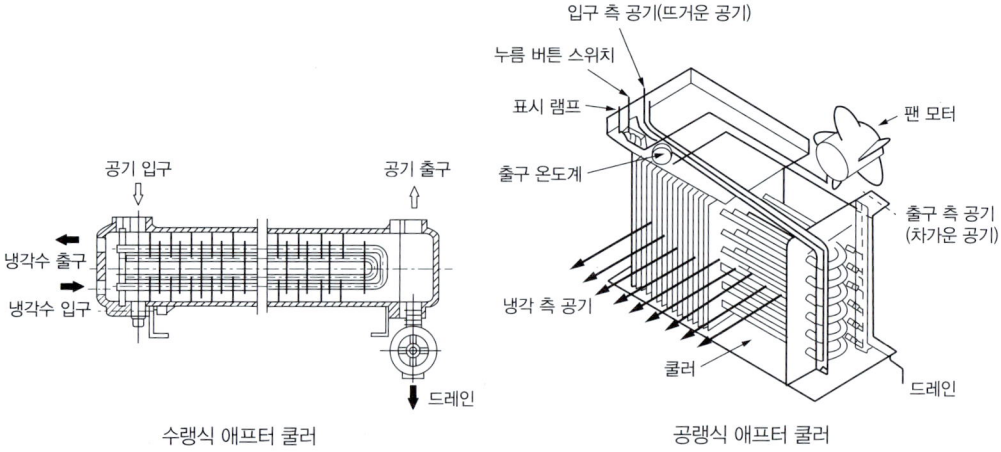

수랭식 애프터 쿨러   공랭식 애프터 쿨러

4) 공기 건조기(에어 드라이어)

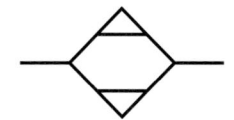

공기 건조기(에어 드라이어) 기호

① 사용 목적

압축 공기 속에 포함되어 있는 수분을 제거하여 사용 가능한 건조된 공기로 만든다.

② 공기 건조기의 종류

　㉠ 흡수식 건조기

　　ⓐ 화학적인 방법으로 건조한다. 건조제로는 염화리듐, 수용액, 폴리에틸렌을 사용한다.

　　ⓑ 장비 설치가 간단하고 고장이 적다. 1년에 2~3회 정도 건조제만 교환하면 된다.

　㉡ 흡착식 건조기

　　ⓐ 실리카겔이나 알루미나 겔 등의 고체 건조제를 두 개의 용기 속에 채워 사용한다.

　　ⓑ 사용한 건조제는 더운 공기에 통과시켜 재사용이 가능하다.

　　ⓒ 이슬점 온도(저노점)는 -70℃까지 사용 가능하며, 반영구적으로 사용이 가능하다.

　㉢ 냉동식 건조기

　　ⓐ 공기의 온도를 이슬점 온도 이하로 낮추어 건조시키는 방법이다.

　　ⓑ 신뢰성 및 경제성이 좋아 일반적으로 많이 사용된다.

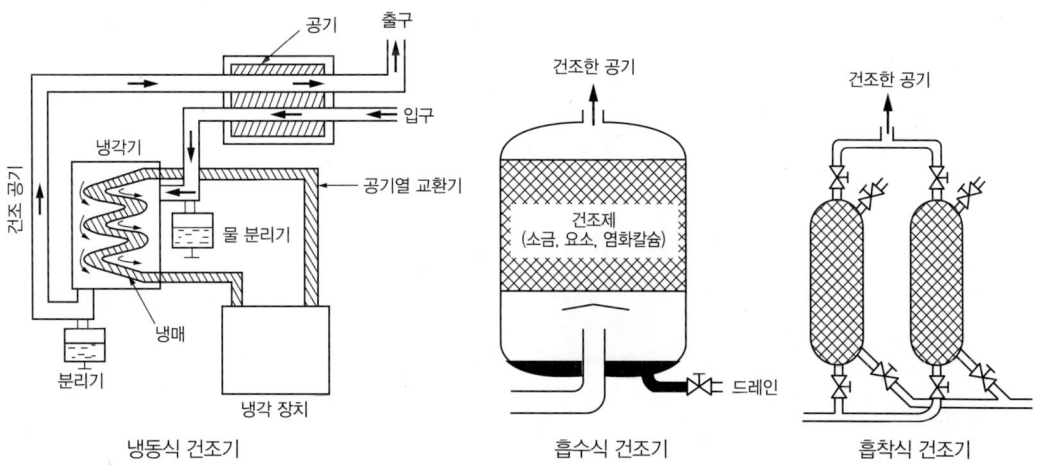

냉동식 건조기　　　흡수식 건조기　　　흡착식 건조기

5) 저장탱크(공기탱크)

① 저장 탱크의 개요

공기 압축 시 압축기로부터 발생되는 맥동을 감소시키고 공기 소비 시 압축공기의 공급을 안정화시키며 발생되는 압력 변화를 최소화시킨다. 정전 시 저장된 압축공기를 이용하여 짧은 시간 동안 운전이 가능하다.

저장탱크(공기탱크) 기호

② 공기 저장 탱크의 기능
　㉠ 압축공기 저장 및 압력 변화를 최소화
　㉡ 정전 및 비상 시 최소한의 운전이 가능
　㉢ 공기 압축 시 맥동현상 감소
　㉣ 압축공기 중의 수분을 배출

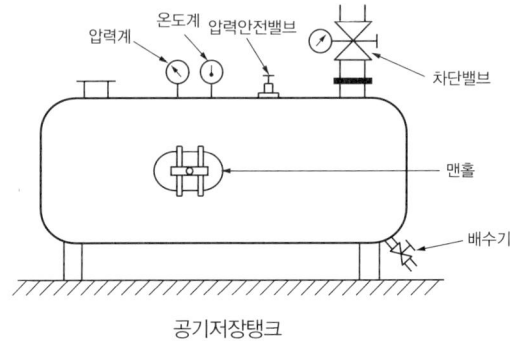

공기저장탱크

6) 윤활기(루브리케이터)

공압 액추에이터 및 밸브 등의 원활한 작동을 위하여 압축공기에 윤활유를 공급하는 장치이며, 벤투리의 작동 원리에 의해 작동된다. 윤활기의 종류에는 고정 벤투리식, 가변 벤투리식 및 윤활유 입자 선별식이 있다.

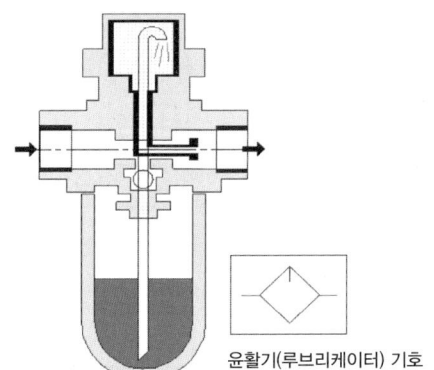

윤활기(루브리케이터) 기호

7) 압력 조절기

① 감압 밸브가 주로 사용되며 장치에 사용 압력을 공급한다.

② 공기의 압력을 사용 공기압 장치에 맞는 압력으로 공급하기 위해 사용된다.

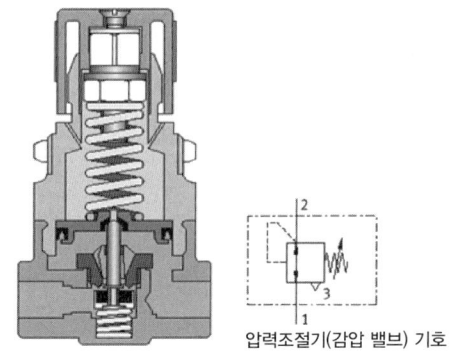

압력조절기(감압 밸브) 기호

8) 공기필터(여과기)

공압 발생 장치에서 생성된 공기 중에는 수분, 먼지 등이 포함되어 있으며, 이러한 물질을 제거하기 위해서 입구부에 필터를 설치한다.

① 여과도에 따른 분류 : 일반용(70~40㎛), 고속용(0~10㎛), 정밀용(10~5㎛), 특수용(5㎛ 이하)

② 여과 방식에 따른 분류 : 원심력 이용 방법, 흡습제 사용 방법, 충돌판 충돌 방법, 냉각하는 방법

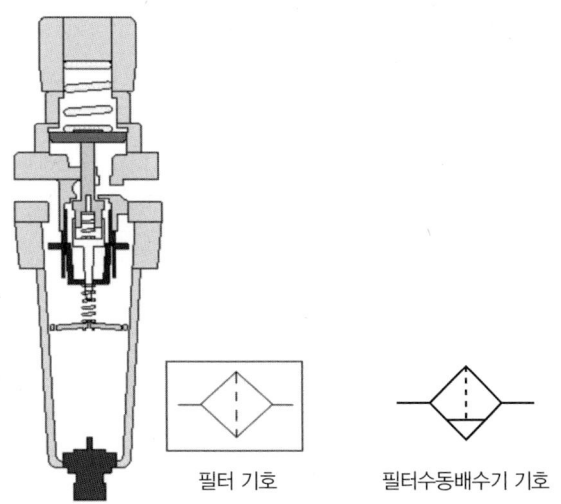

필터 기호   필터수동배수기 기호

9) 서비스 유닛(공기압 조정 유닛)

생산된 압축공기를 최종적으로 사용하기 위해서 이물질 제거 및 사용하고자 하는 압력으로 조절하고, 필요에 따라 윤활을 하는 기기로 필터, 압력 조절 밸브, 윤활기로 이루어진 조합 기기이다.

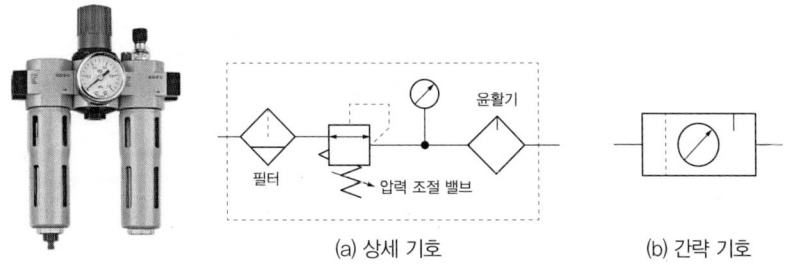

(a) 상세 기호   (b) 간략 기호

10) 배관

① 배관의 개요

㉠ 생산된 압축공기를 운반하는 파이프를 배관이라 하고, 배관의 기울기는 1/100 이상으로 한다.

㉡ 나사부 조립 시에는 테이프가 들어가지 않도록 1~2산 정도 남기고 감고, 분기관은 주배관으로부터 일단 위쪽으로 올린 후에 배관을 실시한다.

㉢ 배관 지름을 선택할 때에는 유량, 배관의 길이, 허용 가능한 압력 강하, 압력, 배관 내의 저항 효과를 주는 부속 요소 등을 고려한다.

② 배관 재료
  ㉠ 강관 : 15A 이상의 고정 배관에 사용된다.
  ㉡ 동관 및 황동관 : 내식성과 내열성, 강성 등이 요구되는 곳에 사용된다.
  ㉢ 스테인리스관 : 지름이 큰 경우나 직관부에 사용되지만 작업성이 나쁘다.
  ㉣ 나일론관 : 내열성은 나쁘나 내식성 및 강도가 우수하여 지름이 작은 공압 배관에 적합하며 절단이 쉽고 작업성이 매우 좋다.
  ㉤ 폴리우레탄관 : 바깥지름이 6mm 이하인 경우에 사용된다.
  ㉥ 고무 호스 : 탄성이 크므로 공기 공구에 많이 사용되며 작업자가 마음대로 구부리면서 작업할 수 있다.
③ 배관 이음
  ㉠ 나사 이음 : 일반적으로 관용 테이퍼 나사이며 접속 시에는 누설을 방지하기 위하여 테프론 테이프를 사용하는 것이 보통이며 컴파운드를 같이 사용하기도 한다.
  ㉡ 플랜지 이음 : 플랜지를 파이프에 용접하여 플랜지와 플랜지를 볼트로 연결시키는 것으로 일반적으로 50A 이상의 관 연결 시에 많이 사용되고 있다.
  ㉢ 플레어 이음(flare fitting) : 동관에 많이 사용되는 것으로 관끝 모양을 접시 모양으로 넓혀서 사용한다. 플레어의 각도는 37°와 45°가 있으며 공기용으로는 45°를 사용하고 있다.
  ㉣ 플레어리스 이음 : 관끝을 넓히지 않고 파이프와 슬리브의 맞물림 또는 마찰을 이용한다.
  ㉤ 고무 호스 이음 : 고무 호스를 끼운 후 밴드 등으로 고정시킨다.
④ 배관내 흐르는 유체의 종류 기호

유체의 종류	공기	유류(기름)	물	가스	수증기
기호(약어)	A(Air)	O(Oil)	W(Water)	G(Gas)	S(Steam)

2 공압 제어 밸브

다양한 공압 액추에이터의 방향, 속도, 힘을 제어하는 공압 요소로서 밸브의 기능에 따라 방향 제어, 유량 제어, 압력 제어, 논리턴 밸브 등으로 나눌 수 있다.

1) 방향 제어 밸브

공압회로에 있어서 액츄에이터(실린더, 모터 등)로 공급되는 공기의 흐름 즉, 유로를 변환시키는 것으로 액츄에이터의 작동 방향을 제어하는 밸브이다.

① 방향 제어 밸브의 기호

기호	설명
□	밸브 내부의 공기 유로의 흐름을 표시한 것으로 위치라고 하고 사각형으로 나타낸다.
□□	밸브는 최소 2개의 사각형으로 이루어지며 밸브 전환 위치의 개수를 의미한다. 즉, 사각형이 2개인 밸브는 2개의 제어 위치를 가진 밸브이다.

기호	설명
	밸브의 기능과 작동 원리는 4각형 안에 표시된다. 직선은 유로를 나타내고 화살표는 흐르는 방향을 나타낸다.
	유체의 흐름이 차단되는 위치는 사각형 안에 직각으로 표시된다.
	유로의 접점은 점으로 표시한다.
	밸브 외부의 유체의 연결구(접속구)로서 포트(port)라고 부르며, 사각형 밖에 직선으로 표시한다.
	유체의 배기구는 삼각형으로 표시한다.
	3개의 전환 위치를 가지는 밸브이며 중간 위치가 중립 위치를 나타낸다.

② 밸브의 연결구(접속구) 표시 방법

포트	ISO 1219	ISO 5599
공급 포트	P	1
작업 포트	A, B, C	2, 4.....
배기 포트	R, S, T	3, 5.....
제어 포트	X, Y, Z	10, 12, 14..
누출 포트	L	

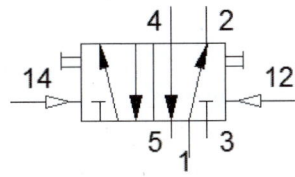

③ 방향 제어 밸브의 기능에 의한 분류

기호	표시 방법	설명
	2포트 2위치 방향 제어 밸브 (2/2-way 밸브)	초기 상태 → 닫힘(P포트에 공기가 공급되어도 A포트로 공기가 통과되지 않는다)
		초기 상태 → 열림(P포트에 공기가 공급되면 A포트로 공기가 통과한다)
	3포트 2위치 방향 제어 밸브 (3/2-way 밸브)	초기 상태 → P포트는 차단, A포트는 R포트로 배기
		초기 상태 → P포트와 A포트 연결, R포트 차단
	4포트 2위치 방향 제어 밸브 (4/2-way 밸브)	2개의 작업 포트와 공급 포트, 배기 포트 각 1개 있어서 복동 실린더의 제어에 사용
	5포트 2위치 방향 제어 밸브 (5/2-way 밸브)	2개의 작업 포트, 2개의 배기 포트와 1개의 공급 포트 복동실린더 제어에 사용
	3포트 3위치 방향 제어 밸브 (3/3-way 밸브)	중립 위치 → 모두 닫힘
	4포트 3위치 방향 제어 밸브 (4/3-way 밸브)	중립 위치 → P포트와 R포트가 연결
		중립 위치 → A,B,R 포트가 모두 연결
		중립 위치 → 모두 닫힘

기호	표시 방법	설명
(기호)	5포트 3위치 방향 제어 밸브 (5/3-way 밸브)	중립 위치 → 모두 닫힘
(기호)	5포트 4위치 방향 제어 밸브 (5/4-way 밸브)	중립 위치 → 모두 닫힘 양쪽 신호가 모두 존재하면 A, B포트 배기

④ 방향 제어 밸브의 조작 방식에 따른 분류

조작 방식	종류	KS 기호	비고
인력 조작 방식	누름 버튼 방식	(기호)	누름버튼은 다양한 형태의 누름버튼이 있다.
	레버 방식	(기호)	
	페달 방식	(기호)	
기계 방식	플런저 방식	(기호)	
	롤러 방식	(기호)	
	스프링 방식	(기호)	
전자 방식	직접 작동 방식	(1) (기호)	(1) 직동식 (2) 파일럿식
	간접 작동 방식	(2) (기호)	
공압 방식	직접 파일럿	(1) (기호) (1) (기호)	(1) 압력을 가하여 조작하는 방식 (2) 압력을 빼서 조작하는 방식
	간접 파일럿	(2) (기호) (2) (기호)	
기타 방식	디텐트	(기호)	어느 값 이상의 힘을 주지 않으면 움직이지 않는다. (락킹형)

2) 논리턴 밸브

논리 조건을 만족하거나, 양쪽 방향의 공기의 입력의 조건에 따라 공기의 흐름을 허용하는 밸브이다.

① 체크 밸브
  ㉠ 한쪽 방향의 유동은 허용하고 반대 방향의 흐름은 차단하는 밸브이다.

ⓒ 유동을 차단하는 방법으로는 원뿔, 볼, 판(격판) 등을 사용하며 스프링이 있는 것과 없는 것이 있다.

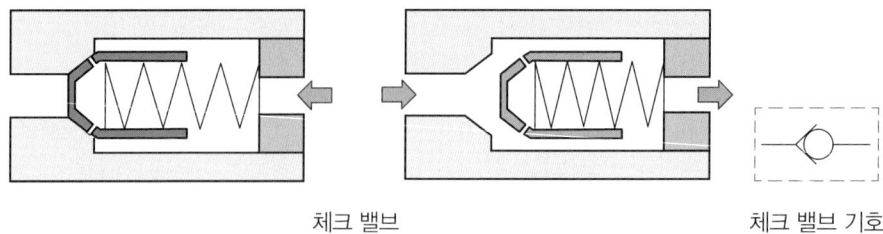

체크 밸브　　　　　　　　　　　체크 밸브 기호

② AND 밸브(2압 밸브)

저압 우선형 이압 밸브라고도 하며, 두 개의 입구는 X, Y이고 출구는 A이다. 압축공기가 X와 Y의 두 곳에서 동시에 공급되어야만 출구 A로 압축공기가 흐르고, 압력 신호가 동시에 작용하지 않으면 늦게 들어온 신호가 출구 A로 나가며, 두 개의 압력 신호가 서로 다른 압력이면 낮은 압력이 출구 A로 나가게 된다. 주로 안전 제어, 검사 기능에 사용된다.

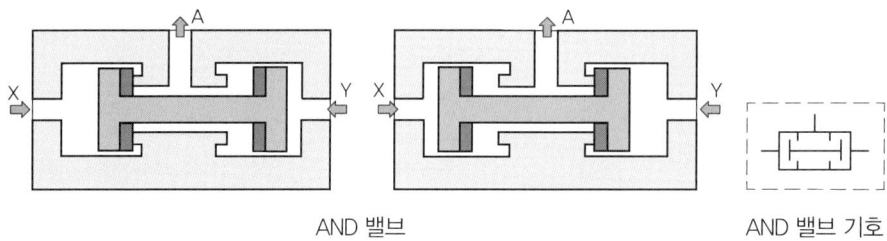

AND 밸브　　　　　　　　　　　AND 밸브 기호

③ OR 밸브(셔틀 밸브)

고압 우선형 셔틀 밸브라고도 하며, 두 개의 입구 X, Y 어느 쪽이든 압력 신호가 나오면 출구 A로 압축공기가 흐르고 두 개의 압력 신호가 서로 다른 압력이면 높은 압력이 출구 A로 나가게 된다.

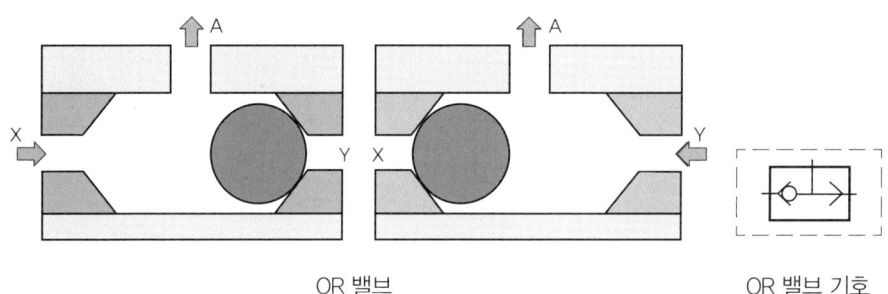

OR 밸브　　　　　　　　　　　OR 밸브 기호

3) 압력 제어 밸브

① 압력 릴리프 밸브

회로 내의 압력이 설정값을 초과할 때 배기시켜 회로 내의 압력을 설정값 이하로 일정하게 유지시키며, 시스템 내 최고 압력을 제한하는데 사용되고 있다.(안전 밸브로 사용)

② 감압 밸브

입력되는 압력과는 무관하게 출력되는 압력을 일정하게 유지시켜주는 밸브이며, 종류로는 릴리프식, 논 릴리프식, 브리드식이 있다.

③ 압력 시퀀스 밸브

공유압 회로에서 순차적으로 작동할 때 작동 순서를 회로의 압력에 의해 제어하는 밸브이다. 즉 회로 내의 압력 상승을 검출하여 압력을 전달하거나 액추에이터나 방향 제어 밸브를 움직여 작동 순서를 제어한다.

④ 압력 스위치

회로의 압력이 설정값에 도달하면 내부에 있는 스위치 접점이 작동하여 전기 신호를 출력하는 기기이다.

4) 유량 제어 밸브

공기 유량을 제어하는 밸브로, 공유압에서는 액추에이터의 속도를 조절할 수 있다.

① 일방향 유량 제어 밸브

㉠ 밸브 내부에 체크 밸브와 유량 제어 밸브가 결합되어 있어, 한 쪽 방향의 공기 흐름만을 조절하여 유량을 제어하여 액추에이터의 속도를 조절한다.

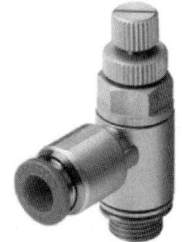
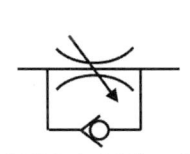

일방향 유량 제어 밸브 기호

㉡ 액추에이터(실린더 등)의 속도 조절 방식에 따라 액추에이터에 공급되는 공기의 양을 조절하는 미터 인 방식과 액추에이터에서 배기되는 공기의 양을 조절하는 미터 아웃 방식이 있다.

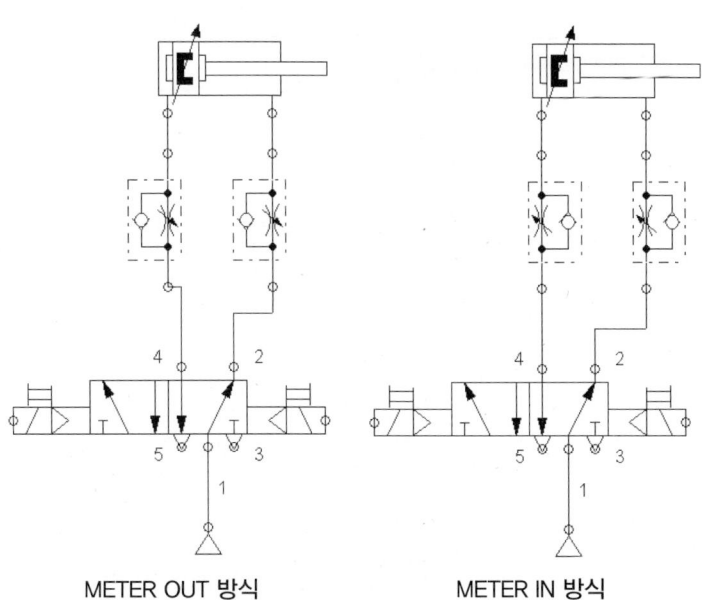

METER OUT 방식   METER IN 방식

② 양방향 유량 제어 밸브(교축 밸브)

유로의 단면적을 교축하여 유량을 제어하는 밸브이며, 장착 시 실린더 전, 후진 속도 모두에 영향을 미친다.

양방향 유량 제어 밸브 기호

③ 급속배기 밸브

실린더에서 배기되는 공기를 급속히 배기 시킴으로써 실린더의 작동 속도를 증가시키는 밸브이며 구조에 따라 플런저 방식과 다이어프램 방식이 있다.

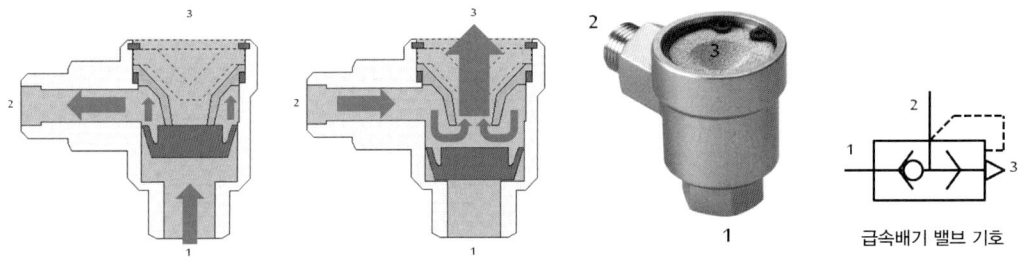

급속배기 밸브 기호

④ 압력 보상형 유량 조절 밸브

외부의 압력 부하 또는 압력 변화에 대해 항상 유량을 일정하게 유지시키는 밸브이며, 액추에이터의 작동 속도를 제어하는 밸브이다.

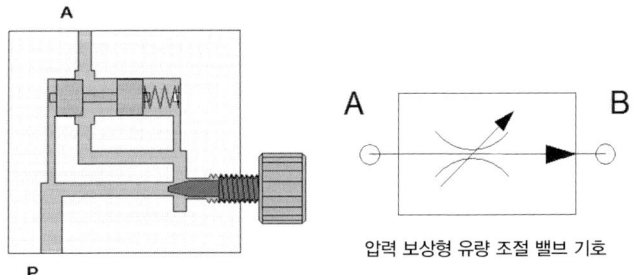

압력 보상형 유량 조절 밸브 기호

⑤ 유량 분류 밸브 : 입력 유량을 일정한 비율로 분배해주는 밸브이다.(분배 비율 1:1~9:1)

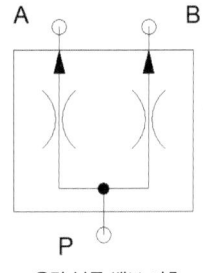

유량 분류 밸브 기호

5) 조합 밸브

2개 이상의 밸브를 조합하여 특정한 기능을 수행하도록 만들어진 밸브이다.

① 시간 지연 밸브 : 전기 ON/OFF 타이머와 비슷한 기능으로 밸브를 작동시키기 위한 제어 신호가 입력된 후, 일정 시간이 경과된 다음에 작동되는 밸브로서, 일방향 유량 제어 밸브, 공기탱크, 3/2 방향 제어 밸브로 구성된 조합밸브이다.

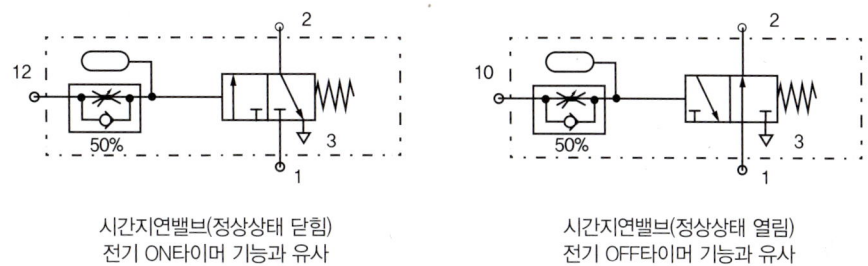

시간지연밸브(정상상태 닫힘)
전기 ON타이머 기능과 유사

시간지연밸브(정상상태 열림)
전기 OFF타이머 기능과 유사

3 공압 액추에이터

1) 직선 운동 액추에이터

① 단동실린더

  ㉠ 한쪽 방향의 작동은 공압에 의해 작동되고 복귀 시 작동은 실린더 내 내장된 스프링이나 외력에 의해 작동된다.

  ㉡ 행정거리가 제한되며(100mm 이내) 복동실린더보다 공기 소모량이 적다.

  ㉢ 클램핑, 이젝팅, 프레싱, 리프팅 등에 주로 사용된다.

  ㉣ 단동실린더의 종류

   ⓐ 단동피스톤 실린더

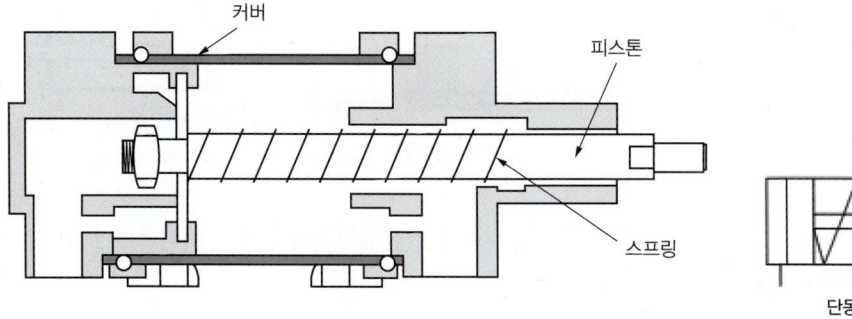
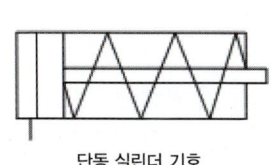

단동 실린더 기호

ⓑ 격판실린더
  • 주로 클램핑에 이용되며(행정 거리가 3~5mm 내외) 내장된 격판이 공압에 의해 작동된다.

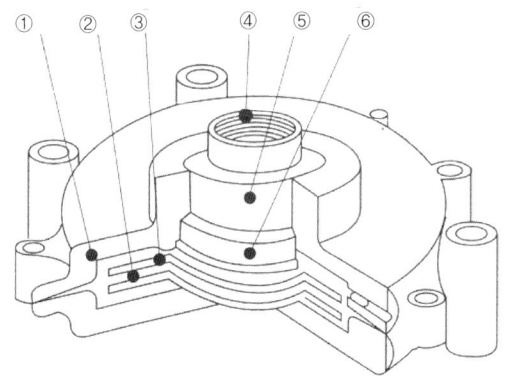

① 커버
② 다이어프램
③ 지지판
④ 피스톤로드
⑤ 베어링
⑥ 로드실

ⓒ 롤링 격판 실린더
  • 행정거리가 50~80mm 내외이다.

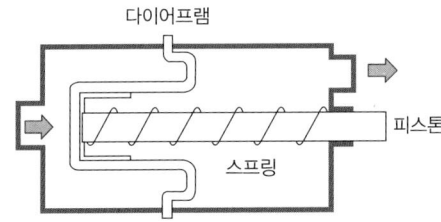

② 복동실린더

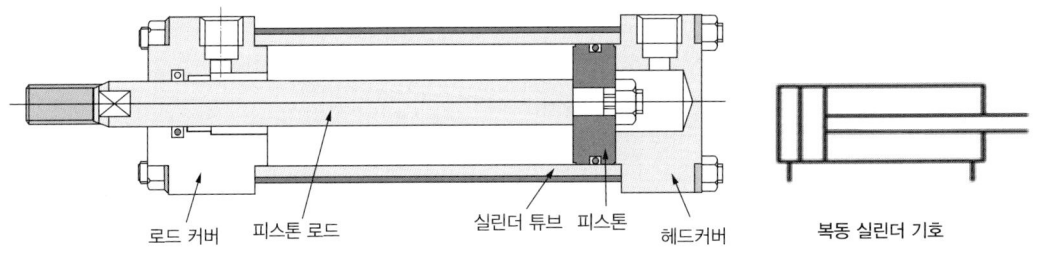

㉠ 공압 에너지를 직선적인 기계적 운동으로 변환시키는 장치이며 공압에 의한 힘으로 전진 및 후진 시 모두 공압에 의해 작동된다.
㉡ 피스톤 로드의 구부러짐과 휨 때문에 행정거리가 2m 내외이다.
㉢ 전, 후진 시 모두 일을 할 수 있으나 전, 후진 운동 시 힘의 차이가 있다.
㉣ 복동실린더의 종류
    ⓐ 쿠션 내장형 실린더 : 전, 후진 끝단 정지 시 충격 방지용으로 사용
    ⓑ 양로드형 실린더 : 실린더 양쪽으로 동일 면적의 피스톤이 있어 전, 후진 운동 시 같은 힘을 낼 수 있다.

ⓒ 로드리스 실린더 : 피스톤 로드가 외부로 돌출되지 않는 실린더이며, 피스톤 로드의 구부러짐과 휨이 없으며 다른 복동실린더보다 설치 공간이 작다.

ⓓ 탠덤 실린더 : 실린더의 지름이 한정되고 큰 힘이 필요한 곳에 사용된다. 같은 크기의 복동 실린더와 비교하여 2배의 큰 힘을 낼 수 있다.

ⓔ 다위치 제어 실린더 : 2개 또는 여러 개의 복동 실린더를 결합시켜 놓은 것으로 정확한 위치 제어가 가능하다.

ⓕ 브레이크 부착 실린더 : 복동 실린더 앞부분에 브레이크 장치를 부착하여 위치, 속도 제어가 가능한 실린더이다.

ⓖ 충격 실린더 : 일반적인 실린더의 1~2m/s 속도보다 7~10m/s 빠른 속도를 이용하여 큰 충격 에너지를 얻을 수 있어서 리베팅, 펀칭, 마킹 등의 작업에 이용된다.

ⓗ 텔레스코픽 실린더 : 로드의 전장에 비해 긴 행정거리를 필요로 하는 경우에 사용하는 다단 튜브형 로드를 가진 실린더이다.

ⓘ 램형 실린더 : 피스톤 로드에 가해지는 좌굴 하중 등 강성을 요구할 때 사용된다.

분류	기호	분류	기호
단동형		탠덤형	
복동형		양쪽 쿠션	
양로드형		텔레스코픽형	
다위치형		브레이크 부착형	

2) 회전운동 액추에이터

① 공압 모터

공압 에너지를 기계적인 연속 회전운동으로 변환하는 기기이다.

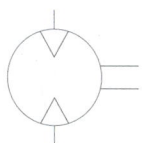

공압 모터 기호

㉠ 공압 모터의 특징

ⓐ 공압 에너지 축적으로 정전 시에도 작동이 가능하다.

ⓑ 과부하에 안전하고, 폭발의 위험이 없어 안전하다.

ⓒ 회전수, 토크를 자유롭게 조절 가능하다.

ⓓ 기동, 정지, 역회전 시 자연스럽게 작동된다.

ⓔ 공기 소비량이 많아 에너지 변환 효율이 낮고 운전 비용이 많이 든다.
ⓕ 회전 속도의 변동이 커서 정밀한 운전이 어렵다.
ⓖ 공압의 압축성 때문에 제어성이 떨어지고 작동 소음이 크다.
ⓛ 공압 모터의 종류

분류	구조	원리 · 특징 · 용도
베인형		• 원리 : 케이싱으로부터 편심해서 부착된 로터에 날개가 끼워져 있다. 따라서 날개 2매 간에 발생하는 수압 면적 차에 공기압이 작용해서 회전력이 발생한다. • 특징 : 고속 회전(400~10,000rpm) 저토크형이다. • 용도 : 공기압 공구

분류	구조	원리 · 특징 · 용도
피스톤형		• 원리 : 피스톤의 왕복운동을 기계적 회전운동으로 변환함으로써 회전력을 얻는다. 변환 방식은 크랭크를 이용한 것, 캠의 반력을 이용한 것 등이 있다. • 특징 : 중저속회전(20~5000rpm) 고토크형이며 출력은 2~25마력이다. • 용도 : 각종 반송장치
기어형		• 원리 : 2개의 맞물린 기어에 압축공기를 공급하여 회전력을 얻는다. • 특징 : 고속 회전 고토크형이며 출력은 60마력이다. • 용도 : 광산 기계, 호이스트
터빈형		• 원리 : 터빈에 공기를 내뿜어서 회전력을 얻는다. • 특징 : 초고속 회전 미소토크형이다. • 용도 : 치과 치료기, 공기압 공구

② 요동 액추에이터

한정된 회전각을 가지는 장치로, 한정된 각도 내에서 연속 회전운동을 하는 장치이다.

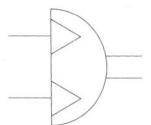

요동 액추에이터 기호

㉠ 요동 액추에이터의 종류

명칭	내용
베인형	• 날개(베인)에 의해 공압을 직접 회전운동으로 변환하며, 단단 및 다단형이 있다. • 회전범위 300° 내외이다.
래크 피니언형	• 래크와 피니언을 이용하여 회전운동으로 변환 • 회전범위는 45~720° 정도이다.
스크류형	• 스크류를 이용하여 회전운동으로 변환 • 회전범위는 360° 이상의 요동 각도를 얻을 수 있다.

4 기타 공압 기기

1) 공유압 변환기

공압을 이용하여 작동시키고 유압으로 출력을 변환하는 장치이며, 직압식과 예압식으로 분류된다.

① 공유압 변환기 사용 시 주의 사항
- 액추에이터 및 배관 내의 공기를 충분히 제거한다.
- 수직 방향으로 설치한다.
- 열원 근처에서는 사용을 금지한다.
- 액추에이터보다 높은 위치에 설치한다.

2) 증압기

입구 부분의 압력과 비례하여 높은 압력의 출구 부분 압력으로 변환하는 장치이며, 공작물의 지지나 용접 전의 이송 등에 사용한다.

3) 하이드롤릭 체크 유닛

통상 공압 실린더와 연결되어 있으며 내부에 장착된 스로틀 밸브를 조절하여 실린더의 속도를 제어한다.

예상문제

1 공압 모터에 관한 설명 중 잘못된 것은? (단, n : 회전수(rpm), T : 구동토크(kgf·mm)이다.)

① 발생 토크는 회전 속도에 반비례한다.
② 공기 소비량은 회전 속도에 정비례한다.
③ 출력은 무부하 회전 속도의 약 1/2에서 최소로 된다.
④ 출력 = $\dfrac{n \cdot T}{716200}$(PS)이다.

정답 | ③

2 압축공기 속에 포함된 수분을 제거하여 건조한 공기로 만드는 기기는?

① 에어 드라이어
② 윤활기
③ 공기 여과기
④ 공기 압축기

정답 | ①

3 공기압 발생 장치 중 압축된 공기를 냉각하여 수분을 제거하는 장치는?

① 공기 압축기
② 공기 냉각기
③ 공기 조정 유닛
④ 공기 필터

정답 | ②

4 포핏(poppet)식 공압 방향 제어 밸브의 장점은?

① 밸브의 이동 거리가 길다.
② 밸브 시트는 탄성이 있는 실(seal)에 의해 밀봉되어 공기 누설이 잘 안 된다.
③ 다방향 밸브로 되어도 구조가 간단하다.
④ 공급 압력이 밸브에 작용하지 않기 때문에 큰 변환 조작이 필요 없다.

정답 | ②

03 공유압 기호 및 회로

1 공유압 기호

1 공유압 회로 표시법

① 밸브의 스위치 전환 위치는 직사각형으로 표시하고, 사각형 내부에 유로를 표시한다. 제어기기의 주 기호는 최소 1개 또는 2개 이상의 직사각형으로 나타낸다.
② 작동 위치에서 형성되는 유로 상태는 조작기호에 의해 눌려진 직사각형이 이동되어 그 유로가 외부 접속구와 일치되는 상태가 조립 상태가 되도록 표시한다.
③ 밸브에 연결되어 있는 구멍의 수를 포트라고 하고, 직사각형의 개수가 위치가 된다.
   예 5포트(연결 구멍의 개수) 2위치(직사각형의 개수).
④ 배기구의 표시는 포트에 역삼각형으로 표시한다.

2 공유압 회로의 작성법

① 실선 : 주관로, 전기 신호선을 표시힌다.
② 파선 : 파일럿, 드레인 관로를 표시한다.
③ 원 : 에너지 변환기(큰 원), 계측기(중간 원), 체크 밸브(작은 원) 등으로 표시한다.
④ 점 : 관로의 접속, 전선의 접속을 표시한다.

3 공유압 기호

유압 모터		온도계	
공압 모터		유면계	
유압 펌프		압력계	

공압 펌프	⌀	차압계	⌀
공유압 변환기		토크계	
증압기		유량계	
어큐뮬레이터		적산 유량계	
유압원	▶	냉각기	◇
공압원	▷	가열기	◇
전동기	Ⓜ	원동기	[M]
보조가스 용기		공기 탱크	

예상문제

1 다음 기호는 유량 조정밸브이다. 이 밸브에 대한 설명으로 옳은 것은?

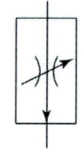

① 니들 밸브와 유량 조정밸브를 조합하여 유량을 자유롭게 흐르게 하는 밸브이다.
② 압력 조절 밸브와 온도의 변화에 대응하기 위한 밸브이다.
③ 온도에 변화에 관계 없이 관로 내에 설정된 값을 유지하는 밸브이다.
④ 압력 보상 밸브를 내부에 설치하여 부하의 변동에 관계 없이 유량을 일정하게 하는 밸브이다.

2 다음 기호의 공압실린더에 관한 설명으로 옳은 것은?

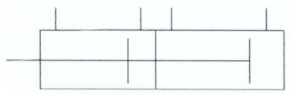

① 전·후진 시 추력이 같다.
② 쿠션 장치가 내장되어 있다.
③ 긴 행정 길이가 요구되는 경우에 주로 사용된다.
④ 같은 크기의 실린더에 비해 추력이 약 2배 크다.

정답 | ④

2 공유압 회로

1 회로의 표현방법

① 제어선도 : 액추에이터(실린더 등)의 작동 변화에 따른 제어밸브 등의 동작 상태를 표시하는 방법

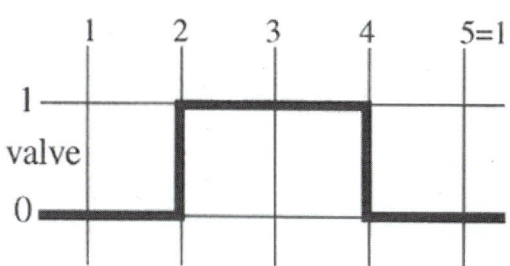

② 변위-단계선도
  ㉠ 액추에이터(실린더 등)의 작동 순서를 단계별로 표시하는 방법
  ㉡ 작업 요소의 변화가 순서에 따라 표시되며, 제어 시스템에 여러 개의 작업 요소가 사용되면 같은 방법으로 여러 줄로 표시하는 것

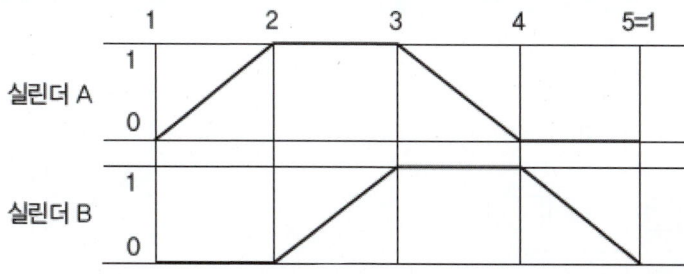

③ 변위-시간선도

액추에이터의 동작 상태를 시간에 따라 표시하는 방법

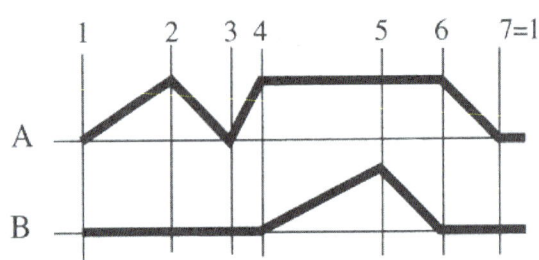

2 기본 회로

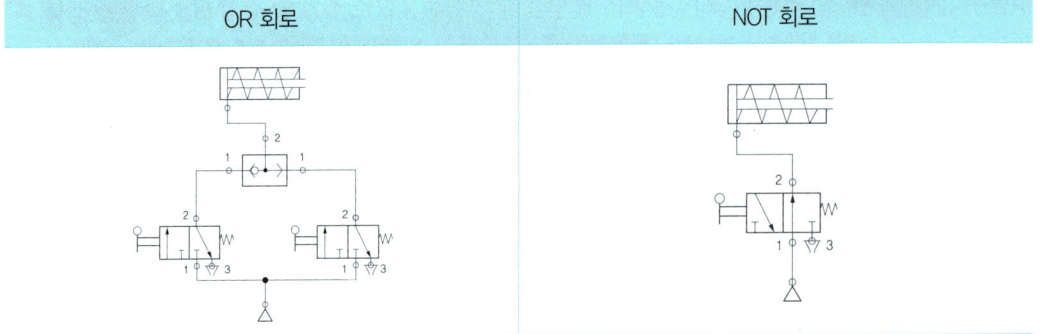

미터-인 회로 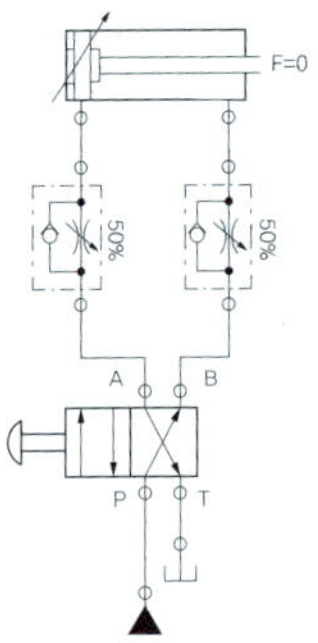	미터-아웃 회로 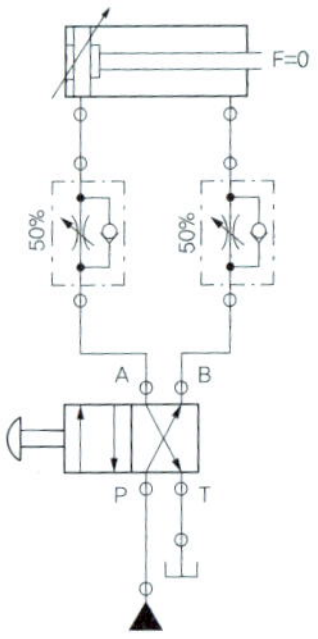
블리드 오프 회로 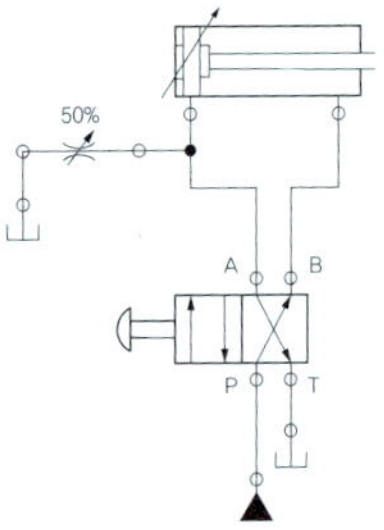	AND 회로 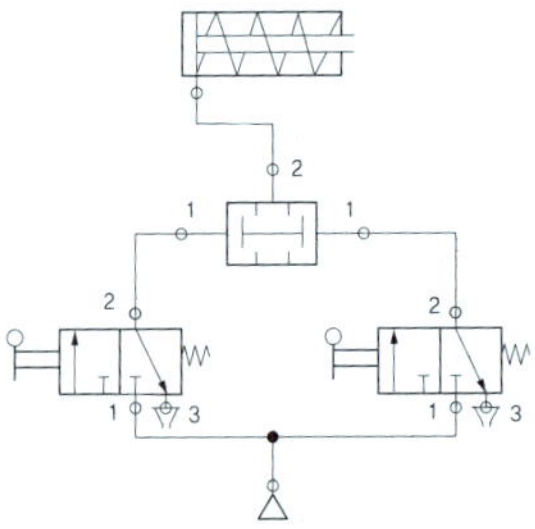
OR 회로	NOT 회로

NOR 회로	NAND 회로

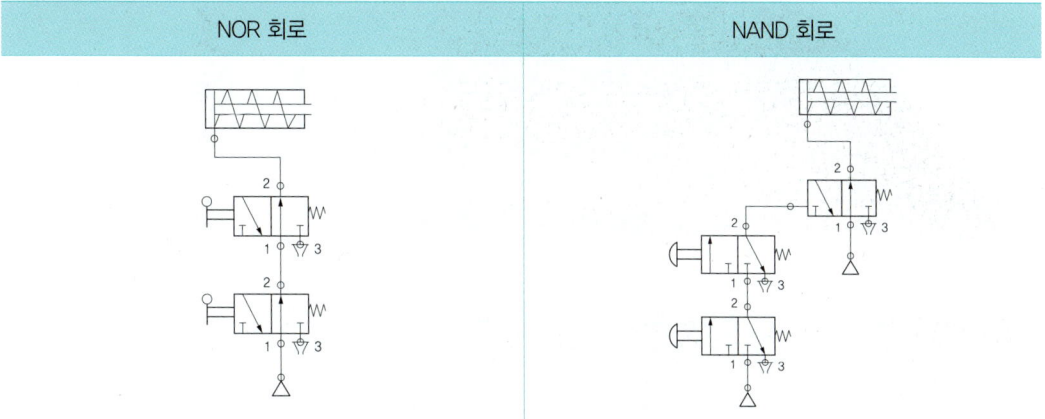

① 미터-인 회로

실린더를 기준으로 실린더에 공급되는 공기를 제어하여 속도를 제어하는 회로

② 미터-아웃 회로

실린더를 기준으로 실린더에서 배출되는 공기를 제어하여 속도를 제어하는 회로

③ 블리드 오프 회로

실린더 측 공급관로에 분기관로(바이패스 관로)를 설치하여 공기를 제어함으로써 속도를 제어하는 회로

④ AND 회로

2개의 입력 신호 A와 B가 모두 존재 시 출력 신호를 발생하는 회로

⑤ OR 회로

2개의 입력 신호 A와 B 중 최소 1개 이상의 입력 신호가 존재 시 출력 신호를 발생하는 회로

⑥ NOT 회로

YES 회로의 반대 회로로 입력이 없으면 출력되는 회로

⑦ NOR 회로

OR 회로의 결과값과 반대로 출력되는 회로

⑧ NAND 회로

AND 회로의 결과값과 반대로 출력되는 회로

3 전기 회로

전기 공유압은 전기 에너지를 사용하여 제어 요소에 필요한 각종 스위치나 신호 처리에 의하여 솔레노이드 밸브 등을 동작시키고, 공유압 에너지를 이용하여 액추에이터인 모터나 실린더를 제어하는 것이다.

① 공유압과 전기의 비교

② 전기 기호

제어 회로의 개·폐(ON/OFF) 기능을 갖는 스위치를 일반적으로 접점이라고 하며, 접점의 종류와 기능은 다음과 같다.

㉠ a접점(arbeit contact) : 초기 상태에 열려 있는 접점(NO형 : Normal Open)
㉡ b접점(break contact) : 초기 상태에 닫혀 있는 접점(NC형 : Normal Close)
㉢ c접점(change over contact) : a접점과 b접점을 동시에 갖고 있는 선택형 전환 접점

명칭	ISO 방식 기호		
	a접점	b접점	c접점
접점			
	푸쉬버튼 a접점	잠금 푸시버튼 b접점	푸쉬버튼 c접점
버튼 스위치			
	롤러레버 a접점	롤러레버 b접점	롤러레버 a접점 작동 표시
롤러레버 스위치			
ON 타이머 릴레이	OFF 타이머 릴레이	카운터 릴레이	릴레이
밸브 솔레노이드	압력스위치	램프	부저

③ 기본 전기회로 작성

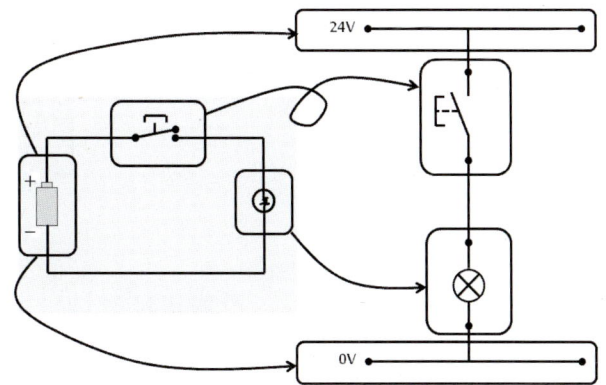

4 기본 시퀀스 회로

시퀀스 제어란 미리 정해진 순서에 따라 회로가 순차적으로 동작하는 것으로 전기 회로도를 표시하는 방법이다. 전기에서 시퀀스제어도 공압 논리 제어와 마찬가지로 일정한 조건이 충족되면 일정한 출력이 나오게 하는 제어 방법이다.

공압에서는 논리 제어를 위한 AND, OR 등의 논리 회로가 있어 이를 사용하며, 전기에서는 보통 스위치의 접점을 이용하여 해결한다. 논리의 기능에는 기본적인 YES, NOT, AND, OR 등의 4가지 기본 논리 기능을 조합하면 모두 해결할 수 있다.

① YES 논리 회로

YES 논리 회로는 입력이 존재하면 출력도 존재하는 논리를 의미한다. 스위치를 입력 요소로 하고 솔레노이드 밸브를 출력 요소로 가정하여 스위치를 ON시키면 솔레노이드 밸브가 동작하고, 누름 버튼 스위치를 OFF시키면 솔레노이드 밸브가 처음 상태로 되는 것이 YES 논리이다.

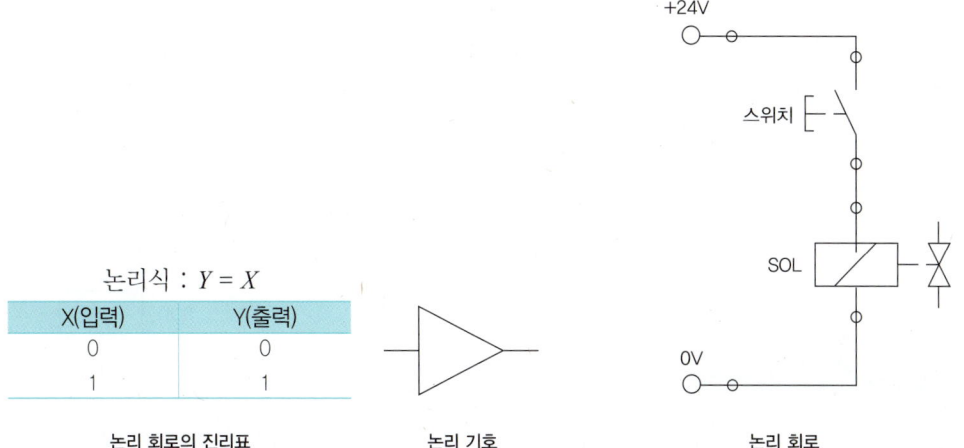

논리식 : $Y = X$

X(입력)	Y(출력)
0	0
1	1

논리 회로의 진리표   논리 기호   논리 회로

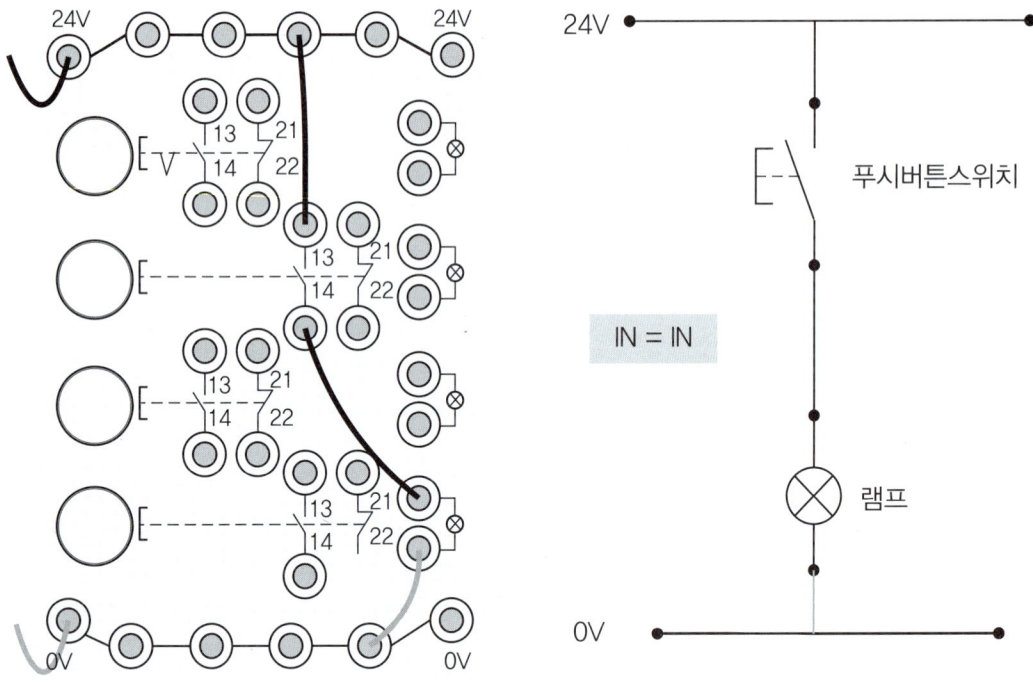

전기회로 실제 배선 예

② NOT 논리회로

NOT 논리 회로는 입력 조건이 존재하면 출력 신호가 존재하지 않는 논리이며 YES 논리 회로와 반대 논리이다.

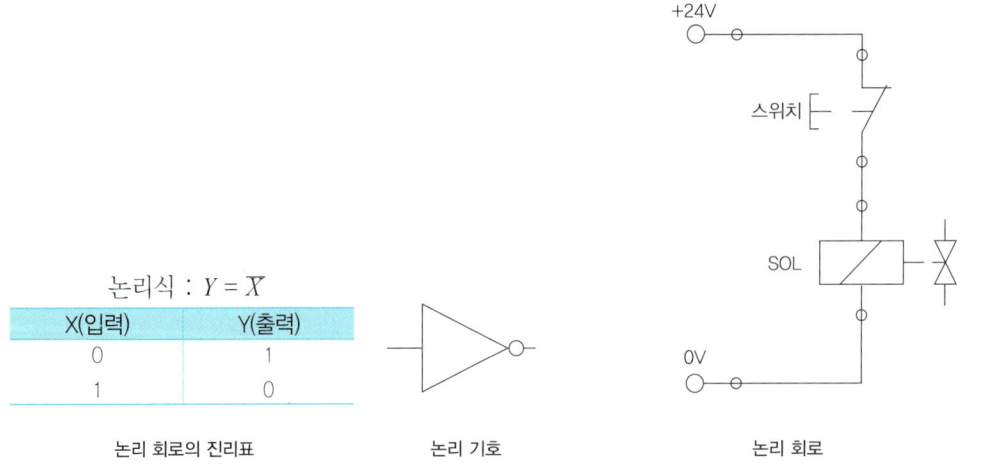

논리식 : $Y = \overline{X}$

X(입력)	Y(출력)
0	1
1	0

논리 회로의 진리표   논리 기호   논리 회로

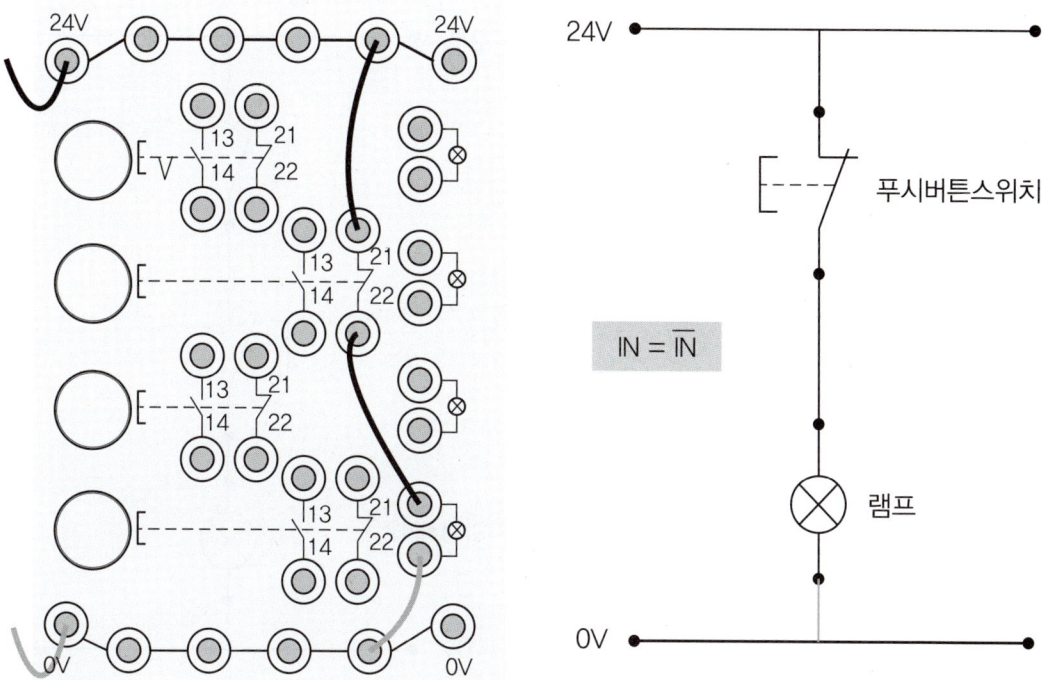

전기회로 실제 배선 예

③ AND 논리회로

AND 논리 회로는 2가지 이상의 입력 조건이 요구되는 상황에서 입력 조건이 모두 만족될 때에만 출력 신호가 존재하는 논리이다.

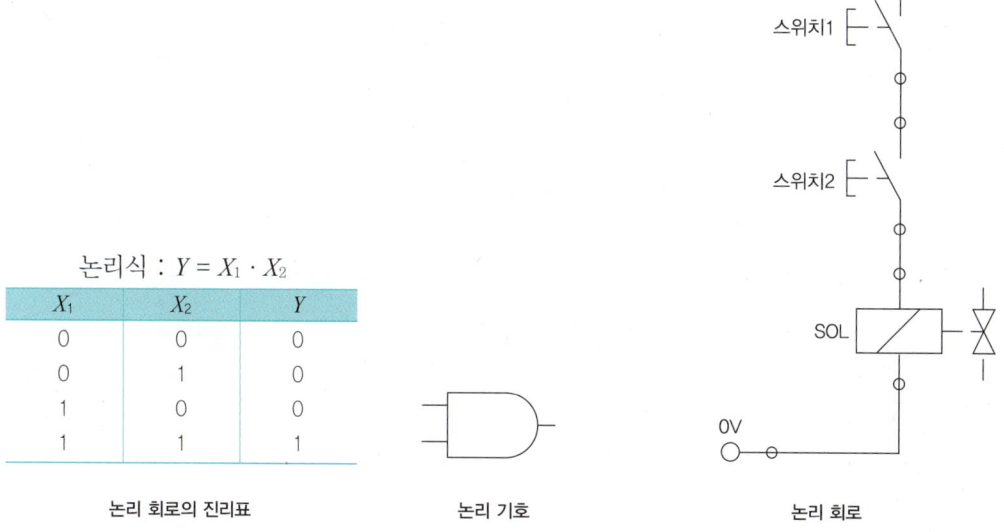

논리식 : $Y = X_1 \cdot X_2$

X_1	X_2	Y
0	0	0
0	1	0
1	0	0
1	1	1

논리 회로의 진리표   논리 기호   논리 회로

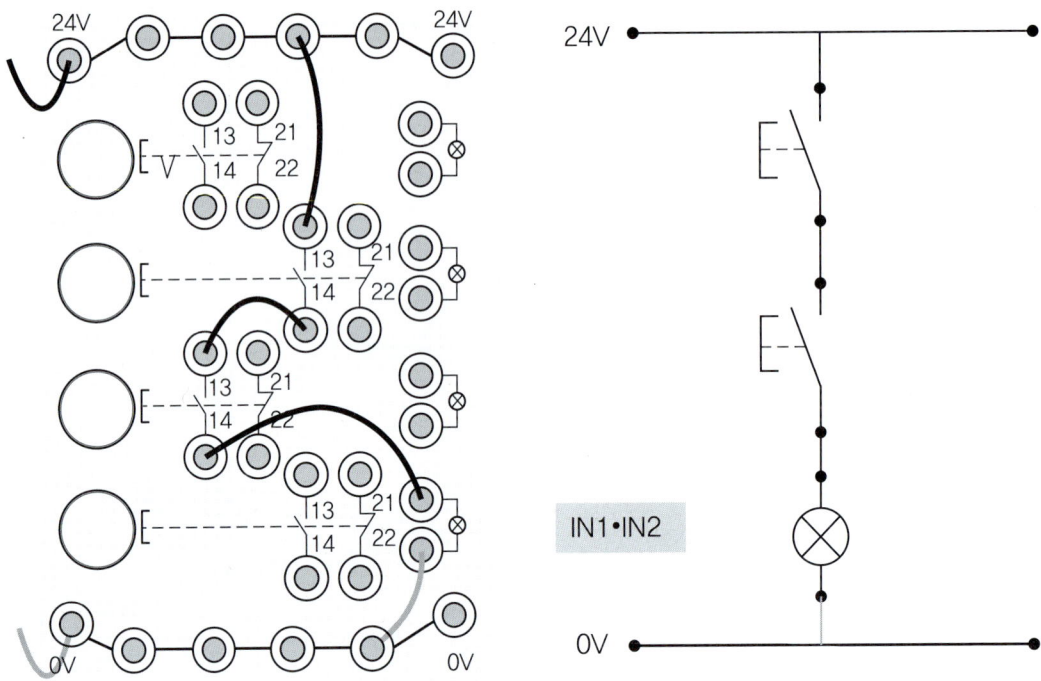

전기회로 실제 배선 예

④ OR 논리회로

OR 논리 회로는 여러 개의 입력 신호 중에서 어느 하나의 입력 신호만 존재해도 출력 신호가 존재하는 논리이다.

논리식 : $Y = X_1 + X_2$

X_1	X_2	Y
0	0	0
0	1	1
1	0	1
1	1	1

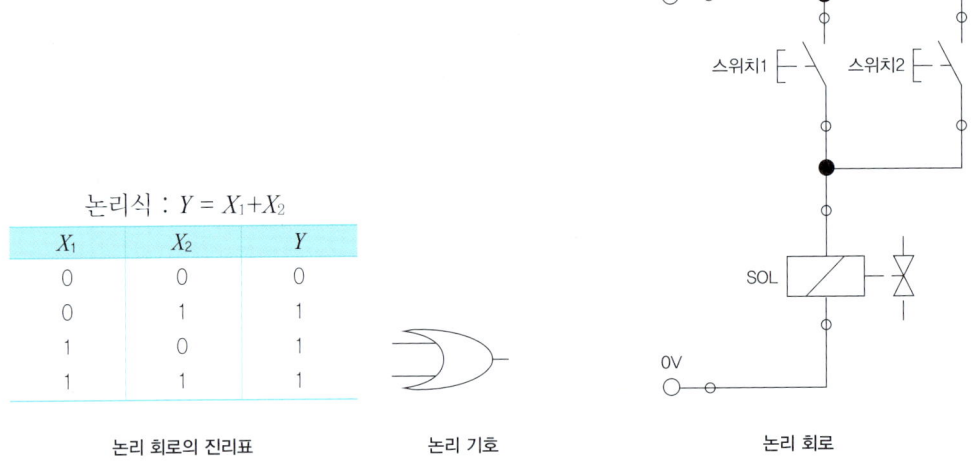

논리 회로의 진리표   논리 기호   논리 회로

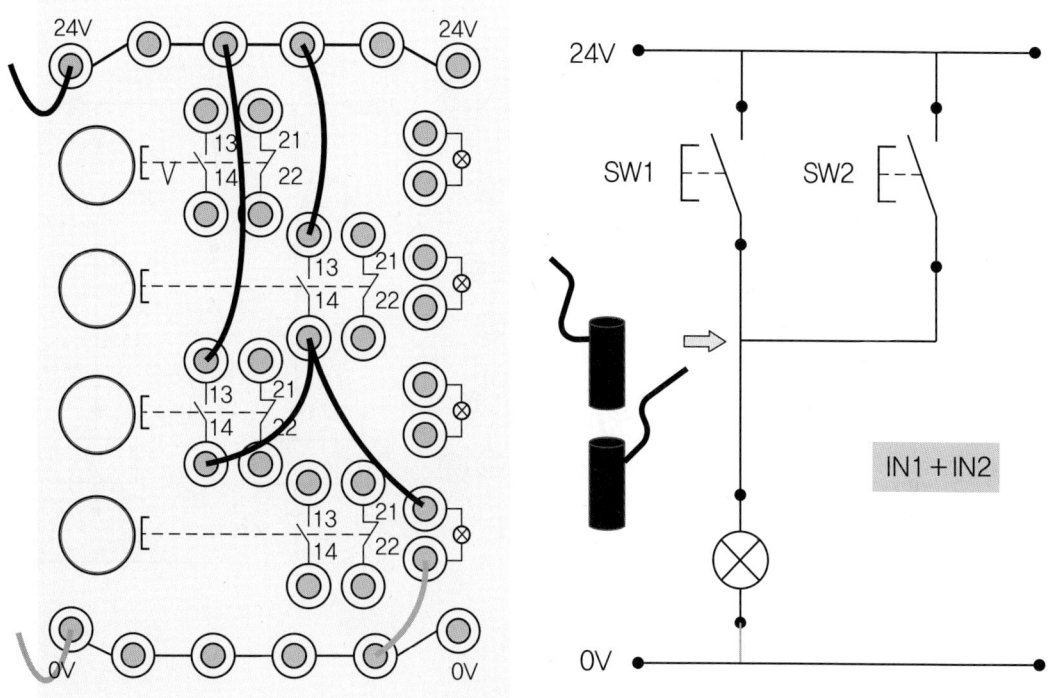

전기회로 실제 배선 예

⑤ 자기 유지 회로

자기 유지 회로는 릴레이의 접점을 이용하여 스위치에 병렬로 연결하여 그 회로의 신호를 기억하게 하는 회로이며, 전기 신호의 기억이 필요한 전기 제어 장치에 사용된다. 누름 버튼 ON 스위치를 누르면 K1 릴레이의 소속 K1 접점이 작동 및 자기 유지되어 누름 버튼 스위치에서 손을 떼어도 램프가 계속 켜져 있다. OFF 스위치를 누르면 K1 릴레이의 전원이 차단되고 동시에 자기 유지가 해제되어 램프가 OFF 된다.

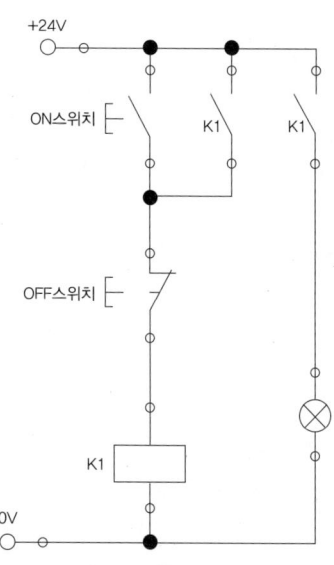

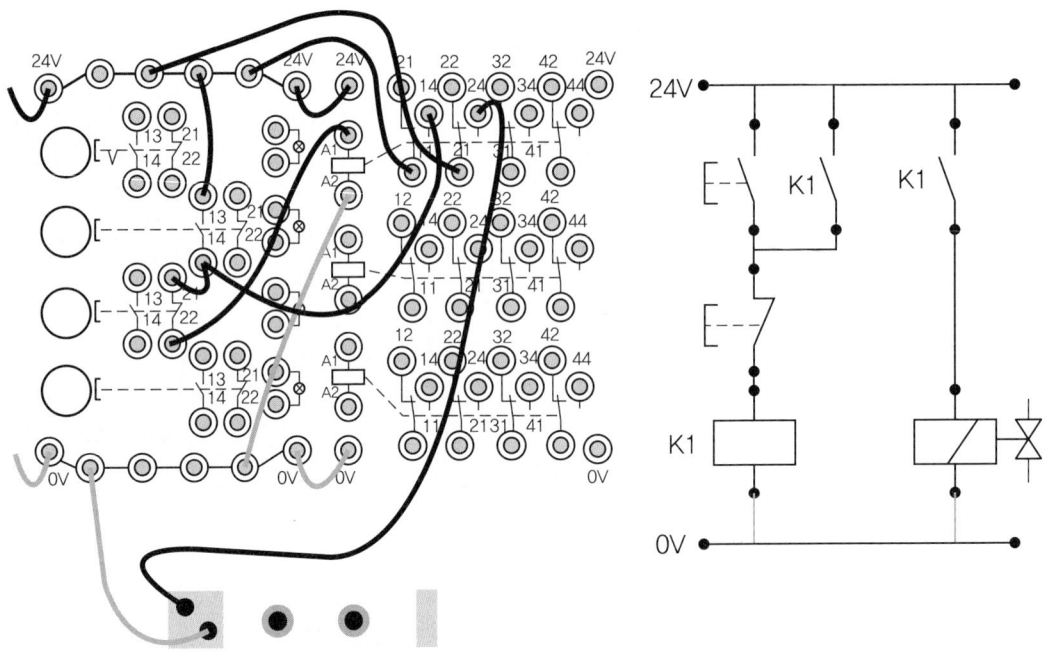

전기회로 실제 배선 예

⑥ 인터록 회로

인터록 회로는 어떤 전기적인 기기 사용 시 잘못된 조작으로 인해 발생하는 기계의 파손이나 작업자의 위험을 방지하고 할 때 사용되는 회로이다. PB1 스위치를 순간터치하면 램프 H1이 ON된다. 이때 PB2 스위치를 ON시켜도 램프 H2가 ON되지 못한다. 마찬가지로 PB2를 ON시키면 램프 H2가 ON되며 PB1을 ON시켜도 H1이 ON되지 못하게 하여 서로 인터록 되게 하는 회로이다.

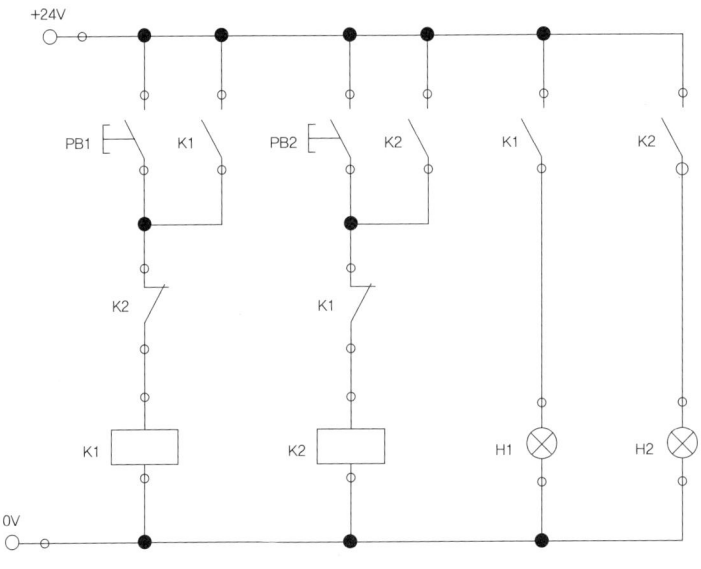

⑦ ON 타이머 회로

입력측에 입력 신호가 가해지면 바로 출력측에 신호가 나타나지 않고, 설정한 시간이 지나야만 출력 신호가 나타나는 회로이다. 푸시버튼 PB 스위치를 ON시키면 설정한 시간인 2초 후에 ON 타이머 릴레이 K1이 여자되고 K1 릴레이 소속 K1 a접점이 ON되어 램프가 작동한다. 램프를 OFF시키려면 STOP 스위치를 ON시켜야 하는 회로이다.

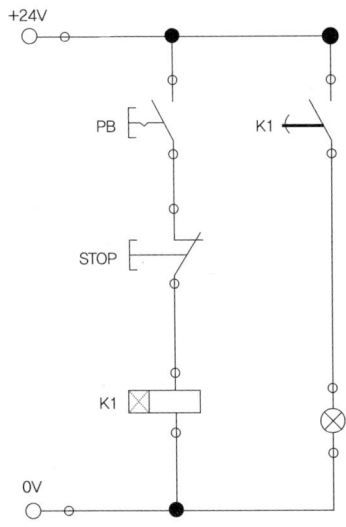

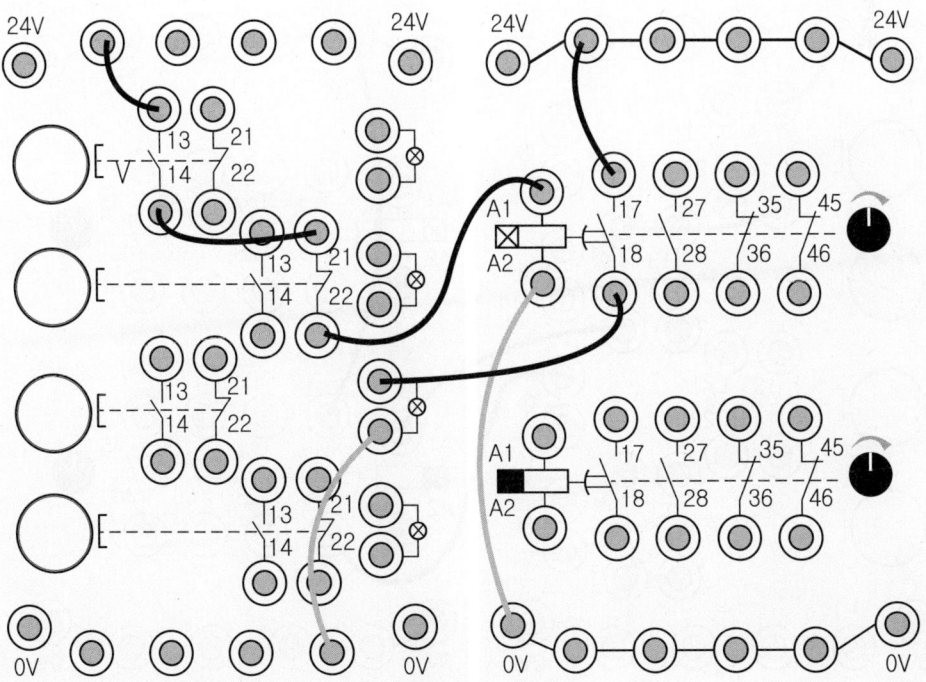

전기회로 실제 배선 예

⑧ OFF 타이머 회로

이 회로는 복귀 신호가 주어지면 바로 복귀하지 않고, 일정시간 후에 접점이 동작되는 회로로 ON Delay 타이머의 b접점을 사용하거나 OFF Delay 타이머의 a접점을 사용하여 회로를 구성할 수 있다. 푸시버튼 PB 스위치를 ON시키면 OFF 타이머 릴레이 K1이 작동하고 바로 K1 릴레이의 K1 접점이 ON되어 램프가 작동한다. STOP 스위치를 계속 누르고 있거나 PB 스위치를 다시 OFF시키면 설정한 시간 2초 후에 램프가 OFF된다.

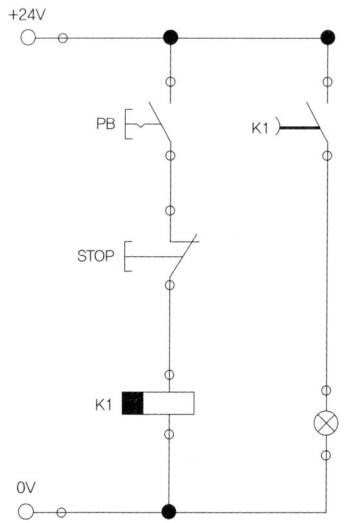

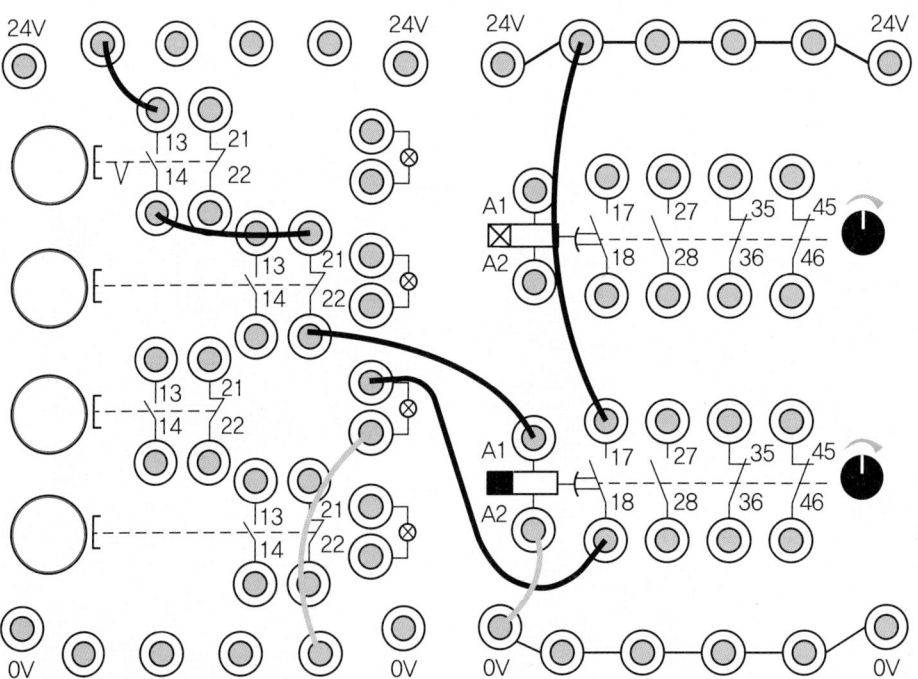

전기회로 실제 배선 예

⑨ 카운터 회로

이 회로는 입력신호의 수를 계수하는 기기로서 기계의 동작횟수 또는 생산수량 등의 통계를 위한 계수기로서 사용된다. 계수방식에 따른 종류로서는 입력신호가 입력될 때마다 수를 증가시키는 가산식과 반대로 감소시키는 감산식, 양자를 조합한 가감산식이 있다. 회로에 전원이 공급되면 램프는 점등되어 있으며, 푸시버튼 PB 스위치를 한번 누르면 카운터 릴레이 C1에 계수가 1로 증가되고 한번 더 누르면 설정값 횟수(2)만큼 도달되어 C1 a접점이 작동하여 부저가 울리고 동시에 C1 b접점이 작동하여 램프가 소등된다. 설정횟수를 초기화하기 위해서는 RESET 스위치를 ON시키면 초기화된다.

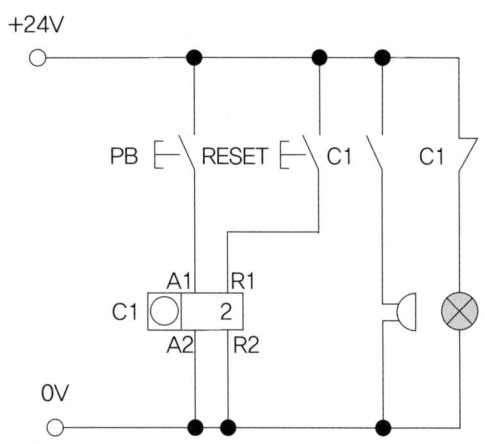

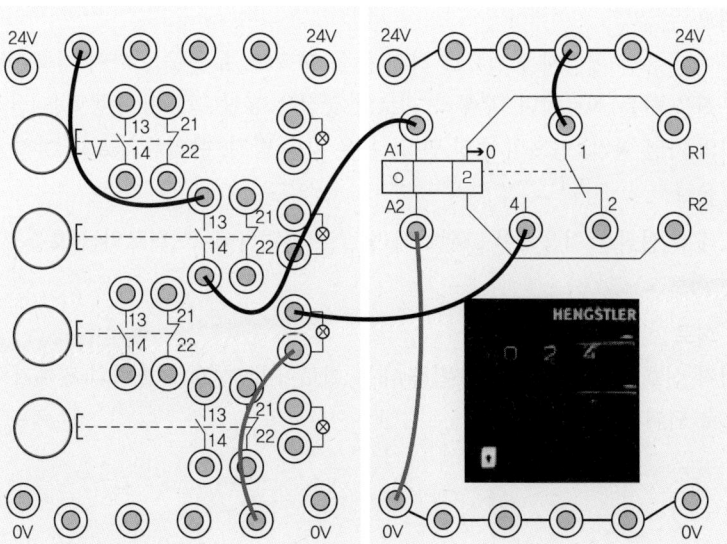

전기회로 실제 배선 예

5 기타 회로

① 카운터 밸런스 회로
부하가 급격하게 변동되었을때 피스톤이 자유낙하하는 것을 방지하기 위해서 일정한 배압을 걸어주는 회로이며, 릴리프 밸브와 체크 밸브의 조합으로 구성되어 있다.

② 감압 회로
고압의 유체를 감압시켜 1차 압력이 변화하여도 설정된 낮은 2차 압력으로 유지하는 회로

③ 레지스터 회로
기억한 정보를 언제든 적시에 이용할 수 있도록 만들어진 회로

④ 어큐뮬레이터 회로
유압 회로에 발생하는 서지(surge) 압력, 펌프 맥동을 흡수하고 에너지 저장, 압력 보상 등의 목적으로 사용되는 회로

⑤ 인터록 회로
전기적인 기기 사용 시 잘못된 조작으로 인한 기계의 파손이나 작업자의 위험을 방지하기 위해 사용되는 회로. (예 정·역 동시 투입에 의한 단락 사고를 방지)

⑥ 로킹 회로
실린더의 행정 중 임의의 위치에서 피스톤의 이동을 방지하는 회로

⑦ 시퀀스 회로
순차적으로 작동하게 하고, 실린더가 2개 이상인 회로

⑧ 무부하 회로
시스템 내에서 유압 에너지를 필요로 하지 않을 때 펌프 토출량을 다시 기름 탱크로 돌려 보내 무부하 운전을 하는 회로이며, 무부하 회로의 장점은 유압 펌프의 구동력을 절약할 수 있으며, 유압 장치의 가열 방지, 펌프의 수명 연장, 유온 상승 방지, 유압유의 노화 방지 등이 있다.

⑨ 자기유지 회로
릴레이의 내부 접점을 이용하여 스위치에 병렬로 연결하여 그 회로의 신호를 지속적으로 유지시켜 주는 회로

⑩ 플립플롭 회로
주어진 입력 신호에 따라 정해진 출력을 내는 회로이며, 신호와 출력의 관계가 기억 기능을 겸비한 것으로 되어 있다.

예상문제

1 유압 회로에서 분기 회로의 압력을 주회로의 압력보다 낮게 제어하고 싶을 때 사용하는 밸브는?

① 감압 밸브
② 시퀀스 밸브
③ 릴리프 밸브
④ 카운터 밸런스 밸브

정답 | ①

2 유압 시스템의 언로드 회로에 관한 설명으로 옳은 것은?

① 발열이 감소된다.
② 동력이 많이 소비된다.
③ 펌프의 수명이 짧아진다.
④ 장치의 효율이 감소한다.

정답 | ①

3 공압 회로에서 압력 제어 밸브의 기능에 속하지 않는 것은?

① 적정한 공기 압력을 사용하여 압축공기의 과다 소모를 방지한다.
② 공기 압력의 유무를 화학적 신호를 이용하여 공기 흐름의 방향을 제어한다.
③ 적정한 공기 압력을 사용함에 따라 공압 기기의 인내성 및 신뢰성을 확보한다.
④ 장치가 소정 이상 공기 압력으로 될 때에 공기를 빼내어 안전을 확보한다.

정답 | ②

4 실린더가 전진 운동할 때 다음 그림은 어떠한 유압회로를 나타내는 것인가?

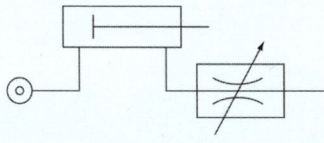

① 로킹(locking) 회로
② 미터 인(meter-in) 회로
③ 미터 아웃(meter-out) 회로
④ 블리드 오프(bleed-off) 회로

정답 | ③

5 카운터 밸런스 회로에 관한 설명으로 옳은 것은?

① 유압 신호를 공압 신호로 전환시키는 일종의 스위치이다.
② 회로의 일부에 일정한 배압을 유지시키고자 할 때 사용된다.
③ 주회로의 압력을 일정하게 유지하면서 조작의 순서를 제어하는 밸브이다.
④ 어떤 부분 회로의 압력을 주회로의 압력보다 저압으로 해서 사용하고자 할 때 사용한다.

정답 | ②

· MEMO

PART 05

기초전기 일반

Chapter 01 직, 교류 회로
Chapter 02 전기기기의 구조와 원리 및 운전
Chapter 03 시퀀스 제어
Chapter 04 전기 측정

직, 교류 회로

1 직류회로의 전압, 전류, 저항

직류(DC : direct current)는 일정하게 한 방향으로 흐르는 전류를 뜻한다. 시간에 따라 전류 크기와 방향이 주기적으로 변하는 AC에 비해 안정적이고 효율적이다. 전력을 설계하는 작업도 단순하다. 컴퓨터를 포함한 대부분의 전자기기가 DC로 설계되어 있는 이유다.

1 전류 I [A]

1) 전류의 정의

양의 전하 또는 음의 전하가 일정한 방향으로 이동하는 현상이다. 기호는 I, 단위는 [A] 암페어라고 표시한다.

2) 전류의 크기

$$I = \frac{Q}{t} \ [A] = [C/\sec]$$

여기서, Q는 전하량, t는 단위시간이다.

어떤 도체의 단면을 단위시간 1초 동안 통과한 전하량으로 표시한다.

3) 전류의 방향

전류의 흐름현상은 전자의 이동현상이지만 오랜 관례에 의하여 전자 이동의 반대 방향으로 흐른다고 약속한다.

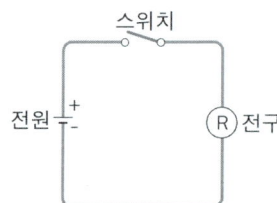

2 전압 V [V]

1) 전압의 정의

전위차(임의의 두 도체에서의 전기적인 위치 에너지의 차) 또는 전기적인 압력의 크기로 정의한다. 기호는 V, 단위는 [V] 볼트라고 표시한다.

2) 전압의 크기

$$V = \frac{W}{Q} \text{ [V]} = \text{[J/C]}$$

여기서, W는 일(에너지), Q는 전하량이다.

어떤 도체의 두 점 사이에 1[C]의 전하량이 이동하여 1[J]의 일을 하였다면, 이때의 전압은 1[V]이다.

3 저항 R [Ω]

1) 저항의 정의

전류의 흐름을 방해하는 정도를 나타내는 상수다. 기호는 R (Resistance), 단위는 Ω(옴)이라고 표시한다.

2) 도체와 부도체

① 도체 : 전류가 흐르기 쉬운 물질. 전하가 이동하기 쉬운 구리나 금, 알루미늄과 같은 금속성 물질이다.

② 부도체 : 절연체로 전류가 거의 통하지 않는 물질이다. 누설되는 것을 방지하기 위해 사용한다.

3) 도체와 저항의 관계

전기적인 측면에서의 물질은 3가지로 나눌 수 있다. 하나는 금속이나 전해질 용액처럼 저항 값이 매우 작아서 전류가 잘 흐를 수 있는 도체, 전류가 흐를 수 없는 합성수지와 같이 저항 값이 매우 큰 부도체, 그 밖에 저항 값은 매우 크지만 실리콘(Si)이나 게르마늄(Ge)처럼 빛 에너지나 열 에너지가 가해지면 저항 값이 작아져 전류가 잘 흐를 수 있는 반도체가 있다. 저항 값이 작을수록 전류는 잘 흐른다.

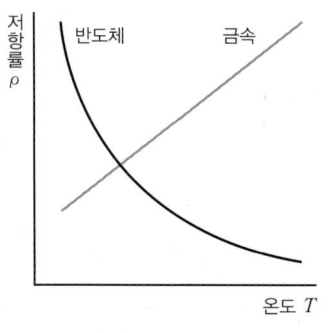

저항률에 따른 온도 특성

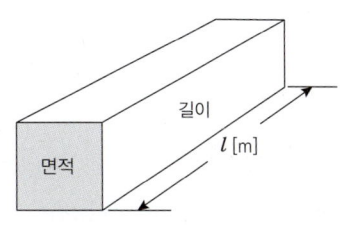

도체의 저항률

단면적이 A[m²]이고, 길이가 ℓ[m]인 도체의 저항 R은 다음 식으로 나타낸다.

$$R = t\frac{l}{A} \, [\Omega]$$

여기서 t(로우)는 도체의 재질에 따른 저항률(고유저항값)이며, 단위는 [Ωm]이다.

4 옴의 법칙

$$I = \frac{V}{R}\,[A],\ V = IR\,[V],\ R = \frac{V}{I}\,[\Omega]$$

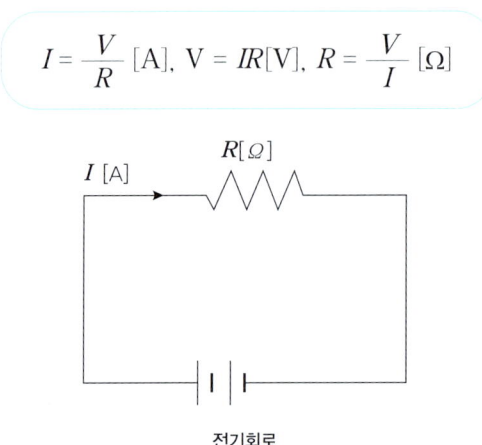

전기회로

전기 회로에서 저항(R)이 일정한 경우 전류(I)의 크기는 전압(V)에 비례하고, 전압(V)이 일정한 경우 전류(I)의 크기는 저항(R)에 반비례한다.

5 저항의 접속(직전병압 : 직렬 시 전류가 일정, 병렬 시 전압이 일정하다)

저항을 접속하는 방법에는 직렬접속과 병렬접속이 있다.

1) 직렬접속

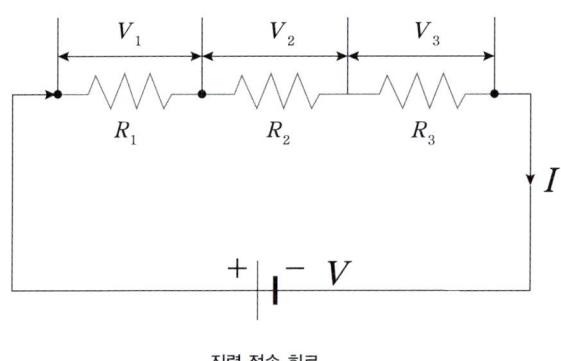

직렬 접속 회로

저항의 직렬접속 시 전류가 일정하다. 이때의 합성 저항값 R은 $R = R_1 + R_2 + R_3$로 구할 수 있다. 전체 전압 V는 $V = V_1 + V_2 + V_3$가 된다. 단자 전압의 크기는 각각의 저항 값에 비례한다. 옴의 법칙에 의하여 $V = (R_1 + R_2 + R_3)I$가 된다.

2) 병렬 접속

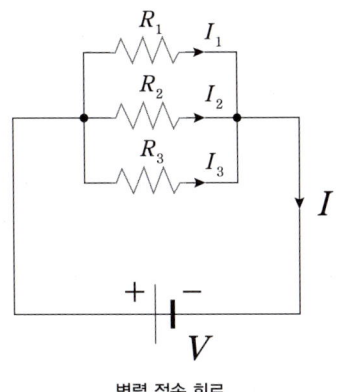

병렬 접속 회로

저항의 병렬접속 시 전압이 일정하다. 합성 저항값 R은 $\dfrac{1}{R} = \dfrac{1}{R_1} + \dfrac{1}{R_2} + \dfrac{1}{R_3}$로 구할 수 있다. 전체 전류 I는 $I = I_1 + I_2 + I_3$가 된다.

6 키르히호프의 법칙

1) 제1법칙(전류법칙)

회로망 중 임의의 접속점에서 유입하는 전류의 합은 유출되는 전류의 합과 같다.

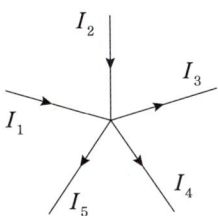

2) 제2법칙(전압법칙)

폐루프를 형성하는 임의의 회로망에서 모든 기전력의 대수 합은 전압강하의 대수 합과 같다.

$E_1 + E_2 - E_3 + E_4 = IR_1 + IR_2 + IR_3 + IR_4$
$\Sigma E = \Sigma IR$

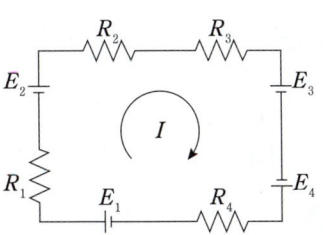

예상문제

1 24[C]의 전기량이 144[J]의 일을 했을 때 기전력은?

① 4[V] ② 6[V]
③ 8[V] ④ 10[V]

해설

$$V = \frac{W}{Q}[V]$$
$$V = \frac{W}{Q} = \frac{144}{24} = 6[V]$$

정답 | ②

2 어떤 도체의 단면을 1시간 동안 3,600[C]의 전기량이 이동했다면 전류의 크기는 몇 [A]인가?

① 1 ② 2 ③ 3 ④ 4

해설

$$I = \frac{Q}{t}[A] = 3600/60 \times 60 = 1[A]$$

정답 | ①

3 10[Ω]인 저항에 1.4[A]의 전류를 흘리려면 전압은 얼마인가?

① 8[V] ② 12[V]
③ 14[V] ④ 18[V]

해설

$$V = IR = 10 \times 1.4 = 14[V]$$

정답 | ③

4 8[Ω], 6[Ω], 11[Ω]의 저항 3개가 직렬 접속된 회로에 4[A]의 전류가 흐르면 가해준 전압은 몇[V]인가?

① 60 ② 80 ③ 100 ④ 120

해설

$$R = 8 + 6 + 11 = 25[\Omega]$$
$$V = IR = 4 \times 25 = 100[V]$$

정답 | ③

5 임의의 한 폐회로 회로망에서 전압강하의 대수 합은 그 폐회로에 있는 모든 기전력의 대수 합과 같다는 법칙은 무엇인가?

① 앙페르의 오른나사의 법칙
② 키르히호프의 제 2법칙
③ 키르히호프의 제 1법칙
④ 옴의 법칙

해설

키르히호프의 제1 법칙 : 전류의 법칙
키르히호프의 제2 법칙 : 전압의 법칙

정답 | ②

2 전력과 열량

1 전류의 열작용

1) 전력 P [W]

$$P = VI = I^2R = \frac{V^2}{R} \text{ [W] [J/s]}$$

단위시간 동안 전기 에너지의 소비량 또는 전기 에너지에 의해 일을 하는 능률을 전력이라 한다. 전력(P)은 부하에 인가되는 전압(V)과 전류(I)의 곱으로 나타내고, 옴의 법칙을 이용하여 사용한다. 단위는 [W] 와트이다.

2) 전력량 W [J]

$$W = Pt = VIt = I^2Rt = \frac{V^2}{R}t \text{ [W·sec]} = \text{[J]}$$

어느 일정시간 동안의 사용한 전기 에너지의 총량 또는 전기에너지가 한 일의 양이다.

> **참고**
> 1[kW]의 전력을 1시간 동안 사용했다면, 다음과 같이 변환할 수 있다.
> 1[Wh] = 3.6×10^3[Wh]
> 1[kWh] = 3.6×10^6[W · sec]
> = 3.6×10^6[J]

3) 줄의 법칙 : 발생열량 H[cal]

도체에 전류가 흐르면 열이 발생하는데, 이 열을 줄열이라 한다.

$$H = I^2Rt \text{ [J]}$$
$$H = 0.24 I^2Rt \text{ [cal]}$$

참고

① 1[J] = 0.2389[cal] = 0.24[cal]

② 1[cal] = 4.186[J] = 4.2[J]

③ 1[kWh] = 1000[W] × 1[h] = 10^3[J/sec] × 3600[sec] = 3.6 × 10^6[J]
   = 0.24 × 3.6 × 10^6[cal] = 0.24 × 3.6 × 10^3[kcal] = 860[kcal]

④ 열에너지에서의 열량

$H = C \cdot m \cdot \triangle t$ [cal]

C[cal/g°C]는 비열, m[g]은 질량, $\triangle t = t_1 - t_2$(온도변화)

4) 열전기 현상 발견 순서

① 제벡 효과 (seeback effect, 제베크 효과)

서로 다른 두 종류의 금속선을 접합(용접)시킨 후 가열 하면 열기전력에 의해 전류가 흐른다.

② 펠티어 효과 (peltier effect)

제벡 효과의 반대 효과이다. 서로 다른 두 종류의 금속선을 접합한 다음 회로에 DC전원으로 전류를 흘리면 한쪽 접합부에서 발열, 다른 접합부에서는 흡열이 일어난다. 이때 전류의 방향을 바꾸면 발열과 흡열이 반대로 일어난다. 전자냉각의 원리로 이용되고 있다.

③ 톰슨 효과 (thomson effect)

톰슨은 동일 금속선을 접합한 다음 펠티어 효과를 증명하였다.(최종 위 두 효과의 가역성을 열역학적으로 이론화하던 끝에 이들 효과 모두 전자들이 두 금속선의 접합을 지나갈 때 평균 운동 에너지가 변화되기 때문에 일어나는 현상임을 증명하였다.)

예상문제

1 어떤 전등에 100[V]의 전압을 가하면 0.2[A]의 전류가 흐르는데, 이 전등의 소비 전력[W]는 얼마인가?

① 10   ② 15   ③ 20   ④ 25

해설

$P = VI = 100 \times 0.2 = 20$[W]

정답 | ③

2 저항값이 일정한 저항에 가해지고 있는 전압을 2배로 하면 소비 전력은 몇 배로 되는가?

① 4배   ② 6배   ③ 8배   ④ 10배

해설

$P = \dfrac{V^2}{R}$, $P = 2^2 = 4$배

정답 | ①

3 100[V], 500[W]의 전열기를 90[V]에 사용하였을 경우 소비 전력은 몇 [W]인가?

① 225　　　② 285　　　③ 335　　　④ 405

해설

$P = \dfrac{V^2}{R}$[W]에서 $100^2 : 500 = 90^2 : x$

정답 | ④

3 교류회로의 기초

1 사인파(정현파) 교류

교류 (AC : alternating current)는 시간에 따라 크기와 방향이 주기적으로 변하는 전류이다.

1) 교류의 발생 원리

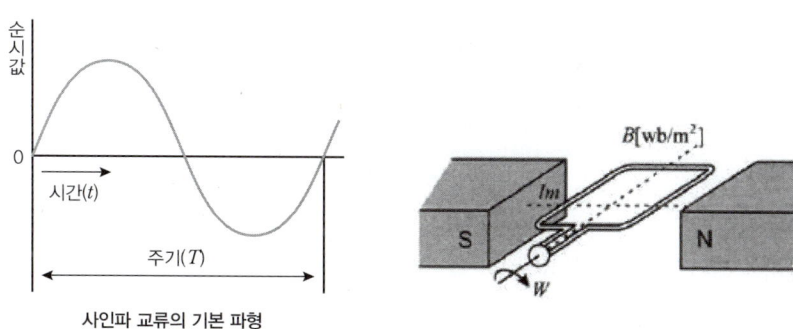

사인파 교류의 기본 파형

그림과 같은 평등 자기장 사이에 전기자 코일을 놓고 시계방향으로 회전시킨다. 전기자 코일에는 플레밍의 오른손 법칙에 의하여 유기기전력이 발생한다.

$e = Blv\sin\theta$[V]

① B[wb/m^2] : 자속밀도
② l[m] : 전기자 코일의 유효길이
③ v[m/sec] : 전기자 코일의 회전속도
④ θ[rad] : 자기장 방향과 전기자 코일이 이루는 각

2) 교류의 기초

① T[sec] : 주기- 파형이 1cycle 변화하는 데 필요한 시간

$$T = \dfrac{1}{f} \text{[sec]}$$

② f[Hz] : 주파수-1초 동안에 반복하는 파형 cycle의 수를 말하며, 단위는 헤르츠[Hz]를 사용

$$f = \dfrac{1}{T} \text{[Hz]}$$

> **참고**
> 우리나라 상용주파수인 60[Hz]는 1초 동안 파형 cycle의 수가 60회, 주기는 $\frac{1}{60}$[sec]이다.

③ ω[rad/s] : 각속도 − 기호는 오메가, 회전운동 시 1[sec]동안 회전한 각의 변화율

$$\omega = \frac{\theta}{t} = \frac{2\pi}{t} = 2\pi f [rad/s]$$

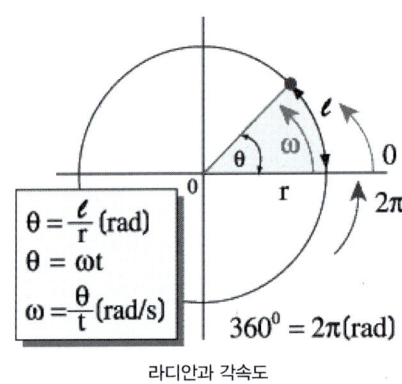

$\theta = \frac{\ell}{r}$ (rad)
$\theta = \omega t$
$\omega = \frac{\theta}{t}$ (rad/s)

$360° = 2\pi (rad)$

라디안과 각속도

④ θ[rad/s] : 전기각 − 회전운동 시 t[sec]동안 회전한 각(발전기, 전동기에서 자기장 방향과 전기자 코일이 이루는 각이다.)

$$\theta = \omega t [rad]$$

⑤ 발전기 전기각 $i = \omega t$[rad]인 유도기전력

$$e = V_m \sin\omega t = V_p \sin\omega t [V]$$

> **참고**
> 한 주기 내에서 가장 큰 순시값을 최대값(Vm : maximum value, Vp : peak value)이라고 한다.
> 최대값은 절연파괴 전압이나 충격파 등 이상전압을 나타낼 때 사용된다. 또한 양의 최대값에서 음의 최대값까지의 값을 피크-피크값(Vp-p : peak to peak value)이라고 한다.

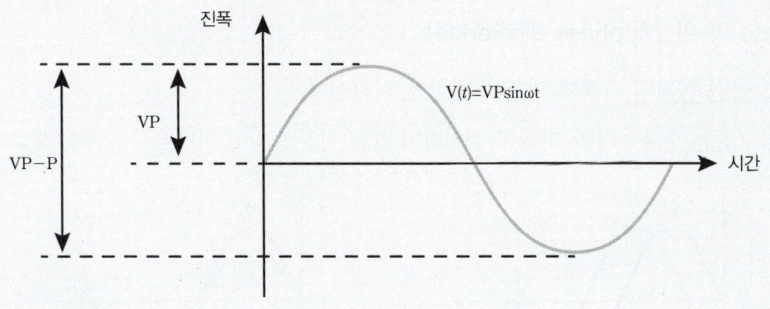

⑥ 호도법(radian 법)

호도법은 원의 반지름에 대한 호의 비율로 각도를 표현한 방법이다.

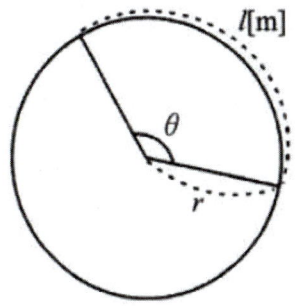

$$\theta = \frac{l}{r} \text{[rad]}$$

예로 2차원 원의 호의 길이는 $l = 2\pi r$[m]이고, 각도 $\theta = 360°$이다. 호도법으로 위상을 구하면 $\theta = 360° = \frac{2\pi r}{r} = 2\pi$[rad]이다.

a. 1[rad]은 반지름의 길이와 호의 길이가 같을 때의 각도이다.

$360° = 2\pi$[rad]

$1\text{[rad]} = \frac{360}{2\pi} = \frac{180}{3.14} = 57.3°$

b. 호도법에 의한 각도 표시

$\frac{\pi}{6}[rad]$	$\frac{\pi}{4}[rad]$	$\frac{\pi}{3}[rad]$
30°	45°	60°

3) 위상(phase)과 위상차(phase difference)

① 위상 : 어떤 임의의 기점에 대한 상대적인 위치이다.

② 위상차 : 같은 주파수의 두 파형이 일치하지 않는 시간적 차이 이다.(동상, 지상, 진상으로 나뉜다).

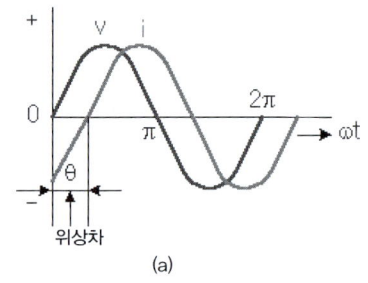
(a)

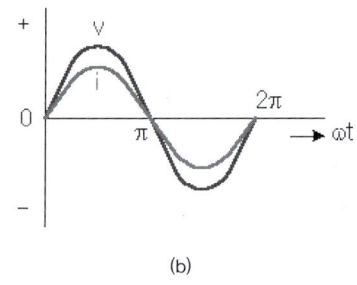
(b)

(a) 전압을 기준으로 전류는 지상 전류이다.

(b) 전압을 기준으로 전류는 동상 전류이다.

4) 정현파 교류의 크기

교류의 크기를 나타내는 방법에는 순시값, 최대값, 실효값, 평균값으로 구분한다.

① 순시값

$$v(t) = V_m \sin wt [V], \; i(t) = I_m \sin wt [A]$$

매 순간 시간의 변화에 따라 변화되는 값이다.

② 최대값(V_m, I_m : maximum value)
한 주기 내에서 가장 큰 순시값이다.

③ 실효값(V, I : effective value, Root Mean Square. 비교를 통해 정의한다)
크기가 같은 저항에 직류 전류를 흘렸을 때의 소비전력과 교류 전류를 흘렸을 때의 소비전력이 같을 때, 이때의 교류 전류를 실효값으로 정의한다.

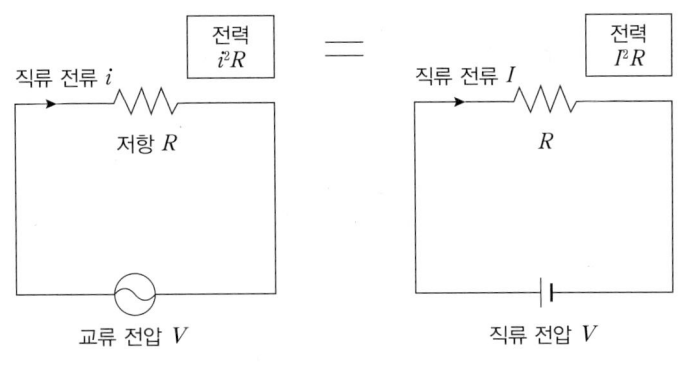

실효값의 의미

최대값과의 관계 $\quad I = \dfrac{I_m}{\sqrt{2}} \fallingdotseq 0.707 I_m [A]$

여기서, I는 실효값이며, I_m은 최대값이다. 일상생활에서 말하는 교류 전압과 교류 전류는 실효값이다.

④ 평균값 (V_a, I_a : average value)

평균값은 1주기 동안 순시값의 크기를 평균으로 나타낸 값이다.

정현파의 경우 (+)방향과 (-)방향의 크기가 같으므로 한 주기의 평균값은 0이 되기 때문에 반(1/2) 주기 동안의 평균을 구한다.

평균값과 최대값과의 관계 $\quad I_a = \dfrac{2}{\pi} \times I_m \fallingdotseq 0.637 I_m [A]$

또한 평균값 I_a와 실효값 I의 관계 $\quad V_a \fallingdotseq 0.901 V$

⑤ 파고율과 파형율

a. 파고율 $= \dfrac{\text{최대값}}{\text{실효값}}$ (정현파 파고율 $= \dfrac{\text{최대값}}{\text{실효값}} = \dfrac{\sqrt{2}\,V}{V} = \sqrt{2} = 1.414$)

b. 파형율 $= \dfrac{\text{실효값}}{\text{평균값}}$ (정현파 파형율 $= \dfrac{\text{실효값}}{\text{평균값}} = \dfrac{\dfrac{V_m}{\sqrt{2}}}{\dfrac{2 V_m}{\pi}} = \dfrac{\pi}{2\sqrt{2}} = 1.11$)

> 예상문제

1 정현파(사인파)의 주기가 0.02[sec]일 때의 주파수[Hz]는?

① 50　　　② 100　　　③ 150　　　④ 200

정답 | ①

2 $v = 141\sin(120\pi t - \frac{\pi}{3})$ 인 교류의 주파수는 몇 [Hz]인가?

① 30　　　② 40　　　③ 50　　　④ 60

해설

$v = V_m \sin \omega t\,[\text{V}]$ 에서 전기적인 각속도 $\omega = 2\pi f = 120\pi\,[rad/s]$

$f = \dfrac{120\pi}{2\pi} = 60\,[\text{Hz}]$

정답 | ④

3 $v = 100\sqrt{2}\sin(120\pi t + \frac{\pi}{2})\,[\text{V}], i = 10\sqrt{2}\sin(120\pi t + \frac{\pi}{3})\,[\text{A}]$ 인 경우 전류의 위상은 전압보다 어떠한가?

① $\frac{\pi}{3}$ [rad] 앞선다.
② $\frac{\pi}{3}$ [rad] 뒤진다.
③ $\frac{\pi}{6}$ [rad] 앞선다.
④ $\frac{\pi}{6}$ [rad] 뒤진다.

정답 | ④

4. 교류에 대한 R, L, C의 작용

1 정현파 교류의 표시

1) 스칼라와 벡터

어떤 물리량을 나타내는 방법에는 크기만을 갖는 스칼라로 표현하는 방법과, 크기와 방향을 갖는 벡터로 표시하는 방법이 있다.

벡터에는 힘, 변위, 속도, 가속도, 충격량, 운동량, 전기장, 자기장, 무게, 모멘트가 있다.

선분의 길이는 크기를 나타내고, 기준선에 대한 편각은 방향을 나타낸다.

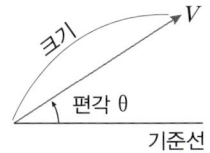

표기법은 문자 위에 점(dot)이나 화살표로 표시하는 방법이 있다.

2) 회전 벡터와 정지 벡터

동일 주파수의 정현파 교류는 크기와 위상각을 가진 벡터로 표시된다.

회전 벡터는 정현파 교류의 순시값 벡터를 반시계 방향으로 회전시킬 때, y축에 나타나는 그림자 길이이다. 위상차가 다른 회전 벡터가 각각 존재한다 할지라도 동일한 속도 ω[rad/s]로 회전하기 때문에 어떠한 위치에서도 같다.

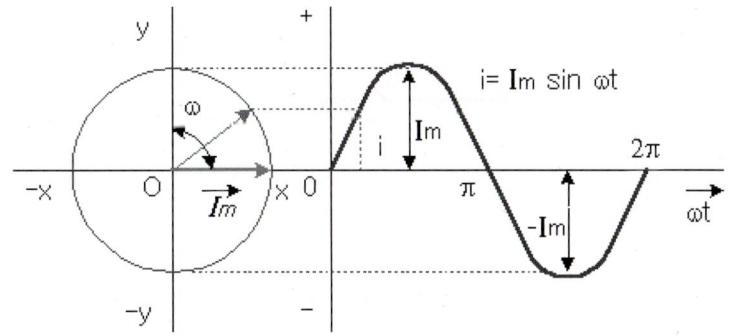

회전 벡터와 정현파 교류의 순시값

주파수가 동일한 경우 벡터는 동일한 속도로 회전한다. 회전 벡터 대신에 정지벡터로 나타내면 위상 관계의 해석이 편리하다. 그래서 동일 주파수의 정현파 교류는 정지 벡터로 표시한다.

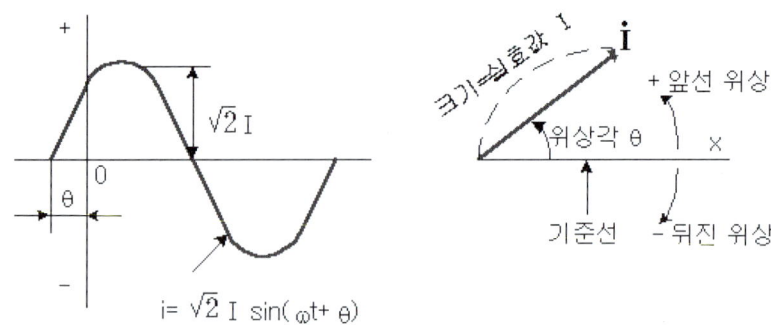

정현파 교류의 순시값과 정지 벡터

θ만큼 위상이 앞선 교류 전류의 순시값을 정지 벡터로 표시하면 크기는 실효값으로 나타낸다.

$$I = I + \theta$$

2 단상 교류 회로

단상 교류는 주기적으로 크기와 방향이 바뀌는 파형이 단 하나인 것을 말한다. 2개의 선으로 연결한 가장 간편한 회로로 가정용 전기기계기구 전원으로 사용한다.

1) 기본 회로

전기 기본 소자인 R(저항 = 레지스턴스), L(인덕턴스), C(커패시턴스)로 구성되는 회로이다.

① R(저항 = 레지스턴스)만의 회로

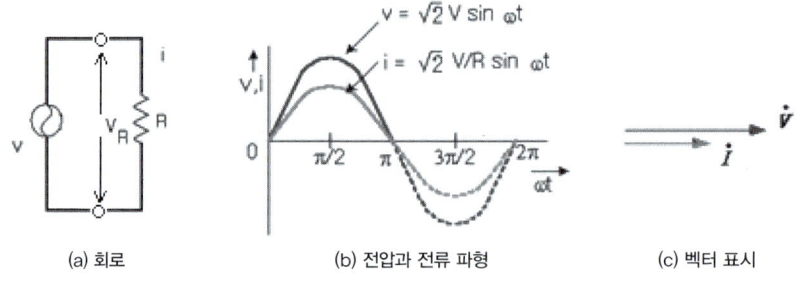

(a) 회로   (b) 전압과 전류 파형   (c) 벡터 표시

R만의 회로에 교류 전압 $v = V_m \sin \omega t [V]$를 인가하면, 전류 i는 같은 위상이 되어 흐른다.

$$v = V_m \sin \omega t [V]$$
$$i = \frac{v}{R} = \frac{V_m \sin \omega t}{R} = I_m \sin \omega t [A]$$

a. R만의 회로 전압과 전류를 벡터 : $v = V_m \sin \omega t [V]$, $I = I \angle 0$ (여기서 V, I는 실효값이다)

b. R만의 회로 전압과 전류의 크기 : $V = IZ = IR$, $I = \dfrac{V}{Z} = \dfrac{V}{R} [A]$

② L(인덕턴스)만의 회로

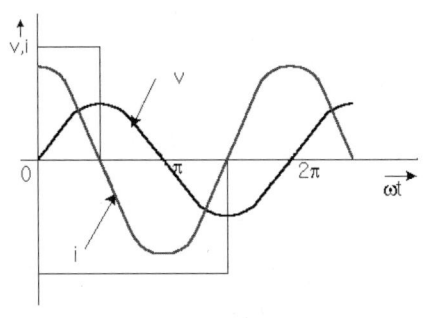

| (a) 회로 | (b) 전압과 전류의 파형 | (c) 벡터 표시 |

L만의 회로에 교류 전압 $v = V_m\sin\omega t$[V]를 인가하면, 전류 i는 전압보다 $\dfrac{\pi}{2}$[rad]만큼 뒤진 지상이 되어 흐른다.

$$i = \frac{v}{X_L} = \frac{V_m\sin\omega t}{X_L} = \frac{V_m\sin\omega t}{j\omega L} - I_m\sin(\omega t - \frac{\pi}{2})[A]$$

여기서, 유도성 리액턴스 $X_L = j\omega L = j2\pi fL$[ohm]

    a. L만의 회로 전압과 전류를 벡터 : $= V = V\angle 0$[V], $I = I\angle -\dfrac{\pi}{2}$[A]
        (여기서 V, I는 실효값이다)

    b. L만의 회로 전압과 전류의 크기 : $V = IZ = IX_L = j\omega LI = j2\pi fLI$[V],

$$I = \frac{V}{Z} = \frac{V}{X_L} = \frac{V}{j\omega L} = \frac{V}{j2\pi fL}[A]$$

③ C(캐패시턴스)만의 회로

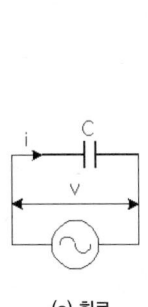  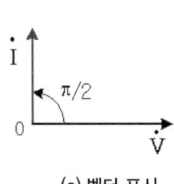

| (a) 회로 | (b) 전압과 전류의 파형 | (c) 벡터 표시 |

C만의 회로에 교류 전압 $v = V_m\sin\omega t[\text{V}]$를 인가하면, 전류 i는 전압보다 $\frac{\pi}{2}[\text{rad}]$만큼 앞선 진상이 되어 흐른다.

$$i = \frac{v}{X_C} = \frac{V_m\sin\omega t}{X_C} = \frac{V_m\sin\omega t}{\frac{1}{j\omega C}} = I_m\sin(\omega t+\frac{\pi}{2})[\text{A}]$$

여기서, 용량성 리액턴스 $X_C = \frac{1}{j\omega C} = \frac{1}{j2\pi fC}[\Omega]$

   a. C만의 회로 전압과 전류를 벡터 : $V = V\angle 0[\text{V}], I = I\angle -\frac{\pi}{2}[\text{A}]$(여기서 V, I는 실효값이다)

   b. C만의 회로 전압과 전류의 크기 : $V = IZ = IX_C = \frac{1}{j\omega C} = j2\pi fCI[\text{V}]$,

$$I = \frac{V}{Z} = \frac{V}{X_C} = \frac{V}{j\omega C} = \frac{V}{\frac{1}{j\omega C}}[\text{A}]$$

2) R-L 직렬회로

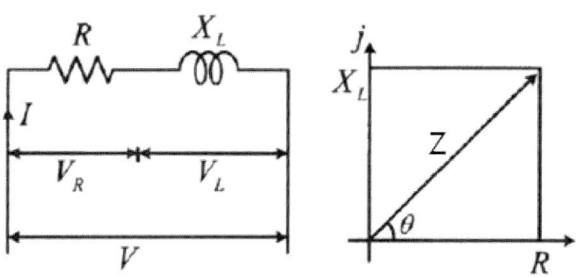

$$V = V_R + V_L = RI + jX_LI = (R + jX_L)I = ZI[\text{V}]$$

  ① 합성 임피던스 : $Z = R + jX_L = R + j\omega L = R + j2\pi fL[\Omega]$

    a. 크기 : $Z = \sqrt{R^2 + X_L^2}[\Omega]$
    b. 위상 : $\theta = \tan^{-1}\frac{X_L}{R}[rad]$
    c. 역률 : $\cos\theta = \frac{R}{Z}$

  ② 전류 : $I = \frac{V}{Z} = \frac{V}{\sqrt{R^2 + X_L^2}}[\text{A}]$

3) R-C 직렬회로

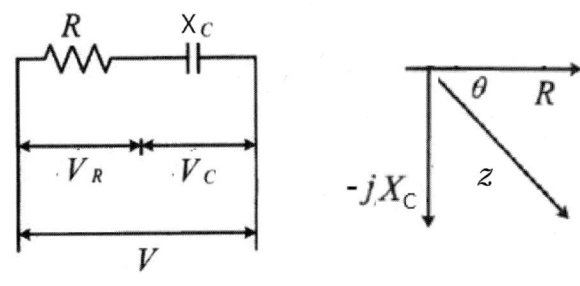

$$V = V_R + V_C = RI + (-jX_C I) = (R - jX_C)I = ZI[V]$$

① 합성 임피던스 : $Z = R + (-jX_C) = R + \dfrac{1}{j\omega C} = R + (-\dfrac{1}{j2\pi f C})[\Omega]$

   a. 크기 : $Z = \sqrt{R^2 + X_C^2}\,[\Omega]$
   b. 위상 : $\theta = \tan^{-1}\dfrac{X_C}{R}[rad]$
   c. 역률 : $\cos\theta = \dfrac{R}{Z}$

② 전류 : $I = \dfrac{V}{Z} = \dfrac{V}{\sqrt{R^2 + X_C^2}}[A]$

4) R-L-C 직렬회로

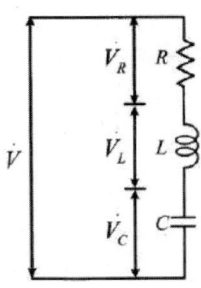

$$V = V_R + V_L + V_C = RI + jX_L I + (-jX_C I)[V]$$

① $X_L > X_C$: 유도성인 경우

    a. 합성 임피던스 : $Z = R + j(X_L - X_C) = R + j(\omega L - \dfrac{1}{\omega C})[\Omega]$

- 크기 : $Z = \sqrt{R^2 + (X_L - X_C)^2}[\Omega]$
- 위상 : $\theta = \tan^{-1}\dfrac{X_L - X_C}{R}[\text{rad}]$
- 역률 : $\cos\theta = \dfrac{R}{Z}$

    b. 전류 : $I = \dfrac{V}{Z} = \dfrac{V}{\sqrt{R^2 + (X_L - X_C)^2}}[\text{A}]$, 지상 전류가 된다.

② $X_L < X_C$: 용량성인 경우

    a. 합성 임피던스 : $Z = R - j(X_C - X_L) = R - j(\dfrac{1}{\omega C} - \omega L)[\Omega]$

- 크기 : $Z = \sqrt{R^2 + (X_C - X_L)^2}[\Omega]$
- 위상 : $\theta = \tan^{-1}\dfrac{X_C - X_L}{R}[\text{rad}]$
- 역률 : $\cos\theta = \dfrac{R}{Z}$

    b. 전류 : $I = \dfrac{V}{Z} = \dfrac{V}{\sqrt{R^2 + (X_C - X_L)^2}}[\text{A}]$, 진상 전류가 된다.

③ $X_L = X_C$: 직렬 공진인 경우 전류는 최대가 된다.

    a. 합성 임피던스 : $Z = R[\Omega]$ 임피던스는 최소가 된다.

- 크기 : $Z = \sqrt{R^2 + (0)^2} = R[\Omega]$
- 위상 : $\theta = \tan^{-1}\dfrac{0}{R} = 0[\text{rad}]$
- 역률 : $\cos\theta = \dfrac{R}{Z} = \dfrac{R}{R} = 1$

    b. 전류 : $I = \dfrac{V}{Z} = \dfrac{V}{R}[\text{A}]$, 전류는 최대가 된다.

    c. 공진 주파수 : $\omega L = \dfrac{1}{\omega C} \Rightarrow 1 = \omega^2 LC \Rightarrow \omega = \sqrt{\dfrac{1}{LC}} \Rightarrow f = \dfrac{1}{2\pi\sqrt{LC}}[\text{Hz}]$

    d. 전압 확대율 : $Q^2 = Q_L \times Q_C \Rightarrow Q^2 = \dfrac{X_L}{R} \times \dfrac{X_C}{R} \Rightarrow Q = \sqrt{\dfrac{\omega L}{R} \times \dfrac{1}{\omega CR}} \Rightarrow Q = \dfrac{1}{R}\sqrt{\dfrac{L}{C}}$

5) R-L-C 병렬회로

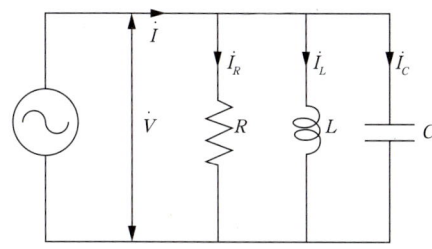

① 어드미턴스 Y : 임피던스 Z의 역수로 단위는 [℧]모우 또는 [S]지멘스이다.
병렬회로 해석 시 이해를 쉽게 하기 위해 사용된다.
$Y = G \pm jB$[S] (실수부 : G 콘덕턴스, 허수부 : B 서셉턴스)

회로	직렬	병렬
	Z(임피던스)	Y(어드미턴스)
저항만의 회로	R(레지스턴스)	G(콘덕턴스)
유도성만의 회로	$+jX_L$(유도성 리액턴스)	$-jB_L$(유도성 서셉턴스)
용량성만의 회로	$-jX_C$(용량성 리액턴스)	$+jB_C$(용량성 서셉턴스)

② $I = I_R + I_L + I_C = \dfrac{V}{R} + \dfrac{V}{jX_L} + \dfrac{V}{-jX_C}[A]$
$= \dfrac{V}{R} - j\dfrac{V}{\omega L} + j\dfrac{V}{\dfrac{1}{\omega C}} = [\dfrac{1}{R} + j(\omega C - \dfrac{1}{\omega L})] \times V = Y \times V[A]$

③ $B_L = B_C (\dfrac{1}{X_L} = \dfrac{1}{X_C})$: 병렬 공진인 경우 전류는 최소가 된다.

   a. 합성 어드미턴스 : $Y = \dfrac{1}{R}$[S], 어드미턴스는 최소가 된다. (반대로 임피던스는 무한대가 된다.)

     • 크기 : $Y = \sqrt{(\dfrac{1}{R})^2 + (0)^2} = \dfrac{1}{R}$[S]

     • 위상 : $\theta = \tan^{-1}\dfrac{0}{\dfrac{1}{R}} = 0$[rad]

     • 역률 : $\cos\theta = \dfrac{G}{Y} = \dfrac{\dfrac{1}{R}}{\dfrac{1}{R}} = 1$

   b. 전류 : $I = Y \times V = G \times V = \dfrac{V}{R}[A]$, 전류는 최소가 된다.

   c. 공진 주파수 : $\dfrac{1}{\omega L} = \omega C \Rightarrow 1 = \omega^2 LC \Rightarrow \omega = \sqrt{\dfrac{1}{LC}} \Rightarrow f = \dfrac{1}{2\pi\sqrt{LC}}$[Hz],
직렬 때와 같다.

   d. 전류 확대율 : $Q^2 = Q_L \times Q_C \Rightarrow Q^2 = \dfrac{B_L}{G} \times \dfrac{B_C}{G} \Rightarrow Q = \sqrt{\dfrac{\dfrac{1}{\omega L}}{\dfrac{1}{R}} \times \dfrac{\omega C}{\dfrac{1}{R}}} \Rightarrow Q = R\sqrt{\dfrac{C}{L}}$

예상문제

1 다음 중 용량 리액턴스와 반비례하는 것은?

① 전압 ② 저항 ③ 임피던스 ④ 주파수

❖ 해설

$$X_C = \frac{1}{\omega C} = \frac{1}{2\pi f C} [\Omega]$$

주파수(f)에 반비례

정답 | ④

2 100[mH]의 인덕턴스에 100[V] 전압(주파수 60[Hz])을 가하면 전류[A]는?

① 2.65 ② 3.34 ③ 4.48 ④ 5.56

❖ 해설

$$X_L = \omega L = 2\pi f L [\Omega]$$
$$= 2 \times 3.14 \times 60 \times 100 \times 10^{-3}$$
$$= 37.68 [\Omega]$$
$$I = \frac{V}{X_L} = 100/37.68 = 2.65 [A]$$

정답 | ①

3 10[μF]의 콘덴서에 60[Hz], 100[V]의 교류 전압을 가하면 이때 흐르는 전류 [A]는?

① 0.38[A] ② 0.46[A]
③ 0.58[A] ④ 0.64[A]

❖ 해설

$$I = \frac{V}{X_L} = \frac{V}{\frac{1}{\omega C}} = \omega C V = 2\pi f C V$$
$$= 2\pi \times 60 \times 10 \times 10^{-6} \times 100$$
$$\fallingdotseq 0.38 [A]$$

정답 | ①

5 단상, 3상 교류 전력

1 단상 교류 전력

저항과 유도성 리액턴스가 직렬로 접속된 회로에 교류전압 v를 인가했을 때 흐르는 전류 i는 유도성 리액턴스 때문에 위상차 θ만큼 늦는 지상전류가 되어 흐른다.

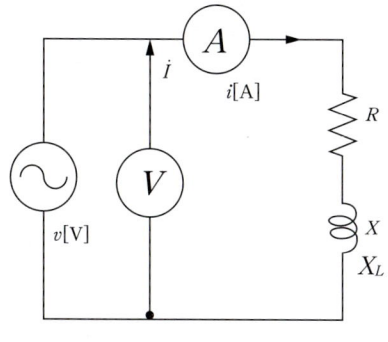

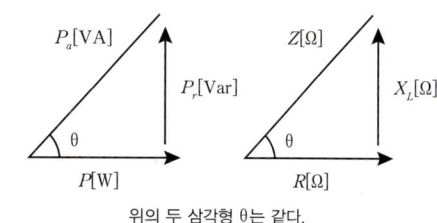

위의 두 삼각형 θ는 같다.

$$v(t) = \sqrt{2}\,V\sin\omega t\,[V],\ i(t) = \sqrt{2}\,I\sin(\omega t - \theta)\,[A]$$

① P_a 피상전력(apparent power, 교류전원(변압기) 용량 표시)

$$P_a = V \times I = \sqrt{P^2 + P_r^2}\,[VA]\ (\text{여기서, } V\text{와 } I\text{는 실효값})$$

② P 유효전력(effective power, 부하에서 실제로 소비되는 전력)

$$P = V \times I \times \cos\theta = I^2 \times R = \frac{V^2}{R}\,[W]$$

③ P_r 무효전력(reactive power, 전원과 부하 사이를 순환하기만 하고 실제로 소비될 수 없는 전력)

$$P_r = V \times I \times \sin\theta = P_a \times \sin\theta = I^2 \times X = \frac{V^2}{X}\,[Var]$$

④ $\cos\theta$ 역률 (power factor, 교류에서 전력을 얼마나 유효하게 소비되는 비율로 피상전력에 대한 유효전력의 비, i는 역률각으로 전압과 전류의 위상차를 나타낸다.)

$$\cos\theta = \frac{P}{P_a} = \frac{\text{유효전력}}{\text{피상전력}} = \frac{R}{Z} = \frac{\text{저항 부하}}{\text{임피던스 부하}}$$

2 3상 교류 전력

3상 교류는 3상 교류 발전기(3상 동기 발전기)에 의해서 발생된다. 전압은 크기와 주기가 같고, 각각 $\frac{2\pi}{3}$[rad]의 위상차를 가진다.

1) 3상 교류의 발생

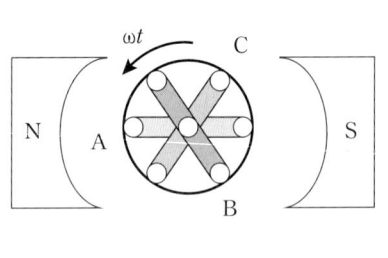

(a) 코일의 배치

(b) 각 코일에 발생되는 전압

3상 교류의 발생 원리

A상을 기준으로 기하학적으로 $\frac{2\pi}{3}$[rad]간격으로 B상과 C상을 배치한 후 일정한 자기장 내에서 동시에 반시계 방향으로 회전시킨다. 각각의 위상차가 $\frac{2\pi}{3}$[rad]가 되고, 크기와 주기가 동일한 3개의 사인파 교류 전압이 발생된다.

각각의 A, B, C 상의 전압 순시값 표시는 다음과 된다.

$v_a = \sqrt{2}\, V\sin\omega t [V]$

$v_b = \sqrt{2}\, V\sin(\omega t - \frac{2\pi}{3})[V]$

$v_c = \sqrt{2}\, V\sin(\omega t - \frac{4\pi}{3})[V]$

$v_a + v_b + v_c = 0[V]$

2) 대칭 3상 교류의 결선

3개의 기전력 v_a, v_b, v_c를 발생시켜 3개의 도선을 통해 부하 a, b, c에 공급할 때, V_a, V_b, V_c는 크기와 주기 및 주파수는 같지만 시간에 따른 위상차 변화가 $\frac{2\pi}{3}$[rad]만큼 늦어진다. 결선 방법에는 각 상의 한 곳 (중성점 : 대칭부하인 경우에는 전류가 흐르지 않는다)에 모아 접속한 성형 결선(Y결선)과 각상을 차례로 직렬 접속한 환상 결선(△결선)이 있다.

① 성형 결선 : Y 결선 방식

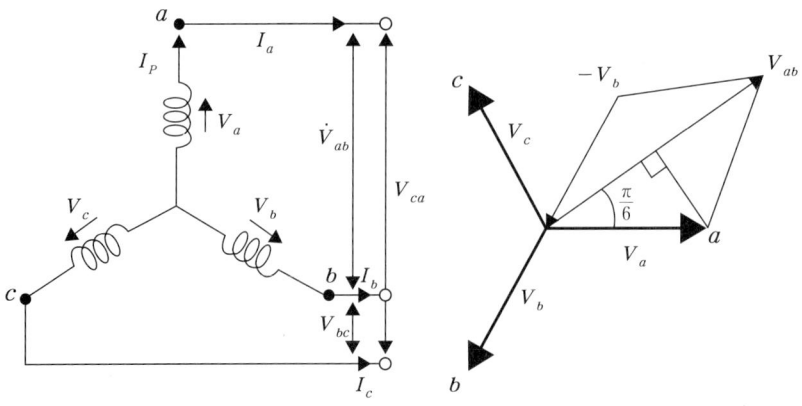

그림과 같이 3개의 코일을 한 점에 접속하고, 반대쪽을 각각 a, b, c단자에 접속하는 결선법을 3상 Y결선이라고 한다. $\dot{V}_a$, $\dot{V}_b$, $\dot{V}_c$를 상전압 $\dot{V}_p$(phase voltage), $\dot{V}_{ab}$, $\dot{V}_{bc}$, $\dot{V}_{ca}$를 선간 전압 $\dot{V}_l$(line voltage)라고 한다.

대칭 3상 전압의 경우 크기는 같다.

$V_p = V_a = V_b = V_c$, $V_l = V_{ab} = V_{bc} = V_{ca}$

여기서, a-b, b-c, c-a 사이의 각 선간 전압은 상전압의 차로, 아래와 같다.

$\dot{V}_{ab} = \dot{V}_a - \dot{V}_b[V]$, $\dot{V}_{bc} = \dot{V}_b - \dot{V}_c[V]$, $\dot{V}_{ca} = \dot{V}_c - \dot{V}_a[V]$

크기는 아래와 같다.

$V_l = V_{ab} = V_a(\cos\frac{\pi}{6}) \times 2 = \sqrt{3}V_a = \sqrt{3}V_p[V]$

선간 전압($\dot{V}_l$)은 상전압($\dot{V}_p$)보다 $\frac{\pi}{6}$[rad]만큼 위상이 앞선다.

$\dot{V}_l = \sqrt{3}V_p + \angle\frac{\pi}{6}[V](\dot{V}_{ab} = \sqrt{3}V_a + \angle\frac{\pi}{6}[V])$

선 전류($\dot{I}_l$)와 상 전류($\dot{I}_p$)는 크기와 위상이 같다.

$\dot{I}_l = I_p + \angle 0[A](\dot{I}_{ab} = \dot{I}_a + \angle 0[A])$

② 환상 결선 : △ 결선 방식

$I_{ab} = I_{ca} + I_a$

$I_a = I_{ab} - I_{ca}$
$ = I_{ab} + (-I_{ca})$

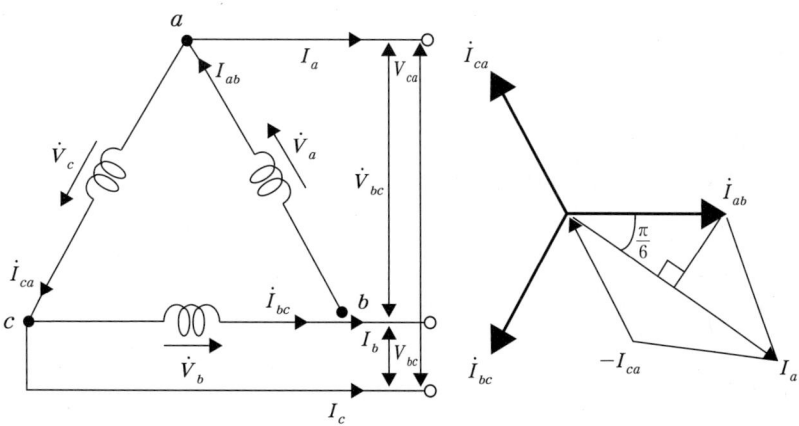

각 상의 코일을 삼각형 형태로 연결하는 것을 3상 △결선이라고 한다. 부하와의 연결을 위해 각 꼭지점에서 선을 인출하여 사용한다. △결선을 하면 상 전압($\dot{V}_p$)와 선간 전압($\dot{V}_l$)는 크기와 위상이 같다.

$\dot{V}_l = \dot{V}_p + \angle 0[V](\dot{V}_{ab} = \dot{V}_a + \angle 0[V])$

즉, 상 전압 $\dot{V}_a$, $\dot{V}_b$, $\dot{V}_c$가 대칭 3상 전압이면, 선간 전압 $\dot{V}_{ab}$, $\dot{V}_{bc}$, $\dot{V}_{ca}$ 또한 대칭 3상 전압이다.

$\dot{I}_a$, $\dot{I}_b$, $\dot{I}_c$를 선 전류 $\dot{I}_l$(line current), $\dot{I}_{ab}$, $\dot{I}_{bc}$, $\dot{I}_{ca}$를 상 전류 $\dot{I}_p$(phase current)라고 한다.
대칭 3상 전류의 경우 아래와 같다.

$I_l = I_a = I_b = I_c$, $I_p = I_{ab} = I_{bc} = I_{ca}$

여기서, a-b, b-c, c-a 사이의 각 상 전류는 선 전류의 차로, 아래와 같다.

$\dot{I}_{ab} = \dot{I}_{ac} + \dot{I}_a [A]$, $\dot{I}_{bc} = \dot{I}_{ab} + \dot{I}_b [A]$, $\dot{I}_{ca} = \dot{I}_{bc} + \dot{I}_c [A]$

크기는 아래와 같다.

$I_l = I_a = I_{ab}(\cos\frac{\pi}{6}) \times 2 = \sqrt{3}I_{ab} = \sqrt{3}I_p [A]$

선 전류($I_l = I_a$)은 상 전류($I_p = I_{ab}$)보다 $\frac{\pi}{6}$[rad]만큼 위상이 늦다.

$\dot{I}_l = \sqrt{3}I_p + \angle -\frac{\pi}{6}[A](I_a = \sqrt{3}I_{ab} + \angle -\frac{\pi}{6}[A])$

③ Y, △ 결선 방식에 따른 전압과 전류의 관계

결선 방식	Y 결선	△ 결선
선간전압($\dot{V}_l$)	$\dot{V}_l = \sqrt{3}V_p + \angle \frac{\pi}{6}[V]$	$\dot{V}_l = V_p + \angle 0[V]$
선 전류($\dot{I}_l$)	$\dot{I}_l = I_p + \angle 0[A]$	$\dot{I}_l = \sqrt{3}I_p + \angle -\frac{\pi}{6}[A]$

④ 3상 교류 전력
평형 3상 회로의 전력P는 부하의 결선 상태에 관계없이 항상 같은 아래와 같이 각각의 전력으로 나타낼 수 있다.
　a. P_a 피상전력 : 임피던스 부하 Z에서 소비하는 전력
$P_a = \sqrt{3}V_lI_l = 3V_pI_p = 3I_p^2 Z[VA]$

　b. P 유효전력, 소비전력, 평균전력 : 저항 부하 R에서 소비하는 전력
$P = \sqrt{3}V_lI_l\cos\theta = 3V_pI_p\cos\theta = 3I_p^2 R[W]$

　c. P_r 무효전력 : 리액턴스 X에서 소비하는 전력
$P_r = \sqrt{3}V_lI_l\sin\theta = 3V_pI_p\sin\theta = 3I_p^2 X[Var]$

　d. $\cos\theta$ 역률(수용가에서 역률 값이 0.95~1 사이면 한국전력공사에서는 전기요금을 할인해준다.)

⑤ V 결선 방식 (△ 결선 방식에서 C상 고장)

△ 결선 방식에서 한 상이 고장난 상태로, 두 상으로 3상 전원을 공급하는 방식이다.

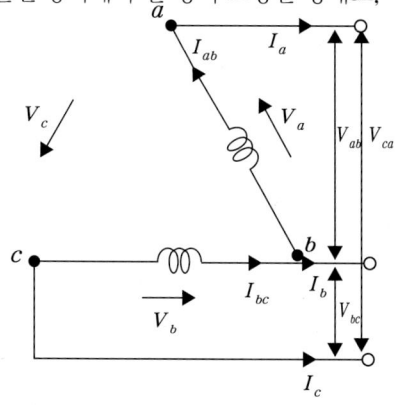 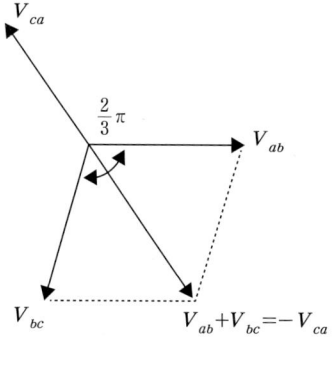

a. 출력 : $P_v = \sqrt{3}P_1 = \sqrt{3}V_p I_p \cos\theta$ [W]
   상 전압 $\dot{V}_p$ = 선간 전압 $\dot{V}_l$ ($V_p = V_a = V_b = V_c = V_l = V_{ab} = V_{bc} = V_{ca}$)

b. 출력률(상기준 고장 전후관계) : $\dfrac{\text{V결선 3상 출력}}{\text{3상 출력}} = \dfrac{\sqrt{3}V_l I_l}{3V_l I_l} = \dfrac{\sqrt{3}}{3} = 0.577$

c. 이용률(상기준 현재 진행관계) : $\dfrac{\text{V결선 3상 출력}}{\text{설비용량}} = \dfrac{\sqrt{3}V_l I_l}{2V_l I_l} = \dfrac{\sqrt{3}}{2} = 0.866$

⑥ 평형 3상 Y, △ 결선 변환에 따른 저항 관계(전압일정 시)

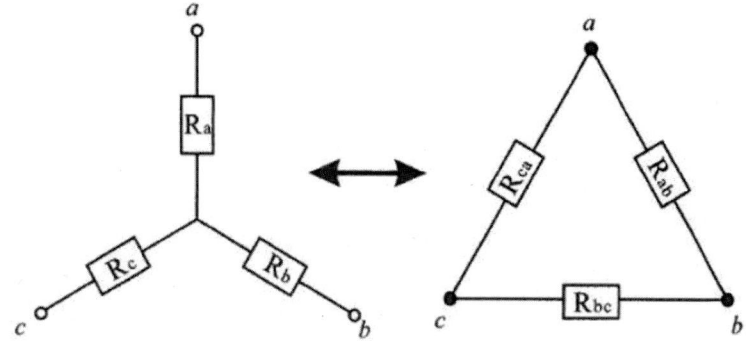

a. $R_\triangle = 3R_Y$: Y→△ 변환 시 전체 저항 값은 3배로 증가한다.
b. $R_Y = \dfrac{1}{3}R_\triangle$: △→Y 변환 시 전체 저항 값은 $\dfrac{1}{3}$ 배로 감소한다.

예상문제

1 평형 3상 Y결선의 상전압 Vp 와 선간 전압 Vl 과의 관계식은?

① Vl = $\sqrt{3}$Vp
② Vp = $\sqrt{3}$Vl
③ Vp = Vl
④ Vl = 3Vp

정답 | ①

2 Y-Y 결선 회로에서 선간 전압이 200[V]일 때 상전압은 몇 [V]인가?

① 105   ② 115   ③ 125   ④ 135

✧ 해설

$V_{ab} = \sqrt{3}\,V_a$ 에서 $V_a = \dfrac{1}{\sqrt{3}} \times V_{ab} = \dfrac{1}{\sqrt{3}} \times 200 = 115[V]$

정답 | ②

3 전원이 V 결선된 경우 부하에 전달되는 전력은 △결선인 경우의 몇[%]인가?

① 57.7   ② 86.6   ③ 100   ④ 147

정답 | ①

4 세 변의 저항 Ra = Rb = Rc = 15[X] Y 결선 회로가 있는데, 이것과 등가인 △결선 회로의 각변의 저항 R[X]은?

① 45   ② 55   ③ 65   ④ 5

✧ 해설

$Z_\triangle = 3 \cdot Z_Y = 3 \times 15 = 45[X]$

정답 | ①

5 평형 3상 회로에서 임피던스를 △결선에서 Y결선으로 변환하면 소비전력은?

① $\dfrac{1}{3}$배   ② $\dfrac{1}{\sqrt{3}}$배   ③ 3배   ④ $\sqrt{3}$배

정답 | ①

02 Chapter 전기기기의 구조와 원리 및 운전

1 직류기

1 직류발전기

1) 직류발전기의 기초이론

① 앙페르의 오른손(오른나사) 법칙

전류에 의한 자기장의 방향 또는 자기장에 의한 전류의 방향 관계. 임의의 도선에 전류를 흘리면, 도선 주변에 자기장이 형성되는데, 이때 전류의 방향과 자기장 방향이 오른손의 규칙에 따른다.

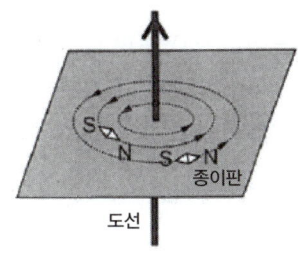

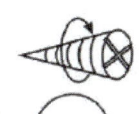

오른 나사 : 오른쪽으로 돌릴 때 앞으로 나아감

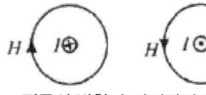

전류의 방향과 자기장의 방향
⊗ : 지면 속으로 전류가 흘러 들어가는 모양
⊙ : 지면 속으로부터 전류가 흘러나오는 모양

② 패러데이-렌쯔의 전자기유도 법칙-유도기전력의 크기와 방향

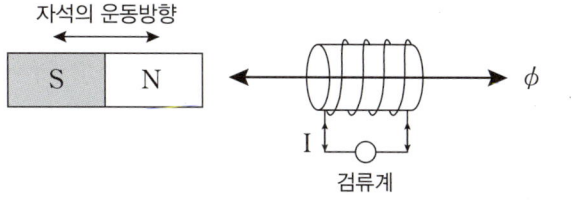

기전력 $e = N\dfrac{d\phi}{dt}[V]$

크기 : 패러데이(1831년)

$e = -N\dfrac{d\phi}{dt}[V]$

방향 : 렌쯔의 법칙(1834년)

③ 플레밍의 왼손 법칙 - 전동기의 회전력이 발생하는 원리를 알 수 있는 법칙
　※ 포인트 : 자기장 내에서 도체에 전류를 흘린다.

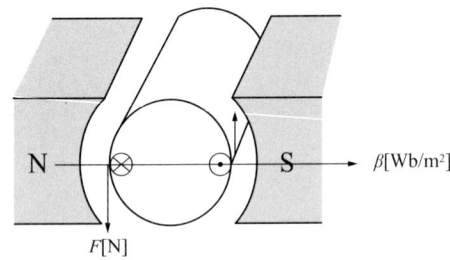

a. 엄지 : 힘 F[N]
　검지 : 자속밀도 B[wb/m^2]
　중지 : 전류 I[A]
b. $F = B \times I \times l \times \sin\theta$[N]

④ 플레밍의 오른손 법칙 - 발전기의 원리
　※ 포인트 : 자기장 내에서 도체를 회전시킨다. 평등 자기장 안에 전기자 도체를 놓고, 평등 자기장 내 자기력선을 끊으면서 기전력이 유도된다.

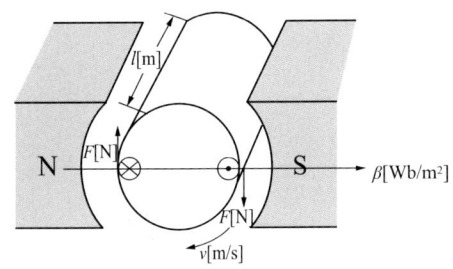

a. 엄지 : 힘 F[N]
　검지 : 자속밀도 B[wb/m^2]
　중지 : 유기기전력 e[V] 또는 유도전류 I[A]
b. $e = B \times v \times l \times \sin\theta$[V]

⑤ 비오, 사바르의 법칙 - 전류에 의한 자기장의 크기

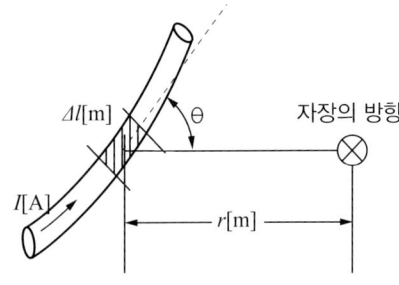

$$\triangle H = \frac{I \triangle l}{4\pi r^2} \times \sin\theta \, [AT/m]$$

정상전류가 흐르고 있는 도선 주위의 자기장의 세기를 구하는 법칙이다.

> **예상문제**

1 전류에 의한 자기장의 방향을 결정하는 법칙은?

   ① 앙페르의 오른나사 법칙   ② 플레밍의 오른손 법칙
   ③ 플레밍의 왼손 법칙   ④ 렌츠의 법칙

   정답 | ①

2 "전자 유도에 의하여 어떤 회로에 생긴 기전력은 이 회로와 쇄교하는 자속의 증가 또는 감소하는 정도에 비례한다."라는 것은 무슨 법칙인가?

   ① 오옴의 법칙   ② 주울의 법칙
   ③ 패러데이의 법칙   ④ 렌츠의 법칙

   정답 | ③

3 다음 중 전자력 작용을 응용한 대표적인 것은?

   ① 전동기   ② 전열기   ③ 축전기   ④ 전등

   정답 | ①

2) 직류발전기의 원리 및 구조

(1) 구조

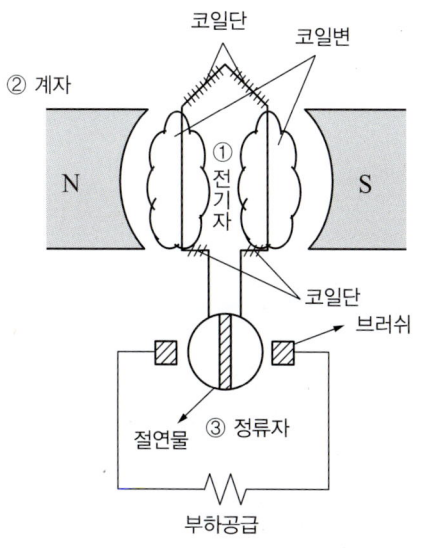

① 전기자(Armature) : 회전자로 전기를 생산
② 계자(Field Magnet) : 고정자로 자속을 공급
③ 정류자(Commutator) : 교류에서 직류로 변환
④ 브러쉬 : 발전된 전기 외부 인출
⑤ 공극 : 계자와 전기자 사이

(2) 원리

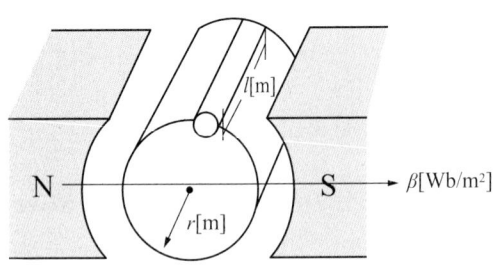

플레밍의 오른손 법칙 $e = B \times v \times l \times \sin\theta [V]$
최대 유기기전력 $e = B \times v \times l [V]$

B : 자속밀도 $B\,[\text{wb/m}^2]$
l : 도체의 길이 [m]
v : 주변속도 또는 회전속도 [m/s]

① B : 자속밀도 $B\,[\text{wb/m}^2]$

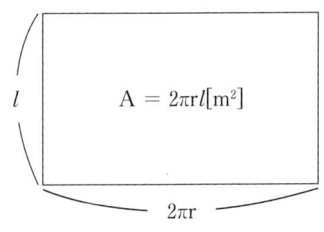

$B = \dfrac{P\phi}{2\pi rl}[\text{wb/m}^2]$(여기서, P는 극수, $\phi[\text{wb}/\text{극}]$이다.)

② v : 주변속도 또는 회전속도[m/s]
$v = \dfrac{2\pi rN}{60}[\text{m/s}]$(여기서, N[rpm]이다)

③ 도체 1개의 유기기전력
$e = B \times l \times v [V]$
$= \dfrac{P\phi}{2\pi rl} \times l \times \dfrac{2\pi rN}{60}\,[V]$
$= \dfrac{P\phi N}{60}[V]$

④ 전체 유기기전력
$E = e \times \dfrac{Z}{a}\,[V]$(여기서, Z는 총 도체수, a는 병렬 회로수이다)
$= \dfrac{P\phi N}{60} \times \dfrac{Z}{a}\,[V]$
$= \dfrac{PZ}{60a} \times \phi \times N = K \times \phi \times N[V]$(여기서, K = 기계상수이다)

3) 철손(무부하손, 고정손) 대책

(1) 저규소 강판(규소 1~1.5% 첨가, 변압기에서는 규소 4% 첨가) : 히스테리시스손 감소

$P_h = k \times \dfrac{f}{100} \times B_m^2 [W/kg]$ (여기서, $B_m[wb/m^2]$는 지속밀도이다.)

(2) 성층 : 와류손 감소

$P_h = k \times t^2 \times (\dfrac{f}{100})^2 \times B_m^2 [W/kg]$ (여기서, t는 철심두께이다.)

> **참고**
> ① 브러쉬
>   ⓐ 탄소질 : 접촉저항 크다, 저전류에 사용, 저속기
>   ⓑ 흑연질 : 접촉저항 작다, 대전류에 사용, 고속기
> ② 기자력 $F_m = NI_0 [AT]$ (여기서, I_0는 여자전류이다.)
> ③ 자기력(쿨롱의 법칙) $F = H\phi = Hm[N]$ (여기서, $H[AT/m]$는 자기장의 세기 또는 자화력이다.)
> ④ 전기력(쿨롱의 법칙) $F = EQ[N]$ (여기서, $E[N/C]=[V/m]$는 전기장의 세기 이다.)
> ⑤ 전자력(플레밍의 왼손 법칙)
> ⑥ 유기기전력(플레밍의 오른손 법칙) (전동기에서는 역기전력이다.)
> ⑦ 유도기전력(패러데이 렌쯔의 전자기유도 법칙)
> ⑧ $H[AT/m]$ 공식 4가지
>   ⓐ 직선전류 $H = \dfrac{I}{2\pi r}[AT/m]$
>   ⓑ 환상 솔레노이드 $H = \dfrac{NI}{2\pi r}[AT/m]$
>   ⓒ 원형코일 중심 $H = \dfrac{NI}{2r}[AT/m]$
>   ⓓ 무한장 솔레노이드 $H = \dfrac{N}{1[m]기준} \times I[AT/m]$
> ⑨ 여자전류 I_0와 계자전류 I_f
>   ⓐ 여자전류(exciting current) : 교류에서 전기기기의 코일에 흘려서 자기력선을 발생하게 하는 전류로 손실을 포함한 전류이다.
>   ⓑ 계자전류(field current) : 직류에서 계자권선(여자권선)에 흐르는 전류이다.
> ⑩ 기전력(전압, 전위차), (옴의 법칙)

4) 전기자 권선법

고상권, 폐로권, 이층권, 파권(직렬권), 중권(병렬권)으로 사용한다.

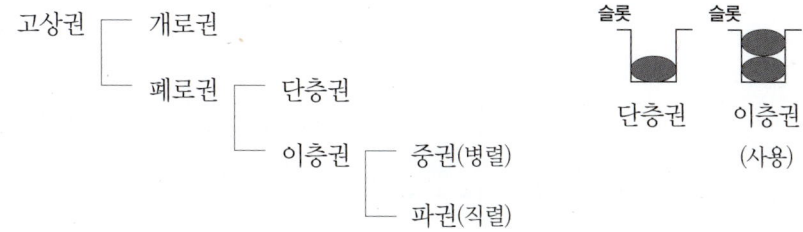

(1) 중권

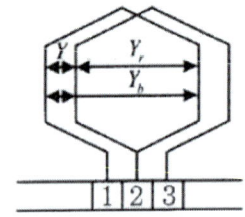 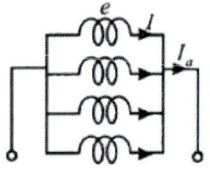

(2) 파권

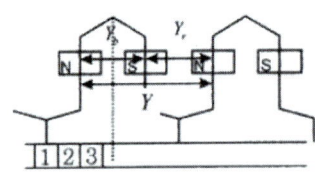 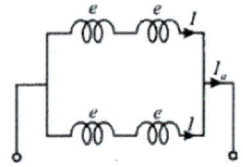

중권(병렬권)	파권(직렬권)
병렬 회로수 : a = p	병렬 회로수 : a = 2
저전압, 대전류($I_a = a \times I[A]$)	고전압, 소전류($I_a = 2 \times I[A]$)
합성 피치 : $Y = Y_b - Y_r$	합성 피치 : $Y = Y_b + Y_r$
균압환 설치(중권 4극 이상 시)	

(3) 직류발전기의 문제 해결
① 전기자 반작용 기자력 방지 대책
ⓐ 전기자 반작용 기자력은 전기자 도체에 흐르는 전류에 의해 발생된 자기력 선이 계자 자기력 선 (주 자속)에 영향을 주어 계자 자기력 선이 물결모양으로 찌그러지게 하는 기자력이다.

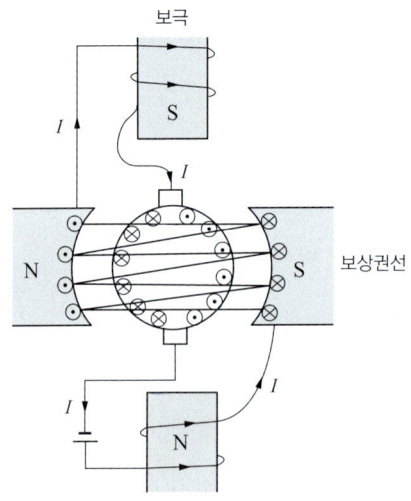

ⓑ 대책
- 보상권선 : 주자극편에 설치 한다. 전기자에 상대하는 면에 슬롯을 만들어 슬롯 안에 설치한 권선으로 반대 방향의 전류를 흘려줌으로서 대부분의 전기자 반작용 기자력을 상쇄시킨다.
- 보극 : 공극의 자속을 평형시킨다.

② 양호한 정류 대책
ⓐ 정류 작용은 전기자 도체의 전류가 브러시를 통과할 때마다 전류의 방향을 반전시켜 교류 기전력을 직류로 변환시키는 작용이다.
- 정류 곡선

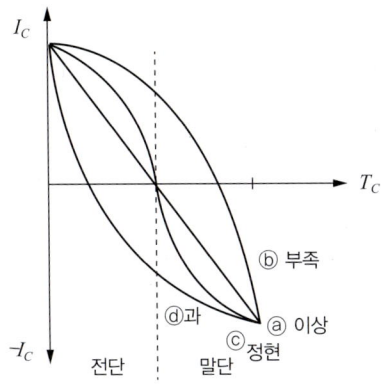

- 직선 정류 : 이상적, 현실 불가능
- 부족 정류 : 현실적 문제, 브러시 말단에 불꽃 발생
- 정현 정류 : 보극을 설치 시
- 과 정류 : 보극을 과하게 설계하면 브러시 전단에 불꽃 발생

ⓑ 양호한 정류 대책

$$\text{리액턴스 전압 } V_L = L \times \frac{2I_C}{T_C}$$
(작게)

- 리액턴스 전압을 작게 한다.
- 인덕턴스를 감소한다.
- 정류 시간을 길게 한다 → 주변속도를 늦춘다.
- 접촉저항이 큰 탄소질 브러시를 사용한다.

(4) 직류발전기의 종류

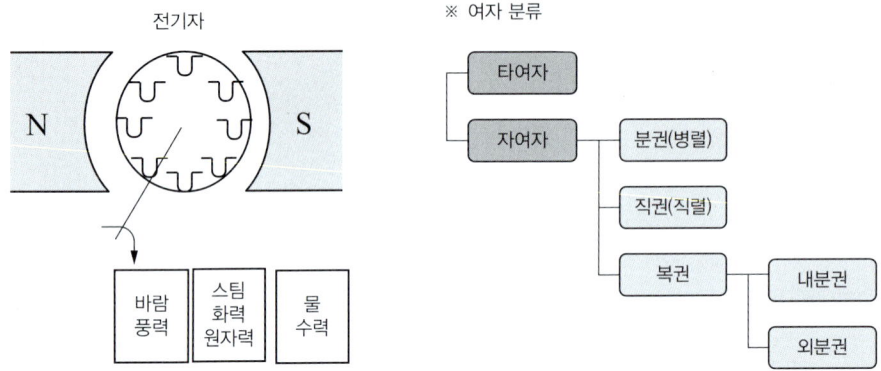

① 타여자 발전기 : 정전압 특성

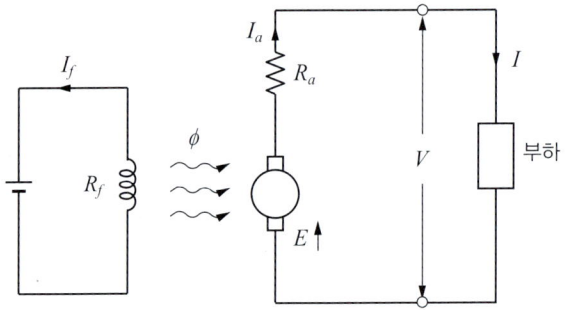

- $R_a[\Omega]$: 전기자 저항
- $R_f[\Omega]$: 계자 저항
- $I_a[A]$: 전기자 전류
- $I_f[A]$: 계자 전류
- $I[A]$: 부하 전류
- $E[V]$: 유기기전력 $= \dfrac{PZ}{60a} \times \phi \times N = K \times \phi \times N[V]$ (여기서 N은 회전속도)
- $V[V]$: 단자전압

참고

① Field magnet : 계자는 전자석 또는 영구자석으로 만든 자기적인 힘이 파급되는 범위이다.
② Armature = 전기자
③ Comutator = 정류자
④ Normal current(정상적 전류) = Rated current(정격 전류) = Load current(부하 전류)

ⓐ 부하 시

$I_a = I[A]$

$E = V + I_a R_a + e_b + e_a [V]$ (e_b : 브러시접촉저항전압강하, e_a : 전기자반작용에 의한 전압강하)

$E = V + I_a R_a [V]$ (e_b, e_a : 이 둘은 값이 작아 무시한다.)

$V = E - I_a R_a [V]$

ⓑ 무부하 시 ($I = 0[A]$)

$V_0 = E[V]$

ⓒ 무부하 포화곡선

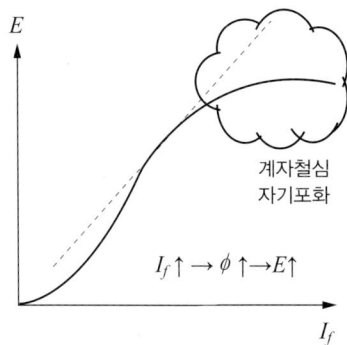

계자 전류가 무한히 증가하더라도 유기기전력은 계자철심 자기포화 현상때문에 더 이상 커지지 않는다.

ⓓ 외부특성곡선

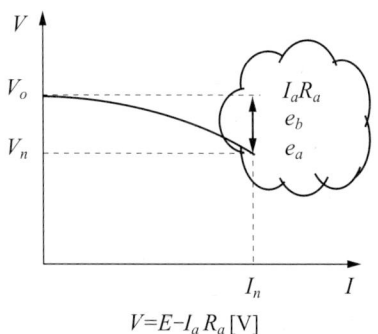

ⓔ 특징

- 잔류자기가 없어도 발전이 가능하다.
- 운전 중 전기자 회전 방향을 반대로 하면 극성이 반대로 발전한다.
- 계자 권선에 직렬로 저항을 넣고 이것을 가감함으로써 계자 전압을 전기자 전압과 관계없이 조정할 수 있어 직류 전동기 속도제어 전압방식 중 워드레오너드 방식의 전원으로 사용한다.
- 일정한 전압이 필요한 경우(정전압 특성)
- 교류 발전기의 주 여자기 전원(회전계자형에 공급하는 전원)으로 사용한다.

② 분권 발전기(R_f 잔류자기가 존재해야 한다.)

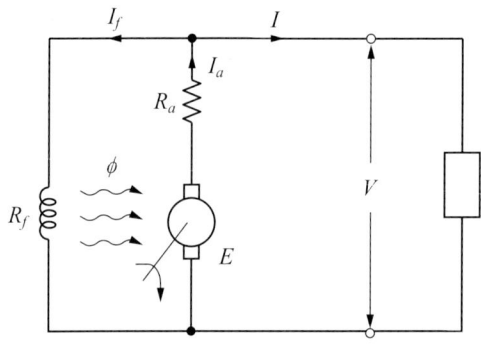

ⓐ 부하 시
$I_a = I_f + I[A]$
$E = V + I_a R_a [V]$
$V = E - I_a R_a = I_f R_f [V]$
$I_f = \dfrac{V}{R_f} = [A]$

ⓑ 무부하 시 ($I = 0[A]$)
$V_0 = E[V]$
$I_a = I_f = 0[A]$

ⓒ 무부하 포화곡선

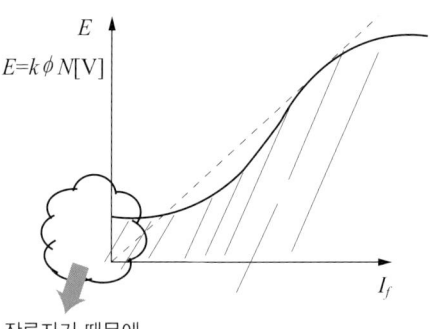

잔류자기 때문에

ⓓ 외부특성곡선

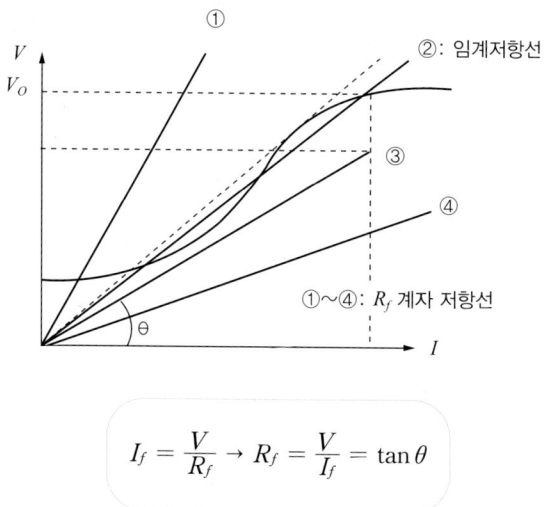

$$I_f = \frac{V}{R_f} \rightarrow R_f = \frac{V}{I_f} = \tan\theta$$

- R_f 가 너무 크면 유기기전력이 너무 작게 발전한다.
- R_f 가 임계저항선이 되면 유기기전력이 불안정하고, 급격히 변화한다.
- R_f 은 임계저항선 보다 작아야 한다. 그래야 안정된 전압으로 발전을 확립할 수 있다.

ⓔ 특징
- 잔류자기가 존재해야 발전이 가능하다.
- 역회전 운전 금지(잔류자기가 소멸하기 때문이다.)
- 운전 중 무부하 운전 금지(계자 권선이 소손되기 때문이다.)
- 전지 충전용, 교류 발전기의 보조 여자기 전원 (회전계자형에 공급하는 보조 전원)으로 사용한다.

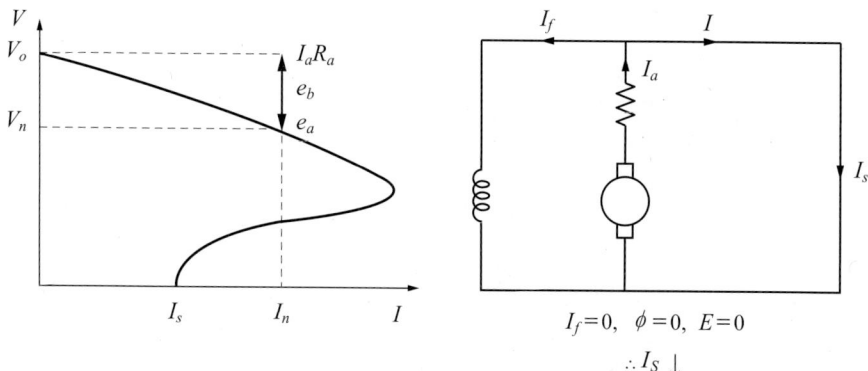

즉, 분권발전기에서 단락전류는 소전류이다.

③ 직권 발전기 (R_f 잔류자기가 존재해야 한다.)

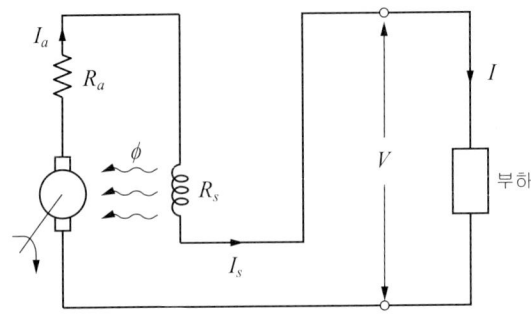

ⓐ 부하 시(여기서 s는 series 직렬을 뜻한다.)

$$I_a = I_s = I[A]$$
$$E = V + I_a R_a + I_s R_s [V]$$
$$= V + I_a(R_a + R_s)[V]$$
$$V = E - I_a(R_a + R_s)[V]$$

ⓑ 무부하 시 ($I = 0[A]$)

$$V_0 = E = 0[V]$$
$$I_a = I_s = I = 0[A]$$

즉, 무부하 운전이 불가능, 그래서 무부하 포화곡선이 존재하지 않는다.

ⓒ 전압확립 조건(분권 발전기와 동일)
- 잔류자기가 존재해야 발전이 가능하다.
- 역회전 운전 금지(잔류자기가 소멸하기 때문이다.)

(5) 복권 발전기 (복권 = 분권 + 직권)

결선 방식에 따라 내분권과 외분권으로 나뉜다. 외분권을 중심으로 설명한다.

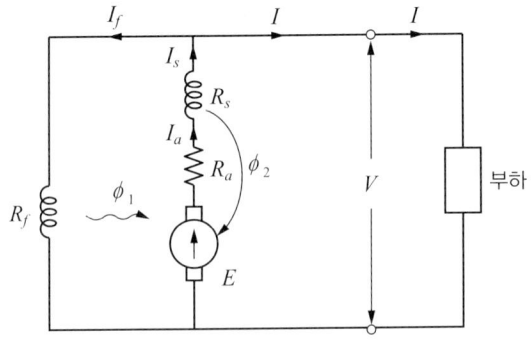

일반적으로 $\phi_1 > \phi_2$가 된다.

ⓐ 부하 시

$I_a = I_s = I_f + I[A]$
$E = V + I_a R_a + I_s R_s [V]$
$\quad = V + I_a(R_a + R_s)[V]$
$V = E - I_a(R_a + R_s)[V]$
$E = k(\phi_1 \pm \phi_2)N[V]$

ⓑ 직권, 분권 발전기로 사용시
- 분권 계자를 개방하면 직권 발전기로 사용할 수 있다.
- 직권 계자를 단락하면 분권 발전기로 사용할 수 있다.

ⓒ 외부특성곡선 : 결선 방식(가동복권, 차동복권)

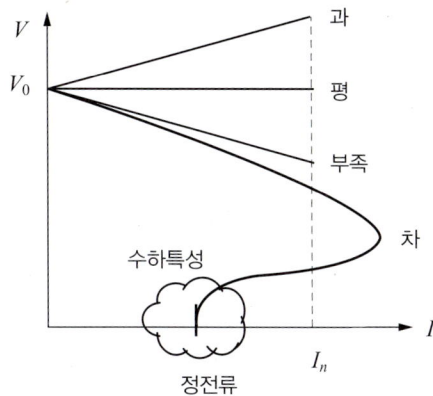

- 가동복권 $V = E - I_a(R_a + R_s)[V]$, $E = k(\phi_1 + \phi_2)N[V]$

  $I\uparrow \to I_a\uparrow \to I_s\uparrow \to \phi_2\uparrow \to E\uparrow$

  – 과복권($E > I_a$, E가 I_a에 비해 증가 폭이 클 때) 예) 부하가 냉장고만 있을 경우
  – 평복($E = I_a$, E와 I_a의 증가 폭이 같을 때) 예) 부하가 냉장고+김치냉장고 있을 경우
  – 부족복권($E < I_a$, I_a가 E에 비해 증가 폭이 클 때) 예) 부하가 냉장고+김치냉장고+에어컨 있을 경우

$$V = E\Uparrow - I_a\Uparrow(R_a + R_s)$$
$$E\Uparrow = k(\phi_1 + \phi_2\Uparrow)N$$

- 차동복권 $V = E - I_a(R_a + R_s)\,[\text{V}], E = k(\phi_1 - \phi_2)N\,[\text{V}]$
  $I\uparrow \to I_a\uparrow \to I_s\uparrow \to \phi_2\uparrow \to E\downarrow \to$ 급격히 $V\downarrow$

> 급격히 $V = E\Downarrow - I_a\Uparrow(R_a + R_s)$
> $E\Downarrow = k(\phi_1 - \phi_2\Uparrow)N$

이 수하특성을 이용하여 정전류를 공급한다. 용접기 발전기에 사용된다.

5) 직류발전기의 특성

(1) 전압 변동률

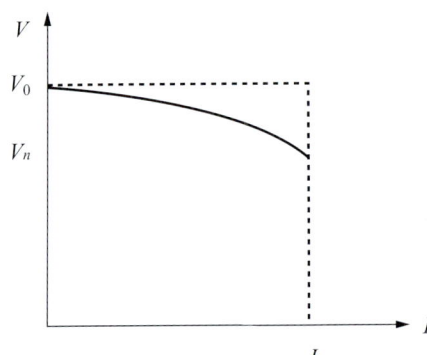

V_0 : 무부하 단자전압
V_n : 정격전압

$\varepsilon = \dfrac{V_0 - V_n}{V_n} \times 100\,[\%]$
비율로 나타낸다면
$\varepsilon = \dfrac{V_0 - V_n}{V_n} = \dfrac{V_0}{V_n} - \dfrac{V_n}{V_n} = \dfrac{V_0}{V_n} - 1$
$1 + \varepsilon = \dfrac{V_0}{V_n}$
$\therefore V_0 = (1 + \varepsilon)V_n$

(2) 직류발전기의 병렬운전 조건(왜? 용량이 부족하기 때문이다.)

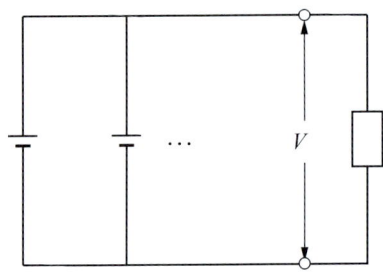

① 극성이 같을 것 (+는 +, -는 -, 전류의 방향을 일치한다.)
② 단자 전압이 같을 것
③ 용량은 임의의 것
④ 외부특성곡선이 비슷하고, 어느정도 수하특성일 것
⑤ 직권, 복권에는 공통점으로 '직권계자'가 있어 '균압모선(균압선)'이 필요하다.(균압모선은 저항이 아주 작은 동선이다.)

예상문제

1 직류 발전기에서 유기기전력 E를 바르게 나타낸 것은?(단, 자속은 ϕ, 회전속도는 n이다.)

① $E \propto \phi n$
② $E \propto \phi n^2$
③ $E \propto \dfrac{\phi}{n}$
④ $E \propto \dfrac{n}{\phi}$

정답 | ①

2 직류 발전기에 있어서 전기자 반작용이 생기는 요인이 되는 전류는?

① 동손에 의한 전류
② 전기자 권선에 의한 전류
③ 계자 권선의 전류
④ 규소 강판에 의한 전류

정답 | ②

2 직류전동기

1) 직류전동기의 원리

직류전동기는 높은 정밀도의 속도제어가 가능하여 광범위하게 사용된다.

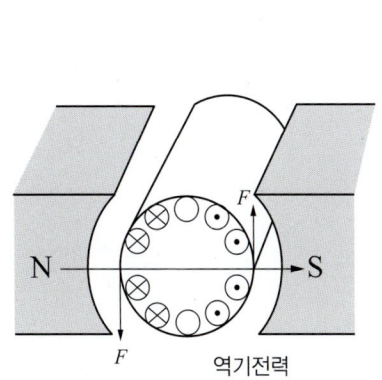

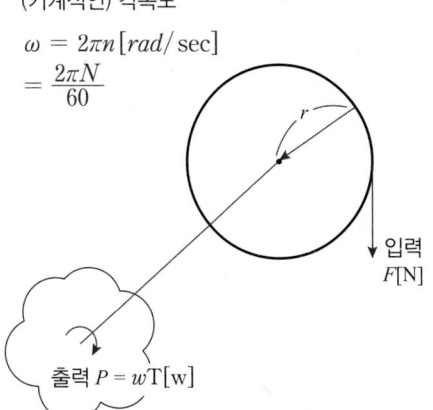

(기계적인) 각속도
$\omega = 2\pi n \,[rad/\sec]$
$= \dfrac{2\pi N}{60}$

입력 $F[N]$

출력 $P = \omega T\,[w]$

역기전력

① 회전력, 토크 : $T = F \times r \,[Nm]$

② 초당 회전수 $n \,[\text{rps}]$

③ 분당 회전수 $N \,[\text{rpm}]$ ※ rpm : revolution per minute

④ 기계적인 각속도

$\omega = 2\pi \times n \,[rad/\sec]$

$\omega = \dfrac{2\pi N}{60} \,[rad/\sec]$

⑤ 출력 : $P = \omega T = 2\pi n T \,[W]$

 참고

전기적인 각속도 $\omega = \dfrac{2\pi}{T} = 2\pi f \,[rad/\sec]$

2) 직류 분권 전동기의 특성

무부하 운전을 하더라도 탈주(runaway)하지 않고 최대속도에서 안정적으로 운전된다.

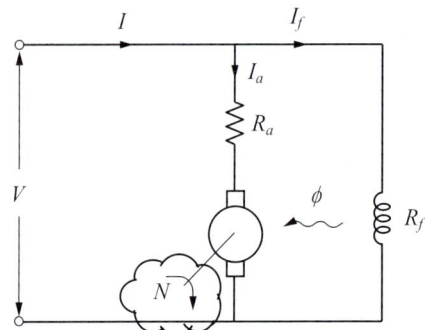

① 부하 시(예 전동드릴에 무엇인가 닿을 시)

$I = I_a + I_f \,[A]$
$V = E + I_a R_a = I_f R_f \,[V]$
$I_f = \dfrac{V}{R_f} \,[A]$
$E = V - I_a R_a \,[V]$

② 속도(분당 회전수 $N \,[\text{rpm}]$)

$E = V - I_a R_a \,[V]$
$k\phi N = V - I_a R_a \,[V]$
$N = k' \dfrac{V - I_a R_a}{\phi} \,[rpm]$

(직류 전동기에서 속도 제어 관련 식, 꼭 기억하자)

③ 출력 $P[W]$

$$V = E + I_a R_a [V]$$

양 변에 $I_a[A]$ 곱하면

$$VI_a = EI_a + I_a^2 \cdot R_a \quad (I \fallingdotseq I_a)$$

입력 P 출력 P 동손

출력 $P = E \cdot I_a = \omega T[w]$

④ 회전력, 토크 $T[N \cdot m]$

ⓐ 첫 번째 토크 식 ($T = 9.55 \times \dfrac{P}{N}[N \cdot m]$)

출력 $P = E \cdot I_a = wT[w]$
$P = wT[w]$
$P = \dfrac{2\pi N}{60} \cdot \tau \Rightarrow \tau = \dfrac{60}{2\pi} \times \dfrac{P}{N} = 9.55 \times \dfrac{P}{N}[N \cdot m]$
　　　　　　　　　　　　　　　　　①

ⓑ 두 번째 토크 식 ($T = 0.975 \times \dfrac{P}{N}[kg \cdot m]$)

$F = ma[N] \quad m[kg], a[m/s^2]$
$F = mg[N] \quad g = 9.8[m/s^2]$
$\dfrac{1}{9.8} \times \tau = 9.55 \times \dfrac{P}{N} \times \dfrac{1}{9.8}$
$\tau = 0.975 \dfrac{P}{N}[kg \cdot m] \quad P : 출력[W]$
②　　　　　　　　　　　$N : 회전수[rpm]$

ⓒ 세 번째 토크 식 ($T = K \times \phi \times I_a[N \cdot m]$)

$EI_a = \omega T$
$T = \dfrac{1}{\omega} \cdot E \cdot I_a[N \cdot m]$
$= \dfrac{60}{2\pi N} \times \dfrac{PZ}{60a}\phi N \times I_a = \dfrac{PZ}{2\pi a}\phi I_a[N \cdot m] = T = K \times \phi \times I_a[N \cdot m]$
　　　　　　　　　　　　　　　　　　　　　③

⑤ 속도 제어(결론 $R_f \propto N$)

$$N = k'\dfrac{V - I_a R_a}{\phi}[rpm]$$

ⓐ ϕ 계자 제어(정출력 제어는 출력 P가 일정한 제어다.)

$P = \omega T = \dfrac{2\pi N}{60} \times T[W]$

$R_f \uparrow \to I_f \downarrow \to \phi \downarrow \to N \uparrow \to T \downarrow$
$R_f \downarrow \to I_f \uparrow \to \phi \uparrow \to N \downarrow \to T \uparrow$

자동차 기어로 생각하면 이해하기가 쉽다. 1단은 1[Ω], 5단은 5[Ω]이다.

ⓑ V 전압 제어(정토크 제어는 토크 T와 역기전력 E가 일정한 제어다.)

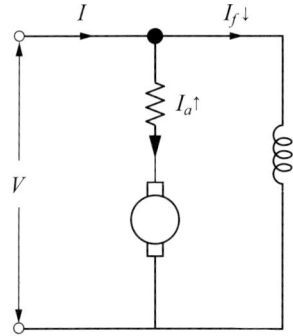

$V = E + I_a R_a [V]$ 에서 전압 $V\uparrow$

$I_a = \dfrac{V-E}{R_a}[A]$ $I_a\uparrow$ 커진다. 회로에서 $I_a\uparrow \to I_f\downarrow \to \phi\downarrow$

$T = K\phi\downarrow I_a\uparrow [N\cdot m]$ 에서 토크는 일정하다.

$N\uparrow = k'\dfrac{V-I_a R_a}{\phi\downarrow}[rpm]$ 된다.

$E = K\phi\downarrow N\uparrow [V]$ 에서 역기전력은 일정하다.

결과적으로 $V\uparrow \to I_a\uparrow \to I_f\downarrow \to \phi\downarrow \to N\uparrow$

자동차 기어로 생각하면 이해하기가 쉽다. 1단은 1[V], 5단은 5[V]이다.

3) 직류 타여자 전동기의 특성

정속도 전동기, 동기 전동기와 비교하면 출력은 작지만 속도제어가 쉽다.

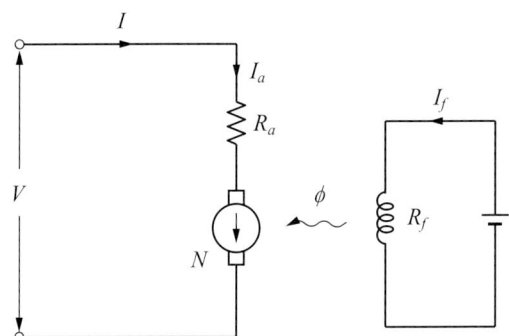

① 부하 시

$I = I_a [A], I_f = \dfrac{V_f}{R_f}[A], V = E + I_a R_a [V]$
$E = V - I_a R_a [V]$

② 회전력, 토크 제어 $T[N\cdot m]$

$T = k\phi I_a [N\cdot m]$ I_a 일정 시 $T \propto \phi$

기동 시 : $R_f\downarrow \to I_f\uparrow \to \phi\uparrow \to T\uparrow$

③ 속도 제어(결론 $R_f \propto N$)

$$N = k'\frac{V - I_a R_a}{\phi}[rpm]$$
$$R_f \uparrow \to I_f \downarrow \to \phi \downarrow \to T \downarrow \to N \uparrow$$

4) 직류 직권 전동기의 특성

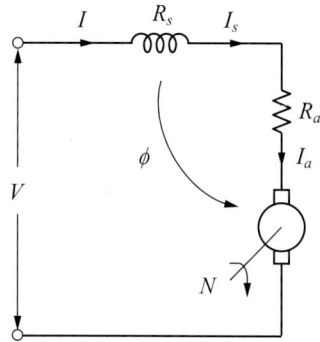

① 부하 시

$$I = I_a = I_s [A] = \phi [wb]$$
$$V = E + I_a R_a = I_s R_s [V]$$
$$E(역기전력) = V - I_a(R_a + R_s)[V]$$

② 속도 제어(결론 $I \propto \frac{1}{N}$)

$$N = k'\frac{V - I_a R_a}{\phi}[rpm]$$

ⓐ 부하증가 시 속도는 늦어진다. $I \uparrow \to I_a \uparrow \to I_s \uparrow \to \phi \uparrow \to N \downarrow$
ⓑ 무부하 운전 시 위험하다. $I = 0 \to I_a = 0 \to I_s = 0 \to \phi = 0 \to N = \infty$(위험속도)
벨트가 아닌 톱니, 체인으로 운전해야 한다.

③ 회전력 제어(토크 제어, $T[N \cdot m]$)(결론 $T \propto I^2 \propto \frac{1}{N^2}$)

직권에서는 $I = I_a = I_s[A] = \phi[wb]$이다.
$T = k\phi I_a = kI_a I_a = k(I_a)^2 = k(I)^2[N \cdot m]$ ∴ $T \propto I^2$
기동토크가 커서 기중기, 전기자동차, 전기철도에 사용된다.
$T = k\phi I_a = 9.55\frac{P}{N}[N \cdot m]$
여기서, 정출력 제어 시(출력 P가 일정하다.)
$9.55P = k\phi I_a N[N \cdot m]$
$9.55P = k(I)^2(N)^2[N \cdot m]$ ∴ $T \propto I^2 \propto \frac{1}{N^2}$

5) 직류 전동기 비교표(표 : 아래서부터 '직-가-분-차'로 변화가 큰 순서이다.)

① 부하전류 - 속도

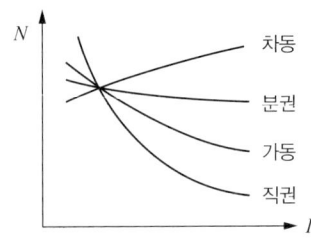

② 부하전류 - 토크

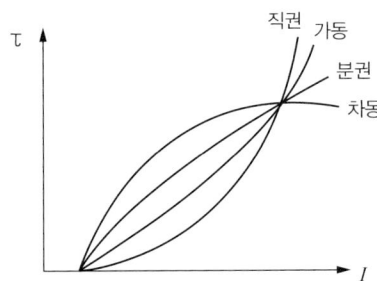

토크가 가장 큰 직권이 기중기, 전기자동차, 전기철도에서 사용된다. 가동은 비록 속도변동률이 분권보다 나쁘지만 기동 토크가 커서 선호한다. 가동은 크레인, 엘리베이터에 이용된다.

6) 직류 전동기 제동

① 발전 제동

전원을 차단한 상태에서 전동기에 유기되는 역 기전력을 외부저항에서 열로 소비하여 제동한다.

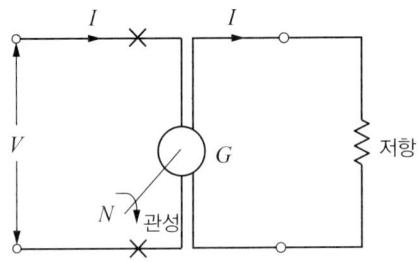

② 회생 제동(전기 자동차가 언덕에서 내려갈 때)
전원을 접속한 상태에서 전동기에 유기되는 역 기전력이 전원 전압보다 크게 될 때 발생하는 전력을 축전지에 저장 및 전원 측에 반환하여 제동한다.

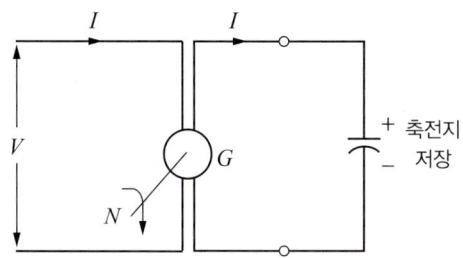

③ 역상 제동 (Plugging 플러깅)
전기자 회로의 극성을 반대로 하면, 이때 발생하는 역 토크를 이용하여 급제동시킨다.

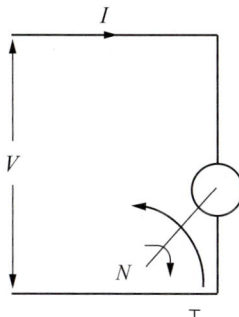

7) 직류 전동기의 손실 및 효율

(1) 손실 : $P_l(loss) = P_i + P_m + P_c + P_s$

① 무부하손(고정손) – 부하에 관계없이 항상 일정한 손실

ⓐ 철손 P_i(iron loss)
- 히스테리시스손 $P_h = k \times \dfrac{f}{100} \times B_m^2 \, [W/kg]$
  대책은 강판 제작 시 강자성체에 규소(1~1.4%)를 첨가해서 제작한다.

> **참고**
> 변압기 강판 제작 시 강자성체에 규소(4%), 코발트, 니켈을 첨가해서 제작한다.

- 와류손 P_e(eddy currunt loss) $= k \times t^2 \times (\dfrac{f}{100})^2 \times B_m^2 \, [W/kg]$ (여기서, t는 철심두께)
  대책은 강판을 성층한다.

ⓑ 기계손 P_m(mechanical loss) – 풍손, 마찰손

② 부하손 (가변손) – 부하에 따라 변화하는 손실
  ⓐ 동손 P_c(copper loss)
    • 전기자 동손 $P_a = I_a^2 R_a [W]$
    • 계자 동손 $P_f = I_f^2 R_f [W]$
  ⓑ 표유부하손 P_s(stray load loss) – 측정이나 계산으로 구할 수 없는 손실

(2) 효율 : $\eta\,(efficiency)$

① 실측효율 $\eta = \dfrac{출력}{입력}$ 출력 = 입력 – 손실 / 입력 = 출력 + 손실

② 규약효율 η
  ⓐ 발전기 $\eta = \dfrac{출력}{출력+손실}$ 출력이 전기다.
  ⓑ 전동기 $\eta = \dfrac{입력-손실}{입력}$ 입력이 전기다.

예상문제

1 직류 분권전동기를 운전 중 계자 저항을 증가시켰을 때의 회전속도는?

① 증가한다.   ② 감소한다.
③ 변함없다.   ④ 정지한다.

정답 | ①

2 부하 변화에 대하여 속도 변동이 가장 적은 전동기는?

① 차동 복권   ② 가동 복권
③ 분권   ④ 직권

정답 | ③

3 각각 계자 저항기가 있는 직류 분권전동기와 직류 분권발전기가 있다. 이것을 직렬 접속하여 전동발전기로 사용하고자 한다. 이것을 기동할 때 계자 저항기의 저항은 각각 어떻게 조정하는 것이 가장 적합한가?

① 전동기 : 최대, 발전기 : 최소
② 전동기 : 중간, 발전기 : 최소
③ 전동기 : 최소, 발전기 : 최대
④ 전동기 : 최소, 발전기 : 중간

정답 | ③

2 동기기(synchronous, 정속도)

주파수, 극수로 정해진 기기로 일정한 속도로 회전하는 기기이다.
① 3상 동기 발전기 : 3상 교류 발전기 (회전계자형 전원은 타여자 발전기로 사용)
② 3상 동기 전동기
    ⓐ 고 출력 시 발전소 냉각수 대용량 펌프 용도로 사용(원자력, 화력 발전소에서 사용)
    ⓑ 무부하 운전 시 무효전력을 공급하는 기기로 사용(동기 조상기)

1 3상 동기발전기의 원리 및 구조

1) 원리

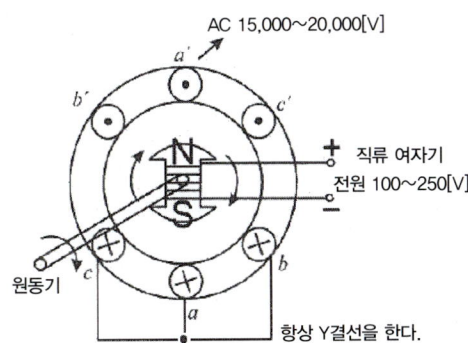

계자(회전자 도체)가 회전한다. 전기자(고정자 권선)는 고정이다.

계자를 일정한 속도로 회전시키면, 전기자에는 각각 크기는 같고 위상차 $\frac{2\pi}{3}[rad]$인 평형 3상 교류 기전력이 발생한다.

2) 왜 회전계자형이 대표적일까?

① 전기적 측면 : 낮은 전압이 회전하여 위험이 적고, 절연에 유리하다.
② 기계적 측면 : 계자는 철이며 전선이 2가닥, 전기자는 권선이며, 전선이 6가닥이다. 즉, 계자의 기계적 구조가 튼튼하고, 간단하다.

3) 동기속도(synchronous speed)

① 회전수 $n[rps]$(rps : radian per second)(여기서, P는 회전계자의 극 수이다.)

$$n = \frac{2\pi}{T} = \frac{\frac{2}{P}}{T} = \frac{2}{PT} = \frac{2f}{P}[rps]$$

② 동기속도 $N_s[rpm]$(rpm : revolution per minute)

$$N_s = n \times 60 = \frac{2f}{P} \times 60 = \frac{120f}{P}[rpm]$$

> **예상문제**

1 동기속도 1,800[rpm], 주파수 60[Hz]인 동기발전기의 극수는 몇[극]인가?

① 2
② 4
③ 8
④ 10

정답 | ②

2 3상 동기전동기

1) 장점

① 동기속도 $N_s[rpm]$: 정속도로 운전한다. 속도가 일정하다.
② 출력이 크다 : 시멘트 공장의 분쇄기, 압축기, 송풍기, 동기조상기에 사용된다.
③ 항상 역률 1로 운전한다.
④ 단락비가 클 때 유도 전동기에 비하여 효율이 좋다. 철기계로 공극이 크고, 기계적으로 튼튼하다.

2) 단점

① 기동토크가 없다.(제동 권선과 직류 여자기가 필요하다. 고로 설비비가 많이 든다.)
② 난조(hunting, 진동)가 일어나기 쉽다. 안정도가 나쁘다.(제동 권선이 필요하다.)
③ 속도제어가 어렵다.

3) 기동법

① 자기 기동법
2차 권선 역할을 하는 제동 권선을 계자 극면에 설치하고 단락시킨다. 단락하는 큰 이유는 2차 권선에 고전압이 유도되어 절연파괴 위험 때문이다. 폐회로가 되면 권선에 전류가 흘러 도체와 자속이 쇄교하여 회전력이 발생한다.

② 유도 전동기법
기동 전동기로 유도 전동기를 사용한다. 이때 유도 전동기는 동기 전동기보다 극수가 2극 적은 전동기를 사용한다.

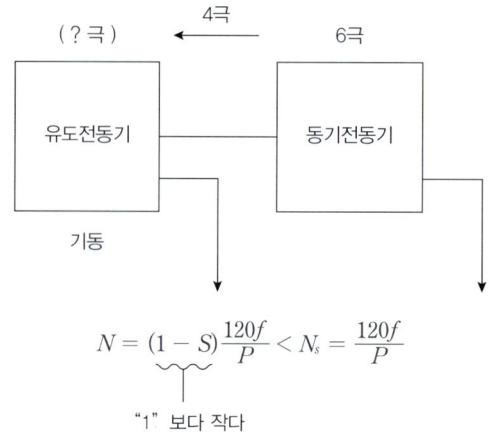

$$N = (1-S)\frac{120f}{P} < N_s = \frac{120f}{P}$$

"1"보다 작다

4) V곡선(위상특성곡선)

정출력상태에서 계자전류 I_f를 변화시키면 전기자전류 I_a의 크기가 변화된다. 동시에 위상관계 $\cos\theta$도 변화된다.

① V곡선에서 역률이 1인 경우 전기자전류 I_a는 최소가 된다.
② 계자전류 I_f가 작으면 부족여자운전상태이다. 이때 지상전류가 되어 인덕터가 된다. 심야에 사용한다.
③ 계자전류 I_f가 크면 과여자운전상태이다. 이때 진상전류가 되어 캐패시터가 된다. 주간 평상시에 사용한다.

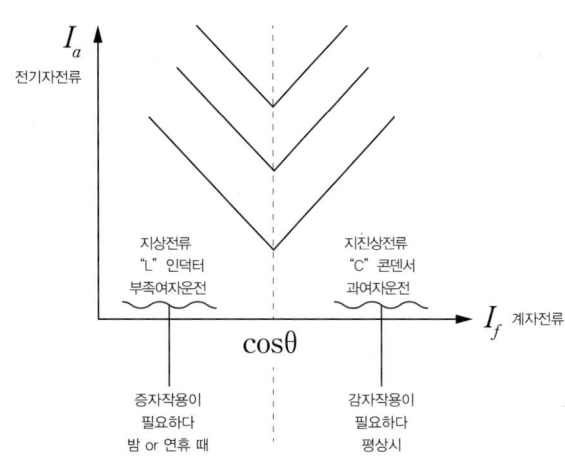

예상문제

1 동기기에서 난조(hunting)를 방지하기 위한 것은?

① 계자 권선 ② 제동 권선 ③ 전기자 권선 ④ 난조 권선

정답 | ②

2 동기 전동기의 자기 기동에서 계좌 권선을 단락하는 이유는?

① 기동이 쉽다.
② 기동 권선으로 이용
③ 고전압 유도에 의한 절연 파괴 위험
④ 전기자 반작용을 방지한다.

정답 | ③

3 동기 조상기를 부족여자로 운전하면 어떻게 되는가?

① 콘덴서로 작용한다.
② 리액터로 작용한다.
③ 여자 전압의 이상 상승이 발생한다.
④ 일부 부하에 대하여 뒤진 역률을 보상한다.

정답 | ②

3 변압기(electric transformer)

1 변압기의 원리

변압기는 전력변환기기이다. 패러데이-렌쯔의 전자기유도법칙을 이용한다.

1차 권선에 교류 전력을 인가하면 2차 권선을 통해 동일 주파수의 교류 전력으로 변환하는 기기이다.

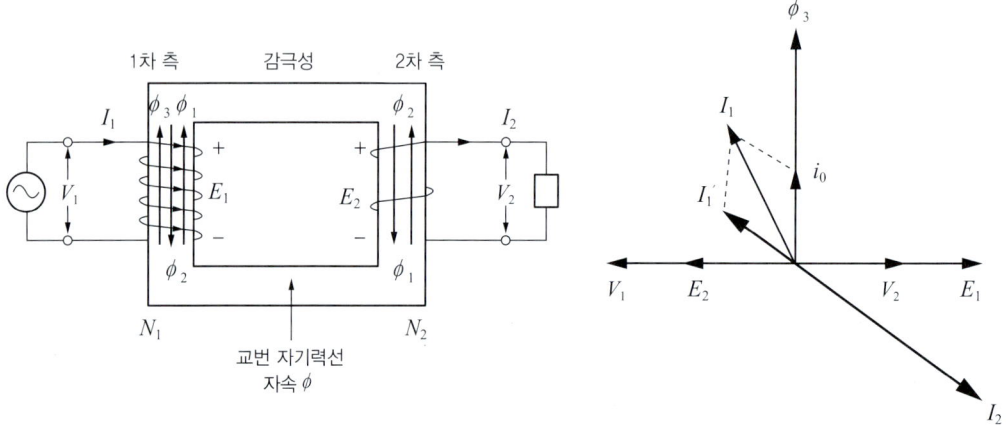

1) 이상적인 변압기

① 손실 및 누설자속, 자기포화가 없는 변압기이다.

② 부하가 있는 경우 1차, 2차 기자력이 같거나 1차, 2차 전력이 같을 때이다.

   ($Fm_1 = Fm_2$ 또는 $P_1 = P_2$)

2 권수비(a)

$F_{m1} = F_{m2} \rightarrow N_1 I_1 = N_2 I_2 [AT] \rightarrow \dfrac{N_1}{N_2} = \dfrac{I_2}{I_1}$

$P_1 = P_2 \rightarrow V_1 I_1 = V_2 I_2 [W] \rightarrow \dfrac{V_1}{V_2} = \dfrac{I_2}{I_1}$

권수비 $a = \dfrac{N_1}{N_2} = \dfrac{I_2}{I_1} = \dfrac{V_1}{V_2} = \dfrac{E_1}{E_2}$

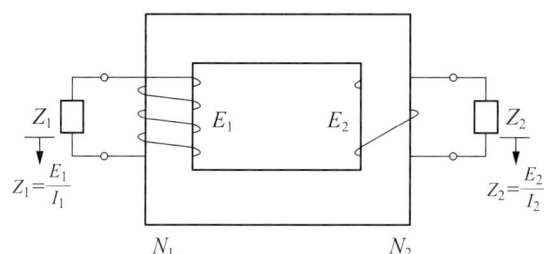

$Z_2 = \dfrac{E_2}{I_2} = \dfrac{\frac{1}{a}E_1}{aI_1} = \dfrac{1}{a^2} \times \dfrac{E_1}{I_1} = \dfrac{1}{a^2} \times Z_1, \therefore a^2 = \dfrac{Z_1}{Z_2}$

권수비 $a = \dfrac{N_1}{N_2} = \dfrac{I_2}{I_1} = \dfrac{V_1}{V_2} = \dfrac{E_1}{E_2} = \sqrt{\dfrac{Z_1}{Z_2}} = \sqrt{\dfrac{R_1}{R_2}} = \sqrt{\dfrac{X_1}{X_2}} = \sqrt{\dfrac{L_1}{L_2}}$

3 유도기전력

① $v_1 + e_1 = 0$ ② $e_1 = -N_1\dfrac{d\phi_1}{dt}[V]$ ③ $v_1 = \sqrt{2}\,V_1\cos\omega t[V]$

$v_1 = -e_1 = -(-N_1\dfrac{d\phi_1}{dt}) = \sqrt{2}\,V_1\cos\omega t[V]$

$N_1\dfrac{d\phi_1}{dt} = \sqrt{2}\,V_1\cos\omega t[V]$

$\dfrac{d\phi_1}{dt} = \dfrac{\sqrt{2}\,V_1}{N_1}\cos\omega t$

$\phi_1 = \dfrac{\sqrt{2}\,V_1}{N_1}\int \cos\omega t\,dt\,[wb]$

$\phi_1 = \dfrac{\sqrt{2}\,V_1}{\omega N_1}\int \cos t\,dt = \dfrac{\sqrt{2}\,V_1}{\omega N_1}\sin wt = \phi_m\sin wt\,[wb]$

$\phi_m = \dfrac{\sqrt{2}\,V_1}{\omega N_1}[wb]$

$V_1 = \dfrac{2\pi}{\sqrt{2}}fN_1\phi_m = 4.44fN_1\phi_m[V]$

4 %Z 퍼센트 임피던스(YZ전압강하율)

1) 단상일 경우

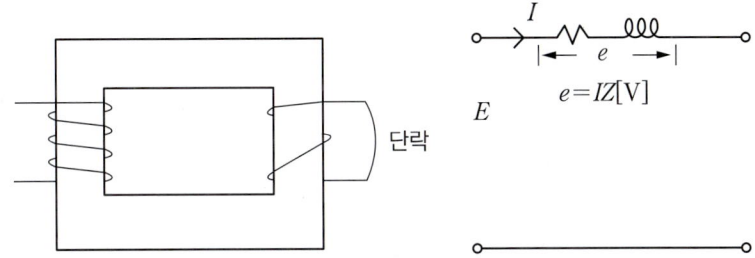

변압기 2차를 단락하고 1차에 저전압을 가하여 1차 단락전류를 측정한다. 이때 1차 단락전류가 1차 정격전류와 같게 될 때 1차에 가한 전압을 '임피던스 전압'이라 한다. 임피던스 전압은 변압기 내의 전압강하를 의미한다. 또 이때 입력을 임피던스 와트(전부하 동손, P_s)라 한다.

$\%Z = \dfrac{IZ}{E} \times 100\,[\%]$

여기서, 위 아래 E를 곱하면 $\%Z = \dfrac{RZ}{E^2} \times 100\,[\%]$ (여기서 P_1 단상용량[VA])

여기서, P_1 단상용량[kVA]로 E 상전압[kV]로 단위를 변경하면 $\%Z = \dfrac{RZ}{10E^2}[\%]$

2) 3상일 경우

$\%Z = \dfrac{RZ}{10E^2} = \dfrac{RZ}{10(\frac{V}{\sqrt{3}})^2} = \dfrac{3RZ}{10V^2} = \dfrac{P_3Z}{10V^2}[\%]$

> 예상문제

1. 변압기의 원리는 어느 작용을 이용한 것인가?

   ① 전자 유도작용　② 정류 작용　③ 발열 작용　④ 화학 작용

   정답 | ①

2. 다음 중 변압기에서 자속과 비례하는 것은?

   ① 권수　② 주파수　③ 전압　④ 전류

   정답 | ③

3. 권수비 2, 2차 전압 100[V], 2차 전류 5[A], 2차 임피던스 20[Ω]인 변압기의 ㉠ 1차 환산 전압 및 ㉡ 1차 환산 임피던스는?

   ① ㉠ 200[V]　㉡ 80[Ω]
   ② ㉠ 200[V]　㉡ 40[Ω]
   ③ ㉠ 50[V]　㉡ 10[Ω]
   ④ ㉠ 50[V]　㉡ 5[Ω]

   정답 | ①

4 유도전동기(induction motor)

1 아라고 원판 실험(회전 원리)

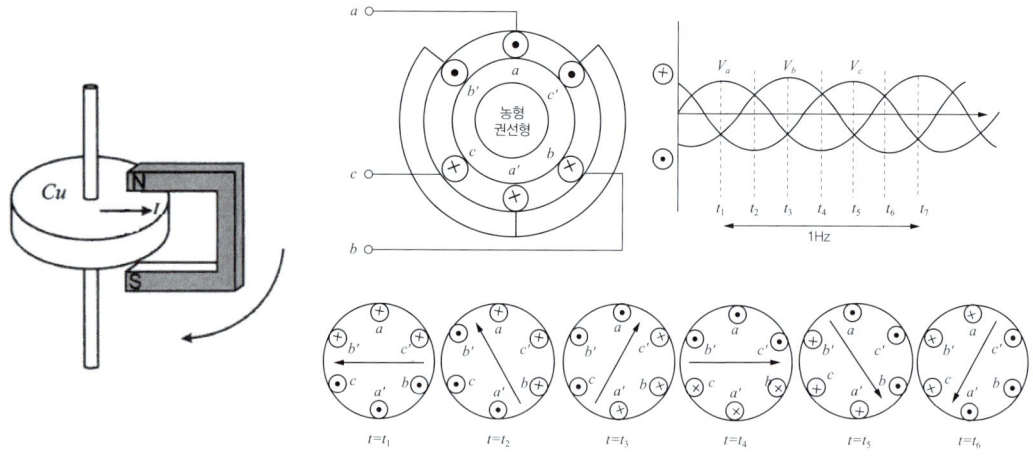

말굽모양의 영구자석을 화살표 방향으로 이동하면 구리 또는 알루미늄 원판은 영구자석이 이동하는 방향으로 유도되어 이동한다. 원판에는 플레밍의 오른손 법칙에 의해 맴돌이 전류가 흐른다. 이 맴돌이 전류 때문에 전자력이 생겨 플레밍의 왼손 법칙에 의해 같은 방향으로 이동한다. 이 원리는 프랑스 아라고의 실험에 의해 발견되었기에 아라고의 원판이라 불린다. 이와 같은 현상은 3상 유도전동기의 회전 원리이다.

2 3상 유도전동기의 이론(T = K×z×Ia[N·m])

1) 슬립과 회전 속도

(1) 슬립

3상 유도전동기의 고정자 권선에 전원을 인가하면, 전류에 의해 회전 자기장이 발생한다. 이 자기장이 회전자의 도체를 통과하면서 회전자 도체에는 유도 전류가 흐른다. 이에 따라 회전 자속과 회전자 도체에 흐르는 유도 전류와의 곱에 비례하는 회전력(토크)가 발생한다. 회전자는 회전 자기장과 같은 방향으로 회전하기 시작한다.

고정자 권선에 의한 회전 자기장의 회전수 N_s를 동기 속도. 유도 전류에 의한 회전자 도체의 회전수 N을 회전자 속도. 항상 동기 속도와 회전자 속도 사이에 차이가 생기게 되는데, 이 차이와 동기 속도와의 비를 슬립(slip, 회전속도를 나타내는 상수)이다.

$$슬립\ s = \frac{동기\ 속도 - 회전자\ 속도}{동기\ 속도} = \frac{상대\ 속도}{동기\ 속도} = \frac{N_s - N}{N_s}$$

슬립 s가 커지면 회전자의 속도는 감소하고, s가 작아지면 회전자의 속도는 증가한다.

① 정지 상태(기동 시) : $s=1(N=0)$
② 동기속도 회전 시(무부하 시) : $s=1(N=N_s)$
③ 전 부하 운전 시 : $s=0.025 \sim 0.05$ 정도
④ 정 회전시 슬립의 범위 : $0 \leq s \leq 1$
⑤ 역 회전시 슬립 : $s = \dfrac{N_s - (-N)}{N_s}$
⑥ 역 회전시 슬립의 범위 : $1 \leq s \leq 2$

(2) 회전 속도

① 상대 속도 : $N_s - N = s \times N_s [rpm]$
② 회전자 속도 : $N = (1-s) \times N_s = (1-s) \times \dfrac{120f}{P}[rpm]$
③ 슬립과 속도 특성

동기 속도	상대 속도	실제 속도
1	s	$1-s$

④ 슬립과 토크 특성
  ⓐ $s\uparrow \to N\downarrow \to \phi\uparrow \to I_2\uparrow \to T\uparrow$
  ⓑ $s\downarrow \to N\uparrow \to \phi\downarrow \to I_2\downarrow \to T\downarrow$

2) 유도전동기의 등가 회로

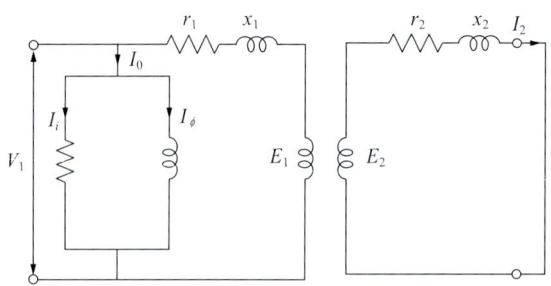

(1) 정지 시 유기기전력($s = 1$)

$E_1 = \dfrac{2\pi}{\sqrt{2}} \times f_1 \times N_1 \times \phi_m \times k_{w1} = 4.44 \times f_1 \times N_1 \times \phi_m \times k_{w1} [V]$

$E_2 = \dfrac{2\pi}{\sqrt{2}} \times f_2 \times N_2 \times \phi_m \times k_{w2} = 4.44 \times f_2 \times N_2 \times \phi_m \times k_{w2} [V]$

$f_1 = f_2 [Hz]$

정지 시 권수비 $a = \dfrac{E_1}{E_2} = \dfrac{N_1 k_{w1}}{N_2 k_{w2}}$

(2) 정 회전 시 유기기전력($0 \leq s \leq 1$)

$E_1 = \dfrac{2\pi}{\sqrt{2}} \times f_1 \times N_1 \times \phi_m \times k_{w1} = 4.44 \times f_1 \times N_1 \times \phi_m \times k_{w1} [V]$

$E_2 = \dfrac{2\pi}{\sqrt{2}} \times f_2 \times N_2 \times \phi_m \times k_{w2} = 4.44 \times f_2 \times N_2 \times \phi_m \times k_{w2} [V]$

$f_2 = s \times f_1 [Hz]$

$E_2' = s \times E_2 = 4.44 \times (s \times f_1) \times N_2 \times \phi_m \times k_{w2} [V]$

회전 시 권수비 $a' = \dfrac{a}{s} = \dfrac{E_1}{s \times E_2}$

참고

권선계수(분포권 계수×단절권 계수)

$k_w = k_d \times k_p$

└─ 이만큼 유기기전력이 감소한다. 하지만 유기기전력의 파형이 좋아진다.

> ➕ 참고

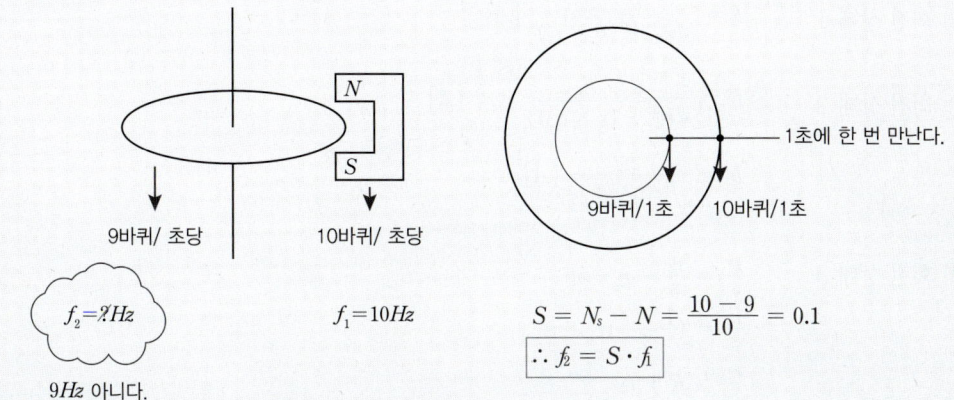

2차 주파수는 1차 주파수에 따라 변화하는 자속과 2차 도체가 쇄교하는 시간적 개념이다. 2차 도체가 정지해있는 변압기는 1차 자속의 변화가 2차 도체와 모두 쇄교함으로 주파수는 같다. 하지만 유도전동기 회전 시 2차 주파수는 1차 자속이 변화하는 방향으로 2차 도체가 유도되어 회전함에 쇄교비율이 줄어들어 결국 1[Hz]이다.

3) 유도전동기의 등가 회로 : 2차 전류

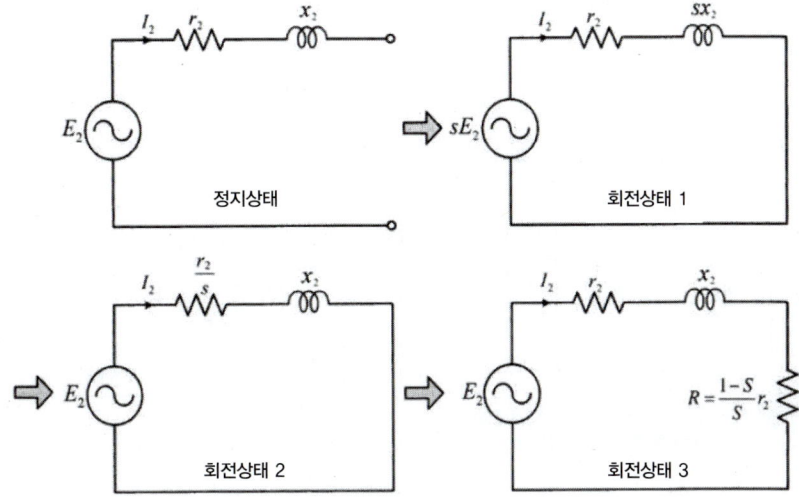

(1) 정지 상태 $\quad I_2 = \dfrac{E_2}{\sqrt{r_2^2 + x_2^2}}[A]$

(2) 회전 상태 1 $\quad I_2 = \dfrac{s \times E_2}{\sqrt{r_2^2 + (s \times x_2)^2}}[A]$

(3) 회전 상태 2 $\quad I_2 = \dfrac{s \times E_2}{\sqrt{r_2^2 + (s \times x_2)^2}} \times \dfrac{\frac{1}{s}}{\frac{1}{s}}[A]$

$\quad\quad\quad\quad\quad\quad I_2 = \dfrac{E_2}{\sqrt{(\frac{r_2}{s})^2 + x_2^2}}[A]$

(4) 회전 상태 3 $\quad \dfrac{r_2}{s} = \dfrac{r_2}{s} - r_2 + r_2$

$\quad\quad\quad\quad\quad\quad \dfrac{r_2}{s} = (\dfrac{1-s}{s})r_2 + r_2$

$\quad\quad\quad\quad\quad\quad \dfrac{r_2}{s} = R + r_2$

$\quad\quad\quad\quad\quad\quad R = (\dfrac{1-s}{s})r_2[\Omega]$: 기계적인 2차 출력을 발생시키는 등가 저항, 전체 부하 토크와 같은 토크로 기동하기 위한 외부저항

$\quad\quad\quad\quad\quad$ 즉, $I_2 = \dfrac{s \times E_2}{\sqrt{r_2^2 + (s \times x_2)^2}} = \dfrac{E_2}{\sqrt{(\frac{r_2}{s})^2 + x_2^2}} = \dfrac{E_2}{\sqrt{(R + r_2)^2 + x_2^2}}[A]$

(5) 회전 상태의 역률 $\cos\theta_2$

$\quad\quad \cos\theta_2 = \dfrac{(R + r_2)}{\sqrt{(R + r_2)^2 + x_2^2}} = \dfrac{(\frac{r_2}{s})}{\sqrt{(\frac{r_2}{s})^2 + x_2^2}}$

4) 유도전동기의 전력 변환

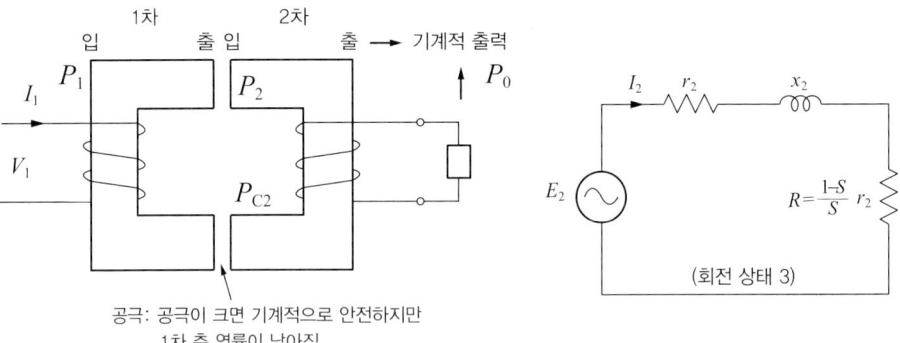

공극: 공극이 크면 기계적으로 안전하지만 1차 측 역률이 낮아짐.

(1) 2차 입력(1차 출력)($P_2 = P_0 + P_{c2}[W]$)

$\quad P_2 = I_2^2 \times (R + r_2) = I_2^2 \times (\dfrac{r_2}{s})[W]$

(2) 2차 동손(2차 저항손)($P_{c2}[W]$)

$\quad P_{c2} = I_2^2 \times r_2 = I_2^2 \times r_2 \times \dfrac{s}{s} = s \times P_2[W]$

(3) 기계적인 2차 출력($P_0 = P_2 - P_{c2}[W]$)

$$P_0 = P_2 - P_{c2} = (1-s) \times P_2 = I_2^2 \times R[W]$$

∴ $P_2 : P_{c2} : P_0$ = 2차 입력 : 2차 동손 : 2차 출력 = $1 : s : 1-s$

(4) 2차 효율(η_2)

$$\eta_2 = \frac{P_0}{P_2} = 1 - s = \frac{N}{N_s}$$

5) 유도전동기의 토크 특성

(1) 첫 번째 토크 식($T = 9.55 \times \frac{P_0}{N} = 9.55 \times \frac{P_2}{N_s}[N \cdot m]$)

$$P_0 = \omega T = \frac{2\pi N}{60} T[W]$$

$$T = \frac{60}{2\pi} \times \frac{P_0}{N} = 9.55 \times \frac{P_0}{N} = 9.55 \times \frac{(1-s)P_2}{(1-s)N_s} = 9.55 \times \frac{P_2}{N_s}[N \cdot m]$$

(2) 두 번째 토크 식($T = 0.975 \times \frac{P_0}{N} = 0.975 \times \frac{P_2}{N_s}[kg \cdot m]$)

$$T = \frac{1}{9.8} \times \frac{60}{2\pi} \times \frac{P_0}{N} = 0.975 \times \frac{P_0}{N} = 0.975 \times \frac{(1-s)P_2}{(1-s)N_s} = 0.975 \times \frac{P_2}{N_s}[kg \cdot m]$$

(3) 동기와트($P_2 = 1.026 \times N_s \times T[W]$)

동기속도로 회전할 때 토크를 2차 입력으로 표시한 것이다.

$$T = 0.975 \times \frac{P_2}{N_s}[kg \cdot m]$$

$$P_2 = \frac{1}{0.975} \times N_s[rpm] \times T[kg \cdot m] = 1.026 \times N_s \times T[W]$$

∴ $P_2 = 1.026 \times N_s \times T[W]$

6) 유도전동기의 토크와 공급전압의 관계($T \propto E^2$, 토크는 공급전압의 제곱에 비례한다.)

$$T = 9.55 \times \frac{P_0}{N} = 9.55 \times \frac{P_2}{N_s}[N \cdot m]$$

$$T = 9.55 \times \frac{P_2}{N_s} = \frac{60}{2\pi N_s} \times P_2 = K_0 \times P_2 = K_0 \times E_2 I_2 \cos\theta_2 [N \cdot m]$$

$$T = K_0 \times E_2 \times \frac{E_2}{\sqrt{(\frac{r_2}{s})^2 + x_2^2}} \times \frac{\frac{r_2}{s}}{\sqrt{(\frac{r_2}{s})^2 + x_2^2}} = K_0 \times \frac{E_2^2}{(\frac{r_2}{s})^2 + x_2^2} \times \frac{r_2}{s}[N \cdot m]$$

∴ $T \propto E^2$

7) 최대 토크 시 슬립 : 토크와 슬립의 관계(3상 유도전동기에서 공급전압이 일정하면 토크와 슬립은 관계없다.)

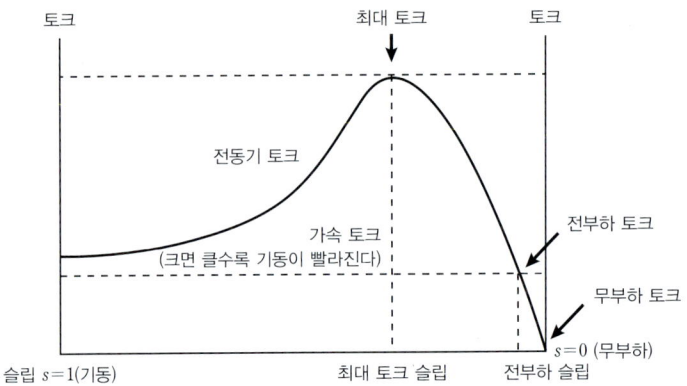

$$T = K_0 \times \frac{E_2^2}{(\frac{r_2}{s})^2 + x_2^2} \times \frac{r_2}{s} [N \cdot m] \Rightarrow \frac{dT}{ds} = 0 \Rightarrow 최대 토크 시 슬립 \; s_{\max} \fallingdotseq \frac{r_2}{x_2}$$

$$T = K_0 \times \frac{E_2^2}{(\frac{r_2}{s_{\max}})^2 + x_2^2} \times \frac{r_2}{s_{\max}} = K_0 \times \frac{E_2^2}{2x_2} [N \cdot m] \; \therefore \; T_{\max} = K_0 \times \frac{E_2^2}{2x_2} [N \cdot m]$$

∴ 3상 유도전동기에서 최대토크는 공급전압이 일정하면 슬립 s 및 2차 저항 r_2에 관계없이 일정하다.

3 3상 유도전동기의 기동 및 속도 제어

1) 3상 유도전동기의 구조에 따른 기동 방법

기동 시 Point : 기동 전류를 제한한다. 기동 토크를 크게 한다.

(1) 권선형 유도전동기 : 2가지

① 2차 저항(기동 저항기, 외부 저항) : 비례추이

2차 저항의 가변을 통하여 기동 토크와 회전자 속도를 조정하는 것을 '비례추이'라 한다.

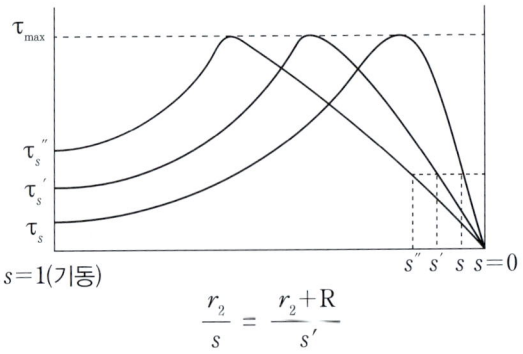

$$\frac{r_2}{s} = \frac{r_2 + R}{s'}$$

∴ $R \uparrow$ (기동저항기) → $S \uparrow$ → $N \downarrow$ → $T \uparrow$

ⓐ 기동 시 전 부하 토크와 같은 토크로 기동하기 위한 기동저항기(외부저항)의 값
$$R = (\frac{1-s}{s})r_2 [\Omega]$$

ⓑ 기동 시 전 최대 토크와 같은 토크로 기동하기 위한 기동저항기(외부저항)의 값
$$R = (\frac{1-s_{max}}{s_{max}})r_2 [\Omega] \ (s_{max} = \frac{r_2}{x_2} \ 대입하면)$$
$$\therefore R_m ≒ x_2 - r_2 [\Omega]$$

ⓒ 비례추이 가능 : 1차 입력 P_1, 1차 전류 I_1, 2차 전류 I_2, 역률 $\cos\theta$, 토크 T

ⓓ 비례추이 불가능 : 2차 출력 P_0, 2차 동손 P_{c2}, 전체효율 η, 2차 효율 η_2

② 2차 임피던스
$$Z = \frac{R_2 \cdot L_2}{R_2 + L_2} \quad L_2 = jwl2$$

ⓐ 회전자회로에 고정저항과 리액터를 병렬 접속

(2) 농형 유도전동기 : 5가지

① 전전압 기동법 (직입기동법, 5kW 이하 소형 전동기에 사용) : 이때의 기동 전류가 정격 전류의 4 ~6배이다.

② $Y-\triangle$ 기동법 (5kW~15kW 이하 전동기에 사용, 임피던스 Z 일정 시)

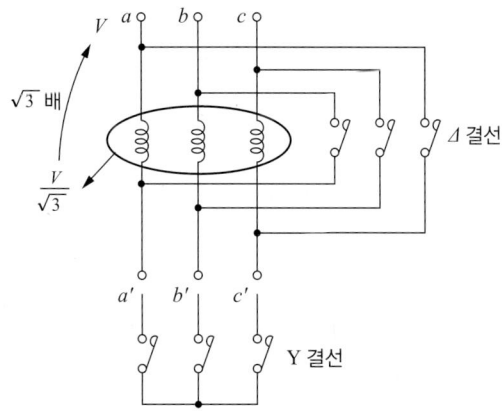

ⓐ $V_\triangle = \sqrt{3} \ V_Y$

ⓑ $I_\triangle = 3I_Y$
$$\frac{I_\triangle}{I_Y} = \frac{\frac{V_\triangle}{Z}}{\frac{V_Y}{Z}} = \frac{\frac{\sqrt{3}V}{Z}}{\frac{V}{\sqrt{3}Z}} = 3 \quad \therefore I_\triangle = 3I_Y$$

ⓒ 유도전동기의 토크와 공급전압의 관계 : 토크는 공급전압의 제곱의 비례한다.
$$T_\triangle = 3T_Y$$

ⓓ $\therefore Y \rightarrow \triangle$ 로 운전 시 전압은 $\sqrt{3}$ 배, 전류는 3배, 토크는 3배가 된다.

③ 리액터 기동법(5kW ~15 kW 이하 전동기에 사용)

　이때 1차측에 철심이 든 리액터를 직렬로 설치한다. 이 리액터에 의한 전압 강하를 이용하여 기동한다.

④ 기동보상기법(15kW 이상 전동기에 사용)

　이때 3상 단권 변압기를 이용하여 기동전류를 제한한다.

　I_2(기동보상기 2차측 전류) = 기동 전류 × 기동보상기 탭(3개의 탭 : 50, 60, 80%의 탭)

⑤ 콘도로퍼법 (리액터 기동법 + 기동보상기법)

　원활한 기동이 가능하지만 가격이 비싸다.

2) 3상 유도전동기의 구조에 따른 속도 제어 방법

$$N = (1-s) \times N_s = (1-s) \times \frac{120f}{P}[rpm]$$

(1) 권선형 유도전동기

① 2차 저항 제어법(슬립 s 제어, 소,중형) : 비례추이($R\uparrow$(기동저항기) → $T\uparrow$(기동 토크))

② 2차 여자 제어법(슬립 s 제어, 대형) : $E_c[V]$ 공급

$$E_2' = s \times E_2 = 4.44 \times (s \times f_1) \times N_2 \times \phi_m \times k_{w2}[V]$$
$$E_2' + E_c = (s \times E_2) + E_c[V]$$

　ⓐ 크레머 방식 : 직류 전동기를 이용해서 공급한다.

　ⓑ 세르비어스 방식 : 인버터를 이용해서 공급한다.

③ 종속법(종속 접속법) : 모터 2대를 외부적으로 종속 접속하는 방법

　ⓐ 직렬접속 $N = (1-s)\dfrac{120f}{P_1+P_2}[rpm]$

　ⓑ 차동접속 $N = (1-s)\dfrac{120f}{P_1-P_2}[rpm]$

　ⓒ 병렬접속 $N = (1-s)\dfrac{120f}{\dfrac{P_1+P_2}{2}}[rpm]$

(2) 농형 유도전동기

① 극수 변환법 (단계적인 속도제어)

이는 속도를 자주 바꿀 필요가 있고, 단계적인 제어를 해도 되는 기기에 이용된다.

　ⓐ 1차 권선의 결선을 바꿔 극 수 변환하는 방법 (한 예로 1 : 2의 극 수비로 변환하면 2극 ↔4극으로 변환한다.)

　ⓑ 극 수가 서로 다른 2개의 독립된 권선을 하는 방법(별개의 2단의 회전수를 얻는다.)

② 주파수 제어법 (연속적인 속도제어, 슬립 s 제어)

VVVF 인버터 장치(Variable Voltage Variable Frequency invert device) : 전압과 주파수를 바꾸어, 회전력의 슬립(slip)을 제어한다. 이 기술은 팬, 펌프 설비, 압연기 등 다양한 생산용 기기와 철도 차량, 전기자동차(하이브리드 차량), 가전제품 (에어컨, 냉장고) 등에 널리 이용되고 있다.

ⓐ 대용량의 GTO 사이리스터(gate turn off thyristor)을 이용하여 주파수를 변환
ⓑ PWM(pulse 폭 변조)제어를 이용하여 전압을 변환

⟨정회전 시 유기기전력 $(0 \leq s \leq 1)$: $f_2 = s \times f_1$[Hz]⟩

$$E_1 = 4.44 f_1 N_1 \phi_m k_{w1} [V] \therefore f_1 \propto E_1$$
$$E_2' = sE_2 = 4.44 f_2 N_2 \phi_m k_{w2} = 4.44(s \times f_1) N_2 \phi_m k_{w2} [V] \therefore f_1 \propto E_2'$$
$$N = (1-s)\frac{120 f_1}{P}[rpm] \therefore f_1 \propto N$$

③ 1차 전압 제어법 : 토크는 전압의 제곱에 비례하므로 1차 전압을 변화하여 토크가 변화되면 슬립 s를 변화하여 속도 N을 제어하는 방식

$$s \propto \frac{1}{T} \propto \frac{1}{E^2} \propto \frac{1}{V^2}, s \propto \frac{1}{N} \therefore s \propto \frac{1}{V^2} \propto \frac{1}{N}$$

4 3상 유도전동기의 제동법

1) 전기적 제동

① 발전제동(dynamic braking)
회로를 분리한 후 1차측에 직류 회로를 구성한다. 발생된 전력을 저항에서 열로 소비시키는 방법

② 회생제동(regenerative braking)
유도발전기로 동작시켜 그 발생 전력을 전원에 반환하면서 제동하는 방법

③ 역전제동(plugging braking)
1차 권선 3단자 중 임의의 2단자의 접속을 바꾸면 역방향의 토크가 발생되어 제동하는 방법

④ 단상제동(권선형 유도 전동기)
1차측을 단상 교류로 여자하고, 2차측에 저항을 넣으면 역방향의 토크가 발생되어 제동하는 방법

2) 기계적 제동

① 전자레일 브레이크
② 전자 클러치
③ 마찰

5 3상 유도전동기의 이상현상

1) 권선형 : 게르게스(괴르게스) 현상

2차 회로가 고주파 발생으로 한 선이 단신 사고로 슬롯 s가 50% 부근에서 더 이상 가속되지 않는 현상

2) 농형 크로우링(crawling, 차동기) 현상 : 낮은 속도에서 안정되어 더 이상 가속하지 않는 현상

① 회전자 슬롯의 수가 적당하지 않을 때

② 고정자 철심 계자에 고조파가 유기되었을 때

③ 방지대책 : 경사 슬롯(skewed slot)을 채용한다.

참고

① 고조파 : 사인파(기본파)가 아닌 주기적 반복 파형은 기본 주파수를 가지는 사인파와 기본 주파수의 정수배 사인파로 분해되는데 이때 기본 주파수의 정수배 사인파 파형을 고조파라 한다. 그리고 주파수가 n배인 파형을 제 n차 고조파라 한다.

② 고주파 : 높은 주파수를 가진 전자파 이다.

ⓐ 전력 : 상용 주파수 50, 60[Hz] 이상을 말한다.

ⓑ 통신 : 가청 주파수 대인 20~2만[Hz] 이상을 말한다.

예상문제

1 유도 전동기에서 슬립이 1이면 전동기의 속도 N은?

① 동기속도보다 빠르다. ② 정지한다.
③ 불변이다. ④ 동기속도와 같다.

정답 | ②

2 비례추이를 이용하여 속도 제어가 되는 전동기는?

① 권선형 유도전동기 ② 농형 유도전동기
③ 직류 분권전동기 ④ 동기 전동기

정답 | ①

3 슬립 4[%]인 유도 전동기의 등가 부하 저항은 2차 저항의 몇 배인가?

① 5 ② 16 ③ 19 ④ 24

정답 | ④

4 3상 권선형 유도 전동기의 기동 시 2차 측에 저항을 접속하는 이유는?

① 기동 토크를 크게 하기 위해
② 회전수를 감소시키기 위해
③ 기동 전류를 크게 하기 위해
④ 역률을 개선하기 위해

정답 | ①

5 유도 전동기의 Y – △ 기동 시 운전 토크와 운전 전류는 전 전압 기동 시의 몇 배가 되는가?

① $\frac{1}{\sqrt{3}}$배 ② $\sqrt{3}$배 ③ $\frac{1}{3}$배 ④ 3배

정답 | ③

6 단상 유도 전동기

단상 유도전동기는 소용량의 동력원으로 가정이나 소규모 공장, 작은 빌딩에서 사용되고 있다. 구조는 단상 권선으로 되어 있는 고정자 권선과 농형 회전자를 가지고 있다. 회전자계가 없다. 고정자 권선에는 진동하는 자계(alternating field)만이 존재할 뿐이다. 이때 기동 토크는 발생하지 않아 스스로 기동할 수가 없다.

1) 2회전 자계 이론

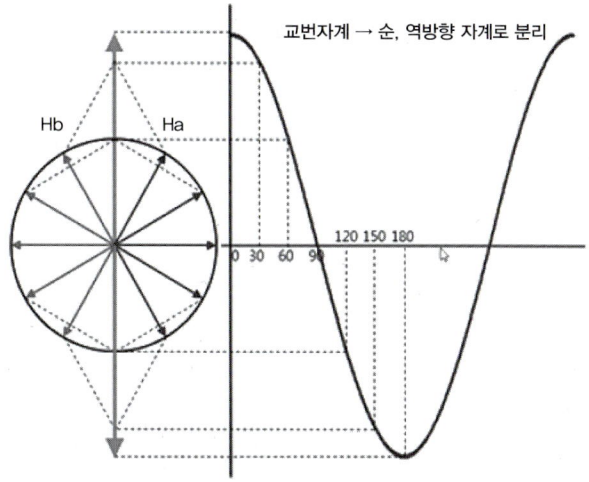

정방향 회전자계 측면에서 본 슬립 s_f

$$= \frac{N_s - N}{N_s} = s$$

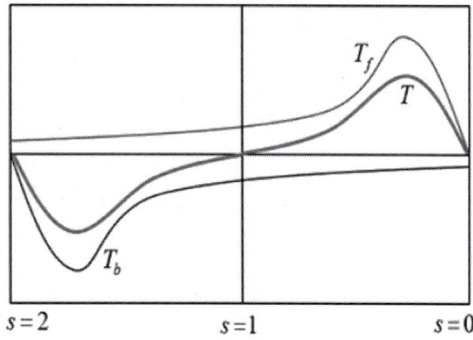

역방향 회전자계 측면에서 본 슬립 s_b

$$s_b = \frac{-N_s - N}{-N_s} = \frac{N_s + N}{N_s}$$

$$s_b = \frac{N_s + N}{N_s} = \frac{2N_s - N_s + N}{N_s} = 2 - \frac{N_s - N}{N_s} = 2 - s$$

교번 자계 $H[\text{AT/m}]$는 순, 역방향 자계로 분리할 수 있다.(서로 반대 방향으로 각속도 ω로 회전하는 자계 H_a와 H_b로 분해할 수 있다.) 시계 방향으로 회전하는 것을 H_a라 하고, 반시계 방향으로 회전하는 것을 H_b라고 하면, H_a에 의한 토크 T_a와 H_b에 의한 토크 T_b가 서로 반대 방향으로 작용한다. T_a와 T_b를 합하면 합성 토크 T가 된다. 토크 특성 곡선에서 슬립 s=1에서는 합성 토크는 $T = 0$이라 기동 토크가 없다. 외부에서 힘을 주어 회전자를 돌려주면 이때 기동 토크가 발생하여 정상적인 운전을 하게 된다. 이때 외부에서 힘을 주는 것을 단상 유도전동기 기동방법이다.

2) 단상 유도전동기 특성

① 기동 시 기동 토크가 없다. 그러므로 기동장치 및 기동방법이 필요하다.

② 슬립이 0이 되기 전에 토크는 미리 0이 된다.

③ 2차 회전자 권선 저항이 증가되면 최대토크는 감소하여 비례추이는 불가능하다.

④ 2차 회전자 권선 저항이 증가하여 어느 일정 값 이상이 되면 토크는 부 (−)가 된다.

3) 단상 유도전동기 기동방법(기동 토크가 큰 순서)

① 반발 기동형(회전자 철심 단락) : 회전자 철심에 기동권선을 통해 기동 시에는 반발 전동기로서 기동한다. 기동 후 정류자는 원심력에 의하여 자동적으로 단락하여 운전한다.

② 반발 유도형 : 기동 시 반발 기동형 이지만 기동 후에도 그대로 운전한다.

③ 콘덴서 기동형(고정자 철심 개방) : 기동 토크가 정격의 300%(분상 기동형의 2배)에 도달한다.

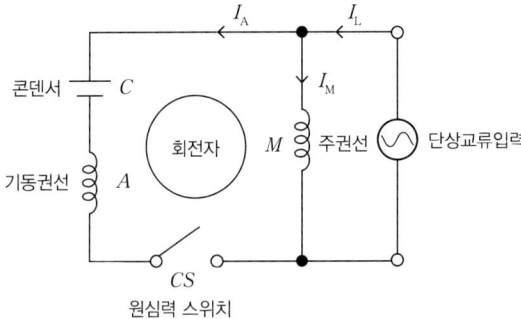

구조는 고정자 철심에 주권선과 기동권선+기동용 콘덴서+원심력 스위치, 두 개의 권선을 병렬로 연결한다. 회전자 속도가 증가하여 일정속도 (동기속도의 약 75%)에 도달하면 원심력을 이용한 스위치에 의해 기동권선+기동용 콘덴서가 자동으로 개방된다.

④ 분상 기동형(고정자 철심 개방) : 200[W] 이하의 전동기에 제한되어 사용된다.

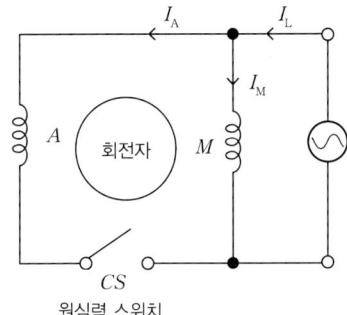

구조는 고정자 철심에 주권선과 기동권선+원심력 스위치, 두 개의 코일을 병렬로 연결한다. 회전자 속도가 증가하여 일정속도 (동기속도의 약 70~80%)에 도달하면 원심력을 이용한 스위치에 의해 기동권선이 자동으로 개방된다. 단점은 내부에 부착된 원심력 스위치로 인해 부피가 크고, 큰 기동 전류가 흐른다.

⑤ 셰이딩 코일형 (고정자 철심 개방) : 낮은 토크 부하를 구동하는데 사용한다.(예 소형 팬 환기구) 구조는 주권선만 있다. 기동권선 대신 돌극을 사용하며, 고정자의 구조를 살펴보면 자극의 한쪽 부분에 작은 돌극이 있다. 이 작은 돌극에 셰이딩 코일이라는 단락된 코일을 끼워 넣는다. 구조가 간단하다는 이점 빼고는 기동토크가 매우 작고, 역률이 떨어지고, 회전방향을 바꿀 수 없는 결점이 있다. 매우 작은 출력의 소형 전동기에 사용된다.

예상문제

1 다음 중 단상 유동 전동기의 기동 방법 중 기동 토크가 가장 큰 것은?

① 분사 기동형　　② 반발 유도형
③ 콘덴서 기동형　④ 반발 기동형

정답 | ④

2 유도 전동기에서 회전 방향을 바꿀 수 없고, 구조가 극히 단순하며, 기동 토크가 대단히 작아서 운전 중에도 코일에 전류가 계속 흐름으로 소형 선풍기 등 출력이 매우 작은 0.05마력 이하의 소형 전동기에 사용되고 있는 것은?

① 셰이딩 코일형 유도 전동기　　② 영구 콘덴서형 단사 유도 전동기
③ 콘덴서 기능형 단상 유도 전동기　④ 분상 기동형 단상 유도 전동기

정답 | ①

5 정류기(Alternating Current→Direct Current)

1 전력용 반도체 소자(반도체 스위칭을 이용한 정류기)

반도체는 고유저항 값이 $10^{-4} \sim 10^{6}[\Omega]$을 가지는 물질로서 14족 Si(규소=실리콘), Ge(저마늄=게르마늄) 등이 있다.

① 순수(진성)반도체는 14족 Si, Ge이다.

② 불순물 반도체
　- P형 반도체(Positive) : 14족 Si, Ge + 13족 붕소, 알루미늄, 인듐 첨가
　- N형 반도체(Negative) : 14족 Si, Ge + 15족 인, 비소, 안티모니 첨가

1) 분류

　(1) on, off의 의한 제어
　　① on, off 둘 다 불가능 : 다이오드
　　② on만 가능 : 사이리스터, 트라이액
　　③ on, off 둘 다 가능 : GTO, MOSFET, IGBT

(2) 전류 방향성
　① 단방향 : 다이오드, 사이리스터, GTO, MOSFET, IGBT
　② 양방향 : 트라이액

(3) 단자에 의한 분류
　① 2개 : 다이오드
　② 3개 : 사이리스터, 트라이액, GTO, 트랜지스터

2) 다이오드(Diode) : 교류를 직류로 변환하는 대표적인 정류소자

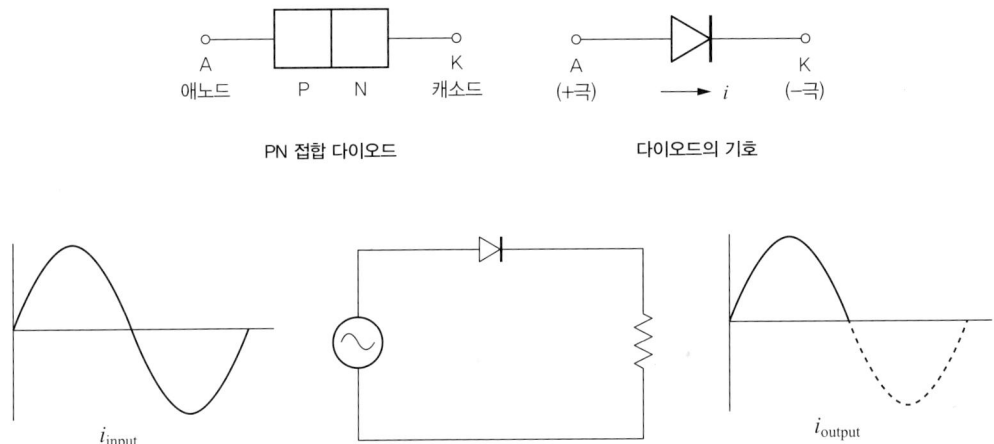

3) 사이리스터(Thyristor = SCR(silicon controlled rectifier)) : PNPN 접합의 4층 구조를 가지는 반도체 소자의 총칭

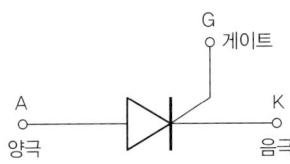

① Turn on(점호) : 게이트 전류(I_G)를 가하여 도통 완료까지의 시간이다.

② 유지 전류(holding current) : Turn on 상태를 유지하기 위한 최소한의 양극 전류이다.

③ 동작전류(래칭전류, latching current) : 유지전류 〈 래칭전류, Turn on 시 전류이다. SCR이 off에서 on으로 전환이 된 상태에서 게이트 전류가 제거된 직후 SCR을 on으로 동작하는데 필요한 최소한의 양극전류이다.

(여기서, 유지전류와 동작전류를 계전기의 동작에 비추어 설명하면 동작전류는 계전기가 동작할 수 있는 최소한의 전류이고, 유지전류는 계전기가 동작 중에 전류를 점점 줄였을 때 계전기가 동작하지 않게 되는 바로 직전의 전류이다.)

④ Turn on 조건

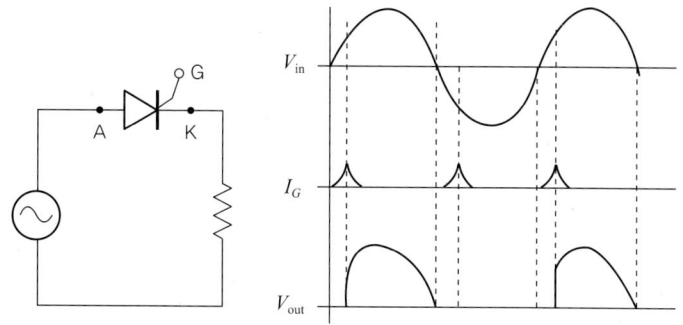

a. A와 K간에 순방향 전압이 인가되어 있을 때 게이트 전류를 주어야만 도통된다. 이때 게이트 전류가 차단되어도 계속 도통 상태를 유지한다.
b. A와 K간에 역방향 전압이 인가되어 있을 때 게이트 전류를 주어도 도통은 안된다.

4) 트라이액(TRIAC : Tri-electrode AC switch) : 세 전극 교류 스위치

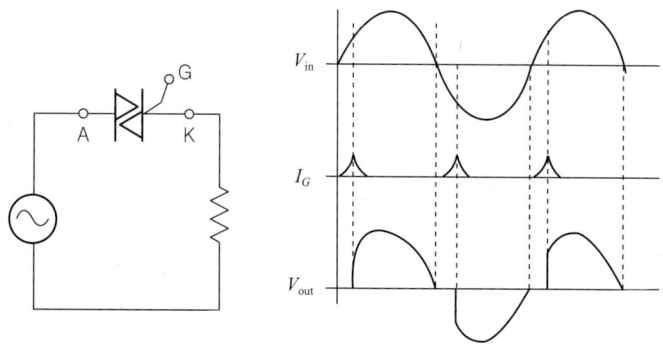

① 양방향성 3단자 사이리스터로 사이리스터를 병렬조합한 것이다.
② 전류방향을 바꾸고자 하면 먼저 Turn off(소호)가 되어야 한다. Turn off되면 다시 게이트 전류가 흐르기 전까지는 차단상태를 유지한다.

5) GTO(gate turn off Thyristor) : 단방향성이면서 Turn on, Turn off가 가능한 소자이다.

6) MOSFET(모스펫)(metal-oxide semiconductor field effect transistor, 금속 산화막 반도체 전계 효과 트랜지스터)

스위칭 속도가 매우 빠른 이점이 있지만, 용량이 작아 비교적 작은 전력 범위 내에서 사용된다는 한계

① source : 전자, 정공의 흐름이 시작하는 곳

② gate : 전자, 정공의 흐름을 열고 닫는 문

③ drain : 전자, 정공이 문을 지나 빠지는 곳

7) IGBT(절연 게이트 양극성 트랜지스터, insulated gate bipolar mode transistor)

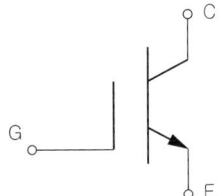

① 게이트의 전압으로 도통과 차단을 제어한다. (전압 제어 소자)

② 단방향성 소자

③ BJT + MOSFET + GTO의 기술을 합쳐 놓은 소자 (구조 복잡)

8) 트랜지스터 (transistor) : 반도체 접합해 만든 전자회로 구성요소

〈트랜지스터(스위치 작용, 증폭 작용)〉

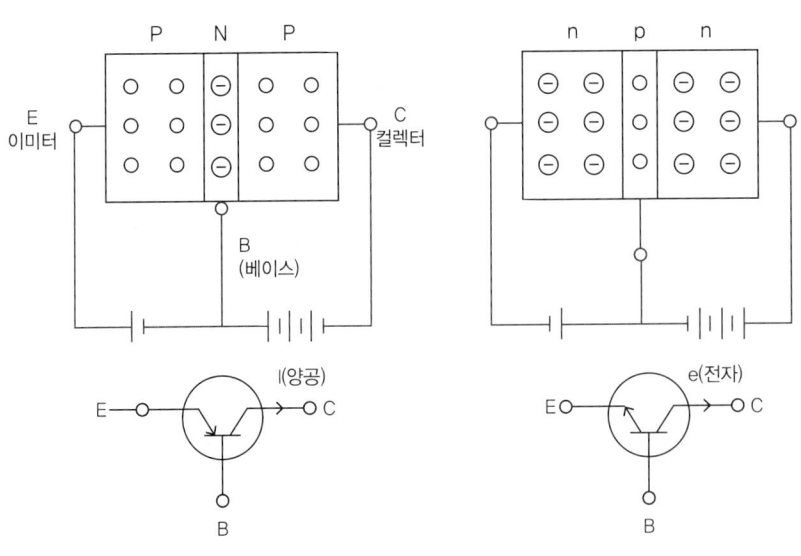

p-n-p형 트랜지스터   n-p-n형 트랜지스터

1	양극성 접합형 트랜지스터	전계 효과 트랜지스터
2	bipolar junction transistors	field effect transistors
3	BJT	FET
4	전류를 흘려 전류를 뽑아내는 current driving	게이트에 전압을 인가하여 전류를 뽑아내는 voltage driving
5	전류로서 전류를 제어	전계(전압)로서 전류를 제어
6	bipolar 소자 (쌍극성)	unipolar 소자 (단극성)
7	base, emitter, collector	gate, source, drain
8	자유전자와 정공이 모두 전도현상에 참여한다.	자유전자와 정공 중 하나만이 전도현상에 참여한다.
9	스피드가 빠르다 전류용량이 크다	입력 임피던스가 크다. 동작해석이 단순하고, 제조가 간편하다
10	NPN, PNP	N 채널, P 채널

예상문제

1 PN 접합 다이오드의 대표적 응용 작용은?

① 증폭 작용 ② 발진 작용
③ 정류 작용 ④ 변조 작용

정답 | ③

2 반도체 내에서 정공은 어떻게 생성되는가?

① 결합 전자의 이탈 ② 자유 전자의 이동
③ 접합 불량 ④ 확산 용량

정답 | ①

3 다이오드를 사용한 정류회로에서 다이오드를 여러 개의 직렬로 연결하여 사용하는 경우의 설명으로 가장 옳은 것은?

① 다이오드를 과전류로부터 보호할 수 있다.
② 다이오드를 과전압으로부터 보호할 수 있다
③ 부하출력의 맥동률을 감소시킬 수 있다.
④ 낮은 전압 전류에 적합하다.

정답 | ②

4 SCR 2개를 역 병렬로 접속한 그림과 같은 기호의 명칭은?

① SCR ② TRIAC
③ GTO ④ UJT

정답 | ②

2 정류회로 4가지 (다이오드를 이용한 정류회로)

$E[V]$: 교류 전압의 실효값, $E_{dc}[V]$: 직류 전압, $V_m[V]$: 교류 전압의 최대값

1) 단상 반파 정류회로

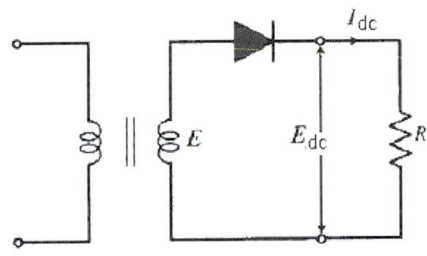

① $E_{dc} = \dfrac{1}{2\pi}\int_0^\pi V_m \sin wt\, dt = \dfrac{1}{\pi}V_m = \dfrac{1}{\pi}\sqrt{2}\,E = \dfrac{\sqrt{2}}{\pi}E = 0.45E[V]$

② PIV(최대역전압, peak inverse voltage) : $PIV = V_m = \sqrt{2}\,E[V]$

③ (전류) 정류효율 : $40.6[\%]$

④ 주파수 : $f_{out} = f_{in}[Hz]$

⑤ 맥동률 : $\sqrt{\dfrac{\text{실효값}^2 - \text{평균값}^2}{\text{평균값}^2}} \times 100 = \dfrac{\text{교류분}}{\text{직류분}} \times 100 = 121[\%]$

2) 단상 전파 정류회로

(1) 다이오드 4개를 이용한 브릿지(bridge) 회로

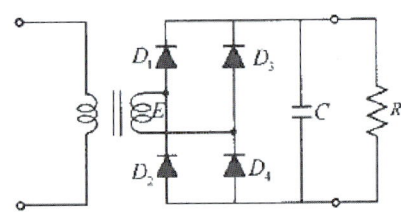

여기서, 부하는 다이오드 2개가 전류가 나가는 점, 들어오는 점에 연결한다.

① $E_{dc} = \dfrac{1}{\pi}\int_0^\pi V_m \sin wt\, dt = \dfrac{2}{\pi}V_m = \dfrac{2}{\pi}\sqrt{2}\,E = \dfrac{2\sqrt{2}}{\pi}E = 0.9E[V]$

② PIV(최대역전압, peak inverse voltage) : $PIV = V_m = \sqrt{2}\,E[V]$

③ (전류) 정류효율 : $40.6 \times 2 = 81.2[\%]$

④ 주파수 : $f_{out} = 2 \times f_{in}[Hz]$

⑤ 맥동률 : $\sqrt{\dfrac{\text{실효값}^2 - \text{평균값}^2}{\text{평균값}^2}} \times 100 = \dfrac{\text{교류분}}{\text{직류분}} \times 100 = 48[\%]$

(2) 다이오드 2개를 이용한 회로

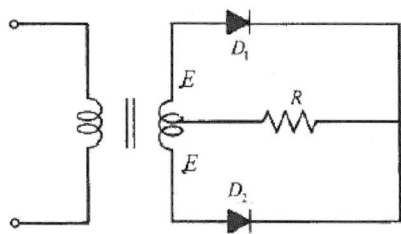

① $E_{dc} = \dfrac{1}{\pi}\int_0^{\pi} V_m \sin wt\, dt = \dfrac{2}{\pi} V_m = \dfrac{2}{\pi}\sqrt{2}\, E = \dfrac{2\sqrt{2}}{\pi} E = 0.9E[V]$

② PIV(최대역전압, peak inverse voltage) : $PIV = 2V_m = 2\sqrt{2}\, E[V]$

(3) 3상 반파 정류회로

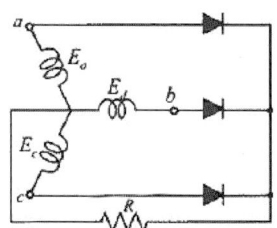

① $E_{dc} = \dfrac{1}{\frac{2\pi}{3}}\int_{\frac{\pi}{6}}^{\frac{5\pi}{6}} V_m \sin wt\, dt = \dfrac{3}{2\pi}\sqrt{3}\, V_m = \dfrac{3\sqrt{3}}{2\pi}\sqrt{2}\, E = \dfrac{3\sqrt{6}}{2\pi} E = 1.17E[V]$

② 주파수 : $f_{out} = 3 \times f_{in}[Hz]$

③ 맥동률 : $\sqrt{\dfrac{\text{실효값}^2 - \text{평균값}^2}{\text{평균값}^2}} \times 100 = \dfrac{\text{교류분}}{\text{직류분}} \times 100 = 17[\%]$

(4) 3상 전파 정류회로

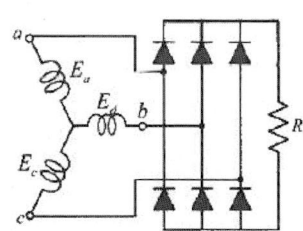

① $E_{dc} = \dfrac{1}{\frac{\pi}{3}}\int_{\frac{\pi}{3}}^{\frac{2\pi}{3}} V_m \sin wt\, dt = \dfrac{3}{\pi} V_m = \dfrac{3}{\pi}\sqrt{2}\, E = \dfrac{3\sqrt{2}}{\pi} E = 1.35E[V]$

② 주파수 : $f_{out} = 6 \times f_{in}[Hz]$

③ 맥동률 : $\sqrt{\dfrac{\text{실효값}^2 - \text{평균값}^2}{\text{평균값}^2}} \times 100 = \dfrac{\text{교류분}}{\text{직류분}} \times 100 = 4[\%]$

참고

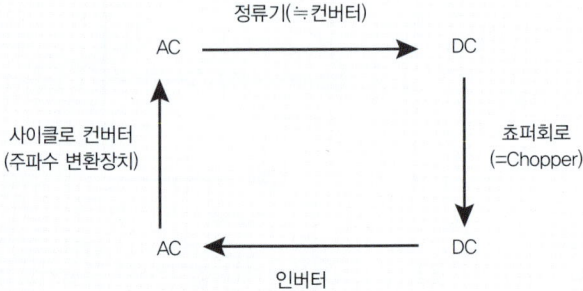

예상문제

1 상전압 300[V]의 3상 반파 정류 회로의 직류 전압은 약 몇 [V]인가?

① 520[V]　　　　　　　　② 350[V]
③ 260[V]　　　　　　　　④ 50[V]

정답 | ②

2 직류를 교류로 변환하는 장치로서 초고속 전동기의 속도 제어용 전원이나 형광등의 고주파 점등에 이용되는 것은?

① 인버터　　　　　　　　② 컨버터
③ 변성기　　　　　　　　④ 변류기

정답 | ①

시퀀스 제어

1 시퀀스 제어의 개요

1 시퀀스 제어의 정의

제어(control)은 어떤 동작이 되도록 하는 것이다.

시퀀스(sequence)는 어떤 현상이 일어나는 순서이다.

시퀀스 제어(sequence control)는 미리 정해진 순서에 따라 제어의 각 단계를 점차로 진행해 나가는 제어이다.

시퀀스 제어는 제어량의 수정이 되지 않는 개회로 제어(open loop control)로 불연속적인 작업을 행하는 제어에 널리 사용된다.

2 시퀀스 제어의 분류

1) 제어 명령에 따른 분류

① 정성적 제어(qualitative control)
2진값 신호(binary signal)로 목표값이 변화하지 않는 제어, 즉, 상태 제어라고 한다. 목표값과 제어의 오차를 정정할 수 없는 것이 특징이다.

② 정량적 제어(quantitative control)
정확하고 신뢰성 있는 제어를 하기 위하여 제어계에서 출력 신호를 입력측에 궤환시켜 목표값과 일치하는가를 항상 비교한다. 오차를 자동적으로 정정할 수 있는 피드백 제어(feedback control, 궤환 제어), 폐회로 제어(closed loop control)라 한다.

2) 장치에 의한 분류

① 계전기 제어(relay control) : 계전기를 이용해서 배선을 하고 회로를 만든다.

② PLC 제어(Programmable logic controller control) : 심장부가 반도체인 PLC기기는 계전기 제어보다 배선이 편리하고, 고 신뢰성이다.

	계전기 제어	PLC 제어
1. 기능	복잡한 제어 기능의 필요 시 대량의 릴레이가 필요하다.	프로그램으로 어떤 복잡한 제어 기능도 할 수 있다.
2. 제어 Logic의 변경성	배선을 변경하는 이외에는 방법이 없다.	프로그램 변경만으로 자유자재로 할 수 있다.
3. 신뢰성	통상 사용에는 문제없지만 접촉불량과 수명에 한계가 있다.	심장부가 반도체이기 때문에 고신뢰성이다.
4. 범용성	한 번 구성되면 타 장치의 제어에는 사용이 불가능하다.	내부 프로그램의 구성에 따라 어느 장치에도 응용이 쉽다.
5. 장치의 확장성	확장 및 개선에 많은 시간이 소요된다.	자유로운 확장이 가능하다.
6. 보수의 용이도	On-Line 보수가 곤란하며 부품의 교체가 어렵다.	On-Line 보수가 가능하며 필요 시 Unit 교체가 용이하다.
7. 기술적인 이해도	단순 Hardware 구성으로 이해가 비교적 쉽다.	Maker마다의 프로그램 방법을 습득해야 한다.
8. 장치의 크기	PLC에 비해 많은 공간을 차지한다.	제어의 복잡도와 PLC의 크기와는 연관이 없다.
9. 설계 및 제작기간	많은 도면을 필요로 하고 부품 수배, 조립, 시험에 시간이 걸린다.	복잡한 제어라도 설계가 용이하며, 제작에 시간이 많이 걸리지 않는다.

예상문제

1 미리 정해 놓은 순서에 따라 제어의 각 단계가 순차적으로 진행되는 제어 방식을 무슨 제어라 하는가?

① 시퀀스 제어　　　　② 피드백 제어
③ 서보 제어　　　　　④ 프로세서 제어

정답 | ①

2 출력 신호를 입력 쪽으로 되돌아오게 하고, 목표값에 따라 자동적으로 제어하는 것은 무슨 제어라 하는가?

① 피드백 제어　　　　② 시퀀스 제어
③ 자동 제어　　　　　④ 프로그램 제어

정답 | ①

3 피드백 제어 대상을 조작하기 위한 제어 대상의 입력 신호는?

① 조작 신호　　　　　② 제어 명령
③ 작업 명령　　　　　④ 검출 신호

정답 | ①

2 제어요소와 논리회로

1 시퀀스 제어의 기기

1) 접점의 종류

어떤 전기 기기를 운전하고자 할 때는 먼저 회로도가 필요하다. 이때 회로에 전류를 on하거나 off 하도록 제어하는 역할을 하는 것이 접점이다.

① a접점(arbeit (normal open 또는 make) contact) : 동작되지 않은 상태에서 접점이 서로 떨어져 있는 접점이다.

② b접점(break (normal closed) contact) : 동작되지 않은 상태에서 접점이 서로 붙어 있는 접점, 외부 압력이 가해지면 접점이 끊어져 전류가 off된다.

③ c접점(change-over (transfer) contact, 공통 단자) : a접점, b접점을 결합한 단자로 전환 접점이다.

2) 회로에 사용되는 기기

(1) 스위치(switch)

① 푸시 버튼 스위치(push button switch)
회로에서 가장 기본이 되는 스위치로 사람이 직접 손으로 누르면 접점이 변하고 때면 스프링의 힘에 의해 자동으로 복귀하는 스위치이다.

② 리밋 스위치(limit switch)
기계적 신호를 전기적 신호로 바꿔주는 것으로 접촉식 검출 스위치이다.

③ 리드 스위치
자기 현상을 이용한 것으로 리밋 스위치를 부착할 공간 없을 때 사용된다.

④ 근접 스위치
자계 에너지를 이용하여 접근하는 물체를 비접촉식으로 검출한다.
- 유도형 근접 스위치 : 금속체만 검출이 가능
- 정전용량형 근접 스위치 : 금속체를 포함한 모든 물체 검출이 가능

(2) 계전기(relay, 릴레이)

① 전자 계전기 : 전자석의 원리를 이용해 유접점을 개폐하는 계전기이다.
[계전기의 기능]
㉠ 전달 기능 : 회로의 차단 및 전달을 동시에 할 수 있다.
㉡ 증폭 기능 : 전류를 수십 배로 증폭 할 수 있다.
㉢ 연산 기능 : 계전기를 여러 개 사용하면 할 수 있다.
㉣ 변환 기능 : 릴레이는 코일부와 접점이 전기적으로 절연되어 있기 때문에 변환할 수 있다.

② 타이머(time relay) : 미리 설정해 놓은 시간에 따라 접점을 개폐하는 계전기이다.
  ㉠ 한시동작 순시복귀 타이머(온 딜레이 타이머(ON delay timer)) : 전원이 on되고 설정시간이 지나야 접점이 동작한다. 전원이 off되면 즉시 접점은 복귀한다.
  ㉡ 순시동작 한시복귀 타이머(오프 딜레이 타이머(OFF delay timer)) : 전원이 on되면 즉시 접점이 동작한다. 전원이 off 되고 설정시간이 지나야만 접점은 복귀한다.

예상문제

1 기계적 운동을 전기적 신호로 바꾸어 주는 것으로 물체가 소정의 위치에 있는가, 힘이 가해져 있는가 등의 기계량의 검출에 사용되는 스위치는 어느 것인가?

① 리밋 스위치　　　　　　　② 액면 스위치
③ 온도 스위치　　　　　　　④ 근접 스위치

정답 | ①

2 전 단계의 작업 완료 여부를 리밋 스위치 또는 센서를 이용하여 확인한 후 다음 단계의 작업을 수행하는 것으로서 공장 자동화에 가장 많이 이용되는 제어 방법은?

① 메모리 제어　　　　　　　② 시퀀스 제어
③ 파일럿 제어　　　　　　　④ 시간에 따른 제어

정답 | ②

2 논리 회로

1) 논리 대수의 기초 논리 회로

(1) 수의 표현
① 2진법 : 0과 1의 2개의 숫자로만 표현한다.
② 2진화 10진 부호(BCD) : 10개의 숫자 0, 1, 2, 3, 4, 5, 6, 7, 8, 9를 각각 4자리 수의 2진법 0000, 0001, 0010, 0011, 0100, 0101, 0110, 0111, 1000, 1001로 바꾸어 10진수를 나타낸다.
③ 8진법 : 숫자 0~7을 이용해서 나타낸다.
④ 16진법 : 10진수의 10, 11, 12, 13, 14, 15에 대응하는 숫자에 A, B, C, D, E, F로 대신해서 나타낸다.

10진수	2진수	8진수	16진수
0	0	0	0
1	1	1	1
2	10	2	2
3	11	3	3
4	100	4	4
5	101	5	5
6	110	6	6
7	111	7	7
8	1000	10	8
9	1001	11	9
10	1010	12	A
11	1011	13	B
12	1100	14	C
13	1101	15	D
14	1110	16	E
15	1111	17	F

(2) 10진수와 2진수의 상호 변환

```
2 ) 41    (나머지)
2 ) 20    1
2 ) 10    0
2 ) 5     0         101001
2 ) 2     1         $=2^5+2^3+2^0$
    1     0         $=32+8+1$
                    $=41$
```

(결과) 101001   (결과) 41
10진 → 2진 변환(정수)   2진 → 10진 변환(정수)

(3) 논리 대수

① 논리 대수의 공리

X는 논리 변수라면

[공리1] X≠1이면 X=0   X≠0이면 X=1
[공리2a] 0 · 0=0   [공리2b] 1+1=1
[공리3a] 1 · 1=1   [공리3b] 0+0=0
[공리4a] 1 · 0=0 · 1=0   [공리4b] 0+1=1+0=1
[공리5a] $\overline{0}$=0   [공리5b] $\overline{1}$=0

② 논리 대수의 정리

　　㉠ 1변수 경우의 정리

[정리1a] X+0=X　　　　　　[정리1b] X · 1=X
[정리2a] X+1=1　　　　　　[정리2b] X · 0=0
[정리3a] X+X=X　　　　　　[정리3b] X · X=X
[정리4a] $\overline{\overline{X}}$=X
[정리5a] X+$\overline{X}$=1　　　　　　[정리5b] X · $\overline{X}$=0
[정리6a] X+X+⋯+X=X　　　[정리6b] X · X · ⋯ · X=X

　　㉡ 2변수 이상인 경우의 정리

[정리 7 교환법칙] : [a] X+Y=Y+X　　[b] X · Y=Y · X
[정리 8 결합법칙] : [a] (X+Y)+Z=X(Y+Z)　　[b] (X · Y) · Z=X · (Y · Z)
[정리 9 분배법칙] : [a] X · Y+X · Z=X · (Y+Z)　　[b] (X+Y) · (X+Z)=X+(Y · Z)
[정리 10 흡수법칙] : [a] X · (X+Y)=X　　[b] X+X · Y=X
[정리 11 드 모르간의 법칙] : [a] $\overline{X+Y}$=$\overline{X}$ · $\overline{Y}$　　[b] $\overline{X · Y}$=$\overline{X}$+$\overline{Y}$
(드 모르간의 법칙은 두 집합의 교집합과 합집합의 여집합이 두 집합의 여집합과 어떤 관계인지 서술한다.)

③ 카르노 맵 알아보기

1953년 미국의 수학자 겸 물리학자인 모리스 카르노에 의해 고안되었다. 불 함수(Boolean function)를 최소화시키기 위해서 사용한다.

　　㉠ 특징
　　　　- 인접한 행(또는 열)에서 다음 행으로 바뀔 때
　　　　　한 비트만 바뀜 ⇨ 인접한 항을 묶을 수 있음
　　　　- 각 네모 칸은 최소항(midterm)을 의미
　　　　　⇨ 불 함수를 나타낼 수 있음

wx\yz	00	01	11	10
00	m_0	m_1	m_3	m_2
01	m_4	m_5	m_7	m_6
11	m_{12}	m_{13}	m_{15}	m_{14}
10	m_8	m_9	m_{11}	m_{10}

ⓒ 간략화 규칙
- 2^n개로만 묶을 수 있음
- 최대한 크게 묶어 묶음의 수를 최소화
- 각 항은 여러 번 재사용 가능
- 양쪽 끝은 연결되어 있음

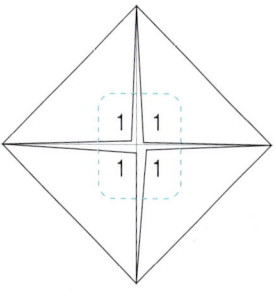

ⓒ 2-변수 카르노 맵
- 하나의 네모 칸은 2개의 리터럴 항을 나타낸다.
- 2개의 인접한 네모 칸들은 1개의 리터럴 항을 나타낸다.
- 4개의 인접한 네모 칸들은 전체 맵이며 1을 나타낸다.

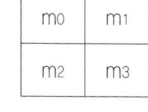

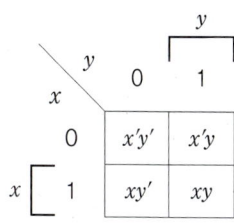

EX) $F = x'y' + x'y + xy'$

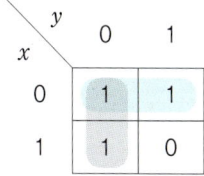

$x = 0$인 부분이 $1 \Rightarrow x'$
$y = 0$인 부분이 $1 \Rightarrow y'$
$\therefore F = x' + y'$

ⓓ 3-변수 카르노 맵
- 하나의 네모 칸은 3개의 리터럴 항을 나타낸다.
- 2개의 인접한 네모 칸들은 2개의 리터럴 항을 나타낸다.
- 4개의 인접한 네모 칸들은 1개의 리터럴 항을 나타낸다.
- 8개의 인접한 네모 칸들은 전체 맵이며 1을 나타낸다.

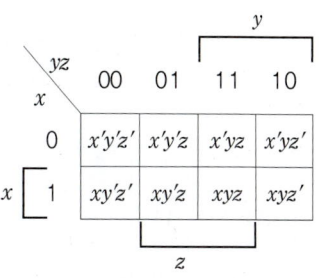

EX) $F = x'y' + x'z + y'z + xyz$

x \ yz	00	01	11	10
0	1	1	1	
1		1	1	

$x = 0$, $y = 0$인 부분이 1 ⇨ $x'y'$
$z = 1$인 부분이 1 ⇨ z
∴ $F = x'y' + z$

ⓐ 4-변수 카르노 맵
- 하나의 네모 칸은 4개의 리터럴 항을 나타낸다.
- 2개의 인접한 네모 칸들은 3개의 리터럴 항을 나타낸다.
- 4개의 인접한 네모 칸들은 2개의 리터럴 항을 나타낸다.
- 8개의 인접한 네모 칸들은 1개의 리터럴 항을 나타낸다.
- 16개의 인접한 네모 칸들은 전체 맵이며 1을 나타낸다.

m0	m1	m3	m2
m4	m5	m7	m6
m12	m13	m15	m14
m8	m9	m11	m10

wx \ yz	00	01	11	10
00	$w'x'y'z'$	$w'x'y'z$	$w'x'yz$	$w'x'yz'$
01	$w'xy'z'$	$w'xy'z$	$w'xyz$	$w'xyz'$
11	$wxy'z'$	$wxy'z$	$wxyz$	$wxyz'$
10	$wx'y'z'$	$wx'y'z$	$wx'yz$	$wx'yz'$

EX) $F(w, x, y, z) = \Sigma(0, 2, 4, 6, 7, 8, 10, 15)$

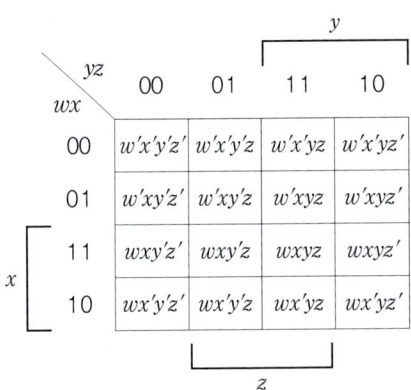

wx \ yz	00	01	11	10
00	1			1
01	1		1	1
11			1	
10	1			1

$x = 0$, $z = 0$인 부분이 1 ⇨ $x'z'$
$w = 0$, $z = 0$인 부분이 1 ⇨ $w'z'$
$x = 1$, $y = 1$, $z = 1$인 부분이 1 ⇨ xyz
∴ $F = x'z' + w'z' + xyz$

> **참고**
> 5-변수 부터는 직관적 판단이 어려워 카르노 맵을 잘 사용하지 않는다.

2) 기본 논리 소자

① AND 소자

㉠ 논리식 : $F = A \cdot B$ 또는 $F = A \cap B$

㉡ 논리 기호 :

AND 게이트

㉢ 진리표

입력		출력
A	B	F
L(0)	L(0)	L(0)
L(0)	H(1)	L(0)
H(1)	L(0)	L(0)
H(1)	H(1)	H(1)

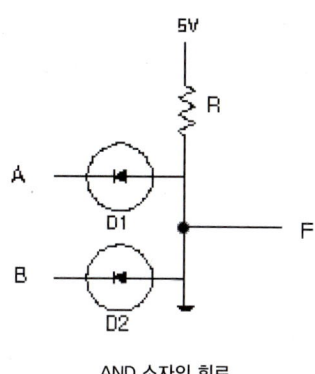

AND 소자의 회로

㉣ 논리 동작 : A가 1이고, B가 1일 때에만 F는 1이다.

② OR 소자

㉠ 논리식 : $F = A + B$ 또는 $F = A \cup B$

㉡ 논리 기호 :

OR 게이트

㉢ 진리표

입력		출력
A	B	F
L(0)	L(0)	L(0)
L(0)	H(1)	H(1)
H(1)	L(0)	H(1)
H(1)	H(1)	H(1)

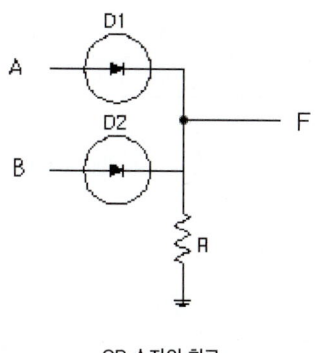

OR 소자의 회로

② 논리 동작 : A가 1또는, B가 1이면 F는 1이다.

③ NOT 소자
  ㉠ 논리식 : $F=\overline{A}$
  ㉡ 논리 기호 :

  NOT 게이트

  ㉢ 회로

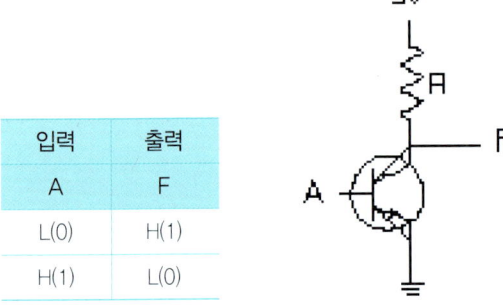

입력	출력
A	F
L(0)	H(1)
H(1)	L(0)

NOT 소자의 회로

  ㉣ 논리 동작 : A가 1이면 F는 0으로 되고, A가 0이면 F는 1로 된다.

④ NAND 소자
  ㉠ 논리식 : $F=\overline{A \cdot B}$
  ㉡ 논리 기호 :

  NAND 게이트

  ㉢ 진리표

입력		출력
A	B	F
L(0)	L(0)	H(1)
L(0)	H(1)	H(1)
H(1)	L(0)	H(1)
H(1)	H(1)	L(0)

  ㉣ 논리 동작 : A가 1이고, B가 1일 때에만 F는 0이다. (AND의 NOT이다)

⑤ NOR 소자
　㉠ 논리식 : $F=\overline{A+B}$
　㉡ 논리 기호 :

　　　　　　　NOR 게이트

　㉢ 진리표

입력		출력
A	B	F
L(0)	L(0)	H(1)
L(0)	H(1)	L(0)
H(1)	L(0)	L(0)
H(1)	H(1)	L(0)

　㉣ 논리 동작 : A가 1 또는 B가 1이면 F는 0이다.(OR의 NOT이다)

3) 배타적 논리합 소자

① 논리식 : $F=\overline{A}\cdot B+A\cdot \overline{B}=A\oplus B$

② 논리기호 :

　　　　　　XOR 게이트

③ 진리표 입력

입력		출력
A	B	F
L(0)	L(0)	L(0)
L(0)	H(1)	H(1)
H(1)	L(0)	H(1)
H(1)	H(1)	L(0)

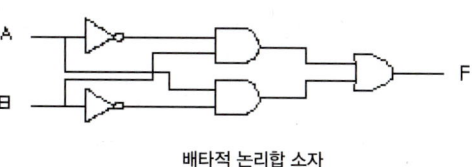

배타적 논리합 소자

④ 논리동작 : 입력 A, B의 어느 한쪽만이 1일 때 출력 F가 1이 되고, 입력 A, B가 모두 0 또는 1일때 출력 F가 0이 된다.

예상문제

1 다음 중 입력 신호가 0이면 출력이 1이 되고, 반대로 입력이 1이면 출력이 0이 되는 회로는?

① NAND ② NOR
③ AND ④ NOT

정답 | ④

2 입력 A가 1 또는 B가 1일 때 출력 C가 1이 되거나 입력 A, B 모두 0일 때 출력 C가 0이 되는 소자는?

① AND ② OR
③ NOT ④ NAND

정답 | ②

3 다음과 같은 진리표의 논리 회로는?

입력		출력
A	B	C
0	0	0
0	1	0
1	0	0
1	1	1

① NOR ② OR
③ NOT ④ AND

정답 | ④

3 시퀀스 제어의 기본 회로(KS 규격)

1 자기유지 회로(Self hold circuit)

스위치에 릴레이의 접점을 병렬로 연결시켜 그 회로의 신호를 기억하게 하는 회로

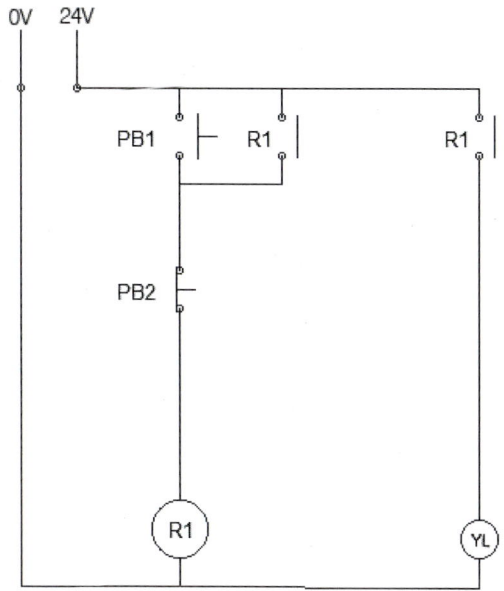

2 인터록 회로 (interlock circuit, 선 입력 우선 회로)

잘못된 조작으로 인해 기계의 파손이나 작업자의 위험을 방지하고자 할 때 사용되는 회로

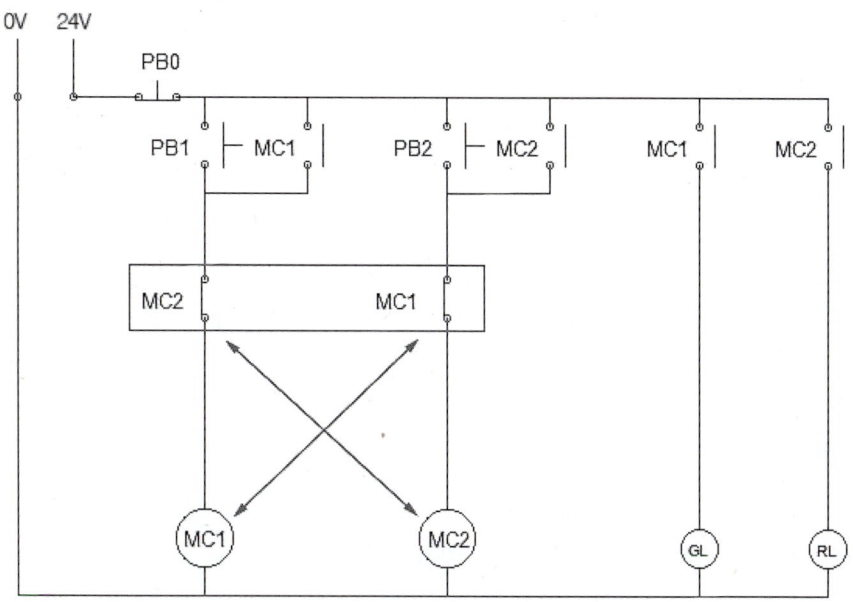

> 예상문제

1. 전동기의 정·역전 회로 등에서 다른 계전기의 동시 동작을 금지시키는 회로는?

   ① 인터록 회로　　　　　　　② 자기유지 회로
   ③ EX-OR 회로　　　　　　　④ 후 입력 우선 회로

   정답 | ①

2. 푸시 버튼 등의 순간 동작으로 만들어진 입력 신호가 계전기에 가해지면 입력 신호가 제거되어도 계전기의 동작을 계속적으로 지켜주는 회로는?

   ① 인칭(Inching) 회로　　　　② 인터록 회로
   ③ 지연 회로　　　　　　　　④ 자기유지 회로

   정답 | ④

4 전동기 제어 일반(3상 유도 전동기(Y결선))(KS 규격)

1 전동기 정역운전 제어 회로

1) 회로도

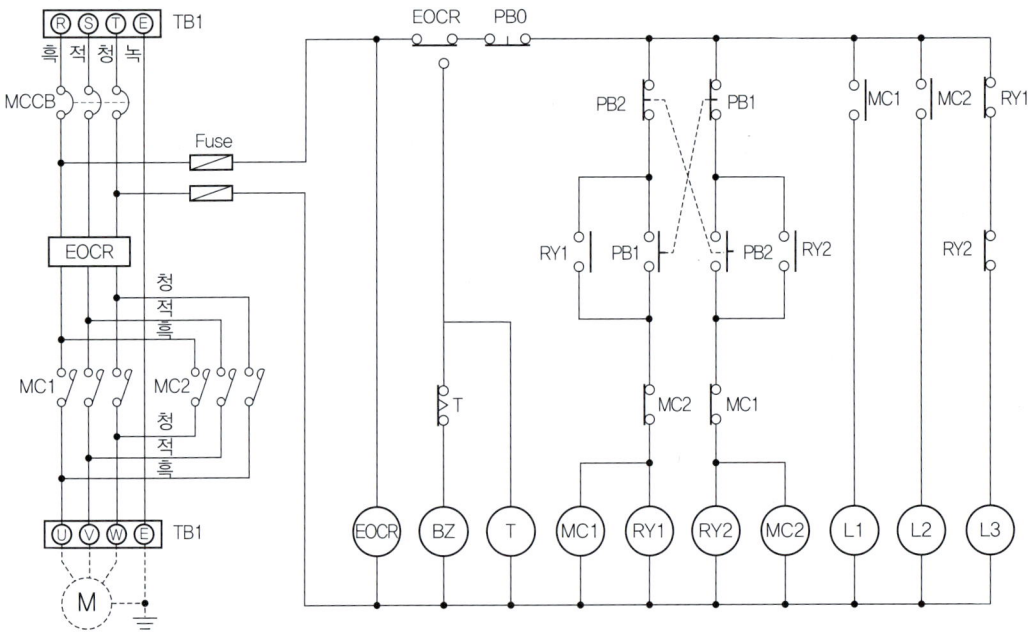

2) 동작설명

　① 차단기 (MCCB)를 올리면 L3 점등함

　② 이때 PB1을 누르면 MC1 여자되어 모터 정회전, L1 점등, L3 소등함

　③ 이때 PB2를 누르면 MC2 여자되어 모터 역회전, L2 점등함(PB1을 눌렀을 때 상태는 모두 OFF)

④ 이때 다시 PB1을 누르면 MC1 여자되어 모터 정회전, L1점등함(PB2을 눌렀을 때 상태는 모두 OFF)
⑤ 운전 중 PB0를 누르면 처음 차단기를 올린 상태로 돌아감
⑥ 운전 중 EOCR 동작 시 모터는 정지하고, 버저가 동작하고, t초 후 버저 정지함
⑦ EOCR를 초기화하면 처음 차단기 올린 상태로 돌아감

2 급·배수 제어 회로

1) 회로도

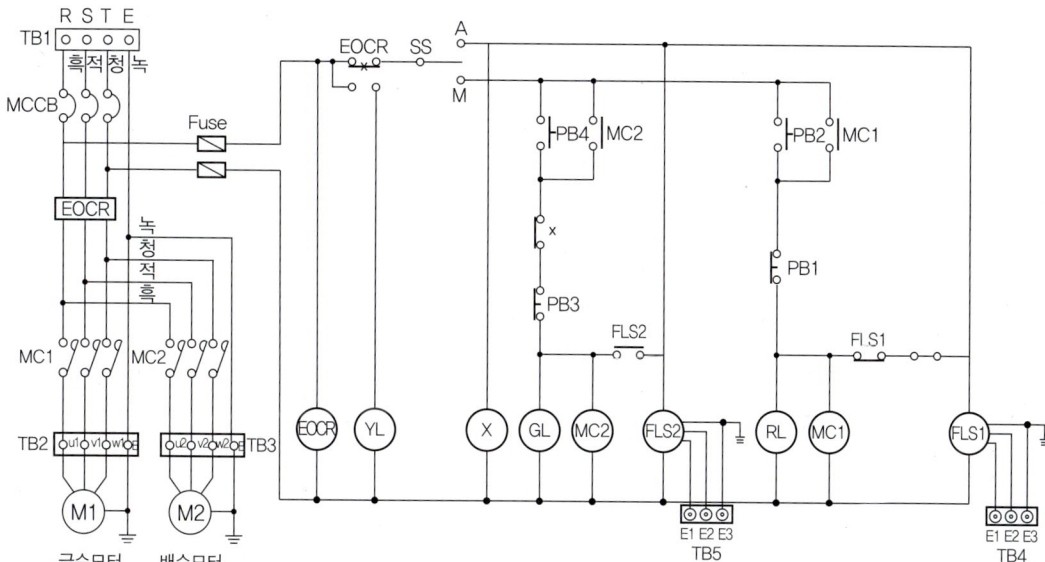

2) 동작설명

(1) 수동 (manual)

① 차단기 (MCCB)를 올리면 셀렉터 스위치 (selector switch)를 수동으로 전환함
② 이때 PB2를 누르면 MC1 여자되어 급수모터 동작, RL 점등함
③ 이때 PB1을 누르면 MC1 소자되어 급수모터 정지, RL 소등함
④ 이때 PB4를 누르면 MC2 여자되어 배수모터 동작, GL 점등함
⑤ 이때 PB2를 누르면 MC2 소자되어 배수모터 정지, GL 소등함
⑥ 모터 운전 중 과전류로 인해 EOCR이 동작되면 YL 점등함
⑦ EOCR를 초기화하면 처음 차단기 올린 상태로 돌아감

(2) 자동 (automatic)

① 차단기(MCCB)를 올리면 셀렉터 스위치(selector switch)를 자동으로 전환함
② 릴레이 X가 여자되어 급수모터 동작, RL 점등함
③ 급수탱크에 물이 가득 차면 플로트레스 스위치 센서1이 동작하여 급수모터 정지함

④ 배수탱크에 물이 가득 차면 플로트레스 스위치 센서2가 동작하여 배수모터 동작함
⑤ 배수탱크에 물이 비워지면 배수모터 정지함
⑥ 모터 운전 중 과전류로 인해 EOCR이 동작되면 YL점등함
⑦ EOCR를 초기화 하면 처음 차단기 올린 상태로 돌아감

예상문제

1 급·배수 제어 회로 구성 시 꼭 필요한 계전기는?

① 플로트레스 스위치　　　② 타이머
③ 릴레이　　　　　　　　④ 전자식 과전류 계전기(EOCR)

정답 | ①

5 센서(Sensor)의 종류와 특성

자동화 공정 (Factory Automation) 필수 요소라고 할 수 있는 센서.

센서의 의미는 '느낀다', '지각한다' 등의 의미를 갖는 라틴어에서 유래된 말이다. 인간이 눈, 코, 혀, 피부, 귀에 의해서 광, 냄새, 맛, 열, 음 등의 정보를 파악하는 감각작용을 가리킨다.

1 리밋 스위치 (limit switch)

기계적인 움직임에 의해 접점이 개폐되는 스위치

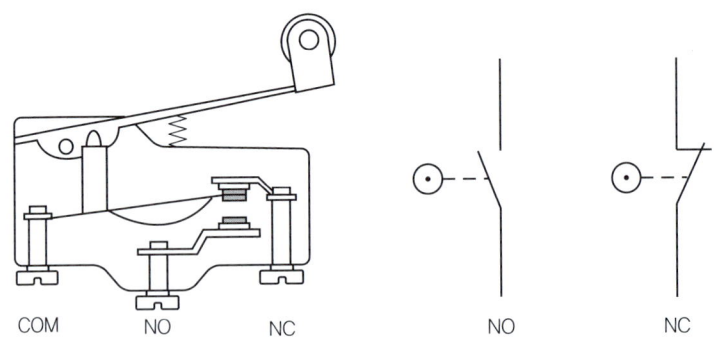

리밋 스위치의 구조와 그림 기호

2 근접 스위치

근접 센서는 전자기 유도를 이용해 물체를 감지한다. 물이나 오일이 튀는 열악한 환경에서 사용한다.

1) 유도형(inductive) 근접 스위치 : 자계를 이용하는 것

유도형 근접 스위치는 금속에만 반응하는 센서이고, 이 스위치는 LC 회로를 이용한다.

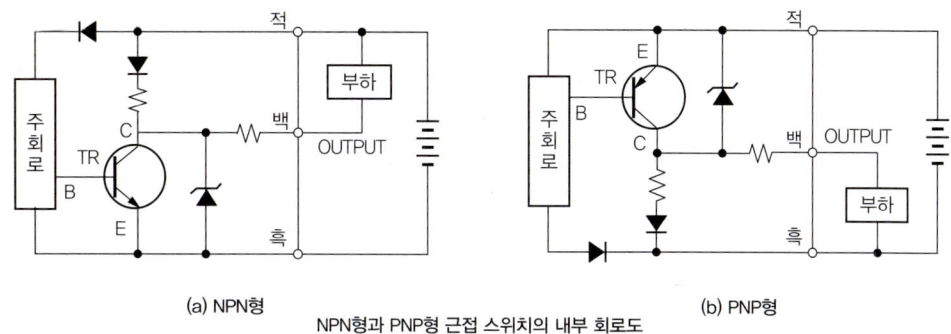

NPN형과 PNP형 근접 스위치의 내부 회로도

2) 정전용량형 근접 스위치 : 전계를 이용하는 것

정전용량형 근접 스위치는 유도형과 달리 금속과 비금속 모든 물체에 반응한다. 센서 앞에 물체가 놓이면 센서와 대지 사이의 정전용량이 증가하게 된다. 즉, 콘덴서의 두 판 사이에 비유전율이 1보다 큰 물질이 놓이면 용량이 증가되는 것과 같다. 공기를 제외한 모든 물체는 비유전율이 1보다 크기 때문에 모든 물체를 검출할 수 있다.

3 리드 스위치(read switch)

영구 자석의 자기 유도를 이용해 물체를 검출한다.

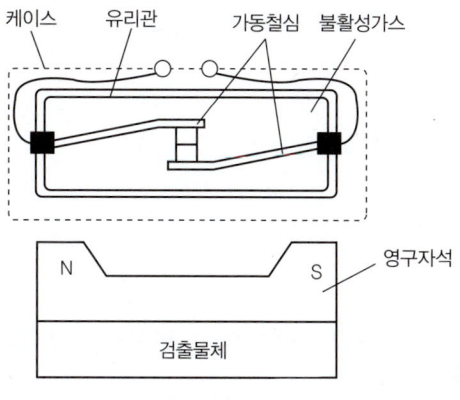

리드 스위치의 내부 구조

4 광전 스위치 (Photo Electronic Sensor, 포토 센서)

빛(Light)을 이용한 센서로 레이저 및 적외선을 이용하여 물체의 유무를 판별하는데 사용한다.

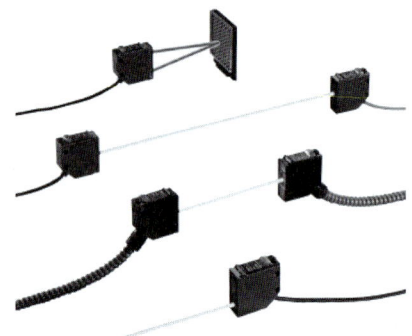

5 온도 스위치 (Temperature Sensor)

물체 또는 주변 환경의 온도를 측정 및 감지하는 센서

예상문제

1 센서의 선정 시 유의 사항이 아닌 것은?

① 정확성　　② 감지거리
③ 반응속도　　④ 가격

정답 | ④

2 광감지기(photo sensor)는 무엇을 이용한 것인가?

① 빛　　② 자석　　③ 힘　　④ 속도

정답 | ①

3 열팽창 계수가 큰 금속과 작은 금속의 두 판을 접합시키면 온도변화에 따라 변형 및 내부 응력이 발생하여 온도 센서로 사용되는 것은?

① 압전성 재료　　② 도전성 고분자 복합재료
③ 매트릭스　　④ 바이메탈

정답 | ④

4 다음은 어느 센서에 대한 설명인가?

> 측정하는 센서의 대상은 기체, 액체, 고체, 플라즈마, 생체 등 다양하고 접촉식과 비접촉식으로 구분된다. 열전대, 바이메탈, 서미스터, 블로미터, 갑은 페라이트 등이 있다.

① 온도 센서 ② 광센서
③ 자기 센서 ④ 압력 센서

정답 | ④

6 고장의 종류 해석에 관한 용어

1 계전기(Relay, 릴레이)

1) 계전기의 구조

철심에 코일을 감고 전류를 흘리면 철심이 전자석으로 되어 금속을 끌어당기는 기자력이 발생한다. 이 힘을 이용하여 접점을 개·폐한다. 큰 전류에는 전자 접촉기(MC : magnetic contact, PR : power relay)를 사용한다.

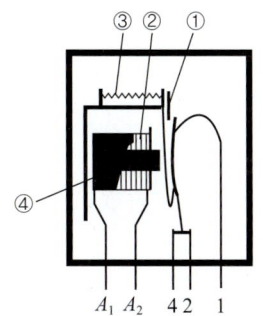 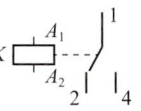

부품 및 단자별 명칭
① 아마추어 A_1, A_2 : 코일 전원
② 코일   1. 공통 단자
③ 스프링   2. b 접점(NC)
④ 철심   4. a 접점(NO)

14핀 릴레이의 구조와 기호

2) 릴레이의 장·단점

(1) 장점
① 여러 독립 회로를 개·폐할 수 있다.
② 주위 온도의 영향을 거의 받지 않는다.

(2) 단점
① 개·폐하는 동안 잡음이 발생한다.
② 트랜지스터에 비해 큰 공간이 필요하다.
  ※ 트랜지스터는 전류 또는 전압을 제어하여 증폭하거나 스위치 역할을 하는 반도체 소자이다.
③ 개·폐 속도가 트랜지스터에 비해 늦다.

2 타이머(Timer)

타이머는 타임 릴레이 이다. 시간차를 두고 접점을 개·폐한다.

3 카운터(Counter)

계수 제어를 행할 때 사용한다. 다음 3종류가 있다.

① 가산 카운터(Up counter)
② 감산 카운터(Down counter)
③ 가·감산 카운터(Up/Down counter)

예상문제

1 전자기력의 흡인력을 이용하여 접점을 개폐하는 기능을 가진 기기는?
① 타이머
② 카운터
③ 릴레이
④ 배선용 차단기

정답 | ③

2 어떠한 스위치 동작에 시간차를 두고 접점의 개폐가 이루어질 수 있도록 하는 기능을 가진 것은?
① 타임 계전기
② 카운터
③ 전자식 과전류 계전기
④ 플리커 계전기

정답 | ①

전기측정

1 전류의 측정 : 분류기(Shunt resistor [Ω])

1 분류기는 전류의 측정 범위를 넓히기 위해 전류계에 병렬로 달아주는 저항기이다.

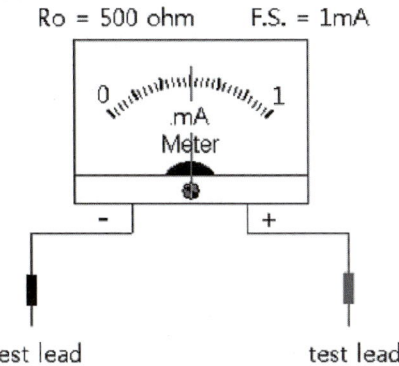

한 예로 위 전류계에 흐를 수 있는 최대 전류는 1[mA]로 1[mA] 이상을 측정할 수 없다. 아래처럼 전류계에 병렬로 분류기를 달아주어 측정 범위를 넓혀준다.

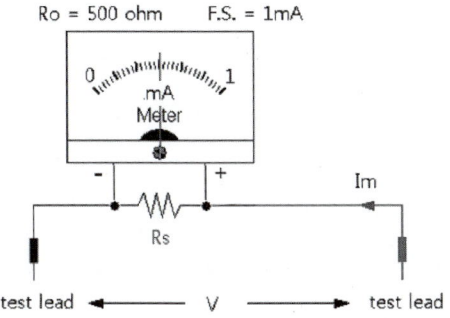 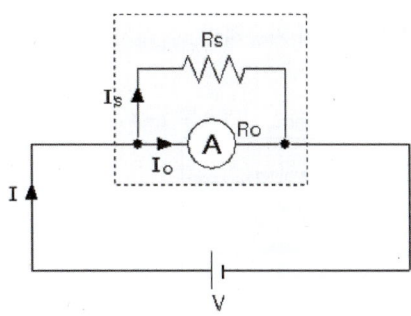

$$I_0 = \frac{R_s}{R_0 + R_s} \times I [A]$$

$$\frac{I_0}{I} = \frac{R_s}{R_0 + R_s}$$

$$m = \frac{I}{I_0} = \frac{R_0 + R_s}{R_s} = \frac{R_0}{R_s} + 1$$

$$m - 1 = \frac{R_0}{R_s}$$

$$\therefore R_s = \frac{R_0}{m-1} [\Omega]$$

여기서,

I_0 : 전류계에 흐르는 전류[A]

I_s : 분류기 저항에 흐르는 전류[A]

I : 측정하고자 하는 전류[A]

R_0 : 전류계 내부 저항[Ω]

R_s : 분류기 저항[Ω]

2 전압의 측정 : 배율기(multiplier resistor [Ω])

배율기는 전압의 측정 범위를 넓히기 위해 전압계에 직렬로 달아주는 저항기이다.

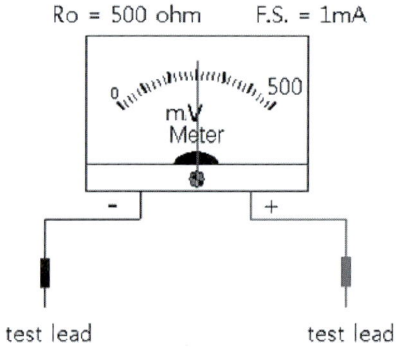

한 예로 위 전압계에 흐를 수 있는 최대 전류는 1[mA], 내부저항 500[X]이다. 계산하면 500[mV] 이하만 측정이 가능하다. 아래처럼 전압계에 직렬로 배율기를 달아 주어 측정 범위를 넓혀준다.

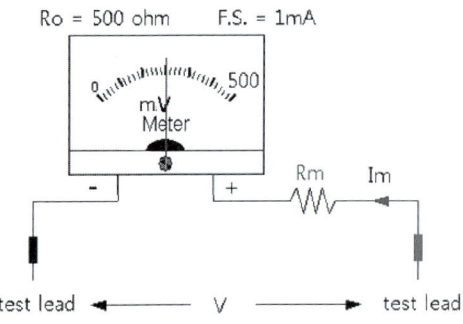 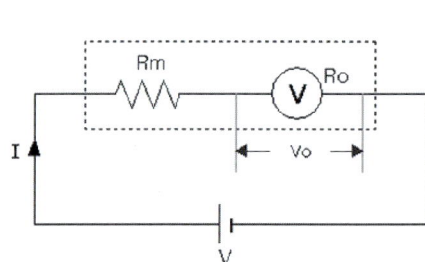

$$V_0 = \frac{R_0}{R_0 + R_m} \times V[V]$$

$$\frac{V_0}{V} = \frac{R_0}{R_0 + R_m}$$

$$m = \frac{V}{V_0} = \frac{R_0 + R_m}{R_0} = 1 + \frac{R_m}{R_0}$$

$$\therefore R_m = R_0 \times (m-1)[\Omega]$$

여기서,
V_0 : 전압계에 가해지는 전압[V]
V : 전전압[V]
R_0 : 전압계 내부 저항[Ω]
R_m : 배율기 저항[Ω]

3 저항의 측정

물질의 저항을 측정하는 방법은 크게 두 가지이다. 회로에 저항계를 연결하여 직접 저항을 측정하는 '직접 측정', 옴의 법칙을 이용해 저항을 구하는 '간접 측정'이다.

옴의 법칙은 독일의 과학자 게오르크 옴이 발견한 것으로 회로 내 전류(I)는 전압(V)에 비례하고 저항(R)에 반비례한다는 것이다.

회로에 걸린 전압이 같을 때 저항이 크면 전류의 흐름이 작고, 저항이 작으면 전류의 흐름이 커진다. 따라서 전기 회로에 걸린 전압의 크기와 흐르는 전류의 크기를 안다면 회로의 저항을 구할 수 있다.

즉, 1[V]의 전압이 흐르는 회로에 1[A]의 전류가 흐른다면 이 회로의 전기 저항은 1[Ω]이다.

$$저항(R) = \frac{전압(V)}{전류(I)} [\Omega]$$

예상문제

1 전압계의 측정범위를 넓히기 위하여 전압계에 직렬로 저항을 접속하는데, 이 저항을 무엇이라고 하는가?

① 분류기　　　　　　　　　② 배율기
③ 가변저항　　　　　　　　④ 미소저항

정답 | ②

2 50[V]의 전압계가 있다. 이 전압계를 써서 150[V]의 전압을 측정하려면 몇 [Ω]의 저항을 외부에 접속해야 하겠는가? 이때 전압계의 내부저항은 5,000[Ω]이라고 한다.

① 1,000　　　　　　　　　② 1,500
③ 10,000　　　　　　　　　④ 15,000

정답 | ③

PART 06

용접

Chapter 01 용접 개요 및 가용접 개요
Chapter 02 피복아크 용접 장비 및 용접설비
Chapter 03 가스 용접 및 절단
Chapter 04 피복아크 용접 작업

용접 개요 및 가용접 개요

1 용접 개요 및 원리

1 용접의 원리

용접(welding)은 접합하고자 하는 2개 이상의 금속재료를 용융 또는 반용융 상태에서 용접봉(용가재)를 첨가하여 접합 또는 결합하는 것을 말한다.

금속과 금속의 원자간 거리를 충분히 접근시키면 원자 간에 인력 1cm의 1억분의 1 정도($1 Å = 10^{-8}$cm)까지 전기나 가스와 같은 열원을 이용하여 금속 원자 간에 영구 결합을 이루는 것을 용접이라 한다.

2 접합

금속 및 비금속 재료의 접합은 기계적 접합과 야금적 접합이 있다.

1) 기계적 접합

금속을 용융시키지 않고 볼트이음(bolt joint), 리벳이음(rivetjoint), 접어잇기(seam), 키 및 코터 이음 등이 있으며, 볼트나 키와 같이 수시로 분해할 수 있는 이음과 리벳, 접어 잇기와 같이 수시로 분해 할 수 없는 것이 있다.

2) 야금적 접합

금속과 금속을 충분히 접근시키면 금속 원자 사이에 인력이 작용하며 그 인력에 의하여 금속을 영구 결합시키는 것으로 융접, 압접 등이 이에 속한다.

3) 납땜 접합

모재를 용융시키지 않고 용가재(납)를 첨가하여 확산과 표면 장력에 의해 접합하는 방법이다.

2 용접의 종류와 용도

용접의 종류에는 가열하는 열원과 접합하는 방법에 따라서 융접(fusion welding), 압접(pressure welding), 납땜(brazing and soldering)의 3가지로 분류할 수 있다.

1) 융접

모재와 용가재 (용접봉) 가열용융 결합하는 접합

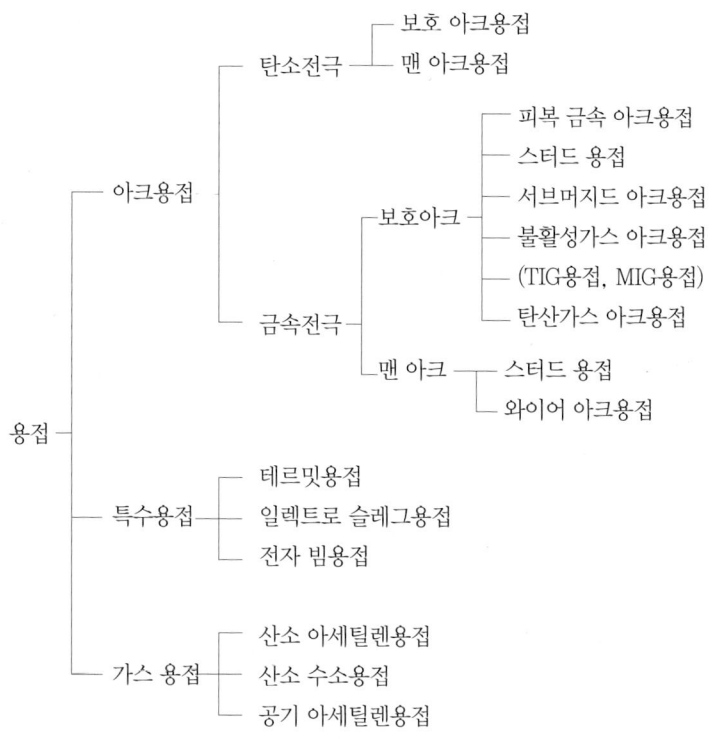

용접의 분류

2) 압접

모재(금속)와 모재를 가열하여 용융 또는 반용융 상태에서 압력을 가해서 접합하는 방법

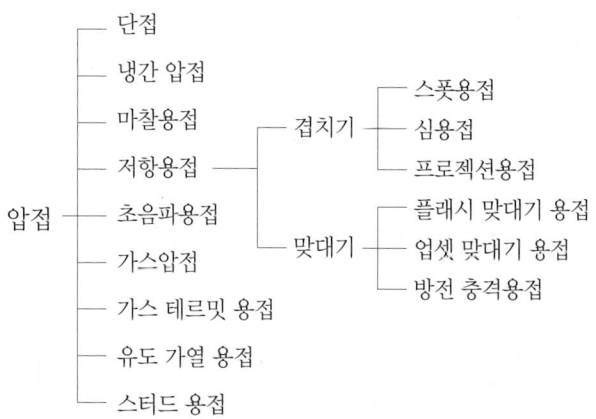

압접의 분류

3) 납땜

모재를 용융시키지 않고 용가재(납) 용융시켜 모재의 친화력에 의해 접합 방법

납땜 ┬ 연납땜
　　　└ 경납땜 : 가스, 노내, 저항, 담금, 진공, 유도 가열납땜

납땜의 분류

1 피복아크용접

피복아크 용접은 소모성 전극식 방법 중 하나로, 피복제를 바른 용접봉과 피용접물(모재) 사이에서 발생한 아크의 열을 이용하여 용접하는 방법이다. 이 용접법은 SMAW(Shield Metal Arc Welding)이라고도 한다.

① 용도 : 재료로는 순철, 강철 용접이 우수하고 모든 철강제품 제작에 사용되고 있다.

2 스터드용접(stud welding)

스터드 용접은 볼트나 환봉 등을 강판이나 형강에 직접 용접하는 방법으로 볼트나 환봉을 피스톨형의 홀더에 끼우고 모재와 볼트사이에 순간적으로 아크를 발생시켜 용접하는 방법이다.

① 용도 : 스터드 용접은 철골 구조물, 자동차 차체, 전기 패널, 기계 부품, 전기 및 기계 부품, 실험실 및 의료 장비, 통신 엔지니어링, 가전제품 등에서 스터드 용접이 활용된다.

3 서브머지드 아크용접

서브머지드 아크용접은 자동 용접으로 모재의 이음 표면에 미세한 가루(입상)의 용제를 공급하고, 용제 속에 연속적으로 전극 와이어를 송급하여 모재 및 전극 와이어를 용융시켜 용접부를 대기로부터 보호하면서 용접하는 방법으로 잠호 용접 또는 유니언 멜트용접, 링컨용접으로 불리고 있다.

① 용도 : 보호 가스를 필요로 하지 않으며, 스패터 및 스파크를 방지하고 용접 금속을 보호하며 길고 곧은 직선 비드 용접에 주로 후판 강철용접에 사용되고 있다.

4 불활성가스 아크용접

불활성 가스 아크용접은 알곤이나 헬륨과 같은 고온에서 반응하지 않는 불활성 가스 속에서 텅스텐 봉 또는 금속 전극선과 모재 사이에 아크를 발생시켜 용접하는 방법이다.
이 용접 방법은 크게 두 가지로 나뉜다.

1) TIG (Tungsten Inert Gas) 용접

토치의 노즐로부터 분출되는 불활성 가스 속에서 비소모성인 텅스텐 전극과 모재 사이에 아크를 발생시키고, 그 열로 별도의 용접봉(용가재)을 용융시켜 접합한다.

① 용도 : 주로 비철금속인 알루미늄, 티타늄, 마그네슘 강철 재료인 스텐레스(STS)등의 용접에 사용된다.

② 보호 가스는 알곤(Ar)가스, 헬륨(He) 가스 사용한다.

2) MIG (Metal Inert Gas) 및 MAG용접

용접토치로부터 불활성 가스가 분출되면서 동시에 지름 1~2mm의 소모성 전극와이어와 모재 사이에 아크를 발생시켜 접합한다.

① MIG 용접은 전자동식과 반자동식으로 나뉘며, 전류 밀도가 아크용접보다 높아 안정된 아크와 깨끗한 용접면을 얻을 수 있다. 두꺼운 판재 용접에 적합하다. 또한 낮은 전류에서도 용입이 깊고 용접 속도가 빠르다.

② 용도 : 철강 금속에서 비철 금속까지 거의 모든 종류의 금속의 용접이 가능하다.

③ MIG (Metal Inert Gas)용접은 보호가스를 100% 사용하며 MAG용접과 MIG용접은 같은 용접 방식을 사용하지만, 보호가스로 비활성가스 (예 : 아르곤, 헬륨)를 사용하는 미그용접과 활성가스 (예 : 이산화탄소, 아르곤, 산소 : 혼합가스)를 사용하는 MAG용접으로 구분한다.

5 탄산가스 아크용접

탄산가스(CO_2) 아크 용접은 아르곤이나 헬륨가스 대신 경제적인 탄산가스를 이용하는 용접 방법이다. 전극을 주로 소모성(용극식)으로 사용하며, 탄산가스(CO_2)는 고온 아크에서 산화성이 크고 용착금속의 산화가 심해 기공 및 결함이 발생하기 쉽다. 따라서 Mn, Si 등의 탈산제를 함유한 와이어(플럭스 코드와이어)를 사용하여 이러한 결함을 방지한다.

① 용도 : 연강 용접에서 비경제적이지만 용접 강도가 우수하며, 자동용접으로 널리 사용하고 비용도 저렴하여 많이 쓰이고 있다.

② 탄산가스 아크 용접은 환기에 유의해야 한다.

6 가스 용접

가스 용접은 아세틸렌, 수소 등의 가연성가스와 조연성 가스인 산소를 혼합한 혼합가스 연소시켜 그 연소열을 이용하여 용접하는 것으로 대표적인 가스 용접 방법으로는 산소-아세틸렌용접이 있으며 산소-아세틸렌가스 불꽃의 연소 온도는 약 3000℃ 이상이 된다.

용도 : 주로 강철박판, 알루미늄, 구리와 같은 금속을 용접할 때 사용한다.

7 테르밋용접(thermit welding)

테르밋용접은 미세한 알루미늄 분말과 산화철 분말을 3~4 : 1의 중량비로 혼합한 테르밋제에 과산화바륨과 마그네슘 분말을 혼합한 분말과 점화촉진제를 넣어 연소시키면 화학반응에 의해 약 2800℃ 이상의 고온에 달하고, 이때 생성되는 용융금속을 금속 접합부에 주물처럼 유입시켜 금속을 접합하는 방법 이다.

① 용도 : 철도 레일 등의 용접에 이용된다.

② 테르밋 화학반응식 : $2AL + Fe_2O_3 = 2Fe + AL_2O_3 + 181.5$ (Kcal)

8 저항용접(resistance welding)

저항용접은 용접부에 대전류를 직접 흐르게 하여 전기 저항열을 이용하여 접합부를 국부적으로 가열시킨 후 압력을 가하여 접합하는 방법이다. 이때의 저항열은 다음과 같으며 줄의 법칙에 의하여 계산한다.

$$H = 0.238\, I^2 Rt$$
H : 발생열량(cal), I : 전류(A)
R : 저항(Ω), t : 통전시간(sec)

① 종류 : 스폿 용접(Spot Welding) 심 용접(Seam Welding), 프로젝션 용접(Projection Welding), 플래시 용접(Flash Welding), 업셋 용접(Upset Welding) 등이 있다.
② 용도 : 판금, 자동차차체, 와이어, 튜브 등의 대량 생산에 사용되며, 강, 스테인리스강, 규소청동, 봉, 상자, 캔, 파이프, 프레임 등 로봇 자동화 금속의 용접에도 널리 사용된다.

9 납땜

납땜은 접합하려고 하는 금속을 용융시키지 않고 모재보다 용융점이 낮은 용가재를 금속 사이에 용융 첨가하여 접합하는 방법으로 땜납과 모재 사이의 모세관 현상을 이용하여 접합 한다.

① 연납땜 : 납땜의 한 종류로, 녹는점이 450°C 이하인 연납을 사용하여 접합한다.
   용도 : 주로 전자 부품을 기판(PCB)에 조립할 때 많이 사용되며, 배관 설비에서 구리 관을 연결하는데도 사용하고 있다.
② 경납땜 또는 브레이징(brazing) : 녹는점이 450°C이상에서 경납을 접합부로 녹이고 흐르게 하여 두 개 이상의 금속을 함께 결합하는 접합 이다. 브레이징은 납땜보다 더 높은 온도와 밀착된 부품을 사용하여 금속을 접합한다. 이 과정에서 용가재는 모세관 작용에 의해 밀착 부품 사이의 틈으로 흘러 들어가며, 주요 이점은 동일하거나 다른 금속을 상당한 강도로 결합할 수 있다.
③ 납땜 가열방법 :
   ㉠ 저항납땜 (Resistance Welding) : 이음부에 납땜재와 용제를 발라 저열을 이용하여 가열한다.
   ㉡ 가스납땜 (Gas Welding) : 기체나 액체 연료를 토치나 버너로 연소시켜 그 불꽃을 이용하여 납땜한다.
   ㉢ 노내 납땜 (Forge Welding) : 노속에서 가열하여 납땜하는 방법이다.

10 일렉트로 슬래그용접

일렉트로 슬래그용접은 아크열이 아닌 와이어와 용융 슬래그사이에 통전된 전류의 저항열을 이용하는 용접의 일종이다. 후판 용접에서는 다른 용접에 비하여 대단히 경제적이다.

① 용도 : 두꺼운 강판 용접 시 많이 사용하는 수직 용접법으로, 용접 속도가 빠르고 조작이 간단하다는 장점이 있다. 선박, 철도, 교량 등의 중공업 구조물 용접, 석유화학 플랜트, 발전소 등의 대형 설비 용접, 자동차, 기계 등의 산업용 부품 용접 등에 활용된다.

11 전자 빔 용접 (EBW : Electron Beam Welding)

전자 빔 용접은 10^{-4}mmHg 이상의 높은 중에서 고속의 전자 빔을 형성시켜 그 전자류가 가지고 있는 에너지를 용접 열원으로 한 용접이며 폭이 좁고 용입이 깊은 용접부를 얻을 수 있다. 용접 속도가 빠르고 박판에서 후판까지 단일 패스로 Key-hole 용접이 가능, 또한 용접부의 재질 변화가 적어 고융점 금속 및 이종 금속의 용접이 가능하다.

① 용도 : 정밀 부품의 용접이 가능하고 자동화에 적합하다.

12 가스압접

가스압접에 사용되는 열원은 주로 산소-아세틸렌 불꽃이 사용되며 접합부를 그 재료의 재결정 온도 이상으로 가열하여 축방향으로 압축력을 가하여 접합하는 방법이다.

① 용도 : 철근이음접합용접, 기차레일이음 접합 용접, 매우 두껍고 겹침 용접이 불가능한 용접에 사용되고 있다.

13 마찰용접(friction welding)

마찰용접은 2개의 모재에 압력을 가해 접촉시킨 다음, 서로 상대운동을 시켜 접촉면에서 발생하는 마찰열을 이용하여 이음면 부근이 압접 온도에 도달하였을 때 강한 압력을 가하여 업셋시키고, 동시에 상대운동을 정지해서 압접을 완료하는 용접이다.

1) 마찰용접의 과정

① 용접하고자 하는 두 재료를 마찰용접기에 물려 한 쪽은 고정시키고, 다른 한 쪽을 고속으로 회전시킨다.
② 마찰로 인해 발생하는 열로 접촉면 및 주위가 연화되어 마찰용접 온도에 도달하게 한다.
③ 상대 운동을 정지시킨 후 강력한 단조 가압하여 두 재료를 접합시킨다.

2) 자동차 부품, 항공기, 기계부품, 공구류 등에 응용되고 있다.

14 초음파용접(ultrasonic welding)

초음파용접은 용접물을 겹쳐서 용접 팁과 하부 앤빌 사이에 끼워 놓고 압력을 가하면서 초음파(18KHz 이상) 주파수로 횡진동을 주어 그 진동 에너지에 의한 마찰열로 압접하는 방법이다.

1) 초음파 용접의 과정

① 초음파 발생기는 전기 에너지를 초음파 주파수의 진동으로 변환한다.
② 진동은 변환기를 통해 기계적 진동으로 변한다.
③ 부스터는 진동의 크기와 방향을 조절하여 용접 헤드로 전달한다.
④ 용접 헤드는 두 부품을 압축하면서 초음파 진동을 부품에 전달한다.

⑤ 진동은 부품 사이의 접촉면에서 마찰을 생성하며, 이 마찰로 인해 열이 발생하며 이 열은 플라스틱 부품의 융화점에 도달하면 부품이 용융되어 플라스틱 부품들이 서로 결합되고 하나의 부품으로 제작된다.
⑥ 진동이 중지되면 부품은 빠르게 냉각되어 응고 결합된다.

2) 용도

① 플라스틱 결합용접에 사용되며 주로 자동화 용접이 가능하다.

15 냉간압접(Cold Pressure Welding)

냉간 압접은 상온에서 강하게 압축함으로써 경계면을 국부적으로 소성 변형시켜 압접하는 방법이다.

1) 용도

Al, Cu, Ag, Pb 및 각종 철강 등의 접합에 이용되며 주로 봉, 파이프 제작에 사용되고 있다.

3 용접의 장·단점

1 용접의 용도

용접 기술은 모든 산업현장의 철강, 비철, 비금속에 이르기까지 다양하게 사용되고 있으며, 용접의 중요도는 계속 높아가고 있다.

용접에 의해 제조, 제작되는 중요한 것을 살펴보면 다음과 같다.
① 철구조물 : 철탑, 교량, 석유화학 탱크, 건물, 테라스 등
② 운반기계 : 선박, 자동차, 탱크, 장갑차, 항공기, 중장비, 철도차량 등
③ 기계 장치류 : 보일러, 압력 용기, 기계부품, 배관, 기계설비 등
④ 가정용품 : 난로, 주방기기, 가전제품 등
⑤ 기타 : 원자로, 로켓, 우주선 등

2 용접의 장점

① 재료가 절약되기 때문에 무게가 감소한다.
② 작업의 공정수가 줄어들고 작업시간이 단축된다.
③ 제품의 기능과 성능이 향상되고 신뢰도가 높다.
④ 기밀·수밀 및 유밀 성능이 우수하다.
⑤ 이음형상이 자유롭고, 재료 두께에 제한을 받지 않는다.
⑥ 자동화 작업이 용이하다.
⑦ 종류가 다른 금속(이종 금속)을 접합시킬 수 있다.
⑧ 복잡한 구조물의 제작이 용이하다.
⑨ 보수와 수리가 쉽고, 비용이 적게 든다.

3 용접의 단점

① 용접금속 내부의 품질검사가 어렵다.
② 담금질 효과를 받아 재질변화로 취성이 커진다.
③ 잔류응력이 존재하여 균열과 변형을 일으키기 쉽다.
④ 변형과 수축이 발생한다.
⑤ 작업에 숙련된 기술이 요구된다.

4 용접의 기초

1 용접 자세

용접 자세에는 아래보기 자세, 수직자세, 수평자세, 위보기 자세 등 4가지 기본적인 자세가 있으며, 응용자세로 이들의 2가지 이상을 조합하여 용접한다. 또 4가지 자세 모두를 부를 경우에는 전자세(기호 AP : all position)라 한다.

1) 아래보기 자세(F : flat position)

용접하려는 재료(모재)를 바닥에 수평으로 놓고 용접봉을 아래로 향하여 왼쪽에서 오른쪽으로 진행각도 75~85°, 작업각도 90°로 하고 용접하는 자세이다.

2) 수직자세(V : ertical position)

용접하려는 재료를 수평면과 90° 또는 45° 이상의 경사를 지니도록 하고, 용접방향은 수직 또는 수직면에 대하여 45° 이하의 경사를 지니고 위에서 아래로 또는 아래에서 위로 진행각도와 작업각도를 맞추어 용접하는 자세이다.

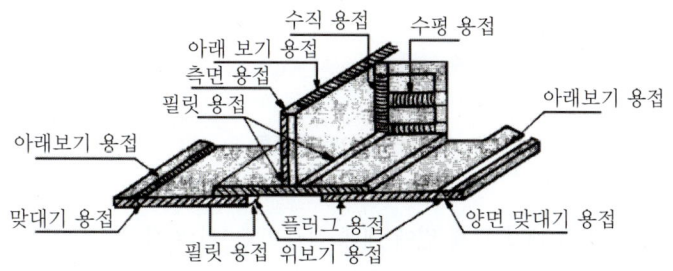

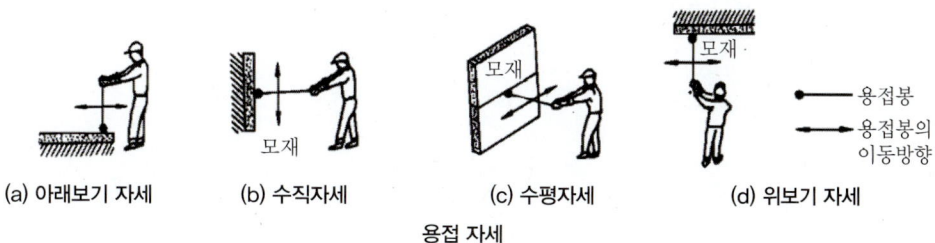

용접 자세

3) 수평자세(H : horizontal position)

용접하려는 재료를 수평면과 90° 또는 45° 이상의 경사를 지니도록 하고, 용접봉을 수평으로 세워 왼쪽에서 오른쪽으로 진행각도 75~85°, 작업각도 90°로 용접하는 자세이다.

4) 위보기 자세(OH : over head position)

용접하려는 재료를 머리 위쪽에 수평으로 있도록 하고 용접봉을 모재의 아래쪽에 대고 위를 보며 용접하는 자세이다.

5) 전 자세(AP : all position)

자세 중 2가지 이상을 조합하여 용접하거나 4가지 전부를 응용하는 자세를 말한다.

2 용접이음의 종류

용접 설계에서는 특히 용접이음의 특성을 고려하여야 한다. 용접을 한곳 부근은 균일하지 못하기 때문에 부분적인 가열에 의해 발생하는 용접변형 및 잔류응력의 영향, 야금학적 변질 등을 고려하여야 한다.

용접이음의 종류에는 그림에 나타낸 바와 같이 맞대기 이음, 한 면 덮개판 이음, 양면 덮개판 이음, 겹치기 이음, T-이음, 모서리 이음, 변두리 이음 등 7가지가 있다.

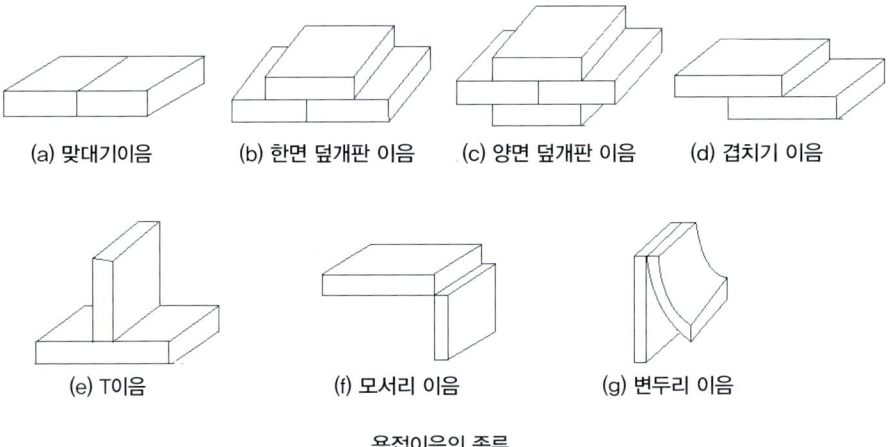

용접이음의 종류

맞대기 용접이란 목의 두께가 모재 면에 대해 직각 또는 거의 직각을 이루는 것이며, 필릿 용접은 목의 두께 방향으로 약 45°의 각도를 이루는 것이다. 변두리 용접은 겹쳐진 모재 판의 변두리에 용접을 하는 것이고, 플러그 용접은 모재의 밑면에 구멍을 뚫고 용착 금속을 채우는 것이다.

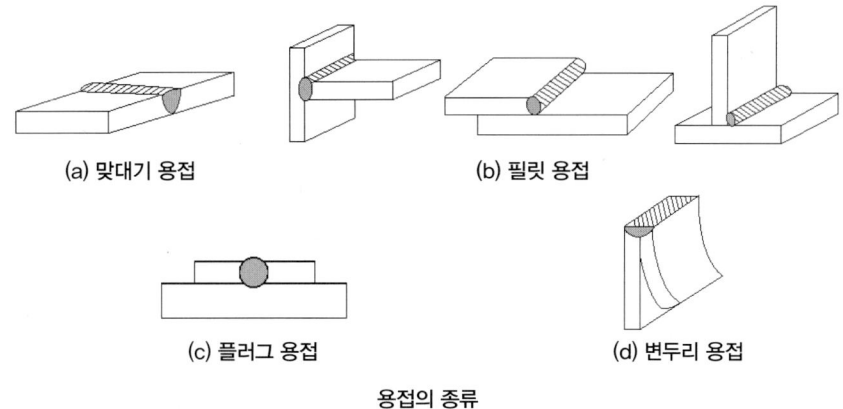

용접의 종류

1) 용접이음의 선택과 설계 상 주의사항

용접작업을 할 때 일정한 길이의 용접선에 대해 충분한 강도를 나타내고자 할 경우에는 다음의 여러 가지 사항을 고려하여야 한다.

① 용접이음 부분에서는 가능한 한 모멘트(moment)가 작용하지 않도록 하여야 하며, 만약 작용할 경우에는 적절한 보강을 하도록 한다.

(a)와 같은 경우에 판을 구부려서 이음부분에 모멘트가 작용하지 않도록 하게 한다.

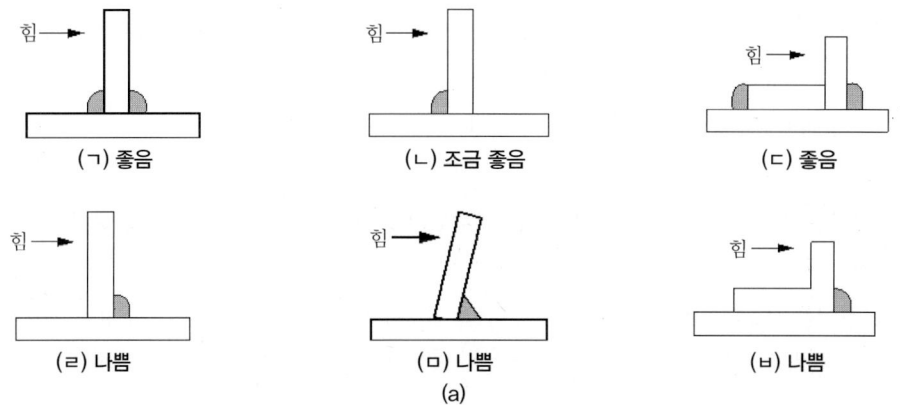

(b)와 같은 T-이음에서는 양쪽 면을 용접하여야 한다. 작업상 부득이하게 한쪽 면만을 용접하여야 할 경우에는 (b)의 (ㄴ)와 같이 한다.

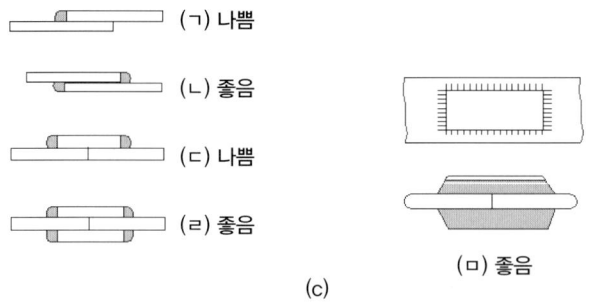

(c)

모멘트 작용 상 용접이음의 좋고 나쁨

② 부분적으로 열이 집중되는 것을 방지하고, 재질의 변화를 적게 하여야 한다.

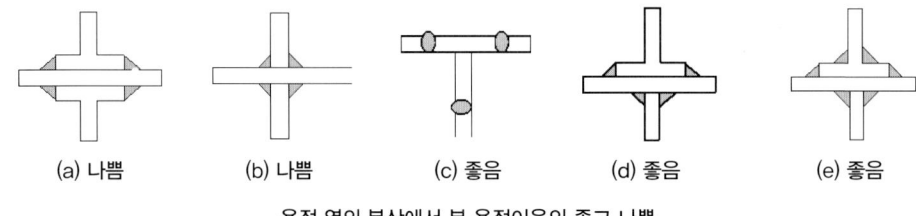

용접 열의 분산에서 본 용접이음의 좋고 나쁨

③ 용접 부분의 두께 또는 열용량이 현저하게 다른 재료는 용접하지 않도록 한다.
④ 용접이음의 형식과 응력집중의 관계를 항상 고려하여 가능한 한 이음을 대칭으로 한다.

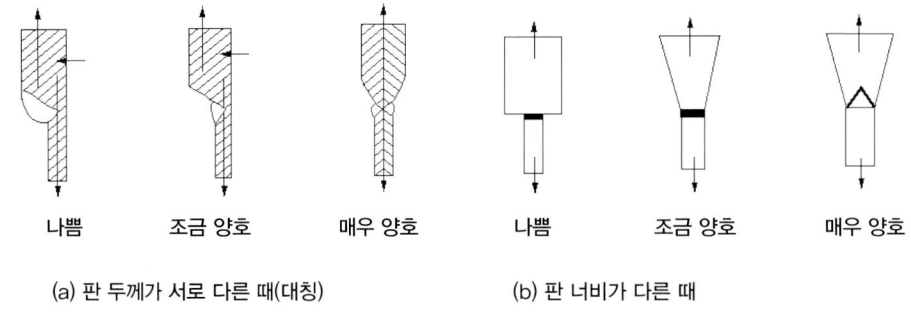

(a) 판 두께가 서로 다른 때(대칭)   (b) 판 너비가 다른 때

⑤ 필릿 용접은 여러 가지 결함이 있기 때문에 가능한 한 형강을 이용하여 맞대기 용접을 하여야 하며, 맞대기 용접도 제1층에서는 결함이 많으므로 양쪽 면을 모두 용접하여야 한다.
⑥ 용접이음 부분의 홈(groove) 모양은 응력 및 변형을 억제하기 위해 가능한 한 용착량을 적게 할 수 있는 방법을 선정하여야 하고, 홈의 준비 및 공작과 시공 상의 쉽고 어려움을 고려하여야 한다.

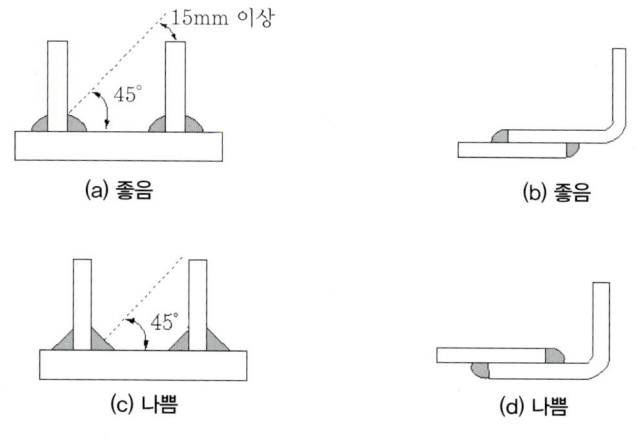

용접작업에 필요한 공간

제작이나 시공순서를 고려하여 시공자가 쉽게 실시할 수 있도록 하여야 한다. 위 그림은 시공에 필요한 공간을 고려한 예를 나타낸 것이다.

3 용접작업

용접작업을 하기 위해서는 모재(용접재료, 열원(熱源), 용가재(용접봉이나 납 등), 용접기와 용접기구(용접기 케이블, 홀더, 토치 등), 용접공 등이 필요하며, 이들을 적질히 조합 사용하여 용접작업이 이루어진다.

1) 용접재료(모재)

용접재료는 주로 철강, 비철금속을 사용하며, 모재의 재질에 따라 적절한 용접방법과 용가재를 선정하여 작업을 하여야 한다. 예를 들면 연강이나 저합금강은 거의 모든 용접방법의 용접이 잘되며, 알루미늄과 그 합금의 경우에는 불활성가스 용접에서 용접부분이 우수하다.

용접법 \ 재료	연강	저합금강	고합금강	구리합금	알루미늄합금
피복 금속 아크용접	◎	◎	◎	□	□
탄산가스 아크용접	◎	◎	×	×	×
불활성가스 아크용접	◎	◎	◎	◎	◎
산소-아세틸렌 가스 용접	◎	◎	◎	◎	◎

주) ◎ : 양호, □ : 보통, × : 불가

2) 용접 열원

(1) 가스 에너지

일반적으로 가연성가스(C_2H_2, C_2H_8)와 조연성가스(O_2)를 혼합하여 연소시켜 약 3,000℃의 열을 발생시킬 수 있으며, 다른 용접에 비해 변형이 많이 발생한다. 주로 얇은 판이나 비철금속의 용접에서 이용한다.

① 가연성가스 : 수소, 아세틸렌, 에틸렌, 메탄, 프로판, 부탄 등을 스스로 연소가 가능한 가스를 가연성가스라 한다.

② 조연성가스(지연성가스) : 산소, 공기 등과 같이 스스로 연소할 수 없으나 다른 가연성 물질을 연소시 연소를 돕는 가스를 말한다.

(2) 전기적 에너지

모재와 전극사이에 아크열 또는 전기 저항열을 이용하는 방법으로 용접 작업에서의 주된 에너지원이다.

(3) 기계적 에너지

기계적 압력, 마찰, 진동(초음파 진동)에 의한 열을 이용하는 용접방식으로 마찰압접, 초음파 용접, 냉간 압접 등이 이에 속한다.

4 용접금속과 용접성능

용접의 쉽고 어려운 정도와 사용에 대한 양부(良否)를 나타내는 것을 용접성능(weld ability)이라 한다. 용접성능은 금속재료, 용접의 쉽고 어려움, 구조물의 사용에 대한 조건 등을 말하는데 강철의 용접성능에서 중요한 것은 화학조성, 물리적·화학적 및 기계적 성질 등을 고려할 수 있으나 특히 재질 상 다음과 같은 것이 있다.

① 용접 열의 영향에 의한 경화성

② 상온·저온 또는 고온에서 나타나는 취성

최근에는 용접성능은 단순히 융접 성능만으로 나타내지 않고 항장력, 기밀성능, 내부식성 등을 포함하여 사용성능 등까지 포함시킨 넓은 의미의 용접성능을 나타내고 있다.

1) 용접성능에 영향을 주는 것들은 다음과 같다.

(1) 접합성능에 관한 것

① 모재 및 용접금속의 열적 성질 : 접합 할 두모재의 융점이 낮을수록 열전도성과 저온 확산률이 적고, 모재 두께가 얇을수록 가열이 쉽다.

② 용접결함 : 결함의 발생이 적을수록 재료의 접합 성능이 좋다.

③ 용접 시 발생하는 사용성능에 관한 요소
  ㉠ 모재의 노치 취성 영향
  ㉡ 모재와 용접부분의 기계적 성질 변화
  ㉢ 용접부분의 연성 부분
  ㉣ 모재와 용접부분의 물리적·화학적 성질 변화
  ㉤ 변형과 잔류응력 영향

5 피복아크 가용접 작업

1 모재 치수 및 재질

1) 철강재 재질

(1) 용접 모재 재질의 기본 이해

용접에 사용되는 모재의 재질은 매우 광범위하고 종류는 많으나 일반적으로 피복아크 용접에서는 철강을 많이 사용한다. 용접 시 금속의 일반적 성질은 다음과 같다.

① 용접과 절단은 금속에 열을 가하는 것이므로 가열은 금속의 팽창을 가져온다.
② 금속이 균일하게 가열되면 금속의 길이나 크기의 변화를 측정할 수 있다.
③ 실제 용접에서는 열이 균일하게 가해지지 않는다. 즉 용접부분의 금속은 부분적으로 매우 높은 온도로 가열되는 반면, 용접부 주변의 금속은 낮은 온도에 머물러 있다. 이때문에 용접부와 주변의 금속은 열팽창 양이 달라진다.
④ 열이 가해진 부분과 팽창된 부분이 냉각되기 시작하고, 냉각되면서 강재의 끝부분을 위로 당겨 오목한 모양이 되게 하는 변형력의 방향을 바꿔 놓으면서 수축 된다
⑤ 불균일한 방법으로 가열함에 따라 용접의 경우 냉각되면서 변형이 된다.
⑥ 용접처럼 금속이 작고 국부적인 부분에서 용융되면 수축응력이 발생된다. 강재가 가열과 냉각 주기 동안 외부적으로 구속되어 있더라도, 냉각된 부분은 여전히 가열과 냉각의 차이로 생긴 응력을 가지게 된다.

(2) 용접용 모재의 특성

용접용 모재의 경우는 재질을 고려해야 되지만 이음의 형상 등도 고려하여 선택해야 한다.

① 모재의 재질
  피복아크 용접의 경우는 강이 일반적으로 사용된다. 강은 크게 연강, 고장력강, 니켈강, 스테인리스강이 주로 사용된다.

② 연강
  연강이란 인장강도가 500MPa 이하의 저탄소강, 보통강, 구조용강 등으로 불리며 피복아크 용접을 사용할 경우 용접성이 우수하다. 저온 균열 발생 우려가 있어 100~200℃로 예열 후 용접하기도 한다.

③ 고장력강
  고장력강은 일반적으로 인장강도가 500MPa 이상, 항복강도가 300MPa 이상이 되도록 만들어진 저탄소 합금계 강을 말한다. 고장력강은 연강에 망가니즈 규소를 첨가시켜 강도를 높인 것으로 저온 균열 발생 우려가 있다.

④ 고장력강 용접 시 유의 사항
  ㉠ 용접을 시작하기 전에 이음부의 청결을 유지해야 한다.
  ㉡ 용접봉은 300~350℃로 1~2시간 건조한 저수소계를 사용한다.

      ⓒ 아크 길이는 가능한 짧게 유지하고 위빙 폭을 작게 한다.
      ⓓ 엔드탭 등을 사용한다.
   ⑤ 니켈강
      니켈강은 저온에서 충분한 연성과 인성을 유지하고, 강도 면에서도 고장력강에 상당하며, 용접성과 내균열성이 우수하다.
   ⑥ 스테인리스강
      스테인리스강은 선팽창 계수가 연강보다 50% 정도 크고 전기 저항도 크며, 열전도가 대단히 적어 열팽창의 국부적인 변화에 따라 변형되기 쉬워 용접이 어렵다. 또한 편석물 등이 금속과 화합하여 강도를 약하게 하거나 잔류 응력의 영향으로 균열이 생기기 쉽다.
      피복아크 용접 시 탄소강보다 10~20% 낮은 전류를 사용하며, 직류 역극성이나 교류를 사용하여 용접한다.

스테인리스강 용접 조건

판두께	자세(F)		자세(V 및 O)	
	용접봉 지름 (mm)	전류(A)	용접봉 지름 (mm)	전류(A)
1.5	2.0	40	2.6	35
3.0	3.2	90	3.2	65
4.0	4.0	125	3.2	80

출처: 교육부(2017). 피복아크 용접 가용접 작업(LM1601050105_16v2). 한국직업능력개발원.

   ⑦ 용접용 모재를 선택할 때 고려해야 할 사항
      용접은 짧은 시간에 고온에 열을 가하여 진행하므로 모재의 선택은 중요한 문제이다.
      강재의 성분이 강도를 유지하면서 인성과 연성이 있어야 한다.
      탄소량이 가능한 한 적은 것을 선택하며 급랭으로 인한 경화 및 비틀림 열영향부의 취화가 최소인 것을 택하여야 한다.

(3) 각종 금속의 용접

① 연강의 용접
   연강은 용접성이 우수하지만 노치 취성과 용접부 터짐에 유의하여야 하며, 두께가 25mm 이상에서는 예열을 하거나 용접봉을 신중히 선택한다.

② 고탄소강의 용접
   탄소 함유량이 증가하게 되면 급랭 경화 및 균열이 발생할 수 있기 때문에 용접작업 시 유의하여야 한다.
   고탄소강의 용접 시 예열을 하지 않으면 열영향부가 담금질 조직이 되어 경도가 높아 취성이 생길 우려가 있기 때문에 균열을 방지하기 위하여 전류는 낮게 하고, 용접 속도를 느리게 하며, 용접 후 신속히 풀림 처리를 한다. 더불어 예열 및 후열(600~650℃) 처리를 하며 용접할 때 층간 온도를 반드시 지키며, 용접봉은 저수소계를 사용한다.

③ 주철의 용접

주철은 용융점이(1,150℃)이고 유동성이 좋아 주물제품에 사용하나 용접시 균열이 생기기 쉽고 용접하기 어렵다. 주철의 용접은 대체적으로 보수용접에 많이 쓰인다.

주철의 보수용접 방법으로는 스터드법과 비녀장법, 버터링법, 로킹법 등이 있다.

주철의 용접 시 주의 사항은 다음과 같이 시행한다.

㉠ 보수 용접 시는 재료의 원질부가 나올 때까지 충분히 깎아 낸 후 용접한다.
㉡ 균열의 보수는 균열의 성장을 방지하기 위해 균열의 끝에 정지 구멍을 뚫는다.
㉢ 용접 시 과전류는 좋지 않으며, 직선 비드로 과용입은 사용하지 않는다.
㉣ 사용 용접봉은 되도록 가는 용접봉을 사용한다.
㉤ 용접비드는 되도록 짧게 배치한다.
㉥ 주철은 가열 상태에서 피닝 작업을 하면 용접변형을 줄일 수 있는 장점이 있다.
㉦ 주철 용접 시 예열을 실시해야 하며, 용접작업 후에도 후열 처리와 서서히 냉각되도록 해야 한다.

④ 고장력강의 용접

용착금속 또한 충분한 강도의 용가재가 필요하며, 니켈합금, 원소를 주성분으로 Mn, Cr, Mo 등을 소량 첨가한 용접봉이 만들어지고 있다. 600MPa급 고장력강에서 연강과 같은 용접 조건으로 용접하면 된다. 700MPa급 이상에서는 용접할 때 150~200℃로 예열하여 열영향부 취성과 용접균열을 방지해야 한다.

㉠ 고장력강 용접봉의 건조

　용접봉은 사용 전에 100~150℃의 건조로에 보관하고 사용해야 한다.

㉡ 예열 및 패스간 온도

　용접재료의 강도 및 충격치 저하를 방지하기 위하여 패스(pass) 간 온도가 200℃를 넘지 않게 한다.

⑤ 저합금 내열강의 용접

내열강의 용접 또한 경화가 쉽게 되므로 고장력강보다 높은 예열온도를 사용하며, 용접 완료 후에도 후열 처리를 한다.

⑥ 스테인리스강의 용접

스테인리스강의 용접(18-8 스테인리스강) 시 입계 부식을 방지하기 위하여 용접부의 냉각 속도를 빠르게 해야 한다.

오스테나이트계 스테인리스강 용접 시 다음과 같은 사항에 유의한다.

㉠ 고탄소강 용접과는 달리 오스테나이트계 스테인스강에서는 예열을 하지 않는다
㉡ 용접물의 강도 및 충격치 저하를 방지하기 위하여 층간 온도를 320℃ 이상 넘지 않게 한다.
㉢ 사용 용접봉은 모재와 같은 재질로 가는 용접봉을 사용한다.
㉣ 용접균열을 방지하기 위하여 낮은 입열로 용접한다.
㉤ 크레이터를 처리한다.
㉥ 비교적 짧은 아크 길이를 유지한다.

2 가용접전 모재 치수 측정

1) 가용접전 모재의 외형 치수 확인

① 버니어캘리퍼스로 재료의 길이 치수를 확인한다(±1.0mm 이내).
② 직각자를 사용하여 재료의 직각도를 측정한다.
③ 각도게이지로 홈의 각도를 측정한다(60°).
④ 치수 공차를 벗어난 재료를 수정하여 정밀하게 가공한다.
⑤ 치수가 도면의 요구 치수보다 부족할 시는 다시 절단하도록 한다.

2) 용접이음의 종류와 홈의 형태 파악

(1) 모재의 이음 형상

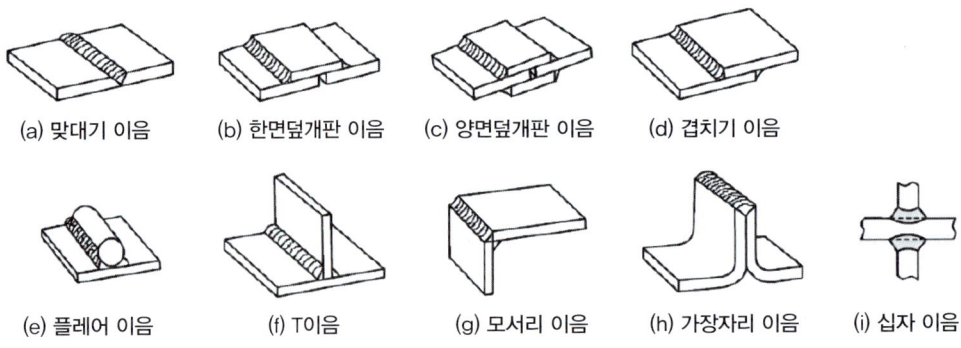

(a) 맞대기 이음 (b) 한면덮개판 이음 (c) 양면덮개판 이음 (d) 겹치기 이음

(e) 플레어 이음 (f) T이음 (g) 모서리 이음 (h) 가장자리 이음 (i) 십자 이음

(2) 맞대기 용접이음 홈 형상의 종류에는 I형, V형, X형, U형, H형, K형, J형 등이 있다.

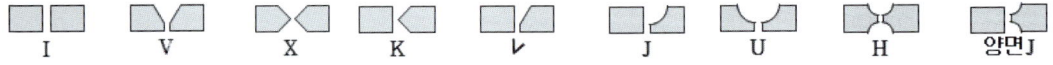

I V X K ∨ J U H 양면J

(3) 홈의 특징과 형태

용접 홈을 선택 시 주의 사항은 먼저, 제품의 안전성을 위해 충분한 강도를 가질 수 있는지 안정성이 확보된 후에는 경제성에 유리한지를 확인한다.

① I형 홈
  피복아크 용접인 경우 대략 6mm 이하에 사용된다.

② V형 홈
  피복아크 용접인 경우 대략 6~20mm 이하에 사용된다. 다만, 양면용접으로 용입을 충분히 할 수 있도록 시공한다.

③ X형 홈

일반적으로 양쪽 방향에서 용접 시공이 가능할 경우 사용한다. 대략 15~20mm 정도에 사용된다. 다만, 양면 용접으로 용입을 충분히 할 수 있도록 시공한다.

④ U형 홈

한쪽 방향에서 용접 시공이 가능할 경우 사용한다. V형 개선보다 두꺼운 재료에 사용할 수 있다.

⑤ H형 홈

양쪽 방향에서 용접 시공이 가능할 경우 사용한다. X형 개선보다 두꺼운 재료에 사용할 수 있어 더욱 경제적이다.

⑥ L형 홈

기둥과 같이 하중이 작용하고 있는 부재에는 홈 가공을 할 수 없을 경우에 기둥에 보를 붙이는 경우 보에 해당하는 부문만 한쪽 L형으로 홈을 가공한 후 용접 시공을 한다.

⑦ K형 홈

기둥과 같이 하중이 작용하는 부재에는 홈 가공을 할 수 없을 경우에 기둥에 보를 붙이는 경우 보에 해당하는 부문만 K형으로 홈을 가공한 후 용접 시공을 한다.

⑧ J형 또는 양면 J형 홈

J형, 양면 J형과 같이 기둥과 같이 하중이 작용하고 있는 부재에는 홈 가공을 할 수 없을 경우에 따라서 기둥에 보를 붙이는 경우 보에 해당하는 부분만 J형, 양면 J형으로 홈을 가공한 후 용접 시공을 한다.

3 용접 치공구 배치

1) 지그 배치하기

용접지그는 용접 제품의 치수 결함과 용접수축 결함을 방지하기 위하여 사용된다.

그림(a)는 용접 포지셔너로 용접 자세를 아래보기 자세로 하기위하여 사용되는 것이며, 그림(b)는 용접 철판 등을 잡기 위한 그립이다.

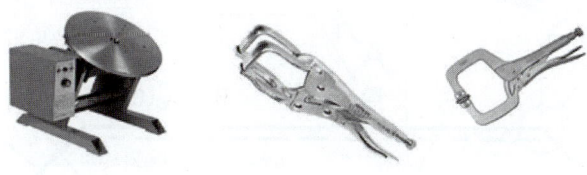

(a) 용접 포지셔너   (b) 바이스그립

포지셔너 및 바이스크립

(1) 지그 사용의 장점

용접지그는 가접용 지그와 작업용 지그로 구분할 수 있는데 모두 공정수를 절약할 수 있어 능률을 향상시킬 수 있으며, 작업을 쉽게 하고, 제품의 정밀도를 균일하게 할 수 있다.

(2) 지그 선택 기준

용접 작업을 위한 지그는 물체를 튼튼하게 고정시킬 수 있는 크기와 강성이 있어야 하고, 용접자세를 쉽게 바꿀 수 있는 구조여야 한다. 더불어 물체의 고정과 분해가 용이해야 하며 청소가 편리해야 한다.

2) 각종 용접용 공구 준비하기

피복아크 용접에 사용되는 대표적인 치공구는 슬래그망치, 와이어브러시, 용접용 집게(플라이어) 등이 있다. 특히, 용접작업 중 치공구의 배치는 작업 시간을 단축하는 데 결정적인 역할을 한다. 따라서 작업자는 반드시 지정된 장소에 놓은 습관을 평소에 들여야 한다.

슬래그 제거망치　　와이어브러시　　용접용플라이어

3) 용접부 도면 이해

도면에 따른 이음부의 형상을 확인한다.

(1) 도면을 보고 용접 기호를 확인한다.

① 용접기호 표기위치

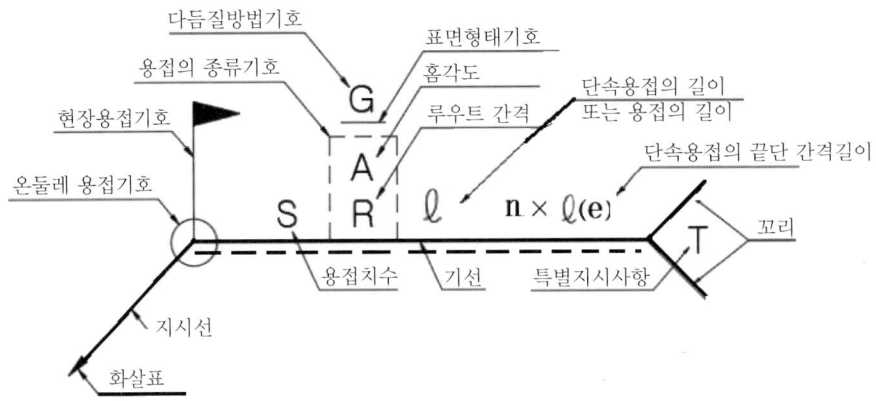

② 용접이음 방향표기

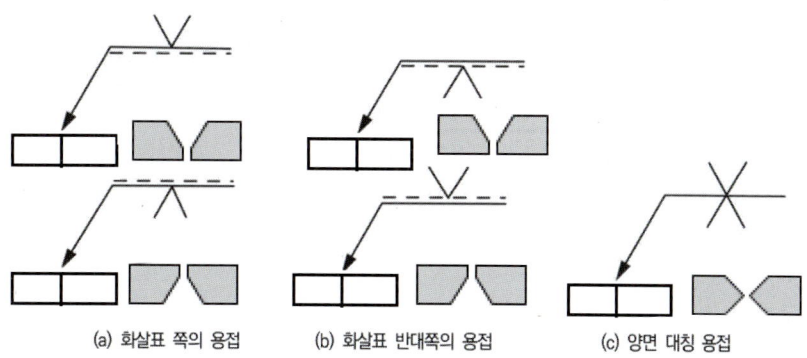

(a) 화살표 쪽의 용접　　(b) 화살표 반대쪽의 용접　　(c) 양면 대칭 용접

③ 용접기호 표기이해

　V : 기본기호(V, X, H 등), R:루트 간격, A:홈의 각도, S:용접부 가로 단면의 주요치수 표시 (홈의 깊이, 필릿의 목길이, 플러그 구멍의 지름, 슬롯 홈의 나비, 심의나비, 점용접의 너깃 지름 또는 한점의 강도 표기)

　ℓ : 용접부 세로 단면의 주요 치수 표시(단속 필릿용접의 용접 길이, 슬롯용접의 홈 길이 또는 필요한 경우 용접 길이), n :용접수, e :단속필릿 용접의 끝단 길이와 다음 용접 시작점의 간격 길이(점 용접 피치간격)

④ T : 특별한 지시 사항 (J, U형 등의 루트 반지름, 용접 자세, 용접 방법, 비파괴 시험보조 기호, 용접봉 지정, 용접자세, 기타 등)

⑤ ─ : 표면 모양의 보조 기호

⑥ G : 다듬질 방법의 보조기호 (G : 연삭, C : 치핑, M : 기계 가공, F : 지정하지 않음.)

⑦ ▶ : 현장용접 보조기호　　O : 일주(온둘레) 용접의 보조기호

4 용접 조립부의 치수

1) 용접 구조물의 이해

(1) 도면 치수 확인

정면도와 평면도만을 가지고 구조물의 모양, 치수, 용접 방법 등을 확인하여야 한다.

(2) 용접 방법의 확인

도면 또는 용접절차 사양서에 나타난 기호 및 방법을 확인하고 작업을 임해야 한다.

2) 용접 절차 사양서 에서 조립 형상 확인

(1) 용접절차 사양에 맞는 이음 형상

용접부 이음 형상은 주로 맞대기이음, 각종 필릿이음 등의 이음 준비 내용을 포함하고 있다.

① 맞대기 용접 홈 구조 및 필릿용접 이음 홈구조

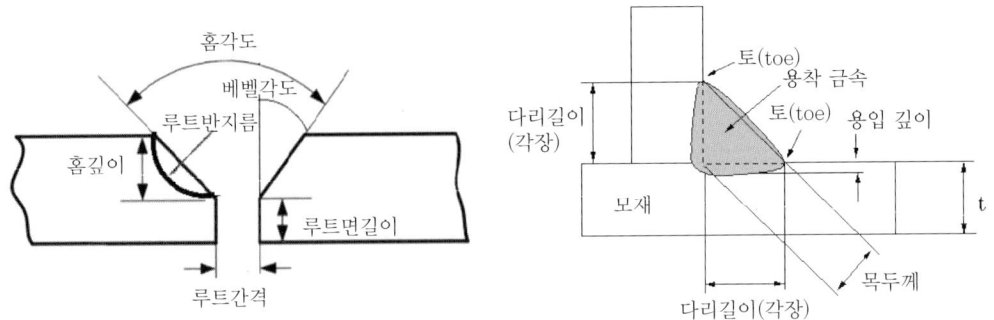

② 용접절차 사양에 맞는 자세

용접절차 사양서 에는 용접자세 등을 포함하고 있다.

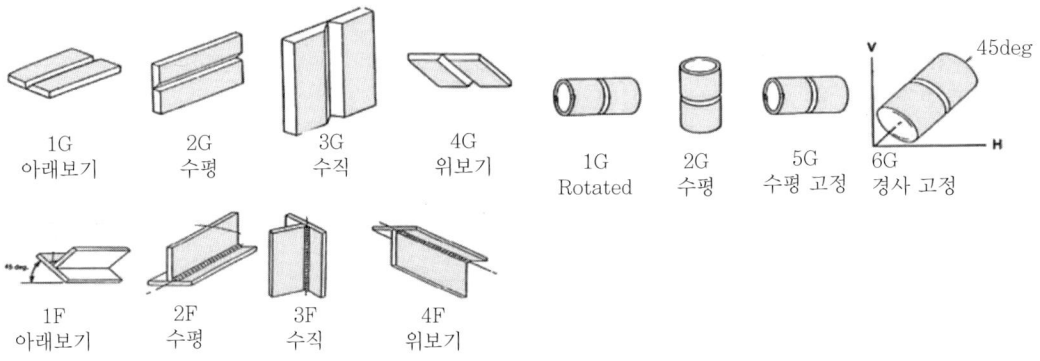

3) 용접 구조물의 조립을 위한 가용접의 중요성

(1) 구조물의 조립을 위한 가용접

가용접은 구조물의 본용접에 매우 큰 영향을 미치므로, 가용접의 위치, 길이 등을 적절하게 선정해야 한다. 가용접이 적절하지 못하면 본용접에서 변형이나 용접 품질에 악영향을 주어 작업 능률이 저하되는 원인을 제공한다.

(2) 구조물의 조립을 위한 가용접의 주의 사항

① 본용접사와 같은 숙련도의 용접사가 가용접을 실시한다.
② 본용접과 같은 온도에서 예열 작업을 실시한다.
③ 본용접 시 그루브 내의 가용접부는 그라인더로 완전히 제거한다.
④ 구조물의 모서리 부분은 용접부가 겹치는 부분이므로 가능한 가용접을 피한다.
⑤ 구조물의 조립 상태에서 시작점과 끝점은 결함 발생이 쉬워 가능한 가용접을 피한다.

4) 가용접의 위치와 길이

① 구조물의 모서리 부분은 용접부가 겹치는 부분으로서 응력 집중이 생기기 쉬우며 가장 취약한 부분으로, 용착 상태가 불량하므로 가용접의 위치로는 적절하지 않다.
② 가용접의 간격은 일반적으로 판 두께의 15~30배 정도로 하는 것이 좋다.
③ 가용접의 길이는 판 두께가 3.2mm 이하는 30mm, 판 두께가 3.2~25mm까지는 40mm, 판두께가 25mm 이상은 50mm 이상의 길이로 해 주어야 한다.
④ 강도상 중요한 이음인 경우에는 용접 구조물의 시점과 종점 및 모서리 등은 모재가 가열이 안된 상태이므로 용착이 불량하며 슬래그 혼입, 기공 등이 발생하기 쉬운 부분이므로 가용접을 피해야 한다.

6 용접부 가용접하기

1 용접 순서의 파악

1) 도면에 따라 용접 구조물 조립을 위한 용접 순서

구조물 제작을 위한 용접 순서는 제품의 변형 방지와 잔류응력이 발생하지 않도록 순서를 정해야 한다. 용접 시공시 용접 개소가 한 개라도 누락되지 않도록 해야 하며, 되도록이면 공정 수를 최소로 하면서 제품 품질 향상을 위해 노력해야 한다.

(1) 용접 순서의 원칙
① 제품의 치수, 변형 방지와 잔류응력 방지를 위해 수축량이 많은 맞대기이음 등을 먼저 하고, 수축량이 적은 필릿이음 등은 나중에 용접한다.
② 수축량의 차이가 있는 복합 용접 시공을 할 경우 수축량이 큰 시공은 되도록 맨 끝단 으로 배치하여 마지막에 절단 등으로 치수를 맞추도록 한다.
③ 구속력이 크게 작용하는 부위부터 용접 시공을 하여 최종적으로 제품 전체에 잔류응력이 크게 작용하지 않도록 한다.
④ BLOCK의 중심에서 좌우, 전후, 상하로 대칭 용접을 한다.
⑤ 개선된 부위(V-butt) 용접을 먼저하고, 필릿용접을 나중에 한다.
⑥ 제품의 변형 방지와 잔류응력 감소를 위한 용착법을 선택한다.
⑦ 같은 두께, 같은 홈, 같은 용착량의 용접인 경우 용착량이 큰 용착법이 좋다. 직진법보다 위빙 하는 것이 제품의 변형 방지와 잔류응력 방지에 유리하다.
⑧ 용접 방향에 따른 용착법은 전진법, 대칭법, 후퇴법, 스킵법 등이 있다. 다층용접 시공에 있어서는 빌트업법, 캐스케이드법, 전진 블록법 등 세 가지의 방법이 있다.

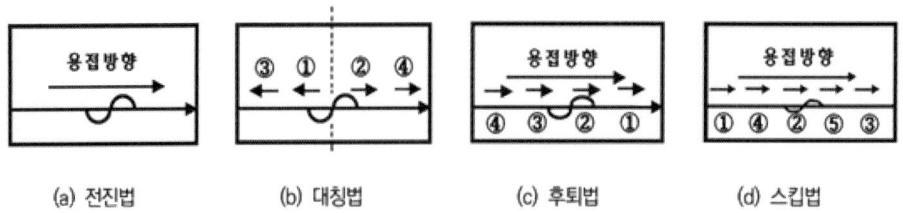

(a) 전진법   (b) 대칭법   (c) 후퇴법   (d) 스킵법

(2) 다층용접법에 따른 분류

① 빌트업법(build-up)

제품의 변형과 잔류응력이 많이 발생하는 것이 단점이다.

② 캐스케이드법(cascade)

후판의 다층용접 시 사용하는 방법으로 용접변형과 잔류응력을 적게 하는 용접 시공 방법이다.

③ 전진 블록법(block)

전진 블록법은 빌드업법의 단점을 개선한 방법으로 캐스케이드법과 같이 후판의 다층용 접시 사용하는 방법으로 용접변형과 잔류응력을 적게 하는 용접 시공 방법이다.

(a) 빌트업법   (b) 캐스케이드법   (c) 블록법

(3) 변형 방지의 일반적인 원칙

변형을 방지하기 위해서는 다음과 같은 일반적인 원칙을 준수하여야 한다.

① 용접에 적합한 설계

② 용접이음 형상은 특성에 맞게 설계

③ 용착량은 강도상 필요한 최소한으로

④ 용접 길이는 가능한 짧게

⑤ 용접 순서 준수

(4) 가용접

가용접은 본용접 전에 용접 제품을 일시 고정해 주는 용접이다. 태그 용접(tack welding)이라 부르기도 한다.

① 가용접의 위치

가용접은 본 용접사와 같은 숙련자나 이상의 숙련자가 한다.

특히, 기공, 슬래그 혼입 등의 용접결함을 수반하기 쉬워 강도상 중요한 부분은 피해야 하며, 일반적으로 본 용접에 의해 용접결함을 일으킬 수 있는 부위는 가접을 피한다.

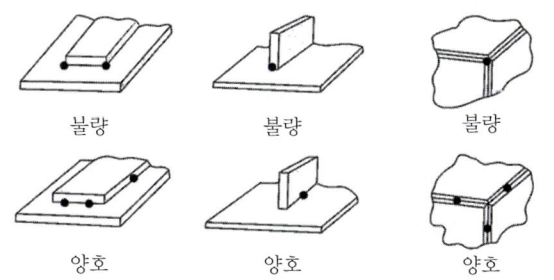

② 가용접의 길이

판 두께가 3.2mm 이하는 30mm, 판 두께가 3.2~25mm까지는 40mm, 판두께가 25mm 이상은 50mm 이상의 길이로 해 주어야 한다.

2 가용접 작업시행

1) 용접 구조물의 응력과 변형을 고려한 강도와 안전율

(1) 맞대기이음 효율

$$이음효율 = \frac{응접시편의 인장강도값}{모재의 인장강도 값} \times 100(\%)$$

① 맞대기 용접 형상계수 (k_1)
　㉠ 인장하중: 0.75　㉡ 압축하중: 0.85　㉢ 굽힘하중: 0.80　㉣ 전단하중: 0.65

② 용접계수 (k_2):
　㉠ 공장용접으로서 양호한 용접인 경우: 1.0
　㉡ 수평용접, 수직용접, 위보기 용접의 경우: 0.5

　맞대기 용접이음의 인장강도는 안전한 쪽을 취하여 덧살의 존재를 무시하고 그림(a), (b)와 같은 목의 이론 두께 ht[mm]의 단면적이 하중을 지지하는 것으로 가정하는 것이 보통이다.

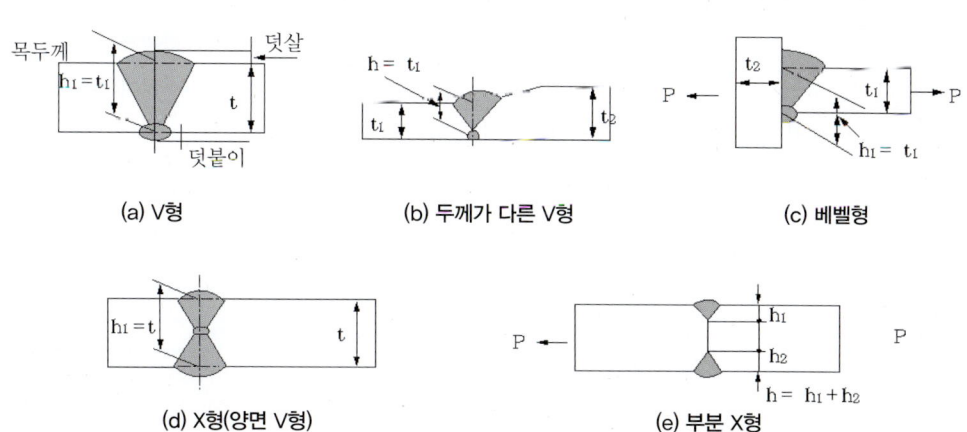

(2) 필릿이음

① 필릿용접 형상계수 (k1) : 모든 하중의 경우: 0.65

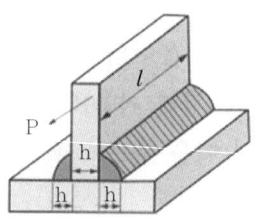

(3) 플러그 및 슬롯용접이음

플러그 및 슬롯용접에서는 용착금속이 전단응력을 부담하는 경우가 많기 때문에 플러그용접의 전단강도는 구멍의 면적당 전용착금속 인장강도의 60~70% 정도이다.

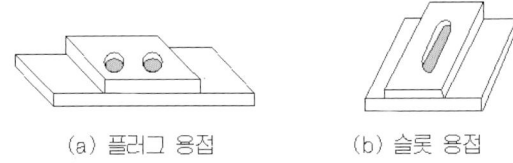

(a) 플러그 용접　　　(b) 슬롯 용접

2) 용접이음의 피로강도

교번 하중을 받는 용접이음의 강도, 즉 피로강도는 정적 강도와 전혀 관계가 없고 이음형상이나 용접부의 표면 상황에 따라 예민하게 영향을 받는다.

용접 구조물의 파괴는 보통의 인장시험과 같이 정적하중에 의해 소형 변형이 일어나 파괴되는 일은 드물고 오히려 노치부에서 저온 시에 발생하는 취성 파괴나 또는 반복하중에 의하여 피로 파괴되는 경우가 많은데 특히 반복하중을 받는 용접부의 경우에는 더욱 뚜렷하다.

피로시험은 반복하중, 교번하중, 편진하중, 왕복 하중 등이 있다. 또한 시험편의 응력 (S)와 파단되기까지의 하중 반복 횟수 (N)과의 관계는 (S) 대 log (N)곡선(피로곡선)으로 표시되는 것이 보통이다.

강에 대하여는 $N=10^{-6} \sim 10^{-7}$ 사이의 어떤 횟수 이상인 경우에 S~N 선이 평탄하게 되며 이 응력 이하에서는 아무리 많은 횟수의 하중을 가하더라도 파단되지 않는다.

인장 하중 방향에 직각인 이음의 피로강도

하중의 송류		단진 하중		교번 하중	
되풀이수		2×10^6	5×10^6	2×10^6	5×10^6
맞대기 용접	양면 기계 다듬질	24	20	14.5	12
	덧살 제거	20	17	12	10
	용접 그대로(뒷면 용접을 힌 것)	16	14	10	8
	용접 그대로 (뒷면 용접 하지 않은 것)	8 이하	7 이하	5 이하	4 이하
필릿 용접	약간의 양면 휨	(11.0)	(10.4)	6.9	6.5
	강한 한 면 휨	(6.3)	(5.8)	3.8	3.5
	전면 필릿(목)	12	(11.0)	7.0	(6.3)
	측면 필릿(목)	11.0	(9.8)	6.5	(5.5)
	필릿살이 강해서 받침판이 파단됨.	638	(5.3)	4.0	(3.2)

( ) 안의 숫자는 추정값임.

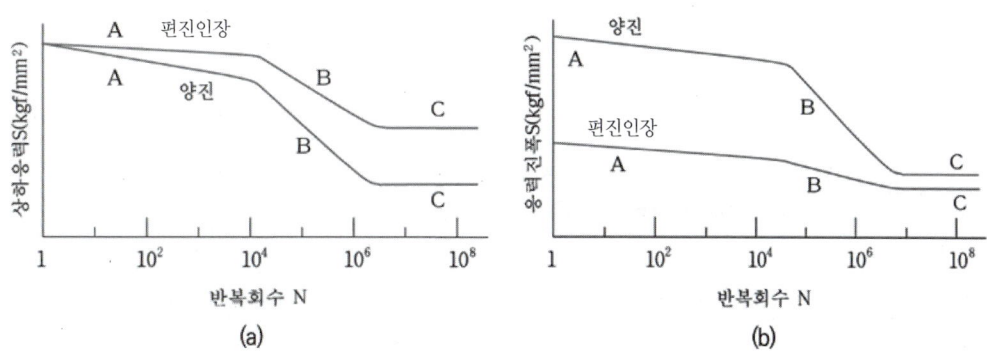

(a)　　　(b)

3) 안전율

안전율은 위에서 보는 바와 같이 재료강도가 허용응력의 몇 배인가를 수치로 나타내며 용접이음의 안전율에 영향을 미치는 인자는 다음과 같다.

$$안전율(S) = \frac{허용응력}{사용응력} = \frac{인장강도(극한강도)}{사용응력}$$

안전율은 위에서 보는 바와 같이 재료 강도가 허용응력의 몇 배인가 하는 수치로 나타내며 재료 역학상 재질이나 하중의 성질에 따라 적당히 취해지고 있다.

(1) 용접이음의 안전율에 영향을 미치는 인자는 다음과 같다.
   ① 모재 및 용착금속의 기계적성질
   ② 재료의 용접성
   ③ 시공 조건
   ④ 용접사의 숙련도, 용접 방법론, 작업 자세, 이음 형상과 종류, 작업 장소, 용접 후의 처리와 비파괴 시험 등
   ⑤ 하중의 종류(정하중, 동하중, 진동하중)와 온도 및 분위기 등이며 용접이음의 안전율은 다음과 같다.

용접이음의 안전율

하중의 종류	정하중	동하중		격하중
		단진 하중	교번 하중	
안전율	3	5	8	12

4) 가용접작업

가용접은 맞대기 용접의 홈 안의 시점과 종점이 되는 부분을 피해야 한다. 일반적으로 엔드 탭을 사용하여 가용접하고 용접 후 갈아내는 것이 일반적이다.

(1) 가접을 할 경우 다음과 같은 사항에 유의하여야 한다.
   ① 원칙적으로 본용접 홈 내 가접은 피하도록 한다.
   ② 응력이 집중하는 곳은 피한다.
   ③ 아크 발생을 쉽게 하기 위하여 본용접보다 고전류 또는 가는 용접봉을 사용한다.
   ④ 시·종단에 엔드탭을 설치하기도 한다.
   ⑤ 가접은 본용접사와 숙련도가 같거나 더 높은 숙련자가 한다.
   ⑥ 용접변형 방지 형상 유지를 위하여 용접용 지그나 스트롱 백 등을 사용한다.

피복아크 용접 장비 및 용접설비

1 피복아크용접의 개요

피복아크 용접 설비의 모재와 용접봉 전극 사이에서 빛과 열이 4,000~5,000℃의 열에너지가 발생하는데 이 열을 이용하여 금속을 용융 접합시킨다.

1 피복아크용접의 장·단점 다음과 같다.

1) 장점

① 가스 용접에 비하여 용접부분의 변형이 적으며, 기계적 강도가 크다.
② 용접에 이용되는 열효율이 높고, 열 집중이 좋아 용접효율을 높일 수 있다.
③ 폭발 염려가 없다.

2) 단점

① 유해광선 발생이 많다.
② 감전의 위험성이 있다.

2 피복아크용접 장비

1 피복아크 용접기 설치 및 회로도

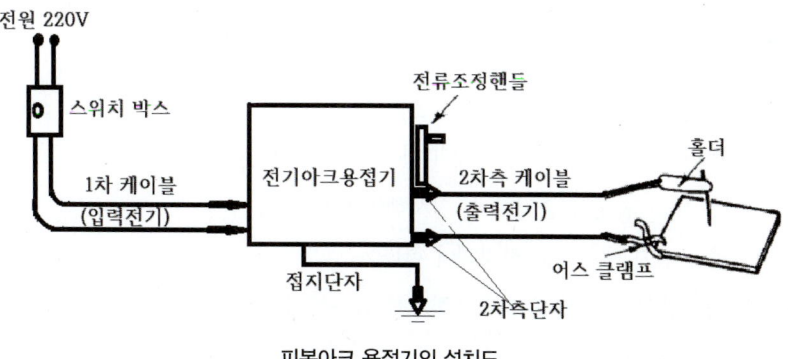

피복아크 용접기의 설치도

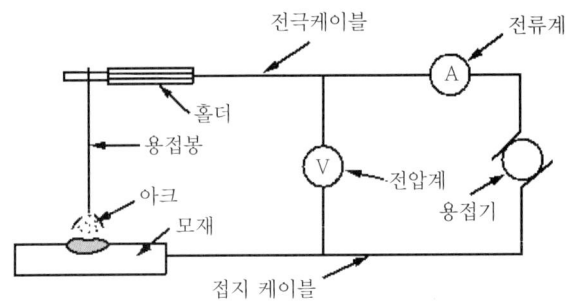

피복아크 용접 회로도

1) 용접장치 역할

① 용접기는 회로에 전류를 공급하는 기계이다.

② 용접봉 홀더(electrode holder)는 용접봉을 물리기 위한 기구이다.

③ 전극 케이블은 용접기에서 용접봉 홀더와 연결하여 전류공급 역할을 한다.

④ 접지 케이블은 용접기와 모재와 연결하여 전류가 흐르도록 해준다.
용접기에서 발생한 전류→전극 케이블→용접봉홀더→피복아크용접봉→모재→접지 케이블 → 용접기로 흐른다.

2) 용접기 설치 시 주의 사항

① 통풍이 잘 되고 금속, 먼지가 적은 곳에 설치한다.

② 견고한 구조의 바닥에 설치한다.

③ 건조한 실내, 벽으로부터 30cm 이상 떨어진 장소에 설치한다.

④ 습기가 많은 장소는 피해서 설치한다.

⑤ 직사광선이나 비바람이 없는 장소이어야 한다.

⑥ 환경온도가 -10 ~40℃인 장소이어야 한다.

⑦ 높이 1,000m를 초과하지 않는 장소이어야 한다.

⑧ 용접기 설치 장소 주위에 가연성 물질 및 인화성 물질이 없어야 한다.

3) 용접기 취급 시 주의 사항

① 정격 사용율 이상 사용할 때 과열되어 소손이 생길 수 있다.

② 가동 부분, 냉각 팬을 점검하고 주유해야 한다.

③ 스위치 조작은 아크 발생을 중지한 후 실시해야 한다.

④ 2차측 단자와 용접기 케이스는 접지해야 한다.

⑤ 습한 장소, 직사광선이 드는 곳에서 용접기를 설치하지 말아야 한다.

⑥ 소화기를 설치한다.

4) 용접기 사용전 안전점검

① 용접케이블 피복, 케이블 커넥터 등 절연 손상 부위는 보수 후 사용해야 한다.
② 용접봉 홀더의 절연커버가 파손된 것은 교체하여야 한다.
③ 용접기 외부 커버를 접지하여야 한다.
④ 용접기의 1차 측 배선과 2차 측 배선 및 용접기 단자와의 접속이 확실한가를 점검한다.
⑤ 물 등 도전성이 높은 액체에 의한 습윤 장소 또는 철판·철골 위 등 도전성이 높은 장소에 사용하는 용접기는 감전방지용 누전차단기를 접속하여야 한다.
⑥ 전류 조정핸들이 회전이 잘되는지 확인한다.

2 피복아크용접의 원리

피복아크용접은 피복 금속아크 용접이라고도 부르며, 피복제를 입힌 용접봉과 모재 사이에 전류를 공급하여 발생하는 아크열을 이용하여 용접하는 방법이다.

아크(ARC)는 청백색의 강한 빛과 열이 발생하며 아크 중심부분의 최고온도는 약 6,000℃ 정도이며, 일반적으로 4,000~5,000℃ 정도이다.

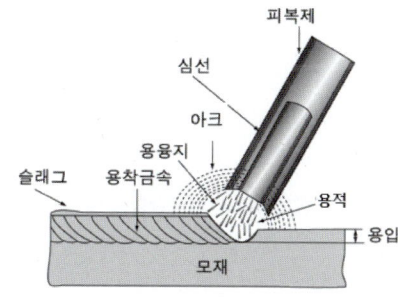

피복아크용접의 원리

1) 아크용접의 용어

① 용입(penetration) : 아크열에 의해 용접봉과 모재의 일부가 용융되는데 이때 용융된 모재의 깊이를 말한다.
② 용융지(molten pool) : 모재가 용융된 부분
③ 용적(globule) : 용접봉이 용융되어 형성된 자리를 용융지에 용착되고 모재의 일부로 융합되어 용착 금속(deposited metal)을 만든다.
④ 피복제 : 용접봉 내 금속 심선(core wire) 바깥둘레에 유기물과 무기물의 혼합물을 바른 것으로 아크 안정 등 여러 가지 작용을 한다.
⑤ 슬래그 : 피복제가 녹아서 용접부위를 덮고 있는 비금속 물질이며 금속보다 용융온도가 낮고 비중도 작다.

3 아크의 성질

1 아크현상

용접봉과 모재사이에 전원을 연결한 후 용접봉과 모재에 접촉시 불꽃방전에 의한 청백색의 강한 빛(아크)과 열이 발생한다. 이를 아크(ARC) 라고 하며 10~500A의 큰 전류가 흘러서 금속 증기와 그 주위의 각종 기체 분자가 해리되어 양전기를 띤 양이온과 음전기를 띤 전자로 분리되며 고속으로 이동하기 때문에 아크 전류가 끊이지 않고 연속적으로 흐른다. 이때 중심부분의 지름이 비교적 작고 백색에 가까운 가장 밝은 부분을 아크 중심이라 하며, 이 부분의 길이를 아크길이라 한다. 아크 주위를 둘러싸고 있는 담홍색의 것이 아크기둥(또는 아크 흐름)이며, 아크 중심 부분의 온도는 4,000℃ 이상으로 가장 높다.

1) 아크의 특성

① 이온화된 기체(Inonized Gas)와 전자로 구성된 고 전류 영역의 플라즈마(Plasma)이다.

② 플라즈마란 : 온도가 증가하면 기체를 구성하고 있는 원자 또는 분자의 운동량이 증가하여 상호 충돌에 의해 원자의 최외각 전자가 이탈 하면서 이온화되며 이온화된 가스를 플라즈마라 부른다.

2) 아크의 발생 원리

양극과 음극 사이의 전압 기울기인 전기장(Electric Field, V/m)이 일정 값 이상으로 증가하여 방전이 시작된 상태에서 전류를 증기 시키면 저항 열에 의해 플라즈마 온도가 상승하여 기체의 이온화가 발생하면서 플라즈마가 유지된다.

아크가 전기적으로 중성이므로 양이온과 전자의 수가 동일 하지만 주로 전자의 움직임에 의하여 전류가 흐른다.

3) 아크형성순서

① 해리(Dissociation) : 다원자 분자는 고온에서 분자상태로 유지하기 어려움으로 각각의 분자로 분리되는 현상이다.

② 이온화(Ionization) : 고온에서 최외각 전자의 운동에너지가 핵으로부터 이탈되는 현상이다.

③ 플라즈마(Plasma) : 고온에서 해리와 이온화가 동시에 일어나서, 분자, 해리된 원자, 원자이온, 전자 등이 혼재되어 있는 상태의 물질(중성)이다.

4) 전자방출원리 3가지

① 열전자 방출 (Thermal emission) 초기 발생한 고온의 아크에 의해 전극에 에너지가 유입되고 가해진 전류에 의해 열전자 방출

② 전계장방출 (Field emission) 양전극간 쿨롱힘에 의해 전자가 방출

③ 충돌방출 (Shock emission) 전극에 양이온의 충돌에 의한 전자 방출

5) 아크에 걸리는 압력

아크압력은 아크 방전이 발생할 때 이그 내부에서 형성되는 압력을 의미한다. 아크 방전은 전기적 방전 현상으로, 고온의 플라즈마 상태에서 발생한다. 아크압력은 여러 요인에 의해 결정된다.

① 대기압 : 기본적으로 1기압(1atm)이다.
② 플라즈마 압력 : 아크의 온도 상승에 따라 플라즈마 내부의 압력이다.
③ 전자기적 핀치 압력 : 전자기력에 의해 아크가 수축하면서 발생하는 압력이다..
④ 열적 핀치 압력 : 고온의 플라즈마가 수축하면서 발생하는 압력이다.
⑤ 아크압력 = 대기압(1atm) + 플라즈마 압력 + 전자기적 핀치 압력 + 열적 핀치 압력 합한 것이다.

6) 아크의 온도

아크기둥의 온도는 고온이 발생 하며 아크의 전류값 과 아크의 위치에 따라 온도차이가 있다. 일반적으로 아크의 적정온도는 3,500℃~6,000℃이다.

7) 아크 빛

아크 방전 시 발생하는 강력한 빛으로, 주로 자외선(UV), 가시광선, 적외선(IR)으로 구성된다. 이 빛은 매우 밝고 고온의 플라즈마에서 방출되기 때문에 여러 가지 특성이 있다.

용접 작업 시 발생하는 주요 위험 요소 중 하나이므로, 항상 적절한 보호 장비를 착용하고 안전 수칙을 준수하는 것이 매우 중요하다.

2 아크전압 분포

양극 전압강하(V_A), 음극전압강하(V_K), 아크기둥의 전압 강하(V_P)의 전체의 전압을 아크전압(V_a)이라고 하며 다음과 같은 식으로 나타낸다.

$$V_a = V_A + V_K + V_P$$

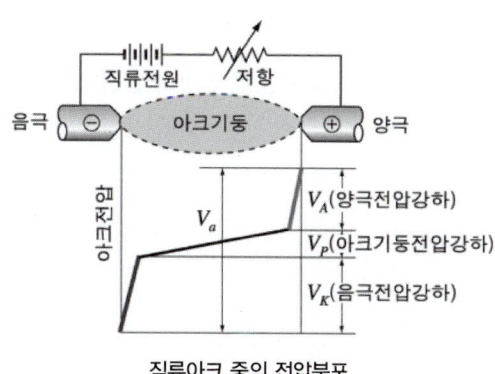

직류아크 중의 전압분포

이때 전원의 양(+)극과 음(-)극 사이를 아크기둥(플라즈마)이라 하며, 아크길이 방향으로 진압을 측정해 보면 음극과 양극부분에서 급격한 전압강하가 발생하고 아크기둥도 완만한 강하를 보인다. 양극의 전압강하는 전극표면이 매우 짧은 길이의 공간에서 일어나는 전압강하이며, 그 값은 주로 전극물질의 종류에 따라서 결정되며, 아크길이나 아크전류에는 거의 관계없이 일정하다.

3 직류아크 온도분포

직류전류는 (+)극에서 (-)극으로 흐른다. 그러나 전자(電子)는 (-)극에서 (+)극으로 이동한다. 탄소 전극봉의 지름 11mm와 10mm, 아크 길이 7mm의 직류아크는 다음 그림과 같은 온도분포를 나타낸다.

이에 따르면 직류아크일 경우 양(+)극 쪽에서 발생하는 열량은 음(-)극 쪽에서 발생하는 열량에 비해 더 높으며, 일반적으로 전체의 60~75% 정도의 열량이 양극 쪽에서, 25~40%의 열량이 음극 쪽에서 발생한다.

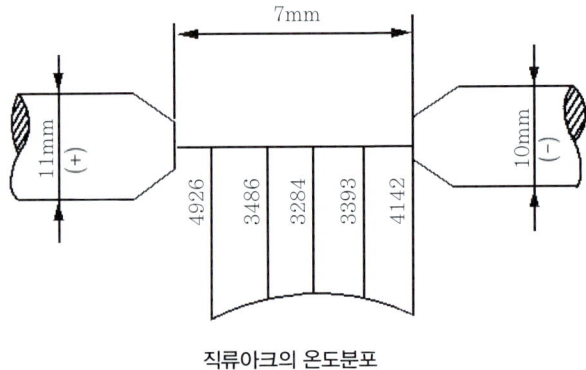

직류아크의 온도분포

그러나 교류아크의 경우는 전원이 60cycle이면 1초 동안에 120회 양극과 음극이 서로 바뀌므로 두 전극 사이에서 발생하는 열량은 거의 같다.

4 극성(polarity)

교류의 경우 극이 주기적으로 변화하기 때문에 두 극에서 발생하는 열량이 거의 같으므로 극성이 별로 문제가 되지 않는다.

그러나 직류 용접에서는 양(+)극에서 음(-)극으로 일정하게 전기가 흐르며, 또 전자의 충격을 받는 양(+)극 쪽의 발열량이 크기 때문에 모재와 용접봉에 전원을 연결할 때 극성을 고려하여야 한다.

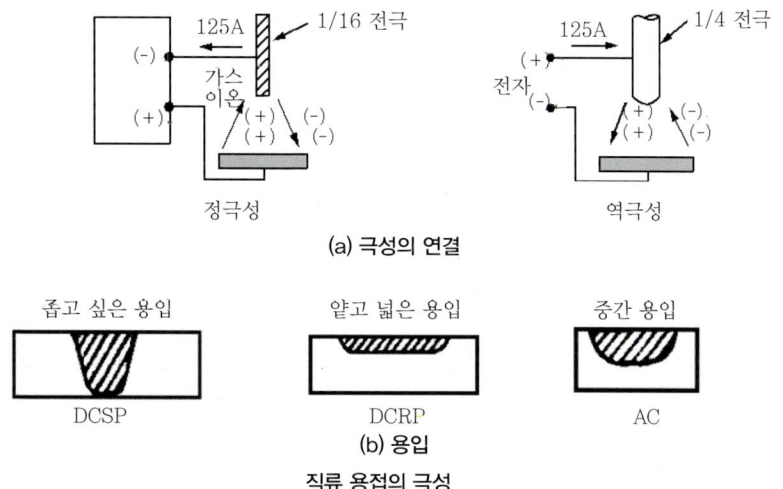

직류 용접의 극성

1) 직류 정극성(straight polarity, DCSP)

① 직류 정극성: 모재를 (+)극에, 용접봉을 (−)극에 연결하는 방식.

② 용접봉이 용융되는 속도가 늦고 모재 쪽이 용융속도가 빠르다.

③ 용입이 깊고 비드의 폭이 좁으며 후판용접에 적당하다.

2) 직류 역극성(reverse polarity, DCRP)

① 직류 역극성은 모재를 (−)극에, 용접봉에 (+)극을 연결하는 방식

② 용접봉의 용융속도가 빠르고, 모재의 용융속도가 느리다.

③ 용입이 얇고 비드 폭이 넓어 박판용접에 적당하다.

3) 교류극성 특징

정극성과 역극성의 중간정도이며 용입과 비드 폭이 적당하여 일반용접에 많이 사용하고 있다.

용접 중의 아크상태 및 특징

극성	상태		특징
직류 정극성 (DC. SP)		열분배 −30% +70%	모재가 (+)극. 용접봉이 (−)	① 모재의 용입이 깊다. ② 용접봉의 용융이 느리다. ③ 비드 폭이 좁다. ④ 일반적인 용접에 쓰인다.
직류 역극성 (DC. RP)		열분배 +70% −30%	모재가 (−)극. 용접봉이 (+)	① 모재의 용입이 얇다. ② 용접봉의 용융이 빠르다. ③ 비드의 폭이 좁다. ④ 박판, 주철, 고탄소강, 합금강, 비철 금속의 용접에 쓰인다.

5 용접 입열(weld heat input)

용접부분에 외부에서 주어지는 열량을 용접 입열(入熱)이라 한다. 용접 입열이 불충분하면 용용불량, 용입불량, 오버랩 등의 용접결함을 초래할 뿐만 아니라 심한 경우에는 모재가 용융되지 않아 용접이 되지 않는다.

피복아크용접에서 아크가 용접의 단위길이 1cm당 발생하는 전기적 에너지 H(Cal)는 아크전압 E(V), 아크전류 I(A), 용접속도 V(cm/min)라 하면 다음과 같다.

$$H = \frac{60 \times B \times I}{V} (\text{J/cm})$$

6 아크전류와 아크길이

1) 아크전류(arc current)에 따른 용접영향

아크전류는 용접전류라고도 부르며, 용접봉의 단면에 따라서 다르나 대략 10A~11A/mm²로 하는 것이 일반적이며, Φ3.2에서 80A, Φ4.0에서는 120A 정도이다.

(1) 전류가 높으면 스패터의 발생이 심하고, 언더컷(under cut)이 발생한다.

(2) 전류가 낮으면 아크의 불안정, 용입불량, 오버랩(over lap)이 일어나며, 용접결과가 불량해진다.

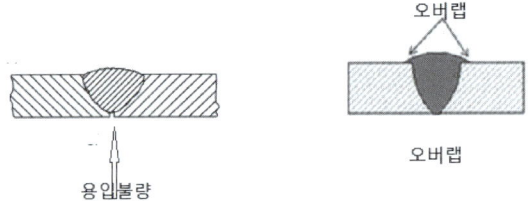

(3) 비드의 끝 부분은 용착금속의 수축으로 인한 용착금속의 부족으로 푹 파여진 형태가 발생하는데 이것을 크레이터(crater)라 한다.

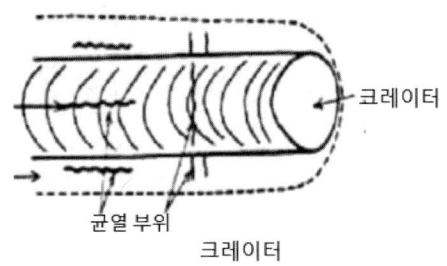

전류에 따른 용접 비드 결함

2) 아크길이(arc length)

모재와 용접봉 사이의 불꽃 방전 시 아크기둥의 길이를 아크길이라 한다.

아크길이가 길면 전압이 상승하고, 짧으면 낮아진다. 따라서 아크길이는 일정해야 한다.

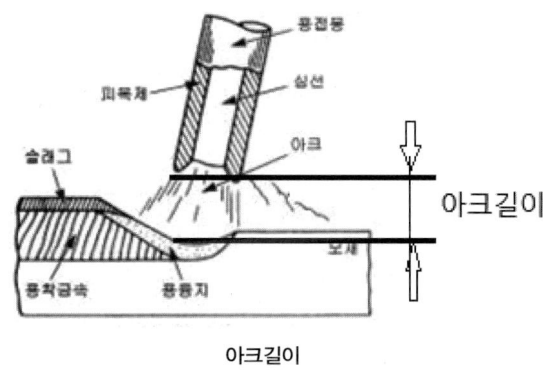

아크길이

(1) 아크길이가 길 때의 영향

① 아크가 불안정하여 작업이 어렵다.
② 열의 비산으로 용입이 불량해진다.
③ 스패터가 발생하며, 오버랩의 원인이 된다.
④ 공기와의 접촉이 커져 산화, 질화 및 기공, 균열의 원인이 된다.
⑤ 비드표면이 거칠다.
⑥ 아크가 공기와의 접촉시간이 길어지므로 열효율이 낮아진다.
⑦ 아크중심이 용접부분 가운데에 집착하기 어려워 용접결과가 불량해진다.

(2) 아크길이가 짧을 때의 영향

① 아크가 불연속이 되기 쉽다.
② 전압이 낮아 발생열량도 적어 용입이 불충분하다.
③ 용접봉이 자주 달라붙거나 슬래그와 접촉되어 아크가 묻힐 경우 슬래그가 유입되는 원인이 된다.

용접봉과 아크의 길이

용접봉의 크기(mm)	용접전류(A)	아크길이(mm)	아크전압(V)
1.6	20~50	1.6	14~17
3.2	75~135 (80~120)	3.2	17~21
4.0	110~180 (120~160)	4.0	18~22
4.8	150~220	4.8	18~24
6.4	200~300	6.4	18~26

7 스패터(spatter)현상

용착 금속이나 용융된 용접봉의 일부가 아크나 가스의 힘으로 용접부분 밖으로 비산되는 것을 스패터라 한다.

1) 스패터가 발생하는 원인은 다음과 같다.

① 용접봉과 모재의 수분에 의해 기포가 방출되는 경우
② 용접전류가 너무 높거나 피복제에 습기가 차 있는 경우
③ 아크의 길이가 너무 길거나 운봉각도가 부적합 한 경우
④ 모재의 온도가 현저하게 낮은 경우
⑤ 가스폭발 및 아크의 쏠림이 발생한 경우

(a) 기포발생　　(b) 가스폭발　　(c) 아크 휨　　(d) 아크재생

스패터 현상과 원인

8 아크 쏠림(arc blow)과 방지방법

1) 아크 쏠림(자기 쏠림)

직류용접에서 용접이 진행될 때 도체에 전류가 흐르면 그 주위에 자장(磁場)이 발생한다. 이 현상은 모재와 용접봉과의 사이에 흐르는 전류에 따라 자계(磁界)가 발생하며, 이 자계가 용접봉에 대하여 비대칭(자장이 깨지면)이 되면 아크가 자력선이 집중되지 않는 방향으로 쏠리는 현상을 말한다.

(1) 아크쏠림의 영향

아크의 불안정, 기공생성, 슬래그 섞임, 용착금속의 재질변화 등의 원인이 된다.

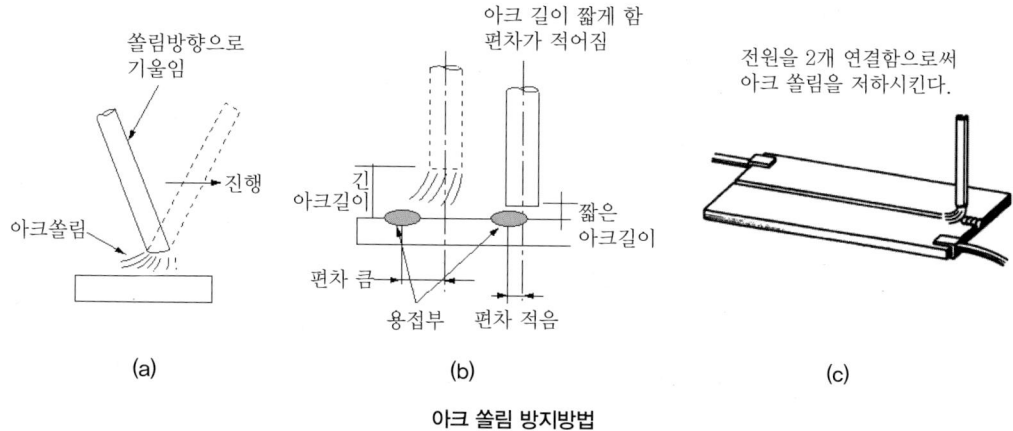

아크 쏠림 방지방법

(2) 아크 쏠림이 발생하는 원인은 다음과 같다.

① 전류가 용접봉, 모재, 접지로 흐름으로 인한 방향변화가 심한 경우

② 자성(磁性)재료 용접에서 용접봉이 어느 한쪽으로 치우친 경우

③ 이음의 처음부분과 끝 부분에 자장이 희박한 중심부분으로 치우치는 경우

(3) 아크 쏠림 방지방법

① 용접봉의 운봉각도를 정확하게 한다.

② 교류용접을 사용한다.

③ 큰 가용접 부분 또는 이미 용접이 완료된 용착부분을 향하여 용접한다.

④ 긴 용접에서는 출발점을 가운데부터 시작한다.

⑤ 용접부분이 긴 때에는 후진법으로 한다.

⑥ 접지점을 가능한 한 용접부분에서 멀리한다.

⑦ 아크를 짧게(피복제가 모재에 접촉할 정도) 한다.

⑧ 용접봉 끝을 아크 쏠림 반대쪽으로 기울인다.

⑨ 받침쇠, 긴 가접부분, 심의 처음과 끝의 엔드 탭(end tap)을 사용한다.

⑩ 전원 2개를 연결한다.

9 아크의 특성

1) 부특성(부저항 특성)

일반적으로 전기회로는 옴의 법칙 따라 같은 저항에 흐르는 전류는 그 전압에 비례하지만 아크의 경우는 그 반대로 전류가 커지면 저항이 적어져 전압도 낮아진다. 이와 같은 현상을 아크의 부저항 특성 또는 부특성이라 한다.

부특성은 아크 전류밀도(current density A/cm^2)가 적을 때 발생하며, 전류밀도가 크면 아크길이에 따라 상승 특성을 나타낸다.

10 아크길이 자기제어 특성

아크길이의 자기제어(self control) 특성이란 아크전류가 일정할 때 아크전압이 높아지면 용접봉의 용융속도가 늦어지고, 아크전압이 낮아지면 용융속도가 빨라지는 특성을 말한다. 아크길이 자기제어 특성은 전류밀도가 클 때 잘 나타난다.

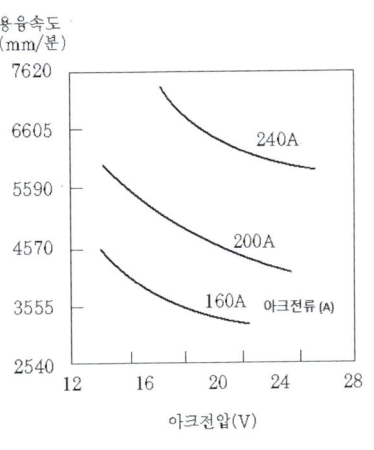

아크전압과 용융속도 곡선

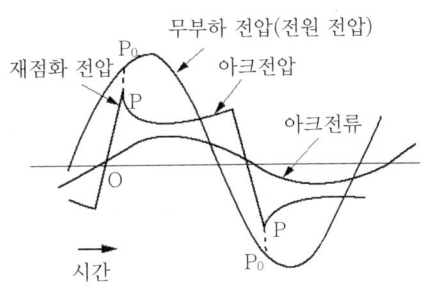

아크전류와 전압 파형

11 전압회복 특성

아크가 발생하는 동안에는 낮은 전압의 높은 전류가 요구되지만, 일단 아크가 중단된 후에 다시 발생시키려면 매우 높은 전압이 필요하다. 아크 용접전원은 아크가 중단된 순간에 아크회로의 과도 전압을 급격히 상승시키는 특성이 있으며, 이 특성을 전압회복 특성이라 한다.

이 특성은 아크의 재 발생을 쉽게 한다. 만약 전압상승 속도가 늦어지면 전극이 냉각되어 열 전자의 방출이 되지 못하기 때문에 아크의 재발생이 불가능해 진다.

12 절연회복 특성

직류전원을 사용하는 경우에는 전기가 양극(+)에서 음극(-)으로 일정하게 흐르지만 교류전원은 양극에서 음극으로, 다시 음극에서 양극으로 주기적으로 변환하면서 흐르게 되며, 1cycle에 2번씩 전류 및 전압의 순간 값이 0이 되어 아크발생이 중단되고 용접봉과 모재사이는 절연이 된다.

이때 아크기둥을 둘러싼 보호가스가 용접봉과 모재사이의 절연을 제거하고 전류가 잘 흐르도록 한다. 이와 같이 보호가스에 의해 순간적으로 꺼졌던 아크가 다시 발생하는 특성을 절연회복 특성이라 한다.

13 용융속도(melting rate)

용접봉의 용융 속도는 단위 시간당 소비되는 용접봉의 길이 또는 무게로 나타내는데, 용융 속도는 다음과 같이 결정된다.

$$용융속도 = 아크전류 \times 용접봉 쪽의 전압강하$$

14 아크 열효율

아크 열효율은 이론적인 발열량에 대해 실제의 입열 열량으로 표시한다. 또 아크길이가 길어지면 전압도 다소 높아지고, 발열량도 증가하지만 복사열이 증대되고, 전류도 감소하기 때문에 열량이 감소한다.

$$아크 열효율 = \frac{실제로\ 입열되는\ 열량}{이론적\ 발생열량} \times 100$$

15 용착속도

용착속도는 단위시간(mm/min)당 모재에 낼 수 있는 비드의 길이로 나타낸다.

$$용접속도 = \frac{전류}{전압} \quad P = k^3 \sqrt{\frac{I^4}{SE^2}}$$

P : 용입, k : 상수(0.0015~0.0012), I : 전류(A)
S : 용접속도(mm/min), E : 전압(V)

16 용착효율

용착효율은 용접봉 소모량에 대한 실제로 모재에 생성된 용착금속의 양으로 나타낸다.

$$용착효율 = \frac{실제로\ 용착된\ 금속의\ 양}{용접봉\ 소모량} \times 100$$

4 용융금속의 이행(melting metal transfer)

용접봉에서 용융금속이 모재쪽으로 정전기력, 아크 쏠림, 핀치(pinch)효과, 중력, 금속의 표면장력, 가스폭발력, 전자의 충격력 등의 원인으로 이동하는 것을 금속의 이행(metal transfer)이라 한다. 이행의 종류는 다음과 같다.

1 단락 이행(short circuiting transfer)

용접봉의 용적이 용융지에 접촉하여 단락 되면서 표면장력으로 모재로 이동하는 형식이다. 저수소계 용접봉, 비피복아크 용접봉을 사용할 때 이산화탄소 아크용접이나 작은 전류의 MIG용접 발생하는 이행이다.

2 스프레이 이행(spray transfer)

피복아크 용접을 할 때 피복제가 연소 폭발하면서 용적이 작은 용적으로 미세화 되어 스프레이(spray)처럼 날려 모재로 이행하는 방식이다. 일미나이트계, 고산화티탄계, 고셀룰로스계 등 피복 용접봉에서 볼 수 있다.

3 핀치효과 이행(pinch effect transfer)

1) 글로뷸러형(globular type)

핀치효과형이라고도 하며 이것은 용접봉 끝에서 비교적 큰 용적이 단락되지 않고 이행하는 형식으로서 이것의 원주상에 흐르는 전류 소자간에 흡인력이 작용하여 원기둥의 지름이 가늘어 지면서 작은 용융 방울이 모재에 떨어져 내려오는 형식이다.

피복제가 두꺼운 저수소계 용접봉이나 서브머지드 아크용접봉, MIG용접봉 등에서 볼 수 있다.

2) 핀치 효과형

핀치효과에는 열적 핀치효과(thermal pinch effect transfer)와 자기적 핀치효과(magnetic pinch effect transfer)가 있다.

① 열적 핀치효과는 아크기둥이나 가열된 심선 또는 가스의 흐름 주위로부터 냉각을 받으면 흐름의 직각방향으로 힘을 받아 축소되는 것이다.

② 자기적 핀치효과란 도선이나 아크기둥에 전기가 흐를 때 전기흐름의 직각방향으로 자력이 작용하여 도선이나 아크기둥이 축소되는 현상을 말한다.

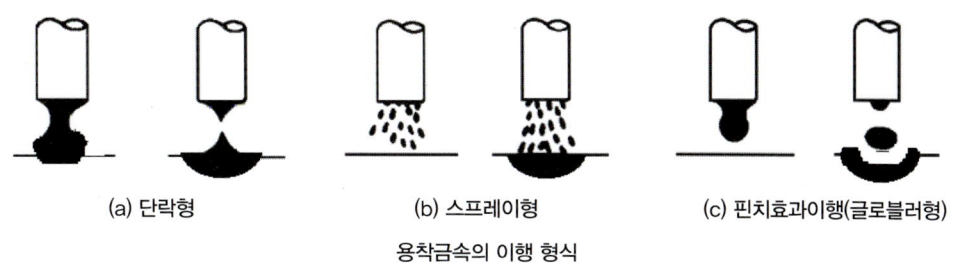

용착금속의 이행 형식

5 아크 용접기(arc welder)

1 아크 용접기의 개요

아크용접을 하는 경우 열원을 공급하는 기구가 필요한데 이 기구를 아크 용접기라 한다.

아크 용접기는 낮은 전압으로 큰 전류를 흐르도록 제작되어 있으며, 일반적으로 양쪽 극을 단락시켜도 어느 일정 이상의 전류가 흐르지 않도록 설계되어 있어 손상이 발생하지 않는다.

1) 용접기의 구비조건은 다음과 같다.

① 구조와 취급이 간단할 것
② 아크 안정 때문에 개로 전압이 높아야 하지만 전격 위험 때문에 너무 높지 않고 전류 조정이 쉬울 것 (전류 조정이 용이하고 일정한 전류가 흘러야 한다)
③ 용접작업 중 전류 변화가 없을 것
④ 단락 되었을 때 단락전류가 너무 크지 않고 아크발생 유지가 쉬울 것
⑤ 구조가 튼튼하고 사용 중 절연이 완전하고, 온도상승이 적을 것
⑥ 아크 초기 발생이 쉬울 정도의 무부하 전압이 유지될 것 (무부하 전압은 교류용접에서는 70~80V, 직류용접에서는 40~60V 정도이다.)
⑦ 역률 및 효율이 좋아야 한다.
⑧ 값이 싸고 능률이 좋을 것

2 아크 용접기의 분류

아크 용접기를 분류하면 다음과 같다.

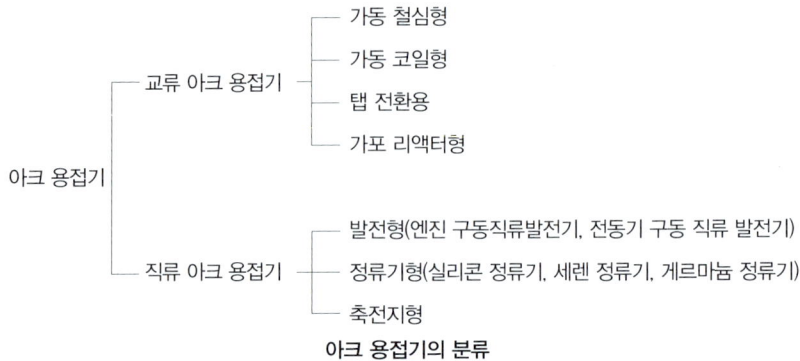

아크 용접기의 분류

1) 교류아크 용접기

교류아크 용접기는 일반적으로 1차 쪽을 220V의 동력선에 연결하고, 2차 쪽의 무부하 전압을 70~80V가 되도록 하고 있다.

(1) 특징

① 구조는 일종의 변압기이며, 리액턴스(reactance : 교류에만 작용하는 저항)에 의해 수하 특성을 가지고 있다.

② 누설되는 자속(flux)으로 전류를 조정한다.

③ 구조가 비교적 간단하고 값도 싸며, 수리가 쉬워 널리 사용된다.

④ 아크 쏠림 방지에도 효과가 있다.

⑤ 전원 주파수의 1/2마다 극이 바뀌므로 전압의 순간 값이 0이 될 때마다 아크 발생이 중단된다.

⑥ 전류 조정방법에 따라 분류하면 가동 철심형, 가동 코일형, 탭 전환형, 가포화 리액터형 등이 있다.

2) 교류아크 용접기종류와 특징

교류용접기종류	특 징
가동 철심형	① 가동철심으로 누설 자속을 증감시켜 전류를 조정한다. ② 점검 및 정비가 쉽고, 아크 쏠림 현상이 없다. ③ 세부적인 전류조정이 가능하다. ④ 구조가 간단하고 값이 싸다. ⑤ 일종의 변압기 원리를 이용한 것이다. ⑥ 넓은 범위의 전류조정이 어렵다.
가동 코일형	① 1차 코일을 이동시켜 누설 자속을 변화시켜 전류를 조정한다. ② 아크의 안정도가 높다. ③ 가동부분의 진동으로 잡음이 일어나는 일이 없다.
탭 전환형	① 코일의 감긴 수에 따라 전류를 조정한다. ② 작은 전류를 조정할 때 무부하 전압이 높아 전격의 위험이 있다. ③ 탭 전환부분의 손상이 심하다.
가포화 리액터형	① 가변저항의 변화로 용접전류를 조정한다. ② 전기적 전류조정으로 소음이 없고 수명이 길다. ③ 원격조정이 간단하며, 초기 전류를 높일 수 있다. ④ 전류조정이 자동으로 이루어지므로 마모부분이 적다.

(1) 아크의 안정

용접 작업을 할 때 아크전압, 아크 전류 관계에서 아크의 안정이 중요하다.

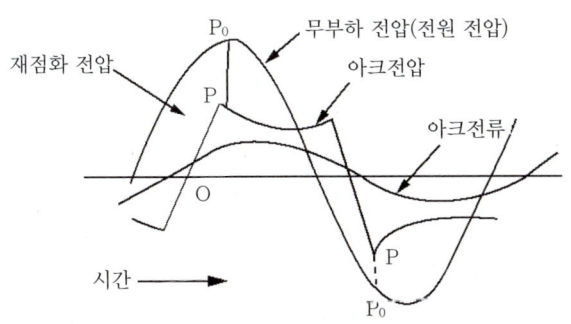

교류아크 전압 및 전류 파형

용접작업을 할 때 아크전압, 아크전류 및 전원전압의 크기를 나타낸 것이며, 극성이 (+)에서 (−)로 변화하는 순간 아크전압은 (P)을 필요로 하는데 이것을 재점화 전압이라 하며, 아크의 안정에 주요한 관계가 있다.

즉, (P)가 높을수록 아크는 불안정해진다. 전원의 무부하 전압(P_0)은 재점호 전압(P)보다 낮으면 꺼지기 때문에 교류용접에서의 무부하 전압이 직류전압의 무부하 전압보다 높아야 하는 것은 이러한 이유 때문이다.

(2) 교류 용접기의 규격

① 교류아크 용접기의 용량

교류 아크 용접기의 규격은 KSC 9602에 규정되어 있으며 아래 표는 이 규격의 중요한 부분을 표시한 것이다.

[교류아크 용접기의 규격]

종류	정격 2차 전류(A)	정격 사용률 (%)	정격 부하전압		최고 2차 무부하 전압 (V)	2차 전류		사용되는 용접봉의 지름 (mm)
			저항강하 (V)	리액턴스 강하(V) 60c/s		최대값 (A)	최소값 (A)	
AW 180	180	40	29	0	85 이하	1800이상 2000이하	350이하	3.2이하
AW 240	240		32			2400이상 2700이하	500이하	2.0~3.2
AW 300	300		35			3000이상 3300이하	600이하	2.5~5.0
AW 400	400	50	40			4000이상 4400이하	800이하	3.3~6.0
AW 500	500	60			95 이하	5000이상 5500이하	1000이하	4~8

ⓐ 용접기의 용량표시는 정격 2차 전류로 표시한다.

ⓑ 용접전류의 조정범위는 2차 정격전류의 20~110% 정도이다.

ⓒ 2차 무부하 전압으로 용량 400A까지의 용접기는 85V 이하로 규정하고 있다. 무부하 전압이 높으면 아크의 발생이 쉽고, 아크가 안정되지만 전격의 위험이 있기 때문에 용접기를 구입할 때 무부하 전압의 크기에 충분한 주의를 하여야 한다.

② 교류아크 용접기의 사용률(duty cycle)

교류아크 용접기의 사용률에는 정격 사용률과 허용사용률이 있다.

예를 들어 어떤 용접기의 정격 2차 전류가 200A이고, 사용률이 60%라면 이 용접기로 전류를 200A로 조정하고 아크용접을 할 때 6분 용접을 하고 4분을 휴식한다는 것을 의미한다.

6분 이상 사용하면 용접기가 과열되어 손상을 초래한다.

$$Q = \frac{At}{At+St} \times 100$$

Q : 사용률, At : 아크 발생시간(min)
St : 휴식시간(min)

그러나 200A 이하의 전류나 이보다 높은 전류에서 용접작업을 하면 사용률은 달라진다.
이때 정격 2차 전류보다 낮은 전류를 사용할 때를 사용률을 허용 사용률이라 하고, 정격 2차 전류로 사용할 때의 사용률은 정격 시용률이라 한다.
즉, 정격 사용률 60%이고 100A로 용접작업을 하면 허용사용률은 240%이고, 220A로 용접작업을 하면 허용사용률은 약 50%이다.

$$허용\ 사용률\ (\%) = \frac{(정격\ 2차\ 전류)^2}{(실제\ 사용전류)^2} \times 정격\ 사용률$$

③ 교류아크 용접기의 역률과 효율
  ⓐ 용접기의 전원 입력 : (2차 무부하전압 × 아크전류)
  ⓑ 아크출력 : (아크전압 × 아크전류)
  ⓒ 2차측 내부손실의 합의 비율을 역률(power factor)이라한다.
  ⓓ 아크쪽의 입력과 내부손실과의 합에 대하여 아크쪽의 입력 비율을 효율(efficiency)이라 하며, 계산식은 다음과 같다.

  • 역률(%) = $\dfrac{소비전력(kW)}{전원입력(kVA)} \times 100$

  • 효율(%) = $\dfrac{아크출력(kW)}{소비전력(kW)} \times 100$

역률이 높을수록 효율이 나쁜 용접기이고, 역률이 낮을수록 효율이 좋은 용접기이다.
예를 들어 무부하 전압이 70V, 아크전압이 30V, 아크전류가 200A, 내부손실을 4kW라 하면 역률과 효율은 다음과 같이 계산한다.

  • 효율(%) = $\dfrac{2차\ 출력(kW)}{2차\ 출력(kW) + 내부손실(kW)} \times 100$

  ∴ $\dfrac{30 \times 200}{(30 \times 200) + 4} \times 100 = 60\%$

  • 역률(%) = $\dfrac{2차\ 출력(kW) + 내부손실전력(kW)}{전원\ 입력(kW)} \times 100$

  ∴ $\dfrac{(30 \times 200) + 4}{70 \times 200} \times 100 = 71\%$

④ 역률 개선방법
  ㉠ 2차 무부하 전압을 낮추고, 전원 입력을 낮추는 방법의 선택이다.
  ㉡ 전력용 콘덴서를 용접기의 1차 쪽에 병렬로 접속하는 방법 선택이다. 이 방법의 장점은 다음과 같다.
    ⓐ 1차 전류를 감소시키면 전원 입력(kVA)이 작아져 전력 요금이 적어진다.
    ⓑ 전원 용량이 작아도 된다. 또 같은 전원 용량이면 많은 용접기를 접속시킬 수 있다.
    ⓒ 배전선의 재료가 절약된다.
    ⓓ 전압 변동률이 낮아진다.

3) 직류아크 용접기

직류아크 용접기에는 직류발전기를 이용하는 발전기 구동형과 교류 전원을 직류로 정류하는 정류기형이 있다.

① 직류 발전기형은 발전기를 3상 교류전동기로 구동하는 형식과 가솔린 엔진이나 디젤엔진 등으로 구동하는 형식이 있다. 이들은 소음이 크고, 고장율도 높다.

② 정류기형은 셀렌(Se), 게르마늄(Ge), 실리콘(Si) 등의 정류기를 사용한다.

(1) 발전기 구동형 직류아크 용접기

발전기 구동형은 3상 교류전동기, 가솔린엔진, 디젤엔진 등으로 직류발전기를 구동시켜 용접전원을 얻는 구조로 되어 있다.

발전기형 직류아크 용접기의 특징은 다음과 같다.
  ㉠ 완전한 직류를 얻을 수 있다. (전동기 구동형, 엔진 구동형)
  ㉡ 옥외나 전원이 없는 장소에서 사용할 수 있다. (엔진 구동형)
  ㉢ 회전운동을 하므로 고장이 발생하기 쉽고, 소음이 크다. (엔진 구동형)
  ㉣ 구동부분과, 발전기 부분으로 되어 있어 값이 비싸다. (전동기 구동형, 엔진 구동형)
  ㉤ 수리와 점검이 어렵다. (전동기 구동형, 엔진 구동형)

① 전동기 구동형(motor generator DC arc welder)
  3상 교류 전동기를 이용하여 직류발전기를 구동시켜 직류전원을 얻는 용접기이며, 교류전원이 있는(동력) 장소에서만 사용할 수 있다.

② 엔진 구동형(engine driven DC arc welder)
  엔진 구동형 용접기는 전기가 없는 장소에서 사용할 수 있으며, 엔진을 구동시켜 직류전원을 얻는다. 완전한 직류를 얻을 수 있으므로 아크가 안정되고, 전기가 없는 장소에서도 사용할 수 있는 장점이 있지만 엔진으로 구동하기 때문에 고장이 많고, 소음이 크며, 용접기의 값이 비싸고 용접기의 수리와 점검이 어려운 결점이 있다.

(2) 정류기형 직류 아크용접기(rectifier type DC arc welder)

정류기형 직류아크 용접기는 3상 교류를 정류기에 의하여 직류로 정류하여 용접전류로 사용하는 것이며, 반도체인 셀렌(selenium)을 주로 사용하고 그밖에 실리콘이나 게르마늄 등이 있다.

① 정류기형 직류아크 용접기의 특징은 다음과 같다.
  ㉠ 구동부분이 없기 때문에 고장과 소음이 적다.
  ㉡ 값이 싸며, 취급이 간단하고, 수리나 점검이 쉽다.
  ㉢ 교류를 정류하므로 완전한 직류를 얻기가 힘들다.
  ㉣ 정류기 파손에 주의하여야 한다. 셀렌은 80℃, 실리콘은 150℃ 이상 되면 파손된다.

(3) 직류 아크용접기와 교류 아크용접기의 비교

항목	직류아크용접기	교류아크용접기
아크인진성	안정	약간 불안정
극성선택(비피복봉사용여부)	가능	불가능
무부하전압	낮음(40V~50V)	높음(70V~80V)
전격위험	적다	많다
구조 및 유지	복잡, 어려움	간단, 쉬움
고장	회전부분 많음	적음
자기쏠림 방지	불가능	가능
역률	매우양호	불량
소음	엔진이 크다, 정류기가 적다	적다
가격	고가	저가

4) 아크용접기의 전기적 특성

아크 용접기는 아크의 발생과 유지를 위해 어느 정도 높은 무부하 전압 필요하다. 즉 스위치를 넣고 작업을 하지 않을 때의 전압인 개로 전압(open circuit voltage)이 필요하다. 개로 전압은 교류아크 용접기가 70~80V이고, 직류아크 용접기는 40~60V이다.

(1) 수하특성(drooping characteristic)

① 피복아크용접은 낮은 전압으로 큰 전류를 사용하기 때문에 즉 아크 부하전류가 커지면 단자전압은 낮아지는 용접기의 특성이다.

② 높은 개로전압 : 처음 아크를 발생시킬 때의 전압 즉 무부하 전압(개로 전압)은 어느 정도 높아야 한다. 그리고 일단 아크가 발생되어 부하전류가 증가되더라도 단자 전압은 낮아져야 하는데 이러한 수하특성 조건을 갖추기 위해 교류아크 용접기는 그림과 같은 전류와 전압사이의 곡선을 형성해야 한다.

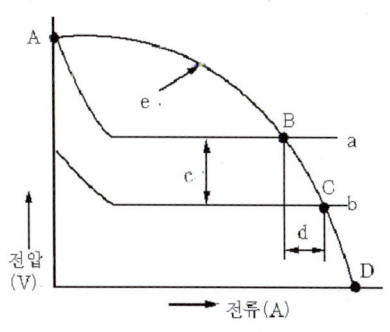

A : 무부하 전압(70~80V)
B : 안정된 아크 발생점
C : 안정된 아크 발생점(변화된 것)
D : 아크가 단락된 때의 전압
a : 아크 길이가 일정한 선
b : a의 곡선이 변하는 생긴 선
c : 전압의 변화폭
　　(아크 길이가 a에서 b로 변함)
d : 전류의 변화폭
　　(아크 길이가 a에서 b로 변함)
e : 수하특성(정적특성) 곡선

수하특성 곡선

③ 전류와 전압사이의 관계 즉 부하전류가 증가하면 단자전압은 반대로 낮아지는 특성을 수하특성이라 한다.
  ㉠ 아크전압이 다소 변화하더라도 용접전류의 변화량은 매우 적다.
  ㉡ 수하특성 곡선의 급경사 부분에서 전압이 크게 변화하여도 전류는 거의 일정한 관계를 정전류 특성이라고도 하며, 어떤 원인에 의해 전류가 변화되더라도 전류는 즉시 본래의 상태로 복귀하기 때문에 아크가 안정된다.

(2) 정전압 특성(constant voltage characteristic)
① 부하전압이 변화하여도 단자전압은 거의 일정한 특성이다.
② 아크길이가 짧아져 B점으로 이동하였다면 이때의 부하전압은 일정하지만 전류가 증가한다. 따라서 용접봉은 정상보다 빨리 용융되기 때문에 정상적인 동작점인 A점으로 복귀 하면서 아크길이가 일정하게 된다.
  이와는 반대로 아크길이가 길어지면 일정한 전압상태에서 전류가 감소하며 이에 따라 용접봉이 용융되는 속도가 느려지면서 아크를 적절한 길이로 조절한다.

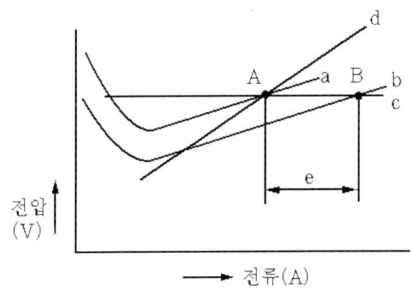

A : 안정된 아크 발생점
B : A에서 이동된 아크 발생점
a : 아크 길이가 일정한 선
b : 아크 길이가 a보다 짧아진 선
c : 정전압 특성선
d : 상승 특성선
e : 전류의 변화폭
    (아크 길이가 a에서 b로 변화)

정전압 특성과 상승 특성

(3) 상승특성(rising characteristic)
전류의 증가에 따라 전압이 약간 상승하는 특성을 말하며, 자동이나 반자동 용접에 사용하는가는 지름의 비피복 용접봉에 큰 전류가 흐를 때 아크는 상승특성을 나타낸다. 상승특성은 직류아크 용접기에서 사용하는 것으로 아크의 자기제어 능력이 있는 점에서는 정전압 특성과 같다.

5) 아크 용접기 취급상 주의사항

① 정격 사용율 이상으로 사용하면 과열되어 손상될 우려가 있다.
② 2차 쪽 단자의 한쪽과 용접기 케이스는 반드시 접지(earth)를 확실히 해 둔다.
③ 탭 전환은 반드시 아크를 중지시킨 후에 하여야 한다.
④ 가동부분(회전부분, 축, 베어링 등)은 주유를 하고, 냉각 팬을 점검한다.
⑤ 용접기의 설치장소로 부적합한 곳은 다음과 같다.
　㉠ 옥외의 비바람이 치는 장소
　㉡ 주위온도가 -10℃ 이하인 장소
　㉢ 부식성 가스가 있는 장소
　㉣ 먼지 · 수증기 · 습기 · 오일 및 휘발성 가스가 있는 장소
　㉤ 진동이나 충격을 받는 장소
　㉥ 유해물질 있는 장소
　㉦ 밀폐된 장소

3 아크용접 부속장치

1) 전격 방지장치

교류아크 용접기는 무부하 전압이 비교적 높기 때문에 전격(감전사고)을 받기 쉬우므로 용접원을 보호하기 위해 전격방지장치를 사용한다.

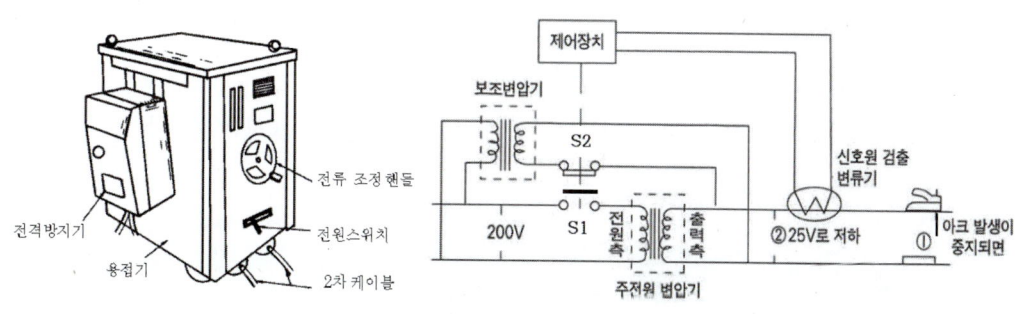

전격 방지장치

아크발생하면 1차측 OPEN 되고 대신 보조전압기의 S2 스위치가 연결되면서 홀더전압이 1초 이내로 25V로 감소된다. 아크가 발생되면 S2 스위치가 OPEN 되고 CLOSE 되면서 활성화된다.

2) 원격 제어장치

원격 제어장치는 용접기와 멀리 떨어진 곳에서 용접전류 또는 전압을 조절할 수 있는 장치이다. 원격제어 방법에는 소형 전동기(motor)를 용접전류 조정용 핸들에 설치하는 방법과 가변저항의 다이얼을 돌리는 방법이다.

3) 핫 스타트 장치(hot start equipment)

아크 발생초기에는 용접봉이나 모재가 차갑기 때문에 입열이 부족하여 아크가 불안정하게 된다. 따라서 용접봉이 처음 모재에 접촉하는 순간 1/4~1/5초 정도의 순간적인 큰 전류가 공급되어 가열을 세게 하여 초기의 아크를 안정시키는 장치이며, 아크 부스터(arc booster)라고도 부른다.

핫 스타트 장치의 이점은 다음과 같다.

① 아크발생을 쉽게 한다.
② 기포발생을 방지한다.
③ 비드 모양을 개선하고 아크 초기의 용입을 향상시킨다.
④ 무부하 전압을 70V 이하로 낮출 수 있으며, 전격의 위험을 감소시킨다.

4) 고주파 발생장치

교류아크 용접기의 아크 안정을 위해 사용 주파수의 아크 전류 이외에 높은 전압(2,000~3,000V)의 고주파 전류(300~1,000kC)를 겹치도록 하는 방식이며, 다음과 같은 장점이 있다.

① 아크 손실이 적어 용접이 쉽다.
② 아크발생 초기에 용접봉을 모재에 접촉시키지 않아도 아크가 발생한다.
③ 무부하 전압을 낮출 수 있다.
④ 전격의 위험이 적고, 입력전원을 적게 할 수 있어 역률이 개선된다.

4 용접 작업용 기구

1) 용접용 케이블(welding cable)

용접기에 사용되는 케이블에는 전원에서 용접기까지 연결하는 1차 쪽 케이블과 용접기에서 홀더나 모재까지 연결하는 2차 쪽 케이블이 있다. 아래 표는 적정 크기를 표시한 것이다.

[케이블의 적정 크기]

용접기 용량	200A	300A	400A
1차 쪽 케이블 지름	5.5mm	8.0mm	14mm
2차 쪽 케이블 단면적	50mm^2	60mm^2	80mm^2

1차측 케이블

2차측 케이블

특히 2차 쪽에 사용하는 케이블은 유연성이 풍부한 용접용 캡 타이어 전선(cap tire cable)을 사용하며, 이것은 0.2~0.5mm 정도의 가는 구리선을 수백 내지 수천 개를 꼬아서 튼튼한 종이로 피복한 다음 그 위에 고무로 피복 한 것이다.

2) 용접봉 홀더(welding holder)

용접봉 홀더는 용접봉의 끝 부분을 단단히 물고 용접전류를 케이블에서 용접봉으로 전달하는 기구이다. 절연상태에 따라서는 전체를 절연체로 만든 A형(안전 홀더)과 손잡이만 절연시킨 B형이 있다.

케이블과 홀더의 접촉저항을 감소시키기 위해 납땜, 나사 조임 등의 접속방법을 사용한다.

(1) 홀더의 구비조건은 다음과 같다.
① 무게가 가볍고, 절연이 완전하며, 튼튼할 것
② 지름이 다른 여러 가지 용접봉을 쉽게 탈·부착할 수 있을 것
③ 접촉저항에 의한 발열이 적을 것

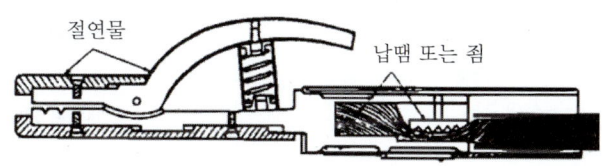

용접봉 홀더의 구조

(2) 홀더 규격

[용접봉 홀더의 규격(KSC 9607)]

종류	정 격			사용 용접봉의 지름(mm)	접촉되는 최대 홀더용 케이블 단면적(mm²)
	사용률(%)	용접전류(A)	아크전압(V)		
100호	70%	100	25	1.2~3.2	22
200호		200	30	2.0~5.0	38
300호		300		3.2~6.4	50
400호		400		4.0~8.0	60
500호		500		5.0~9.0	80

3) 접지 클램프(ground clamp)와 커넥터

(1) 접지 클램프

접지 클램프는 용접기와 모재를 접속하는 것이며, 완전히 접속시켜 접촉저항에 의한 열이 발생하지 않도록 하여야 한다. 접속이 불량하면 전기소비량이 증가하고, 용접전류가 감소되기 때문에 아크가 불안정하게 되어 용접부분의 용입이 불량하고 결함이 발생하기 쉽다.

(2) 케이블 커넥터(cable connector)

케이블 접속은 그림과 같은 커넥터를 사용한다. 길이가 긴 케이블이 필요할 때 케이블의 취급이 편리하도록 15~20mm 정도의 것을 연결하여 사용한다. 또 볼트 구멍을 지닌 접속 관을 겹쳐서 체결하거나 납을 녹여 붓는 방식의 케이블 플러그(plug)가 있다.

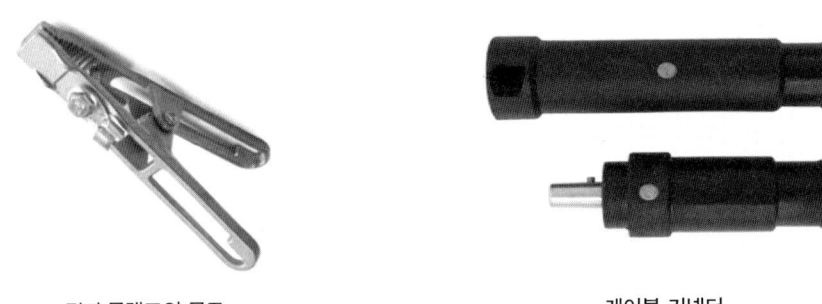

접지 클램프의 구조   케이블 커넥터

4) 환기장치

아크발생 부근에 집진 후드(hood)를 설치하여 아크에 의해 발생한 가스를 밖으로 배출시켜야 한다. 특히 아연 도금판, 황동, 청동, 납 합금, 카드뮴합금 등을 용접할 때에는 반드시 환기장치를 설치하여야 하며, 방독마스크를 착용하여야 한다.

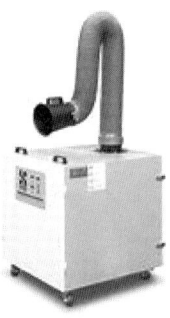

5) 헬멧과 핸드 실드(helmet & hand shield)

유해광선인 자외선과 적외선으로 부터 보호하고 스패터로부터 눈, 얼굴을 보호하기 위해 사용하는 것이 헬멧과 핸드실드이다.

① 유해광선에 의해 눈을 보호하기 위해 차광유리를 부착한다.
② 차광능력에 따라 등급이 있다. 피복아크 용접에서는 10~12번을 주로 사용한다.

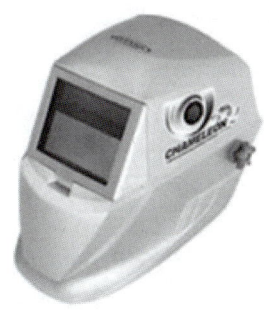 

(a) 헬멧　　　　　　　　　　　　　　(b) 핸드실드

핸드실드와 헬멧

차광유리의 규격

용접전류(A)	차광도	용접전류(A)	차광도
30 이하	6	30~45	7
45~75	8	75~100	9
100~200	10	150~250	11
200~300	12	300~400	13
400 이상	14		

6) 그 밖의 용접기구

용접용 장갑, 앞치마, 팔 덮개, 차광막 등은 유해광선이나 스패터로부터 몸을 보호하고, 이중 차광막은 주위 사람들이나 인화물질로부터 차단하는 역할을 한다.

또 용접부분의 슬래그를 제거하는데 사용하는 슬래그 해머, 용접부분을 청소하기 위한 와이어 브러시, 피닝해머, 집게 등이 필요하며, 공작물을 필요한 치수로 제작하기 위해 공작물을 조립하는데 사용하는 지그(welding jig)도 사용할 수 있으며, 용접작업 후 용접부분의 치수를 측정하는 데에는 각종 용접 게이지가 필요하다.

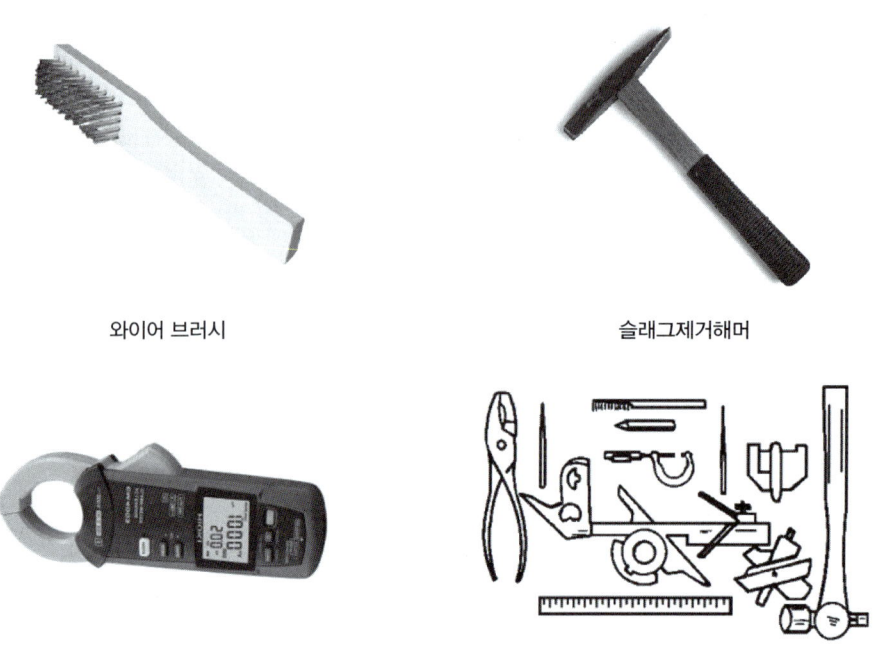

와이어 브러시 / 슬래그제거해머 / 전류계 / 각종공구

그 밖의 용접기구

6 피복아크 용접봉

1 피복아크 용접봉의 개요

용접봉(welding rod)은 용접 모재사이의 틈새를 채우기 위해 사용하는 금속이며, 용접부분의 품질을 결정하는 중요한 것으로 용가재(filler metal) 또는 전극봉(electrode)이라고도 부른다.

피복아크 용접봉은 금속심선의 겉에 피복제를 도포 후 건조시킨 것으로 한쪽 끝은 홀더에 물려서 전류가 통할 수 있도록 25mm 정도 노출시켰으며, 다른 한쪽 끝은 아크가 발생하기 쉽도록 하기 위해 3mm 이하로 노출시킨다. 심선의 지름은 1~10mm까지 있으며, 길이는 350~900mm까지이다.

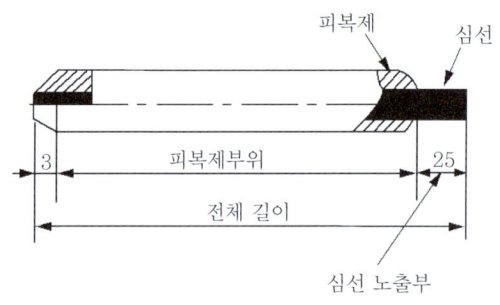

용접봉의 형상

1) 용접부분을 보호방식 종류

① 슬래그 생성식 : 용접부위를 슬래그로 둘러싸여 공기와의 직접 접촉을 하지 않도록 하는 형식이다.

② 가스 발생식 : 환원성 가스나 불활성가스에 의해 용착금속을 보호하는 형식으로, 슬래그 제거가 쉽고 안정된 아크를 얻을 수 있으나, 스패터가 많으며, 유독 가스를 발생이 많다.

③ 반가스 발생식 : 가스 발생식과 슬래그 생성식을 혼합한 형식이다

2 피복제(flux)

용접봉의 심선의 둘레에는 여러 가지 성분의 피복제인 용제가 도포되어 있다. 피복제의 주요 성분은 셀룰로즈, 산화티탄, 철-망간(Fe-Mn), 규조토, 탄산칼슘, 일미나이트 등이다.

1) 피복제의 기능

① 아크 안정되게 한다.
② 중성 및 환원성 가스를 발생시켜 산화, 질화 방지하고 용융금속을 보호한다.
③ 용융점이 낮은 슬래그를 만들어 용접부를 보호한다.
④ 용착금속에 합금원소를 첨가시키거나 심선 성분을 첨가하여 용접 효율을 높인다.
⑤ 용착금속의 탈산 정련작용을 한다.
⑥ 용착금속의 응고시 서냉시킨다.
⑦ 용적을 미세화하여 용착효율을 향상시킨다.
⑧ 작업 중, 저장 중 용접봉의 녹을 방지한다.
⑨ 용착금속에 필요한 원소를 첨가한다.
⑩ 전기 절연작용을 한다.

2) 피복제의 성분

① 아크 안정제
피복제 성분이 아크열에 의해 이온화하기 쉬워야 한다.
아크 안정 성분은 산화티타늄(TiO_2), 석회석($CaCO_3$), 규산나트륨(Na_2SiO_3), 규산칼륨(K_2SiO_3) 등이 사용된다.

② 슬래그 생성제
융점이 낮은 가벼운 슬래그를 만들어 용융금속의 표면을 덮어서 산화나 질화를 방지하고, 용융금속의 냉각 속도를 느리게 한다.
• 종류는 산화티타늄, 석회석, 산화철, 이산화망간(MnO_2), 일미나이트, 규사(SiO_2), 장석 등이 있다.

③ 가스 발생제

중성 또는 환원성 가스를 발생하여 용융금속의 산화나 질화를 방지한다.
- 종류는 석회석, 녹말, 톱밥, 탄산바륨($BaCO_3$), 셀룰로오스 등이 있다.

④ 탈산제

용융금속 중의 산화물을 탈산 정련하는 작용을 한다.
- 종류는 규소철(Fe-Si), 망간철(Fe-Mn), 망간, 알루미늄 등이 사용된다.

⑤ 고착제

심선에 피복제를 고착시키는 역할을 한다.
- 종류는 물질로서, 물유리(규산나트륨 : Na_2SiO_3), 규산칼륨(K_2SiO_3) 등의 수용액이 사용된다.

⑥ 합금 첨가제

망간, 실리콘, 니켈, 크롬, 바나듐 등의 금속 원소가 이용된다.

3) 용접봉의 편심

피복제에 대한 심선의 편심은 그림에 나타낸 바와 같으며, KS에서는 편심률을 3% 이하로 규정하고 있다.

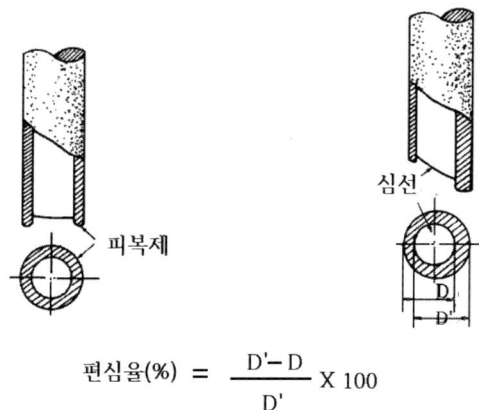

$$편심율(\%) = \frac{D'-D}{D'} \times 100$$

4) 피복아크용접봉의 표시

용접봉 표시는 연강 피복아크용접봉은 KSD 7004에 규정되어 있다.

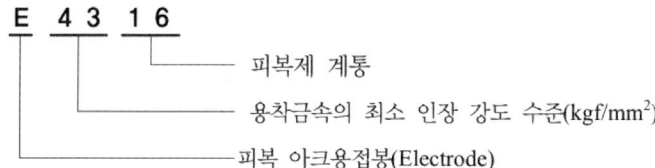

3 연강용 피복아크 용접봉

1) 심선(core wire)

연강용 피복아크 용접봉 심선은 저탄소 림드강을 사용한다.

특히 황(S)이나 인(P) 등의 불순물을 적게 함유하여야 한다.

연강용 피복아크 용접봉은 심선의 지름에 따라 길이가 규격화되어 있다. 심선 지름의 허용오차는 ±0.05mm이고, 길이오차는 ±3mm이다. 그러나 길이가 700mm, 900mm일 때에는 ±5mm이다. 연강용 피복아크 용접봉의 심선 성분은 아래 표와 같다.

연강용 피복아크 용접봉의 심선 성분

종류	기호	화학성분(%)					
		탄소(C)	규소(Si)	망간(Mn)	인(P)	황(S)	구리(Cu)
1종	SWRW 1A	0.1 이하	0.03 이하	0.35~0.65	0.02 이하	0.023이하	0.2 이하
	SWRW 1B				0.03 이하	0.03 이하	0.3 이하
2종	SWRW 2A	0.1~0.15			0.02 이하	0.023이하	0.2 이하
	SWRW 2B				0.03 이하	0.03 이하	0.3 이하
지름(mm)	1.0, 1.4, 2.0, 2.6, 3.2, 4.0, 4.5, 5.0, 5.5, 6.0, 6.4, 7.0, 8.0, 9.0, 10				허용오차 지름 8mm 이하 : ±0.05mm 지름 9~10mm : ±0.1mm		

2) 연강용 피복아크 용접봉의 표시방법

연강용 피복아크 용접봉에 관한 규정은 KSD 7004에 규정되어 있다. 아래 표는 KSD 7004의 연강용 피복아크 용접봉의 종류에 대해서 피복제 계통, 용접자세, 사용전류의 종류에 대해 표시한 것이다.

[연강용 피복아크 용접봉의 종류]

용접봉의 종류	피복제의 계통	용접자세	사용전류의 종류
E 4301	일미나이트계	F, V, OH, H	AC 또는 DC(±)
E 4303	라임 티탄계		
E 4311	고셀룰로즈계		
E 4313	고산화티탄계		
E 4316	저수소계		
E 4324	철분 산화티탄계	F, H, Fil	
E 4326	철분 저수소계		
E 4327	철분 산화철계		F에서는 AC 또는 DC(+), H-Fil 에서는 AC 또는 DC(−)
E 4340	특수계	F, V, OH, H H-Fil 중 전부 또는 어느 한 자세	AC 또는 DC(±)

(1) 용접자세에 사용된 기호의 의미는 다음과 같다.
　① F(flat) : 아래보기 자세　　　　② V(vertical) : 수직자세
　③ O(over head) : 위보기 자세　　④ H(horizontal) : 수평자세
　⑤ H-Fil : 수평 필릿(fillet)

(2) 사용전류의 종류에 사용된 기호의 의미는 다음과 같다. 그리고 극성표시는 용접봉을 기준으로 한 것이다.
　① AC : 교 류　　　　　　　　　② DC(±) : 직류 정극성 및 역극성
　③ DC(-) : 직류 정극성　　　　　④ DC(+) : 직류 역극성

3) 연강용 피복아크 용접봉의 종류와 그 특성

(1) 일미나이트계(E 4301)

일미나이트(FeO·TiO_2 + Fe_2O_3)광석과 사철(hematite) 30% 이상을 주성분으로 한 중간층의 피복제 용접봉이며 모든 자세의 용접에 사용할 수 있다.

(2) 라임 티탄계(E 4303)

산화티탄(TiO_2) 약 30%와 석회석을 주성분으로 한 피복제 용접봉이며, 작업성능이 우수하여 모든 용접자세에 사용된다.

용입 상태가 얕아 얇은 판 용접에 적합하다. 용접 작업 중 슬래그가 잘 떠오르기 때문에 굵은 용접봉으로 아래보기 필릿 용접을 하였을 경우에도 양호한 기계적 성질을 나타낸다.

(3) 고셀룰로즈계(E 4311)

피복제 속에 유기물(셀룰로즈)이 약 30% 들어 있어 용접 작업을 할 때 이 유기물이 연소하여 많은 양의 환원성 가스(일산화탄소, 수소)를 발생하기 때문에 공기와 접촉으로 인한 용융금속의 산화 및 질화작용을 방지한다.

이 용접봉은 피복이 얇고, 슬래그 생성이 작기 때문에 수직자세와 위보기 자세의 용접에 특히 적합하다. 그러나 스패터가 비교적 많아 비드 표면이 거친 것이 결점이다.

(4) 고산화 티탄계(E 4313)

슬래그 생성제인 산화티탄을 약 35% 정도 주성분으로 한 용접봉이며, 아크가 안정되고, 슬래그의 제거도 쉽고, 스패터도 적으며, 비드 외관도 곱고, 언더컷도 발생하지 않는다.

작업성능도 매우 양호하며, 모든 용접자세에 사용된다.

(5) 저수소계(E 4316, low hydrogen type)

피복제 중에 수소원이 되는 성분의 유기물을 포함하지 않고 탄산칼슘($CaCO_3$), 불화칼슘(CaF)을 주성분으로 한 피복제의 용접봉이다.

　① 주성분 : 석회석($CaCO_3$)이나 형석(CaF_2)을 주성분으로 한 것으로, 용착금속 중의 수소 함유량이 다른 봉에 비해 1/10 정도로 현저히 적다.

② 특성 : 인성과 연성이 풍부하고 기계적 성질이 우수하나, 아크가 다소 불안정하며, 작업성이 나쁘다.

③ 용도 : 중요 부재의 높은 강도가 필요한 용접, 고압 용기 후판 중구조물, 탄소 당량이 높은 기계 구조용강, 구속이 큰 용접, 유황 함유량이 많은 강 용접에 이용된다.

④ 건조 : 흡습성이 크므로 사용 전 300~350℃에서 1~2시간 건조 후 사용한다.

(6) 철분산화 티탄계(E 4324)

고산화 티탄계 피복제에 철분을 50% 정도 첨가한 용접봉이며, 고산화 티탄계의 우수한 작업성능과 철분계 용접봉의 높은 능률성능을 함께 지닌 용접봉이다. 아크의 안정성이 좋고, 스패터가 적으며, 용입이 얕다.

(7) 철분 저수소계(E 4326)

저수소계(E 4316) 용접봉에 철분을 30~50% 정도 첨가하여 고능률화를 도모한 것으로 용착속도가 빠르고, 작업능률이 좋으며, 아크가 조용하고, 스패터도 적으며 비드 면이 곱다. 용착금속의 기계적 성질이 우수하며 아래보기 자세 및 수평 필릿용접 자세에 한하여 사용한다.

(8) 철분 산화철계(E 4327)

이 용접봉은 산화철을 주성분으로 하고, 여기에 철분을 첨가한 피복제의 용접봉이다. 일반적으로 규산염을 많이 함유하므로 산성 슬래그를 생성한다. 아래보기 자세와 수평 필릿용접에서 주로 사용되지만 수평 필릿용접에서 더 많이 사용한다.

(9) 특수계(E 4340)

이 용접봉은 앞에서 설명한 어느 계통의 피복제에도 속하지 않으며, 특수한 용도에 사용하기 위해 제조한 것이다. 아래보기 자세, 수직자세, 수평자세, 수평 필릿 등 각각 요구되는 용접자세에 따라 선택하여 사용할 수 있다.

4) 스테인리스강용 피복아크 용접봉

스테인리스강용 피복아크 용접봉은 니켈-크롬(Ni-Cr) 스테인리스강용(오스테나이트계 스테인리스 용접봉)과 크롬 스테인리스강용 용접봉을 말하는데 어느 것이나 피복제에는 형석(CaF_2)의 작은 입자로 된 광석을 주성분으로 한 라임계와 루틸(rutile)을 주성분으로 한 티탄계 피복제가 있다.

(1) 라임계 피복아크 용접봉은 용융금속의 이행이 입상이며, 아크가 불안정하고 스패터가 많다. 아래보기와 수평 필릿용접에서는 비드 외관이 깨끗하지 못하나, 수직자세, 위보기 자세의 용접에서는 비교적 양호하다.
  ① 용도 : 고압용기와 큰 구조물의 용접에서 사용한다.

(2) 티탄계는 주성분인 루틸은 산화티탄(TiO_2)을 60% 이상 함유한 광석이다. 아크가 안정되고 스패터가 작으며, 슬래그는 비드 표면을 잘 덮으며 제거가 쉽고 용입이 비교적 얕아 얇은 판의 용접에 사용된다.

스테인리스강 용접봉의 종류와 특성 및 용도

용접봉의 종류	용접봉의 특성	용접봉의 용도
E 308	Cr19-Ni9 강으로 슬래그를 제거하기 쉽고, 아크의 안정성이 좋으며, 비드 외관이 곱다.	① Cr18-Ni8 강의 용접 ② SUS 301~305, 308
E 308L	E 308의 특성 이외에 아크의 집중성능이 크고, 용접 속도가 빠르다.	① E 308과 같음 ② 용접 후 열처리가 불가능한 곳
E 309	Cr25-Ni12 강으로 균열 감수성능이 우수하다.	① 강철 및 주강의 용접 ② 연강과 Cr18-Ni8 강의 용접 ③ 경화 형강의 용접 후 열처리가 불가능한 곳
E 309 Mo	몰리브덴 함유로 유산, 황산에 대한 내부식성이 크다.	309S나 내열 주강 용접
E 310	Cr25-Ni20 강으로 완전한 오스테나이트 조직을 나타낸다.	① Cr13 Esh는 Cr18-Ni8 계열의 크래드 강축 용접 ② 311~305
E 316L	Cr18-Ni12-Mo2 강으로 저탄소강이며, 입계 부식에 안전하다.	① Cr18-Ni12-Mo2 강 용접 ② 유산염, 화학장치, 표면경화 육성의 밑면 용접
E 317	E 316L과 같은 계열의 용접봉이며, 내열성과 내부식성이 우수하다.	균열 감수성능이 큰 강철의 용접

5) 기타 피복아크용접봉

(1) 고장력강 피복아크용접봉

용접 구조용 압연 강재(SWS 41)보다 항복점과 인장 강도가 높은 저합금강으로, 판두께를 얇게 할 수 있어 무게 경감과 재료의 절약, 내식성 향상 등을 목적으로 사용된다. 종류는 KSD 7006에 $50kgf/mm^2$, $53kgf/mm^2$, $58kgf/mm^2$급이 규정되어 있다.

(2) 주철 피복아크용접봉

① 보수 용접에 주로 사용되며, 연강 및 탄소강에 비해 용접이 어려워 전, 후 처리와 선택이 중요하다.
② 종류 : 니켈계, 모넬 메탈봉, 연강용 용접봉 등이 있다.

(3) 동 및 동합금용 피복아크용접봉

① 주로 탈산 구리 용접봉 또는 구리 합금 용접봉이 사용되고 있다.
② 연강에 비해 열전도도와 열팽창 계수가 크기 때문에 용접에 어려움이 있다.

6) 용접봉의 보관 및 재건조

용접봉은 습기에 대해 민감하다. 습기는 기공이나 균열 등의 원인이 된다. 저수소계는 수소가 많으면 기공을 일으키기 쉽고, 내균열성과 강도가 낮아지며, 셀룰로즈계는 피복이 떨어진다.

용접봉 건조 온도와 시간은 일반 용접봉은 70~100℃로 30분~1시간, 저수소계는 300~350℃로 2시간 정도 건조해야 한다.

7 피복아크 용접방법

1 용접봉의 운봉 방법

1) 아크발생과 중단

(1) 아크의 발생 방법

아크를 발생시키는 일반적인 방법에는 긁기 방법(긋는 방법) 두드리는 방법(점찍기 방법)이 있다. 고산화 티탄계(E 4313), 고셀룰로즈계(E 4311) 등은 아크의 재발생이 쉬우나 일미나이계(E 4301), 저수소계(E 4316) 용접봉은 숙련이 필요하다.

① 아크의 발생 방법 : 긁기 방법(긋는 방법) 두드리는 방법(점찍기 방법)을 많이 사용하며 모재와의 거리를 10mm 이하로 유지해야만 아크가 계속 발생한다.

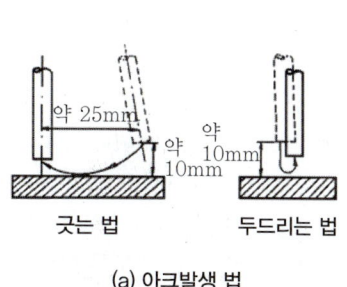

(2) 아크 중단과 크레이터

아크를 발생시켜 비드를 형성하다가 아크를 중단시키면 비드 끝 부분이 그림의 왼쪽에 나타낸 바와 같이 오목하거나 납작하게 파여진 모양이 되는데 이것을 크레이터(crater)라 한다. 크레이터는 불순물과 편석을 남기기 쉽고, 냉각 중에 균열이 일어나기 쉽다.

① 크레이터 처리 방법은 크레이터 부분에 도달하면 아크길이를 감소시키면서 가볍게 크레이터 부분만큼 원을 그리면서 떼어내기를 반복하여 채워주면 된다.

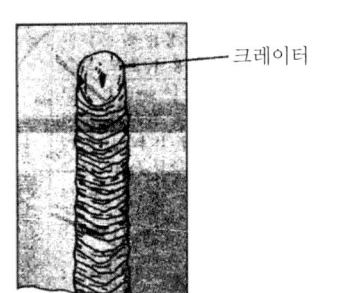
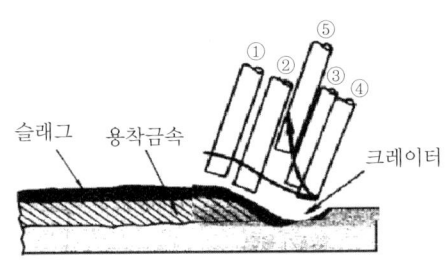

크레이터 처리방법

2) 용접봉 각도(angle of electrode)

용접봉 각도는 진행각도와 작업각도로 분류되는데 진행각도는 용접봉과 용접선이 이루는 각도이며, 용접봉과 수직선 사이의 각도(또는 용접선과 용접봉 사이의 각도)로 나타내며, 작업각도는 용접봉과 용접이음 방향에 나란히 세워진 수직평면과의 각도로 나타낸다.

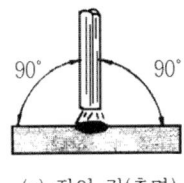
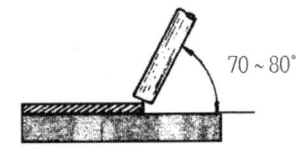

(a) 작업 각(측면)   (b) 진행 각

3) 운봉(Weaving)

운봉방법이란 용접봉을 움직여 비드를 만들며 용접하는 것을 말하며, 용접봉의 움직임 상태에 따라 용접봉을 직선적으로 진행시키는 방법에 의한 비드를 직선 비드(straight bead)라 하고, 용접봉을 넓게 좌우로 움직이며 진행하는 방법에 의한 비드를 위빙 비드(weaving bead)라 한다.

(1) 직선 비드

① 용접봉을 용접 진행방향으로 70~80° 기울이고, 좌우에 대해서는 90°가 되도록 한다.
② 주로 얇은 판 용접 및 홈 용접의 백 비드(back bead)를 형성할 때 사용한다.
③ 용접전류, 운봉속도, 아크길이 등이 정상인지를 점검한다.
④ 비드 폭은 용접봉 지름의 2배 정도로 한다.

(2) 위빙 비드

① 용접봉을 용접 진행방향으로 70~80° 기울이고, 좌우에 대해서는 90°가 되도록 한다.
② 위빙운동 폭은 심선 지름의 2~3배로 하여 위빙 피치가 3~6mm가 되도록 한다.
③ 용접부분의 넓은 경우, 두꺼운 판 등에서 용접부분의 청소시간이 짧아진다.
④ 크레이터 발생과 언더컷이 발생할 우려가 있으므로 주의한다.

(3) 위빙 비드 쌓는 방법

　용접봉을 위빙 시키는 방법은 아래 표에 나타낸 바와 같이 여러 가지가 있으며, 용접사세와 용접부분의 모양, 모재 두께와 재질, 전류의 크기 등에 따라 적당한 방법을 선택한다.

운봉 방법

자세		운봉법	도해	용접봉 각도
아래보기 V형용접		직선	 →	진행방향에 대하여 60~90°
		원형		위와 같음
		부채꼴모양	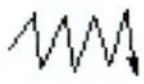	위와 같음
아래보기 필릿용접		직선	 →	위와 같고, 수직면에 45~60°
		타원형		위와 같음
		삼각형		위와 같음
수평용접		직선	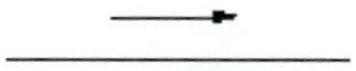 →	
		타원형		
수직 용접	하 진법	직선	 ↓	진행방향에 대하여 70°
		부채꼴모양		위와 같음
	상 진법	직선	 ↑	진행방향에 대하여 110°
		삼각형		
		백스텝		
위보기 용접		직선	 →	진행방향에 대하여 60~80°
		부채꼴모양		
		백스텝		

위빙 폭은 비드 폭보다 1.0~1.5mm 정도 양쪽으로 좁은 상태가 된다. 위빙 방법의 요점은 적당한 위빙 폭과 위빙 피치가 일정하여야 하며, 특히 비드 좌우 끝에서 일단 머무름(hesitating)을 하여 언더컷을 방지하여야 한다. 또 운봉 피치가 크면 비드가 거칠며, 운봉 피치가 작으면 비드가 고와진다.

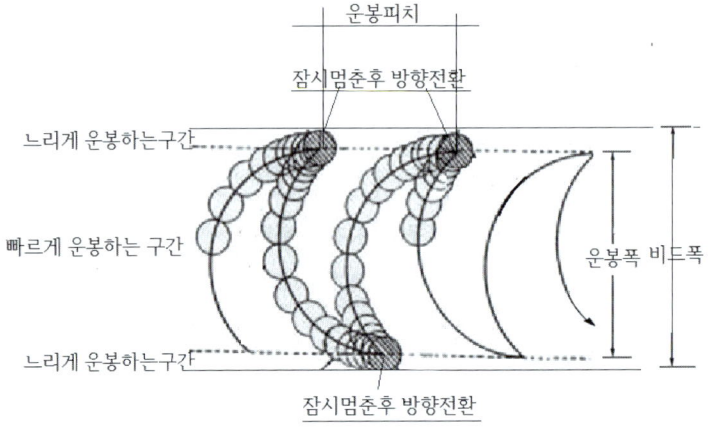

일반적으로 운봉폭은 용접봉의 2~3배 정도 하면, 비드 폭은 용접봉의 4배 정도로 나타나고, 운봉 피치는 5~6 mm 정도로 한다.

2 아크용접에 영향을 주는 요소

1) 전류 조절

① 전류조절은 모재의 재질, 모재의 두께, 용접봉의 지름, 용접자세, 용접부분의 형상 등에 따라서 조절한다.

② 전류가 알맞으면 용접부분의 용입이 양호하고, 언더컷, 오버랩, 스패터가 적고, 슬래그 제거가 쉽다.

③ 전류가 높으면 언더컷과 스패터가 많이 발생한다.

④ 전류가 낮으면 아크 유지가 어렵고, 용접봉이 모재에 부착되기 쉬우며, 용입이 얕고 오버랩과 슬래그 유입의 원인이 된다.

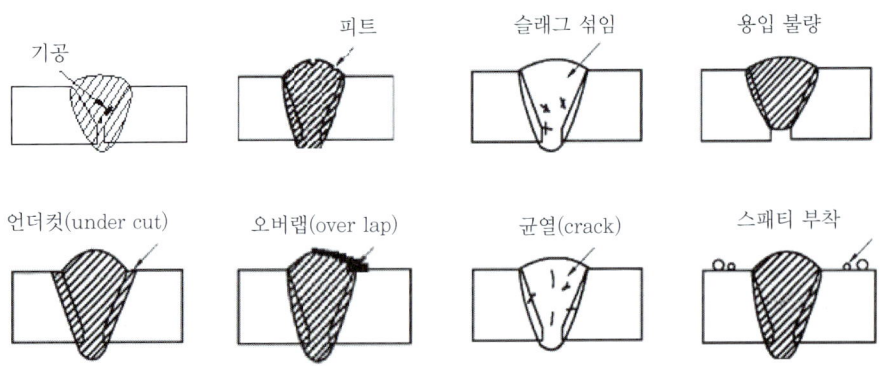

2) 아크길이

아크길이는 보통 용접봉 심선의 지름 정도이나 일반적인 아크 길이는 3mm 정도이며, 양호한 용접을 하려면 되도록 짧은 아크를 사용하는 것이 유리하고, 아크 길이가 너무 길면 아크가 불안정하고, 용융 금속이 산화 및 질화되기 쉬우며 열집 중의 부족, 용입불량 및 스패터도 심하게 된다. 아크 길이가 적당할 때에는 정상적인 용적 이행으로 양호한 용접부를 얻을 수 있다.

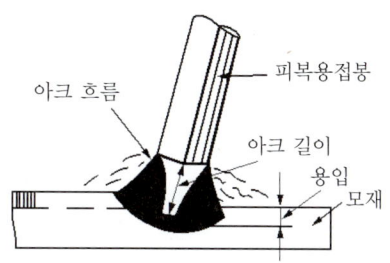

3) 용접속도

용접속도란 모재에 대한 용접선 방향의 아크속도이며, 운봉속도(travel speed) 또는 아크속도라 한다. 용접속도는 용접봉의 종류, 용접전류, 이음부분의 모양, 모재의 재질, 위빙의 유무에 따라서 결정된다.

8 용접결함과 방지대책

용접부분은 열에 의해 모재와 용접봉이 용융되어 형성되는 과정이지만 짧은 시간 동안 가열과 냉각을 하기 때문에 용접부분이 야금학적인 화학반응과 팽창·수축 등의 물리적 변화가 발생하므로 변형, 응력집중, 열 영향부분의 경화 및 인성 등의 저하로 구조물의 파손이나 파괴의 원인이 된다.

결함은 크게 분류하여 치수상의 불량에 의한 치수상 결함과, 결함의 구조형상에 의한 구조상 결함, 기계적 성질, 화학적 성질상의 결함에 의한 성질상의 결함 등이 있다.

1 용접 결함의 종류

1) 용접 결함의 종류 방지대책

(1) 치수상 결함

① 변형 : 용접 중에 급열, 급냉에 의해 팽창과 수축에 의해 발생하며 역변형법 적용이나 지그를 사용하여 어느 정도 방지할 수 있다.

② 치수불량 : 덧붙이의 부족, 필릿의 다리길이나 목두께의 과소, 수축에 의한 치수불량 등이 있으며, 용접전이나 용접 시공 중에 올바른 시공법을 적용하여 최소화할 수 있다.

③ 형상불량 : 용입불량, 언더컷, 오버랩 등을 들 수 있으며 응력 집중의 원인이 되며 기계적 성질을 크게 손상시킬 수 있다. 방지법으로는 용접 조건과 자세, 운봉법의 적정화가 있다.

(2) 구조상 결함

주로 내부결함으로 모재의 기공, 슬래그혼입, 비금속 개재물 혼입, 융합 불량, 용입 부족, 언더컷, 오버랩, 용접 균열, 표면 결함 등이 있다. 구조상 결함은 결함의 구조·모양 등에 따른 분류이며, 용접준비와 운봉방법 등과 관계가 많다.

(3) 성질상 결함

① 용접 : 구조물에는 기본적으로 기계적, 물리적, 화학적 성질에 대한 일정한 요구가 있다.
② 기계적 성질 : 항복점, 인장강도, 연성, 경도, 충격치, 피로강도, 고온 크리프 특성 등
③ 물리적 성질 : 열적, 전자기적 특성
④ 화학적 성질 : 화학성분, 내식성, 산화성 등

2) 용접결함의 종류별 발생 원인과 방지대책

용접결함과 그 방지방법

결함의 종류	발생원인	결함방지대책
기공	① 용접부의 습기, 녹 먼지, 페인트, 이물질부착 ② 용접봉 건조불량 ③ 전류 높고, 아크 길이가 길 때 ④ 용접속도 과대	① 습기, 이물질 제거 등 용접부를 청결 ② 용접봉 건조 ③ 적정 전류, 아크 길이 조정 ④ 용접속도 낮춤
피트	급랭 응고	위빙하거나 예열한다
슬래그 섞임	① 전층의 슬래그 제거불량 ② 전류 과소, 운봉부적절 ③ 봉의 각도 부적당 ④ 운봉속도가 느릴 때 ⑤ 용접이음의 부적절 할때	각 층마다 슬래그를 깨끗이 제거함 ① 전류를 약간 더 세게, 운봉법 조절 ② 용접부 예열, 봉의 각도 조절 ③ 운봉속도 약간 빠르게 ④ 루트 간격을 좀 더 넓게 함
용입 불량	① 이음 설계의 결함 ② 운봉속도가 너무 빠를 때 ③ 용접전류가 낮을 때 ④ 용접봉 선택불량	① 루트간격 및 홈 각도를 좀 더 크게 함 ② 용접속도를 조금 낮춤 ③ 용접 전류를 좀 더 높임 ④ 적정 용접봉 굵기 선택

결함의 종류	발생원인	결함방지대책
언더컷(under cut)	① 전류가 너무 높을 때 ② 아크길이가 너무 길 때 ③ 부적절한 용접봉 사용 시 ④ 용접속도가 너무 빠를 때 ⑤ 부적절한 운봉법 사용 시	① 전류를 좀 더 낮춤 ② 적정 아크길이 유지 ③ 적정 용접봉 종류와 굵기 사용 ④ 용접속도를 좀 더 낮춤 ⑤ 적정 운봉법 사용
오버랩(over lap)	① 용접 전류가 너무 낮을 때 ② 용접속도가 너무 느릴 때 ③ 부적절한 용접봉 사용 ④ 부적절한 운봉법 사용 시	① 용접 전류를 좀 더 높임 ② 용접속도를 좀 더 빠르게 함 ③ 적정 용접봉 종류 선택 사용 ④ 적정 운봉법 사용
균열(crack)	① 이음의 강성이 큰 경우 ② 부적절한 용접봉 사용 ③ 모재에 탄소, 망간 등 합금원소 함량 과다 ④ 용접부의 급냉 ⑤ 모재에 황(S) 등 함유과다 ⑥ 아크길이 부적절 할때	① 예열, 피닝, 비드 배치방법 변경 ② 적정 용접봉 선택사용 ③ 적정 모재 선택 ④ 용접부 급냉방지, 예열, 후열 ⑤ 유황함량검사 ⑥ 용접 전류, 속도조정 ⑦ 아크길이 조정
스패터 부착	① 전류가 높을 때 ② 건조 불량 용접봉 사용 시 ③ 아크 길이가 너무 길 때 ④ 운봉법 불량	① 전류를 좀 더 낮춤 ② 건조된 용접봉 사용 ③ 아크길이 낮춤 ④ 적정 운봉법 사용

(1) 용접 결함방지를 위한 관리 기법

용접 중에 발생한 결함의 종류별 발생 원인을 면밀히 파악하여 동일한 결함이 더 이상 발생하지 않게 하기 위한 지속적인 용접관리가 필요하다.

따라서 발생된 결함의 상태, 발생시의 상황, 결함의 제거방법, 재발방지법 등을 상세하게 기록하여 관리하고 작업에 적용시키며 작업전에 용접사의 기량이나 용접 구조물의 형상 설계의 적정성을 파악하여 올바르게 시공될 수 있도록 관리와 교육이 필요하다.

① 설계 도면에 따른 용접 시공 조건의 검토와 작업순서를 정하여 시공한다.

② 용접 구조물의 재질과 형상에 맞는 용접장비를 사용한다.

③ 작업 중인 시공 방법을 수시로 확인하고 올바르게 시공할 수 있게 관리한다.

(2) 용접균열(weld crack)

용접균열을 방지하는 일반적인 사항으로는 다음과 같은 사항이 효과적이다.

① 황이 많이 포함된 강재나 편석이 심한 것, 경화도가 심한 강재를 피하고 좋은 강재를 사용한다.

② 응력 집중을 피한다. 구조물의 조립방법, 홈의 형상 선택 및 용접순서를 검토하여 응력집중을 피할 수 있는 시공을 한다.

③ 용접부에 노치를 만들지 않는다. 언더컷, 오버랩, 루트부의 용입불량 등을 만들지 않는다.

④ 용접시공을 잘한다. 용접부 청정, 용접봉 건조, 크레이터 처리 등 용접시공을 잘하여 용접 결함이 발생되지 않게 한다.

(3) 균열이 발생원인과 방지대책

① 수소에 의한 균열

철강의 경우 수소에 의한 결함의 경우가 많으며 저온 균열과 응력 부식 균열의 원인이 된다.

② 내부응력에 의한 균열

용접부에 받는 열응력에 의한 경우가 대부분이며, 구조물간의 구속과 국부적인 가열과 냉각에 따른 열응력으로 인하여 팽창 및 수축의 불균일에 의한 균열이다.

방지대책은 용접부의 집중배제, 예열, 후열 등이 필요하다.

③ 외부의 힘에 의한 균열

용접부에 가해진 외적인 힘이 용접부의 강도 이상으로 크게 되어 일어나는 균열로 사용 중 외부에서 가해지는 힘에 의한 경우와 용접 후 방치하여 두어도 일어나는 경우가 있다. 방지대책으로는 구속도를 조정하고 사용 장소에 따른 적정 구조물 설계로 외력에 충분히 견딜 수 있는 구조물 설계가 필요하다.

④ 용착 금속의 화학성분에 의한 균열

용착 금속 중에 황(S)이나 인(P) 등의 균열의 원인이 되는 원소가 편석되어 있을 때 일어나기 쉽다. 특히 황이 많이 존재하면 고온 균열의 원인이 된다. 따라서 사용 재료의 성분을 파악하여 부적절한 원소가 함유되지 않은 강재를 사용해야 된다.

⑤ 노치에 의한 균열

용접부에 언더컷 등 예리한 노치가 있으면 응력 집중과 내부에 있는 응력이 노치 끝부분에 집중되어 균열이 발생되는 것이다. 그러므로 용접부 표면 덧붙이 등을 필요 이상 높게 하지 말며, 언더컷이나 오버랩 방지, 아크 스트라이크방지 등이 필요하다.

(4) 용접 균열의 종류

균열의 발생위치에 따른 분류를 보면 크레이터부분의 균열(별균열, 세로 균열, 가로균열), 비드 균열, 비드 밑 균열, 토(toe) 균열, 루트 균열, 라멜라테어 등이 있다.

① 가로균열 및 세로균열

㉠ 가로균열 : 용접방향에 수직으로 발생되는 균열이며, 모재와 용착 금속부에 확장될 수 있는 것으로 용착금속의 경화성이 크거나 인성이 극히 적을 때 자주 발생할 수 있으며, 방지책으로는 용접선에 예열이 효과적이다.

㉡ 세로균열 : 용접방향과 같거나 평행하게 발생하는 것으로 용착금속 내에서 가장 많이 볼 수 있으며 주로 크레이터 균열의 확장에 의해 발생되는데 방지책으로는 적당한 전류와 용접봉 선택, 크레이터 처리 등이 필요하다.

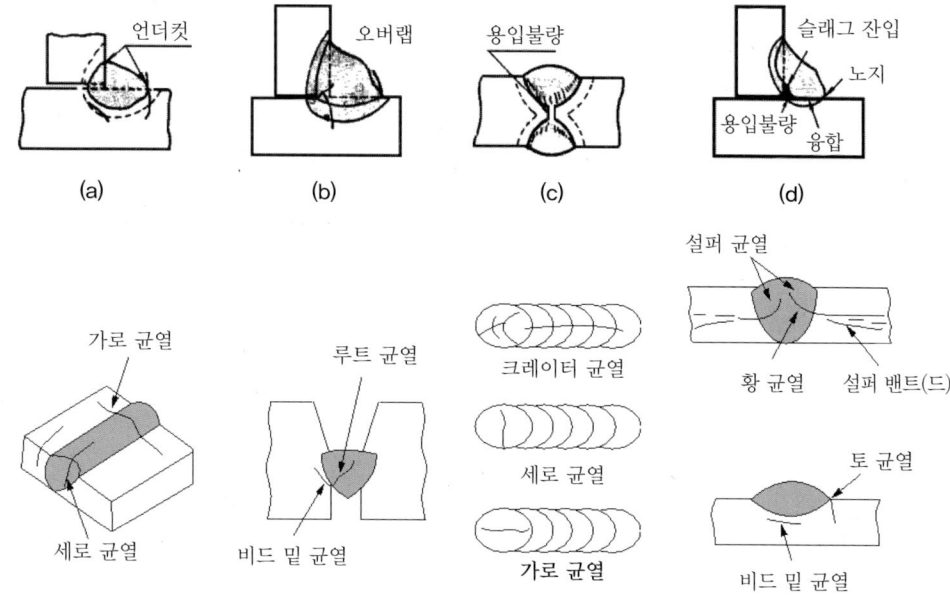

② 루트(root) 균열

맞대기 용접, 이음의 가접 또는 제1층에서 루트 부근의 열 영향부분에서 발생하여 점차 비드속으로 성장해 들어가는 세로균열의 일종이다. 균열의 원인은 열 영향부분의 조직의 경화성과 용접부분에 함유된 수소의 양, 잔류 응력 등이며, 방지책으로는 수소량이 적은 용접, 건조된 용접봉 사용, 예열과 후열 등이다.

③ 설퍼 균열

황의 층상으로 존재하는 강을 서브머지드 아크용접할 때 일어나는 고온 균열의 일종이며, 방지대책으로는 적정 모재 선정과 황의 영향이 적은 와이어와 플럭스 선택, 저수 소계 용접봉 사용 등이 있다.

④ 크레이터(crater) 균열

크레이터 균열은 용접 종점의 크레이터에서 보는 고온균열로서 낮은 열수축 균열의 일종이며, 후판 용접과 같이 냉각속도가 빠를 때 고장력강이나 고합금강에서 흔히 볼 수 있으며, 방지대책은 올바른 크레이터 처리가 필요하다.

⑤ 라미네이션(lamination) 균열(층상균열)

압연 공정 중에 강괴 내의 개재물이니 유황 편석 등이 압연방향을 따라 납작하게 퍼져나가 층상으로 일종의 박리층 현상을 라미네이션이라고 하며, 강관의 두께 방향의 강도를 감소시키는 원인이 된다. 이러한 라미네이션이 용접부 근처에 있으면 용접열과 확산성 수소의 영향 때문에 라미네이션이 갈라지게 되는데 이것을 라미네이션 균열 또는 라멜라테어(lamella tear)라고 한다. 방지 대책으로는 모재를 킬드강재나 세미 킬드강재를 사용하는 것이다.

⑥ 토(toe)균열

맞대기 용접, 필릿용접 등의 비드 표면과 모재와의 경계부분에서 발생되는 균열이며, 구속응력이 클 때 용접부의 가장자리에서 발생하여 성장하는 균열이며. 용접 후에 바로 회전변형이나 각 변형을 줄 경우에 발생되거나 언더컷에 의한 응력 집중이 큰 경우에도 일어난다. 방지대책으로는 예열을 하거나 강도가 낮은 용접봉 사용이 효과적이다.

⑦ 비드 밑(under bead)균열

일반적으로 모재의 용융선 근처의 열영향부에서 발생하는 균열이며, 탄소 함량이 높은 고 탄소강이나 저 합금강을 저 수소계 이외의 용접봉으로 용접열에 의한 열영향부의 경화와 변태 응력 및 용착 금속의 확산성 수소에 의해 발생되는 균열이다. 방지대책으로는 충분한 예열과 후열, 저수소계 용접봉 사용이 효과적이다.

⑧ 헤어균열

저 합금강에서 흔히 볼 수 있으며 용착금속의 경도가 매우 크고 취약하며 냉각속도가 빠를 때는 용착근속 내부에 미세한 균열이 발생될 수 있는데 그 원인은 수소와 급냉으로 인한 열응력 및 변태 응력 때문이다.

방지대책으로는 예열과 충분히 건조된 저 수소계 용접봉을 사용하여 시공하는 것이다.

⑨ 재열균열

응력 제거 풀림 균열 즉, SR(stress relief)균열이라고도 하며, 고장력강 용접부의 후열처리 또는 고온사용에 의하여 용접 열영향부분에 생기는 입계균열을 말한다. 이 균열은 열영향부분의 본드 부근의 조립역의 토(toe)부분에서 발생하는 미세 균열로 용착금속이나 모재에서는 거의 발생하지 않는다. 방지대책으로는 조립역의 조직재선, 토부분의 응력집중 감소, 응력 집중이 되지 않는 설계 등이 효과적이다.

가스 용접 및 절단

1 가스 용접 및 절단 설비

가스 용접의 종류에는 산소-아세틸렌 용접(oxy-acetylene gas welding), 산소-수소 용접(oxy-hydrogen welding), 산소-프로판 가스 용접, 공기-아세틸렌 용접 등이 있다.

산소-아세틸렌 용접을 할 경우 필요한 용접장치에는 아세틸렌가스용기, 산소용기, 호스, 토치 등이다. 이들을 총괄하여 가스 용접설비라 한다.

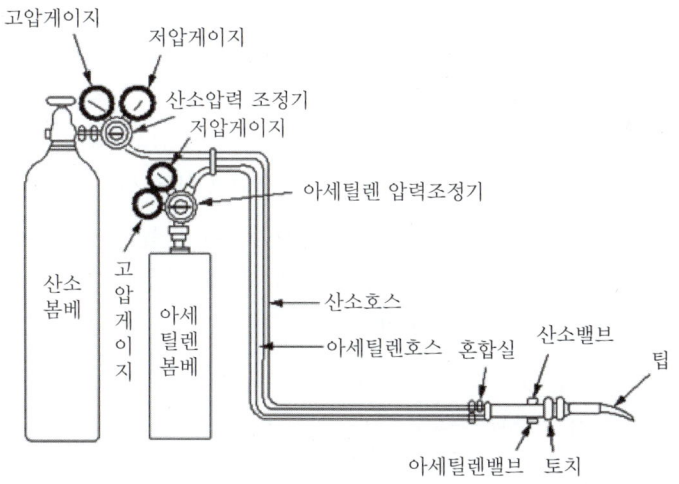

1 가스 용접의 장점 및 단점

1) 가스 용접의 장점

① 용접금속의 응용범위가 넓고, 가열할 때 열량 조절이 자유롭다.
② 전력이 필요하지 않기 때문에 설비 비용이 싸고, 용접기의 운반이 편리하다.
③ 용접할 때 자외선과 적외선 등 유해광선이 발생하지 않는다.
④ 얇은 판, 파이프, 비철합금 등의 용접에 적합하다.

⑤ 용접설비 및 조작방법이 간단하다.
⑥ 용접부분의 가열 범위를 조정하기 쉽다.
⑦ 용접기술이 쉬운 편이다.

2) 가스 용접의 단점

① 전기 아크용접에 비해 불꽃의 온도가 낮다.
② 고압가스를 사용하기 때문에 폭발 및 화재의 위험성이 있다.
③ 용접부분의 탄화 및 산화에 의해 부식이 발생하기 쉽다.
④ 열효율이 낮아 열 집중 성능이 낮기 때문에 용접속도가 느려 용접효율이 떨어진다.
⑤ 금속의 종류에 따라 기계적 강도가 낮아진다.
⑥ 열을 받는 부위가 넓어 용접 후의 변형이 크다.
⑦ 일반적으로 신뢰성이 낮다.

2 용접용 가스

가스 용접에 사용되는 가연성가스에는 아세틸렌(C_2H_2), 수소(H_2), 메탄(CH_4), 에탄(C_2H_6), 프로판(C_3H_8), 부탄(C_4H_{10}), LPG 등이 있으며, 가장 많이 사용되고 있는 것은 아세틸렌이다.

그 이유는 산소-아세틸렌 불꽃이 다른 가스 불꽃보다 온도가 높아 경제적이기 때문이다. 이러한 가연성가스는 가스 용접이나 가스절단에 사용하기 위해서는 다음과 같은 구비조건을 지녀야 한다.

① 용융금속과 화학반응을 일으키지 말 것
② 연소할 때 발열량이 클 것
③ 불꽃 온도가 높을 것
④ 연소속도가 빠를 것

1 아세틸렌(acetylene)

유기화합물이 탄소와 수소만으로 결합되어 있는 것을 탄화수소라 한다. 천연가스 속에 들어있으며 석유의 주성분이기도 하다.

탄화수소의 종류에는 메탄, 벤젠, 아세틸렌, 에틸렌 등이 있으며, 그 중에서 메탄계열의 탄화수소를 포화 탄화수소라 하고, 에틸렌 계열과 아세틸렌 계열을 불포화 탄화수소라 한다. 특히 3중 결합을 하고 있는 아세틸렌은 매우 불안정한 불포화 탄화수소이다.

1) 아세틸렌의 성질

(1) 순수한 아세틸렌은 냄새가 없고 색깔도 없으나 인화수소(PH_3), 유화수소(H_2S), 암모니아(NH_3) 등과 같은 불순물이 들어 있기 때문에 악취가 난다.

(2) 아세틸렌의 비중은 0.91 정도로 공기보다 가벼우며, 1ℓ의 무게는 15℃ 1기압에서 1.176g이다.

(3) 아세틸렌을 산소와 적당히 혼합하여 연소시키면 약 3,000~3,500℃의 높은 열을 발생시킨다.

(4) 아세틸렌은 여러 가지 액체에 잘 용해된다. 용해되는 양은 압력이 높이고, 온도를 낮추면 증가한다.
다음은 15℃ 1기압에서 용해물질에 따른 용해량이다.
① 물에 대해서는 같은 양 즉 1:1의 비율, ② 석유에는 2배, ③ 벤젠(benzene)에는 4배,
④ 알코올(alcohol)에는 6배, ⑤ 아세톤(acetone)에는 25배가 용해된다.
아세톤이 잘 용해되는 성질을 이용하여 용해 아세틸렌을 만들어 용접에서 이용한다.

(5) 아세틸렌을 500℃ 정도로 가열한 철(Fe)파이프를 통과시키면 3분자가 중합반응을 일으켜 벤젠이 된다.

(6) 아세틸렌을 800℃에서 분해시키면 탄소와 수소로 분리되고 아세틸렌 카본 블랙(carbon black, 잉크 원료)이 된다.

2) 아세틸렌 제조방법

① 카바이드에 의한 방법
카바이드에 물을 가하면 아세틸렌가스가 발생한다.

$$CaC_2 + 2H_2O \rightarrow Ca(OH)_2 + C_2H_2 \uparrow + 31,1.872cal$$
(카바이드)　　(물)　　　　(소석회)　　(아세틸렌)

순수한 카바이드 1kg에서는 348ℓ의 아세틸렌이 발생되지만 현재 시중에서 판매되고 있는 카바이드에서는 불순물이 들어 있기 때문에 230~280ℓ 정도가 발생된다.

② 프로판가스 등을 1,200~2,000℃로 가열하면 아세틸렌가스가 발생한다.

3) 용해 아세틸렌

(1) 용해 아세틸렌 제조방법
강철제 용기 내에 다공성 물질인 규조토, 숯가루, 석면 등을 넣고 아세톤을 포화 흡수시킨 후 발생기에서 카바이드를 투입하여 발생된 아세틸렌을 청정기로 불순물을 제거한 다음 봄베 내의 아세톤에 15℃에서 15기압으로 압력을 가하여 충전시킨다.

(2) 용해 아세틸렌 용기(cylinder)의 구조

실린더 위쪽에는 강철제의 고압밸브가 설치되어 있으며, 아세틸렌을 용기 밖으로 내보내는 역할을 한다. 아세틸렌 용기는 두께가 4.5mm, 지름이 310mm, 내용적이 15ℓ, 30ℓ, 50ℓ 등이 있으나 일반적으로 30ℓ의 것을 주로 사용한다.

아세틸렌은 15℃ 1기압에서는 아세톤에 25배가 용해되지만 15℃ 15기압에서 아세틸렌이 용해되는 양은 압력에 비례하기 때문에 1ℓ의 아세톤에 대해 약 324ℓ의 아세틸렌이 용해된다. 따라서 50ℓ 용량의 용기는 21ℓ의 아세톤이 포화 흡수되어 있으므로 15℃에서 15기압으로 충전시키면 약 6,800ℓ (21ℓ×324ℓ)의 아세틸렌이 용해 저장된다. 이때 용기에 용해된 아세틸렌의 무게는 910ℓ (비중 0.91×1,000)가 1kgf이 되기 때문에 ≒ 7.5kgf이 된다.

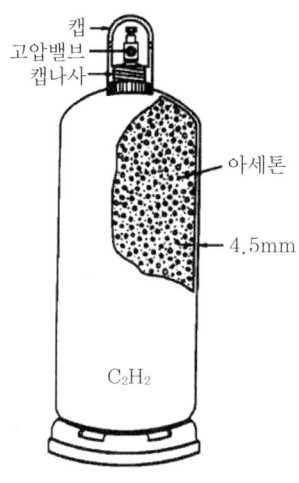

아세틸렌 용기의 구조

일반적으로 아세틸렌가스 용접용으로는 30ℓ의 실린더를 사용하며, 아세틸렌 5kgf으로 충전하기 때문에 용기는 5kgf × 910ℓ = 4,550ℓ로 약 4,500ℓ가 용해 저장되어 있다. 그러나 용기 내의 아세틸렌 압력은 온도에 따라서 크게 변화되어 충전되는 양은 압력으로는 판단할 수 없기 때문에 다음 공식으로 총 중량을 구한다.

$$Q = (W_1 - W_2) \times 910(\ell)$$

Q : 아세틸렌 보유량 W_1 : 용기의 총중량(kgf)
W_2 : 충전 전 용기의 무게(kgf)
910 : 1kgf 당 아세틸렌의 양(ℓ)

(3) 충전물의 작용 (다공성물질)

① 아세틸렌을 신속하게 용해시킨다.

② 아세톤이 용기에서 유출되는 것을 방지한다.

③ 분해 폭발이 일어날 경우 열을 아세톤이 흡수하여 폭발의 확산을 방지한다.

4) 용해 아세틸렌의 특징

① 운반이 편리하므로 이동작업이나 높은 지대의 작업 및 이동 작업에 적합하다.
② 발생기 아세틸렌보다 안전도가 높고, 발생기 및 부속장치가 필요 없다.
③ 순도가 높기 때문에 양호한 용접결과를 얻을 수 있다.
④ 발생기 아세틸렌보다 불꽃의 온도가 높아 작업능률이 향상된다.
⑤ 시설비용이 적게 들고 공장을 넓게 사용할 수 있다.
⑥ 카바이드 찌꺼기가 없어 깨끗한 용접을 할 수 있다.
⑦ 발생기 아세틸렌보다 폭발의 위험이 적어 안전성이 높다.
⑧ 불순물에 의한 용접부분의 강도저하가 없다.

5) 아세틸렌의 위험성

아세틸렌은 탄화수소 중에서 가장 불안전한 가스이므로 취급 및 안전에 주의를 하여야 한다.

① 아세틸렌은 공기 중에서 가열하면 405~480℃ 부근에서 자연발화하며, 505~515℃에 폭발한다.
② 아세틸렌은 공기 또는 산소와 혼합한 경우 불꽃이나 불티 등으로 착화되어 폭발한다. 특히 아세틸렌 15%와 산소 85%가 혼합된 경우가 폭발 위험성이 가장 크다.
③ 아세틸렌은 충격·진동 및 마찰 등에 의해 폭발하는 경우가 있으며, 특히 압력이 높을수록 위험성이 크다.
④ 아세틸렌은 구리(Cu), 은(Ag), 수은(Hg) 등과 접촉되어 발생한 화합물은 건조상태의 120℃부근에서 폭발성을 지닌다. 특히 폭발성은 습기·녹 및 암모니아 가스가 존재하는 부분에서 발생하기 쉽다.
⑤ 1기압 이하에서는 폭발 위험성이 없으나 1.5기압 이상으로 압축하면 충격이나 가열 등 자극을 받아 폭발할 위험성이 있으며, 2기압 이상으로 압축하면 분해되어 폭발을 일으킨다.

6) 용해 아세틸렌을 취급할 때의 주의사항

① 실린더는 통풍이 양호하고 직사광선이 없는 곳에 똑바로 세워두도록 한다.
② 실린더는 두께가 얇기 때문에 운반할 때 충격을 주거나 떨어뜨리지 않도록 한다.
③ 가스의 사용압력은 1기압 이내로 하는 것이 작업능률 및 가스를 경제적으로 사용할 수 있다.
④ 실린더에 설치할 압력조정기와 고무호스는 산소용과 혼용하지 않도록 한다.
⑤ 압력조정기와 고무호스 설치부분은 비눗물로 누출검사를 한다.
⑥ 가스를 사용하지 않을 때에는 토치의 밸브만 잠그지 말고 고압밸브를 반드시 닫도록 한다.
⑦ 실린더 근처에 화기를 가까이 하거나 인화물질을 두지 않도록 한다.
⑧ 실린더를 전기 용접기나 전기회로 부근에 두지 않도록 한다.
⑨ 사용 후에는 고압밸브를 완전히 닫고 밸브보호 캡을 씌우도록 한다.
⑩ 아세틸렌을 사용할 경우에는 반드시 소화기를 비치하도록 한다.

2 카바이드(calcium carbide : CaC$_2$)

카바이드는 산소-아세틸렌 용접에 사용되는 칼슘카바이드(calcium carbide)를 일반적으로 부르는 것으로 생석회(산화칼슘)라 부르는 석회석(탄산칼슘)을 구운 것에 석탄이나 코크스를 56 : 36의 무게비율로 혼합하고 이것을 전기로 속에서 2,300~3,000 ℃의 온도로 가열하여 용융 화합시켜서 제조한다.

1) 카바이드의 성질

① 비중이 2.2 정도이며, 회흑색 또는 회갈색을 띠고 돌과 같이 단단하다.
② 카바이드 1kgf를 물과 작용시키면 475kcal의 열이 발생한다(아세틸렌 발생기 내의 물을 자주 교환하여야 하는 이유가 여기에 있다).
③ 물과 반응하여 아세틸렌을 만든다.
④ 카바이드를 1,000℃ 이상으로 가열한 후 질소를 통과시키면 석회질소 [칼슘시아나미드(CaCN$_2$)와 코크스의 혼합물]을 얻는다.
⑤ 카바이드의 융점은 2,300℃이다.
⑥ 인화수소를 함유하고 있기 때문에 습기가 있는 공기 중에서는 악취를 낸다.
⑦ 물 또는 수증기와 작용하면 아세틸렌가스를 발생시키고 소석회를 남긴다.
⑧ 물을 작용시키면 카바이드 1kgf에서 약 348ℓ의 아세틸렌을 발생시킨다.

2) 카바이드의 종류

카바이드는 원래 색깔이 없고, 투명한 고체이지만 제조과정에서 불순물을 함유하고 있기 때문에 회흑색이나 회갈색을 띤다. KS에서는 1kgf 당의 아세틸렌의 발생량에 따라서 다음 표와 같이 분류하며, 1호가 가장 좋은 질의 것이다.

종류	아세틸렌 발생량(ℓ)	불순물의 최저 함유량
1호	290 이상	PH$_3$ 0.05% 이하, H$_2$S 0.25% 이하
2호	260 이상	PH$_3$ 0.75% 이하, H$_2$S 0.25% 이하
3호	230 이상	PH$_3$ 0.11% 이하, H$_2$S 0.25% 이하
4호	200 이상	

3) 카바이드를 취급할 때의 주의사항

① 카바이드는 승인된 장소에 저장하여야 한다.
② 카바이드는 아세틸렌 발생기 밖에서는 물이나 습기를 차단시켜야 한다.
③ 카바이드를 저장하고 있는 통 근처에는 인화가 가능한 어떤 물질을 소지해서는 안 된다.

④ 카바이드나 카바이드를 저장하고 있는 통은 주의하여 취급하도록 한다. 또 카바이드를 저장하고 있는 통에서 카바이드를 꺼낼 때에는 불꽃을 일으킬 수 있는 기구를 사용해서는 안 되며, 모넬메탈(monel metal)이나 나무로 된 기구를 사용하여야 한다.

⑤ 운반할 때 타격·충격 및 마찰 등을 주어서는 안 된다.

⑥ 카바이드 분말은 위험하므로 안전한 장소에서 처리하도록 한다.

⑦ 카바이드 통을 연 후 뚜껑을 잘 닫아 습기가 들어가지 않도록 보관한다.

3 아세틸렌 발생기(acetylene generator)

아세틸렌 발생기의 종류에는 물과 카바이드를 접촉하는 방법에 따라 침지방식, 주수방식, 투입방식 등으로 나눈다.

4 수소(hydrogen)

수소는 전기분해를 통해서 제조되며, 봄베에 충전(35℃에서 150기압)시켜 사용한다. 수소는 연소할 때 탄소가 발생하지 않아 납 용접 등에 사용된다. 특히 높은 압력을 쉽게 얻을 수 있어 수중 절단용으로도 사용된다.

수소의 특징은 다음과 같다.

① 수소는 색깔이 없고, 맛도 없으며, 냄새도 없는 가스이며, 인체에 피해를 주지 않는다.

② 0℃ 1기압에서 수소 1ℓ 는 0.089g으로 물질 중에서 가장 가볍다.

③ 수소는 확산속도가 빨라 작은 구멍이나 얇은 막 등에서는 누출하기 쉽다.

④ 수소는 산소와 화합이 쉬우며, 연소할 때 2,000℃ 이상의 높은 온도를 내며, 물이 생긴다.

⑤ 수소와 산소의 혼합비율이 2 : 1일 때 폭발이 가장 크다.

⑥ 수소는 불꽃의 존재를 알기 어려워 작업할 때 화상을 입기 쉽고 근처의 가연성 물질을 연소시킬 수 있는 위험성이 있다.

5 LPG (liquefied petroleum gas : 액화석유가스)

LPG는 석유의 정제과정에서 얻어지는 부산물의 포화계 탄화수소이며, 압력을 가하면 액화된다. 많은 양으로 생산되기 때문에 값이 싸고, 포화계 탄화수소로 폭발 위험이 적어 아세틸렌보다 안전하며, 액화하는 성질이 있기 때문에 많은 양의 LPG를 쉽게 저장 및 운반할 수 있다.

또 연소할 때 열을 흡수하는 반응이 있어 불꽃의 온도가 아세틸렌보다 낮고, 집중성능이 없으며, 연소에 의해 많은 수증기가 발생하고, 연소 가스는 산화성이므로 용접에는 적합하지 않은 결함이 있다. LPG의 일반적인 성질은 다음과 같다.

① 비중이 1.5 정도로 공기보다 무겁다.

② 액체상태에서는 물보다 약 0.5배 정도 무겁다.

③ 액체상태에서 기체상체로 변화되면 체적이 250배로 팽창한다.

④ 연소될 때 필요한 산소의 양은 1 : 6.5 정도이다.

6 산소(oxygen)

산소는 공기 중에 약 21% 정도 존재하는 원소이며, 수소·아세틸렌 등의 가연성 가스와 화합하여 연소작용을 일으키도록 도와주는 지연성(조연성)가스이다.

1) 산소의 성질

① 산소는 대부분의 원소와 직접 화합하여 산화물질을 생성한다.

② 산소는 연소를 도와주는 가스(지연성, 조연성)이다.

③ 산소는 물에 조금 용해된다.

④ 산소는 연소하기 쉬운 가스에 혼합하여 점화하면 폭발적으로 연소한다.

⑤ 산소의 비등점은 -183℃, 융점은 -219℃이다.

⑥ 산소는 -119℃에서 50기압 이상으로 압축하면 담황색의 액체로 변화한다.

⑦ 산소는 색깔이 없고, 맛도 없으며, 냄새도 없는 가스이다.

⑧ 산소 1ℓ의 무게는 0℃ 1기압에서 1.43g이고, 공기의 1.105배의 무게이다.

2) 산소 제조방법

산소 제조방법에는 여러 가지가 있으나 공업용은 공기를 모아서 액체공기로 만들어 산소를 분리하는 린데법이나 물의 전기분해 등을 사용한다.

(1) 물의 전기분해에 의한 방법

물은 수소와 산소의 화합물(H_2O)이므로 물에 황산 또는 탄산나트륨(가성소다) 등을 첨가하여 직류전류를 공급하면 양극(+)에서는 산소, 음극(-)에서는 수소가 석출된다.

(2) 린데(linde)법에 의한 방법

공기 중의 탄산가스(CO_2), 수분 등을 정제한 후 산소와 질소가 포함된 공기에 압력을 가하여 급속히 팽창시켜 온도를 낮추면 액체공기가 된다. 액체공기 중에서 액체산소의 비등점은 -183℃, 액체질소의 비등점은 -196℃이므로 액체공기의 온도를 천천히 높이면 먼저 액체질소가 증발하기 때문에 액체산소가 남게 되는데 이때 산소를 석출하는 방법이다.

3) 액체산소의 장점

예전에는 액체산소를 기화시킨 다음 압축기를 이용하여 산소 봄베에 35℃에서 150기압으로 충전시켜 시판하였으나 최근에는 산업이 대형화 되면서 산소를 대량으로 필요하게 되었기 때문에 액체산소를 그대로 사용한다. 액체산소의 장점은 다음과 같다.

① 용량이 적은 봄베에 많은 양의 산소를 저장할 수 있다.
② 액체상태로 운반하기 때문에 위험성이 적다.
③ 운반비용 및 용기 등이 적게 소요된다.
④ 액체산소는 수분 함유량이 적고, 순도가 높다.

3 가스 용접 및 절단설비

1 가스용기

1) 산소 용기(cylinder)

(1) 산소 용기의 구조

산소 용기는 이음새가 없으며, 본체·밸브 및 캡(cap)의 3부분으로 되어있다. 용기의 위쪽에는 고압밸브를 설치할 수 있는 구조로 되어 있고, 밑 부분의 모양에는 볼록형, 스커트형, 오목형 등이 있는데 일반적으로 오목형을 주로 사용한다.

(2) 산소 용기의 크기

산소는 용기 내에 25℃에서 150기압으로 충전되어 있으며, 용기의 내용적은 33.7ℓ, 40.7ℓ, 46.7ℓ 등의 3가지가 있다.

이것은 일반적으로 산소를 대기 중에서 환산한 호칭 용적으로 5,000ℓ (33.7×150kgf), 6,000ℓ (40.7×150kgf), 7,000ℓ (46.7×150kgf) 등으로 부르고 있으며, 고압가스안전관리법 시행규칙에 의거 용기의 위쪽에는 다음과 같은 내용이 각인 되어 있다.

① 용기 제조자의 이름 또는 상호
② 충전가스의 명칭
③ 용기 제작자의 용기 기호 및 제조번호
④ V = 내용적(ℓ)
⑤ 제조연월일
⑥ TP = 내압시험의 압력(숫자만)
⑦ FP = 최고 충전압력
⑧ W = 용기의 무게(밸브와 캡은 포함하지 않음)

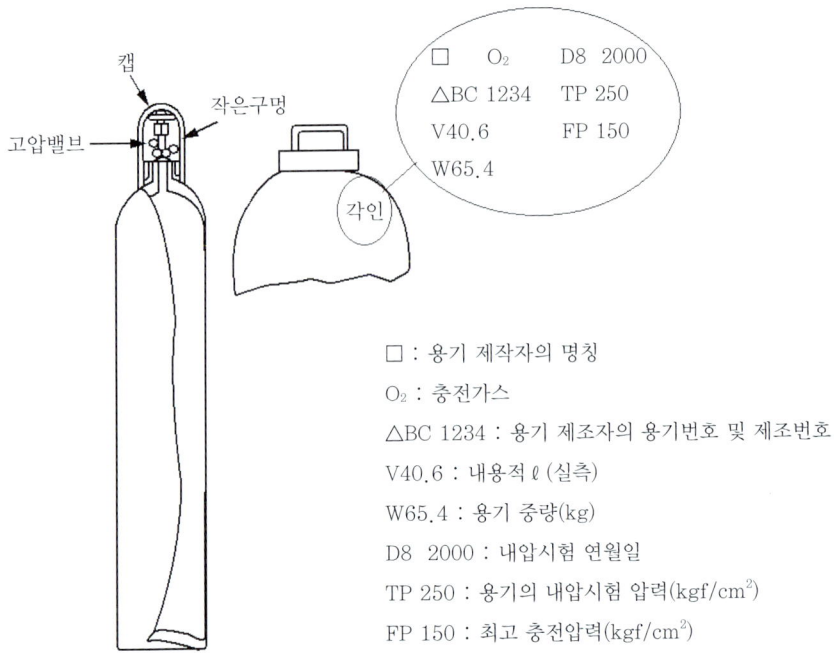

- □ : 용기 제작자의 명칭
- O_2 : 충전가스
- △BC 1234 : 용기 제조자의 용기번호 및 제조번호
- V40.6 : 내용적 ℓ (실측)
- W65.4 : 용기 중량(kg)
- D8 2000 : 내압시험 연월일
- TP 250 : 용기의 내압시험 압력(kgf/cm^2)
- FP 150 : 최고 충전압력(kgf/cm^2)

(3) 가스충전용 용기의 식별 색깔

가스의 종류	용기의 도색	충전 입구 나사방향
산소	녹색	오른나사
수소	주황색	왼나사
탄산가스	청색	오른나사
염소	갈색	오른나사
암모니아	백색	오른나사
아세틸렌	황색	왼나사
프로판	회색	왼나사
아르곤	회색	오른나사

(4) 용기의 충전 압력 및 내압 시험 압력

산소용기	최고 충전압력	35℃ 에서 14.7MPa(150kgf/cm2)로 압축충전
	내압 시험압력	최고 충전압력×5/3배
LPG 용기	최고 충전압력	20kg, 50kg
	내압 시험압력	3MPa($30kgf/cm^2$)
아세틸렌용기	최고 충전압력	15 에서 1.52MPa($15.5kgf/cm^2$)
	내압 시험압력	최고 충전압력×3배
	기밀 시험압력	최고 충전압력×1.8배

(5) 산소 용기용 고압밸브

산소 용기의 고압밸브는 황동의 단조제품을 사용하며, 산소 분출구멍에 압력 조정기 설치부분 나사의 구조에 따라 수나사 구조형식(조정기는 암나사 형식)을 프랑스 방식, 암나사 구조형식(조정기는 수나사 형식)을 독일 방식 등 2가지로 나눈다.

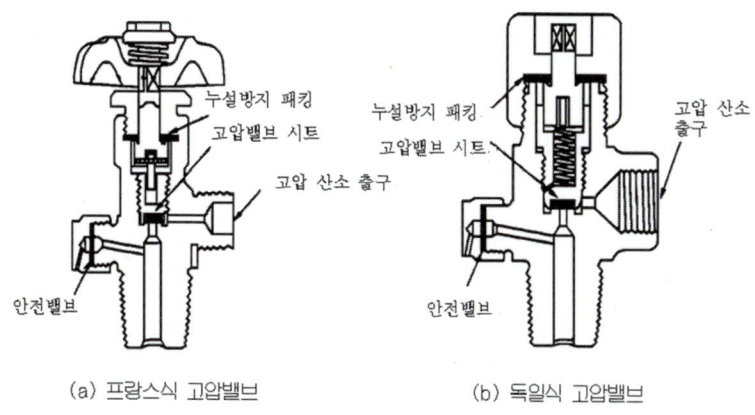

고압밸브의 구조

2) 산소 용기를 취급할 때의 주의사항

① 운반 및 취급할 때 충격·타격 및 전도 등에 의해 폭발할 우려가 없으므로 조심히 다루도록 한다.
② 가연성가스와 함께 저장해서는 안 된다.
③ 빈 용기는 밸브를 잠가두도록 한다.
④ 직사광선 또는 화기가 있는 장소에 두고 작업을 하거나 방치해서는 안 된다.
⑤ 용기는 항상 40℃ 이하로 유지하여야 한다.
⑥ 고압밸브와 압력조정기 등에 오일이 묻지 않도록 한다.
⑦ 산소분출 중에 분출구멍에 손을 대어서는 안 된다.
⑧ 겨울철에 고압밸브가 얼어서 산소의 분출이 안 되거나 분출이 불량할 때에는 더운물이나 증기로 녹여서 사용하여야 한다.
⑨ 밸브개폐는 천천히 하도록 한다.
⑩ 누설점검은 반드시 비눗물을 사용하도록 한다.

2 압력 조정기(pressure regulator)

산소와 아세틸렌 봄베에는 높은 압력으로 충전되어 있기 때문에 실제의 용접작업에 필요한 $5kgf/cm^2$ 이하의 산소압력과 $0.3~0.5kgf/cm^2$ 정도의 아세틸렌 압력으로 감압시키고 봄베 내의 압력변화에 대해서도 조정압력을 일정하게 유지시켜 필요한 가스의 양을 공급하기 위해 압력 조정기를 두고 있다.

1) 가스압력조정기의 구비조건

① 조정기의 동작이 예민할 것
② 조정 압력은 용기 내의 가스량이 줄어들어도 항상 일정할 것
③ 게이지 압력과 토치 방출 압력과의 차이가 적을 것
④ 사용 중 동결할 염려가 없을 것
⑤ 가스 방출량이 많아도 유량이 안정되어 있을 것

2) 가스압력조정기의 설치 시 주의사항

① 압력 조정기를 설치할 때에는 압력 조정기 설치입구에 있는 먼지를 털어내고 연결부에서 가스의 누설이 없도록 정확하게 연결한다.
② 압력 조정기를 견고하게 설치한 다음 조정 나사를 돌려 풀고 밸브를 천천히 열어야 하며 가스누설 여부를 비눗물로 점검한다.
③ 압력 조정기 설치입구 나사부나 조정기의 각부에 그리스나 기름 등을 사용하지 않는다.
④ 압력 지시계가 잘 보이도록 설치하며 유리가 파손되지 않도록 주의한다.
⑤ 압력 조정기를 취급할 때에는 기름이 묻은 장갑 등을 사용하지 않는다.
⑥ 압력 용기의 설치입구 방향에는 아무런 장애물이 없도록 한다.

산소 및 아세틸렌 압력 조정기

3) 산소 압력 조정기

① 압력 조정 부분, 고압, 저압 게이지로 구성, 프랑스식, 독일식이 있다.
② 사용 압력은 3~5기압(kgf/mm^2) 이하로 조절한다.
③ 체결부 나사 방향 오른 나사로 되어있다.

4) 아세틸렌 압력 조정기

① 산소 압력 조정기와 모양은 같으나 압력 조정 스프링의 압력이 훨씬 낮으며, 접속 나사는 왼나사로 되어 있다.

② 사용 압력은 0.3~0.5압(kgf/mm^2) 이하로 조절한다.

4 가스공급 도관

가스공급관은 산소 또는 아세틸렌을 봄베나 발생기로부터 토치 까지 공급할 수 있도록 연결한 관이며, 강철 파이프와 고무호스 2가지가 있다.

1) 도관의 구조

① 가스 호스는 천과 가는 철사가 섞인 양질의 고무판으로 제작된 산소와 아세틸렌의 소비량에 알맞은 안지름의 것을 사용하여야 하며, 또 먼 거리를 접속하는 접속용에는 내부에 녹이 슬지 않도록 한 아연도금의 강철 파이프를 사용한다.

② 아세틸렌은 적색호스, 산소는 흑색 또는 녹색호스를 사용하며, 강철 파이프를 사용하는 경우에는 페인트로 도색을 하여 구분한다.

③ 가스공급 호스의 크기는 안지름이 6.3mm, 7.9mm, 9.5mm의 3종류가 있으며, 일반적인 토치는 7.9mm, 소형 토치는 6.3mm, 길이는 5m 정도의 것을 사용한다.

④ 호스의 내압시험 압력은 산소호스는 90kgf/cm^2, 아세틸렌 호스는 10kgf/cm^{2}에서 실시하여 합격한 제품을 사용한다.

⑤ 가스등의 취관 및 호스의 상호 접촉부분은 철사 등으로 임의로 조임 하여 사용하지 않고 호스밴드, 호스클립 등 전용의 조임 공구를 사용해야 한다.

2) 가스 공급관 취급할 때 주의할 사항

① 고무호스의 길이를 필요이상으로 너무 길게 하지 않는다.(5m 이내가 적당)
② 고무호스를 사용할 경우에는 가능한 한 굴곡 부분을 없앤다.
③ 고무호스에 충격을 주거나 위에 올라서지 않도록 한다.
④ 고무호스 이음부분의 가스누출을 방지하기 위하여 조임용 밴드를 사용하도록 한다.
⑤ 고무호스 내부를 청소하는 경우에는 압축공기를 이용한다.
⑥ 겨울철에 고무호스가 얼면 더운물로 녹이도록 한다.
⑦ 고무호스의 누설점검은 비눗물 속에 넣고서 점검한다.

5 가스 용접용 토치(torch)

1 가스 용접토치 종류

1) 가스 용접토치 구조

용접용 토치는 산소 봄베 및 용해 아세틸렌 봄베에서 호스를 통하여 공급된 2종류의 가스를 적합한 비율로 혼합시켜 용접불꽃을 만드는 것으로 손잡이, 혼합실, 팁 등 3부분으로 되어 있으며, 손잡이 부분에는 호스와 연결되어 있는 구조이다.

① 토치의 용량은 1시간에 소비하는 혼합가스의 양으로 표시한다.
② 용접 토치는 아세틸렌의 사용압력에 따라 저압($0.07kgf/cm^2$ 이하)토치와 중압($0.07 \sim 1.3kgf/cm^2$) 토치가 있다.
③ 토치구조에 따라 니들밸브(needle valve)가 있는 것(B형)과 없는 것(A형)이 있다.
　A형은 독일식이며 불변 압력방식, B형은 프랑스식 토치라 하며 가변 압력 방식이라 한다.

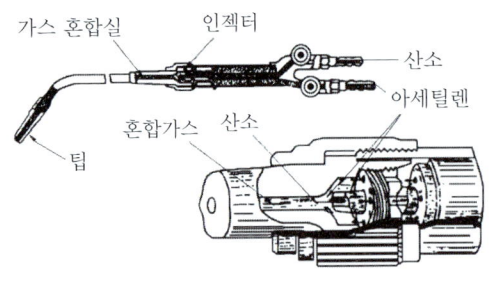

니들밸브가 없는 (A형)

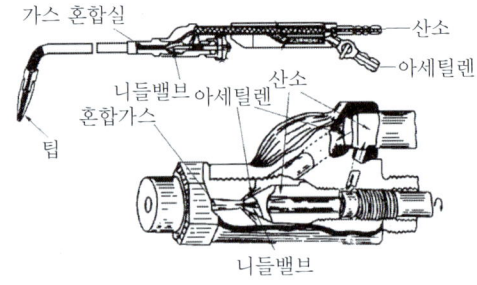

니들밸브가 있는 (B형)

1) 토치 취급할 때 주위사항

　(1) 토치사용 시 주의사항

　① 토치를 망치 등 다른 용도로 사용해서는 안된다.

　② 팁 및 토치를 작업장 바닥에 방치하지 않아야 한다.

　③ 점화되어 있는 토치를 아무 곳이나 방치하지 않아야 한다.

　④ 팁이 과열될 경우 아세틸렌 밸브를 닫고 산소 밸브만 약간 열고 물속에 넣어 냉각시킨다.

　⑤ 작업 중 발생하기 쉬운 역류, 역화, 인화에 항상 주의해야 한다.

　⑥ 역류 토치의 벤투리와 팁 끝과의 사이가 막혔을 때 높은 압력의 산소가 아세틸렌 호스쪽으로 흘러 들어가는 현상이다.

　⑦ 토치에 점화할 때에는 아세틸렌 밸브를 먼저 열고 전용 라이터를 이용하여 점화한 후 산소밸브를 천천히 열어 표준불꽃으로 한다.

　⑧ 토치의 불꽃을 소화할 때에는 아세틸렌과 산소밸브를 천천히 닫아 불꽃이 작아지면 아세틸렌 밸브를 먼저 닫고 산소밸브를 연다.

　⑨ 토치나 팁에 오일을 발라서는 안 된다.

　⑩ 가스누출 검사는 비눗물을 사용한다.

2 역류, 역화, 인화

1) 역류, 역화, 인화원인과 대책

　(1) 역류(contra flow)

　토치 내부가 막혀서 고압 산소가 아세틸렌 호스로 흐르는 현상이며, 처리 방법은 산소를 차단하고 아세틸렌을 차단한 후 팁 청소를 한다.

　(2) 역화(back fire)

　팁 끝이 모재에 닿아 팁 끝이 막히거나 과열, 사용 가스의 압력이 낮을 때, 팁의 죔이 완전치 않을 때 팁 속에서 폭발음과 함께 불꽃이 꺼졌다가 다시 나타나는 현상이다.

　(3) 인화(flash back)

　팁 끝이 순간적으로 막히면 가스의 분출이 나빠져 가스 혼합실까지 불꽃이 도달되어 토치가 과열되는 현상이며, 처리 방법은 토치의 아세틸렌 밸브를 차단한 후 산소 밸브를 차단한다.

3 역화 방지기

1) 역류방지기와 역화방지기의 차이

　(1) 역류방지기

　토치와 호스 사이에 설치하며 토치나 절단기 화구가 막혀 가스가 역류할 때 체크가 작동하여 가스의 역류를 막아주는 역할 기능만 있다.

(2) 역화방지기

토치와 호스 사이 또는 호스와 조정기 사이, 배관과 배관 사이에 설치하며 제품 내부에 역류 방지변이 내장되어 있어 토치나 절단기 화구가 막혀 가스가 역류할 때 역류 방지변이 작동하여 가스의 역류를 막아주고 역화가 발생시 가스의 흐름을 차단할 뿐 아니라 내부에 설치된 소염소자를 통과하면서 불이 꺼지고 가스의 폭발을 막아주는 기능을 가진다.

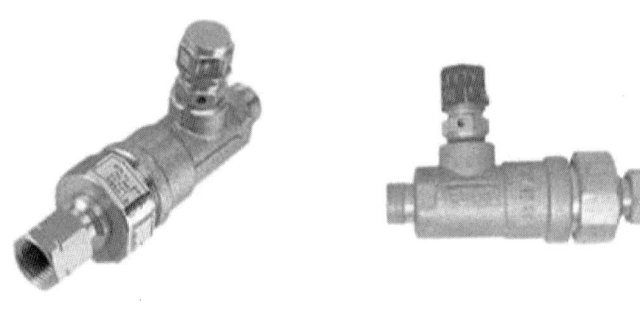

역화방지기

2) 용접 시 역화의 원인은 다음과 같다.

(1) 가연성 배관, 호스에 공기 또는 산소의 혼입으로 폭발범위 분위기가 형성된 경우

(2) 압력조정기의 고장, 산소공급이 과다할 때

(3) 토치의 성능이 좋지 않을 때, 토치 팁에 이물질이 막혔을 경우

(4) 역화 방지기 설치 위치는 다음과 같다.
    ① 토치와 호스연결부위
    ② 압력조정기와 호스부위

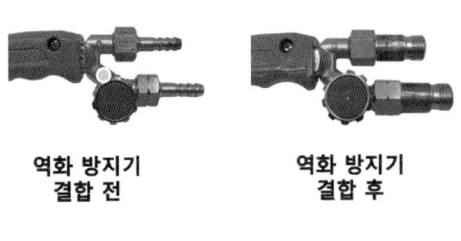

토치와 호스연결부위

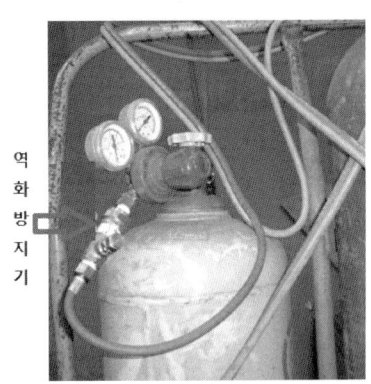

압력조정기와 호스부위

3) 역화방지기 종류

(1) 우회로방식 역화방지기

화염이 우회 지연되어 역화와 동시에 압력 상승에 의해 압착 밸브가 작동하여 공급 가스를 빨리 멈추어 화염을 끄는 방식이다. 이 방식은 통상적으로 바이패스 관을 통해 가스가 흐르게 한다.

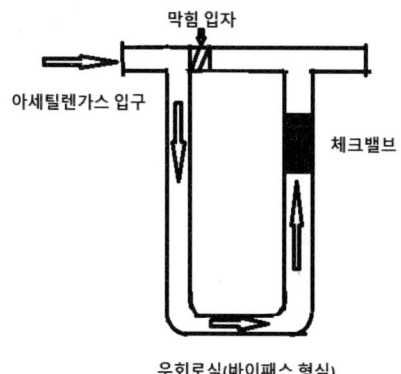

(2) 충전물질 방식 역화방지기

화염을 냉각하기 위한 충전물질과 체크 밸브로 되어 있다.

(3) 구형 밸브방식 역화방지기

구형 밸브를 사용하여 화염을 차단하는 방식이다.

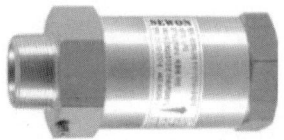

4 가스 용접토치의 팁

혼합가스를 팁 밖에서 연소시키는 기능을 하며 토치의 팁의 크기는 번호로 표시한다.

① 불변 압력방식(A형) 토치 팁의 번호는 용접이 가능한 모재의 두께를 나타내며, 예를 들어 팁 번호가 5인 경우 모재의 두께가 5mm인 것을 용접하는데 적합하다.

② 가변 압력방식(B형) 토치 팁의 번호는 표준불꽃으로 1시간에 사용하는 아세틸렌의 양(ℓ)을 표시하는 것이며, 팁 번호 250인 경우 아세틸렌을 1시간에 250ℓ 사용하는 팁의 능력을 표시한다.

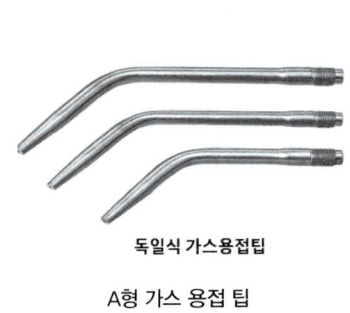

독일식 가스용접팁

A형 가스 용접 팁

프랑스식 가스용접팁

B형 가스 용접 팁

6 가스 용접 불꽃

1 가스 용접불꽃 형성

1) 가스 용접 표준 불꽃

(1) 혼합가스 연소

가연성 가스인 아세틸렌가스와 지연성 가스인 산소 또는 공기를 혼합하여 연소시킬 때 발생하는 높은 온도의 연소 열(약 3,000℃)을 이용하여 금속을 용융시켜 접합하는 방법이며, 이들의 가스는 용접 토치 내에서 혼합되어 소요의 불꽃을 얻기 위해 조정한다.

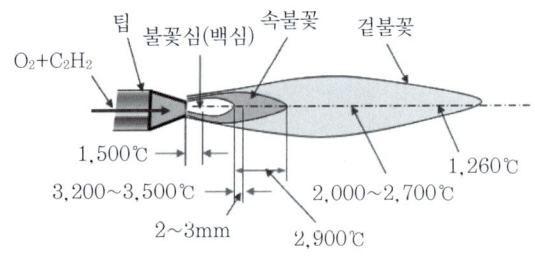

가스 용접 표준 불꽃

① 불꽃심(백심) : 팁에서 나오는 혼합가스가 연소하여 형성된 환원성의 백색불꽃이다.
② 속불꽃(내염) : 불꽃심 부분에서 생성된 일산화탄소와 수소가 공기 중의 산소와 결합 연소하여 3,200~3,500℃의 높은 열을 발생하는 부분으로 약간의 환원성을 띠게 된다. 따라서 이 부분에서 용접을 하면 산화를 방지할 수 있다.
③ 겉불꽃(외염) : 연소 가스가 다시 공기 중의 산소와 결합하여 완전 연소되는 부분으로 불꽃의 가장 자리를 이루며 약 2,000℃의 열을 내게 됩니다.

2) 불꽃의 종류

(1) 탄화 불꽃(아세틸렌 과잉 불꽃)

이 불꽃은 아세틸렌의 양이 산소보다 많을 때 생기는 불꽃으로 백심과 겉불꽃과의 사이에 연한 백심의 제3의 불꽃 즉 아세틸렌 깃(feather)이 존재하는 불꽃으로 알루미늄, 스테인리스 강의 용접에 이용된다.

탄화 불꽃

(2) 중성 불꽃(표준 불꽃)

산소와 아세틸렌의 용적비가 1:1의 비율로 혼합될 때 얻어지며 이론상의 혼합비는 산소 2.5에 아세틸렌 1로써 모든 일반 용접에 이용된다.

표준불꽃

(3) 산화 불꽃(산소 과잉 불꽃)

산소의 양이 아세틸렌의 양보다 많은 불꽃인데 금속을 산화시키는 성질이 있으므로 구리, 황동 등의 용접에 이용된다.

산화불꽃

7 가스 용접봉(gas welding rod)

1 가스 용접봉의 개요

1) 가스 용접봉의 특징

(1) 가스 용접봉의 구비조건

가스 용접봉은 모재를 접합할 때 보충하는 재료이며, 용가재(filer metal)라고도 부르며. 가스 용접에서는 일반적으로 비피복 용접봉을 사용한다. 용접봉은 용착 금속의 화학성분과 성질, 접합부분의 강도, 기계적 성질, 정합상태의 양부가 결정되므로 다음과 같은 구비조건이 필요하다.

① 가능한 한 모재와 같은 재질일 것
② 불순물을 포함하지 않을 것
③ 모재에 충분한 강도를 줄 것
④ 기계적 성질에 나쁜 영향을 주지 않을 것
⑤ 용융온도가 모재와 같을 것

(2) 용접봉의 지름과 모재의 두께

① 용접봉의 지름

가스 용접봉의 지름에는 1.1.0mm, 1.1.6mm, 2.0mm, 2.6mm, 3.2mm, 4.0mm, 5.0mm, 6.0mm, 8.0mm 등 연강판의 두께와 용접봉 지름과는 관계는 아래 표와 같다.

모재의 두께	2.5mm 이하	2.5~6.0mm	5.0~8.0mm	7.0~10mm	9.0~15mm
용접봉의 지름	1.1.0~1.1.6mm	1.1.6~3.2mm	3.2~4.0mm	4.0~5.0mm	4.0~6.0mm

② 일반적으로 용접할 때 용접봉과 모재의 두께와는 다음과 같은 관계가 있다.

$$d = \frac{t}{2} + 1$$

d : 용접봉의 지름 (mm) t : 모재의 두께 (mm)

(3) 용접봉의 규격

① 가스 용접봉의 종별 표시

종 별	GA46	GA43	GA35	GB46	GB43	GB32
봉 끝의 색	빨간색	푸른색	노란색	흰색	검은색	녹색

> GA43 – ϕ5
> G : 가스 용접봉(gas welding rod)의 머리글자
> A, B : 용착금속의 변형율
> 43 : 용착금속의 최소 인장강도(kgf/mm^2)
> ϕ5 : 용접봉의 지름(mm)

(4) 용접봉의 특징

① 연강 용접봉

연강용 가스 용접봉의 규격은 KSD 7005에 규정되어 있으며, 이 중에서 GA와 GB는 가스 용접봉의 재질에 대한 종별이며, 43과 46은 용착금속의 최저 인장강도 43kgf/mm^{2}와 46kgf/mm^2 이상을 나타내며, NSR은 용접한 그대로의 응력을 제거하지 않은 것이고, SR은 635±25℃에서 1시간 동안 응력을 제거한 것이다.

② 주철용 용접봉

주철용 용접봉에는 여러 가지가 있으나 일반적으로 모재와 같은 주철봉을 주로 사용한다. 탄소(C) 2.8~3.5%, 규소(Si) 2.5~3.5%, 황(S) 0.12% 이하, 인(P) 0.8% 이하를 함유한다.

③ 구리 및 구리합금 용접봉

구리 및 구리합금은 열전도성이 양호하고, 산화하기 쉽기 때문에 용접이 곤란하며, 용융 중에 산소나 수소를 흡수하므로 산소와 수소의 반응에 따라 수증기가 발생하기 쉬워 용착부분에 기공이 발생한다.

(5) 용제(flux)

금속표면 산화물의 용융온도를 화학작용에 의해 낮게 하여야 하며, 또 가열 중에 산화나 질화작용에 의해 생성된 산화물을 슬래그로 만들어 용융금속 위로 떠오르게 하여 용접부분을 덮어서 산화나 질화 작용을 방지한다.

① 연강용 용제

용접할 때 용융되지 않는 성질의 산화물 생성이 적고, 금속표면에 생성된 산화철이 어느 정도 용제의 역할을 하기 때문에 연강 용접에서는 용제를 사용하지 않으나 때로는 붕사, 붕산을 사용하기도 한다.

② 주철용 용제

주철용 용제는 붕사, 붕산, 탄산소다 등의 혼합물(탄산소다 15%, 붕산 15%, 중탄산소다 70%을 사용한다.

③ 구리와 구리합금용 용제

구리와 구리합금용 용제는 붕사, 붕산, 인산소다 등의 혼합물(붕사 75%, 연화나트륨 25%)을 사용한다.

8 가스 용접 방법

1 가스압력과 용접준비

1) 가스압력과 불꽃 조절

(1) 용접기준비

① 산소와 아세틸렌 용기의 고압밸브를 열어 보고 조정기 설치부를 깨끗이 한다.

② 압력 조정기를 산소, 아세틸렌가스 용기에 가스의 누출이 없도록 설치한다.

③ 압력 조정기에 가스 호스를 접속하고 붉은색은 아세틸렌, 검은색은 산소 조정기에 가스의 누출이 없도록 밴드를 사용하여 잘 접속시킨다.

④ 호스 내의 먼지를 압축공기로 깨끗이 불어낸다.

⑤ 용접 토치를 호스에 고정시킨다. 검은색 호스를 용접 토치의 OX라고 각인된 곳에, 붉은색 호스를 AC(acetylene)라고 각인된 곳에 접속할 때 저압식 용접 토치를 사용한다면 먼저 산소호스를 접속하고 산소를 방출시키면서 아세틸렌 입구의 흡인상태를 확인한 다음 아세틸렌 호스를 접속하도록 한다.

⑥ 각부의 접속이 완료되면 비눗물을 사용하여 가스의 누출을 검사한다.

⑦ 먼저 산소 및 아세틸렌 조정기가 닫혀져 있는가를 확인하고, 실린더의 고압밸브를 조용히 연다. 이때 아세틸렌 실린더의 고압밸브는 1바퀴 이상 지나치게 돌려서는 안되며, 고압밸브 개폐 핸들은 그냥 고압밸브에 붙여 두는 것이 좋다.

⑧ 압력조정은 토치의 아세틸렌밸브를 열고 압력 조정기의 조정나사를 오른쪽으로 돌려 저압계를 보면서 사용압력($0.4 \sim 0.5 kgf/cm^2$)으로 조정한다.
산소압력을 조정하는 것은 아세틸렌의 경우와 같게 한다. 저압계를 보면서 사용압력($4 \sim 5 kgf/cm^2$)으로 조정한다.

⑨ 점화를 한다. 먼저 토치의 아세틸렌밸브를 열고 산소밸브를 열어 소량의 산소를 혼합하여 점화라이터나 불로 점화한다.

⑩ 불꽃의 조정을 한다. 토치에 점화를 한 후 산소밸브를 조금씩 열어 불꽃을 조정한다.

2) 용접준비

모재의 재질과 판의 두께에 따라 적당한 토치, 용접봉 및 용제 등을 선정한다. 모재가 두꺼운 경우에는 용접할 홈(groove)을 생각하여 모재의 측면을 깎는다.

두께에 따라 루트간격을 정하고 가접을 한다.

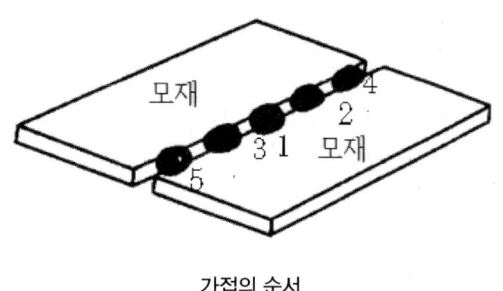

가접의 순서

3) 용접 토치의 운봉법

가스 용접을 할 때에 토치는 오른손으로 용접봉은 왼손으로 잡고 작업을 한다. 용접시 토치와 용접봉을 어느 방향으로 움직이느냐에 따라 전진법과 후진법으로 나눈다.

(1) 전진법(forward welding)

왼쪽방향으로 용접을 진행해 나가는 것으로 용접봉이 앞을 서서 진행하기 때문에 전진법이라 하고, 또 왼쪽방향으로 움직인다고 하여 좌진법이라고도 한다.

이 방법은 비드와 용접봉 사이에 팁이 있어 불꽃이 용융 풀(molten pool)의 앞쪽을 가열하기 때문에 용접부가 과열되기 쉽다. 이런 관계로 모재는 변형이 심하여 기계적 성질이 떨어지게 되고 불꽃 때문에 용입이 방해되나 비드의 표면은 매끈하게 된다.

이 용접방법은 박판 용접 시 유리하다.

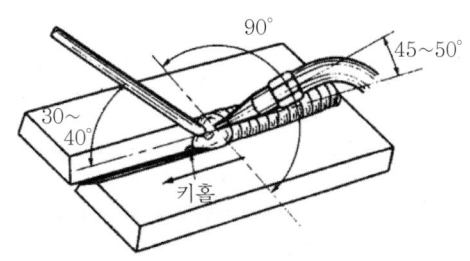

전진법의 팁과 용접봉의 각도

(2) 후진법(back-hand method)

용접봉이 팁과 비드사이에 있어 토치의 뒤를 용접봉이 따라가기 때문에 후진법 또는 오른쪽으로 작업을 하기 때문에 우진법이라고도 한다.

이 방법은 용입이 깊은 관계로 5mm 이상의 두꺼운 후판 모재의 용접에 사용하며 용융 풀을 가열하는 시간이 짧으므로 과열이 거의 되지 않아 용접부의 기계적 성질이 우수하고 가스의 소비량도 적다. 그러나 비드의 표면은 좌진법과 같이 매끈하게 되기 어렵고 비드의 높이가 커지기 쉽다.

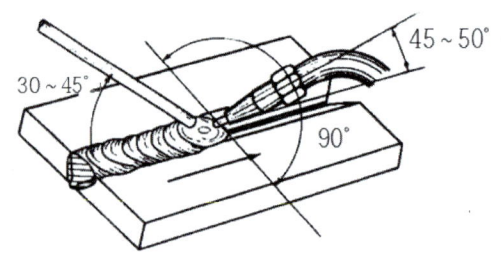

후진법의 팁과 용접봉의 각도

(3) 전진법과 후진법의 비교

용접방법 구분	전진법	후진법
열 이용률	불량	양호
용접속도	느림	빠름
비드 모양	매끈하다.	거칠다.
소요 홈의 각도	크다(80°).	작다(60°).
용접 변형	크다.	작다.
용접가능 판 두께	얇다(5mm).	두껍다.
용착금속의 냉각	급랭	서냉
산화의 정도	심하다.	약하다.
용착금속의 조직	거칠다.	미세하다.

4) 가스 용접 작업

용접 토치와 용접봉을 사용하여 2개의 모재를 확실히 용접하려면 모재의 양 끝을 충분히 녹이고 용융 풀은 언제나 용융상태에 있게 하며 적당한 시기에 알맞은 곳에 용접봉을 녹여서 첨가해야 한다.

(1) 용접부의 필요조건

① 모재 표면이 균일하고 깨끗해야 한다. 만약 먼지, 녹, 기름 등을 제거하지 않으면 기공, 용입부족, 슬래그 섞임 등의 결함이 생기는 원인이 된다.

② 용착금속의 용입이 균일할 것

③ 과열의 흔적이 없을 것

④ 용접부에 보충된 금속의 성질이 좋을 것

⑤ 슬래그, 기포 등이 없을 것

(2) 토치의 위치와 용접요령

토치에 불꽃을 점화하여 중성 불꽃으로 조정하고 불꽃 흰색부분을 조용히 강판의 표면에서 2~3mm가 될 때까지 접근하여 표면을 용해시켜 용융풀이 되면 천천히 팁을 이동하면서 전진한다.

풀의 폭을 일정하게 하기 위해서는 팁을 일정 속도로 전진시켜야 한다. 폭이 넓은 비드를 만들 때는 팁을 좌우로 움직이든가 위빙 비드인 원형운동을 시키면 된다.

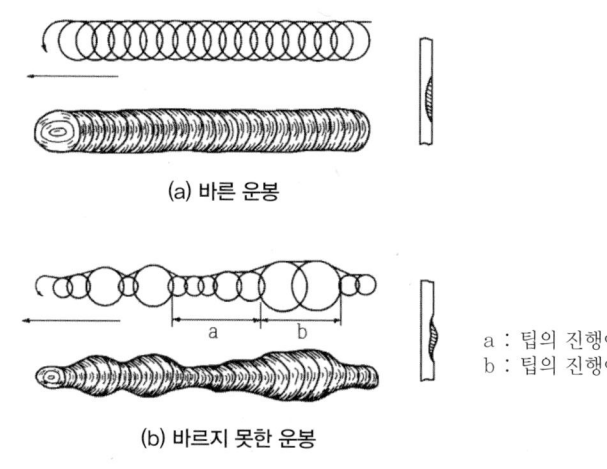

(a) 바른 운봉

a : 팁의 진행이 빠르다
b : 팁의 진행이 느리다

(b) 바르지 못한 운봉

위빙 비드의 원형 운봉법

(3) 가스 용접자세

각종 용접 자세도 용접이 가능하다.

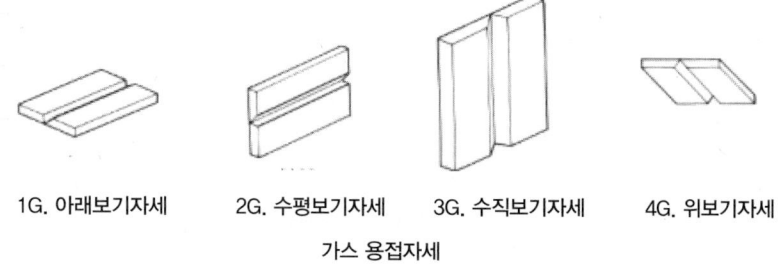

1G. 아래보기자세 2G. 수평보기자세 3G. 수직보기자세 4G. 위보기자세

가스 용접자세

(4) 가스 절단용 공구 및 보호구 준비

① 보안경 및 차광 렌즈

보안경이나 차광 렌즈는 불티, 스패터, 유해 광선으로부터 눈을 보호하기 위해 사용한다.
납땜에는 2~4번, 가스 용접에는 4~6번, 가스 절단에는 3~6번이 사용된다.

② 점화 라이터와 팁 클리너, 기타

㉠ 점화(스파크) 라이터 : 토치에 점화하는 것으로 안전하게 점화할 수 있는 것을 사용해야 한다.

㉡ 팁 클리너 : 팁이 불결할 때 팁을 청소하는 일종의 둥근 줄

㉢ 보호 장갑, 앞치마, 발덮개 : 뜨거운 열이나 비산하는 스패터로부터 용접 작업자를 보호하기 위한 보호구이다.

(5) 작업 완료시의 뒤처리

용접작업이 완료된 후 토치의 불을 다음과 같은 순서에 의해 불꽃을 끄고 작업을 한다.

① 토치의 아세틸렌밸브를 닫는다.

② 토치의 산소밸브를 닫는다.

③ 아세틸렌 용기의 고압밸브를 닫는다.

④ 산소 용기의 고압밸브를 닫는다.

⑤ 토치의 아세틸렌밸브를 열어 압력 조정기, 호스와 토치 내의 잔류가스를 방출시키고 밸브를 닫는다. 아세틸렌 압력 조정기의 조정나사를 푼다.

⑥ 토치의 산소밸브를 열어 압력 조정기, 호스 및 내의 잔류 산소를 방출시키고 밸브를 닫는다. 산소 압력조정기의 조정나사를 푼다.

⑦ 역화는 산소 또는 아세틸렌 호스 중에 혼합가스가 있기 때문에 일어난다.

(6) 가스 용접의 용도

가스 용접은 다양한 산업 분야에서 널리 사용되고 있으나 철강 재료는 낮은 온도로 장시간 가열하는 문제점 때문에 주로 사용되지 않고 있다. 그러나 필요한 주요 용도는 다음과 같다.

① 배관 작업 : 가스 용접은 배관의 연결과 수리에 자주 사용한다. 특히, 구리, 강철, 알루미늄 등의 금속 배관에 적합하다.

② 건설 : 건물의 철골 구조물, 파이프라인, 난방 및 냉각 시스템의 설치와 수리에 활용하고 있다.

③ 예술 및 공예 : 금속 조각, 장식품, 가구 등의 제작에도 가스 용접이 사용된다.

④ 수리 및 유지보수 : 기계 장비, 가전제품, 농업 기계 등의 수리와 유지보수 작업에 유용하게 사용되고 있고 또한 다양한 금속을 용접할 수 있어 매우 유용한 기술로 쓰이고 있다.

9 절단 및 가공

1 절단(cutting)

산소와 금속의 산화 반응을 이용한 절단법으로, 종류에는 가스 절단, 분말 절단, 가스 가우징, 스카핑 등이 있으며, 강 또는 합금강의 절단에 이용된다.

절단은 용접에 수반되는 작업으로서 용접작업의 능률화를 위하여 신속한 절단방법이 필요하며 아래와 같이 절단법의 종류를 분류할 수 있다.

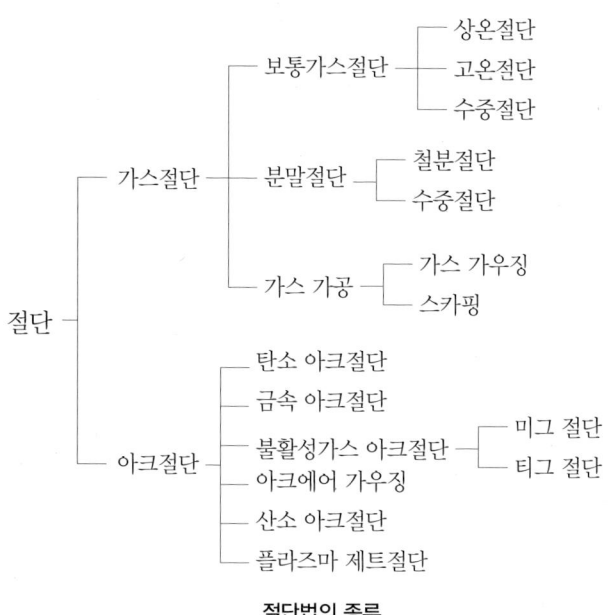

절단법의 종류

1) 가스 절단법

(1) 가스 절단의 원리

가스절단은 철강을 고온 속에서 산소절단기류의 산화반응에 의하여 절단하는 원리이다.

① 예열 : 먼저, 절단할 부분을 약 800 ~ 1000℃ 이상으로 가열한다. 이때 산소와 아세틸렌 또는 수소 가스를 사용하여 표준 불꽃 화염을 사용한다.

② 산화 반응 : 가열된 철강에 고압의 산소를 분사하면 철이 산화철로 변환 된다. 이 과정에서 발생하는 산화반응의 매우 높은 고열이 철강을 녹이고, 산화철의 용융점이 철강보다 낮기 때문에 절단된다.

③ 슬래그 제거 : 생성된 산화철(슬래그)은 고압 산소의 흐름에 의해 불어내어 제거된다.

④ 절단할 때 철에는 다음과 같은 화학반응이 발생한다.

- 제1반응 : $Fe + \dfrac{1}{2}O_2 \rightarrow FeO + 발열량 - -64\text{kcal}$

- 제2반응 : $2Fe + \dfrac{3}{2}O_2 \rightarrow Fe_2O_3 + 발열량 - -190.7\text{kcal}$

- 마지막 반응 : $3Fe + 2O_2 \rightarrow Fe_3O_4 + 발열량 - -266.9\text{kcal}$

(2) 절단의 구비조건

금속이 절단되려면 화학반응 공식에 나타낸 바와 같이 항상 새로운 산소가 반응되어야 하며, 용융 금속이 산소의 분출력으로 밀려나가기 때문에 이와 같이 되도록 하기 위해서는 다음과 같은 조건을 구비하여야 한다.

① 금속이 산화와 연소하는 온도가 그 금속의 용융점보다 낮아야 한다.

② 생성된 금속 산화물의 용융온도는 금속의 용융온도보다 낮아야 한다.

③ 생성된 산화물은 유동성이 커야 한다.

④ 산화물은 산소압력에 의해 쉽게 밀려나가야 한다.

⑤ 금속 화합물 중에는 불연성 물질이 적어야 한다.

⑥ 가스 절단이 곤란한 금속산화물의 용융점이 금속의 용융점보다 현저하게 낮고, 산화물이 발생함과 동시에 용융시켜 산소압력으로 날려야 하기 때문에 연강과 주강은 절단되지만, 주철은 절단하기 어렵고, 구리, 구리합금, 알루미늄 합금, 10% 이상 Cr 함유 스테인리스강, 고합금강 등은 절단되지 않는다.

(3) 가스 절단설비

① 수동가스 절단 장치

가스설비는 가스 용접설비와 동일하나 토치를 절단 토치로 사용하여 가스절단을 행한다. 저압식 토치의 구조는 산소와 아세틸렌을 혼합하여 가열용 가스를 만드는 부분과 절단용 산소만을 분출하는 부분으로 구성되어 있다.

㉠ 토치 팁 종류

ⓐ 동심형 : 토치 끝에 붙여 있는 팁은 2가지의 가스를 2중으로 된 동심원의 구멍으로부터 분출하는 동심형인 B형인 프랑스식.

ⓑ 가스가 각각 별개의 팁으로부터 분출되는 이심형인 A 형인 독일식이다. 절단 산소의 분출구의 형상은 직선형과 다이버젠트형이 있다. 대체로 직선형이 많이 쓰이고 있다.

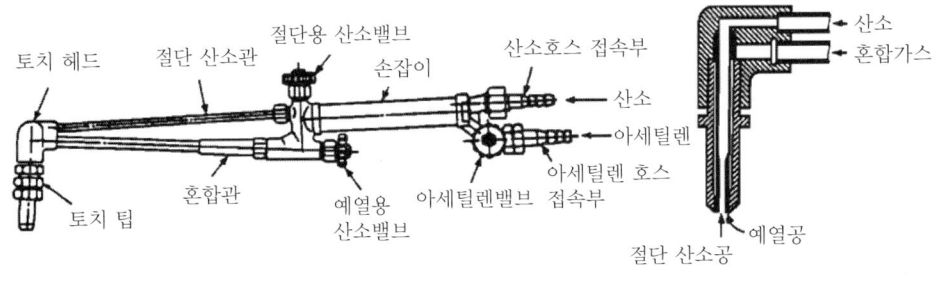

저압식 토치의 구조

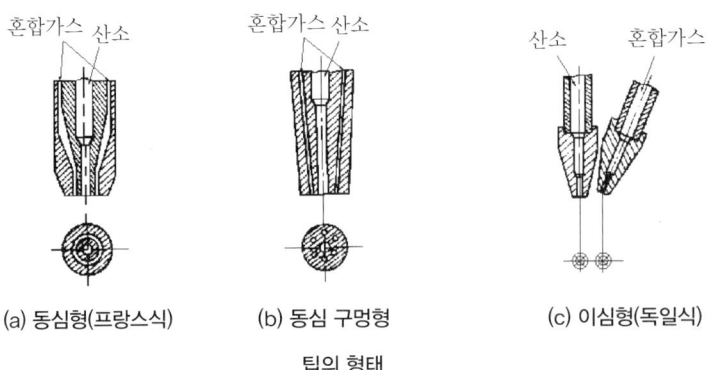

(a) 동심형(프랑스식)   (b) 동심 구멍형   (c) 이심형(독일식)

팁의 형태

ⓒ 팁의 특징

　　　동심형의 절단 토치는 조작방향에 관계없이 어떤 경우에도 사용할 수 있으므로 매우 편리하고 동심형 토치의 팁 규격과 절단할 수 있는 깅판의 두께를 표시한다.
　　　ⓐ 동심형 팁 : 직선절단이 잘되며 곡선절단도 자유롭게 절단이 가능하다.
　　　ⓑ 이심형 팁 : 직선절단이 잘되며 곡선절단이 불가능하다. 절단면이 매우 곱다.
　② 자동 가스절단기

　　자동 가스절단기는 절단 토치를 자동적으로 이동시키는 도행대차에 설치한 것인데 절단 방향을 손으로 조작하는 반자동식과 모든 조작이 자동적으로 되는 전자동식이 있다.

　　반자동식은 이동만을 자동화한 것이고 토치 조작으로 절단 토치를 어떤 방향으로도 절단이 될 수 있도록 움직이는 것으로 주로 작은 물체나 곡선의 절단에 쓰이고 있다.

2) 가스절단

(1) 수동 산소절단

양호한 절단부를 얻기 위해서는 다음과 같은 문제들을 고려하여야 한다.

① 산소순도와 소비량

② 절단속도와 효율

③ 절단면 외관과 드래그

④ 강판의 예열온도와 예열 불꽃

⑤ 팁의 형태

⑥ 가스 절단면의 양부는 토치의 팁 형태, 절단속도와 예열의 적부에 좌우한다.

(2) 절단불꽃의 조정

예열 불꽃은 절단 개시점의 급속한 가열을 하며, 절단 진행 중에는 항상 절단부를 연소 온도로 유지, 강재 표면의 스케일 박리로 철과 산소의 접촉을 양호하게 해준다.

① 예열용 가스는 아세틸렌, 프로판, 수소, 천연가스 등이 있다.

② 프로판 가스는 발열량이 높고 가격이 싸므로 절단에 많이 사용된다.

③ 수소는 고압에서 액화하지 않고 완전 연소하므로 수중 절단 예열 가스로 사용된다.

④ 예열 불꽃이 너무 강하면 절단면 위의 기슭이 잘 녹으며, 모재 뒤쪽에 슬래그가 많이 달라 붙으며, 필요 이상으로 불꽃이 강하면 팁에서 불꽃이 떨어진다.

⑤ 예열 불꽃이 너무 약하면 절단 속도가 느리고 절단이 중단되기 쉬우며, 역화를 일으키기 쉽고, 드래그가 커지고 뒷면까지 통과하기 어렵다.

⑥ 완전 연소 시 이론적인 가스의 혼합 비율이 산소가스 아세틸렌가스 1 : 1, 산소가스 LPG 가스는 4.5 : 1이다.

(3) 절단 팁(tip)과 모재와의 거리

① 팁 끝에서 모재 표면까지의 거리는 예열 불꽃의 백심 끝이 모재 표면에서 1.5~2.0mm 떨어진 정도가 적당하다.

② 팁 거리가 너무 가까우면 절단면 윗 모서리가 용융되며, 심하게 타는 현상이 발생될 우려가 있다.

(4) 절단 토치를 잡는 방법

절단용 토치는 오른손으로 토치의 손잡이 부분을 잡고, 오른손의 인지를 펴서 가볍게 가열 산소밸브에 위치시키고, 왼손은 절단용 산소밸브를 자유롭게 열고 닫을 수 있도록 가볍게 잡는다.

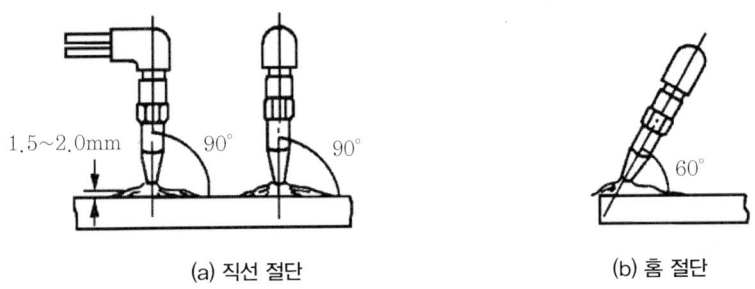

(a) 직선 절단 (b) 홈 절단

절단 팁과 모재와 간극 및 각도

팁 끝은 절단하고자 하는 모재와의 거리를 불꽃의 불꽃심(백심) 끝에서 1.5~2.5mm 정도 유지시키고 모재와의 각도는 직선 절단의 경우에는 90°, 홈 절단의 경우에는 60°를 유지한다. 원형으로 절단을 하려고 할 때에는 같은 원형 절단용 컴퍼스를 사용하면 편리하다.

(5) 절단불꽃의 조정

절단불꽃 조정은 용기압력 조정기를 이용하여 산소압력 (4~5Kgf/㎠)와 아세틸렌의 압력 (0.3~0.4Kgf/㎠)으로 조정하고 토치에서 아세틸렌 밸브를 열고 점화한 후 산소밸브를 천천히 열어 표준불꽃으로 조정한다. 이때 모재를 절단할 때 절단용 산소를 분출시키면 아세틸렌이 흡입되어 표준불꽃에서 탄화불꽃이 되므로 가열 불꽃은 약간의 산소과잉 불꽃으로 조정하여야 한다.

불꽃의 세기는 산소의 압력과 아세틸렌 압력에 의해서 결정되며 지나치게 강하면 절단면의 위 기슭이 녹아 둥글게 된다. 따라서 예열 불꽃의 세기는 절단이 가능한 최소한도의 세기가 좋다.

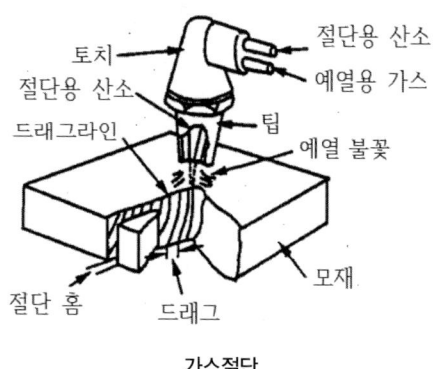

가스절단

(6) 절단속도

① 모재의 온도가 높을수록, 절단 산소의 압력이 높을수록, 산소 소비량이 많을수록 비례하여 증가한다. 또한, 산소의 순도나 팁의 모양에 따라 다르다.

② 다이버전트 노즐은 고속 분출을 얻는데 적합하며, 보통 팁에 비해 산소 소비량이 같을 때 절단속도를 20~25% 증가시킬 수 있다.

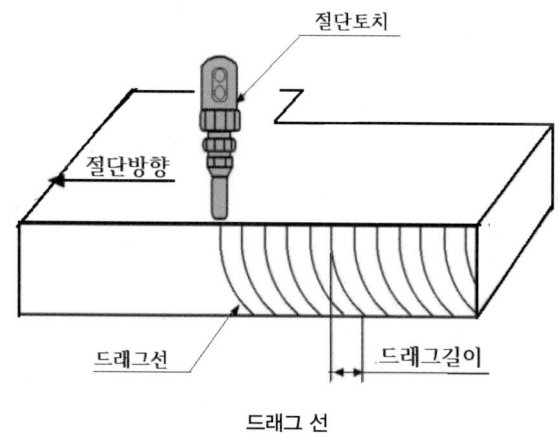

드래그 선

③ 한편 절단속도를 일정하게 했을 때에 산소의 소비량(압력)을 적게 하면 드래그 길이의 길이가 길어지며 슬래그가 달라붙어 절단면이 거칠어진다.

④ 산소량을 증가하면 드래그의 길이도 짧아진다.

⑤ 산소의 압력이 증가해도 그 이상 드래그의 길이가 짧아지지 않는 한계가 있다.

⑥ 경제적인 면에서 드래그의 길이가 긴 것이 좋으나 잘못하면 절단의 끝 부분에서 미처 절단되지 않은 부분이 남게 된다.

⑦ 드래그는 강판 두께의 20%를 표준으로 하고 있다.

$$드래그(\%) = \frac{드래그\ 길이(mm)}{강판두께(mm)} \times 100$$

강판의 두께와 드래그 길이

강판 두께(mm)	12.7	25.4	51	51~152
드래그 길이(mm)	2.4	5.2	5.6	6.4

(7) 합금 원소의 가스 절단에 미치는 영향

① 탄소(C) : 0.25% 이하의 강은 절단이 쉬우나, 그 이상이 되면 경화나 균열을 방지하기 위해 예열해야 한다. 4% 정도의 탄소를 함유한 주철은 분말 절단을 해야 한다.

② 규소(Si) : 함유량이 적을 때는 별로 영향이 없으나, 고규소 강판의 절단은 곤란하다.

③ 망간(Mn) : 보통 강 중에 함유된 정도는 별 문제가 없으나, 약 14% 망간과 탄소 1.5% 정도를 함유한 고 망간강은 절단이 곤란하나, 예열을 하면 절단이 가능하다.

④ 니켈(Ni) : 탄소량이 적은 니켈강 절단은 용이하다.

⑤ 크롬(Cr) : 크롬 5% 이하의 강은 재료 표면이 깨끗하면 절단이 비교적 용이하다. 크롬 10% 이상의 고크롬강은 분말 절단을 해야 한다.

⑥ 몰리브덴(MO) : 크롬과 같은 영향이 있고, 순수한 몰리브덴은 절단이 곤란하다.

⑦ 텅스텐(W) : 12~14%까지는 절단이 가능하지만, 20% 이상이 되면 절단이 곤란하다.

(8) 기타 절단 조건의 영향

① 절단의 재질 : 절단 재질에 따라 연강은 절단이 잘 되나 주철, 비철은 곤란하다.

② 절단재의 두께 : 두께가 두꺼우면 절단 속도가 느리며, 얇으면 절단 속도가 빨라지게 된다.

③ 팁(화구)의 크기와 형상 : 팁 구멍이 크면 두꺼운 판 절단이 쉽다.

④ 산소의 압력 : 압력이 높을수록 절단 속도가 빠르다.

⑤ 절단재의 예열 온도 : 절단재가 예열되면 절단 속도가 빨라진다.

(9) 수동 산소작업 요령

① 절단 조건

강판의 두께를 14mm이라 할 때 절단 토치의 팁 번호 2호 1번, 산소압력 $2.5kg/cm^2$, 가시산소 분류의 길이 80mm, 아세틸렌 압력 $0.2kg/cm^2$, 절단속도 35cm/min로 한다.

② 절단작업준비

㉠ 철강 재료 준비

㉡ 철강재료 절단선 금긋기 작업한다.

㉢ 철강재료 누름판을 사용한다.

㉣ 예열불꽃을 중성 불꽃으로 조정하여 절단선의 한 끝을 예열한다. 표면이 녹기 시작한 직전(1000℃)에 절단용 산소를 분출시키면 불티가 많이 비산되면서 구멍이 뚫리게 되므로 절단 토치의 이동을 시작한다.

㉤ 절단 팁과 강판 표면과의 거리 및 절단속도를 일정하게 유지한다.

㉥ 절단면의 양부는 그 후 조립가공이나 용접작업 등의 정밀도에 큰 영향을 미치게 되므로

다음 사항을 주의한다.
ⓐ 절단면은 평평하고 직선이 되어야 하며, 각도가 정확해야 할 것
ⓑ 절단면의 위 가장자리를 너무 녹이지 말고 각도가 잘 지게 할 것
ⓒ 절단면 아래쪽에 붙는 슬래그가 쉽게 떨어지게 할 것
ⓐ 절단 할 때 요철이 발생하는 주의사항
ⓐ 손이 떨려 팁의 간격 및 절단속도가 일정하지 않은 경우, 이 경우에는 절단선 따라서 절단하여도 요철이 생긴다. 손이나 어깨에 너무 힘을 주지 않는다.
ⓑ 고압산소가스 분출 압력을 적정하게 조정한다. 산소압력이 적당하지 못할 때 일반적으로 산소압력을 높이는 것이 양호한 절단면을 얻는 것같이 생각되나 너무 높으면 절단 산소분류가 흩어져서 요철이 생긴다. 또 너무 낮으면 강판을 통과할 수 없는 정도가 되어 충분히 절단되지 않으므로 요철이 생긴다.
ⓒ 팁이 오손되어 있는 경우는 산소 분류가 평행되지 못하고 부채꼴 모양으로 불꽃 앞쪽이 퍼진다. 이런 상태에서 절단하면 요철이 생긴다. 또 팁구멍이 더러워졌거나 구멍의 모양이 타원이 되어 있으면 산소분류가 흩어져서 요철이 생긴다. 팁의 청소는 절대로 경강선을 써서는 안 되며 연한 동선이나 황동선을 사용해야 한다.

2 가스가공

금속 표면을 불꽃을 이용하여 홈을 파거나 표면을 깎아내는 공작법을 가스 가공이라 하며 이 공작법에는 가스 가우징(gouging)과 스카핑(scarfing)이 있다.

1) 가스 가우징(gas gouging)

가스 가우징은 가스 절단과 비슷한 토치를 사용해서 강재의 표면에 둥근 홈을 파내는 방법이다. 그러므로 가스 가우징을 가스 따내기라고도 한다.

가우징용 토치의 본체는 프랑스식 토치와 비슷하나 팁 부분이 다소 다르게 되어 있어 산소 분출구멍이 절단용에 비해서 크고, 예열 불꽃의 구멍은 산소 분출구멍의 상하 또는 둘레에 만들어져 있으며 팁 끝부분이 조금 구부러져 있다.

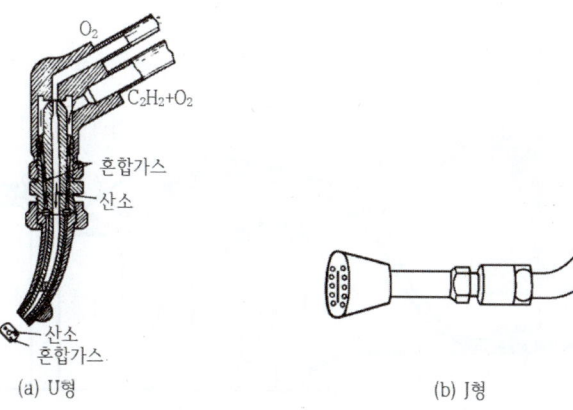

(a) U형 (b) J형

홈가공 팁

(1) 가스 가우징의 작업요령

가우징 토치의 팁을 강의 표면과 30~40°경사지게 하여 예열 불꽃의 불꽃 흰색부분이 반드시 표면에 접촉되도록 유지시킨다. 그리고 표면이 점화온도에 도달하였을 때 팁을 조용히 아래로 원호를 그리며, 예열면에서 6~13mm 후퇴하여 산소밸브를 서서히 연다. 이때 반응이 일어나 불꽃이 퍼지자마자 팁을 다시 낮게 하여 토치를 전진하여 홈을 파 나간다.

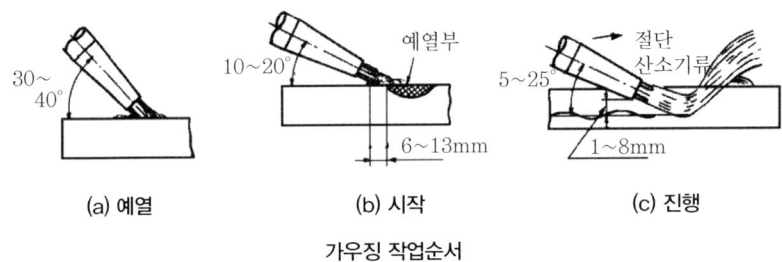

가우징 작업순서

2) 스카핑(scarfing)

스카핑은 강괴(ingot), 빌렛(billet), 슬랩(slab) 등의 강제 표면에 균열, 주름, 주조결함, 탈탄층이 있을 때 이것들을 그대로 둔 상태에서 압연을 하면 표면의 균열이 그대로 남게 되든가 품질에 얼룩이 생기게 되므로 이들의 결함과 균열을 특수한 절단 토치로 제거하는 것을 스카핑이라 하고, 이 작업에서 사용되는 토치를 스카핑 토치라 한다.

스카핑작업에는 압연 중 1,000℃ 전후에 가열되어진 강재를 스카핑하는 열간 스카핑과 압연 후 냉각되어 대기상태에서 작업을 하는 냉간 스카핑이 있다. 먼저 스카핑 토치를 공작물의 표면과 75° 정도 경사지게 하고 예열 불꽃의 끝이 표면에 접촉되도록 한다. 예열면이 점화온도에 도달하여 표면의 불순물이 떨어져 깨끗한 금속면이 나타날 때까지 가열한다. 이때 스카핑으로 첫부분이 깊게 파지는 것을 방지하기 위해 되도록 넓게 가열해야 한다.

다음에 예열 불꽃 아래의 강재가 적당한 온도에 도달했을 때 팁 구멍을 빨리 25mm 정도 후퇴하여 토치의 각도를 줄이고 스카핑 산소밸브를 눌러 산소를 예열면에 분출시키면서 일정속도로 토치를 전진하면 표면이 가공된다.

3) 분말 절단

주철, 스테인리스강, 동, 알루미늄 등은 보통 가스절단이 곤란한 금속으로 알려져 있다.

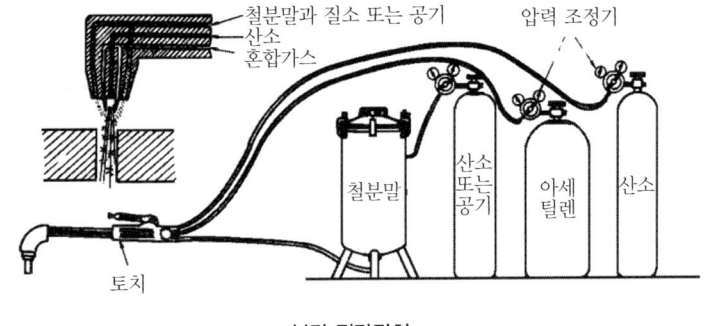

분말 절단장치

① 철분 또는 용재를 고압 산소 기류 중에 공급하면서 발생되는 산화열 또는 용제의 화학 작용을 이용하여 절단한다.

② 적용 : 주철, 스테인리스강, 구리, 알루미늄, 청동 등 비철 금속의 절단에 이용된다.

4) 산소창 절단(oxygen lance cutting)

산소창 절단은 토치의 팁 대신에 안지름의 3.2~6mm 길이가 1.5~3m의 강관에 산소를 보내어 그 강관이 산화 연소할 때의 반응열로 금속을 절단하는 방법이다.

① 강관 속으로 산소를 공급하여 강관 자체를 연소시키면서 절단(강관 내경 : 3.2~6mm, 길이 : 1.5~3m)하는 방법이다.

② 적용 : 슬래그 제거, 강 천공, 후판 절단 등에 이용된다.

5) 수중 절단

수중절단은 침몰선의 해체, 교량의 개조, 항만과 방파제의 공사 등에 사용되는데 토치는 일반적인 절단 토치와 크게 다른 곳은 팁의 바깥쪽에 커버가 있어 이것으로 압축공기나 산소를 분출시켜 물을 배제하고, 이 공간에서 절단을 하는 것이다. 또 이외 수중에서 점화를 할 수 없기 때문에 점화용 보조 팁이 있어 토치를 수중에 넣기 전에 보호 팁에 점화를 한다.

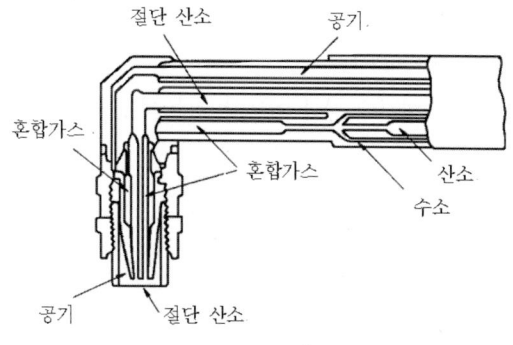

수중 절단기의 팁

(1) 수중절단 방법

① 팁에서 나오는 불꽃을 보호하기 위하여 팁 둘레에 압축 공기를 보내 불꽃 쪽으로 물이 들어오지 못하도록 장치된 팁을 사용하여 절단을 한다.

② 연료 가스 : 높은 수압에서 사용이 가능하며, 수중 절단 중 기포 발생이 적은 수소가 많이 사용된다.

③ 아세틸렌은 높은 수압에서 폭발 위험이 있으며, 잘 기화되지 않는다.

④ 절단부 냉각으로 공기 중보다 4~8배의 예열 가스의 소모가 많다.

⑤ 절단 산소 압력은 공기 중보다 1.5~2배, 절단 속도는 12~50mm/min 정도로 한다.

⑥ 적용 : 수중 절단 범위는 수심 45m 정도이며, 침몰 선박 해체, 교량의 교각 개조, 해저 공사 등에 이용된다.

6) 포갬(겹치기) 절단(stack cutting)

얇은 판(6mm 이하)을 여러 장 포개어 0.08mm 이하의 틈이 되도록 압착한 후 산소 – 프로판 불꽃으로 한꺼번에 절단하는 방법이다.

3 아크절단(arc cutting)

아크절단은 아크열을 이용하는 절단법으로 금속을 녹여서 자르는 물리적 방법이다. 이 방법은 가스절단에 비해 절단면이 곱지 못하지만 가스절단이 곤란한 금속에도 사용할 수 있는 장점이 있다.

아크절단은 탄소 아크절단이나 금속 아크절단 등과 같이 아크를 이용하는 방법과 플라즈마 제트에 의해 제트모양의 불꽃을 써서 절단하는 방법이 있다.

1) 아크절단의 종류

(1) 탄소 아크절단(carbon arc cutting)

탄소 아크절단은 탄소 또는 흑연전극봉과 금속사이에서 아크를 일으켜 금속의 일부를 용융제거하는 절단법이다. 전원으로는 직류 정극성이 주로 쓰이며, 교류는 많이 쓰이지 않는다.

절단은 용접과 달리 대전류를 사용하고 있으므로 산화를 방지할 목적으로 전극봉 표면에 구리 도금을 한 것도 있으며 흑연 전극봉은 탄소 전극봉보다 전기저항이 적기 때문에 많이 사용된다.

(2) 금속 아크절단(metal arc cutting)

금속 아크절단은 탄소 전극봉 대신에 절단 전용의 특수 피복제를 씌운 전극봉을 사용하여 절단하는 방법이다. 피복봉은 절단 중에 3~5mm 정도 보호통을 만들어 모재와의 단락을 방지함과 동시에 아크의 집중을 좋게 한다.

또 피복제에서 다량의 가스를 발생시켜 절단을 촉진한다. 전원에는 직류 정극성(봉을 (-)에 연결)이 적당하며 교류도 쓸 수 있다.

(3) 산소 아크절단

이 방법은 가운데가 빈 전극봉과 모재사이에서 아크를 발생시켜 모재를 가열하고 가운데 구멍에서 절단 산소를 불어내어 가스 절단을 하는 방법이다. 절단시 직류 정극성을 사용하지만 교류를 사용할 때도 있다. 용도는 철 구조물 및 수중 해체, 고크롬강, 스테인리스강, 고합금강 등에 이용된다.

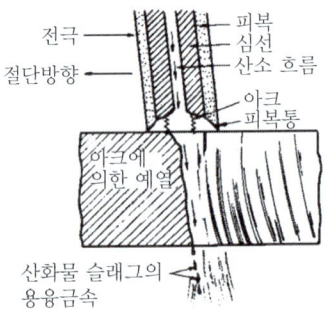

산소 아크절단법

(4) 플라즈마 절단법

플라즈마란 기체를 수천도의 고온으로 가열했을 때 기체속의 가스원자가 이온상태로 유지되는 것을 말한다. 고온상태의 플라즈마를 적당한 방법과 한 방향으로 고속 분출시키면 플라즈마 제트가 되고 이것을 이용해 금속, 비금속 등을 절단하는 방법이다.

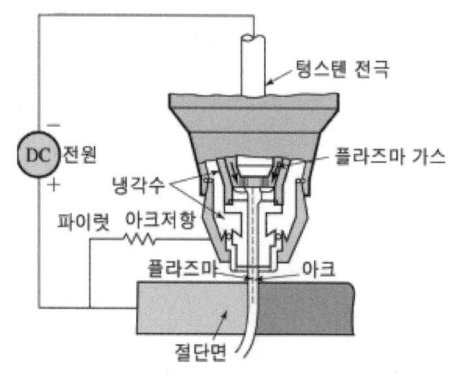

탄소 아크 절단법

① 플라즈마 아크의 바깥 둘레를 강제로 냉각하여 생성된 고온, 고속의 플라즈마를 이용한 절단이다.
② 사용 가스 : Al, 경금속에는 아르곤과 수소의 혼합 가스를 사용하며, 스테인리스강에는 질소와 수소 혼합 가스를 사용한다.
③ 전원은 직류가 사용되며, 비철 금속 절단에 이용된다.

(5) 불활성가스 아크 절단

① TIG 절단 : 텅스텐 전극과 모재 사이에 아크를 발생시켜 모재를 용융하여 절단하며, 비철 금속, 스테인리스강의 절단에 이용된다.
② MIG 절단 : 금속 전극에 큰 전류를 흐르게 하여 절단하며, 10~15% 산소를 혼합한 아르곤 가스를 사용하고, 직류 역극성을 사용하며, 모든 금속의 절단에 이용된다.

(6) 아크 에어 가우징(arc air gouging)

① 원리
탄소 아크 절단에 압축 공기를 병용하는 방법으로 용융금속을 에어로 불어내어 홈을 파는 방법이며, 직류 용접기를 사용한다.

② 장점
㉠ 가스 가우징에 비해 작업 능률이 2~3배 높다.
㉡ 용융금속을 순간적으로 불어내므로 모재에 악영향을 주지 않는다.
㉢ 용접 결함부의 발견이 쉽다.
㉣ 소음이 적고 조작이 간단하다.
㉤ 경비가 저렴하고 응용 범위가 넓어 철, 비철 금속에도 사용된다.

③ 압축 공기

압력은 5~7kgf/cm² 정도가 적당하며, 질소나 아르곤도 가능하다.

(7) 워터 제트 절단(water jet cutting)

① 원리

물을 3,500~4,000bar 이상 초고압으로 압축한 후 0.75mm의 노즐로 음속 이상으로 분사시켜 절단하며, 연질재료는 순수한 물을 사용하고 경질재에는 연마재와 물을 분사시켜 절단한다.

② 특징

모든 재료의 절단이 가능하며, 로봇 등과 조합시켜 자동화가 가능하고, 열 변형이 없고 정밀도가 높아 후속 처리가 거의 불필요하다.

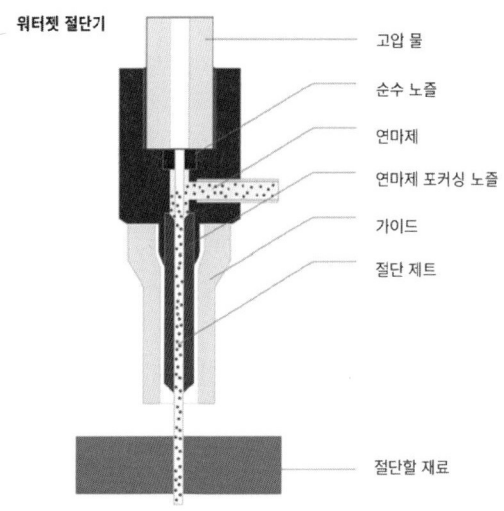

04 피복아크 용접 작업

1 용접기 및 용접기기

1 아크용접기

1) 피복아크 용접기 설치

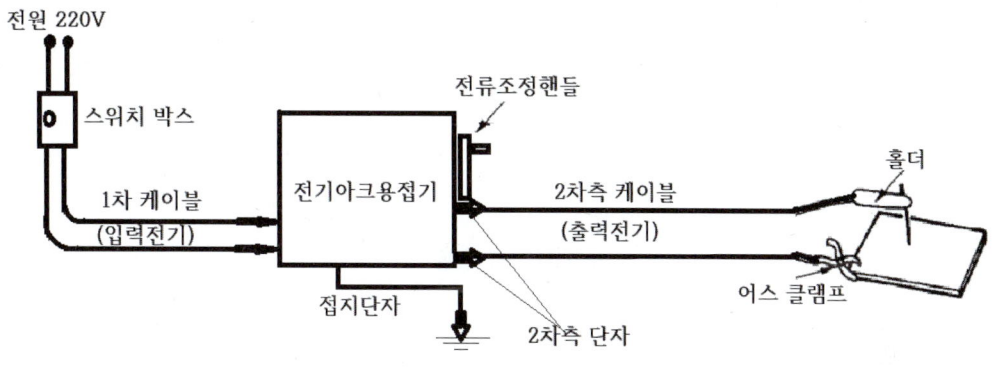

피복아크 용접회로도

(1) 피복아크 용접기 설치준비

① 배전반의 메인 스위치 전원을 OFF하고 '수리 중' 표지판을 부착한다.
② 용접기와 공구를 준비하고 용접기로 연결하는 1차 측 케이블과 용접기에서 작업대와 홀더에 연결되는 2차 케이블(접지선, 홀더선)을 준비한다.
③ 용접기의 1차 측 단자에 접속하여 다른 한쪽은 배전반의 배선용 차단기(NFB)에 연결 후 용접기 케이스는 반드시 접지시킨다.
④ 용접기에서 노출된 부분은 절연테이프로 감아 절연해 준다.
⑤ 전격 방지기에 하나의 선은 용접기에, 하나의 선은 전격 방지기 입력 측에 연결한 후 용접기 출력단자에 2차 측 케이블을 접속한다.
⑥ 2차 케이블 한쪽 끝에 움직이지 않게 고정하여 용접기 출력 터미널(terminal)과 연결한다.
⑦ 용접홀더와 접지 케이블의 한쪽 끝에 움직이지 않게 하여 용접기의 출력 터미널에, 다른 한쪽은 접지클램프를 연결하여 작업대에 부착한다.
⑧ 각 접속부의 노출된 부분을 1차로 절연 고무테이프로 감아 절연시키고 다시 2차로 절연비닐 테이프로 절연 후 용접기 설치 상태와 이상 유무를 검사한다.

(2) 용접기 설치 시 주의 사항

① 통풍이 잘되고 먼지가 적은 곳에 설치하며, 견고한 구조의 바닥에 설치하고, 실내 벽으로 부터 30㎝ 이상 떨어진 장소 설치한다.
② 습기가 많은 장소는 피해서 설치해야 한다.
③ 직사광선이나 비바람이 없는 장소와 환경온도가 -10~40℃인 장소를 선택하여 용접기를 설치한다.
④ 정격 사용률 이상 사용하면 과열되어 소손이 생기기 때문에 주의해야 한다.
⑤ 가동 부분, 냉각 팬을 점검하고 사용하며, 탭 전환은 아크 발생 중지 후 행한다.
⑥ 2차측 단자의 한쪽과 용접기 케이스는 반드시 접지한다.

2) 피복아크 용접 재료(모재)

(1) 사양서나 의뢰인 및 도면 요구에 맞는 용접 모재를 선택한다.

모재의 가공과 시공의 용이성, 가격 등 설계에서 요구하는 사항을 만족하도록 선정하며, 용접 구조물에 사용되는 금속재료에 따라 사용되는 용접기 또는 사용법을 선택한다.

(2) 모재 선택 전에 모재의 재질을 확인한다.

재료규격, 재료 치수, 화학 성분, 기계적 성질 및 열처리 조건 등이 기재되어 있어 용접 전후의 가공 기준, 열처리 기준을 결정하는 데 중요한 자료가 된다.

(3) 모재 가공 중에 재료가 바뀌지 않도록 분류한다.

3) 피복금속아크용접봉 선정

피복금속 아크용접봉의 선택 기준은 모재의 재질, 제품의 형상, 용접 장비, 용접자세 등 사용 목적에 따라서 용접성과 작업성, 경제성 등을 고려하여 선택한다.

(1) 용접봉 준비

저수소계(E4316) 용접봉은 석회석($CaCO_3$)이나 형석(CaF_2)이 주성분이며 수소 함유량이 다른 봉에 비해 1/10 정도로 현저히 적고, 기계적 성질은 우수하나 아크가 다소 불안정하여 작업성이 나쁘다. 시작점에서 기공이 생기기 쉬우므로 후진법을 선택하여 문제를 해결 하는데 주의가 필요하다. 중요 부재의 용접, 고압 용기 후판 중구조물, 탄소 당량이 높은 기계 구조용강, 구속이 큰 용접, 유황 함유량이 많은 강 용접에 이용되며 그 외의 다른 용접봉은 특징에 맞춰 선택하여 준비한다.

(2) 용접봉의 보관 및 취급 시 주의 사항

① 용접봉 보관 장소는 건조한 장소나 진동 또는 하중을 받지 않는 곳이 적당하며, 피복금속 아크용접봉의 건조 온도는 일반적으로 70~100℃에서 30~60분 정도, 저수소계 용접봉은 300~350℃에서 1~2시간 정도를 건조로에서 건조한 후에 사용한다.

② 용접봉은 사용 전에 편심 여부를 확인한 후 허용 편심율은 3% 이내이어야 한다. 이보다 크면 용접봉이 정상 상태로 녹지 않고 편용 되어, 아크가 불안정하여 용접 결과가 불량해진다

(4) 1층 (이면) 비드 운봉

① 용접 홈 선택

㉠ I형은 6mm 이하, V형 맞대기는 판 두께가 6~20mm 정도의 이음에 사용한다.
㉡ 1층 비드(이면 비드)는 완전한 용입이 되게 하려면 키홀의 형성이 중요하고, 운봉법은 그림과 같이 봉을 좌우로 움직이지 않고 전진하는 직선법과 좌우로 움직이며 전진하는 운봉법, 열량 조절을 하는 휘핑법이 있다.

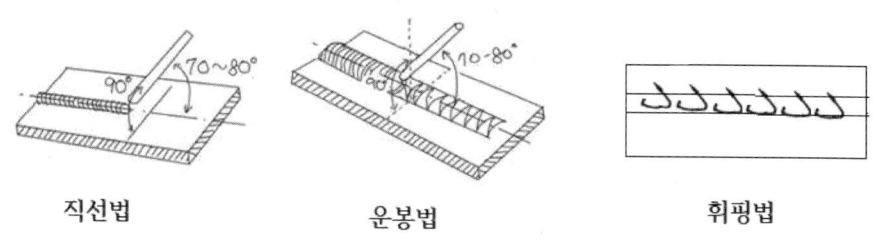

직선법　　　운봉법　　　휘핑법

1층 (이면) 비드 운봉

(5) 안전 유의 사항

① 용접기가 접속되는 전원에 전격 방지용 누전 차단기가 설치되어 있는지 확인한다.
② 안전한 용접작업을 위한 안전 보호구를 착용한다.
③ 인화성 폭발 물질이나 유해성 물질을 격리 수용한다.
④ 밀폐 구역 작업 시 이동식 환기 시설을 이용한다.
⑤ 소화기 및 소화수의 준비 상태를 확인한다.
⑥ 작업 후 치핑해머로 슬래그를 제거하는 경우에 화상을 입을 수 있으므로 안전장비를 착용하고 주의해서 작업한다.
⑦ 아크용접은 전선의 피복이 손상되었거나 용접기 홀더, 접지클램프 등의 연결 부위가 손상된 경우 바로 수리하거나 교체한다.
⑧ 자동 전격 방지 시험에 합격한 제품을 사용한다.
⑨ 용접으로 발생하는 용접 흄, 유해가스 등에 대비해서 반드시 충분한 용량의 환기 시설을 설치해야 하며, 용접 방진 마스크를 착용하고 작업한다.
⑩ 아크는 반드시 차광 유리가 장착된 용접 헬멧을 착용하고, 확인해야 한다.
⑪ 소음 발생으로 인하여 난청이 발생할 수 있으므로 소음 방지용 귀마개를 착용 하도록 한다.
⑫ 용접 헬멧, 용접 앞치마, 안전화, 용접 마스크 등 용접에 필요한 안전보호구 착용한다.

② 자세별 맞대기 용접 준비

1 전 자세 맞대기 용접

용접작업의 순서 : 재료준비 → 절단 및 가공 → 용접부청소 → 가접 → 본용접 → 검사 → 완성

1) 재료를 준비한다.

① 맞대기 용접에 필요한 재료 연강판 또는 시편을 준비하여 표면을 깨끗이 청소한다.

② 석필이나 백색 마킹펜을 사용하여 가접할 부위에 선을 긋는다.

③ 300~350℃ 건조로에서 1시간~2시간 건조한 용접봉을 꺼내어 편심 여부, 용접봉 상태 등을 검사하고 적당량 준비한다.

④ 모재 가공을 한다.
I형 맞대기 모재는 한쪽 측면을 평행과 직각이 되게 가공하고, V형 맞대기 모재는 한쪽 측면을 가스절단기나 베벨 가공기, 또는 밀링머신 등으로 베벨 각이 되도록 30~35°로 절단한다.

⑤ 개선 면을 다듬질하여 루트 면을 만든다.
루트 면이 1.5~3mm로 가공되었나 철자로 확인한다. 가공된 두 모재의 루트 면이 일정하고 모재 가공부 주위에 생긴 녹이나 불순물, 그리고 줄 가공 시 생긴 거스러미를 제거한다.

2) 가용접 및 역 변형을 준다.

① 모서리나 양 끝에 가용접을 할 때 용융 불량이나 슬래그(Slag) 섞임, 기공이 발생하기 쉬우므로 20~30mm 용접선 양 끝 안쪽에 한다.

② 재료를 최대한 활용하기 위해 양 끝 모서리에 가용접한다.

③ 가용접 방법
  ㉠ 엔드탭을 사용하여 가용접 하는 방법과 두 모재에 직접 하는 방법
  ㉡ 지그나 고정구를 이용하는 방법이 있으며 현장에서는 시점과 종점에 결함 방지책으로 엔드탭을 많이 사용한다.

④ 작업대 위에 두 장의 가공된 모재의 개선 홈이 위로 향하고, 어긋나지 않도록 수평으로 놓은 다음 피복아크 용접봉을 ϕ3.2를 홀더를 90° 홈에 물려 전류를 80~110A로 맞춘 후 맞대기이음 형으로 가용접한다 (개인별 기량에 따라 전류값은 달라질 수 있다).

⑤ 루트 간격은 시작 부분은 2.5~3mm, 끝나는 부분은 3~3.5mm가 되도록 맞춘 후 가용접부 바로 앞에서 아크를 발생하여 아크 빛으로 가용접부를 확인한 후 피복금속아크 용접봉을 가용접부에 옮긴다.

⑥ 두 모재의 끝에 용융 방울을 잠깐씩 한두 방울을 놓은 다음 피복금속아크 용접봉을 좌우로 움직이며 튼튼하게 가용접 하되 반대편의 루트 간격을 조절하고 엇갈림이 없도록 맞추어 가용접 길이가 10mm 이내로 한다.

⑦ 모재에 열변형에 의한 변형량을 예측하여 가용접 후 용접 부위 반대 방향으로 2~5°(경험 데이터가 매우 중요) 변형을 줄 수 있다.

3 피복아크 자세별 맞대기 용접

1 아래보기자세 맞대기 용접

1) V형 아래보기자세 맞대기 용접

(1) V형 아래보기자세 용접 요구사항

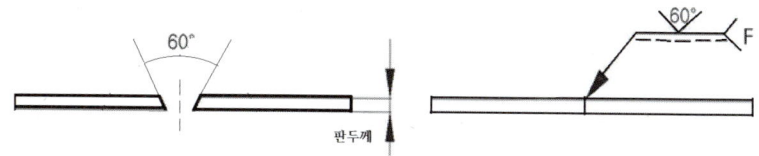

① 도면에 표기된 자세로 용접한다.

② 아래보기자세 용접 시 용접 재료를 작업대 위에 수평으로 놓인 상태에서 본 용접을 시공한다.

③ 표면 비드를 제외하고 이음부 그라인더 가공을 허용한다.

④ 교류 아크용접기를 사용하여 아래보기 자세로 비드 폭과 높이가 일정하고 겹침 상태가 양호한 비드를 쌓는다.

⑤ 각 비드와 비드를 1/3~1/2 정도 겹치면서 전, 후면에 2층 이상 비드를 쌓는다.

(2) V형 아래보기자세 1층 비드 (이면비드) 맞대기 용접

① 용접 모재를 작업대에서 최소 10mm 이상으로 띄워 고정한다.

② 용접봉 φ3.2를 용접홀더 90° 홈에 물리고 전류를 80~110A로 조절한 후 작업 각은 90°, 진행 각은 75~85°로 하고, 발을 어깨 넓이로 벌려 편안하게 한다.

③ 홀더를 가볍게 쥐고 팔에 힘을 주지 않는다.

④ 어깨와 팔은 수평을 유지하되 상반신은 약간 앞으로 구부린 후 아크를 발생시킨다.

⑤ 1층 비드 쌓기 아크가 안정되면 용접봉을 개선 홈 아래쪽 루트간격 사이로 최대한 접근시켜 작은 반달형 운봉으로 두 모재의 루트 면을 용융시켜 키홀을 형성한다.

⑥ 키홀이 한쪽만 형성되거나 너무 커지지 않도록 아크 길이는 짧게 작업 각을 조절하여 진행한다.

⑦ 1층 비드 높이는 모재 두께의 1/2 정도로 비드 면이 평평하도록 0.5~1초 정도 루트 면 부분에서 멈추고 중앙은 빨리 진행한다.

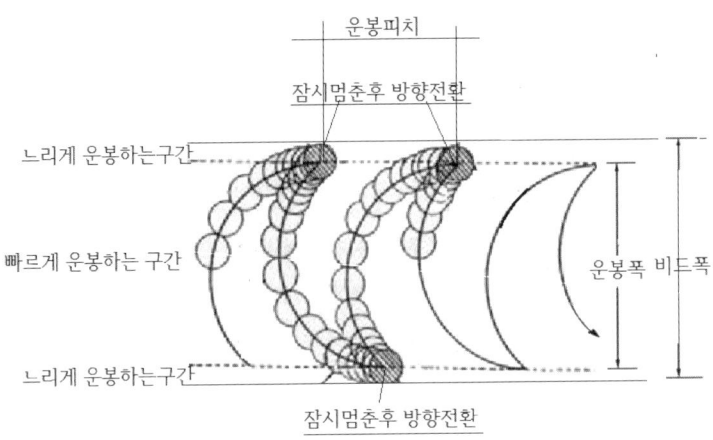

⑧ 아크를 중단 할 때 아크를 끊기 직전에 키홀을 조금 크게 한 후 아크를 끊어 준다.

⑨ 이음부(아크를 끊은 부분)는 슬래그와 스패터를 제거한 후 철솔로 깨끗이 청소 후 잇는다.
잇는 부분에 용착을 확실히 하기 위해 그라인더 또는 정으로 이음부의 비드를 경사지게 파내어 되도록 이음 부분을 얇게 한다.

⑩ 이음부분보다 10~20mm 뒤에서 아크를 발생시켜 예열하며 열쇠 구멍 쪽으로 빠른 속도로 진행하여, 키홀 부분에서 아크 길이를 짧게 하고 잠시 키홀을 형성한 후 정상 속도로 용접 진행한다.

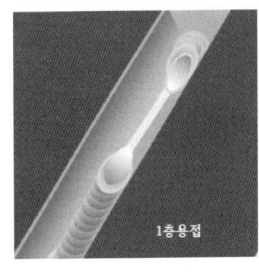
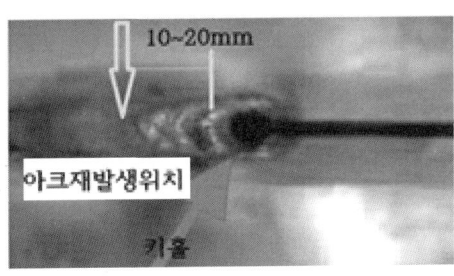

⑪ 비드 종점에서 크레이터 처리를 한 후 용접부를 깨끗이 청소한다.

(3) V형 아래보기자세 2층 비드 맞대기 용접

① 피복금속아크용접봉 ϕ3.2 또는 ϕ4.0을 홀더에 90°로 물린다.
② 전류는 ϕ3.2는 100~120A로, ϕ4.0은 140~160A로 맞춘다.
③ 피복금속아크 용접봉을 용접 시작점 옆으로 옮긴 후 아크를 발생시켜 1층 비드 폭의 끝과 끝에 용접봉 중심이 오도록 좌·우로 운봉한다.
④ 운봉을 할 때 양 끝은 0.5~1초 정도 머물러 주며, 중앙은 조금 빠르게 하여 평평한 비드가 되게 한다.
⑤ 2층 비드는 모재 표면보다 0.5~1mm 정도 낮게 고르게 쌓아야 한다.

⑥ 용접봉 끝단을 개선 면 모서리보다 낮게 운봉하여 개선 면 모서리가 녹지 않게 한다. 표면 비드를 쌓을 때 기준선이 된다.

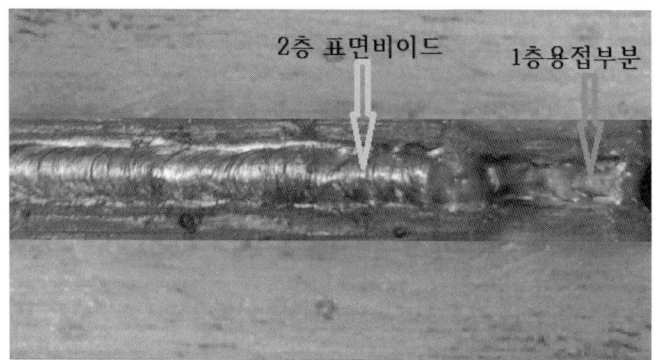

⑦ 크레이터 처리는 비드종점에 아크를 끊고 곧 다시 아크를 발생시켜 크레이터 부분에 용착금속을 채우기를 2~3회 반복하여 오목한 부분이 없을 때까지 크레이터 처리를 한다.

⑧ 2층 비드를 쌓은 용접부를 깨끗이 청소한 후 검사한다.

(4) V형 아래보기자세 3층 비드 맞대기 용접

① 3층 표면비드를 쌓을 때는 ϕ4.0 피복금속아크용접봉을 홀더에 90°로물리고, 전류를 2층 비드보다 5~10A 낮춘 후 용접봉 끝을 좌측 끝 용접 시점의 개선면 상부 모서리 부근에 아크를 발생시킨다.

② 두 개선 면 상부 모서리 사이를 용접봉 지름의 ½~⅓ 정도 겹치며 운봉 피치를 3~4mm로 하여 반달형 또는 지그재그형 으로 운봉하여 비드 높이를 모재 표면보다 2~3mm(t/4~t/5) 높게 쌓이도록 운봉 속도를 유지하며 표면 비드를 쌓은 후 크레이터 처리를 한다.

③ 슬래그와 스패터를 슬래그 해머로 제거하고 용접부를 철솔로 깨끗이 청소한 후 용접부 검사를 한다.

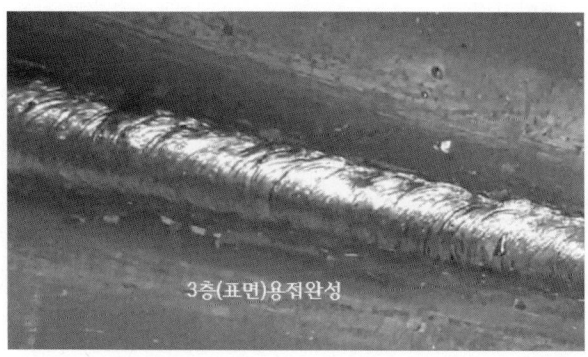

2 수직자세 맞대기 용접

1) V형 수직자세 맞대기 용접

(1) V형 수직자세 맞대기 용접 요구사항

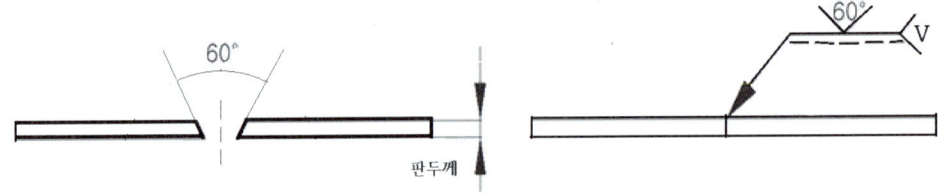

① 도면에 표기된 자세로 용접한다.
② 수직자세 용접 시 용접 재료를 작업대 위에 수직으로 세워 놓인 상태에서 본 용접을 시공한다.
③ 표면 비드를 제외하고 이음부 그라인더 가공을 허용한다.
④ 교류 아크용접기를 사용하여 수직자세(V)로 비드 폭과 높이가 일정하고 겹침 상태가 양호한 비드를 쌓는다.
⑤ 각 비드와 비드를 1/3~1/2 정도 겹치면서 전, 후면에 2층 이상 비드를 쌓는다.

(2) V형 수직자세 1층(이면)비드 맞대기 용접

① 맞대기 용접에 필요한 재료 연강판 또는 시편을 준비하여 표면을 깨끗이 청소한다.
② 석필이나 백색 마킹펜을 사용하여 가접할 부위에 선을 긋는다.
③ 300~350℃ 건조로에서 1시간~2시간 건조한 용접봉을 꺼내어 편심 여부, 용접봉 상태 등을 검사하고 적당량 준비한다.
④ 모재 가공을 한다.
   V형 맞대기 모재는 한쪽 측면을 가스절단기나 베벨 가공기, 또는 밀링머신 등으로 베벨 각이 되도록 30~35°로 절단한다.
⑤ 개선 면을 다듬질하여 루트 면을 만든다.
   루트 면이 1.5~3mm로 가공 되었나 철자로 확인한다. 가공된 두 모재의 루트 면이 일정하고 모재 가공부 주위에 생긴 녹이나 불순물, 그리고 줄 가공 시 생긴 거스러미를 제거한다.
⑥ 수직으로 지그에 고정한다.
   ㉠ 용접 시작점 위치보다 10~20mm 위에서 아크를 발생시켜 시작점으로 내려온 후 하단 용접 시작점에서 잠시 머물러 아크를 안정시킨 후, 두 모재의 루트 면을 녹여 키홀을 형성하여 용융물 크기를 일정하게 유지하고, 열쇠 구멍이 한쪽으로 쏠리지 않도록 각도를 잘 조절하여 운봉을 하며 상진 용접한다.
   ㉡ 작업 각은 90°, 진행 반대 각은 75~85°, 아크 길이는 3mm 이내로 일정하게 유지하면서 상진 한다.
   ㉢ 용접 중에 아크를 중단 후 다음 이음부분에는 슬래그 제거 및 청소를 한다.

ⓔ 가접 후 청소

ⓜ 1층(이면비드) 용접

ⓗ 2층 비드 쌓기 용접

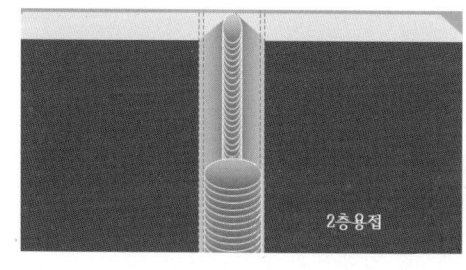
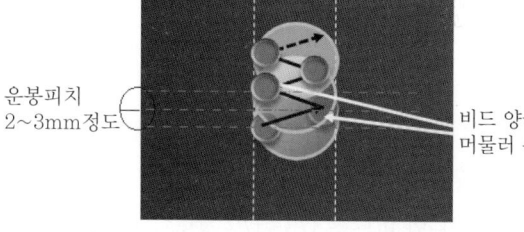

ⓢ 3층 표면비드 쌓기 용접
ⓐ 2층 전류값 에서 5~10A 전류를 낮춘 후 2층의 운봉 각도, 비드 쌓기 방법과 똑같이 하며 운봉 폭은 두모재의 모서리에서 모서리까지 용접봉 중심이 오도록 경사로 운봉한 후 비드 상부에서 머무는 시간을 더 주어 비드가 처지지 않게 하고 비드 끝부분에서 크레이터처리를 한다.
ⓑ 비드 폭 끝은 0.5~1초 정도 머물러 주고 중앙은 다소 빠르게 지나치며 운봉 피치 간격은 2~3mm, 표면 비드 높이는 2~3mm(t/4~t/5) 정도가 되게 비드를 쌓는다.
ⓒ 운봉할 때는 반드시 양쪽 끝에서 중앙보다 많이 머물러 주며, 이때 아크 길이가 길어지지 않도록 주의한다.
ⓓ 용접봉을 운봉할 경우 손목만으로 하지 말고, 팔 전체로 하며 비드 잇기를 한다.
ⓔ 크레이터 처리는 아크를 짧게 하여 용착금속을 충분히 채워준다.
ⓕ 용접부에서 슬래그와 스패터 등을 깨끗이 청소한 후 외관검사를 한다.

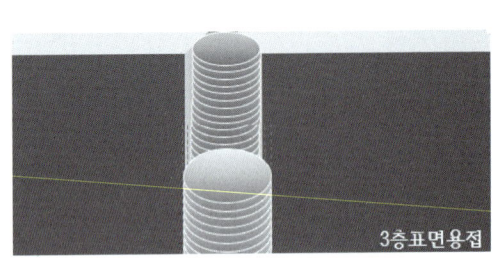
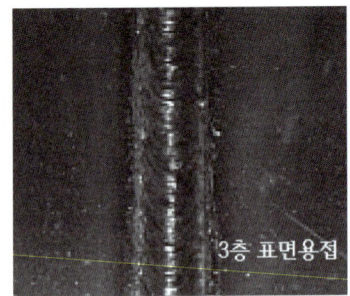

3 수평 맞대기 용접

1) V형 수평자세 맞대기 용접

(1) V형 수평자세 맞대기 용접 요구사항

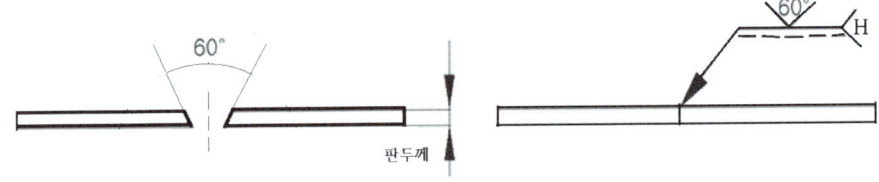

① 도면에 표기된 자세로 용접한다.
② 수평자세 용접 시 용접 재료를 작업대 위에 수평으로 세워 놓인 상태에서 본 용접을 시공한다.
③ 표면 비드를 제외하고 이음부를 그라인더 가공을 허용한다.
④ 교류 아크용접기를 사용하여 수평자세로 비드 폭과 높이가 일정하고 겹침 상태가 양호한 비드를 쌓는다.
⑤ 각 비드와 비드를 1/3~1/2 정도 겹치면서 전, 후면에 2층 이상 비드를 쌓는다.

2) 용접준비는 전 자세 용접준비와 동일하다.

(1) 재료를 준비한다.
① 맞대기 용접에 필요한 재료 연강판 또는 시편을 준비하여 표면을 깨끗이 청소한다.
② 석필이나 백색 마킹펜을 사용하여 가접할 부위에 선을 긋는다.
③ 300~350℃ 건조로에서 1시간~2시간 건조한 용접봉을 꺼내어 편심 여부, 용접봉 상태 등을 검사하고 적당량 준비한다.
④ 모재 가공을 한다.
V형 맞대기 모재는 한쪽 측면을 가스절단기나 베벨 가공기, 또는 밀링머신 등으로 베벨 각이 되도록 30~35°로 절단한다.
⑤ 개선 면을 다듬질하여 루트 면을 만든다.

루트 면이 1.5~3mm로 가공되었나 철자로 확인한다. 가공된 두 모재의 루트 면이 일정하고 모재 가공부 주위에 생긴 녹이나 불순물, 그리고 줄 가공 시 생긴 거스러미를 제거한다.

⑥ 수평으로 지그에 고정 한다.

㉠ 용접 시작점 위치보다 10~20mm 위에서 아크를 발생시켜 시작점으로 내려온 후 하단 용접 시작점에서 잠시 머물러 아크를 안정시킨 후, 두 모재의 루트 면을 녹여 키홀을 형성하여 용융물 크기를 일정하게 유지하고, 열쇠 구멍이 한쪽으로 쏠리지 않도록 각도를 잘 조절하여 운봉을 하며 우진 용접한다.

㉡ 작업 각은 75~85°, 진행각도 75~85°, 아크 길이는 3mm 이내로 일정하게 유지하면서 우진 한다.

㉢ 용접 중에 아크를 중단 후 다음 이음부분에는 슬래그 제거 및 청소를 한다.

㉣ 가접 후 청소

㉤ 1층(이면비드) 용접

용접봉을 시작점에서 아크를 발생시켜 예열하고, 키홀을 만든 다음 키홀 크기를 작업 각은 75~85°, 진행각도 75~85°을 유지하며 일정하게 용접한다.

 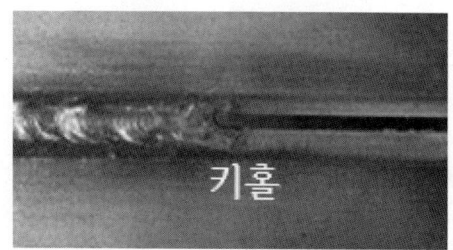

㉥ 2층 비드 용접

ⓐ 수평용접 운봉

전류를 조절한 후 2층 첫층 비드는 1층 비드와 아래 판의 경계선에서 아크를 발생시킨다. 작업 각과 진행 각은 대략 75~85°를 유지하며 직선으로 진행한다.

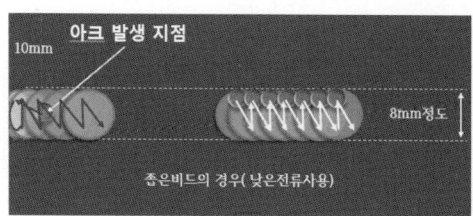  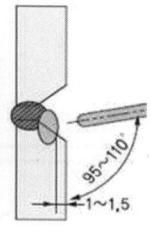

ⓑ 2층 첫 번째, 두 번째 용접

2층 첫 번째 층 용접은 작업 각을 95~110°로 유지하며 직선으로 진행한다.

2층 두 번째 층 용접은 홈 중심을 용융시키면서 작업 각을 85~90°로 하여 첫 번째 층의 비드를 1/3 정도 겹쳐 직선으로 용접하며 용접 속도를 늦춰 조금 볼록한 비드를 형성한다.

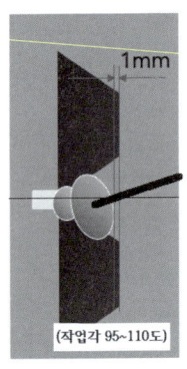 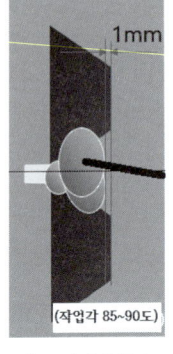 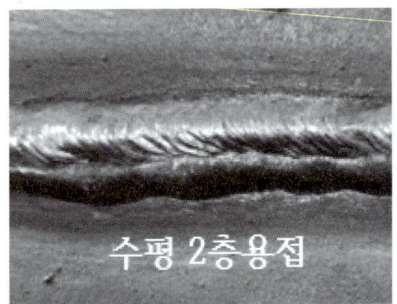

ⓐ 3층(표면) 비드용접

3층 표면 비드용접은 작업 각을 75~85°로 유지 후 진행 각은 같게 2층의 비드를 1/3 정도 겹쳐 위판 용접 홈 끝부분을 용융시키면서 직선으로 용접한다.

ⓞ 표면 비드를 모재 표면보다 2~3mm 정도 높게 쌓아 주고 반드시 각 패스마다 크레이터 처리를 하고, 용접부의 슬래그, 스패터를 깨끗이 제거하고 철솔로 깨끗이 청소한다.

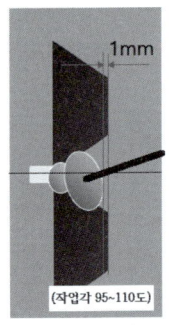 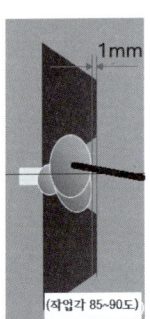 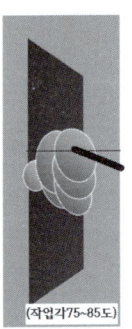 

4 위보기 자세 용접

1) V형 위보기 자세 맞대기 용접

(1) V형 위보기 자세 맞대기 용접 요구사항

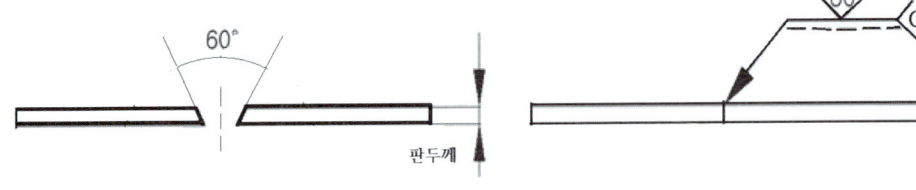

① 도면에 표기된 자세로 용접한다.
② 위보기 자세 용접 시 용접 재료를 작업대 위 머리위에 수평으로 놓인 상태에서 본 용접을 용접선이 전후가 되게 지그에 고정한 후 작업자의 중심보다 약간 우측에 작업자의 머리보다 100~150mm 정도 높게 고정한 후 용접기는 위보기 자세에 따른 이면 비드전류를 조절 후 용접한다.
③ 표면 비드를 제외하고 이음부를 그라인더 가공을 허용한다.
④ 교류 아크용접기를 사용하여 위보기 자세로 비드 폭과 높이가 일정하고 겹침 상태가 양호한 비드를 쌓는다.
⑤ 각 비드와 비드를 1/3~1/2 정도 겹치면서 전, 후면에 2층 이상 비드를 쌓는다.

2) 용접준비는 전 자세 용접준비와 동일하다.

(1) 재료를 준비한다.
① 맞대기 용접에 필요한 재료 연강판 또는 시편을 준비하여 표면을 깨끗이 청소한다.
② 석필이나 백색 마킹펜을 사용하여 가접할 부위에 선을 긋는다.
③ 300~350℃ 건조로에서 1시간~2시간 건조한 용접봉을 꺼내어 편심 여부, 용접봉 상태 등을 검사하고 적당량 준비한다.
④ 모재 가공을 한다.
V형 맞대기 모재는 한쪽 측면을 가스절단기나 베벨 가공기, 또는 밀링머신 등으로 베벨 각이 되도록 30~35°로 절단한다.
⑤ 개선 면을 다듬질하여 루트 면을 만든다.
루트 면이 1.5~3mm로 가공 되었나 철자로 확인한다. 가공된 두 모재의 루트 면이 일정하고 모재 가공부 주위에 생긴 녹이나 불순물, 그리고 줄 가공 시 생긴 거스러미를 제거한다.
⑥ 위보기(천정보기) 수평으로 지그에 고정한다.
 ㉠ 모재가 수평이고 용접선이 전후가 되게 지그에 고정한 후 작업자의 중심보다 약간 우측에 작업자의 머리보다 100~150mm 정도 높게 고정한다.
 ㉡ 용접기는 위보기 자세에 따른 이면 비드 전류 값으로 전류를 조절한다.
 ㉢ 용접 중에 아크를 중단 후 다음 이음부분에는 슬래그 제거 및 청소를 한다.
 ㉣ 가접 후 청소

㉥ 1층(이면비드) 용접

작업 각은 90°, 진행각도 75~85°, 아크 길이는 3mm 이내로 일정하게 유지하면서 사람 중심 방향으로 당기듯이 용접한다.

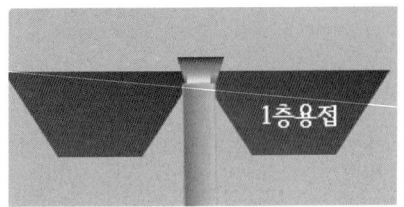
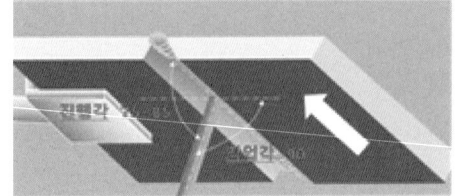

㉧ 2층 비드 쌓기 용접

피복금속아크용접봉 ϕ3.2 또는 ϕ4.0을 홀더에 물리고, 적정 전류를 조절하여 용접봉의 각도는 1층과 같으며 용접 홈 끝부분 0.5~1mm 안에서 지그재그식으로 운봉하여 비드 양 끝은 약간씩 머물러 주며 용접한다.

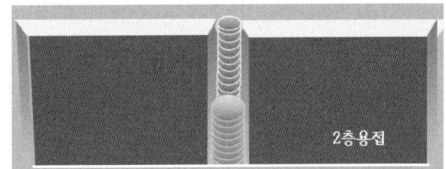

㉨ 표면층 용접

ⓐ 표면 비드의 높이는 모재 표면에서 2~3mm 정도 높게 쌓은 후 크레이터 처리를 한다.
ⓑ 모재 표면과 이면을 깨끗이 철솔로 슬래그 및 스패터를 제거한다.

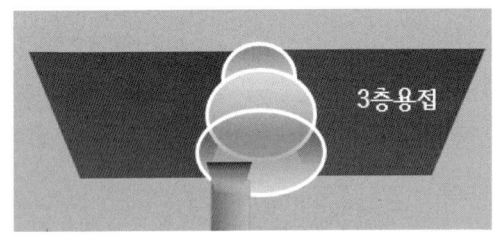
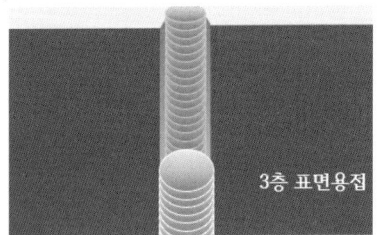

4 필릿 용접작업

1 필릿 용접작업준비

1) 필릿 용접이론

(1) 필릿 용접부 명칭

① 용접 각장(다리 길이) : 각장 A와 각장 B로 나타내는 길이를 의미한다.
   A와 B가 같은 경우를 등각장 이라하고, 다른 경우를 부등각장이라고 한다.

② 목두께 C 로 나타낸 부분을 말한다.

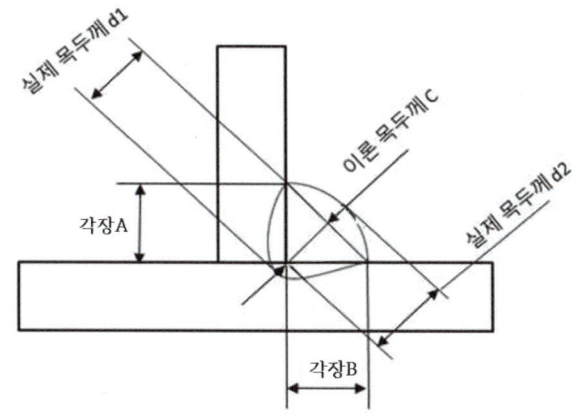

③ 필릿용접 비드 형상의 종류
   필릿 용접부의 비드 형상은 블록형, 평면형 및 오목형이 있다.

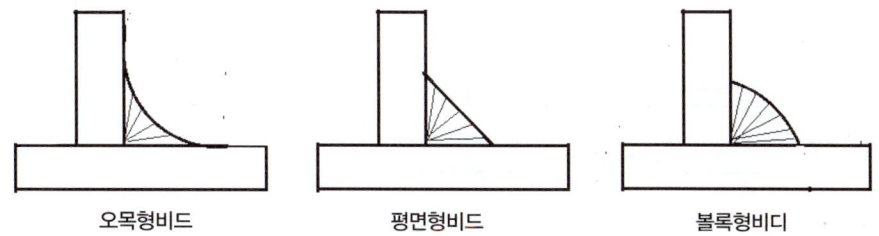

오목형비드   평면형비드   볼록형비드

④ 필릿 용접의 자세

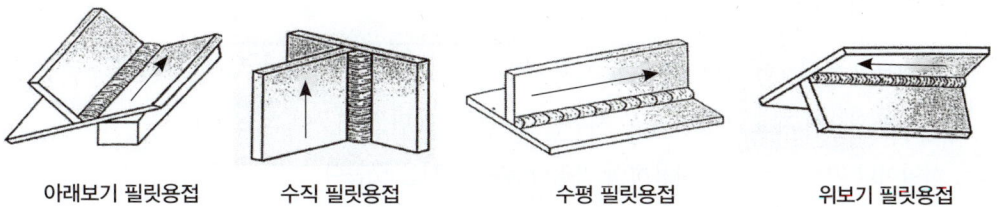

아래보기 필릿용접   수직 필릿용접   수평 필릿용접   위보기 필릿용접

⑤ 용접부 형상에 따른 T형 필릿용접의 종류

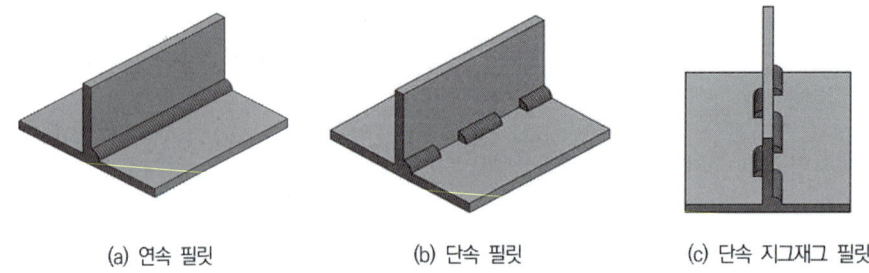

(a) 연속 필릿   (b) 단속 필릿   (c) 단속 지그재그 필릿

(2) 필릿 용접준비는 전 자세 용접준비와 동일하다.

2 필릿 용접작업

1) 아래보기 자세 T형 필릿용접

(1) 아래보기 자세 T형 필릿용접 요구사항

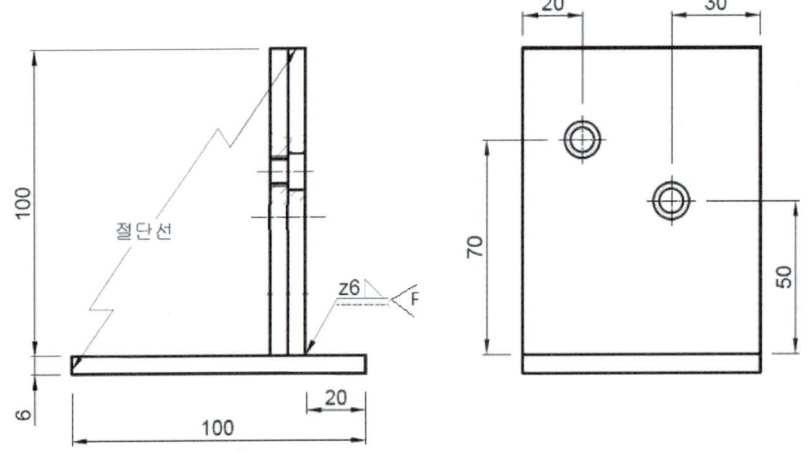

① 도면에 표기된 자세로 용접한다.

② 아래보기 자세 필릿 용접시 용접 재료를 작업대 위에 수평에서 45°으로 세워 놓인 상태에서 본 용접을 시공한다.

(2) **아래보기 자세 T형 필릿 1층용접** (모재 두께가 6mm 이하는 단층 용접)

① 용접에 필요한 재료 연강판 또는 시편을 준비하여 표면을 깨끗이 청소한다.

② 석필이나 백색 마킹펜을 사용하여 가접할 부위에 선을 긋는다.

③ 300~350℃ 건조로에서 1시간~2시간 건조한 용접봉을 꺼내어 편심 여부, 용접봉 상태 등을 검사하고 적당량 준비한다.

④ 피복금속아크용접봉 $\phi 3.2$의 전류를 110~140A 조절한 후 용접하기에 편안하고 안정된 자세를

취한다.

⑤ 좌측 끝 용접 시점보다 10~20mm 앞에 용접봉 끝을 겨누고 아크를 발생시켜 아크 길이를 4~5mm로 길게 하여 예열하면서 시점으로 온다.

⑥ 작업 각을 45~50° 진행 방향 각은 75~85°로 유지하여 1층 용접을 진행한다.

⑦ 1층 용접 후 슬래그 및 스패터를 치핑해머와 브러시로 깨끗이 청소한다.

(3) 아래보기 자세 T형 필릿 2층 용접을 한다.(모재 두께가 9mm 이상은 다층 용접)

① 필릿 2층 용접을 위해 피복금속아크용접봉 ∅4.0을 준비하고, 전류는 130~160A로 조절한다.

② 작업 각을 45~50° 진행 방향 각은 75~85°로 유지하여 1층 용접을 진행한다.

③ 반달형 또는 원형, 지그재그형 위빙 운봉법으로 목길이(각장)와 목두께를 맞추면서 2층 비드를 쌓는다. (목길이는 판 두께의 80~100%)

④ 용접선 끝부분의 2~3mm 앞에서 용접봉을 모재에 접근시켜 오목한 부분을 용착금속으로 2~3회 반복하여 크레이터를 채운다.

⑤ 치핑해머와 브러시를 사용하여 용접부를 깨끗이 청소한 후 결함을 확인하고 검사한다.

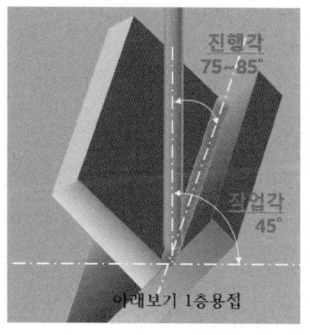
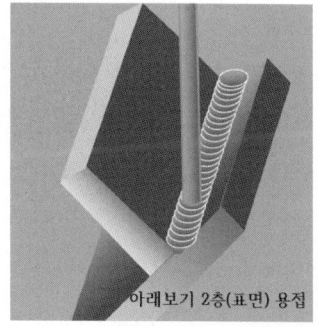

2) 수직 자세 T형 필릿용접

(1) 수직 자세 T형 필릿 용접 요구사항

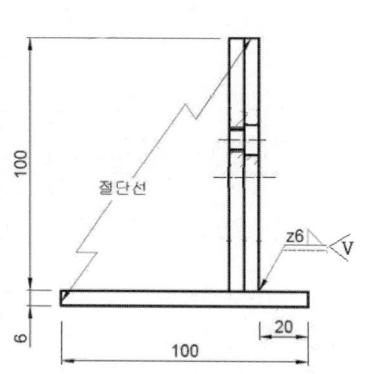
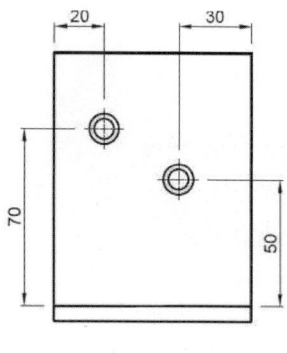

① 도면에 표기된 자세로 용접한다.
② 수직자세 용접 시 용접 재료를 작업대 위에 수직으로 세워 놓인 상태에서 본 용접을 시공한다.

(2) 수직 자세 T형 필릿 1층 용접 (모재 두께가 6mm 이하는 단층 용접)

① 필릿 용접에 필요한 재료 연강판 또는 시편을 준비하여 표면을 깨끗이 청소한다.
② 석필이나 백색 마킹펜을 사용하여 가접할 부위에 선을 긋는다.
③ 300~350℃ 건조로에서 1시간~2시간 건조한 용접봉을 꺼내어 편심 여부, 용접봉 상태 등을 검사하고 적당량 준비한다.
④ 피복금속아크용접봉 φ3.2의 전류를 90~110A 조절한 후 용접하기에 편안하고 안정된 자세를 취한다.
⑤ 하단 끝 용접 시점보다 10~20mm 앞에 용접봉 끝을 겨누고 아크를 발생시켜 아크 길이를 4~5mm로 길게 하여 예열하면서 시점으로 온다.
⑥ 작업 각을 45~50° 진행 방향 각은 70~80°로 유지하여 1층 용접을 운봉하지 않고 직선으로 진행한다.
⑦ 1층 용접 후 슬래그 및 스패터를 치핑해머와 브러시로 깨끗이 청소한다.

(3) 수직 자세 T형 필릿 2층 용접 (모재 두께가 9mm 이상은 다층 용접)

① 필릿 2층 용접을 위해 피복금속아크용접봉 φ4.0을 준비하고, 전류는 130~140A로 조절한다.
② 작업 각을 45~50° 진행 방향 각은 75~85°로 유지하여 1층 용접을 진행한다.
③ 반달형 또는 원형, 지그재그형 위빙 운봉법으로 목길이(각장)와 목두께를 맞추면서 2층 비드를 쌓는다. (목길이는 판 두께의 80~100%)
④ 각장을 맞추며 비드가 처지지 않도록 용접 속도를 일정하게 유지하면서 상진 용접을 한다.
⑤ 용접선 끝부분의 2~3mm 앞에서 용접봉을 모재에 접근시켜 오목한 부분을 용착금속으로 2~3회 반복하여 크레이터를 채운다.
⑥ 치핑해머와 브러시를 사용하여 용접부를 깨끗이 청소한 후 결함을 확인하고 검사한다.

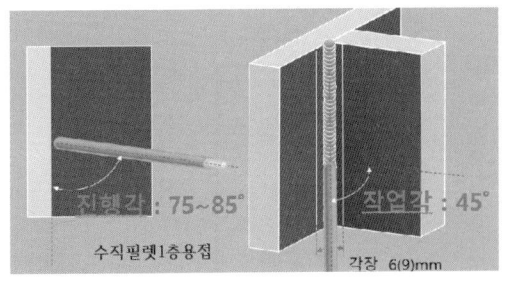

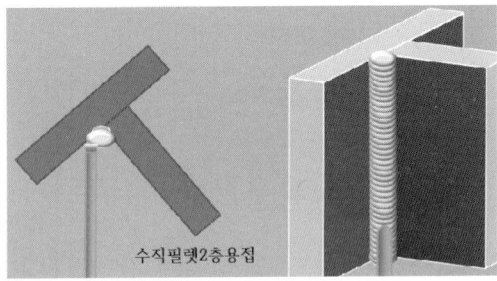

3) 수평 자세 T형 필릿 용접

(1) 수평 자세 T형 필릿 용접 요구사항

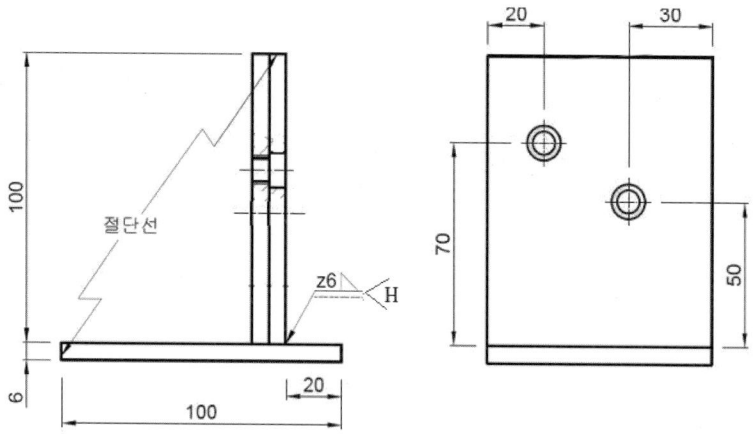

① 도면에 표기된 자세로 용접한다.

② 수평자세 용접 시 용접 재료를 작업대 위에 수평으로 놓인 상태에서 본 용접을 시공한다.

(2) 수평 자세 T형 필릿 1층 용접 (모재 두께가 6mm 이하는 단층 용접)

① 필릿 용접에 필요한 재료 연강판 또는 시편을 준비하여 표면을 깨끗이 청소한다.

② 석필이나 백색 마킹펜을 사용하여 가접할 부위에 선을 긋는다.

③ 300~350℃ 건조로에서 1시간~2시간 건조한 용접봉을 꺼내어 편심 여부, 용접봉 상태 등을 검사하고 적당량 준비한다.

④ 피복금속아크용접봉 $\phi 3.2$의 전류를 90~110A 조절한 후 용접하기에 편안하고 안정된 자세를 취한다.

⑤ 하단 끝 용접 시점보다 10~20mm 앞에 용접봉 끝을 겨누고 아크를 발생시켜 아크 길이를 4~5mm로 길게 하여 예열하면서 시점으로 온다.

⑥ 작업 각을 65~70° 진행 방향 각은 80~90°로 유지하여 1층 용접을 운봉하지 않고 직선으로 진행한다.

⑦ 1층 용접 후 슬래그 및 스패터를 치핑해머와 브러시로 깨끗이 청소한다.

(3) 수평 자세 T형 필릿 2층 용접 (모재 두께가 9mm 이상은 다층 용접)

① 필릿 2층 용접을 위해 피복금속아크용접봉 $\phi 4.0$을 준비하고, 전류는 130~160A로 조절한다.

② 작업 각을 2층 첫재층 비드 60~70° 두 번째층 비드는 40~60° 진행 각은 75~85°로 유지하여 용접을 진행한다.

③ 각장을 맞추며 비드가 처지지 않도록 용접 속도를 일정하게 유지하면서 상진 용접을 한다.

④ 용접선 끝부분의 2~3mm 앞에서 용접봉을 모재에 접근시켜 오목한 부분을 용착금속으로 2~3회 반복하여 크레이터를 채운다.

⑤ 치핑해머와 브러시를 사용하여 용접부를 깨끗이 청소한 후 결함을 확인하고, 검사한다.

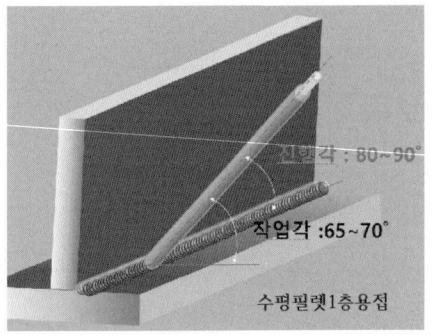
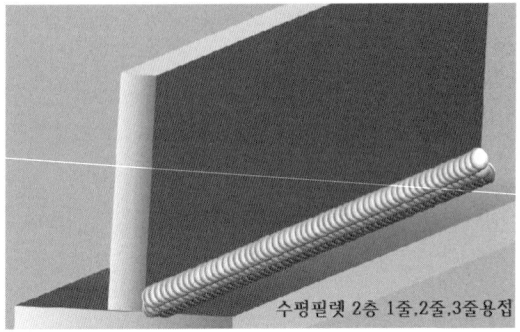

4) 위보기 자세 T형 필릿용접

(1) 위보기 자세 T형 필릿 용접 요구사항

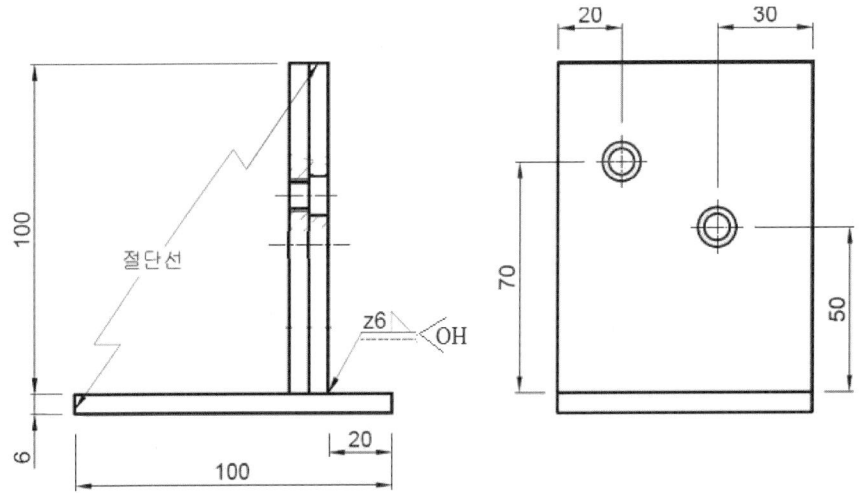

① 도면에 표기된 자세로 용접한다.

② 위보기 자세 용접 시 용접 재료를 작업대 위 머리위에 수평으로 놓인 상태에서 본 용접을 시공한다.

(2) 위보기 자세 T형 필릿 1층 용접 (모재 두께가 6mm 이하는 단층 용접)

① 필릿 용접에 필요한 재료 연강판 또는 시편을 준비하여 표면을 깨끗이 청소한다.

② 석필이나 백색 마킹펜을 사용하여 가접할 부위에 선을 긋는다.

③ 300~350℃ 건조로에서 1시간~2시간 건조한 용접봉을 꺼내어 편심 여부, 용접봉 상태 등을 검사하고 적당량 준비한다.

④ 피복금속아크용접봉 ϕ3.2의 전류를 90~110A 조절한 후 용접하기에 편안하고 안정된 자세를

취한다.

⑤ 좌측 끝 용접 시점보다 10~20mm 앞에 용접봉 끝을 겨누고 아크를 발생시켜 아크 길이를 4~5mm로 길게 하여 예열하면서 시점으로 온다.

⑥ 작업 각을 45~50° 진행 방향 각은 85~90°로 유지하여 1층 용접을 운봉하지 않고 직선으로 진행한다.

⑦ 1층 용접 후 슬래그 및 스패터를 치핑해머와 브러시로 깨끗이 청소한다.

(3) 위보기 자세 T형 필릿 2층 용접 (모재 두께가 9 mm 이상은 단층 용접)

① 필릿 2층 용접을 위해 피복금속아크용접봉 ⌀4.0을 준비하고, 전류는 125~145A로 조절한다.

② 작업 각을 2층 모든층 비드 45~50°, 진행 각은 85~90°로 유지하여 용접을 진행한다.

③ 각장을 맞추며 비드가 처지지 않도록 용접 속도를 일정하게 유지하면서 우진 용접을 한다.

④ 용접선 끝부분의 2~3mm 앞에서 용접봉을 모재에 접근시켜 오목한 부분을 용착금속으로 2~3회 반복하여 크레이터를 채운다.

⑤ 치핑해머와 브러시를 사용하여 용접부를 깨끗이 청소한 후 결함을 확인하고 검사한다.

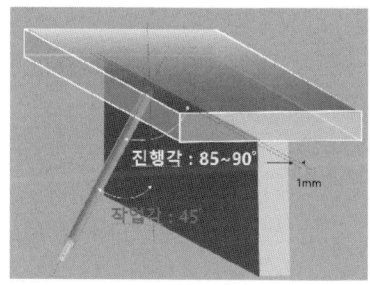

위보기 필릿용접1층 작업각, 진행각

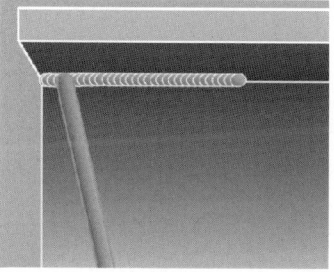

위보기 필릿용1층용접

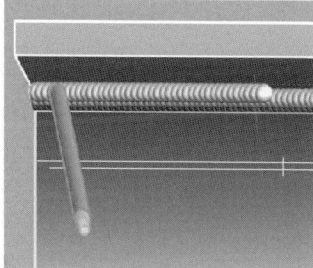

위보기 필릿 2층 1,2,3 줄 용접

· MEMO

PART 07 산업안전

Chapter 01 산업안전의 개요
Chapter 02 산업시설의 안전
Chapter 03 가스 및 위험물에 관한 안전
Chapter 04 사고 예방
Chapter 05 산업안전 관계법규

산업안전의 개요

1 산업안전의 목적과 정의

1 산업안전의 정의
산업 활동 중에 일어나는 모든 재해나 사고로부터 근로자의 신체와 건강을 보호하고, 산업 시설을 안전하게 보호 및 유지하는 모든 활동이다.

2 산업안전의 목적
① 인명의 보호
② 복지의 증진
③ 경제성의 향상
④ 생산성의 향상

3 산업안전 관리의 이점
① 직장의 신뢰도 향상
② 직장 이직률 감소
③ 기업의 투자 경비 감소
④ 전문인 육성으로 인한 고유 기술 축적
⑤ 숙련된 작업자로 인한 품질 향상 및 불량 감소

4 산업안전의 용어
① 안전관리 : 생산성의 향상과 손실의 최소화를 위해 실시하는 것으로 사고가 발생하지 않기 위한 활동
② 안전사고 : 고의성이 없는 사고로 인적 혹은 물적 손실을 불러 올 수 있는 사고
③ 산업재해 : 근로자가 업무에 관계하여 사망 혹은 부상, 질병에 걸리는 것

2 고장의 종류 해석에 관한 용어

1 상해의 분류
① 골절 : 뼈가 부러진 상해

② 뇌진탕 : 머리에 강한 충격이 가해졌을 때 일어난 상해
③ 동상 : 저온에 접촉하여 일어난 상해
④ 부종 : 혈액순환의 이상으로 인해 몸이 부어오르는 상해
⑤ 베임 : 날카로운 물건에 베인 상해
⑥ 익사 : 물에 추락하여 익사한 상해
⑦ 절단 : 신체 부위가 절단된 상해
⑧ 중독, 질식 : 약물, 가스 등에 의한 중독이나 질식이 발생하는 상해
⑨ 찔림 : 날카로운 물건에 찔린 상해
⑩ 찰과상 : 피부가 스치거나 문질러져서 벗겨진 상해
⑪ 타박상 : 외적인 충격으로 인해 피부 표면이 아니라 피하조직이나 근육이 손상된 상해
⑫ 피부병 : 업무와 관련하여 발생하거나 상태가 악화된 피부 질환
⑬ 화상 : 화재나 고온에 접촉하여 일어난 상해

2 재해의 분류

① 감전 : 전기 접촉이나 방전으로 인해 사람이 충격을 받은 경우
② 낙하 : 물건이 떨어져 사람이 맞은 것
③ 붕괴 : 건축물, 적재물이 무너진 것
④ 유해 물질 접촉 : 유해물 접촉으로 중독이나 질식된 것
⑤ 이상 온도 접촉 : 고온이나 저온에 접촉한 것
⑥ 전도 : 사람이 평탄한 곳 위로 넘어지는 것
⑦ 추락 : 사람이 높은 곳에서 떨어지는 것
⑧ 충돌 : 사람이 정지 상태의 물건과 부딪친 것
⑨ 파열 : 장치 혹은 용기가 외적인 압력에 의해 파열하는 것
⑩ 폭발 : 압력의 갑작스러운 개방으로 인해 폭음을 동반한 팽창이 일어나는 것
⑪ 협착 : 물건에 끼워지거나 말려든 상태
⑫ 화재 : 발화물에 의해 발생하는 것

3 재해의 원인(외적 작업동작)

1 인적 원인

① 위험한 장소에 접근
② 안전 장치의 기능을 제거
③ 보호구의 미사용이나 기구의 잘못된 사용
④ 위험물 취급 부주의
⑤ 불안전한 행동 및 자세

2 물적 원인

① 물체 자체의 결함
② 안전 장치의 결함
③ 보호구의 결함
④ 작업 환경의 결함
⑤ 설비의 결함

3 기술적 원인

① 건물, 기계 장치의 설계 불량
② 구조, 재료의 부적합
③ 생산 공정의 부적합
④ 점검 및 보존의 불량

4 교육적 원인

① 안전 수칙의 미숙지
② 경험, 훈련의 미숙
③ 작업 방법의 교육 불충분
④ 위험에 대한 교육 불충분

5 작업 관리상의 원인

① 안전 조직의 결함
② 안전 수칙의 미제정
③ 작업 준비의 부족
④ 인원 배치의 부적당
⑤ 작업 지시의 부적당

4 재해의 원인(내적 현상 및 결함)

1 인적관리 결함 : 근육운동의 부족함

2 생리적 결함

① 체력부족
② 신경계통의 이상 및 질병
③ 극도의 피로 및 수면부족

3 심리적 결함 : 고집 및 과도한 집착

예상문제

1 안전사고 발생의 가장 큰 원인은?

① 천재지변　　　　　　　② 불안전한 행동
③ 시설의 결함　　　　　　④ 불안전한 조건

정답 | ②

2 불안전한 행동의 원인 중 가장 큰 비중을 갖는 행동은?

① 인간의 작업 행동의 결함
② 무리한 행동
③ 필요 이상의 급한 행동
④ 위험한 자세 및 위치 동작

정답 | ①

3 산업 현장에서 분류하는 상해의 종류가 아닌 것은?

① 골절　　　② 추락　　　③ 동상　　　④ 타박상

정답 | ②

4 재해의 원인으로 볼 수 없는 것은?

① 운전을 정지하고 기계를 정비한다.
② 허가 없이 장치를 운전한다.
③ 결함이 있는 장치를 운전한다.
④ 안전 장치를 제거하고 운전한다.

정답 | ①

5 재해의 원인에서 정신적 요소 중 정신력과 관계되는 생리적 현상이 아닌 것은?

① 극도의 피로　　　　　　② 체력부족
③ 신경계통의 이상　　　　④ 고집 및 과도한 집착성

정답 | ④

6 인력 운반 작업에 있어서 작업 동작으로 재해의 원인으로 거리가 먼 것은?

① 무리한 자세
② 작업 규율 무시
③ 기계의 사용 방식 무시
④ 작업 환경이 좋지 않음

정답 | ④

7 재해 형태에 관한 설명이 잘못된 것은?

① 사람이 건축물 등에서 떨어지는 것을 전도라 한다.
② 위에서 떨어지는 물건 등으로 사람이 맞은 경우를 낙하라 한다.
③ 전기 접촉이나 방전에 의해 사람이 충격을 받은 경우를 감전이라 한다.
④ 기계 설비 또는 물건에 끼워지거나 말려든 상태를 협착이라 한다.

정답 | ①

8 재해의 직접 원인이 아닌 것은?

① 물체 자체의 결함
② 안전 방호 장치의 결함
③ 불충분한 경보 시스템
④ 안전 지식의 부족

정답 | ④

5 재해 발생의 메커니즘

1 재해 발생의 메커니즘

① 기인물 : 발생 사고의 근원이 되는 것. 즉 결함을 고치면 사고를 일으키지 않고 끝나는 것
② 가해물 : 사람에게 직접 위해를 끼치는 것

2 하인리히의 도미노 이론

① 사고가 일어날 수 있는 요소들을 도미노에 기입하고, 이 도미노를 쓰러트릴 때 중간의 도미노 하나를 빼버리면 최종 결과인 사고는 일어나지 않는다는 이론
② 하인리히의 재해 예방 5단계
- 1단계 : 조직 구성
- 2단계 : 불안전 요소의 발견
- 3단계 : 평가 분석
- 4단계 : 사고 예방 시정책의 선정
- 5단계 : 사고 예방 시정책의 적용

6 재해 발생의 원리

1 재해 발생의 형태

① 집중형(단순 자극형) : 재해 발생 요소가 일시적으로 한 부분에 집중되며 각각 독립적으로 작용하는 형태
② 연쇄형 : 한 가지의 요소가 원인이 되어 다른 원인을 발생시키고, 이 발생된 원인이 또 다른 원인을 발생시키는 형태
③ 복합형 : 집중형과 연쇄형의 복합적인 형태이며 단순하지만 다양한 원인들이 연쇄적인 원인들과 결합하여 하나의 복합된 원인을 형성하여 재해가 발생하는 형태

2 산업 안전의 원리

① 상해의 발생은 사고 원인의 연쇄적인 결과이며, 사고는 항상 사람의 불안전한 행위나 상태에 의해서 발생한다.

② 불안전한 행위에서 기인된 영구 노동 불능 상해를 당한 사람은 대개 300회 이상의 불안정 행위를 반복하면서 중경상 재해를 가까스로 면하는 사고 반복의 경험자이다.
③ 상해의 정도는 거의 우연성에 의해 결정되며, 안전사고는 거의 예방이 가능하다.

7 산업재해율 계산법

1 재해 원인의 분석 방법

① 개별적 원인 분석
  개별적인 재해를 각기 분석하는 것으로 상세하게 원인을 찾는 것이다.
② 통계에 의한 원인 분석(Part 5. 종합적 설치관리 QC의 7가지 도구 참고)
  ㉠ 특성요인도 : 특성과 요인 관계를 도표로 하여 물고기 뼈와 같이 세분화한다.
  ㉡ 파레토차트 : 사고의 유형, 기인물 등 분류 항목을 큰 순서대로 나열한다.
  ㉢ 관리도 : 재해 발생 건수 등의 추이를 파악하여 목표 관리를 실행하는데 필요한 월별 재해 발생수를 그래프화하여 관리선을 설정, 관리하는 방법이다.

2 산업재해율 계산법

① "연천인율"이란 1년 간 1,000명을 기준으로 발생하는 사상자 수를 나타낸다.

$$연천인율 = \frac{연간\ 사상자수}{연평균\ 근로자\ 수} \times 100$$

② 빈도율(=도수율) : 산업재해의 발생 빈도를 나타내는 것으로 연 근로 시간 합계 100만 시간당 발생 건수이다.

$$빈도율 = \frac{재해\ 발생\ 건수}{연\ 근로\ 시간수} \times 10^6 = \frac{재해\ 발생\ 건수}{연\ 근로\ 시간수} \times 1,000,000$$

③ 연천인율과 빈도율의 상관 관계
  연천인율 = 빈도율 × 2.4

> **예상문제**
>
> **1** 다음 중 도수율을 구하는 식은?
>   ① (재해 건수/노동자 수)×1000
>   ② (총 손실 일수/연 근로 시간 수)×1000
>   ③ (재해 건수/연 근로 시간 수)×1000000
>   ④ (재해 건수/노동자 수)×1000000
>
>   정답 l ③
>
> **2** 품질개선 현상 파악에 사용되는 수법 중 불량품, 결점, 클레임, 사고 건수 등을 그 현상이나 원인별로 데이터를 내고 수량이 많은 순서로 나열하여 그 크기를 막대그래프로 나타낸 것은?
>   ① 히스토그램 ② 파레토도 ③ 관리도 ④ 산점도
>
>   정답 l ②

산업시설의 안전

1 기계 작업의 안전

1 작업점의 방호
① 작업점에는 작업자가 절대로 가까이 접근하지 않도록 할 것
② 기계를 조작하기 위해서 작업점에서 멀어지게 할 것
③ 작업자가 위험 지대에서 멀어지기 전에 기계를 움직이지 못하게 할 것
④ 작업 시 작업점에 손을 넣지 않도록 할 것

2 기계 설비의 위험점
① 협착점 : 기계의 왕복 운동을 하는 운동부와 고정부 사이에 형성되는 위험점
② 끼임점 : 고정부와 회전하는 운동부 사이에 형성되는 위험점
③ 절단점 : 회전하는 운동부와 운동하는 기계 자체 사이에 형성되는 위험점
④ 물림점 : 회전하는 두 개의 회전체 사이에 형성되는 위험점
⑤ 접선 물림점 : 회전하는 부분이 접선 쪽으로 물려 들어갈 때 형성되는 위험점
⑥ 회전 말림점 : 회전체의 부위와 돌기 회전 부위에 형성되는 위험점

3 위험점의 5가지 요소
① 함정(Trap)
② 충격(Impact)
③ 접촉(Contact)
④ 말림(Entanglement)
⑤ 튀어나옴(Ejection)

4 작업의 안전화
① 가동 장치의 안전한 배치
② 장치와 정지 시의 시건 장치, 급정지 장치, 급정지 버튼 등의 구조 배치
③ 작업자가 위험 부분에 접근 시 검출형 안전 장치 등을 이용

5 기능적 안전화

① 기계나 기구를 사용할 때 기능이 저하되지 않으면서 안전하게 작업하는 것
② Fail-Safe 구조로 고장이 나더라도 2, 3중으로 안전화 대책을 설정할 것

6 Fail-Safe 구조의 3단계

① Fail-passive : 부품 고장 시 기계는 정지 방향으로 이동
② Fail-active : 부품 고장 시 기계는 경보를 울리지만 단시간 내에 운전 가능
③ Fail-operational : 부품 고장 시 추후 보수까지 안전 기능 유지

7 외관상의 안전화

① 방호 대책 : 방호 커버, 망을 씌울 것
② 방호망의 높이는 최저 1.8m이고, 커버는 견고하며 장착이 간단해야 한다.
③ 가공물이 직접 가공되는 부분은 위험하므로 방호 장치나 자동 제어 장치 등을 설치해야 한다.
④ 작업점마다 안전 덮개를 설치한다.

> **예상문제**
>
> **1** 기계 설비의 안전화를 위한 고려 사항이 아닌 것은?
>   ① 작업의 안전화   ② 기능적 안전화
>   ③ 참조적 안전화   ④ 외관상의 안전화
>
>   정답 | ③
>
> **2** 다음 중 위험점의 5요소에 해당되지 않는 것은?
>   ① 함정   ② 행정   ③ 충격   ④ 접촉
>
>   정답 | ②

2 전기 취급 시 안전

1 전기 용접 작업 시 주의 사항

① 용접기를 습기가 많은 장소에 설치하지 않도록 한다.
② 스위치 및 퓨즈는 정격 용량을 써야 한다.
③ 개로 전압이 필요 이상 높지 않게 해야 하며, 자동 전격 방지기는 완전 가동시켜야 하고 누전이 없도록 하고, 누전차단기를 사용한다.
④ 전선은 단자와 완전히 접속하도록 접선하며, 접속부는 완전히 피복한다.
⑤ 전선이 상할 위험이 있으면 보호 장치를 충분히 갖추도록 한다.
⑥ 인화성 물질이 있는 곳에서 작업할 시에는 스파크에 의해 점화될 수 있으므로 방폭 구조로 한다.

2 전기 설비

① 전기로 같은 전열기를 사용할 때에는 가연물과의 접촉이나 근접을 피하고, 코드 절연, 열화가 생기기 쉬우므로 잘 점검한다.

② 전기 설비 배선 기구를 사용할 때에는 기구 장치류의 청소 및 점검에 신경쓰고 발열이나 과열 아크 등이 일어나지 않게 주의한다.

3 기계의 동력 차단 장치

① 동력으로 운전하는 기계는 안전을 위하여 동력 차단 장치를 하여야 한다.

② 롤러기 등에는 급정지 장치를 하여야 한다.

4 조명의 사용 목적

① 눈의 피로를 감소하고, 재해를 방지한다.

② 작업의 능률 향상을 가져온다.

③ 정밀 작업이 가능하고 불량품 발생률이 감소한다.

④ 깨끗하고 밝은 작업 환경을 조성한다.

참고

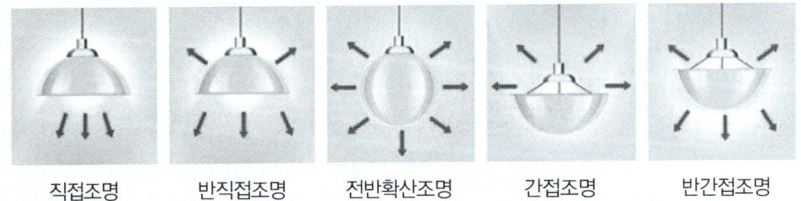

직접조명   반직접조명   전반확산조명   간접조명   반간접조명

공장 내의 전체 조명은 간접 또는 반간접 조명을 사용하되 작업의 성질과 필요에 따라 국부 조명을 사용하는 것이 좋다.

① **간접조명** : 광속의 90~100%를 위를 향해 천장 또는 벽에서 반사·확산시켜 눈부심이 없고 부드러운 빛을 얻는다.

② **직접조명**
　㉠ 눈부심이 강해 그림자가 뚜렷하다.
　㉡ 균일한 조명도를 얻기 어렵지만 조명률이 가장 좋다.
　㉢ 설치가 간편하여 공장용 조명으로 사용한다.

③ **전반확산조명**
　㉠ 전체에 확산되도록 하는 조명 방식으로 간접 조명과 직접 조명의 중간 방식이다.
　㉡ 조명 기구를 일정한 높이와 간격으로 배치하는 방식이다.

④ **국부 조명** : 전체 가운데 어느 한 부분만을 조명하는 방법이다.

5 조명의 필요 조건

① 작업 성질에 따라 빛의 질이 적당하여야 한다.
② 광원이 안정되고 흔들리지 않아야 한다.
③ 광원이 위치가 바르고 눈이 부시지 않아야 한다.
④ 분산된 광선의 색이 태양광, 무색에 가까워야 한다.
⑤ 작업 장소와 바닥 등에 너무 짙게 그림자를 만들지 않아야 한다.
⑥ 작업장 내에 균일한 조명도를 유지해야 한다.
　(여기서, 조명도를 조도라고도 하며, 단위면적에 입사하는 총 광선속(luminous flux)으로 밝기를 측정하는 단위이다. 국제표준 단위는 lx(lux, 럭스)이며, 1[lx]는 $1m^2$에 1[lm(루멘)]의 광선속이 균일하게 입사하는 면에서의 조명도를 의미한다. 즉, 광선속 f[lm]이 $A[m^2]$의 넓이에 수직입사할 때 조도 l은 $l[lx] = f/A[lm/m^2]$로 표현된다.

6 산업안전보건법 상의 조명도

작업의 종류	작업면 조명도
초정밀 작업	750룩스(lux) 이상
정밀 작업	300룩스(lux) 이상
보통 작업	150룩스(lux) 이상
기타 작업	75룩스(lux) 이상

예상문제

1 누전차단기의 사용 목적이 아닌 것은?

① 단선 방지　　　　　　　　② 감전으로부터 보호
③ 누전으로 인한 화재 예방　　④ 전기 설비 및 전기 기기의 보호

정답 | ①

2 동력으로 운전하는 기계는 안전을 위하여 어느 장치를 하여야 하는가?

① 감시 장치　　② 서행 장치　　③ 안전 이탈 장치　　④ 동력 차단 장치

정답 | ④

3 다음 중 크레인의 안전장치에 속하지 않는 것은?

① 백레스트　　② 권과 방지 장치　　③ 비상 정지 장치　　④ 과부하 방지 장치

정답 | ①

4 직접 조명에 대한 설명으로 잘못된 것은?

① 광속의 90~100%를 위를 향해 천장 또는 벽에서 반사, 확산시켜 눈부심이 없고 부드러운 빛을 얻을 수 있다.
② 균일한 조명도를 얻기 어렵지만 조명률이 가장 좋다.
③ 눈부심이 강해 그림자가 뚜렷하다.
④ 설치가 간편하여 공장용 조명으로 사용한다.

정답 | ①

3 여러 가지 산업 시설의 안전

1 일반적인 안전 수칙

① 작업복과 안전 장구는 반드시 착용하여야 한다.
② 작업복 끝 부분이 회전체 및 돌출부에 걸리지 않도록 착용한다.
③ 작업복은 착용자의 연령, 성별 등을 감안하여 적절하게 선정하고 노출을 삼간다.
④ 안전 장구는 몸에 맞는 것을 착용하여야 한다.
⑤ 모든 기계는 사용 전에 반드시 점검하여 안전 상태를 확인하여야 한다.
⑥ 규격에 맞지 않거나 불안전한 공구는 사용해서는 안 된다.
⑦ 기계의 청소나 손질은 기계를 정지시킨 후 실시해야 한다.
⑧ 인화성 물질, 화기 취급은 반드시 철저한 방화 조치를 한 후 실시하도록 한다.
⑨ 작업은 항상 표준 작업을 준수하여 실시한다.
⑩ 이동식 사다리의 폭은 30cm 이상, 길이는 6m 이내로 한다.
⑪ 안전난간은 최소 100kg 이상의 하중에 견딜 수 있는 구조이어야 한다.

2 장갑 착용 금지 작업

① 선반 작업
② 드릴 작업
③ 목공 기계 작업
④ 그라인더 작업
⑤ 해머 작업
⑥ 기타 정밀 기계 작업

3 수공구

1) 일반적인 안전 수칙

① 공구는 사용 전에 반드시 점검하고 불안전한 것은 절대로 사용해서는 안 된다.
② 공구는 작업에 적합한 것을 사용해야 하며, 정해진 용도 이외에는 사용해서는 안 된다.
③ 공구는 정해진 장소에 비치하여 사용하고 손이나 공구에 기름이 묻어 있는 경우 완전히 제거하고 사용한다.
④ 공구나 재료를 기계 위나 발판대, 난간 등 떨어지기 쉬운 장소에 놓아두지 않도록 한다.
⑤ 전기, 전기식 공구는 유자격자 및 감독자에게 허가받은 자만이 사용해야 한다.
⑥ 사용 후 기름이나 먼지 등을 깨끗이 제거 후 보관한다.

2) 스패너 및 렌치의 안전 수칙

① 볼트 및 너트 머리 부에 잘 맞는 것을 사용한다.

② 몸 쪽으로 당겨서 사용한다.

③ 공구가 갑자기 빠지거나 넘어지지 않도록 자세를 확고히 잡는다.

④ 무리하게 힘을 주지 말고 사용한다.

⑤ 스패너에 자루를 연결하거나 파이프 등을 물려 돌려서는 안 된다.

⑥ 사용 목적 외에 다른 용도로 사용하지 말아야 한다.

3) 해머 작업 시 안전 수칙

① 해머의 고정 상태 및 자루의 파손 상태를 점검하고 사용한다.

② 해머 면에 홈 등 변형된 곳은 없는지 사용 전에 점검하고 사용한다.

③ 기름이 묻은 경우 즉시 닦은 후에 작업한다.

④ 작업 시 장갑을 착용해서는 안 된다.

⑤ 올바르게 잡고 비스듬히 타격을 가해서는 안 된다.

⑥ 녹슨 재료나 조각이 날릴 경우 보호 안경을 착용한다.

⑦ 긴 자루의 해머는 절손되기 쉬우므로 주의한다.

⑧ 해머 대용으로 스패너나 렌치 등 기타 공구를 사용해서는 안 된다.

⑨ 타격 시 반동에 주의한다.

4) 펀치 및 정 작업의 안전 수칙

① 펀치의 가격부나 날이 무뎌졌을 경우 연마하여 사용한다.

② 깎는 작업을 처음 하는 경우에는 가볍게 쳐서 잘 맞을 때까지 힘을 가한다.

③ 정 작업 시에는 작업복 및 보호 안경을 착용해야 한다.

④ 자르기를 시작할 때와 마무리할 때는 세게 치지 않는다.

⑤ 정 작업 중 시선은 정의 날을 주시하고 작업자는 절단 상태에 주의해야 한다.

⑥ 보호판을 정의 조각이 튀어나가는 쪽에 세운다.

⑦ 해머 자루는 단단히 박혀 있어야 한다.

4 공작 기계

1) 일반적인 안전 수칙

① 기계는 반드시 점검하고 이상 유무를 확인하고 작업을 해야 한다.

② 가동 중 소음, 진동, 발열 등의 이상을 발견하였을 경우 즉시 작동을 정지하고 감독자에게 보고하여야 한다.

③ 청소, 수리, 검검 등을 실시할 경우 기계의 운전을 정지하고 스위치를 끈 후에 실시한다.

④ 물, 기름, 칩 등이 비산하는 기계의 경우 덮개를 하도록 한다.
⑤ 벨트, 숫돌 등이 노출된 것은 위험하므로 덮개를 하도록 한다.
⑥ 가동 중 칩을 치우기 위해 입으로 불거나 손으로 쓸지 말고 브러시나 적당한 용구를 사용해서 치우도록 한다.
⑦ 회전 중인 가공물을 직접 측정하지 않도록 한다.
⑧ 회전하는 기계 작업에는 절대로 장갑을 착용하지 않도록 한다.
⑨ 작업이 끝났을 시에는 기계를 정위치에 복귀시키고 메인 스위치를 끈다.
⑩ 정전 시에는 반드시 메인 스위치를 끈다.

2) 선반 작업 안전 수칙

① 작업 전 상태를 점검하고 절삭 공구의 고정은 확실하게 한다.
② 가공물의 장착이 끝나면 척 렌치류는 벗겨 놓는다.
③ 기계 위에 공구나 가공물을 올려 놓지 않는다.
④ 치수를 측정할 때는 기계를 정지시키고 측정한다.
⑤ 칩 제거는 기계를 정지시킨 후에 브러시 등의 용구를 사용한다.
⑥ 보안경을 착용하고 청소 및 주유를 할 경우 반드시 기계를 정지시키고 한다.

3) 드릴 작업 안전 수칙

① 작은 가공물이라도 손으로 잡지 않도록 한다.
② 머리카락이나 작업복이 회전 중인 드릴에 말려들지 않도록 주의한다.
③ 드릴이 회전 중에 칩을 치우지 말아야 한다.
④ 드릴의 착탈은 회전이 완전히 멈춘 다음에 한다.
⑤ 작업 시 장갑을 착용하지 않도록 한다.
⑥ 드릴은 상처나 균열이 있는 것은 사용하지 않도록 한다.

4) 프레스 작업 안전 수칙

① 기계의 사용 방법을 완전히 숙지하기 전에는 함부로 작동하지 않도록 한다.
② 작업 전에 급유하고 시운전을 행하여 활동부의 움직임 및 상태를 점검한다.
③ 운전 중 램 밑에 손이 들어가지 않도록 주의한다.
④ 안전 장치의 작동 상태를 점검하고 잘못된 것은 조정한다.
⑤ 2명 이상이 작업 시에는 신호를 명확하게 하고 조작에 안전을 기한다.
⑥ 작업이 완료된 후에는 반드시 스위치를 내린다.
⑦ 수리, 조정, 급유 시에는 반드시 기계의 작동을 멈추고 한다.

5) 연삭 작업 안전 수칙

① 숫돌은 반드시 시운전에 지정된 사람이 설치해야 한다.

② 숫돌을 설치하기 전에 나무망치로 숫돌을 때려서 조사한다.(균열 점검)
③ 숫돌차의 안지름은 축의 지름보다 0.05~0.15mm 정도 커야 한다.
④ 플렌지는 좌우가 같은 것을 사용하고, 숫돌 바깥지름의 1/3 이상의 것을 사용한다.
⑤ 숫돌과 받침대의 간격은 항상 3mm 이하로 유지한다.
⑥ 무리한 압력으로 연삭하지 않도록 한다.
⑦ 공작물은 받침대로 확실하게 고정한다.
⑧ 소형 숫돌은 측압에 약하므로 컵형 숫돌 외에는 측면 사용을 피한다.
⑨ 숫돌의 커버를 벗겨놓은 채 사용해서는 안 된다.
⑩ 안전 차폐막을 갖추지 않은 연삭기를 사용할 때는 방진 안경을 사용한다.

5 가스 용기 취급

① 밸브의 개폐는 서서히 한다.
② 직사광선을 피하고, 온도는 40℃ 이하로 유지한다.
③ 운반 시에는 캡을 씌우고 충격을 피하도록 한다.
④ 전도의 위험이 없도록 한다.(여기서, 전도 : 기울임으로 엎어져서 넘어짐.)
⑤ 용해 아세틸렌은 세워서 보관한다.
⑥ 고무 호스의 산소용은 흑색이나 녹색, 아세틸렌용은 적색으로 구분한다.

6 온도와 습도

1) 온도의 영향

① 안전 활동에 가장 적당한 온도는 18 ~ 21℃ 정도이다.
② 심한 고온이나 저온 상태하에서는 사고의 강도 및 빈도가 증가한다.

2) 습도의 영향

① 바람직한 상대습도는 30~35%, 안락하게 느끼는 습도는 70%까지이다.
② 고온다습한 날은 상대적 습도가 높고, 수분 증발은 느려 더욱 덥게 느껴진다.

7 소음(듣기에 불편한 소리)

1) 개요

① 단위로는 폰(음의 크기의 레벨을 나타내는 단위), 데시벨(dB : 소리의 상대적인 크기를 나타내는 단위), 손(Sone : 사람의 청각에 알맞은 소리의 크기 단위)이 있다.
② 주파수는 소리의 높이로 숫자가 높을수록 높은 소리를, 데시벨은 소리의 크기로 숫자가 클수록 큰 소리를 표시한다. 참고로 인간의 가청 주파수는 20~20,000Hz이다.

2) 소음의 발생원 및 재해

① 소음의 발생원은 일반, 교통, 항공기, 공장 소음 등으로 나눠진다.
② 소음의 강도가 90dB을 넘게 되면 사람이 실수하는 횟수가 증가하여 안전사고의 원인이 된다.
③ 가정에서의 평균 생활소음은 약 40dB, 일상 대화는 약 60dB이다. 120~140dB 정도의 소리는 사람이 듣기에 고통스러운 정도이며 80dB 이상의 소음을 오랜 기간 계속 들으면 청각장애가 올 수도 있다.
④ 소음의 허용 기준은 지역에 따라 다르지만, 낮에는 50~70dB, 밤에는 40~58dB이다.

3) 소음의 영향

① 작업과 대화에 방해를 일으킬 수 있으며, 지속될 경우 청력 장해를 초래할 수 있다.
② 소화 불량, 혈압 상승 등의 원인이 될 수 있다.

4) 소음의 대책

① 소음원을 제거하거나 격리시킨다.
② 흡음 시설을 한다.
③ 차음 설비를 한다.
④ 장비를 개량하거나, 완충제를 사용한다.
⑤ 보호구를 착용하거나 소음에 민감한 질환자는 작업을 제한시킨다.

8 진동

물체의 흔들림, 떨림을 말하며 소음이 동반된다.

① 전신 진동 : 차량, 선박, 항공기 등에서 발생하며 2~100Hz에서 장해를 유발한다.
② 국소 진동 : 착암기, 연마기, 항타기 등에서 발생하며, 8~1,500Hz에서 장해를 유발한다.

예상문제

1 안전 난간은 임의의 점에서 임의의 방향으로 움직이는 몇 kg 이상의 하중에 견딜 수 있는 구조이어야 하는가?

① 10 ② 100 ③ 500 ④ 800

정답 | ②

2 선반 작업 시 안전 사항으로 틀린 것은?

① 기계 위에 공구나 재료를 올려놓지 않는다.
② 바이트 착탈은 기계를 정지시킨 다음에 한다.
③ 이송을 걸은 채 기계를 정지시키지 않는다.
④ 칩을 제거할 때는 맨손을 사용한다.

정답 | ④

3 드릴 작업 시 안전에 관한 사항으로 옳지 않은 것은?

① 작거나 가벼운 일감은 손으로 잡고 작업한다.
② 드릴의 착탈은 회전이 완전히 멈춘 다음 행한다.
③ 가공 중 드릴이 깊이 먹어 들어가면 기계를 멈추고 일감에서 드릴을 뽑아낸다.
④ 회전하고 있는 주축이나 드릴에 손이나 걸레를 대거나 머리를 가까이 하지 않는다.

정답 | ①

4 이동식 사다리에 관한 설명으로 옳지 않은 것은 무엇인가?

① 미끄럼 방지 장치를 부착한다.
② 사다리의 폭은 20cm 이상으로 한다.
③ 부식이 없는 견고한 구조로 된 것을 사용한다.
④ 기둥과 수평면과의 각도는 75° 이하가 되도록 한다.

정답 | ②

5 다음 중 작업복 선정 시 유의사항으로 옳지 않은 것은?

① 작업복이 몸에 맞고 동작이 편해야 한다.
② 바지 자락 또는 단추가 기계에 말려 들어갈 위험이 없도록 한다.
③ 작업에 지장이 없는 한 손발이 많이 노출되는 것이 좋다.
④ 착용자의 연령, 성별 등을 감안하여 적절한 스타일을 선정한다.

정답 | ③

6 다음 중 장갑을 착용하고 작업해도 좋은 작업은?

① 선반 작업　　　　　　② 밀링 작업
③ 용접 작업　　　　　　④ 드릴 작업

정답 | ③

7 상업용 로봇을 이용하여 작업 시 안전 조치 사항으로 맞지 않는 것은?

① 로봇의 사용 조건에 따라 위험 영역을 명확히 하고, 안전 방호 울타리를 설치한다.
② 로봇이 자동의 상태로 운전 또는 대기하는 동안은 그 상태에 있음을 주위에 명시한다.
③ 위험 영역 안에 작업자가 있더라도 자동의 상태로 로봇을 가동한다.
④ 높이가 2m 이상인 곳에서 로봇의 설정, 조정, 보전 등의 작업이 필요한 경우에는 플랫폼을 설치한다.

정답 | ③

4 안전보호구

1 정의
보호구란 외부의 유해 물질을 차단하거나 그로 인한 영향을 감소시키기 위해 작업자의 신체에 장착하는 보조 기구를 말한다.

2 보호구의 구비 조건
① 착용이 간편해야 한다.
② 작업에 방해를 하지 않아야 한다.
③ 위험 요소에 대해 방호 성능이 완벽해야 한다.
④ 구조 및 가공 상태가 우수해야 한다.
⑤ 보호구의 원재료 품질이 우수하면서 저렴해야 한다.
⑥ 외관상 보기가 좋아야 한다.

3 보호구의 종류
① 안전모, 안전화 : 물체의 낙하 또는 작업자의 추락에 의한 위험을 방지 또는 경감시키거나 감전에 의한 위험을 방지하기 위한 것
② 안전 장갑 : 전기에 의한 감전을 방지하기 위한 것
③ 보안경 : 비산하는 물체에 의한 위험 또는 유해 물질, 광선에 의한 작업자의 눈 보호
④ 보안면 : 용접 시 불꽃 또는 비산하는 파편에 의한 위험을 방지하기 위한 것
⑤ 방진, 방독 마스크 : 분진 및 유해 물질이 호흡기를 통해 인체에 유입되는 것을 막기 위한 것
⑥ 송기 마스크 : 산소 결핍으로 인한 위험 방지
⑦ 귀마개 : 소음으로부터 청력을 보호하기 위한 것
⑧ 방열복 : 고열 작업에 의한 화상을 방지하기 위한 것
⑨ 안전대 : 추락에 의한 위험을 방지하기 위해 로프, 고리 등을 작업자의 몸에 묶어 고정하는 것

4 안전 표지의 구분
① 금지표지(바탕은 흰색, 기본 모형은 빨간색)
  • 특정의 행동을 금지시키는 표지 (안전 명령)
② 경고표지(바탕은 노란색, 기본 모형 및 부호는 검정색)
  • 위험물에 대한 주의를 환기시키는 표지
③ 지시표시(바닥은 파란색, 관련 그림은 흰색)
  • 보호구 착용을 지시하는 등의 지시 표지

④ 안내표지(바탕은 흰색, 기본 도형은 녹색 또는 바탕은 녹색, 관련 그림은 흰색)
위치를 알리는 표지

5 안전 표지의 색채

① 적색 : 방화 금지, 방향 표시, 규제 및 화학물질 취급장소의 위험 표시
② 주황색 : 위험 표시
③ 황색 : 주의 표시
④ 녹색 : 안전, 위생, 대피소 및 구호소의 위치 안내 등을 표시
⑤ 청색 : 수리 중, 송전 중 표시, 보호구 사용 표시
⑥ 보라색 : 방사능 위험 표시
⑦ 백색 : 글씨 및 관련 그림

예상문제

1 안전모나 안전대의 용도로 가장 적당한 것은?

① 작업 능률 가속용
② 전도(轉倒) 방지용
③ 작업자 용품의 일종
④ 추락 재해 방지용

정답 | ④

2 안전모가 구비하여야 할 조건으로 가장 거리가 먼 것은?

① 충격에 강하고 가능한 가벼울 것
② 외간이 미려하고 호감이 가도록 할 것
③ 모체의 재료는 내열성 및 내한성이 높을 것
④ 원료 단가가 비싸고 제조상 기술이 필요할 것

정답 | ④

3 다음 중 산업안전보건법에서 규정하고 있는 안전·보건 표지의 종류에 해당되지 않는 것은?

① 금지표지 ② 경고표지
③ 지시표지 ④ 위험표지

정답 | ④

4 화학물질 취급 장소에서의 유해·위험을 경고하기 위해 사용하는 안전·보건표지의 색채로 맞는 것은?

① 녹색 ② 흰색
③ 빨간색 ④ 파란색

정답 | ③

5 안전 · 보건 표지의 종류별 형태 및 색채에 대한 내용으로 틀린 것은?

① 금지표지 : 바탕은 흰색, 기본 모형은 빨간색
② 경고표지 : 바탕은 빨간색, 기본 모형은 노란색
③ 지시표지 : 바탕은 파란색, 관련 그림은 흰색
④ 안내표지 : 바탕은 흰색, 기본 도형은 녹색 또는 바탕은 녹색, 관련 그림은 흰색

정답 | ②

6 산소 결핍으로 인한 위험을 방지하기 위한 보호구는?

① 방진 마스크
② 방독 마스크
③ 송기 마스크
④ 보안면

정답 | ③

7 작업자의 눈을 보호할 수 있는 보호구는?

① 안전모
② 보안경
③ 안전대
④ 안전화

정답 | ②

8 다음 중 보호구에 해당되지 않는 것은?

① 귀덮개
② 절연테이프
③ 보안면
④ 송기마스크

정답 | ②

9 고압가스 충전 용기를 차량에 적재, 운반할 때 당해 차량의 전후 보기 쉬운 곳에 "위험고압가스"라는 경계 표시는 무슨 색으로 써야 되는가?

① 검은색
② 노란색
③ 청색
④ 적색

정답 | ④

가스 및 위험물에 관한 안전

1 가스 안전

1 화재의 종류

① A급 화재(백색 표시) : 일반 화재
② B급 화재(황색 표시) : 유류 화재
③ C급 화재(청색 표시) : 전기 화재
④ D급 화재(표시 없음) : 금속 화재

2 가연성 가스

산소 또는 공기와 반응하여 점화하게 되면, 빛과 열을 발생하며 연소하는 가스로, 대표적으로 수소, 메탄, 아세틸렌, 프로판, 부탄 등이 있다.

3 가연성 가스의 취급 시 주의 사항

① 가스의 누설 유무를 반드시 점검할 것(비눗물 혹은 가스 검지기)
② 검사 필증이 있는 용기만 사용할 것
③ 사용 후 반드시 밸브를 잠그고, 보호 캡을 씌워 놓을 것
④ 용기를 떨어뜨리거나 충격을 주지 말 것(반드시 세워서 보관 및 관리한다)
⑤ 충전된 용기는 40℃ 이하로 유지하며 일광의 직사로부터 피할 것
⑥ 용기를 세울 때에는 넘어지지 않도록 로프나 체인으로 고정할 것
⑦ 용기는 지붕이 있고, 환기가 잘 되는 곳에 보관할 것
⑧ 용기나 밸브 등을 녹여야 할 때에는 40℃ 이하의 물을 사용할 것
⑨ 저장소에 용적 300㎥ 이상의 고압가스를 저장할 경우에는 각 저장소마다 신청서를 시장, 군수, 구청장에게 제출할 것
⑩ 보관 장소 주위의 2m 이내에는 화기 또는 인화성, 발화성 물질을 두지 않을 것
⑪ 토치가 가열되었을 때에는 아세틸렌을 잠그고, 산소만 분출시킨 상태로 물에 식힌다.

4 발화성 물질

공기 중에서 일정 온도 이상이 되면 점화원 없이도 스스로 연소되는 물질

5 발화점

① 가연성 물질이 공기 중에서 점화원이 없이 스스로 연소되는 최저 온도
② 발화점은 인화점보다 20~60℃ 높다.
③ 산소와의 친화력이 높을수록 발화점은 낮아진다.

6 인화성 물질

① 액체에서 증발된 가연성 증기와 혼합 기체에 의해 폭발할 위험성을 가진 물질
② 인화성이 큰 물질은 1L 이상 보관하지 않도록 규정되어 있다.

7 인화점

가연성 액체가 공기 중에서 인화하기 충분한 가연성 증기를 발생하는 최저 온도

8 산화성 물질

스스로 발화, 폭발할 위험은 없으나 가연성, 환원성 물질과 접촉하였을 때 충격, 마찰, 가열에 의해 발화하거나 폭발할 위험이 있는 물질

예상문제

1 다음 중 가연성 가스가 아닌 것은?

① 산소　　② 수소　　③ 프로판　　④ 아세틸렌

정답 | ①

2 공기 중에서 점화원 없이 연소하는 최저 온도를 무엇이라 하는가?

① 발화점　　② 폭발점　　③ 인화점　　④ 연소점

정답 | ①

3 가연성 액체나 고체의 표면에 순간적으로 화염을 접근시킬 경우, 연소시키는데 필요한 만큼의 증기를 발생하는 최저 온도를 무엇이라고 하는가?

① 발화점　　② 폭발점　　③ 연소점　　④ 인화점

정답 | ④

4 금속의 용접·용단 또는 가열에 사용되는 가스 등의 용기 취급 시 유의 사항으로 틀린 것은?

① 전도의 위험이 없도록 한다.
② 충격이 가하지 않도록 한다.
③ 밸브의 개폐는 서서히 한다.
④ 용해 아세틸렌 용기는 눕혀 놓는다.

정답 | ④

5 폭발성 물질 보관 시 주의하여야 할 사항으로 옳지 않은 것은?

① 통풍이 잘 되는 곳에 보관한다.
② 햇빛이 잘 비추는 곳에 보관한다.
③ 마찰이 발생하지 않도록 보관한다.
④ 충격이 발생하지 않는 곳에 보관한다.

정답 | ②

6 다음 중 고압가스 용기 보관 시 유의할 사항으로 옳지 않은 것은?

① 충전 용기와 잔가스 용기는 각각 구분하여 용기 보관 장소에 놓을 것
② 충전 용기는 항상 60℃ 이하의 온도를 유지할 것
③ 용기 보관 장소에는 계량기 등 작업에 필요한 물건 외에는 두지 않을 것
④ 용기 보관 장소의 주위 2m 이내에는 화기 또는 인화성 물질이나 발화성 물질을 두지 않을 것

정답 | ②

7 가스 절단기 및 토치의 사용에 관한 설명으로 옳지 않은 것은?

① 토치의 점화는 토치 점화용 라이터를 사용한다.
② 토치에 기름이나 그리스를 바르지 않는다.
③ 팁을 청소할 때에는 반드시 팁 클리너를 사용한다.
④ 토치가 가열되었을 때는 산소를 잠그고 아세틸렌만 분출시킨 상태로 물에 식힌다.

정답 | ④

8 물속에서 발열 또는 발화하지 않는 것은?

① 칼륨   ② 나트륨
③ 요오드산 염류   ④ 금속의 수소화물

정답 | ③

❷ 위험물 안전

1 독극물

① 사람의 몸에 접촉하여 화학 반응을 일으켜 건강을 해치는 독성이 있는 물질
② 체내에 침투 시 조직과 기능을 상하게 한다.
③ 가장 많은 상해 부위는 눈이며, 심할 경우 실명에 이른다.

2 독극물 취급 시 주의 사항

① 취급 및 운반할 때에는 안전한 용구 및 운반 도구를 이용할 것
② 저장소나 용기 등에 보관 시에 내용물을 확인할 수 있도록 표시할 것

③ 확인이 어려운 독극물은 함부로 취급하지 않을 것

④ 독극물의 내용물의 유무에 따라 구분해 놓을 것

⑤ 도난 및 오용, 파손 방지를 위해 철저히 보관할 것

⑥ 취급하는 독극물의 특성을 미리 파악하여 방호 수단을 구비할 것

3 유기용제 구분의 표시

(유기용제 : 시너, 솔벤트 등 어떤 물질을 녹일 수 있는 액체상태의 유기화학 물질)

① 제 1종 유기용제 : 적색

② 제 2종 유기용제 : 황색

③ 제 3종 유기용제 : 청색

4 유해물질의 표시 방법

① 유해물질의 성분 함유량은 중량의 비율로 표시한다.

② 유해물질 중 벤젠은 함유된 용량의 비율로 표시한다.

③ 유해물질의 용기에 인쇄하거나 인쇄한 표찰을 부착한다.

④ 유해물질의을 표시하는 표찰의 양식, 규격 및 색상 등은 환경부장관이 따로 정한다.

예상문제

1 유해물질의 표시 방법에 관한 설명으로 옳지 않은 것은 무엇인가?

① 유해물질의 성분 함유량은 중량의 비율로 표시한다.

② 유해물질 중 벤젠은 함유된 용량의 비율로 표시한다.

③ 유해물질의 용기에 인쇄하거나 인쇄한 표찰을 부착한다.

④ 유해물질을 표시하는 표찰의 양식, 규격 및 색상 등은 보건복지부장관이 따로 정한다.

정답 | ④

사고 예방

1 사고 방지의 대책

1 안전 점검이란
안전의 확보를 위해 상태를 명확히 파악하는 것으로 설비 자체의 결함을 사전에 미리 발견하거나 안전 상태를 확인하는 행동을 말한다.

2 안전 점검의 목적
① 결함과 불안 요소의 사전 제거
② 설비의 본래 성능 유지

3 안전 점검의 종류
① 일상 점검
　일 단위로 작업 전후에 일상적으로 실시하는 점검으로 작업자, 책임자, 관리감독자가 실시한다.
② 정기 점검
　일정한 기간을 정하여 주기적으로 설비를 점검하는 것으로 기간에 따라 주간 점검, 월간 점검, 연간 점검으로 구별한다. 간단한 점검과 계측기를 사용하여 이상 상태의 조기 발견을 목적으로 한다.
③ 임시 점검
　기간을 정하지 않고 설비의 이상 상태 발견 시 실시하는 점검을 말한다.
④ 특별 점검
　설비의 신설, 이전, 변경 등 특이 사항 시에 실시하는 점검으로, 규정해놓은 점검 기준을 토대로 경험이 많은 자격자가 실시한다.

4 안전 점검 시 주의 사항
① 항상 점검에 대한 관심을 가지도록 노력한다.
② 점검 시에는 항상 문제 의식을 가지도록 한다.
③ 정해져 있는 점검 사항을 누락하지 않고 설비의 이상이나 결함을 빠뜨리지 않도록 한다.
④ 점검 결과 발견된 이상 사항은 시정 조치를 강구하고 사후에 재확인한다.
⑤ 예전에 발생했던 이상 상태나 고장, 사고 사례에 대해서는 더욱 주의하여 점검한다.

2 사고 발생 원인 및 예방

1 사고 발생의 원인

① 직접 원인 : 불안전한 행동, 상태(가장 높은 비율)
② 간접 원인
  ㉠ 기초 원인 : 관리적 원인, 교육적 원인
  ㉡ 2차 원인 : 기술적 원인, 교육적 원인, 신체적 원인, 정신적 원인

2 사고 발생의 5단계

① 사회적 환경과 유전적 요소
② 개인적 결함
③ 불안전한 행동과 상태
④ 사고
⑤ 재해

3 버드(Bird)에 의한 재해 연쇄 이론

하인리히의 도미노 이론에서는 직접 원인을 제거하면 재해가 일어나지 않는다고 주장하나, 버드의 연쇄 이론에서는 기본 원인을 제거해야 일어나지 않는다고 주장한다.

① 제어의 부족(관리)
② 기본 원인(원리)
③ 직접 원인(징후)
④ 사고(접촉)
⑤ 상해(손실)

4 작업 표준

작업 시간, 방법, 관리, 설비, 원재료, 취급 시 주의사항 등에 대한 기준을 규정한 것

5 작업 표준의 목적

① 위험 요인의 제거
② 손실 요인의 제거
③ 작업의 효율화

6 사고 발생 예방

예방이란 사고 발생이 일어나기 전에 미리 대처하여 막는 행동 및 활동을 말한다.

예상문제

1. 산업 현장에서 가장 높은 비율을 차지하는 사고 원인은?

   ① 잘못된 작업 환경
   ② 천재지변
   ③ 시설 장비의 결함
   ④ 근로자의 불안전한 행동

   정답 | ④

산업안전 관계법규

1 산업안전보건법

1 산업안전보건법의 목적
① 산업안전보건에 관한 기준을 확립하여 준수
② 산업재해를 예방하고 쾌적한 작업 환경을 조성
③ 근로자의 생명을 보호(근로자 신체의 안전성 확보)

2 중대 재해
① 사망자가 3인 발생한 재해
② 직업성 질병자가 동시에 10인이상 발생한 재해
③ 3개월 이상 요양을 요하는 부상자가 동시에 2인이 발생한 재해
④ 사망자 1인과 3개월 이상 요양이 필요한 부상자 1인이 발생한 재해

참고
① 산업안전 보건법 : 근로자의 신체 및 생명 보호를 목적
② 안전관계법 (전기, 가스, 건설, 소방, 교통, 환경 등) : 물적 재산권 보호를 목적
③ 재해예방대책을 수립하여 실천하는 경영자는 생산성을 고려하여 재해예방활동을 지속적으로 실시한다.

예상문제

1 산업안전보건법의 목적에 해당되지 않는 것은?
① 산업안전보건 기준의 확립
② 산업재해의 예방과 쾌적한 작업 환경 조성
③ 산업안전보건에 관한 정책의 수립 및 실시
④ 근로자의 안전과 보건을 유지 증진

정답 | ③

2 산업안전보건법의 목적에 관한 내용으로 적합하지 않은 것은?
   ① 산업재해를 예방
   ② 쾌적한 작업 환경을 조성
   ③ 산업안전·보건에 관한 기준을 확립
   ④ 재해 발생 시 책임을 물어 형사 처벌

   정답 | ④

3 산업재해를 예방하고 쾌적한 작업 환경을 조성함으로써 근로자의 안전과 보건을 유지 및 증진함을 목적으로 제정된 법은?
   ① 근로기준법
   ② 산업안전보건법
   ③ 사회보장법
   ④ 환경보건법

   정답 | ②

4 다음 중 산업안전보건법에서 규정하고 있는 중대재해에 해당되지 않는 것은?
   ① 사망자가 3명 발생한 재해
   ② 직업성 질병자가 동시에 5명이 발생한 재해
   ③ 3개월 이상 요양을 요하는 부상자가 동시에 2명이 발생한 재해
   ④ 사망자 1명과 3개월 이상 요양이 필요한 부상자 1명이 발생한 재해

   정답 | ②

5 재해 예방 대책을 수립하여 실천하는 경영자의 자세로 바람직하지 않은 것은?
   ① 경영자는 생산성을 고려하여 재해 예방 활동을 탄력적으로 실시한다.
   ② 경영자는 안전 관리를 위한 투자가 일차적인 생산 투자임을 인식하여야 한다.
   ③ 경영자는 기업의 사회적 가치를 확보하기 위하여 재해 예방 활동에 노력하여야 한다.
   ④ 경영자는 재해를 예방하는 길이 곧 노사 관계를 안정시킬수 있는 지름길임을 인식하여야 한다.

   정답 | ①

· MEMO

PART 08

필기시험 기출예상문제

01 기계보전개요/기계제도/기계장치보전/
공유압일반/기초전기전자/산업안전

02 용접

기출예상문제
기계보전개요/기계제도/기계장치보전/공유압일반/기초전기일반/산업안전

001 다음 측정기 중 비교 측정기에 속하는 것은?

① 하이트게이지 ② 다이얼게이지
③ 버니어 캘리퍼스 ④ 블록게이지

해설

비교 측정기 : 다이얼게이지, 미니미터, 옵티미터, 공기 마이크로미터 등

002 강재의 얇은 편으로 된 것으로 작은 홈의 간극 점검 및 측정하는데 사용하는 측정기는?

① 틈새게이지 ② 다이얼게이지
③ 블록게이지 ④ 센터게이지

해설

② 다이얼게이지 : 회전축의 힘 측정 및 측정물의 평행, 평면상태를 비교 측정하는 비교측정기
③ 블록게이지 : 치수의 기준으로 사용
④ 센터게이지 : 나사 절삭 바이트의 측정에 사용

003 페놀요소, 펠라민 등의 알데하이드계 접착제로 순간 접착제와 혐기성 접착제에 사용되는 것은?

① 감압형 접착제 ② 중합제형 접착제
③ 열용융형 접착제 ④ 유화액형 접착제

해설

① 감압형 : 상온에서 사용 가능하며 힘을 가하여 접착시키는 접착제
③ 열용융형 : 접착 후 냉각에 의하여 경화되는 접착제
④ 유화액형 : 용매나 분산매의 증발에 의하여 경화되는 접착제

004 기계 장치에 사용하는 오링(O-ring)에 대한 설명으로 틀린 것은?

① 유압 장치에 가장 많이 사용된다.
② 100% 압축되게 설치한다.
③ 재질은 니트릴 고무를 사용한다.
④ 장착 홈에 10~30% 찌그러트림 여유를 준다.

해설

② 10% 압축되게 설치한다.

005 볼트의 종류에 대한 설명으로 틀린 것은?

① 관통 볼트 : 너트를 사용하지 않고 직접 암나사를 낸 구멍에 죄어 사용한다.
② 스터드 볼트 : 환봉의 양 끝에 나사를 낸 것으로 기계 부품에 한쪽 끝을 영구 결합시키고 너트를 풀어 기계를 분해하는데 사용한다.
③ 스테이 볼트 : 부품의 간격 유지, 턱을 붙이거나 격리 파이프를 넣는다.
④ 아이 볼트 : 부품을 들어 올리는데 사용되는 링 모양이나 구멍이 뚫려 있다.

정답 001 ① 002 ① 003 ② 004 ② 005 ①

> **해설**
> ① 관통볼트 : 맞뚫린 구멍에 볼트를 넣고 너트로 조이는 것으로 가장 널리 사용된다. 너트를 사용하지 않고 직접 암나사를 낸 구멍에 죄어 사용하는 것은 '탭볼트'이다.

006 베어링 윤활의 목적이 아닌 것은?

① 금속 간의 접촉을 방지하므로 마모와 조기 피로를 방지하고 긴 수명을 보장한다.
② 저소음이나 저마찰처럼 운전에 바람직한 특성을 향상시킨다.
③ 베어링의 적절한 과열과 윤활유 자신의 열화를 촉진시킨다.
④ 이물질의 침입을 막고 부식을 방지한다.

> **해설**
> ③ 베어링의 과열방지와 윤활유 자신의 열화를 방지한다.

007 격판식 압축기의 특징이 아닌 것은?

① 기름이 섞이지 않은 청정 공기를 얻을 수 있다.
② 수명이 짧고, 높은 압력을 얻을 수 없다.
③ 식품, 의약품, 화학 산업 등에 많이 사용한다.
④ 고속 회전형으로 고주파음이 생긴다.

> **해설**
> ④는 스크류식 압축기의 설명이다.

008 스트레이너의 설치 목적으로 맞는 것은?

① 빗물 흡입 차단
② 맥동 및 소음 차단
③ 이물질 제거
④ 응축수 제거

009 압축기 밸브 조립 불량에 의한 고장이 아닌 것은?

① 밸브 분해 순서의 불량
② 밸브 조립 순서의 불량
③ 밸브 홀더 볼트의 조립이 불량할 때
④ 밸브 홀더 볼트의 체결이 불량할 때

> **해설**
> ① 밸브 분해 순서의 불량과는 관련이 없다.

010 한 쌍의 베벨 기어 내 강제링크 체인을 연결하여 유효 반경을 바꿈으로써 회전수를 조절하는 무단 변속기는?

① 링 원추 무단 변속기
② 체인식 무단 변속기
③ 벨트식 무단 변속기
④ 디스크식 무단 변속기

> **해설**
> ① 링 원추 : 원추 판과 외주 림을 가진 링을 스프링 및 자동조압 캠에 의해 변속
> ③ 벨트식 : V 벨트를 사용하여 변속
> ④ 디스크식 : 유성 운동을 하는 원추판을 가진 변속기

011 CAD에 대한 설명으로 잘못된 것은?

① CAD는 품질 및 생산의 향상, 출력의 다양성, 설계의 표준화, 데이터 베이스 구축의 특성을 갖는다.
② CAD의 시스템을 활용하는 방식은 중앙 통제형, 분산 처리형, 독립형이 있다.
③ CAD는 기계, 전기전자, 건축토목, 항공선박 및 산업 디자인 등의 다양한 분야에 사용된다.
④ CAD는 Computer Automatic Design의 약어이다.

> **해설**
> ④ CAD는 Computer Aided Design의 약어이다.

정답 006 ③ 007 ④ 008 ③ 009 ① 010 ② 011 ④

012 순환 급유법으로서 모세관 현상에 의하여 기름을 마찰면에 보내어 이때 털실이 직접 마찰면에 접촉하게 되는 급유법은?

① 패드 급유법
② 모세관 급유법
③ 중력순환 급유법
④ 적하 급유법

해설

② **모세관** : 모세관 현상을 이용하여 급류하는 급유법
③ **중력순환** : 높은 곳에 있는 기름 탱크에서 분배관을 통해 기름을 흘려보내는 급유법
④ **적하** : 기관차 등에 사용되며 마찰면이 넓은 곳에 장시간 급유할 수 있는 급유법

013 펌프 운전 시 압력계의 압력이 낮게 나타나는 원인이 아닌 것은?

① 임펠러의 막힘
② 흡입 측의 막힘
③ 안전 밸브의 불량
④ 공회전

해설

압력계의 압력이 낮은 원인
- 임펠러 막힘
- 흡입측의 막힘
- 공회전
- 회전수 저하
- 실양정이 설계 양정보다 작다.
- 펌프 선정의 오류

014 코일 스프링의 도시 방법으로 옳은 것은?

① 코일 스프링을 도시할 때에는 원칙으로 무하중인 상태에서 그린다.
② 그림 안에 기입하기 힘든 사항은 일괄하여 표제란에 기입한다.
③ 코일 스프링의 양 끝을 제외한 같은 모양 부분을 일부 생략하는 경우에는 생략된 부분을 한 개의 굵은 실선으로 나타낸다.
④ 코일 스프링의 종류 및 모양만을 간략하게 도시하는 경우에는 스프링의 중심선을 가는 1점 쇄선 또는 가는 2점 쇄선으로 표시한다.

해설

② 그림 안에 기입하기 힘든 사항은 요목표에 기입한다.
③ 코일 스프링의 양 끝을 제외한 같은 모양 부분을 일부 생략하는 경우에는 생략된 부분을 1점 쇄선 또는 2점 쇄선으로 표시한다.
④ 코일 스프링의 종류 및 모양만을 간략하게 도시하는 경우에는 중심선을 굵은 실선으로 표시한다.

015 밸브 본체 내에서 디스크가 90° 회전하여 개폐하는 형식의 대표적인 밸브이고, 특히 밸브 구경 대비 밸브 노즐면 간의 길이가 매우 짧고 콤팩트화된 밸브는?

① 글로브 밸브
② 버터플라이 밸브
③ 체크 밸브
④ 게이트 밸브

해설

① **글로브 밸브** : 유체가 흐르는 방향에 입구와 출구가 일직선상에 있는 밸브
③ **체크 밸브** : 유체의 역류를 방지하여 한쪽 방향으로만 흘러가게 하는 밸브
④ **게이트 밸브** : 밸브 봉을 회전시켜 밸브 시트면과 직선으로 미끄러져 작동하는 밸브로 밸브 판이 유체의 통로를 전개하므로 유체 저항이 거의 없다.

정답 012 ① 013 ③ 014 ① 015 ②

016 분할핀의 호칭방법에 포함되지 않는 것은?

① 규격번호 ② 호칭지름×길이
③ 재료   ④ 형식

해설
핀의 호칭 방법
규격번호, 호칭지름×길이, 재료

017 깊은 홈형 볼 베어링 조립에 대한 설명이다. 맞지 않은 것은?

① 일반적으로 외륜과 하우징은 억지끼워맞춤을 사용한다.
② 열박음을 할 때 베어링의 가열 온도는 100℃ 정도로 한다.
③ 끼워맞춤을 할 때 치수 공차를 확인한다.
④ 열박음은 베어링을 가열 팽창시켜 축에 끼우는 방법이다.

해설
① 일반적으로 외륜과 하우징은 헐거운 끼워맞춤을 사용한다.

018 투상도에 대한 설명 중 옳지 않은 것은?

① 투상도 중 정면도, 평면도, 측면도를 3면도라 한다.
② 정면도는 물체의 특징이 가장 잘 나타나는 면을 그린다.
③ 보조 투상도는 경사부가 있는 물체의 경사면을 실형으로 나타낼 필요가 있을 때 그린다.
④ 회전 투상도는 투상의 일부만을 도시하여 충분한 경우에 그 필요한 부분만을 나타낼 때 사용된다.

해설
회전 투상도는 투상면이 어느 각도를 가지고 있어 실제 모양을 이해하기 어려울 때 그 부분을 회전하여 투상한다.

019 플랜지를 이용하여 관을 결합했을 때 도시법으로 올바른 것은?

해설
① 나사식, ③ 납땜식, ④ 유니온식

020 제 3각법에서 좌측면도는 정면도의 어느 쪽에 위치하는가?

① 좌측 ② 우측
③ 상측 ④ 하측

해설
제3각법

```
              평면도
                ↑
좌측면도 ← 정면도 → 우측면도 → 배면도
                ↓
              저면도
```

021 전동기가 기동하지 않는 원인으로 가장 적당한 것은?

① 베어링 내의 이물질 혼입
② 커플링 마모
③ 코일의 단선
④ 모터의 발열

정답 016 ④ 017 ① 018 ④ 019 ② 020 ① 021 ③

해설

전동기 기동 불능의 원인
- 퓨즈 단락, 노 퓨즈 브레이크 등의 작동
- 배선의 단선
- 기계적 과부하
- 전기 기기의 고장
- 사용자의 작동 조작 잘못

022 브레이크(Brake)의 역할이 아닌 것은?

① 기계 운동 부분의 에너지를 흡수한다.
② 기계 운동 부분의 속도를 감소시킨다.
③ 기계 운동 부분을 정지시킨다.
④ 기계 운동 부분의 마찰을 감소시킨다.

해설

브레이크 : 기계 운동 부분의 에너지를 흡수해서 마찰을 증가시키고 그 마찰력을 이용하여 속도를 감소시킨다.

023 임펠러의 진동 발생 시 임펠러에 시편을 붙여 진동을 교정하는 작업 방법은?

① 플러링 작업
② 밸런싱 작업
③ 센터링 작업
④ 코오킹 작업

해설

밸런싱 작업 : 임펠러에 시편을 붙여 회전 시 균형을 맞추어 진동을 교정하여 주는 작업이다.

024 유성기어 감속기에 관한 설명으로 옳지 않은 것은?

① 큰 감소비를 얻을 수 있다.
② 감속기 기어의 잇수 차이가 있다.
③ 입형은 펌프를 이용하여 윤활한다.
④ 1kW 이하의 소형은 유욕 윤활을 한다.

④ 1kW 이하의 소형은 그리스로 윤활하고 그 이상은 유욕 윤활을 한다.

025 유압 모터의 특징으로 틀린 것은?

① 넓은 범위의 무단 변속이 용이하다.
② 소형 경량으로 큰 출력을 낼 수 있다.
③ 운동량이 직선적으로 속도 조절이 용이하다.
④ 미터링 밸브 또는 가변 토출 펌프에 의해 간단히 제어된다.

해설

③ 운동량이 회전적으로 속도 조절이 용이하다.

026 압축기 설치 조건으로 틀린 것은?

① 유해 물질이 적은 곳에 설치한다.
② 압축기 운전 시 진동을 고려하여 방음, 방진벽을 설치한다.
③ 저온, 저습 장소에 설치하여 드레인 발생을 억제한다.
④ 수평관로의 배관은 드레인 배출이 잘되게 수직으로 설치한다.

해설

④ 수평관로의 배관은 드레인 배출이 잘되게 1/100 정도의 구배를 주어 설치한다.

정답 022 ④ 023 ② 024 ④ 025 ③ 026 ④

027 무급유식 공기 압축기의 특징이 아닌 것은?

① 급유식에 비하여 비싸다.
② 급유식에 비하여 수명이 짧다.
③ 고급 내부 윤활유가 필요하다.
④ 드레인에는 수분뿐이므로, 자동 배수 밸브가 막히는 경우가 별로 없다.

해설

③ 고급 내부 윤활유가 필요 없다.

028 압력 제어 밸브의 핸들을 조작하여 공기 압력을 설정하고 압력을 변동시켰다가 다시 핸들을 조작하여 원래의 설정값에 복귀시켰을 때, 최초의 설정값과 오차가 발생하는 특성은?

① 히스테리시스 특성
② 압력 조정 특성
③ 릴리프 특성
④ 재현성 특성

해설

② 압력조정 특성 : 압력 제어 밸브의 조절 시 회전각에 따라 공기 압력이 원활하게 변화하는 특성
③ 릴리프 특성 : 2차 측 공기의 압력을 외부에서 상승시켰을 때 릴리프 포트에서 배기되는 압력 특성
④ 재현성 특성 : 1차 측의 공기 압력을 일정 압력으로 설정하고, 2차 측을 조절할 때 설정 압력이 변화하는 특성

029 공압용 시간 지연 밸브의 구성품이 아닌 것은?

① 공기 저장 탱크
② 속도 제어밸브
③ 3/2way 밸브
④ 5/2way 밸브

해설

시간 지연 밸브는 공기 저장 탱크, 속도 제어 밸브, 3/2way 밸브로 구성된 조합 밸브이다.

030 도면의 유입회로로 설계된 유압 장치의 작업상 특성을 설명할 때 잘못 설명된 것은?

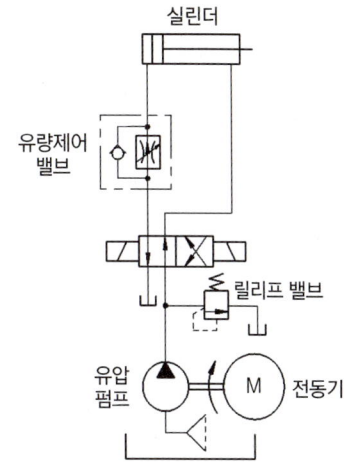

① 릴리프 밸브의 가동률이 높다.
② 미터인 방식의 속도 제어 회로이다.
③ 압력 에너지의 손실과 유온 상승이 많다.
④ 부하의 크기에 따라 펌프 토출 압력이 변화한다.

해설

④ 부하의 크기에 관계없이 펌프 토출 압력은 일정하다.

031 압축 공기 조정기기(서비스 유니트)의 구성 요소 중에 하나인 윤활기의 작동원리(효과)는?

① 베르누이 정리
② 도플러 효과
③ 벤츄리(벤투리) 원리
④ 파스칼 원리

해설

③ 벤츄리 원리 : 관 내에서 보다 작은 직경의 관으로 유체가 흐를 때 유체의 속도는 빨라지고 압력은 낮아지는 현상으로 분무기 등에서 사용된다.

정답 027 ③ 028 ① 029 ④ 030 ④ 031 ③

032 유압 장치의 이음 중에서 동 배관 이음 시 적합하며, 분해 및 조립 시 용이한 배관 이음 방식은?

① 플레어 이음 ② 슬리브 이음
③ 나사 이음 ④ 용접 이음

033 다음 중 공기압 실린더의 구성 요소가 아닌 것은?

① 피스톤 ② 커버
③ 스풀 ④ 타이 로드

해설
공압 실린더의 구성 요소 : 피스톤, 피스톤 로드, 실린더 튜브, 헤드 커버, 체결 로드, 로드 부싱, 실 등이 있다. 스풀은 제어 밸브에서 사용되는 요소이다.

034 액체의 내부 마찰에 기인하는 점성의 정도를 무엇이라 하는가?

① 비열 ② 점도
③ 비중 ④ 주도

해설
① 비열 : 물질 1g의 온도를 1℃ 올리는 데 필요한 열량
③ 비중 : 물체의 밀도를 순수한 물의 밀도로 나눈 값
④ 주도 : 윤활유의 점도로 그리스의 굳은 정도

035 다음 기호가 가진 특징으로 올바르게 설명한 것은?

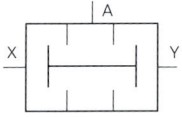

① AND 논리이다.
② 고압 우선형이다.
③ 셔틀 밸브이다.
④ OR 밸브이다.

해설
AND 밸브 : 2개 이상의 입력신호와 1개의 출력신호를 가지며 2개의 입력신호가 존재 시 출력신호를 발생하는 회로. 2압밸브, 저압 우선(출력 측 기준) 밸브라고도 한다.

036 유압 펌프에서 용적 효율이란?

① 펌프의 이론적인 토출량과 실제 토출량과의 비율
② 펌프 구동 동력과 소모 전력의 비율
③ 펌프의 실제적인 토출량에서 이론적인 토출량을 제한 용적
④ 펌프의 이론적인 토출량에서 실제적인 토출량을 제한 용적

해설
용적 효율(η_v) = $\dfrac{\text{실제 토출량}}{\text{이론 토출량}}$ ×100%

037 아래 기호가 나타내는 공압 압력 제어 밸브를 나타내는 것은?

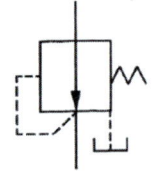

① 릴리프 밸브 ② 감압 밸브
③ 시퀀스 밸브 ④ 무부하 밸브

해설

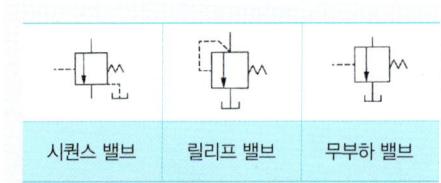

정답 032 ① 033 ③ 034 ② 035 ① 036 ① 037 ②

038 공압 모터에 관한 설명 중 잘못된 것은?
(단, n : 회전수(rpm), T : 구동토크(kgf·mm)이다.)

① 발생 토크는 회전 속도에 반비례한다.
② 공기 소비량은 회전 속도에 정비례한다.
③ 출력은 무부하 회전 속도의 약 1/2에서 최소로 된다.
④ 출력 = $\dfrac{n \cdot T}{716200}$ (PS)이다.

| 해설 |

③ 출력은 무부하 회전수의 1/2에서 출력이 최대가 된다.

039 산소 결핍으로 인한 위험을 방지하기 위한 보호구는?

① 방진 마스크
② 방독 마스크
③ 송기 마스크
④ 보안면

040 직접 조명에 대한 설명으로 잘못된 것은?

① 광속의 90~100%를 위를 향해 천장 또는 벽에서 반사, 확산시켜 눈부심이 없고 부드러운 빛을 얻을 수 있다.
② 균일한 조명도를 얻기 어렵지만 조명률이 가장 좋다.
③ 눈부심이 강해 그림자가 뚜렷하다.
④ 설치가 간편하여 공장용 조명으로 사용한다.

| 해설 |

①은 간접 조명에 대한 설명이다.

041 불안전한 행동의 원인 중 가장 큰 비중을 갖는 행동은?

① 인간의 작업 행동의 결함
② 무리한 행동
③ 필요 이상의 급한 행동
④ 위험한 자세 및 위치 동작

| 해설 |

불안전한 행동 원인 순위는 ① > ② > ③ > ④이다.

042 고압가스 충전 용기를 차량에 적재, 운반할 때 당해 차량의 전후 보기 쉬운 곳에 "위험 고압가스"라는 경계표시는 무슨 색으로 써야 되는가?

① 검은색　　② 노란색
③ 청색　　　④ 적색

| 해설 |

적색은 방화 금지, 방향 표시, 규제, 고도의 위험 표시를 표시한다.

043 다음 중 위험점의 5요소에 해당되지 않는 것은?

① 함정　　② 행정
③ 접촉　　④ 충격

| 해설 |

위험점 5요소 : 함정(Trap), 충격(Impact), 접촉(Contact), 말림(얽힘), 튀어나옴(Ejection)

정답　038 ③　039 ③　040 ①　041 ①　042 ④　043 ②

044 회전 중인 숫돌의 위험 방지를 위한 가장 적절한 안전 장치는?

① 급정지 장치를 한다.
② 집진 장치를 한다.
③ 기동 스위치에 시건 장치를 한다.
④ 덮개를 설치한다.

해설

연삭기의 숫돌 주위에 덮개를 설치하여 칩이 튀거나 비산되지 않도록 한다.

045 산업안전보건법의 목적에 해당되지 않는 것은?

① 산업안전보건 기준의 확립
② 산업재해의 예방과 쾌적한 작업 환경 조성
③ 산업안전보건에 관한 정책의 수립 및 실시
④ 근로자의 안전과 보건을 유지 증진

해설

다른 안전관계법은 시설 보호가 주 목적이나, 산업안전보건법은 인적 보호가 주 목적이다.

046 직접 측정 방법에 대한 설명이 아닌 것은?

① 직접 제품에 대고 실제 측정한다.
② 소량 다품종의 제품 측정에 유리하다.
③ 제품에 주어진 허용차를 두어 합격, 불합격으로 판정한다.
④ 버니어 캘리퍼스, 마이크로미터, 높이 게이지, 측장기 등이 있다.

해설

③ 기준을 정하여 측정하는 방법이다.

047 나사 절삭 작업에 있어서 바이트의 선단각이나 공작물의 장착각도를 조정하기 위한 게이지는?

① 틈새게이지 ② 다이얼게이지
③ 블록게이지 ④ 센터게이지

해설

① 틈새게이지 : 강재의 얇은 편으로 된 것으로 작은 홈의 간극 등을 측정
② 다이얼게이지 : 회전축의 휨 측정 및 측정물의 평행, 평면상태를 비교 측정하는 비교측정기
③ 블록게이지 : 치수의 기준으로 사용
④ 센터게이지 : 나사 절삭 바이트의 측정에 사용

048 방청 능력이 크고, 두터운 피막을 형성하며 막의 성질에 따라 KP-4, KP-5, KP-6으로 분류되는 방청제는?

① 용제희석형 방청유
② 바셀린 방청유
③ 윤활 방청유
④ 지문 제거형 방청유

해설

① 용제희석형 : KP-1, KP-2, KP-3으로 분류
③ 윤활 : KP-7, KP-8, KP-9로 분류

049 체결용 나사의 각부 명칭으로 틀린 것은?

① 피치 : 나사산과 나사산의 거리
② 유효지름 : 수나사와 암나사가 접촉하고 있는 부분의 평균지름
③ 호칭지름 : 암나사의 바깥지름
④ 비틀림각 : 직각에서 리드각을 뺀 나머지 값

해설

③ 호칭지름 : 수나사의 바깥지름

정답 044 ④ 045 ③ 046 ③ 047 ④ 048 ② 049 ③

050 양 끝에 오른나사와 왼나사가 있어 배관지지 장치의 높낮이를 조절할 때 사용되는 너트는?

① 아이 너트 ② 나비 너트
③ 턴 버클   ④ 플랜지 너트

해설

① 아이 너트 : 고리 모양으로 물건을 들어 올리는데 사용
② 나비 너트 : 나비 모양의 손잡이 형태로 손으로 돌려 사용
④ 플랜지 너트 : 체결 구멍이 클 때, 접촉면이 균일하지 않거나 큰 면압이 작용할 때 사용

051 원심형 통풍기(Fan)의 정기 검사 항목이 아닌 것은?

① 통풍기 벨트의 작동
② 베어링의 진동 상태
③ 통풍기의 주유 상태
④ 덕트 배풍기의 먼지 퇴적 상태

해설

② 베어링 진동 상태는 송풍기의 점검 사항이다.

052 압축기 설치 작업에서 그라우팅 시 주의 사항으로 틀린 것은?

① 심출 볼트는 크랭크 케이스와 나사 볼트를 위해 부착시켜 둔다.
② 모르타르(Mortar)를 기초 볼트 구멍에 공동이 생기지 않도록 철봉으로 잘 다져 놓는다.
③ 모르타르 유입 작업 시 여러 차례 나누어 여유있게 작업을 한다.
④ 기초 주변에 형틀을 사용하여 기초와 물체와의 공간이 남지 않도록 충분히 모르타르를 충진시킨다.

해설

③ 모르타르 유입 작업 시 한 번에 신속하게 작업을 한다.

053 압축기 밸브의 취급 불량에 의한 고장이 아닌 것은?

① 리프트의 과소
② 볼트의 조임 불량
③ 시트의 조립 불량
④ 스프링과 스프링 홈의 부적당

해설

① 리프트의 과대이다.

054 무단 변속기 중 유성 운동을 하는 원추판을 가진 변속기는?

① 가변 변속기
② 디스크 무단 변속기
③ 링 원추 무단 변속기
④ 컵 무단 변속기

해설

① 가변 변속기 : 주어진 일정 범위내에서 기어비를 무한대에 가까운 단계로 제어 할 수 있는 변속기
③ 링 콘(원추) 무단 변속기 : 두 개의 원추형인 콘과 이들 사이를 연결하는 링을 설정된 범위 내에서 무단으로 변속하는 변속기
④ 컵 무단 변속기 : 드라이브 콘을 비치하고 그 바깥 가장자리에 강구를 접촉시켜 무단으로 변속하는 변속기

정답 050 ③ 051 ② 052 ③ 053 ① 054 ②

055 다음 중 원심 펌프는?

① 기어 펌프   ② 플런저 펌프
③ 벌류트 펌프   ④ 다이어프램 펌프

해설

펌프의 분류
- 비용적형 : 원심펌프(벌류트 펌프, 터빈 펌프), 축류형 펌프, 혼류형 펌프
- 용적형 : 왕복 펌프(피스톤 펌프, 플런저 펌프, 다이어프램 펌프), 회전 펌프(기어 펌프, 베인 펌프, 나사 펌프)

056 다음은 3상 유도 전동기의 점검 내용이다. 육안으로 점검할 수 없는 것은?

① 기름 누설
② 도장의 벗겨짐 및 오손
③ 베어링유의 더러움이나 변질 여부
④ 부하 전류의 헌팅

해설

④ 부하 전류의 헌팅 현상은 맥동에 의한 회전수의 변화로서 전기 계측기를 이용하여 점검한다.

057 부러진 볼트를 빼는데 사용되는 공구는?

① 토크 렌치   ② 짐 크로
③ 임팩트 렌치   ④ 스크류 익스트렉터

해설

① **토크 렌치** : 볼트, 너트 등을 규정된 토크에 맞게 체결할 때 사용
② **짐 크로** : 축의 힘을 수리할 때 사용
③ **임팩트 렌치** : 볼트, 너트 등을 탈착 및 체결 시 사용

058 관 이음쇠의 기능이 아닌 것은?

① 관로의 연장
② 관로의 분기
③ 관의 상호 운동
④ 관의 진동 방지

해설

관 이음쇠의 기능
관로의 연장, 곡절, 분기 및 관의 상호 운동, 관 접속의 착탈 등이 있다.

059 관로에서 유속의 급격한 변화에 관내 압력이 상승 또는 하강하는 현상은?

① 캐비테이션   ② 수격 작용
③ 서징 현상   ④ 크래킹

해설

① **캐비테이션** : 펌프 작동 시 흡입 양정이 너무 높거나 유속이 급속히 빠른 구간에서 압력 저하로 인하여 유체에 기포가 발생하는 현상
③ **서징현상** : 과도적으로 상승한 압력, 유량, 회전 속도가 주기적으로 변동하여 기기에 진동을 발생시키는 현상
④ **크래킹** : 유체의 압력 상승에 의해 밸브가 열려 작동유가 흐르기 시작할 때의 압력

060 윤활유의 점도에 해당하는 것으로 그리스의 굳은 정도를 나타내는 성질은?

① 중화가   ② 황산 회분
③ 산화안정도   ④ 주도

해설

① **중화가** : 석유 제품의 산성 또는 알칼리성을 나타내는 것
② **황산 회분** : 윤활유 첨가제를 태워서 생성된 탄화 잔유물에 황산을 넣고 가열한 회분
③ **산화안정도** : 윤활유를 산화시켜서 내산화도를 평가하는 방법

정답 055 ③ 056 ④ 057 ④ 058 ④ 059 ② 060 ④

061 투상도 중에서 물체의 가장 주된 면을 나타내는 투상도는?

① 평면도 ② 정면도
③ 우측면도 ④ 좌측면도

해설
물체의 특징을 가장 잘 나태내는 면을 정면도로 하고 정면도를 기준으로 평면도 측면도 등을 작성한다.

062 파이프의 도시 방법 중 유체의 종류에서 공기를 뜻하는 기호는?

① A(Air) ② G(Gas)
③ O(Oil) ④ S(Steam)

해설
유체의 기호문자
공기(A), 물(W), 수증기(S), 가스(G), 기름(O), 증기(V)

063 다음 중 척도의 표시 중에서 배척에 해당하는 것은?

① 1 : 1 ② 1 : 5
③ 2 : 1 ④ 1 : $\sqrt{2}$

해설
①는 현척, ②, ④는 축척

064 보일러나 압력 용기 내부의 압력이 설정압 이상으로 상승할 때 초과 압력을 외부로 배출시키는 밸브는?

① 안전 밸브 ② 글로브 밸브
③ 체크 밸브 ④ 콕

해설
② 글로브 밸브 : 유체가 흐르는 방향에 입구와 출구가 일직선상에 있는 밸브이며, 구조가 간단하고 개폐가 빠르고 저렴하다.
③ 체크 밸브 : 유체의 역류를 방지하여 한쪽 방향에만 흘러가게 하는 밸브
④ 콕 : 내부에 구멍이 뚫려 있는 금속 막대를 회전시켜 유체를 개폐한다.

065 다음 중 도형의 중심선을 나타내는데 사용하는 선으로 맞는 것은?

① 굵은 실선 ② 가는 1점 쇄선
③ 가는 2점 쇄선 ④ 가는 파선

해설
선의 종류
• 굵은 실선 : 외형선
• 가는 실선 : 치수선, 치수보조선, 지시선, 회전 단면선, 수준면선
• 가는 1점 쇄선 : 중심선, 기준선, 피치선

066 키, 핀, 코터의 제도 시 주의 사항을 열거한 것 중 바르게 설명한 것은?

① 키, 핀, 코터 등은 조립도에 있어서 길이 방향으로 절단하여 도시한다.
② 부품도에는 키, 핀이 표준치수가 아닌 경우 표제란에 호칭만 적으면 된다.
③ 기울기를 표시할 때는 보통 기울기 선에 평행하게 분수로 기입한다.
④ 테이퍼를 표시할 때는 일반적으로 수직선에 수직하게 분수로 기입한다.

해설
① 키, 핀, 코터 등은 조립도에 있어서 길이 방향으로 절단하지 않고 도시한다.
② 부품도에는 키, 핀이 표준치수가 아닌 경우 부품란에 호칭만 적으면 된다.
④ 테이퍼를 표시할 때는 일반적으로 수평선에 평행하게 분수로 기입한다.

정답 061 ② 062 ① 063 ③ 064 ① 065 ② 066 ③

067 순환 펌프를 이용하는 윤활제의 급유 방법은?

① 핸드 급유법
② 오일링 급유법
③ 강제순환 급유법
④ 담금 급유법

해설

강제순환 급유법 : 펌프 등을 이용하여 베어링에 윤활유를 강제적으로 밀어 공급하는 급유법

068 기어 손상의 분류 중 피칭과 관련이 있는 것은?

① 마모   ② 용착
③ 소성 항복   ④ 표면 피로

해설

기어 손상의 분류
: 크게 이면의 열화와 이의 파손으로 분류된다.
1) 이면의 열화
① 마모 : 정상 마모, 습동 마모, 과부하 마모
② 소성 항복 : 압연 항복, 피이닝 항복, 파상 항복
③ 용착 : 가벼운 스코어링, 심한 스코어링
④ 표면 피로 : 초기 피칭, 파괴적 피칭, 피칭(스포오링)
⑤ 기타 : 부식 마모, 버닝, 간섭, 연삭 파손
2) 이의 파손
: 과부하 절손, 피로 파손, 균열

069 체인 전동 장치 중 오프셋 링크에서 링크판과 부시를 일체화시킨 것으로 오프셋 링크와 이음핀으로 연결되어 있으며, 저속 중용량의 컨베이어, 엘리베이터에 사용하는 체인은?

① 롤러 체인(Roller Chain)
② 부시 체인(Bush Chain)
③ 핀틀 체인(Pintle Chain)
④ 사일런트 체인(Silent Chain)

해설

① 롤러 체인 : 동력 전달용으로 일반적으로 많이 사용되는 체인이며 저속에서 고속 회전까지 넓은 범위에서 사용 가능하다.
② 부시 체인 : 롤러 체인에서 롤러와 부시를 일체화하여 구조가 간단하고 경하중용으로 사용되는 체인이다.
④ 사일런트 체인 : 저소음, 고속용으로 사용되나 가격이 비싸다.

070 측정자가 계측 대상에 접근하지 않고 간접적으로 측정하는 경우 사용하며 일반적으로 검출부, 지시부, 기록부, 경보부, 조절부로 구성되어 있는 계측기는?

① 원격 측정식 계측기
② 현장 작업용 계측기
③ 관리 작업용 계측기
④ 직접 측정식 계측기

해설

- 직접 측정식 계측기 : 작업자가 직접 계측 대상을 측정하는 경우에 사용된다.
- 관리 작업용 계장 : 정밀하고 장기적, 정기적으로 사용하며 관리자가 사용하는 것으로 계수형이 많이 사용된다.
- 현장 작업용 계장 : 현장 작업자가 작업의 관리에 사용하는 계측기로 사용이 쉽고 간단하다.

071 베인 펌프의 특징이 아닌 것은?

① 구조가 간단하고 형상이 소형이다.
② 토출 압력에 대한 맥동이 적고 소음이 작다.
③ 비교적 고장이 적어 수리 및 관리가 용이하다.
④ 베인 선단이 마모되면 기밀 유지가 어려워 압력 저하가 쉽게 일어난다.

해설

④ 베인 선단이 마모되어도 기밀 유지가 가능하며 압력 저하가 쉽게 일어나지 않는다.

정답 067 ③ 068 ④ 069 ③ 070 ① 071 ④

072 압축기의 보수에 관한 설명으로 틀린 것은?

① 흡입 필터의 전후 압력이 50~100mAq를 초과할 때는 교환한다.
② 흡입 필터에 눈막힘이 생기면, 실린더와 피스톤의 마모, 용적 효율 저하, 윤활유 소비 증가 등이 발생한다.
③ 후부 냉각기(After Cooler)는 흡입구의 흡입 필터 다음에 설치하여 드레인을 제거한다.
④ 윤활유 및 냉각수를 점검하고 주기적으로 정기 점검을 실시한다.

해설

③ 후부 냉각기는 압축기 다음에 설치하여 온도 하강 및 드레인을 제거한다.

073 터보식 압축기의 특징으로 틀린 것은?

① 가격이 바싸다.
② 진동과 소음이 적다.
③ 구조가 대형이며 복잡하다.
④ 보수성이 좋아 오버홀 정비가 필요 없다.

074 2차 측 유로를 조여서 유량이 0인 상태에서 공기 압력을 설정한 후에 2차 측 유량을 서서히 증가시켜 가면 2차 측 압력은 서서히 저하되는 특성은?

① 유량 특성
② 압력 조정 특성
③ 릴리프 특성
④ 재현성 특성

해설

- 압력조정 특성 : 압력제어 밸브의 조절 시 회전각에 따라 공기 압력이 원활하게 변화하는 특성
- 릴리프 특성 : 2차 측 공기의 압력을 외부에서 상승시켰을 때 릴리프 포트에서 배기되는 압력 특성
- 재현성 특성 : 1차 측의 공기 압력을 일정 압력으로 설정하고, 2차 측을 조절할 때 설정 압력이 변화하는 특성

075 교류 솔레노이드 밸브의 특징이 아닌 것은?

① 응답성이 좋다.
② 전원 회로 구성품을 쉽게 구할 수 있다.
③ 소비 전력을 절감할 수 있다.
④ 솔레노이드가 안정되어 소음이 없고 흡착력이 강하다.

해설

④는 직류 솔레노이드 밸브의 특성이다.

076 유압 회로의 일부에 배압을 발생시키고자 할 때 사용하는 밸브로 적합한 밸브는?

① 무부하 밸브
② 카운터 밸런스 밸브
③ 시퀀스 밸브
④ 리듀싱 밸브

해설

카운터 밸런스 밸브 : 액추에이터의 부하 변동 시 설정된 배압을 발생시켜 줌으로써 액추에이터의 일정한 속도 유지 및 자주를 방지하고자 사용하는 밸브이며 배압 밸브라고도 한다.

077 단위체적당 유체의 질량을 무엇이라 하는가?

① 비중
② 밀도
③ 비체적
④ 비중량

해설

① 비중 : 4℃, 1기압의 순수한 물의 비중량과의 비
③ 비체적 : 유체의 단위체적당 체적
④ 비중량 : 유체의 단위중량당 중량

정답 072 ③ 073 ④ 074 ① 075 ④ 076 ② 077 ②

078 공유압 회로에 사용되는 기호 요소 중 파선이 나타내는 용도가 아닌 것은?

① 밸브의 과도 위치
② 드레인 관로
③ 포위선
④ 필터

:::해설
③ 포위선 : 1점 쇄선을 사용하며, 파일럿 관로, 드레인 관, 필터, 밸브의 과도 위치 등을 표시한다.
:::

079 다음 그림은 어떤 유압 제어 회로인가?

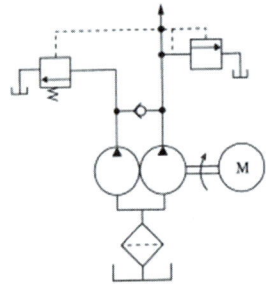

① 시퀀스 밸브
② 카운터 밸런스 회로
③ 언로드 밸브
④ 감속 회로

:::해설
언로드 밸브를 사용하는 Hi-Lo에 의한 무부하 회로이다. 즉 실린더를 급속 이동시키고자 할 때는 저압 대용량 펌프, 큰 힘이 필요할 때는 고압 소용량 펌프 두 가지 펌프를 사용한다.
:::

080 적은 기름으로 급속 이송 효과를 얻는데 꼭 필요한 회로는?

① 동조 회로(Synchronizing Circuit)
② 차동 회로(Differential Circuit)
③ 고정 회로(Locking Circuit)
④ 2단 스피드 회로(2-speed Circuit)

:::해설
① 동조 회로 : 싱크로나이징 회로. 두 개 이상의 유압 실린더를 동기 운동(완전히 동일한 속도나 위치로 작동)시키고자 할 때 사용
③ 고정 회로 (Locking Circuit) : 실린더 작동 중 임의의 위치에 실린더의 피스톤을 위치하고자 할 때 사용
:::

081 기어 펌프에서 폐입 현상 시 발생되는 사항이 아닌 것은?

① 고압 발생
② 베어링 하중 감소
③ 기어의 진동
④ 소음 발생

:::해설
폐입 현상 : 기어 사이의 홈에 유압유가 끼어서 빠져나가지 못해 고압이 된 상태에서 다시 빠져나갈 때 충격과 소음이 발생하는 현상
:::

082 관로의 면적을 줄인 길이가 단면 치수에 비하여 비교적 긴 경우의 교축을 무엇이라 하는가?

① 초크
② 오리피스
③ 공동
④ 서지

:::해설
② 오리피스 : 관로 면적을 줄인 길이가 단면 치수에 비하여 비교적 짧은 경우의 교축
③ 공동 : 국부적인 압력 강하나 온도 상승으로 유체 내에 공동이 생기는 현상
④ 서지 : 유체의 유속이나 압력이 급격히 변화하는 현상
:::

정답 078 ③ 079 ③ 080 ② 081 ② 082 ①

083 압력 보상형 유량 제어 밸브에 대한 설명이다. 맞는 것은?

① 실린더 등의 운동 속도와 힘을 동시에 제어할 수 있는 밸브이다.
② 밸브의 입구와 출구 압력 차이를 일정하게 유지하는 밸브이다.
③ 체크 밸브와 교축 밸브로 구성되어 한 방향으로 유량을 제어한다.
④ 유압 실린더 등의 이송 속도를 부하에 관계없이 일정하게 할 수 있다.

해설
압력 보상형 유량 조정 밸브 : 압력의 변동에 의해 유량이 변동되지 않도록 회로에 흐르는 유량을 일정하게 유지시킨다.

084 다음 그림의 기호가 나타내는 것은?

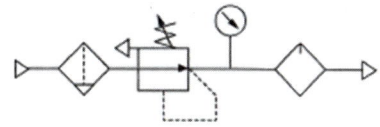

① OR 밸브
② AND 밸브
③ 시퀀스 밸브
④ 서비스 유닛

해설
서비스 유닛 : 필터, 압력 조절 밸브, 윤활기로 이루어진 조합 밸브이다.

085 간접 조명에 대한 설명으로 틀린 것은?

① 발산 광속의 40~60%가 위로 향하고 60~40%가 아래로 향한다.
② 빛이 은은하고 그림자도 별로 생기지 않는다.
③ 눈부심이 없고 균일한 조명도를 얻을 수 있다.
④ 조명률이 떨어지므로 비용이 많이 든다.

해설
① 광속의 90~100%를 위를 향해 천장 또는 벽에서 반사, 확산시켜 눈부심이 없고 부드러운 빛을 얻을 수 있다.

086 재해 원인과 상호 관계에서 불안전한 상태 가운데 가장 큰 원인을 갖는 것은?

① 기계 설비의 결함
② 보전 불비
③ 안전을 고려하지 않는 구조
④ 안전 커버가 없는 상태

해설
불안전한 상태 원인 순서
기계 설비의 결함 > 보전 불비 > 안전을 고려하지 않은 구조 > 안전 커버가 없는 상태

087 드라이버 사용 시 주의 사항이 잘못된 것은?

① 공작물을 고정할 것
② 날 끝이 둥근 것을 사용할 것
③ 자루에 대하여 축이 수직일 것
④ 홈의 폭과 같은 것을 사용할 것

088 교류 아크 용접기의 방호 장치는?

① 급정지 장치
② 자동 전격 방지기
③ 비상 정지 스위치
④ 리밋 스위치

정답 083 ④ 084 ④ 085 ① 086 ① 087 ② 088 ②

089 산업재해를 예방하고 쾌적한 작업 환경을 조성함으로써 근로자의 안전과 보건을 유지 및 증진함을 목적으로 제정된 법은?

① 근로기준법
② 산업안전보건법
③ 사회보장법
④ 환경보건법

090 유기용제 등의 구분의 표시 사항으로 잘못된 것은?

① 제1종 유기용제 : 적색
② 제2종 유기용제 : 황색
③ 제3종 유기용제 : 청색
④ 제4종 유기용제 : 흑색

091 안전·보건표지의 종류별 형태 및 색채에 대한 내용으로 잘못된 것은?

① 금지표지 : 바탕은 흰색, 기본 모형은 빨간색
② 경고표지 : 바탕은 빨간색, 기본 모형은 노란색
③ 지시표지는 : 바탕은 파란색, 관련 그림은 흰색
④ 안내표지 : 바탕은 흰색, 기본 모형은 녹색 또는 바탕은 녹색, 관련 그림은 흰색

해설

안전·보건표지의 색채
- 빨간색 : 금지, 경고
- 노란색 : 경고
- 파란색 : 지시
- 녹색 : 안내

092 윤활 부위에 혼입된 이물질을 무해한 형태로 또는 배출하는 윤활유의 작용을 무엇이라 하는가?

① 감마작용   ② 냉각작용
③ 밀봉작용   ④ 청정작용

해설

- 감마작용 : 윤활제의 작용 중 마찰면의 직접 접촉에 의해서 생기는 건조면 마찰을 해소하기 위하여 건조면 마찰을 유체마찰로 바꿔 마찰을 최소화시키는 작용
- 냉각작용 : 마찰열이나 외부로부터 받은 열 등을 흡수하여 방출하는 작용
- 밀봉작용 : 기름막을 형성하여 기계의 운동 부분을 밀봉하여 압력 누설 등을 방지하는 역할

093 나사의 표시 방법 중 G1/2 A에 대한 설명으로 맞는 것은?

① 관용 테이퍼 수나사 (G1/2) A급
② 관용 테이퍼 암나사 (G1/2) A급
③ 관용 평행 수나사 (G1/2) A급
④ 관용 평행 암나사 (G1/2) A급

해설

- G1/2 : 관용 평행나사
- A급 : 수나사 등급
- R : 관용 테이퍼 수나사
- Rc : 관용 테이퍼 암나사

094 전동기는 일상점검, 정기점검, 연간점검 등으로 구분하여 점검하는 것이 좋다. 여기서 일상점검 항목으로 보기 어려운 것은?

① 전동기 회전음 점검
② 전류계의 지시값
③ 축받이의 온도
④ 축받이의 마모검사

정답 089 ② 090 ④ 091 ② 092 ④ 093 ③ 094 ④

> **해설**
> 4번 축받이의 마모검사는 정기점검 항목이다.

095 원심펌프에서 임펠러의 양쪽에 작용하는 수압이 같지 않아 발생하는 추력을 줄여 주기 위한 방법으로 적당한 것은?

① 흡입양정을 작게 한다
② 임펠러에 밸런스 홀(Hole)을 뚫는다
③ 임펠러의 직경을 감소시킨다
④ 임펠러의 직경을 증가시킨다

> **해설**
> 밸런스 홀(평형 구멍)
> 임펠러에 평형 구멍을 뚫어 평형실의 압력을 회전차의 물이 들어오는 부분의 압력과 거의 같게 함으로써 발생되는 축 스러스트를 감소시킨다.

096 벨트 내측과 풀리 외측에 같은 피치의 사다리꼴 또는 원형 모양의 돌기를 만들어 회전 중에 벨트와 벨트 풀리가 이물림이 되어 미끄럼 없이 정확한 회전각속비가 유지되는 벨트는?

① 평 벨트
② V벨트
③ 타이밍 벨트
④ 사일런트 체인

> **해설**
> • **평 벨트** : 접촉 면적이 평편한 벨트
> • **V벨트** : 사다리꼴의 단면을 가진 이음매가 없는 고리 모양의 벨트이며, V형의 홈이 패어 있는 V풀리에 장착하여 마찰력을 증대시킨 벨트
> • **사일런트 체인** : 삼각형 모양의 다리를 가지는 특수한 형태의 강판을 여러 장 연결한 체인으로 전동 효율이 높으며, 저소음으로 고속 및 정숙한 운전이 가능하다.

097 파이프의 도시 방법에서 유체의 종류 중 공기를 뜻하는 기호는?

① A   ② G
③ O   ④ S

> **해설**
> 유체의 기호문자
> 공기(A), 물(W), 수증기(S), 가스(G), 기름(O), 증기(V)

098 다음 중 백래시(Back Lash)가 현저하게 감소되는 나사는?

① 볼 나사   ② 미터 나사
③ 톱니 나사   ④ 휘트워드 나사

> **해설**
> • **미터 나사** : 기호는 M으로, 나사산의 각도가 60° 이고, 수나사의 바깥지름과 피치를 단위는 [mm]로 미터 보통 나사와 미터 가는 나사가 있다.
> • **톱니 나사** : 축선의 한 방향으로만 큰 하중이 작용할 때 사용되는 나사로 기계 바이스(Vise)나 압축기 등에 사용된다.

099 배관계통의 정비를 위하여 분해할 필요가 있는 곳에 사용하는 관 이음쇠로 적당한 것은?

① 엘보   ② 유니언
③ 소켓   ④ 밴드

정답 095 ② 096 ③ 097 ① 098 ① 099 ②

100 무거운 물체를 달아 올리기 위하여 훅(Hook)을 걸 수 있는 고리가 있는 볼트는?

① 아이 볼트 ② 나비 볼트
③ 리머 볼트 ④ 간격 유지 볼트

해설
- 나비 볼트 : 나비 날개처럼 손으로 쉽게 조일 수 있도록 만들어진 볼트
- 리머 볼트 : 플랜지 등의 리머 구멍에 사용할 수 있도록 만들어진 볼트
- 간격 유지 볼트 : 스테이 볼트라고도 하며, 부품 간의 일정한 간격을 유지하고자 사용하는 볼트

101 다음과 같은 미터 나사에서 나사산의 각도는 얼마인가?

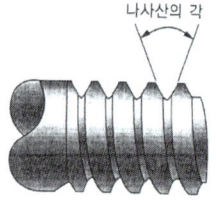

① 45° ② 55°
③ 60° ④ 65°

해설
미터 나사
기호는 M으로, 나사산의 각도가 60°이고, 수나사의 바깥지름과 피치를 단위는 [mm]로 미터 보통 나사와 미터 가는 나사가 있다.

102 길이가 긴 축의 구부러짐을 현장에서 수리하는 공구는?

① 짐크로
② 스트레이트 에지
③ 다이얼 게이지
④ 스크루 익스트랙터

103 그림에서 깃발 표시는 무엇을 나타내는가?

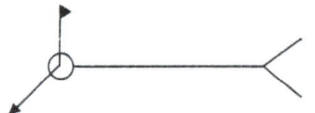

① 아크 용접 ② 원둘레 용접
③ 현장 용접 ④ 플러그 용접

104 전동기 기동 불능의 원인으로 옳은 것은?

① 단선
② 공진
③ 베어링의 손상
④ 로터와 스테이터의 접촉

105 웜기어(Worm Gear) 감속기의 특징으로 옳지 않은 것은?

① 역전을 방지할 수 있다
② 소음이 커서 정숙한 회전이 어렵다
③ 적은 용량으로 큰 감속비를 얻을 수 있다
④ 치면에서의 미끄럼이 커서 전동효율이 떨어진다

해설
웜 기어의 특징
- 큰 감속비와 역회전을 방지할 수 있다.
- 소음과 진동이 적다.
- 전동 효율이 낮고 값이 비싸다.

106 오일 컵을 이용하여 모세관 현상이나 사이펀(Siphon)작용으로 윤활유를 공급하는 미끄럼 베어링 윤활법은?

① 적하 급유법 ② 오일 링 급유법
③ 패드 급유법 ④ 비말 급유법

정답 100 ① 101 ③ 102 ① 103 ③ 104 ① 105 ② 106 ①

해설
- **오일 링 급유법** : 축이 회전하면서 링도 함께 회전하여 윤활유를 축 위쪽으로 공급하여 베어링에 급유하는 방법
- **패드 급유법** : 패킹을 가볍게 저널(Journal)에 접촉시켜 급유하는 방법이다. 모세관 현상을 이용한 방법으로 털실이 직접 마찰면에 접촉한다.
- **비말 급유법** : 기계의 운동부를 오일 탱크 내 유표면에 미접시켜 소량의 오일을 마찰면에 튀게 하여 오일을 공급하는 방법이다.

107 다음 중 교쇄축형 감속기에 속하는 것은?

① 스파이럴 베벨기어 감속기
② 스퍼기어 감속기
③ 헬리컬 기어 감속기
④ 더블헬리컬 기어 감속기

해설
기어 감속기의 종류
- 두 축이 평행한 경우 : 스퍼 기어, 헬리컬 기어, 랙크, 내접 기어
- 두 축이 만나(교차)는 경우 : 베벨 기어, 스파이럴 베벨 기어, 크라운 기어
- 두 축이 평행하지도 만나지도 않는 경우 : 하이포이드 기어, 웜 기어, 스큐 기어

108 상온에서 오랫동안 접착성을 유지하여 약간의 힘만 가해도 접착되는 것은?

① 중합제형 접착제
② 유화액형 접착제
③ 감압형 접착제
④ 열용융형 접착제

해설
- **중합제형(또는 모노마형) 접착제** : 중합, 축합 등의 화학반응에 의하여 경화되는 것
- **유화액형(또는 용액) 접착제** : 용매 또는 분산매의 증발에 의하여 경화되는 것
- **열용융형 접착제** : 냉각에 의하여 경화되는 접착제

109 펌프의 동력이 급차단, 급기동 시에 관 내부에 압력이 상승 또는 하강하는 현상은?

① 수격 현상
② 서징 현상
③ 채터링 현상
④ 캐비테이션 현상

해설
- **서징 현상** : 과도적으로 상승한 압력, 유량, 회전 속도가 주기적으로 변동하여 기기에 진동을 발생시키는 현상
- **채터링** : 압력 릴리프 밸브 등에서 밸브 시트를 두들겨서 비교적 높은 음을 발생시키는 일종의 자력 진동 현상
- **캐비테이션** : 펌프 작동 시 흡입 양정이 너무 높거나 유속이 급속히 빠른 구간에서 압력 저하로 인하여 유체에 기포가 발생하는 현상

110 송풍기 축의 센터링 검사를 할 때 사용되는 공구가 아닌 것은?

① 센터 게이지
② 틈새 게이지
③ 테이퍼 게이지
④ 다이얼 게이지

해설
센터링 검사 필요 공구
틈새 게이지, 테이퍼 게이지, 다이얼 게이지, 직선자, 스크레이퍼, 유압 잭 등이 있다

111 기밀을 더욱 안전하게 하기 위하여 끝이 넓은 끌로 때리는 작업은?

① 밸런싱 작업
② 센터링 작업
③ 플러링 작업
④ 코킹 작업

해설
- **밸런싱 작업** : 임펠러에 시편을 붙여 회전 시 균형을 맞추어 진동을 교정하여 주는 작업이다.
- **센터링 작업** : 동력 전달 축의 중심이 틀어진 정도를 측정 및 수정하는 작업
- **코킹 작업** : 리벳작업이 끝난 뒤 기밀이 필요할 때 리벳머리의 주위와 강판의 가장자리를 정과 같은 공구로 때리는 작업

정답 107 ① 108 ③ 109 ① 110 ① 111 ③

112 키를 조립하였을 경우 축과 보스가 가볍게 이동할 수 있는 키는?

① 평 키 ② 접선 키
③ 묻힘 키 ④ 미끄럼 키

해설

- 평 키 : 축은 자리만 편편하게 다듬고 보스에 홈을 판다
- 접선 키 : 축과 보스에 축의 접선 방향으로 홈을 파서 서로 반대인 테이퍼를 가진 두 개의 키를 끼워 넣는다.
- 묻힘 키 : 축과 보스 양쪽에 키의 홈이 있는 것으로 가장 많이 사용된다.

113 펌프축에 설치된 베어링의 이상 고온의 원인이 아닌 것은?

① 순환계통의 불량
② 급유 부족
③ 축 추력 발생
④ 모터와 펌프의 축 중심 일치

해설

베어링의 이상 고온 원인
- 순환계통의 불량
- 급유 부족
- 베어링 메탈과 축 중심의 어긋남(축 추력 발생)
- 모터와 펌프의 무리한 직결 상태

114 압력계의 압력이 낮은 경우가 아닌 것은?

① 회전수의 저하
② 임펠러의 막힘
③ 흡수측의 막힘
④ 실양정이 설계양정보다 크다

해설

압력계의 압력이 낮은 원인
- 임펠러 막힘
- 흡입측의 막힘
- 공회전
- 회전수 저하
- 실양정이 설계 양정보다 작다.
- 펌프 선정의 오류

115 펌프 운전 시 주의 사항으로 틀린 것은?

① 배관의 연결부가 완전히 연결되어 있는지를 확인한다
② 오일탱크 속에 이물질이 있는가를 확인한다
③ 작동유의 온도가 0℃ 이하이면 20분 이상 부하운전을 한다
④ 유면계를 통하여 탱크 유량을 점검한다.

해설

작동유의 온도가 10℃ 이하에서는 주의해서 기동하고, 무부하 운전을 20분 이상하여 적정온도 30~55℃가 된 후 부하운전을 한다. 0℃ 이하에서의 운전 조작은 위험하므로 피한다.

116 압축공기가 건조제를 통과할 때 물이나 증기가 건조제에 닿으면 화합물이 형성되어 건조제와 물의 혼합물로 융해되어 건조되는 것은?

① 흡착식 에어 드라이어
② 흡수식 에어 드라이어
③ 냉동식 에어 드라이어
④ 혼합식 에어 드라이어

정답 112 ④ 113 ④ 114 ④ 115 ③ 116 ②

:해설:

흡착식 에어 드라이어
- 건조제로 실리카겔, 활성알루미나, 실리콘디옥사이드를 사용하는 물리적 방식
- 건조제를 재생하여 사용 가능
- 최대 -70℃의 저노점을 얻을 수 있다.

흡수식 에어 드라이어
- 작동에 필요한 외부에너지가 필요 없다.
- 기계적 작동요소가 없어 기계 마모가 적고 장비 설치가 간단하다.
- 흡수제(폴리에틸렌, 염화리듐 수용액)를 사용한 화학적 방식으로 연 2~4회 교환한다.
- 압축공기 중의 수분이 건조에 닿으면 화합물이 생성되어 물이 혼합물로 용해되고 공기는 건조되는 방식

냉동식 에어 드라이어
- 이슬점 온도를 낮추어 건조하는 방식
- 공기를 강제로 냉각시켜 공기 중에 포함된 수분을 제거
- 입구 온도가 40℃를 넘지 않도록 애프터 쿨러 및 필터 다음에 설치하여 사용

117 난연성이 우수한 작동유에 값이 싸고 사용하기 용이한 석유계 작동유에 속하는 것은?

① 수중 유형 유화유
② 내마모성형 작동유
③ 물-글리콜형 작동유
④ 인산 에스텔형 작동유

:해설:

난연성 작동유의 종류
- 수중 유형 유화유
- 유중 수형 유화유
- 물-글리콜형 작동유
- 인산 에스테르형 작동유

118 다음 그림에서 단동 실린더를 제어할 때 사용한 방향전환 밸브는?

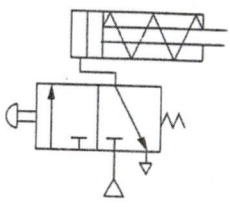

① 2포트 2위치 밸브
② 3포트 2위치 밸브
③ 4포트 2위치 밸브
④ 5포트 2위치 밸브

:해설:

3/2way(3포트 2위치)밸브는 단동실린더 제어용 방향전환 밸브이다.

119 유압실린더나 유압모터의 작동 방향을 바꾸는 데 사용되는 것으로 회로 내의 유체 흐름의 통로를 조정하는 것은?

① 체크 밸브   ② 유량제어 밸브
③ 방향제어 밸브   ④ 압력제어 밸브

:해설:

- **압력 제어 밸브** : 유체 압력을 제어하는 밸브로 힘을 제어한다.
- **유량 제어 밸브** : 유량의 흐름을 제어하는 밸브로 속도를 제어한다.
- **방향 제어 밸브** : 유체의 흐름 방향을 제어한다.

정답   117 ② 118 ② 119 ③

120 3포트 2위치 변환 밸브를 나타내는 것은?

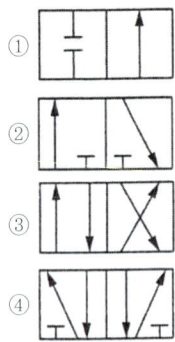

해설
1번 2포트 2위치, 3번 4포트 2위치, 4번 5포트 2위치

121 실린더 중 양방향의 운동에서 모두 일을 할 수 있는 것은?

① 램형 실린더
② 단동 실린더(피스톤식)
③ 복동 실린더(피스톤식)
④ 다이어프램 실린더(비피스톤식)

해설
① 램형 실린더
  • 피스톤의 지름과 로드 지름의 차이가 없어 좌굴 등 강성을 요하는 곳에 사용된다.
  • 피스톤이 필요 없고 배기 장치가 필요 없다.
  • 압축력에 대한 힘에 강하다.
② 단동 실린더 : 실린더 로드에 스프링이 장착되어 한쪽 방향의 운동에만 힘이 작용하고 복귀 시 스프링에 의해 작동된다.
④ 다이어프램 실린더 : 피스톤 대신에 격판 형태의 다이어프램에 의해 작동된다.
스트로크는 짧으나 큰 힘을 낼 수 있다.

122 공압용 방향 전환 밸브의 구멍(Port)에서 "R" 또는 "S" 로 나타내는 것은?

① 탱크로 귀환   ② 밸브로 진입
③ 대기로 방출   ④ 실린더로 진입

해설

밸브의 연결수 표시법

재료	ISO 1219	ISO 5599
작업 포트	A, B, C, ...	2, 4, 6, ...
공급 포트	P	1
배기 포트	R, S, T, ...	3, 5, 7, ...
제어 포트	X, Y, Z, ...	10, 12, 14, ...

123 그림의 기호가 의미하는 것은?

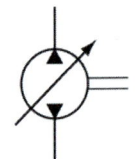

① 기어 모터
② 공기 압축기
③ 고정형 유압 펌프
④ 가변 용량형 유압 펌프

124 그림의 밸브 기호가 나타내는 것은?

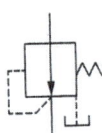

① 감압 밸브   ② 릴리프 밸브
③ 시퀀스 밸브   ④ 무부하 밸브

정답   120 ②   121 ③   122 ③   123 ④   124 ①

125 다음과 같은 유압회로의 언로드 형식은 어떤 형태로 분류되는가?

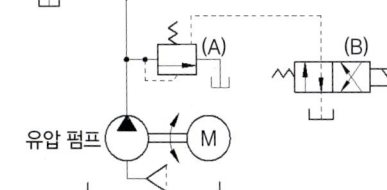

① 탠덤 센서에 의한 방법
② 언로드 밸브에 의한 방법
③ 바이패스 형식에 의한 방법
④ 릴리프 밸브를 이용한 방법

해설

릴리프 밸브를 이용한 언로드 회로로 펌프 토출 작동유를 탱크로 귀환시키는 회로이다.

126 유압작동유의 구비조건으로 맞는 것은?

① 압축성일 것
② 휘발성이 좋을 것
③ 적당한 유막 강도를 가질 것
④ 점도지수, 체적탄성계수가 작을 것

해설

작동유의 구비조건
- 비압축성일 것
- 점도지수, 체적탄성계수, 내열성이 클 것
- 장시간 사용 시에도 화학적으로 안정될 것
- 유동성, 방열성, 산화안정성이 좋을 것
- 인화점이 높을 것
- 이물질 등을 빨리 분리할 것

127 압축공기 저장탱크의 적정 온도는 몇 도인가?

① 20~30℃   ② 30~40℃
③ 40~50℃   ④ 50~60℃

128 면적이 10cm²인 곳을 70kgf 의 무게로 누르면 작용 압력은?

① 7   ② 10
③ 70 ④ 700

해설

압력 $P = \dfrac{W}{A}$ 에서, $P = \dfrac{70}{10}$

129 다음 중 위험점의 5요소에 해당되지 않는 것은?

① 함정   ② 행정
③ 충격   ④ 접촉

해설

위험점 5요소
함정(Trap), 접촉(Contact), 튀어나옴(Ejection), 충격(Impact), 말림(얽힘)

130 산업재해를 예방하고 쾌적한 작업환경을 조성함으로써 근로자의 안전과 건강을 유지 증진함을 목적으로 제정된 법은?

① 근로기준법   ② 산업안전보건법
③ 환경보건법   ④ 사회보장법

해설

산업재해를 예방하기 위한 사업주의 의무가 담긴 법이다.

정답 125 ④ 126 ③ 127 ③ 128 ① 129 ② 130 ②

131 아세틸렌 용접작업 시 아세틸렌의 사용 압력으로 맞는 것은?

① 1.3kgf/cm² 이하
② 1.5kgf/cm² 이하
③ 1.7kgf/cm² 이하
④ 2.0kgf/cm² 이하

해설

아세틸렌 용접작업 시 사용 압력은 1.2~1.3kgf/cm² 이다.

132 선반작업 시 안전사항으로 올바르지 않은 것은?

① 절삭공구의 고정은 확실하게 한다
② 공작물의 측정은 절삭 또는 회전 중에 장갑을 끼고 한다
③ 가공물의 장착이 끝나면 척 렌치류는 벗겨 놓는다
④ 기계 위에 공구나 가공물을 올려놓지 않는다

133 작업에 관련된 취약점이나 그 취약점에 대응하는 작업방법에 대한 전문지식을 부여하기 위한 안전보건교육은?

① 태도교육   ② 지식교육
③ 심리교육   ④ 기능교육

해설

산업안전보건교육의 종류
- 지식교육 : 안전 관련 지식을 배우는 교육
- 기능교육 : 지식은 있고 안전 관련 기능을 배우는 교육
- 태도교육 : 지식, 기능 모두 알고 있고 안전 관련 태도를 배우는 교육

134 드릴 작업에서 일감이 드릴과 같이 회전하여 사고의 위험이 있다 가장 주의하여야 할 시점은?

① 처음 구멍을 뚫을 때
② 중간쯤 구멍을 뚫렸을 때
③ 처음 시작과 끝날 때
④ 거의 구멍이 다 뚫렸을 때

해설

드릴 작업 시 구멍 뚫기가 거의 끝날 때 일감이 드릴과 같이 회전하는 경우가 많다.

135 재해원인 분석방법에서 재해 발생 건수 등의 추이를 파악하여 목표관리를 해하는 것으로 재해 발생수를 그래프화하여 관리선을 설정 관리하는 방법은?

① 파레토도   ② 특성요인도
③ 크로스 분석   ④ 관리도

해설

- 파레토도 : 사고의 유형, 기인물 등 분류 항목을 큰 순서대로 나열 한다.
- 특성요인도 : 특성과 요인 관계를 도표로 하여 물고기 뼈와 같이 세분화 한다.
- 크로스 분석 : 2개 이상의 문제 관계를 분석하는 데 사용하는 것으로 데이터를 집계하고 표로 표시하여 분석한다.

136 구멍과 볼트의 축부가 절삭에 의해서 반듯한 형상의 치수로 완성 가공되어 있는 완성 볼트는?

① 아이 볼트   ② 나비 볼트
③ 리머 볼트   ④ 전단 볼트

해설

① 아이 볼트 : 무거운 물체 등을 들어올릴 때 로프(rope), 체인(chain) 또는 훅 등을 거는데 사용되며 링 모양이나 구멍이 뚫려 있는 볼트
② 나비 볼트 : 손으로 돌려 낄 수 있는 모양으로 된 것
④ 전단 볼트 : 전단 하중만 받을 수 있도록 설계된 볼트

정답 131 ① 132 ② 133 ② 134 ④ 135 ④ 136 ③

137 다음 그림은 무엇을 나타내는가?

① 현장 용접 기호
② 전체 둘레 용접 기호
③ 현장 용접 기준점 기호
④ 전체 둘레 현장 용접 기호

해설

- 현장 용접 ▶
- 전체 둘레 용접 ○

138 중합제형 접착제가 아닌 것은?

① 알데하이드계 접착제
② 순간접착제
③ 혐기성 접착제
④ 유화액 접착제

해설

- 중합제형 접착제 : 중합, 축합 등의 화학 반응에 의하여 경화되는 것으로 알데하이드계 접착제, 순간접착제, 혐기성 접착제 등이 있다.
- 유화액형 접착제 : 용매 또는 분산매의 증발에 의하여 경화되는 것으로 풀리초산비닐, 유화액 등이 있다.

139 캐비테이션의 영향이 아닌 것은?

① 소음 진동이 생긴다
② 펌프의 성능이 저하된다
③ 압력이 상승되어 양수가 많아진다
④ 유로 표면에 여러 개의 구멍이 생긴다

해설

캐비테이션
펌프 작동 시 흡입 양정이 너무 높거나 유속이 급속히 빠른 구간에서 압력 저하로 인하여 유체에 기포가 발생하는 현상

캐비테이션의 영향
- 소음 진동이 발생된다.
- 펌프의 성능이 저하된다.
- 압력이 더욱 저하되면 양수가 불가능 하여 운전을 지속하는 것이 곤란하다.
- 유로 표면에 여러 개의 구멍이 생겨서 부품에 손상된다.

140 임펠러의 진동 발생 시 임펠러에 시편을 붙여 진동을 교정하는 작업은?

① 밸런싱 작업
② 센터링 작업
③ 플러링 작업
④ 코킹 작업

해설

- 플러링 작업 : 코킹 작업 후 기밀을 안전하게 유지하기 위해 강판과 같은 너비의 플러링 공구로 때리는 작업
- 센터링 작업 : 동력 전달 축의 중심이 틀어진 정도를 측정 및 수정하는 작업
- 코킹 작업 : 리벳작업이 끝난 뒤 기밀이 필요할 때 리벳머리의 주위와 강판의 가장자리를 정과 같은 공구로 때리는 작업

정답 137 ④ 138 ④ 139 ③ 140 ①

141 축과 보스에 드릴로 구멍을 내어 테이퍼 핀을 끼워 고정시키며 경하중의 핸들에 사용되는 키는?

① 평 키
② 둥근 키
③ 접선 키
④ 묻힘 키

해설
- 평 키 : 축은 자리만 편편하게 다듬고 보스에 홈을 판다
- 접선 키 : 축과 보스에 축의 접선 방향으로 홈을 파서 서로 반대인 테이퍼를 가진 두 개의 키를 끼워 넣는다.
- 묻힘 키 : 축과 보스 양쪽에 키의 홈이 있는 것으로 가장 많이 사용된다.

142 토출 양정을 높이기 위해 사용되는 펌프는?

① 단단펌프
② 다단펌프
③ 추력펌프
④ 양흡입펌프

해설
다단펌프
단단펌프로 양정이 부족할 때 임펠러에서 나온 유체를 다음 단의 임펠러로 이송하여 에너지를 주면 높은 양정을 얻을 수 있도록 설계된 단수를 겹친 다단펌프이다.

143 압력계의 압력이 높은 경우의 원인이 아닌 것은?

① 파이프의 막힘
② 안전 밸브의 불량
③ 밸브를 너무 막을 때
④ 실양정이 설계 양정보다 작을 경우

해설
압력계의 압력이 높은 경우
- 밸브를 너무 막을 때
- 파이프의 막힘
- 압력 스위치의 고장
- 안전밸브의 불량
- 실양정이 설계양정보다 클 경우
- 펌프 선정이 잘못되었을 때

144 송풍기의 주요 구성 부분이 아닌 것은?

① 케이싱
② 임펠러
③ 커플링
④ 측장기

해설
송풍기 구성 부분
임펠러, 축 베어링, 케이싱, 커플링, 풍량 조절 장치 등

145 기어 조립 후 운전 초기에 자주 발생하는 현상은?

① 피칭
② 스포링
③ 로징
④ 스코어링

해설
- 피칭 : 유체 역학적인 고압이 발생되어 균열을 진행시켜 이의 면의 일부가 떨어져 나가는 것
- 스포링 : 피칭보다 더욱 넓은 부분이 어느 정도의 두께를 갖고 최종적으로는 박리되는 형태
- 로징 : 소성 변형의 압연 항복

146 기계제도에서 전체의 그림을 정해진 척도로 그리지 못한 경우에 표시하는 방법은?

① 척도 1 : 1
② 배척이 아님
③ 비례척이 아님
④ 기재하지 않는다

해설
기계제도에서 전체의 그림을 정해진 척도로 그리지 못한 경우 NS 또는 비례척이 아님으로 표시한다.

정답 141 ② 142 ② 143 ④ 144 ④ 145 ④ 146 ③

147 원심펌프에서 임펠러의 양쪽에 작용하는 수압이 같지 않아 발생하는 추력을 줄여 주기 위한 방법으로 적당한 것은?

① 흡입양정을 작게 한다
② 임펠러의 직경을 증가시킨다
③ 임펠러의 직경을 감소시킨다
④ 임펠러에 밸런스 홀(Hole)을 뚫는다

> **해설**
> **밸런스 홀(평형 구멍)**
> 임펠러에 평형 구멍을 뚫어 평형실의 압력을 회전차의 물이 들어오는 부분의 압력과 거의 같게 함으로써 발생되는 축 스러스트를 감소시킨다.

148 제3각법에서 정면도의 왼쪽에 배치되는 투상도는?

① 평면도
② 좌측면도
③ 우측면도
④ 저면도

149 다음 중 순환 급유법이 아닌 것은?

① 유륜식 급유법
② 수 급유법
③ 원심 급유법
④ 비말 급유법

> **해설**
> **순환 급유법의 종류**
> 강제순환 급유법, 중력순환 급유법, 비말 급유법, 유욕 급유법, 원심 급유법, 유륜식 급유법, 패드 급유법

150 다음 중 평행축형 기어 감속기의 종류가 아닌 것은?

① 하이포이드 기어 감속기
② 스퍼 기어 감속기
③ 헬리컬 기어 감속기
④ 더블헬리컬 기어 감속기

> **해설**
> 하이포이드 기어 감속기는 두 축이 평행하지도 않고 만나지도 않는(이물림 축형) 감속기에 해당된다.

151 금속이 가공에 의하여 경도가 커지는 반면 연신율이 감소되는 성질을 무엇이라고 하는가?

① 인장강도(Tensile Strength)
② 강도(Strength)
③ 가공경화(Work Hardening)
④ 취성(Brittleness)

> **해설**
> • 강도 : 물체에 하중을 가한 후 파괴되기 까지의 변형 저항
> • 취성 : 약간의 충격에도 재료가 파괴되는 성질
> • 인장강도 : 최대 응력을 그 물질의 최초 단면적으로 나눈 값

152 기계정비용 재료 중 접착제의 구비조건이 잘못된 것은?

① 액체성일 것
② 고체 표면에 침투 모세관 작용을 할 것
③ 도포 후 고체화하여 일정한 강도를 가질 것
④ 전기의 전도성이 좋을 것

> **해설**
> **기계정비용 접착제의 구비조건**
> • 액체성일 것
> • 고체 표면의 좁은 틈새에 침투하여 모세관 작용을 할 것
> • 도포 후 고체화하여 일정한 강도를 가질 것

정답 147 ④ 148 ② 149 ② 150 ① 151 ③ 152 ④

153 기계제도에서 패킹, 박판 등 얇은 물체의 단면 표시 방법은?

① 1개의 가는 실선으로 표시
② 1개의 가는 일점쇄선으로 표시
③ 1개의 아주 굵은 실선으로 표시
④ 1개의 굵은 파선으로 표시

154 다음 중 비교측정기에 속하지 않는 것은?

① 다이얼 게이지   ② 버니어 캘리퍼스
③ 미니미터   ④ 옵티미터

해설

버니어 캘리퍼스는 직접 측정기 이다.

155 공기 중에는 액체 상태를 유지하고 공기가 차단되면 중합이 촉진되어 경화되는 접착제로 진동이 있는 차량, 항공기, 동력기 등의 풀림을 막거나 가스, 액체의 누설을 막기 위해 사용하는 접착제는?

① 액상 개스킷   ② 유화액형 접착제
③ 혐기성 접착제   ④ 모노머형 접착제

해설

- 액상 가스킷 : 합성고무, 합성수지, 금속 클로이드를 주성분으로 하여 액상 상태로 사용하는 가스킷
- 유화액형 접착제 : 용매 또는 분산매의 증발에 의하여 경화되는 것
- 모노마형 접참제 : 화학 반응(중합, 축합 등)에 의하여 경화시키는 것

156 나사의 도시법으로 옳지 않은 것은?

① 수나사와 암나사의 골지름은 가는 실선으로 그린다
② 수나사 바깥지름과 암나사의 안지름은 굵은 실선으로 그린다
③ 완전 나사부와 불완전 나사부의 경계선은 가는 실선으로 그린다
④ 암나사의 드릴 구멍의 끝 부분은 굵은 실선으로 120° 되게 긋는다

해설

완전 나사부와 불완전 나사부의 경계선은 굵은 실선으로 그린다.

157 기계 윤활에서 윤활작용이 아닌 것은?

① 알파작용   ② 감마작용
③ 세정작용   ④ 응력분산작용

해설

윤활유의 역할

감마 작용, 세정 작용, 응력 분산 작용, 냉각 작용, 밀봉 작용, 방청 작용, 청정 작용

158 배관지지장치의 역할이 아닌 것은?

① 관의 중량을 지지한다
② 관의 수축, 팽창을 흡수한다
③ 외력에 의한 배관 이동을 제한한다
④ 배관의 누설을 방지한다

정답 153 ③   154 ②   155 ③   156 ④   157 ①   158 ④

159 기계제도에서 단면의 해칭법에 대한 설명으로 틀린 것은?

① 기본 중심선에 대하여 대략 45°의 가는 실선으로 일정한 간격으로 그린다
② 서로 인접한 다른 단면의 해칭은 선의 방향 또는 각도를 바꾸거나 해칭선의 간격을 바꾸어 구별한다
③ 필요에 따라 해칭하지 않고 채색을 할 수 있으며 이것을 스머징(Smudging)이라 한다.
④ 해칭한 곳에 치수를 기입할 때는 해칭을 중단하지 않고 치수를 기입해야 한다

:해설:

해칭한 곳에 치수를 기입할 필요가 있을 때는 그 부분만 해칭을 하지 않으며, 해칭을 한 부분에는 가급적 숨은선의 기입을 하지 않는다.

160 다음 중 보조가스 용기에 대한 기호로 알맞은 것은?

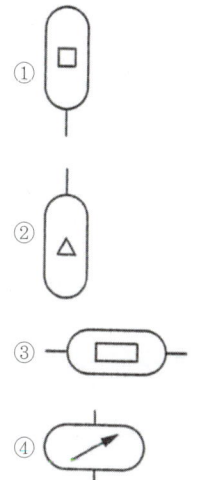

161 그림의 기호가 나타내는 것은?

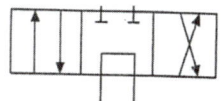

① 3/2way 방향제어 밸브
② 4/2way 방향제어 밸브
③ 4/3way 방향제어 밸브
④ 5/2way 방향제어 밸브

:해설:

4/3way 방향제어 밸브이며 센터 바이패스형 또는 탠덤(Tandem)센터형 이라 한다

162 그림과 같은 회로를 이용하여 실린더의 전, 후진 운동 속도를 같게 하려고 한다. 점선 안에 연결되어야 할 밸브의 기호는?

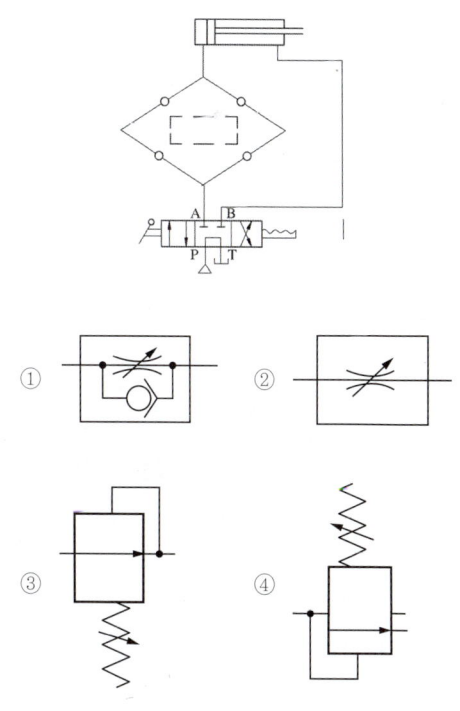

:해설:

유량조절 밸브를 사용한 동기(동조)회로 이다.

정답 159 ④ 160 ② 161 ③ 162 ②

163 밸브의 전환 조작 방법을 나타내는 기호와 명칭이 바르게 연결된 것은?

① 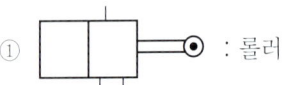 : 롤러

② 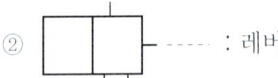 : 레버

③ 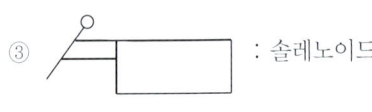 : 솔레노이드

④ 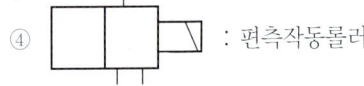 : 편측작동롤러

164 그림의 기호에 관한 설명으로 옳은 것은?

① 관로 속에 물이 흐른다
② 관로 속에 기름이 흐른다
③ 관로 속에 공기가 흐른다
④ 관로 속에 가연성 액체가 흐른다

해설

삼각형의 방향은 공기가 흐르는 방향을 나타낸다

165 피스톤 로드가 양쪽에 있는 실린더는?

① 램형 실린더
② 피스톤형 실린더
③ 양로드 실린더
④ 탠덤 실린더

해설

- 램형 실린더
  - 피스톤의 지름과 로드 지름의 차이가 없어 좌굴 등 강성을 요하는 곳에 사용된다.
  - 피스톤이 필요 없고 배기 장치가 필요 없다.
  - 압축력에 대한 힘에 강하다.
- 피스톤형 실린더 : 가장 일반적인 실린더로 단동, 복동, 차동형이 있다
- 탠덤 실린더 : 2개의 실린더가 1개의 실린더 형태로 조립되어 있어 같은 크기의 실린더보다 2배의 큰 힘을 낼 수 있다.

166 다음 그림과 같은 밀도가 각각 d_1, d_2인 액체 관에 유리관을 넣고 고무관을 통하여 공기를 빼면 각 액체가 h_1, h_2의 높이까지 올라간다. 이 관계가 옳게 표현된 것은?

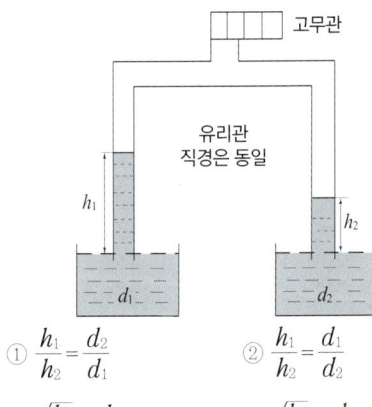

① $\dfrac{h_1}{h_2} = \dfrac{d_2}{d_1}$ ② $\dfrac{h_1}{h_2} = \dfrac{d_1}{d_2}$

③ $\dfrac{\sqrt{h_1}}{\sqrt{h_2}} = \dfrac{d_2}{d_1}$ ④ $\dfrac{\sqrt{h_1}}{\sqrt{h_2}} = \dfrac{d_1}{d_2}$

해설

베르누이 정리에 의해

$$\frac{P_1}{\gamma} + \frac{V_1^2}{2g} + z_1 = \frac{P_2}{\gamma} + \frac{V_2^2}{2g} + z_2$$

의 식이 성립된다. 즉 위치수두는 밀도(동점도)와 관련이 있다.

정답 163 ① 164 ③ 165 ③ 166 ①

167 체크밸브 또는 릴리프 밸브 등 밸브의 입구측 압력이 상승하여 밸브가 열리기 시작하여 어떤 일정한 흐름의 양으로 안되는 압력은?

① 최초 압력 ② 서지압력
③ 크래킹 압력 ④ 리스트 압력

168 다음 그림의 기호가 나타내는 것은?

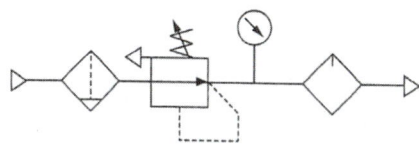

① OR 밸브 ② 서비스 유닛
③ AND 밸브 ④ 시퀀스 밸브

해설

서비스 유닛
필터, 압력 조절 밸브, 윤활기로 이루어진 조합 밸브이다.

169 다음 중 축압기의 기능과 거리가 먼 것은?

① 쿠션 작용
② 충격의 증대
③ 부하 관로의 기름 누설의 보상
④ 온도 변화에 따른 기름의 용적 변화의 보상

해설

어큐뮬레이터(축압기)의 용도
- 에너지 축적용
- 유량의 보조원
- 서지압 및 맥동 흡수
- 2차 회로의 구동
- 압력을 일정하게 유지(압력 보상)

170 압축기의 압력 제어 방식 중 무부하 조절방식이 아닌 것은?

① 배기 조절방식
② 차단 조절방식
③ 그립-암 조절방식
④ ON-OFF 조절방식

해설

압축기 압력 제어 방법
- 무부하 조절방식 - 배기 조절, 차단(흡입량)조절, 그립-암(Grip Arm)조절
- ON-OFF 제어방식
- 저속 조절방식

171 내경이 40mm인 실린더가 10mm/sec의 속도로 움직이려면 펌프의 적정 토출량[l/min]은?

① 0.5 ② 1
③ 1.5 ④ 2

해설

토출량 $Q = \dfrac{\pi d^2}{4} \times L$(로드 길이)에서

$Q = \dfrac{3.14 \times 40^2}{4} \times 10 \times 60 = 753.600 mm^3$

$= 0.7 l \fallingdotseq 1 l$

172 동조 회로(싱크로나이징)에 대한 설명으로 옳은 것은?

① 단일 실린더나 모터를 등속도로 동작시키는 회로
② 복수 실린더나 모터를 등속도로 동작시키는 회로
③ 단일 실린더나 모터를 가변속도로 동작시키는 회로
④ 복수 실린더나 모터를 가변속도로 동작시키는 회로

정답 167 ③ 168 ② 169 ② 170 ④ 171 ② 172 ②

해설

동조 회로

싱크로나이징 회로. 두 개 이상의 유압 실린더를 동기운동(완전히 동일한 속도나 위치로 작동)시키고자 할 때 사용

173 안전난간은 임의의 점에서 임의의 방향으로 움직이는 몇 kg 이상의 하중에 견딜 수 있는 구조여야 하는가?

① 10
② 100
③ 500
④ 800

174 산업안전보건법상 관리감독자 정기안전보건 교육시간은?

① 연간 10시간
② 월 1시간
③ 반기 6시간
④ 연간 16시간 이상

해설

관리감독자의 정기안전보건 교육 시간은 반기 8시간 이상 또는 연간 16시간 이상이다.

175 안전하게 통행할 수 있는 통로의 조명은 몇 럭스 이상으로 하여야 하는가?

① 15
② 30
③ 45
④ 75

해설

조명도 기준
- 초정밀작업 : 750룩스 이상
- 정밀작업 : 300룩스 이상
- 보통작업 : 150룩스 이상
- 기타작업(통로) : 75룩스 이상

176 중대재해가 발생할 경우 사업주가 재해발생 상황을 관할 지방고용노동관서의 장에게 전화, 팩스 등으로 보고하여야 할 시기는?

① 지체 없이
② 24시간 이내
③ 72시간 이내
④ 7일 이내

177 일반적으로 보호구인 장갑을 사용해선 안 되는 작업은?

① 고열 작업
② 드릴 작업
③ 용접 작업
④ 가스절단 작업

해설

선반 작업, 드릴 작업, 목공 기계 작업, 그라인더 작업, 해머 작업 등은 작업 시 면장갑을 착용해서는 안 된다.

178 기계 설비의 위험점 6가지에 해당되지 않는 것은?

① 협착점
② 끼임점
③ 절단점
④ 충격점

해설

기계 설비의 위험점 6가지는 협착점, 끼임점, 절단점, 물림점, 접선 물림점, 회전 말림점 이다.

179 안전 색체인 적색의 KS 규격 표시 사항이 아닌 것은?

① 방화
② 정지
③ 피난
④ 금지

해설

적색 표시

방화, 정지, 금지

정답 173 ② 174 ④ 175 ④ 176 ① 177 ② 178 ④ 179 ③

180 고온 유체가 흐르는 관의 팽창과 수축을 고려하여 축 방향의 과도한 응력이 발생하지 않도록 하는 관 이음 방식은?

① 신축이음 ② 나사형이음
③ 용접이음 ④ 플랜지이름

해설
플랜이음은 관 이음을 분해 및 조립시 편리하게 사용할 수 있다.

181 윤활유의 점도에서 그리스의 굳은 정도를 나타내는 방법은?

① 중화가 ② 주도
③ 황산회분 ④ 산화안정도

해설
- 황산회분 : 윤활유 첨가제를 태워서 생성된 탄화 잔유물에 황산을 넣고 가열한 회분
- 중화가 : 석유 제품의 산성 또는 알칼리성을 나타내는 것
- 산화안정도 : 윤활유를 산화시켜서 내산화도를 평가하는 방법

182 펌프 운전시 양정, 토출량이 주기적으로 변동하는 현상은?

① 공동현상 ② 서징현상
③ 프레싱현상 ④ 수격현상

해설
- **수격현상** : 관로내 급격한 유속의 변화로 인하여 관 내 압력이 상승 또는 하강하는 현상
- **공동현상(캐비테이션 현상)** : 펌프 작동 시 흡입 양정이 너무 높거나 유속이 급속히 빠른 구간에서 압력 저하로 인하여 유체에 기포가 발생하는 현상

183 다음 중 평행축형 기어 감속기의 종류가 아닌 것은?

① 스퍼기어 감속기
② 헬리컬기어 감속기
③ 더블헬리컬기어 감속기
④ 하이포이드기어 감속기

해설
이물림 축형 감속기(두 축이 평행하지도 만나지도 않는 경우)
하이포이드 기어, 웜 기어, 스큐 기어

184 클러치의 일상점검으로 옳지 않은 것은?

① 전자 클러치는 전류 계통을 확인한다.
② 클러치의 작동에 의한 회전축의 운동이 무리없이 행해지고 있는지 확인하여야 한다.
③ 클러치가 유욕급유이면 적정 유면이 유지돼 있는지 확인해야 한다.
④ 전자 클러치의 작동 상태가 최근 변하지 않았는가를 확인하는 것은 크게 중요하지 않다.

185 정비용 측정기구가 아닌 것은?

① 진동계 ② 소음계
③ 베어링체커 ④ 오스터

해설
오스터는 배관용 공구이다.

정답 180 ① 181 ② 182 ② 183 ④ 184 ④ 185 ④

186 압축기 밸브 부품에서 밸브 스프링 교환시 잘못된 것은?

① 자유 상태에서 높이가 규정치 이하로 되었을 때 교환한다.
② 손으로 간단히 수정하여 사용해서는 안 된다.
③ 교환 시간이 되면 기준치 내에서도 교환한다.
④ 교환 시간이 되어도 탄성 마모가 없으면 교환하지 않는다.

187 기어 작동시 이의 면에 반복되는 접촉 압력에 의해 균열이 발생하고 균열 속에 윤활유가 침투하여 이의 면의 일부가 떨어져 나가는 현상은?

① 리플링　② 플래팅
③ 피칭　④ 절손

해설
- 플래팅 : 표면에 피복 또는 도금을 하는 작업
- 리플링 : 표면에 물결 모양을 만드는 작업
- 절손 : 금속의 절단

188 금속이 가공에 의해 경도는 커지고 연신율이 감소하는 현상은?

① 강도　② 인장강도
③ 취성　④ 가공경화

해설
- 인장강도 : 최대응력을 그 물질의 최초 단면적으로 나눈 값
- 강도 : 물체에 하중을 가한 후 파괴되기까지의 변형 저항
- 취성 : 약간의 충격에도 재료가 파괴되는 성질

189 플레이트 링크를 핀으로 체결하며 저속(4m/s) 이하에서 사용되는 체인은?

① 부시체인　② 롤러체인
③ 블록체인　④ 핀틀체인

해설
- 부시체인 : 롤러와 부시를 일체화하여 간단하게 만든 롤러체인
- 롤러체인 : 가장 일반적으로 많이 사용되며 저속에서 고속까지 사용
- 핀틀체인 : 옵셋링크와 이음 핀으로 연결되어 있으며 옵셋링크에서 링크핀과 부시를 일체화 함

190 순간접착제의 종류로 고무제품 등을 접착시 사용되는 것은?

① 유화액형 접착제
② 감압형 접착제
③ 중합제형 접착제
④ 열용융형 접착제

해설
- 감압형 : 상온에서 사용 가능하며 약간의 힘을 가하여 접착시키는 접착제
- 열용융형 : 접착 후 냉각에 의하여 경화되는 접착제
- 유화액형 : 용매나 분산매의 증발에 의하여 경화되는 접착제

191 포화수증기압 이하로 압력이 낮아지면서 기포가 발생하는 현상은?

① 맥동현상　② 공동현상
③ 채터링현상　④ 수격현상

정답　186 ④　187 ③　188 ④　189 ③　190 ③　191 ②

192 기어 조립시 운전 초기에 자주 발생되는 현상은?

① 이의 절손   ② 스폴링
③ 스코어링   ④ 피칭

해설
- 피칭 : 기어 이의 표면에 가는 균열이 생겨 이의 면의 일부가 떨어져 나가는 것
- 스코어링 : 피칭보다 넓은 면적의 부분이 어느 정도의 두께를 가지고 떨어져 나가는 것
- 스폴링 : 피칭보다 더욱 넓은 부분이 어느 정도의 두께를 가지고 박리되는 현상이며 이 끝이 금이 가는 현상과 진행성 피칭의 구멍들이 연결되어 크게 박리되는 경우도 있다. 이 면의 경화기어에서 많이 발생
- 이의 절손 : 과부하 또는 충격에 의해 기어가 손상되는 현상

193 배관 지지장치의 높낮이를 조절할 때 사용되며 양 끝에 오른나사와 왼나사가 있는 너트는?

① 턴 버클   ② 플레이트 너트
③ 플랜지 너트   ④ T 너트

해설
- 플랜지 너트 : 체결 구멍이 클 때, 접촉면이 균일하지 않거나 큰 면압이 작용할 때 사용
- 플레이트 너트 : 볼트 구멍이 커서 접촉면이 거칠거나 큰 면압을 피하려고 할 때 사용
- T 너트 : 주로 공작기계의 작업 테이블내 T홈에 끼워 사용되며 공작물 고정용으로 사용

194 도면에서 부품란의 품번 순서는?

① 우에서 좌로 기록한다.
② 좌에서 우로 기록한다.
③ 아래에서 위로 기록한다.
④ 위에서 아래로 기록한다.

195 원심형 통풍기의 정기 검사 항목이 틀린 것은?

① 베어링의 진동상태
② 흡기, 배기능력
③ 통풍기 벨트의 작동 상태
④ 덕트 접촉부의 풀림 상태

해설
베어링 진동 상태는 송풍기의 점검 사항이다

196 나사의 표시 방법 중 G1/2 A 의 설명으로 옳은 것은?

① 관용 평행 암나사 G1/2 A급
② 관용 평행 수나사 G1/2 A급
③ 관용 테이퍼 암나사 G1/2 A급
④ 관용 테이퍼 수암나사 G1/2 A급

해설
관용 평행나사의 호칭 G1/2, 수나사 등급의 표시 A급

197 가열끼움 작업시 필요한 공구 및 기구가 아닌 것은?

① 마이크로미터   ② 래버린스
③ 서모미터   ④ 체인블록

해설
풀러, 수평프레스, 서모 크레이, 체인블록, 해머 등이 가열 작업 시 필요 공구 및 기계

198 도면의 투상도 길이가 50mm이고 실제 대상물의 길이가 100mm라면 도면의 척도는?

① 1 : 2 배척   ② 1 : 2 축척
③ 2 : 1 배척   ④ 2 : 1 축척

해설
1(도면에서의 크기) : 2(물체의 실제 크기)

정답 192 ③ 193 ① 194 ③ 195 ① 196 ② 197 ② 198 ②

199 임펠러의 진동시 임펠러에 시편을 붙여 교정하는 작업방법은?

① 밸런싱 작업 ② 코킹 작업
③ 센터링 작업 ④ 플러링 작업

해설

- 플러링, 코킹 : 리벳 체결에 있어서 기밀을 유지하기 위해 틈새를 없애는 작업
- 센터링 : 기계의 회전 중심에 공작물 등의 중심선을 맞추는 작업

200 분할핀의 호칭 방법으로 틀린 것은?

① 형식 ② 재료
③ 규격번호 ④ 호칭지름×길이

해설

핀의 호칭방법은 규격번호, 호칭지름×길이, 재료

201 유성기어 감속기에 대한 설명으로 틀린 것은?

① 큰 감소비를 얻을 수 있다.
② 감속기 기어의 잇수 차이가 있다.
③ 입형은 펌프를 이용하여 윤활한다.
④ 1kW 이하의 소형은 유욕 윤활을 한다.

해설

1kW 이하의 소형은 그리스로 윤활하고 그 이상은 유욕 윤활을 한다.

202 SM20C로 표시된 재료기호에서 20C는 무엇을 표시하는가?

① 재질등급 ② 재질번호
③ 최저 인장강도 ④ 탄소 함유량

해설

SM은 기계구조용 탄소강을 의미

203 송풍기 분해시 점검사항으로 틀린 것은?

① 송풍기 임펠러의 마모 상태 점검
② 송풍기 케이싱의 누설 및 이음 점검
③ 송풍기 내부의 퇴적물 부착 상태 점검
④ 샤프트 저널부의 접촉 여부 및 박리 상태 점검

해설

②번은 송풍기 운전 전 육안검사의 점검사항

204 공압 모터에 관한 설명 중 잘못된 것은? (단, n : 회전수(rpm), T : 구동토크(kgf·mm)이다.)

① 발생 토크는 회전 속도에 반비례한다.
② 공기 소비량은 회전 속도에 정비례한다.
③ 출력은 무부하 회전 속도의 약 1/2에서 최소로 된다.
④ 출력 = $\dfrac{n \cdot T}{716,200}$ (PS)이다.

해설

출력은 무부하 회전수의 1/2에서 출력이 최대가 된다

205 기계식 서보 밸브 설명과 관계 없는 것은?

① 위치 조정을 위하여 힘을 증폭하는 밸브이다.
② 축의 운동 방향 및 변위를 결정해 준다.
③ 조향 장치에 많이 사용된다.
④ 오리피스에서 증폭되어 큰 힘을 낸다.

해설

서보밸브

- 일반적으로 토크모터, 유압 증폭부, 안내 밸브로 구성되어 있다.
- 토크모터(전기 신호를 기계적 변위로 바꿔준다), 노즐 플래퍼(기계적 변위를 유압으로 변화시켜준다), 스풀부(유압을 증폭한다)의 3부분으로 구성된다.

정답 199 ① 200 ① 201 ④ 202 ④ 203 ② 204 ③ 205 ④

206 적은 기름으로 급속 이송 효과를 얻는데 꼭 필요한 회로는?

① 동조 회로(Synchronizing Circuit)
② 차동 회로(Differential Circuit)
③ 고정 회로(Locking Circuit)
④ 2단 스피드 회로(2-speed Circuit)

해설

- **동조 회로** : 싱크로나이징 회로. 두 개 이상의 유압 실린더를 동기 운동(완전히 동일한 속도나 위치로 작동)시키고자 할 때 사용
- **고정 회로 (Locking Circuit)** : 실린더 작동 중 임의의 위치에 실린더의 피스톤을 위치하고자 할 때 사용

207 실린더가 전진운동을 완료하고 실린더 축에 일정한 압력이 형성된 후에 후진운동을 하는 경우처럼 스위칭 작용에 별한 압력이 요구되는 곳에 사용되는 밸브는?

① 3/2way 방향 제어 밸브
② 4/2way 방향 제어 밸브
③ 시퀀스 밸브
④ 급속배기 밸브

208 다음은 방향 제어 밸브의 연결구를 표시하는 ISO 기준이다. 서로 연관이 없는 것은?

① 누출 라인 : 10, 12, 14 ↔ X, Y, Z
② 공급 라인 : 1 ↔ P
③ 배기구 : 3, 5, 7 ↔ R, S, T
④ 작업 라인 : 2, 4, 6 ↔ A, B, C

해설

밸브의 연결수 표시법

재료	ISO 1219	ISO 5599
작업 포트	A, B, C, ...	2, 4, 6, ...
공급 포트	P	1
배기 포트	R, S, T, ...	3, 5, 7, ...
제어 포트	X, Y, Z, ...	10, 12, 14, ...

209 펌프의 토출 압력이 높아질 때 체적 효율과의 관계는?

① 효율이 증가한다.
② 효율이 감소한다.
③ 효율은 일정하다.
④ 효율과는 무관하다

해설

압력은 단위면적당 작용하는 힘으로 토출압력이 높으면 체적효율은 감소한다.

210 단계적인 출력 제어가 가능한 실린더는?

① 텔레스코프 실린더
② 탠덤 실린더
③ 다위치 실린더
④ 충격 실린더

해설

- **텔레스코프 실린더** : 다단 튜브형 로드 형태로 실린더가 2개 이상 서로 맞물려 있는 것으로 긴 행정을 지탱할 수 있는 구조의 실린더
- **텐덤 실린더** : 2개의 실린더가 1개의 실린더 형태로 조립되어 있어 같은 크기의 실린더보다 2배의 큰 힘을 낼 수 있다.
- **다위치 실린더** : 2개 이상의 실린더가 복수로 연결되어 다위치 제어가 가능한 실린더. 행정 거리가 다른 2개의 실린더로 4개의 위치를 제어할 수 있다.
- **충격 실린더** : 빠른 속도를 얻을 때 사용

211 공기압 발생 장치 중 압축된 공기를 냉각하여 수분을 제거하는 장치는?

① 공기 압축기
② 공기 냉각기
③ 공기 조정 유닛
④ 공기 필터

해설

- **공기 압축기** : 대기 중의 공기를 압축하여 공압에너지를 생성해주는 기기
- **공기 조정 유닛** : 필터, 압력 조절 밸브, 윤활기로 이루어진 조합 밸브이다.
- **공기 필터** : 장비로 공급되는 압축공기의 수분 및 이물질을 제거하는 기기

정답 206 ② 207 ③ 208 ① 209 ② 210 ② 211 ②

212 조작력이 작용하고 있을 때의 밸브 몸체의 최종 위치를 나타내는 용어는?

① 노멀 위치 ② 중간 위치
③ 작동 위치 ④ 과도 위치

해설

조작력이 작용되기 전 상태는 노멀위치라 한다.

213 관로의 면적을 줄인 길이가 단면 치수에 비하여 비교적 긴 경우의 교축을 무엇이라 하는가?

① 초크 ② 오리피스
③ 공동 ④ 서지

해설

- 오리피스 : 관로 면적을 줄인 길이가 단면 치수에 비하여 비교적 짧은 경우의 교축
- 공동 : 국부적인 압력 강하나 온도 상승으로 유체 내에 공동이 생기는 현상
- 서지 : 유체의 유속이나 압력이 급격히 변화하는 현상

214 펌프 무부하 회로의 특징으로 틀린 것은?

① 펌프의 수명을 연장시킨다.
② 동력이 절감된다.
③ 유온의 상승을 방지한다.
④ 장치의 효율을 감소시킨다.

해설

무부하 회로
작업을 하지 않는 동안 시스템의 동력 절감과 발열 방지의 목적으로 펌프의 무부하 운전을 시키는 회로

무부하 회로의 장점
- 발열이 감소되어 유온 상승 억제
- 펌프의 수명이 길어진다.
- 동력이 절감되고 장치의 효율이 좋아진다.
- 작동유의 수명 연장

215 위험점의 5요소에 해당되지 않는 것은?

① 충격 ② 미끄러짐
③ 접촉 ④ 튀어나옴

해설

위험점의 5요소
함정, 충격, 접촉, 말림, 튀어나옴

216 미터인 회로와 미터아웃 회로의 공통점은?

① 릴리프 밸브를 통해 여분의 기름이 탱크로 복귀하지 않고 동력손실이 있다.
② 릴리프 밸브를 통해 여분의 기름이 탱크로 복귀하고 유온이 낮아진다.
③ 릴리프 밸브를 통해 여분의 기름이 탱크로 복귀하지 않는다.
④ 릴리프 밸브를 통해 여분의 기름이 탱크로 복귀하므로 동력손실이 크다.

해설

미터인 회로는 유량제어 밸브를 실린더 입구 측에 설치하며 이때 펌프 송출압은 릴리프 밸브의 설정압으로 정해지고 여분은 기름은 탱크로 복귀하여 동력손실이 크다.
미터아웃 회로는 유량제어 밸브를 실린더 출구 측에 설치하며 이때 펌프 송출압은 유량제어 밸브에 의한 배압과 부하저항에 결정되며 동력손실이 크다.

217 다음 중 2차 압력을 일정하게 만들 수 있는 밸브는?

① 시퀀스 밸브 ② 무부하 밸브
③ 릴리프 밸브 ④ 감압밸브

해설

감압밸브는 입구측 고압의 유체를 감압시켜 사용조건이 변동되어도 출구측 압력을 설정된 압력으로 일정하게 유지시킨다.

정답 212 ③ 213 ① 214 ④ 215 ② 216 ④ 217 ④

218 공압시스템의 고장 중 윤활유와 섞여 에멀전 상태가 되거나 수지 상태가 되어 밸브 동작의 방해되는 고장의 원인은?

① 이물질로 인한 고장
② 공기의 누설
③ 공급유량의 부족
④ 수분으로 인하 고장

219 다음 중 크레인의 안전 장치에 속하지 않는 것은?

① 백레스트
② 권과 방지 장치
③ 비상 정지 장치
④ 과부하 방지 장치

해설

백레스트 장치는 복수의 상자 또는 포대 물건 등을 쌓아 놓은 파레트 작업 등에서 포크 위에 얹혀진 짐이 낙하할 위험을 방지하기 위한 짐받이 틀로 주로 지게차 등에서 사용된다.

크레인 안전 장치
- 권과 방지 장치 : 와이어 로프 등의 권과를 방지하는 장치
- 과부하 방지 장치 : 기중기 등의 정격 총 하중을 초과하여 발생되는 안전 사고를 방지하는 장치
- 비상 정지 장치 : 기계가 비정상적으로 동작할 시 즉시 정지시키는 장치

220 이동식 사다리의 구조 조건으로 옳지 않은 것은?

① 견고한 구조로 할 것
② 재료는 심한 부상, 부식 등이 없는 것으로 할 것
③ 폭은 25cm 이상으로 할 것
④ 발판의 간격은 동일하게 할 것

해설

사다리의 폭은 30cm 이상, 길이는 6m 이내로 한다.

221 다음 중 고압가스 용기 보관 시 유의할 사항으로 옳지 않은 것은?

① 충전 용기와 잔가스 용기는 각각 구분하여 용기 보관 장소에 놓을 것
② 충전 용기는 항상 60℃ 이하의 온도를 유지할 것
③ 용기 보관 장소에는 계량기 등 작업에 필요한 물건 외에는 두지 않을 것
④ 용기 보관 장소의 주위 2m 이내에는 화기 또는 인화성 물질이나 발화성 물질을 두지 않을 것

해설

충전 용기는 항상 40℃ 이하의 온도를 유지한다.

222 안전, 보건표지의 색도 기준에서 빨간색으로 표시해야 하는 경우가 아닌 것은?

① 특정행위의 지시
② 유해, 위험의 경고
③ 정지신호
④ 유해행위의 금지

해설

안전·보건표지의 색도 기준

색채	용도	사용 예
빨간색	금지	정지신호, 소화설비 및 그 장소, 유해행위의 금지
	경고	화학물질 취급 장소에서의 유해·위험경고
노란색	경고	화학물질 취급 장소에서의 유해·위험경고 이외의 위험 경고, 주의표지 또는 기계 방호물
파란색	지시	특정행위의 지시 및 사실의 고지
녹색	안내	비상구 및 피난소, 사람 또는 차량의 통행표지
흰색		파란색, 녹색에 대한 보조색
검정색		문자, 빨간색, 노란색에 대한 보조색

정답 218 ④ 219 ① 220 ③ 221 ② 222 ①

223 정전기 대전을 억제하는 방법으로 틀린 것은?

① 부도전성 재료를 선정한다.
② 대전방지제를 사용한다.
③ 보호구를 착용한다.
④ 마찰을 적게 한다.

해설

정전기 방지대책
- 접지한다
- 가습한다
- 제전기를 사용한다
- 보호구를 착용한다
- 도전성재료를 사용한다
- 대전방지제를 사용한다
- 배관 내의 유속 조절, 정지시간의 확보

224 대통령령으로 정하는 유해·위험 설비를 보유한 사업장의 사업주는 공정안전보고서를 작성하여 제출하도록 되어 있다. 이때 공정안전보고서에 포함되는 내용이 아닌 것은?

① 공정 안전 자료
② 공정 위험성 평가서
③ 안전 운전 계획
④ 생산 공정 계획

해설

공정안전보고서의 내용
- 공정 안전 자료
- 공정 위험 평가서
- 안전 운전 계획
- 비상 조치 계획
- 기타 공정 안전과 관련하여 노동부장관이 필요하다고 인정하여 고시하는 사항

225 다음 중 송풍기의 냉각 방법에 의한 분류가 아닌 것은?

① 공기 냉각형
② 재킷 냉각형
③ 중간 냉각 다단형
④ 편 흡입형

해설

송풍기의 분류
- **냉각 방법에 의한 분류** : 공기 냉각형, 재킷 냉각형, 중간 냉각 다단형
- **임펠러 흡입구에 의한 분류** : 편 흡입형, 양 흡입형, 양쪽 흐름 다단형
- **흡입 방법에 의한 분류** : 대기 흡입형, 흡입관 취부형, 풍로 흡입형
- **단수에 의한 분류** : 단단형, 다단형
- **안내차에 의한 분류** : 안내차가 없는 형, 고정안내차가 있는 형, 가동 안내차가 있는 형

226 관로에서 유속의 급격한 변화에 의해 관 내 압력이 상승 또는 하강하는 현상은?

① 캐비테이션   ② 수격 작용
③ 서징 현상   ④ 크래킹

해설

- **수격현상** : 관로내 급격한 유속의 변화로 인하여 관 내 압력이 상승 또는 하강하는 현상
- **공동현상(캐비테이션 현상)** : 펌프 작동 시 흡입 양정이 너무 높거나 유속이 급속히 빠른 구간에서 압력 저하로 인하여 유체에 기포가 발생하는 현상
- **서징현상** : 과도적으로 상승한 압력, 유량, 회전 속도가 주기적으로 변동하여 기기에 진동을 발생시키는 현상

정답 223 ① 224 ④ 225 ④ 226 ②

227 스패너로 볼트 체결 시 죔 토크를 구하는 식을 바르게 나타낸 것은? (단, 죔 토크 T, 볼트 중심에서 손 중심까지의 거리 L(cm), 당기는 힘 F(kgf), 볼트 직경 D(cm)라 한다.)

① 죔 토크 $T = L \times F$(kgf·cm)

② 죔 토크 $T = \dfrac{L}{D} \times F$(kgf·cm)

③ 죔 토크 $T = L \times F \times \dfrac{\pi D^2}{4}$(kgf·cm)

④ 죔 토크 $T = L \times \dfrac{\pi D^2}{4}$(kgf·cm)

228 다음 중 윤활유가 유동성을 잃기 직전의 온도를 무엇이라고 하는가?

① 유동점 ② 점도
③ 노점   ④ 인화점

해설

- 노점 : 기체가 냉각되어 수증기가 포화 상태가 되어 이슬이 맺기 시작할 때의 온도
- 인화점 : 어떤 물질에서 증기가 발생되고 불씨에 의해 불이 일어날 수 있는 최저 온도
- 점도 : 유체(액체)가 유동할 때 나타나는 내부 저항

229 밸브 중 AND 요소로 알려져 있으며, 2개의 입력 신호가 다른 압력일 경우에 작은 압력 쪽의 공기가 출력되므로, 안전 제어 및 검사 기능 등에 사용되는 밸브는?

① 2압 밸브 ② 셔틀 밸브
③ 체크 밸브 ④ 감압 밸브

해설

AND 밸브는 2개 이상의 입력신호와 1개의 출력신호를 가지며 2개의 입력 신호가 존재 시 출력 신호를 발생하는 회로. 2압 밸브, 저압 우선(출력 측 기준) 밸브라고도 한다.

230 감속기의 점검 항목 - 점검 방법 - 판단 기준으로 틀린 것은?

① 윤활유 양 – 유면계의 위치 확인 – 상·하 한선 사이에 위치할 것

② 이상음, 진동, 발열 – 촉수, 청음봉 사용 – 진동, 이상음, 발열이 없을 것

③ 입·출력 원동축과 부하축의 중심 – 다이얼게이지, 직선자 사용 – 어긋남이 없을 것

④ 축 이음 상태 – 입·출력 축의 중심선 – 발열만 없으면 될 것

해설

④ 진동, 소음, 발열이 없을 것

231 깊은 홈형 볼 베어링 조립에 관한 설명으로 옳지 않은 것은?

① 끼워맞춤을 할 때 치수 공차를 확인한다.
② 열박음은 베어링을 가열 팽창시켜 축에 끼우는 방법이다.
③ 일반적으로 외륜과 하우징은 억지 끼워맞춤을 사용한다.
④ 열 박음을 할 때 베어링의 가열 온도는 100℃ 정도로 한다.

해설

③ 일반적으로 외륜과 하우징은 헐거운 끼워맞춤을 사용한다

232 전동기 운전 시 발생한 진동 현상의 원인으로 보기에 가장 거리가 먼 것은?

① 냉각 불충분
② 베어링의 손상
③ 커플링, 풀리 등의 마모
④ 로터와 스테이터의 접촉

해설

① 냉각 불충분은 전동기의 과열 현상을 발생시킨다.

정답 227 ① 228 ① 229 ① 230 ④ 231 ③ 232 ①

233 송풍기의 풍량이 부족한 경우의 원인이 아닌 것은?

① 송풍기 또는 덕트(duct)에 먼지 등이 쌓여 있어 저항이 증대되었을 때
② 회전수가 저하되었을 때
③ V-BELT의 장력이 너무 셀 때
④ 임펠러에 이물질이 끼었을 때

해설
V-BELT의 장력이 너무 느슨하면 슬립현상으로 열 발생과 회전수가 저하된다.

234 버니어캘리퍼스의 사용시 주의할 사항이 아닌 것은?

① 눈금을 읽을 때 눈금으로부터 직각 위치에서 읽는다.
② 정압장치가 있으므로 측정력은 제한이 없다.
③ 측정시 측정면의 이물질을 제거한다.
④ 측정시 본척과 부척의 영점을 일치시킨다.

235 진동이 있는 차량, 항공기 등의 체결용 요소의 풀림 방지 및 가스, 액체가 누설되는 것을 막기 위해서도 사용되며, 침투성이 좋고 경화한 후 무게가 감량되지 않으며 일단 경화되면 유류, 소금물, 유기 용제에 대하여 내성이 우수한 접착제는?

① 유화액(emulsion)형 접착제
② 혐기성 접착제
③ 금속 구조용 접착제
④ 중합제(prepolymer)형 접착제

해설
• 유화액형 접착제 : 용매 또는 분산매의 증발에 의하여 경화되는 것
• 금속 구조용 접착제 : 접착제의 중량이 적고 강도가 향상된다.
• 중합제형 접착제 : 중합, 축합 등의 화학 반응에 의하여 경화되는 것

236 강판을 정형하여 만든 너트로서 혀부분이 나사 밑에 파고 들어 풀림을 방지하는 너트는?

① 플레이트너트   ② 플랜지너트
③ 턴버클   ④ T너트

해설
• 플랜지 너트 : 체결 구멍이 클 때, 접촉면이 균일하지 않거나 큰 면압이 작용할 때 사용
• 턴버클 : 양 끝에 오른나사와 왼나사가 있어 배관 지지장치의 높낮이를 조절할 때 사용
• T 너트 : 주로 공작기계의 작업 테이블내 T홈에 끼워 사용되며 공작물 고정용으로 사용

237 토출양정을 높이기 위해 사용되는 펌프는?

① 양흡입펌프
② 다단펌프
③ 추력펌프
④ 단단펌프

238 기어재료의 연질이나 충격 과하중의 원인으로 기어가 파손되는 것은?

① 어브레이진
② 피칭
③ 이의 절손
④ 스폴링

해설
• 피칭 : 이면에 과하중을 받거나 이면이 조잡할 경우
• 이의절손 : 충격, 이물질의 혼입, 반복피로, 과부하로 인한 절손
• 어브레이진 : 기어 자체의 마모분이나 외부로부터의 먼지 혼입이 원인

정답 233 ③ 234 ② 235 ② 236 ① 237 ② 238 ④

239 기계제도에서 길이 방향으로 절단하면 오히려 이해하는데 지장을 초래하기 쉬운 기계요소들로만 짝지어진 것은?

① 축, 후크, 림
② 리벳, 얇은 판, 형강
③ 리브, 암, 기어 이
④ 풀리, 체인, 벨트

> 해설
> 길이 방향으로 절단하지 않는 기계 요소
> 축, 바퀴의 암, 기어의 이, 핀, 볼트, 너트, 와셔, 리벳, 작은 나사, 키, 볼베어링 안의 볼, 롤러 베어링 안의 롤러 등이 있다.

240 체인 사용시 주의사항으로 틀린 것은?

① 체인블럭을 2개 사용 시 무게중심이 한곳으로 쏠리게 사용한다.
② 용량에 맞는 체인을 사용한다.
③ 정격하중의 70~75%, 충격하중은 4분의1 이하로 사용한다.
④ 무게중심을 맞추고 모서리는 피한다.

> 해설
> 체인블럭을 2개 사용 시 무게중심이 한곳으로 쏠리지 않게 한다.

241 가는 1점쇄선으로 표시하지 않는 선은?

① 가상선
② 중심선
③ 피치선
④ 기준선

> 해설
> 가상선은 가는 2점쇄선이다.

242 상온에서 유동적인 접착성 물질로 마른 후 일정시간이 지남 후 건조되어 누설을 방지하는 개스킷은?

① 액상개스킷
② 고무개스킷
③ 석면개스킷
④ 접착개스킷

243 주문할 사람에게 물품의 내용 및 가격 등을 설명하기 위한 도면은?

① 제작도
② 주문도
③ 견적도
④ 승인도

> 해설
> • 제작도 : 제품을 제작할 때 필요한 정보를 표시한 도면
> • 주문도 : 주문자의 요구 사항을 제작자에게 제시하는 도면으로 주문서와 같이 사용된다.
> • 승인도 : 제작자가 주문자의 검토를 거쳐 승인을 받아 계획 및 제작을 하기 위한 기초 도면

244 송풍기용 베어링의 전식 방지 대책으로 옳지 않은 것은?

① 축을 접지한다.
② 유체 윤활 상태를 유지한다.
③ 모든 베어링을 절연 조치한다.
④ 베어링 지지대를 비자성 재료로 사용한다

> 해설
> 전기부식 방지책을 의미하며 ②번항은 방지 대책과 무관하다.

정답 239 ③ 240 ① 241 ① 242 ① 243 ③ 244 ②

245 다음 중 석유계 윤활유가 아닌 것은?

① 파라핀기 윤활유
② 나프텐기 윤활유
③ 혼합 윤활유
④ 합성 윤활유

해설

합성 윤활유는 비광유계 윤활유이다.

246 도면에서 2종류 이상의 선이 같은 장소에서 중복될 경우 최우선되는 종류의 선은?

① 외형선
② 숨은선
③ 절단선
④ 중심선

해설

선의 우선순위

외형선 → 숨은선(은선) → 절단선 → 중심선 → 무게중심선 → 치수보조선

247 글루브 밸브에 관한 설명으로 틀린 것은?

① 개폐가 빠르다.
② 압력강하가 적다.
③ 구조가 간단하다.
④ 유체 저항이 크다.

해설

압력강하가 크다

248 기계제도에서 패킹, 박판 등 얇은 물체의 단면 표시 방법은?

① 1개의 가는 실선으로 표시
② 1개의 가는 1점 쇄선으로 표시
③ 1개의 아주 굵은 실선으로 표시
④ 1개의 굵은 파선으로 표시

249 바이스, 클램프 등은 공구의 분류상 어디에 속하는가?

① 절삭 공구
② 수작업 공구
③ 연삭 공구
④ 부착구

250 계측기 장치 방법 중 측정자가 계측 대상에 접근해서 직접 측정하는 직접 측정식 계측기의 종류가 아닌 것은?

① 측장기
② 수은 온도계
③ 마이크로미터
④ 원격식 계측기

해설

직접 측정기

버니어 캘리퍼스, 마이크로미터, 측장기, 각도자, 수은 온도계 등

251 윤활관리의 최종 목적은?

① 생산성 향상
② 정기적 급유
③ 올바른 급유
④ 고장의 감소

252 난연성이 우수한 작동유에 비해 값이 싸고 사용하기 용이한 석유계 작동유에 속하는 것은?

① 수중 유형 유화유
② 내마모성형 작동유
③ 물-글리콜형 작동유
④ 인상 에스텔형 작동유

해설

난연성 작동유의 종류

수중유형 유화유, 유중수형 유화유, 물-글리콜형 작동유, 인상 에스텔형 작동유

정답 245 ④ 246 ① 247 ② 248 ③ 249 ④ 250 ④ 251 ① 252 ②

253 유압 실린더를 그림과 같은 회로를 이용하여 단조 기계와 같이 큰 외력에 대항하여 행정의 중간 위치에서 정지시키고자 할 때 점선 안에 들어갈 적당한 밸브는?

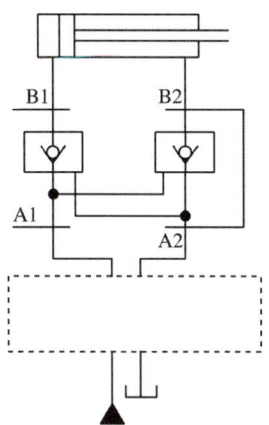

①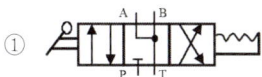

②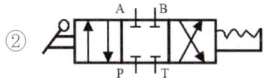

③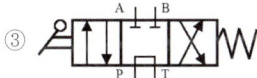

④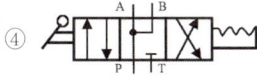

254 압력보상형 유량 제어 밸브에 대한 설명이다. 맞는 것은?

① 실린더 등의 운동 속도와 힘을 동시에 제어할 수 있는 밸브이다.
② 밸브의 입구와 출구 압력 차이를 일정하게 유지하는 밸브이다.
③ 체크 밸브와 교축 밸브로 구성되어 한 방향으로 유량을 제어한다.
④ 유압 실린더 등의 이송 속도를 부하에 관계없이 일정하게 할 수 있다

255 유압 시스템의 수정 회로 설계 중 보수 관리를 고려한 회로에 해당되지 않은 것은?

① 가속 회로
② 작동유 점검을 위한 회로
③ 플러싱 회로
④ 기능 점검을 고려한 회로

해설

보수 관리를 고려한 회로

플러싱 회로, 기능 점검을 고려한 회로, 작동유 점검을 위한 회로, 보수 관리를 위한 회로

256 체크 밸브 또는 릴리프 밸브 등 밸브의 입구측 압력이 상승하여 밸브가 열리기 시작하여 어떤 일정한 흐름의 양으로 안정되는 압력은?

① 최초 압력
② 서지 압력
③ 크래킹 압력
④ 리스트 압력

257 포핏(poppet)식 공압 방향 제어 밸브의 장점은?

① 밸브의 이동 거리가 길다.
② 밸브 시트는 탄성이 있는 실(seal)에 의해 밀봉되어 공기 누설이 잘 안 된다.
③ 다방향 밸브로 되어도 구조가 간단하다.
④ 공급 압력이 밸브에 작용하지 않기 때문에 큰 변환 조작이 필요 없다.

해설

포핏식 밸브의 특징
- 구조가 간단하고 이동 거리가 짧다.
- 다방향 밸브로 되면 구조가 복잡하다.
- 공급 압력이 밸브에 작용하기에 큰 변환 조작이 필요하다.

정답 253 ① 254 ④ 255 ① 256 ③ 257 ②

258 유압 장치는 작은 힘으로 큰 힘을 낼 수 있는 장치이다. 이를 설명할 수 있는 원리는 어느 것인가?

① 연속의 법칙
② 베르누이 원리
③ 레이놀즈 수
④ 파스칼의 원리

해설
- **연속의 법칙** : 어떤 유체가 관 속을 통과할 때, 단위시간 동안 유입된 양과 유출량은 같아야 한다.
- **베르누이 원리** : 점성이 없는 비압축성의 액체가 수평관을 흐를 때 속도에너지, 위치에너지, 압력에너지의 합은 항상 일정하다.
- **레이놀즈 수** : 유체의 점성력과 관성력의 비로 층류와 난류를 구별하기 위해 사용된다.

259 그림과 같은 전기 기기를 나타내는 기호의 명칭은?

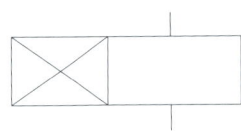

① 카운터
② 여자 지연 타이머
③ 압력 스위치
④ 누름 버튼 스위치

해설
- **여자지연타이머** : 전기가 공급되고 일정시간 경과한 후 접점이 닫히거나 열리고, 전기를 끊으면 순시에 접점이 열리거나 닫히는 것으로 ON 딜레이 타이머라고도 한다.
- **소자지연타이머** : 전기가 공급되고 순시에 접점이 닫히거나 열리고, 전기를 끊으면 일전시간이 지나 접점이 열리거나 닫히는 것으로 OFF 딜레이 타이머라고도 한다.

260 밸브의 개폐 정도 또는 교축 정도 등을 변화시키기 위하여 스풀의 이동량을 규제하는 조정기구는?

① 드레인 제한 기구
② 가변 내부 제한 기구
③ 가변 기호 제한 기구
④ 가변 행정 제한 기구

261 공압시스템을 설계할 때 각종 기기의 선정 방법에 관한 사항으로 옳은 것은?

① 공압 필터는 통과 공기량보다 작은 것을 선정한다.
② 윤활기는 공기량에 대해 압력 강하가 가능한 한 작은 쪽이 좋다.
③ 솔레노이드 밸브의 유량은 실린더의 필요 공기량과 같아야 한다.
④ 압력 조정 밸브는 1차 압력의 부하 변동에 따른 유량 변화에 대하여 2차 압력의 변화가 커야 한다.

해설
① 공압 필터는 통과 공기량보다 큰 것으로 선정하지 않으면 압력손실이 클 때 작동기기에 영향을 준다.
③ 솔레노이드 밸브는 실린더의 필요한 공기량의 2~3배 이상을 공급할 수 있는 것으로 한다.
④ 압력 조정 밸브는 1차 압력의 부하 변동에 따른 유량 변화에 대하여 2차 압력의 변화가 작아야 한다.

정답 258 ④ 259 ② 260 ④ 261 ②

262 그림이 나타내는 밸브의 특징에 관한 설명으로 옳지 않은 것은?

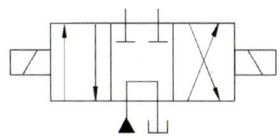

① 탠덤 센터형의 4/3way 밸브이다.
② 솔레노이드에 의하여 제어 위치가 변한다.
③ 일명 바이패스형 밸브로 실린더를 임의의 위치에서 고정할 수 있다.
④ 검은색 삼각형으로 표시된 위치에 대한 기호는 A, B, C 중 하나를 임의로 사용할 수 있다.

해설

④ 검은색 삼각형으로 표시된 위치에 대한 기호는 P를 사용하여야 한다.

263 안정하게 통행할 수 있는 통로의 조명은 몇 럭스 이상으로 하여야 하는가?

① 15 ② 30
③ 45 ④ 75

해설

- 초정밀작업 : 750룩스 이상
- 정밀작업 : 300룩스 이상
- 보통작업 : 150룩스 이상
- 기타작업 : 75룩스 이상

264 솔레노이드 밸브에서 전압이 깔려 있는데도 아마추어가 작동되지 않는 원인이 아닌 것은?

① 전압이 너무 낮음
② 실링시트의 마모
③ 아마추어의 고착
④ 전압이 너무 높음

해설

아마추어 미작동 원인

아마추어 고착, 전압이 너무 높거나 낮음, 소레노이드 코일의 소손 등

265 안전교육에 있어 작업자가 설비에 대하여 조작상의 위험성 등에 관하여 교육하는 것은?

① 전달교육 ② 지식교육
③ 기능교육 ④ 태도교육

해설

안전교육의 3단계

- 1단계 : 지식교육(지식의 전달과 이해)
- 2단계 : 기능교육(실습, 시범을 통한 이해)
- 3단계 : 태도교육(안전의 습관화)

266 유압 펌프에서 기름이 토출하지 않을 때 점검할 사항이 아닌 것은 무엇인가?

① 펌프의 회전 방향이 옳은지 검사한다.
② 석션 스트레이너의 눈 간격을 확인한다.
③ 규정된 점도의 기름이 있는지 확인한다.
④ 릴리프 밸브 자체의 고장 여부를 점검한다.

해설

④ 릴리프 밸브 자체의 고장 여부는 기름의 토출과는 무관하다

정답 262 ④ 263 ④ 264 ② 265 ② 266 ④

267 제어신호가 입력된 후 일정한 시간이 경과된 후 작동되는 시간지연밸브의 구성요소가 아닌 것은?

① 공기 저장 탱크
② 속도제어 밸브
③ 3/2way 밸브
④ 압력증폭기

268 인화성 기체의 폭발상한계에 대한 설명으로 맞는 것은?

① 공기나 산소 농도의 증가에 따라 폭발한계는 일반적으로 좁아진다.
② 불활성 기체를 첨가하면 좁아진다.
③ 온도를 증가시키면 일반적으로 좁아진다.
④ 압력을 증가시키면 일반적으로 좁아진다.

269 금속물질 화재의 소화방법으로 좋지 않은 것은?

① 포말소화
② 물
③ 건조사
④ 탄산가스

해설
물은 냉각소화이다. 금속물질 화재 사용시 확대된다.

270 안전 난간은 임의의 점에서 임의의 방향으로 움직이는 몇 kg 이상의 하중에 견딜 수 있는 구조이어야 하는가?

① 10
② 100
③ 500
④ 800

271 가연성 액체나 고체의 표면에 순간적으로 화염을 접근시킬 경우, 연소시키는데 필요한 만큼의 증기를 발생하는 최저 온도를 무엇이라고 하는가?

① 발화점
② 폭발점
③ 연소점
④ 인화점

해설
- 발화점 : 가연성 물질이 불을 대지 않아도 스스로 연소를 시작할 수 있는 최저 온도
- 폭발점 : 불이 붙는 착화점 이상의 온도로 불이 붙으면 전체가 한번에 폭발하므로 폭발점을 따로 정하지는 않는다.
- 연소점 : 어떤 물질에서 증기가 발생되고 불씨에 의해 불이 일어 날 수 있는 최저 온도

272 산업 현장에서 분류하는 상해의 종류가 아닌 것은?

① 골절
② 추락
③ 동상
④ 타박상

해설
추락은 사고로 분류된다.

273 도면에 반드시 기입해야 할 양식이 아닌 것은?

① 중심마크
② 윤곽선
③ 표제란
④ 비교눈금

해설
④ 비교눈금이 아니라 부품란이다.

정답 267 ④ 268 ② 269 ② 270 ② 271 ④ 272 ② 273 ④

274 한쪽 방향으로는 회전하고 반대 방향으로는 회전이 불가능하도록 만든 장치 또는 기구는?

① 링크 기구
② 래칫 기구
③ 블록 브레이크 장치
④ 밴드 브레이크 장치

275 내연기관의 윤활유에 연료유가 혼입되어 윤활유의 점도가 변화하는 현상은?

① 윤활유의 산화
② 윤활유의 탄화
③ 윤활유의 유화
④ 윤활유의 희석

해설
- 윤활유의 산화 : 공기중의 산소와 반응하여 색상이 변색되고 점도가 증가
- 윤활유의 탄화 : 윤활유가 가열 분해되어 기화된 가스가 산소와 결합하여 오일이 건유되고 탄화되어 다량의 탄소 잔류물이 발생
- 윤활유의 유화 : 수분과 혼합되어 유화액을 만드는 현상

276 송풍기 축의 온도 상승에 의한 신장에 대한 대책은?

① 전동기축 베어링의 신장되도록 한다.
② 반 전동기축(자유축) 방향으로 신장되도록 한다.
③ 양쪽이 모두 신장되도록 한다.
④ 신장되지 못하도록 제한한다

해설
송풍기 축의 신장은 압축열이나 취급하는 유체의 온도 등의 영향으로 축 방향으로 신장된다. 대책으로는 전동기 축 베어링은 고정하고 전동기 축 반대 방향으로 신장되도록 한다.

277 다음 중 윤활 관리의 효과와 거리가 먼 것은?

① 윤활 사고의 방지
② 동력 비용의 증대
③ 제품 정도의 향상
④ 보수 유지 비용의 절감

278 비교측정에 대한 설명으로 틀린 것은?

① 비교측정에 사용되는 게이지는 다이얼게이지, 미니미터, 옵티미터, 틈새게이지 등이 있다.
② 길이뿐 아니라 면의 각종 모양 측정이나 공작기계의 정도검사 등 사용범위가 넓다.
③ 제품의 치수가 고르지 못한 것을 계산하지 않고 알 수 있다.
④ 양이 적고 종류가 많은 제품 측정에 적합하다.

해설
④번 항은 직접측정에 대한 설명이다.

279 코일스프링의 제도 원칙에 대한 설명으로 틀린 것은?

① 하중과 높이 또는 힘과의 관계를 표시할 필요가 있을 때는 선도 또는 요목표에 표시한다.
② 스프링의 종류와 모양만을 도시할 때에는 재료의 중심선만 굵은 실선으로 그린다.
③ 특별한 단서가 없는 한 모두 오른쪽 감기로 도시한다.
④ 스프링은 원칙적으로 하중이 걸린 상태로 도시한다.

해설
하중이 걸리지 않은 상태로 도시한다.

정답   274 ②   275 ④   276 ②   277 ②   278 ④   279 ④

280 배관 설비 중 나사 이음부의 누설이 발생했을 때 정비 내용으로 잘못된 것은?

① 나사 이음부의 누설이 발생했을 경우 그 상태로 밸브나 관을 더 죈다.
② 플랜지부터 순차적으로 누설 부위까지 분해하여 상태를 확인한다.
③ 누설 부위의 교체 여부를 판단한 후 교체가 불필요할 때에는 실(seal) 테이프를 감고 다시 조립한다.
④ 관의 분해, 교체가 용이하게 플랜지나 유니언 이음쇠가 적당히 배치되도록 한다.

해설

관을 더 조이면 반대 측의 나사부에 풀림이 생겨 누설 개소가 이동될 수 있다.

281 벨트 폴리의 도시법으로 틀린 것은?

① 방사형으로 되어 있는 암은 길이 방향으로 절단하여 도시한다.
② 암의 단면은 도형의 안이나 밖에 회전 단면으로 도시한다.
③ 모양이 대칭형인 벨트 폴리는 그 일부분만 도시할 수 있다.
④ 벨트 폴리는 축 직각 방향의 투상을 정면으로 한다.

해설

방사형으로 되어 있는 암은 수직 또는 수평 중심선까지 회전하여 투상한다.

282 다음은 나사의 표시방법이다. 설명으로 틀린 것은?

좌 2줄 M50 × 2 − 6H

① 2줄 왼나사이다.
② 미터 가는나사이다.
③ 6H는 나사의 등급을 의미한다.
④ 특별한 지시가 없으며 유니파이 나사를 의미한다.

해설

왼쪽 2줄 미터 가는 나사 암나사 등급 6을 나타낸다.

283 합성고무와 합성수지 및 금속 클로이드 등을 주성분으로 제조된 것으로 어떤 상태의 접합 부위에도 쉽게 바를 수 있고 누설을 방지하기 위해 사용하는 것은?

① 액상 가스킷　② 록타이트
③ 바세린 방청유　④ 감압형 접착제

해설

액상 가스킷

합성고무, 합성수지, 금속 클로이드를 주성분으로 하여 액상 상태로 사용하는 가스킷

284 송풍기에서 베어링의 온도가 급상승하는 경우 점검하여야 사항으로 틀린 것은?

① 관통부에 펠트가 쓰이는 경우 이것이 축에 강하게 접촉되어 있지 않은지 점검한다.
② 미끄럼 베어링은 오일 링의 회전이 정상인가 점검한다.
③ 송풍기의 회전 방향을 점검한다.
④ 윤활유의 적정 여부를 점검한다.

정답 280 ① 281 ① 282 ④ 283 ① 284 ③

> **해설**
>
> 송풍기 베어링 온도 급상승 시 점검 사항
> - 축 관통부와 축 틈새가 균일한지 점검
> - 윤활유의 적정 여부 점검
> - 베어링의 외륜에 외력이 작용되고 있지 않은지 점검
> - 베어링은 궤도량이나 진동체에 흠집 여부를 점검
> - 오일링의 회전이 정상인지 확인
> - 베어링 메탈과 축과의 간섭이 정상인지 확인

285 글루브 밸브에 관한 설명으로 틀린 것은?

① 개폐가 빠르다.
② 압력강하가 적다.
③ 구조가 간단하다.
④ 유체 저항이 크다.

> **해설**
>
> 압력강하가 크다

286 금속과 반응해서 저융점 물질을 형성하여 금속 표면의 요철을 고르게 하고 미끄러지기 쉽게 하는 물질로서 그리스에 첨가하는 첨가제로 옳은 것은?

① 극압제
② 유동성 강하제
③ 부식 방지제
④ 점도지수 향상제

> **해설**
>
> - 산화 방지제 : 산화 반응 속도를 늦추어 주는 물질
> - 극압 첨가제 : 그리스의 경계윤활에 있어서 유막 강도를 높여서 윤활면의 눌어붙음을 방지하는 첨가제
> - 부식 방지제 : 금속의 부식을 방지하는 물질
> - 구조 안정제 : 그리스의 증주제 구조를 안정화시키는 작용을 하는 첨가제
> - 점착성 향상제 : 그리스의 비산과 튐을 방지하여 점착력을 향상시키는 물질
> - 점도지수 향상제 : 점도변화가 적고 유막이 잘 유지되도록 향상시켜주는 첨가제
> - 유동점 강하제 : 석유계 액체의 유동성을 향상시키기 위한 첨가제
> - 내마모제 : 피스톤 등의 왕복운동 시 내마모성을 향상시키기 위한 첨가제

287 감속기의 기어박스를 점검한 결과 이뿌리 면이 상대편 기어의 이끝 통로에 따라 마모되었다. 문제 해결 방법으로 옳지 않은 것은 무엇인가?

① 압력각을 증가시킨다.
② 기어의 이끝 면을 가공한다.
③ 기어의 이끝 높이를 크게 한다.
④ 피니언의 이뿌리 면을 가공한다.

> **해설**
>
> 이의 간섭 방지법(언더 컷 방지법)
> - 압력각을 증가시킨다.
> - 기어의 이끝 면을 가공한다.
> - 피니언의 이뿌리 면을 가공한다.
> - 기어의 이끝 높이를 작게 한다.

288 부품의 수명이 짧거나 설계 불량, 제작 불량 등에 의한 결점이 나타나는 고장 시기는 언제인가?

① 초기 고장기
② 우발 고장기
③ 돌발 고장기
④ 노후 고장기

> **해설**
>
> 배스터브(욕조) 곡선
> - 초기 고장기 : 신설비 도입 시 시간에 따라 고장 발생이 감소하는 구간
> - 우발 고장기 : 시간에 따른 고장률이 일정한 구간
> - 마모 고장기 : 시간에 따라 설비의 마모 및 열화에 의해 고장률이 증가하는 구간

정답 285 ② 286 ① 287 ③ 288 ①

289 압축기 밸브 부품 중 밸브 스프링의 교환에 대한 내용으로 잘못된 것은?

① 자유 상태에서 높이가 규정치 이하로 되었을 때 교환한다.
② 손으로 간단히 수정하여 사용해서는 안 된다.
③ 교환 시간이 되면 기준치 내에서도 교환한다.
④ 교환 시간이 되어도 탄성 마모가 없으면 교환하지 않는다.

해설

교환 시간이 되었을 때 탄성 마모가 없어도 교환한다.

290 흡수식 공기건조기의 특징으로 옳지 않은 것은 무엇인가?

① 설치가 간단하다.
② 취급이 용이하다.
③ 기계적 마모가 적다.
④ 에너지공급이 필요하다.

해설

에너지 공급이 필요 없다.

291 다음 중 기어의 손상에서 이 면의 열화에 해당되는 손상의 원인으로 옳은 것은?

① 피로 파손
② 이면의 균열
③ 소성 항복
④ 과부하 절손

해설

기어의 치면 열화 원인으로 습동마모, 소성항복, 용착, 표면의 피로, 이면의 간섭 등이 있다.

292 펌프의 운전시 이상음의 발생원인이 아닌 것은?

① 글랜드 패킹이 불량할 경우
② 공기를 흡입하였을 경우
③ 임펠러에 이물질이 막혔을 경우
④ 캐비테이션(공동형상)이 발생했을 경우

해설

이상음의 발생원인
- 메탈 베어링이 불량할 경우
- 임펠러가 맞닿을 경우
- 공기를 흡입하였을 경우
- 캐비테이션(공동형상)이 발생했을 경우
- 임펠러에 이물질이 막혔을 경우

293 플랜지 커플링을 분해 조립 시 유의사항으로 틀린 것은?

① 축과 축의 흔들림 공차는 0.05mm로 한다.
② 축과 플랜지 원주면에 대한 흔들림은 0.03 mm 이내로 한다.
③ 배관의 일부처럼 사용하므로 조임 여유를 많이 두어야 한다.
④ 분해할 때 플랜지에 과도한 힘을 주어 변형이 일어나면 재사용하기 어렵다.

해설

플랜지 커플링 조립과 분해 시 유의사항
- 배관의 일부처럼 사용하므로 조임 여유를 많이 두지 않는다.
- 축과 축의 흔들림 공차는 0.05mm로 한다.
- 분해할 때 플랜지에 과도한 힘을 주어 변형이 일어나면 재사용하기 어렵다.
- 축과 플랜지 원주면에 대한 흔들림은 0.03mm 이내로 한다.

정답 289 ④ 290 ④ 291 ③ 292 ① 293 ③

294 베인식 압축기의 특징이 아닌 것은?

① 소형으로 공기압 모터 등의 공급원으로 사용
② 고속회전으로 고주파음 발생
③ 소음과 진동이 적다
④ 공기를 안정되게 공급한다.

해설

②번 항은 스크루식 압축기의 특징이다.

295 압축기 베어링의 눌어붙음 사고에 대한 원인은?

① 이물질의 혼입
② 미터 간격 조정 불량
③ 앤드 플레이트의 조정 불량
④ 측면 간격, 스러스트 간격의 조정 불량

해설

베어링의 사고와 원인

현상	원인
이상 온도의 상승	• 미터 간격 조정 불량 • 측면 간격, 스러스트 간격의 조정 불량
눌어붙음	• 앤드 플레이트의 조정 불량
이상음의 발생	• 이물질의 혼입 • 오일 냉각 부족 • 윤활유 종류의 부적합 • 윤활유의 부족(Oil Hole의 막힘 기름의 누설) • 기름의 노화 오염(기름 교체)

296 공압 실린더의 지지형식에서 가장 튼튼한 설치방법이지만 부하의 운동 방향과 축의 중심을 일치시켜야 되는 것은?

① 트러니언형   ② 크래비스형
③ 플랜지형   ④ 풋형

해설

- 풋형 : 간단하고 일반적으로 많이 사용되며 주로 경부하용으로 사용
- 크레비스형 : 부하와 실린더의 요동 방향을 일치시켜 피스톤 로드에 횡하중이 걸리지 않도록 사용
- 트러니언형 : 실린더 로드 중심선에 대해서 직각 방향으로 실린더의 양측으로 뻗은 원통 형태의 피봇으로 지탱하여 사용

297 다음 중 타르 제거용 필터에 대한 설명이 아닌 것은?

① 압축공기 중에 들어있는 0.3μm 이상의 타르, 카본 등의 고형물질을 제거해 주는 필터이다.
② 필터의 수명은 압력 강하가 0.7kgf/cm² 에 이르면 엘리먼트를 교환한다.
③ 필터의 압력 강하를 측정하기 위하여 차압계를 설치하는 것이 좋다.
④ 타르 제거용 필터 앞에는 반드시 유분 제거용 필터를 설치하는 것이 바람직하다.

해설

유분제거용 필터 앞에는 반드시 타르제거용 필터나 5μm의 프리필터를 설치하는 것이 바람직하다.

정답   294 ②   295 ③   296 ③   297 ④

298 도면에서 (B)로 표시한 밸브의 이름은 무엇인가?

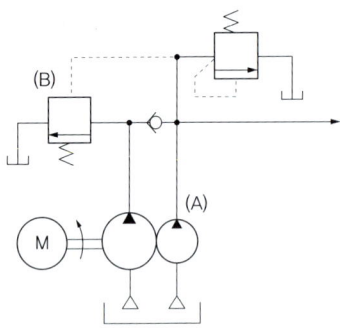

① 시퀀스 밸브   ② 릴리프 밸브
③ 언로드 밸브   ④ 유량 조절 밸브

해설
Hi-Lo에 의한 무부하 회로이며 언로드밸브로 사용된다.

299 유압용 방향제어밸브의 구조에 따른 분류에서 슬라이드 밸브의 특징은?

① 이물질에 둔감하다.
② 밀봉이 우수하다.
③ 작동거리가 짧다.
④ 누유가 발생한다.

해설
슬라이드 밸브는 구조상 누설이 있다.

300 면적을 감소시킨 통로로서 길이가 단면 치수에 비하여 비교적 짧은 경우의 유동 교축부는?

① 초크(choke)   ② 플런저(plunger)
③ 스풀(spool)   ④ 오리피스(orifice)

301 유압펌프에서 소음이 발생되는 원인이 아닌 것은?

① 작동유의 점도가 너무 큰 경우
② 흡입관이 막혀 있는 경우
③ 기름 중에 기포가 있는 경우
④ 펌프의 회전 방향과 원동기의 회전 방향이 다른 경우

해설
펌프의 소음이 발생하는 경우
- 펌프의 회전이 너무 빠른 경우
- 작동유의 점도가 너무 큰 경우
- 여과기가 너무 작은 경우
- 흡입관이 막혀 있는 경우
- 기름 중에 기포가 있는 경우
- 흡입관의 접합부에서 공기를 빨아들이는 경우
- 펌프축과 원동기축의 중심이 맞지 않는 경우

302 어큐뮬레이터를 활용한 회로가 아닌 것은?

① Hi-Lo에 의한 무부하 회로
② 사이클 시간단축회로
③ 압력 완충회로
④ 압력 유지회로

해설
어큐뮬레이터(축압기)의 용도
- 에너지 축적용
- 유량의 보조원
- 서지압 및 맥동 흡수
- 2차회로의 구동
- 압력을 일정하게 유지(압력보상)

정답   298 ③   299 ④   300 ④   301 ④   302 ①

303 유압 요동 모터 중 피스톤형 요동 모터의 종류가 아닌 것은?

① 피스톤 체인형　② 래크 피니언형
③ 피스톤 링크형　④ 피스톤 케이블형

> **해설**
> 피스톤형 요동 액추에이터의 종류로는 래크 피니언형, 피스톤 체인형, 피스톤 링크형 등이 있다.

304 5포트 2위치 방향 제어 밸브의 연결구 표시 중 작업(동작) 라인의 숫자 표시(ISO규격)는 무엇인가?

① 1, 3　② 2, 4
③ 3, 5　④ 12, 14

> **해설**
>
> | 재료 | ISO 1219 | ISO 5599 |
> |---|---|---|
> | 작업 포트 | A, B, C, … | 2, 4, 6, … |
> | 공급 포트 | P | 1 |
> | 배기 포트 | R, S, T, … | 3, 5, 7, … |
> | 제어 포트 | X, Y, Z, … | 10, 12, 14, … |

305 공압 모터의 특징으로 옳은 것은?

① 배기음이 적다.
② 과부하 시 위험성이 크다.
③ 에너지 변환 효율이 높다.
④ 공기의 압축성에 의해 제어성은 그다지 좋지 않다.

> **해설**
>
> **공압 모터의 특징**
> - 과부하 및 폭발의 위험성이 없다.
> - 출력 대비 중량비가 크다.
> - 정역회전 및 속도 제어가 간단하다.
> - 에너지원 특성상 작동 시 발열이 적고 작업 환경이 청결하다.
> - 공기의 압축성 때문에 제어성이 떨어진다.
> - 다른 에너지원보다 에너지 변환 효율이 낮다.
> - 배기 소음이 크고 고정도를 유지하기가 어렵다.

306 공압 시스템을 설계할 때 각종 기기의 선정방법에 관한 사항으로 옳은 것은?

① 공압 필터는 통과 공기량보다 작은 것을 선정한다.
② 윤활기는 공기량에 대해 압력 강하가 가능한 한 작은 쪽이 좋다.
③ 솔레노이드 밸브의 유량은 실린더의 필요 공기량과 같아야 한다.
④ 압력 조정 밸브는 1차 압력의 부하 변동에 따른 유량 변화에 대하여 2차 압력의 변화가 커야 한다.

> **해설**
> ① 공압 필터는 통과 공기량보다 큰 것으로 선정하지 않으면 압력손실이 클 때 작동기기에 영향을 준다.
> ③ 솔레노이드 밸브는 실린더의 필요한 공기량의 2~3배 이상을 공급할 수 있는 것으로 한다.
> ④ 압력 조정 밸브는 1차 압력의 부하 변동에 따른 유량 변화에 대하여 2차 압력의 변화가 작아야 한다.

307 유압 펌프의 종류가 아닌 것은?

① 기어 펌프　② 실린더 펌프
③ 나사 펌프　④ 피스톤 펌프

> **해설**
>
> **펌프의 분류**
> - 비용적형 : 원심 펌프(벌류트 펌프, 터빈 펌프), 축류형 펌프, 혼유형 펌프
> - 용적형 : 왕복 펌프(피스톤 펌프, 플런저 펌프, 다이어프램 펌프), 회전 펌프(기어 펌프, 베인 펌프, 나사 펌프)

정답 303 ④　304 ②　305 ④　306 ②　307 ②

308 인화점과 착화점에 따른 연소 위험의 설명으로 틀린 것은?

① 연소하한계가 낮을수록 연소 위험이 크다.
② 연소범위가 좁을수록 연소 위험이 크다.
③ 착화점이 낮을수록 연소 위험이 크다.
④ 인화점이 낮을수록 연소 위험이 크다.

해설

연소범위가 넓을수록 연소 위험이 크다.

309 그림의 기호가 의미하는 것은?

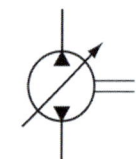

① 기어 모터
② 공기 압축기
③ 고정형 유압 펌프
④ 가변 용량형 유압 펌프

310 다음과 같은 유압회로의 언로드 형식은 어떤 형태로 분류되는가?

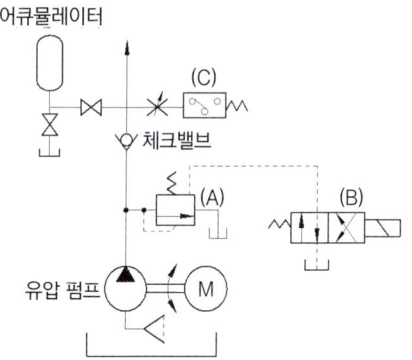

① 탠덤 센서에 의한 방법
② 언로드 밸브에 의한 방법
③ 바이패스 형식에 의한 방법
④ 릴리프 밸브를 이용한 방법

311 기계작업시 작업점의 안전화에 해당되지 않는 것은?

① 방호장치   ② 보호구의 착용
③ 자동제어장치   ④ 원격제어장치

해설

작업점은 일감이 직접 가공되는 부분을 의미한다. 작업점은 위험하므로 방호장치, 자동제어장치, 자동원격장치 등을 설치하는 것이 좋다.

312 기계 설비의 안전조건이 아닌 것은?

① 작업점의 안전화
② 기계기능의 안전화
③ 기계 외관의 안전화
④ 기계 조작방법의 안전화

해설

기계 설비의 안전화

- 외관의 안전화
- 작업의 안전화
- 작업점의 안전화
- 기능의 안전화
- 구조의 안전화
- 보전작업의 안전화
- 옥내 통로의 안전화
- 페일 세이프 기능 3단계

313 중대재해가 발생할 경우 사업주가 재해 발생 상황을 관할 지방고용노동관서의 장에게 전화, 팩스 등으로 보고하여야 할 시기는?

① 지체 없이
② 24시간 이내
③ 72시간 이내
④ 7일 이내

정답 308 ② 309 ④ 310 ④ 311 ② 312 ④ 313 ①

314 안전사고 발생의 가장 큰 원인은?

① 천재지변　　② 불안전한 행동
③ 시설의 결함　④ 불안전한 조건

315 다음 중 작업복 선정 시 유의 사항으로 옳지 않은 것은?

① 작업복이 몸에 맞고 동작이 편해야 한다.
② 작업에 지장이 없는 한 손발이 많이 노출되는 것이 좋다.
③ 착용자의 연령, 성별 등을 감안하여 적절한 스타일을 선정한다.
④ 바지 자락 또는 단추가 기계에 밀려 들어갈 위험이 없도록 한다.

316 대통령령으로 정하는 유해·위험 설비를 보유한 사업장의 사업주는 공정안전보고서를 작성하여 제출하도록 되어 있다. 이때 공정안전보고서에 포함되는 내용이 아닌 것은?

① 공정 안전 자료
② 공정 위험성 평가서
③ 안전 운전 계획
④ 생산 공정 계획

> **해설**
> 공정안전보고서의 내용
> • 공정 안전 자료
> • 공정 위험 평가서
> • 안전 운전 계획
> • 비상 조치 계획
> • 기타 공정 안전과 관련하여 노동부장관이 필요하다고 인정하여 고시하는 사항

317 도형에 나타나지 않으나 공작 시 이해를 돕기 위하여 가공부분의 특정 이동 위치, 가공 전후의 형상이나 공구의 위치 등을 나타내는 데 사용되는 선의 명칭과 선의 종류는?

① 가상선, 1점쇄선
② 숨은선, 1점쇄선
③ 가상선, 2점쇄선
④ 숨은선, 2점쇄선

318 액상 윤활유가 갖추어야 할 성질이 아닌 것은?

① 충분한 점도를 가질 것
② 청정하고 균질하지 않을 것
③ 화학적으로 불활성일 것
④ 산화나 열에 대한 안정성이 높을 것

319 벨트 내측과 풀리 외측에 같은 피치의 사다리꼴나사 또는 원형 모양의 돌기를 만들어 회전 중에 벨트와 벨트 풀리가 이 물림이 되어 미끄럼 없이 정확한 회전 각속도비가 유지되는 벨트는?

① 평 벨트　　② V 벨트
③ 타이밍 벨트　④ 사일런트 체인

> **해설**
> • 평벨트 : 접촉 면적이 평편한 벨트
> • V벨트 : 사다리꼴 단면이며 이음새가 없는 고리 모양의 벨트로서 V형의 홈이 있는 폴리에 장착하여 마찰력을 증대시킨 벨트
> • 사일런트 체인 : 삼각형 형태의 돌기를 가지는 강판을 여러 장 연결한 체인으로 운전이 원활하고 전동효율이 좋으며 소음이 작고 고속 정숙한 회전이 가능하다.

정답 314 ② 315 ② 316 ④ 317 ③ 318 ② 319 ③

320 양쪽지지형 송풍기의 축을 설치할 때 전동기 축과 반전동기축의 좌·우측 구배의 차이는 몇 mm 이하인가?

① 0.05
② 0.1
③ 0.15
④ 0.2

321 웜 기어(Worm Gear) 감속기의 특징으로 옳지 않은 것은?

① 역전을 방지할 수 있다.
② 소음이 커서 정숙한 회전이 어렵다.
③ 적은 용량으로 큰 감속비를 얻을 수 있다.
④ 치면에서의 미끄럼이 커서 전동 효율이 떨어진다.

해설

소음이 작고 정숙한 회전이 가능하다.

322 밀봉 장치에 사용되는 오링(O-ring)의 구비 조건으로 틀린 것은?

① 누설을 방지하는 기구에서 탄성이 양호할 것
② 가급적 사용 온도 범위가 좁을 것
③ 내마모성을 포함한 기계적 성질이 좋을 것
④ 상대 금속을 부식시키지 말 것

해설

오링(O-ring)의 구비 조건
- 탄성이 양호하고, 압축 시 영구 변형이 적을 것
- 사용 온도 범위가 넓을 것
- 내노화성이 좋을 것
- 내마모성을 포함한 기계적 성질이 좋을 것
- 접촉면의 금속을 부식시키지 말 것

오링(O-ring)의 특징
- 유압 장치에 가장 많이 사용됨
- 0% 정도 압축되게 설치함
- 재질은 니트릴 고무
- 장착 홈 : 10~30% 찌그러트림 여유를 줌

323 기어를 그릴 때 각 부위를 나타내는 선의 종류로 틀린 것은?

① 이끝원은 굵은 실선으로 그린다.
② 이뿌리원은 가는 실선으로 그린다.
③ 피치원은 가는 1점쇄선으로 그린다.
④ 잇줄 방향은 통상 3개의 굵은 실선으로 그린다.

해설

잇줄 방향은 통상 3줄의 가는 실선이다.

324 임펠러의 진동 발생 시 임펠러에 시편을 붙여 진동을 고정하는 작업 방법은?

① 플러링 작업
② 밸런싱 작업
③ 센터링 작업
④ 코킹 작업

해설

- 플러링, 코킹 : 리벳 체결에 있어서 기밀을 유지하기 위해 틈새를 없애는 작업
- 센터링 : 기계의 회전 중심에 공작물 등의 중심선을 맞추는 작업

325 나사의 도시방법 중 틀린 것은?

① 수나사의 바깥지름은 굵은 실선으로 그린다.
② 암나사의 안지름은 굵은 실선으로 그린다.
③ 수나사의 골을 표시하는 선은 가는 실선으로 그린다.
④ 가려져서 보이지 않는 부분의 나사부는 가는 실선으로 그린다.

해설

가려져서 보이지 않는 산마루는 파선으로 그리고 골은 가는 파선으로 그린다.

정답 320 ① 321 ② 322 ② 323 ④ 324 ② 325 ④

326 롤링 베어링 호칭번호가 6026 P6일 때 안지름의 값은 몇 mm인가?

① 100 ② 120
③ 130 ④ 140

해설

롤링 베어링의 호칭법
| 형식번호 | 치수기호(너비와 지름기호) | 안지름 번호 | 등급기호 |

안지름 번호 : 00 → 10mm, 01 → 12mm,
02 → 15mm, 03 → 17mm
04부터는 ×5를 한다(26×5=130).

327 다음 측정기 중 직접 측정기인 것은?

① 다이얼게이지
② 측장기
③ 옵티미터
④ 전기 마이크로미터

해설

- 직접 측정기 : 버니어캘리퍼스, 마이크로미터, 측장기, 각도자 등
- 비교 측정기 : 다이얼게이지, 미니미터, 옵티미터, 공기 마이크로미터 등

328 기어 이의 접촉 표면에 가는 균열이 생겨 접촉면의 일부가 떨어져 나가는 현상은?

① 피팅(pitting)
② 리프팅(lifting)
③ 스코어링(scoring)
④ 백래시(back lash)

해설

② 리프팅 : 표면 처리에 의한 금속 표면에 주름이 생기는 현상
③ 스코어링 : 운전 초기에 자주 발생하는 현상으로 이뿌리면과 이끝면의 맞물리는 시초와 끝부분에 금속 표면이 떨어져 나가는 현상
④ 백래시 : 기어가 맞물릴 때 치면 사이에서 발생하는 유격

329 설비의 운전 조건 및 조작 방법에 의해 발생되는 성능 열화로 맞는 것은?

① 사용열화 ② 자연열화
③ 재해열화 ④ 절대열화

해설

① 사용열화 : 설비의 운전 조건 및 조작 방법에 의해 발생하게 되는 물리적 성질의 감소
② 자연열화 : 설비의 사용 유무와 관계없이 시간의 경과에 의한 노후화
③ 재해열화 : 지진, 침수등 천재지변에 의한 열화

330 설비 고장률 곡선에서 유효수명기간으로 설비보전원의 감지 능력 향상을 위한 교육 훈련이 필요한 시기는?

① 초기 고장기 ② 보전 고장기
③ 마모 고장기 ④ 우발 고장기

해설

배스터브(욕조) 곡선
- 초기 고장기 : 신설비 도입 시 시간에 따라 고장 발생이 감소하는 구간
- 우발 고장기 : 시간에 따른 고장률이 일정한 구간
- 마모 고장기 : 시간에 따라 설비의 마모 및 열화에 의해 고장률이 증가하는 구간

331 공기 중에는 액체 상태를 유지하고 공기가 차단되면 중합이 촉진되어 경화되는 접착제로 진동이 있는 차량, 항공기, 동력기 등의 풀림을 막거나 가스, 액체의 누설을 막기 위해 사용하는 접착제는?

① 액상 가스킷 ② 유화액형 접착제
③ 혐기성 접착제 ④ 모노마형 접착제

해설

① 액상 가스킷 : 합성고무, 합성수지, 금속 클로이드를 주성분으로 하여 액상 상태로 사용하는 가스킷
② 유화액형 접착제 : 용매 또는 분산매의 증발에 의하여 경화되는 것
④ 모노마형 접찹제 : 화학 반응(중합, 축합 등)에 의하여 경화시키는 것

정답 326 ③ 327 ② 328 ① 329 ① 330 ④ 331 ③

332 원심 펌프를 사용하여 양정을 높이고자 할 때 다음 중 가장 적절한 방법은?

① 다단 펌프를 사용한다.
② 토출 배관을 길게 한다.
③ 흡입 배관을 길게 한다.
④ 양 흡입 펌프를 사용한다.

해설

다단 펌프는 양정이 부족할 때 단수를 올려 다단으로 만들어 높은 양정을 만드는 펌프이다.

333 윤활유의 열화 방지 대책으로 틀린 것은?

① 윤활유가 고온부에 접촉하는 시간을 짧게 하고 유온을 일정하게 유지한다.
② 윤활유 내부의 슬러지 성분을 신속하게 제거한다.
③ 윤활유 교환시 적정한 점도 유지를 위하여 윤활유를 혼합하여 사용한다.
④ 교환 시는 열화유를 완전히 제거한다.

334 벨트식 무단 변속기의 정비 관련 사항으로 틀린 것은?

① 벨트를 이동시킴에 있어서 무리가 발생될 수 있다.
② 가변 피치 풀리의 습동부는 윤활 불량이 되기 쉽다.
③ 광폭 벨트는 특수하므로 예비품 관리를 잘 해 두어야 한다.
④ 벨트의 수명은 표준 벨트를 표준적인 사용 방법으로 운전할 때의 2~3배 정도이다.

해설

벨트의 수명은 1/2~1/3배 정도이다.

335 체결용 기계요소 중 와셔(washer)의 용도로 옳지 않은 것은?

① 너트의 풀림을 방지할 때
② 볼트 지름보다 구멍이 작을 때
③ 너트의 자리 면이 고르지 못할 때
④ 자리면의 재료가 너무 연하여 볼트의 체결 압력을 견딜 수 없을 때

336 루트블로어 압축기에 대한 설명이 아닌 것은?

① 접촉형 급유식이다.
② 소형, 고압으로 사용된다.
③ 토크 변동이 크고, 소음이 크다.
④ 흡입된 공기는 체적 변화없이 토출된다.

해설

루트블로어

누에고치형 회전자를 서로 90° 위상 변위를 주고 회전자끼리 서로 반대 방향으로 회전하여 흡입된 공기는 회전자와 케이싱 사이에서 체적 변화없이 토출구측으로 이동되어 토출된다. 비접촉형 무급유식이며 소형, 고압으로 사용하며 토크 변동이 크고, 소음이 크다.

337 깊은 홈형 볼 베어링 조립에 대한 설명이다. 맞지 않은 것은?

① 일반적으로 외륜과 하우징은 억지 끼워맞춤을 사용한다.
② 열박음을 할 때 베어링의 가열 온도는 100℃ 정도로 한다.
③ 끼워맞춤을 할 때 치수 공차를 확인한다.
④ 열박음은 베어링을 가열 팽창시켜 축에 끼우는 방법이다.

해설

일반적으로 외륜과 하우징은 헐거운 끼워맞춤을 사용한다.

정답 332 ① 333 ③ 334 ④ 335 ② 336 ① 337 ①

338 플랜지 커플링의 센터링 작업을 할 때 사용되는 측정기 사용 시 주의사항이 아닌 것은?

① 가열된 상태로 바로 측정한다.
② 사용 중에 스핀들에 기름을 주지 않는다.
③ 눈금을 읽는 시선은 측정면과 직각 방향이어야 한다.
④ 측정기의 선단을 손가락 끝으로 가볍게 밀어 올리고 가만히 내린다.

해설

플랜지 커플링 센터링 작업 시 주의사항
- 측정기의 선단을 손가락 끝으로 가볍게 밀어 올리고 가만히 내린다.
- 눈금을 읽는 시선은 측정면과 직각 방향이어야 한다.
- 사용 중에 스핀들에 기름을 주지 않는다.
- 가열된 것은 식은 후에 측정하고, 정밀 측정은 상온 20℃을 유지한다.

339 전동기 운전 시 발생한 진동 현상의 원인으로 보기에 가장 거리가 먼 것은?

① 냉각 불충분
② 배어링의 손상
③ 커플링, 풀리 등의 마모
④ 로터와 스테이터의 접촉

해설

① 냉각 불충분은 전동기의 과열 현상을 발생시킨다.

340 펌프 운전 시 과부하의 발생원인이 아닌 것은?

① 메탈 베어링이 불량한 경우
② 펌프의 선정이 잘못되었을 경우
③ 계획보다 높은 양정에 사용될 경우
④ 글랜드 패킹이 과잉 체결로 기계적 손실이 클 경우

해설

과부하의 발생원인
- 계획보다 높은 양정에 사용될 경우
- 파이프가 너무 길 경우
- 계획보다 양수량이 초과되었을 경우
- 글랜드 패킹이 과잉 체결로 기계적 손실이 클 경우
- 펌프의 선정이 잘못되었을 경우

341 유분 제거용 필터에 대한 설명이 아닌 것은?

① 메탄이나 일산화탄소, 이산화탄소 제거에 효과적이다.
② 압축공기 중에 들어 있는 기름입자를 0.1ppm 이하까지 제거하는 필터이다.
③ 유분 제거용 필터 앞에는 반드시 타르 제거용 필터나 5μm의 프리필터를 사용하는 것이 바람직하다.
④ 배관 시 절삭유나 방청유를 반드시 제거하여 필터의 성능 단축 및 공기압 압축기에 영향이 없도록 해야 한다.

342 기어 펌프에 대한 설명이다. 틀린 것은?

① 기름의 오염에 비교적 강하다.
② 가변용량형으로 만들기가 쉽다.
③ 내접기어 펌프와 외접기어 펌프가 있다.
④ 폐입 현상에 대한 대책이 필요하다.

해설

기어 펌프의 특징
- 효율이 낮고 소음과 진동이 심하다.
- 특성상 작동유 내 기포가 발생한다.
- 회전수는 900~1200rpm 정도이며, 점성이 클 경우 회전수를 적게 한다.

정답 338 ① 339 ① 340 ① 341 ① 342 ②

343 공압실린더 지지형식에서 부하의 요동 방향과 실린더의 요동 방향을 일치시켜 피스톤 로드에 횡하중이 걸리지 않도록 해야 하는 것은?

① 풋 형
② 플랜지형
③ 크래비스형
④ 트러니언형

해설

- **풋형** : 간단하고 일반적으로 많이 사용되며 주로 경부하용으로 사용
- **플랜지형** : 가장 견고한 설치방법이며 부하의 운동방향과 축심이 일치되도록 사용
- **트러니언형** : 실린더 로드 중심선에 대해서 직각 방향으로 실린더의 양측으로 뻗은 원통 형태의 피봇으로 지탱하여 사용

344 유압펌프에서 외부로 작동유가 새는 경우는?

① 펌프의 회전이 너무 빠른 경우
② 흡입관의 접합부에서 공기를 빨아들이는 경우
③ 실(Seal)과 패킹의 마모 또는 파손된 경우
④ 릴리프밸브의 설정압이 잘못되었거나 작동 불량인 경우

해설

펌프 외부로 작동유가 새는 경우

- 실(Seal)과 패킹의 마모 또는 파손된 경우
- 펌프 접합부의 볼트가 풀린 경우

345 유압용 방향제어밸브의 구조에 따른 분류에서 슬라이드 밸브의 특징이 아닌 것은?

① 밸브 몸통과 밸브체가 미끄러져 개폐작용을 하는 형식이다.
② 압력에 따른 힘을 거의 받지 않으므로 작은 힘으로도 밸브를 변환할 수 있다.
③ 작동거리가 짧고 섭동저항이 작아 작은 조작력에도 움직이므로 수동조작밸브에 사용된다.
④ 밸브의 섭동면은 랩 다듬질하여 실 부분을 스프링으로 누르기 때문에 누설량이 거의 없다.

해설

포펫 밸브는 작동거리가 길고 섭동저항이 커서 조작력이 크므로 주로 수동조작밸브에 사용

346 유압회로에 발생하는 서지압력을 흡수할 목적으로 사용되는 회로는?

① 어큐뮬레이터회로
② 블리드오프회로
③ 압력시퀀스회로
④ 최대압력제한회로

해설

어큐뮬레이터(축압기)의 용도

- 에너지 축적용
- 유량의 보조원
- 서지압 및 맥동 흡수
- 2차 회로의 구동
- 압력을 일정하게 유지(압력 보상)

347 유압에서 사용하는 제어 위치에 관한 설명으로 옳지 않은 것은?

① 정상 위치 : 밸브에 신호가 공급되었을 때의 제어 위치, 이는 시동 조건에 의하여 결정된다.
② 구성 요소의 중립 위치 : 구성 요소에서 외력이 제거된 상태에서 스스로 갖게 되는 제어 위치
③ 초기 위치 : 구성 요소가 작업을 시작할 때에 요구되는 제어 위치, 이는 시동 조건에 의하여 결정된다.
④ 시스템의 중립 위치 : 시스템에 파워가 공급되지 않은 상태이고, 각각의 구성 요소는 제작자에 의하여 놓여지거나, 내장된 스프링 등과 같이 외력에 의하지 않고 자체적으로 갖게 되는 제어 위치에 있는 상태이다.

> **해설**
> 밸브에 신호가 공급되면 동작위치이다.

348 변동하는 공기 수요에 공급량을 맞추기 위한 압축기의 조절 방식 중 가장 간단한 방식으로 압력 안전 밸브에 의하여 압축기의 압력을 제어하며 무부하 조절 방식에 속하는 것은?

① 차단 조절   ② 흡입량 조절
③ 배기 조절   ④ 그립-암 조절

> **해설**
> 무부하 조절방식
> • 배기 조절 : 가장 간단한 조절방식
> • 그립암 조절 : 피스톤 압축기에 사용되는 방식
> • 차단(흡입량) 조절 : 압축기의 흡입구를 차단하여 압력을 조절하는 방식

349 램형 실린더를 작동 형식에 따라 분류하였을 때 어디에 속하는가?

① 단동 실린더   ② 복동 실린더
③ 차동 실린더   ④ 다단 실린더

> **해설**
> 램형 실린더
> • 피스톤의 지름과 로드 지름의 차이가 없어 좌굴 등 강성을 요하는 곳에 사용된다.
> • 피스톤이 필요 없고 배기 장치가 필요 없다.
> • 압축력에 대한 휨에 강하다.

350 흡수식 에어 드라이어(공기 건조기)의 특징이 아닌 것은?

① 취급이 복잡하다.
② 장비의 설치가 간단하다.
③ 기계적 마모가 적다.
④ 외부 에너지 공급이 필요 없다.

> **해설**
> 흡수식 에어 드라이어
> • 작동에 필요한 외부에너지가 필요 없다.
> • 기계적 작동요소가 없어 기계 마모가 적고 장비 설치가 간단하다.
> • 흡수제(폴리에틸렌, 염화리듐 수용액)를 사용한 화학적 방식으로 년 2~4회 교환한다.
> • 압축공기 중의 수분이 건조에 닿으면 화합물이 생성되어 물이 혼합물로 용해되고 공기는 건조되는 방식

정답 347 ① 348 ③ 349 ① 350 ①

351 밸브의 전환 조작 방법을 나타내는 기호와 명칭이 바르게 연결된 것은?

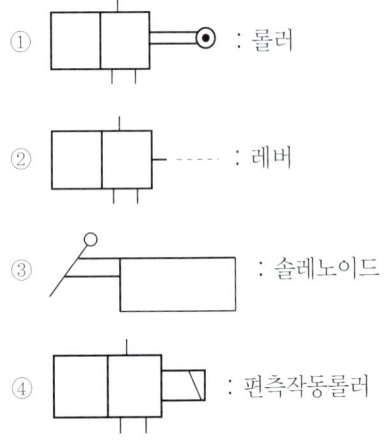

① : 롤러
② : 레버
③ : 솔레노이드
④ : 편측작동롤러

352 유압 작동유의 구비 조건으로 옳지 않은 것은?

① 윤활 특성이 좋을 것
② 화학적으로 안정될 것
③ 거품이 잘 일어날 것
④ 파라핀 성분이 없을 것

해설

작동유의 구비 조건
- 비압축성일 것
- 점도지수, 체적탄성계수, 내열성이 클 것
- 장시간 사용 시에도 화학적으로 안정될 것
- 유동성, 방열성, 산화안정성이 좋을 것
- 인화점이 높을 것
- 이물질 등을 빨리 분리할 것

353 공기 저장 탱크에 관한 설명으로 옳지 않은 것은?

① 공기 소비 시 발생되는 압력 변화를 최소화 해준다.
② 압축공기를 냉각시켜 압축공기의 수분을 응축시킨다.
③ 압축기로부터 배출된 공기 압력의 맥동을 평준화한다.
④ 공기 저장 탱크에는 안전 밸브, 드레인을 제거하는 자동 배수기 등을 설치할 수 없다.

해설

공기 저장 탱크
- 압축 공기의 공급을 안정화한다.
- 압축 공기 소비로 인한 압력 변동을 최소화하고 정전 시 일시적으로 운전을 가능하게 한다.
- 압축 공기 생성 시 발생되는 높은 열과 맥동 현상을 없애고 수분 등을 배출시킨다.

354 공기 압축기를 작동 원리에 따라 분류할 때 터보형 압축기에 속하는 것은 무엇인가?

① 원심식   ② 스크류식
③ 피스톤식 ④ 다이어프램식

해설

공기압축기의 분류
- 용적형 : 왕복식(피스톤식, 다이어프램식), 회전식(나사식(스크류식), 베인식, 루트 블로어)
- 비용적형(터보형) : 원심식, 축류식

정답 351 ① 352 ③ 353 ④ 354 ①

355 다음 중 산업안전보건법에서 규정하고 있는 안전·보건 표지의 종류에 해당되지 않는 것은?

① 금지표지 ② 경고표지
③ 지시표지 ④ 위험표지

해설
안전·보건 표지의 종류는 금지, 경고, 지시, 안내 표지 등이 있다.

356 기계설비에 방호장치를 설치할 때 고려해야 할 사항이 아닌 것은?

① 작업성 ② 점검주기
③ 적용의 범위 ④ 방호의 정도

해설
방호장치 설치 시 고려해야 할 사항
- 적용의 범위
- 방호의 정도
- 보수의 난이
- 신뢰도
- 작업성
- 경비

357 안전사고 발생의 가장 큰 원인은?

① 천재지변 ② 불안전한 행동
③ 시설의 결함 ④ 불안전한 조건

358 안전점검의 책임과 범위에 대한 설명 중 틀린 것은?

① 사업주의 특별점검
② 근로자의 수시 및 정기점검
③ 안전담당자의 수시 및 정기점검
④ 안전보건관리책임자의 확인점검

해설
사업주의 사전점검

359 단독으로 발화, 폭발할 위험성은 없으나 가연성 물질과 접촉했을 때 충격, 가열, 마찰에 의해 발화하거나 폭발할 위험성이 있는 물질은?

① 산화성 물질 ② 인화성 물질
③ 발화성 물질 ④ 착화성 물질

360 다음 중 보호구에 해당되지 않는 것은?

① 귀덮개 ② 절연테이프
③ 보안면 ④ 송기마스크

361 작업에 관련된 취약점이나 그 취약점에 대응하는 작업 방법에 대한 전문지식을 부여하기 위한 안전보건교육은?

① 태도교육 ② 지식교육
③ 심리교육 ④ 기능교육

해설
산업안전교육의 종류
- 지식교육 : 안전 관련 지식을 배우는 교육
- 기능교육 : 지식은 있고 안전 관련 기능을 배우는 교육
- 태도교육 : 지식, 기능 모두 알고 있고 안전 관련 태도를 배우는 교육

362 반도체 사이리스터에 의한 전동기의 속도 제어 중 주파수 제어는?

① 초퍼 제어 ② 인버터 제어
③ 컨버터 제어 ④ 브리지 정류 제어

정답 355 ④ 356 ② 357 ② 358 ① 359 ① 360 ② 361 ② 362 ②

363 직류기에서 브러시의 역할은?

① 기전력 유도
② 자속 생성
③ 정류 작용
④ 전기자 권선과 외부회로 접속

해설

정류자에서 생성된 직류를 외부로 반출

364 $L = 40$[mH]의 코일에 흐르는 전류가 0.2초 동안에 10[A]가 변화했다. 코일에 유기되는 기전력[V]은 얼마인가?

① 1
② 2
③ 3
④ 4

해설

$$e = L\frac{di}{dt} = 40 \times 10^{-3} \times \frac{10}{0.2} = 2\,[V]$$

365 SCR의 특성 중 적합하지 않은 것은?

① PNPN 구조로 되어 있다.
② 정류 작용을 할 수 있다.
③ 정방향 및 역방향 제어를 할 수 있다.
④ 고속도의 스위칭 작용을 할 수 있다.

해설

단방향 제어만 할 수 있다.

366 P형 반도체 전기 전도의 주역할을 하는 반송자는?

① 전자
② 가전자
③ 불순물
④ 정공

해설

P형 반도체의 반송자는 정공, N형 반도체의 반송자는 전자

367 전류와 자기장의 자력선 방향을 쉽게 알 수 있는 것은?

① 앙페르의 오른나사 법칙
② 렌츠의 법칙
③ 비오–사바르의 법칙
④ 전자유도 법칙

해설

• 앙페르의 오른나사 법칙 : 도선에 전류가 통과할 때 오른손 엄지와 전류방향을 맞추고 나머지 손가락을 말아 쥐면 손가락이 감싸고 있는 방향이 자기장의 방향이다.

368 $R-L-C$ 직렬회로에서 직렬공진인 경우 전압과 전류의 위상관계는 어떻게 되는가?

① 전류가 전압보다 $\pi/2$[rad] 앞선다.
② 전류가 전압보다 $\pi/2$[rad] 뒤진다.
③ 전류가 전압보다 π[rad] 앞선다.
④ 전류와 전압은 동상이다.

369 대칭 3상 교류의 성형 결선에서 선간 전압이 220[V]일 때 상전압은 얼마인가?

① 192[V]
② 172[V]
③ 127[V]
④ 117[V]

해설

성형결선에서 $V_{선} = \sqrt{3}\,V_{상}$ 이다.
$\therefore V_{상} = \frac{1}{\sqrt{3}} V_{선} = \frac{1}{\sqrt{3}} \times 220 = 127\,[V]$

370 200[V], 500[W]의 전열기를 220[V] 전원에 사용하였다면, 이때의 전력은 얼마인가?

① 400[W]
② 500[W]
③ 550[W]
④ 605[W]

해설

$P = \frac{V^2}{R}$ 에서 $R = \frac{V^2}{P} = \frac{200^2}{500} = 80\,[\Omega]$
$\therefore P = \frac{220^2}{80} = 605\,[W]$

정답 363 ④ 364 ② 365 ③ 366 ④ 367 ① 368 ④ 369 ③ 370 ④

371 어떤 사인파 교류전압의 평균값이 191[V]이면 최댓값은?

① 150 ② 250
③ 300 ④ 400

해설
평균값 $V_a = \frac{2}{\pi} V_m$ 에서
최댓값 $V_m = \frac{\pi}{2} V_a = \frac{\pi}{2} \times 191 = 300$

372 자기 인덕턴스 1[H]의 코일에 10[A]의 전류가 흐르고 있을 때 축적되는 에너지[J]는?

① 10 ② 50
③ 100 ④ 200

해설
$W = \frac{1}{2} L I^2 = \frac{1}{2} \times 1 \times 10^2 = 50$

373 어떤 소자 회로에 e=100sin(377t+60)[V]의 전압을 가했더니 i=10sin(377t+60)[A]의 전류가 흘렀다. 이 소자는 어떤 것인가?

① 순저항 ② 유도 리액턴스
③ 용량 리액턴스 ④ 다이오드

해설
전압과 전류의 위상이 동상인 저항만의 회로이다.

374 그림에서 a, b 간의 합성정전용량[F]은 얼마인가?

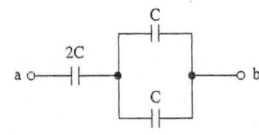

① C ② 2C
③ 3C ④ 4C

해설
병렬회로에서는 C + C = 2C
직렬회로에서는 (2C×2C) / (2C + 2C) = C

375 반지름 30[cm], 권수 5회의 원형 코일에 6[A]의 전류를 흘릴 때 코일 중심의 자기장[AT/m]의 세기는?

① 3 ② 5
③ 30 ④ 50

해설
$H = \frac{NI}{2r} = \frac{5 \times 6}{2 \times 0.3} = 50$

376 직류직권전동기에서 벨트를 걸고 운전하면 안 되는 가장 큰 이유는?

① 벨트가 벗겨지면 위험속도에 도달하므로
② 손실이 많아지므로
③ 직렬하지 않으면 속도 제어가 곤란하므로
④ 벨트의 마멸 보수가 곤란하므로

377 다음 중 모멘트의 단위는?

① $[kg \cdot m/s^2]$
② $[N \cdot m]$
③ $[kW]$
④ $[kgf \cdot m/s]$

378 자동 점멸기 등을 비롯한 각종 자동 제어 회로나 광통신 회로에 이용되는 반도체 소자는?

① 트랜지스터 ② 다이악
③ 사이리스터 ④ Cds

해설
광센서(Cds)는 광신호를 전기적인 신호로 변환하여 검출하는 소자 이다.
Cds는 황화 카드늄을 주성분으로 하는 광도전 소자로 Cadmium sulfide 또는 light dependent resistor(LDR), Photoresistor, Photoconductive cell 또는 단순히 Photocell 이라고 한다.

정답 371 ③ 372 ② 373 ① 374 ① 375 ④ 376 ① 377 ② 378 ④

379 브리지 정류 회로로 알맞은 것은?

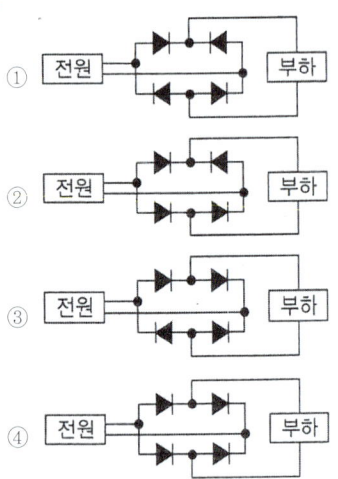

380 $i = 8\sqrt{2}\sin\omega t + 6\sqrt{2}\sin(2\omega t + 60°)[A]$ 의 실횻값은?

① 2　　② 5
③ 10　　④ 20

해설
$i_e = \sqrt{8^2 + 6^2} = 10$

381 100[V], 500[W]의 전열기를 90[V]에 사용할 때 소비전력은 몇 [W]인가?

① 320　　② 405
③ 445　　④ 500

해설
$P = \dfrac{V^2}{R}$에서 $R = \dfrac{V^2}{P} = \dfrac{100^2}{500} = 20[\Omega]$
$\therefore P' = \dfrac{V^2}{R} = \dfrac{90^2}{20} = 405[W]$

382 반도체로 만든 PN접합은 무슨 작용을 하는가?

① 증폭 작용　　② 발전 작용
③ 정류 작용　　④ 변조 작용

해설
교류를 직류로 바꾸는 정류작용을 한다.

383 6[Ω], 8[Ω], 9[Ω]의 저항 3개를 직렬로 접속한 회로에 5[A]의 전류를 흘릴 때 회로에 공급한 전압[V]은?

① 125　　② 115
③ 100　　④ 85

해설
전체저항 $R = 6+8+9 = 23[\Omega]$이고
$V = IR$에서 $V = 5 \times 23 = 115$

384 3,000[AT/m]의 자장 중에 어떤 자극을 놓았을 때 300[N]의 힘을 받는다고 한다. 자극의 세기는 몇 [Wb]인가?

① 0.1　　② 0.5
③ 1　　④ 5

해설
$F = mH$에서 자극 $m = \dfrac{F}{H} = \dfrac{300}{3,000} = 0.1[Wb]$

385 자장의 세기에 대한 설명이 잘못된 것은?

① 단위 자극에 작용하는 힘과 같다.
② 자속 밀도에 투자율을 곱한 것과 같다.
③ 수직 단면의 자력선 밀도와 같다.
④ 단위길이당 기자력과 같다.

정답 379 ① 380 ③ 381 ② 382 ③ 383 ② 384 ① 385 ②

386 100[V]의 전압계가 있다. 이 전압계를 써서 200[V]의 전압을 측정하려면 최소 몇 [Ω]의 저항을 외부에 접속해야 하겠는가?(단, 전압계의 내부 저항은 5,000[Ω]이라 한다.)

① 10,000 ② 5,000
③ 2,500   ④ 1,000

해설

100[V] 전압계의 내부저항이 5,000[Ω]이면 200[V]의 전압을 측정하기 위해서 5,000[Ω]의 저항을 직렬로 접속해야 한다.

387 0.5[A]의 전류가 흐르는 코일에 저축된 전자 에너지를 0.2[J]이하로 하기 위한 인덕턴스[H]는?

① 2.2 ② 1.6
③ 1.2 ④ 0.8

해설

$W = \frac{1}{2}LI^2$에서 $L = \frac{2W}{I^2} = \frac{2 \times 0.2}{0.5^2} = 1.6[H]$

388 상전압 200[V], 1상의 부하 임피던스 Z = 3+j4[Ω]인 △결선의 선전류[A]는?

① 약 40   ② 약 70
③ 약 90   ④ 약 100

해설

상전류 $I_p = \frac{V_p}{Z} = \frac{200}{\sqrt{3^2+4^2}} = \frac{200}{5} = 40$
상전류 $I_l = \sqrt{3}I_p = \sqrt{3} \times 40 ≒ 70[A]$

389 전기분해를 하면 석출되는 물질의 양은 통과한 전기량과 관계가 있다. 이것을 나타낸 법칙은?

① 옴의 법칙   ② 쿨롱의 법칙
③ 앙페르의 법칙 ④ 패러데이의 법칙

390 전동기의 제동에서 전동기가 가지는 운동에너지를 전기에너지로 변환시키고 이것으로 전력을 희생시킴과 동시에 제동하는 방법은?

① 발전 제동   ② 역전 제동
③ 맴돌이 전류제동 ④ 희생 제동

391 직류기의 손실 중 기계손에 속하는 것은?

① 풍손   ② 와전류손
③ 히스테리시스손 ④ 표류부하손

해설

기계손 - 브러쉬 마찰손, 베어링 마찰손, 풍손

392 직류를 교류로 변환하는 장치는?

① 컨버터 ② 초퍼
③ 인버터 ④ 정류기

해설

• 제어 정류기 : 교류를 직류로 변환
• 사이클론 컨버터 : 교류를 교류로 변환
• 초퍼 : 직류를 직류로 변환

정답 386 ① 387 ② 388 ② 389 ④ 390 ④ 391 ① 392 ③

393 작동유를 고온에서 사용하면 발생되는 특징이 아닌 것은?

① 내부 누설 발생
② 용적효율 저하
③ 작동유체의 점도 상승
④ 국부적으로 발열하여 습동 부분이 붙기도 한다.

해설

고온에서의 작동 시 점도가 저하되고, 저온에서는 점도는 높아진다.

394 가정용 전등선의 전압이 실횻값으로 100[V]일 때 이 교류의 최댓값은?

① 약 110[V]
② 약 121[V]
③ 약 130[V]
④ 약 141[V]

해설

실횻값 $V = \dfrac{V_m}{\sqrt{2}}$
최댓값 $V_m = \sqrt{2} \times 100[V] \fallingdotseq 141.42[V]$

395 농형 유도전동기의 기동법이 아닌 것은?

① 전전압 기동형
② 저저항 2차권선 기동법
③ 기동보상기법
④ Y-△기동법

해설

농형유도전동기 기동법 : 리액터 기동법, 기동보상기법, Y-△ 기동법, 전전압 기동법

396 직류기의 구조 중 정류자면에 접촉하여 전기자 권선과 외부 회로를 연결시켜 주는 것은?

① 브러시(Brush)
② 정류자(Commutator)
③ 전기자(Armature)
④ 계자(Field Magnet)

해설

- 브러시 : 정류자 표면과 접촉하며 전기자 권선과 외부 회로를 연결시켜 주는 부분
- 정류자 : 전기자 권선에서 유도된 교류를 직류로 바꿔주는 부분
- 계자 : 전기에 의해 자속을 만드는 부분
- 전기자 : 계자에서 만든 자속을 끊어서 기전력을 유도하는 부분이며 철심과 전기자 권선으로 구성되어 있다.

397 논리식 Y = AB + B를 간소화시킨 것은?

① Y=A
② Y=B
③ Y=AB
④ Y=A+B

해설

Y= AB+B = B(A+1) = B(불 대수의 법칙에 따라 A+1=1)

398 $e = 100\sqrt{2} \sin\left(100\pi t - \dfrac{\pi}{3}\right)[V]$ 인 정현파 교류 전압의 주파수는 얼마인가?

① 50[Hz]
② 60[Hz]
③ 100[Hz]
④ 314[Hz]

해설

$f = \dfrac{\omega}{2\pi} = \dfrac{100\pi}{2\pi} = 50[Hz]$

정답 393 ③ 394 ④ 395 ② 396 ① 397 ② 398 ①

399 그림과 같은 회로에서 사인파 교류 입력 12V(실효값)를 가했을 때 저항 R 양단에 나타나는 전압[V]은?

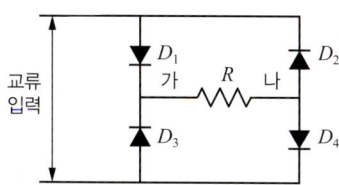

① 5.4V ② 6V
③ 10.8V ④ 12V

해설

그림의 회로는 단상 전파 정류 브리지 회로이므로 부하 R에 걸리는 직류 분 전압
Ed = 0.9E = 0.9 × 12 = 10.8[V]

400 직류 분권전동기의 속도 제어방법이 아닌 것은?

① 계자 제어 ② 저항 제어
③ 전압 제어 ④ 주파수 제어

해설

직류 분권동기의 속도 제어방법
- 전압에 의한 속도 제어
- 저항에 의한 속도 제어
- 계자에 의한 속도 제어

401 교류전력에서 일반적으로 전기기기의 용량을 표시하는데 쓰이는 전력은?

① 피상전력 ② 유효전력
③ 무효전력 ④ 기전력

해설

- 피상전력: 전기기기의 용량 표시전력
- 유효전력: 전기기기에 사용된 전력
- 무효전력: 전기기기 사용 시 손실된 전력

402 회로에서 검류계의 지시가 0일 때 저항 X는 몇 [Ω]인가?

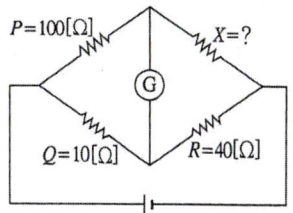

① 10[Ω] ② 40[Ω]
③ 100[Ω] ④ 400[Ω]

해설

휘트스톤 브리지 회로이며, 브리지의 평형조건은 PR = QX이다.
$$X = \frac{PR}{Q} = \frac{100 \times 40}{10} = 400[\Omega]$$

403 동기속도 3600[rpm], 주파수 60[Hz]의 동기발전기의 극수는?

① 2극 ② 4극
③ 6극 ④ 8극

해설

$N_s = \frac{120f}{P}$ (N_s: 동기속도, f: 주파수, P: 극수)

$3,600 = \frac{120 \times 60}{P}$

∴ $P = 2$

404 전동기 운전 시퀀스 제어회로에서 전동기의 연속적인 운전을 위해 반드시 들어가는 제어회로는?

① 인터로크 ② 지연동작
③ 자기유지 ④ 반복동작

해설

자기유지회로 : 시퀀스 제어회로에서 동작 상태를 스스로 유지하는 회로

정답 399 ③ 400 ④ 401 ① 402 ④ 403 ① 404 ③

405 다음 그림은 시퀀스 제어계의 일반적인 동작과정을 나타낸 것이다. A, B, C, D에 맞는 용어를 순서대로 나열한 것은?

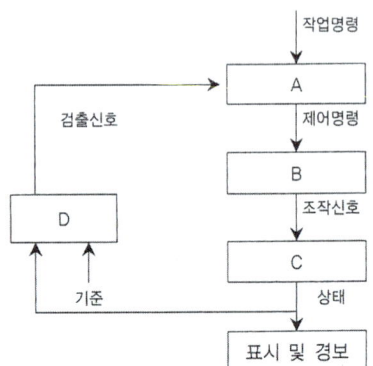

① A : 명령처리부 B : 제어 대상
  C : 조작부 D : 검출부
② A : 제어 대상 B : 검출부
  C : 명령처리부 D : 조작부
③ A : 검출부 B : 명령처리부
  C : 조작부 D : 제어 대상
④ A : 명령처리부 B : 조작부
  C : 제어 대상 D : 검출부

406 $\frac{\pi}{6}[rad]$는 몇 도인가?

① 30° ② 45°
③ 60° ④ 90°

해설

$\pi = 180°$ 이므로, $\frac{180°}{6} = 30°$

407 변압기의 정격출력으로 맞는 것은?

① 정격 1차 전압 × 정격 1차 전류
② 정격 1차 전압 × 정격 2차 전류
③ 정격 2차 전압 × 정격 1차 전류
④ 정격 2차 전압 × 정격 2차 전류

해설

변압기의 정격출력(전격용량)
= 정격 2차 전압 × 정격 2차 전류

408 도체가 운동하여 자속을 끊었을 때 기전력의 방향을 알아내는 데 편리한 법칙은?

① 렌츠의 법칙
② 페러데이의 법칙
③ 플레밍의 왼손법칙
④ 플레밍의 오른손법칙

해설

- **패러데이의 법칙** : 전류가 흐르지 않는 코일에 외부에서 자기장의 변화를 주면 그 변화를 없애기 위해 유도전류가 생기게 된다. 이 유도전류는 자기장의 변화, 자기선속의 시간적 변화, 코일의 감긴 횟수에 비례한다.
- **플레밍의 왼손법칙** : 자기장 안에서 전류가 흐르게 되면 전류가 흐르고 있는 도선에 힘이 생성된다. 이 힘을 전자기력이라고 하며 왼손의 엄지, 검지, 중지를 각각 직각이 되도록 만들면 엄지는 힘 방향, 검지는 자기장, 중지는 전류가 된다. 전동기에서 적용
- **플레밍의 오른손법칙** : 오른손의 엄지, 검지, 중지를 각각 직각이 되도록 만들면 엄지는 힘 방향, 검지는 자기장, 중지는 전류가 된다. 즉 유도전류의 방향을 알아낼 수 있는 법칙이다. 발전기에서 적용
- **앙페르의 오른나사법칙** : 도선에 전류가 통과할 때 오른손 엄지와 전류방향을 맞추고 나머지 손가락을 말아 쥐면 손가락이 감싸고 있는 방향이 자기장의 방향이다.

정답 405 ④ 406 ① 407 ④ 408 ④

409 3상 권선형 유도 전동기의 기동 시 2차 측에 저항을 접속하는 이유는?

① 기동 토크를 크게 하기 위해
② 회전수를 감소시키기 위해
③ 기동 전류를 크게 하기 위해
④ 역률을 개선하기 위해

해설

3상 권선형 유도 전동기의 기동 시 기동 전류는 작게, 기동 토크는 크게 하기 위해 2차 측에 저항을 접속한다.

410 어떤 도체에 I[A]의 전류가 t[sec]동안 흘렀을 때 이동된 전기량[C]은?

① $\dfrac{t}{I}$
② $I^2 t$
③ $\dfrac{I}{t}$
④ It

해설

전기량 $Q = It$[C] 이다.

411 서로 다른 종류의 안티몬과 비스무트의 두 금속을 접속하여 여기에 전류가 통하면, 그 접점에서 열의 발생 또는 흡수가 일어난다. 줄열과 달리 전류의 방향에 따라 열의 흡수와 발생이 다르게 나타나는 이 현상은?

① 펠티에 효과
② 제벡효과
③ 제3금속의 법칙
④ 열전 효과

해설

열전효과의 종류
- 펠티에 효과 : 두 금속의 접점에 전류가 흐를 때 가열 또는 냉각되는 효과를 말하며 전류가 흐르는 방향을 반대로 하면 열이 흐르는 방향도 바뀐다.
- 톰프슨 효과 : 비등온 도체에 전류가 흐르면 가열되거나 냉각되는 효과를 말하며 도체 선상의 온도차에 의해 기전력이 발생된다.
- 제백효과 : 고온부 전자들이 저온부로 확산될 때 전위차가 발생하며 두 개의 금속 접합점 양단간의 온도차에 의해 열 기전력이 발생된다.

412 대칭 3상 교류에서 기전력 및 주파수가 같을 경우 각 상간의 위상차는 얼마인가?

① $\dfrac{\pi}{2}$
② $\dfrac{2\pi}{3}$
③ π
④ 2π

해설

대칭 3상 교류에서 각 상간 위상차는 $120°$ ($\dfrac{2\pi}{3}[rad]$) 이다.

413 $I = 8 + j6$[A]로 표시되는 전류의 크기(I)는 몇 [A]인가?

① 6
② 8
③ 10
④ 12

해설

$I = \sqrt{8^2 + 6^2} = \sqrt{100} = 10[A]$

414 60[Hz]의 동기전동기가 2극일 때 동기속도는 몇 [rpm]인가?

① 7200
② 4800
③ 3600
④ 2400

해설

$N_s = \dfrac{120f}{P} = \dfrac{120 \times 60}{2} = 3,600[rpm]$

415 500[Ω]의 저항에 1[A]의 전류가 1분 동안 흐를 때에 발생하는 열량은 몇[cal]인가?

① 3600
② 5000
③ 6200
④ 7200

해설

$H = 0.24I^2 Rt[cal]$
$= 0.24 \times I^2 \times 500 \times 60$
$= 7,200[cal]$

정답 409 ① 410 ④ 411 ① 412 ② 413 ③ 414 ③ 415 ④

416 교류의 파형률이란?

① $\dfrac{실효값}{평균값}$ ② $\dfrac{최댓값}{실효값}$

③ $\dfrac{평균값}{실효값}$ ④ $\dfrac{실효값}{최댓값}$

417 그림과 같은 회로에서 합성저항은 몇 [Ω] 인가?

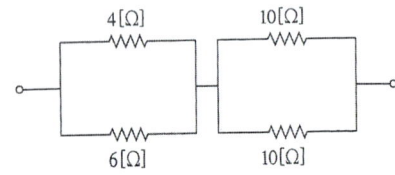

① 6.6 ② 7.4
③ 8.7 ④ 9.4

해설

합성저항 $R = \dfrac{4 \times 6}{4 + 6} + \dfrac{10 \times 10}{10 + 10} = 7.4\,[\Omega]$

418 콘덴서의 정전 용량이 커질수록 용량 리액턴스의 값은 어떻게 되는가?

① 작아진다
② 커진다
③ 무한대로 접근한다
④ 변화하지 않는다

해설

용량 리액턴스는 정전용량과 반비례한다. 즉, 정전용량이 커질수록 리액턴스는 작아진다.

419 변압기의 온도 상승을 억제하기 위해서 갖추어야 할 변압기유의 조건으로 틀린 것은?

① 절연내력이 작을 것
② 인화점이 높을 것
③ 응고점이 낮을 것
④ 화학적으로 안정될 것

해설

변압기유 조건
- 인화점이 낮고 응고점이 높아야 한다.
- 점도가 낮고 냉각효과가 커야 한다.
- 고온에서도 산화되지 않아야 한다.

420 지름20[cm], 권수 100회의 원형 코일에 1[A]의 전류를 흘릴 때 코일 중심 자장의 세기[AT/m]는?

① 200 ② 300
③ 400 ④ 500

해설

$H = \dfrac{NI}{2r} = \dfrac{100 \times 1}{2 \times 10^{-1}} = 500\,[AT/m]$

421 단상 유도 전동기를 기동하려고 할 때 다음 중 기동토크가 가장 작은 것은?

① 셰이딩 코일형 ② 반발 기동형
③ 콘덴서 기동형 ④ 분상 기동형

해설

기동 토크가 큰 순서로 나열하면 다음과 같다.
반발 기동형 > 콘덴서 기동형 > 분산 기동형 > 셰이딩 코일형

정답 416 ① 417 ② 418 ① 419 ① 420 ④ 421 ①

422 직류 발전기를 정격 속도, 정격 부하전류에서 정격 전압 V_n[V]를 발생하도록 한 다음, 계자저항 및 회전속도를 바꾸지 않고 무부하로 하였을 때의 단자 전압을 V_o라 하면, 이 발전기의 전압 변동률 ε[%]는?

① $\dfrac{V_o - V_n}{V_o} \times 100$

② $\dfrac{V_o + V_n}{V_o} \times 100$

③ $\dfrac{V_o - V_n}{V_n} \times 100$

④ $\dfrac{V_o + V_n}{V_n} \times 100$

423 부하의 전압과 전류를 측정하기 위한 전압계와 전류계의 접속방법으로 옳은 것은?

① 전압계: 직렬, 전류계: 병렬
② 전압계: 직렬, 전류계: 직렬
③ 전압계: 병렬, 전류계: 직렬
④ 전압계: 병렬, 전류계: 병렬

해설
전압계는 전원과 병렬 접속하고, 전류계는 부하와 직렬 접속한다.

424 다음 제어용 기기 중 과부하 및 단락사고인 경우 자동차단되어 개폐기 역할을 겸하는 것은?

① 퓨즈
② 릴레이
③ 리밋 스위치
④ 노퓨즈 브레이커

425 교류의 크기를 나타내는 방법이 아닌 것은?

① 순시값
② 실효값
③ 최대값
④ 최소값

해설
교류의 크기 나타내는 방법
- 순시값 : 시간에 따라 변화하는 임의의 순간에 있어서의 크기
- 최대값 : 교류의 순시값 중 가장 큰 값
- 실효값 : 교류의 크기를 그것과 같은 일을 하는 직류의 크기로 바꿔 놓은 값
- 평균값 : 1주기 동안의 교류 순시값의 평균값

426 내부저항 5kΩ의 전압계 측정범위를 5배로 하기 위한 방법은?

① 20kΩ의 배율기 저항을 병렬 연결한다.
② 20kΩ의 배율기 저항을 직렬 연결한다.
③ 25kΩ의 배율기 저항을 병렬 연결한다.
④ 25kΩ의 배율기 저항을 직렬 연결한다.

해설
배율을 m이라고 하면 배율기 저항 R_m과 전압계 내부저항 R_V사이에는 $R_m = (m-1)R_V$로 정의된다.
즉 $R_m = (5-1) \times 5 = 20$kΩ

427 SCR의 활용으로 옳지 않은 것은?

① 수은정류기
② 자동제어장치
③ 제어용 전력증폭기
④ 전류조정이 가능한 직류전원설비

해설
- SCR : 위상제어 및 정류작용을 통하여 직류가 출력되며, 단일 방향 3단자 소자이다.
- SCR의 활용분야 : 스위치, 위상제어, 정류기, 초퍼 등에 활용

정답 422 ③ 423 ③ 424 ④ 425 ④ 426 ② 427 ①

428 대칭 3상 교류 전압에서 각 상의 위상차는?

① 60° ② 90°
③ 120° ④ 240°

해설

위상차 = $\dfrac{2\pi}{n} = \dfrac{2\pi}{3} = 120°$

429 전압이 가해지고 일정 시간이 경과한 후 접점이 닫히거나 열리고, 전압을 끊으면 순시 접점이 열리거나 닫히는 것은?

① 전자 개폐기 ② 플리커 릴레이
③ 온 딜레이 타이머 ④ 오프 딜레이 타이머

해설

- on delay 타이머 : 입력신호가 들어오면 일정시간 경과후 접점이 작동하고 입력신호가 없어지면 순시에 접점이 작동된다. (한시동작 순시복귀형)
- off delay 타이머 : 입력신호가 들어오면 순시에 접점이 작동하고 입력신호가 없어지면 일정시간 경과 후 접점이 작동된다. (순시동작 한시복귀형)

430 가동코일형 전류계에서 전류측정범위를 확대시키는 방법은?

① 가동코일과 직렬로 분류기 저항을 접속한다.
② 가동코일과 병렬로 분류기 저항을 접속한다.
③ 가동코일과 직렬로 배율기 저항을 접속한다.
④ 가동코일과 직·병렬로 배류기 저항을 접속한다.

해설

분류기 : 전류계에서 전류측정 범위를 확대하기 위해 전류계와 병렬로 접속하는 저항기

431 전기저항과 열의 관계를 설명한 것으로 틀린 것은?

① 저항기는 대부분 정특성을 갖는다.
② 전구의 필라멘트는 부특성을 갖는다.
③ 온도상승과 저항값이 비례하는 것을 부특성이라 한다.
④ 온도상승과 저항값이 반비례하는 것을 부특성이라 한다.

해설

저항은 대부분 정특성이며 필라멘트 또한 저항이므로 정특성을 갖는다.

432 자석의 성질에 관한 설명으로 옳지 않은 것은?

① 자석에는 N극과 S극이 있다.
② 자극으로부터 자력선이 나온다.
③ 자기력선은 비자성체를 투과한다.
④ 자력이 강할수록 자기력선의 수가 적다.

해설

자력이 강할수록 자기력선의 수가 많다.

433 직선 전류에 의한 자기장의 방향을 알려고 할 때 적용되는 방식은?

① 페러데이의 법칙
② 플레밍의 왼손 법칙
③ 플레밍의 오른손 법칙
④ 앙페르의 오른나사 법칙

정답 428 ③ 429 ③ 430 ② 431 ② 432 ④ 433 ④

해설

- 패러데이의 법칙 : 전류가 흐르지 않는 코일에 외부에서 자기장의 변화를 주면 그 변화를 없애기 위해 유도전류가 생기게 된다. 이 유도전류는 자기장의 변화, 자기선속의 시간적 변화, 코일의 감긴 횟수에 비례한다.
- 플레밍의 왼손법칙 : 자기장 안에서 전류가 흐르게 되면 전류가 흐르고 있는 도선에 힘이 생성된다. 이 힘을 전자기력이라고 하며 왼손의 엄지, 검지, 중지를 각각 직각이 되도록 만들면 엄지는 힘 방향, 검지는 자기장, 중지는 전류가 된다. 전동기에서 적용
- 플레밍의 오른손법칙 : 오른손의 엄지, 검지, 중지를 각각 직각이 되도록 만들면 엄지는 힘 방향, 검지는 자기장, 중지는 전류가 된다. 즉 유도전류의 방향을 알아 낼 수 있는 법칙이다. 발전기에서 적용
- 앙페르의 오른나사법칙 : 도선에 전류가 통과할 때 오른손 엄지와 전류방향을 맞추고 나머지 손가락을 말아 쥐면 손가락이 감싸고 있는 방향이 자기장의 방향이다.

434 그림은 어떤 회로를 나타낸 것인가?

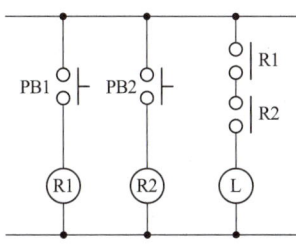

① OR 회로
② 인터록 회로
③ AND 회로
④ 자기유지 회로

해설

- OR회로 : 입력(R1,R2)이 병렬로 연결되면 출력이 나오는 회로
- AND회로 : 입력(R1,R2)이 직렬로 연결되면 출력이 나오는 회로

435 교류 전류에 대한 저항(R), 코일(L), 콘덴서(C)의 작용에서 전압과 전류의 위상이 동상인 회로는?

① R만의 회로
② L만의 회로
③ C만의 회로
④ R, L, C 직·병렬회로

해설

- 코일만의 회로 : 전압이 전류보다 90° 앞선다.
- 저항만의 회로 : 전압과 전류가 동상이다.
- 콘덴서만의 회로 : 전류가 전압보다 90° 앞선다.

436 3상 유도 전동기의 Y-△ 결선 변환 회로에 대한 설명으로 옳지 않은 것은?

① Y결선으로 기동한다.
② 기동전류가 1/3로 줄어든다.
③ 정상 운전 속도일 때 △결선으로 변환한다.
④ 기동 시 상전압을 $\sqrt{3}$ 배 승압하여 기동한다.

해설

기동 시 선간전압을 $\sqrt{3}$ 배 승압하여 기동한다.

437 P[W] 전구를 시간 사용하였을 때의 전력량[Wh]은?

① tP
② t^2P
③ $\dfrac{P}{t}$
④ $\dfrac{P^2}{t}$

해설

전력량 W = Pt = VIt이다.

정답 434 ③ 435 ① 436 ④ 437 ①

438 시간의 변화에 따른 각 계전기나 접점 등의 변화상태를 시간적 순서에 의해 출력상태를 (ON, OFF), (H, L), (1, 0) 등으로 나타낸 것은?

① 플로 차트
② 실체 배선도
③ 타임 차트
④ 논리 회로도

439 무부하 운전이나 벨트 운전을 절대로 해서는 안되는 직류 전동기는?

① 직권 전동기
② 복권 전동기
③ 분권 전동기
④ 타여자 전동기

해설

직권 전동기 특징
- 부하가 증가함에 따라 속도가 감소하는 가변 속도 전동기이다.
- 부하가 감소하면 속도가 상승하고 무부하 시 고속도가 되어 위험하므로 무부하 운전이나 벨트운전을 절대 하지 않는다.

440 무접점 방식 시퀀스에 사용되는 것은?

① 전자 릴레이
② 푸시버튼 스위치
③ 사이리스터
④ 열동형 릴레이

해설

사이리스터(P형과 N형을 번갈아 배치한 4개의 영역을 가진 단결합 반도체 소자)는 무접점 방식이며 나머지 보기는 유접점 방식이다.

441 Y결선으로 접속된 3상 회로에서 선간전압은 상전압의 몇 배인가?

① 2
② $\sqrt{2}$
③ 3
④ $\sqrt{3}$

해설

Y결선 특징
- 선간전압 : 부하에 전력을 공급하는 선들 사이의 전압
- 상전압 : 각 상에 걸리는 전압
- Y결선에서 선간전압이 상전압보다 $\frac{\pi}{6} = 30°$ 앞서며, 선간전압은 상전압의 $\sqrt{3}$ 이다.

442 직류 전동기를 급정지 또는 역전시키는 전기 제동 방법은?

① 플러깅
② 계자제어
③ 워드 레너드 방식
④ 일그너 방식

해설

플러깅 : 역전제동이라고 하며, 전동기의 회전방향을 바꾸어 급제동 시키는 방법

443 두 종류의 금속을 서로 접합하고 접합점을 서로 다른 온도의 차이를 주게 되면 기전력이 발생하여 일정한 방향으로 전류가 흐르는 현상은?

① 가우스 효과
② 제백 효과
③ 톰슨 효과
④ 펠티에 효과

해설

열전효과의 종류
- 펠티에 효과 : 두 금속의 접점에 전류가 흐를 때 가열 또는 냉각되는 효과
- 톰슨 효과 : 같은 도체에 전류가 흐르면 가열되거나 냉각되는 효과
- 제백 효과 : 고온부 전자들이 저온부로 확산될 때 전위차가 발생하며 두 개의 금속 접합점 양단간의 온도차에 의해 열 기전력이 발생된다.

정답 438 ③ 439 ① 440 ③ 441 ④ 442 ① 443 ②

444 권수비 2, 2차 전압 100[V], 2차 전류 5[A], 2차 임피던스 20[Ω]인 변압기의 ㉠ 1차 환산 전압 및 ㉡ 1차 환산 임피던스는?

① ㉠ 200[V] ㉡ 80[Ω]
② ㉠ 200[V] ㉡ 40[Ω]
③ ㉠ 50[V]   ㉡ 10[Ω]
④ ㉠ 50[V]   ㉡ 5[Ω]

해설

권수비

$$a = \frac{N_1}{N_2} = \frac{V_1}{V_2} = \frac{I_1}{I_2} = \sqrt{\frac{Z_1}{Z_2}}$$ 에서

$2 = \frac{V_1}{100}$ 따라서 $V_1 = 2 \times 100 = 200[V]$

$2 = \sqrt{\frac{Z_1}{20}}$ 따라서 $Z_1 = 4 \times 20 = 80[Ω]$

445 도체에 전류가 흐를 때 자기력선의 방향은 어떤 법칙에 의하는가?

① 렌츠의 법칙
② 플레밍의 왼손 법칙
③ 플레밍의 오른손 법칙
④ 앙페르의 오른나사 법칙

해설

- 플레밍의 왼손법칙 : 자기장 안에서 전류가 흐르게 되면 전류가 흐르고 있는 도선에 힘이 생성된다. 이 힘을 전자기력이라고 하며 왼손의 엄지, 검지, 중지를 각각 직각이 되도록 만들면 엄지는 힘 방향, 검지는 자기장, 중지는 전류가 된다. 전동기에서 적용
- 플레밍의 오른손법칙 : 오른손의 엄지, 검지, 중지를 각각 직각이 되도록 만들면 엄지는 힘 방향, 검지는 자기장, 중지는 전류가 된다. 즉 유도전류의 방향을 알아 낼 수 있는 법칙이다. 발전기에서 적용
- 앙페르의 오른나사법칙 : 도선에 전류가 통과할 때 오른손 엄지와 전류방향을 맞추고 나머지 손가락을 말아 쥐면 손가락이 감싸고 있는 방향이 자기장의 방향이다.

446 직류 200V, 1000W의 전열기에 흐르는 전류는 몇 A인가?

① 0.5   ② 5
③ 10   ④ 50

해설

전력 P = V × I이므로 I = P/V이다.
즉 1,000/200 = 5

447 SCR에 대한 설명으로 틀린 것은?

① 교류가 출력된다.
② 정류 작용이 있다.
③ 교류전원의 위상 제어에 많이 사용된다.
④ 한 번 통전하면 게이트에 의해서 전류를 차단할 수 없다.

해설

- SCR : 위상제어 및 정류작용을 통하여 직류가 출력되며, 단일 방향 3단자 소자이다.
- SCR의 활용분야 : 스위치, 위상제어, 정류기, 초퍼 등에 활용

448 시퀀스 제어(sequence control)의 접점표시 중 한시동작 한시복귀 접점을 표시한 것은?

① ─o o─   ② ─o△o─

③ ─o o─   ④ ─o△o─

해설

① 릴레이 자동 복귀형 A접점, ② 한시동작 순시복귀형 타이머 A접점, ③ 순시동작 한시복귀형 타이머 A접점

정답 444 ① 445 ④ 446 ② 447 ① 448 ④

449 최대눈금 10mA의 전류계로 1A의 전류를 측정하려면 필요한 분류기 저항은 몇 Ω인가? (단, 전류계 내부저항은 0.5Ω이다.)

① 0.005　　② 0.05
③ 0.5　　　④ 5

해설

배율을 m이라고 하면 분류기 저항 R_s과 전류계 내부 저항 R_m 사이에는
$R_s = \dfrac{R_m}{(m-1)}$ 이므로
$R_m = \dfrac{0.5}{\dfrac{1}{0.01}-1} = 0.005\Omega$

450 전기량(Q)과 전류(I), 시간(t)의 상호 관계식이 옳은 것은?

① $Q = It$　　② $Q = \dfrac{I}{t}$
③ $Q = \dfrac{t}{I}$　　④ $I = Q$

451 그림과 같은 RLC 직렬회로에서 공진주파수가 발생할 수 있는 조건은?

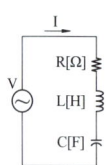

① $R = 0$　　② $\omega L > \dfrac{1}{\omega C}$
③ $\omega L = \dfrac{1}{\omega C}$　　④ $\omega L < \dfrac{1}{\omega C}$

452 자기 인덕턴스 $L[H]$, 코일에 흐르는 전류 세기 $I[A]$일 때 코일에 저장되는 에너지[J]는?

① LI　　② $\dfrac{1}{2}LI$
③ $\dfrac{1}{2}LI^2$　　④ $\dfrac{1}{2}L^2I$

453 회로 시험기를 이용하여 저항 값을 측정하고자 할 때 전환 스위치의 위치는?

① DCV　　② Ω
③ ACV　　④ DCmA

454 직류전동기에서 자기회로를 만드는 철심과 회전력을 발생시키는 전기자 권선으로 구성된 것은?

① 계자　　② 전기자
③ 정류자　　④ 브러시

해설

- 브러시 : 정류자 표면과 접촉하며 전기자 권선과 외부 회로를 연결 시켜 주는 부분
- 정류자 : 전기자 권선에서 유도된 교류를 직류로 바꿔주는 부분
- 계자 : 전기에 의해 자속을 만드는 부분
- 전기자 : 계자에서 만든 자속을 끊어서 기전력을 유도하는 부분이며 철심과 전기자 권선으로 구성되어 있다.

정답　449 ①　450 ①　451 ③　452 ③　453 ②　454 ②

기출예상문제
용접

제1장 용접개요 및 가용접 예상문제

001 용접에서 금속의 원자 간격을 몇 cm로 하면 인력이 작용하는가?

① 10^{-5} ② 10^{-6}
③ 10^{-7} ④ 10^{-8}

해설

원자 사이에 간격은 1cm의 1억분의 1정도가 되어야 한다.

002 다음 중 압접법에 속하는 것은?

① 피복아크 용접
② 전자 빔 용접
③ 시임 용접
④ 테르밋 용접

해설

시임 용접은 전기 저항 용접에 일종으로 압접법이다.

003 다음 중 아크 용접이 아닌 것은?

① 잠호 용접   ② 원자 수소 용접
③ 티그 용접   ④ 테르밋 용접

해설

테르밋 용접은 융접으로 화학 반응열을 이용한 용접이다.

004 다음 중 전기 저항 용접이 아닌 것은?

① 스폿 용접   ② 업셋 용접
③ 전자 빔 용접 ④ 파카션 용접

해설

전기 저항 용접의 종류는 겹치기(점, 시임, 돌기)저항 용접과 맞대기(플래시, 업셋, 파카션)저항 용접이 있다.

005 용접이 주조에 비해 우수한 점이 아닌 것은?

① 강도가 크다.
② 중량을 가볍게 할 수 있다.
③ 수밀 기밀성이 우수하다.
④ 변형이 극히 작다.

해설

용접의 가장 큰 단점이 열 영향으로 변형이 많다는 데 있다.

006 다음은 용접의 장점을 열거한 것이다. 옳지 않은 것은?

① 이음의 형상을 자유롭게 할 수 있다.
② 용접부의 강도는 용접사의 기능과 무관하다.
③ 작업의 자동화가 용이하다.
④ 두께에 제한이 비교적 적다.

해설

용접은 용접사의 양심과 기능에 따라 용접부의 제반 성질이 달라질 수 있다.

정답 001 ④ 002 ③ 003 ④ 004 ③ 005 ④ 006 ②

007 용접 작업 후 변형이 발생되는 가장 큰 이유는?

① 용착 금속의 수축과 팽창
② 용착 금속의 경화
③ 용접 이음부의 가공 불량
④ 용착 금속의 용착 불량

008 다음 이음의 방법 중 그 종류가 기계적 이음인 것은?

① 피복아크 용접 ② 미그용접
③ 납접 ④ 볼트접합

009 접합할 금속을 서로 충분히 접근시켜 원자간의 인력으로 결합시키는 방법을 무엇이라고 하는가?

① 용접 ② 충접
③ 역접 ④ 양접

010 전기아크 용접기의 장점이 아닌 것은?

① 가동부분이 적기 때문에 고장 발생률이 낮다.
② 높은 전력효과를 얻을 수 있다.
③ 피복 용접봉만을 사용해야 한다.
④ 이동과 운반이 용이하다.

011 다음은 용접의 장점을 설명한 것이다. 옳지 않은 것은?

① 열 영향부로 이음부가 강해진다.
② 맞대기 용접을 할 때 이음 효율이 좋다.
③ 작업 공정을 줄일 수 있다.
④ 자재가 절약되어 중량이 감소한다.

012 다음 중 주조법이나 단조법과 비교한 용접의 장점이 아닌 것은?

① 이종 재질을 조합시킬 수 있다.
② 작업 공정의 단축이 가능하다.
③ 품질 검사가 용이하다.
④ 무게가 가볍다.

013 기계적 접합법과 비교한 야금적 접합법에 장점이 될 수 없는 것은?

① 자재의 절약
② 수밀, 기밀을 유지
③ 기술 습득 용이
④ 제품의 중량 감소

014 다음 중 용접 자세와 기호의 연결이 잘 못된 것은?

① 아래보기 자세 – F
② 수평 자세 – H
③ 수직 자세 – V
④ 위보기 자세 – A

015 다음 중 용접 작업을 구성하는 주요 요소가 아닌 것은?

① 용접 재료
② 열원
③ 용가재
④ 슬래그

정답 007 ① 008 ④ 009 ① 010 ③ 011 ① 012 ③ 013 ③ 014 ④ 015 ④

016 다음은 아크 용접과 가스 용접을 비교한 것이다. 아크 용접의 장점이 아닌 것은 어느 것인가?

① 모재 변형이 적다.
② 모재를 가열할 때 열량 조절이 자유롭다.
③ 작업 속도가 빠르다.
④ 폭발의 위험성이 없다.

017 다음 중 용접의 단점이 아닌 것은?

① 재질의 변형
② 품질 검사 곤란
③ 응력 집중 현상 발생
④ 공정수 감소

018 다음 중 아크 용접에 해당되지 않는 것은?

① 일렉트로 슬래그 용접
② 가스 보호 스텃 용접
③ 원자 수소 용접
④ 불활성 가스 아크 용접

019 다음 용접 방법 중 성질이 다른 하나는?

① 전기 저항 용접
② 전자 빔 용접
③ 초음파 용접
④ 마찰 용접

020 다음은 용접 작업을 구성하는 주요 요소이다. 틀린 것은?

① 열원
② 용접 대상이 되는 용접 모재
③ 용가재
④ 용접 잔류 응력 발생

021 다음 중 용접의 결점이라고 할 수 없는 것은 어느 것인가?

① 용접부는 응력 집중에 민감하다.
② 용접부에는 재질의 변화가 생긴다.
③ 용접에서는 다른 종류 금속의 접합이 불가능하다.
④ 용접부에는 잔류 응력이 존재한다.

022 녹기 쉬운 합금을 사용하여 가는 파이프, 작은 물품의 접착으로 기밀이나 높은 강도를 필요로 하지 않을 때 대량 생산으로 높은 용접 온도가 곤란한 경우에 적합한 용접은 어느 것인가?

① 가스 용접
② 납땜
③ 저항 용접
④ 아크 용접

023 다음은 용접 작업을 구성하는 주요 요소이다. 틀린 것은?

① 열원
② 용접 대상이 되는 용접 모재
③ 용가재
④ 용접 잔류 응력 발생

정답 016 ② 017 ④ 018 ② 019 ① 020 ④ 021 ③ 022 ② 023 ④

024 플라즈마 아크(Plasma Arc)에 사용되는 가스가 아닌 것은?

① 암모니아
② 수소
③ 아르곤
④ 헬륨

해설

일반적으로 Ar가스를 사용하지만 보조가스로 아르곤과 수소, 헬륨가스를 사용한다.

025 열적 핀치 효과나 자기적 핀치 효과를 이용한 용접법은?

① 이산화탄소 아크 용접법
② 서브머지드 아크 용접법
③ 불활성가스 금속 아크 용접법
④ 플라즈마 아크 용접법

026 플라즈마 아크용접에 관한 설명 중 맞지 않는 것은?

① 전류밀도가 크고 용접속도가 빠르다.
② 기계적 성질이 좋으며 변형이 적다.
③ 설비비가 적게 든다.
④ 1층으로 용접할 수 있으므로 능률적이다.

027 아크를 발생시키지 않고 와이어와 용융 슬래그 그리고 모재 내에 흐르는 전기 저항열에 의하여 용접하는 방법은?

① 티그용접
② 미그용접
③ 일렉트로 슬래그 용접
④ 이산화탄소 용접

028 융접의 일종으로서 아크열이 아닌 와이어와 용융 슬래그 사이에 통전된 전류의 저항 열을 이용하여 용접을 하는 것은?

① 테르밋용접
② 전자빔용접
③ 초음파용접
④ 일렉트로 슬래그 용접

029 두꺼운 판의 양쪽에 수냉 동판을 대고 용접 슬래그 속에서 아크를 발생시킨 후 용융 슬래그의 전기 저항열을 이용하여 용접하는 방법은?

① 서브머저드 아크용접
② 불활성가스 아크용접
③ 일렉트로 슬래그 용접
④ 전자빔 용접

030 다음 중 일렉트로 가스 용접에서 주로 사용하는 가스는?

① CO_2
② O_2
③ Ar
④ He

031 볼트나 환봉 등을 피스톤형 홀더에 끼우고 모재와 환봉 사이에서 순간적으로 아크를 발생시켜 용접하는 방법은?

① 전자빔 용접
② 스텃 용접
③ 폭발 용접
④ 원자수소 용접

정답 024 ① 025 ④ 026 ③ 027 ③ 028 ④ 029 ③ 030 ① 031 ②

032 아크를 보호하고 집중시키기 위하여 도자기로 만든 페룰(Ferrule)이라는 기구를 사용하는 용접은?

① 스텃 용접
② 테르밋 용접
③ 전자빔 용접
④ 플라즈마 용접

033 볼트나 환봉을 피스톤의 홀더에 끼우고 모재와 볼트 사이에 0.1~2초 정도의 아크를 발생시켜 용접하는 것은?

① 피복아크 용접
② 스텃 용접
③ 테르밋 용접
④ 전자 빔 용접

034 스텃 용접의 특징이 아닌 것은?

① 아크열을 이용하여 자동적으로 단시간에 용접부를 가열 용융해서 용접하므로 변형이 극히 적다.
② 용접 후 냉각속도가 비교적 빠르므로 모재의 성분이 어느 것이든지 용착 금속부가 경화되는 경우가 있다.
③ 통전시간이나 용접전류가 알맞지 않고 모재에 대한 스텃의 압력이 불충분해도 용접결과는 양호하나 외관은 거칠다.
④ 철강재료 외에 구리, 황동, 알루미늄, 스테인레스강에도 적용된다.

035 볼트나 환봉 등을 직접 강판이나 형강에 용접하는 방법으로 볼트나 환봉을 피스톤형의 홀더에 끼우고 모재와 볼트 사이에 순간적으로 아크를 발생시켜 용접하는 방법은?

① 테르밋 용접
② 스텃 용접
③ 서브머지드 아크용접
④ 불활성가스 용접

036 다음 중 고 탄소강, 알루미늄, 티탄 합금, 몰리브덴 재료 등을 용접하기에 가장 적합한 것은?

① 전자 빔 용접
② 일렉트로 슬래그 용접
③ 탄산가스 아크 용접
④ 서브머지드 아크 용접

037 다음 용접 중 배기 장치 및 X선 방호 장치가 필요한 것은?

① 잠호 용접   ② 티그 용접
③ 테르밋 용접   ④ 전자 빔 용접

038 수소 가스 분위기 속에 있는 2개의 텅스텐 용접봉 사이에 아크를 발생시켜서 수소 분자를 열 해리시켜 다시 모재 표면에서 냉각되어 분자 상태로 결합될 때 방출되는 열을 이용하는 용접 방법은?

① 방전 충격 용접
② 플래시 용접
③ 원자 수소 용접
④ 전자 빔 용접

정답 032 ① 033 ② 034 ③ 035 ② 036 ① 037 ④ 038 ③

039 금속 산화물이 알루미늄에 의하여 산소를 빼앗기는 반응에 의해 생성되는 열을 이용하여 금속을 접합하는 용접 방법은?

① 일렉트로 슬래그 용접
② 테르밋 용접
③ 불활성가스 금속 아크 용접
④ 저항 용접

040 산화철 가루와 알루미늄 가루를 약 3 : 1의 비율로 혼합한 배합제에 점화하면 반응열이 약 2,800℃에 달하며, 주로 레일의 이음에 쓰이는 용접법은?

① 스폿용접
② 테르밋용접
③ 일렉트로 가스 용접
④ 심 용접

041 다음 중 가스 압접법의 특징이 아닌 것은?

① 이음부 탈탄층이 전혀 없다.
② 장치가 간단하고 작업이 거의 기계적이다.
③ 원리적으로 전력이 불필요하다.
④ 이음부에 첨가 금속이 필요하나 설비비가 싸다.

042 다음의 설명 중 고주파 용접을 설명한 것은 어느 것인가?

① 접속성이 강한 유도 방사에 의한 단색 광선을 이용한다.
② 태양광선 등의 열을 렌즈에 모아 모재에 집중시켜 용접한다.
③ 표피 효과 및 근접 효과를 이용하여 용접한다.
④ 관절형이 오늘날 많이 사용되고 있다.

043 다음 중 레이저 빔 용접에 특징으로 알맞은 것은?

① 광선의 제어는 원격 조작이 가능하나 육안으로 확인하면서 용접은 불가능하다.
② 열 영향부가 넓어 용접부에 폭이 넓다.
③ 에너지 밀도가 매우 낮아 저 융점 용접에 이용된다.
④ 전자 부품과 같은 작은 크기의 정밀 용접이 가능하다.

044 전기저항 용접의 특징에 대한 설명으로 올바르지 않은 것은?

① 변형 및 잔류응력이 적다.
② 용접재료 두께의 제한을 받지 않는다.
③ 용제나 용접봉이 필요 없다.
④ 대량생산에 적합하다.

045 전기 저항 용접의 특징이 아닌 것은?

① 작업 속도가 빠르다.
② 용접봉의 소비량이 많다.
③ 이음 강도에 대한 효율이 높다.
④ 대량 생산에 적합하다.

046 저항용접이 아닌 것은?

① 스폿(spot)용접
② 심(seam)용접
③ 프로젝션(projection)용접
④ 스텃(stud)용접

> 정답 039 ② 040 ② 041 ① 042 ③ 043 ④ 044 ② 045 ② 046 ④

047 저항용접의 종류 중에서 맞대기(butt) 용접이 아닌 것은?

① 프로젝션 용접
② 업셋 용접
③ 플래시 용접
④ 퍼커션 용접

048 저항용접의 종류가 아닌 것은?

① 스폿 용접
② 심 용접
③ 업셋 맞대기 용접
④ 초음파 용접

049 전기 저항용접에 속하지 않는 것은?

① 테르밋 용접
② 점 용접
③ 프로젝션 용접
④ 심 용접

050 전기 저항용접에서 맞대기 용접에 해당되는 것은?

① 점용접   ② 플래시 용접
③ 심용접   ④ 프로젝션 용접

051 전기저항 용접이 아닌 것은?

① TIG용접   ② 점 용접
③ 프로젝션용접 ④ 플래시용접

052 저항용접의 3요소에 대하여 설명한 것 중 맞는 것은?

① 용접전류, 가압력, 통전시간
② 가압력, 용접전압, 통전시간
③ 용접전류, 용접전압, 가압력
④ 용접전류, 용접전압, 통전시간

053 저항 용접이 아크 용접에 비하여 좋은 점이 아닌 것은?

① 용접 정밀도가 높다.
② 열에 의한 변형이 적다.
③ 용접 시간이 짧다.
④ 용접 전류가 낮다.

054 저항 용접을 할 때의 주의 사항으로 틀린 것은?

① 모재의 접합부를 깨끗이 청소할 것
② 전극부에 접촉 저항이 크게 할 것
③ 냉각수 순환이 충분하도록 점검할 것
④ 모재의 형상 및 두께가 알맞은 전극을 택할 것

055 기밀, 수밀을 필요로 하는 탱크의 용접이나 배관용 탄소 강관의 용접에 가장 적합한 접합법은?

① 심 용접(seam welding)
② 스폿 용접(spot welding)
③ 업셋 용접(upset welding)
④ 플래시 용접(flash welding)

정답 047 ① 048 ④ 049 ① 050 ② 051 ① 052 ① 053 ④ 054 ② 055 ①

056 점 용접의 종류가 아닌 것은?

① 맥동 점 용접
② 인터랙 점 용접
③ 직렬식 점 용접
④ 원판식 점 용접

057 다음 중 심 용접의 종류가 아닌 것은?

① 매시 심 용접
② 포일 심 용접
③ 원주 심 용접
④ 맞대기 심 용접

058 제품의 한쪽 또는 양쪽에 돌기를 만들어 이 부분에 용접전류를 집중시켜 압접하는 방법은?

① 프로젝션 용접
② 점 용접
③ 전자 빔용접
④ 심 용접

059 다음은 용접 이음의 기본 형식이다. 이음의 종류가 아닌 것은?

① 맞대기 이음
② 변두리 이음
③ 모서리 이음
④ K형 이음

해설
K형 이음은 맞대기 이음의 종류 중 홈의 형상 중에 하나이다.

060 연강의 용접 이음에서 설계상 이음 강도가 가장 큰 것은?

① 맞대기 이음
② 전면 필릿 이음
③ 플러그 이음
④ 모서리 이음

해설
맞대기 이음이 가장 강도가 크다.

061 다음 중 맞대기 용접의 홈의 모양이 아닌 것은?

① K형   ② J형
③ U형   ④ B형

062 피복아크용접봉으로 강판의 판두께에 따라 맞대기 용접에 적용하는 개선 홈 형식 중 적합하지 않는 것은?

① I 형 : 판두께 6.0mm 정도까지 적용
② V 형 : 판두께 6.0~20mm 정도 적용
③ ㄴ형 : 판두께 50mm 까지 적용
④ X형 : 판두께 10~40mm 정도 적용

해설
ㄴ형도 V형과 같이 적용하는 것이 일반적이다.

063 V형 홈 맞대기 용접에서 보강 쌓기의 두께는 보통 모재 두께의 몇 %인가?

① 20%   ② 30%
③ 40%   ④ 50%

정답 056 ④ 057 ④ 058 ① 059 ④ 060 ① 061 ④ 062 ③ 063 ①

064 다음 중 변형이 가장 적은 용접 이음 형식은 어느 것인가?

① U형　　② V형
③ H형　　④ X형

해설

맞대기 홈 중에서 양면 대칭 용접은 변형이 적으나 동일한 상태에서도 용착금속의 량이 적으면 더 변형이 적게 된다. 따라서 H형은 X형보다 용착금속이 적으므로 H형이 가장 변형이 적다.

065 X형 홈과 같이 양면 용접이 가능한 경우에 용착금속의 양과 패스 수를 줄일 목적으로 사용되며 모재가 두꺼울수록 유리한 홈의 형상은?

① I형 홈　　② U형 홈
③ V형 홈　　④ H형 홈

066 U형 이음에서 루트 반지름은 될 수 있는 대로 크게 한다. 그 이유는?

① 개선 각도 증대　　② 충분한 용입
③ 홈 개선의 용이　　④ 용착량 증대

해설

루트 반지름을 크게 하는 이유는 충분한 용입과 용착량을 줄이기 위함이며, 개선 각도는 10° 정도로 한다.

067 다음 중 필릿용접의 3종류가 아닌 것은?

① 전면 필릿용접　　② 측면 필릿용접
③ 경사 필릿용접　　④ 변두리 필릿용접

해설

용접부에 대한 하중의 방향에 따라 전면, 측면, 경사 필릿용접으로 나눈다. 변두리 필릿용접은 없다.

068 다음 그림은 필릿용접 이음의 홈의 각부 명칭을 나타낸 것이다. 필릿용접의 목두께에 해당하는 부분은?

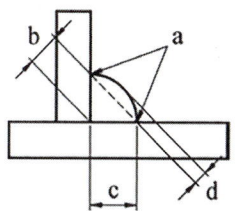

① a　　② b
③ c　　④ d

069 다음 그림은 어떤 필릿용접에 해당하는가?

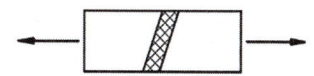

① 측면 필릿용접
② 경사 필릿용접
③ 변두리 필릿용접
④ 전면 필릿용접

070 이음의 루트에서 필릿용접 끝까지의 거리를 무엇이라 하는가?

① 각장　　② 베벨각
③ 용접변끝　　④ 용접선

해설

각장을 다른 용어로는 목길이라고 한다.

정답　064 ③　065 ④　066 ②　067 ④　068 ②　069 ②　070 ①

071 필릿(fillet) 용접의 다리 길이는 판두께의 몇 % 정도가 적당하겠는가?

① 30% ② 40%
③ 55% ④ 70%

072 필릿용접부의 단면에서 용접부의 루트부터 표면까지의 최단 거리를 무엇이라 하는가?

① 목의 실제 두께
② 겹치기 이음
③ 슬롯 용접
④ 목의 이론 두께

073 필릿용접에서 이음 강도를 간편법으로 계산할 경우 보통 얼마 정도의 목두께를 가진 것으로 계산하는가?

① 각장×0.9
② 각장×0.5
③ 각장×cos 60°
④ 각장×cos 45°

해설
수평 필릿용접의 각장은 70~80% 정도이다.

074 필릿용접에서 다리 길이를 6mm로 용접할 경우 비드의 폭을 얼마로 하여야 하는가?

① 약 10.2mm ② 약 8.5mm
③ 약 12mm   ④ 약 6.5mm

해설
비드 폭(b) = 각장(h) × $\sqrt{2}$ = 6 × 1.414 = 8.5

075 필릿용접에서 이론 목두께 a와 용접 다리 길이 z의 관계를 옳게 나타낸 것은?

① a≒0.3z ② a≒0.5z
③ a≒0.7z ④ a≒0.9z

076 필릿용접의 인장 강도 계산식으로 맞는 것은?

① 인장강도(σ_t) = $\dfrac{\text{용접부 최대 하중}(P)}{\text{목 두께의 단면적}(hl)}$

② 인장강도(σ_t) = $\dfrac{\text{목 두께의 단면적}(hl)}{\text{용접부 최대 하중}(P)}$

③ 인장강도(σ_t) = $\dfrac{\text{용접부 최대 하중}(P)}{\text{다리길이 단면적}(hl)}$

④ 인장강도(σ_t) = $\dfrac{\text{다리길이 크기}(h)}{\text{목 두께의 단면적}(hl)}$

077 맞대기 용접 이음에서 모재의 인장강도는 45kgf/mm²이며, 용접 시험편의 인장 강도가 47kgf/mm²일 때 이음 효율은 약 몇 %인가?

① 104 ② 96
③ 60   ④ 69

해설
이음효율 = $\dfrac{\text{시험편인장강도}}{\text{모재인장강도}} \times 100$
= $\dfrac{47}{45} \times 100 = 104.4$

078 맞대기 양면 용접시의 기초 이음 효율은?

① 60% ② 70%
③ 80% ④ 90%

해설
기초 이음효율은 한면 받침쇠 사용 용접 : 80%, 받침쇠 없는 한면 용접 : 70%, 양면 전후 필릿용접 : 70%

정답 071 ④ 072 ④ 073 ④ 074 ② 075 ③ 076 ① 077 ① 078 ②

079 접합하는 두 부재의 한쪽에 구멍을 뚫고 판의 표면까지 가득하게 용접하여 다른 쪽 부재와 접합하는 용접은?

① 비드 용접
② 덧붙이 용접
③ 필릿용접
④ 플러그 용접

080 두께가 다른 판을 맞대기 용접할 때 응력 집중이 가장 적게 발생하는 것은?

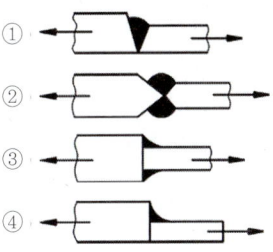

081 용접 이음의 유효 길이는?

① 용접부 전체의 길이로 나타낸다.
② 용접부 전체의 길이를 둘로 나눈 값으로 나타낸다.
③ 용접의 시단부와 종단부를 제외한 길이로 나타낸다.
④ 목의 두께×2의 길이로 나타낸다.

해설

시단부와 종단부는 불완전한 용접부가 되기 쉬우므로 이 부분을 제외한 길이를 유효 길이라 한다.

082 용접 설계시 일반적인 주의 사항으로 가장 거리가 먼 것은?

① 용접에 적합한 구조로 한다.
② 용접하기 쉬도록 한다.
③ 결함이 생기기 쉬운 용접 방법은 피한다.
④ 용접 이음이 한 곳으로 집중되도록 한다.

해설

용접하기에 적당한 이음 형식을 택하며, 용접선은 가능한 짧게, 용접하기 쉬운 자세(아래 보기)로 한다.

083 용접 이음을 설계할 때의 주의 사항으로 틀린 것은?

① 용접 구조물의 제 특성 문제를 고려한다.
② 강도가 강한 필릿용접을 많이 하도록 한다.
③ 용접성을 고려한 사용 재료의 선정 및 열영향 문제를 고려한다.
④ 구조상의 노치부를 피한다.

해설

필릿용접은 강도가 약하므로 가능한 필릿용접을 적게 하는 것이 좋다.

084 용접 설계상 주의 사항으로 틀린 것은?

① 부재 및 이음은 될 수 있는 대로 조립작업, 용접 및 검사를 하기 쉬도록 한다.
② 부재 및 이음은 단면적의 급격한 변화를 피하고 응력 집중을 받지 않도록 한다.
③ 용접 이음은 가능한 한 많게 하고 용접선을 집중시키며, 용착량도 많게 한다.
④ 용접은 될 수 있는 한 아래 보기 자세로 하도록 한다.

해설

용접 이음은 가능한 한 곳에 집중시키면 안되며, 용접 강도 유지에 적합한 용착량만 되도록 한다.

정답 079 ④ 080 ② 081 ③ 082 ④ 083 ② 084 ③

085 모재의 홈 가공을 V형으로 했을 경우 엔드탭(end tap)은 어떤 조건으로 하는 것이 가장 좋은가?

① I형 홈 가공으로 한다.
② V형 홈 가공으로 한다.
③ X형 홈 가공으로 한다.
④ 홈가공이 필요없다.

해설
엔드탭은 가능한 한 홈의 형상과 판두께를 동일하게 해야 된다.

086 기계나 구조물의 안전을 유지하는 정도로서 파괴 강도를 그 허용 응력으로 나눈 값을 무엇이라고 하는가?

① 허용 응력 ② 안전율
③ 용착 효율 ④ 이음효율

087 철 구조물을 용접 설계 하고자 할 때 안전율을 무시할 수 없다. 안전율을 구하는 공식은?

① 안전율=인장 강도/허용 응력
② 안전율=허용 응력/인장 강도
③ 안전율=허용 응력/사용 응력
④ 안전율=사용 응력/허용 응력

088 용착금속의 인장 강도 40kgf/mm²에 안전율 8 이라면 이음의 허용 응력은 몇 kgf/mm²인가?

① 5   ② 10
③ 12 ④ 15

해설
안전율 = 인장 강도/이음의 허용 응력,
이음의 허용 응력 = 인장 강도/안전율 = 40/8 = 5

089 정하중시 용접 이음의 연강의 안전율은?

① 3   ② 5
③ 8   ④ 12

090 일반 강재의 경우 정하중일 때 허용 응력은 어느 정도인가?

① 인장 강도의 1/4값
② 인장 강도의 1/3값
③ 인장 강도의 1/2값
④ 인장 강도의 1/5값

091 다음 그림에서 루트간격을 표시하는 것은?

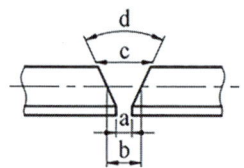

① a   ② b
③ c   ④ d

092 다음은 용접 종류별 용착 효율을 나타낸 것이다. 틀린 것은?

① 피복아크용접봉 : 65%
② 플럭스 내장 와이어의 반자동 용접 : 75 ~ 85%
③ 가스 보호 반자동 용접 : 92%
④ 서브머지드 아크용접, 일랙트로 슬래그 용접 : 90%

해설
서브머지드 아크용접, 일랙트로 슬래그 용접 등은 스패터 등이 거의 없어 용착 효율은 100%이다.

정답 085 ② 086 ② 087 ① 088 ① 089 ① 090 ① 091 ① 092 ④

093 용접입열과 관련된 설명으로 옳은 것은?

① 아크 전류가 커지면 용접입열은 감소한다.
② 용접입열이 커지면 모재가 녹지 않아 용접이 되지 않는다.
③ 용접 모재에 흡수되는 열량은 10% 정도이다.
④ 용접속도가 빠르면 용접입열은 감소한다.

> **해설**
>
> 용접입열은 아크 전류가 커지면 증가하며, 모재가 잘 용융될 수 있어 용입불량이 적어지며, 모재에 흡수되는 열량은 60~85% 정도 된다.

094 용착법의 설명으로 틀린 것은?

① 각 층마다 전체의 길이를 용접하면서 다층 용접을 하는 방식이 덧살 올림법이다.
② 잔류응력이 다소 적게 발생하고 용접 진행 방향과 용착 방향이 서로 반대가 되는 방법이 후진법이다.
③ 한부분에 대해 몇 층을 용접하다가 다음 부분의 층으로 연속시켜 용접하는 것이 스킵법이다.
④ 한 개의 용접봉으로 살을 붙일만한 길이로 구분해서 홈을 한 부분씩 여러 층으로 쌓아 올린 다음 다른 부분으로 진행하는 용접방법이 전진 블록법이다.

095 레이저 용접이 적용되는 분야 및 응용 범위에 속하지 않는 것은?

① 우주 통신, 로켓의 추적, 광학, 계측기 등에 응용
② 가는 선이나 작은 물체의 용접 및 박판의 용접에 적용
③ 다이아몬드의 구멍 뚫기, 절단 등에 응용
④ 용접 비드 표면의 기공 및 각종 불순물의 제거

96 용접 이음을 설계할 때의 주의 사항으로서 틀린 것은?

① 용접 구조물의 제 특성 문제를 고려한다.
② 아래보기 용접을 많이 하도록 설계한다.
③ 용접성을 고려한 사용재료의 선정 및 열 영향 문제를 고려한다.
④ 강도가 강한 필릿용접을 많이 하도록 한다.

> **해설**
>
> 용접 설계시 주의 사항
> ① 구조상의 노치부를 피한다.
> ② 필릿용접을 피하고 맞대기 용접을 하도록 설계한다.

097 용접 후열처리를 하는 목적 중 맞지 않는 것은?

① 용접 후의 급랭 회피
② 응력제거 풀림 처리
③ 완전 풀림 처리
④ 담금질에 의한 경화

> **해설**
>
> 후열처리 목적은 응력제거 풀림, 완전 풀림, 불림, 고용체화 열처리, 선상 가열 등이 있다

098 금속 아크용접법의 개발자는?

① 슬라비아노프   ② 푸세
③ 톰슨   ④ 베르나도스

> **해설**
>
> 톰슨 : 전기 저항용접 개발
> 베르나도스 : 탄소아크용접 개발
> 푸세, 피카르 : 가스 용접 개발

정답 093 ④ 094 ③ 095 ④ 096 ④ 097 ④ 098 ①

099 용접전류 150A, 전압이 30V일 때 아크 출력은 몇 kW인가?

① 4.2 ② 4.5
③ 4.8 ④ 5.8

해설

아크 출력 = 전압 × 전류
∴ 150 × 30 = 4500W = 4.5kW

100 피복 금속 아크용접에 대한 설명으로 잘못된 것은?

① 전기의 아크열을 이용한 용접법이다.
② 보통 전기용접이라고 한다.
③ 모재와 용접봉을 녹여서 접합하는 비용 극식이다.
④ 용접봉은 금속 심선의 주위에 피복제를 바른 것을 사용한다

101 다층 용접시 용접 이음부의 청정방법으로 틀린 것은?

① 녹슬지 않도록 기름걸레로 청소한다.
② 많은 양의 청소는 쇼트 블라스트를 이용한다.
③ 그라인더를 이용하여 이음부 등을 청소한다.
④ 와이어 브러시를 이용하여 용접부의 이물질을 깨끗이 제거한다.

102 여러 사람이 공동으로 용접 작업을 할 때 다른 사람에게 유해광선의 해를 끼치지 않게 하기 위해서 설치해야 하는 것은?

① 차광막 ② 경계통로
③ 환기장치 ④ 집진장치

103 다음 중 용접법의 분류에 속하지 않는 것은?

① 융접 ② 압접
③ 납땜 ④ 리벳팅

해설

리벳팅은 기계적 접합 방법이다.

104 다음 중 용접 작업에 있어 가용접시 주의해야 할 사항으로 옳은 것은?

① 본용접보다 높은 온도로 예열을 한다.
② 개선 홈 내의 가접부는 백치핑으로 완전히 제거한다.
③ 가접의 위치는 주로 부품의 끝 모서리에 한다.
④ 용접봉은 본 용접 작업시에 사용하는 것보다 두꺼운 것을 사용한다.

105 다음 중 일렉트로 슬래그 용접 이음의 종류로 볼 수 없는 것은?

① 모서리 이음 ② 필릿 이음
③ T 이음 ④ X 이음

해설

일렉트로 슬래그 용접 이음 종류 : 맞대기, 모서리, T, 십자, 겹침, 중간, 필릿, 변두리, 플러그, 덧붙이 이음 등이 있다.

정답 099 ② 100 ③ 101 ① 102 ① 103 ④ 104 ② 105 ④

106 다음 중 용접용 보안면의 일반 구조에 관한 설명으로 틀린 것은?

① 복사열에 노출될 수 있는 금속 부분은 단열처리 해야 한다.
② 착용자와 접촉하는 보안면의 모든 부분에는 피부자극을 유발하지 않는 재질을 사용해야 한다.
③ 용접용 보안면의 내부 표면은 유광처리하고 보안면 내부로는 일정량 이상의 빛이 들어오도록 해야 한다.
④ 보안면에는 돌출 부분, 날카로운 모서리 혹은 사용도중 불편하거나 상해를 줄 수 있는 결함이 없어야 한다.

107 용접법 중 소모식 전극을 사용하는 방법이 아닌 것은?

① 서브머지드 아크용접
② 피복아크용접
③ 탄산가스 아크용접
④ TIG(불활성가스 텅스텐 아크) 용접

해설
TIG 용접은 비소모성 용접으로 전극봉의 소모가 거의 없다.

108 KS에서 "용착부에 나타난 비금속 물질"을 나타내는 용접 용어는?

① 덧살
② 슬래그
③ 슬래그 섞임
④ 스패터

해설
슬래그 : 용착부에 나타난 비금속 물질

109 용접법과 기계적 접합법을 비교할 때, 용접법의 장점이 아닌 것은?

① 작업공정이 단축되며 경제적이다.
② 기밀성, 수밀성, 유밀성이 우수하다.
③ 재료가 절약되고 중량이 가벼워진다.
④ 이음효율이 낮다.

해설
용접은 이음효율이 양호하다.

110 교류 아크용접 중 전류를 측정할 때 전류계의 측정 위치로 적합한 것은?

① 1차측 접지선
② 1차측 케이블
③ 2차측 접지선
④ 2차측 케이블

111 용접전류가 100A, 전압이 30V일 때 전력은 몇 kW인가?

① 4.5kW ② 15kW
③ 10kW   ④ 3kW

112 다음 중 '용착부' 용어를 올바르게 정의한 것은?

① 용접금속 및 그 근처를 포함한 부분의 총칭
② 용접작업에 의하여 용가재로부터 모재에 용착한 금속
③ 용접부 안에서 용접하는 동안에 용융 응고한 부분
④ 슬래그가 용융지에 녹아 들어가는 것

정답 106 ③ 107 ④ 108 ② 109 ④ 110 ④ 111 ④ 112 ③

113 모재의 두께, 이음형식 등 모든 용접 조건이 같을 때, 일반적으로 가장 많은 전류를 사용하는 용접 자세는?

① 아래보기 자세용접
② 수직 자세용접
③ 수평 자세용접
④ 위보기 자세용접

해설

아래보기 자세는 다른 자세보다 높은 전류를 사용할 수 있으며 능률도 20% 이상 높일 수 있다.

114 용접용 안전 보호구에 해당되지 않는 것은?

① 용접장갑 ② 용접헬멧
③ 핸드실드 ④ 치핑해머

115 서브머지드 아크용접법의 단점으로 틀린 것은?

① 와이어에 소전류를 사용할 수 있어 용입이 얕다.
② 용접선이 짧거나 복잡한 경우 비능률적이다.
③ 루트간격이 너무 크면 용락될 위험이 있다.
④ 용접진행 상태를 육안으로 확인할 수 없다.

해설

서브머지드 아크용접은 대전류를 사용하므로 용입이 깊다.

116 판두께가 보통 6mm 이하인 경우에 사용되는 용접 홈의 형태는?

① I형 ② V형
③ U형 ④ X형

해설

V형은 6~20mm 정도의 판에 적용한다.

117 CO_2가스 아크용접의 특징을 설명한 것으로 틀린 것은?

① 전류밀도가 높아 용입이 깊고 용접속도를 빠르게 할 수 있다.
② 박판(0.8mm)용접은 단락이행 용접법에 의해 가능하며, 전자세 용접도 가능하다.
③ 적용 재질은 거의 모든 재질이 가능하며, 이종(異種) 재질의 용접이 가능하다.
④ 가시 아크이므로 용융지의 상태를 보면서 용접할 수 있어 용접진행의 양(良)·부(不) 판단이 가능하다.

해설

CO_2 용접의 단점
① 바람의 영향을 받으므로 방풍장치가 필요하고, 이산화탄소를 이용하므로 작업장 환기에 유의해야 한다.
② 모든 재질에 적용이 불가능하다.

118 안전, 보건표지의 색채, 색도기준 및 용도에서 비상구 및 피난소, 사람 또는 차량의 통행표지에 사용되는 색채는?

① 빨간색 ② 녹색
③ 노란색 ④ 흰색

해설

녹색 : 안전지도, 위생표시, 대피소, 구호표시, 진행 등

119 피복금속 아크용접에서 가용접을 할 때 본 용접보다 지름이 약간 가는 용접봉을 사용 하게 되는 이유로 가장 적합한 것은?

① 용접봉의 소비량을 줄이기 위하여
② 가접 모양을 좋게 하기 위하여
③ 충분한 용입이 되게 하기 위하여
④ 변형량을 줄이기 위하여

정답 113 ① 114 ④ 115 ① 116 ① 117 ③ 118 ② 119 ③

120 용접 조건이 같은 경우에 박판과 후판의 열영향에 대한 설명으로 올바른 것은?

① 박판, 후판 똑같이 열영향부의 폭은 넓어진다.
② 후판 쪽 열영향부의 폭이 넓어진다.
③ 박판 쪽 열영향부의 폭이 넓어진다.
④ 박판, 후판 똑같이 열영향부의 폭은 좁아진다.

> 해설
> 열영향부는 모재의 두께와 온도에 따라서 달라질 수 있다. 같은 용접 조건에서는 박판(얇은판) 쪽 열영향부의 폭이 넓어진다.

121 용접 조건이 같은 경우에 박판과 후판의 열영향에 대한 설명으로 올바른 것은?

① 박판, 후판 똑같이 열영향부의 폭은 넓어진다.
② 후판 쪽 열영향부의 폭이 넓어진다.
③ 박판 쪽 열영향부의 폭이 넓어진다.
④ 박판, 후판 똑같이 열영향부의 폭은 좁아진다.

> 해설
> 열영향부는 모재의 두께와 온도에 따라서 달라질 수 있다. 같은 용접 조건에서는 박판(얇은판) 쪽 열영향부의 폭이 넓어진다.

122 다음 금속 재료 중에서 가장 용접하기 어려운 것은?

① 철   ② 알루미늄
③ 티탄   ④ 니켈 정합금

> 해설
> 티탄은 비강도가 커서 많이 사용되나 용접 중 산소 등 불순물이 혼합되면 스폰지 모양으로 되어 강도가 현저히 저하된다.

123 불활성가스 금속 아크용접(MIG)의 특성이 아닌 것은?

① 아크 자기제어 특성이 있다.
② 정전압 특성, 상승 특성이 있는 직류용접기이다.
③ 반자동 또는 전자동 용접기로 속도가 빠르다.
④ 잔류밀도가 낮아 3mm 이하 얇은 판 용접에 능률적이다.

124 결함 끝 부분을 드릴로 구멍을 뚫어 정지 구멍을 만들고 그 부분을 깎아내어 다시 규정의 홈으로 다듬질한 후 보수를 하는 용접부는?

① 슬래그섞임
② 균열
③ 언더컷
④ 오버랩

> 해설
> 주철 보수옹접에서 균열부분을 그냥 용접하면 용접 후 균열이 더 전파되므로 균열 앙 끝에 작은 드릴 구멍을 만든 후 깎아내고 용접한다.

125 양면 용접부 조합 기호에 대하여 그 명칭이 옳은 것은?

① K : 양면 V형 맞대기 용접
② ⪩⪨ : 양면 U형 맞대기 용접
③ X : 양면 K형 맞대기 용접
④ ⋎ : 넓은 루트면이 있는 K형 맞대기

> 해설
> ① : K형 맞대기 용접,
> ③ : 양면 V형 맞대기 용접(X형 용접),
> ④ : 넓은 루트면이 있는 양면 V형 맞대기 용접

정답 120 ③ 121 ② 122 ④ 123 ④ 124 ② 125 ②

126 변형교정 방법 중 외력만으로 소성변형을 일으키게 하여 변형을 교정하는 방법은?

① 박판에 대한 점 수축법
② 형재에 대한 직선 수축법
③ 가열 후 해머링하는 방법
④ 롤러에 거는 방법

127 연강용 피복금속 아크용접봉의 작업성 중 직접 작업성이 아닌 것은?

① 아크 발생
② 용접봉 용융상태
③ 스패터 제거의 난이도
④ 슬래그 상태

128 용접에서 아크길이가 길어질 때 발생하는 현상이 아닌 것은?

① 아크가 불안정하게 된다.
② 스패터가 심해진다.
③ 산화 및 질화가 일어난다.
④ 아크전압이 감소한다.

> **해설**
> 아크길이가 너무 길면 아크가 불안정하고 용융금속이 산화 및 질화되기 쉬우며, 열집중의 부족, 용입불량, 스패터가 심하게 된다.

129 아크를 발생시키지 않고 와이어와 용융 슬래그, 모재 내에 흐르는 전기 저항열에 의하여 용접하는 방법은?

① TIG 용접
② MIG 용접
③ 일렉트로 슬래그 용접
④ 이산화탄소 아크용접

> **해설**
> 일렉트로 슬래그 용접은 수냉 동판을 용접부의 양편에 부착하고 용융된 슬래그 속에서 전극 와이어를 연속적으로 송급하여 용융 슬래그 내를 흐르는 저항열에 의하여 전극 와이어 및 모재를 용융 접합시키는 방법이다.

130 맞대기 용접에서 용접기호는 기준선에 대하여 90도의 평행선을 그리어 나타내며, 주로 얇은 판에 많이 사용되는 홈 용접은?

① V형 용접   ② H형 용접
③ X형 용접   ④ I형 용접

> **해설**
> I형 홈은 판두께가 6mm 이하의 경우 사용되며 홈 가공이 쉽고 루트간격을 좁게 하면 용착 금속의 양도 적어져서 경제적인 면에서는 우수하나 두께가 두꺼워지면 완전 용입이 어렵다.

131 원자수소 용접에 사용되는 전극은?

① 구리 전극   ② 알루미늄 전극
③ 텅스텐 전극 ④ 니켈 전극

> **해설**
> 원자 수소 용접은 2개의 텅스텐 전극봉 사이에서 아크를 발생시키면 아크의 고열을 흡수하여 수소는 열 해리되어 분자 상태의 수소가 원자상태의 수소로 되며 모재 표면에서 냉각되어 원자 상태의 수소가 다시 결합해 분자 상태로 될 때 방출되는 열을 이용하여 용접하는 방법이다.

132 다음 중 불활성 가스 텅스텐 아크용접에 사용되는 전극봉이 아닌 것은?

① 이리듐 전극봉
② 순 텅스텐 전극봉
③ 토륨 텅스텐 전극봉
④ 산화란탄 텅스텐 전극봉

정답 126 ④   127 ③   128 ④   129 ③   130 ④   131 ③   132 ①

133 다음 중 특히 두꺼운 판을 맞대기 용접에 의해 충분한 용입을 얻으려고 할 때 가장 적합한 홈의 형상은?

① V형 ② H형
③ K형 ④ I형

134 다음 중 용접법의 분류에서 초음파 용접은 어디에 속하는가?

① 납땜   ② 압접
③ 융접   ④ 아크용접

135 볼트나 환봉을 강판에 용접할 때 가장 적합한 것은?

① 테르밋 용접
② 스터드 용접
③ 서브머지드 아크용접
④ 불활성가스 용접

136 용접 작업 전의 준비사항이 아닌 것은?

① 모재 재질 확인
② 용접봉의 선택
③ 용접 비드 검사
④ 지그의 선정

해설
용접 비드 검사는 용접 작업 후 사항이다.

137 두께가 다른 판을 맞대기 용접할 때 응력집중이 가장 적게 발생하는 것은?

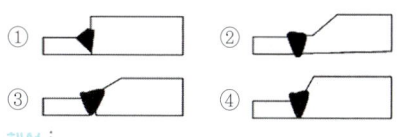

해설
보기 중에서 단면의 급변하는 부분이 가장 작은 것은 ②이므로 응력집중이 적게 발생한다.

138 용접의 단점이 아닌 것은?

① 재질의 변형과 잔류응력 발생
② 제품의 성능과 수명 향상
③ 저온취성 발생
④ 용접에 의한 변형과 수축

139 용접 방법을 올바르게 설명한 것은?

① 스터드 용접 : 볼트나 환봉 등을 직접 강판이나 형강에 용접하는 방법으로 용접법에 해당된다.
② 서브머지드 아크용접 : 일명 잠호용접이라고도 부르며 상품명으로는 헬리 아크용접이 있다.
③ 불활성 가스 아크용접 : TIG 와 MIG가 있으며, 보호가스로는 Ar, O2 가스를 사용한다.
④ 이산화탄소 아크용접 : 이산화탄소 가스를 이용한 용극식 용접 방법이며, 비가시 아크이다.

정답 133 ② 134 ② 135 ② 136 ③ 137 ② 138 ② 139 ①

140 다음 용접법 중 용접봉을 용제 속에 넣고 아크를 일으켜 용접하는 것은?

① 원자수소 용접
② 서브머지드 아크용접
③ 불활성 가스 아크용접
④ 이산화탄소 아크용접

141 다음 중 스터드 용접법의 종류가 아닌 것은?

① 아크 스터드 용접법
② 텅스텐 스터드 용접법
③ 충격 스터드 용접법
④ 저항 스터드 용접법

142 용접법 중 가스압접의 특징을 설명한 것으로 맞는 것은?

① 대단위 전력이 필요하다.
② 용접장치가 복잡하고 설비 보수가 비싸다.
③ 용접이음부의 탈탄층이 많아 용접이음 효율이 나쁘다.
④ 이음부에 첨가 금속 또는 용제가 불필요하다.

> 해설
> 가스압접의 특징
> ① 원리적으로 전력, 용접봉 용제가 불필요하다.
> ② 장치가 간단하고 설비비 및 보수비도 저렴하다.
> ③ 압접 소요시간이 짧고 이음부 탈탄층이 없다.

143 모재의 두께가 20[mm] 이상의 용접에 적합하지 않는 글루브(홈)의 모양은?

① V형   ② X형
③ U형   ④ H형

144 전기 저항 점용접 작업시 용접기에서 조정할 수 있는 3대 요소에 해당하지 않는 것은?

① 용접전류   ② 전극 가압력
③ 용접전압   ④ 통전 시간

145 용접을 크게 분류할 때 압접에 해당되지 않는 것은?

① 저항 용접
② 초음파 용접
③ 마찰 용접
④ 전자 빔 용접

146 용접 현장에서 지켜야 할 안전 사항 중 잘못 설명한 것은?

① 탱크 내에서는 혼자 작업한다.
② 인화성 물체 부근에서는 작업을 하지 않는다.
③ 좁은 장소에서의 작업시는 통풍을 실시한다.
④ 부득이 가연성 물체 가까이서 작업시는 화재발생 예방조치를 한다.

147 전기 저항용접 중 맞대기 저항 용접의 종류가 아닌 것은?

① 업셋 용접
② 프로젝션 용접
③ 퍼커션 용접
④ 플래시 비트 용접

정답 140 ② 141 ② 142 ④ 143 ① 144 ③ 145 ④ 146 ① 147 ②

148 다음 용접법 중 저항용접이 아닌 것은?

① 스폿 용접
② 심용접
③ 프로젝션 용접
④ 스터드 용접

149 아크용접의 재해라 볼 수 없는 것은?

① 아크 광선에 의한 전안염
② 스패터 비산으로 인한 화상
③ 역화로 인한 화재
④ 전격에 의한 감전

150 마찰용접의 장점이 아닌 것은?

① 용접작업 시간이 짧아 작업 능률이 높다.
② 피 용접물의 형상치수, 길이, 무게의 제한이 없다.
③ 이중금속의 접합이 가능하다.
④ 작업자의 숙련이 필요하지 않다.

해설

마찰용접의 특징
① 접합재료의 단면을 원형으로 제한한다.
② 용접작업 시간이 짧아 작업 능률이 높다.
③ 이중금속의 접합이 가능하다.
④ 피 용접물의 형상치수, 길이, 무게의 제한을 받는다.

151 용접 지그(Welding Jig) 사용시 효과를 가장 바르게 설명한 것은?

① 제품의 마무리 정밀도가 떨어진다.
② 용접변형을 촉진시킨다.
③ 작업시간이 길어진다.
④ 다량생산의 경우 작업능률이 향상된다.

152 전기저항 용접법의 특징 설명으로 틀린 것은?

① 작업속도가 빠르고 대량생산에 적합하다.
② 열손실이 많고, 용접부에 집중 열을 가할 수 없다.
③ 산화 및 변질부분이 적다.
④ 용접봉, 용제 등이 불필요하다.

153 다음 중 기계적 접합법의 종류가 아닌 것은?

① 스터드 용접
② 확관 이음
③ 코터 이음
④ 볼트 이음

154 금속의 접합법 중 야금학적 접합법이 아닌 것은?

① 융접   ② 압접
③ 납땜   ④ 볼트 이음

155 전기 저항 점용접작업시 용접기 조작에 대한 3대 요소가 아닌 것은?

① 가압력
② 통전시간
③ 전극봉
④ 전류세기

해설

전기 저항용접의 3대 요소에는 전극(봉)은 해당되지 않는다.

정답 148 ④ 149 ③ 150 ② 151 ④ 152 ② 153 ① 154 ④ 155 ③

156 다음 그림과 같은 양면 용접부 조합기호의 명칭으로 옳은 것은?

① 양면 V형 맞대기 용접
② 넓은 루트면이 있는 양면 V형 용접
③ 넓은 루트면이 있는 K형 맞대기 용접
④ 양면 U형 맞대기 용접

157 금속간의 원자가 접합하는 인력 범위는?

① 10^{-4}cm ② 10^{-6}cm
③ 10^{-8}cm ④ 10^{-10}cm

158 다음 중 핫스타트(Hot start)장치의 사용시 장점으로 볼 수 없는 것은?

① 기공(blow hole)을 방지한다.
② 비드 모양을 개선한다.
③ 아크 발생초기의 용입을 양호하게 한다.
④ 아크 발생은 어렵지만 용착금속 성질은 양호해진다.

해설
핫 스타트 장치는 시작 부분의 용입 불량을 방지하기 위해 아크 발생시 높은 전류가 흐르도록 하는 장치이다.

159 다음은 용접 이음부의 홈의 종류이다. 박판 용접에 가장 적합한 것은?

① K형   ② H형
③ I형   ④ V형

160 다음 중 용접 작업 전 예열을 하는 목적으로 틀린 것은?

① 용접 작업성의 향상을 위하여
② 용접부의 수축 변형 및 잔류 응력을 경감시키기 위하여
③ 용접금속 및 열영향부의 연성 또는 인성을 향상시키기 위하여
④ 고탄소강이나 합금강의 열영향부 경도를 높게 하기 위하여

161 피복아크 용접시 지켜야 할 유의 사항으로 적합하지 않은 것은?

① 작업시 전류는 적정하게 조절하고 정리정돈을 잘하도록 한다.
② 작업을 시작하기 전에는 메인 스위치를 작동시킨 후에 용접기 스위치를 작동시킨다.
③ 작업이 끝나면 항상 메인 스위치를 먼저 끈 후에 용접기 스위치를 꺼야 한다.
④ 아크 발생시 항상 안전에 신경을 쓰도록 한다.

162 연납과 경납을 구분하는 온도는?

① 550℃   ② 450℃
③ 350℃   ④ 250℃

163 피복아크용접 중에 정전이 되었을 때의 안전 사항이 아닌 것은?

① 전원 스위치는 off의 위치에 놓는다.
② 용접기 주위를 깨끗이 한다.
③ 용접물은 작업대 위에 두지 않는다.
④ 용접기 홀더는 작업대에 그대로 놓아 둔다.

정답 156 ④ 157 ③ 158 ④ 159 ③ 160 ④ 161 ③ 162 ② 163 ④

164 비용극식, 비소모식 아크용접에 속하는 것은?

① 피복아크 용접
② TIG 용접
③ 서브머지드 아크용접
④ CO_2 용접

165 재료의 접합방법은 기계적 접합과 야금적 접합으로 분류하는데 야금적 접합에 속하지 않는 것은?

① 리벳 ② 용접
③ 압접 ④ 납땜

166 용접장 주위에 차광막을 치는 이유를 바르게 설명한 것은?

① 햇빛을 차단하여 작업을 원활하게 하기 위하여
② 용접장 내부를 외부에서 볼 수 없게 하기 위하여
③ 바람의 영향을 방지하기 위하여
④ 인체에 해로운 빛이 새어나가지 않게 하기 위하여

167 일반적인 용접의 장점으로 옳은 것은?

① 재질 변형이 생긴다.
② 작업 공정이 단축된다.
③ 잔류 응력이 발생한다.
④ 품질검사가 곤란하다.

168 전기저항용접의 발열량을 구하는 공식으로 옳은 것은? (단, H : 발열량 [cal], I :전류 [A], R :저항 [Ω], t :시간 [sec] 이다.)

① $H = 0.24 \cdot I \cdot R \cdot t$
② $H = 0.24 \cdot I \cdot R^2 \cdot t$
③ $H = 0.24 \cdot I^2 \cdot R \cdot t$
④ $H = 0.24 \cdot I \cdot R \cdot t^2$

169 용접의 장점으로 틀린 것은?

① 작업 공정이 단축되어 경제적이다.
② 기밀, 수밀, 유밀성이 우수하며, 이음효율이 높다.
③ 용접사의 기량에 따라 용접부의 품질이 좌우된다.
④ 재료의 두께에 제한이 없다.

170 다음 그림은 용접이음을 나타낸 것이다. 모서리 이음에 속하는 것은?

①
②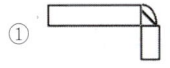
③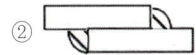
④

> **해설**
>
> ② : 겹치기 이음, ③ : 플레어 V형이음

정답 164 ② 165 ① 166 ④ 167 ② 168 ③ 169 ③ 170 ①

171 용접이음의 기본형식이 아닌 것은?

① 맞대기 이음(butt joint)
② 겹치기 이음(lap joint)
③ 변두리 이음(edge joint)
④ 위보기 이음(over head joint)

해설
위보기 이음은 자세별 이음을 뜻한다. 기본 이음은 ①, ②, ③과 필릿 이음, 모서리 이음, 플러그 이음 등이 있다.

172 다음은 가접(가용접)에 대한 설명이다. 틀린 것은?

① 본 용접 전에 잠정적으로 고정하기 위한 짧은 용접이다.
② 균열, 기공, 슬래그 혼입 등 결함을 수반한다.
③ 본 용접부에 가접할 경우 반드시 갈아낸다.
④ 용접부의 시점, 종점에 가접하는 것이 좋다.

173 가용접에 대한 설명으로 틀린 것은?

① 가용접시에는 본용접보다도 지름이 큰 용접봉을 사용하는 것이 좋다.
② 가용접은 본용접과 비슷한 기량을 가진 용접사에 의해 실시되어야 한다.
③ 강도상 중요한 것과 용접의 시점 및 종점이 되는 끝 부분은 가용접을 피한다.
④ 가용접은 본 용접을 실시하기 전에 좌우의 홈 또는 이음부분을 고정하기 위한 짧은 용접이다.

174 용접 이음의 종류가 아닌 것은?

① 겹치기 이음
② 모서리 이음
③ 라운드 이음
④ T형 필릿 이음

175 용접 자세를 나타내는 기호가 틀리게 짝지어진(나타낸) 것은?

① 위보기 자세 : O
② 수직 자세 : V
③ 아래보기 자세 : U
④ 수평 자세 : H

해설
용접자세와 기호
• 아래보기 자세 : F(Flat position)
• 수직 자세 : V(Vertical position)
• 수평 자세 : H(Horizontal position)
• 위보기 자세 : O(Overhead position)
• 전자세 : AP(All position)

176 다음 중 야금적 접합법에 해당되지 않는 것은?

① 융접(fusion welding)
② 접어 잇기(seam)
③ 압접(pressure welding)
④ 납땜(brazing and soldering)

정답 171 ④ 172 ④ 173 ① 174 ③ 175 ③ 176 ②

177 피복아크용접봉으로 강판의 판두께에 따라 맞대기 용접에 적용하는 개선 홈 형식 중 가장 적합하지 않는 것은?

① I(평)형 : 판두께 6.0mm 정도까지 적용
② V형 : 판두께 6.0~20mm 정도 적용
③ ∨형 : 판두께 50mm까지 적용
④ X형 : 판두께 10~40mm 정도 적용

178 용접 비드 층을 쌓아 올리는 덧살 올림법으로 변형이나 잔류응력을 고려하지 않고 보통 사용하는 것은?

① 케스케이드법(cascade method)
② 빌드업법(build-up sequence)
③ 전진 블록법(step block welding)
④ 비석 블록법((skip block welding)

179 이음 홈 형상 중에서 동일한 판두께에 대하여 가장 변형이 적게 설계된 것은?

① I형   ② V형
③ U형   ④ X형

> 해설
> X형 홈은 양쪽에서 용접을 할 수 있으므로 변형이 가장 적다.

180 다음 중 피복아크용접 회로의 주요 구성요소로 볼 수 없는 것은?

① 접지케이블
② 전극케이블
③ 용접봉 홀더
④ 콘덴싱 유닛

181 다음 중 기계적 압력, 마찰, 진동에 의한 열을 이용하는 용접방식이 아닌 것은?

① 마찰 압접
② 피복아크용접
③ 초음파 용접
④ 냉간 압접

정답 177 ③ 178 ② 179 ④ 180 ④ 181 ②

제2장 피복아크 용접 장비 및 용접설비

001 피복아크 용접에서 용접봉이 용융지에 녹아 들어 가는 것을 무엇이라 하는가?

① 용입 ② 용착
③ 용적 ④ 용매

> 해설
> 용입과 용착은 구별 할 수 있어야 한다.

002 피복아크 용접에서 아크의 색은?

① 백색 ② 청백색
③ 적색 ④ 노랑색

003 다음은 용접 작업을 구성하는 주요 요소이다. 틀린 것은?

① 열원
② 용접 대상이 되는 용접 모재
③ 용가재
④ 용접 잔류 응력 발생

004 아크 용접에서 아크 열에 의해 모재가 녹은 깊이를 무엇이라 하는가?

① 용적지 ② 용착
③ 용융지 ④ 용입

005 아크에서 온도가 가장 높은 곳은?

① 아크 스트림 ② 아크 프레임
③ 심선 ④ 아크 코어

006 피복아크 용접에서 용접 회로를 이루는 요소가 아닌 것은?

① 용접봉 홀더
② 토치 라이터
③ 모재
④ 접지 케이블

007 다음 중 용접 회로의 순서가 올바른 것은?

① 용접기에서 발생한 전류→전극 케이블→접지 케이블→홀더→용접봉→용접기→모재
② 용접기에서 발생한 전류→전극 케이블→홀더→용접봉→모재→접지케이블→용접기
③ 용접기에서 발생한 전류→접지케이블→홀더→용접봉→모재→전극 케이블→용접기
④ 용접기에서 발생한 전류→전극 케이블→모재→홀더→용접봉→접지케이블→용접기

008 다음 중 용접 회로의 순서가 맞게 된 것은?

① 용접기 – 전극 케이블 – 용접봉 홀더 – 용접봉 – 아크 – 모재 – 접지 케이블
② 용접기 – 접지 케이블 – 용접봉 홀더 – 용접봉 – 아크 – 모재 – 전극 케이블
③ 용접기 – 용접봉 홀더 – 전극 케이블 – 용접봉 – 아크 – 모재 – 접지 케이블
④ 용접기 – 용접봉 홀더 – 용접봉 – 모재 – 아크 – 전극 케이블 – 접지 케이블

정답 001 ② 002 ② 003 ④ 004 ④ 005 ④ 006 ② 007 ② 008 ①

009 피복아크 용접에서 용접 회로에 포함되지 않는 것은?

① 접지 케이블   ② 모재
③ 슬래그   ④ 피복봉

: 해설
슬래그이란 용접 후 용착부에 생기는 비금속 물질이다.

010 다음 중 아크 길이가 증가함에 따라 증가가 없는 것은?

① 아크 전류   ② 아크 전압
③ 아크 쏠림   ④ 발열량

: 해설
아크 전압은 아크 길이가 증가함에 저항이 증가되어 아크 기둥 전압도 증가하고 쏠림 또한 아크 길이가 증가되면 증가된다. 또한 전압이 상승되므로 발열량도 증대된다. 하지만 아크 전류는 오히려 약간 줄어든다.

011 용접봉의 용융 속도는?

① (아크 전류) × (용접봉쪽 전압 강하)
② (무부하 전압) × (아크 전압)
③ (아크 전류) × (무부하 전압)
④ (아크 전류) × (아크 전압)

012 용접봉과 모재와의 사이에 전류를 걸어서 접촉시켰다 약간 떼면 강력한 불꽃 방전이 일어나는데 이것을 무엇이라고 하는가?

① 아크   ② 스패터
③ 용착   ④ 아크 기둥

013 두 개의 전극에서 아크를 발생시켰을 때 음극(-)과 양(+)극간을 무엇이라고 하는가?

① 아크 기둥
② 아크 쏠림
③ 아크 프래임
④ 아크 스트립

: 해설
아크는 불꽃 방전으로 생긴 불빛으로, 색은 청백색을 띠며, 두 전극 사이의 아크 상태를 아크 기둥 또는 아크 플라즈마라고 한다.

014 아크의 강한 열에 의하여 용접봉이 녹아 물방울처럼 떨어지는 것을 무엇이라고 하는가?

① 용적(droplet)
② 용접금속(weld metal)
③ 용입(penetration)
④ 용접변 끝(toe of weld)

015 다음 중 아크용접의 불꽃 온도는 몇 ℃인가?

① 1500~3000℃
② 3500~5000℃
③ 5000~7000℃
④ 7500~9000℃

016 피복아크용접시 아크를 통하여 얼마의 전류가 흐르는가?

① 10~300A
② 10~400A
③ 10~500A
④ 10~600A

정답 009 ③ 010 ① 011 ① 012 ① 013 ① 014 ① 015 ② 016 ③

017 자기 불림은 직류 아크 용접을 할 때 많이 발생하는 용입 불량, 슬래그 혼입 등의 결함에 원인이 된다. 이것을 방지하는 방법 중 해당되지 않는 것은?

① DC 용접기 대신 AC 용접기를 사용한다.
② 정극성을 역극성으로 바꾼다.
③ 접지를 용접부로 멀리 한다.
④ 아크 길이를 짧게 유지한다.

018 다음 아크 쏠림에 관한 설명 중 옳은 것은?

① 아크 쏠림은 교류 용접 때보다 직류 역극성 용접 때 덜 발생한다.
② 아크 쏠림은 교류 용접 때보다 직류 정극성 용접 때 덜 발생한다.
③ 교류 용접일 때가 직류 용접 때보다 덜 발생한다.
④ 아크 쏠림은 비드의 끝 부분보다 중앙부에서 더 많이 발생한다.

019 피복아크 용접에서 용접 전류에 의해 주위에 발생하는 자장이 용접봉에 대해서 비대칭이기 때문에 발생하는 현상은?

① 자기 흐름
② 자기 불림
③ 언더컷
④ 오버랩

020 직류 아크 용접의 극성에 대한 설명 중 틀린 것은?

① 피복아크 용접에서는 용접봉은 가늘고 모재는 두꺼운 경우가 많으므로 정극성이 효율적이다.
② 정극성일 때는 용접봉의 용융이 늦고 모재의 용입이 깊다.
③ 역극성일 때는 용접봉을 용접기의 음극에 모재를 양극에 연결한다.
④ 얇은 판의 용접에서는 용락을 방지하기 위하여 역극성이 편리하다.

021 직류 아크전압 분포에서 음극전압강하를 VK, 양극 전압 강하를 VA, 아크 기둥 전압 강하를 VP라 할 때 아크 전압 Va를 구하는 식은?

① $Va = VK + VA - VP$
② $Va = VK - VA - VP$
③ $Va = VK - VA + VP$
④ $Va = VK + VA + VP$

022 교류 아크 용접기에서 교류 아크의 극성에 관한 설명으로 옳은 것은?

① 전원 주파수의 1사이클마다 극성이 바꾸어진다.
② 전원 주파수의 ⅓사이클마다 극성이 바꾸어진다.
③ 전원 주파수의 ½사이클마다 극성이 바꾸어진다.
④ 전원 주파수의 ¾사이클마다 극성이 바꾸어진다.

정답 017 ② 018 ③ 019 ② 020 ③ 021 ④ 022 ①

023 직류 아크 중 두 극의 전압 강하는 아크의 길이나 아크 전류와 관계없이 주로 무엇에 의하여 정해지는가?

① 무부하 전압
② 재 아크 전압
③ 플라즈마
④ 전극 물질의 종류

024 용접봉에서 모재로 용융 금속이 옮겨가는 상태 중 표면 장력의 작용으로 옮겨가는 형식은?

① 스프레이형
② 단락형
③ 글로뷸러형
④ 스펙터형

025 다음 교류 용접기의 특징 중 잘못된 것은?

① 아크가 불안정하다.
② 값이 싸다.
③ 취급이 손쉽다.
④ 고장이 생기기 쉽다.

026 용접부에 외부에서 주어지는 열량을 무엇이라 하는가?

① 역률
② 효율
③ 용접 입열
④ 전기 저항열

027 피복아크 용접기의 보수에 관한 사항으로 옳지 않은 것은?

① 용접기의 설치 장소는 습기나 먼지가 적은 곳을 택한다.
② 용접기는 밀폐되어 있으므로 내부에 먼지가 쌓이지 않는다.
③ 조정 손잡이 냉각용 선풍기 등에는 때때로 주유해야 한다.
④ 용접 케이블 등이 파손된 부분은 즉시 절연 테이프로 감는다.

028 교류 아크 용접기의 2차측 무부하 전압은 얼마 정도인가?

① 200~220V
② 150~180V
③ 100~120V
④ 70~80V

029 가포화 리액터형의 장점이 아닌 것은?

① 기계 마멸이 적다.
② 전기적으로 전류 조정을 한다.
③ 원격 제어가 가능하다.
④ 용접기 고장이 많다.

030 아크 용접에서 일반적인 아크 전압 값은 얼마인가?

① 15~35V
② 40~60V
③ 70~80V
④ 10~20V

정답 023 ④ 024 ② 025 ④ 026 ③ 027 ② 028 ④ 029 ④ 030 ①

031 직류 피복아크용접에서 모재를 (+), 용접봉 (홀더)을 (-)에 연결한 경우의 극성은 무엇인가?

① 직류 정극성 ② 직류 역극성
③ 교류 정극성 ④ 교류 역극성

032 교류와 직류 용접 전원의 극성에서 용입 깊이가 깊은 순서로 된 것은?

① AC 〉 DCRP 〉 DCSP
② DCRP 〉 DCSP 〉 AC
③ DCSP 〉 AC 〉 DCRP
④ DCRP 〉 AC 〉 DCSP

해설

극성 기호 ACHF : 고주파 중첩 교류, DCSP : 직류 정극성, DCRP : 직류 역극성, AC : 교류

033 직류 정극성의 특성으로 틀린 것은?

① 박판, 비철 금속 용접에 적합하다.
② 모재의 용입이 깊다.
③ 비드 폭이 좁다.
④ 일반적으로 많이 쓰인다.

034 다음 중 직류 역극성의 특성이 아닌 것은?

① 용접봉의 녹음이 빠르다.
② 비드 폭이 넓다.
③ 용입이 얕다.
④ 모재의 발열량이 많다.

해설

직류 역극성은 용접봉의 용융 속도가 빠르며, 용입이 얕고 비드 폭이 넓어진다.

035 아크 전류가 200A, 아크전압이 25V, 용접 속도가 15cm/min인 경우 단위 길이 1cm당 발생하는 입열(전기적 에너지)은 얼마인가?

① 15000J/cm
② 20000J/cm
③ 25000J/cm
④ 30000J/cm

해설

용접입열 계산식

$$H = \frac{60EI}{V}(J/cm)$$

$$H = \frac{60EI}{V} = \frac{60 \times 25 \times 200}{15} = 20000$$

036 아크전압 25V, 속도 12.5cm/min, 아크전류 120A로 용접할 때 단위 cm^2 당 용접입열은 얼마인가 ?

① 144 J ② 1440 J
③ 14400 J ④ 144000

해설

$$H = \frac{60EI}{V} = \frac{60 \times 25 \times 200}{12.5} = 14400$$

037 용접입열이 20000J/cm, 아크전압이 40V, 용접 속도가 20cm/min으로 용접했을 때 아크 전류는 얼마인가?

① 약 167A ② 약 180A
③ 약 192A ④ 약 200

해설

$$H = \frac{60EI}{V}, \quad 60EI = HV, \quad I = \frac{HV}{60E}$$

$$I = \frac{20000 \times 20}{60 \times 40} = 166.7$$

정답 031 ② 032 ③ 033 ① 034 ④ 035 ② 036 ③ 037 ①

038 용접 모재에 흡수되는 열량은 용접입열의 얼마 정도가 되는가?

① 25~35% ② 45~55%
③ 65~75% ④ 75~85%

039 교류 아크용접에서 용접봉측과 모재측에 발생하는 열량은? (단, 60Hz 전원일 경우)

① 같다.
② 극성에 따라 다르다.
③ 모재측이 크다.
④ 용접봉측이 크다.

040 교류 아크용접기에서 역률을 나타내는 공식은 어느 것인가?

① 무부하 전압 × 아크 전류 × 전압
② 아크전압 × 전류 × 전력
③ (소비 전력/아크 출력) × 100%
④ (소비 전력/전원 입력) × 100%

041 2차 무부하 전압이 70V, 2차 부하전류가 200A일 때 1차측 입력(전원입력)은?

① 10kVA ② 12kVA
③ 14kVA ④ 16kVA

해설
1차측 입력 : 2차 무부하 전압 × 2차 부하 전류

042 AW-200, 무부하 전압 80V, 아크전압 30V인 교류 용접기를 사용할 때 역률과 효율은 얼마인가? (단, 내부 손실은 4kw이다.)

① 역률 62.5%, 효율 60%
② 역률 30%, 효율 25%
③ 역률 75.5%, 효율 55%
④ 역률 80%, 효율 70%

해설

$$역률 = \frac{소비\ 전력(kW)}{전원\ 입력(kVA)} \times 100$$

$$= \frac{30 \times 200 + 400}{80 \times 200} \times 100 = 62.5$$

$$효율 = \frac{아크출력(kW)}{소비\ 전력(kW)} \times 100$$

$$= \frac{30 \times 200}{30 \times 200 + 400} \times 100 = 60$$

043 피복아크 용접기를 4분사용 하고 6분정도 쉬었다면 이 용접기의 사용률은 얼마인가?

① 20% ② 40%
③ 60% ④ 80%

해설

$$역률 = \frac{아크\ 발생\ 시간}{아크\ 발생\ 시간 + 휴식시간} \times 100$$

$$= \frac{4}{4+6} \times 100 = 40\%$$

정격 사용률 계산은 아크 발생 시간과 휴식시간을 합한 길이 10분을 기준으로 한다.

정답 038 ④ 039 ① 040 ④ 041 ③ 042 ① 043 ②

044 AW-300 용접기의 규정된 정격 사용률은?

① 10% ② 40%
③ 50% ④ 60%

045 피복아크용접시 실제 사용 전류가 120A 정격 2차 전류가 300A일 때 허용 사용률은 얼마인가? (단, 정격 사용률은 40%이다.)

① 100% ② 150
③ 250% ④ 360%

해설

허용 사용률 = $\dfrac{\text{정격2차 전류}^2}{\text{실제 용접 전류}^2} \times \text{정격사용률}$

$= \dfrac{300^2}{120^2} \times 40 = 250$

046 용접기의 아크 발생을 8분간 하고 2분간 쉬었다면 사용률은 몇 %인가?

① 25 ② 40
③ 65 ④ 80

해설

사용률 = $\dfrac{8}{8+2} \times 100 = 80$

047 아크 발생 시간이 4분이고, 용접기의 휴식 시간이 6분일 경우 사용률(%)은 얼마인가?

① 40 % ② 100 %
③ 60 % ④ 50 %

48 사용률이 40%인 교류 아크 용접기를 사용하여 정격전류로 4분 용접하였다면 휴식 시간은 얼마인가?

① 2 분 ② 4 분
③ 6 분 ④ 8 분

해설

$40 = \dfrac{4}{4+x} \times 100$,

$40(4+x) = 4 \times 100$, $160 + 40x = 400$, $40x = 400 - 160$
$x = (400 - 160)/40 = 240/40 = 6$

049 용접기에서 허용 사용률(%)을 나타내는 식은?

① (정격2차전류)²/(실제의 용접전류)² × 정격 사용률
② (실제의 용접전류)²/(정격2차전류)² × 100
③ (정격2차전류)/(실제의 용접전류) × 정격사용율
④ (실제의 용접전류)/(정격2차전류) × 100

050 피복아크 용접시 2차측 사용전류가 120A이고 정격 2차 전류가 300A 일 때 허용 사용률은 얼마인가? (단, 정격 사용률은 40%이다.)

① 100[%] ② 150[%]
③ 250[%] ④ 360[%]

해설

$300^2/120^2 \times 40 = 250$

정답 044 ② 045 ③ 046 ④ 047 ① 048 ③ 049 ① 050 ③

051 다음 중 역률을 구하는 공식은?

① 역률=소비전력(kw)/전원입력(kvA)×100
② 역률=전원입력(kvA)/소비전력(kw)×100
③ 역률=전원입력(kvA)×소비전력(kw)×100
④ 역률=전원입력(kvA)×소비전력(kw)/100

052 다음 중 효율을 구하는 공식은?

① 효율=아크출력(kw)/소비전력(kw)×100
② 효율=소비전력(kw)/아크출력(kw)×100
③ 효율=아크출력(kw)×소비전력(kw)×100
④ 효율=아크출력(kw)×소비전력(kw)/100

053 다음 중 직류 용접기가 아닌 것은?

① 가동 철심형   ② 전동 발전형
③ 엔진 구동형   ④ 정류기형

054 직류 아크 용접기의 장점이 아닌 것은?

① 아크가 안정된다.
② 감전의 위험이 적다.
③ 극성을 바꿀 수 있다.
④ 아크 쏠림이 적다.

055 직류 아크 용접기에 대한 설명 중 옳지 못한 것은?

① 정류기형은 소음이 적다.
② 발전기형은 소음이 많다.
③ 정류기형 직류 용접기에는 셀렌 정류기를 많이 사용한다.
④ 발전기형은 정류기형보다 보수나 점검이 간단하다.

056 다음은 발전형과 정류형 직류 아크 용접기에 대한 설명이다. 옳지 못한 것은?

① 발전형은 직류 발전기이므로 완전한 직류 전원이 얻어진다.
② 발전형은 회전하므로 고장이 나기 쉽고 소음이 많다.
③ 정류형은 취급이 간단하고 가격이 발전형보다 저렴하다.
④ 정류형은 교류를 정류한 것이므로 완전한 직류 전원이 얻어진다.

057 피복아크 용접기의 정전류 특성의 장점은 어느 것인가?

① 아크가 안정된다.
② 용접 속도가 빠르다.
③ 용접 비드가 고르다.
④ 용접 전류 조정이 잘된다.

058 아크 전류가 증가함에 따라 아크 저항이 작아져 결국 전압이 낮아지는 특성을 무엇이라 하는가?

① 수하 특성
② 상승 특성
③ 부특성
④ 정전압 특성

059 정전류 특성을 가진 용접기에 적합한 용접법은?

① 수동 용접   ② 반자동 용접
③ 자동 용접   ④ 수중 용접

정답 051 ① 052 ① 053 ① 054 ④ 055 ④ 056 ④ 057 ① 058 ③ 059 ①

060 교류 아크가 직류 아크보다 불안정한 이유는 무엇인가?

① 전류값이 1사이클에 2번 0이 되므로
② 직류보다 교류가 전압이 낮기 때문에
③ 전류값이 교류가 낮기 때문에
④ 자기 쏠림 현상이 있기 때문에

061 다음은 아크용접과 가스 용접을 비교한 것이다. 아크용접의 장점이 아닌 것은?

① 용접 변형이 적다.
② 모재가열시 열량 조절이 비교적 자유롭다.
③ 작업 속도가 빠르다.
④ 폭발의 위험성이 없다.

062 피복아크용접에서 수하 특성이란 어떤 현상을 말하는가?

① 부하 전류가 증가하면 단자 전압이 저하하는 현상
② 부하 전류가 증가하면 단자 전압이 상승하는 현상
③ 아크 전류가 감소할 때 아크전압은 일정한 현상
④ 아크 전류가 감소할 때 아크전압이 감소하는 현상

063 정전류 특성에 대한 설명으로 틀린 것은?

① 아크길이는 변하여도 아크 전류는 별로 변하지 않는다.
② 수동 아크용접기는 수하 특성과 정전류 특성으로 설계되어 있다.
③ 용접입열은 전류에 비례하므로 일반적으로 전류 변동이 심하다.
④ 용입과 용접봉 녹음이 거의 일정하다.

064 전류 밀도가 높은 특성으로 자기 제어 특성을 갖고 있는 것은?

① 정전류 특성   ② 정전압 특성
③ 수하 특성   ④ 상승 특성

065 가동 철심형의 단점이 아닌 것은?

① 광범위한 전류 조정이 어렵다.
② 아크가 직류에 비해 불안정하다.
③ 철심 부위의 간격이 있을 때 소음이 난다.
④ 취급이 용이하다.

066 용접기 케이스 내의 1차 코일과 2차 코일 중 하나를 이동시켜 누설 리액턴스의 값을 변화시켜 전류를 조절하는 용접기는?

① 가동 철심형 용접기
② 가포화 리액터형 용접기
③ 탭 전환형 용접기
④ 가동 코일형 용접기

067 가포화 리액터형의 장점이 아닌 것은?

① 기계 마멸이 적다.
② 전기적으로 전류 조정을 한다.
③ 원격 제어가 가능하다.
④ 용접기 고장이 많다.

068 교류 아크용접기 내부에 장치된 철심의 재질은 무엇인가?

① 초경합금강   ② 특수강
③ 탄소강   ④ 규소강

정답 060 ① 061 ② 062 ① 063 ③ 064 ② 065 ④ 066 ④ 067 ④ 068 ④

069 다음 중 직류 아크용접기의 종류가 아닌 것은?

① 전동 발전형 ② 정류기형
③ 엔진 구동형 ④ 탭 전환형

070 KS 규격에 규정된 무부하 전압은 85V 이하이다. AW 500인 경우 무부하 전압의 규정은 얼마인가?

① 100V ② 95V
③ 80V   ④ 110V

071 직류 아크용접기의 무부하 전압은 몇 V 정도인가?

① 60V ② 70V
③ 80V ④ 90V

072 다음은 연강용 피복아크용접봉 심선의 5가지 화학 성분 원소는 어느 것인가?

① C, Si, Mn, S, P
② C, Si, Fe, S, P
③ C, Si, Ca, S, P
④ C, Si, Pb, S, P

073 피복아크용접봉 1종 기호로 옳은 것은 어느 것인가?

① SuRu 1A ② SWRW 1A
③ CuRu 1A ④ CwRw 1A

074 연강용 피복아크용접봉의 심선은 주로 어떤 재료가 사용되는가?

① 저탄소강 ② 고탄소강
③ 특수강   ④ 합금강

075 다음 중 피복아크용접봉의 용적이행 형식이 아닌 것은?

① 분무형
② 핀치 효과형
③ 슬래그 생성형
④ 단락형

해설
용적 이형 형식은 크게 분무(스프레이)형, 단락형, 글로블러(핀치 효과)형으로 구분하고 있다.

076 비교적 큰 용적이 단락되지 않고 모재로 옮겨가는 용적이행 상태를 무엇이라 하는가?

① 단락형
② 글로뷸러형
③ 스프레이형
④ 스패터형

077 그림은 피복아크용접시 용융금속이 옮겨가는 상태를 그린 것이다. 어떤 형인가?

① 단락형   ② 글로뷸러형
③ 연속형   ④ 스프레이형

정답 069 ④ 070 ② 071 ① 072 ① 073 ② 074 ① 075 ③ 076 ② 077 ①

078 다음은 용접기 취급상의 주의 사항이다. 틀린 것은?

① 정격 사용률을 엄수하여 과열을 방지한다.
② 2차측의 탭 전환은 반드시 아크를 발생시키면서 시행한다.
③ 가동 부분 및 냉각 팬(fan)은 점검을 충분히 한 후에 기름을 친다.
④ 정기적으로 점검하여 항상 사용 가능하도록 유지한다.

079 용접기는 주위 온도가 얼마인 장소에는 설치를 피해야 되는가?

① -10℃ 이하　② -5℃ 이하
③ 0℃ 이하　　④ -3℃ 이하

080 전격 방지기는 무부하시 그 전압을 몇 V 정도로 유지하게 되어 있는가?

① 70V　② 50V
③ 30V　④ 10V

해설
전격 방지기는 무부하시 20~30V를 유지하여 전격에 대한 위험을 방지하기 위해 설치한다.

081 전격 방지에 대한 대책 중 올바르지 않은 것은?

① 용접기 내부에 함부로 손을 대지 않는다.
② 맨손으로 홀더나 용접봉을 만지지 않는다.
③ 가죽 장갑, 앞치마, 발덮개 등 규정된 보호구를 반드시 착용한다.
④ 땀, 물 등에 의해 습기가 찬 작업복은 착용해도 관계없다.

082 용접부에 탄소량이 많이 증가하면 기계적 성질은 어떻게 변하는가?

① 용착금속의 인성 증가
② 용착금속의 취성 증가
③ 용착금속의 항복점 저하
④ 용착금속의 인장 강도 증가

083 다음 중 피복제의 역할이 아닌 것은?

① 용적(globule)을 미세화하고 용착 효율을 높인다.
② 용착금속의 응고와 냉각 속도를 빠르게 한다.
③ 피복제는 전기 절연 작용을 한다.
④ 용착금속에 적당한 합금 원소를 첨가한다.

084 다음 중 전기 용접봉의 피복제의 역할과 관계 없는 것은 어느 것인가?

① 전력 소모를 적게 한다.
② 파형이 고운 비드를 만든다.
③ 적당한 합금 원소를 첨가한다.
④ 모재 표면의 산화물을 제거한다.

085 용접봉 피복제의 편심률은 KS에서 몇 % 이하로 규정하고 있는가?

① 1%　② 2%
③ 3%　④ 4%

정답　078 ②　079 ①　080 ③　081 ④　082 ②　083 ②　084 ①　085 ③

086 다음은 피복아크 용접봉에 대한 설명이다. 옳지 못한 것은?

① 피복제는 녹아서 슬래그을 만든다.
② 피복제가 타서 가스를 발생한다.
③ 피복제는 유기물로 되어 있다.
④ 용접봉의 심선은 금속이다.

087 피복 용접봉의 피복제에 철분이 가해지는 경우가 있다. 그 이유로 옳은 것은?

① 용착 금속량을 증가시키기 위함이다.
② 피복제의 강화를 돕기 위함이다.
③ 피복제를 건조 상태로 보호하기 위함이다.
④ 슬래그 생성을 돕기 위함이다.

088 다음은 연강용 피복아크 용접봉의 심선에 대한 설명이다. 옳지 않은 것은?

① 규소의 양을 적게 하여 림드강으로 제조한다.
② 황이나 인의 양도 적다.
③ 용착 금속의 강도를 높이기 위하여 탄소량을 많이 하고 있다.
④ 용착 금속의 균열을 방지하기 위하여 탄소량을 극히 적게 하고 있다.

089 다음 피복제의 성분 중 탈산제는?

① 규소철   ② 석회석
③ 규사   ④ 산화 티탄

090 다음 피복제의 성분 중 가스 발생제라고 생각되는 것은?

① 일미 나이트
② 셀롤로오스
③ 형석
④ 규산 소다

091 피복 용접봉의 피복제의 작용이 아닌 것은?

① 용융점이 낮은 적당한 점성의 가벼운 슬래그을 만든다.
② 슬래그 제거를 어렵게 한다.
③ 용접 금속의 응고와 냉각 속도를 느리게 한다.
④ 용접을 미세화하고 용착 효율을 높인다.

092 다음 피복아크 용접봉 중에서 이산화탄소가 가장 많이 발생하는 용접봉은 어느 것인가?

① E4301   ② E4311
③ E4313   ④ E4316

093 헬멧이나, 핸드 실드의 필터 렌즈 위에 일반 유리를 끼우는 이유는?

① 필터 렌즈 보호
② 필터 렌즈 1장으로 자외선이 통과
③ 자외선의 완전 흡수
④ 필터 렌즈만으로 적외선 통과

정답 086 ③ 087 ③ 088 ③ 089 ① 090 ① 091 ② 092 ② 093 ①

094 다음 피복제 중 탈산제에 해당하는 것은?

① 산화 티탄   ② 규산 칼륨
③ 페로 망간   ④ 탄산나트륨

095 다음 용접봉의 종류가 용도와의 관계가 가장 부적절한 것은?

① E4313 : 박판용
② E4301 : 일반 기기 및 구조물용
③ E4311 : 후판용
④ E4316 : 중요한 구조물의 고급 용접

096 다음에서 피복아크 용접봉으로 갖추어야 할 조건으로 맞지 않는 것은?

① 아크를 안정하게 할 것
② 용착 금속의 탈산 정련 작용을 할 것
③ 용착 효율을 높일 것
④ 심선 보다 피복제가 더 빨리 녹일 것

097 다음 중 용착 금속의 보호 형식에 의한 분류에 속하지 않는 것은 어느 것인가?

① 아크 발생식
② 슬래그 생성식
③ 가스 발생식
④ 반가스 발생식

098 용접봉의 피복 배합제 중 고착제에 속하지 않는 것은?

① 규산칼륨   ② 소맥분
③ 젤라틴   ④ 탄가루

099 피복아크 용접봉에서 피복제의 역할에 해당되는 것은?

① 서냉 방지작용
② 슬래그 제거작용
③ 산화 정련작용
④ 아크 안정작용

100 피복제의 주된 역할로 틀린 것은?

① 아크를 안정하게 한다.
② 스패터링(spattering)을 많게 한다.
③ 모재 표면의 산화물을 제거한다.
④ 슬래그 제거를 쉽게 하고, 파형이 고운 비드를 만든다.

101 아크 용접에서 피복제의 역할로서 옳지 않은 것은?

① 용착 금속의 급냉 방지
② 용착 금속의 탈산정련작용
③ 전기 절연작용
④ 스패터의 다량 생성 작용

102 피복아크 용접봉에서 피복제의 역할 설명 중 틀린 것은?

① 아크를 안정시킨다.
② 대기로부터 용착금속을 보호한다.
③ 용융금속의 탈산 정련 작용을 한다.
④ 용착금속의 응고, 냉각속도를 빠르게 한다.

정답 094 ③ 095 ③ 096 ④ 097 ① 098 ① 099 ④ 100 ② 101 ④ 102 ④

103 피복아크 용접에서 피복제의 성분에 포함되지 않는 것은?

① 아크안정성분
② 탈산성분
③ 피복이탈성분
④ 합금성분

104 피복아크 용접봉의 피복배합제 성분 중 가스 발생제는?

① 산화티탄
② 규산나트륨
③ 규산칼륨
④ 탄산바륨

105 환원가스발생 작용을 하는 피복아크 용접봉의 피복제 성분은?

① 산화티탄
② 규산나트륨
③ 탄산칼륨
④ 셀룰로오스

106 용융금속의 표면을 덮어, 산화나 질화를 방지하는 피복배합제는?

① 슬래그생성제
② 아크 안정제
③ 고착제
④ 탈산제

107 산화철, 루틸 등과 같이 용융금속을 덮어서 산화나 질화를 방지함과 아울러 그 냉각을 천천히 하고 탈산작용을 돕는 피복배합제는?

① 슬래그 생성제
② 가스발생제
③ 고착제
④ 합금제

108 피복 배합제의 성질 중 아크를 안정시켜 주는 것은?

① 규산나트륨(Na_2SiO_3)
② 붕산(H_3BO_3)
③ 마그네슘(Mg)
④ 구리(Cu)

109 아크용접에서 피복제 중 아크안정제에 해당되지 않는 것은?

① 산화티탄(TiO_2)
② 석회석($CaCO_3$)
③ 탄산바륨($BaCO_3$)
④ 규산칼륨(K_2SiO_3)

110 아크 용접봉의 피복제 중에서 아크 안정 성분은?

① 산화티탄
② 붕사
③ 페로망간
④ 니켈

111 피복아크 용접봉의 피복 배합제 성분 중 아크 안정제로 첨가하는 성분은?

① 붕사
② 산화티탄
③ 알루미나
④ 마그네슘

112 피복아크 용접봉에서 피복 배합제인 아교는 무슨 역할을 하는가?

① 아크 안정제
② 합금제
③ 탈산제
④ 고착제

정답 103 ③ 104 ④ 105 ④ 106 ① 107 ① 108 ① 109 ③ 110 ① 111 ② 112 ④

113 피복아크용접봉의 피복제는 유기물과 무기물의 분말을 적당히 배합하고 고착제를 사용하여 심선에 고착시키는데 다음 중 고착제에 해당하는 것은?

① 산화티탄　　② 규소철
③ 망간　　　　④ 규산나트륨

114 아크용접에서 피복제 중 고착제의 성분에 해당되지 않는 것은?

① 규산나트륨
② 소맥분
③ 탄산바륨
④ 규산칼륨

115 다음 피복배합제 중 탈산제의 역할을 하지 않는 것은?

① 규소철(Fe-Si)
② 석회석($CaCO_3$)
③ 망간철(Fe-Mn)
④ 티탄철(Fe-Ti)

116 피복아크 용접봉의 피복제 중에 들어 있는 물질 중 금속이 산화되지 않도록 탈산작용을 하며, 용접금속의 품질이 좋아 지도록 정련작용을 하는 원소로 묶은 것은?

① 페로실리콘, 산화니켈, 소맥분
② 페로티탄, 크롬선, 규사
③ 페로실리콘, 소맥분, 목재톱밥
④ 알루미늄, 구리, 물유리

117 피복아크 용접봉의 피복제에 합금 원소로서 첨가되는 성분은?

① 규산칼륨　　② 망간
③ 이산화망간　④ 산화철

118 아크용접에서 피복제 중 고착제의 성분에 해당되지 않는 것은?

① 규산나트륨　② 소맥분
③ 탄산바륨　　④ 규산칼륨

119 피복배합제의 종류에서 규산나트륨, 규산칼륨 등의 수용액이 주로 사용되며 심선에 피복제를 부착하는 역할을 하는 것은 무엇인가?

① 탈산제　　　② 고착제
③ 슬래그 생성제　④ 아크안정제

120 다음 중 교류 아크 용접기를 사용할 때 피복 용접봉을 사용하는 가장 적당한 이유는?

① 전력 소비량을 절약하기 위하여
② 용착 금속의 질을 양호하게 하기 위하여
③ 용접 시간을 연장하고 아크의 안정성을 높이기 위하여
④ 단락 전류를 갖게 하여 용접기의 수명을 길게 하기 위하여

121 피복아크 용접에서 용접 전류 값에 영향을 주는 요소 중 관계없는 것은?

① 용접 물의 재질　② 용접봉 굵기
③ 용접 속도　　　④ 아크 길이

정답　113 ④　114 ③　115 ②　116 ③　117 ②　118 ③　119 ②　120 ③　121 ④

122 저 수소계 용접봉으로 작업할 때 아크 분위기 중의 수소 함량은 비 저 수소계 용접봉을 사용할 때 어느 정도 되는가?

① $\frac{1}{100}$ ② $\frac{1}{20}$
③ $\frac{1}{10}$ ④ 10배

123 다음 용접봉 중 내균열성이 가장 좋은 것은?

① E4327   ② E4313
③ E4316   ④ E4311

124 다음 용접봉 중 내균열성이 가장 나쁜 것은?

① 철분 산화철계
② 고산화티탄계
③ 저수소계
④ 고셀룰로스계

125 피복아크용접봉의 피복제가 연소한 후 생성된 물질이 용접부를 보호하는 방식에 따라 분류할 때 틀린 것은?

① 스패터 발생식
② 가스 발생식
③ 슬래그 생성식
④ 반가스 발생식

126 슬래그 생성제에 포함되지 않은 것은?

① 규사   ② 운모
③ 페로망간   ④ 마그네사이트

127 다음 피복제 중에서 가스 발생제에 해당되지 않은 것은?

① 녹말
② 이산화망간
③ 톱밥(목재)
④ 셀룰로스

128 피복아크용접봉에서 아크 안정제가 아닌 것은?

① 붕사
② 석회석
③ 산화티타늄
④ 규산칼륨

129 피복아크용접봉은 피복제의 무게가 전체의 몇 % 정도 되는가?

① 5%   ② 10%
③ 20%   ④ 30%

130 다음은 일미나이트계(E4301) 용접봉에 관한 사항이다. 틀린 것은?

① 일미나이트 광석, 사철 등을 주성분으로 한 피복 용접봉이다.
② 전자세 용접에 사용한다.
③ 슬래그는 비교적 유동성이 좋고 용입 및 기계적 성질도 양호하다.
④ 우리나라는 일미나이트가 생산되지 않으므로 꼭 필요한 현장에서 사용한다.

정답 122 ③ 123 ③ 124 ④ 125 ① 126 ③ 127 ① 128 ① 129 ① 130 ④

131 용입이 비교적 얕아서 얇은 판의 용접에 적당하며, 용접 중에 고온 균열을 일으키기 쉬운 용접봉은?

① 고산화티탄계 ② 저수소계
③ 일미나이트계 ④ 고셀룰로스계

> **해설**
> 고산화티탄계(E4313)는 박판용에 사용한다. 인성이 매우 적어 내균열성이 매우 낮으므로 진동이나 충격 등에 의해 균열이 발생할 수 있는 곳에 사용하여서는 안 된다

132 기계적 성질이 E4313과 큰 차이가 없는 피복아크용접봉은?

① E4326 ② E4324
③ E4327 ④ E4301

133 다음은 저수소계 용접봉에 관한 사항다. 틀린 것은?

① 석회석($CaCO_3$) 등의 염기성 탄산염을 주성분으로 하고 여기에 형석(CaF_2), 페로실리콘 등을 배합한 용접봉이다.
② 피복제 중에서 수소를 발생시키는 성분이 많다.
③ 용착금속은 인성이 좋으며, 기계적 성질도 좋다.
④ 피복제는 다른 종류보다 습기의 영향을 더 많이 받으므로 사용하기 전에 300~350℃에서 2시간 정도 건조시켜 사용해야 한다.

134 균열에 대한 감수성이 좋아서 구속도가 큰 구조물의 용접이나 고탄소강 및 황이 많은 강의 용접에 적합한 봉은?

① 고산화티탄계 ② 라임티탄계
③ 일미나이트계 ④ 저수소계

135 피복아크용접봉 중 저수소계(E 4316) 용접봉에 많이 포함한 가스는?

① 일산화탄소(CO)
② 이산화탄소(CO_2)
③ 수소(H_2)
④ 일산화탄소+수소($CO+H_2$)

136 저수소계 용접봉의 건조 온도와 시간은?

① 70~100℃에서 30분~1시간
② 100~150℃에서 1~2시간
③ 200~250℃에서 1~2시간
④ 300~350℃에서 1~2시간

137 다음 피복아크용접봉 중 용착금속의 충격값이 가장 높은 것은?

① 일미나이트계(E 4301)
② 철분 산화철계(E 4327)
③ 저수소계(E 4316)
④ 고셀룰로스계(E 4311)

정답 131 ① 132 ② 133 ② 134 ④ 135 ② 136 ④ 137 ③

138 용접 작업에서 모재의 두께 및 탄소당 양이 같은 재료에서는 저수소계 용접봉을 사용하면 일미나이트계 용접봉을 사용할 때보다 ( )에서 ( )에 들어갈 내용으로 가장 올바른 것은?

① 예열 온도가 낮아도 좋다.
② 예열 온도가 높아도 좋다.
③ 후열 온도가 낮아도 좋다.
④ 후열 온도가 높아도 좋다

139 고장력강용 피복아크용접봉에 대한 설명으로 틀린 것은?

① 인장 강도가 50kgf/mm^2 이상이다.
② 탄소 함유량을 적게 하여 노치인성 저하와 메짐성을 방지한다.
③ 구조물 용접에 특히 적합하다.
④ 용착부의 항복점과 인장력을 높이기 위해 마그네슘, 주석 등을 첨가한다.

140 연강용 피복아크용접봉의 규격이 아닌 것은?

① 2.0mm ② 2.2mm
③ 3.2mm ④ 4.0mm

> 해설
> 용접봉 심선 지름은 1.0, 1.4, 2.0, 2.6, 3.2, 4.0, 4.5, 5.0, 5.5, 6.0, 6.4, 7.0 ~ 10.0까지 있다.

141 용접봉의 품질로서 규격이 요구하고 있는 것이 아닌 것은?

① 피복제의 성질 ② 편심률
③ 심선의 치수   ④ 용착법

> 해설
> 용접봉 선택시 가장 중요한 사항은 심선재질이다.

142 다음은 피복아크용접봉에 대한 사항이다. 틀린 것은?

① 피복제의 무게가 전체의 10% 이상인 용접봉이다.
② 심선 중 25mm 정도를 피복하지 않고, 다른 쪽은 아크 발생이 쉽도록 약 10mm 이상 피복하지 않았다.
③ 심선의 지름은 1~10mm 정도이다.
④ 봉의 길이는 350~900mm 정도이다.

143 용접 결함의 대분류가 아닌 것은?

① 구조상 결함   ② 성질상 결함
③ 치수상 결함   ④ 조직상 결함

> 해설
> • 구조상 결함 : ①,③,④ 외에 용입불량, 슬래그 섞임, 언더컷, 은점, 피트, 균열
> • 치수상 결함 : 변형, 형상 불량, 치수오차
> • 성질상 결함 : 부식, 강도부족, 내식성 불량

144 용접 결함과 그 원인을 조합한 것 중 틀린 것은?

① 변형 – 홈각도의 과대
② 기공 – 용접봉의 습기
③ 슬래그 섞임 – 전 층의 언더컷
④ 용입 부족 – 홈 각도의 과대

145 용접전류가 높을 때 일어나는 현상으로 틀린 것은?

① 스패터링이 많아진다.
② 용입이 얕아진다.
③ 용접봉이 가열되기 쉽다.
④ 언더컷이 생기기 쉽다.

정답 138 ① 139 ④ 140 ② 141 ④ 142 ② 143 ④ 144 ④ 145 ②

146 아크용접에서 용입 부족의 원인이 될 수 없는 것은?

① 용접 속도가 빠를 때
② 용접 전류가 낮을 때
③ 홈의 각도가 좁을 때
④ 모재가 가열되었을 때

147 아크용접 중 오버랩 현상의 원인과 관계없는 것은?

① 용접전류가 낮을 때
② 운봉 속도가 느릴 때
③ 모재가 과열되었을 때
④ 운봉 각도가 불량할 때

해설
모재가 과열된 것은 전류가 높을 때이므로 언더컷이 생길 우려가 있다.

148 언더컷의 발생 원인이 아닌 것은?

① 용접 속도가 느릴 때
② 용접전류가 강(높을)할 때
③ 모재 온도가 높을 때
④ 운봉법이 틀렸을(불량할) 때

해설
언더컷은 전류가 높을 때(과대 전류 사용), 용접 속도가 너무 빠를 때 일어나며, 방지법은 원인이 되는 것을 반대로 하면 된다.

149 용접부에 기공이 발생하는 원인과 가장 관련이 없는 것은?

① 이음 설계에 결함이 있을 때
② 용착부가 급랭될 때
③ 용접봉에 습기가 많을 때
④ 아크길이, 전류값 등이 부적당할 때

150 습기가 있는 용접봉을 사용하면 다음과 같은 단점이 있다. 해당되지 않는 것은?

① 피복제가 벗겨지기 쉽고 아크가 불안정하다.
② 용착금속의 기계적 성질이 불량해진다.
③ 용접기를 손상시킨다.
④ 불로 홀(blow hole)이 생긴다.

151 용접부 내부 결함으로서 슬래그 섞임을 방지하는 방법은?

① 굵은 봉 사용
② 운봉속도 조절
③ 용접전류 적게
④ 운봉속도 느리게

152 아크용접 중 스패터의 발생원인 중 틀린 것은?

① 용접전류가 높을 때
② 아크길이가 길 때
③ 운봉 각도가 부적당할 때
④ 모재의 온도가 높을 때

153 아크용접작업에 의한 직접 재해에 해당되지 않는 것은?

① 감전
② 화상
③ 전광성 안염
④ 전도

정답 146 ④ 147 ③ 148 ① 149 ① 150 ③ 151 ② 152 ④ 153 ④

154 피복아크 용접에서 용접봉을 선택할 때 고려할 사항이 아닌 것은?

① 모재와 용접부의 기계적 성질
② 모재와 용접부의 물리적, 화학적 안정성
③ 경제성을 고려
④ 용접기의 종류와 예열 방법

155 피복아크 용접봉의 피복제에 들어있는 탈산제에 모두 해당되는 것은?

① 페로실리콘, 산화니켈, 소맥분
② 페로티탄, 크롬, 규사
③ 페로실리콘, 소맥분, 목재톱밥
④ 알루미늄, 구리, 물유리

> 해설
> 탈산제 : 페로실리콘, 페로티탄, 페로바나듐, 망간, 페로망간, 크롬, 소맥분, 목재 톱밥 등

156 케이블과 클램프 및 클램프와 용접물의 각 접속부는 잘 접속되어야 한다. 만일 접속이 나쁠 때 발생되는 현상이 아닌 것은?

① 전력이 절약된다.
② 접속부를 손상시킨다.
③ 접속부에서 열이 과도하게 발생한다.
④ 아크가 불안정하다.

157 다음 중 피복아크용접봉의 피복제가 연소 후 생성된 물질이 용접부를 어떻게 보호하는가에 따라 분류한 것은?

① 구조물 발생식
② 기포 발생식
③ 슬래그 생성식
④ 발화물 발생식

158 다음 자기 불림(magnetic blow)은 어느 용접에서 생기는가?

① 가스 용접
② 교류 아크용접
③ 일렉트로 슬래그 용접
④ 직류 아크용접

> 해설
> 자기 불림은 아크쏠림이라고도 하며, 직류 사용시 자력의 발생으로 아크가 한쪽으로 쏠리는 현상이다.

159 용접부의 외관검사 시 관찰사항이 아닌 것은?

① 용입 ② 오버랩
③ 언더컷 ④ 경도

160 연강용 피복아크용접봉의 심선에 대한 설명으로 옳지 않은 것은?

① 탄소함량이 많은 것을 사용하면 강도가 증가되므로 유익하다.
② 주로 저탄소 림드강이 사용된다.
③ 황(S)이나 인(P)등의 불순물을 적게 함유해야 한다.
④ 규소(Si)의 양을 적게 하여 제조한다.

161 용접균열의 분류에서 발생하는 위치에 따라서 분류한 것은?

① 용착금속 균열과 용접 열영향부 균열
② 고온 균열과 저온 균열
③ 매크로 균열과 마이크로 균열
④ 입계 균열과 입안 균열

정답 154 ④ 155 ③ 156 ① 157 ③ 158 ④ 159 ④ 160 ① 161 ①

162 예열을 하는 목적에 대한 설명으로 맞는 것은?

① 냉각속도를 빠르게 하기 위해
② 용접부와 인접된 모재의 수축응력을 감소시키기 위해
③ 수소의 함량을 높이기 위해
④ 오버랩 생성을 크게 하기 위해

163 피복아크용접봉 E4301은 어느 계통인가?

① 저수소계
② 고산화티탄계
③ 일미나이트계
④ 라임티타니아계

164 용접기 설치시 전원전압이 200V이고, 퓨즈 용량이 50A이면 1차 입력은 얼마인가?

① 4kVA
③ 8kVA
② 6kVA
④ 10kVA

해설

퓨즈의 용량 = 1차입력/전원전압, 1차입력=퓨즈 용량×전원전압=50A×200V=10000VA=10kVA

165 다음 중 직류 정극성을 나타내는 기호는?

① DCSP
② DCCP
③ DCRP
④ DCOP

해설

• DCSP : 직류 정극성
• DCRP : 직류 역극성 • AC : 교류

166 저수소계 피복 용접봉(E4316)의 피복제의 주성분으로 맞는 것은?

① 일미나이트
② 산화티탄
③ 석회석
④ 셀룰로오스

167 교류 아크용접기의 원격 제어 장치에 대한 설명으로 맞는 것은?

① 전류를 조절한다.
② 2차 무부하 전압을 조절한다.
③ 전압을 조절한다.
④ 전압과 전류를 조절한다.

168 피복아크용접봉의 피복제에 합금제로 첨가되는 것은?

① 규산칼륨
② 페로망간
③ 이산화망간
④ 붕사

해설

합금제에는 페로 실리콘, 페로티탄, 페로바나듐, 산화몰리브덴, 산화니켈, 망간, 페로 망간, 크롬, 페로크롬, 니켈, 구리 등이 있다.

169 100A 이상 300A 미만의 피복금속 아크용접시, 차광유리의 차광도 번호가 가장 적합한 것은?

① 4~5번
② 8~9번
③ 10~12번
④ 15~16번

정답 162 ② 163 ③ 164 ④ 165 ① 166 ① 167 ① 168 ② 169 ③

170 연강용 피복아크용접봉 중 아래보기와 수평 필릿 자세에 한정되는 용접봉의 종류는?

① E4316   ② E4324
③ E4304   ④ E4301

171 피복아크용접에서 직류 역극성으로 용접하였을 때 나타나는 현상에 대한 설명으로 가장 적절한 것은?

① 용접봉의 용융속도는 빠르고 모재의 용입은 직류 정극성보다 얕아진다.
② 용접봉의 용융속도는 늦고 모재의 용입을 직류정극성 보다 깊어진다.
③ 용접봉의 용융속도는 극성에 관계없으며 모재의 용입한 직류 정극성보다 얕아진다.
④ 용접봉의 용융속도와 모재의 용입은 극성에 관계없이 전류의 세기에 따라 변한다.

해설
역극성은 음(-)극인 판은 열이 약 30% 발생하여, 얇게 용융되는데, 양(+)극인 용접봉은 약 70%의 열이 발생하여 봉 녹음이 많다.

172 용접 이음을 설계할 때의 주의 사항으로서 틀린 것은?

① 용접 구조물의 제 특성 문제를 고려한다.
② 아래보기 용접을 많이 하도록 설계한다.
③ 용접성을 고려한 사용재료의 선정 및 열 영향 문제를 고려한다.
④ 강도가 강한 필릿용접을 많이 하도록 한다.

해설
용접 설계시 주의 사항
① 구조상의 노치부를 피한다.
② 필릿용접을 피하고 맞대기 용접을 하도록 설계한다.

173 용접 작업시의 전격방지 대책으로 잘못된 것은?

① 홀더나 용접봉은 절대로 맨손으로 취급하지 않는다.
② TIG 용접시 텅스텐 전극봉을 교체할 때는 항상 전원 스위치를 차단하고 작업한다.
③ TIG 용접시 수냉식 토치는 과열을 방지하기 위해 냉각수 탱크에 넣어 식힌 후 작업한다.
④ 용접하지 않을 때에는 TIG용접의 텅스텐 전극봉을 제거하거나 노즐 뒤쪽으로 밀어 넣는다.

174 피복 배합제 원료에 대한 역할이 올바르게 연결된 것은?

① 페로 실리콘 : 아크 안정제
② 페로 망간 : 탈산제
③ 페로티탄 : 고착제
④ 알루미늄 : 가스 발생제

해설
- 아크 안정제 : 산화티탄, 규산나트륨, 석회석, 규산칼륨 등
- 가스 발생제 : 녹말, 톱밥, 석회석, 탄산바륨, 셀룰로오스 등
- 탈산제 : 규소철, 망간철, 티탄철, 망간, 페로 망간, 크롬, 페로 크롬 등
- 고착제 : 규산나트륨, 규산칼륨 등

175 연강용 피복아크용접봉 심선의 성분 중 고온 균열을 일으키는 성분은?

① 황(S)   ② 인(P)
③ 망간(Mn) ④ 규소(Si)

해설
적열취성(고온 취성) : 강이 900℃ 부근에서 붉은 색이 되면서 깨지는 성질. 원인은 S이다. 일명 고온 취성이라고도 한다.

정답 170 ② 171 ① 172 ④ 173 ③ 174 ② 175 ①

176 다음 중 연소의 3요소를 올바르게 나열한 것은?

① 가연물, 산소, 공기
② 가연물, 빛, 탄산가스
③ 가연물, 산소, 정촉매
④ 가연물, 산소, 점화원

177 다음 중 용접 비용을 계산하는데 있어 비용 절감 요소로 틀린 것은?

① 대기 시간 최대화
② 효과적인 재료 사용 계획
③ 합리적이고 경제적인 설계
④ 가공 불량에 의한 용접의 손실 최소화

178 다음 중 용접 작업에 있어 가용접시 주의해야 할 사항으로 옳은 것은?

① 본용접보다 높은 온도로 예열을 한다.
② 개선 홈 내의 가접부는 백치핑으로 완전히 제거한다.
③ 가접의 위치는 주로 부품의 끝 모서리에 한다.
④ 용접봉은 본 용접 작업시에 사용하는 것보다 두꺼운 것을 사용한다.

179 다음 중 일렉트로 슬래그 용접 이음의 종류로 볼 수 없는 것은?

① 모서리 이음
② 필릿 이음
③ T 이음
④ X 이음

180 다음 중 용접용 보안면의 일반 구조에 관한 설명으로 틀린 것은?

① 복사열에 노출될 수 있는 금속 부분은 단열처리해야 한다.
② 착용자와 접촉하는 보안면의 모든 부분에는 피부자극을 유발하지 않는 재질을 사용해야 한다.
③ 용접용 보안면의 내부 표면은 유광처리하고 보안면 내부로는 일정량 이상의 빛이 들어오도록 해야 한다.
④ 보안면에는 돌출 부분, 날카로운 모서리 혹은 사용도중 불편하거나 상해를 줄 수 있는 결함이 없어야 한다.

181 200V용 아크용접기의 1차 입력이 15kVA일 때 퓨즈의 용량은 얼마(A)가 적합한가?

① 65 ② 75
③ 90 ④ 100

182 교류 아크용접기의 특성으로 옳은 것은?

① 수하 특성인 동시에 정전압 특성
② 상승 특성인 동시에 정전류 특성
③ 복합 특성인 동시에 정전압 특성
④ 수하 특성인 동시에 정전류 특성

183 피복아크용접봉에 탄소량을 적게 하는 가장 큰 이유는?

① 스패터 방지를 위하여
② 균열 방지를 위하여
③ 산화 방지를 위하여
④ 기밀 유지를 위하여

정답 176 ④ 177 ① 178 ② 179 ④ 180 ③ 181 ② 182 ④ 183 ②

184 용접전류가 높을 때 생기는 결함 중 가장 관계가 적은 것은?

① 언더컷 ② 균열
③ 스패터 ④ 선상조직

해설
선상조직은 모재가 불량하거나 용착금속의 과년으로 인하여 발생한다.

185 직류 아크 용접기에 대한 설명으로 맞는 것은?

① 발전형과 정류기형이 있다.
② 구조가 간단하고 보수도 용이하다.
③ 누설자속에 의하여 전류를 조정한다.
④ 용접 변압기의 리액턴스에 의해서 수하 특성을 얻는다.

해설
직류 아크용접기는 정류 식을 제외하고 교류 아크 용접기보다 모두 구조가 복잡하다.

186 모재의 열팽창 계수에 따른 용접성에 대한 설명으로 옳은 것은?

① 열팽창 계수가 작을수록 용접하기 쉽다.
② 열팽창 계수가 높을수록 용접이 쉽다.
③ 열팽창 계수와는 관련이 없다.
④ 열팽창 계수가 높을수록 용접 후 급랭해도 무방하다.

해설
열팽창계수 : 온도가 높아짐에 따라서 재료의 길이나 부피가 늘어나는 것을 의미한다. 따라서 열팽창계수가 작을수록 용접하기 쉽다.

187 일미나이트계 용접봉의 일미나이트는 약 몇 % 정도인가?

① 40% ② 10%
③ 20% ④ 30%

해설
피복 용접봉의 성분계는 대부분 주성분이 30% 이상임을 나타낸다.

188 아크용접에서 직류 역극성으로 용접할 때의 특성에 대한 설명으로 틀린 것은?

① 모재의 용입이 얕다.
② 비드의 폭이 좁다.
③ 용접봉의 용융이 빠르다.
④ 박판 용접에 쓰인다.

해설
직류 역극성은 봉의 녹음이 빠르나 용입은 얕기 때문에 비드 폭이 넓어진다. 박판, 합금강, 비철금속의 용접에 사용한다.

189 용접용 안전 보호구에 해당되지 않는 것은?

① 용접장갑 ② 용접헬멧
③ 핸드실드 ④ 치핑해머

190 다음 그림과 같은 용접순서의 용착법을 무엇이라고 하는가?

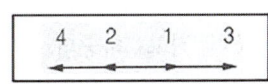

① 전진법 ② 후진법
③ 대칭법 ④ 비석법

정답 184 ④ 185 ③ 186 ① 187 ④ 188 ② 189 ④ 190 ③

191 피복아크용접시 발생하는 기공의 방지대책으로 올바르지 않은 것은?

① 용접속도를 빠르게 하고, 가장 높은 전류를 사용한다.
② 건조한 저수소계 용접봉을 사용한다.
③ 이음의 표면을 깨끗이 한다.
④ 위빙을 하여 열량을 늘리거나 예열을 한다.

해설
용접속도가 빠르거나, 용접전류를 높게 사용하면 기공이 발생할 수 있다.

192 용접작업에서 안전에 대해 설명한 것 중 틀린 것은?

① 높은 곳에서 용접작업 할 경우 추락, 낙하 등의 위험이 있으므로 항상 안전벨트와 안전모를 착용한다.
② 용접작업 중에 여러 가지 유해 가스가 발생하기 때문에 통풍 또는 환기 장치가 필요하다.
③ 가스절단은 강한 빛이 나오지 않기 때문에 보안경을 착용하지 않아도 된다.
④ 가연성의 분진 화약류 등 위험물이 있는 곳에서는 용접을 해서는 안된다.

해설
가스 절단에는 차광도 5~6번의 보안경을 착용

193 피복아크용접 결함의 종류에 따른 원인과 대책이 바르게 묶인 것은?

① 언더컷 : 용접전류가 낮을 때 – 전류를 높게 한다.
② 오버랩 : 운봉속도가 빠를 때 – 운봉에 주의한다.
③ 용입불량 : 용접전류가 높을 때 – 전류를 약하게 한다.
④ 기공 : 용착부가 급랭되었을 때 – 예열 및 후열을 한다.

해설
다른 결함은 모두 반대로 설명한 것이다.

194 판두께가 보통 6mm 이하인 경우에 사용되는 용접 홈의 형태는?

① I형   ② V형
③ U형   ④ X형

해설
V형은 6~20mm 정도의 판에 적용한다.

195 아크용접에서 기공의 발생 원인이 아닌 것은?

① 아크길이가 길 때
② 피복제 속에 수분이 있을 때
③ 용착금속 속에 가스가 남아 있을 때
④ 용접부 냉각속도가 느릴 때

해설
냉각속도가 느릴 경우 가스의 배출 시간이 생기므로 기공 발생이 적어진다.

정답 191 ① 192 ③ 193 ④ 194 ① 195 ④

196 용접봉을 선택할 때 모재의 재질, 제품의 형상, 사용용접기기, 용접자세 등 사용목적에 따른 고려사항으로 가장 먼 것은?

① 용접성　　② 작업성
③ 경제성　　④ 환경성

197 피복금속 아크용접에서 가용접을 할 때 본 용접보다 지름이 약간 가는 용접봉을 사용하게 되는 이유로 가장 적합한 것은?

① 용접봉의 소비량을 줄이기 위하여
② 가접 모양을 좋게 하기 위하여
③ 충분한 용입이 되게 하기 위하여
④ 변형량을 줄이기 위하여

198 용접 조건이 같은 경우에 박판과 후판의 열영향에 대한 설명으로 올바른 것은?

① 박판, 후판 똑같이 열영향부의 폭은 넓어진다.
② 후판 쪽 열영향부의 폭이 넓어진다.
③ 박판 쪽 열영향부의 폭이 넓어진다.
④ 박판, 후판 똑같이 열영향부의 폭은 좁아진다.

해설
열영향부는 모재의 두께와 온도에 따라서 달라질 수 있다. 같은 용접 조건에서는 박판(얇은판) 쪽 열영향부의 폭이 넓어진

199 결함 끝 부분을 드릴로 구멍을 뚫어 정지 구멍을 만들고 그 부분을 깎아내어 다시 규정의 홈으로 다듬질한 후 보수를 하는 용접부는?

① 슬래그섞임　　② 균열
③ 언더컷　　　　④ 오버랩

200 아크용접에서 피복제 중 아크 안정제에 해당되지 않는 것은?

① 산화티탄(TiO_2)
② 석회석($CaCO_3$)
③ 규산칼륨(K_2SiO_3)
④ 탄산바륨($BaCO_3$)

해설
- 아크 안정제 : 산화티탄, 규산나트륨, 석회석, 규산칼륨 등
- 가스 발생제 : 녹말, 톱밥, 석회석, 탄산바륨, 셀룰로오스 등
- 슬래그 생성제 : 산화철, 일미나이트, 산화티탄, 이산화망간, 석회석, 규사, 장석, 형석 등
- 탈산제 : 규소철, 망간철, 티탄철, 망간, 알루미늄 등

201 연강용 피복금속 아크용접봉의 작업성 중 직접 작업성이 아닌 것은?

① 아크 발생
② 용접봉 용융상태
③ 스패터 제거의 난이도
④ 슬래그 상태

해설
용접봉의 작업성
① 직접 작업성 : 아크 상태, 아크발생, 용접봉 용융상태, 슬래그 상태, 스패터.
② 간접 작업성 : 부착 슬래그 박리성, 스패터 제거의 난이도

202 2차 무부하 전압이 80V, 아크전류가 200A, 아크전압 30V, 내부 손실 3KW일 때 역률(%)은?

① 48.00%　　② 56.25%
③ 60.00%　　④ 66.67%

해설
역률 : 소비전력kW / 전원입력kVA
= 아크전력 + 내부손실 / 2차무부하전압 × 아크전류
∴ (30V×200A)+3000VA / (80V × 200A)×100
= 56.25%

정답　196 ④　197 ③　198 ②　199 ②　200 ④　201 ③　202 ②

203 피복아크용접에서 직류 정극성(DCSP)을 사용하는 경우 모재와 용접봉의 열분배율은?

① 모재 70%, 용접봉 30%
② 모재 30%, 용접봉 70%
③ 모재 60%, 용접봉 40%
④ 모재 40%, 용접봉 60%

해설

직류 정극성은 용접봉(-) : 30%, 모재(+) : 70%로 모재 용입이 깊고 용접봉의 녹음이 느리며, 비드 폭이 좁아 일반적으로 많이 사용된다.

204 교류 아크용접기에서 교류 변압기의 2차 코일에 전압이 발생하는 원리는 무슨 작용인가?

① 저항 유도 작용   ② 전자 유도 작용
③ 전압 유도 작용   ④ 전류 유도 작용

해설

전자유도 : 도체와 자속의 변화나 자장 중에서 도체를 움직일 때 도체에 기전력이 유도되는 현상. 이때 발생한 전압을 유도기전력, 흐르는 전류를유도전류라 한다. 유도 기전력의 크기는 코일을 지나는 자속의 매초 변화량과 코일의 권수에 비례한다.(패러데이 법칙)

205 용접에서 아크길이가 길어질 때 발생하는 현상이 아닌 것은?

① 아크가 불안정하게 된다.
② 스패터가 심해진다.
③ 산화 및 질화가 일어난다.
④ 아크전압이 감소한다.

해설

아크길이가 너무 길면 아크가 불안정하고 용융금속이 산화 및 질화되기 쉬우며, 열집중의 부족, 용입불량, 스패터가 심하게 된다.

206 용접열원으로 전기가 필요 없는 용접법은?

① 테르밋 용접
② 원자수소 용접
③ 일렉트로 슬래그 용접
④ 일렉트로 가스 아크용접

해설

테르밋 용접은 테르밋 제의 화학 반응열을 이용하므로 전기나 가스 등의 가열이 필요없는 용접이다.

207 연강용 피복아크용접봉의 E 4316에 대한 설명 중 틀린 것은?

① E : 피복금속 아크용접봉
② 43 : 전용착 금속의 최대인장강도
③ 16 : 피복제의 계통
④ E 4316 : 저수소계 용접봉

해설

43 : 용착 금속의 최저인장 강도를 나타낸다.

208 저수소계 용접봉의 건조온도에 대하여 올바르게 설명된 것은?

① 건조로 속의 온도가 100℃ 가열되었을 때부터의 2~4 시간 정도 건조시킨다.
② 건조로 속에 들어있는 용접봉의 온도가 300 ~ 350℃에 도달한 시간부터 1~2시간 정도 건조시킨다.
③ 건조로 속의 온도가 200℃일 때 용접봉을 넣은 다음부터 30분 정도 건조시킨다.
④ 건조로 속에 들어있는 용접봉의 온도가 100 ~ 200℃에 도달한 시간부터 2~3시간 정도 건조시킨다.

해설

일반용접봉 : 70~100℃ 로 30분에서 1시간 건조

정답 203 ① 204 ② 205 ④ 206 ① 207 ② 208 ②

209 필릿용접에서 루트간격이 1.5mm 이하일 때, 보수용접 요령으로 가장 적합한 것은?

① 목길이를 3배수로 증가시켜 용접한다.
② 그대로 용접하여도 좋으나 넓혀진 만큼 목길이를 증가시킬 필요가 있다.
③ 그대로 규정된 목 길이로 용접한다.
④ 라이너를 넣든지, 부족한 판을 300mm 이상 잘라내서 대체한다.

210 직류 아크용접을 할 때 극성 선택에 고려되어야 할 사항으로 거리가 먼 것은?

① 용접 지그
② 피복제의 종류
③ 용접이음의 모양
④ 용접봉 심선의 재질

해설
직류 아크용접 작업 시 극성 선택의 고려사항에 용접지그는 해당사항이 없다.

211 용접전류가 용접하기에 적합한 전류보다 높을 때 가장 발생되기 쉬운 용접 결함은?

① 용입불량　② 언더컷
③ 오버랩　　④ 슬래그 섞임

212 피복아크용접에서 용접봉의 용융 속도로 맞는 것은?

① 아크전류×아크저항
② 무부하 전압×아크저항
③ 아크전류×용접봉 쪽 전압강하
④ 아크전류×무부하 전압

213 다음 중 특히 두꺼운 판을 맞대기 용접에 의해 충분한 용입을 얻으려고 할 때 가장 적합한 홈의 형상은?

① V형　② H형
③ K형　④ I형

214 연강용 피복아크용접봉의 특성에 대한 설명 중 틀린 것은?

① 일미나이트계는 슬래그 생성계이다.
② 고셀룰로스계는 슬래그 생성계이다.
③ 고산화티탄계는 아크 안정성이 좋다.
④ 저수소계는 기계적 성질이 우수하다.

해설
고셀룰로스계는 가스 실드계의 대표적인 용접봉이다. 이는 셀룰로오스를 20~30% 정도 포함하고 있어 다량의 가스가 발생하며 이 가스에 의해 용착부를 보호하는 형식이다.

215 발전기형 용접기와 정류기형 용접기의 특징을 비교한 아래의 [표]에서 내용이 틀린 것은?

구분		발전기형	정류기형
①	전원	없는 곳에서 가능	없는 곳에서 불가능
②	직류전원	완전한 직류	불완전한 직류
③	구조	간단	복잡
④	고장	많다	적당

① ①　② ②
③ ③　④ ④

정답　209 ③　210 ①　211 ②　212 ③　213 ②　214 ②　215 ③

216 용접 홀더 중 손잡이 부분 외를 작업 중에 전격의 위험이 적도록 절연체로 제조되어 있어 주로 많이 사용되는 것은?

① A형   ② B형
③ C형   ④ D형

해설
- A형 : 작업 중 전격의 위험이 적어 주로 사용한다.
- B형 : 손잡이 부분 외에는 절연되지 않은 노출된 형태로 전격의 위험이 있다

217 피복아크 용접용 기구 중 홀더에 관한 사항 중 옳지 않은 것은?

① 용접봉을 고정하고 용접전류를 용접 케이블을 통하여 용접봉 쪽으로 전달하는 기구이다.
② 홀더 자신은 전기저항과 용접봉을 고정시키는 조 부분의 접촉저항에 의한 발열이 되지 않아야 한다.
③ 홀더가 400호이라면 정격 2차 전류가 400[A]임을 의미한다.
④ 손잡이 이외의 부분까지 절연체로 감싸서 전격의 위험을 줄이고 온도 상승에도 견딜 수 있는 일명 안전홀더, 즉 B형을 선택하여 사용한다.

218 용접 변형이 발생하는 중요 요인과 가장 거리가 먼 것은?

① 피 용접 재질
② 이음부 형상
③ 판두께
④ 용접봉의 건조 상태

해설
용접봉의 건조 상태는 용접 변형과 거리가 멀다.

219 다음 [그림]과 같이 필릿용접을 하였을때, 어느 방향으로 변형이 가장 크게 나타나는가?

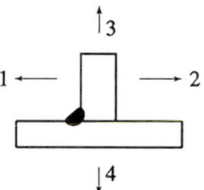

① 1   ② 2
③ 3   ④ 4

220 모재 열영향부의 연성과 노치취성 악화의 원인으로 가장 거리가 먼 것은?

① 냉각 속도가 너무 빠를 때
② 이음 설계의 강도계산이 부적합할 때
③ 용접봉의 선택이 부적합한 때
④ 모재에 탄소함유량이 과다했을 때

221 용접 후처리에서 변형을 교정하는 일반적인 방법으로 틀린 것은?

① 얇은 판에 대한 점 수축법
② 형재에 대하여 직선 수축법
③ 가열한 후 해머로 두드리는 법
④ 두꺼운 판을 수냉한 후 압력을 걸고 가열하는 법

222 용접 작업 전의 준비사항이 아닌 것은?

① 모재 재질 확인
② 용접봉의 선택
③ 용접 비드 검사
④ 지그의 선정

정답 216 ① 217 ④ 218 ④ 219 ① 220 ④ 221 ④ 222 ③

223 용접 작업에서 소재의 예열온도에 관한 설명 중 옳은 것은?

① 고장력강, 저합금강, 스테인리스강의 경우 용접부를 50~350℃로 예열한다.
② 연강을 0℃ 이하에서 용접할 경우 이음의 양쪽 폭 100mm 정도를 80~140℃로 예열한다.
③ 열전도가 좋은 알루미늄합금, 구리합금은 500~600℃로 예열한다.
④ 주철, 고급 내열합금은 용접균열을 방지하기 위하여 예열을 하지 않는다.

해설
주철이나 내열합금 등은 용접 전에 반드시 예열을 해야 된다.

224 용접부의 형상에 따른 필릿용접의 종류가 아닌 것은?

① 연속 필릿
② 경사 필릿
③ 단속 필릿
④ 단속지그재그 필릿

해설
필릿 종류에는 하중 방향에 따라 전면, 측면, 경사 필릿 용접과, 용접부의 형상에 따라 연속, 단속, 단속지그재그 필릿용접이 있다.

225 용접 포지셔너를 사용하여 구조물을 용접하려 한다, 용접능률이 가장 좋은 자세는?

① 아래보기 자세
② 직립 자세
③ 수평 자세
④ 위보기 자세

226 용접기에서 AW - 300이란 표시가 있다. 여기서 "300"이 의미하는 것은?

① 2차 최대 전류
② 최고 2차 무부하 전압
③ 정격 사용률
④ 정격 2차 전류

227 용접부의 외부에서 주어지는 열량을 무엇이라 하는가?

① 용접 외열
② 용접 가열
③ 용접 열효율
④ 용접입열

해설
용접입열이 충분하지 못하면 용융불량, 용입불량 등의 용접 결함이 발생되며 일반적으로 모재에 흡수된 열량은 입열의 75~85% 정도가 보통이다.

228 피복아크용접기에 관한 설명으로 맞는 것은?

① 용접기는 역률과 효율이 낮아야 한다.
② 용접기는 무부하 전압이 낮아야 한다.
③ 용접기의 역률이 낮으면 입력 에너지가 증가한다.
④ 용접기의 사용률은 아크시간÷(아크시간 - 휴식시간)에 대한 백분률이다.

해설
용접기 효율은 높고 역률은 낮아야 하며 사용률은 아크시간÷(아크시간 + 휴식시간)에 대한 백분률이다.

정답 223 ① 224 ② 225 ① 226 ④ 227 ④ 228 ③

229 스테인리스강용 용접봉의 피복제는 루틸을 주성분으로 한 (　)와 형석, 석회석 등을 주성분으로 한 (　)가 있는데, 전자는 아크가 안정되고 스패터도 적으며, 후자는 아크가 불안정하며 스패터도 큰 입자인 것이 비산된다. 본문에서 (　)에 알맞은 말은?

① 일미나이트계, 저수소계
② 저수소계, 일미나이트계
③ 라임계, 티탄계
④ 티탄계, 라임계

230 피복아크용접법의 운봉법 중 수직용접에 주로 사용되는 것은?

① 8자형　② 진원형
③ 6각형　④ 3각형

해설
수직 용접에는 파형, 삼각형, 지그재그형을 사용한다.

231 다음 중 용접성이 가장 좋은 스테인리스강은?

① 펄라이트계 스테인리스강
② 페라이트계 스테인리스강
③ 마텐사이트계 스테인리스강
④ 오스테나이트계 스테인리스강

해설
오스테나이트계 스테인리스강이 용접성이 가장 좋다.

232 용접선의 방향이 전달하는 응력의 방향과 거의 평행한 필릿용접은?

① 전면 필릿용접　② 단속 필릿용접
③ 측면 필릿용접　④ 슬롯 필릿용접

해설
측면 필릿용접 : 용접선의 방향이 작용하는 응력의 방향과 거의 평행한 필릿용접

233 용접 방법을 올바르게 설명한 것은?

① 스터드 용접 : 볼트나 환봉 등을 직접 강판이나 형강에 용접하는 방법으로 용접법에 해당된다.
② 서브머지드 아크용접 : 일명 잠호용접이라고도 부르며 상품명으로는 헬리 아크용접이 있다.
③ 불활성 가스 아크용접 : TIG 와 MIG 가 있으며, 보호가스로는 Ar, O_2 가스를 사용한다.
④ 이산화탄소 아크용접 : 이산화탄소 가스를 이용한 용극식 용접 방법이며, 비가시 아크이다.

234 용접작업시 안전수칙(사항)에 관한 내용으로 틀린 것은?

① 용접헬멧, 용접보호구, 용접장갑은 반드시 착용해야 한다.
② 환기가 잘되게 한다.
③ 미리 소화기를 준비하여 작업 중에는 만일의 사고에 대비한다.
④ 땀에 젖은 작업복을 착용하고 용접해도 무방하다.

235 모재 두께가 9~10mm인 연강판의 V형 맞대기 피복아크용접시 홈의 각도로 적당한 것은?

① 20~40°　② 40~50°
③ 60~70°　④ 90~100°

정답　229 ④　230 ④　231 ④　232 ③　233 ①　234 ④　235 ③

236 용접 분위기 가운데 수소 또는 일산화탄소가 과잉될 때 발생하는 결함은?

① 언더컷　　② 기공
③ 오버랩　　④ 스패터

해설
기공은 수소 또는 일산화탄소의 과잉, 모재 가운데 유황 함유량이 과대, 과대 전류의 사용, 용접 속도가 빠를 경우에 발생한다

237 용접 작업시 전격방지를 위한 주의사항 중 틀린 것은?

① 캡타이어 케이블의 피복상태, 용접기의 접지상태를 확실하게 점검할 것
② 기름기가 묻었거나 젖은 보호구와 복장은 입지 말 것
③ 좁은 장소의 작업에서는 신체를 노출시키지 말 것
④ 개로 전압이 높은 교류 용접기를 사용할 것

238 피복아크용접에서 아크쏠림 현상에 대한 설명으로 틀린 것은?

① 용접봉에 아크가 한쪽으로 쏠리는 현상이다.
② 아크 블로우, 자기불림, 마그네틱 블로우 등으로 불리어진다.
③ 짧은 아크를 사용하면 아크쏠림 현상을 방지할 수 있다.
④ 교류를 사용할 경우 발생한다.

239 그림과 같은 양면 필릿용접기호를 가장 올바르게 해석한 것은?

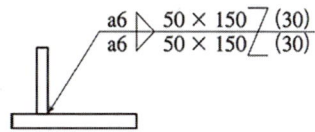

① 목길이 6mm, 용접 길이 150mm, 인접한 용접부 간격 50mm
② 목길이 6mm, 용접 길이 50mm, 인접한 용접부 간격 30mm
③ 목두께 6mm, 용접 길이 150mm, 인접한 용접부 간격 30mm
④ 목두께 6mm, 용접 길이 50mm, 인접한 용접부 간격 50mm

해설
- a : 목두께
- 150 : 용접부 길이
- 50 : 용접부 개수
- 30 : 인접한 용접부 간의 거리

240 다음 도시의 용접기호를 설명한 것 중 틀린 것은?

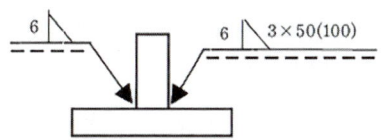

① 단속 용접 길이는 100mm이다.
② 양쪽 목길이는 6mm이다.
③ 단속 용접 수는 3개소이다.
④ 한쪽은 연속 용접, 한쪽은 단속용접을 뜻한다.

해설
단속용접부는 길이 50mm, 100mm 간격으로, 모두 화살표쪽 필릿용접을 하라는 뜻한다.

정답 236 ② 237 ④ 238 ④ 239 ③ 240 ①

241 피복아크용접에 대한 설명으로 적합하지 않은 것은?

① 피복아크용접은 가스 용접보다 두꺼운 판의 용접에 사용한다.
② 피복아크용접에서 교류보다 직류의 아크가 안정되어 있다.
③ 피복아크용접이 가스 용접보다 온도가 높다.
④ 직류 전류에서 60~75%가 음극에서 열이 발생한다.

해설

직류 전류에서 60~75%가 양(+)극에서, 35~40%는 음(-)극에서 열이 발생한다.

242 무부하 전압이 높아 전격위험이 크고 코일의 감긴 수에 따라 전류를 조정하는 교류용접기의 종류로 맞는 것은?

① 가동 철심형   ② 가동 코일형
③ 탭 전환형   ④ 가포화 리액터형

243 화재 발생시 사용하는 소화기에 대한 설명으로 틀린 것은?

① 전기로 인한 화재에는 포말 소화기를 사용한다.
② 분말 소화기에는 기름 화재에 적합하다.
③ CO 가스 소화기는 소규모의 인화성 액체 화재나 전기 설비 화재의 초기 진화에 좋다.
④ 보통화재에는 포말, 분말, CO 소화기를 사용한다.

해설

전기 화재에 포말 소화기를 사용할 경우 액체이므로 감전의 위험이 커진다.

244 필릿용접부의 보수방법에 대한 설명으로 옳지 않은 것은?

① 간격이 1.5mm 이하일 때에는 그대로 용접하여도 좋다.
② 간격이 1.5~4.5mm일 때에는 넓혀진 만큼 각장을 감소시킬 필요가 있다.
③ 간격이 4.5mm일 때에는 라이너를 넣는다.
④ 간격이 4.5mm 이상일 때에는 300mm 정도의 치수로 판을 잘라낸 후 새로운 판으로 용접한다.

해설

간격이 1.5~4.5mm일 때에는 그대로 용접하여도 좋으나 넓혀진 만큼 각장을 증가시킬 필요가 있다.

245 다음 그림과 같은 다층 용접법은?

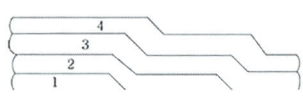

① 빌드업법   ② 케스케이드법
③ 전진 블록법 ④ 스킵법

해설

케스케이드법은 한 부분의 몇 층을 용접하다가 이것을 다음 부분의 층으로 연속시켜 전체가 계단형태의 단계를 이루도록 용착시켜 나가는 방법이다.

246 아크용접부에 기공이 발생하는 원인과 가장 관련이 없는 것은?

① 이음 강도 설계가 부적당할 때
② 용착부가 급랭될 때
③ 용접봉에 습기가 많을 때
④ 아크길이, 전류 값 등이 부적당할 때

정답 241 ④ 242 ③ 243 ① 244 ② 245 ② 246 ①

247 용접부의 시험검사에서 야금학적 시험 방법에 해당되지 않는 것은?

① 파면 시험
② 육안 조직 시험
③ 노치 취성 시험
④ 설퍼 프린트 시험

해설
노치 취성 시험은 구조용강의 용접성을 판정하는 것으로 샤르피 충격시험, 슈나트시험, 카안인열시험 등이 있다.

248 용접설계에 있어서 일반적인 주의사항 중 틀린 것은?

① 용접에 적합한 구조 설계를 할 것
② 용접 길이는 될 수 있는 대로 길게 할 것
③ 결함이 생기기 쉬운 용접 방법은 피할 것
④ 구조상의 노치부를 피할 것

해설
용접 길이는 될 수 있는 대로 짧게 해야 한다.

249 피복아크용접에서 발생하는 아크의 온도 범위로 가장 적당한 것은?

① 약 1000~2000℃
② 약 2000~3000℃
③ 약 5000~6000℃
④ 약 8000~9000℃

250 직류 아크용접에서 역극성의 특징으로 맞는 것은?

① 용입이 깊어 후판 용접에 사용된다.
② 박판, 주철, 고탄소강, 합금강 등에 사용된다.
③ 봉의 녹음이 느리다.
④ 비드 폭이 좁다.

해설
역극성(DCRP) 특징
• 용입이 얕고, 비드 폭이 넓다.
• 용접봉의 녹음이 빠르다.
• 박판, 주철, 고탄소강, 합금강, 비철 금속의 사용된다.

251 피복아크용접용 기구에 해당되지 않는 것은?

① 옵셋 플래시
② 용접봉 홀더
③ 접지 클램프
④ 전극 케이블

252 다음 용접 이음부 중에서 냉각속도가 가장 빠른 이음은?

① 맞대기 이음 ② 변두리 이음
③ 모서리 이음 ④ 필릿 이음

253 용접작업의 경비를 절감시키기 위한 유의사항으로 틀린 것은?

① 용접봉의 적절한 선정
② 용접사의 작업 능률 향상
③ 용접지그를 사용하여 위보기 자세의 시공
④ 고정구를 사용하여 능률 향상

정답 247 ③ 248 ② 249 ③ 250 ② 251 ① 252 ④ 253 ③

254 피복아크 용접에서 아크쏠림 방지대책이 아닌 것은?

① 접지점을 될 수 있는 대로 용접부에서 멀리 할 것
② 용접봉 끝을 아크쏠림 방향으로 기울일 것
③ 접지점 2개를 연결할 것
④ 직류용접으로 하지 말고 교류용접으로 할 것

해설
아크쏠림방지 대책 : 큰 가접부 또는 이미 용접이 끝난 용착부를 향하여 용접할 것, 용접봉 끝을 아크쏠림 반대 방향으로 기울일 것, 용접부가 긴 경우는 후퇴법으로 용접으로 할 것

255 용접봉을 여러 가지 방법으로 움직여 비드를 형상하는 것을 운봉법이라 하는데, 위빙 비드 운봉 폭은 심선 지름의 몇 배가 적당한가?

① 0.5~2배
② 2~3배
③ 4~5배
④ 6~7배

해설
피복아크용접시 위빙 운봉폭 : 일반적으로 용접봉 심선 지름의 2~3배 정도 위빙한다.

256 피복아크용접 결함 중 용착 금속의 냉각 속도가 빠르거나, 모재의 재질이 불량할 때 일어나기 쉬운 결함으로 가장 적당한 것은?

① 용입불량
② 언더컷
③ 오버랩
④ 선상조직

257 피복아크용접용 용접봉 홀더에 관한 다음 사항 중 올바르지 않는 것은?

① 홀더를 잡고 작업할 수 없을 정도로 과열되어서는 안 된다.
② 전기 절연이 잘되고 튼튼해야 한다.
③ 용접 중 떨림을 방지하기 위해 무거운 것이 좋다.
④ 지름이 다른 여러 용접봉을 쉽게 탈착할 수 있어야 한다.

258 전기 용접기의 누전시 어떻게 조치를 취해야 하는가?

① 용접기를 만지지만 않으면 된다.
② 전압이 낮기 때문에 계속 용접하여도 괜찮다.
③ 스위치를 내리고 누전된 부분을 절연시킨다.
④ 전원만 바꾸면 된다.

259 다음 사항 중 자동 아크용접법의 특징이 아닌 것은?

① 용접속도가 매 행정마다 일정하다.
② 용접봉의 낭비가 적다.
③ 용접변형을 최대로 줄일 수 있다.
④ 불규칙한 용접선도 작업능률이 높다.

260 피복아크 용접 작업의 안전사항 중 전격 방지 대책이 아닌 것은?

① 용접기 내부는 수시로 분해·수리하고 청소를 하여야 한다.
② 절연 홀더의 절연부분이 노출되거나 파손되면 교체한다.
③ 장시간 작업을 하지 않을 시는 반드시 전기 스위치를 차단한다.
④ 젖은 작업복이나 장갑, 신발 등을 착용하지 않는다.

정답 254 ② 255 ② 256 ④ 257 ③ 258 ③ 259 ④ 260 ①

261 피복아크 용접에서 용입의 대소는 무엇에 따라 결정하는가?

① I(용접전류) × V(용접속도)
② V용접속도 / I용접전류
③ I용접전류 / V용접속도
④ I(용접전류) × V(용접속도×2)

262 아크가 보이지 않는 상태에서 용접이 진행된다고 하여 일명 잠호용접이라 부르기도 하는 용접법은?

① 스터드 용접
② 레이저 용접
③ 서브머지드 아크용접
④ 플라즈마 용접

해설

서브머지드 아크용접 : 잠호용접, 불가시용접, 유니온 멜트용접 등으로 불려지며 용제 속에서 아크가 발생되어 용접되므로 아크가 보이지 않는다해서 잠호용접이라 한다. 호란 원호를 의미하며 영어로 arc라 한다.

263 용접기의 규격 AW 500의 설명 중 옳은 것은?

① AW은 직류 아크용접기라는 뜻이다.
② 500은 정격 2차 전류의 값이다.
③ AW은 용접기의 사용률을 말한다.
④ 500은 용접기의 무부하 전압 값이다.

264 다음 중 부하전류가 변하여도 단자 전압은 거의 변화하지 않는 용접기의 특성은?

① 수하 특성
② 하향 특성
③ 정전압 특성
④ 정전류 특성

265 용접기와 멀리 떨어진 곳에서 용접전류 또는 전압을 조절할 수 있는 장치는?

① 원격 제어 장치
② 고주파 발생 장치
③ 핫 스타트 장치
④ 전류 조정 장치

266 피복아크용접봉에서 피복제의 주된 역할로 틀린 것은?

① 전기 절연 작용을 하고 아크를 안정시킨다.
② 스패터의 발생을 적게 하고 용착금속에 필요한 합금원소를 참가시킨다.
③ 용착 금속의 탈산 정련 작용을 하며 용융점이 높고, 높은 점성의 무거운 슬래그를 만든다.
④ 모재 표면의 산화물을 제거하고, 양호한 용접부를 만든다.

267 용접기의 점검 및 보수시 지켜야 할 사항으로 옳은 것은?

① 정격사용률 이상으로 사용한다.
② 탭전환은 반드시 아크 발생을 하면서 시행한다.
③ 2차측 단자의 한쪽과 용접기 케이스는 반드시 어스(earth)하지 않는다.
④ 2차측 케이블이 길어지면 전압강하가 일어나므로 가능한 지름이 큰 케이블을 사용한다.

정답 261 ③ 262 ③ 263 ② 264 ③ 265 ① 266 ③ 267 ④

268 아크용접에서 피닝을 하는 목적으로 가장 알맞은 것은?

① 용접부의 잔류응력을 완화시킨다.
② 모재의 재질을 검사하는 수단이다.
③ 응력을 강하게 하고 변형을 유발시킨다.
④ 모재표면의 이물질을 제거한다.

269 다음 중 용착금속 보호 방식에 따른 피복제의 형식이 아닌 것은?

① 스프레이 발생식 아크용접봉
② 가스 발생식 아크용접봉
③ 슬래그 생성식 아크용접봉
④ 반가스 발생식 아크용접봉

270 정격 2차 전류가 200A, 아크 출력 60kW인 교류용접기를 사용할 때 소비전력은 얼마인가?(단, 내부손실이 4kW이다.)

① 64kW   ② 104kW
③ 264kW ④ 804kW

해설

소비전력은 용접기가 부하 중이나 쉬는 시간에 소비되는 전력 모두를 말한다.
소비전력=아크 출력(정격 2차 전류×아크전압)+내부손실
∴ 60+4 = 64

271 피복아크 용접에서 홀더로 잡을 수 있는 용접봉 지름(mm)이 5.0~8.0일 경우 사용하는 용접봉 홀더의 종류로 옳은 것은?

① 125호   ② 160호
③ 300호   ④ 400호

해설

홀더의 종류(KSC 9607) : 160호 : 3.2~4.0, 200호 : 3.2~5.9, 300호 : 4.0~6.0, 500호 : 6.4~10.0

272 피복아크용접시 적정 전류보다 높은 전류를 사용할 때 생기는 현상이 아닌 것은?

① 언더컷이 발생한다.
② 오버랩이 발생한다.
③ 블로우 홀이 발생한다.
④ 비드면이 거칠어진다.

273 가용접에 대한 설명으로 틀린 것은?

① 가용접시에는 본용접 보다도 지름이 큰 용접봉을 사용하는 것이 좋다.
② 가용접은 본용접과 비슷한 기량을 가진 용접사에 의해 실시되어야 한다.
③ 강도상 중요한 것과 용접의 시점 및 종점이 되는 끝 부분은 가용접을 피한다.
④ 가용접은 본 용접을 실시하기 전에 좌우의 홈 또는 이음부분을 고정하기 위한 짧은 용접이다.

해설

가용접 : 가접이라고도 하며, 본용접보다 지름이 적은 용접봉을 사용하는 것이 좋다.

274 피복아크 용접봉은 금속심선의 겉에 피복제를 발라서 말린 것으로 한쪽 끝은 홀더에 물려 전류를 통할 수 있도록 심선길이의 얼마만큼을 피복하지 않고 남겨두는가?

① 3mm   ② 10mm
③ 15mm   ④ 25mm

해설

피복아크용접봉의 용접홀더에 물리는 부분은 약 25mm 정도 피복을 하지 않는다.

정답 268 ① 269 ① 270 ① 271 ④ 272 ② 273 ① 274 ④

275 피복 배합제의 성분 중 탈산제로 사용되지 않는 것은?

① 규소철 ② 망간철
③ 알루미늄 ④ 유황

276 용접결함에서 언더컷이 발생하는 조건이 아닌 것은?

① 전류가 너무 낮을 때
② 아크길이가 너무 길 때
③ 부적당한 용접봉을 사용할 때
④ 용접속도가 적당하지 않을 때

277 다음에서 피복 용접봉으로 갖추어야 할 조건으로 맞지 않는 것은?

① 심선보다 피복제가 더 빨리 녹을 것
② 용착금속의 모든 성질을 우수하게 할 것
③ 용착금속의 탈산 정련작용을 할 것
④ 슬래그가 용이하게 제거될 것

278 다음은 피복아크용접작업에 대한 안전사항을 나타낸 것이다. 이 중 가장 적합하지 않은 것은?

① 용접기 내부에 함부로 손을 대지 않는다.
② 저압 전기는 어느 작업이든 안심할 수 있다.
③ 전선이나 코드의 접속부는 절연물로서 완전히 피복하여 둔다.
④ 퓨즈는 규정된 대로 알맞은 것을 끼운다.

279 피복아크용접시 복잡한 형상의 용접물을 원하는 각도로 회전시킬 수 있으며, 용접 능률 향상을 위해 사용하는 지그는?

① 용접 포지셔너 ② 가접 지그
③ 회전 지그 ④ 역변형 지그

280 피복아크용접 중에 발생하는 결함 중 스패터의 발생 원인으로 가장 적합하지 않은 것은?

① 운봉 속도가 느릴 때
② 아크길이가 너무 길 때
③ 수분이 많은 용접봉을 사용했을 때
④ 전류가 높을 때

281 용접지그를 사용하여 용접할 경우 일반적으로 가능하면 무슨 자세로 용접하는 것이 유리한가?

① 수직 자세 ② 수평 자세
③ 아래보기 자세 ④ 위보기 자세

282 피복아크 용접봉의 특징 중 틀린 것은?

① E4301 : 용접성이 우수하여 일반 구조물의 중요 강도 부재용접에 사용된다.
② E4311 : 가스실드식 용접봉으로 박판용접에 사용된다.
③ E4313 : 용입이 깊어서 고장력강 및 중량물 용접에 사용된다.
④ E4316 : 연성과 인성이 좋아서 고압용기, 후판 중구조물 용접에 사용된다.

> **해설**
> E4316 : 연성과 인성이 좋아서 고압용기, 후판 중구조물 용접에 사용된다.

정답 275 ④ 276 ① 277 ① 278 ② 279 ① 280 ① 281 ③ 282 ③

283 크레이터 처리 미숙으로 일어나는 결함이 아닌 것은?

① 냉각 중에 균열이 생기기 쉽다.
② 파손이나 부식의 원인이 된다.
③ 불순물과 편석이 남게 된다.
④ 용접봉의 단락 원인이 된다.

해설

용접봉의 단락원인과 크레이터 처리는 상관관계가 없다.

284 피복아크용접 작업에서 아크길이 및 아크전압에 관한 설명으로 틀린 것은?

① 품질 좋은 용접을 하려면 원칙적으로 짧은 아크를 사용해야 한다.
② 아크길이가 너무 길면 아크가 불안정하고, 용융금속이 산화 및 질화되기 어렵다.
③ 아크길이는 보통 용접봉 심선의 지름 정도이나 일반적인 아크의 길이는 3mm 정도이다.
④ 아크전압은 아크길이에 비례한다.

285 아크용접기의 구비조건으로 틀린 것은?

① 구조 및 취급이 간단해야 한다.
② 아크발생 및 유지가 용이하고 아크가 안정되어야 한다.
③ 용접 중 온도상승이 커야 한다.
④ 역률 및 효율이 좋아야 한다.

해설

아크용접기는 용접 중 온도상승이 적어야한다. 온도 상승이 커지면 용접기가 소손될 수 있다.

286 피복아크용접시 아크가 발생될 때 아크에 다량 포함되어 있어 인체에 가장 큰 피해를 줄 수 있는 광선은?

① 감마선 ② 자외선
③ 방사선 ④ X - 선

287 다음 중 연강용 용접봉의 성분이 모재에 미치는 영향으로 틀린 것은?

① 유황(S) : 용접부의 저항력은 증가하지만 기공 발생의 원인이 된다.
② 규소(Si) : 기공은 막을 수 있으나 강도가 떨어지게 된다.
③ 탄소(C) : 강의 강도를 증가시키지만 연신률, 굽힘성이 감소된다.
④ 인(P) : 강에 취성을 주며 가연성을 잃게 한다.

288 용접용어 중 "중단되지 않은 용접의 시발점 및 크레이터를 제외한 부분의 길이"를 뜻하는 것은?

① 용접선 ② 용접길이
③ 용접축 ④ 목길이

289 용접작업시 사용하는 보호기구의 종류로만 나열된 것은?

① 앞치마, 핸드실드, 차광유리, 팔덮개
② 용접헬멧, 핸드그라인더, 용접케이블, 앞치마
③ 치핑해머, 용접집게, 전류계, 앞치마
④ 용접기, 용접케이블, 퓨즈, 팔덮개

정답 283 ④ 284 ② 285 ③ 286 ② 287 ① 288 ② 289 ①

290 다음 중 아크가 발생하는 초기에 용접봉과 모재가 냉각되어 있어 아크가 불안정하기 때문에 아크발생을 쉽게 하기 위하여 아크 초기에만 용접전류를 특별히 크게 하는 장치는?

① 핫스타트장치
② 고주파발생장치
③ 원격제어장치
④ 전격방지장치

291 아크 용접에 관한 안전사항으로 옳지 않는 것은?

① 작업 중 앞치마나 작업복에 불이 붙어있지 않는가 주의한다.
② 용접봉을 갈아 끼울 때는 신중히 한다.
③ 홀더의 케이블은 되도록 길게 하여야 한다.
④ 케이블의 피복이 찢어졌으면 곧 수리한다.

292 다음 중 교류 아크용접기의 종류별 특성으로 가변저항의 변화를 이용하여 용접전류를 조정하는 형식은?

① 탭 전환형
② 가동 코일형
③ 가동 철심형
④ 가포화 리액터형

293 다음 중 피복아크용접이 가장 어려운 금속재료는?

① 탄소강
② 주철
③ 주강
④ 티탄

294 용접균열 방지를 위한 일반적인 사항으로 옳지 않은 것은?

① 좋은 강재를 사용한다.
② 응력집중을 피한다.
③ 용접부에 노치를 만든다.
④ 용접시공을 잘한다.

295 용접기의 도선에 용량이 작은 것을 사용 하는 경우 두드러지게 발생하는 현상은?

① 전압이 높아져 발열량이 많아지므로 용접이 더 잘 된다.
② 모재가 가열되어 용접부가 경화된다.
③ 전압이 낮아져 아크가 불안정하게 되고 도선에서 열이 난다.
④ 전압이 높고 열 집중력이 양호하다.

296 금속아크용접시 지켜야 할 유의사항 중 적합하지 않은 것은?

① 용접전류는 적정하게 조절하고 정리정돈을 잘한다.
② 작업 시작 전에는 메인 스위치를 작동시킨 후에 용접기 스위치를 작동시킨다.
③ 작업이 끝나면 항상 메인 스위치를 먼저 끈 후에 용접기 스위치를 꺼야 한다.
④ 아크 발생시에는 항상 안전에 신경을 쓰도록 한다.

정답   290 ①   291 ③   292 ④   293 ④   294 ③   295 ③   296 ③

제3장 가스 용접 및 절단

001 다음 가스 용접의 장점 중 틀린 것은?

① 응용 범위가 넓다.
② 가열 범위가 넓다.
③ 설비비용이 싸다.
④ 유해 광선의 발생이 적다.

002 다음 중 가스 용접에 사용되는 열원이 아닌 것은?

① 수소　　　② 메탄
③ 질소　　　④ 일산화탄소

003 가스 용접에 사용되는 용접 가스 혼합에 맞지 않는 것은?

① 산소-수소
② 공기-석탄 가스
③ 산소-아세틸렌
④ 수소-아세틸렌

004 다음 가연성 가스에서 폭발 범위가 넓은 순서대로 된 것은?

① 수소, 아세틸렌, 프로판, 부탄
② 부탄, 프로판, 아세틸렌, 수소
③ 아세틸렌, 수소, 프로판, 부탄
④ 아세틸렌, 프로판, 수소, 부탄

해설

아세틸렌(2.5~100), 수소(4.0~75), 프로판(2.2~9.5), 부탄(1.9~8.5)

005 다음 중 연소하지 않는 것은?

① 메탄　　　② 산소
③ 수소　　　④ 탄산가스

해설

산소는 비중이 1.105 지연성 가스로 다른 가스와 혼합하여 연소를 돕는 가스이다.

006 다음 가스 중 산소와 결합할 때 가장 높은 열을 내는 것은?

① 아세틸렌　② 수소
③ 메탄　　　④ 프로판

해설

아세틸렌(3430℃), 수소(2900℃), 프로판(2820℃), 메탄(2700℃)순이다. 하지만 발열량이 높은 것은 프로판이다.

007 다음 가스 중 가장 가벼운 것은?

① 아세틸렌　② 수소
③ 프로판　　④ 메탄

해설

비중은 아세틸렌 : 0.96, 수소 : 0.07, 프로판 : 1.52, 메탄 : 0.55이다.

008 가스 용접에서 사용되는 용접가스 혼합에 맞지 않는 것은?

① 산소-프로판가스
② 공기-석탄가스
③ 수소-아세틸렌
④ 산소-아세틸렌

정답 001 ②　002 ③　003 ④　004 ③　005 ②　006 ①　007 ②　008 ③

009 지연성가스인 산소의 성질을 설명한 것 중 잘못된 것은?

① 산소는 공기와 물의 주성분이다.
② 성질은 무색, 무취, 무미의 기체이다.
③ 1ℓ의 중량은 0℃, 1기압에서 1.429g이다.
④ 산소의 비중은 0.806이다.

010 가스 용접에서 사용되는 산소는 주로 어느 방법에 의해 생산되는가?

① 염소산칼륨에 이산화망간을 촉매로 가하고 가열하는 방법
② 액체 공기의 비등점 차이를 이용해서 생산하는 방법
③ 물의 전기분해에 의하는 방법
④ 석탄가스 분해에 의하는 방법

011 다음 산소의 성질 중 옳지 못한 것은?

① 무색, 무미, 무취이다.
② 액체 산소는 연한 황색이다.
③ 산소는 가연성 물질이다.
④ 비중은 공기보다 약간 무겁다.

012 용적 40ℓ의 산소용기에 150기압이 되게 산소를 충전하였다면 이것을 대기 중에서 환산하면 부피는 얼마나 되는가?

① 1500ℓ   ② 2500ℓ
③ 4500ℓ   ④ 6000ℓ

013 다음 중 백심이 있는 뚜렷한 불꽃을 얻을 수 없고 청색의 겉불꽃으로 쌓인 무광의 불꽃은?

① 프로판 가스 불꽃
② 아세틸렌 불꽃
③ 수소 가스 불꽃
④ 도시가스 불꽃

014 다음은 프로판 가스의 성질이다. 옳지 못한 것은?

① 프로판 가스는 아세틸렌보다 다량의 산소를 필요로 한다.
② 프로판 가스의 팁의 분출속도는 아세틸렌보다 빨라야 한다.
③ 프로판은 아세틸렌보다 연소 속도가 느리다.
④ 프로판 가스와 산소는 비중이 다르다.

015 다음 가스 중 산소와 화합할 때 가장 높은 온도를 내는 것은?

① 아세틸렌   ② 수소
③ 메탄   ④ 프로판

016 다음은 카바이드에 관한 설명이다. 틀린 것은?

① 순수한 카바이드는 무색 투명의 덩어리이다.
② 칼슘과 탄소가 화합하여 된 탄화 칼슘을 의미한다.
③ 1kg의 카바이드에서는 이론적으로 648ℓ의 아세틸렌 가스가 발생된다.
④ 비중은 2.2~2.3이다.

:해설:
순수한 카바이드는 이론적으로 348ℓ의 아세틸렌 가스가 발생한다.

정답 009 ④ 010 ② 011 ③ 012 ④ 013 ③ 014 ③ 015 ① 016 ③

017 아세틸렌 발생기에 안전 배기관을 설치하는 이유를 설명한 것 중 옳은 것은?

① 발생기 내의 산소를 공급하기 위하여
② 발생기 내의 혼합 가스를 배제하기 위하여
③ 발생기 내의 과잉 발생 가스를 배제하기 위하여
④ 발생기 내의 압력을 일정하게 유지하기 위하여

해설
안전 배기관은 혼합 가스를 배제하기 위하여 설치한다.

018 아세틸렌 발생기 취급에 관한 다음 사항 중 옳지 않은 것은?

① 발생기 내의 물이 부족하지 않도록 유의할 것
② 가스 누설 검사는 비눗물을 사용할 것
③ 용기 내의 물이 얼었을 때는 더운물로 녹이도록 할 것
④ 발생기 실의 조명은 촛불을 사용할 것

해설
인화성 물질이나, 화기는 엄금하여야 한다.

019 다음 중 폭발의 위험이 가장 큰 발생기는?

① 자동 침지식 발생기
② 자동 주수식 발생기
③ 자동 투입식 발생기
④ 자동 주입식 발생기

해설
투입식은 고정형이며 이동용으로 적합한 것은 침지식이다. 하지만 침지식은 카바이드를 집어넣을 때 공기의 혼입으로 인한 폭발의 위험이 있다.

020 다음 아세틸렌 발생기 중에 온도 상승이 가장 적으므로 암모니아, 황화 수소 등의 불순 가스 발생이 적은 특성을 갖고 있는 것은?

① 침지식 발생기　② 투입식 발생기
③ 주수식 발생기　④ 중압식 발생기

해설
투입식 발생기 가스 조절이 용이하고 온도 상승이 적고 불순 가스가 적은 것은 투입식이다.

021 카바이드와 물과의 화학 반응에서 빈칸에 알맞은 것은?

$CaC_2 + 2H_2O \rightarrow (\quad) + Ca(OH)_2 + 31872$

① H_2O　② CaH_2
③ C_2H_2　④ C_3H_3

022 카바이드의 원료가 아닌 것은?

① 석회석　② 철광석
③ 코크스　④ 석탄

023 다음 중 발생기 아세틸렌을 청정해야 되는 이유는?

① 질소를 함유하고 있으므로
② 유화수소를 함유하고 있으므로
③ 산소를 함유하고 있으므로
④ 탄소를 함유하고 있으므로

정답 017 ② 018 ④ 019 ① 020 ② 021 ③ 022 ② 023 ②

024 아세틸렌 가스와 접촉하면 폭발성 화합물을 생성하는 것이 아닌 것은?

① Cu   ② Ag
③ Hg   ④ Fe

025 산소가 없더라도 아세틸렌가스가 자연 폭발할 때의 최저 온도는?

① 406 ~ 408℃
② 505 ~ 515℃
③ 780℃
④ 300℃

해설
자연 폭발 온도는 780℃ 이상이다.

026 다음 중 산소와 아세틸렌의 혼합 비율이 어떻게 되었을 때 폭발 위험이 큰가? (단위는 %)

① 50 : 50   ② 60 : 40
③ 65 : 35   ④ 85 : 15

027 아세틸렌과 혼합되어도 폭발성이 없는 것은?

① 산소   ② 공기
③ 탄소   ④ 인화수소

028 다음 여러 가지 발생기 아세틸렌 가스 중의 불순물에서 폭발의 위험성이 있는 것은?

① 수소   ② 인화수소
③ 황화수소 ④ 질소

029 다음 중 아세틸렌가스의 폭발과 관계가 없는 것은?

① 아세톤   ② 구리
③ 산소   ④ 온도

해설
아세톤은 용해 아세틸렌을 만들 때 25배 녹이는 물질이다.

030 연소 가스와 산소를 혼합하는 부분을 무엇이라 하는가?

① 혼합실   ② 보호통
③ 버터링   ④ 다이버전트

031 가스 용접용 토치의 팁으로 가장 적합한 것은?

① 연강   ② 경강
③ 구리합금 ④ 내마모강

032 가스 절단에 이용되는 팁에는 이심형과 동심형이 있는데 이중 이심형 팁의 특징에 관한 다음 사항 중 가장 관계가 적은 것은?

① 전·후, 좌·우, 및 곡선도 자유롭게 절단할 수 있다.
② 예열 불꽃용 팁과 절단 산소용 팁이 분리되어 있다.
③ 직선 절단에 있어서 매우 능률적이다.
④ 절단면이 매우 아름답다.

정답   024 ④   025 ③   026 ④   027 ③   028 ②   029 ①   030 ①   031 ③   032 ①

033 고속 분출을 얻는데 적합하고 보통의 팁에 비하여 산소의 소비량이 같을 때 절단 속도를 20~25% 증가시킬 수 있는 절단 팁은?

① 다이 버전트형 팁
② 직선형 팁
③ 산소 - LP용 팁
④ 보통형 팁

034 니들 밸브를 갖고 있으며 압력 조절이 쉬운 B형 토치는?

① 독일식 ② 프랑스식
③ 미국식 ④ 일본식

035 다음은 저압식 토치에 대해 설명한 것이다. 옳지 못한 것은?

① 불변압식(A)은 팁의 능력을 용접할 수 있는 연강판의 두께를 기준으로 표시한다.
② 가변압식(B)은 팁의 능력을 시간당 아세틸렌 가스의 소비량을 ℓ로 표시한다.
③ 불변압식은 팁의 구멍지름을 mm 단위로 표시한다.
④ 가변압식 토치 에는 벤튜리 부분에 침변(needle value)이 있다.

036 다음 설명 중 맞는 것은?

① 가변압식 토치에 팁 구멍 크기는 용접 가능한 판의 두께로 표시한다.
② B형 토치는 불변압식이다.
③ A형 토치 팁 번호는 용접 가능한 판의 두께를 표시한다.
④ A형 토치는 가변압식이다.

037 팁이 막혔을 때 소재하는 방법은 어느 것인가?

① 철판 위에 가볍게 문지른다.
② 줄칼로 부착물을 제거한다.
③ 팁 클리너로 제거한다.
④ 내화 벽돌 위에 가볍게 문지른다.

038 아세틸렌 가스는 몇 기압 이상으로 압축하면 자연 폭발하는가?

① 0.5기압 ② 1기압
③ 1.5기압 ④ 2기압

039 다음 아세틸렌 가스의 성질 중 옳지 못한 것은?

① 대단히 불안정하여 잘 연소한다.
② 불순물을 포함한 아세틸렌 가스는 불쾌한 악취를 낸다.
③ 순수한 아세틸렌 가스는 불쾌한 악취를 낸다.
④ 상온에서 아세틸렌 가스는 아세톤에 25배 가량 용해된다.

040 용해 아세틸렌에 대한 설명 중 옳지 못한 것은?

① 아세틸렌은 다공성물질에 흡수되어 있다.
② 다공성 물질에는 목탄, 규조토 등이 있다.
③ 아세틸렌은 아세톤에 녹아 있다.
④ 아세톤은 다공성 물질에 흡수되어 있다.

정답 033 ① 034 ② 035 ③ 036 ③ 037 ③ 038 ④ 039 ③ 040 ①

041 용해 아세틸렌 실린더 속에 들어 있지 않는 것은?

① 다공성 물질 ② 아세톤
③ 아세틸렌   ④ 카바이드

042 산소와 아세틸렌 가스의 이론적인 혼합비는?

① 2½ : 1   ② 1 : 1
③ 1 : 10   ④ 1.2 : 1

043 아세틸렌가스 1810ℓ를 만들려면 얼마의 용해 아세틸렌이 기화되어야 하는가?

① 약 0.5kg ② 약 1kg
③ 약 2kg   ④ 약 3kg

해설
1kg에 905ℓ를 만들 수 있다.

044 다음 중 어느 것에 아세틸렌이 가장 많이 용해되는가?

① 물   ② 석유
③ 벤젠 ④ 아세톤

해설
물: 같은 양, 석유: 2배, 벤젠: 4배, 알코올: 6배, 아세톤: 25배, 소금물에는 용해되지 않는다.

045 용해 아세틸렌 1kg은 15℃ 1기압 하에서 기화하면 얼마가 되는가?

① 750 ℓ   ② 805 ℓ
③ 905 ℓ   ④ 1005 ℓ

046 아세틸렌은 12기압에서 아세톤에 얼마나 용해되는가?

① 25배   ② 250배
③ 300배 ④ 350배

해설
아세틸렌가스가 아세톤에 25배용해/1기압 × 12기압 = 300배

047 아세틸렌가스 소비량 1시간당 200ℓ인 저압 토치를 사용해서 용접할 때 게이지의 압력이 60기압인 산소병은 몇 시간 정도나 사용할 수 있겠는가? (단, 병의 내 용적은 40ℓ, 산소는 아세틸렌가스의 1.2배 정도 소비하는 것으로 한다.)

① 2시간   ② 8시간
③ 10시간 ④ 12시간

해설
총 가스량 60×40=2400, 산소는 아세틸렌의 1.2배 소비하므로 200×1.2=240이다. 즉, 총 가스량에서 1시간당 산소 소비량으로 나누면 2400÷240=10시간이 나온다.

048 용해 아세틸렌의 특징 중 틀린 것은?

① 순도가 높고 좋은 용접을 할 수 있다.
② 아세틸렌 손실이 적다.
③ 운반이 쉽고 발생기 및 부속 장치가 필요 없다.
④ 발생기보다 안전도가 낮다.

해설
발생기보다 안전도가 높고 취급이 용이하다.

정답 041 ④ 042 ② 043 ③ 044 ④ 045 ③ 046 ③ 047 ③ 048 ④

049 용기 내의 산소는 항상 몇 ℃ 이하로 유지하여야 하는가?

① 100℃ ② 80℃
③ 60℃   ④ 40℃

해설
산소 용기의 온도는 항상 40℃ 이하로 유지해야 된다.

050 산소 용기의 윗 부분에 FP라고 각인이 찍혀 있는 데 이것은 무엇을 뜻하는가?

① 용기 내압 시험 압력
② 최고 충전 압력
③ 내용적
④ 산소 충전 압력

해설
TP는 시험 압력이며 FP는 최고 충전 압력이다.

051 35℃ 1기압에서 산소 봄베 속의 산소 최고 충전 압력은?

① 100kg/cm^2 ② 150kg/cm^2
③ 250kg/cm^2 ④ 300kg/cm^2

해설
FP는 150kg/cm^2 이다. TP는 250kg/cm^2

052 산소 용기는 화기로부터 최소한 몇 m 이상 떨어져 있어야 하는가?

① 2m 이상 ② 3m 이상
③ 4m 이상 ④ 5m 이상

해설
화기로부터 최소 5m이상 떨어져야 안전하다.

053 가스 용접에 사용되는 아세틸렌 도관의 색은?

① 백색 ② 녹색
③ 적색 ④ 검정색

해설
산소는 녹색이나 검정색을 사용하며, 아세틸렌은 적색을 사용한다.

054 내용적 40ℓ의 산소병이 120기압의 산소가 들어 있다. 1시간에 200ℓ를 소모하는 토치를 사용하여 중성 불꽃으로 작업하면 몇 시간이나 사용할 수 있겠는가?

① 24시간 ② 30시간
③ 36시간 ④ 72시간

해설
총 가스량 120기압 × 40리터 = 4800리터, 토치 시간당 소비량은 200리터 사용시간=4800/200 = 24시간

055 아세틸렌가스의 사용압력은 얼마 이하로 하는 것이 좋은가?

① 1.3kg/cm^2
② 1.5kg/cm^2
③ 2kg/cm^2
④ 2.5kg/cm^2

056 가스 용접에서 아세틸렌의 압력은 산소 압력에 대하여 어느 정도로 사용하는 것이 좋은가?

① 1:1 정도   ② 1/10 정도
③ 1/50 정도 ④ 2배 정도

정답 049 ④ 050 ② 051 ② 052 ④ 053 ③ 054 ① 055 ① 056 ②

057 황동 용접에 적합한 불꽃의 종류는?

① 산화 불꽃 ② 중성 불꽃
③ 탄화 불꽃 ④ 표준 불꽃

058 다음은 각종 불꽃의 용착금속에 미치는 영향을 설명한 것이다. 옳지 못한 것은?

① 탄화염은 중성염보다 온도가 낮다.
② 청동의 브레이징에는 약한 산화불꽃을 이용한다.
③ 주철의 용접에는 약한 산화불꽃을 이용한다.
④ 중성불꽃은 용착금속을 산화시키지 않는다.

059 스테인리스강, 스텔라이트, 모넬메탈 등과 같은 금속을 가스 용접할 때 사용해야 하는 불꽃은?

① 산화 불꽃 ② 중성 불꽃
③ 탄화 불꽃 ④ 표준 불꽃

060 연강 용접에 적합한 불꽃의 종류는?

① 산화 불꽃 ② 괴성 불꽃
③ 탄화 불꽃 ④ 표준 불꽃

061 다음 중 역화의 원인이 아닌 것은?

① 팁이 과열되었을 때
② 아세틸렌 공급이 지나치게 많을 때
③ 토치의 나사 부분이 늦추어져 있을 때
④ 혼합 가스를 제거하지 않고 점화하였을 때

> **해설**
> 역화의 원인은 아세틸렌 압력에 문제가 아니라 산소에 문제이다.

062 산소 용접 중 고무호스에 역화되었을 때 취할 일은?

① 아세틸렌 밸브를 즉시 잠근다.
② 산소 밸브를 먼저 잠근다.
③ 토치에서 고무관을 뺀다.
④ 토치의 나사 부를 충분히 조인다.

> **해설**
> 끝나는 말이 화(역화, 인화)로 끝나는 것은 가연성 가스를 먼저 잠가야 한다.

063 가스 용접에서 토치의 팁 끝이 막혀 높은 압력의 산소가 아세틸렌 호스 쪽으로 흘러 들어가는 것을 무엇이라 하는가?

① 역화 ② 역류
③ 점화 ④ 인화

> **해설**
> 산소가 들어가는 것은 역류이다.

064 가스 용접 작업에서 역화의 원인이 되는 설명 중 틀린 것은?

① 토치의 기능 불량
② 산소 압력의 과소
③ 팁의 과열
④ 압력과 유량의 부적당

> **해설**
> 산소 압력이 과대할 때 역류 및 역화가 일어난다.

정답 057 ③ 058 ④ 059 ③ 060 ④ 061 ② 062 ① 063 ② 064 ②

065 구리 및 구리 합금에 가스 용접에서 용제로 사용되지 않는 것은?

① 인산화물
② 규산 나트륨
③ 플루오르화 나트륨
④ 플루오르화 칼륨

해설

플로오르화 칼륨은 알루미늄 용제이다.

066 가스 용접시 용제를 사용하지 않아도 되는 금속은?

① 알루미늄 ② 황동
③ 주철   ④ 연강

067 알루미늄 재료를 가스 용접을 할 때 사용하는 용제는?

① 붕사   ② 붕산
③ 탄산 소오다 ④ 염화물

해설

알루미늄 재료의 대표적 용제는 염화물이다.

068 가스 용접을 할 때 용제의 작용에 해당되지 않는 것은?

① 모재와 용착 금속의 융합을 돕는다.
② 모재가 빨리 녹도록 한다.
③ 용융 온도가 낮은 슬래그을 만든다.
④ 용착 금속의 성질을 양호하게 한다.

해설

용제의 역할은 모재에 산화물, 불순물 등을 제거하지만 모재의 융융점을 낮추지는 않는다.

069 고 탄소강, 특수강, 주철 등의 가스 용접용제는 어느 것인가?

① 탄산나트륨, 황혈염
② 플루오르화 나트륨, 염화 칼륨
③ 규산 나트륨, 질산염
④ 염화 리튬, 황산 칼륨

해설

염화물은 알루미늄, 규산 나트륨은 구리 및 구리합금 용제이다.

070 가스 용접에서 모재의 두께가 7~10mm일 경우 다음에서 용접봉의 지름으로 적당한 것은?

① 1~1.6mm
② 1.8~3.2mm
③ 4~5mm
④ 5.2~6.5mm

해설

$d = t/2 + 1 = 7mm$일 때 $7/2 + 1$에서 4.5이고 10mm일 때는 $10/2 + 1$에서 6이다.

071 연강용 가스 용접봉의 지름을 mm로 나타낸 것 중 KS 규정에 없는 것은?

① 1.6   ② 2
③ 3.2   ④ 4.5

해설

4.5는 규정에 없다.

정답 065 ④ 066 ④ 067 ④ 068 ② 069 ① 070 ④ 071 ④

072 연강용 가스 용접봉 GA46의 경우 46이 가지고 있는 의미는?

① SR시 용접부의 최대 인장강도(kg/mm^2)
② SR시 용접부의 최저 인장강도(kg/mm^2)
③ NSR시 용접부의 최대 인장강도(kg/mm^2)
④ NSR시 용접부의 최고 인장강도(kg/mm^2)

해설

참고: SR 은 625±25도에서 응력 제거한 열처리 작업한 것 NSR 열처리 작업하지 않은 것

073 다음 중 토치의 팁 번호를 나타낸 것 중 맞는 것은?

① 가변압식은 1분간의 산소 소비량으로 나타낸다.
② 가변압식은 팁의 구조가 복잡하고 작업자가 무겁게 느낀다.
③ 불변압식이란 팁의 구멍 지름을 나타낸 것이다.
④ 불변압식은 그 팁이 용접할 수 있는 판 두께를 기준으로 표시한다.

해설

불변압식은 독일식으로 판 두께를 기준으로 한다.

074 용접 토치의 산소 분출구에 니들 밸브가 부착된 토치는 어느 나라 형식인가?

① 독일식
② 프랑스식
③ 일본식
④ 한국식

해설

B형인 프랑스식으로 가변압식을 말한다.

075 저압식 용접 토치에서 팁 번호 1000번은 몇 mm 강판에 사용하면 적합한가?

① 5mm   ② 10mm
③ 15mm ④ 20mm

해설

가변압식 100번은 불변압식 1번과 같다. 고로 1000번은 10번에 해당한다.

076 가스 용접에서 모재와 불꽃과의 거리를 대략 어느 정도로 하는 것이 좋은가?

① 2~3mm
② 4~5mm
③ 5~6mm
④ 7~8mm

077 2단식 산소 압력 조정기는 제1단의 감압부에서 보통 일정 압력으로 감압되도록 조정 스프링을 고정하여 두고, 밸브는 항상 열린 상태로 두는데 이때의 일정 압력이란 얼마 정도인가?

① 0.5~1kg/cm^2
② 1~2kg/cm^2
③ 3~4kg/cm^2
④ 4~6kg/cm^2

해설

하나의 조정기 본체에 2개의 감압 기구를 가지고 있는 조정기를 2단식 조정기라 하는네 이때 1단의 감압부에서는 3~4kg/cm^{2}로 한다.

정답 072 ② 073 ④ 074 ② 075 ② 076 ① 077 ③

078 다음 사항 중 맞지 않는 것은 어느 것인가?

① 산소압력 조정기 수리 시는 작동을 원활하게 하기 위해 기름을 친다.
② 압력조정기의 출구에 호수를 연결할 때 는 밴드를 사용한다.
③ 산소 용기의 고압 밸브를 천천히 연다.
④ 산소 조정기의 수리는 전문가에게 의뢰한다.

079 가스 용접용 압력조정기의 구비조건 중 틀린 것은?

① 동작이 예민할 것
② 일정한 가스량을 방출할 것
③ 견고하고 사용이 간단할 것
④ 산소와 아세틸렌이 겸용일 것

080 다음 중 산소 및 아세틸렌 압력 조정기(스템형)의 압력 게이지 작동 순서를 올바르게 나타낸 것은?

① 부르동관 → 캘리브레이팅 링크 → 섹터 기어 → 피니언 → 눈금판
② 부르동관 → 섹터 기어 → 피니언 → 캘리브레이팅 링크 → 눈금판
③ 캘리브레이팅 링크 → 피니언 → 섹터 기어 → 부르동관 → 눈금판
④ 캘리브레이팅 링크 → 부르동관 → 피니언 → 섹터 기어 → 눈금판

081 안전기에 관한 사항 중 틀린 것은?

① 역류할 때 물이 외부로 배출될 수 있는 구조일 것
② 수위를 확인할 수 있는 장치가 있을 것
③ 주요 부분의 두께 2mm 이상의 강판을 사용하도록 할 것
④ 수면의 높이는 반드시 규정 수위보다 낮출 것

해설

수면의 높이는 규정 수위보다 높일 것

082 다음 중 용접법과 필터 유리 번호의 연결이 잘못 짝지어진 항은?

① 산소 절단 작업 – 2번
② 탄소 아크 용접 – 14번
③ 가스 용접 – 4~8번
④ 피복아크 용접 – 10번

해설

산소 절단 작업은 3번 이상이다.

083 좌진법과 우진법의 비교에 관한 설명 중 좌진법에 관한 사항으로 올바른 것은?

① 열 이용률이 좋고 용접 속도가 빠르다.
② 가장 간단한 방법이며 용접 변형이 크다.
③ 비드 모양이 보기 좋고 산화의 정도가 크다.
④ 용착 금속의 조직이 미세하고, 용접 가능 판 두께가 두껍다.

해설

좌진법은 전진법으로 후진법에 비해 비드 모양만 좋다.

정답 078 ① 079 ④ 080 ① 081 ④ 082 ① 083 ③

084 토치를 오른손으로 잡고 용접봉을 왼손에 잡고, 왼쪽으로 용접을 해나가는 용접 방법은?

① 전진법　　② 후진법
③ 하진법　　④ 상진법

085 가스 용접에서 전진법과 비교한 후진법의 특징이 아닌 것은?

① 두꺼운 판의 용접에 적당하다.
② 용접부의 기계적 성질이 우수하다.
③ 용접 변형이 크다.
④ 소요 홈의 각도가 작다.

086 후진 가스 용접법을 설명한 것중 잘못된 것은?

① 용접 방향은 왼쪽에서 오른쪽으로 진행한다.
② 용접 소요 홈각도가 전진법에 비하여 크다.
③ 열 이용률이 좋고, 용착 금속의 조직이 미세하다.
④ 용접봉은 좌우로 움직이나 토치는 직선으로 움직인다.

087 다음 설명 중 가스 용접에서 후진 용접의 장점이 아닌 것은?

① 열효율이 높다.
② 비드가 아름답다.
③ 작업능률이 높다.
④ 용접부의 기계적 성질이 좋다.

088 아세틸렌 청정 방법에는 물리적인 방법과 화학적인 방법이 있다. 다음 중 화학적인 청정 방법에 사용되는 것은?

① 펠트　　② 목탄
③ 헤라톨　　④ 코크스 분말

089 두께가 25.4mm인 강판을 가스 절단하려 할 때 적합한 표준 드랙의 길이는?

① 2.4mm　　② 5.2mm
③ 6.6mm　　④ 7.8mm

해설
드래그의 표준은 판두께의 20%이다.
25.4 × 0.2 = 5.08이 나온다.

090 가스 절단면에서 절단 기류의 입구점과 출구점 사이의 수평거리를 무엇이라 하는가?

① 노치　　② 엔드탭
③ 포르시티　　④ 드랙

해설
가스 절단면에 있어서 절단 기류의 입구점과 출구점 사이의 수평거리로 판 두께의 20% 정도로 한다.

091 가스 절단을 할 때 철강이 절단되기 위한 구비 조건 중 틀린 것은?

① 모재의 산화 연소하는 온도가 그 금속의 용융점 보다 낮을 것
② 생성된 금속 산화물의 용융 온도가 모재의 용융 온도보다 낮을 것
③ 생성된 산화물의 유동성이 좋을 것
④ 절단면을 깨끗하게 하는 불연성 물질이 있을 것

해설
불연성 물질이 있으면 절단이 안 된다.

정답 084 ① 085 ③ 086 ② 087 ② 088 ③ 089 ② 090 ④ 091 ④

092 가스 절단 작업에서 절단 속도에 영향을 주는 요인이다. 다음 중 관계가 제일 먼 것은?

① 아세틸렌 압력
② 산소의 압력
③ 산소의 순도
④ 모재의 온도

해설

산소의 순도와 압력이 영향을 주지 아세틸렌의 압력이 영향을 주는 것은 아니다. 또한 아세틸렌 압력은 너무 높일 수도 없다.

093 다음 가스 절단에 대하여 설명한 것 중 잘못된 설명은?

① 팁 끝과 공작물과의 거리는 불꽃 백심 끝에서 3~5mm정도가 제일 적합하다.
② 가스 절단의 원리는 적열된 강과 산소 사이에서 일어나는 화학 작용 즉 강의 연소를 이용하여 절단하는 것을 말함
③ 경강이나 합금강은 절단이 약간 곤란한 금속이다.
④ 곡선 절단에는 독일식 절단기보다 프랑스식 절단기가 유리하다.

해설

팁 끝과 강판의 거리는 1.5~2mm 정도로 한다.

094 절단시 드래그라인을 없애기 위한 조치로서 맞는 것은?

① 산소 압력을 낮추고 속도를 빨리 한다.
② 산소 압력을 높이고 속도를 빨리 한다.
③ 산소 압력을 높이고 속도를 적당히 한다.
④ 산소 압력을 낮게 속도를 느리게 한다.

095 가스 절단에서 절단이 곤란한 것은?

① 순철
② 연강
③ 구리
④ 주강

096 다음 절단에 관한 내용 중 옳지 않은 것은?

① 동은 산소 절단이 잘 안된다.
② 10% 이상의 크롬을 포함하는 스테인리스 강은 절단이 잘 안된다.
③ 주철은 산소절단이 잘 안된다.
④ 알루미늄은 산소절단이 잘 된다.

097 다음 중 가스절단이 잘 되는 금속은 어느 것인가?

① 탄소강
② 스테인리스강
③ 주철
④ 비철금속

098 가스 절단이 연속적으로 될 수 있는 이유 중 맞는 것은?

① 예열을 하기 때문에
② 산화시 연소하면서 발열하기 때문에
③ 가스가 가열되므로
④ 토치 구조가 되어있기 때문에

정답 092 ① 093 ① 094 ③ 095 ③ 096 ④ 097 ① 098 ②

099 가스 가우징에 관한 설명 중 옳지 못한 것은?

① 속도는 절단할 때보다 2~5배 가량 빠르다.
② 가스 용접 절단장치를 그대로 사용하며 팁만 교환하면 된다.
③ 팁은 비교적 저압으로 소량의 산소를 방출할 수 있도록 되어있다.
④ 예열 불꽃으로는 주로 아세틸렌 불꽃을 많이 사용한다.

100 스카핑 작업에 대한 설명 중 옳지 못한 것은?

① 스카핑 작업은 강재표면의 홈 또는 탈탄층을 제거한다.
② 가우징보다 넓게 표면을 깎는다.
③ 가우징보다 얕게 표면을 깎는다.
④ 스카핑 속도는 일반적으로 절단보다 느리다.

101 다음 중 아크 절단 작업의 장점이 될 수 있는 것은?

① 가스 절단에 비해 절단면이 곱다.
② 금속을 녹여서 자르는 화학적 방법으로 양호하다.
③ 가스 절단이 곤란한 금속에도 사용할 수 있다.
④ 가스 절단에 비해 소음이 없다.

102 연강 절단시 예열 온도는 몇 ℃ 정도로 하는 것이 좋은가?

① 200~300℃   ② 500~600℃
③ 800~900℃   ④ 1200~1300℃

103 산소절단의 원리를 설명한 것 중 옳은 것은?

① 산소절단은 산소와 철의 화학작용에 의한다.
② 산소절단시의 화학반응열은 예열에 이용된다.
③ 산소절단은 산소와 철의 화학반응열을 이용한다.
④ 철에 포함되는 많은 탄소는 절단을 방해한다.

104 아크 절단에 관한 설명 중 옳지 않은 것은?

① 아크열로 금속을 국부적으로 용해하여 절단한다.
② 절단면은 가스절단 면보다 깨끗하다.
③ 금속 아크에서는 피복봉을 사용하고 DCSP 또는 AC를 사용한다.
④ 주철 스테인리스강 등의 절단이 가능하다.

105 일반적으로 아크 절단에 사용되는 전원은?

① DCSP   ② AC
③ DCRP   ④ 상관없다.

106 토치의 팁 대신에 내경이 작은 강관을 사용하여 금속을 절단하는 방법은?

① 금속 아크   ② 산소창 절단
③ 분말 절단   ④ 탄소 아크 절단

해설

산소 호스에 연결된 밸브가 있는 강관으로 안지름 3.2~6mm, 길이 1.5~3m 정도의 강관을 틀어박은 산소창 절단을 말한다.

정답 099 ② 100 ④ 101 ③ 102 ③ 103 ③ 104 ② 105 ① 106 ②

107 절단작업에서 절단면 상부 가장자리가 녹아서 둥글게 되는 원인이 아닌 것은?

① 예열불꽃이 너무 세다.
② 절단 속도가 느리다.
③ 산소의 압력은 높고, 아세틸렌의 압력은 낮다.
④ 모재와 팁과의 거리가 너무 가깝다.

108 가스 절단과 같은 원리에서 표면에서 껍질을 벗기는 것과 같이 표면을 얇게, 넓게 가공하는 방법은?

① 스카럽
② 스카핑
③ 포로시티
④ 드랙

해설
스카핑 가공은 강괴, 강편, 슬래그. 기타 표면의 균열이나 주름, 주조 결함, 탈탄층 등의 표면 결함을 불꽃 가공에 의해서 제거하는 방법

109 프로판 가스 절단에서 프로판과 산소의 혼합 가스 비는?

① 프로판, 산소 1 : 1
② 프로판, 산소 2 : 1.5
③ 프로판, 산소 1 : 4.5
④ 프로판, 산소 2 : 1

해설
프로판 1대 산소 4.5가 들어간다. 아세틸렌 보다 산소 소비량이 많다.

110 자동 절단기는 주로 어느 곳에 사용하는가?

① 곧고 긴 절단선의 절단
② 형강의 절단
③ 특수 금속의 절단
④ 잉곳의 절단

해설
자동 절단기는 곧고 긴 직선 절단에 많이 이용되고 있으며 오늘날은 수치 제어를 통하여 복잡한 모양에 절단에 많이 사용되고 있다.

111 주철, 고 합금강, 비철 금속 등은 절단이 곤란하다 하지만 철분 또는 용제 분말을 자동적으로 또 연속적으로 절단 산소에 혼입하여 그 산화 열 또는 용제 작용을 이용한 절단 방법은?

① 산소창 절단
② 가스 가우징
③ 분말 절단
④ 스카핑

해설
철 분말 또는 용제 분말을 자동적으로, 또 연속적으로 절단용 산소에 혼입 공급하여 그 산화열 혹은 용제 작용을 이용한 절단 방법이다.

112 가스 가우징에 대한 설명 중 옳은 것은?

① 용접 홈을 가공하기 위한 작업 방법이다.
② 절단 작업의 한가지 방법이다.
③ 가스의 순도를 조절하는 방법의 일종이다.
④ 저압식 토오치의 압력 조절 방법의 일종이다.

해설
가스 불꽃과 산소로 용접 홈을 파내는 방법

정답 107 ① 108 ② 109 ③ 110 ① 111 ③ 112 ①

113 연강을 절단할 때 예열 온도는 몇 ℃ 정도로 하는 것이 좋은가?

① 200~300℃ ② 500~600℃
③ 800~900℃ ④ 1200~1300℃

해설
연강의 예열 온도는 800~900℃이다.

114 다음 중 경납과 연납의 한계 용융 온도에 가장 가까운 것은?

① 127℃ ② 227℃
③ 372℃ ④ 450℃

해설
온도 450℃를 기준으로 하여 그보다 낮으면 연납 높으면 경납이다.

115 구리계 경납 중 구리 47%, 아연 11%, 니켈 42%로서 강철, 황동, 동, 모넬 등에 사용하는 것은?

① 양은납 ② 은납
③ 인청동납 ④ 황동납

해설
구리 47%, 아연 11%, 니켈 42%로서 강철, 황동, 동, 모넬 등에 사용하는 것은 양은 납이다.

116 동판을 납땜할 때 용제는 무엇을 사용하는가?

① 염산 ② 올리브 기름
③ 황산 ④ 붕사 또는 인산

해설
동판은 경납용 용제를 사용하여야 되므로 붕사 또는 붕산 등을 사용하여야 한다.

117 다음 연납에 대한 설명 중 틀린 것은?

① 연납은 인장 강도 및 경도가 낮고 용융점이 낮으므로 납땜 작업이 쉽다.
② 연납의 흡착 작용은 주로 아연의 함량에 의존하며 아연 100%의 것이 유효하다.
③ 연납 땜의 용제로는 염화아연을 사용한다.
④ 페이스트라고 하는 것은 유지 염화 아연 및 분말 연납땜재 등을 혼합하여 풀 모양으로 한 것으로 표면에 발라서 쓴다.

해설
연납의 흡착 작용은 주석의 함량에 의존한다.

118 납땜에는 연납과 경납이 있다. 이때 이용되는 용제 들은 산화를 방지하며 땜납의 친화력을 도모한다. 연납에 이용되는 용제를 나열한 것 중 잘못된 것은 어느 것인가?

① 식염 ② 염화 아연
③ 염산 ④ 염화 암모늄

해설
식염, 붕사, 붕산, 빙정석, 산화제일동은 경납 용 용제이다.

119 가스 경납땜의 이용 불꽃의 종류는 어느 것인가?

① 산화성 불꽃
② 중성 불꽃
③ 환원성 불꽃
④ 관계없다.

해설
약간의 환원성 토치 불꽃을 이용하여 접합한다.

정답 113 ③ 114 ④ 115 ① 116 ④ 117 ② 118 ① 119 ③

120 가스절단시 안전사항으로 적당하지 않는 것은?

① 산소병은 60℃ 이하 온도에서 보관하고 직사광선을 피하여 보관한다.
② 호스는 길지 않게 하며 용접이 끝났을 때는 용기밸브를 잠근다.
③ 작업자 눈을 보호하기 위해 적당한 차광유리를 사용한다.
④ 호스 접속부는 호스밴드로 조이고 비눗물 등으로 누설 여부를 검사한다.

121 안전모의 내부 수직 거리로 가장 적당한 것은?

① 25mm 이상 50mm 미만일 것
② 15mm 이상 40mm 미만일 것
③ 10mm 미만일 것
④ 25mm 미만일 것

122 가스절단 작업시 유의할 사항으로 틀린 것은?

① 호스가 꼬여 있는지 확인한다.
② 가스절단에 알맞은 보호구를 착용한다.
③ 절단 진행 중에 시선은 절단면을 떠나도 된다.
④ 절단부가 예리하고 날카로우므로 상처를 입지 않도록 주의한다.

123 특수 절단 및 가스 가공 방법이 아닌 것은?

① 수중 절단   ② 스카핑
③ 가스 가우징 ④ 치핑

> 해설
> 치핑 : 정, 끌 등을 이용하여 공작물을 깎는 작업

124 가스절단에서 전후, 좌우 및 직선 절단을 자유롭게 할 수 있는 팁은?

① 이심형   ② 동심형
③ 곡선형   ④ 회전형

125 다음 중 고압가스 용기의 색상이 틀린 것은?

① 산소 – 청색   ② 수소 – 주황색
③ 아르곤 – 회색   ④ 아세틸렌 – 황색

126 가스절단 작업에서 보통작업을 할 때 압력 조정기의 산소압력은 몇 kgf/cm² 이하이어야 하는가?

① 6~7   ② 3~4
③ 1~2   ④ 0.1 ~ 0.3

> 해설
> 산소 압력은 3~4kg/cm² 이하, 아세틸렌 압력은 0.1 ~ 0.3kg/cm² 정도로 한다.

127 아크에어 가우징에 사용되는 압축공기에 대한 설명으로 틀린 것은?

① 압축공기의 분사는 6~7kgf/cm² 정도가 좋다.
② 압축공기 분사는 항상 봉의 바로 뒤에서 이루어져야 효과적이다.
③ 압축공기가 없을 경우 긴급시에는 용기에 압축된 질소나 아르곤 가스를 사용한다.
④ 약간의 압력 변동에도 작업에 영향을 미치므로 주의한다.

> 해설
> 압축 공기의 압력은 6~7kgf/cm² 정도가 좋으며, 압력이 다소 변동되어도 작업에 영향이 없다. 압축 공기가 없는 경우 대용으로 질소나 아르곤 가스를 사용할 수 있으나 비용이 문제가 된다.

정답 120 ① 121 ① 122 ③ 123 ④ 124 ② 125 ① 126 ② 127 ④

128 가스절단 속도와 절단산소의 순도에 관한 설명으로 옳은 것은?

① 산소 중에 불순물이 증가되면 절단속도가 빨라진다.
② 절단속도는 모재의 온도가 낮을수록 고속 절단이 가능하다.
③ 절단속도는 절단산소의 압력이 높고, 산소 소비량이 많을수록 정비례하여 증가한다.
④ 산소의 순도(99% 이상)가 높으면 절단 속도가 느리다.

해설
산소의 순도가 높을수록 절단속도가 빨라지고, 산소의 순도가 저하되면 산소의 소비량이 증가한다. 또한 모재 온도가 높을수록 고속 절단이 가능하다

129 다음 중 가스절단 장치의 구성이 아닌 것은?

① 절단토치와 팁
② 산소 및 연소가스용 호수
③ 압력조정기 및 가스병
④ 핸드 실드

130 산소와 아세틸렌 용기의 취급이 잘못된 것은?

① 아세틸렌 병은 세워서 사용하며 병에 충격을 주어서는 안된다.
② 산소병 운반 시는 충격을 주어서는 안 된다.
③ 산소병 내에 다른 가스를 혼합하면 안 되며 산소병은 직사광선을 피해야 한다.
④ 산소병의 밸브, 조정기, 도관 취부구는 반드시 기름이 묻은 천으로 깨끗이 닦아야 한다.

해설
기름이 묻은 천으로 닦을 경우 화재가 발생할 수 있다.

131 가스절단에서 드래그라인을 옳게 설명한 것은?

① 예열온도가 낮아서 나타나는 직선
② 절단토치가 이동한 경로
③ 절단면에 나타나는 일정한 간격의 곡선
④ 산소의 압력이 높아 나타나는 선

132 가스절단에서 절단 속도에 영향을 미치는 요소가 아닌 것은?

① 예열 불꽃의 세기
② 팁과 모재의 간격
③ 역화방지기의 설치 유무
④ 모재의 재질과 두께

133 판두께가 20mm인 스테인리스강을 220A 전류와 2.5kgf/cm²의 산소 압력으로 산소아크 절단하고자 할 때 다음 중 가장 알맞은 절단 속도는?

① 85mm/min
② 120mm/min
③ 150mm/min
④ 200mm/min

해설
금속의 산소 아크 절단 조건:스테인리스강 판두께 20mm 전류 220A, 산소 압력 2.5kgf/cm² 절단 속도 200mm/min

정답 128 ③ 129 ④ 130 ④ 131 ③ 132 ③ 133 ④

134 가스절단에서 사용되는 아세틸렌가스의 성질을 설명한 것 중 맞는 것은?

① 비중은 1.105이다.
② 15℃ 1kgf/cm² 의 아세틸렌 1리터의 무게는 1.176g이다.
③ 각종 액체에 잘 용해되며 물에는 6배 용해된다.
④ 순수한 아세틸렌가스는 악취가 난다.

해설
비중은 0.906이며 각종 액체에 잘 용해되며 물에는 1배, 석유는 2배, 벤젠 4배, 알콜에는 6배, 아세톤에는 25배가 용해되고, 아세틸렌이 악취가 나는 것은 불순물이 함유되어 있기 때문이다.

135 강재의 절단부분을 나타낸 그림이다. ㉮, ㉯, ㉰, ㉱의 명칭이 틀린 것은?

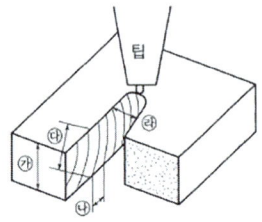

① ㉮ : 판 두께
② ㉯ : 드래그라인
③ ㉰ : 드래그
④ ㉱ : 피치

136 플라즈마 절단에 대한 설명으로 틀린 것은?

① 플라즈마는 고체, 액체, 기체 이외의 제4의 물리상태라고도 한다.
② 아크 플라즈마의 온도는 약 5000℃의 열원을 가진다.
③ 비이행형 아크 절단은 텅스텐 전극과 수냉 노즐과의 사이에서 아크 플라즈마를 발생시키는 것이다.
④ 이행형 아크 절단은 텅스텐 전극과 모재 사이에서 아크 플라즈마를 발생시키는 것이다.

해설
아크 플라즈마는 10,000~30,000℃의 높은 열에너지를 가지는 열원이다.

137 아세틸렌의 성질에 대한 설명으로 틀린 것은?

① 산소와 적당히 혼합하여 연소하면 고온을 얻는다.
② 공기보다 가볍다.
③ 아세톤에 25배 용해된다.
④ 탄화수소에서 가장 완전한 가스이다.

해설
아세틸렌은 불포화 탄화수소의 일종으로 불완전한 상태의 가스이다.

138 가스절단에 사용되는 연료가스의 일반적 성질 중 틀린 것은?

① 불꽃의 온도가 높아야 한다.
② 연소속도가 늦어야 한다.
③ 발열량이 커야 한다.
④ 용융금속과 화학반응을 일으키지 말아야 한다.

정답 134 ② 135 ④ 136 ② 137 ④ 138 ②

139 다음 중 가스절단 작업을 할 때 주의하여야 할 안전사항으로 틀린 것은?

① 산소 및 아세틸렌 병 등 빈병은 섞어서 보관한다.
② 작업자의 눈을 보호하기 위하여 차광 유리가 부착된 보안경을 착용한다.
③ 납이나 아연합금 또는 도금재료를 가스절단, 용접시 중독될 우려가 있으므로 주의하여야 한다.
④ 가스절단 작업은 가연성 물질이 없는 안전한 장소를 선택한다.

140 다음 중 가스절단 작업시 주의사항으로 틀린 것은?

① 가스절단에 알맞은 보호구를 착용한다.
② 절단 진행 중에 시선은 절단면을 떠나서는 안된다.
③ 호스는 흐트러지지 않도록 정해진 꼬임 상태로 작업한다.
④ 가스 호스가 용융금속이나 산화물의 비산으로 인해 손상되지 않도록 한다.

141 압축공기를 이용하여 가우징, 결함부위 제거, 절단 및 구멍 뚫기 등에 널리 사용되는 아크 절단 방법은?

① 탄소 아크 절단
② 금속 아크 절단
③ 산소 아크 절단
④ 아크 에어 가우징

해설
아크 에어 가우징은 용접 현장에서 결함부 제거, 용접 홈의 준비 및 가공 등 여러 가지 용도에 이용된다.

142 산소는 대기 중의 공기 속에 약 몇 % 함유되어 있는가?

① 21 %   ② 31 %
③ 41 %   ④ 11 %

143 아세틸렌은 액체에 잘 용해되며 석유에는 2배, 알콜에는 6배가 용해된다. 아세톤에는 몇 배가 용해되는가?

① 12   ② 20
③ 25   ④ 50

144 가스절단작업에서 양호한 절단부를 얻기 위해 갖추어야 할 조건으로 잘못된 것은?

① 기름, 녹 등을 절단 전에 제거하여 결함을 방지한다.
② 모재의 표면이 균일하면 과열의 흔적은 있어도 된다.
③ 절단면이 평활하고 균일해야 한다.
④ 절단부가 탈탄되지 않아야 한다.

145 산소용기 취급시 주의사항으로 틀린 것은?

① 저장소에는 화기를 가까이 하지 말고 통풍이 잘 되어야 한다.
② 저장 또는 사용 중에는 반드시 용기를 세워두어야 한다.
③ 가스 용기 사용시 가스가 잘 발생 되도록 직사광선을 받도록 한다.
④ 가스 용기는 뉘어두거나 굴리는 등 충격을 주지 말아야 한다.

정답 139 ① 140 ③ 141 ④ 142 ① 143 ③ 144 ② 145 ③

146 산소창 절단법으로 절단할 수 없는 것은?

① 알루미늄 판
② 암석의 청공
③ 두꺼운 강판의 절단
④ 강괴의 절단

147 다음 중 절단 작업과 관계가 가장 적은 것은?

① 산소창 절단
② 크레이터 절단
③ 아크 에어 가우징
④ 분말 절단

148 용접작업에서 안전에 대해 설명한 것 중 틀린 것은?

① 높은 곳에서 용접작업할 경우 추락, 낙하 등의 위험이 있으므로 항상 안전벨트와 안전모를 착용한다.
② 용접작업 중에 여러 가지 유해 가스가 발생하기 때문에 통풍 또는 환기 장치가 필요하다.
③ 가스절단은 강한 빛이 나오지 않기 때문에 보안경을 착용하지 않아도 된다.
④ 가연성의 분진 화약류 등 위험물이 있는 곳에서는 용접을 해서는 안된다.

149 가스절단 재해의 사례를 열거한 것 중 틀린 것은?

① 내부에 밀폐된 용기를 용접 또는 절단하거나 내부 공기의 팽창으로 인하여 폭발하였다.
② 역화 방지기를 부착하여 아세틸렌 용기가 폭발하였다.
③ 철판의 절단 작업 중 철판 밑에 불순물(황, 인 등)이 분출하여 화상을 입었다.
④ 가스절단 후 소화상태에서 토치의 아세틸렌과 산소 밸브를 잠그지 않아 인화되어 화재를 당했다.

> 해설
> 역화 방지기는 불꽃이나 가스가 용기 속으로 들어가는 것을 방지하는 기기이므로 용기의 폭발이 일어나지 않는다.

150 가스절단 토치의 취급상 주의사항으로 틀린 것은?

① 팁 및 토치를 작업장 바닥 등에 방치하지 않는다.
② 역화 방지기는 반드시 제거한 후 토치를 점화한다.
③ 팁을 바꿔 끼울 때는 반드시 양쪽 밸브를 모두 닫은 다음에 행한다.
④ 토치를 망치 등 다른 용도를 사용해서는 안된다.

151 아세틸렌(C_2H_2)의 성질로 틀린 것은?

① 매우 불안전한 기체이므로 공기 중에서 폭발위험성이 매우 크다.
② 비중이 1.906으로 공기보다 무겁다.
③ 순수한 것은 무색, 무취의 기체이다.
④ 구리, 은, 수은과 접촉하면 폭발성 화합물을 만든다.

정답 146 ① 147 ② 148 ③ 149 ② 150 ② 151 ②

152 아세틸렌가스의 자연발화온도는 몇 ℃ 정도인가?

① 250 ~ 300℃ ② 300 ~ 397℃
③ 406 ~ 408℃ ④ 700 ~ 705℃

해설
아세틸렌은 406~408℃가 되면 자연발화하고 505~515℃가 되면 폭발하며 산소가 없어도 780℃ 이상이 되면 자연 폭발한다.

153 수동 가스절단시 일반적으로 팁 끝과 강판 사이의 거리는 백심에서 몇 mm 정도 유지시키는가?

① 0.1 ~ 0.5 ② 1.5 ~ 2.0
③ 3.0 ~ 3.5 ④ 5.0 ~ 7.0

154 알루미늄 등의 경금속에 아르곤과 수소의 혼합가스를 사용하여 절단하는 방식인 것은?

① 분말절단
② 산소 아크 절단
③ 플라즈마 절단
④ 수중절단

해설
플라즈마 절단의 작동 가스는 알루미늄 등의 경금속에 아르곤과 수소의 혼합가스가 사용되며 스테인리스강에 대해서는 질소와 수소의 혼합가스가 일반적으로 사용되고 있다.

155 산소 용기의 윗부분에 각인되어 있지 않은 것은?

① 용기의 중량
② 최저 충전압력
③ 내압시험 압력
④ 충전가스의 내용적

해설
최저 충전 압력이 아니고 최고 충전압력임
□ : 용기제작사 명칭, O_2 : 산소 ₩ V : 내용적
W : 용기 중량 TP : 내압시험 압력
FP : 최고충전 압력

156 중공의 피복 용접봉과 모재 사이에 아크를 발생시키고 중심에서 산소를 분출시키면서 절단하는 방법은?

① 아크에어 가우징(arc air gouging)
② 금속 아크 절단(metal arc cutting)
③ 탄소 아크 절단(carbon arc cutting)
④ 산소 아크 절단(oxygen arc cutting)

157 그림과 같은 용접 도시 기호를 올바르게 설명한 것은?

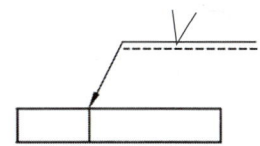

① 개선각이 급격한 V형 맞대기 용접이다.
② 평행(I형) 맞대기 용접이다.
③ U형 이음으로 맞대기 용접이다.
④ J형 이음으로 맞대기 용접이다.

158 탄소 아크 절단에 대한 설명한 것 중 틀린 것은?

① 전원은 주로 직류 역극성이 사용된다.
② 주철 및 고탄소강의 절단에서는 절단면은 가스절단면에 비하여 대단히 거칠다.
③ 중후판의 절단은 전자세로 작업한다.
④ 주철 및 고탄소강의 절단에서는 절단면에 약간의 탈탄이 생긴다.

정답 152 ③ 153 ② 154 ③ 155 ② 156 ④ 157 ① 158 ①

해설

탄소 아크 절단은 탄소 또는 흑연 전극봉과 금속 사이에서 아크를 일으켜 금속의 일부를 용융 제거 절단법으로 주로 직류 정극성이 사용된다.

159 용기에 충전된 아세틸렌 가스의 양을 측정하는 방법은?

① 기압에 의해 측정한다.
② 아세톤이 녹는 양에 의해서 측정한다.
③ 무게에 의하여 측정한다.
④ 사용시간에 의하여 측정한다.

해설

용기 내의 아세틸렌은 용해 아세틸렌이라 하여 아세톤에 용해되어 있는 용해 아세틸렌이므로 무게와 대기 중에 환산량으로 측정한다. 아세틸렌가스 양 = 905리터 (충전 후 무게 - 빈 용기 무게)로 계산한다.

160 가스 에너지 중 스스로 연소할 수 없으나 다른 가연성 물질을 연소시킬 수 있는 지연성 가스는?

① 수소   ② 프로판
③ 산소   ④ 메탄

161 가스 가우징에 대한 설명 중 옳은 것은?

① 용접부의 결함, 가접의 제거 등에 사용된다.
② 드릴작업의 일종이다.
③ 저압식 토치의 압력 조절방법의 일종이다.
④ 가스의 순도를 조절하기 위한 방법이다.

해설

가스 가우징은 토치를 사용하여 용접 부분의 뒷면을 따내든지, U형, H형의 용접 홈을 가공하기 위한 가공법이다.

162 다음 중 발화성 물질이 아닌 것은?

① 카바이드   ② 금속나트륨
③ 황린   ④ 질산에틸

해설

발화성 물질 : 소방법시행령 별표의 제2류, 제3류 위험물, 스스로 발화나 발화가 쉽거나 물과 접촉하여 발화하고 가연성 가스를 발생할 수 있는 물질
① 가연성 고체로서 카바이드, 황화린, 적린, 황, 철분, 금속분, 마그네슘, 인화성 고체 등
② 자연 발화성 물질에는 황린, 금속 나트륨, 칼륨, 알킬 알루미늄, 알킬리듐, 알칼리 금속, 유기금속 화합물, 금속의 수소화물, 금속의 인화합물, 칼슘 또는 알루미늄의 탄화물 등

163 가스절단 불꽃에서 아세틸렌 과잉 불꽃이라 하며 속불꽃과 겉불꽃 사이에 아세틸렌 페더가 있는 것은?

① 바깥불꽃   ② 중성불꽃
③ 산화불꽃   ④ 탄화불꽃

164 가스절단에서 압력조정기의 압력 전달 순서가 올바르게 된 것은?

① 부르동관 → 링크 → 섹터기어 → 피니언
② 부르동관 → 피니언 → 링크 → 섹터기어
③ 부르동관 → 링크 → 피니언 → 섹터기어
④ 부르동관 → 피니언 → 섹터기어 → 링크

165 산소 - 아세틸렌의 불꽃에서 속불꽃과 겉불꽃 사이에 백색의 제3의 불꽃 즉 아세틸렌 패더라고 하는 것은?

① 탄화 불꽃   ② 중성 불꽃
③ 산화 불꽃   ④ 백색 불꽃

정답 159 ③ 160 ③ 161 ① 162 ④ 163 ④ 164 ① 165 ①

해설

탄화 불꽃은 아세틸렌 밸브를 열고 점화한 후 산소 밸브를 조금 열게 되면 아세틸렌은 주황색을 띠면서 연소하고 다량의 검정 그을음을 배출시킨다.

166 산소 - 아세틸렌 가스를 이용하여 가스 절단할 때 사용하는 산소압력 조정기의 취급에 관한 설명 중 틀린 것은?

① 산소용기에 산소압력 조정기를 설치할 때 압력조정기 설치구에 있는 먼지를 털어내고 연결한다.
② 산소압력 조정기 설치구 나사부나 조정기의 각 부에 그리스를 발라 잘 조립되도록 한다.
③ 산소 압력 조정기를 견고하게 설치한 후 가스 누설 여부를 비눗물로 점검한다.
④ 산소압력 조정기의 압력 지시계가 잘 보이도록 설치하며 유리가 파손되지 않도록 주의한다.

167 가스 용접, 가스절단용 산소용기 취급상의 주의사항 중 틀린 것은?

① 용기 운반시 충격을 주어서는 안 된다.
② 통풍이 잘되고 직사광선이 잘 드는 곳에 보관한다.
③ 기름이 묻은 손이나 장갑을 끼고 취급하지 않는다.
④ 가연성 물질이 있는 곳에는 용기를 보관하지 말아야 한다.

168 아크 에어 가우징의 특징에 대한 설명 중 틀린 것은?

① 가스 가우징보다 작업의 능률이 높다.
② 모재에 미치는 영향이 별로 없다.
③ 비철금속의 절단도 가능하다.
④ 장비가 복잡하여 조작하기가 어렵다.

169 가스절단 작업 중 안전과 가장 거리가 먼 것은?

① 가스누출이 없는 토치나 호스를 사용한다.
② 가스 누설검사는 화기로 확인한다.
③ 용접작업은 가연성 물질이 없는 안전한 장소를 선택한다.
④ 좁은 장소에서 작업할 때 항상 환기에 신경쓴다.

170 가스절단 장치에 대한 설명으로 틀린 것은?

① 화기로부터 5m 이상 떨어진 곳에 설치한다.
② 전격방지기를 설치한다.
③ 아세틸렌 가스 집중장치 시설에는 소화기를 준비한다.
④ 작업 종료시 메인 밸브 및 콕 등을 완전히 잠근다.

171 가스절단에 의한 역화가 일어날 경우 대처방법으로 잘못된 것은?

① 아세틸렌을 차단한다.
② 산소밸브를 열어 산소량을 증가시킨다.
③ 팁을 물로 식힌다.
④ 토치의 기능을 점검한다.

정답 166 ② 167 ② 168 ④ 169 ② 170 ② 171 ②

172 텅스텐 아크 절단은 특수한 TIG 절단토치를 사용한 절단법이다. 주로 사용되는 작동 가스는?

① $Ar+C_2H_2$
② $Ar+H_2$
③ $Ar+O_2$
④ $Ar+CO_2$

173 산소 아크 절단을 올바르게 설명한 것은?

① 아크 플라즈마의 성질을 이용한 절단법
② 속이 빈 피복 용접봉과 모재 사이에 아크를 발생시켜 절단하는 방법
③ 강관을 사용하여 절단산소를 보내서 절단하는 방법
④ 금속 전극에 큰 전류를 흐르게 하여 절단하는 방법

해설

산소 아크 절단 : 중공의 피복봉을 사용하여 아크를 발생시키고 중심부에서 산소를 분출시켜 절단하는 방법, 전원으로는 직류 정극성이 사용되나, 교류도 사용 가능하다.

174 수동절단 작업 요령을 틀리게 설명한 것은?

① 토치가 과열되었을 때는 아세틸렌 밸브를 열고 물에 냉각시켜서 사용한다.
② 토치의 진행속도가 늦으면 절단면 윗 모서리가 녹아서 둥글게 되므로 적당한 속도로 진행한다.
③ 절단토치의 밸브를 자유롭게 열고 닫을 수 있도록 가볍게 쥔다.
④ 절단 시 필요한 경우 지그나 가이드를 이용하는 것이 좋다.

해설

수동 절단은 수동 가스절단을 말하며 장치가 과열되었을 때는 산소 밸브를 조금 열고 물에 냉각시켜서 사용한다.

175 산소 프로판 가스절단에서 프로판 가스 1에 대하여 얼마 비율의 산소를 필요로 하는가?

① 8
② 6
③ 4.5
④ 2.5

176 프로판 가스가 완전 연소하였을 때 설명으로 맞는 것은?

① 완전 연소하면 이산화탄소로 된다.
② 완전 연소하면 이산화탄소와 물이 된다.
③ 완전 연소하면 일산화탄소와 물이 된다.
④ 완전 연소하면 수소가 된다.

177 아세틸렌 가스가 산소와 반응하여 완전 연소할 때 생성되는 물질은?

① CO, H_2O
② CO_2, H_2O
③ CO, H_2
④ CO_2, H_2

해설

$C_2H_2 + 2.5O_2 = 2CO_2 + H_2O$

178 LPG 가스 취급시 화재사고를 예방하는 대책을 설명한 것 중 가장 거리가 먼 것은?

① 용기의 설치는 가급적 옥외에 설치한다.
② 용기는 직사일광의 차단이나 낙하물에 의한 손상을 방지하기 위하여 상부에 덮개를 한다.
③ 옥외의 용기로부터 옥내의 장소까지는 금속 고정 배관으로 하고, 고무호스의 사용 부분은 될 수 있는 대로 길게 한다.
④ 연소기구 주위의 가연물과 충분한 거리를 둔다.

정답 172 ② 173 ② 174 ① 175 ③ 176 ② 177 ② 178 ③

179 A는 병 전체 무게(빈병+아세틸렌가스)이고, B는 빈병의 무게이며, 또한 15℃ 1기압에서의 아세틸렌 가스 용적을 905리터라고 할 때, 용해 아세틸렌 가스의 양 C(리터)를 계산하는 식은?

① C=905(B-A) ② C=905+(B-A)
③ C=905(A-B) ④ C=905+(A-B)

180 내용적 40.7리터의 산소병에 150kgf/cm² 의 압력이 게이지에 표시되었다면 산소병에 들어있는 산소량은 몇 리터인가?

① 3400   ② 4055
③ 5055   ④ 6105

해설
40.7 × 150 = 6105

181 용접 보조기호 중 현장용접을 나타내는 기호는?

①   ②
③   ④

182 가스 중에서 최소의 밀도로 가장 가볍고 확산속도가 빠르며, 열전도가 가장 큰 가스는?

① 수소   ② 메탄
③ 프로판 ④ 부탄

해설
수소는 가장 가볍고 확산속도가 빠르다.

183 가스절단에 영향을 주는 요소가 아닌 것은?

① 호스의 굵기
② 팁의 크기와 모양
③ 절단재의 재질
④ 산소의 압력

184 수동 가스절단 작업 중 절단면의 윗 모서리가 녹아 둥글게 되는 현상이 생기는 원인과 거리가 먼 것은?

① 팁과 강판사이의 거리가 가까울 때
② 절단가스의 순도가 높을 때
③ 예열불꽃이 너무 강할 때
④ 절단속도가 너무 느릴 때

185 가연성 가스에 대한 설명 중 가장 옳은 것은?

① 가연성 가스는 CO_2와 혼합하면 더욱 잘 탄다.
② 가연성 가스는 혼합 공기가 적은 만큼 완전 연소한다.
③ 산소, 공기 등과 같이 스스로 연소하는 가스를 말한다.
④ 가연성 가스는 혼합한 공기와의 비율이 적절한 범위 안에서 잘 연소한다.

186 수중 절단 작업을 할 때에는 예열 가스의 양을 공기 중의 몇 배로 하는가?

① 0.5~1배   ② 1.5~2배
③ 4~8배   ④ 9~16배

정답 179 ③ 180 ④ 181 ① 182 ① 183 ① 184 ② 185 ④ 186 ③

187 가스 가공의 분류에 해당되지 않는 것은?

① 용제 절단
② 스카핑
③ 천공
④ 가스 가우징

해설

용제 절단은 가스 가공과 달리 용제를 고압 산소와 함께 분출하며 절단하는 가스 절단법이다.

188 아크 절단법의 종류가 아닌 것은?

① 플라즈마 제트 절단
② 탄소 아크 절단
③ 스카핑
④ 티그 절단

해설

스카핑은 가스 가공법의 일종이다.

189 부탄가스의 화학 기호로 맞는 것은?

① C_4H_{10} ② C_3H_8
③ C_5H_{12} ④ C_2H_6

해설

① 부탄 ② 프로판 ③ 펜탄 ④ 에탄

190 아크 에어 가우징에 가장 적합한 홀더 전원은?

① DCRP
② DCSP
③ DCRP, DCSP 모두 좋다.
④ 대전류의 DCSP가 가장 좋다.

191 가스절단에 대한 설명으로 옳지 않은 것은?

① 표준 드래그의 길이는 보통 판두께의 20% 정도이다.
② 하나의 드래그 라인의 시작점에서 끝점까지의 거리를 드래그 길이라 한다.
③ 주철은 포함된 흑연이 산화반응을 하므로 가스절단이 잘된다.
④ 절단 팁의 거리, 팁의 오염, 절단산소 구멍의 형상 등도 절단 결과에 영향을 끼친다.

192 아세틸렌(acetylene)이 연소하는 과정에 포함되지 않는 원소는?

① 산소(O) ② 수소(H)
③ 탄소(C) ④ 유황(S)

해설

아세틸렌 연소과정에서는 유황은 포함되지 않는다

193 용해 아세틸렌 가스는 몇 ℃, 몇 kgf/cm²로 충전하는 것이 가장 적합한가?

① 40℃, 160kgf/cm
② 35℃, 150kgf/cm
③ 20℃, 30kgf/cm
④ 15℃, 15kgf/cm

194 산소 아크 절단을 설명한 것 중 틀린 것은?

① 가스절단에 비해 절단면이 거칠다.
② 직류 정극성이나 교류를 사용한다.
③ 중실(속이 찬) 원형봉의 단면을 가진 강(steel)전극을 사용한다.
④ 절단 속도가 빨라 철강 구조물 해체, 수중해체 작업에 이용된다.

정답 187 ① 188 ③ 189 ① 190 ① 191 ③ 192 ④ 193 ② 194 ③

195 용접 작업과 관련한 화재예방 대책으로 가장 적합하지 않은 것은?

① 용접작업 중에는 반드시 소화기를 비치한다.
② 용접 작업은 가연성 물질이 있는 안전한 장소를 선택한다.
③ 인화성 액체가 들어 있는 용기나 탱크는 내부를 완전히 세척 후 통풍 구멍을 개방하고 작업한다.
④ 가스절단 장치는 화기로부터 5m 이상

> **해설**
> 떨어진 곳에 설치하여 작업한다. 절단작업은 가연성 물질이 없는 안전한 장소를 선택한다.

196 좁은 탱크 안에서 작업할 때 주의사항 중 옳지 않은 것은?

① 공기를 불어넣어 환기시킨다.
② 환기 및 배기 장치를 한다.
③ 가스 마스크를 착용한다.
④ 질소를 공급하여 환기시킨다.

197 가스 가우징용 토치의 본체는 프랑스식 토치와 비슷하나 팁은 비교적 저압으로 대용량의 산소를 방출할 수 있도록 설계되어 있는데 이는 어떤 설계 구조인가?

① 초코
② 인젝트
③ 오리피스
④ 슬로우 다이버전트

198 다음 중 일반적으로 가스 폭발을 방지하기 위한 예방 대책에 있어 가장 먼저 조치를 취하여야 할 사항은?

① 방화수 준비
② 착화의 원인 제거
③ 가스 누설의 방지
④ 배관의 강도 증가

199 다음 중 가스 불꽃의 온도가 가장 높은 것은?

① 산소 – 메탄 불꽃
② 산소 – 프로판 불꽃
③ 산소 – 수소불꽃
④ 산소 – 아세틸렌 불꽃

200 다음은 수중 절단(underwater cutting)에 관한 설명으로 틀린 것은?

① 일반적으로 수중 절단은 수심 45m 정도까지 작업이 가능하다.
② 수중 작업시 절단 산소의 압력은 공기 중에서의 1.5~2배로 한다.
③ 수중 작업시 예열 가스의 양은 공기 중에서의 4~8배 정도로 한다.
④ 연료가스로는 수소, 아세틸렌, 프로판, 벤젠 등이 사용되나 그 중 아세틸렌이 가장 많이 사용된다.

> **해설**
> 수소는 높은 수압에서 사용이 가능하고 수중 절단 중 기포발생이 적어 작업이 용이하여 가장 많이 사용된다.

정답 195 ② 196 ④ 197 ④ 198 ③ 199 ④ 200 ④

201 강재의 가스절단시 팁 끝과 연강판 사 이의 거리는 백심에서 1.5~2.0mm 정도 떨어지게 하며, 절단부를 예열하여 약 몇 ℃ 정도가 되었을 때 고압산소를 이용하여 절단을 시작하는 것이 좋은가?

① 300~450℃
② 500~600℃
③ 650~750℃
④ 800~900℃

202 내용적이 40L, 충전압력이 15.3MPa(150kgf/cm^2)인 산소용기의 압력이 5.1MPa(50kgf/cm^2)까지 내려갔다면 소비한 산소의 양은 몇 L인가?

① 2000L
② 3000L
③ 4000L
④ 5000L

해설

(15.3 MPa - 5.1MPa) × 9.8 × 40L = 3998.4
(150 kgf/cm^2 - 50 kgf/cm^2) × 40 = 4000

203 가스절단 작업시 주의사항으로 틀린 것은?

① 반드시 보호안경을 착용한다.
② 산소 호스와 아세틸렌 호스는 색깔 구분없이 사용한다.
③ 불필요한 긴 호스를 사용하지 말아야 한다.
④ 용기 가까운 곳에서는 인화물질의 사용을 금한다.

해설

가스는 종류에 따라 규정된 색채의 호스를 사용해야 한다.

204 절단용 산소 중에 불순물이 증가되면 나타나는 결과가 아닌 것은?

① 절단속도가 늦어진다.
② 산소의 소비량이 적어진다.
③ 절단 개시 시간이 길어진다.
④ 절단 홈의 폭이 넓어진다.

해설

불순물이 많아지면 산소 소비량이 많아진다.

205 가스절단에 영향을 미치는 인자가 아닌 것은?

① 후열 불꽃
② 예열 불꽃
③ 절단 속도
④ 절단 조건

해설

가스절단에 영향을 미치는 인자에는 절단조건, 절단용 산소의 순도와 압력, 예열 불꽃, 절단 속도, 절단팁, 드래그 등이 있다.

206 아세틸렌 가스의 성질에 대한 설명으로 틀린 것은?

① 산소와 적당히 혼합하여 연소시키면 3000 ~ 3500℃의 높은 열을 낸다.
② 15℃, 1kgf/cm^2에서의 아세틸렌의 1L의 무게는 1.176g으로 산소보다 무겁다.
③ 아세틸렌 가스는 산소와 혼합되면 폭발성이 증가된다.
④ 각종 액체에 잘 용해되며 아세톤에 25배가 용해된다.

정답 201 ④ 202 ③ 203 ② 204 ② 205 ① 206 ②

207 아세틸렌 가스의 성질에 대한 설명으로 옳은 것은?

① 수소와 산소가 화합된 매우 안정된 기체이다.
② 1리터의 무게는 1기압 15℃에서 117g이다.
③ 가스 용접, 절단용 가스이며, 카바이드로부터 제조된다.
④ 공기를 1로 했을 때의 비중은 1.91이다.

208 아크 에어 가우징법으로 절단을 할 때 사용되어지는 장치가 아닌 것은?

① 가우징 봉   ② 컴프레서
③ 가우징 토치 ④ 냉각(수냉)장치

209 가스절단에서 절단하고자 하는 판(연강판)의 두께가 25.4mm일 때, 표준 드래그의 길이는?

① 2.4mm   ② 5.2mm
③ 6.4mm   ④ 7.2mm

> **해설**
> 가스절단의 표준 드래그 길이는 판두께의 1/5(20%)이다.

210 산소 용기에 각인되어 있는 TP와 FP는 무엇을 의미하는가?

① TP: 내압시험 압력, FP : 최고충전 압력
② TP: 최고충전 압력, FP : 내압시험 압력
③ TP: 내용적(실측), FP : 용기중량
④ TP: 용기중량, FP : 내용적(실측)

> **해설**
> 산소용기의 TP : FP의 5/3, 250kgf/mm²
> FP : 150kgf/mm²

211 가스절단 작업시 주의 사항이 아닌 것은?

① 가스 누설의 점검은 수시로 해야 하며 간단히 라이터로 할 수 있다.
② 가스 호스가 꼬여 있거나 막혀 있는지를 확인한다.
③ 가스 호스가 용융 금속이나 산화물의 비산으로 인해 손상되지 않도록 한다.
④ 절단 진행 중에 시선은 절단면을 떠나서는 안 된다.

212 다음 중 플라즈마 제트 절단에 관한 설명으로 틀린 것은?

① 플라즈마 제트 절단은 플라즈마 제트 에너지를 이용한 절단법의 일종이다.
② 작동 가스로는 알루미늄 등의 경금속에 대해서는 아르곤과 수소의 혼합가스가 사용된다.
③ 절단 장치의 전원에는 직류가 사용되지만 아크전압이 높아지면 무부하 전압도 높은 것이 필요하다.
④ 절단하려는 재료에 전기적 접촉이 이루어지므로 비금속재료의 절단에는 적합하지 않다.

> **해설**
> 비이행형 플라즈마 아크절단은 절단하려는 재료에 전기적 접촉이 이루어지지 않으므로 비금속재료의 절단에도 사용할 수 있다.

213 가스절단시 팁 끝이 순간적으로 막혀 가스 분출이 나빠지고 혼합실까지 불꽃이 들어가는 현상을 무엇이라 하는가?

① 인화   ② 역류
③ 점화   ④ 역화

정답 207 ③ 208 ① 209 ② 210 ① 211 ① 212 ④ 213 ①

214 텅스텐 아크 절단시 아르곤 가스에 수소가스를 혼합시켜 사용하는 가장 큰 목적은?

① 열 입력을 증가시키기 위해
② 절단면을 아름답게 하기 위해
③ 고주파 발생을 용이하게 하기 위해
④ 아크 스타트를 용이하게 하기 위해

215 토치를 사용하여 용접부분의 뒷면을 따내거나 U형, H형으로 용접 홈을 가공하는 것으로 일명 가스 파내기라고 부르는 가공법은?

① 산소창 절단   ② 선삭
③ 가스 가우징   ④ 천공

216 다음 중 아세틸렌 가스의 관으로 사용할 경우 폭발성 화합물을 생성하게 되는 것은?

① 순구리관   ② 스테인리스강관
③ 알루미늄합금관   ④ 탄소강관

> **해설**
> 아세틸렌 가스가 흐르는 곳에 사용하면 안 되는 원소 : 구리(62% 이상 합금 포함), Ag, Hg 등과 접촉하면 폭발성 화합물을 생성하여 폭발 위험이 있다.

217 가스절단시 예열 불꽃이 약할 때 일어나는 현상으로 틀린 것은?

① 드래그가 증가한다.
② 절단면이 거칠어진다.
③ 역화를 일으키기 쉽다.
④ 절단속도가 느려지고, 절단이 중단되기 쉽다.

> **해설**
> 예열 불꽃이 강할 때는 절단면이 거칠어지고 슬래그 중 철 성분의 박리가 어려워지며 모서리가 용융되어 둥글게 된다.

218 가스 가우징이나 치핑에 비교한 아크 에어 가우징의 장점이 아닌 것은?

① 작업 능률이 2~3배 높다.
② 장비 조작이 용이하다.
③ 소음이 심하다.
④ 활용 범위가 넓다.

219 다음 중 수중 절단에 가장 적합한 가스로 짝지어진 것은?

① 산소 - 수소 가스
② 산소 - 이산화탄소 가스
③ 산소 - 암모니아 가스
④ 산소 - 헬륨 가스

220 가스절단에서 양호한 절단면을 얻기 위한 조건으로 틀린 것은?

① 드래그(drag)가 가능한 클 것
② 드래그(drag)의 홈이 낮고 노치가 없을 것
③ 슬래그 이탈이 양호할 것
④ 절단면 표면의 각이 예리할 것

221 플라즈마 아크 절단에서 알루미늄 등 경금속의 동작가스로 사용되는 혼합가스는?

① 헬륨과 수소
② 질소와 수소
③ 아르곤과 수소
④ 네온과 수소

정답 214 ① 215 ③ 216 ① 217 ② 218 ③ 219 ① 220 ① 221 ③

222 용해 아세틸렌 용기 취급시 주의사항으로 틀린 것은?

① 아세틸렌 충전구가 동결시는 50℃ 이상의 온수로 녹여야 한다.
② 저장 장소는 통풍이 잘 되어야 한다.
③ 용기는 반드시 캡을 씌워 보관한다.
④ 용기는 진동이나 충격을 가하지 말고 신중히 취급해야 한다.

해설

동결된 용해 아세틸렌 가스 용기는 35℃ 이하의 온수로 녹인다.

223 가스절단에서 절단속도에 대한 설명으로 틀린 것은?

① 절단속도는 절단산소의 압력이 낮고 산소 소비량이 적을수록 정비례하여 증가한다.
② 절단속도는 예열 정도에 따라 다르다.
③ 산소 절단할 때의 절단속도는 절단산소의 분출상태와 속도에 따라 좌우된다.
④ 산소의 순도(99% 이상)가 높으면 절단속도가 빠르다.

해설

절단속도를 높이기 위해서는 절단산소의 압력과 산소 소비량을 증가시킨다.

224 가스불꽃의 구성에서 높은 열(3200~3500℃)을 발생하는 부분으로 약간의 환원성을 띠게 되는 불꽃은?

① 겉불꽃
② 불꽃심(백심)
③ 속불꽃(내염)
④ 겉불꽃 주변

225 가스절단에서 충전 가스의 용기 도색으로 틀린 것은?

① 산소 - 녹색
② 탄산가스 - 백색
③ 프로판 - 회색
④ 아세틸렌 - 황색

226 가스절단 토치 취급상 주의 사항이 아닌 것은?

① 토치를 망치나 갈고리 대용으로 사용하여서는 안된다.
② 점화되어 있는 토치를 아무 곳에나 함부로 방치하지 않는다.
③ 팁 및 토치를 작업장 바닥이나 흙 속에 함부로 방치하지 않는다.
④ 작업 중 역류나 역화 발생시 산소의 압력을 높여서 예방한다.

227 가스절단에서 고속 분출을 얻는데 가장 적합한 다이버전드 노즐은 보통의 팁에 비하여 산소 소비량이 같을 때 절단 속도를 몇 % 정도 증가시킬 수 있는가?

① 5~10%
② 10~15%
③ 20~25%
④ 30~35%

228 프로판(C_3H_8)의 성질을 설명한 것으로 틀린 것은?

① 상온에서는 기체 상태이다.
② 쉽게 기화하며 발열량이 높다.
③ 액화하기 쉽고 용기에 넣어 수송이 편리하다.
④ 온도변화에 따른 팽창률이 작다.

정답 222 ① 223 ① 224 ③ 225 ② 226 ④ 227 ③ 228 ④

229 가스절단에서 프로판 가스의 성질 중 틀린 것은?

① 증발 잠열이 작고, 연소할 때 필요한 산소의 양은 1:1 정도이다.
② 폭발한계가 좁아 다른 가스에 비해 안전도가 높고 관리가 쉽다.
③ 액화가 용이하여 용기에 충전이 쉽고 수송이 편리하다.
④ 상온에서 기체 상태이고 무색, 투명하며 약간의 냄새가 난다.

해설
프로판 가스 : 증발 잠열이 크고 연소시 프로판 : 산소 =1:4.5 비율로 연소한다.

230 아세틸렌가스의 성질 중 15℃ 1기압에서의 아세틸렌 1리터의 무게는 약 몇 g인가?

① 0.151   ② 1.176
③ 3.143   ④ 5.117

해설
아세틸렌가스 15℃ 1기압에서의 1리터의 무게는 1.176g이다.

231 강재를 가스절단시 탄소 함유량이 몇 % 이상이 되면 절단면의 경화와 균열을 방지하기 위해 예열을 해야 한다. 몇 % 이상인가?

① 0.2%   ② 0.35%
③ 0.45% ④ 1.2%

해설
탄소강은 탄소량이 약 0.3% 이상이면 오스테나이트 조직(Ac3 변태점) 이상 가열 후 급랭하면 경화될 수 있는 강이므로 급열 급랭이 일어나지 않도록 예열 또는 후열이 필요하다.

232 가스용기를 취급할 때의 주의사항으로 틀린 것은?

① 가스용기의 이동시는 밸브를 잠근다.
② 가스용기에 진동이나 충격을 가하지 않는다.
③ 가스용기의 저장은 환기가 잘되는 장소에 한다.
④ 가연성 가스용기는 눕혀서 보관한다.

해설
가스 용기 취급시 주의사항
가연성 가스(아세틸렌 등)는 눕혀 사용하면 아세톤 등이 흘러나오므로 반드시 세워서 사용해야 된다.

233 산소-아세틸렌 불꽃의 종류가 아닌 것은?

① 중성 불꽃   ② 탄화 불꽃
③ 산화 불꽃   ④ 질화 불꽃

234 탄소 전극봉 대신 절단 전용의 특수 피복을 입힌 전극봉을 사용하여 절단하는 방법은?

① 금속아크 절단
② 탄소아크 절단
③ 아크에어 가우징
④ 플라즈마 제트 절단

235 다음 기체를 가벼운 것부터 무거운 것으로 된 것은?

① 수소 〉 아세틸렌 〉 공기 〉 산소
② 산소 〉 공기 〉 아세틸렌 〉 수소
③ 공기 〉 산소 〉 수소 〉 아세틸렌
④ 산소 〉 아세틸렌 〉 공기 〉 수소

정답 229 ① 230 ② 231 ② 232 ④ 233 ④ 234 ① 235 ①

236 가스절단에서 프로판 가스와 비교한 아세틸렌 가스의 장점에 해당되는 것은?

① 후판 절단의 경우 절단속도가 빠르다.
② 박판 절단의 경우 절단속도가 빠르다.
③ 중첩 절단을 할 때에는 절단속도가 빠르다.
④ 절단면이 거칠지 않다.

237 가스절단에 쓰이는 연료가스의 일반적 성질 중 틀린 것은?

① 연소속도가 늦어야 한다.
② 발열량이 커야 한다.
③ 불꽃의 온도가 높아야 한다.
④ 용융금속과 화학반응을 일으키지 말아야 한다.

238 가스절단시 안전조치로 적절하지 않은 것은?

① 가스의 누설검사는 필요할 때만 체크하고 점검은 수돗물로 한다.
② 가스절단 장치는 화기로부터 5m 이상 떨어진 곳에 설치해야 한다.
③ 작업 종료시 메인 밸브 및 콕 등을 완전히 잠가준다.
④ 인화성 액체 용기의 용접을 할 때는 증기 열탕물로 완전히 세척 후 통풍구멍을 개방하고 작업한다.

239 화재 및 소화기에 관한 내용으로 틀린 것은?

① A급 화재란 일반화재를 뜻한다.
② C급 화재란 유류화재를 뜻한다.
③ A급 화재에는 포말소화기가 적합하다.
④ C급 화재에는 CO_2 소화기가 적합하다.

> 해설
> C급 화재 : 전기 화재를 뜻하며, CO_2 소화기가 적당하다.

240 가스절단에서 예열불꽃의 역할에 대한 설명으로 틀린 것은?

① 절단산소 운동량 유지
② 절단산소 순도 저하 방지
③ 절단개시 발화점 온도 가열
④ 잘단재의 표면 스케일 등의 박리성 저하

241 아세틸렌 가스에 관한 설명으로 틀린 것은?

① 아세톤에 잘 용해된다.
② 보통 용접에 사용되는 아세틸렌 가스는 불쾌한 악취를 낸다.
③ 순수한 아세틸렌 가스는 무색, 무미이다.
④ 산소보다 무거우며 여러 가지 액체에 잘 용해된다.

242 가스절단에서 탄화불꽃에 대한 설명으로 가장 부적합한(관련이 가장 적은) 것은?

① 속불꽃과 겉불꽃 사이에 밝은 백색의 제3불꽃이 있다.
② 아세틸렌 과잉불꽃이다.
③ 표준불꽃이다.
④ 산화작용이 일어나지 않는다.

243 아크에어 가우징 작업시 압축공기의 압력(으로 적당한 것은)은 어느 정도가 좋은가?

① 3~4kgf/cm²　② 5~7kgf/cm²
③ 8~10kgf/cm²　④ 11~13kgf/cm²

정답　236 ②　237 ①　238 ①　239 ②　240 ④　241 ④　242 ③　243 ②

244 가스절단에 사용되는 가연성 가스의 폭발한계가 가장 큰 것은?

① 수소 ② 아세틸렌
③ 프로판 ④ 메탄

해설

가연성 가스의 폭발한계
수소 : 4~74, 메탄 : 5~15, 프로판 : 2.4~9.5, 아세틸렌 : 2.5~80으로 폭발한계가 가장 크다.

245 가스(산소) 절단시 예열불꽃이 너무 강한 경우 나타나는 현상으로 틀린 것은?

① 드래그가 증가한다.
② 슬래그 중의 철 성분의 박리가 어렵게 된다.
③ 절단면이 거칠게 된다.
④ 절단 모서리가 둥글게 된다.

246 내용적 40.7리터의 산소병에 120kgf/cm² 의 압력이 게이지에 표시되었다면 산소병에 들어있는 산소량은 몇 리터인가?

① 3400 ② 4884
③ 5055 ④ 6105

해설

압축가스 용기의 가스량 계산
산소의 양 = 내용적 × 기압 = 40.7 × 120 = 4884

247 프로판 가스용 절단 팁을 잘못 설명한 것은?

① 아세틸렌보다 연소속도가 느리므로 분출속도를 빨리해야 한다.
② 예열불꽃 구멍을 크게 하여 불꽃이 꺼지지 않도록 한다.
③ 혼합실도 크게 하고 팁에서도 혼합될 수 있도록 설계해야 한다.
④ 슬리브(Sleeve)를 1.5mm 정도 가공면보다 깊게 해야 한다.

248 청색의 겉불꽃에 둘러싸인 무광의 불꽃이므로 육안으로는 불꽃조절이 어렵고, 납땜이나 수중 절단의 예열불꽃으로 사용되는 것은?

① 산소-아세틸렌 불꽃
② 산소-수소 불꽃
③ 도시가스 불꽃
④ 천연가스 불꽃

249 가스절단에서 표준 드래그는 보통 판두께의 얼마 정도인가?

① 1/4 ② 1/5
③ 1/10 ④ 1/100

250 산소 - 아세틸렌의 불꽃에서 속불꽃과 겉불꽃 사이에 백색의 제3의 불꽃 즉 아세틸렌 깃(feather)이라고도 하는 것은?

① 탄화 불꽃 ② 백색 불꽃
③ 중성 불꽃 ④ 산화 불꽃

정답 244 ② 245 ① 246 ② 247 ① 248 ② 249 ② 250 ①

251 그림과 같은 용접 기호에서 "Z3"의 설명으로 옳은 것은?

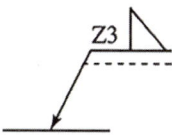

① 필릿용접부의 목두께가 3mm이다.
② 필릿용접부의 목길이가 3mm이다.
③ 용접을 3mm 간격으로 하라는 표시이다.
④ 용접을 위쪽으로 3군데 하라는 표시이다.

해설
필릿용접 기호 왼쪽에 a나 z와 숫자가 있는 경우 a3 는 목두께 3mm, z3은 목길이 mm를 의미한다.

252 아크 절단에 비해 산소 - 아세틸렌 가스절단의 단점이 아닌 것은?

① 열효율이 낮다.
② 폭발할 위험이 있다.
③ 가열시간이 오래 걸린다.
④ 가스불꽃의 조절이 어렵다.

253 금속아크 절단에 관한 설명으로 틀린 것은?

① 보통 피복봉을 사용한다.
② 피복제는 발열량이 많고 산화성이 풍부한 것이 좋다.
③ 전원은 직류 역극성이 적합하며 교류도 가능하다.
④ 심선 및 피복제의 용융물은 유동성이 좋아야 한다.

해설
1. 탄소아크절단 : 직류 정극성(DCSP)
2. 금속아크절단, 산소아크절단 :: 직류 정극성 또는 교류(AC)
3. TIG절단 : 직류 정극성
4. MIG 절단 : 직류 역극성(DCRP)
5. 아크에어가우징 : 직류 역극성이 많이 사용, 교류나 직류 정극성도 이용됨

254 그림과 같은 KS 용접기호의 설명으로 틀린 것은?

① z : 용접부 목길이
② n : 용접부의 개수
③ L : 용접부의 길이
④ e : 용입 바닥까지의 최소 거리

해설
Z : 용접 목두께, n : 용접 수, L : 용접 길이, e : 용접피치

255 15℃, 1kg/cm² 하에서 사용 전 용해아세틸렌 병의 무게가 50kgf이고, 사용 후 무게가 47kgf일 때 사용한 아세틸렌의 양은 몇 L인가?

① 2915   ② 2815
③ 3815   ④ 2715

해설
C = 905(50 - 47) = 2715

256 헬멧이나 핸드실드의 차광유리 앞에 보호유리를 끼우는 가장 적당한 이유는?

① 시력을 보호하기 위하여
② 가시광선을 차단하기 위하여
③ 적외선을 차단하기 위하여
④ 차광유리를 보호하기 위하여

정답 251 ② 252 ④ 253 ③ 254 ④ 255 ④ 256 ④

257 다음 중 수동 가스절단기에서 저압식 절단토치는 아세틸렌가스 압력이 보통 몇 kgf/cm² 이하에서 사용되는가?

① 0.07kgf/cm² ② 0.40kgf/cm²
③ 0.70kgf/cm² ④ 1.40kgf/cm²

해설
- 중압식 토치 : 0.07~1.3kgf/cm²
- 고압식 토치 : 1.3kgf/cm² 이상

258 가스절단에서 산소용 고무호스의 사용 색은?

① 노랑 ② 흑색
③ 흰색 ④ 적색

259 내용적 44.6L의 산소병에 120kgf/cm²의 압력이 게이지에 표시되었다면 산소병에 들어있는 산소량은 몇 L 인가?

① 3400 ② 5352
③ 5620 ④ 6824

260 다음 중 산소용기의 각인 사항에 포함되지 않는 것은?

① 내용적 ② 내압시험 압력
③ 가스충전 일시 ④ 용기의 번호

261 다음 중 산소 - 프로판가스절단에서 혼합비의 비율로 가장 적절한 것은? (단, 표시는 산소 : 프로판으로 나타낸다.)

① 2 : 1 ② 3 : 1
③ 4.5 : 1 ④ 9 : 1

262 다음 중 아세틸렌 가스와 접촉하여도 폭발성 화합물을 생성하지 않는 것은?

① Fe ② Hg
③ Ag ④ Cu

263 다음 중 분말절단을 나타낸 것은?

① 상온 절단
② 용제 절단
③ 수중 절단
④ 산소창 절단

264 다음 그림은 가스절단의 종류 중 어떤 작업을 하는 모양을 나타낸 것인가?

① 산소창 절단
② 포갬 절단
③ 가스 가우징
④ 분말 절단

265 다음 중 보안경을 필요로 하는 작업과 가장 거리가 먼 것은?

① 탁상 그라인더 작업
② 디스크 그라인더 작업
③ 수동가스절단 작업
④ 금긋기 작업

정답 257 ① 258 ② 259 ② 260 ③ 261 ③ 262 ① 263 ② 264 ③ 265 ④

266 다음 중 아세틸렌 가스의 성질에 대한 설명으로 틀린 것은?

① 비중은 0.906으로 공기보다 가볍다.
② 순수한 아세틸렌 가스는 무색, 무취의 기체이다.
③ 물에는 4배, 아세톤에는 6배가 용해된다.
④ 산소와 적당히 혼합하여 연소시키면 높은 열을 낸다.

267 다음 중 안전, 보건표지의 색채에 따른 용도에 있어 지시를 나타내는 색채로 옳은 것은?

① 빨간색   ② 녹색
③ 노란색   ④ 파란색

:해설:

안전표지와 색채 사용
① 황색(노란색) : 주의표시, 충돌, 통상적인 위험·경고 등
② 파란(청)색 : 특정행위의 지시 및 사실의 고지
③ 백색 : 통로, 정리정돈, 글씨 및 보조색
④ 검정(흑색) : 글씨(문자), 방향표시(화살표)

정답 266 ③ 267 ④

제4장 피복아크 용접장비

001 다음 중 용접 회로의 순서가 맞게 된 것은?

① 용접기 – 전극 케이블 – 용접봉 홀더 – 용접봉 – 아크 – 모재 – 접지 케이블
② 용접기 – 접지 케이블 – 용접봉 홀더 – 용접봉 – 아크 – 모재 – 전극 케이블
③ 용접기 – 용접봉 홀더 – 전극 케이블 – 용접봉 – 아크 – 모재 – 접지 케이블
④ 용접기 – 용접봉 홀더 – 용접봉 – 모재 – 아크 – 전극 케이블 – 접지 케이

002 150A의 용접전류, 30V의 전압일 때 전력은 몇 kW인가?

① 4.5kW ② 5kW
③ 15kW ④ 30kW

해설
전력(P)= V.I =30×150=4500W=4.5kW

003 저항 5Ω(옴)의 도체에 220V의 전원을 접속하면 몇 A의 전류가 흐르는가?

① 40A ② 44A
③ 48A ④ 52A

해설
옴의 법칙에 의해 전류는 전압에 비례하고 저항에 반비례하므로 전류=전압/저항=200/5=44A이다.

004 교류 아크용접기의 정격 2차 전류의 조정 범위는?

① 20~110% ② 50~150%
③ 70~180% ④ 100~250%

005 AW 200인 교류 아크용접기로 조정할 수 있는 정격 2차 전류 최대값은?

① 200A ② 220A
③ 240A ④ 260A

해설
교류 아크용접기의 정격 2차 전류 조정 범위는 20~110%이므로 40~220A가 된다.

006 교류 아크용접기의 1차 입력이 24KVA이고, 1차측 전원 전압이 200V일 때 퓨즈 용량으로 가장 적당한 것은?

① 48A ② 24A
③ 120A ④ 200A

해설
퓨즈 용량 A = 1차전원입력/1차측전원전압
24000/200 = 120

007 교류 아크용접기의 표시판에 AW 200이라고 표시되어 있을 때 200은 무엇을 나타내는가?

① 1차 전류값
② 2차 전류값
③ 정격 2차 전류값
④ 2차 최대 전류값

008 교류 아크가 직류 아크보다 불안정한 이유는 무엇인가?

① 전류값이 1사이클에 2번 0이 되므로
② 직류보다 교류가 전압이 낮기 때문에
③ 전류값이 교류가 낮기 때문에
④ 자기 쏠림 현상이 있기 때문에

정답 001 ① 002 ① 003 ② 004 ① 005 ② 006 ③ 007 ③ 008 ①

009 용접용 케이블의 길이는 어떤 것이 좋은가?

① 길어야 한다.
② 길이에 제한이 없다.
③ 가능한 한 짧아야 한다.
④ 보통 길이면 된다.

010 강중에 함유된 원소 중 용접성에 가장 나쁜 영향을 주는 것은?

① 규소
② 인
③ 황
④ 망간

011 용접봉을 선택할 때 고려하지 않아도 되는 것은?

① 모재의 재질
② 운봉법
③ 용접 자세
④ 사용 전원

012 가접에 대한 설명 중 옳은 것은?

① 본 용접이 아니므로 용접공의 기량은 별 문제가 안 된다.
② 본 용접보다 직경이 약간 작은 용접봉을 사용하는 것이 좋다.
③ 가급적 본 용접을 실시할 홈 안에 가접한다.
④ 짧게 용접하는 것이므로 결함 발생이 적다.

013 용접성에 영향을 주는 요소 중에서 가장 영향이 적은 것은?

① 탄소의 양
② 망간의 양
③ 산화막 유무
④ 재질의 경도

014 다음 사항 중 자동 아크 용접법의 특징이 아닌 것은?

① 불규칙한 용접선도 작업 능률이 높다.
② 용접 속도가 매 행정마다 일정하다.
③ 용접 변형을 최대로 줄일 수 있다.
④ 용접봉의 낭비가 적다.

015 용접 작업 방법에 꼭 필요한 내용은 다음 중 어느 것인가?

① 용접 전류
② 용접 결과
③ 용접사 양성
④ 용접 기능 측정

016 피복아크 용접에서 아크의 발생 및 그 준비 동작에 관한 설명으로 틀린 것은?

① 용접봉 끝으로 모재 위를 긁는 기분으로 운봉하여 아크를 발생시키는 방법이 긁는 법이다.
② 용접봉 끝으로 모재 위를 살짝 찍는 법은 초보자에게 가장 알맞는 방법이다.
③ 용접봉 끝을 모재면에서 10mm 정도 되게 가까이 대고 아크 발생 위치를 정한 다음 핸드 실드로 얼굴을 가린다.
④ 용접봉을 순간적으로 재빨리 모재 면에 접촉시켰다가 3~4mm 정도 떼면서 아크를 발생한다.

정답 009 ③ 010 ③ 011 ④ 012 ② 013 ③ 014 ① 015 ① 016 ②

017 수평 용접 자세 등에서 운봉 법이 나쁘면 비드 쪽에 용접 금속이 모재 위에 겹쳐서 덮이는 수가 있는데 이와 같은 용접 결함을 무엇이라 하는가?

① 언더컷
② 용입 불량
③ 오버랩
④ 크레이터

018 아크 용접에서 용입 부족의 원인이 아닌 것은?

① 루트 간격이 클 때
② 용접 전류가 낮을 때
③ 홈의 각도가 좁을 때
④ 운봉 속도가 너무 빠를 때

019 아크 용접에서 용입 불량을 일으키는 원인으로 가장 적합하지 않는 것은?

① 용접 속도의 과대
② 수소 가스의 과잉
③ 용접 전류의 과소
④ 용접봉 선택의 부적당

020 용접 이음 부에 기공이나 균열의 원인이 되는 스케일, 페인트 먼지 등을 제거하기 위해 사용하는 것으로 틀린 것은?

① 그리스
② 와이어 브러시
③ 그라인더
④ 쇼트 블라스트

021 아크 용접 중 언더컷이 현상이 일어나는 원인은?

① 용접전류가 낮을 때
② 용접부가 급랭할 때
③ 용입이 안될 때
④ 용접 속도가 빠를 때

022 용접에서 크레이터를 옳게 설명한 것은?

① 용입 불량의 원인이 된다.
② 파손이나 부식의 원인이 된다.
③ 절단 작업이 어렵다.
④ 양호한 비드를 얻기 위해 만든다.

023 다음 운봉 중 아래 보기 V형 용접 자세로만 되어 있는 것은?

① 직선, 원형, 부채꼴
② 직선, 타원형, 삼각형
③ 직선, 삼각형, 백스텝
④ 타원형, 부채꼴, 삼각형

024 피복아크 용접용 기구 및 부속 장치에 대한 설명 중 옳지 않은 것은?

① 용접봉 홀더는 가볍고 전기 절연이 잘 되며, 또 튼튼해야 한다.
② 전격 방지기는 작업 중 감전의 위험을 방지한다.
③ 원격 제어 장치는 용접기에서 멀리 떨어진 곳에서도 전류 조정을 가능하게 한다.
④ 전격 방지기는 용접기의 아크 전압을 낮게 한다.

정답 017 ③ 018 ① 019 ② 020 ① 021 ④ 022 ② 023 ① 024 ④

025 다음은 아크 용접용 2차 케이블에 대한 설명이다. 옳은 것은?

① 2차 케이블의 크기는 용접기의 용접 공작물과의 거리에 무관하게 항상 일정하다.
② 2차 케이블의 크기는 용접기 용량과는 관계없는 항상 일정하다.
③ 2차 케이블의 크기는 용접기의 용량이 크면 커야하고 거리가 멀어도 커야 한다.
④ 2차 케이블의 크기는 용접기의 용량에는 관계되나 용접기와 용접물과의 거리에는 무관하다.

026 전격 방지기는 무부하 전압을 얼마로 하는가?

① 75~90V   ② 60~75V
③ 30~40V   ④ 20~30V

027 용접기의 1차선에 비하여 2차선을 굵은 케이블로 사용하는 이유는?

① 전선의 유연성을 좋게 하기 위해서
② 2차 전류가 1차 전류보다 크기 때문에
③ 2차 전압이 1차 전압보다 높기 때문에
④ 2차선의 열전도를 보다 크게 하기 위하여

028 일반적으로 용접기의 구비 조건 중 옳지 못한 것은?

① 사용 할 수 있는 전류조정 폭이 넓어야 한다.
② 아크를 쉽게 발생시키고 발생한 아크를 어떠한 변동 조건에서도 그대로 유지시킬 만한 충분한 개로전압을 갖고 있어야 한다.
③ 아크의 변동 조건에 따라 전압과 전류가 신속히 함께 변하면서 뒷받침해 주어야 한다.
④ 용접 속도는 전류조정보다 아크 전압에 의해 조절되어야 한다.

029 아크 용접기에서 2차 무부하 전압을 일정하게 유지시켜 감전 사고를 방지하기 위하여 부착하는 것은?

① 2차권선 장치
② 자동 전격 방지 장치
③ 접지 케이블
④ 리미트 스위치

030 용접 전원에 대한 다음 설명 중 틀린 것은?

① 저 전압 대 전류를 얻기 위해 변압기의 1차측은 220V정도로 한다.
② 교류 용접에서는 2차측 무부하 전압이 20~50V정도로 되어있다.
③ 용접 전원은 직류와 교류가 있다.
④ 2차 무부하 전압은 대부분은 전선 전극 등의 저항과 리액턴스 중의 전압 강하에 의한다.

031 AW 200인 용접기의 2차측 케이블로 부적당한 것은?

① 30(mm²)   ② 38(mm²)
③ 50(mm²)   ④ 60(mm²)

032 AW 400인 용접기의 1차측 케이블로 적당한 것은?

① 5.5(mm)   ② 8(mm)
③ 10(mm)   ④ 14(mm)

정답 025 ③ 026 ④ 027 ② 028 ③ 029 ② 030 ② 031 ① 032 ④

033 피복아크 용접용 기구가 아닌 것은?

① 용접 홀더
② 토치 라이터
③ 케이블 커넥터
④ 접지 클램프

034 정격용접전류 400A의 용접기에 적합한 (감전의 위험이 없도록 절연된) 안전홀더 (holder)는?

① A형 400호
② A형 200호
③ B형 400호
④ B형 200호

035 300호 홀더의 정격 용접 전류는 몇 암페어(A)인가?

① 600A　　② 300A
③ 150A　　④ 100A

036 용접 작업시 아크 광선으로부터 눈이나 얼굴 등을 보호하기 위하여 사용하는 보호 장비는?

① 슬래그 망치　　② 용접 장갑
③ 앞치마　　　　④ 용접 헬멧

037 피복아크 용접시 필요 없는 공구는?

① 헬멧　　　② 앞치마
③ 전류계　　④ 토치램프

038 용접봉 홀더가 KS규격으로 200호일 때, 용접기의 정격전류로 맞는 것은?

① 100A　　② 200A
③ 400A　　④ 800A

039 용접봉 지름이 ϕ9mm 정도이고, 용접전류가 400A 이상인 탄소아크 용접에 적합한 차광유리의 규격번호는?

① 18　　② 14
③ 10　　④ 6

040 용접봉 지름 1.0~1.6mm, 용접 전류 30~45A의 아크 용접에 사용하는 차광 유리의 차광도 번호는?

① 7　　② 10
③ 12　④ 1

041 용접봉 지름 2.6~4.0mm, 용접 전류 100~200A의 아크 용접에 사용하는 차광유리의 차광도 번호는?

① 7　　② 9
③ 11　④ 14

042 용접기를 설치하고자 한다. 1차 입력이 10(KVA)이고 전원 전압이 200(V)이면 퓨즈의 전류값은 얼마인가?

① 50A　　② 100A
③ 200A　　④ 300A

해설
P(전력) = V(1차전압) × I(1차전류) 이면 I = P/A
10000/200 = 50A

정답　033 ②　034 ①　035 ②　036 ④　037 ④　038 ②　039 ②　040 ①　041 ③　042 ①

043 200[V]용 아크용접기의 1차 입력이 15[kVA] 일 때, 퓨즈의 용량은 얼마[A]가 적당한가?

① 65[A] ② 75[A]
③ 90[A] ④ 100[A]

044 1차 입력이 22(KVA), 전원 전압을 220(V)의 전기를 사용할 때 퓨즈 용량(A)은?

① 220A ② 150A
③ 100A ④ 90A

045 KS규격에 규정된 연강용 피복아크 용접봉 심선의 재질은?

① 킬드강
② 고탄소강
③ 주철
④ 저탄소 림드강

046 연강용 피복아크 용접봉 심선의 성분 중 고온 균열을 일으키는 성분은?

① 황 ② 인
③ 망간 ④ 규소

047 일반적으로 사용되는 피복아크 용접용 φ3.2의 심선의 길이는 얼마인가?

① 700mm ② 350mm
③ 900mm ④ 550mm

048 피복아크 용접봉에서 심선지름 8mm 이하를 사용할 경우 심선길이의 허용오차는 몇 mm로 유지해야 하는가?

① ±0.3 ② ±1
③ ±3 ④ ±5

049 피복아크 용접봉의 피복제가 연소한 후 생성된 물질이 용접부를 어떻게 보호 하느냐에 따라 세 가지로 분류한다. 적합하지 않은 것은?

① 가스 발생식
② 합금 첨가식
③ 슬래그 생성식
④ 반가스 발생식

050 피복아크 용접봉의 피복제가 연소한 후 생성된 물질이 용접부를 보호하는 방식에 따라 분류할 때 틀린 것은?

① 스패터 발생식
② 가스 발생식
③ 슬래그 생성식
④ 반가스 발생식

051 피복 용접봉의 내 균열성이 좋은 정도는?

① 피복제의 염기성이 높을수록 양호하다.
② 피복제의 산성이 높을수록 양호하다.
③ 피복제의 산성이 낮을수록 양호하다.
④ 피복제의 염기성이 낮을수록 양호하다.

정답 043 ② 044 ③ 045 ④ 046 ① 047 ② 048 ③ 049 ② 050 ① 051 ①

052 연강용 피복용접봉에서 피복제의 역할 중 틀린 것은?

① 아크를 안정하게 한다.
② 스패터링을 많게 한다.
③ 전기절연작용을 한다.
④ 용착금속의 탈산정련 작용을 한다.

053 피복아크 용접봉에서 피복제의 작용이 아닌 것은?

① 아크의 안정
② 합금 원소의 첨가
③ 잔류 응력의 제거
④ 아크의 분위를 중성이나 환원성 분위기로 만듦

054 용접에서 피복제의 역할이 아닌 것은?

① 용적(globule)을 미세화하고, 용착효율을 높인다.
② 용착금속의 응고와 냉각속도를 빠르게 한다.
③ 피복제는 전기 절연작용을 한다.
④ 용착 금속에 적당한 합금원소를 첨가한다.

055 교류 아크 용접기를 사용할 때, 피복 용접봉을 사용하는 이유로 가장 적합한 것은?

① 전력 소비량을 절약하기 위하여
② 용착 금속의 질을 양호하게 하기 위하여
③ 용접시간을 단축하기 위하여
④ 단락 전류를 갖게 하여 용접기의 수명을 길게 하기 위하여

056 용접봉의 기호 E4316에서 43과 16의 뜻을 각각 올바르게 설명한 것은?

① 용착금속의 최소 인장강도와 용접전류
② 용착금속의 최소 인장강도와 피복제계통
③ 사용 용접전류와 용착금속의 최소인장강도
④ 사용 용접봉의 최소 전류와 용착금속의 최소인장강도

057 연강용 피복아크 용접봉 E4327 중 "27"이 뜻하는 것은?

① 피복제의 계통
② 용접모재
③ 전 용착금속의 최소 인장강도
④ 전기용접봉의 뜻

058 연강을 아크 용접봉과 피복제 계통이 잘못 짝 지어진 것은?

① E4316-저수소계
② E4311-고셀룰로스계
③ E4327-철분저수소계
④ E4303-라임티타니아계

059 연강용 피복금속 아크용접봉의 계통을 각각 설명한 것 중 잘못된 것은?

① E4316 : 저수소계
② E4301 : 일미나이트계
③ E4327 : 철분산화철계
④ E4313 : 철분산화티탄계

060 피복아크 용접봉의 기호 중 고산화 티탄계를 표시한 것은?

① E4301 ② E4303
③ E4311 ④ E4313

061 연강 피복아크 용접봉인 E4316의 계열은 어느 계열인가?

① 저수소계 ② 고산화티탄계
③ 철분저수소계 ④ 일미나이트계

062 고장력강용 피복아크 용접봉에서 철분 저수소계 피복제 계통은 다음 중 어느 것인가?

① 5826 ② 5316
③ 5003 ④ 5001

063 비드 표면이 곱고 슬래그의 박리성이 좋아 접촉용접을 할 수 있으며 아래 보기 및 수평 필릿 용접에 많이 사용되는 용접봉은?

① 저수소계
② 일미나이트계
③ 철분산화철계
④ 라임 티타니아계

064 연강용 피복아크 용접봉 중 일미나이트계(E4301) 용접봉은 일미나이트 성분을 몇 % 이상 함유하고 있는가?

① 10 ② 30
③ 15 ④ 20

065 산화티탄(TiO_2) 약 30% 이상과 석회석($CaCO_3$)이 주성분이고, 고산화티탄계의 새로운 형태로써 피복이 비교적 두꺼우며 전자세에 용접이 우수한 용접봉은?

① 라임티타니아계 ② 일미나이트계
③ 고셀룰로스계 ④ 저수소계

066 피복제 중 가스 발생제로 셀룰로오스를 20~30% 정도 포함한 용접봉으로 용입은 깊으나 스패터가 많고 표면이 거친 용접봉의 종류는?

① E4311 ② E4316
③ E4324 ④ E4340

067 피복아크 용접봉의 특징 중 틀린 것은?

① E4311 : 가스실드식 용접봉으로 박판 용접에 사용된다.
② E4301 : 용접성이 우수하여 일반 구조물의 중요강도 부재 용접에 사용된다.
③ E4313 : 용입이 깊어서 고장력강 및 중량물용접에 사용된다.
④ E4316 : 연성과 인성이 좋아서 고압용기, 후판 중구조물 용접에 사용된다.

068 피복제 중에 TiO_2을 포함하고, 박판용접으로 주로 사용되며, 아크가 안정되고 스패터도 적으며 슬래그의 박리성이 대단히 좋으며 작업성이 좋아, 전자세 용접에 많이 이용되는 피복아크용접봉은?

① E4301 ② E4311
③ E4316 ④ E4313

정답 060 ④ 061 ① 062 ① 063 ③ 064 ② 065 ① 066 ① 067 ③ 068 ④

069 연강용 피복금속 아크 용접봉에서 피복제 중에 산화티탄을 약 35% 정도 포함한 용접봉으로 일반 경구조물 용접에 많이 사용되는 것은 무엇인가?

① 저수소계
② 일미나이트계
③ 고산화티탄계
④ 고셀룰로스계

070 용입이 비교적 얕아서 박판의 용접에 적당하며 기계적 성질이 다른 용접봉에 비하여 약하고 용접 중에 고온 균열을 일으키기 쉬운 결점이 있으며, TiO_2를 포함하는 용접봉의 계통은?

① 고산화티탄계
② 저수소계
③ 일미나이트계
④ 고셀룰로스계

071 연강용 피복금속 아크용접봉에서 충격시험이 가장 양호한 것은?

① E4303   ② E4311
③ E4327   ④ E4316

072 수소함유량이 타 용접봉에 비해서 1/10 정도 현저하게 적고 특히 균열의 감수성이나 탄소, 황의 함유량이 많은 강의 용접에 사용되는 용접봉은?

① E4301   ② E4313
③ E4316   ④ E4324

073 저수소계 피복 용접봉(E 4316)의 피복제의 주성분은 다음 중 어느 것인가?

① 석회석($CaCo_3$)
② 산화티탄(TiO_2)
③ 일미나이트($TiO_2 \cdot FeO$)
④ 망간철(Fe-Mn)

074 용접봉의 습기제거를 위해 온도 300~350℃의 건조로에서 1~2시간 건조시켜 사용해야 하는 용접봉은?

① E4301   ② E4311
③ E4316   ④ E4327

075 저수소계 용접봉은 사용하기 전 몇 ℃에서 건조시켜 사용해야 하는가?

① 50℃~100℃
② 150℃~200℃
③ 300℃~350℃
④ 400℃~450℃

076 저수소계 용접봉의 특징이 아닌 것은?

① 용착금속 중의 수소량이 다른 용접봉에 비해서 현저하게 적다.
② 용착금속의 취성이 있으며 화학적 성질도 좋다.
③ 균열에 대한 감수성이 특히 좋아서 두꺼운 판 용접에 사용된다.
④ 고탄소강 및 황의 함유량이 많은 쾌삭강 등의 용접에 사용되고 있다.

정답 069 ③ 070 ① 071 ④ 072 ③ 073 ① 074 ③ 075 ③ 076 ④

077 균열에 대한 감수성이 특히 좋아서 두꺼운 판 구조물의 첫층 용접 혹은 구속도가 큰 구조물, 고장력강 및 탄소나 황의 함유량이 많은 강의 용접시 사용되는 용접봉은?

① 일미나이트계
② 저수소계
③ 라임 티타니아계
④ 고산화티탄계

078 용착금속은 인성이 좋고 기계적 성질이 우수하며 피복제 중 석회석 등의 염기성 탄산염을 주성분으로 하고 여기에 형석(CaF_2), 페로실리콘 등을 배합한 용접봉은?

① E4301(일미나이트계)
② E4311(고셀룰로스계)
③ E4313(고산화티탄계)
④ E4316(저수소계)

079 아크 용접작업에 대한 설명 중 옳은 것은?

① 아크 빛은 용접 재해 요소가 되지 않는다.
② 교류 용접기를 사용할 때에는 필히 비피복 용접봉을 사용한다.
③ 가죽 장갑은 감전의 위험이 크므로 면장갑을 착용한다.
④ 아크가 발생 도중에는 용접 전류를 조정하지 않는다.

080 피복아크 용접에서 그림과 같은 방법으로 아크를 발생시키는 것은?

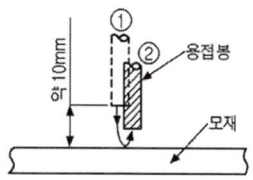

① 긁는법
② 찍는법
③ 접선법
④ 원주법

081 용접 자세를 나타내는 기호가 틀리게 짝지어진 것은?

① 위보기자세 : O
② 수직자세 : V
③ 아래보기자세 : U
④ 수평자세 : H

082 피복아크 용접에서 상진법으로 수직 용접할 때 비교적 많이 적용되는 운봉법이 아닌 것은?

① 직선
② 삼각형
③ 8자형
④ 백스텝

083 용접부의 결함은 치수상 결함, 구조상 결함, 성질상 결함으로 구분된다. 구조상 결함들로만 구성된 것은?

① 기공, 변형, 치수불량
② 기공, 용입불량, 용접균열
③ 언더컷, 연성부족, 표면결함
④ 표면결함, 내식성 불량, 융합불량

정답 077 ② 078 ④ 079 ④ 080 ② 081 ③ 082 ③ 083 ③

084 용접결함의 종류 중 구조상의 결함에 속하지 않는 것은?

① 변형
② 용합불량
③ 슬래그 섞임
④ 기공

085 용접결함을 구조상결함과 치수상 결함으로 분류할 때 치수상의 결함은?

① 용접균열
② 슬래그 섞임
③ 형상불량
④ 표면결함

086 용접 후 팽창과 수축에 의한 변형은 어떤 결함에 속하는가?

① 치수상의 결함
② 구조상의 결함
③ 성질상의 결함
④ 팽창상의 결함

087 다음 용접 결함의 분류에서 치수상 결함에 속하는 것은?

① 용입불량
② 변형
③ 슬래그섞임
④ 언더컷

088 용접결함 중에서 구조상 결함에 해당되지 않는 것은?

① 용접균열
② 용합불량
③ 표면결함
④ 가로수축

089 용접결함과 그 원인을 조사한 것 중 틀린 것은?

① 오버랩-운봉법 불량
② 기공-용접봉의 습기
③ 슬래그섞임-용접이음 설계의 부적당
④ 선상조직-홈각도의 과대

090 용접결함과 그 원인을 조합한 것이다. 틀린 것은?

① 변형-홈 각도 과대
② 기공-강재에 부착되어 있는 기름
③ 용입부족-전류과대
④ 슬래그 섞임-전층의 슬래그 제거 불완전

091 아크 길이가 길 때, 발생하는 현상이 아닌 것은?

① 스패터의 발생이 많다.
② 용착금속의 재질이 불량해진다.
③ 오버랩이 생긴다.
④ 비드의 외관이 불량해진다.

092 용접 전류가 적고, 용접봉의 선택 불량, 용접봉의 유지각도가 불량할 때에 발생하는 용접결함은 무엇인가?

① 용입 불량
② 언더컷
③ 오버랩
④ 선상조직

정답 084 ① 085 ③ 086 ① 087 ② 088 ④ 089 ④ 090 ③ 091 ③ 092 ①

093 언더컷의 방지 대책으로 옳은 것은?

① 루트 간격을 크게 한다.
② 용접속도를 빠르게 한다.
③ 짧은 아크길이를 유지한다.
④ 높은 전류를 사용한다.

094 피복아크 용접에서 과대전류, 용접봉 운봉각도의 부적합, 용접속도가 부적당할 때, 아크 길이가 길 때 일어나며, 모재와 비드 경계부분에 페인 홈으로 나타나는 표면결함은?

① 스패터
② 언더 컷
③ 슬래그 섞임
④ 오버 랩

095 고전류, 고속도일 때 생기는 용접결함은?

① 언더 컷(undercut)
② 피시 아이(fish eye)
③ 피트(pit)
④ 설퍼 균열

096 피복아크용접봉의 피복제에 습기가 있을 때 용접을 하면 가장 많이 발생하는 결함은?

① 기공이 생긴다.
② 크레이터가 생긴다.
③ 언더컷 현상이 생긴다.
④ 오버랩 현상이 생긴다.

097 피복제에 습기가 있는 용접봉으로 용접하였을 때 직접적으로 나타나는 현상이 아닌 것은?

① 용접부에 기포가 생기기 쉽다.
② 용접부에 균열이 생기기 쉽다.
③ 용락이 생기기 쉽다.
④ 용접부에 피트가 생기기 쉽다.

098 습기가 있는 용접봉을 사용하면 다음과 같은 단점이 있다. 여기에 해당되지 않는 것은?

① 피복제가 벗겨지기 쉽고 아크가 불안정하다.
② 용착금속의 기계적 성질이 불량해진다.
③ 용접기를 손상시킨다.
④ 블로홀(blow hole)이 생긴다.

099 아크 용접부에 기공이 발생하는 원인과 가장 관련이 없는 항은?

① 이음 설계의 결함이 있을 때
② 용착부가 급냉 될 때
③ 용접봉에 습기가 많을 때
④ 아크 길이, 전류 값 등이 부적당할 때

100 용접부의 내부 결함으로서 슬래그 섞임을 방지하는 것은?

① 제1층을 지름이 큰 봉으로서 용접한다.
② 운봉속도를 빠르게 한다.
③ 용접전류를 적게 한다.
④ 운봉속도를 느리게 한다.

정답 093 ② 094 ② 095 ① 096 ① 097 ③ 098 ③ 099 ④ 100 ②

101 기공 또는 용융금속이 튀는 현상이 생겨 용접한 부분의 바깥 면에 나타나는 작고 오목한 구멍을 무엇이라고 하는가?

① 플래시(flash)
② 피닝(peening)
③ 플럭스(flux)
④ 피트(pit)

102 용접결함에서 피트(pit)가 발생하는 원인이 아닌 것은?

① 모재 가운데 탄소, 망간 등의 합금원소가 많을 때
② 습기가 많거나 기름, 녹, 페인트가 묻었을 때
③ 모재를 예열하고 용접하였을 때
④ 모재 가운데 황 함유량이 많을 때

103 스패터(spatter)의 과다 발생 원인이 아닌 것은?

① 전류의 과대
② 아크의 길이 과대
③ 용접봉의 흡습
④ 전류의 과소

104 다음은 용접 결함 중 스패터가 발생하는 원인이다. 잘못된 것은?

① 전류기 너무 높을 때
② 건조되지 않은 용접봉을 사용했을 때
③ 아크 길이가 너무 길 때
④ 아크 블로 홀이 너무 작을 때

105 홈각도가 좁거나, 속도가 빠를 때, 용접 전류가 낮을 때 생기기 쉬운 용접 결함은?

① 오버랩　　② 언더 컷
③ 용입 불량　④ 비드균열

106 용접전류가 적정전류보다 적을 때 발생되기 쉬운 용접 결함은?

① 용입 불량
② 언더 컷
③ 피트
④ 비드균

107 용접기의 1차선에 대하여 2차선에 굵은 도선을 사용하는 이유는?

① 1차선과 2차선에 흐르는 전류 및 전압 차를 만들기 위하여
② 2차선의 전압이 낮고 전류가 많이 흐르기 때문에
③ 2차선에 전류가 적게 흐르기 때문에
④ 1차선에 전압이 낮고 2차선에 전류가 적게 흐르기 때문에

108 용접전류는 대체로 용접봉 단면적 $1mm^2$에 대하여 몇 A 정도의 전류 밀도를 택해야 되는가?

① 5~8A
② 10~11A
③ 15~17A
④ 20~23A

정답　101 ④　102 ③　103 ④　104 ④　105 ③　106 ①　107 ②　108 ②

109 두께 3.2mm인 연강판을 지름 2.6mm의 피복아크용접봉으로 용접하려고 할 때 가장 적당한 용접 전류값은?

① 100~120A ② 80~100A
③ 50~70A   ④ 30~40A

해설

계산에 의한 전류 : 단면적 × 10~11A

110 아크쏠림(arc blow)에 관한 다음 사항 중 틀린 것은?

① 용접전류에 의한 아크 주위에 발생하는 자장이 용접봉에 대하여 비대칭일 때 일어나는 현상이다.
② 자기 불림이라고도 하며, 아크 전류에 의한 자장에 원인이 있다.
③ 교류 아크용접에서 발생하는 현상으로 짧은 용접선으로 작은 물건을 용접할 때 나타난다.
④ 아크쏠림 현상은 직류 아크용접에서 일어난다.

111 다음은 아크쏠림(arc blow)의 방지 대책이다. 틀린 것은?

① 교류 용접을 하지 말고 직류 용접을 사용할 것
② 접지점(earth)을 용접부에서 될 수 있는 대로 멀리 할 것
③ 짧은 아크길이를 쓸 것 피복제가 모재에 접촉할 정도로 접근시켜 봉 끝을 아크 불로와 반대쪽으로 기울일 것
④ 짧은 아크로 용착할 것

112 용접봉을 용접 방향에 대하여 옆으로 이리 저리 움직이며 용접하는 방법은?

① 위빙
② 직선 비드 배치
③ 위핑법
④ 전진법

113 다음 중 자기 불림의 현상이 가장 강하게 일어나는 용접기는 어느 것인가?

① 정류기형
② 탭 전환형
③ 가동 코일형
④ 가포화 리액터형

114 아래보기 V형 맞대기 용접에서 잘 사용하지 않는 운봉법은?

① 직선법   ② 백 스탭법
③ 부채꼴 모양 ④ 원형법

해설

백스텝운봉법은 수직 상진법에 적합하다.

115 아크용접 작업을 할 때 빛을 가리는 이유는?

① 빛이 너무 강하기 때문에
② 빛이 너무 밝기 때문에
③ 빛 속에 강한 자외선과 적외선이 눈의 각막을 상하게 하기 때문에
④ 빛이 자주 깜박거리기 때문에

정답 109 ③ 110 ③ 111 ① 112 ① 113 ① 114 ④ 115 ③

116 다음은 피복아크용접시 용접봉 각도에 대한 사항이다. 틀린 것은?

① 용접봉 각도란 용접봉이 모재와 이루는 각도를 말한다.
② 용접봉 각도는 진행각과 작업각으로 나눈다.
③ 진행각은 용접봉과 이음 방향에 나란하게 세워진 수직 평면과의 각도다.
④ 용접봉 각도에 따라 용접 품질이 좌우될 수 있다.

: 해설 :
진행각은 용접봉과 용접선이 이루는 각도로서 용접봉과 수직선 사이의 각도로 표시한다.

117 피복아크용접시 적당한 아크길이는 얼마인가?

① 1mm   ② 3mm
③ 5mm   ④ 7mm

118 용접봉의 용융 속도는 무엇에 따라 결정되는가?

① 아크 전류 × 용접봉쪽 전압 강하
② 무부하 전압 × 아크전압
③ 아크 전류 × 무부하 전압
④ 아크 전류 × 아크전압

: 해설 :
용접봉의 용융 속도는 단위 시간당 소비되는 용접봉의 길이 또는 무게로 나타낸다

119 용접봉 위빙시 위빙 폭은 용접봉 심선의 몇 배가 좋은가?

① 0.5~1배   ② 2~3배
③ 4~5배   ④ 6~7배

120 용접 판이 두꺼울 경우 다층 용접을 해야 한다. 다층 비드의 두께는 약 몇 mm 이하로 유지하는 것이 아래 층의 용융 작용으로 풀림 효과는 물론 피닝(peening) 효과를 얻을 수 있는가?

① 3mm   ② 5mm
③ 6mm   ④ 7mm

121 용접 작업에 있어서 작업성을 좋게 하기 위한 다음 사항 중 틀린 것은?

① 아크의 안정 및 집중이 좋을 것
② 아크가 일정하게 발생될 수 있을 것
③ 슬래그의 용융 온도가 높을 것
④ 슬래그는 가볍고 유동성이 양호할 것

122 피복아크용접에서 일반적인 아크 속도는?

① 8~30cm/min
② 30~60cm/min
③ 60~90cm/min
④ 90~100cm/min

123 피복아크용접의 수평 필릿 자세 용접에서 모재의 어느 부분에 언더컷이 많이 생기는가?

① 비드 아래쪽 토우 부분
② 비드 위쪽의 토우 부분
③ 비드 양쪽
④ 모재의 위쪽

정답 116 ③ 117 ② 118 ① 119 ② 120 ① 121 ③ 122 ① 123 ②

124 홀더 및 어스선의 접속이 불량할 때 생기는 현상이다. 틀린 것은?

① 전력의 손상이 많아진다.
② 아크가 불안정하게 된다.
③ 용접전류가 세게 된다.
④ 전격을 일으키기 쉽다.

해설
케이블 접속이 불량하면 아크가 일어나지 않거나 불안정하며, 접촉 저항이 심해서 전력 손실과 저항열에 의한 단자 등의 소손, 감전(전격)의 위험이 있다.

125 피복아크용접시 균열이 발생하는 원인이 아닌 것은?

① 이음의 강성이 큰 경우
② 모재에 탄소, 망간 등 합금원소가 많을 때
③ 과대 전류, 과대 속도일 때
④ 모재에 유황이 적을 때

126 용접 기호의 일반 사항으로 틀린 것은?

① 용접 이음부는 일반적으로 제도 규격에 근거하여 나타낸다.
② 이음부에 대하여 규격에 있는 기호 표시법을 채용하고 있다.
③ 기호 표시법은 기본 기호, 보조 기호, 치수 표시, 보조 지시 사항으로 구성하고 있다.
④ 기본 기호와 보조 기호는 반드시 조합하여 표시해야 된다.

127 다음 그림은 용접이음을 나타낸 것이다. 모서리 이음에 속하는 것은?

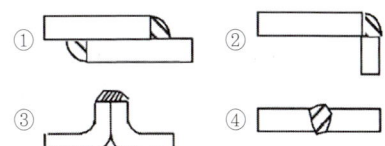

128 맞대기 용접 홈의 기호 중 연결이 틀린 것은?

① ∥ : I(평)형
② V : V형
③ H : H형
④ X : X형

해설
H형 홈의 기호는  와 같이 표시한다.

129 용접 기호 중 아래 기호는 무엇을 뜻하는가?

```
┌─┐
│M│
└ ┘
```

① 영구적인 덮게 판을 사용
② 제거 가능한 덮개 판 사용
③ 영구적인 엔드탭 사용
④ 제거 가능한 엔드탭 사용

130 다음 용접 보조 기호 중에서 오목 비드를 나타내는 것은?

① ⌒   ② ⌣
③ ⌇   ④ ─

해설
①는 필릿용접부 볼록 비드, ③는 필릿용접 끝단부를 매끄럽게 함, ④는 평면 비드를 나타내는 것이다.

정답 124 ② 125 ④ 126 ④ 127 ② 128 ③ 129 ① 130 ②

131 다음 그림과 같은 용접도시 기호에 관한 설명 중 틀린 것은?

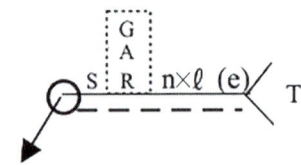

① G : 루트간격
② A : 홈각도
③ S : 용접부 단면 치수
④ T : 특별 지시 사항

132 다음 중 단속 필릿용접부 표시 기호 설명으로 틀린 것은?

① L : 단속 필릿용접의 용접 길이
② n : 단속 필릿용접의 수
③ e : 단속 필릿용접 사이의 간격
④ T : 지그재그 필릿용접

133 다음 용접 기호는 무슨 용접을 나타내는가?

C ⊖ n× ℓ (e)

① 플러그 용접
② 시임 용접
③ 점용접
④ 프로젝션 용접

134 다음 중 용접 보조 기호의 설명으로 틀린 것은?

① G : 연삭   ② C : 치핑
③ M : 밀링   ④ F : 지정하지 않음

> 해설
> M은 절삭을 뜻한다.

135 그림과 같은 용접 기호를 올바르게 설명한 것은?

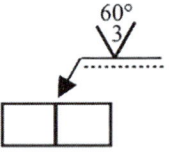

① 화살표 반대쪽 V형 맞대기 용접, 루트간격 3mm, 홈각도 60°
② 화살표쪽 V형 맞대기 용접, 루트간격 3mm, 홈각도 60°
③ 화살표쪽 U형 맞대기 용접, 루트간격 3mm, 홈각도 60°
④ 화살표 반대쪽 U형 맞대기 용접, 루트간격 3mm, 홈각도 60°

136 다음 도면에서 맞대기 이음에 대한 KS 용접 기호를 옳게 설명한 것은?

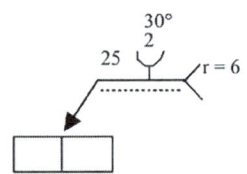

① U형 홈 용접기호로서 화살표쪽 홈 깊이 25mm, 루트 반지름 6mm, 홈각도 30°, 루트간격 2mm이다.
② U형 홈 용접기호로서 화살표 반대쪽 홈 깊이 25mm, 루트 반지름 6mm, 홈각 도 30°, 루트간격 2mm이다.
③ Y형 홈 용접기호로서 화살표 반대쪽 홈 깊이 25mm, 루트간격 6mm, 홈각도 30°, 루트간격 2mm이다.
④ Y형 용접 기호로서 화살표쪽 홈 깊이 30mm, 루트간격 6mm, 홈각도 30°이다.

정답 131 ① 132 ④ 133 ② 134 ③ 135 ② 136 ①

137 용접 지시선에 다음과 같은 기호가 붙어 있을 경우 해독으로 가장 적합한 것은?

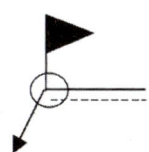

① 현장 연속 점용접
② 일주(전체둘레) 현장용접
③ 전체 둘레 특수 용접
④ 현장 필릿용접

138 다음 용접기호 중 필릿용접의 병렬 단속 용접을 나타내는 것은?

①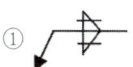
②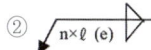
③
④

139 용접기호는 무엇을 뜻하는가?

① 지그재그 단속 필릿용접부
② 연속 필릿용접부
③ 단속 필릿용접부
④ 단속 플러그 용접부

140 다음 도시의 용접 기호를 설명한 것 중 틀린 것은?

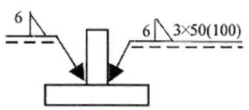

① 한쪽은 연속 용접, 한쪽은 단속 용접을 뜻한다.
② 양쪽 다리 길이는 6mm이다.
③ 단속 용접 수는 3개소이다.
④ 단속 용접 길이는 100mm이다.

141 구조물의 제작 도면에 사용하는 보조 기호 중 RT는 비파괴 시험 중 무엇을 뜻하는가?

① 초음파 탐상 시험
② 자기 분말 탐상 시험
③ 침투 탐상 시험
④ 방사선 투과 시험

142 다음 도면의 용접 기호는 어떠한 용접을 나타내는가?

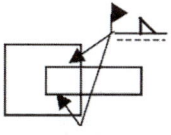

① 단속 필릿 현장 용접
② 연속 필릿 공장 용접
③ 일주 필릿 현장 용접
④ 연속 필릿 현장 용접

정답 137 ② 138 ④ 139 ① 140 ④ 141 ④ 142 ④

143 아크용접작업에 의한 직접 재해에 해당되지 않는 것은?

① 감전
② 화상
③ 전광성 안염
④ 전도

해설
전도란 용기 등이 넘어지는 사고를 의미하며, 아크용접에서는 거의 일어나지 않는다.

144 다음 중 응력제거 방법에 있어 로 내 풀림법에 대한 설명으로 틀린 것은?

① 일반 구조용 압연강재의 로 내 및 국부 풀림의 유지 온도는 725±50℃이며 유지시간은 판두께의 25mm에 대하여 5시간 정도이다.
② 잔류응력의 제거는 어떤 한계 내에서 유지온도가 높을수록, 또 유지시간이 길수록 길수록 효과가 크다.
③ 보통 연강에 대하여 제품을 노 내에서 출입시키는 온도는 300℃를 넘어서는 안된다.
④ 응력제거 열처리법 중에서 가장 잘 이용되고 또 효과가 큰 것은 제품 전체를 가열로 안에 넣고 적당한 온도에서 얼마 동안 유지한 다음 노 내에서 서냉하는 것이다.

해설
풀림 유지 온도는 625±25℃이며, 판두께 25mm당 1시간 정도이다.

145 용접부의 방사선 검사에서 선원으로 사용되지 않는 원소는?

① 이리듐 192
② 코발트 60
③ 세슘 134
④ 몰리브덴 30

146 교류전원이 없는 옥외 장소에서 사용하는데 가장 적합한 직류 아크용접기는?

① 정류기형
② 가동 철심형
③ 전동 발전형
④ 엔진 구동형

147 용접입열과 관련된 설명으로 옳은 것은?

① 아크 전류가 커지면 용접입열은 감소한다.
② 용접입열이 커지면 모재가 녹지 않아 용접이 되지 않는다.
③ 용접 모재에 흡수되는 열량은 10% 정도이다.
④ 용접속도가 빠르면 용접입열은 감소한다.

148 주철 용접이 곤란하고 어려운 이유가 아닌 것은?

① 예열과 후열을 필요로 한다.
② 용접 후 급랭에 의한 수축, 균열이 생기기 쉽다.
③ 단시간 가열로 흑연이 조대화되어 용착이 양호하다.
④ 일산화탄소 가스 발생으로 용착금속에 기공이 생기기 쉽다.

149 강판용접 중 산화철을 환원시키기 위해 탈산제를 사용하는데 다음 반응식 중 맞는 것은?

① $FeO+Ti \rightleftarrows Fe+TiO_2$
② $FeO+Mg \rightleftarrows Fe+MgO_2$
③ $FeO+Al \rightleftarrows Fe+Al_2O_3$
④ $FeO+Mn \rightleftarrows Fe+MnO$

정답 143 ④ 144 ① 145 ④ 146 ④ 147 ③ 148 ③ 149 ④

150 케이블과 클램프 및 클램프와 용접물의 각 접속부는 잘 접속되어야 한다. 만일 접속이 나쁠 때 발생되는 현상이 아닌 것은?

① 전력이 절약된다.
② 접속부를 손상시킨다.
③ 접속부에서 열이 과도하게 발생한다.
④ 아크가 불안정하다.

151 다음 자기 불림(magnetic blow)은 어느 용접에서 생기는가?

① 가스 용접
② 교류 아크용접
③ 일렉트로 슬래그 용접
④ 직류 아크용접

152 다음 용접기호에 따른 용접부의 모양으로 가장 옳은 것은?

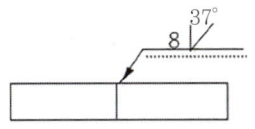

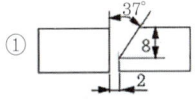
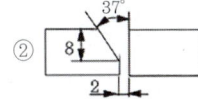
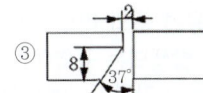
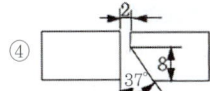

153 다음 중 비드 놓기 용접의 기호로 옳은 것은?

① 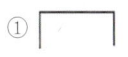 ②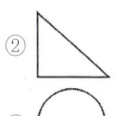
③ 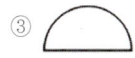 ④ ○

154 용착법의 설명으로 틀린 것은?

① 각 층마다 전체의 길이를 용접하면서 다층 용접을 하는 방식이 덧살 올림법이다.
② 잔류응력이 다소 적게 발생하고 용접 진행 방향과 용착 방향이 서로 반대가 되는 방법이 후진법이다.
③ 한 부분에 대해 몇 층을 용접하다가 다음 부분의 층으로 연속시켜 용접하는 것이 스킵법이다.
④ 한 개의 용접봉으로 살을 붙일만한 길이로 구분해서 홈을 한 부분씩 여러 층으로 쌓아 올린 다음 다른 부분으로 진행하는 용접방법이 전진 블록법이다.

155 [그림]과 같이 길이가 긴 T형 필릿 용접을 할 경우에 일어나는 용접 변형의 명칭은?

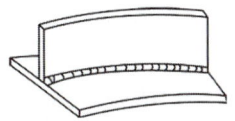

① 회전 변형   ② 세로 굽힘 변형
③ 좌굴 변형   ④ 가로 굽힘 변형

156 용접부의 외관검사시 관찰사항이 아닌 것은?

① 용입   ② 오버랩
③ 언더컷   ④ 경도

정답 150 ① 151 ④ 152 ① 153 ③ 154 ③ 155 ② 156 ④

157 연강용 피복아크용접봉의 심선에 대한 설명으로 옳지 않은 것은?

① 탄소함량이 많은 것을 사용하면 강도가 증가되므로 유익하다.
② 주로 저탄소 림드강이 사용된다.
③ 황(S)이나 인(P) 등의 불순물을 적게 함유해야 한다.
④ 규소(Si)의 양을 적게 하여 제조한다.

158 용접균열의 분류에서 발생하는 위치에 따라서 분류한 것은?

① 용착금속 균열과 용접 열영향부 균열
② 고온 균열과 저온 균열
③ 매크로 균열과 마이크로 균열
④ 입계 균열과 입안 균열

159 용접부 시험 중 비파괴 시험방법이 아닌 것은?

① 초음파 시험
② 크리프 시험
③ 침투 시험
④ 맴돌이 전류 시험

160 용접홀더 종류 중 용접봉을 집는 부분을 제외하고는 모두 절연되어 있어 안전 홀더라고도 하는 것은?

① D형 ② C형
③ B형 ④ A형

161 다음 용착법 중 비석법을 나타낸 것은?

① 5 4 3 2 1
→ → → →
② 2 3 4 1 5
→ → → →
③ 1 4 2 5 3
→ → → →
④ 3 4 5 1 2
→ → → →

162 다음 [그림]에서 루트간격을 표시하는 것은?

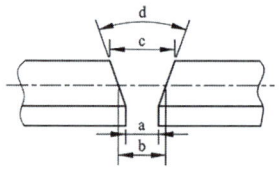

① a ② b
③ c ④ d

163 예열을 하는 목적에 대한 설명으로 맞는 것은?

① 냉각속도를 빠르게 하기 위해
② 용접부와 인접된 모재의 수축응력을 감소시키기 위해
③ 수소의 함량을 높이기 위해
④ 오버랩 생성을 크게 하기 위해

164 맞대기 용접, 필릿용접 등의 비드 표면과 모재와의 경계부에서 발생되는 균열이며, 구속응력이 클 때 용접부의 가장자리에서 발생하여 성장하는 용접 균열은?

① 루트 균열 ② 크레이터 균열
③ 토우 균열 ④ 설퍼 균열

정답 157 ① 158 ① 159 ② 160 ④ 161 ③ 162 ① 163 ② 164 ③

165 안전, 보건표지의 색채, 색도기준 및 용도에서 색체에 따른 용도를 잘못 나타낸 것은?

① 빨간색 : 금지
② 파란색 : 지시
③ 녹색 : 경고
④ 하얀색 : 보조색

166 피복아크용접봉에서 피복 배합제인 아교는 무슨 역할을 하는가?

① 아크 안정제
② 합금제
③ 탈산제
④ 환원가스 발생제

:해설:
고착제는 규산나트륨, 규산칼륨 등의 수용액 위주로 사용되며 심선에 피복제를 고착시키는 역할을 한다. 아교는 환원성 가스 발생제 역할도 한다.

167 피복금속 아크용접봉은 습기의 영향으로 기공(blow hole)과 균열(crack)의 원인이 된다. 보통 용접봉 (1)과 저수소계 용접봉 (2)의 온도와 건조 시간은?(단, 보통 용접봉은 (1)로, 저수소계 용접봉은 (2)로 나타냈다)

① (1) 70~100℃ 30~60분,
　(2) 100~150℃ 1~2시간
② (1) 70~100℃ 2~3시간,
　(2) 100~150℃ 20~30분
③ (1) 70~100℃ 30~60분,
　(2) 300~350℃ 1~2시간
④ (1) 70~100℃ 2~3시간,
　(2) 300~350℃ 20~30분

168 다음 결함 중에서 용접전류가 낮아서 생기는 결함이 아닌 것은?

① 오버랩
② 용입불량
③ 융합불량
④ 언더컷

:해설:
용접전류가 낮으면 모재가 잘 녹지 않아 용입불량이나 융합불량이 생길 수 있으며, 오버랩, 슬래그 혼입 등이 생길 수 있다.

169 용접기의 가동 핸들로 1차 코일을 상하로 움직여 2차 코일의 간격을 변화시켜 전류를 조정하는 용접기로 맞는 것은?

① 가포화 리액터형
② 가동코어 리액터형
③ 가동 코일형
④ 가동 철심형

170 용접할 때 예열과 후열이 필요한 재료는?

① 15mm 이하 연강판
② 중탄소강
③ 18℃일 때 18mm 연강판
④ 순철판

171 모재의 두께가 20[mm] 이상의 용접에 적합하지 않는 글루브(홈)의 모양은?

① V형
② X형
③ U형
④ H형

정답　165 ③　166 ④　167 ③　168 ④　169 ③　170 ②　171 ①

172 용접부 표면 또는 용접부 형상에 대한 보조기호 설명으로 틀린 것은?

① MR : 영구적인 이면판재 사용
② ⌒ : 볼록형
③ ─ : 평면
④ ⌣ : 토우를 매끄럽게 함

173 고장력강에 주로 사용되는 피복아크용접봉으로 가장 적당한 것은?

① 일미나이트계
② 고셀룰로스계
③ 고산화티탄계
④ 저수소계

174 아크의 길이가 너무 길 때 발생하는 현상이 아닌 것은?

① 열량이 대단히 작아진다.
② 용입이 나빠진다.
③ 아크가 불안정(해진다)하다.
④ 전압은 상승한다.

해설
아크길이가 길어지면 발열량이 커(많아)진다.

175 아크용접기의 구비조건에 해당되는 사항으로 옳은 것은?

① 사용 중 용접기 온도 상승이 커야 한다.
② 용접 중 단락되었을 경우 대전류가 흘러야 된다.
③ 소비전력이 큰 역률이 좋은 용접기를 구비한다.
④ 무부하 전압을 최소로 하여 전격의 위험을 줄인다.

해설
아크 발생이 잘되는 범위 내에서 무부하 전압이 낮아야 한다.(교류 70~80V, 직류 40~60V)

176 용접전류가 낮거나, 운봉 및 유지 각도가 불량할 때 발생하는 용접 결함은?

① 용락
② 언더컷
③ 오버랩
④ 선상조직

177 아크용접 작업 전에 감전의 방지를 위해 반드시 확인할 사항으로 가장 거리가 먼 것은?

① 케이블의 파손 여부
② 홀더의 절연 상태
③ 작업장의 환기 상태
④ 용접기의 접지 상태

해설
작업장 환기 상태는 감전 방지를 위한 점검 사항에는 포함되지 않는다.

178 용접 후 인장 또는 굴곡시험으로 파단시켰을 때 은점을 발견할 수 있는데 이 은점을 없애는 방법은?

① 수소 함유량이 많은 용접봉을 사용한다.
② 용접 후 실온으로 수개월간 방치한다.
③ 용접부를 염산으로 세척한다.
④ 용접부를 망치로 두드린다.

해설
은점은 수소에 의한 것으로 조직에 고기 눈처럼 나타나 보이는 것으로 중요 결함은 아니며 수개월 후 대부분 없어진다.

정답 172 ① 173 ④ 174 ① 175 ④ 176 ③ 177 ③ 178 ②

179 용접시 냉각속도에 관한 설명 중 틀린 것은?

① 예열을 하면 냉각속도가 완만하게 된다.
② 얇은 판보다는 두꺼운 판이 냉각속도가 크다.
③ 알루미늄이나 구리는 연강보다 냉각속도가 느리다.
④ 맞대기 이음보다는 T형 이음이 냉각속도가 크다.

> 해설
> 알루미늄이나 구리는 연강보다 열전도도가 크므로 냉각속도도 빠르다.

180 교류 아크용접기의 종류 중 조작이 간단하고 원격 조정이 가능한 용접기는?

① 가포화 리액터형 용접기
② 가동 코일형 용접기
③ 가동 철심형 용접기
④ 탭 전환형 용접기

181 직류용접에서 발생되는 아크쏠림의 방지 대책 중 틀린 것은?

① 큰 가접부 또는 이미 용접이 끝난 용착부를 향하여 용접할 것
② 용접부가 긴 경우 후퇴 용접법(back step welding)으로 할 것
③ 용접봉 끝을 아크가 쏠리는 방향으로 기울일 것
④ 되도록 아크를 짧게 하여 사용할 것

> 해설
> 용접봉 끝을 아크 쏠리는 방향 반대로 기울일 것

182 가스 발생식 용접봉의 특징 설명 중 틀린 것은?

① 아크가 매우 안정된다.
② 슬래그의 제거가 손쉽다.
③ 전자세 용접이 불가능하다.
④ 슬래그 생성식에 비해 용접속도가 빠르다.

183 필릿용접에서 이론 목두께 a와 용접 목길이(각장) z의 관계를 옳게 나타낸 것은?

① $a ≒ 1.4z$ ② $a ≒ 1.0z$
③ $a ≒ 0.9z$ ④ $a ≒ 0.7z$

> 해설
> 목두께 = 목길이 $z \cos 45°$ = $0.707z$ 이므로 목두께는 목길이 z의 70%이다.

184 용접결함 중 내부에 생기는 결함은?

① 언더컷   ② 오버랩
③ 크레이터 균열 ④ 기공

185 용접봉의 소요량을 판단하거나 용접 작업시간을 판단하는데 필요한 용접봉의 용착 효율을 구하는 식은?

① 용착효율 = 용접봉사용중량/용착금속의중량×2 ×100
② 용착효율 = 용착금속의중량×2/용접봉사용중량×100
③ 용착효율 = 용접봉사용중량/용착금속의중량×100
④ 용착효율 = 용착금속의중량/용접봉사용중량×100

정답 179 ③ 180 ① 181 ③ 182 ③ 183 ④ 184 ④ 185 ④

186 안전·보건 표지의 색채, 색도기준 및 용도에서 문자의 빨간색 또는 노란색에 대한 보조색으로 사용되는 색채는?

① 파란색
② 녹색
③ 흰색
④ 검은 색

187 감전의 위험으로부터 용접 작업자를 보호하기 위해 교류 용접기에 설치하는 것은?

① 시간 제어 장치
② 전격 방지 장치
③ 원격 제어 장치
④ 고주파 발생 장치

188 다음 그림은 모재 위에 피복아크 용접으로 용접한 용접부의 단면 형상이다. 각각의 기호에 대한 설명이 틀린 것은?

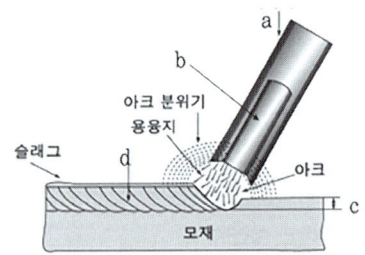

① a : 피복제
② b : 심선
③ c : 용접비드
④ d : 용착금속

해설
C : 용입 : 용접재료가 녹은 깊이, 용입 깊이이다.

189 용접 홈의 형식 중 두꺼운 판의 양면 용접을 할 수 없는 경우에 가공하는 방법으로 한쪽 용접에 의해 충분한 용입을 얻으려고 할 때 사용되는 홈은?

① I형 홈   ② V형 홈
③ U형 홈   ④ H형 홈

190 다층 용접법의 일종으로 아래 [그림]과 같이 각 층마다 전체의 길이를 용접하면서 쌓아 올리는 가장 일반적인 방법으로 주로 사용하는 용착법은?

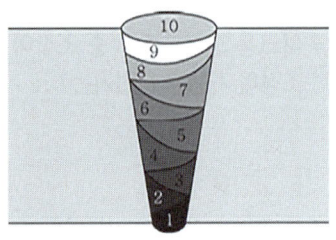

① 교호법   ② 덧살 올림법
③ 케스케이드법   ④ 전진 블록법

해설
• 전진 블록법 : 한 개의 용접봉으로 홈을 한 부분씩 여러 층으로 쌓아 올린 방법
• 케스케이드법 : 한 부분의 몇 층을 용접하다가 이것을 다음 부분의 층으로 연속시켜 전체가 계단 형태의 단계를 이루도록 용착시켜 나가는 방법

191 피복아크용접봉에서 피복제의 가장 중요한 역할은?

① 변형 방지
② 인장력 증대
③ 모재 강도 증가
④ 아크 안정

정답 186 ③ 187 ② 188 ③ 189 ③ 190 ② 191 ④

192 용접 중에 아크가 전류의 자기 작용에 의해서 한쪽으로 쏠리는 현상을 아크쏠림(Arc Blow)이라 한다. 다음 중 아크쏠림의 방지법이 아닌 것은?

① 가용접을 한 후 전진법으로 용접한다.
② 아크의 길이를 짧게 한다.(되도록 아크를 짧게 하여 사용할 것)
③ 보조판 (엔드탭)을 사용한다.
④ 용접부가 긴 경우는 후퇴법을 사용한다.

193 용접봉의 용융금속이 표면장력의 작용으로 모재에 옮겨가는 용적이행으로 맞는 것은?

① 스프레이형　② 핀치 효과형
③ 단락형　　　④ 용적형

해설
- 스프레이형 : 피복제의 일부가 가스화하여 가스를 뿜어 냄으로 미세한 용적이 날려 모재에 옮겨가서 용착되는 방식
- 글로불러형 : 비교적 큰 용적이 단락되지 않고 옮겨가는 형식

194 연강용 피복금속 아크용접봉에서 다음 중 피복제의 염기성이 가장 높은 것은?

① 저수소계　　② 고산화철계
③ 고셀룰로스계　④ 티탄계

195 교류 피복아크용접기에서 아크발생 초기에 용접전류를 강하게 흘려보내는 장치를 무엇이라고 하는가?

① 원격 제어장치　② 핫 스타트 장치
③ 전격 방지기　　④ 고주파 발생장치

196 다음 중 용접 결함의 보수 용접에 관한 사항으로 적절하지 않은 것은?

① 재료의 표면에 얕은 결함은 덧붙임 용접으로 보수한다.
② 오버랩은 정으로 따내기 작업 후 보수용접한다.
③ 결함이 제거된 모재 두께가 필요한 치수보다 얇게 되었을 때에는 덧붙임 용접으로 보수한다.
④ 덧붙임 용접으로 보수할 수 있는 한도를 초과할 때에는 결함부분을 잘라내어 맞대기 용접으로 보수한다.

해설
재료의 표면에 얕은 결함은 연삭하고 재용접해야 된다.

197 피복아크용접에서 언더컷(Under Cut) 발생 시 방지 대책으로 맞는 것은?

① 용융금속이 앞으로 나가지 않으므로 깊은 용입을 얻을 수가 있다.
② 용접선을 잘 볼 수 있어 운봉을 정확하게 할 수 있다.
③ 스패터의 발생이 적다.
④ 비드 높이가 약간 높고, 폭이 좁은 비드를 얻는다.

해설
언더컷을 방지하기 위해서는 용접속도를 느리게 하고, 용접전류가 너무 높게 사용하지 않고, 아크길이를 짧게 유지한다.

198 용접 지그(Welding Jig) 사용시 효과를 가장 바르게 설명한 것은?

① 제품의 마무리 정밀도가 떨어진다.
② 용접변형을 촉진시킨다.
③ 작업시간이 길어진다.
④ 다량생산의 경우 작업능률이 향상된다.

정답　192 ①　193 ③　194 ①　195 ②　196 ①　197 ①　198 ④

199 용접균열에 대한 대책이 아닌 것은?

① 나쁜 강재를 사용하지 않는다.
② 용접 시공을 적정하게 한다.
③ 응력이 집중되게 한다.
④ 용접부에 노치부분을 만들지 않는다.

200 용접부의 검사에서 교류의 자장에 의해 금속 내부에 와류(Eddy Current) 작용을 이용하는 것은?

① UT   ② RT
③ ET   ④ MT

해설
ET : 와전류(탐상) 검사, 맴돌이 검사,
UT : 초음파탐상검사, RT : 방사선탐상검사,
MT : 자분탐상검사

201 하중의 방향에 따른 필릿용접의 종류가 아닌 것은?

① 전면 필릿   ② 측면 필릿
③ 연속 필릿   ④ 경사 필릿

해설
필릿용접은 연속성 여부에 따라 연속 필릿, 단속 필릿으로, 방향에 따라 전면, 측면, 경사 필릿으로 구분한다.

202 화재의 폭발 및 방지조치 중 틀린 것은?

① 필요한 곳에 화재를 진화하기 위한 방화설비를 설치할 것
② 배관 또는 기기에서 가연성 증기가 누출되지 않도록 할 것
③ 대기 중에 가연성 가스를 누설 또는 방출시키지 말 것
④ 용접 작업 부근에 점화원을 두지 않도록 할 것

203 용접 변형에 대한 교정 방법이 아닌 것은?

① 가열법
② 가압법
③ 절단에 의한 정형과 재용접
④ 역변형법

204 피복아크용접봉의 피복 배합제의 성분 중에서 탈산제에 해당하는 것은?

① 산화티탄(TiO)
② 규소철(Fe-Si)
③ 셀룰로오스(Cellulose)
④ 일미나이트(TiO · FeO)

205 용접 작업과 관련한 화재예방 대책으로 가장 적합하지 않은 것은?

① 용접작업 중에는 반드시 소화기를 비치한다.
② 용접 작업은 가연성 물질이 있는 안전한 장소를 선택한다.
③ 인화성 액체가 들어 있는 용기나 탱크는 내부를 완전히 세척 후 통풍 구멍을 개방하고 작업한다.
④ 가스절단 장치는 화기로부터 5m 이상 떨어진 곳에 설치하여 작업한다.

206 연강용 피복아크용접봉의 피복 배합제 중 아크 안정제 역할을 하는 종류로 묶여 놓은 것 중 옳은 것은?

① 적철강, 알루미나, 붕산
② 붕산, 구리, 마그네슘
③ 알루미나, 마그네슘, 탄산나트륨
④ 산화티탄, 규산나트륨, 석회석, 탄산나트륨

정답 199 ③ 200 ③ 201 ④ 202 ① 203 ④ 204 ② 205 ② 206 ④

207 피복아크용접에서 슬래그 혼입으로 용접결함이 발생하였다. 방지대책으로 틀린 것은?

① 전류를 약간 높게 한다.
② 슬래그를 깨끗이 제거한다.
③ 용접부 예열을 한다.
④ 루트간격 및 치수를 적게 한다.

208 교류 아크용접기에서 정전압 특성에 관한 설명으로 옳은 것은?

① 부하 전압이 변화하면 단자 전압이 변하는 특성
② 부하 전류가 증가하면 단자 전압이 저하하는 특성
③ 부하 전압이 변화하여도 단자 전압이 변하지 않는(일정한) 특성
④ 부하 전류가 변화하지 않아도 단자 전압이 변하는 특성

> 해설
> 정전압 특성은 부하 전압이 변화하여도 단자 전압은 변하지 않는 특성을 말한다.

209 다음 중 연강 용접봉에 비해 고장력강 용접봉의 장점이 아닌 것은?

① 재료의 취급이 간단하고 가공이 용이하다.
② 동일한 강도에서 판의 두께를 얇게 할 수 있다.
③ 소요 강재의 중량을 상당히 무겁게 할 수 있다.
④ 구조물의 하중을 경감시킬 수 있어 그 기초공사가 단단해진다.

210 피복아크용접에서 용접속도(welding speed)에 영향을 미치지 않는 것은?

① 모재의 재질
② 이음 모양
③ 전류값
④ 전압값

> 해설
> 용접속도는 모재에 대한 용접선 방향의 아크 속도로 모재의 재질, 이음모양, 용접봉의 종류 및 전류값, 위빙의 유무 등에 따라 달라진다.

211 다음 중 직류 아크용접의 극성에 관한 설명으로 틀린 것은?

① 전자의 충격을 받는 양극이 음극보다 발열량이 작다.
② 정극성일 때는 용접봉의 용융이 늦고 모재의 용입은 깊다.
③ 역극성일 때는 용접봉의 용융속도는 빠르고 모재의 용입이 얕다.
④ 얇은 판의 용접에는 용락(burn through)을 피하기 위해 역극성을 사용하는 것이 좋다.

212 다음 중 교류 아크용접에 있어 전격방지기가 기능하지 않을 경우 2차 무부하 전압은 어느 정도가 가장 적합한가?

① 20~30V ② 40~50V
③ 60~70V ④ 90~100V

> 해설
> 2차 무부하 전압은 20~30V 이하로 되므로 전격을 방지할 수 있다.

정답 207 ④ 208 ③ 209 ③ 210 ④ 211 ① 212 ①

213 산업안전보건법상 화약물질 취급장소에서의 유해·위험 경고를 알리고자 할 때 사용하는 안전·보건표지의 색채는?

① 흰색 ② 녹색
③ 파란색 ④ 빨간색

214 용접 결함 중 치수상의 결함에 해당하는 변형, 치수불량, 형상불량에 대한 방지 대책과 가장 거리가 먼 것은?

① 역변형법 적용이나 지그를 사용한다.
② 용접조건과 자세, 운봉법을 적정하게 한다.
③ 용접 전이나 시공 중에 올바른 시공법을 적용한다.
④ 습기, 이물질 제거 등 용접부를 깨끗이 한다.

> 해설
> ④는 기공, 개재물 혼입의 원인이 되며, 구조상 결함의 일종이다.

215 보통 화재와 기름 화재의 소화기로는 적합하나 전기 화재의 소화기로는 부적합한 것은?

① 포말 소화기 ② 분말 소화기
③ CO_2 소화기 ④ 물 소화기

216 다음 중 용접성 시험이 아닌 것은?

① 노치 취성 시험
② 용접 연성 시험
③ 파면 시험
④ 용접 균열 시험

> 해설
> 금속학적 시험에는 파면시험, 매크로 조직시험, 현미경 시험이 있다.

217 용접 결함 방지를 위한 관리기법에 속하지 않는 것은?

① 설계도면에 따른 용접 시공 조건의 검토와 작업 순서를 정하여 시공한다.
② 용접 구조물의 재질과 형상에 맞는 용접 장비를 사용한다.
③ 작업 중인 시공 상황을 수시로 확인하고 올바르게 시공할 수 있게 관리한다.
④ 작업 후에 시공 상황을 확인하고 올바르게 시공할 수 있게 관리한다.

218 용접부의 인장응력을 완화하기 위하여 특수 해머로 연속적으로 용접부 표면층을 소성변형을 주는 방법은?

① 피닝법
② 저온응력 완화법
③ 응력제거 어닐링법
④ 국부가열 어닐링법

219 피복아크용접에서 용접성이 가장 우수한 용접재료로 적당한 것은?

① 주철 ② 고탄소강
③ 저탄소강 ④ 니켈강

220 직류 용접기와 비교하여 교류 용접기의 특징을 틀리게 설명한 것은?

① 유지가 쉽다.
② 아크가 불안정하다.
③ 감전의 위험이 적다.
④ 고장이 작고, 값이 싸다.

정답 213 ④ 214 ④ 215 ① 216 ③ 217 ④ 218 ① 219 ③ 220 ③

221 피복아크용접에서 아크열에 의해 모재가 녹아 들어간 깊이는?

① 용적
② 용입
③ 용락
④ 용착금속

해설
용입, 용입 깊이 : 열에 의해 모재가 녹은 깊이이다.

222 다음 중 물체의 낙하 또는 비래 및 추락에 의한 위험을 방지 또는 경감하고, 머리부위 감전에 의한 위험을 방지하기 위한 용도의 안전모 기호로 옳은 것은?

① AB
② AE
③ ABE
④ AG

해설
- AB : 물체의 낙하, 날아옴, 추락에 의한 위험을 방지 또는 경감.
- AE : 물체의 낙하, 날아옴의 의한 위험을 방지경감하고 머리 부위 감전에 의한 위험을 방지.
- ABE : 물체의 낙하 또는 비래 및 추락에 의한 위험을 방지 또는 경감하고, 머리부위 감전에 의한 위험을 방지.

223 AW 220, 무부하 전압 80V, 아크전압이 30V 인 용접기의 효율은?(단, 내부손실은 2.5kW 이다.)

① 71.5%
② 72.5%
③ 73.5%
④ 74.5%

해설
효율 = 아크전압×아크전류/(아크전압×아크전압) + 내부손실전력 = ×100(%)
=30×220/(30×220) + 2500 = ×100 = 72.52

224 아크용접기에 사용하는 변압기는 어느 것이 가장 적합한가?

① 누설 변압기
② 단권 변압기
③ 계기용 변압기
④ 전압 조정용 변압기

225 다음 중 모재와 용접기를 케이블로 연결할 때 모재에 접속하는 것은?

① 용접 홀더
② 케이블 커넥터
③ 케이블 러그
④ 접지 클램프

226 정류기형 직류 아크용접기의 특성에 관한 설명으로 틀린 것은?

① 보수와 점검이 어렵다.
② 취급이 간단하고 가격이 싸다.
③ 고장이 적고, 소음이 나지 않는다.
④ 교류를 정류하므로 완전한 직류를 얻지 못한다.

227 동일한 용접조건에서 피복아크용접할 경우 용입이 가장 깊게 나타나는 것은?

① 교류(AC)
② 직류 역극성(DCRP)
③ 직류 정극성(DCSP)
④ 고주파 교류(ACHF)

정답 221 ② 222 ③ 223 ② 224 ① 225 ④ 226 ① 227 ③

228 다음 중 직류 아크용접기의 종류별 특성으로 옳지 않은 것은?

① 발전형은 보수와 점검이 어렵다.
② 발전형은 직류를 발전하므로 완전한 직류를 얻는다.
③ 발전형은 회전을 하므로 고장 나기가 쉽고 소음이 난다.
④ 정류기형은 옥외나 교류전원이 없는 장소에서 사용이 가능하다.

229 아크 전류가 일정할 때 아크전압이 높아지면 용접봉의 용융 속도가 늦어지고, 아크전압이 낮아지면 용융속도가 빨라지는 특성은?

① 부저항 특성
② 전압회복 특성
③ 절연회복 특성
④ 아크길이 자기제어 특성

해설

아크길이 자기 제어 특성은 전류밀도가 클 때 가장 잘 나타나고, 자동용접에서 와이어를 자동 송급할 경우 용접 중에 아크길이가 다소 변하더라도 아크는 자동적으로 자기 제어 특성에 의해 항상 일정한 길이를 유지한다.

230 피복아크 용접 작업에서 용접봉을 용접 진행 방향으로 70~80°기울이고, 좌우에 대하여 90°가 되게 하며, 주로 박판 용접 및 홈 용접의 이면 비드 형성에 사용하는 운봉법은?

① 원형 비드
② 직선 비드
③ 반달형 비드
④ 삼각형 비드

231 아크용접기의 특성 설명으로 옳은 것은?

① 부하 전류가 증가하면 단자전압이 증가하는 특성을 수하 특성이라 한다.
② 상승 특성은 직류 용접기에서 사용되는 것으로 아크의 자기 제어 능력이 있다는 점에서 정전압 특성과 같다.
③ 부하 전류가 증가할 때 단자 전압이 감소하는 특성을 상승 특성이라 한다.
④ 수하 특성 중에서도 전원 특성 곡선에 있어서 작동점 부근의 경사가 완만한 것을 정전류 특성이라 한다.

해설

용접기 전원 특성
① 수하 특성 : 부하 전류가 증가하면 단자전압이 감소하는 특성
② 정전류 특성 : 수하 특성의 전원 특성 곡선에 있어서 작동점 부근의 경사가 급격한 부분의 특성
③ 상승 특성 : 부하 전류가 증가할 때 단자 전압이 다소 증가하는 특성

232 용접 전의 일반적인 준비 사항이 아닌 것은?

① 용접재료 확인
② 용접사 선정
③ 용접봉의 선택
④ 후열과 풀림

해설

후열과 풀림은 용접 후의 처리사항이다.

233 다음 중 용접 작업에 영향을 주는 요소가 아닌 것은?

① 용접봉 각도   ② 아크길이
③ 용접 속도   ④ 용접 비드

정답 228 ④ 229 ④ 230 ② 231 ② 232 ④ 233 ④

234 다음 중 용접부의 작업 검사에 있어 용접 중 작업검사 사항으로 가장 적합하지 않은 것은?

① 용접 순서, 용접전류
② 각 층마다의 융합상태
③ 용착 방법, 융합 상태
④ 용접조건, 예열, 후열 등의 처리

해설
작업 검사의 종류
① 용접 전 작업 검사 : 용접기, 지그, 작업방법, 모재상태, 홈각도, 루트면/간격, 용접사 기량 등
② 용접 중 작업 검사 : 용착방법, 용접자세, 비드모양, 슬래그 섞임, 융합상태, 용접전류, 용접순서, 균열 등

235 아크용접에서 부하전류가 증가하면 단자 전압이 저하하는 특성을 무슨 특성이라 하는가?

① 상승 특성
② 수하 특성
③ 정전류 특성
④ 정전압 특성

236 용접전류에 의한 아크 주위에 발생하는 자장이 용접봉에 대해서 비대칭으로 나타나는 현상을 방지하기 위한 방법 중 옳은 것은?

① 직류용접에서 극성을 바꿔 연결한다.
② 접지점을 될 수 있는 대로 용접부에서 가까이 한다.
③ 용접봉 끝을 아크가 쏠리는 방향으로 기울인다.
④ 피복제가 모재에 접촉할 정도로 짧은 아크를 사용한다.

237 연강용 피복아크 용접봉 심선의 4가지 화학 성분 원소는?

① C, Si, P, S
② C, Si, Fe, S
③ C, Si, Ca, P
④ Al, Fe, Ca, P

238 용접전압이 25V, 용접전류가 350A, 용접속도가 40cm/min인 경우 용접입열량은 몇 J/cm인가?

① 10500J/cm   ② 11500J/cm
③ 12125J/cm   ④ 13125J/cm

해설
$H = 60 \cdot E \cdot I / V$
$= 60 \times 25 \times 350 / 40 = 13125$

239 용접 이음 준비 중 홈 가공에 대한 설명으로 틀린 것은?

① 홈 가공의 정밀 또는 용접 능률과 이음의 성능에 큰 영향을 준다.
② 홈 모양은 용접방법과 조건에 따라 다르다.
③ 용접 균열은 루트간격이 넓을수록 적게 발생한다.
④ 피복아크용접에서는 54~70°정도의 홈각도가 적합하다.

정답 234 ④ 235 ② 236 ④ 237 ① 238 ④ 239 ③

240 그림과 같이 용접선의 방향과 하중의 방향이 직교한 필릿 용접은?

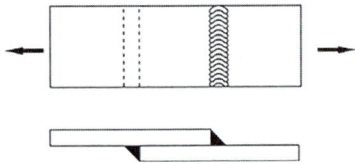

① 측면 필릿용접 ② 경사 필릿용접
③ 전면 필릿용접 ④ T형 필릿용접

241 피복아크 용접기를 설치해도 되는 장소는?

① 먼지가 매우 많고 옥외의 비바람이 치는 곳
② 수증기 또는 습도가 높은 곳
③ 폭발성 가스가 존재하지 않는 곳
④ 진동이나 충격을 받는 곳

242 다음 중 피복아크용접에서 용접봉의 용융속도에 관한 설명으로 틀린 것은?

① 용융속도는 아크 전류와 용접봉 쪽 전압강하의 곱으로 나타낸다.
② 용융속도는 아크전압과 용접봉의 지름과 관련이 깊다.
③ 단위 시간당 소비되는 용접봉의 길이 또는 무게를 말한다.
④ 지름이 달라도 종류가 같은 용접봉인 경우에는 심선의 용융 속도는 전류에 비례한다.

243 용접 결함 종류가 아닌 것은?

① 기공   ② 언더컷
③ 균열   ④ 용착금속

244 다음 중 용접 설계상 주의해야 할 사항으로 틀린 것은?

① 국부적으로 열이 집중되도록 할 것
② 용접에 적합한 구조의 설계를 할 것
③ 결함이 생기기 쉬운 용접 방법은 피할 것
④ 강도가 약한 필릿용접은 가급적 피할 것

> **해설**
>
> 설계시 주의사항으로 국부적으로 열이 집중되지 않도록 해야 한다.

245 강구조물 용접에서 맞대기 이음의 루트 간격의 차이에 따라 보수 용접을 하는데 보수방법으로 틀린 것은?

① 맞대기 루트간격 6mm 이하일 때에는 이음부의 한쪽 또는 양쪽을 덧붙임 용접한 후 절삭하여 규정 간격으로 개선 홈을 만들어 용접한다.
② 맞대기 루트간격 15mm 이상일 때에는 판을 전부 또는 일부(대략 300mm 이상의 폭)를 바꾼다.
③ 맞대기 루트간격 6~15mm일 때에는 이음부에 두께 6mm 정도의 뒷댐판을 대고 용접한다.
④ 맞대기 루트간격 15mm 이상일 때에는 스크랩을 넣어서 용접한다.

> **해설**
>
> 루트간격이 15mm 이상이면 일부 또는 전부를 교체해야 되며, 용접부에 스크랩, 환봉이나 철사 등을 넣어 용접하면 미용착부가 생겨 강도가 부족하고 응력집중이 생기며, 슬래그 혼입, 기공 발생 등 매우 좋지 않은 방법이다.

정답 240 ③ 241 ③ 242 ② 243 ④ 244 ① 245 ④

246 용접 시공시 발생하는 용접변형이나 잔류응력의 발생을 줄이기 위해 용접시공 순서를 정한다. 다음 중 용접시공 순서에 대한 사항으로 틀린 것은?

① 제품의 중심에 대하여 대칭으로 용접을 진행시킨다.
② 같은 평면 안에 많은 이음이 있을 때에는 수축은 가능한 자유단으로 보낸다.
③ 수축이 적은 이음을 가능한 먼저 용접하고 수축이 큰 이음을 나중에 용접한다.
④ 리벳작업과 용접을 같이 할 때는 용접을 먼저 실시하여 용접열에 의해서 리벳의 구멍이 늘어남을 방지한다.

> **해설**
> 용접 우선 순위 중 맞대기 이음 등 수축이 큰 이음을 먼저 용접하고 필릿용접 등 수축이 작은 이음을 나중에 용접한다.

247 용접 길이가 짧거나 변형 및 잔류응력의 우려가 적은 재료를 용접할 경우 가장 능률적인 용착법은?

① 전진법 ② 후진법
③ 비석법 ④ 대칭법

248 용접 전의 일반적인 준비 사항이 아닌 것은?

① 사용 재료를 확인하고 작업 내용을 검토한다.
② 용접전류, 용접 순서를 미리 정해둔다.
③ 이음부에 대한 불순물을 제거한다.
④ 예열 및 후열처리를 실시한다.

249 피복아크 용접봉은 염기도(basicity)가 높을수록 내균열성은 좋으나 작업성이 저하되는데 다음 중 염기도 크기를 순서대로 올바르게 나열한 것은?

① E4301 E4316 E4311
② E4316 E4301 E4311
③ E4311 E4301 E4316
④ E4316 E4311 E4301

250 다음 중 용접작업 전 준비를 위한 점검사항과 가장 거리가 먼 것은?

① 보호구의 착용 여부
② 용접봉의 건조 여부
③ 용접결함의 파악
④ 용접설비의 점검

251 다음 중 아크길이에 따라 전압이 변동하여도 아크 전류는 거의 변하지 않는 특성은?

① 정전류 특성   ② 아크의 부특성
③ 정격사용률 특성 ④ 개로전압 특성

252 다음 중 핫스타트(Hot start)장치의 사용시 장점으로 볼 수 없는 것은?

① 기공(blow hole)을 방지한다.
② 비드 모양을 개선한다.
③ 아크 발생 초기의 용입을 양호하게 한다.
④ 아크 발생은 어렵지만 용착금속 성질은 양호해진다.

> **해설**
> 핫 스타트 장치는 시작 부분의 용입불량을 방지하기 위해 아크 발생시 높은 전류가 흐르도록 하는 장치이다.

정답 246 ③ 247 ① 248 ④ 249 ③ 250 ③ 251 ① 252 ④

253 정류기형 직류 아크용접기에서 사용되는 셀렌 정류기는 80℃ 이상이면 파손되므로 주의해야 하는데 실리콘 정류기는 몇 ℃ 이상에서 파손이 되는가?

① 120℃   ② 150℃
③ 80℃   ④ 100℃

254 다음 중 열영향부의 기계적 성질에 대한 설명으로 틀린 것은?

① 본드에 가까운 조립부는 담금질 경화 때문에 강도가 증가한다.
② 강의 열영향부는 본드로부터 원모재 쪽으로 멀어질수록 최고 가열온도가 높게 되고, 냉각속도는 빠르게 된다.
③ 최고경도가 높을수록 열영향부가 취약하게 된다.
④ 담금질 경화성이 없는 오스테나이트계 스테인리스강에서는 최고경도를 나타내지 않고, 오히려 조립부는 연약하게 된다.

255 다음은 용접 이음부의 홈의 종류이다. 박판 용접에 가장 적합한 것은?

① K형   ② H형
③ I형   ④ V형

256 용접 작업시 안전에 관한 사항으로 틀린 것은?

① 높은 곳에서 용접작업 할 경우 추락, 낙하 등의 위험이 있으므로 항상 안전벨트와 안전모를 착용한다.
② 용접작업 중에 유해 가스가 발생하기 때문에 통풍 또는 환기 장치가 필요하다.
③ 가연성의 분진, 화학류 등 위험물이 있는 곳에서는 용접을 해서는 안된다.
④ 가스절단은 강한 빛이 나오지 않기 때문에 보안경을 착용하지 않아도 된다.

257 용접부에 결함 발생시 보수하는 방법 중 틀린 것은?

① 기공이나 슬래그 섞임 등이 있는 경우는 깎아내고 재용접한다.
② 균열이 발생되었을 경우 균열 위에 덧살올림 용접을 한다.
③ 언더컷일 경우 가는 용접봉을 사용하여 보수한다.
④ 오버랩일 경우 일부분을 깎아내고 재용접한다.

> 해설
> 균열 보수 방법 : 균열 끝부분에 작은 드릴 구멍(스톱홀)을 뚫고 균열부를 파낸 후 재용접한다.

258 용접기의 사용률이 40%인 경우 아크시간과 휴식시간을 합한 전체시간은 10분을 기준으로 했을 때 아크 발생시간은 몇 분인가?

① 4   ② 6
③ 8   ④ 10

정답 253 ② 254 ② 255 ③ 256 ④ 257 ② 258 ①

259 직류 아크용접시 정극성으로 용접할 때의 특징이 아닌 것은?

① 박판, 주철, 합금강, 비철금속의 용접에 이용된다.
② 용접봉의 녹음이 느리다.
③ 비드 폭이 좁다.
④ 모재의 용입이 깊다.

260 용접에 있어 모든 열적요인 중 가장 영향을 많이 주는 요소는?

① 용접입열
② 용접 재료
③ 주위 온도
④ 용접 복사열

261 용접 변형 방지법의 종류에 속하지 않는 것은?

① 억제법
② 역변형법
③ 도열법
④ 취성 파괴법

262 용접금속의 구조상의 결함이 아닌 것은?

① 변형
② 기공
③ 언더컷
④ 균열

263 용접조립 순서는 용접 순서 및 용접 작업의 특성을 고려하여 계획하며, 가능한 잔류응력이 남지 않도록 미리 검토하여 조립 순서를 결정하여야 한다. 다음 중 용접 구조물 조립 순서에서 고려하여야 할 사항과 가장 거리가 먼 것은?

① 구조물의 형상을 고정하고 지지할 수 있어야 한다.
② 가접용 정반이나 지그를 적절히 선택한다.
③ 가능한 구속 용접을 실시한다.
④ 용접 이음의 형상을 고려하여 적절한 용접법을 선택한다.

> 해설
> 용접을 하면 재료는 수축 및 변형이 발생할 수 있으나, 가능한 구속 용접을 피한다.

264 다음 중 표면 피복 용접을 올바르게 설명한 것은?

① 연강과 고장력강의 맞대기 용접을 말한다.
② 연강과 스테인리스강의 맞대기 용접을 말한다.
③ 금속 표면에 다른 종류의 금속을 용착시키는 것을 말한다.
④ 스테인리스 강관과 연강판재를 접합시 스테인리스 강판에 구멍을 뚫어 용접하는 것을 말한다.

265 피복아크 용접에 관한 사항으로 아래 그림의 ( )에 들어가야 할 용어는?

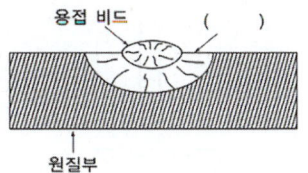

① 용락부
② 용융지
③ 용입부
④ 열영향부

정답 259 ① 260 ① 261 ④ 262 ① 263 ③ 264 ③ 265 ④

266 다음 중 피복아크 용접에서 오버랩의 발생원인으로 가장 부적당한 것은?

① 전류가 너무 적다.
② 운봉 속도가 너무 느리다.
③ 아크 전류가 너무 낮다.
④ 용착 금속의 냉각속도가 너무 빠르다.

> 해설
> 오버랩 발생원인 : 용접전류가 낮을 때, 운봉속도가 너무 느릴 때(위빙 불량)

267 아크의 재생을 손쉽게 하고 아크를 안정하게 하여 절연 회복 특성을 향상시키는 피복제는?

① 탈산제   ② 가스 발생제
③ 슬래그 생성제   ④ 아크 안정제

268 피복아크용접에서 사용하는 아크용접용 기구가 아닌 것은?

① 용접 케이블
② 접지 클램프
③ 용접 홀더
④ 팁 클리너

269 피복아크용접에서 다음 그림과 같이 용융금속이 옮겨가는 상태는 어떤 형인가?

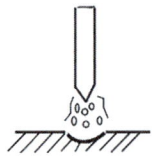

① 글로뷸러형   ② 핀치효과형
③ 단락형   ④ 스프레이형

270 다음 그림은 아크용접기의 어떤 성질을 설명한 것인가?

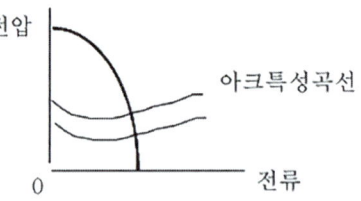

① 아크 드라이브 특성
② 정전압 특성
③ 수하 특성
④ 상승 특성

271 피복아크 용접시 지켜야 할 유의사항으로 적합하지 않은 것은?

① 작업시 전류는 적정하게 조절하고 정리정돈을 잘하도록 한다.
② 작업을 시작하기 전에는 메인 스위치를 작동시킨 후에 용접기 스위치를 작동시킨다.
③ 작업이 끝나면 항상 메인 스위치를 먼저 끈 후에 용접기 스위치를 꺼야 한다.
④ 아크 발생시 항상 안전에 신경을 쓰도록 한다.

272 전격의 방지대책으로 적합하지 않은 것은?

① 용접기 내부는 수시로 열어서 점검하거나 청소한다.
② 홀더나 용접봉은 절대로 맨손으로 취급하지 않는다.
③ 절연 홀더의 절연부분이 파손되면 즉시 보수하거나 교체한다.
④ 땀, 물 등에 의해 습기찬 작업복, 장갑, 구두 등은 착용하지 않는다.

> 정답 266 ④ 267 ④ 268 ④ 269 ④ 270 ③ 271 ③ 272 ①

273 각장(leg length)에 관한 설명으로 올바른 것은?

① 본 용접을 하기 전에 정한 위치
② 모재의 좌측에서 우측까지의 거리
③ 이음의 루트에서 필릿용접의 끝까지의 거리
④ 필릿용접의 강도계산에 적용하는 루트부에서 45° 경사 길이

274 용접 지그나 고정구의 선택 기준 설명 중 틀린 것은?

① 용접하고자 하는 물체의 크기를 튼튼하게 고정시킬 수 있는 크기와 강성이 있어야 한다.
② 용접 응력을 최소화할 수 있도록 변형이 자유스럽게 일어날 수 있는 구조이어야 한다.
③ 피용접물의 고정과 분해가 쉬워야 한다.
④ 용접간극을 적당히 받쳐주는 구조이어야 한다.

275 피복아크용접 중에 정전이 되었을 때의 안전사항이 아닌 것은?

① 전원 스위치는 off의 위치에 놓는다.
② 용접기 주위를 깨끗이 한다.
③ 용접물은 작업대 위에 두지 않는다.
④ 용접기 홀더는 작업대에 그대로 놓아둔다.

276 용접작업 중 지켜야 할 안전사항으로 틀린 것은?

① 보호 장구를 반드시 착용하고 작업한다.
② 훼손된 케이블은 사용 후에 보수한다.
③ 도장된 탱크 안에서의 용접은 충분히 환기시킨 후 작업한다.
④ 전격 방지기가 설치된 용접기를 사용한다.

277 피복아크용접에서 용접봉의 용융속도와 관련이 가장 큰 것은?

① 아크전압
② 용접봉 지름
③ 용접기의 종류
④ 용접봉 쪽 전압강하

278 피복아크용접기로서 구비해야 할 조건 중 잘못된 것은?

① 구조 및 취급이 간편해야 한다.
② 전류 조정이 용이하고 일정하게 전류가 흘러야 한다.
③ 아크 발생과 유지가 용이하고 아크가 안정되어야 한다.
④ 용접기가 빨리 가열되어 아크 안정을 유지해야 한다

279 피복아크용접 작업시 전격에 대한 주의사항으로 틀린 것은?

① 무부하 전압이 필요 이상으로 높은 용접기는 사용하지 않는다.
② 전격을 받은 사람을 발견했을 때는 즉시 스위치를 꺼야 한다.
③ 작업 종료시 또는 장시간 작업을 중지할 때는 반드시 용접기의 스위치를 끄도록 한다.
④ 낮은 전압에서는 주의하지 않아도 되며, 습기찬 구두는 착용해도 된다.

280 피복아크용접봉의 심선의 재질로서 적당한 것은?

① 고탄소 림드강   ② 고속도강
③ 저탄소 림드강   ④ 반연강

정답 273 ③ 274 ② 275 ④ 276 ② 277 ④ 278 ④ 279 ④ 280 ③

281 다음 중 용접이음에 대한 설명으로 틀린 것은?

① 필릿용접에서는 형상이 일정하고, 미용착부가 없어 응력 분포상태가 단순하다.
② 맞대기 용접이음에서 시점과 크레이터 부분에서는 비드가 급랭하여 결함을 일으키기 쉽다.
③ 전면 필릿용접이란 용접선의 방향이 하중의 방향과 거의 직각인 필릿용접을 말한다.
④ 겹치기 필릿용접에서는 루트부에 응력이 집중되기 때문에 보통 맞대기 이음에 비하여 피로강도가 낮다.

282 용접입열의 몇%가 모재에 흡수되어 있는가 하는 비율을 무엇이라 하는가?

① 전도율
② 온도 확산률
③ 열효율
④ 용착효율

283 용접 용어와 그 설명이 바르게 연결된 것은?

① 용가재 : 용착금속 중 기공의 밀집한 정도
② 용융풀 : 아크열에 의해 용융된 깊이
③ 슬래그 : 용접봉이 용융지에 녹아 들어간 비금속 물질
④ 용입 : 중단되지 않은 용접의 시발점 및 크레이터를 제외한 부분의 길이

284 용접 중 전류를 측정할 때 전류계(클램프 미터)의 측정위치로 적합한 것은?

① 1차측 접지선
② 피복아크용접봉
③ 1차측 케이블
④ 2차측 케이블

정답 281 ① 282 ③ 283 ③ 284 ④

PART 09

실기시험 공개문제

01 공기압회로 구성

02 유압회로 구성

03 기계장치 분해 및 조립

04 가스절단 및 용접

CRAFTSMAN PLANT MAINTENANCE

공기압회로 구성

자격종목	설비보전산업기사	과제명	공기압시스템 진단 및 구성

※문제지는 시험 종료 후 본인이 가져갈 수 있습니다.

비번호		시험일시		시험장명	

※시험시간 : [제1과제] 40분

1. 요구사항

※ 지급된 재료 및 시설을 사용하여 아래 작업을 완성하시오.
※ 한번 제출한 작품의 재작업은 허용되지 않습니다.

가. 공기압회로도 구성
   1) 공기압회로도와 같이 기기를 선정하여 고정판에 배치하시오.
      (가) 기기는 수평 또는 수직방향으로 수험자가 임의로 배치하고, 리밋 스위치는 방향성을 고려하여 설치하시오.
   2) 공기압호스를 적절한 길이로 절단 및 사용하여 기기를 연결하시오.
      (가) 공기압호스가 시스템 동작에 영향을 주지 않도록 정리하시오.
   3) 작업압력(서비스 유닛)을 0.5±0.05MPa로 설정하시오.

나. 전기회로도 구성 및 동작
   1) 전기회로도와 같이 기기를 선정하여 배선하시오.
      가) 전기 배선은 +는 적색으로, -는 청색 또는 흑색으로 연결하고, 전선이 시스템동작에 영향을 주지 않도록 정리하시오.
      나) 센서 사용 시 S1, S2는 정전용량형 센서를 사용하시오.
   2) 각 스위치의 동작설명에 따라 변위단계선도와 같이 동작되도록 시스템을 구성하고 시험감독위원에게 확인받으시오.
      가) 지정되지 않은 누름버튼 스위치는 자동복귀형 스위치를 사용하시오.

다. 정리정돈
   1) 평가 종료 후 작업한 자리의 부품 정리, 공기압 호스 정리, 전선 정리 등 모든 상태를 초기 상태로 정리하시오.

자격종목	설비보전산업기사	과제명	공기압회로 구성

2. 수험자 유의사항

※ 다음의 유의사항을 고려하여 요구사항을 완성하시오.

※ 작업형 과제별 배점은 [공기압회로 구성 25점, 유압회로 구성 25점, 가스 절단 및 용접 30점, 기계장치 분해 및 조립 20점]이며, 이외 세부항목 배점은 비공개입니다.

1) 시험 시작 전 시험감독위원의 지시에 따라 장비의 이상유무를 확인합니다.
2) 시험 중 반드시 시험감독위원의 지시에 따라야 하며, 시험감독위원의 지시가 없는 한 시험장을 임의로 이탈할 수 없습니다.
3) 시험에 필요한 기기 이외의 부품이나 장비에 임의로 접촉하지 않도록 주의하시기 바랍니다.
4) 공기압 호스의 제거는 공급 압력을 차단한 후 실시하시기 바랍니다.
5) 전기 합선 시에는 즉시 전원공급 장치의 전원을 차단하시기 바랍니다.
6) 실린더의 작동 부분에는 전선 및 호스가 접촉되지 않도록 주의하여야 합니다.
7) 모든 작업을 완료한 후 시험감독위원에게 평가받습니다.
   (단, 각 동작의 평가는 전원이 유지된 상태에서 2회 이상 시도하여 동일하게 정상 동작이 되어야 하며, 1회만 동작하고 정상적으로 재동작하지 않으면 인정하지 않습니다.)
8) 평가 기회는 한 번만 부여되오니, 이점 유의하여 평가를 요청하시기 바랍니다.
   (단, 평가가 불명확하여 재확인이 필요한 경우 시험감독위원의 판단에 따라 다시 동작시킬 수 있습니다. 회로를 변경 또는 수정할 수 없고, 동작만 재시도 합니다.)
9) 평가 종료 후 정리정돈 상태에 따라 감점될 수 있음을 유의하시기 바랍니다.
10) 시험 중 작업복 및 안전보호구를 착용하여 안전수칙을 준수하여야 하며, 안전수칙 미준수로 인해 감점될 수 있음을 유의하시기 바랍니다.
    (단, 슬리퍼, 샌들 착용 등 복장이 작업에 부적합할 경우 응시가 불가능합니다.)
11) 다음 사항은 실격에 해당하여 채점 대상에서 제외됩니다.
    가) 수험자 본인이 수험 도중 시험에 대한 기권 의사를 표현하는 경우
    나) 실기시험 과정 중 1개 과정이라도 불참한 경우
    다) 시설·장비의 조작 또는 재료의 취급이 미숙하여 위해를 일으킬 것으로 시험감독위원 전원이 합의하여 판단한 경우
    라) 기능이 해당 등급 수준에 전혀 도달하지 못한 것으로 시험감독위원이 판단할 경우
    마) 부정행위를 한 경우
    바) 시험시간 내에 작품을 제출하지 못한 경우
    사) 공기압·전기회로도와 다른 부품을 사용하거나 부품을 누락한 경우

국가기술자격 시험문제는 저작권법상 보호되는 저작물이고, 저작권자는 한국산업인력공단입니다. 문제의 일부 또는 전부를 무단 복제, 배포, (전자)출판 하는 등 저작권을 침해하는일체의 행위를 금합니다.

국가기술자격 부정행위 예방 캠페인 : "부정행위, 묵인하면 계속됩니다."

| 자격종목 | 설비보전기능사 | 과제명 | 공기압회로 구성 |

문제 ①

가. 공기압 회로도

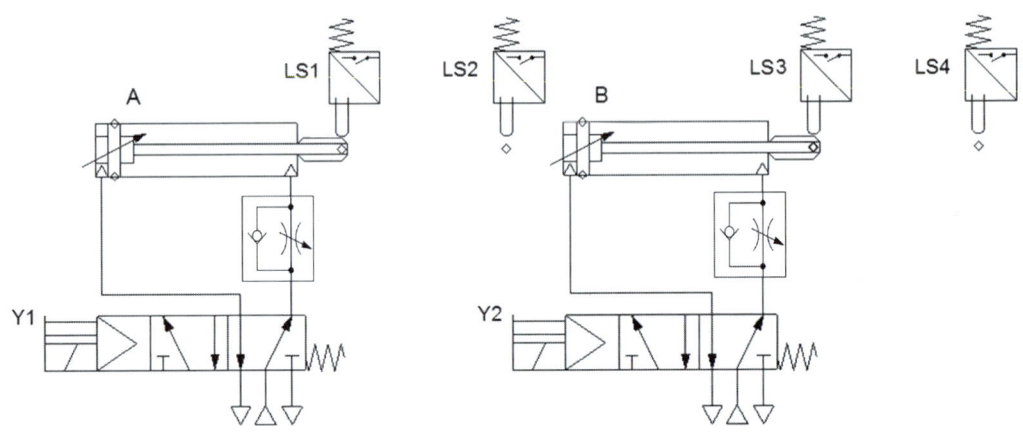

나. 전기회로도

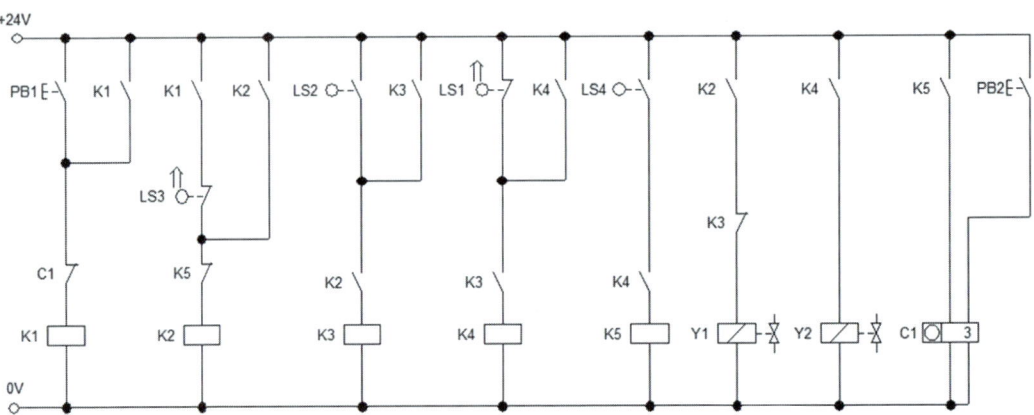

다. 변위단계선도

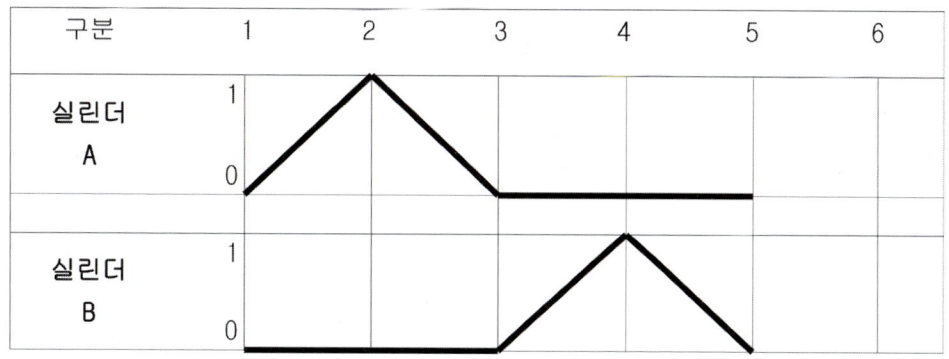

라. 동작 설명

1) 아래 표와 같이 스위치가 동작하도록 하시오.

스위치	기능	동작 설명
PB1	연속 운전	1회 ON-OFF하면 변위단계선도와 같이 3사이클 운전 후 정지
PB2	카운터 초기화	1회 ON-OFF하면 카운터 초기화

2) 회로도의 유량제어밸브는 속도가 약 50% 정도가 되도록 조정하시오.

| 자격종목 | 설비보전기능사 | 과제명 | 공기압회로 구성 |

문제 ②

가. 공기압 회로도

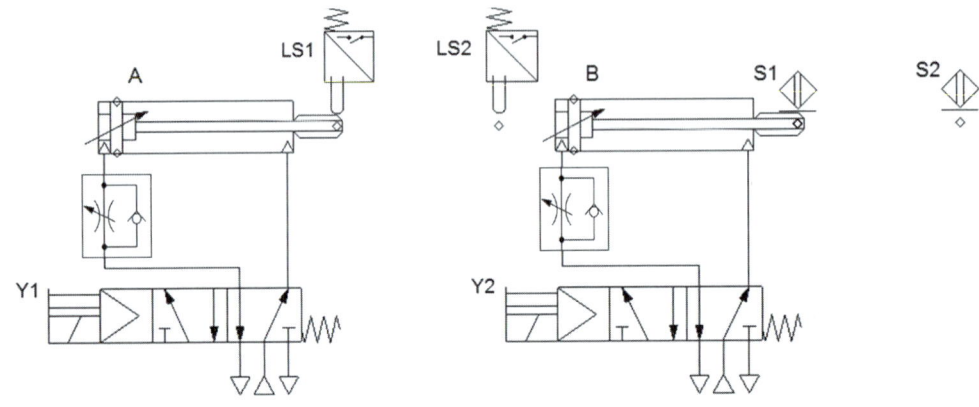

나. 전기회로도

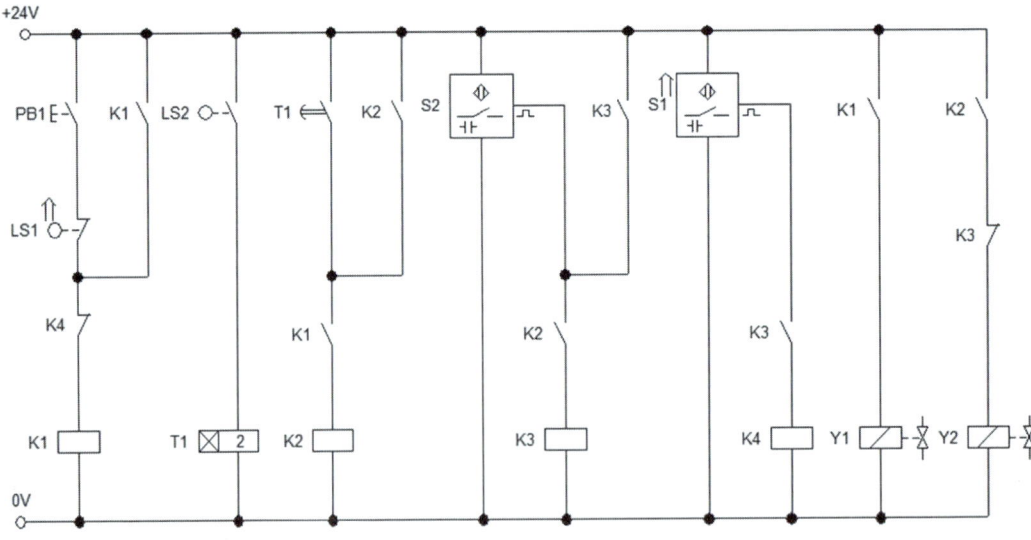

다. 변위단계선도

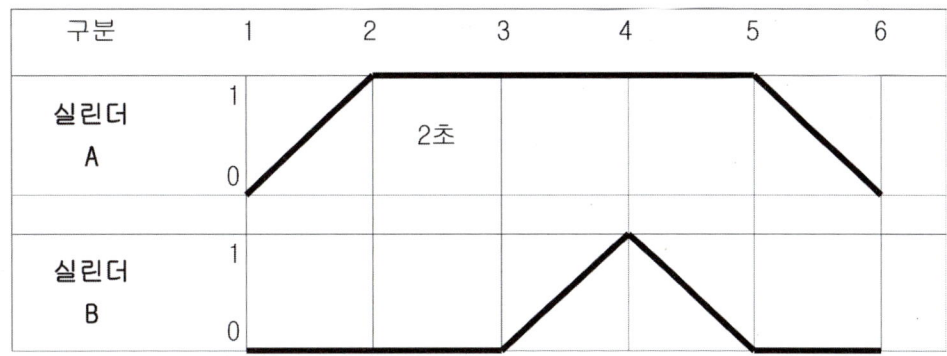

라. 동작 설명

1) 아래 표와 같이 스위치가 동작하도록 하시오.

스위치	기능	동작 설명
PB1	단속 운전	1회 ON-OFF하면 변위단계선도와 같이 운전 후 정지

2) 회로도의 유량제어밸브는 속도가 약 50% 정도가 되도록 조정하시오.

자격종목	설비보전기능사	과제명	공기압회로 구성

문제 ③

가. 공기압 회로도

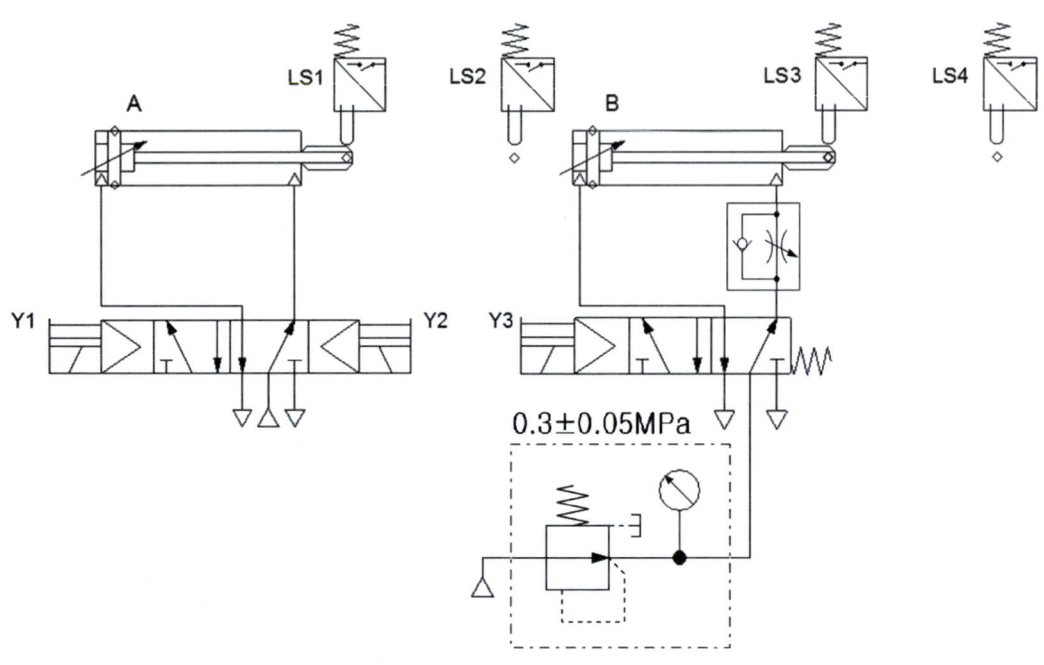

나. 전기회로도

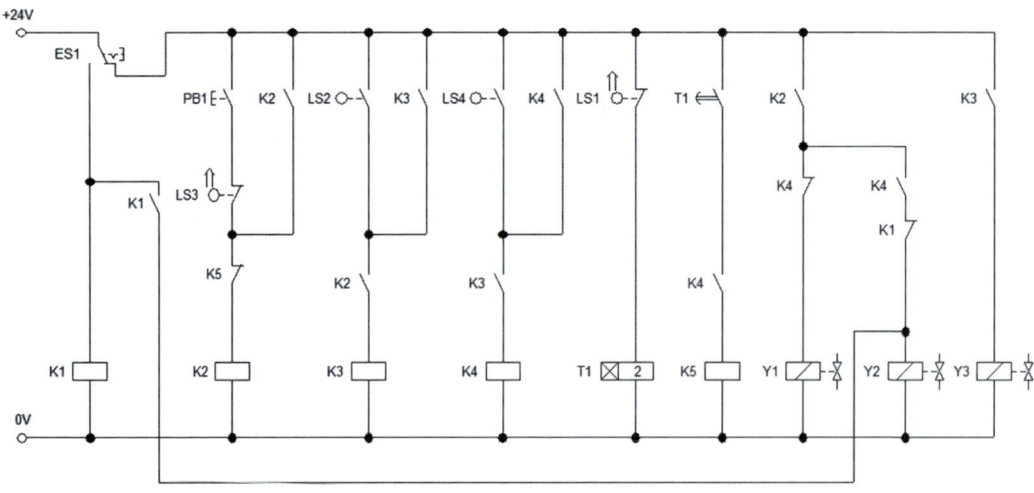

다. 변위단계선도

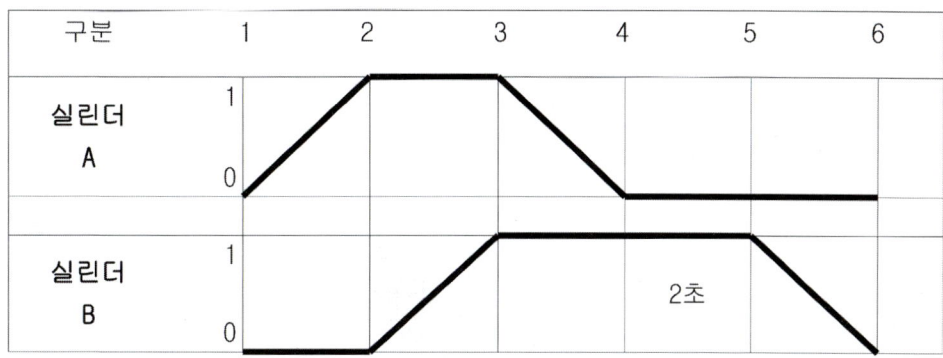

라. 동작 설명

1) 아래 표와 같이 스위치가 동작하도록 하시오.

스위치	기능	동작 설명
PB1	단속 운전	1회 ON-OFF하면 변위단계선도와 같이 운전 후 정지
ES1	비상 정지	1회 ON하면 모든 실린더 후진, OFF하면 시스템 초기화

2) 회로도의 유량제어밸브는 속도가 약 50% 정도가 되도록 조정하시오.
3) 회로도의 감압밸브는 압력이 0.3 ± 0.05MPa가 되도록 조정하시오.

자격종목	설비보전기능사	과제명	공기압회로 구성

문제 ④

가. 공기압 회로도

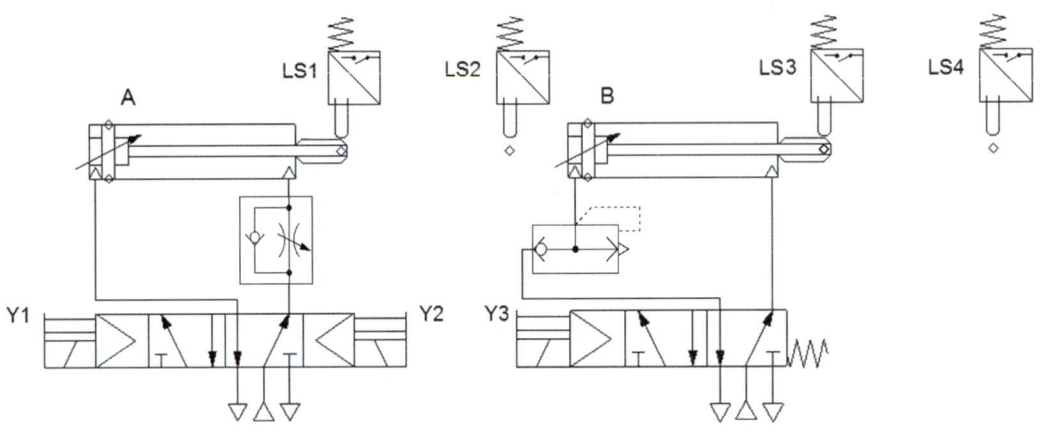

나. 전기회로도

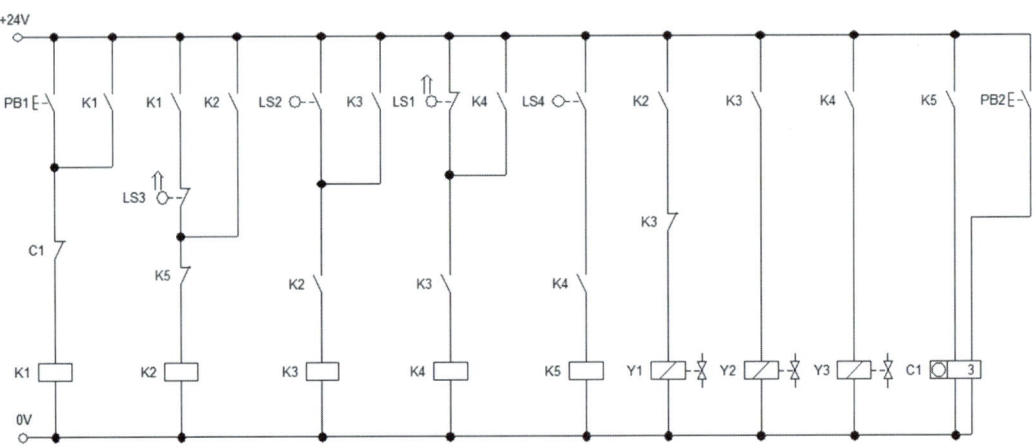

다. 변위단계선도

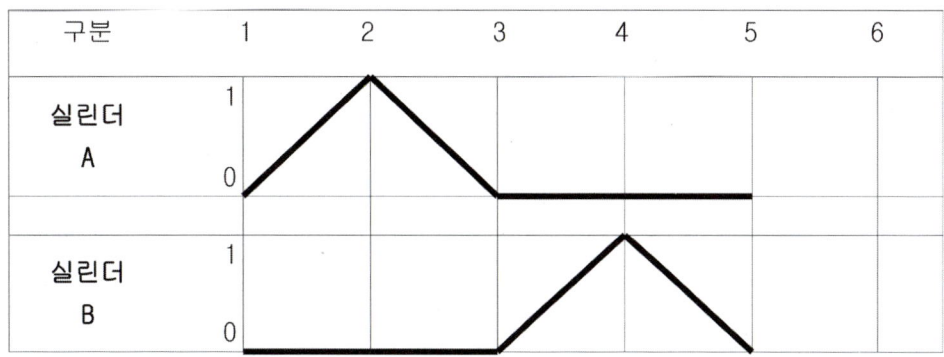

라. 동작 설명

1) 아래 표와 같이 스위치가 동작하도록 하시오.

스위치	기능	동작 설명
PB1	연속 운전	1회 ON-OFF하면 변위단계선도와 같이 3사이클 운전 후 정지
PB2	카운터 리셋	1회 ON-OFF하면 카운터 초기화

2) 회로도의 유량제어밸브는 속도가 약 50% 정도가 되도록 조정하시오.

| 자격종목 | 설비보전기능사 | 과제명 | 공기압회로 구성 |

문제 ⑤

가. 공기압 회로도

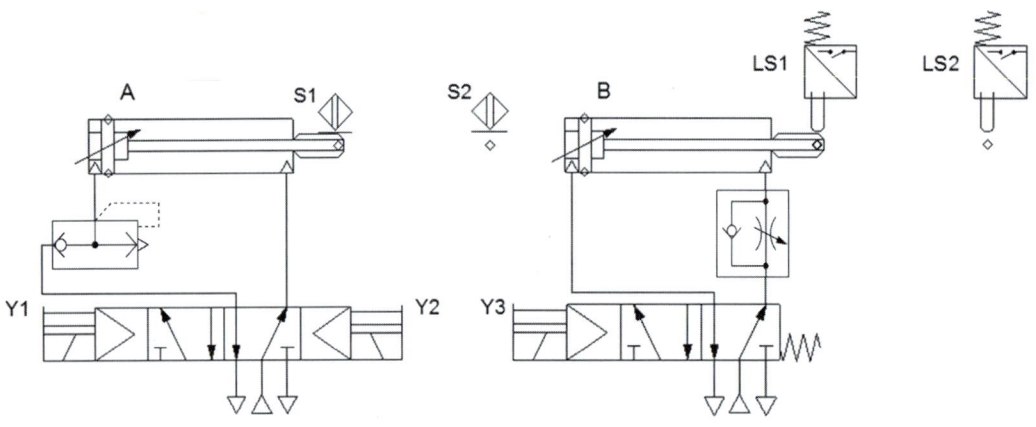

나. 전기회로도

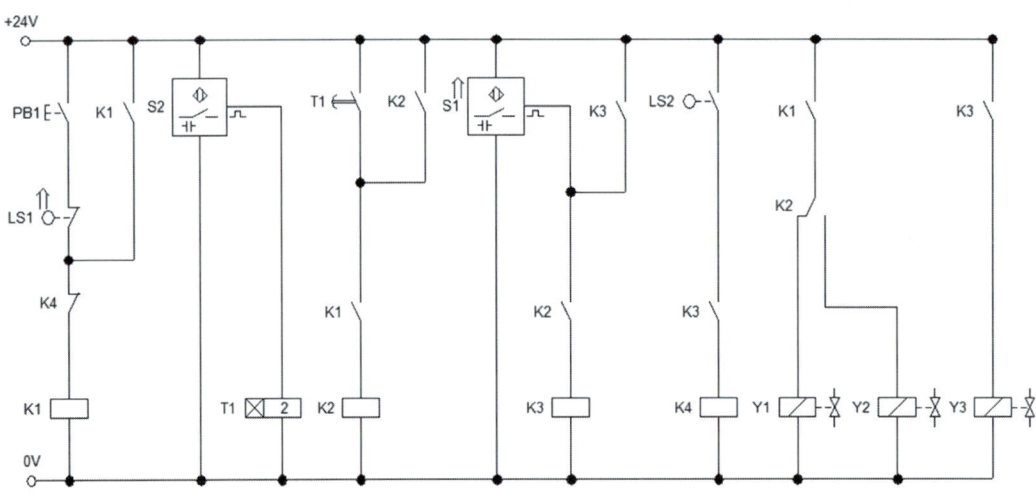

다. 변위단계선도

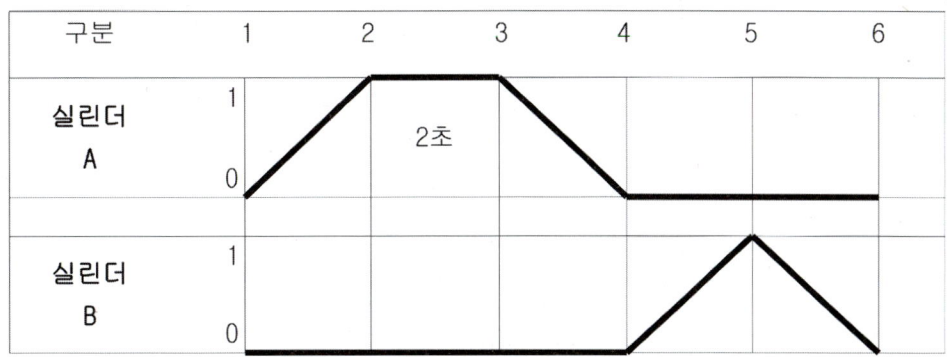

라. 동작 설명

1) 아래 표와 같이 스위치가 동작하도록 하시오.

스위치	기능	동작 설명
PB1	단속 운전	1회 ON-OFF하면 변위단계선도와 같이 운전 후 정지

2) 회로도의 유량제어밸브는 속도가 약 50% 정도가 되도록 조정하시오.

| 자격종목 | 설비보전기능사 | 과제명 | 공기압회로 구성 |

문제 ⑥

가. 공기압 회로도

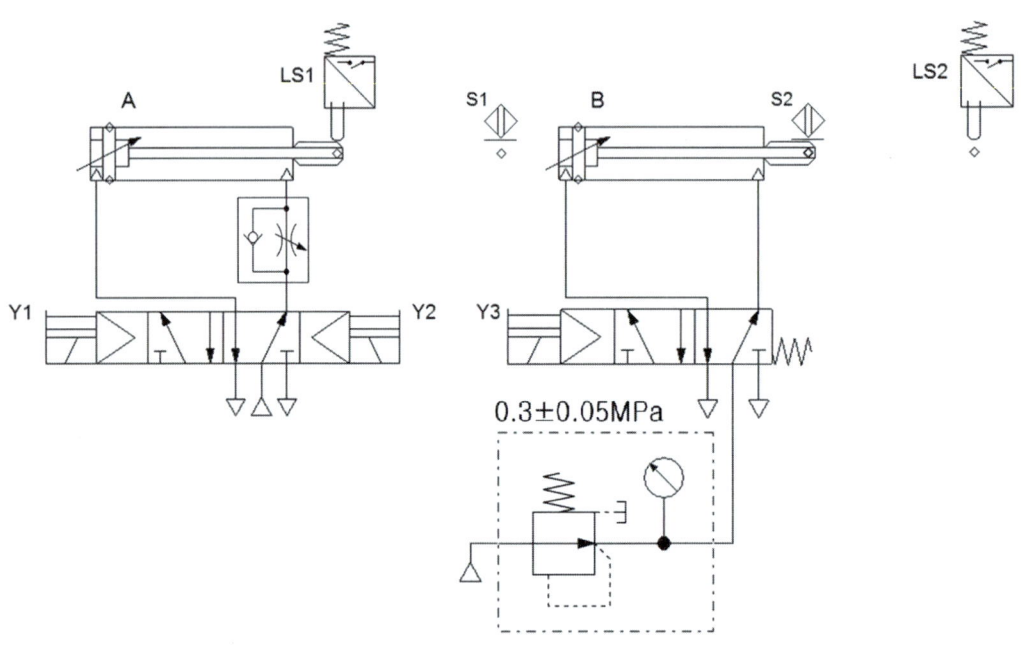

나. 전기회로도

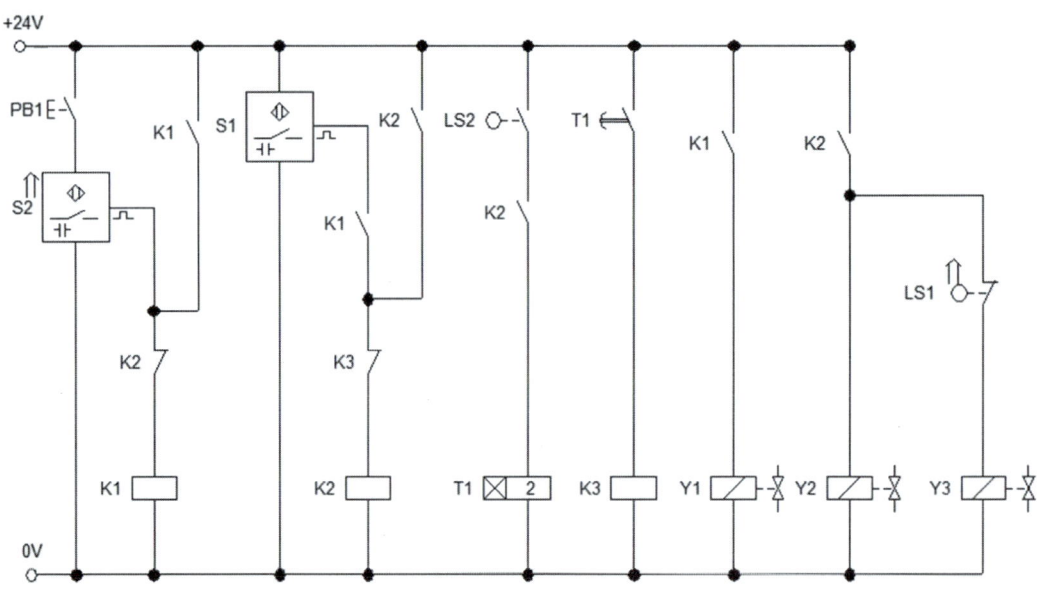

다. 변위단계선도

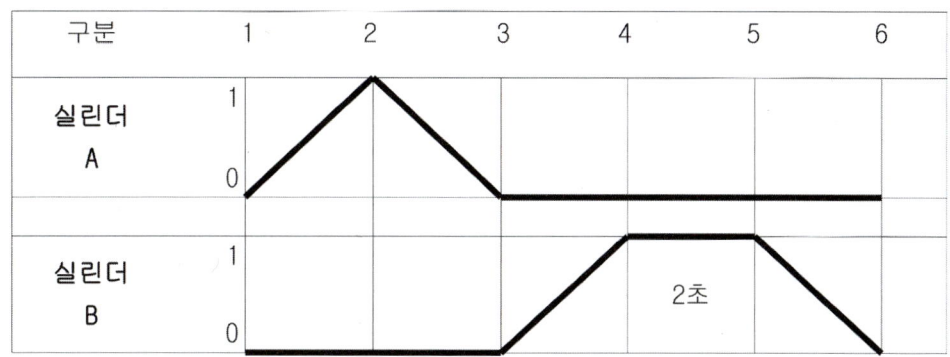

라. 동작 설명

1) 아래 표와 같이 스위치가 동작하도록 하시오.

스위치	기능	동작 설명
PB1	단속 운전	1회 ON-OFF하면 변위단계선도와 같이 운전 후 정지

2) 회로도의 유량제어밸브는 속도가 약 50% 정도가 되도록 조정하시오.
3) 회로도의 감압밸브는 압력이 0.3 ± 0.05MPa가 되도록 조정하시오.

| 자격종목 | 설비보전기능사 | 과제명 | 공기압회로 구성 |

문제 ⑦

가. 공기압 회로도

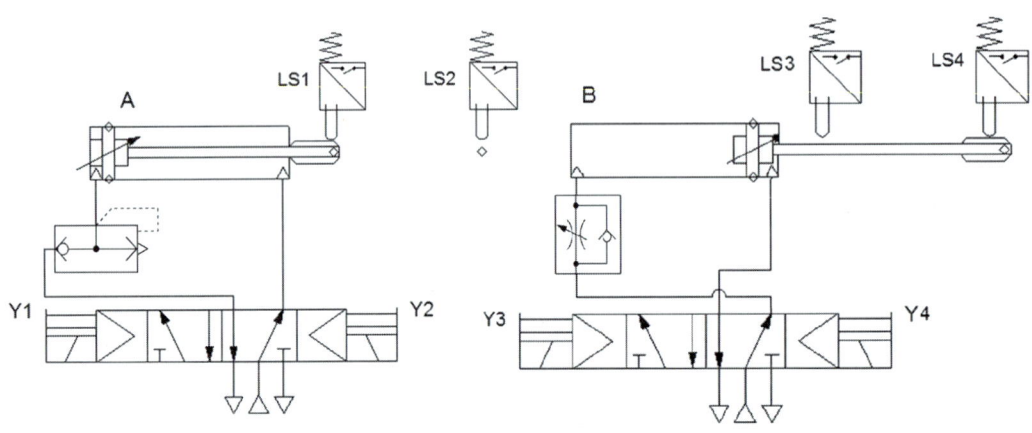

나. 전기회로도

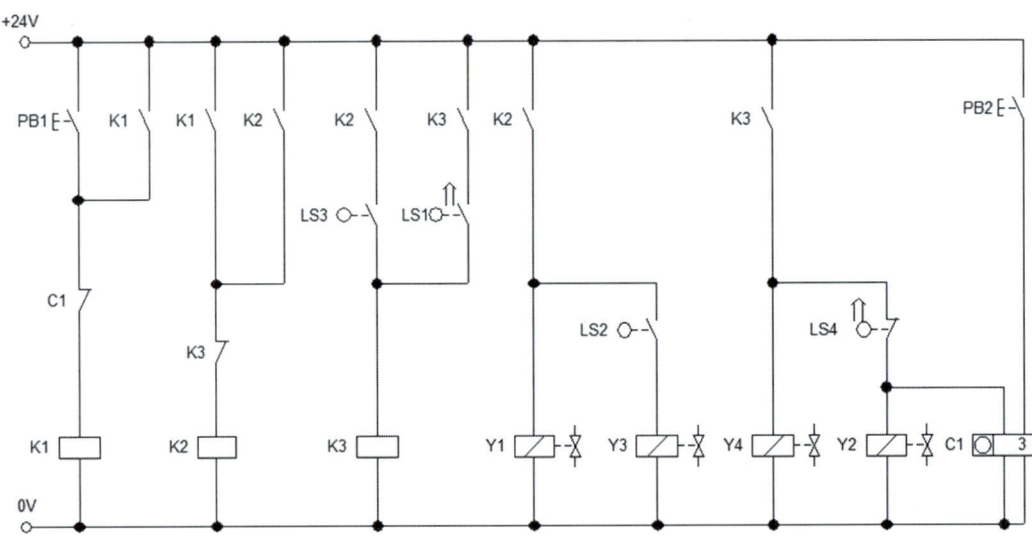

다. 변위단계선도

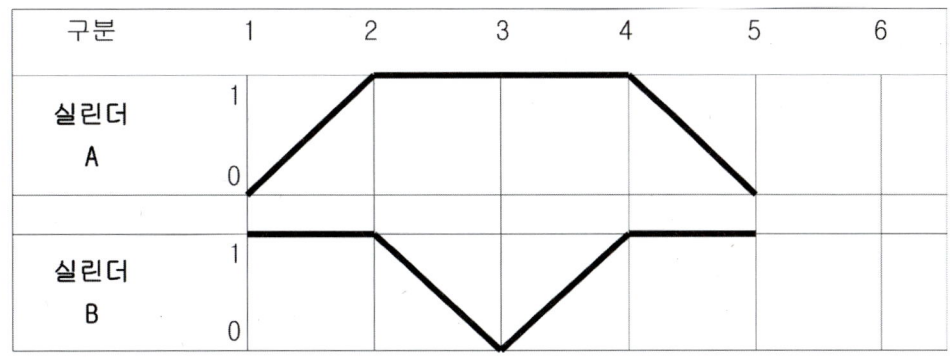

라. 동작 설명

1) 아래 표와 같이 스위치가 동작하도록 하시오.

스위치	기능	동작 설명
PB1	연속 운전	1회 ON-OFF하면 변위단계선도와 같이 3사이클 운전 후 정지
PB2	카운터 리셋	1회 ON-OFF하면 카운터 초기화

2) 회로도의 유량제어밸브는 속도가 약 50% 정도가 되도록 조정하시오.

| 자격종목 | 설비보전기능사 | 과제명 | 공기압회로 구성 |

문제 ⑧

가. 공기압 회로도

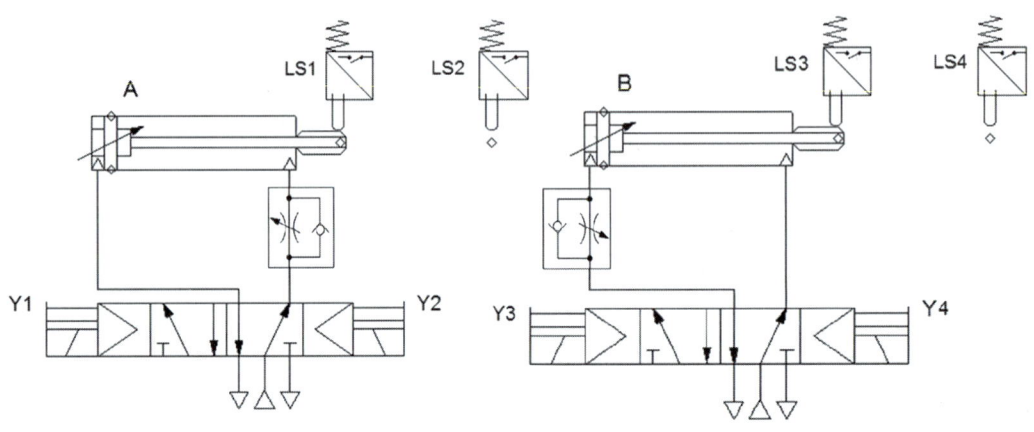

나. 전기회로도

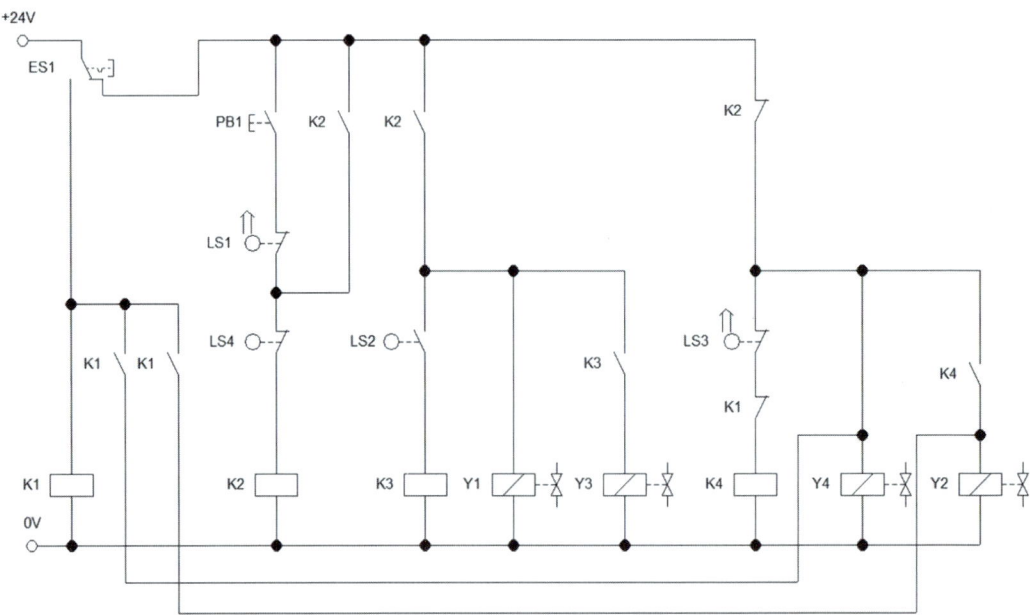

다. 변위단계선도

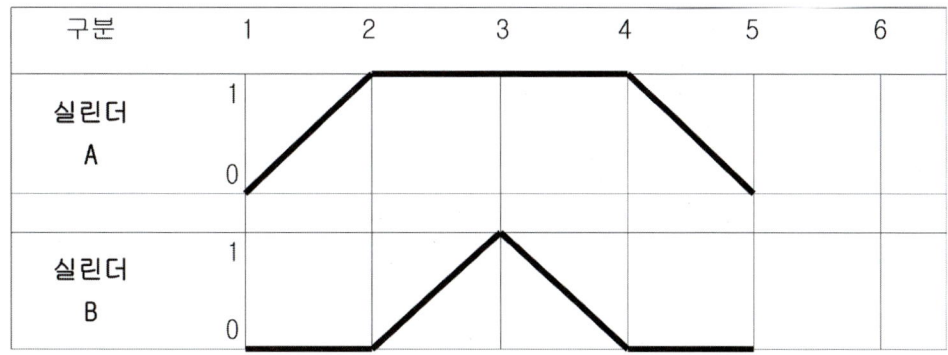

라. 동작 설명

1) 아래 표와 같이 스위치가 동작하도록 하시오.

스위치	기능	동작 설명
PB1	단속운전	1회 ON-OFF하면 변위단계선도와 같이 운전 후 정지
ES1	비상정지	1회 ON하면 모든 실린더 후진, OFF하면 시스템 초기화

2) 회로도의 유량제어밸브는 속도가 약 50% 정도가 되도록 조정하시오.

02 Chapter 유압회로 구성

| 자격종목 | 설비보전산업기사 | 과제명 | 유압회로 구성 |

※ 문제지는 시험 종료 후 본인이 가져갈 수 있습니다.

| 비번호 | | 시험일시 | | 시험장명 | |

※ 시험시간 : [제2과제] 40분

1. 요구사항

※ 지급된 재료 및 시설을 사용하여 아래 작업을 완성하시오.
※ 한번 제출한 작품의 재작업은 허용되지 않습니다.

가. 유압회로도 구성
  1) 유압회로도와 같이 기기를 선정하여 고정판에 배치하시오.
    가) 기기는 수평 또는 수직방향으로 수험자가 임의로 배치하고, 리밋 스위치는 방향성을 고려하여 설치하시오.
  2) 유압호스를 사용하여 기기를 연결하시오.
    가) 유압호스가 시스템 동작에 영향을 주지 않도록 정리하시오.
  3) 유압회로 내 최고압력을 4±0.2 MPa로 설정하시오.

나. 전기회로도 구성 및 동작
  1) 전기회로도와 같이 기기를 선정하여 배선하시오.
    가) 전기 배선은 +는 적색으로, -는 청색 또는 흑색으로 연결하고, 전선이 시스템 동작에 영향을 주지 않도록 정리하시오.
  2) PB1을 1회 ON-OFF하면 변위단계선도와 같이 1사이클 단속 운전되도록 시스템을 구성하고 시험감독위원에게 확인받으시오.
    가) 지정되지 않은 누름버튼 스위치는 자동복귀형 스위치를 사용하시오.

다. 정리정돈
  1) 평가 종료 후 작업한 자리의 부품 정리, 기름 제거, 유압 배관 정리, 전선 정리 등 모든 상태를 초기 상태로 정리하시오.

2. 수험자 유의사항

※ 다음의 유의사항을 고려하여 요구사항을 완성하시오.
※ 작업형 과제별 배점은 [공기압회로 구성 25점, 유압회로 구성 25점, 가스 절단 및 용접 30점, 기계장치 분해 및 조립 20점]이며, 이외 세부항목 배점은 비공개입니다.

1) 시험 시작 전 시험감독위원의 지시에 따라 장비의 이상유무를 확인합니다.
2) 시험 중 반드시 시험감독위원의 지시에 따라야 하며, 시험감독위원의 지시가 없는 한 시험장을 임의로 이탈할 수 없습니다.
3) 시험에 필요한 기기 이외의 부품이나 장비에 임의로 접촉하지 않도록 주의하시기 바랍니다.
4) 유압 배관의 제거는 공급 압력을 차단한 후 실시하시기 바랍니다.
5) 유압 펌프는 OFF상태를 기본으로 하고, 회로 검증 등 필요한 경우에만 동작시키시기 바랍니다.
6) 유압회로가 무부하회로일 경우 압력 설정에 주의하시기 바랍니다.
7) 전기 합선 시에는 즉시 전원공급 장치의 전원을 차단하시기 바랍니다.
8) 실린더의 작동 부분에는 전선 및 호스가 접촉되지 않도록 주의하여야 합니다.
9) 모든 작업을 완료한 후 시험감독위원에게 평가받습니다.
   (단, 각 동작의 평가는 전원이 유지된 상태에서 2회 이상 시도하여 동일하게 정상 동작이 되어야 하며, 1회만 동작하고 정상적으로 재동작하지 않으면 인정하지 않습니다.)
10) 평가 기회는 한 번만 부여되오니, 이점 유의하여 평가를 요청하시기 바랍니다.
    (단, 평가가 불명확하여 재확인이 필요한 경우 시험감독위원의 판단에 따라 다시 동작시킬 수 있습니다. 회로를 변경 또는 수정할 수 없고, 동작만 재시도 합니다.)
11) 평가 종료 후 정리정돈 상태에 따라 감점될 수 있음을 유의하시기 바랍니다.
12) 시험 중 작업복 및 안전보호구를 착용하여 안전수칙을 준수하여야 하며, 안전수칙 미준수로 인해 감점될 수 있음을 유의하시기 바랍니다.
    (단, 슬리퍼, 샌들 착용 등 복장이 작업에 부적합할 경우 응시가 불가능합니다.)
13) 다음 사항은 실격에 해당하여 채점 대상에서 제외됩니다.
    가) 수험자 본인이 수험 도중 시험에 대한 기권 의사를 표현하는 경우
    나) 실기시험 과정 중 1개 과정이라도 불참한 경우
    다) 시설·장비의 조작 또는 재료의 취급이 미숙하여 위해를 일으킬 것으로 시험감독위원 전원이 합의하여 판단한 경우
    라) 기능이 해당 등급 수준에 전혀 도달하지 못한 것으로 시험감독위원이 판단할 경우
    마) 부정행위를 한 경우
    바) 시험시간 내에 작품을 제출하지 못한 경우
    사) 유압·전기회로도와 다른 부품을 사용하거나 부품을 누락한 경우

국가기술자격 시험문제는 저작권법상 보호되는 저작물이고, 저작권자는 한국산업인력공단입니다. 문제의 일부 또는 전부를 무단 복제, 배포, (전자)출판 하는 등 저작권을 침해하는 일체의 행위를 금합니다.

국가기술자격 부정행위 예방 캠페인 : "부정행위, 묵인하면 계속됩니다."

| 자격종목 | 설비보전기능사 | 과제명 | 유압회로 구성 |

문제 ①

가. 유압 회로도

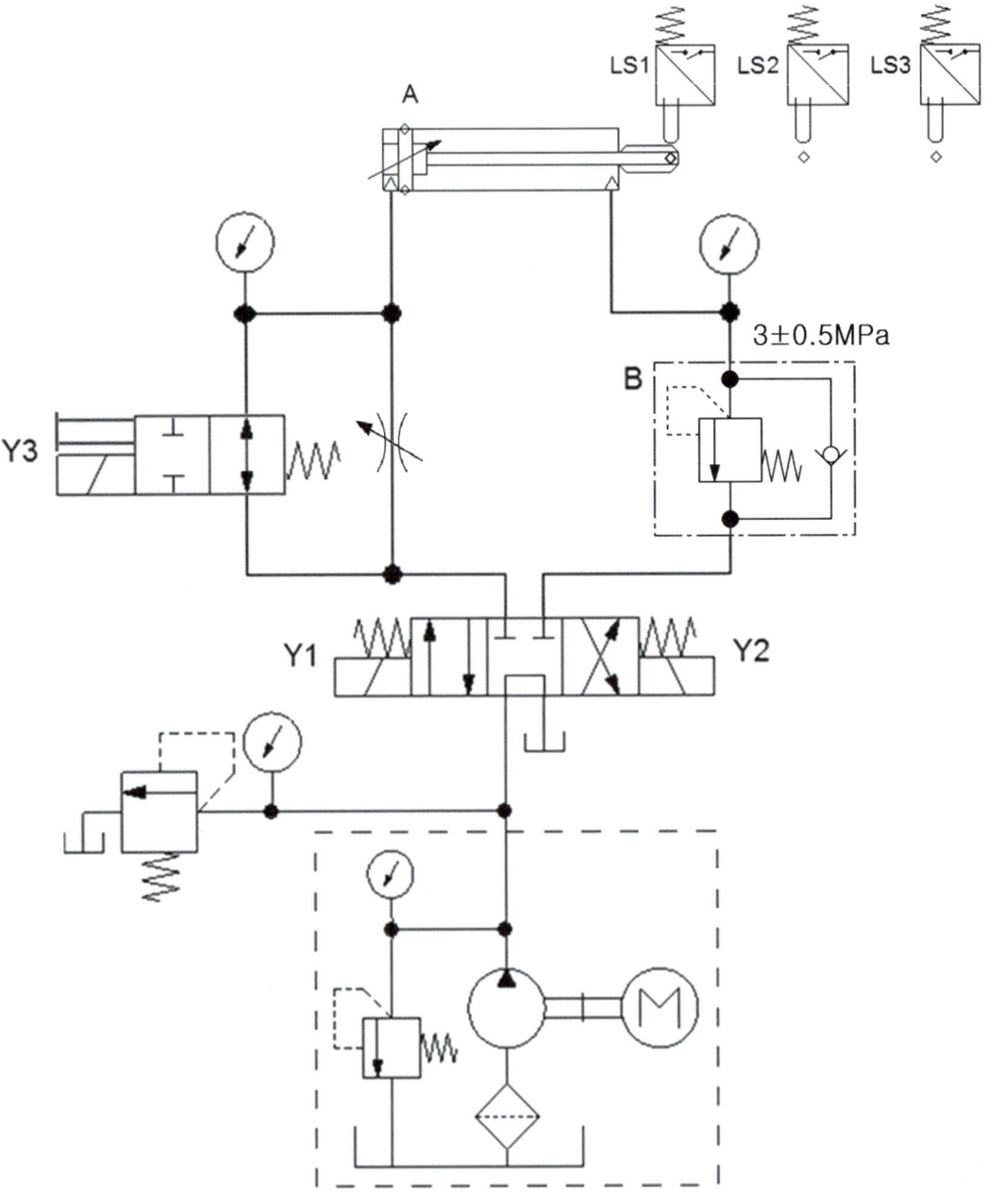

나. 전기 회로도

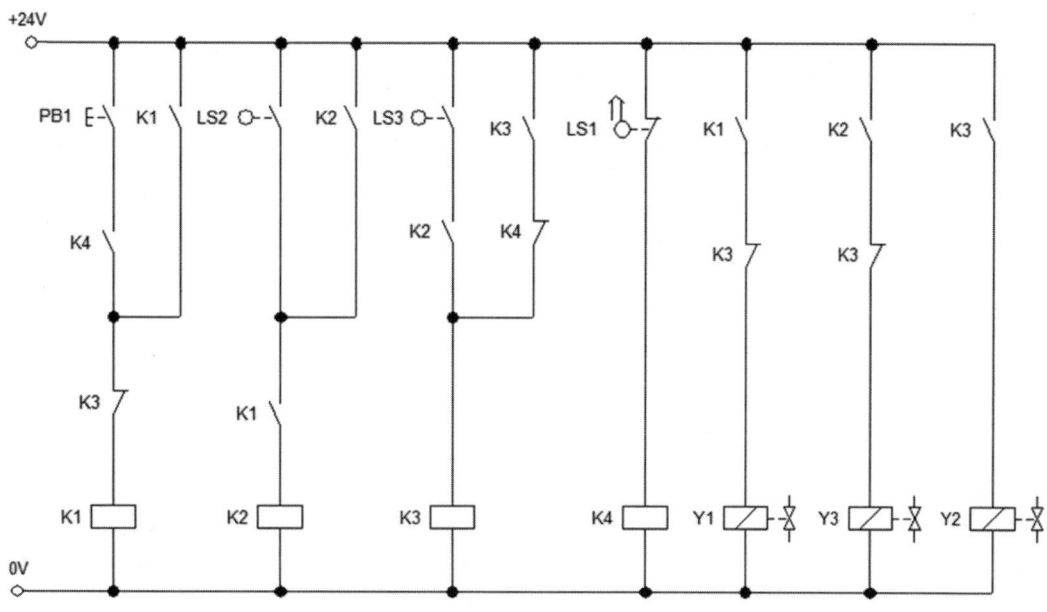

다. 변위단계선도

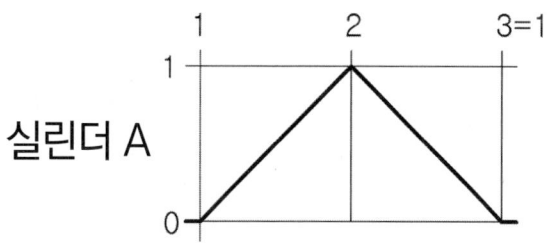

라. 동작 설명

1) PB1을 ON-OFF하면 변위단계선도와 같이 1사이클 운전하도록 하시오.
2) B부분의 부품은 카운터 밸런스 밸브를 사용하고 압력은 3±0.5MPa로 설정하시오.
3) 실린더 A 전진 동작 중 LS2가 감지되면 속도가 약 50% 정도가 되도록 조정하시오.

| 자격종목 | 설비보전기능사 | 과제명 | 유압회로 구성 |

문제 ②

가. 유압 회로도

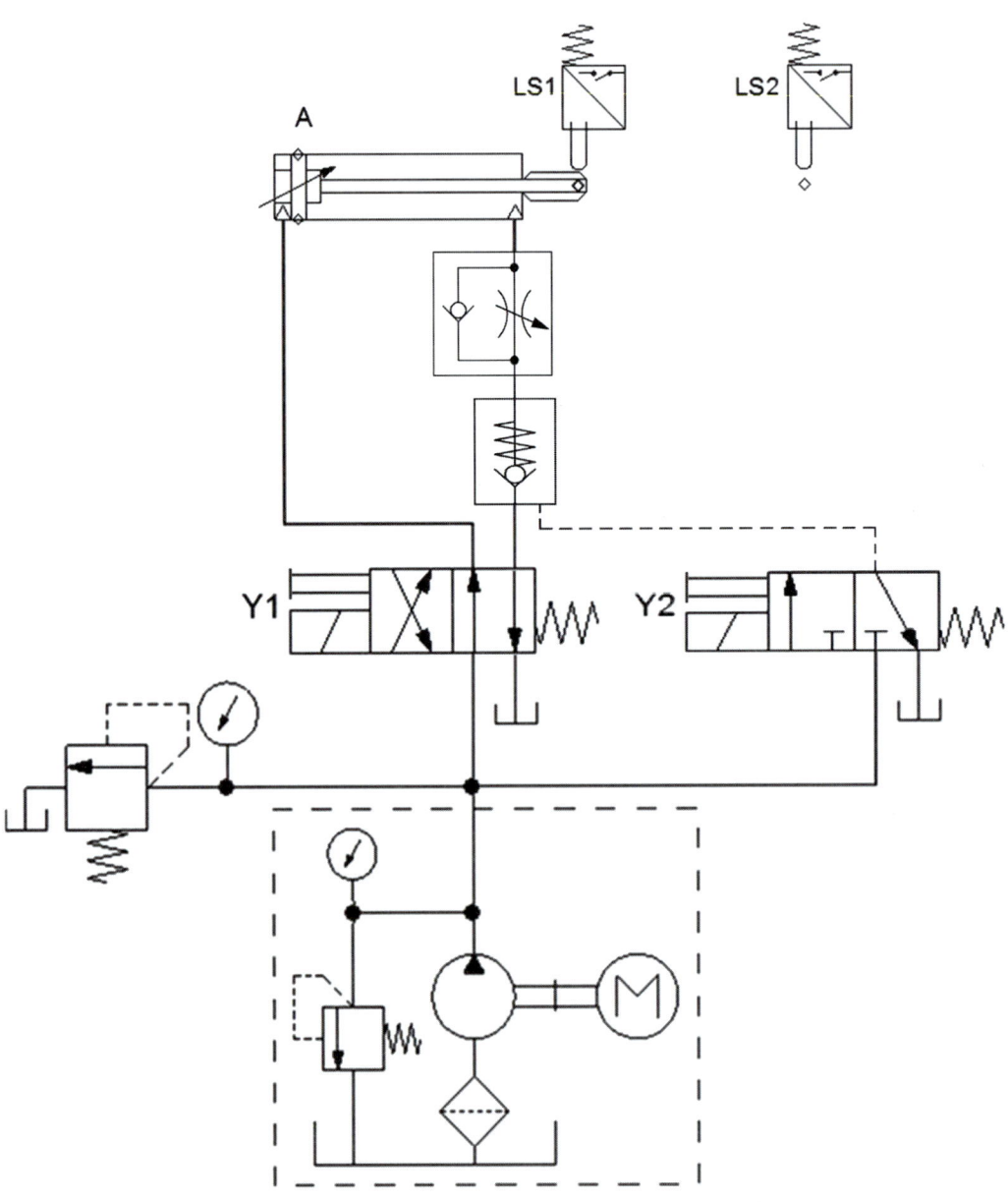

나. 전기 회로도

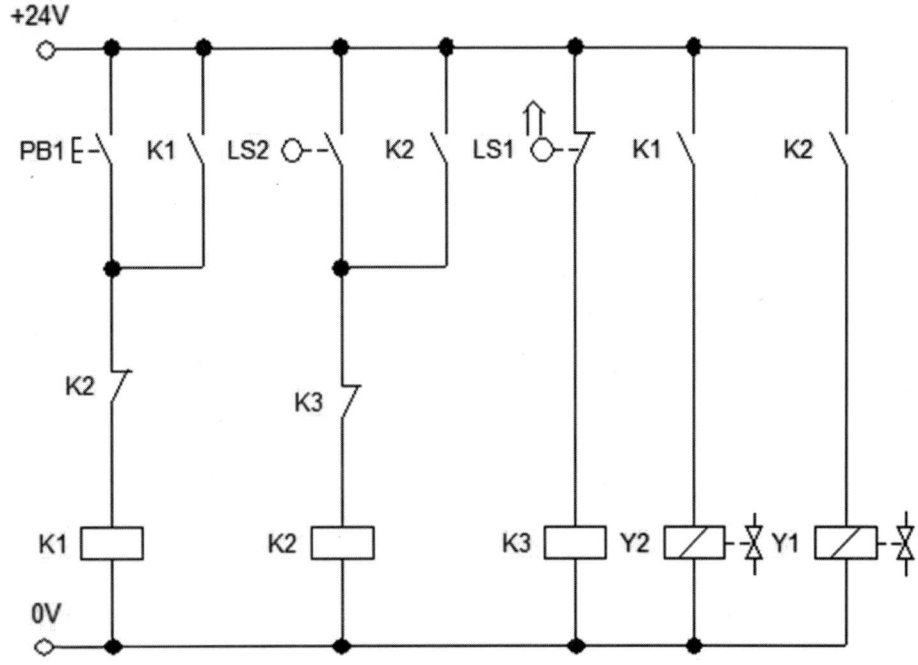

다. 변위단계선도

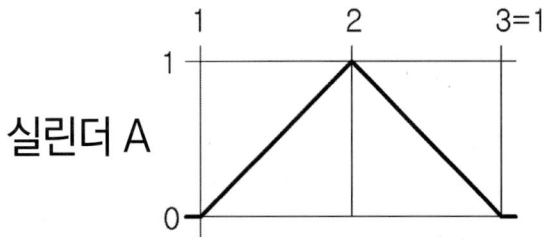

라. 동작 설명

1) PB1을 ON-OFF하면 변위단계선도와 같이 1사이클 운전하도록 하시오.
2) 회로도의 유량제어밸브는 속도가 약 50% 정도가 되도록 조정하시오.

| 자격종목 | 설비보전기능사 | 과제명 | 유압회로 구성 |

문제 ③

가. 유압 회로도

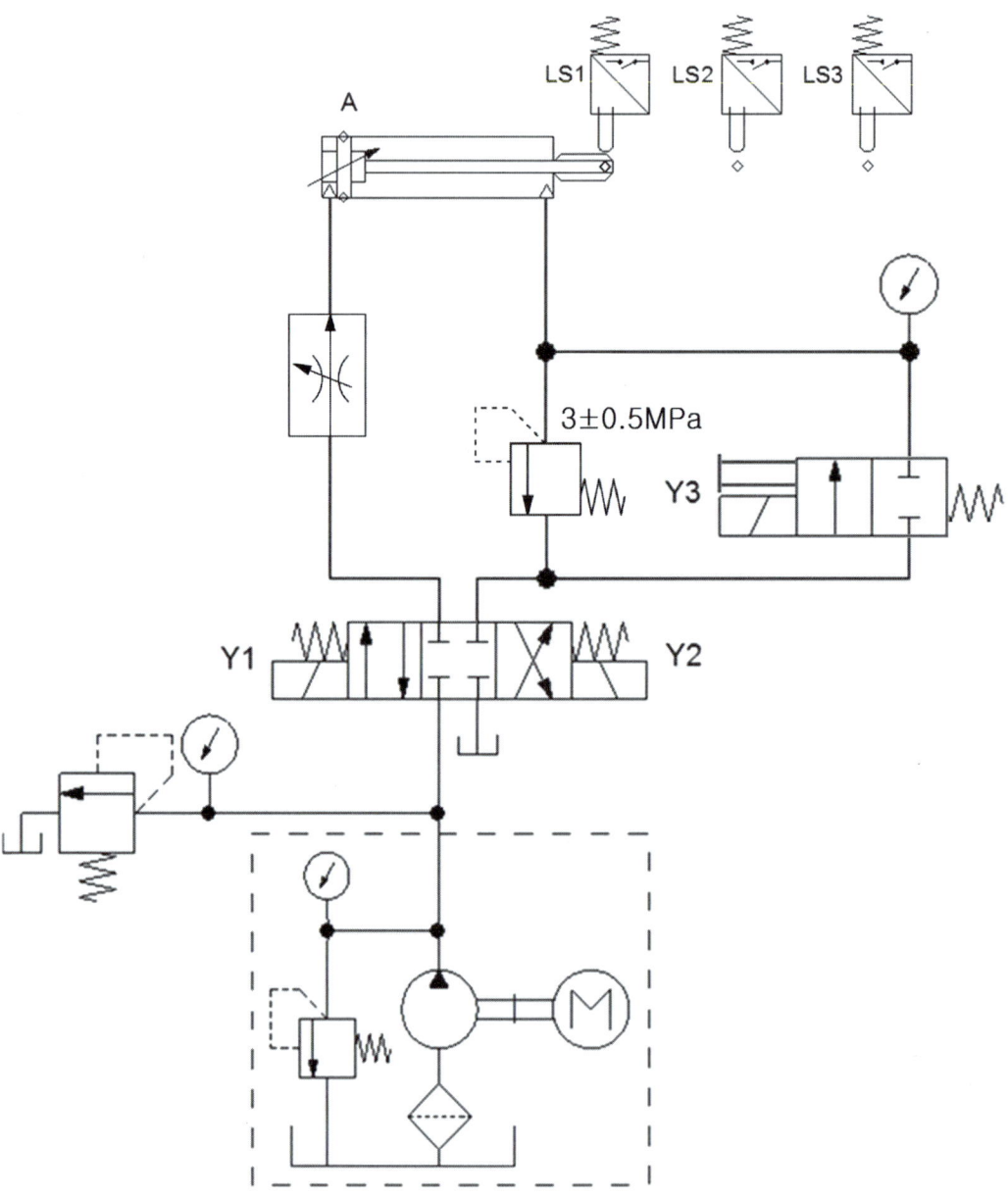

나. 전기 회로도

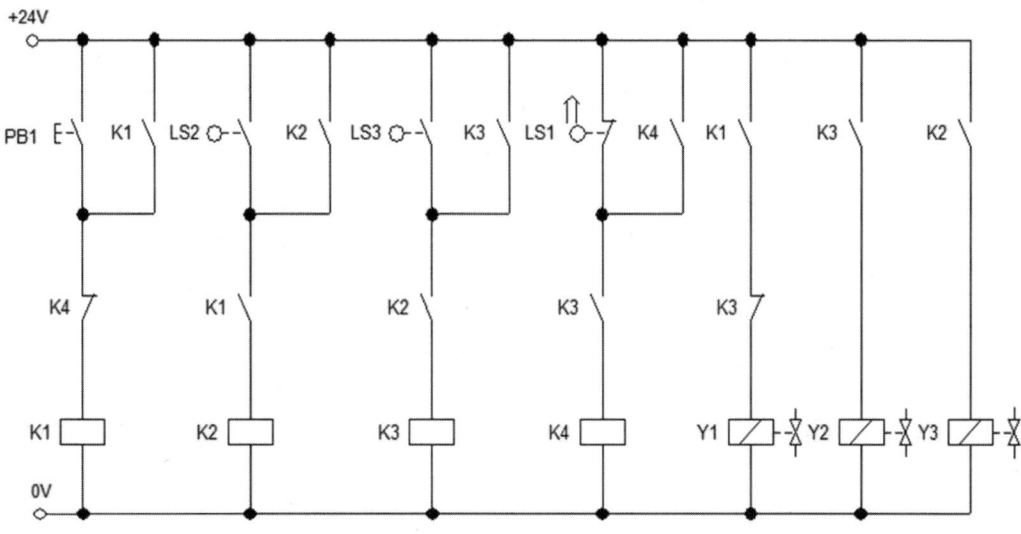

다. 변위단계선도

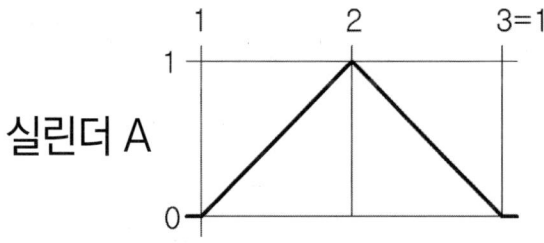

라. 동작 설명

1) PB1을 ON-OFF하면 변위단계선도와 같이 1사이클 운전하도록 하시오.
2) 실린더 A 전진 동작 중 LS2가 감지되면 속도가 약 50% 정도가 되도록 조정하시오.

| 자격종목 | 설비보전기능사 | 과제명 | 유압회로 구성 |

문제 ④

가. 유압 회로도

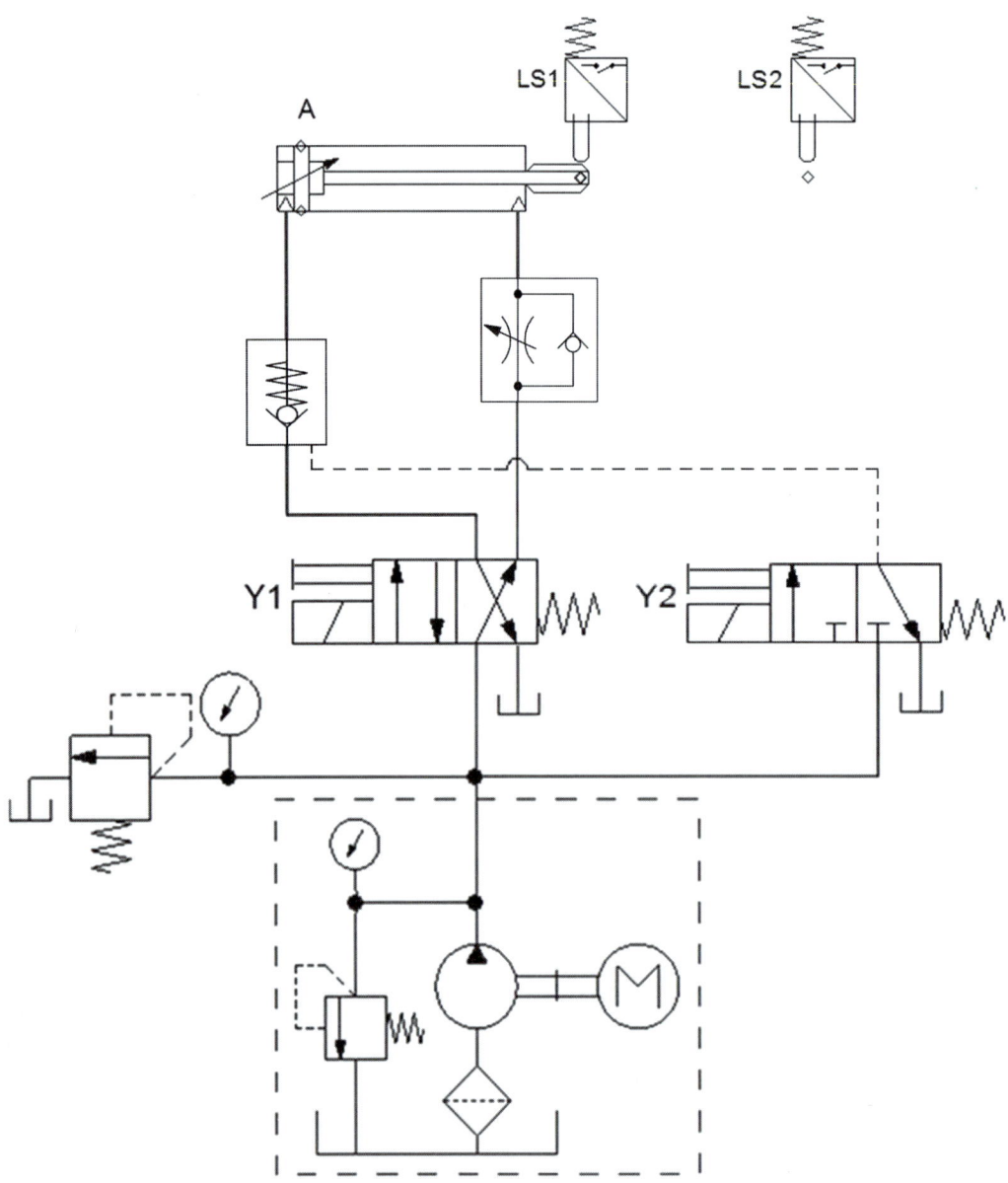

나. 전기 회로도

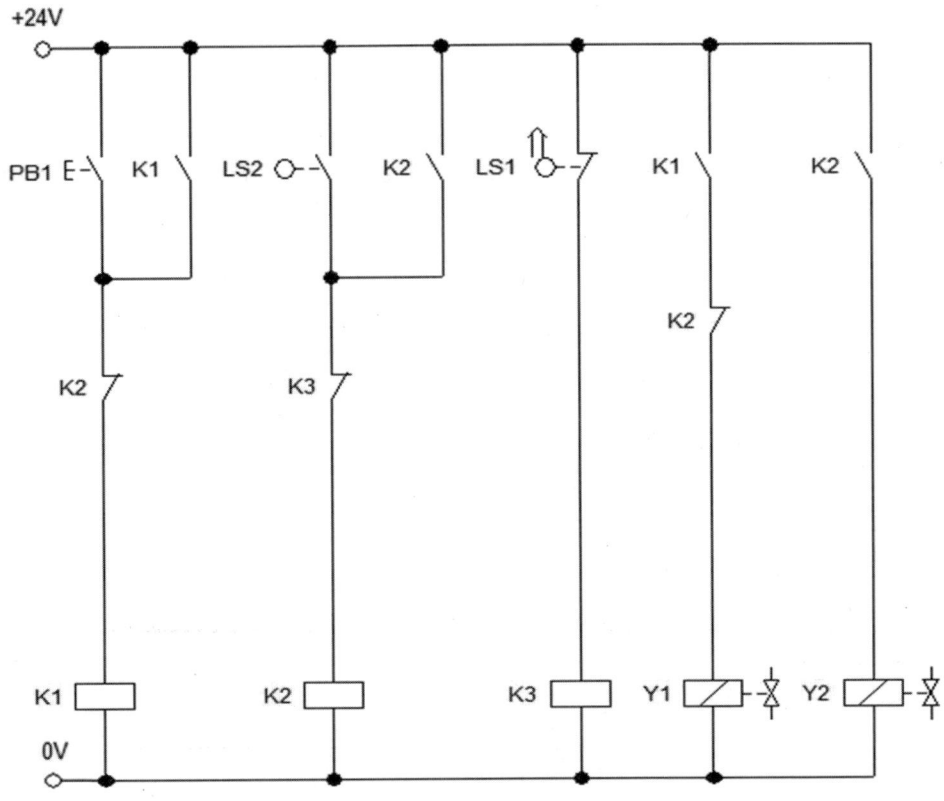

다. 변위단계선도

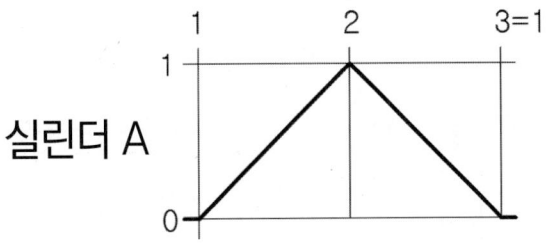

라. 동작 설명

1) PB1을 ON-OFF하면 변위단계선도와 같이 1사이클 운전하도록 하시오.
2) 회로도의 유량제어밸브는 속도가 약 50% 정도가 되도록 조정하시오.

| 자격종목 | 설비보전기능사 | 과제명 | 유압회로 구성 |

문제 ⑤

가. 유압 회로도

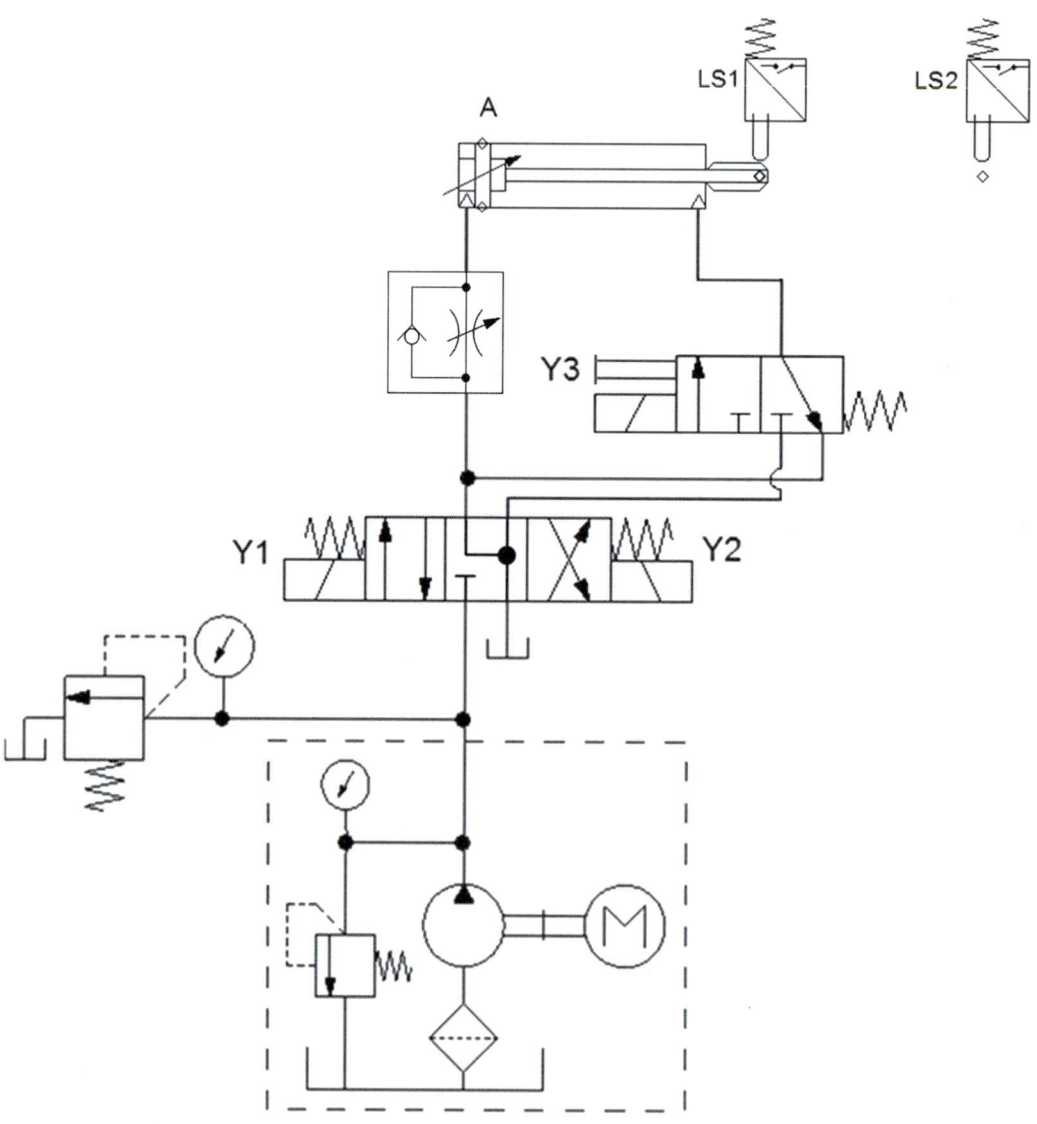

나. 전기 회로도

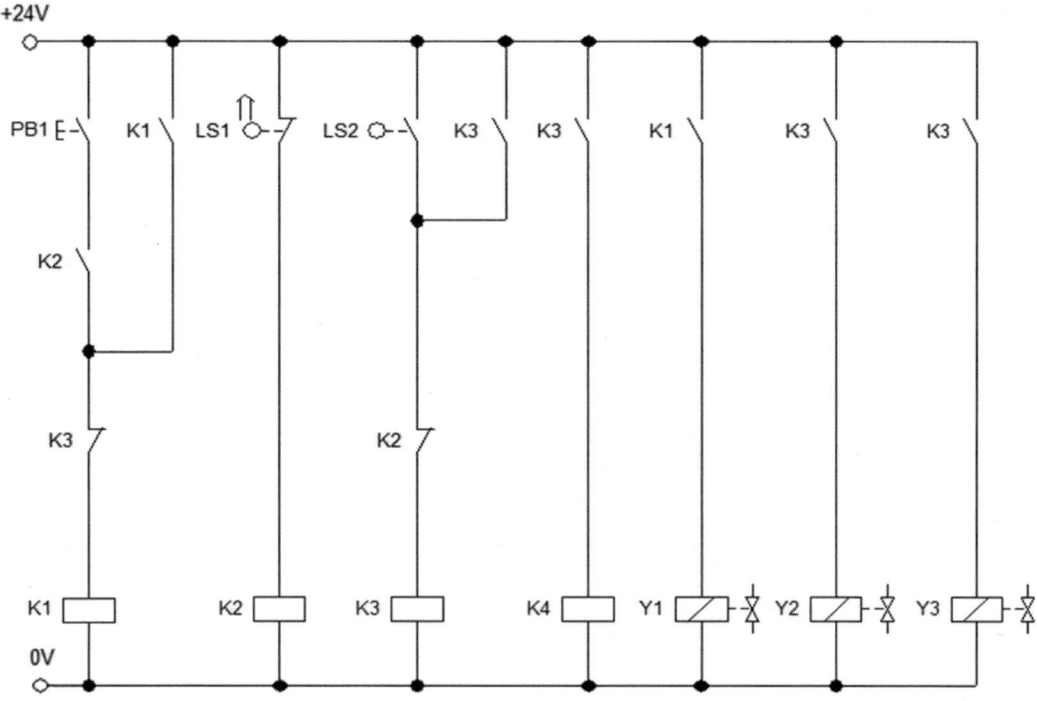

다. 변위단계선도

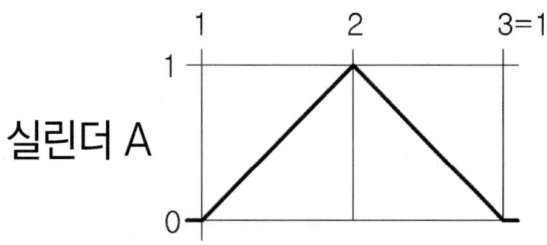

라. 동작 설명

1) PB1을 ON-OFF하면 변위단계선도와 같이 1사이클 운전하도록 하시오.
2) 회로도의 유량제어밸브는 속도가 약 50% 정도가 되도록 조정하시오.

| 자격종목 | 설비보전기능사 | 과제명 | 유압회로 구성 |

문제 ⑥

가. 유압 회로도

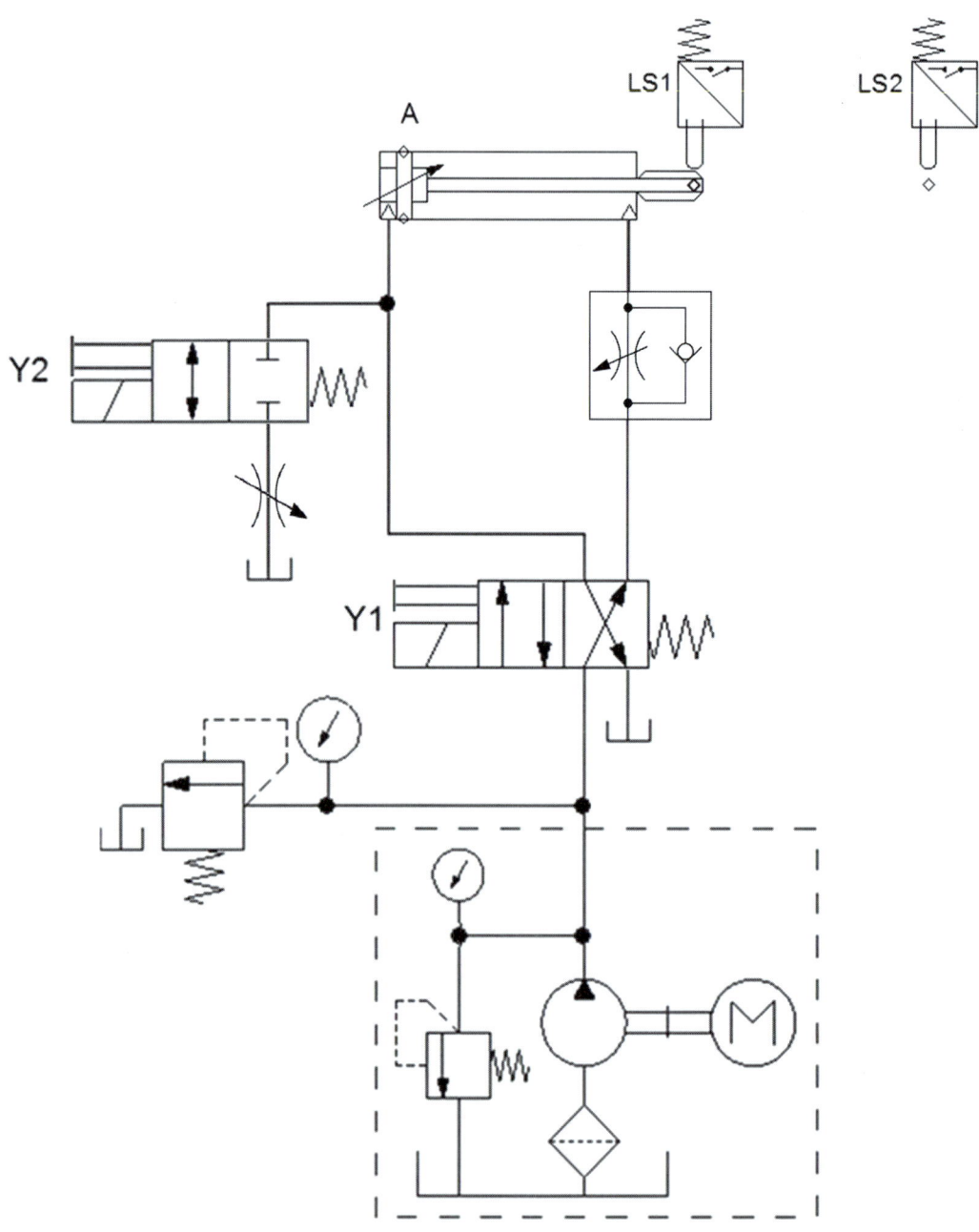

나. 전기 회로도

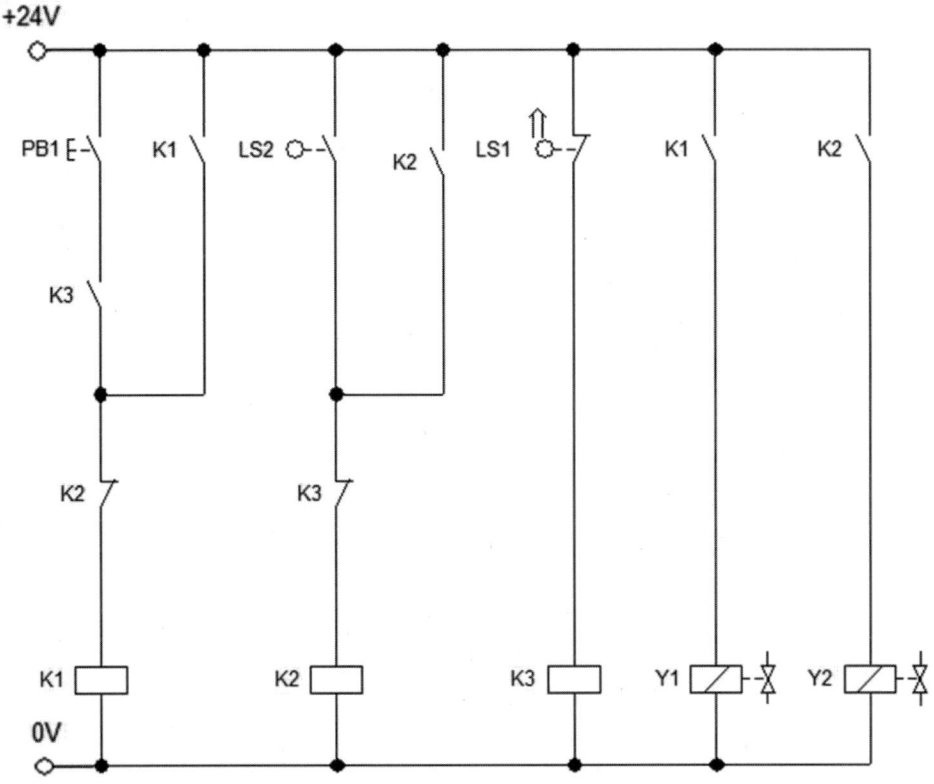

다. 변위단계선도

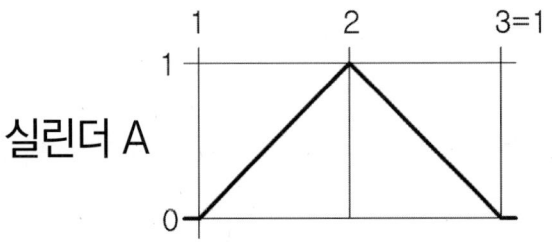

라. 동작 설명

1) PB1을 ON-OFF하면 변위단계선도와 같이 1사이클 운전하도록 하시오.
2) 회로도의 유량제어밸브는 속도가 약 50% 정도가 되도록 조정하시오.

| 자격종목 | 설비보전기능사 | 과제명 | 유압회로 구성 |

문제 ⑦

가. 유압 회로도

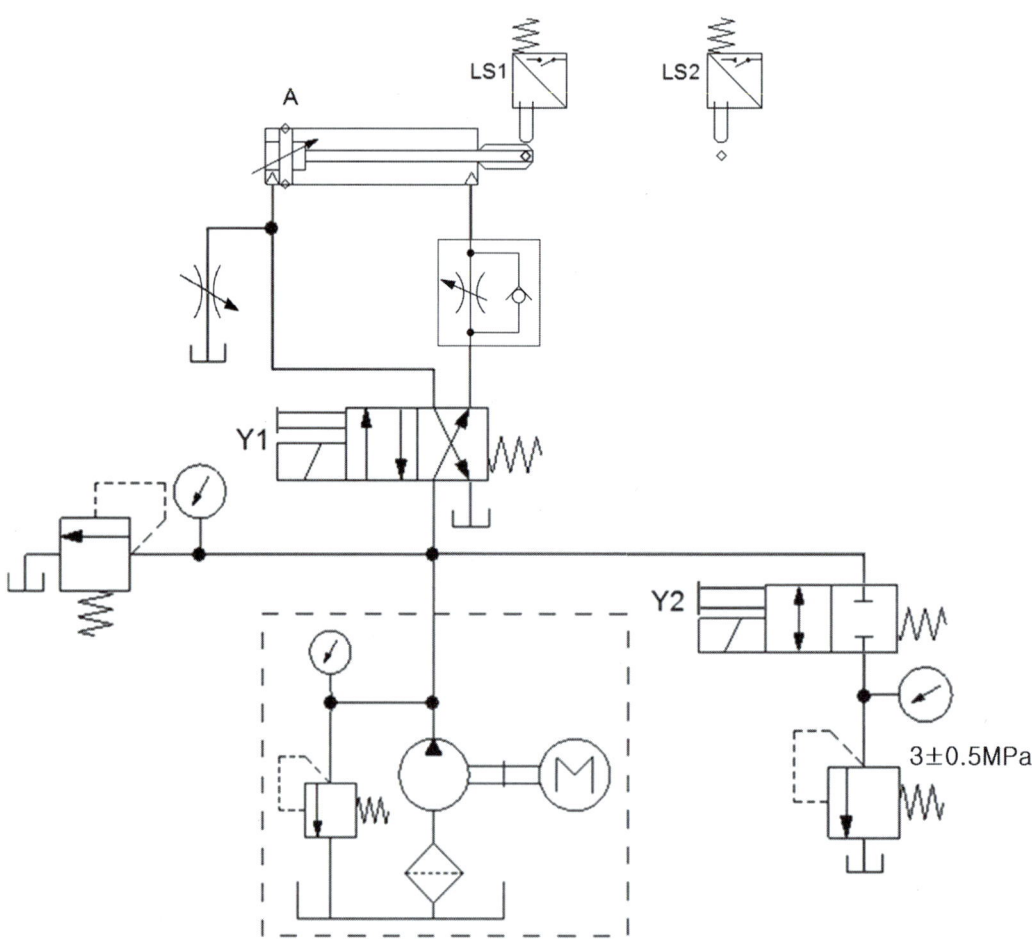

나. 전기 회로도

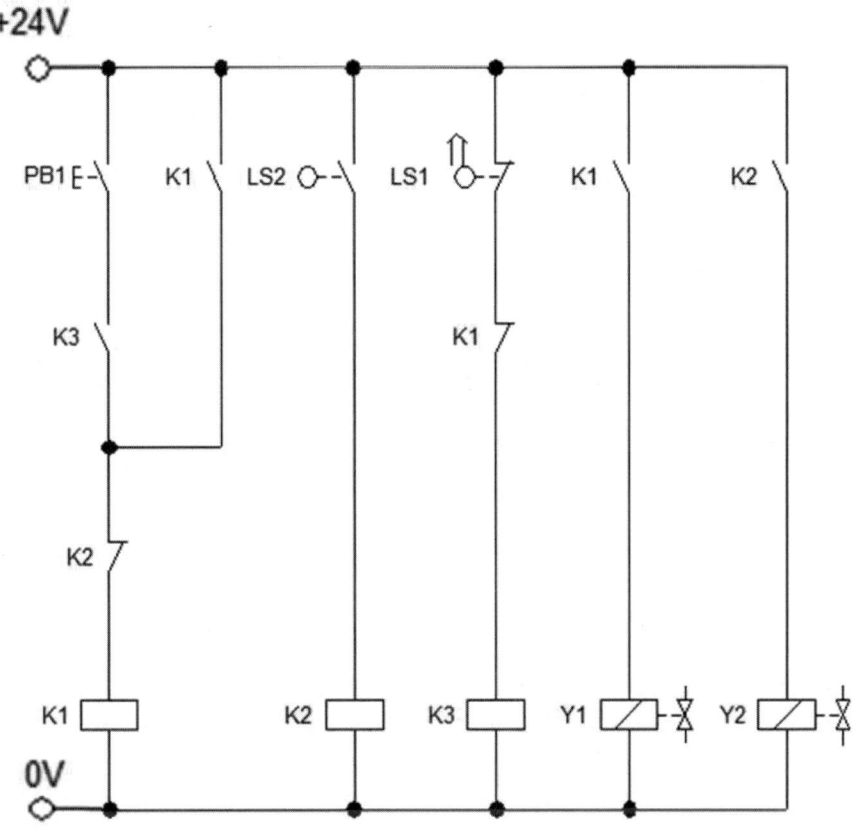

다. 변위단계선도

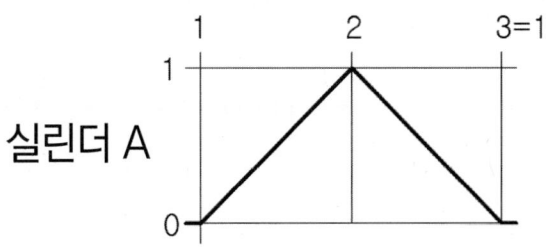

실린더 A

라. 동작 설명
1) PB1을 ON-OFF하면 변위단계선도와 같이 1사이클 운전하도록 하시오.
2) 회로도의 유량제어밸브는 속도가 약 50% 정도가 되도록 조정하시오.

| 자격종목 | 설비보전기능사 | 과제명 | 유압회로 구성 |

문제 ⑧

가. 유압 회로도

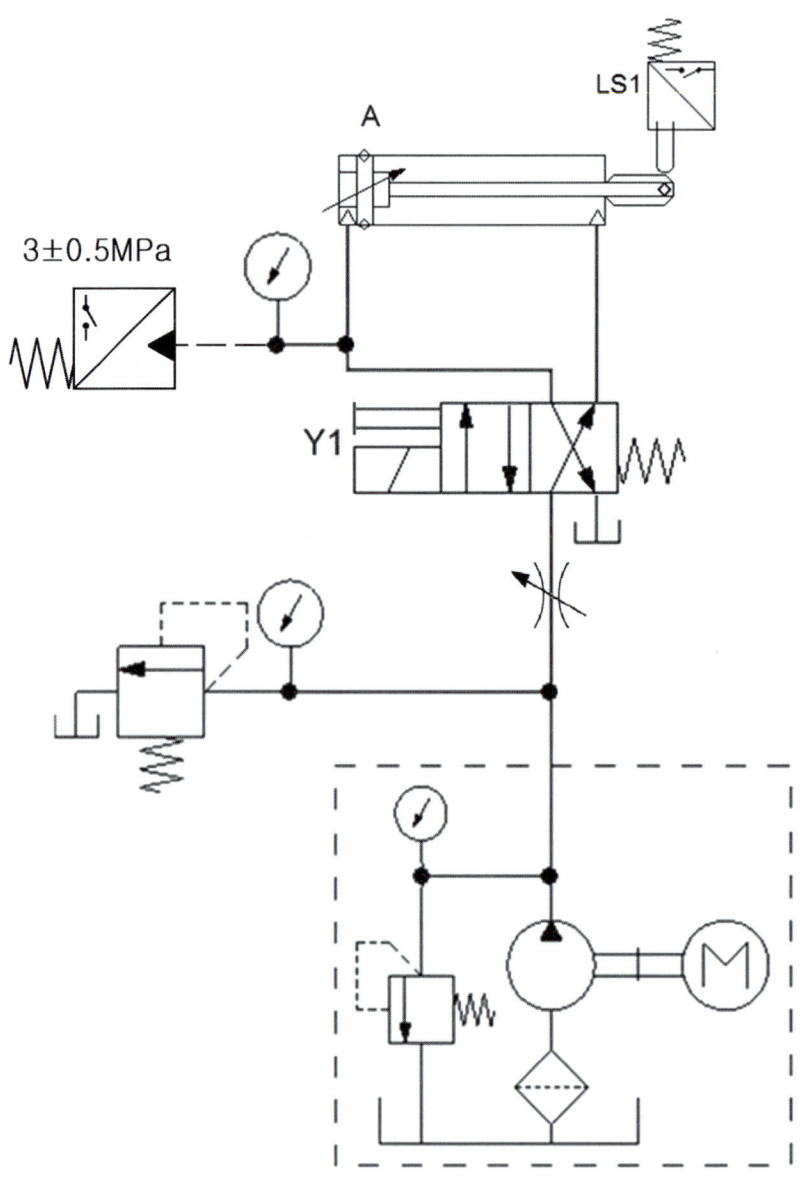

나. 전기 회로도

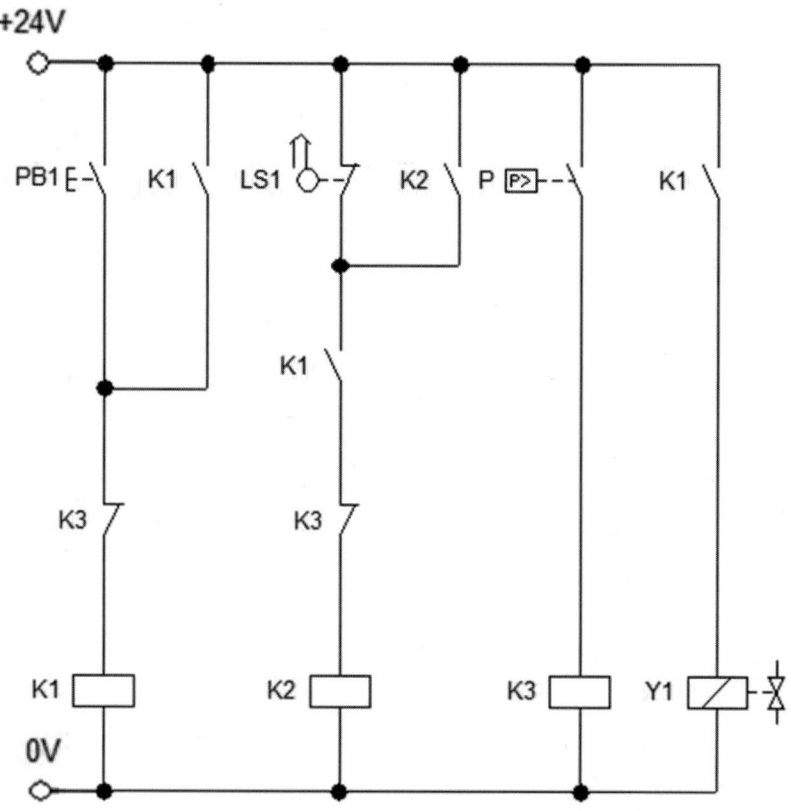

다. 변위단계선도

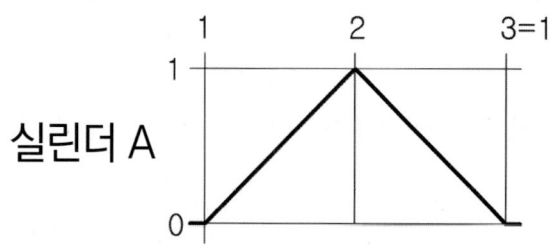

라. 동작 설명

1) PB1을 ON-OFF하면 변위단계선도와 같이 1사이클 운전하도록 하시오.
2) 회로도의 유량제어밸브는 속도가 약 50% 정도가 되도록 조정하시오.

03 Chapter 가스 절단 및 용접

자격종목	설비보전산업기사	과제명	가스 절단 및 용접

※ 문제지는 시험 종료 후 본인이 가져갈 수 있습니다.

비번호		시험일시		시험장명	

※ 시험시간 : [제3과제] 50분

1. 요구사항

※ 지급된 재료 및 시설을 사용하여 아래 작업을 완성하시오.
※ 한번 제출한 작품의 재작업은 허용되지 않습니다.
※ 작업 시작 전 지급된 연강판에 각인 여부를 반드시 확인하시오.
※ 가스 절단 → 구멍 가공 → 용접 → 조립 → 정리정돈 순서로 작업하시오.

가. 가스 절단 및 구멍 가공

※ 가스 절단 작업은 10분 이내에 완료하여야 합니다.

1) 주어진 연강판을 절단 및 가공 도면(4-3p)과 같이 절단하시오.
   (단, 작업 후 절단면 외관을 채점하므로 줄이나 그라인더 가공을 금합니다.)
   가) 가스 절단 장치 또는 가스 집중 장치의 가스 누설여부를 확인하시오.
   나) 각 압력조정기의 핸들을 조정하여 절단 작업에 사용 가능한 적정 압력으로 조절하시오.
   다) 점화 후 가스 불꽃을 조정하여 도면과 같이 작업 수행 후 소화하시오.
   라) 각 호스의 내부 잔류가스를 배출시킨 후 작업 전의 상태로 정리하시오.
2) 절단된 연강판을 절단 및 가공 도면(4-3p)과 같이 Drilling 및 Tapping 하시오.

나. 용접 및 조립

1) 절단 및 가공된 연강판을 용접 및 조립 도면(4-4p)과 같이 피복아크 용접하시오.
   가) 용접전류 등 작업에 필요한 조건은 수험자가 직접 결정하여 설정하시오.
   나) 가용접은 2곳 이하, 가용접 길이는 10mm 이내로 용접하시오.
   다) 도면에서 지시하는 본 용접구간 모두 필릿 용접하시오.
      (단, 비드 폭과 높이가 각각 요구된 목길이(각장)의 -20 ~ +50% 범위에서 용접하시오.)
2) 주어진 볼트(M10)를 이용하여 용접 및 조립 도면(4-4p)과 같이 조립하여 제출하시오.

다. 정리정돈

1) 평가 종료 후 작업한 자리의 장비, 부품, 공기구 등을 초기 상태로 정리하시오.

2. 수험자 유의사항

※ 다음의 유의사항을 고려하여 요구사항을 완성하시오.
※ 작업형 과제별 배점은 [공기압회로 구성 25점, 유압회로 구성 25점, 가스 절단 및 용접 30점, 기계장치 분해 및 조립 20점]이며, 이외 세부항목 배점은 비공개입니다.

1) 시험 시작 전 장비 이상유무를 확인합니다.
2) 작업 중 안전수칙 준수여부를 평가하므로, 안전수칙을 준수하여 작업합니다.
3) 전기 용접 작업 시 감전 및 화상 등의 재해가 발생하지 않도록 전기 케이블 및 안전보호구를 사전에 점검하여 사용하며, 필요한 안전수칙을 반드시 준수하시기 바랍니다.
   (단, 슬리퍼·샌들 착용, 보안경 미착용 등 복장이 작업에 부적합할 경우 응시가 불가능합니다.)
4) 구멍 가공 시 보안경을 반드시 착용하시기 바랍니다.
5) 시험 중에는 반드시 시험감독위원의 지시에 따라야 하며, 시험시간 동안 시험감독위원의지시가 없는 한 시험장을 임의로 이탈할 수 없습니다.
6) 시험에 필요한 기기 이외에 임의로 접촉하지 않도록 주의하시기 바랍니다.
7) 가스 절단 작업 후 절단면 외관을 평가하므로 줄이나 그라인더 등 가공을 금합니다.
8) 공단에서 지정한 각인이 날인된 강판으로 작업하여야 합니다.
9) 수험자는 작업이 완료되면 시험감독위원의 확인을 받아야 합니다.
10) 다음 사항은 실격에 해당하여 채점 대상에서 제외됩니다.
   가) 수험자 본인이 수험 도중 시험에 대한 기권 의사를 표현하는 경우
   나) 실기시험 과정 중 1개 과정이라도 불참한 경우
   다) 시설·장비의 조작 또는 재료의 취급이 미숙하여 위해를 일으킬 것으로 시험감독위원전원이 합의하여 판단한 경우
   라) 기능이 해당 등급 수준에 전혀 도달하지 못한 것으로 시험감독위원이 판단할 경우
   마) 부정행위를 한 경우
   바) 시험시간 내에 작품을 제출하지 못한 경우
   사) 용접봉을 포함한 지급된 재료 이외의 재료를 사용한 경우
   아) 강판에 각인이 날인되지 않은 경우
   자) 결과물이 주어진 도면과 상이한 작품
   차) 결과물의 직각도가 ±10mm, 치수 및 단차가 한 부분이라도 ±10mm를 초과한 경우
   카) 필릿용접부의 비드 폭과 높이가 각각 요구된 목길이(각장)의 범위를 벗어나는 작품
   타) 용접구간 내에 10mm 이상 용접되지 않았거나, 완전히 절단되지 않은 경우
   파) 시험감독위원이 판단하여 더 이상 가스 절단 작업을 수행할 수 없다고 인정하는 경우
   하) 시험감독위원이 판단하여 전원 합의 하에 용접의 상태(언더컷, 오버랩, 비드상태 등 구조상의 결함 등)가 채점기준에서 제시한 항목 이외의 사항과 관련하여 용접작품으로 인정할 수 없는 경우
   거) 용접 시 비드 내에서 전진법이나 후진법을 혼용하여 작업한 경우(용접 시점과 종점은 모두 동일해야 함)
   너) 외관 평가 전에 줄이나 그라인더 등으로 후가공한 경우
   더) 볼트 미체결 및 볼트를 훼손한 경우

국가기술자격 시험문제는 저작권법상 보호되는 저작물이고, 저작권자는 한국산업인력공단입니다. 문제의 일부 또는 전부를 무단 복제, 배포, (전자)출판 하는 등 저작권을 침해하는일체의 행위를 금합니다.

국가기술자격 부정행위 예방 캠페인 : "부정행위, 묵인하면 계속됩니다."

| 자격종목 | 설비보전기능사 | 과제명 | 가스 절단 및 용접 |

문제 ①

구분	재료명	규 격	수량	비고
1	연강판	200 X 80, 6t	1개	
2	연강판	100 X 80, 6t	1개	
3	절단가스	LPG 또는 아세틸렌	–	
4	드릴	Ø8.5, Ø12	각 1개	
5	핸드탭	M10×1.5	1세트	
6	육각머리 볼트	M10×20	2개	
7	전기용접봉	E4301, Ø3.2	3개	
8	용접기	직류 또는 교류	–	개인지참 불가

가. 절단 및 가공 도면

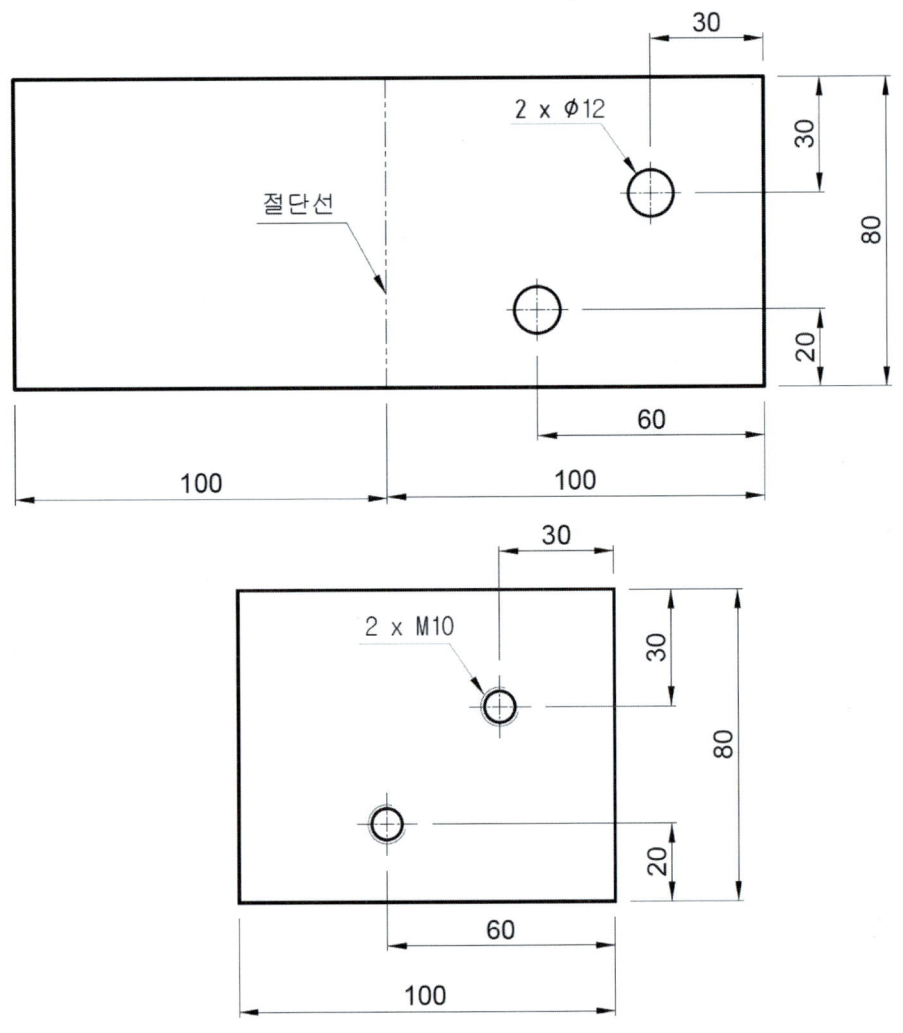

나. 용접 및 조립 도면

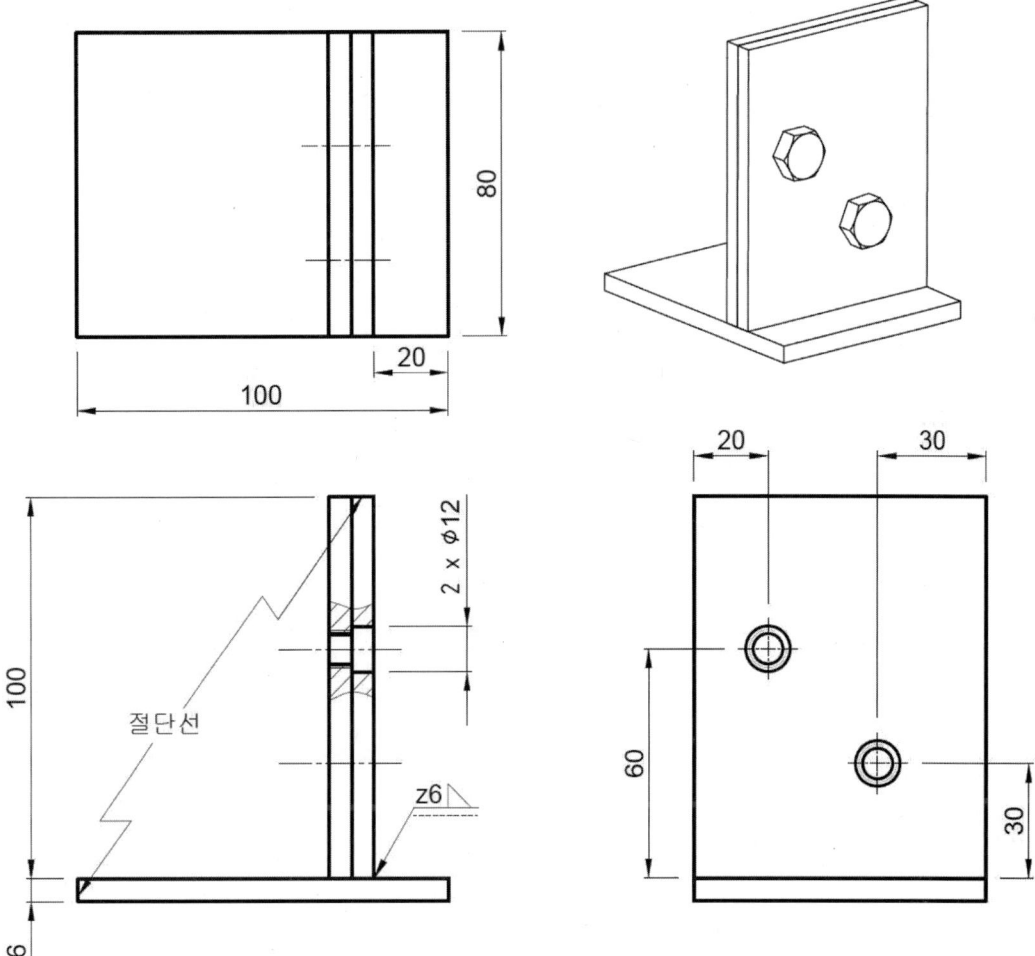

자격종목	설비보전기능사	과제명	가스 절단 및 용접

문제 ②

구분	재료명	규격	수량	비고
1	연강판	200 X 80, 6t	1개	
2	연강판	100 X 80, 6t	1개	
3	절단가스	LPG 또는 아세틸렌	–	
4	드릴	Ø8.5, Ø12	각 1개	
5	핸드탭	M10×1.5	1세트	
6	육각머리 볼트	M10×20	2개	
7	전기용접봉	E4301, Ø3.2	3개	
8	용접기	직류 또는 교류	–	개인지참 불가

가. 절단 및 가공 도면

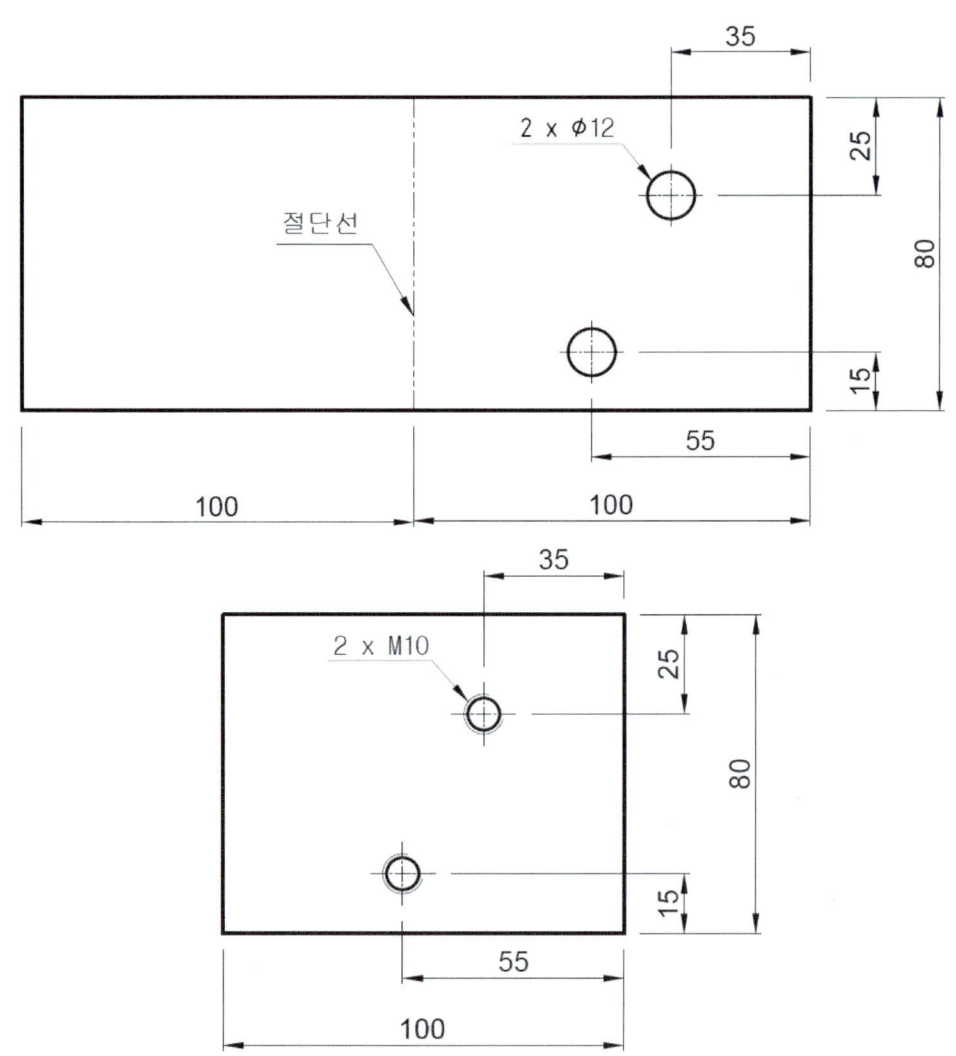

나. 용접 및 조립 도면

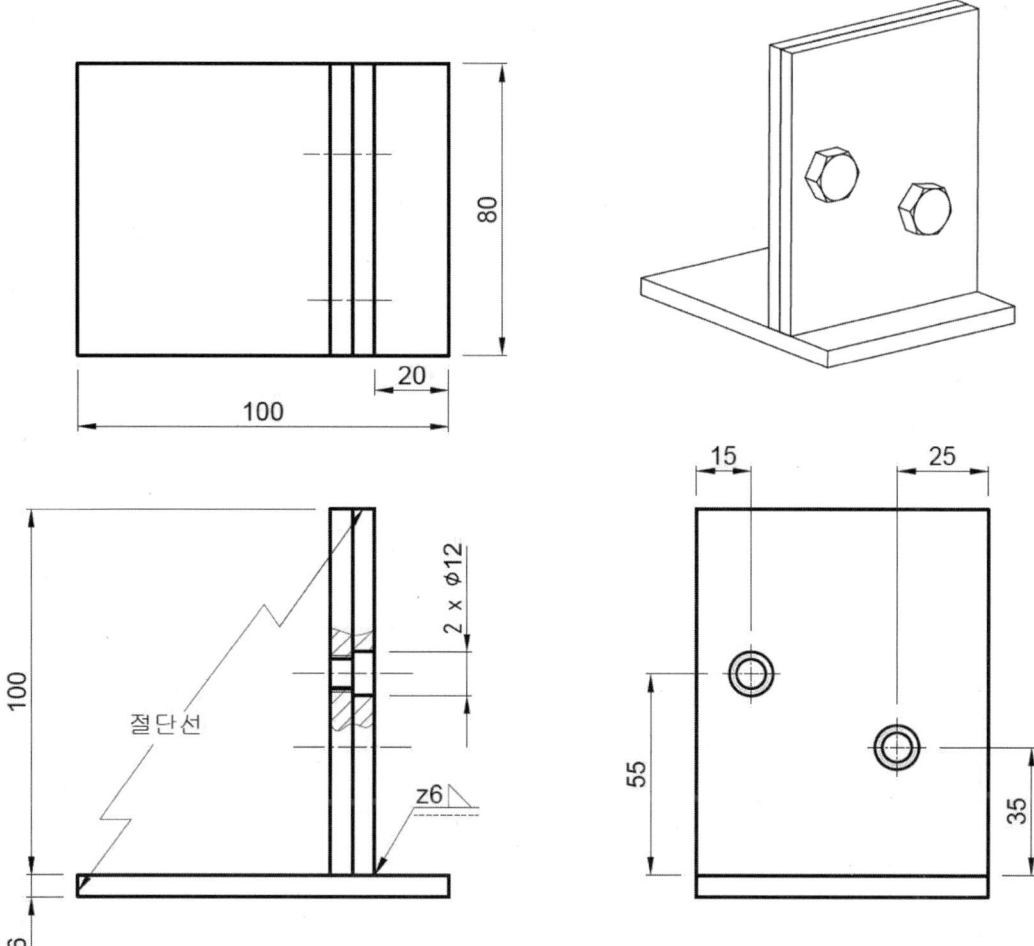

자격종목	설비보전기능사	과제명	가스 절단 및 용접

문제 ③

구분	재료명	규격	수량	비고
1	연강판	200 X 80, 6t	1개	
2	연강판	100 X 80, 6t	1개	
3	절단가스	LPG 또는 아세틸렌	–	
4	드릴	Ø8.5, Ø12	각 1개	
5	핸드탭	M10×1.5	1세트	
6	육각머리 볼트	M10×20	2개	
7	전기용접봉	E4301, Ø3.2	3개	
8	용접기	직류 또는 교류	–	개인지참 불가

가. 절단 및 가공 도면

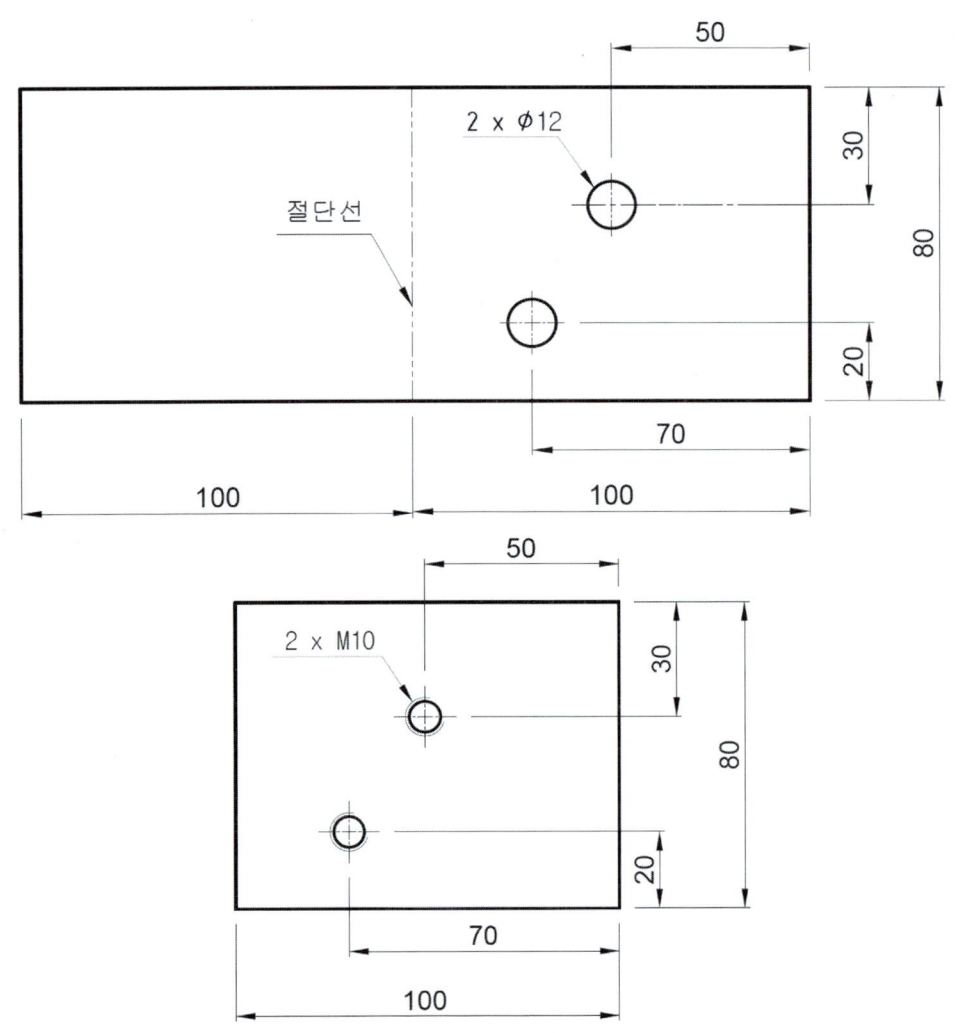

나. 용접 및 조립 도면

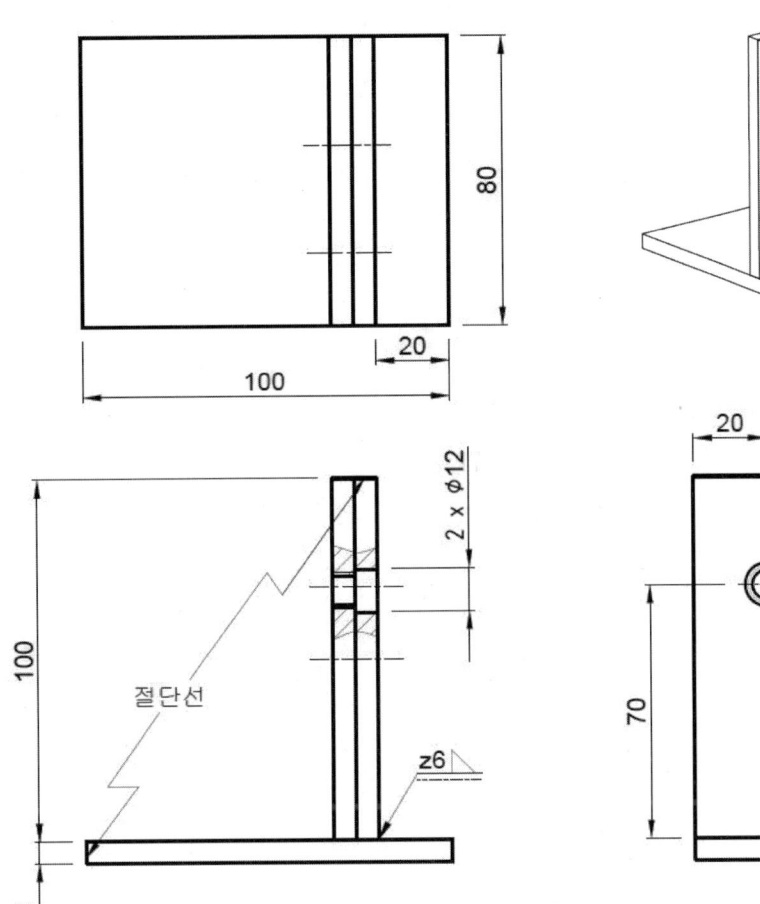
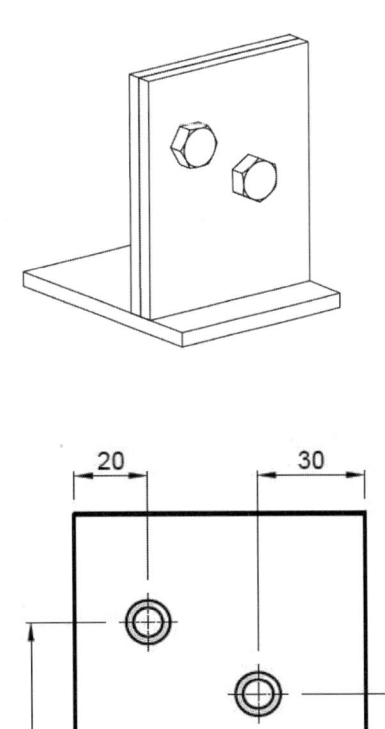

자격종목	설비보전기능사	과제명	가스 절단 및 용접

문제 ④

구분	재료명	규격	수량	비고
1	연강판	200 X 80, 6t	1개	
2	연강판	100 X 80, 6t	1개	
3	절단가스	LPG 또는 아세틸렌	–	
4	드릴	Ø8.5, Ø12	각 1개	
5	핸드탭	M10×1.5	1세트	
6	육각머리 볼트	M10×20	2개	
7	전기용접봉	E4301, Ø3.2	3개	
8	용접기	직류 또는 교류	–	개인지참 불가

가. 절단 및 가공 도면

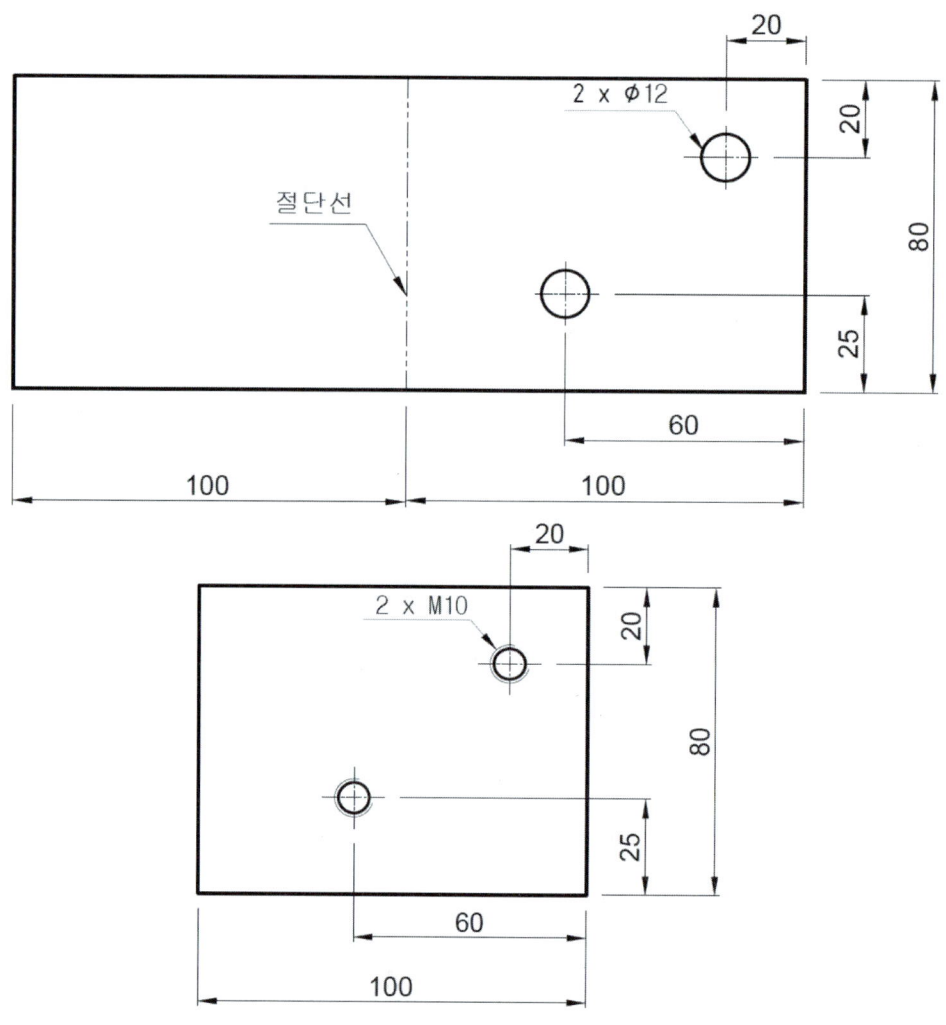

나. 용접 및 조립 도면

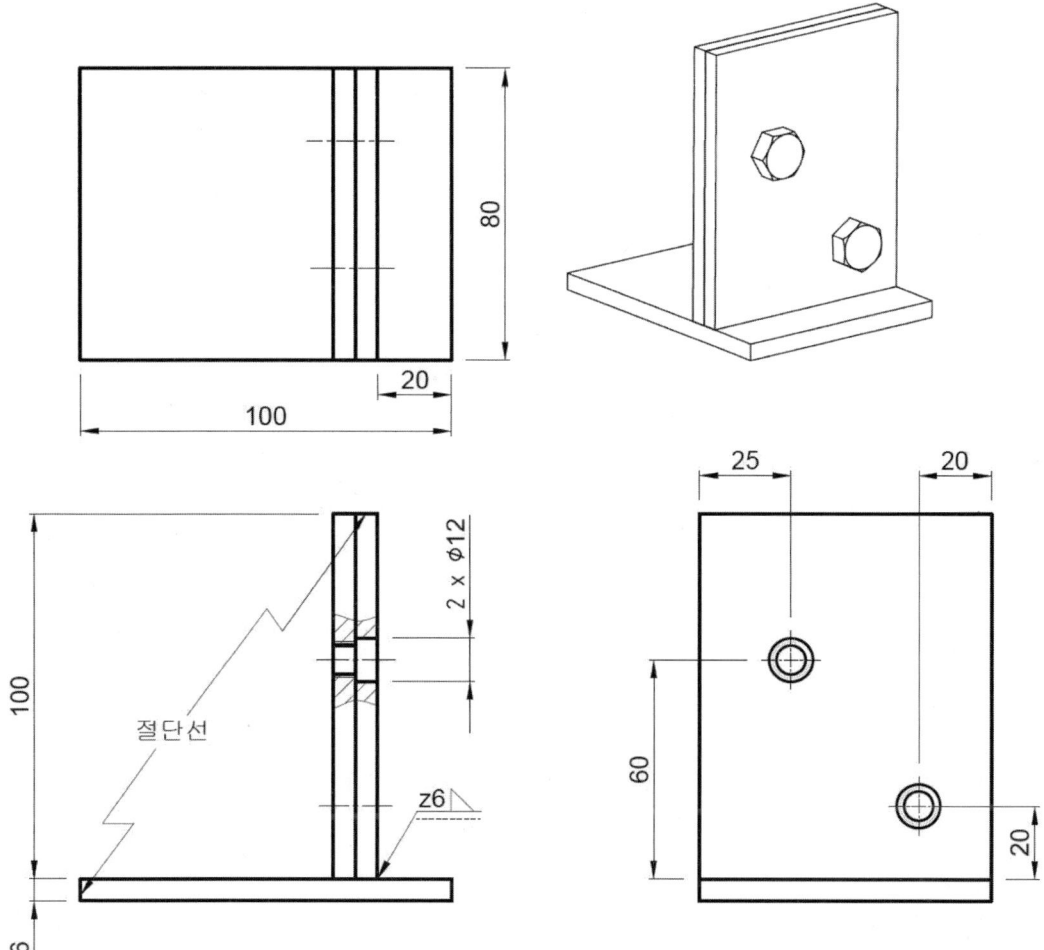

자격종목	설비보전기능사	과제명	가스 절단 및 용접

문제 ⑤

구분	재료명	규 격	수량	비고
1	연강판	200 X 80, 6t	1개	
2	연강판	100 X 80, 6t	1개	
3	절단가스	LPG 또는 아세틸렌	–	
4	드릴	Ø8.5, Ø12	각 1개	
5	핸드탭	M10×1.5	1세트	
6	육각머리 볼트	M10×20	2개	
7	전기용접봉	E4301, Ø3.2	3개	
8	용접기	직류 또는 교류	–	개인지참 불가

가. 절단 및 가공 도면

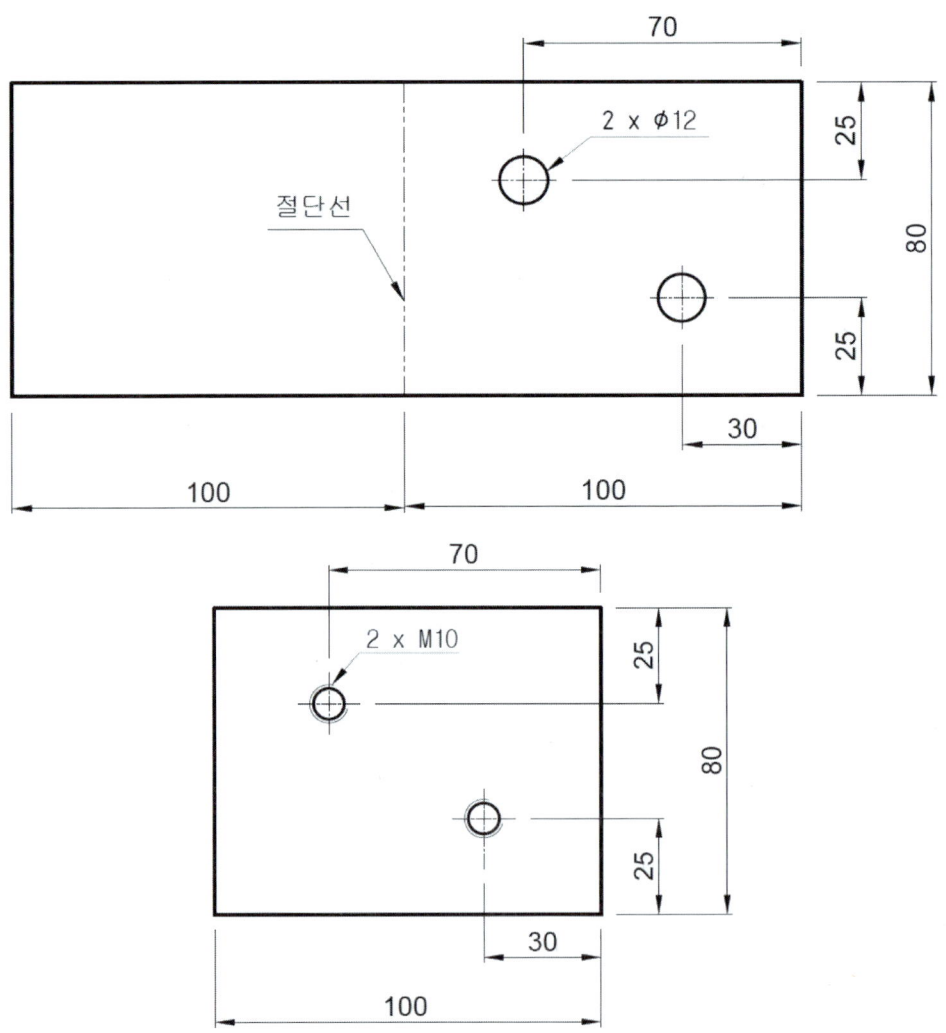

나. 용접 및 조립 도면

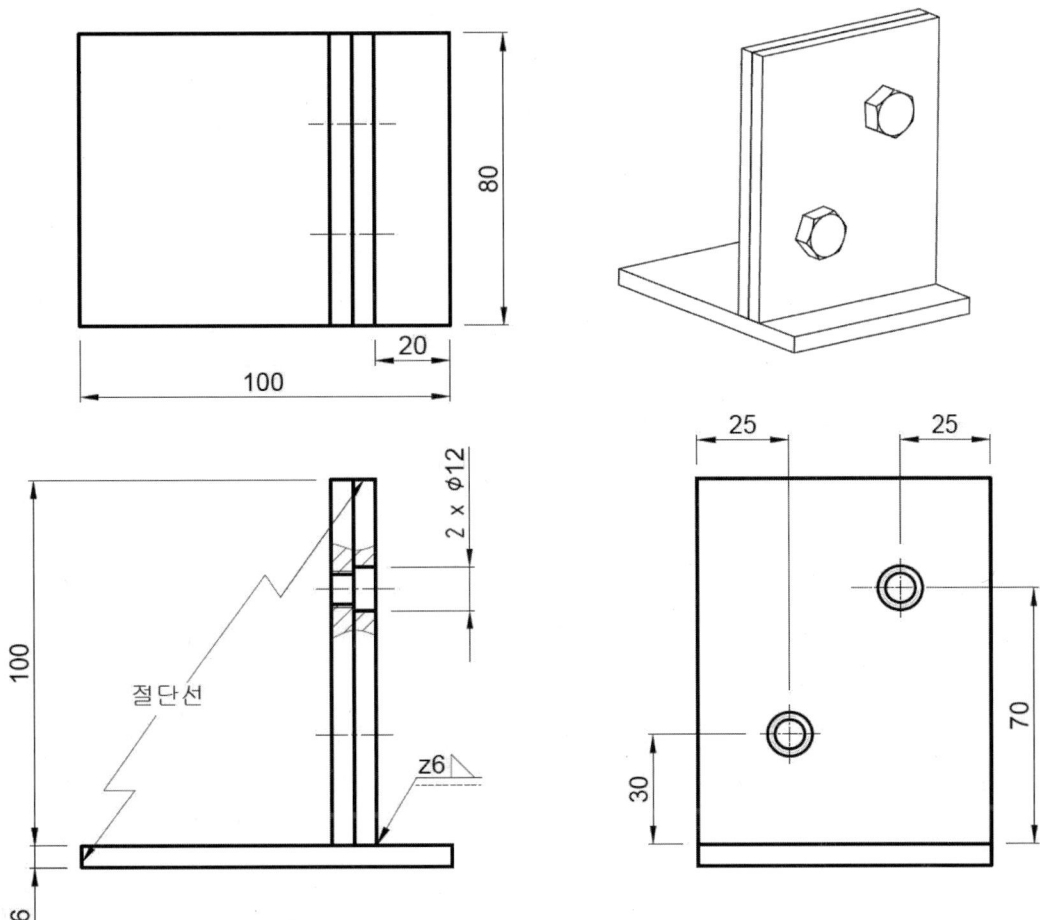

자격종목	설비보전기능사	과제명	가스 절단 및 용접

문제 ⑥

구분	재료명	규 격	수량	비고
1	연강판	200 X 80, 6t	1개	
2	연강판	100 X 80, 6t	1개	
3	절단가스	LPG 또는 아세틸렌	–	
4	드릴	Ø8.5, Ø12	각 1개	
5	핸드탭	M10×1.5	1세트	
6	육각머리 볼트	M10×20	2개	
7	전기용접봉	E4301, Ø3.2	3개	
8	용접기	직류 또는 교류	–	개인지참 불가

가. 절단 및 가공 도면

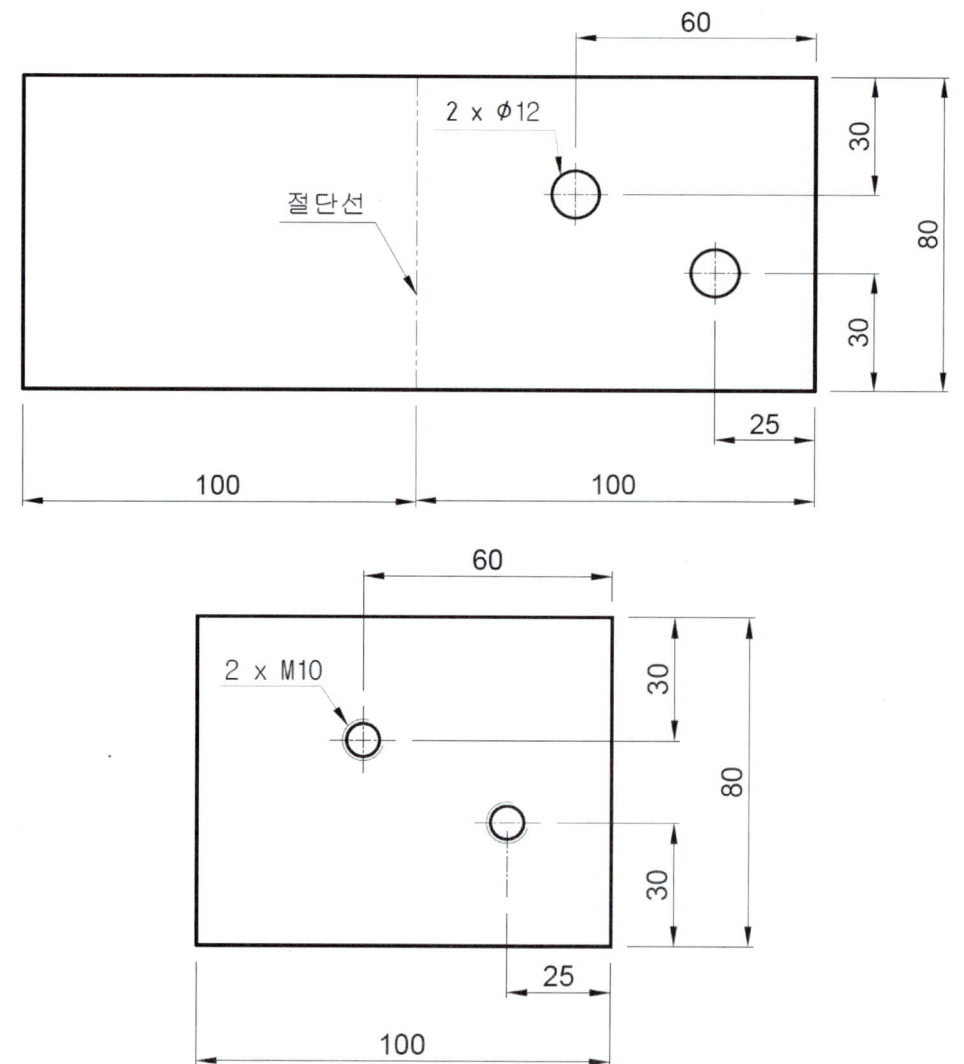

나. 용접 및 조립 도면

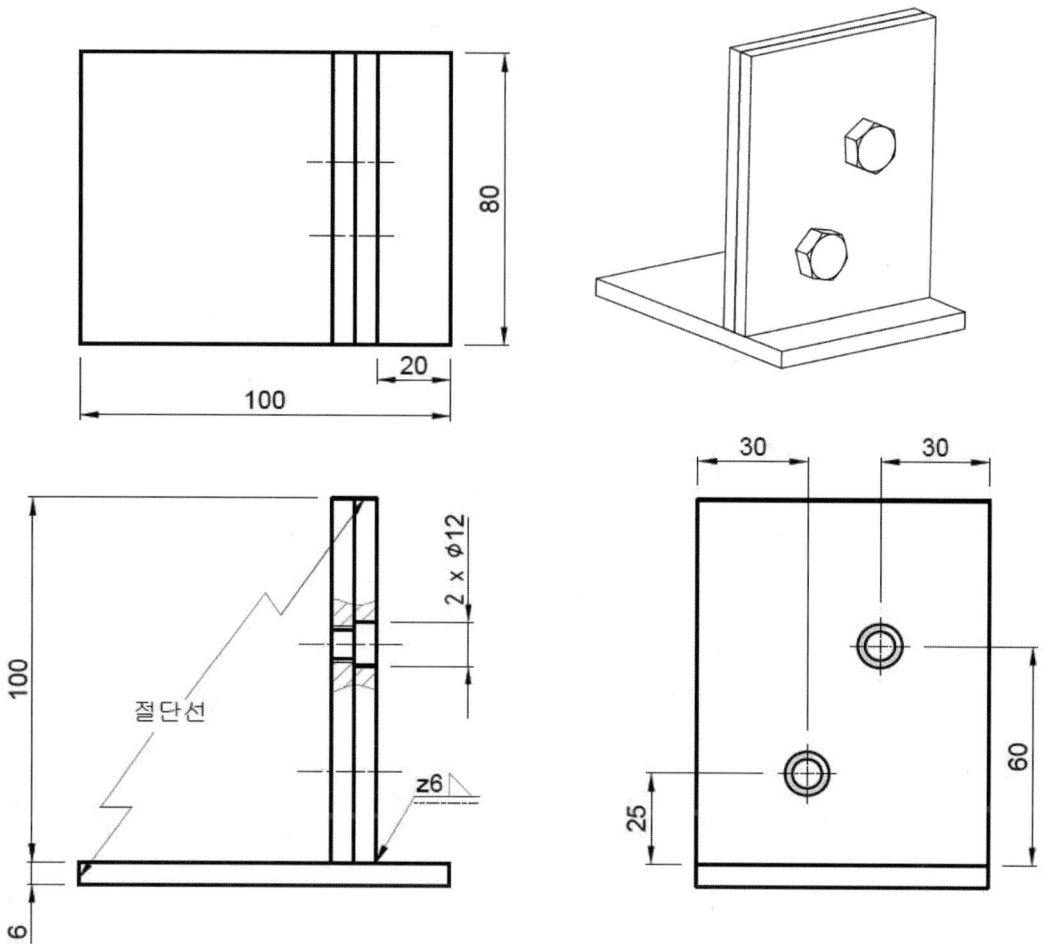

| 자격종목 | 설비보전기능사 | 과제명 | 가스 절단 및 용접 |

문제 ⑦

구분	재료명	규격	수량	비고
1	연강판	200 X 80, 6t	1개	
2	연강판	100 X 80, 6t	1개	
3	절단가스	LPG 또는 아세틸렌	–	
4	드릴	Ø8.5, Ø12	각 1개	
5	핸드탭	M10×1.5	1세트	
6	육각머리 볼트	M10×20	2개	
7	전기용접봉	E4301, Ø3.2	3개	
8	용접기	직류 또는 교류	–	개인지참 불가

가. 절단 및 가공 도면

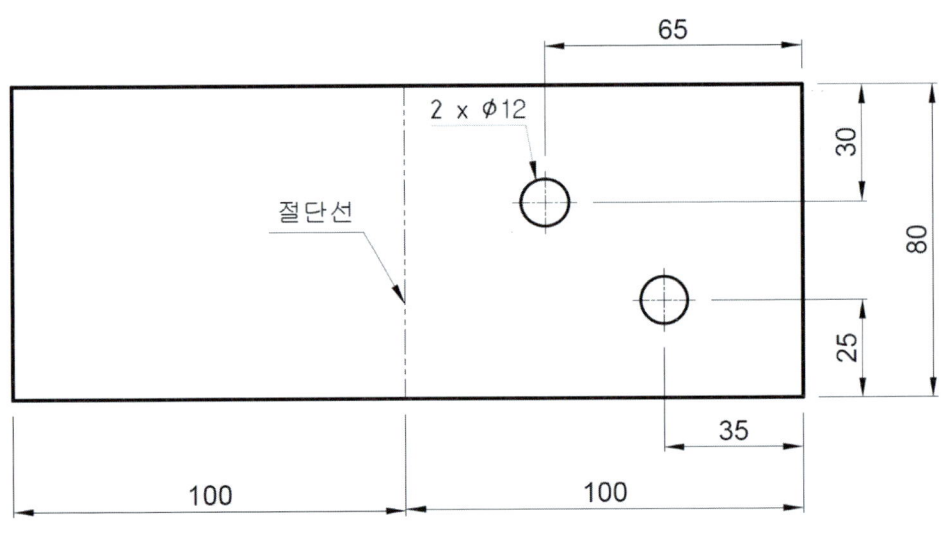

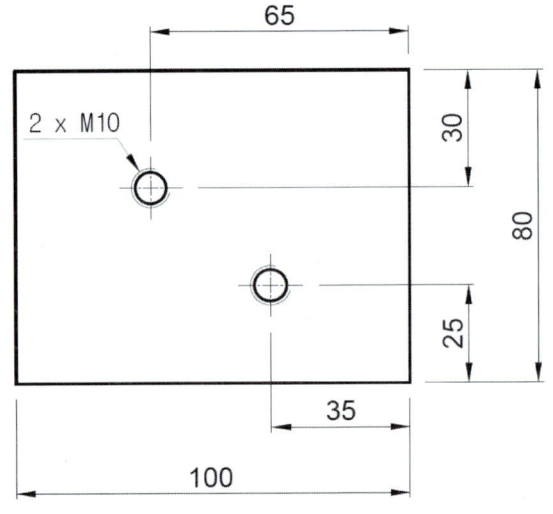

나. 용접 및 조립 도면

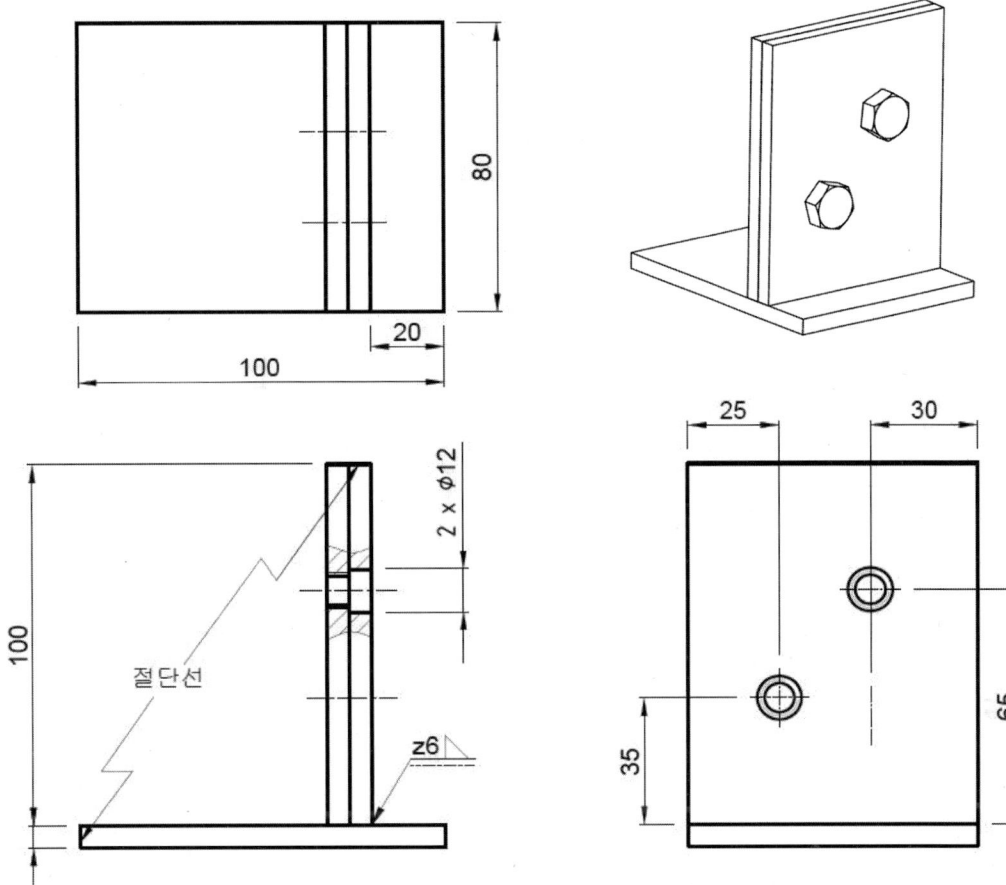

자격종목	설비보전기능사	과제명	가스 절단 및 용접

문제 ⑧

구분	재료명	규 격	수량	비고
1	연강판	200 X 80, 6t	1개	
2	연강판	100 X 80, 6t	1개	
3	절단가스	LPG 또는 아세틸렌	-	
4	드릴	Ø8.5, Ø12	각 1개	
5	핸드탭	M10×1.5	1세트	
6	육각머리 볼트	M10×20	2개	
7	전기용접봉	E4301, Ø3.2	3개	
8	용접기	직류 또는 교류	-	개인지참 불가

가. 절단 및 가공 도면

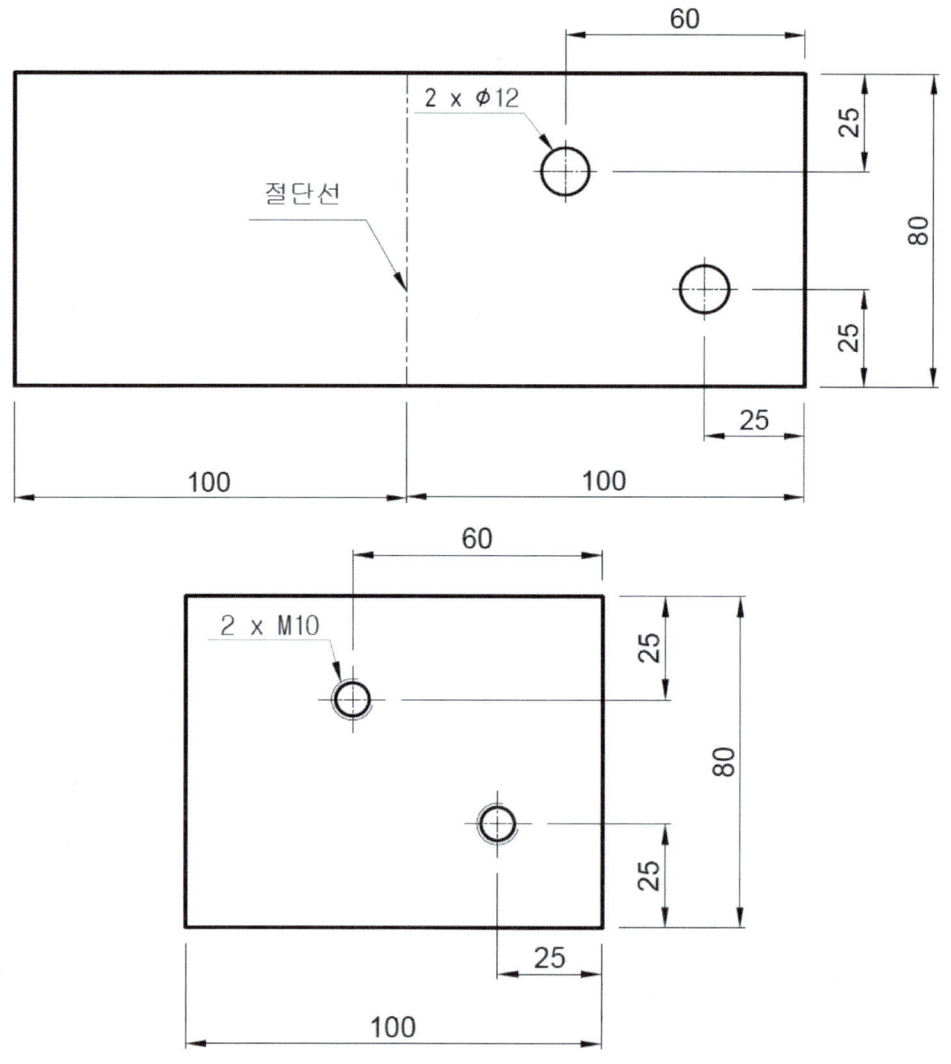

나. 용접 및 조립 도면

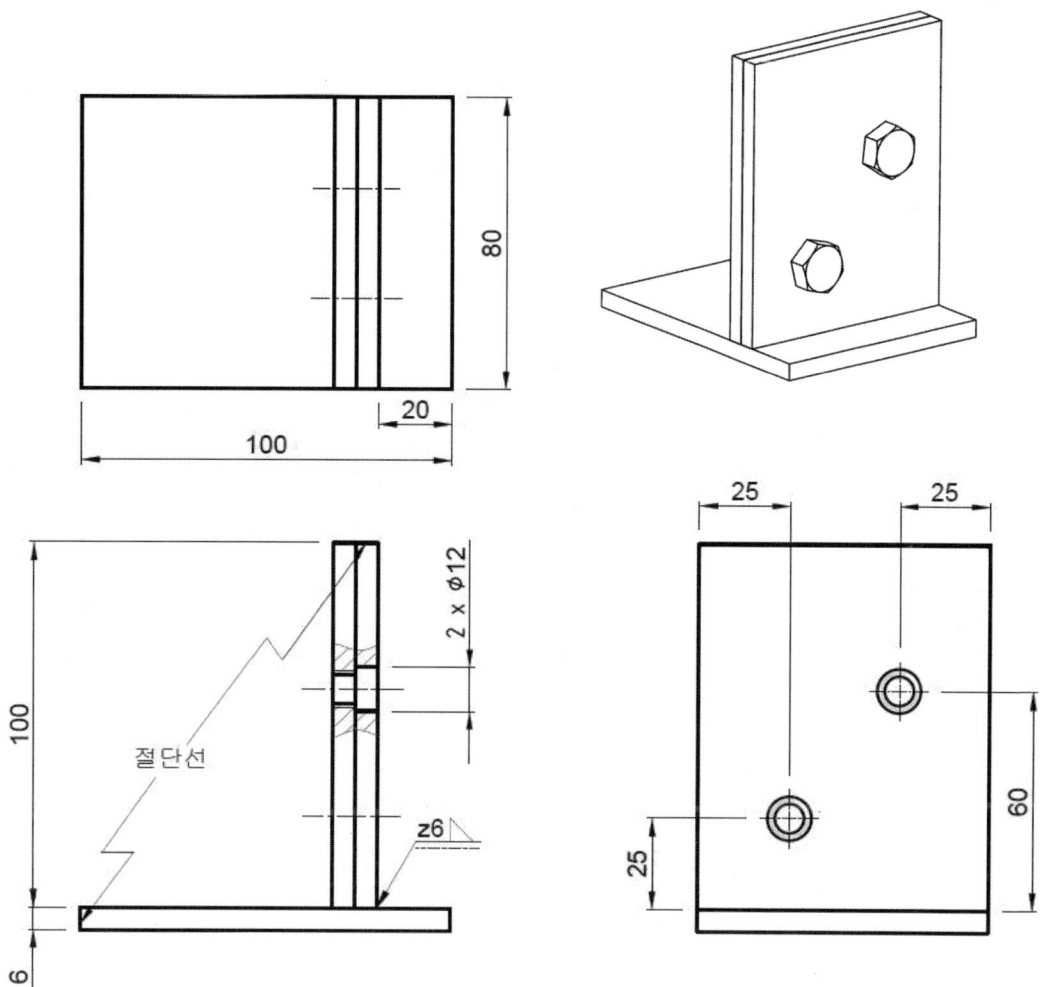

기계장치 분해 및 조립

자격종목	설비보전산업기사	과제명	기계장치 분해 및 조립

※문제지는 시험 종료 후 본인이 가져갈 수 있습니다.

비번호		시험일시		시험장명	

※시험시간 : [제4과제] 40분

1. 요구사항

※ 지급된 재료 및 시설을 사용하여 아래 작업을 완성하시오.

※ 분해 → 검사 → 조립 → 검사 → 정리정돈 순서로 작업하시오.

가. 감속기 분해

1) 3-3p 감속기 구조도를 참고하여 부품번호 1~12번 부품을 분해하시오.
  (단, 베어링, 오일실, 웜휠 등 부품 분해 시 적절한 지그 및 공기구를 사용하시오.)
2) 분해된 부품 및 공기구를 부품별로 정리정돈 후 시험감독위원에게 확인받으시오.

나. 감속기 조립

1) 3-3p 감속기 구조도를 참고하여 부품번호 1~12번 부품을 조립하시오.
  (단, 베어링, 오일실, 웜휠 등 부품 조립 시 적절한 지그 및 공기구를 사용하시오.)
2) 조립이 완료되면 감속기 조립 및 작동상태를 시험감독위원에게 확인받으시오.

다. 정리정돈

1) 평가 종료 후 작업한 자리의 장비, 부품, 공기구 등을 초기 상태로 정리하시오.

2. 수험자 유의사항

※ 다음의 유의사항을 고려하여 요구사항을 완성하시오.
※ 작업형 과제별 배점은 [공기압회로 구성 25점, 유압회로 구성 25점, 가스 절단 및 용접 30점, 기계장치 분해 및 조립 20점]이며, 이외 세부항목 배점은 비공개입니다.

1) 시험 시작 전 장비 이상유무를 확인합니다.
2) 작업 중 안전수칙 준수여부를 평가하므로, 안전수칙을 준수하여 작업합니다. (단, 슬리퍼, 샌들 착용 등 복장이 작업에 부적합할 경우 응시가 불가능합니다.)
3) 시험 중에는 반드시 시험감독위원의 지시에 따라야 하며, 시험시간 동안 시험감독위원의 지시가 없는 한 시험장을 임의로 이탈할 수 없습니다.
4) 시험에 필요한 기기 이외에 임의로 접촉하지 않도록 주의하시기 바랍니다.
5) 수험자는 작업이 완료되면 시험감독위원의 확인을 받아야 합니다.
6) 다음 사항은 실격에 해당하여 채점 대상에서 제외됩니다.
   가) 수험자 본인이 수험 도중 시험에 대한 기권 의사를 표현하는 경우
   나) 실기시험 과정 중 1개 과정이라도 불참한 경우
   다) 시설·장비의 조작 또는 재료의 취급이 미숙하여 위해를 일으킬 것으로 시험감독위원 전원이 합의하여 판단한 경우
   라) 기능이 해당 등급 수준에 전혀 도달하지 못한 것으로 시험감독위원이 판단할 경우
   마) 부정행위를 한 경우
   바) 시험시간 내에 작품을 제출하지 못한 경우
   사) 지급된 재료 이외의 재료를 사용한 경우
   아) 본인의 지참공구 외에 타인의 공구를 빌려서 사용한 경우
   자) 분해 대상 부품 중 분해하지 않은 부품이 있는 경우
   차) 분해 전 상태와 같이 조립되지 않은 경우
   카) 감속기 부품을 손상시킨 경우 (베어링 파손, 오일실 내측 스프링 손상 등)

국가기술자격 시험문제는 저작권법상 보호되는 저작물이고, 저작권자는 한국산업인력공단입니다. 문제의 일부 또는 전부를 무단 복제, 배포, (전자)출판 하는 등 저작권을 침해하는일체의 행위를 금합니다.

국가기술자격 부정행위 예방 캠페인 : "부정행위, 묵인하면 계속됩니다."

| 자격종목 | 설비보전기능사 | 과제명 | 기계장치 분해 및 조립 |

3. 감속기 구조도

※ 다음 구조도는 참고용이며, 실제 시험장의 감속기와 일부 구조가 다를 수 있음을 유의하여 시험장의 감속기를 기준으로 작업하시오.
  - 부품번호 1~12번에 해당하는 부품만 분해할 것
  - 원동축(3번)과 유면창(17번)이 같은 방향에 조립되지 않도록 유의할 것

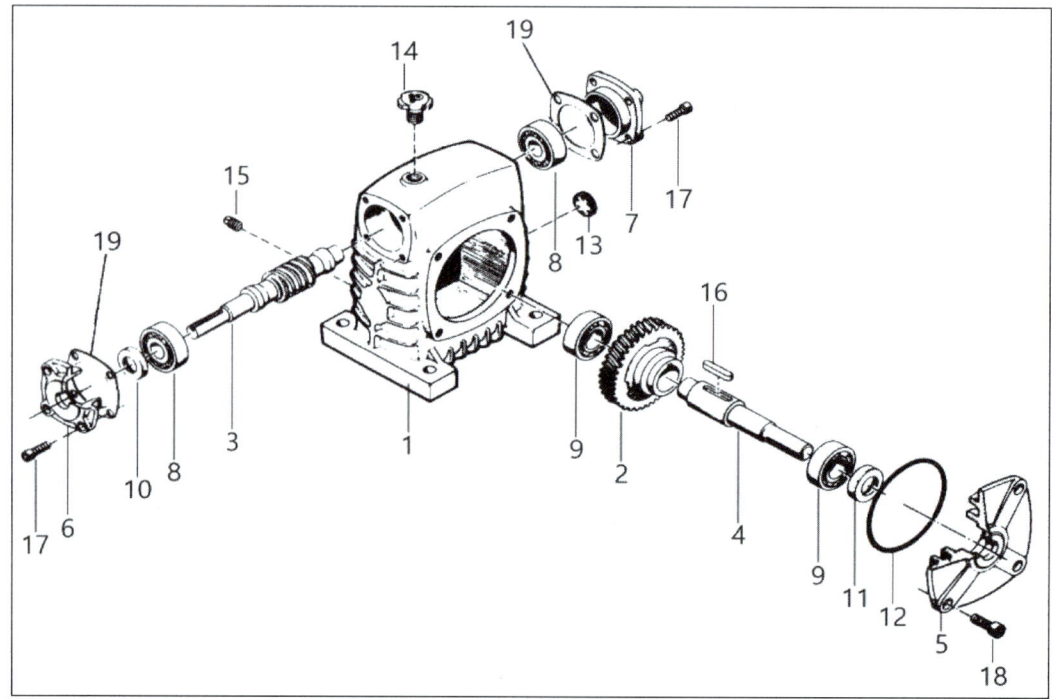

부품번호	부품명	부품번호	부품명
1	케이스(case)	10	오일 실(oil seal)
2	웜 휠(worm wheel)	11	오일 실(oil seal)
3	원동축	12	볼트
4	종동축	13	오일 캡(에어 벤트)
5	종동축 커버	14	드레인 플러그(drain plug)
6	원동축 커버	15	묻힘 키(sunk key)
7	원동축 커버	16	개스킷(gasket)
8	베어링(bearing)	17	유면창(유면계)
9	베어링(bearing)		-

참고문헌

1. 2017.3. 공유압기능사 필기 실기, 박경용 외, 구민사
2. 2017.12. 공압제어, 엄기찬 외, 북스힐
3. 2013.2. 공유압의 제어, 엄기찬 외, 청문각
4. 2011.8. 공압제어실험, 엄기찬 외, 북스힐
5. 2004. 고수열강피복아크용접, 정균회외, 구민사
6. 2020. 자동차 차체용접실무, 박상윤, 구민사

설비보전기능사 필기&실기

초 판 발행	2019년 1월 10일
개정1판 발행	2020년 1월 2일
개정2판 발행	2022년 1월 10일
개정3판 발행	2023년 1월 10일
개정4판 발행	2024년 1월 10일
개정5판 발행	2025년 1월 10일

저　　자 | 최병관 김선정 박상윤
발 행 인 | 조규백
발 행 처 | 도서출판 구민사
　　　　　 (07293) 서울시 영등포구 문래북로 116, 604호(문래동 3가 46, 트리플렉스)
전　　화 | (02) 701-7421
팩　　스 | (02) 3273-9642
홈 페 이 지 | www.kuhminsa.co.kr
신 고 번 호 | 제2012-000055호(1980년 2월 4일)

I S B N | 979-11-6875-454-6(13500)
정　　가 | 29,000원

이 책은 구민사가 저작권자와 계약하여 발행했습니다.
본사의 서면 허락 없이는 어떠한 형태나 수단으로도 이 책의 내용을 이용할 수 없음을 알려드립니다.